漳河山区雨洪分析与洪灾防治研究

李清雪　王　勇　著

黄河水利出版社

·郑州·

图书在版编目（CIP）数据

漳河山区雨洪分析与洪灾防治研究/李清雪，王勇著．—郑州：黄河水利出版社，2016. 11

ISBN 978 - 7 - 5509 - 1602 - 9

Ⅰ．①漳…　Ⅱ．①李…　②王…　Ⅲ．①山洪 - 灾害防治 - 研究 - 山西　Ⅳ．①P426. 616

中国版本图书馆 CIP 数据核字（2016）第 302472 号

组稿编辑：陶金志　　电话：0371 - 66025273　　QQ：838739632@ qq. com

出 版 社：黄河水利出版社

地址：河南省郑州市顺河路黄委会综合楼 14 层　邮政编码：450003

发行单位：黄河水利出版社

发行部电话：（0371）66026940　6020550　6028024　6022620（传真）

E - mail：hhslcbs@ 126. com

承印单位：河南省瑞光印务股份有限公司

开本：787mm × 1 092mm　1/16

印张：48. 5

字数：980 千字　　印数：1—1000

版次：2016 年 11 月第 1 版　　印次：2016 年 11 月第 1 次印刷

定价：198. 00 元

前　言

按照党中央、国务院领导决策部署，2010～2015年，财政部、水利部在全国29个省和新疆生产建设兵团组织实施了山洪灾害防治项目建设，山西省漳河上游也分期分批地进行了山洪灾害防治非工程措施建设。

经过山洪灾害防治非工程措施建设以及山洪灾害调查，漳河上游山西境内长治市11县市区（潞城市、长治郊区、壶关县、黎城县、沁县、长治县、武乡县、平顺县、襄垣县、屯留县、长子县，晋中3县（左权县、榆社县、和顺县）进行了山洪灾害调查评价，作为本次漳河山区雨洪分析重点。长治城区、陵川县、昔阳县、平遥县、太谷县、沁源县、安泽县由于所占面积较小，本次没有进行雨洪分析。

本次工作根据各县市区山洪灾害调查结果，确定了行政区划名录，漳河上游14县共有160个乡镇，4001个行政村，3523个自然村，其中一般防治区有2339个村，重点防治区有836个村，非防治区有1662个村。本次共调查了14个县、160个乡镇、4001个行政村的社会经济；调查了747个企事业单位；核对了全境内小流域基础信息；收集整理了区域范围内的水文气象资料；调查了133场历史洪水；调查了194场历史山洪灾害；调查了107条需防洪治理山洪沟；摸清了山洪灾害非工程措施建设情况，包括205处自动监测雨量站、50处自动水位站、1413处无线预警广播、2078处简易雨量站、62处简易水位站；调查了1488座涉水工程并拍摄了相应照片，其中塘（堰）坝72座、桥梁874座、路涵542座；调查了424座水利工程并拍摄了相应照片，其中水库86座、水闸85座、堤防253处；详查了836个村（自然村）山洪灾害沿河村落；测量了836个沿河村落的横纵断面，并拍摄了相应照片。

以漳河上游836个沿河村作为分析评价对象，对受河道影响的沿河村进行了暴雨洪水计算以及现状防洪能力、危险区划分、预警指标等方面的分析评价，计算了836个沿河村的不同频率设计洪水的水面线；利用流域水文模型法分别计算了受河道影响的沿河村以及受坡面流影响村落的预警指标。

此次分析评价工作按照县为单元进行山洪灾害调查、分析评价。内容包括设计暴雨计算、设计洪水分析、防洪现状评价、预警指标分析和危险区图绘制，相关成果表格的填写，防洪现状评价图、预警雨量临界曲线图和危险区划分示意图的绘制。通过分析总结经验和建议，编写了《漳河山区雨洪分析与洪灾防治研究》，可为山洪灾害预警、群测群防体系的建设提供必要的技术支撑。

目　录

1　漳河山区概况

漳卫南运河是漳河、卫河、卫运河、漳卫新河和南运河的统称。它位于子牙河以南，黄河与徒骇马颊河以北，是海河水系中最长的一条河。其主要由漳河、卫河两大支流组成，以发源于山西长治市长子县的浊漳河及发源于山西陵川县夺火镇南岭的卫河为主要源头，流经山西、河北、河南、山东、天津5省市，至天津市金钢桥附近注入海河。河流全长959km，流域面积37584km^2。

山西省漳卫南运河水系流域面积17471km^2，占海河流域漳卫南运河子流域总面积的46.5%。

1.1　地理位置

山西省漳河流域面积15847km^2，流域内包括晋中市的和顺、榆社、左权3县和长治市的市区（城区、郊区）、武乡、沁县、襄垣、黎城、潞城、屯留、平顺、长子、壶关、长治市12个县、市、区。其他县面积很小，本次不作分析。

漳河古称衡漳、衡水，衡者横也，意指古代漳河迁徙无常，散漫而不可制约。公元8年（西汉末年）以前，漳河属于黄河水系，以后因黄河南徙，被纳入海河水系。

漳河是山西省东南部最大的河流，属海河流域漳卫南运河水系。漳河发源于山西，在山西省境内分清漳河和浊漳河两条河流，分别于长治市的黎城县和平顺县流出省境，在河北省涉县合漳村汇合后始称漳河。漳河自浊漳河南源至漳、卫河汇流处徐万仓，全长460km，流域面积1.82万km^2；流域长度285km，平均宽度73.3km，河道平均比降1.43‰。

卫河因春秋属卫地得名，亦称御河，发源于太行山南麓山西陵川县夺火镇南岭，上游为大沙河，在山西省流域面积1624km^2，流域内包括长治市的壶关县（561km^2）和晋城市的陵川县（1063km^2）。

漳河流域内群山环绕，山峦起伏重叠，沟壑纵深，梁峁连绵，地形基本上为北高南低，东西两翼高中部低。流域东部地区一般在海拔1400m以上，以与清漳河流域的分水岭一线最高（海拔1600～2000m），最高峰为海拔2020m的全榆洼顶。西部山峰海拔在1200～1300m之间。流域中部山峰均在海拔1000～1300m之间。浊漳北源干流穿行于丘陵山区。长治境内流域地貌形态大体可分为四类：丘陵与河谷平川区、土石山区、石山区、灰岩区。榆社境内流域地貌主要分为石山区、土石山区、并分布有少量的天然林区。石山区分布在榆社境内和分水岭边缘地带，其面积约占流域面积的40%；土石山区和黄土丘陵区主要分布在双峰以南及各支流下游两岸，其面积占流域面积的27%；土石山区介于上述两类地区之间，其面积约占流域面积的33%。大部分石山区杂草丛生，藻木较多，特别是北部和西部山区分布有较大的森林区，覆盖较好，土石山区中间有少量的杂草和零星灌木，覆盖较差。

1.2　地形地貌

1. 地形

漳河流域位于山西台地东侧，太行大背斜上。清漳河流域内多山，主要是石山区和土石山区，地势高峻，山峦起伏，沟壑纵横。海拔以靠近流域中部的香烟岭为最高，其主峰为孟信垴，海拔为2141m。流域西北部的人头山，海拔为1791m。流域东南角的界牌山海拔为1260m。流域内地形为西北部高，东南部低。水由西北流向东南。清漳河在源头附近，山顶与河道高差约200m。在流域中部，山顶与河道相差900m左右。在流域的东南部，清漳河与山顶高差约600m。

浊漳河流域内主要为丘陵和盆地，为四周高峻、中间低平的盆地地形。流域多为土质区，黄土覆盖较深，植被差，水土流失严重，洪水挟带泥沙较多。东部太行山分水岭高度为1600～2000m，西部太岳山分水岭高度为1300～1700m，南部丹朱岭分水岭约1400m，北部北万山分水岭约1760m，流域中部为著名的潞安盆地，高程在900～950m之间。干流出境高程为397m。

2. 地貌

清漳河和浊漳河流域地貌都分为4种类型。

清漳河流域地貌的4种类型：1）石山区，面积约1840km^2，占流域面积的45.6%，主要是靠近背斜轴部的震旦系石英砂岩和奥陶系石灰岩地区。从和顺县城至左权县城延长线以东分布最广。此区为高山峻岭，峰峦重叠，坡陡流急，石厚土薄，耕地较少，而且多数分布在沟道和河流的两岸。在此区内，有些地方人畜饮水比较困难。2）土石山区，面积约1240km^2，占流域面积的30.8%，在背斜轴东翼的石灰岩地区和西翼页岩、砂岩地区，靠近河流的部位。主要分布在昔阳县西寨乡，和顺县紫罗乡西部、松烟乡以北，清漳河西源横岭及沙峪村以北大部分和清漳河沿河部分地区。

3）黄土区，面积为480km²，占流域面积的11.9%。主要分布在和顺县北部，沿清漳河东源两岸和左权县以北，沿枯河两岸以及西源的川口北村附近地区。4）河床冲积区，主要分布在支沟和干流河道中，面积为474km²，占流域面积的11.7%。这个地区除河道占地外，大部分是滩地，由于土地平整，修建较易，耕作和水肥条件都比较好。清漳河干流卜罗垴村至九腰会村之间，河谷狭窄而弯曲，谷低宽在85m至173m之间，其它地方的河谷均较宽阔，阶地比较发育。

浊漳河流域地貌的4种类型：1）石质山区，面积3600km²，占流域面积的31%，分布于壶关、平顺、黎城等县东部，以及榆社县北部，高程1800～2000m。2）土石山区，面积3000km²，占流域面积的25%，分布于长治、潞城以东，西营以北，后湾、屯绛以西，以及长子南部，黎城北部，榆社中部，高程1200～1700m。3）丘陵区，面积3059km²，占流域面积的26.4%，分布于襄垣、武乡、沁县之间和潞城、平顺之间的盆地四周，榆社县双峰以南河谷两岸，高程900～1200m。4）河谷平川区，包括潞安、襄垣、潞城3个盆地和壶关沟谷川地，面积1940km²，占流域面积的16.8%，其中潞安盆地约1320km²，襄垣盆地110km²，黎城盆地120km²，壶关沟谷地50km²。

卫河流域全都位于太行山区，属于山区河流。

1.3　河流水系

漳河支流众多，水系呈扇形分布，上源可分东西两区，东区为石质山区，山高谷深，岩石裸露，坡陡流急，含沙量小，故称清漳河；西区为丘陵和盆地，多为土质区，黄土覆盖较深，植被差，水土流失严重，洪水挟带泥沙较多，故称浊漳河。清漳河在山西省境内长146km，流域面积4159km²。浊漳河在山西省境内长229km，流域面积为11741km²，其中南源流域面积3580km²，西源流域面积1669km²，北源流域面积3797km²，干流流域面积2695km²。

清漳河发源有二，即清漳东源和清漳西源。清漳东源发源于太行山区山西省昔阳县漳漕村山麓，东南流至左权县下交漳村汇清漳西源，河段长120km；清漳西源发源于八赋岭，东南流经石拐、横岭、左权县至下交漳村汇清漳东源，长90km，东、西两源汇流后称清漳河，继续东南经黎城下清泉村出山西进河北，流经刘家庄、涉县、匡门口至合漳村汇浊漳河。清漳东、西两源所经地区峡谷盆地交错，峡谷宽约200m，河道比降18‰。

浊漳河上游有北源、西源、南源三大支流，均发源于太行山区，其中南源流域面积3498km²，西源流域面积1669km²，北源流域面积3797km²。主干流的流向为由西向东。浊漳北源又称榆社河，发源于山西省榆社县柳树沟，全长约116km，主要支流有云簇河、蟠洪河、史水河等，境内流域面积3797km²，南流过关河水库后折向东南流至襄垣县小峧村南汇入浊漳河干流；浊漳西源源出于沁县漳源乡的漳源庙，全长约80km，主要支流有圪芦河、白玉河、郭河等，流域面积1669km²，东南流至襄垣县甘村汇浊漳南源；浊漳南源源出于山西省长子县西南发鸠山黑虎岭绛河里村，东南流至漳泽水库汇聚由南部长子、长治、壶关等县山区流来的绛河、岚河、陶清河、石子河等河流后转向北流，在襄垣县甘村汇浊漳西源后为浊漳干流，向东流至襄垣县小峧村南与浊漳河北源相汇。浊漳河流经太行山峡谷之中，流向东南再折向东，石梁以下宽达500m以上，至黎城以南再入峡谷，河宽约200m，最窄处约50m，有急滩20余处，于平顺县马塔村流出省界，省内干流长约125km，流域面积2695km²。

卫河在山西的主要支流有大沙河、磨河、郊沟河等。漳河山区河流水系图见图1－1。

1.4　水文气象

1. 气候

清漳河流域属温带大陆性气候，冬春干旱多风，夏季温和多雨，秋季天高气爽，全年夏短冬长。流域包括和顺县、左权县和黎城县部分地区。和顺县靠近山西的雨量中心，降水量较多，气候寒冷，是山西省高寒地区之一。流域内气温差别较大，年平均气温7.4～10.3℃。年降水量540mm，无霜期170～180d。农作物多为玉米、谷类。

浊漳河流域属东部季风区暖温带半湿润地区。大陆性季风气候显著，四季分明。流域内多年平均气温为7.9～10.3℃。平川盆地高于山地，南部大于北部，年内1月最冷，月平均气温为－5.1～8.1℃，7月最热，月平均气温为22.2～24.3℃，平均无霜期为166d。总体来说，流域内冬季不太冷，夏季不太热，气候温和宜人，适于各种农作物的生长。流域多年平均降水量为593mm，东西两侧山地高于中间盆地，流域内各站点实测最大降水量达1503.6mm（沁县南泉，1976年），实测最小年降水量仅217.5mm（武乡蟠龙，1957年）。汛期雨量（6～9月）一般占年降水量的73%左右。

漳河流域1956～2000年系列多年平均降水量为565.9mm，比全省平均值508.8mm多11%，是山西降水量比较多的流域。

卫河流域1956～2000年系列多年平均降水量为651.5mm，比全省平均值508.8mm多28%，是山西降水量较大的流域。

2. 水文

漳河流域在山西境内共设有6个综合性水文站，各站在20世纪50年代陆续开始建站观测。由于清漳河、浊漳河在山西省出境处都没有设控制站，分别以设在河北省的刘家庄、天桥断作为控制站。卫河流域在省内没有水文站。

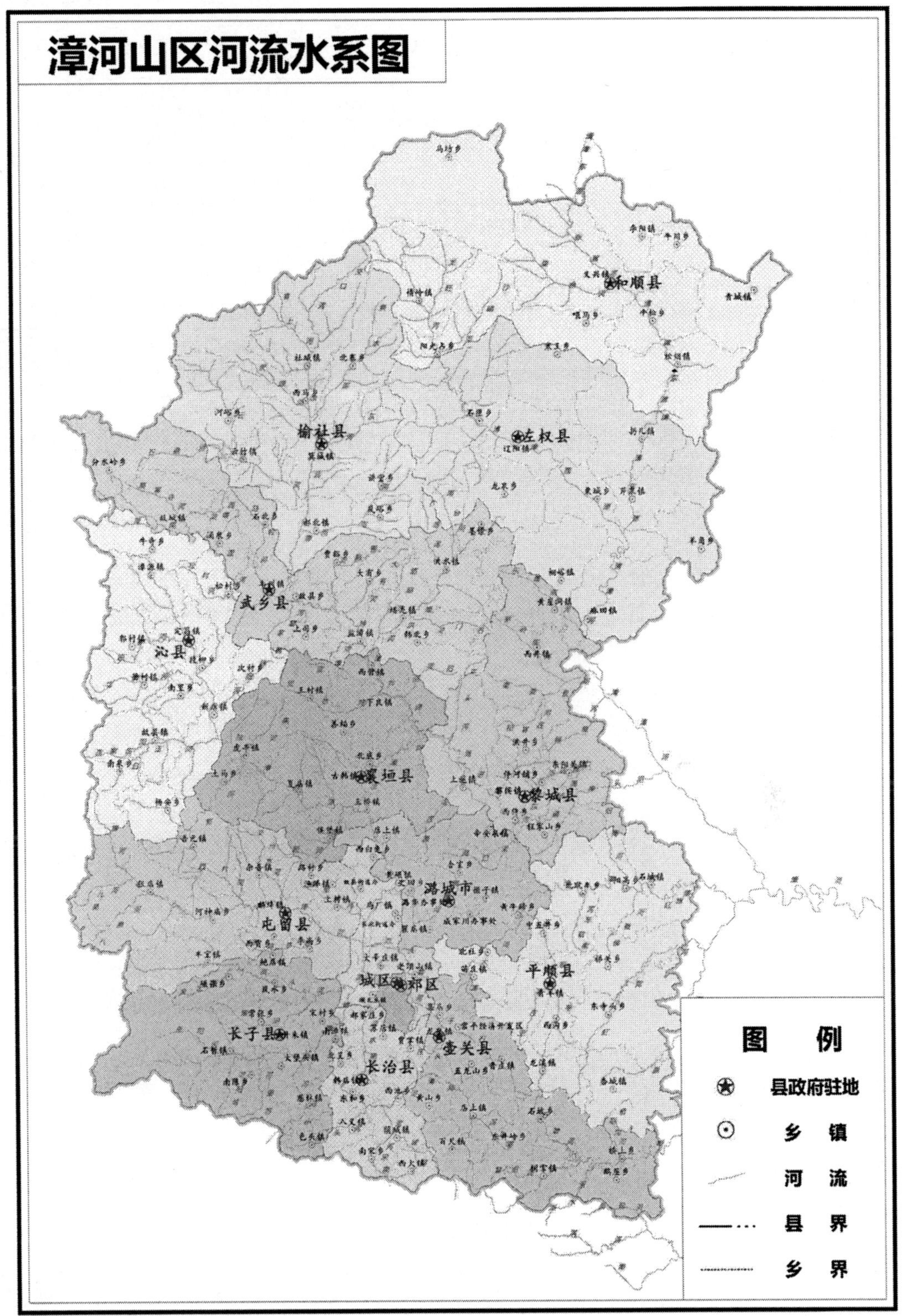

图1－1　漳河山区河流水系图

漳河流域各水文站基本情况见表1－1。

表1－1　漳河流域各水文站基本情况表

河名	站名	所在县市	地理坐标		集水面积（km^2）	备注
			东经	北纬		
浊漳南支	漳泽水库	长治市	113°04′	36°20′	3146	水库站
浊漳河	石梁	潞城市	113°19′	36°28′	9652	河道站
榆社河	石栈道（二）	榆社县	112°57′	37°05′	702	河道站
浊漳西源	后湾水库	襄垣县	112°49′	36°33′	1396	水库站
清漳东支	蔡家庄	和顺县	113°36′	37°19′	460	河道站
绛河	北张店	屯留县	112°37′	36°21′	270	河道站
清漳河	刘家庄	河北涉县			3800	河道站
浊漳河	天桥断	河北涉县			11250	河道站

3. 河川径流量

1956～2000年系列漳河流域多年平均径流量11.05亿m^3，径流系数0.123，$P=20\%$、50%、75%、95%的河川径流量分别为14.97亿m^3、8.94亿m^3、6.38亿m^3、4.97亿m^3。清漳河刘家庄水文站多年平均天然年径流量2.59亿m^3，其中6～9月的天然径流量为1.69亿m^3，$P=20\%$、50%、75%、95%的河川径流量分别为3.57亿m^3、1.70亿m^3、1.07亿m^3、0.83亿m^3；浊漳河天桥断水文站多年平均天然年径流量7.90亿m^3，其中6～9月的天然径流量为4.12亿m^3，$P=20\%$、50%、75%、95%的河川径流量分别为10.57亿m^3、6.71亿m^3、4.87亿m^3、3.87亿m^3；浊漳河漳泽水库水文站多年平均天然年径流量1.95亿m^3，浊漳河石梁水文站多年平均天然年径流量5.22亿m^3。

1956～2000年系列卫河流域多年平均径流量1.81亿m^3，$P=20\%$、50%、75%、95%的河川径流量分别为2.57亿m^3、1.36亿m^3、0.87亿m^3、0.63亿m^3。

4. 水资源总量

1956～2000年45年系列漳河流域的多年平均水资源总量为13.35亿m^3，多年平均河川径流量为11.05亿m^3，地下水资源量为7.73亿m^3，地表水与地下水重复量为5.43亿m^3。

卫河流域的多年平均水资源总量为2.45亿m^3，多年平均河川径流量为1.81亿m^3，地下水资源量为1.53亿m^3，地表水与地下水重复量为0.89亿m^3。

5. 岩溶大泉

出露于平顺、潞城、黎城三县（市）交界处的浊漳河河谷内的辛安泉，是山西省第二岩溶大泉，泉域总面积10950km^2，其中东部碳酸盐岩裸露区面积2200km^2，中部松散层覆盖面积2600km^2，西部碎屑岩覆盖面积6150km^2。泉水多年（1957~2000年）平均天然流量为9.99m^3/s，水质优良，水量丰沛，是泉域内城市生活和大型工业企业的重要供水水源。

6. 泥沙

漳河流域多年平均输沙量为1330万t，平均输沙模数839t/(km^2·a)。清漳河平均年输沙量为45.5万t，1963年输沙量最大，为294万t，1961年最小，仅5.7万t。

浊漳河的输沙量为暴雨侵蚀形成，产沙主要源自丘陵沟壑区。输沙量集中在汛期，占输沙量的98%。实测最大输沙量和最小输沙量之比为67倍，远大于年径流的年际变化。最大输沙量是关河断面，多年平均输沙量347t。流域内侵蚀模数在1000~3000t/(km^2·a）之间。自石栈道以下至关河区间侵蚀最严重，其次是在关河至西邯郸这一区间。浊漳河南源和西源的侵蚀模数大致在1000~2000t/(km^2·a）之间，上游山区侵蚀模数大致在2000t/(km^2·a)，下游盆地则在1000t/(km^2·a）左右。

7. 河流水质

浊漳河评价河长178.3km，符合Ⅰ、Ⅱ、Ⅲ类水标准河长占25.1%，污染河长占74.9%，其中超Ⅴ类水河长占66.3%。浊漳河南源污染河段暴河头水质为超Ⅴ类，主要污染物氨氮超标6.1倍；漳泽水库以下河段水质同样污染严重，依然为超Ⅴ类，主要污染物为氨氮、氟化物等。浊漳河北源上游榆社石栈道断面水质良好，为Ⅱ类水，至武乡断面由于受县城排污影响，水质严重污染，为超Ⅴ类。浊漳河西源上游段柳控制断面，由于受沁县排污影响，水质为Ⅴ类，至后湾水库水质由Ⅴ类转化为Ⅲ类，原因一是沿途无较大污染源汇入，二是水体经稀释、自净后，水质有了明显好转。

漳河流域大型水库水质量看评价成果见表1-2。

表1-2 漳河流域大型水库水质评价成果表

水库	供水功能	水质类别	主要污染指标
漳泽水库	工业与城市用水、灌溉、防洪、养鱼	Ⅴ	总氮
关河水库	防洪、灌溉、发电、养鱼	Ⅳ	总磷
后湾水库	防洪、灌溉、工业用水、水产养殖	Ⅳ	总磷

8. 水力资源

漳河流域河流水量大，落差高，水力资源丰富，水电资源理论蕴藏量23万kW，可开采量为5万kW。目前已开发3.2万kW，建设水电站30多处。其中清漳河水电资源理论蕴藏量5.73万kW，浊漳河水电资源理论蕴藏量17.7万kW。

已建成较大的水电站有漳泽三联电站、平顺后壁电站、赤壁电站、黎城漳北电站、壶关桥上电站、桥上三级电站、武乡关河水库电站，平顺县成为国家首批农村电气化试点县。

据统计，山西漳河流域1956～2000年平均出境水量为11.22亿m^3，其中1980～2000年期间年均出省水量为6.07亿m^3，现状地表水开发利用率为31.37%，属于中开发利用率的区域。

卫河流域1956～2000年平均出境水量为2.45亿m^3，其中1980～2000年期间年均出省水量为1.70亿m^3，现状地表水开发利用率为0.39%，属于低开发利用率的区域。

1.5 社会经济

清漳河流域在山西省分布在4个县内，昔阳县105km^2，和顺县1525km^2，左权县1903km^2，黎城县501km^2，有38个乡镇，2000年总人口40万人，其中农业人口30万人。耕地面积59.15万亩，占流域面积的8.9%，人均耕地1.96亩。在流域的东南部，沿清漳河干流的各村耕地面积更少，人均不足1亩。流域内水土流失面积356.48万亩。占流域面积的53.7%。清漳河流域的主要矿产资源有煤、铁、石英等。煤主要分布在昔阳、和顺、左权一线，蕴藏量十分丰富。电力、煤炭、铁、玻璃等工业已初具规模。

浊漳河流域包括晋中市的榆社和长治市的长治县、潞城、屯留、襄垣、沁县、武乡、长子、壶关、平顺、黎城、榆社和长治市城区、郊区13个县区，209个乡镇3186个村。总人口240万人，劳力68万多个。总面积11608.27km^2，总耕地449万亩，水浇地94.5万亩。流域人均耕地1.37亩，土地较多，长期以农业生产为主，在长治市周围地区，煤、铁等矿产资源丰富。潞安煤矿原煤总储量127亿t，占全国煤炭总储量的2.12%。平顺、黎城、壶关等县铁矿资源为400万t，还有石灰、耐火黏土及石膏等。流域内经济发展速度比较快，工业以煤炭、钢铁、机械、化工、电子、制造、加工等为主，农业以粮食为主，油料次之，农产品加工及流通发展迅速。

卫河流域地处山区，总人口4.55万人，均为农村人口，经济以农牧业为主。

2 漳河山区雨洪特性

2.1 山区暴雨

暴雨山洪及其诱发的灾害具有连锁性和叠加性，并与人类活动相伴而生。地质地貌条件是山洪灾害发生的内在因素，暴雨洪水是重要的诱发因素，人类活动则加剧了灾害的程度。造成各类山洪灾害的成因主要有以下几方面。

1. 高强度降雨

高强度暴雨是发生山洪灾害的直接原因。漳河流域山西境内属于暖温带大陆性季风气候，冬季干旱少雨，夏季降雨充沛，秋雨多于春雨，汛期6～9月降雨量多年平均占全年降水量的70%以上，特别是7、8两月降雨量更为集中，约占全年降水量55%，且多为暴雨，集中降雨极易产生强降雨过程。

2. 人类活动影响

由于人类活动、开矿、垦地，植被遭到破坏，地表水下渗快，汇流时间短，受地形、水流切割作用明显，容易形成具备较大冲击力的地表径流，易导致山洪暴发。

3. 防洪工程能力下降

漳河流域山西境内共有水库86座、水闸85座、堤防253处，水库坝体类型大部分为均质土坝，只有少量水库为钢筋混凝土主体大坝，均质土坝水库均为20世纪50～60年代建设，虽然也进行过加固改造，因建设标准低，蓄水能力下降，成为下游潜在的安全隐患。

4. 河道行洪不畅

由于人们对山洪灾害的认识和了解不足，防患意识不强，特别是在河道两岸任意乱倒、乱建、乱挖等行为，严重障碍行洪能力，从而加剧了灾害的发生。多数水库下游由于常年干旱，河道洪水发生较少，河道已被挤占，行洪能力直线下降。

2.2 山区洪水

漳河流域历史上是一个自然灾害较多的地方，有洪涝旱灾、灾害、雹灾、虫灾及地震等多种自然灾害，其中以旱灾和洪涝灾害最为普遍，也最为严重。

浊漳河流域自然灾害以旱灾最多。根据新中国成立前500年历史资料统计，有旱灾记载96次，平均5年一次，其中记载有“岁大旱，岁无收，民相食”的15次，约30年一次。较大旱灾均为2年以上连旱，如1877～1879年（光绪三年至五年）、1942～1943年。

清漳河流域洪水灾害，经过调查，较早的一次是1913年8月和顺，其他各次洪水年份如下：1914年左权、1983年左权、1941年7月和顺、1952年7月和顺、1956年左权、1963年8月和顺和左权。其中以1963年8月的洪水最大。

浊漳河流域水灾记载多次，在817年、1316年、1453年、1482年、1651年、1662年、1723年、1755年、1757年、1772年、1801年、1851年、1890年等都发生过洪涝灾害。其中明成化十八年（1842年），“秋，潞州大雨连旬，高河水溢，漂流民舍，溺死人畜甚多”。据以后洪水调查，洪水流量达8080m^3/s，为浊漳南源最大洪水，也是漳卫河水系山西省境内最大洪水。雹灾记载14次，均为局部范围。

3 漳河山区山洪灾害

3.1 山区河流行洪现状

季节性强，频率高：山洪灾害主要集中在汛期，尤其主汛期更是山洪灾害的多发期。据统计，汛期发生的山洪灾害占全年山洪灾害的85%以上，其中7~8月发生的山洪灾害约占全年山洪灾害的75%。

区域性明显，易发性强：山洪主要发生于山区、丘陵区及受其影响的下游倾斜平原区。由于沁县西、北、南部山区沟壑发育，沟深坡陡，暴雨时极易形成具有冲击力的地表径流，导致山洪暴发，形成山洪灾害。

来势迅猛，成灾快：洪水具有突发性，往往由于局部性高强度、短历时的大雨、暴雨和大暴雨所造成，因山丘区山高坡陡，溪河密集，降雨迅速转化为径流，且汇流快、流速大，降雨后几小时即成灾受损，防不胜防。

破坏性强，危害严重：漳河上游受山地地形影响，不少乡镇和村庄建在边山峪口或山洪沟口两侧地带，山洪灾害发生时往往伴生滑坡、崩塌、泥石流等地质灾害，并造成河流改道、公路中断、耕地冲淹、房屋倒塌、人畜伤亡等。

目前，各县防汛抗旱指挥部办公室已编制了县山洪灾害防御预案，建立了各项防汛工作责任制，在开展防汛检查、山洪灾害防御、通信联络、物资供应保障、防汛机动抢险队伍建设、山洪灾害宣传、洪涝灾情统计等项工作上取得了一定的成绩，积累了一定的经验。

每年利用水法宣传日，进行《中华人民共和国防洪法》、《中华人民共和国水法》、《中华人民共和国水土保持法》和《中华人民共和国河道管理条例》等法律法规的宣传和讲解，依法防洪，并加强山洪灾害防御知识的宣传，教育农民群众克服麻痹思想和侥幸心理，增强自防意识。做好汛前检查工作，对重点防护地段的防洪设施、防洪能力、机构设置、防汛责任制的落实情况进行全面检查，进一步明确全县的防汛工作目标、任务和工作重点，确保责任落实到位。实行行政首长防汛责任制，坚持统一指挥、分级管理、部门协作的原则，在指挥部的统一领导下，开展救灾避灾工作。

经过2015年山洪灾害调查，在漳河上游14个县区中，建设自动雨量站点205处、自动水位站50处、无线预警广播1413处、简易雨量站2078处、简易水位站62处。漳河上游山区山洪灾害防治非工程措施建设情况统计表3-1。

表3-1　漳河上游山区山洪灾害防治非工程措施建设情况统计表

序号	县区名	自动雨量站点（处）	自动水位站（处）	无线预警广播（处）	简易雨量站（处）	简易水位站（处）
1	武乡县	12	7	54	130	0
2	沁县	15	3	115	190	17
3	襄垣县	12	2	118	118	2
4	壶关县	11	3	101	148	6
5	黎城县	10	5	111	111	5
6	屯留县	11	3	73	164	3
7	平顺县	30	5	79	191	4
8	潞城市	17	2	72	170	6
9	长子县	11	2	151	151	4
10	长治县	9	2	55	134	2
11	长治郊区	11	1	66	66	1
12	左权县	26	9	96	199	5
13	榆社县	17	1	223	210	2
14	和顺县	13	5	99	96	5
合计		205	50	1413	2078	62

3.2　山区河畔村镇及防洪工程

清漳河流域的水利建设以小型水利为主，多数是在干支流沿岸搞无坝引水小型渠道，以后逐渐建有小型机灌站、电灌站。在东源上的许村、拐村，西源上的石匣、苏亭、粟城，干流上的芹泉、泽城、麻天、下清泉等沿河各村，都建有小型水利工程。1959年左权县在清漳河西源建有石匣水库，是一座具有防洪、灌溉、供水、发电和养鱼等综合效益的中型水库。

浊漳河流域在新中国成立以来，特别是1958年以后，兴建了大量水利工程。有大型水库3座（漳泽、后湾、关河）、中型水库11座、小（1）型水库33座、小（2）型水库59座，总蓄水能力9.54亿m^3。漳河流域大中型水库基本情况见表2-2。有万亩以上自流灌区17处，中型机电灌站8处，小型机电灌站540处，小水电站17处。流域现有设计灌溉面积138.51万亩，有效灌溉面积94.50万亩。水利工程提供大量的工业和城市用水，促进了当地的经济发展。长治市还先后建设了辛安泉引水一期工程和二期工程，引水能力达 $2m^3/s$，成为长治市城市用水的主要水源。

2000年漳河流域总取水量4.33亿 m^3，其中地表水取水2.11亿 m^3，地下水取水2.22亿 m^3，分别占到总取水量的49%和51%。按照用水户分类，工业用水量1.44亿 m^3，农田灌溉用水量2.00亿 m^3，城镇生活用水量0.35亿 m^3，农村生活用水量0.38亿 m^3，林牧渔用水量0.17亿 m^3。

2000年卫河流域总取水量121万 m^3，其中地表水取水104万 m^3，地下水取水17万 m^3，主要为农业和农村生活用水。

表3-2 漳河流域大中型水库基本情况表

水库名称	所在河流	集水面积（km^2）	坝型	坝高（m）	总库容（亿 m^3）	已淤库容（亿 m^3）	兴利库容（亿 m^3）
漳　泽	浊漳河南源	3176	土坝	22.5	4.273	0.3028	1.104
关　河	浊漳河北源	1745	土坝	33.0	1.399	0.6381	0.1918
后　湾	浊漳河西源	1267	土坝	26.0	1.3033	0.0794	0.3400
圪芦河	浊漳河西源	110	土坝	21.6	0.168	0.06	0.0245
月岭山	浊漳河西源	213	土坝	16.5	0.211	0.0811	0.0154
陶清河	浊漳河南源	393	土坝	24.1	0.341	0.1286	0.1750
申　村	浊漳河南源	235	土坝	23.5	0.2219	0.099	0.0603
鲍家河	岚水河	179	土坝	21.0	0.1024	0.0166	0.0434
西　堡	陶清河	230	土坝	37.2	0.29	0.1016	0.1709
庄　头	石子河	120	土坝	44.0	0.17	0.0154	0.0734
屯　绛	绛 河	407	土坝	31.0	0.519	0.18	0.1206
云　竹	浊漳河北源	323	土坝	19.0	0.777	0.090	0.4799
石　匣	清漳河西源	753	土坝	34.0	0.540	0.086	0.1723

经过2015年山洪灾害调查，在漳河上游14个县区中，在防治区内建设的水利工程419处，其中：水库85座，水闸83处，堤防251条。调查到的桥梁874座，路涵542个，塘坝72个。漳河上游山区山洪灾害调查情况见表3-3，漳河山区水利工程分布图如图3-1所示。漳河上游山区塘坝工程调查表、漳河上游山区水闸工程调查表、漳河上游山区堤防工程调查表分别见表3-4～表3-6。

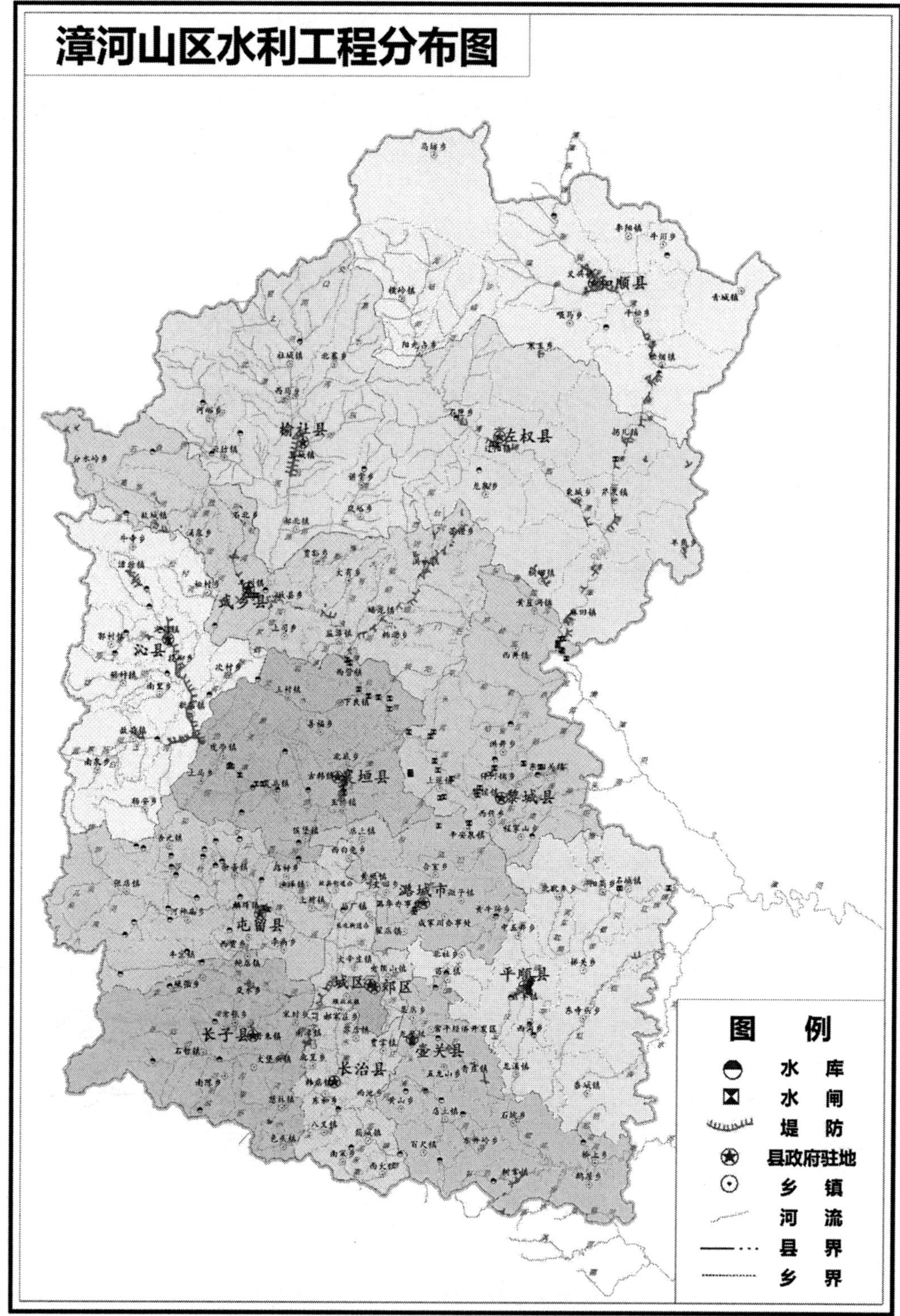

图3-1　漳河山区水利工程分布图

表3-3　漳河上游山区山洪灾害调查统计表

序号	县区名	乡镇（个）	村（个）	防治区（村）	重点防治村（个）	重点沿河居民户（户）	桥梁（座）	路涵（个）	塘坝（个）	水库（座）	水闸（处）	堤防（条）
1	武乡县	14	382	186	45	490	41	4	1	4	4	80
2	沁县	13	312	189	53	419	50	6	6	9	0	18
3	襄垣县	13	331	116	45	447	25	18	1	10	19	2
4	壶关县	13	392	188	49	574	50	132	1	10	0	24
5	黎城县	9	249	218	54	603	68	4	1	5	38	0
6	屯留县	14	293	200	89	1270	20	3	2	21	2	2
7	平顺县	12	262	155	105	886	105	75	14	4	17	5
8	潞城市	9	204	80	45	641	20	8	3	1	2	2
9	长子县	12	399	229	64	1301	92	67	5	6	0	9
10	长治县	13	254	124	50	929	26	27	1	3	0	1
11	长治郊区	8	141	60	28	445	26	9	2	1	0	6
12	左权县	10	205	150	89	1145	131	53	29	3	3	78
13	榆社县	10	277	212	56	1371	138	136	5	5	0	2
14	和顺县	10	300	232	64	1333	82	0	1	4	0	24
合计		160	4001	2339	836	11854	874	542	72	86	85	253

表3-4　漳河上游山区塘坝工程调查表

县区	序号	塘坝名称	所在行政区名称	容积（m^3）	坝高（m）	坝长（m）	挡水主坝类型
沁县	1	待贤塘坝	新店镇	440000	10.25	165	土坝
沁县	2	大良塘坝	段柳乡	116500	14	69	堆石坝
沁县	3	石门塘坝	段柳乡	108000	10.75	16	混凝土坝
沁县	4	后庄塘坝	松村乡	203000	7	163	土坝
沁县	5	华山沟塘坝	牛寺乡	202500	10.5	53	土坝
沁县	6	韩庄塘坝	杨安乡	266000	9	155	土坝
襄垣县	7	小垴塘坝	古韩镇	50000	20	35	混凝土坝
壶关县	8	石坡塘坝	石坡村		10	126	碾压混凝土坝
屯留县	9	秦家村塘坝	吾元镇秦家村	6000	8	77	土坝
屯留县	10	王家渠塘坝	上莲开发区王家渠	2400	6.2	27	土坝

续表

县区	序号	塘坝名称	所在行政区名称	容积（m^3）	坝高（m）	坝长（m）	挡水主坝类型
平顺县	11	张井村土塘坝	张井村	50000	20	35	土坝
平顺县	12	崇岩村土塘坝	崇岩村	100000	20	160	土坝
平顺县	13	刘家村土塘坝	刘家村	100000	10	100	土坝
平顺县	14	王庄村土塘坝	王庄村	100000	17	70	土坝
平顺县	15	龙镇村土塘坝	龙镇村	80000	12	150	土坝
平顺县	16	北坡村土塘坝	北坡村	120000	17	100	土坝
平顺县	17	新城村浆砌石塘坝	新城村	50000	7	55	土坝
平顺县	18	上庄村土塘坝 01	上庄村	50000	20	57	土坝
平顺县	19	上庄村土塘坝 02	上庄村	50000	17	46	土坝
平顺县	20	西沟村东峪浆砌石塘坝 01	东峪	30000	20	40	土坝
平顺县	21	西沟村东峪浆砌石塘坝 02	东峪	30000	20	40	土坝
平顺县	22	下井村浆砌石塘坝 01	下井村	40000	15	110	土坝
平顺县	23	下井村浆砌石塘坝 02	下井村	80000	25	70	土坝
平顺县	24	井底村浆砌石塘坝	井底村	100000	30	76	土坝
潞城市	25	河后村 01	合室乡河后村	50			其他
潞城市	26	儒教 01	合室乡儒教村	200			其他
潞城市	27	张家河村 01	合室乡张家河村	80			其他
长子县	28	张家庄塘坝	张家庄村	30000	8	70	土坝
长子县	29	良坪塘坝	良坪村	35000	10	60	混凝土坝
长子县	30	横岭庄	横岭庄村	120000	7	60	土坝
长子县	31	兴旺庄	兴旺庄	120000	7.2	50	土坝
长子县	32	丰村塘坝	丰村村	60000	15	0.8	混凝土坝
长治郊区	33	关村塘坝	关村村	4300			其他
长治郊区	34	鸡坡塘坝	鸡坡村	2400			其他
长治县	35	永丰村塘坝	永丰村	21000	7	50	碾压混凝土坝
黎城县	36	段家庄	段家庄村	1053000	24.3	122.1	碾压混凝土坝

续表

县区	序号	塘坝名称	所在行政区名称	容积（m^3）	坝高（m）	坝长（m）	挡水主坝类型
武乡县	37	大良塘坝	大良村	100000	10	80	碾压混凝土坝
左权县	38	后村土堰	辽阳镇东长义村	0.00	6.00	15.00	其他
左权县	39	村后大坝	辽阳镇五里堠村	0.00	40.00	200.00	混凝土坝
左权县	40	1号土堰	桐峪镇桐滩村杨家峧	0.00	5.00	85.00	其他
左权县	41	2号土堰	桐峪镇桐滩村杨家峧	0.00	4.00	19.00	其他
左权县	42	2号土堰	桐峪镇前山村	0.00	5.00	15.00	其他
左权县	43	2号土堰	桐峪镇前山村	0.00	5.00	15.00	其他
左权县	44	土堰	桐峪镇马家坪村	0.00	12.00	1000.00	其他
左权县	45	土堰	桐峪镇活岩村	0.00	2.00	100.00	其他
左权县	46	土堰	桐峪镇南冶村	0.00	7.00	150.00	其他
左权县	47	石堰	麻田镇云头底村	0.00	4.50	30.00	其他
左权县	48	土堰	麻田镇苏公村	0.00	6.00	15.00	其他
左权县	49	土堰	麻田镇苏公村	0.00	9.00	230.00	其他
左权县	50	塘坝	麻田镇西崖底村后山村	0.00	33.00	24.00	其他
左权县	51	土堰	麻田镇北艾铺村	0.00	6.00	330.00	其他
左权县	52	土堰	麻田镇安窑底村羊林村	0.00	5.00	75.00	其他
左权县	53	土堰	芹泉镇大南庄村	0.00	8.00	120.00	其他
左权县	54	村后大坝	芹泉镇大南庄村横岭	0.00	8.00	25.00	混凝土坝
左权县	55	塘坝	拐儿镇拐儿村	0.00	1.40	400.00	混凝土坝
左权县	56	胡家温水库	拐儿镇寺坪村	0.00	15.00	0.00	混凝土坝
左权县	57	塘坝	石匣乡石匣村	5099.00	33.30	274.00	混凝土坝
左权县	58	村后前坝	石匣乡大林村	0.00	5.00	40.00	混凝土坝
左权县	59	村后大坝	石匣乡姜家庄村	0.00	4.80	20.00	混凝土坝
左权县	60	塘坝	石匣乡合玉村	0.00	1.20	50.00	混凝土坝
左权县	61	塘坝	石匣乡白垢村	0.00	1.20	30.00	混凝土坝
左权县	62	村后大坝	龙泉乡高庄村	0.00	15.00	100.00	混凝土坝
左权县	63	1号大坝	龙泉乡连壁村	0.00	2.00	20.00	混凝土坝

续表

县区	序号	塘坝名称	所在行政区名称	容积（m^3）	坝高（m）	坝长（m）	挡水主坝类型
左权县	64	2号大坝	龙泉乡连壁村	0.00	3.70	20.00	混凝土坝
左权县	65	下交漳水库	左权县粟城乡	7717.00	46.80	256.00	混凝土坝
左权县	66	路边堰	羊角乡十字岭村	0.00	4.50	20.00	其他
榆社县	67	泥河掌塘坝	箕城镇泥河掌村	800.00	7.00	50.00	堆石坝
榆社县	68	爷家凹塘坝	云竹镇西庄村	900.00	5.00	20.00	土坝
榆社县	69	杨家沟塘坝1	河峪乡药峪村	500.00	8.00	45.00	土坝
榆社县	70	杨家沟塘坝2	河峪乡药峪村	1000.00	8.00	60.00	土坝
榆社县	71	杨家沟塘坝3	河峪乡药峪村	300.00	5.00	30.00	土坝
和顺县	72	九京灌溉供水站	义兴镇九京村	360000.00	6.00	191.00	土坝

表3-5　漳河上游山区水闸工程调查表

县区	序号	水闸名称	水闸类型	坝高（m）	坝长（m）
武乡县	1	马牧河1号橡胶坝	橡胶坝	2.5	80
武乡县	2	涅河1号橡胶坝	橡胶坝	3	95
武乡县	3	涅河2号橡胶坝	橡胶坝	3	95
武乡县	4	马牧河2号橡胶坝	橡胶坝	2	92
襄垣县	5	后湾灌区总干渠1号节制泄水闸	节制闸		
襄垣县	6	后湾灌区总干渠2号节制泄水闸	节制闸		
襄垣县	7	后湾灌区总干渠3号节制泄水闸	节制闸		
襄垣县	8	后湾灌区总干渠4号节制泄水闸	节制闸		
襄垣县	9	后湾灌区总干渠5号节制泄水闸	节制闸		
襄垣县	10	勇进渠渠首进水闸	引（进）水闸		
襄垣县	11	勇进渠800m段进水闸	引（进）水闸		
襄垣县	12	勇进渠梁庄节制闸	节制闸		
襄垣县	13	勇进渠渠首泄水闸	引（进）水闸		
襄垣县	14	勇进渠东邯郸节制闸	节制闸		
襄垣县	15	勇进渠东邯郸泄水闸	分（泄）洪闸		
襄垣县	16	勇进渠阳坡节制闸	节制闸		
襄垣县	17	勇进渠阳坡村泄水闸	分（泄）洪闸		
襄垣县	18	勇进渠圪叉街节制闸	节制闸		

续表

县区	序号	水闸名称	水闸类型	坝高（m）	坝长（m）
襄垣县	19	勇进渠圪叉街泄水闸	分（泄）洪闸		
襄垣县	20	东关河治理工程1号橡胶坝	橡胶坝	2	100
襄垣县	21	东关河治理工程2号橡胶坝	橡胶坝	2	100
襄垣县	22	东关河治理工程3号橡胶坝	橡胶坝	2	100
襄垣县	23	东关河治理工程4号橡胶坝	橡胶坝	2	100
屯留县	24	绛河苑一期橡胶坝	橡胶坝	2.3	142
屯留县	25	绛河苑二期橡胶坝	橡胶坝	2.5	142
平顺县	26	平顺县县城段6号节制闸	节制闸		
平顺县	27	平顺河县城段10号节制闸	节制闸		
平顺县	28	平顺河县城段11号节制闸	节制闸		
平顺县	29	平顺河县城段12号节制闸	节制闸		
平顺县	30	平顺河县城段13号节制闸	节制闸		
平顺县	31	平顺河县城段14号节制闸	节制闸		
平顺县	32	平顺河县城段1号节制闸	节制闸		
平顺县	33	平顺河县城段2号节制闸	节制闸		
平顺县	34	平顺河县城段3号节制闸	节制闸		
平顺县	35	平顺河县城段4号节制闸	节制闸		
平顺县	36	平顺河县城段5号节制闸	节制闸		
平顺县	37	平顺河县城段7号节制闸	节制闸		
平顺县	38	平顺河县城段8号节制闸	节制闸		
平顺县	39	平顺河县城段9号节制闸	节制闸		
平顺县	40	马塔电站尾水泄水闸	分（泄）洪闸		
平顺县	41	红旗渠渠首泄水闸	分（泄）洪闸		
平顺县	42	红旗渠渠首进水闸	分（泄）洪闸		
黎城县	43	漳北渠进水闸	引（进）水闸		
黎城县	44	漳北渠清泉1号泄水闸	排（退）水闸		
黎城县	45	漳北渠清泉3号泄水闸	排（退）水闸		
黎城县	46	漳北渠清泉4号泄水闸	排（退）水闸		
黎城县	47	漳西渠看后1号引水闸	引（进）水闸		
黎城县	48	漳西渠看后2号引水闸	引（进）水闸		
黎城县	49	漳西渠看后1号泄洪闸	分（泄）洪闸		
黎城县	50	漳西渠看后2号泄洪闸	分（泄）洪闸		
黎城县	51	漳西渠看后3号泄洪闸	分（泄）洪闸		

续表

县区	序号	水闸名称	水闸类型	坝高（m）	坝长（m）
黎城县	52	漳北渠渠口进水闸	引（进）水闸		
黎城县	53	漳北渠渠口泄水闸	引（进）水闸		
黎城县	54	漳北渠二道节制闸	节制闸		
黎城县	55	漳北渠二道泄水闸	排（退）水闸		
黎城县	56	前庄口泄水闸	排（退）水闸		
黎城县	57	漳北渠大寺泄水闸	排（退）水闸		
黎城县	58	漳北渠大寺节制闸	节制闸		
黎城县	59	漳北渠郎庄泄水闸	排（退）水闸		
黎城县	60	勇进渠龙王沟节制闸	节制闸		
黎城县	61	勇进渠龙王沟泄水闸	排（退）水闸		
黎城县	62	勇进渠东坡节制闸	节制闸		
黎城县	63	勇进渠东坡泄水闸	排（退）水闸		
黎城县	64	勇进渠前庄节制闸	节制闸		
黎城县	65	勇进渠前庄泄水闸	排（退）水闸		
黎城县	66	勇进渠六洞节制闸	节制闸		
黎城县	67	勇进渠六洞泄水闸	排（退）水闸		
黎城县	68	勇进渠茶安岭节制闸	节制闸		
黎城县	69	勇进渠茶安岭泄水闸	排（退）水闸		
黎城县	70	漳北渠北马泄水闸	节制闸		
黎城县	71	漳北渠转山区泄水闸	排（退）水闸		
黎城县	72	勇进渠三联坝节制闸	节制闸		
黎城县	73	勇进渠三联坝泄水闸	排（退）水闸		
黎城县	74	勇进渠城西节制闸	节制闸		
黎城县	75	勇进渠城西泄水闸	排（退）水闸		
黎城县	76	勇进渠阳南河节制闸	节制闸		
黎城县	77	勇进渠阳南河泄水闸	排（退）水闸		
黎城县	78	勇进渠东黄须节制闸	节制闸		
黎城县	79	勇进渠东黄须泄水闸	排（退）水闸		
黎城县	80	勇进渠长垣节制闸	节制闸		
潞城市	81	潞城市城西水系景观 1 号橡胶坝	橡胶坝	2. 5	26
潞城市	82	潞城市城西水系景观 2 号橡胶坝	橡胶坝	2. 5	26

续表

县区	序号	水闸名称	水闸类型	坝高（m）	坝长（m）
左权县	83	滨河橡胶坝工程	橡胶坝	2.00	80.00
左权县	84	滨河橡胶坝工程	橡胶坝	2.00	80.00
左权县	85	胡家温灌区分（泄）洪闸水闸工程	分（泄）洪闸	0.00	0.00

表3－6 漳河上游山区堤防工程调查表

县区	序号	堤防名称	所在河流	堤防长度（m）
武乡县	1	西郊村防洪堤防	昌源河	850
武乡县	2	玉石沟堤防	蟠洪河	260
武乡县	3	刘家沟护堤防	贾豁河	240
武乡县	4	庄底堤防	蟠洪河	850
武乡县	5	井湾西河堤防	蟠洪河	234
武乡县	6	井湾上河堤防	蟠洪河	250
武乡县	7	马堡堤防	蟠洪河	2080
武乡县	8	连元村堤防	浊漳北源	400
武乡县	9	故县村左岸堤防	浊漳北源	700
武乡县	10	故县村右岸堤防	浊漳北源	500
武乡县	11	型庄村堤防	马牧河	240
武乡县	12	下型塘堤防	蟠洪河	1189
武乡县	13	东庄堤防	蟠洪河	274
武乡县	14	长乐村堤防	浊漳北源	850
武乡县	15	新寨堤防	蟠洪河	768
武乡县	16	祥良村堤防	蟠洪河	600
武乡县	17	下广志村堤防	广志河	1010
武乡县	18	窑上坡堤防	涅河	230
武乡县	19	李峪堤防	浊漳北源	136
武乡县	20	蟠龙村左岸堤防	蟠洪河	940
武乡县	21	蟠龙村右岸堤防	蟠洪河	136
武乡县	22	尚元堤防	蟠洪河	300
武乡县	23	石门河堤防	蟠洪河	320
武乡县	24	半坡堤防	广志河	270
武乡县	25	小河坪堤防	南台河	1300

续表

县区	序号	堤防名称	所在河流	堤防长度（m）
武乡县	26	大崔根堤防	南台河	200
武乡县	27	合家垴左岸堤防	蟠洪河	540
武乡县	28	合家垴右岸堤防	蟠洪河	120
武乡县	29	西河堤防	蟠洪河	1465
武乡县	30	东河堤防	蟠洪河	280
武乡县	31	南垴村堤防	浊漳北源	200
武乡县	32	胡庄护村堤防	贾豁河	586
武乡县	33	南关村防洪堤防	昌源河	1000
武乡县	34	白和左岸堤防	蟠洪河	260
武乡县	35	白和右岸堤防	蟠洪河	1300
武乡县	36	下北漳村护地堤防	蟠洪河	870
武乡县	37	常青村护村堤防	蟠洪河	210
武乡县	38	常青村护路堤防	蟠洪河	890
武乡县	39	上广志护村堤防	广志河	90
武乡县	40	中村堤防	蟠洪河	2060
武乡县	41	司庄堤防	昌源河	35
武乡县	42	寨坪堤防	蟠洪河	1910
武乡县	43	峪口堤防	浊漳北源	1000
武乡县	44	墨镫村堤防	蟠洪河	2600
武乡县	45	戈北坪堤防	蟠洪河	150
武乡县	46	贾豁护村堤防	贾豁河	100
武乡县	47	贾豁村东护村堤防	贾豁河	168
武乡县	48	新村左岸堤防	蟠洪河	1400
武乡县	49	新村右岸堤防	蟠洪河	1300
武乡县	50	瓦窑科堤防	马牧河	120
武乡县	51	反修滩堤防	马牧河	100
武乡县	52	魏家窑西底堤防	魏家窑河	830
武乡县	53	故城村护地堤防	涅河	230
武乡县	54	东寨底村护地堤防	涅河	30
武乡县	55	东良护地堤防	涅河	60
武乡县	56	马牧河左岸堤防	马牧河	1680

续表

县区	序号	堤防名称	所在河流	堤防长度（m）
武乡县	57	马牧河右岸堤防	马牧河	1680
武乡县	58	涅河左岸堤防	涅河	2300
武乡县	59	涅河右岸堤防	涅河	2200
武乡县	60	马牧村左岸堤防	马牧河	460
武乡县	61	马牧村右岸堤防	马牧河	651
武乡县	62	丰垴堤防	浊漳北源	493
武乡县	63	山交村堤防	涅河	160
武乡县	64	温庄村堤防	石门河	160
武乡县	65	上型塘堤防	蟠洪河	1012
武乡县	66	上型塘右岸堤防	蟠洪河	1150
武乡县	67	下寨村堤防	蟠洪河	1500
武乡县	68	柳沟村堤防	蟠洪河	420
武乡县	69	洪水村东河堤防	蟠洪河	1227
武乡县	70	洪水村西河堤防	广志河	646
武乡县	71	洪水村西河堤防	广志河	180
武乡县	72	白和村右岸堤防	蟠洪河	394
武乡县	73	白和村南台河堤防	蟠洪河	1287
武乡县	74	上北台右岸堤防	南台河	345
武乡县	75	石科堤防	大有河	60
武乡县	76	聂村堤防	涅河	245
武乡县	77	魏家窑堤防	魏家窑河	180
武乡县	78	张村堤防	马牧河	421
武乡县	79	神西村堤防	马牧河	100
武乡县	80	石北东河堤防	马牧河	140
沁县	81	下曲峪河右岸堤防	浊漳西源	1080
沁县	82	下曲峪河左岸堤防	浊漳西源	1080
沁县	83	漳河堤防（定昌段）	浊漳西源	4400
沁县	84	迎春河堤防	浊漳西源	1540
沁县	85	漳河堤防（定昌段）	浊漳西源	2300
沁县	86	迎春河堤防	浊漳西源	1313
沁县	87	白玉河堤防（故县段）	浊漳西源	3930

续表

县区	序号	堤防名称	所在河流	堤防长度（m）
沁县	88	白玉河堤防（故县段）	浊漳西源	2698
沁县	89	漳河堤防（新店段）	浊漳西源	19800
沁县	90	漳河堤防（新店段）	浊漳西源	4000
沁县	91	白玉河堤防（新店段）	浊漳西源	4769
沁县	92	白玉河堤防（新店段）	浊漳西源	5675
沁县	93	漳河堤防（漳源段）	浊漳西源	12050
沁县	94	漳河堤防（漳源段）	浊漳西源	2000
沁县	95	段柳河堤防	浊漳西源	1600
沁县	96	漳河堤防（段柳段）	浊漳西源	18000
沁县	97	涅河堤防	浊漳西源	1600
沁县	98	涅河堤防	浊漳西源	900
襄垣县	99	古韩镇仓上至东关村左岸堤防	漳河	4100
襄垣县	100	古韩镇仓上至东北阳村右岸堤防	漳河	4100
壶关县	101	森掌堤防右岸段	淅淇河	200
壶关县	102	神北堤防右岸段	淅淇河	800
壶关县	103	神南堤防右岸段	淅淇河	100
壶关县	104	南郊堤防右岸段	淅淇河	150
壶关县	105	神南堤防左岸段	淅淇河	100
壶关县	106	南郊堤防左岸段	淅淇河	150
壶关县	107	上河堤防右岸段	淅淇河	200
壶关县	108	河东堤防右岸段	淅淇河	300
壶关县	109	西七里堤防右岸段	石子河	1700
壶关县	110	东川堤防右岸段	石子河	1000
壶关县	111	西川堤防右岸段	石子河	1100
壶关县	112	晋庄堤防右岸段	石子河	800
壶关县	113	东崇贤堤防右岸段	石子河	700
壶关县	114	树掌堤防右岸段	淅淇河	900
壶关县	115	上河堤防左岸段	淅淇河	200
壶关县	116	河东堤防左岸段	淅淇河	300
壶关县	117	西七里堤防左岸段	石子河	1700
壶关县	118	东川堤防左岸段	石子河	900

续表

县区	序号	堤防名称	所在河流	堤防长度（m）
壶关县	119	西川堤防左岸段	石子河	1200
壶关县	120	晋庄堤防左岸段	石子河	1000
壶关县	121	东崇贤堤防左岸段	石子河	700
壶关县	122	树掌堤防左岸段	淅淇河	900
壶关县	123	森掌堤防左岸段	淅淇河	200
壶关县	124	神北堤防左岸段	淅淇河	700
屯留县	125	绛河县城段右岸堤防	绛河	2600
屯留县	126	绛河县城段左岸堤防	绛河	2440
平顺县	127	县城南河右岸堤防	平顺河	3168
平顺县	128	县城南河左岸堤防	平顺河	3168
平顺县	129	县城西河右岸堤防	平顺河	380
平顺县	130	县城西河左岸堤防	平顺河	380
平顺县	131	茶兰岩村右岸堤防	虹霓河	540
潞城市	132	城西水系景观左岸堤防	黄碾河	2200
潞城市	133	城西水系景观右岸堤防	黄碾河	2200
长子县	134	下霍护村堤防	漳河	1149
长子县	135	雍河县城段左岸堤防	雍河	382
长子县	136	雍河县城段右岸堤防	雍河	382
长子县	137	崔庄河道左岸堤防	小丹河	242
长子县	138	崔庄河道右岸堤防	小丹河	242
长子县	139	漳河神护村左岸堤防	漳河	240
长子县	140	漳河神护村右岸堤防	漳河	240
长子县	141	岚水护村堤防	岚水河	398
长子县	142	西何护村堤防	岚水河	400
长治县	143	浊漳河南源大堤—长治县段	漳河	592
长治郊区	144	浊漳南源大堤下秦段	浊漳南源	738
长治郊区	145	浊漳南源大堤杨暴段	浊漳南源	2015
长治郊区	146	浊漳南源大堤店上段	浊漳南源	2347
长治郊区	147	浊漳南源大堤余庄段	浊漳南源	1627
长治郊区	148	浊漳南源大堤郊暴马段	浊漳南源	1976
长治郊区	149	浊漳南源大堤安居段	浊漳南源	500

续表

县区	序号	堤防名称	所在河流	堤防长度（m）
左权县	150	滨河防洪坝	清漳西源	2650
左权县	151	滨河防洪坝	清漳西源	2650
左权县	152	滨河防洪坝	清漳西源	2650
左权县	153	滨河防洪坝	清漳西源	2650
左权县	154	界道岩坝	枯河	1330
左权县	155	界道岩坝	枯河	900
左权县	156	界道岩坝	枯河	1300
左权县	157	界道岩坝	枯河	1330
左权县	158	界道岩坝	枯河	900
左权县	159	界道岩坝	枯河	1300
左权县	160	后窑峪河坪坝	清漳西源	750
左权县	161	后窑峪河坪坝	清漳西源	750
左权县	162	后窑峪村护村坝	清漳西源	600
左权县	163	后窑峪村护村坝	清漳西源	600
左权县	164	后窑峪河坪坝	清漳西源	750
左权县	165	后窑峪河坪坝	清漳西源	750
左权县	166	后窑峪村护村坝	清漳西源	600
左权县	167	后窑峪村护村坝	清漳西源	600
左权县	168	蛤蟆滩界道岩坝	枯河	330
左权县	169	蛤蟆滩界道岩坝	枯河	330
左权县	170	桐峪村护村坝	桐峪河	710
左权县	171	桐峪村护地坝	桐峪河	920
左权县	172	桐峪村护村坝	桐峪河	710
左权县	173	桐峪村护地坝	桐峪河	920
左权县	174	滩里村护村坝	桐峪河	1050
左权县	175	滩里村护村坝	桐峪河	1050
左权县	176	上武村护村坝	桐峪河	621
左权县	177	上武村护村坝	桐峪河	621
左权县	178	麻田村护村坝	清漳河	1600
左权县	179	麻田村护村坝	清漳河	1600
左权县	180	云头底村漳河护村护地坝	清漳河	150

续表

县区	序号	堤防名称	所在河流	堤防长度（m）
左权县	181	云头底村漳河护地坝	清漳河	400
左权县	182	云头底村东崖底河护地坝	东崖底河	300
左权县	183	云头底村漳河护村护地坝	清漳河	150
左权县	184	云头底村漳河护地坝	清漳河	400
左权县	185	云头底村东崖底河护地坝	东崖底河	300
左权县	186	西安村护地坝	清漳河	400
左权县	187	西安村护村坝	清漳河	300
左权县	188	西安村护地坝	清漳河	400
左权县	189	西安村护村坝	清漳河	300
左权县	190	泽城村护村坝	清漳河	350
左权县	191	泽城村护地坝	清漳河	500
左权县	192	泽城村护村坝	清漳河	350
左权县	193	泽城村护地坝	清漳河	500
左权县	194	西黄漳至五里铺护村护地坝	清漳河	5800
左权县	195	西黄漳至五里铺护村护地坝	清漳河	5800
左权县	196	芹泉村护村护地坝	禅房沟	2400
左权县	197	芹泉村护村护地坝	禅房沟	2400
左权县	198	上庄村护村护地坝	下庄沟河	2400
左权县	199	上庄村护村护地坝	下庄沟河	2400
左权县	200	拐儿村西沟护村坝	拐儿西沟河	202
左权县	201	拐儿村漳河护村坝	清漳河	230
左权县	202	拐儿村西沟河护村坝	清漳河	484
左权县	203	拐儿村西沟护村坝	拐儿西沟河	202
左权县	204	拐儿村漳河护村坝	清漳河	230
左权县	205	拐儿村西沟河护村坝	清漳河	484
左权县	206	骆驼村护地坝	清漳河	730
左权县	207	骆驼村护地坝	清漳河	290
左权县	208	骆驼村护地坝	清漳河	730
左权县	209	骆驼村护地坝	清漳河	290
左权县	210	天门村护地坝	下庄沟河	380
左权县	211	天门村护地坝	下庄沟河	380

续表

县区	序号	堤防名称	所在河流	堤防长度（m）
左权县	212	寺坪村护地坝	清漳河	1400
左权县	213	寺坪村护地坝	清漳河	1400
左权县	214	寒王村护堤坝	枯河	1500
左权县	215	寒王村护堤坝	枯河	1500
左权县	216	石匣村护村坝	清漳西源	440
左权县	217	石匣村护村坝	清漳西源	300
左权县	218	石匣村护村坝	清漳西源	440
左权县	219	石匣村护村坝	清漳西源	300
左权县	220	梁峪村护地坝	龙沟河	300
左权县	221	梁峪村护地坝	龙沟河	300
左权县	222	粟城村护村护地坝	清漳西源	5000
左权县	223	粟城村护村护地坝	清漳西源	5000
左权县	224	故驿护村坝	清漳西源	4000
左权县	225	故驿护村坝	清漳西源	4000
左权县	226	羊角村护村护地坝	羊角河	2000
左权县	227	羊角村护村护地坝	羊角河	2000
榆社县	228	浊漳北源堤防左岸	浊漳北源	30000
榆社县	229	浊漳北源堤防右岸	浊漳北源	30000
和顺县	230	南河堤防左岸	梁余河	3830
和顺县	231	北河堤防右岸	清漳河	6420
和顺县	232	北河堤防左岸	清漳河	6420
和顺县	233	蔡家庄堤防左岸	清漳河	2160
和顺县	234	蔡家庄堤防右岸	清漳河	2160
和顺县	235	南河堤防右岸	清漳河	3830
和顺县	236	南河堤防左岸	梁余河	3830
和顺县	237	南河堤防右岸	清漳河	3830
和顺县	238	北河堤防左岸	清漳河	6420
和顺县	239	北河堤防右岸	清漳河	6420
和顺县	240	蔡家庄堤防左岸	清漳河	2160
和顺县	241	蔡家庄堤防右岸	清漳河	2160
和顺县	242	马连曲堤防右岸	清漳河	3180

续表

县区	序号	堤防名称	所在河流	堤防长度（m）
和顺县	243	清漳东源中小河流白仁段堤防	清漳河	3536
和顺县	244	清漳东源中小河流松烟段堤防	清漳河	440
和顺县	245	清漳东源中小河流马连曲段堤防	清漳河	440
和顺县	246	清漳东源中小河流许村段堤防	清漳河	800
和顺县	247	清漳东源 中小河流松烟段堤防	清漳河	440
和顺县	248	清漳东源中小河流白仁堤防	清漳河	3536
和顺县	249	马连曲堤防右岸	清漳河	3180
和顺县	250	清漳东源中小河流许村段堤防	清漳河	800
和顺县	251	清漳东源中小河流马连曲段堤防	清漳河	440
和顺县	252	清漳东源中小河流堤防右岸	清漳河	2000
和顺县	253	清漳东源中小河流堤防右岸	清漳河	2000

3.3 历史山洪灾害

清漳河流域，自然灾害频繁而严重，霜冻、冰雹、风害时有发生，干旱现象比较严重，有“十年九旱”之说，常出现的旱情有春旱和“卡脖子”旱。全年降雨主要集中在汛期，又多以暴雨形式出现，经常发生洪涝灾害。新中国成立以来，共发生四次大的洪水，其中以 1963 年 8 月 6 日的洪水最大，刘家庄水文站实测洪峰流量为 $5660m^3/s$，其次为 1996 年 8 月 4 日的洪水，洪峰流量为 $4040m^3/s$，除清漳西源、东源及干流流域均遭受了较大的洪灾损失，直接经济损失达 1.6 亿元之多。

浊漳北源有记载的历史洪涝灾害有数十次。1848 年 6 月 1 日夜，洪水曾将武乡城东、西关漂泊一空；1928 年 7 月 18 日，河水猛涨再淹武乡城；1963 年 7 月 6 日武乡一日降雨 113mm，8 月连续降雨 11 天，引发洪灾；1976 年 7、8 两月降雨 529.6mm（武乡），30 余万亩（1 亩 = 1/15 hm^2）作物受灾。

经 2015 年山洪灾害调查漳河流域 14 县市区，调查到历史洪水 158 场。各县市区历史洪水见表 3 - 7，具体场次洪水灾害情况统计见表 3 - 8。

表3－7　漳河上游山区历史山洪灾害情况统计表

序号	县区名	发生场次（次）	死亡人数（人）
1	武乡县	13	
2	沁县	19	8
3	襄垣县	15	12
4	壶关县	7	75
5	黎城县	6	17
6	屯留县	10	6
7	平顺县	13	318
8	潞城市	10	41
9	长子县	6	
10	长治县	9	28
11	长治郊区	10	
12	左权县	12	52
13	榆社县	14	6
14	和顺县	14	35
	合计	158	598

表3－8　漳河上游山区历史山洪灾害场次统计表

县区	序号	灾害发生时间	灾害发生地点	过程降雨量（mm）	灾害损失情况					灾害描述
					死亡人数（人）	失踪人数（人）	损毁房屋（间）	转移人数（人）	直接经济损失（万元）	
武乡县	1	清·康熙五年（1666年）	故县							清·康熙五年（1666年）九月，大雨数日，漳河暴涨，城内（今故县）街道可以划船
武乡县	2	康熙十八年（1679年）	魏家窑、监漳							康熙十八年（1679年），地震后发生水灾，魏家窑、监漳等村庄土地全被淹没
武乡县	3	康熙二十三年（1684年）								秋天下连阴雨70余日，庄稼腐烂，房屋倒塌
武乡县	4	清·嘉庆十八年（1813年）								清·嘉庆十八年（1813年）五月下大暴雨一次，秋天又遭暴风袭击，村庄被淹没，漳河两岸秋禾水淹。秋收时庄稼烂地

续表

县区	序号	灾害发生时间	灾害发生地点	过程降雨量（mm）	灾害损失情况					灾害描述
					死亡人数（人）	失踪人数（人）	损毁房屋（间）	转移人数（人）	直接经济损失（万元）	
武乡县	8	民国二十六年（1937 年）								民国二十六年（1937 年）全县连降 40 天秋雨，庄稼烂地，房屋倒塌
武乡县	9	新中国成立后，1961 年 7 月上旬	窑湾							新中国成立后，1961 年 7 月上旬，窑湾公社一连两次遭大暴雨袭击，1 万亩秋作物漂没倒伏
武乡县	10	1963 年	全县							1963 年，全县连降秋雨 20 余日，已书的庄稼在地里发芽
武乡县	11	1975 年 7 月	石泉、水源沟、西河底							1975 年 7 月，连降暴雨，洪水猛涨。石泉、水源沟、西河底等水库被冲垮。同年 9 月下旬至 10 月下旬秋雨连绵，庄稼烂在地头、场上很多
武乡县	12	1976 年 6 月 30 日	南关	150						1976 年6 月30 日，南关降暴雨 2 小时，山洪暴发，土地冲垮。7 月 24 日零点至 5 点，涌泉、石北、城关、曹村、上司、监漳、故县、大有八个公社遭受特大洪灾，5 小时内降雨 150mm。水库池塘冲塌，工程设施毁坏，房屋倒塌，井渠漂埋，土地淹没，粮仓住宅进水，交通阻塞
武乡县	13	1979 年	全县							1979 年，收麦季节，阴雨连绵，全县小麦全部受灾，总产 1. 3665 万 kg 全部长芽
沁县	14	1933 年 8 月 4 日	定昌镇迎春村、福村、北寺上				45			居民被淹，房倒屋塌

续表

县区	序号	灾害发生时间	灾害发生地点	过程降雨量（mm）	灾害损失情况					灾害描述
					死亡人数（人）	失踪人数（人）	损毁房屋（间）	转移人数（人）	直接经济损失（万元）	
沁县	15	1951年7月22日	段柳乡、原樊村乡、册村乡				113			圪芦河上游降暴雨2小时，大河出槽5尺（1尺=0.3333m）多高，漂埋秋禾3130亩
沁县	16	1963年8月28日	原城关镇城关村、梁家湾、合庄、北寺上等，段柳长胜	149.1			240			城关村周围降暴雨7小时，梁家湾水库干渠等建筑物被冲毁，段柳乡长胜供销社遭水淹
沁县	17	1970年7月	故县镇故县村、唐庄							河湾拦堤摧毁，淹没耕地300亩
沁县	18	1976年8月	原城关镇南石堠、北寺上、福村、下峪等村	116		105	8644	120		降暴雨2小时，冲垮桥梁12处，冲倒电杆、电信杆100多根
沁县	19	1978年7月28日	漳源镇漳河村9个村		4		4			突降暴雨房倒屋塌4间、死亡4人、伤1人
沁县	20	1988年8月	原待贤乡待贤、何家庄、沙圪道等，原南池乡南池村、太里村、古城村等			75		1200		因暴雨造成河流上涨，地方积水半米，造成交通不便、农田淹没
沁县	21	1989年8月16日	原南仁乡、南泉乡、故县镇41个村							暴雨持续20小时，造成部分交通瘫痪、电路中断
沁县	22	1993年8月4日	原城关镇、待贤、新店、故县、册村、漳源等11个乡镇	104	4		1200	6300		30分钟降雨达104mm，引起境内多处河流山洪暴发，倒塌房屋，伤亡牲畜，冲毁桥梁、涵洞、公路、树木、鱼塘，45人受伤

续表

县区	序号	灾害发生时间	灾害发生地点	过程降雨量（mm）	灾害损失情况					灾害描述
					死亡人数（人）	失踪人数（人）	损毁房屋（间）	转移人数（人）	直接经济损失（万元）	
沁县	23	1993年8月	南里乡岭头							房屋、道路位移开裂10cm左右
沁县	24	1993年8月4日	原待贤乡待贤村、何家庄等							特大暴雨使农田受灾，山洪暴发（50余米，0.5~1米河流）
沁县	25	1993年8月	原待贤乡下尧村				1			因暴雨造成山洪暴发、河流上涨，使3户村民受灾，1户房屋倒塌
沁县	26	1993年8月	原南池乡南池村、太里村、古城村							大暴雨形成山洪暴发、沿河1500亩耕地受灾
沁县	27	1993年8月	原新店镇邓家坡村							暴雨造成800亩耕地受灾
沁县	28	1998年10月3日	杨安乡、柳沟							淹没耕地50余亩
沁县	29	1998年10月3日	漳源镇交口村							大暴雨形成洪水使两座桥塌造成行路难，漳源水库大坝滑坡多处
沁县	30	2010年7月18日	漳源镇漳河村				2			急暴雨40分钟造成牛1头、房2座损失
沁县	31	2010年8月	漳源镇南沟村							大雨形成山洪、冲垮引水工程使40户居民吃水困难
沁县	32	1976年－1978年	漳河镇上庄村、羊庄、山坡、西倪村、乔村等					1800		发生山洪灾害15起，使乔村等8个村1600亩农田受淹，粮食绝收，林木2.5万株冲倒，失踪3人，牛、羊死亡200头
襄垣县	33	1971年7月10日	西港村			8	9	3.2		洪水进户18户
襄垣县	34	1996年	背里村				200	200	130	

续表

县区	序号	灾害发生时间	灾害发生地点	过程降雨量（mm）	灾害损失情况					灾害描述
					死亡人数（人）	失踪人数（人）	损毁房屋（间）	转移人数（人）	直接经济损失（万元）	
襄垣县	35	1969 年	河口村	120				20	10	
襄垣县	36	1969 年	西底村	135			35	320	32	后湾水库回流到村内淹没、浸泡房屋 35 间转移群众 320 人，淹没公路 2km
襄垣县	37	2011 年 8 月	史北村	100				64	86	洪水进户 18 户
襄垣县	38	1969 年	王家沟村	120				12	15	
襄垣县	39	1991 年 5 月	寨沟村				7	30	28	
襄垣县	40	1976 年 8 月 9 日	段堡村						2	
襄垣县	41	1975 年	桑家河村		1		2		1.1	
襄垣县	42	1971 年	土合村		1		3	4		窑洞坍塌
襄垣县	43	1963 年	东宁静洪洞脚		9		5			窑洞坍塌
襄垣县	44	1971 年	东宁静卫生所		1		1			房屋倒塌
襄垣县	45	1971 年	东宁静坟沟							
襄垣县	46	1971 年	土合村至西宁静路桥							石拱桥冲毁
襄垣县	47	1988 年	何家庄村				5	15	18	
壶关县	48	1960 年 7 月	石子河流域龙泉镇董家坡村、老东河	连降暴雨	36		41			冲毁房屋 21 间，窑 20 孔，毁地 230 亩，树木 2320 株

续表

县区	序号	灾害发生时间	灾害发生地点	过程降雨量（mm）	灾害损失情况					灾害描述
					死亡人数（人）	失踪人数（人）	损毁房屋（间）	转移人数（人）	直接经济损失（万元）	
壶关县	49	1961年7月	陶清河流域原黄山、东柏林公社	大雨3天3夜	7		30			受灾农田1.6万亩，淹295户，塌房30余间
壶关县	50	1962年7月	石子河、陶清河、浙河	大雨	3		4242		15	特大涝灾，死3人，受灾作物3.6万亩，倒塌房屋3181间，窑1061孔，损失严重
壶关县	51	1969年6月	南大河流域原辛村公社	暴雨	3					受灾农田4.1万亩
壶关县	52	1975年8月	浙河流域桥上电站	暴雨	7				50	死7人，桥上电站厂房进水20m，发电机组全部被淹，造成经济损失50万元
壶关县	53	1979年7月8日	石子河流域原晋庄公社北头村	洪水	7		613			北头村7名小学生被淹死，山仓村冲走羊50只，驴1头
壶关县	54	1996年8月	浙河流域桥上、石河沐、石坡、树掌、鹅屋等乡镇	日降雨量达到255mm以上	12		7500		2300	日降雨量达到255mm以上，冲毁房屋7500余间，死12人，伤154人，经济损失达2300万元
黎城县	55	1978年7月	东崖底		2		10		200	冲毁土地2000余亩。提防20km，公路10km，冲走打井机1套
黎城县	56	1989年7月16日	全县	250	3		189		1350	全县普降大雨，北山五乡镇降雨量达到250mm以上。包括洪井在内的6乡镇、77个村受灾。共冲毁耕地7000多亩，粮食绝收8135亩，减产三至五成7845亩，冲毁渠道4560m，防护坝9430m，淤埋机井三眼，倒塌房屋89户，189间，冲走树木42870株，各种电杆390根，死亡3人。直接经济损失1350多万元

续表

县区	序号	灾害发生时间	灾害发生地点	过程降雨量（mm）	灾害损失情况					灾害描述
					死亡人数（人）	失踪人数（人）	损毁房屋（间）	转移人数（人）	直接经济损失（万元）	
黎城县	57	1991年7月4日	辛村							夏秋连旱，全县粮食减产1.32万t，缺粮人口3.67万人。7月4日下午，辛村突降暴雨，校舍房檐被击毁，玻璃、顶棚震碎，20名学生被雷电烧伤
黎城县	58	1993年7月29日	北山五乡镇、上遥、平头				1570		3178	7月29日、8月4日连降三场大雨，北山五乡镇和上遥、平头受重灾。冲毁房屋1570间，农田2533.3hm^2，水利设施210处，桥梁涵洞54座。直接损失3178万元
黎城县	59	1996年8月3日	北山	200	8				15300	8月3～4日，遭特大暴雨，县城降雨108.7mm，北山降雨近200mm，山洪暴发，8人死亡，35人重伤，1676人无家可归。直接经济损失1.53亿元
黎城县	60	2003年8月	全县		4		5261			8月、9月阴雨连绵，造成窑洞和土房渗水倒塌，塌房5261间（孔），死4人，造成危房3726间
屯留县	61	1971年	刘家坪村	115.1						全县大范围降雨，刘家坪村1小时降雨115.1mm
屯留县	62	2001年	丰宜镇、吾元镇等	110			259		789	全县遭受暴雨袭击，倒塌房屋窑洞259间，冲毁公路数条
屯留县	63	2007年	丰宜镇、吾元镇等	150			259		120	倒塌房屋窑洞259间，冲毁公路数条

续表

县区	序号	灾害发生时间	灾害发生地点	过程降雨量（mm）	灾害损失情况					灾害描述
					死亡人数（人）	失踪人数（人）	损毁房屋（间）	转移人数（人）	直接经济损失（万元）	
屯留县	64	1975 年	丰宜镇、张店镇等				15			冲毁地 1000 亩，民房 15 间，冲断公路，损失数万元
屯留县	65	1982 年	张店镇、西流寨等		4		459		122	
屯留县	66	1988 年	张店镇、八泉等		2		179			狂风 8 级以上，倒塌房屋 179 间，冲坏公路 188 处
屯留县	67	1990 年	张店镇等							受特大暴雨、冰雹，受灾小麦 5200 亩，秋作物 7670 亩，冲坏防洪坝 160 条
屯留县	68	1993 年	丰宜镇、张店镇等				259			遭受严暴雨、洪灾，受灾面积 10 万亩，减产 200 万 kg，冲毁公路数条
屯留县	69	1996 年	张店镇、余吾镇等	90			89		82	
屯留县	70	2003 年	西部大范围						1000	
平顺县	71	1970 年	芣兰岩河		2		50	1500	400	洪水
平顺县	72	1975 年	芣兰岩河		3		60	2000	500	洪水
平顺县	73	1982 年	芣兰岩河					3000	300	连降雨
平顺县	74	1988 年	芣兰岩河		4		50	5000	88	暴雨
平顺县	75	1956 年	浊漳河		92					
平顺县	76	1956 年			191		4234		7	连降大雨

续表

县区	序号	灾害发生时间	灾害发生地点	过程降雨量（mm）	灾害损失情况					灾害描述
					死亡人数（人）	失踪人数（人）	损毁房屋（间）	转移人数（人）	直接经济损失（万元）	
平顺县	77	1971年			9		964			洪水
平顺县	78	1975年8月			8					
平顺县	79	1988年8月	虹霓河		8		5152		3600	大暴雨
平顺县			露水河							
平顺县	80	1989年7月16日	平顺河	51	1		146		295	暴雨
平顺县	81	1989年7月16日	平顺河	51						暴雨
平顺县	82	1989年7月16日	南大河	51						暴雨
平顺县	83	1996年					6526			连续降雨40余天
潞城市	84	1970年7月	微子、黄池、黄牛蹄、王里堡等乡镇49个村						5.9	受灾5.5万亩，成灾0.5万亩，受重灾0.4万亩，死亡牲畜11头，减产粮食0.7万kg，水井2万个
潞城市	85	1976年6月	黄牛蹄、石梁等8个乡镇42个村	34.5降雨30分种			32		25	成灾0.15万亩，3.74万人受灾，砸死牲畜53头
潞城市	86	1979年7月	东邑乡	30降雨30分种					15	受灾1万亩，成灾0.2万亩，受灾人口0.3万人，减产粮食0.23万kg，坍塌道路37km

续表

县区	序号	灾害发生时间	灾害发生地点	过程降雨量（mm）	灾害损失情况					灾害描述
					死亡人数（人）	失踪人数（人）	损毁房屋（间）	转移人数（人）	直接经济损失（万元）	
潞城市	87	1989年6月2日	城关、东邑、崇道3个乡镇	100降雨45分钟	2		227		200	受灾3.29万亩，成灾1.7万亩，受灾人口2.74万人，牲畜48头，损失粮食18.25万kg，损失企业1个，水井6口
潞城市	88	1982年7月3日	石窟、店上、百里滩		3				1000	一辆行驶货车被冲走，死亡3人，伤6人
潞城市	89	1982年7月27日	城关、微子、黄池、史回4个乡镇	城关90.6、微子100、黄池116、史回70（降雨1小时）	3		215		1670	冲毁石坝2090m，道路154处，小桥两座，损毁大田作物10250亩，菜园276亩，冲毁土地641亩
潞城市	90	1985年7月23日	合室、城关、西流、漫流河、黄池等128个村				227		395	338户村民家里进水，损毁窑洞221孔，其他建筑776处，道路419处，减产粮食50万kg
潞城市	91	1986年7月	店上、东邑、石窟等8个乡镇43个村				12		33	受灾6.41万亩，成灾5.39万亩，死亡牲畜1头，损失粮食37万kg
潞城市	92	1993年7月9日	微子镇、漫流河、黄池、下黄、黄牛蹄、东邑6个乡镇	>80降雨30小时	33		1700		1104	倒塌房屋1700间，1692人无家可归，冲毁道路157处，桥梁79座，水库4处，电力线路100余km，损失粮食98万kg，500万kg粮食被水淹，1辆大汽车被冲走

续表

县区	序号	灾害发生时间	灾害发生地点	过程降雨量（mm）	灾害损失情况					灾害描述
					死亡人数（人）	失踪人数（人）	损毁房屋（间）	转移人数（人）	直接经济损失（万元）	
潞城市	93	1993年8月4日	潞城市全市大部	108.8降雨4小时			>600		1158	1026人无家可归，损失粮食250万kg，死亡牲畜17头，成灾面积18万亩，721处乡村公路冲毁，水利设施损毁112处
长子县	94	1962年7月	石哲镇、南陈乡、西堡头乡、大堡头镇、郭村乡、城关镇、宋村乡、南漳镇		10万余				2.6亿元	浊漳河南源流域内普降暴雨，直接经济损失达2.6亿元
长子县	95	1982年8月	城关镇、西田良镇、郭村乡、宋村乡南漳镇、晋义乡、岳阳乡、常张乡、谷村乡、鲍店镇、南常乡、岚水乡共12个乡镇		15万余				2.8亿元	浊漳河南源流域内普降暴雨，直接经济损失达2.8亿元
长子县	96	1996年8月	晋义乡、石哲镇、岳阳乡、大堡头镇、城关镇5个乡镇		3万余				13000	流域内普降大暴雨，直接经济损失达1.3亿元
长子县	97	2002年7月	王峪乡降局部暴雨		0.3万余				8000	

续表

县区	序号	灾害发生时间	灾害发生地点	过程降雨量（mm）	灾害损失情况					灾害描述
					死亡人数（人）	失踪人数（人）	损毁房屋（间）	转移人数（人）	直接经济损失（万元）	
长子县	98	2007年8月	石哲镇、南陈乡2个乡镇		0.2万余				3000	苏里河、晋义河发洪水，直接经济损失达0.3亿元
长子县	99	2012年7月	慈林镇						800	冰雹袭击慈林镇，13村受灾严重，直接经济损失达0.08亿元
长治县	100	1962年7月16日	司马、柳林、韩店、八义、王坊、西池六个乡镇	143	26		3688			淹没农田12万亩，倒塌房屋3688间，窑洞266孔，死26人，大牲畜1080头
长治县	101	1966年6月26日	西火镇和荫城镇							西火镇和荫城镇一带降暴雨，淹没农田3万亩
长治县	102	1971年8月	西火镇和荫城镇				15		1	降暴雨近两个小时，冲毁田地120亩，民房倒塌15间，公路冲断，损失1万元
长治县	103	1975年8月	韩店镇、郝家庄乡、东和乡、北呈乡、南宋乡5个乡镇16个村		2		259		15	遭受严重冰雹、洪灾，受灾面积近8万亩，减产80万kg，经济损失15万元，倒塌房屋259间，死亡人数2人
长治县	104	1982年8月	八义镇、东和乡				10			八义镇、东和乡等山洪暴发，近1个小时的降雨，冲毁田地150亩，民房10间，公路冲断

续表

县区	序号	灾害发生时间	灾害发生地点	过程降雨量（mm）	灾害损失情况					灾害描述
					死亡人数（人）	失踪人数（人）	损毁房屋（间）	转移人数（人）	直接经济损失（万元）	
长治县	105	1993年8月4日	韩店镇、贾掌镇、西池乡、荫城镇、八义镇、郝家庄乡、东和乡、北呈乡、西火镇、南宋乡10个乡镇				410		95	遭受严重暴雨、洪灾，受灾面积100万亩，减产510万kg，经济损失95万元，倒塌房屋窑洞410间，冲毁公路数条
长治县	106	1996年7月7日	南宋乡永丰							遭暴雨袭击，冲毁农田千余亩
长治县	107	1999年8月2日	郝家庄乡							遭暴雨袭击
长治县	108	2000年8月20日	郝家庄、高河等11个村							遭暴雨袭击，千余亩农作物受损
长治郊区	109	1967年8月22日	郊区大范围	100.6					1500	长治市郊区大范围降水，冲毁桥梁、公路多处，阻断交通，耕地冲毁，山洪顺坡顶而下，冲击村庄低洼处
长治郊区	111	1976年8月20日	全区大部分地区	133					5000	长治市郊区大范围降水，东部老顶山镇、西北部的黄碾镇、西白兔、故县一带受到强降雨袭击，冲毁桥梁、公路多处，阻断交通，耕地冲毁，山洪顺坡顶而下，冲击村庄低洼处

续表

县区	序号	灾害发生时间	灾害发生地点	过程降雨量（mm）	灾害损失情况					灾害描述
					死亡人数（人）	失踪人数（人）	损毁房屋（间）	转移人数（人）	直接经济损失（万元）	
长治郊区	112	1989年8月16日	全区大部分地区	102.9			30		2000	长治市郊区西白兔乡、黄碾镇、故县一带降暴雨，冲毁院墙50余处，耕地1000余亩，公路几处
长治郊区	110	1971年8月15日	全区大部分地区	160.1					4500	长治市郊区大范围降水，冲毁桥梁、公路多处，阻断交通，冲毁耕地，山洪顺坡顶而下，冲击村庄低洼处
长治郊区	113	1993年8月4日	全区大部分地区	104			30		6000	长治市郊区大范围降水，东部老顶山镇，山洪从坡顶顺沟而下，冲进市区，冲毁院墙100余处、公路几十处
长治郊区	114	1999年9月10日	全区大部分地区	51.2			10		4500	长治市郊区马厂镇、老顶山镇一带，突降暴雨，山洪从坡顶顺沟而下，冲击村庄低洼处，冲毁院墙30余处、公路十几处
长治郊区	115	2001年7月27日	全区大部分地区	105.6					5000	长治市郊区大范围降水，东部老顶山镇、西北部的黄碾镇、西白兔、故县一带受到强降雨袭击，冲毁桥梁、公路多处，阻断交通，冲毁耕地，山洪顺坡顶而下，冲击村庄低洼处
长治郊区	116	2003年8月5日	全区大部分地区	86.8					1000	长治市郊区东部突降暴雨，东部老顶山镇的关村、鸡坡、东沟、西长井，南部的石桥、大天桥等地受到强降雨袭击，冲毁桥梁多处，耕地冲毁，山洪顺坡顶而下，冲击村庄低洼处

续表

县区	序号	灾害发生时间	灾害发生地点	过程降雨量（mm）	灾害损失情况					灾害描述
					死亡人数（人）	失踪人数（人）	损毁房屋（间）	转移人数（人）	直接经济损失（万元）	
长治郊区	117	2007年7月29日	全区大部分地区	150					3000	漳泽水库上游浊漳河南源大部发生大范围的降水，郊区店上、杨暴、南寨、堠北庄一带，村庄积水，耕地积水达1.0m深，东部老顶山一带，耕地冲毁、低洼地带农户进水，壶口一带发生山洪，山洪顺沟而下冲击农户，院墙倒塌100处
长治郊区	118	2009年8月16日	老顶山镇西长井村						300	长治市郊区老顶山镇西长井村突遭强降雨袭击，山洪顺流而下，进入西长井村内新建的长壶公路排水沟时，因排水沟无法满足行洪要求，洪水漫沟而出，进入地势低洼的农户和店铺之中
左权县	119	1956年7月中旬至8月初	左权县城				0		300	
左权县	120	1963年8月1—9日	自拐儿公社骆驼大队至麻田公社云头底大队		15	0	18866		30000	
左权县	121	1978年7月25日18—24时	左权县桐峪、麻田、泽城			0	248		1500	
左权县	122	1979年6月30日16—17时	石匣等7个公社120个生产大队	100	3	4	72		700	
左权县	123	1982年7月28日至8月3日	麻田、芹泉、拐儿等8个公社	445.2	4	0	4598		18000	

续表

县区	序号	灾害发生时间	灾害发生地点	过程降雨量（mm）	灾害损失情况					灾害描述
					死亡人数（人）	失踪人数（人）	损毁房屋（间）	转移人数（人）	直接经济损失（万元）	
左权县	124	1983 年 5 月 11 日 19 时 50 分至 20 时 30 分	左权县川口等 3 个乡镇						800	
左权县	125	1985 年 7 月 18 日	左权县麻田、芹泉	130					1000	
左权县	126	1986 年 7 月 24 日、26 日	左权县河南、石港口、拐儿 3 个乡镇				652		600	
左权县	127	1988 年 7 月 18 日	芹泉、麻田				36		400	
左权县	128	1996 年 8 月 3 日 18 时至 4 日 19 时	左权县	200	30	0	21.5 万		28955	
左权县	129	1998 年 8 月 30 日	左权县河南、城关等 5 个乡镇				255		1396.5	
左权县	130	2000 年 7 月 3 日 18 时至 9 日 17 时	县东南部的拐儿、芹泉等 8 个乡镇				500		1800	
榆社县	131	1991 年 8 月 1 日	榆社县	172						造成重大灾害
榆社县	132	1996 年 7 月 15 日	榆社县	110						山洪暴发，全县所有乡镇河流洪水大涨
榆社县	133	1963 年 7 月 23 日	榆社县	59						庄家被淹 8448 亩，伏倒 2.6 万亩，成灾面积 4.7 万亩
榆社县	134	1976 年 8 月 20 日	榆社县		6		2100			全县普降大雨，作物受灾 7.04 万亩，倒塌房屋 2100 间，死亡 6 人，冲走树木 2 万株，公路桥梁损坏严重

续表

县区	序号	灾害发生时间	灾害发生地点	过程降雨量（mm）	灾害损失情况					灾害描述
					死亡人数（人）	失踪人数（人）	损毁房屋（间）	转移人数（人）	直接经济损失（万元）	
榆社县	135	1977年7月30日	榆社县	59						庄家被淹8448亩，伏倒2.6万亩，成灾面积4.7万亩
榆社县	136	1989年7月16日	榆社县	141						12个乡镇受灾，崇串桥被冲毁
榆社县	137	1991年7月27日	云竹桃阳村	80						121户被淹，室内水深80cm，街道淤泥40cm
榆社县	138	1992年8月9日	榆社县	100.5						严重水涝
榆社县	139	1998年7月11日	浊漳河，云竹河流域	90						农田受灾3330hm^2，粮食减产约7500t
榆社县	140	2004年8月9日	箕城镇周边	103.2						交通堵塞，房屋倒塌，损失严重
榆社县	141	2008年5月9日	云竹镇，社城镇，河峪乡等						4800	农田受灾面积2860hm^2，直接经济损失4800万元，经济作物受损12hm^2，粮食作物受灾1714hm^2
榆社县	142	2009年7月20日	社城，西马，北寨26个村庄	120						多存出现严重灾情，农田受灾面积达8690亩
榆社县	143	2012年7月31日	河峪乡、云竹镇、西马乡、社城镇	157.5			108		1680	
榆社县	144	2013年7月2日	箕城镇、云竹镇	77.3					134.12	
和顺县	145	1954年8月29日	和顺县全县	154.3	12		9013			8月29日至9月3日连降大雨6昼夜，洪水爆发，冲淹严重，据统计受灾816户，死亡12人，倒塌房屋8328间、窑洞685眼，共死亡大牲畜42头，羊195只，猪2头

续表

县区	序号	灾害发生时间	灾害发生地点	过程降雨量（mm）	灾害损失情况					灾害描述
					死亡人数（人）	失踪人数（人）	损毁房屋（间）	转移人数（人）	直接经济损失（万元）	
和顺县	146	1956年7月31日	和顺县全县				3124			7月31日至8月4日，连降大雨5天，山洪暴发，河水大涨，全县遍地洪水流，据李阳等13个乡的43个自然村统计，共塌房窑2035间（眼），形成危房窑1089间（眼），倒塌围墙30586m，死亡大牲畜21头，羊65只，损失粮食2.48t
和顺县	147	1963年8月1日	和顺县全县，东部为主	518	20		53504			8月1日至9日连降大雨，降雨量达518mm，东部雨量更大，全县遭受特大洪涝灾害。据统计倒塌房屋53504间，绝收农田4730.8hm^2，山体滑坡淹没了村庄18个，计408户的1208间房屋，死亡20人、伤74人，死亡大牲畜91头、羊8466只
和顺县	148	1971年5月11日-1971年6月27日	和顺县全县							5月11日至6月27日，全县遭受6次暴风雨伴冰雹灾害，有14个公社、116个大队、3878.6hm^2农作物遭受雹、洪、风灾，其中119hm^2毁种，洪水冲走牛6头
和顺县	149	1977年7月5日	和顺县全县	120						7月5日13时至6月7时，和顺县降雨量120mm，出现大暴雨，洪水暴发，马坊、横岭、沙峪等3个公社66个生产大队受灾，受灾面积1.64万亩，同时洪水冲毁河坝22处、长1500m，冲毁石、木桥5座

续表

县区	序号	灾害发生时间	灾害发生地点	过程降雨量（mm）	灾害损失情况					灾害描述
					死亡人数（人）	失踪人数（人）	损毁房屋（间）	转移人数（人）	直接经济损失（万元）	
和顺县	150	1979年5月－1979年8月	李阳等9个公社				61			5月至8月，李阳等9个公社、100余个大队的2397.3hm^2土地遭受雹洪灾，其中被雹打毁120hm^2，洪水冲毁土地25.3hm^2，冲走地板214hm^2，冲毁涵洞5处、大坝11条、桥梁5座等，倒塌房屋61间
和顺县	151	1982年7月28日	青城、土岭等7个公社				5795			7月28日至8月16日，青城等7个公社降大雨、暴雨及特大暴雨共7次，造成破坏性十分严重的大洪水灾，倒塌房屋1755间，损毁4040间，冲毁河坝、护村坝115万m，冲毁公路17段1.6万m，冲毁及淤漫土地1.65万亩，损坏树木7棵
和顺县	152	1983年5月11日	和顺县全县				10			5月11日至14日，全县连降大雨，74个生产大队的4.24万亩农田受灾，其中2.05万亩被冲毁，倒塌房屋10间，冲垮河坝310m，冲倒电杆120根、树400株，死亡牛4头、羊467只
和顺县	153	1987年8月1日	牛川、瓦房等7个乡镇	52.5			1080			8月1日17时至18时30分，牛川、瓦房等7个乡镇的86个村庄遭暴雨、洪水和冰雹袭击，降雨量达52.5mm，造成山洪暴发，农作物受灾面积8.5万亩，严重受灾面积3.6万亩。冲毁重要河道护岸大坝2950米、地棒1350条

续表

县区	序号	灾害发生时间	灾害发生地点	过程降雨量（mm）	灾害损失情况					灾害描述
					死亡人数（人）	失踪人数（人）	损毁房屋（间）	转移人数（人）	直接经济损失（万元）	
和顺县	154	1990年7月13日	和顺县	59						7月13日，8个乡镇遭受暴雨伴冰雹袭击，短时降雨达59mm，受灾面积4666hm^2，并冲毁大坝370m
和顺县	155	1991年6月5日－1991年9月13日	和顺县全县		1		395			6月5日至9月13日，全县15个乡镇、267个村先后遭受9次大风暴雨伴冰雹袭击，共计受灾面积5733hm^2，占播种面积的34.4%，其中成灾面积4466hm^2，绝收1400hm^2，洪水冲毁石坝12700m，倒塌房屋115间，毁坏房屋280余间；死亡1人
和顺县	156	1996年7月23日	土岭等4个乡镇							7月23日至24日，土岭等4个乡镇连降大雨2天，山洪暴发，29个村庄的880hm^2农田受灾，其中绝收148hm^2，冲毁130hm^2，其他损失亦甚严重
和顺县	157	1996年8月3日	和顺县全县				47500		78600	全县降大暴雨，所有乡镇、村庄全部受灾，农田受灾面积达23.5万亩，占耕地总面积的90%，房屋倒塌1.28万间，损坏3.47万间，冲毁大小桥梁70座、涵洞46座，公路207国道及榆邢省道塌方34处达1.8万m^3，8条县乡公路严重损坏
和顺县	158	2000年7月3日	青城、土岭等6个乡镇	312	2	2	1863		1803	7月3日下午至6日中午，土岭、青城等6个乡镇总降雨量达312mm，引发大洪水灾害，农田成灾面积2.45万亩，冲毁土地1845万亩，倒塌房屋545间，形成危房1318间，冲毁小桥梁4座、涵洞12个1630m、河坝26处7100m、堤堰14.9km

3.4 洪灾防治存在的问题

1. 非工程措施存在的主要问题

防治山洪灾害的监测预警系统尚未建立，信息监测站点稀少，预报预警缺乏现代化手段，时效性、准确性均不能满足防灾要求。

乡镇、村、组级防御山洪预案的编制还不够规范、详细，可操作性还不强。未组织演练，干部和群众都缺乏实战经验。

群测群防体系没有建立，群众缺乏防灾避灾知识。近几年来降雨偏枯，无大的暴雨洪水，人们普遍存在麻痹思想，防灾意识淡薄，有的企事业或居住建筑建于低洼区或易受山洪灾害淹没区。

2. 工程措施存在的主要问题

因地方财政困难，对防洪工程的投入不足，加之国家投入的资金又比较有限，防洪工程建设滞后于经济社会发展。

（1）水库防洪效益发挥不大。

目前漳河上游共建成中、小型水库85座，淤地坝83座，由于防洪工程原设计标准低，远不能适应当前国民生产发展对防洪要求的需要，一遇山洪，即会对人民生命财产造成很大损失。

（2）堤防工程少、防洪标准低。

漳河境内堤防工程仅257处。防洪设施少，没有形成整体防洪工程体系，防洪能力低，防御大洪水能力差。

山丘区农田基本无任何防御措施，易受山洪冲毁或沙石填埋。流域整体防洪能力低，防洪体系尚未完全、有效形成，对流域防洪体系缺乏整体规划和建设。

（3）河道堵塞，河道行洪能力下降。

浊漳河上游段多数河流，河道建筑垃圾堆积堵塞，河道缩窄，部分河段行洪能力不足10年一遇。

3.5 漳河山区重点防治区情况

漳河上游山区根据2011—2014年山洪灾害调查，结合2015—2016年山洪灾害调查评价情况，漳河上游山区14县区共有160个乡（镇）4001个行政村，2339个村级防治区、836个村（自然村）级重点防治区。具体成果见表3-9。

漳河山区山洪灾害防治区分布见图3－1，漳河山区山洪灾害防治区人口分布见图3－2。

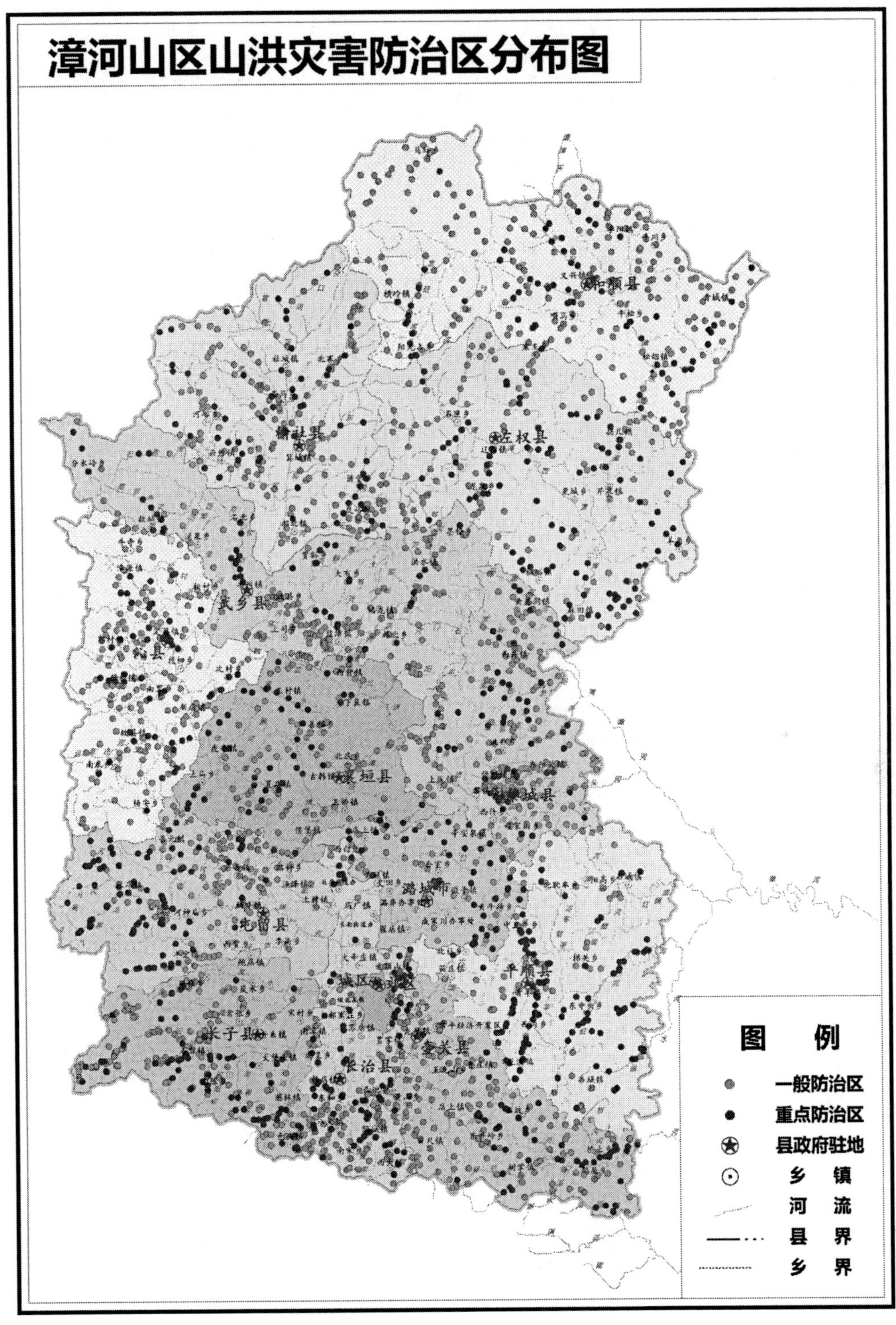

图3－2　漳河山区山洪灾害防治区分布图

表3－9　漳河上游山区山洪灾害调查统计表

序号	县区名	乡镇（个）	村（个）	防治区（村）	重点防治村（个）
1	武乡县	14	382	186	45
2	沁县	13	312	189	53
3	襄垣县	13	331	116	45
4	壶关县	13	392	188	49
5	黎城县	9	249	218	54
6	屯留县	14	293	200	89
7	平顺县	12	262	155	105
8	潞城市	9	204	80	45
9	长子县	12	399	229	64
10	长治县	13	254	124	50
11	长治市郊区	8	141	60	28
12	左权县	10	205	150	89
13	榆社县	10	277	212	56
14	和顺县	10	300	232	64
合计		160	4001	2339	836

4 山区暴雨分析

4.1 山区暴雨分析计算方法

设计洪水根据设计暴雨推求，方法包括流域水文模型法、推理公式法和地区经验公式法三种，其中流域水文模型法包括流域产流计算和流域汇流计算。境内无水文站，采用由设计暴雨推求设计洪水的间接法计算。

具体方法为：在《山西省水文计算手册》各历时点暴雨统计参数等值线图上读取小流域的统计参数，根据参数计算各种历时的设计点雨量，按点面折减系数计算设计面雨量，按设计雨型进行时程分配。

主要包括设计点雨量、设计面雨量、设计暴雨时程分配 3 个步骤。

4.2 漳河山区地形对暴雨的影响

在山区复杂下垫面条件下，其热力和动力作用往往能触发暴雨或使之增强与削弱，成为暴雨过程的重要影响因素。采用间接法进行暴雨计算时，通过暴雨参数等值线来体现地形对暴雨的影响。

4.3 漳河山区雨量站网

漳河山区 14 县市区山洪灾害防治非工程措施建设自动雨量站 205 个、简易雨量站 2078 个。漳河上游山区自动雨量站统计分县区见表 4－1，详见表 4－2。

表 4－1　漳河山区山洪灾害防治非工程措施建设雨量站分布表

县区	自动雨量站	简易雨量站	县区	自动雨量站	简易雨量站
武乡县	12	130	潞城市	17	170
沁县	15	190	长子县	11	151
襄垣县	12	118	长治县	9	134
壶关县	11	148	长治市郊区	11	66
黎城县	10	111	左权县	26	199
屯留县	11	164	榆社县	17	210
平顺县	30	191	和顺县	13	96
合计	205	2078			

表 4－2　漳河上游山区自动雨量站统计表

县区	序号	测站编码	测站名称	河流名称	水系名称	流域名称	东经(°)	北纬(°)	站址	始报年月	信息管理单位
武乡县	1	31028170	兴盛垴	涅河	南运河	海河	112.886	36.76	武乡县丰州镇	201510	武乡县水利局
武乡县	2	31028307	洪水	潘洪河	南运河	海河	113.222	36.869	武乡县洪水镇洪水村	201306	武乡县水利局
武乡县	3	31028260	监漳	潘洪河	南运河	海河	113.045	36.753	武乡县监漳	201510	武乡县水利局
武乡县	4	31028153	大寨	涅河上游支流	南运河	海河	112.658	36.972	武乡县故城镇大寨村	201306	武乡县水利局
武乡县	5	31028248	墨镫	潘洪河	南运河	海河	113.295	36.941	武乡县墨镫乡墨镫村	201306	武乡县水利局
武乡县	6	31028309	王家峪	韩北乡	南运河	海河	113.097	36.742	武乡县韩北乡王家峪村	201306	武乡县水利局
武乡县	7	31028166	大有	大有河	南运河	海河	113.064	36.851	武乡县大有乡大有村	201306	武乡县水利局
武乡县	8	31028252	贾豁	贾豁河	南运河	海河	112.997	36.881	武乡县贾豁乡贾豁村	201306	武乡县水利局
武乡县	9	31028590	上司	马牧河	南运河	海河	112.932	36.762	武乡县上司	201510	武乡县水利局

续表

县区	序号	测站编码	测站名称	河流名称	水系名称	流域名称	东经(°)	北纬(°)	站址	始报年月	信息管理单位
武乡县	10	31027854	石北	马牧河	南运河	海河	112.841	36.947	武乡县石北乡石北村	201306	武乡县水利局
武乡县	11	31027855	涌泉	涅河	南运河	海河	112.756	36.913	武乡县涌泉	201510	武乡县水利局
武乡县	12	31028310	分水岭	昌源河	南运河	海河	112.530	37.032	武乡县分水岭乡分水岭村	201306	武乡县水利局
长治郊区	13	31024775	王庄	故县小河	南运河	海河	113.044	36.372	长治市郊区故县办事处王庄	201307	郊区水利局
长治郊区	14	31020993	西长井	大罗沟	南运河	海河	113.185	36.163	长治市郊区老顶山镇西长井	201307	郊区水利局
长治郊区	15	31023787	王村	马庄沟河	南运河	海河	113.134	36.244	长治市郊区老顶山镇王村	201307	郊区水利局
长治郊区	16	31029197	老巴山	老巴山沟	南运河	海河	113.166	36.198	长治市郊区老顶山开发区老巴山	201307	郊区水利局
长治郊区	17	31020095	堠北庄	黑水河	南运河	海河	113.065	36.185	长治市郊区堠北庄镇堠北庄	201307	郊区水利局
长治郊区	18	31025763	漳村	西白兔河	南运河	海河	113.052	36.405	长治市郊区西白兔乡霍家沟	201307	郊区水利局
长治郊区	19	31026751	南村	南村沟	南运河	海河	113.021	36.408	长治市郊区西白兔乡南村	201307	郊区水利局
长治郊区	20	31022790	长北办事处	浊漳河	南运河	海河	113.117	36.306	长治市郊区长北办事处	201510	郊区水利局
长治郊区	21	31022791	杨暴	浊漳河	南运河	海河	113.008	36.185	长治市郊区堠北庄镇杨暴村	201510	郊区水利局

续表

县区	序号	测站编码	测站名称	河流名称	水系名称	流域名称	东经(°)	北纬(°)	站址	始报年月	信息管理单位
长治郊区	22	31021891	石桥	南天桥沟	南运河	海河	113.178	36.158	长治市郊区老顶山镇石桥	201307	郊区水利局
长治郊区	23	31022789	瓦窑沟	瓦窑沟	南运河	海河	113.175	36.214	长治市郊区老顶山开发区瓦窑沟	201307	郊区水利局
长治县	24	31025701	东蛮掌	荫城河	南运河	海河	113.141	35.916	长治县西火镇东蛮掌村	201306	长治县水利局
长治县	25	31025706	东掌	南宋河	南运河	海河	113.075	35.902	长治县南宋乡东掌村	201306	长治县水利局
长治县	26	31025709	石后堡	色头河	南运河	海河	113.021	35.986	长治县八义镇石后堡村	201306	长治县水利局
长治县	27	31025710	庄头	色头河	南运河	海河	113.149	35.986	长治县荫城镇庄头村	201510	长治县水利局
长治县	28	31025712	小河	陶清河	南运河	海河	113.124	36.034	长治县西池乡小河村	201306	长治县水利局
长治县	29	31025720	北呈村	陶清河	南运河	海河	113.003	36.101	长治县北呈乡北呈村	201510	长治县水利局
长治县	30	31025760	屈家山	师庄河	南运河	海河	112.986	36.001	长治县东和乡屈家山村	201510	长治县水利局
长治县	31	31025770	郭堡村	陶清河	南运河	海河	113.065	36.072	长治县苏店镇郭堡村	201510	长治县水利局
长治县	32	31025780	定流	陶清河	南运河	海河	113.158	36.115	长治县贾掌镇定流村	201510	长治县水利局
襄垣县	33	31027206	石灰窑	阳泽河	南运河	海河	113.01	36.55	古韩镇石灰窑村委会	201405	襄垣县水利局
襄垣县	34	31027204	南田漳	下峪沟	南运河	海河	112.968	36.54	古韩镇南田漳村委会	201405	襄垣县水利局

续表

县区	序号	测站编码	测站名称	河流名称	水系名称	流域名称	东经(°)	北纬(°)	站址	始报年月	信息管理单位
襄垣县	35	31027207	侯村	淤泥河	南运河	海河	113.017	36.475	古韩镇侯村村委会	201405	襄垣县水利局
襄垣县	36	31008140	米坪	史水河	南运河	海河	113.134	36.500	王桥镇米坪村	201510	襄垣县水利局
襄垣县	37	31027205	北田漳	下峪沟	南运河	海河	112.964	36.541	夏店镇北田漳村委会	201405	襄垣县水利局
襄垣县	38	31027203	马喊	马喊沟	南运河	海河	112.919	36.512	夏店镇马喊村委会	201405	襄垣县水利局
襄垣县	39	31027201	西底	黑河	南运河	海河	113.017	36.475	虒亭镇西底村委会	201405	襄垣县水利局
襄垣县	40	31027208	西洞上	洞上沟	南运河	海河	112.813	36.636	虒亭镇西洞上村委会	201405	襄垣县水利局
襄垣县	41	31027202	郝家坡	黑河	南运河	海河	112.845	36.618	虒亭镇郝家坡村委会	201405	襄垣县水利局
襄垣县	42	31008150	龙王	史水河	南运河	海河	113.066	36.726	王村镇龙王堂	201510	襄垣县水利局
襄垣县	43	31027310	里阚村	淤泥河	南运河	海河	112.741	36.507	上马乡里阚村	201510	襄垣县水利局
襄垣县	44	31027320	下庄村	淤泥河	南运河	海河	113.102	36.574	上马乡下庄村	201510	襄垣县水利局
屯留县	45	31026361	林庄	庶纪河	南运河	海河	112.526	36.435	屯留县张店镇林庄	201306	屯留县水利局
屯留县	46	31026372	吾元	吾元河	南运河	海河	112.698	36.425	屯留县吾元镇吾元村	201306	屯留县水利局
屯留县	47	31026373	东贾	吾元河	南运河	海河	112.885	36.284	屯留县西贾乡东贾	201510	屯留县水利局
屯留县	48	31026476	李家庄	上立寨河	南运河	海河	112.679	36.341	屯留县张店镇李家庄村	201306	屯留县水利局

续表

县区	序号	测站编码	测站名称	河流名称	水系名称	流域名称	东经(°)	北纬(°)	站址	始报年月	信息管理单位
屯留县	49	31026552	泉洼	西曲河	南运河	海河	112.761	36.431	屯留县吾元镇泉洼村	201306	屯留县水利局
屯留县	50	31026565	杨家湾	鸦儿堰河	南运河	海河	112.794	36.312	屯留县麟绛镇杨家湾村	201306	屯留县水利局
屯留县	51	31026566	西洼	霜泽水河	南运河	海河	112.888	36.368	屯留县路村乡西洼	201510	屯留县水利局
屯留县	52	31026567	东坡	霜泽水河	南运河	海河	112.705	36.464	屯留县吾元镇东坡	201510	屯留县水利局
屯留县	53	31026620	李高	西村河	南运河	海河	112.936	36.258	屯留县李高乡李高	201510	屯留县水利局
屯留县	54	31026652	西流寨	黑家口河	南运河	海河	112.66	36.231	屯留县西流寨开发区西流寨	201306	屯留县水利局
屯留县	55	31026655	渔泽	绛河	南运河	海河	112.984	36.362	屯留县渔泽镇渔泽	201510	屯留县水利局
黎城县	56	31028451	平头	平头河	南运河	海河	113.245	36.638	黎城县上遥镇平头	201407	黎城县水利局
黎城县	57	31028452	长河村	原庄河	南运河	海河	113.219	36.505	黎城县上遥镇长河村	201407	黎城县水利局
黎城县	58	31028453	李庄村	七里店河	南运河	海河	113.352	36.526	黎城县黎侯镇李庄村	201407	黎城县水利局
黎城县	59	31028454	停河铺	小东河源	南运河	海河	113.415	36.525	黎城县停河铺乡停河铺	201407	黎城县水利局
黎城县	60	31028455	段家庄村	西流	南运河	海河	113.439	36.439	黎城县程家山乡段家庄村	201407	黎城县水利局
黎城县	61	31028460	柏官庄	柏官庄河	南运河	海河	113.380583	36.621243	黎城县柏官庄村	201510	黎城县水利局
黎城县	62	31028601	高石河	小东河	南运河	海河	113.439202	36.588113	黎城县高石河村	201510	黎城县水利局
黎城县	63	31030151	黄崖洞	东崖底河	南运河	海河	113.445	36.804	黎城县黄崖洞镇黄崖洞	201407	黎城县水利局

续表

县区	序号	测站编码	测站名称	河流名称	水系名称	流域名称	东经(°)	北纬(°)	站址	始报年月	信息管理单位
黎城县	64	31030152	南委泉	南委泉河	南运河	海河	113.381	36.687	黎城县西井镇南委泉	201407	黎城县水利局
黎城县	65	31030170	岩井	南委泉河	南运河	海河	113.505	36.482	黎城县岩井村	201510	黎城县水利局
壶关县	66	31025602	大南山煤矿	陶清河	南运河	海河	113.196	35.913	百尺镇	201307	壶关县水利局
壶关县	67	31023110	李家河村	洪底河	南运河	海河	113.475	35.879	树掌镇	201307	壶关县水利局
壶关县	68	31023138	福头村	淅河	南运河	海河	113.427	35.914	福头村	201307	壶关县水利局
壶关县	69	31026157	北皇村	南大河	南运河	海河	113.150	36.102	集店乡	201307	壶关县水利局
壶关县	70	31025621	岭后村	淙上河	南运河	海河	113.302	35.878	东井岭乡	201307	壶关县水利局
壶关县	71	31023120	申家奄村	石坡河	南运河	海河	113.428	35.999	石坡乡	201307	壶关县水利局
壶关县	72	31023133	鹅屋村	桑延河	南运河	海河	113.563	35.883	鹅屋乡	201307	壶关县水利局
壶关县	73	31023143	红豆峡	淅河	南运河	海河	113.500	35.900	桥上乡	201307	壶关县水利局
壶关县	74	31026155	西七里村	石子河	南运河	海河	113.346	36.0491	晋庄镇	201509	壶关县水利局
壶关县	75	31023134	牛盆村	陶清河	南运河	海河	113.159	36.003	黄山乡	201509	壶关县水利局
壶关县	76	31025656	洪掌村	陶清河	南运河	海河	113.294	36.023	店上镇	201509	壶关县水利局
长子县	77	31026008	丹朱	丹朱	南运河	海河	112.886	36.119	长子县丹朱镇丹朱	201407	长子县水利局
长子县	78	31026009	下霍	申村源头	南运河	海河	112.933	36.090	长子县丹朱镇下霍	201407	长子县水利局
长子县	79	31025809	石哲	申村源头	南运河	海河	112.770	36.097	长子县石哲镇石哲	201407	长子县水利局
长子县	80	41726220	关家沟	横水河	南运河	海河	112.670	36.126	长子县王峪中心	201510	长子县水利局

续表

县区	序号	测站编码	测站名称	河流名称	水系名称	流域名称	东经(°)	北纬(°)	站址	始报年月	信息管理单位
长子县	81	41726208	王庄	横水河	南运河	海河	112.579	36.096	长子县横水办王庄	201407	长子县水利局
长子县	82	31026056	慈林	小丹河	南运河	海河	112.932	36.006	长子县慈林镇慈林	201407	长子县水利局
长子县	83	31026055	色头	色头河	南运河	海河	112.937	35.947	长子县色头镇色头	201407	长子县水利局
长子县	84	31025810	北韩	岳阳河	南运河	海河	112.887	36.182	长子县岚水乡北韩	201510	长子县水利局
长子县	85	31025060	碾张	金丰河	南运河	海河	112.771	36.215	长子县碾张乡碾张	201407	长子县水利局
长子县	86	31025766	常张	雍河	南运河	海河	112.838	36.142	长子县常张乡常张	201407	长子县水利局
长子县	87	31007710	苏村	苏村河	南运河	海河	112.829	36.018	长子县南陈乡苏村	201510	长子县水利局
沁县	88	31026810	北河	漳河	浊漳西源	海河	112.647	36.844	漳源镇北河村	201306	沁县水利局
沁县	89	31026820	口头	漳河	浊漳西源	海河	112.665	36.801	漳源镇口头村	201306	沁县水利局
沁县	90	31026902	郭村	迎春河	浊漳西源	海河	112.576	36.747	郭村镇郭村村	201306	沁县水利局
沁县	91	31026903	丈河上	迎春河	浊漳西源	海河	112.628	36.755	定昌镇丈河上村	201306	沁县水利局
沁县	92	31026951	杨家铺	圪芦河	浊漳西源	海河	112.513	36.677	册村镇杨家铺村	201306	沁县水利局
沁县	93	31026954	南里乡	圪芦河	浊漳西源	海河	112.678	36.668	南里乡政府	201306	沁县水利局
沁县	94	31027001	峪口	徐阳河	浊漳西源	海河	112.750	36.656	新店镇峪口村	201306	沁县水利局
沁县	95	31027103	苗庄	庶纪河	浊漳南源	海河	112.587	36.551	南泉乡苗庄村	201306	沁县水利局
沁县	96	31027160	韩庄	杨安河	浊漳西源	海河	112.579	36.501	杨安乡韩庄村	201306	沁县水利局
沁县	97	31027200	古城	白玉河	浊漳西源	海河	112.699	36.592	新店镇古城村	201306	沁县水利局

续表

县区	序号	测站编码	测站名称	河流名称	水系名称	流域名称	东经（°）	北纬（°）	站址	始报年月	信息管理单位
沁县	98	31027213	何家庄	白玉河	浊漳西源	海河	112.700	36.559	新店镇何家庄村	201306	沁县水利局
沁县	99	31027218	北集	白玉河	浊漳西源	海河	112.577	36.632	故县镇北集村	201306	沁县水利局
沁县	100	31028500	松村乡	涅河	浊漳北源	海河	112.775	36.834	松村乡政府	201306	沁县水利局
沁县	101	31026325	西峪	涅河	浊漳北源	海河	112.560	36.945	牛寺乡西峪村	201306	沁县水利局
沁县	102	31026915	西河底	段柳河	浊漳西源	海河	112.748	36.744	段柳乡西河底村	201306	沁县水利局
潞城市	103	31027610	曲里	漳河	南运河	海河	113.111	36.376	史回乡曲里村	201207	潞城市水利局
潞城市	104	31028732	宋家庄	漳河	南运河	海河	113.162	36.369	史回乡宋家庄	201207	潞城市水利局
潞城市	105	31028735	下粟	漳河	南运河	海河	113.137	36.412	店上镇下粟村	201207	潞城市水利局
潞城市	106	31028740	申庄	淤泥河	南运河	海河	113.187	36.418	店上镇申庄村	201207	潞城市水利局
潞城市	107	31028745	曹庄	漳河	南运河	海河	113.266	36.445	辛安泉镇曹庄	201207	潞城市水利局
潞城市	108	31028746	余庄	潞口河	南运河	海河	113.253	36.410	合室乡余庄	201207	潞城市水利局
潞城市	109	31028747	漫流河	潞口河	南运河	海河	113.319	36.381	辛安泉镇漫流河	201207	潞城市水利局
潞城市	110	31028748	潞河	潞口河	南运河	海河	113.352	36.432	辛安泉镇潞河	201207	潞城市水利局
潞城市	111	31028705	张家河	黄碾河	南运河	海河	113.197	36.395	合室乡张家河	201207	潞城市水利局
潞城市	112	31028710	合室	黄碾河	南运河	海河	113.246	36.380	合室乡合室	201207	潞城市水利局
潞城市	113	31028720	水务局	黄碾河	南运河	海河	113.223	36.331	潞华办水利局	201207	潞城市水利局
潞城市	114	31028731	朱家川	黄碾河	南运河	海河	113.148	36.337	史回乡朱家川	201207	潞城市水利局

续表

县区	序号	测站编码	测站名称	河流名称	水系名称	流域名称	东经(°)	北纬(°)	站址	始报年月	信息管理单位
潞城市	115	31028895	神泉	南大河	南运河	海河	113.243	36.269	成家川办神泉村	201207	潞城市水利局
潞城市	116	31028896	店上	王里堡河	南运河	海河	113.095	36.436	店上镇店上村	201507	潞城市水利局
潞城市	117	31007591	下黄	平顺河	南运河	海河	113.39	36.348	黄牛蹄乡下黄村	201507	潞城市水利局
潞城市	118	31028770	微子	平顺河	南运河	海河	113.299	36.338	微子镇微子村	201507	潞城市水利局
潞城市	119	31007509	翟店	浊漳河	南运河	海河	113.183	36.288	翟店镇翟店村	201507	潞城市水利局
平顺县	120	31028760	井泉泵站	平顺河上游	南运河	海河	113.384	36.094	平顺县井泉泵站	201210	平顺县水利局
平顺县	121	31028802	小东峪	小东峪	南运河	海河	113.449	36.205	平顺县小东峪	201210	平顺县水利局
平顺县	122	31028803	崇岩	平顺河中游	南运河	海河	113.422	36.202	平顺县崇岩	201210	平顺县水利局
平顺县	123	31028804	刘家	平顺河中游	南运河	海河	113.408	36.205	平顺县刘家	201210	平顺县水利局
平顺县	124	31028810	孝文	孝文	南运河	海河	113.356	36.154	平顺县青羊镇孝文	201210	平顺县水利局
平顺县	125	31028840	莫流	平顺河上游	南运河	海河	113.381	36.210	平顺县莫流	201210	平顺县水利局
平顺县	126	31028870	峈峪	峈峪	南运河	海河	113.765	36.640	平顺县青羊镇峈峪	201210	平顺县水利局
平顺县	127	31028880	后庄	小赛	南运河	海河	113.404	36.258	平顺县后庄	201210	平顺县水利局
平顺县	128	31028915	靳家院	朋头	南运河	海河	113.459	36.382	平顺县靳家院	201210	平顺县水利局
平顺县	129	31028920	中五井	中五井	南运河	海河	113.420	36.280	平顺县中五井	201210	平顺县水利局
平顺县	130	31028925	白石岩	白石岩	南运河	海河	113.466	36.311	平顺县青羊镇白石岩村	201210	平顺县水利局
平顺县	131	31028930	车当	吾岩河	南运河	海河	113.576	36.356	平顺县车当	201210	平顺县水利局

续表

县区	序号	测站编码	测站名称	河流名称	水系名称	流域名称	东经(°)	北纬(°)	站址	始报年月	信息管理单位
平顺县	132	31028935	椰树园	任家庄	南运河	海河	113.574	36.299	平顺县椰树园	201210	平顺县水利局
平顺县	133	31028938	鹞坡	空中	南运河	海河	113.556	36.417	平顺县鹞坡	201210	平顺县水利局
平顺县	134	31028945	黄花	源头	南运河	海河	113.61	36.422	平顺县黄花	201210	平顺县水利局
平顺县	135	31028955	大坪	大坪	南运河	海河	113.643	36.316	平顺县大坪	201210	平顺县水利局
平顺县	136	31028958	克昌	克昌	南运河	海河	113.662	36.327	平顺县克昌	201210	平顺县水利局
平顺县	137	31028960	豆峪	豆峪	南运河	海河	113.661	36.38	平顺县豆峪	201210	平顺县水利局
平顺县	138	31028970	和峪	和峪	南运河	海河	113.695	36.383	平顺县和峪	201210	平顺县水利局
平顺县	139	31028975	虹梯关村	寺头河	南运河	海河	113.548	36.227	平顺县虹梯关乡虹梯关村	201510	平顺县水利局
平顺县	140	31029110	新城	寺头河	南运河	海河	113.482	36.024	平顺县新城	201210	平顺县水利局
平顺县	141	31029115	杏城村	寺头河	南运河	海河	113.557	36.03	平顺县杏城镇杏城村	201510	平顺县水利局
平顺县	142	31029120	寺头	寺头河	南运河	海河	113.549	36.15	平顺县东寺头乡寺头村	201510	平顺县水利局
平顺县	143	31029125	苗庄	北社河	南运河	海河	113.272	36.212	平顺县苗庄镇苗庄村	201510	平顺县水利局
平顺县	144	31029130	阱底	阱底河	南运河	海河	113.663	36.092	平顺县东寺头乡阱底村	201510	平顺县水利局
平顺县	145	31029135	苤兰岩	寺头河	南运河	海河	113.653	36.249	平顺县虹梯关乡苤兰岩村	201510	平顺县水利局
平顺县	146	31029140	大山	大山	南运河	海河	113.577	36.119	平顺县大山	201210	平顺县水利局

续表

县区	序号	测站编码	测站名称	河流名称	水系名称	流域名称	东经（°）	北纬（°）	站址	始报年月	信息管理单位
平顺县	147	31029145	牛家后	北社河	南运河	海河	113.345	36.228	平顺县北社乡牛家后村	201510	平顺县水利局
平顺县	148	31029155	七字沟	大岭沟	南运河	海河	113.583	36.153	平顺县七字沟	201210	平顺县水利局
平顺县	149	31029161	赤壁电站	东洪	南运河	海河	113.536	36.361	平顺县赤壁电站	201210	平顺县水利局
左权县	150	31030115	大林口	后稍沟	南运河	海河	113.586	36.776	左权县石匣乡大林口	201207	左权县水利局
左权县	151	31030110	西隘口	桐峪河	南运河	海河	113.425	36.873	左权县桐峪镇西隘口村	201207	左权县水利局
左权县	152	31029710	羊角	羊角河	南运河	海河	113.748	36.9	左权县羊角乡羊角村	201207	左权县水利局
左权县	153	31029725	鸽坪	羊角河	南运河	海河	113.621	36.912	左权县栗城乡鸽坪村	201207	左权县水利局
左权县	154	31030043	苇则	苇则沟	南运河	海河	113.526	36.92	左权县桐峪镇苇则村	201207	左权县水利局
左权县	155	31030045	故驿	苇则沟	南运河	海河	113.541	36.945	左权县栗城乡故驿村	201207	左权县水利局
左权县	156	31029717	高家井	禅房沟	南运河	海河	113.701	36.96	左权县羊角乡高家进村	201207	左权县水利局
左权县	157	31030060	堖上	龙沟河	南运河	海河	113.332	36.961	左权县龙泉乡堖上村	201207	左权县水利局
左权县	158	31039720	王家庄	禅房沟	南运河	海河	113.647	36.981	左权县羊角乡王家庄村	201207	左权县水利局
左权县	159	31030018	望阳堖	龙沟河	南运河	海河	113.307	36.986	左权县龙泉乡望阳堖村	201207	左权县水利局
左权县	160	31029697	下庄	拐儿西沟	南运河	海河	113.733	37.023	左权县芹泉镇下庄村	201207	左权县水利局

续表

县区	序号	测站编码	测站名称	河流名称	水系名称	流域名称	东经(°)	北纬(°)	站址	始报年月	信息管理单位
左权县	161	31029705	大炉	秋林滩沟	南运河	海河	113.559	37.028	左权县拐儿镇大炉村	201207	左权县水利局
左权县	162	31029920	高庄	十里店沟	南运河	海河	113.351	37.029	左权县龙泉乡高庄村	201207	左权县水利局
左权县	163	31029905	柳林	柳林沟	南运河	海河	113.236	37.033	左权县石匣乡柳林村	201207	左权县水利局
左权县	164	31030035	柏管寺	柏峪沟	南运河	海河	113.463	37.036	左权县粟城乡柏管寺村	201207	左权县水利局
左权县	165	31029688	天门	下庄沟河	南运河	海河	113.668	37.045	左权县拐儿镇天门村	201207	左权县水利局
左权县	166	31030030	下小节	紫阳河	南运河	海河	113.488	37.050	左权县粟城乡下小节村	201207	左权县水利局
左权县	167	31029925	五里堠前	十里店沟	南运河	海河	113.359	37.055	左权县五里堠前村	201207	左权县水利局
左权县	168	31029910	寺仙	柳林沟	南运河	海河	113.271	37.074	左权县石匣乡寺仙村	201207	左权县水利局
左权县	169	31029685	拐儿	下庄沟河	南运河	海河	113.626	37.077	左权县拐儿镇拐儿村	201207	左权县水利局
左权县	170	31029694	西五指	拐儿西沟	南运河	海河	113.608	37.098	左权县拐儿镇西五指村	201207	左权县水利局
左权县	171	31029880	管头	小岭底沟	南运河	海河	113.161	37.108	左权县石匣乡管头村	201207	左权县水利局
左权县	172	31030010	前曹家寨	枯河	南运河	海河	113.403	37.142	左权县寒王乡前曹家寨村	201207	左权县水利局
左权县	173	31029875	高家庄	下峧河	南运河	海河	113.298	37.162	左权县石匣乡高家庄村	201207	左权县水利局
左权县	174	31030005	下其至	枯河	南运河	海河	113.441	37.165	左权县寒王乡下其至村	201207	左权县水利局

续表

县区	序号	测站编码	测站名称	河流名称	水系名称	流域名称	东经(°)	北纬(°)	站址	始报年月	信息管理单位
左权县	175	31029865	店上	白垢沟	南运河	海河	113.225	37.189	左权县石匣乡店上村	201207	左权县水利局
榆社县	176	31027710	赵家庄	李峪河	南运河	海河	113.02	37.024	箕城镇赵家庄	201402	榆社县水利局
榆社县	177	31027740	段家庄	东河	南运河	海河	113.038	37.051	箕城镇段家庄	201402	榆社县水利局
榆社县	178	31027985	赵庄	赵庄河	南运河	海河	112.832	37.066	云竹镇赵庄村	201402	榆社县水利局
榆社县	179	31027990	高庄	高庄河	南运河	海河	112.865	37.064	云竹镇高庄村	201402	榆社县水利局
榆社县	180	31027720	南南沟	台曲河	南运河	海河	112.967	36.958	郝北镇南南沟	201402	榆社县水利局
榆社县	181	31027420	西庄	西崖底河	南运河	海河	112.884	37.206	社城镇西庄村	201402	榆社县水利局
榆社县	182	31027430	圪麻凹	官上河	南运河	海河	112.920	37.248	社城镇圪麻凹	201402	榆社县水利局
榆社县	183	31027402	石源	交口河	南运河	海河	112.926	37.309	社城镇石源	201402	榆社县水利局
榆社县	184	31027405	阳乐	交口河	南运河	海河	113.047	37.35	社城镇阳乐村	201402	榆社县水利局
榆社县	185	31027910	北水	苍竹沟河	南运河	海河	112.750	37.082	河峪乡北水村	201402	榆社县水利局
榆社县	186	31027940	后庄	清秀河	南运河	海河	112.710	37.107	河峪乡后庄村	201402	榆社县水利局
榆社县	187	31027920	管石崖	石盘河	南运河	海河	112.693	37.126	河峪乡后庄村管石崖	201402	榆社县水利局
榆社县	188	31027552	杏花庄	泉水河	南运河	海河	113.086	37.314	北寨乡温泉村杏花庄	201402	榆社县水利局
榆社县	189	31027605	赵王	泉水河	南运河	海河	112.984	37.152	北寨乡赵王村	201402	榆社县水利局
榆社县	190	31027565	武源	武源河	南运河	海河	112.910	37.152	西马乡武源村	201402	榆社县水利局
榆社县	191	31028060	岚峪	南屯河	南运河	海河	113.115	36.937	岚峪乡岚峪	201402	榆社县水利局

续表

县区	序号	测站编码	测站名称	河流名称	水系名称	流域名称	东经(°)	北纬(°)	站址	始报年月	信息管理单位
榆社县	192	31028055	上村	广志河	南运河	海河	113.177	36.972	讲堂乡骆驼村上村	201402	榆社县水利局
和顺县	193	30928346	上石勒	李阳河	子牙河	海河	113.567	37.416	和顺县李阳镇上石勒村	201307	和顺县水利局
和顺县	194	30928587	石家庄	石家庄河	子牙河	海河	113.800	37.316	和顺县青城镇石家庄村	201307	和顺县水利局
和顺县	195	31029355	九京	张翼河	南运河	海河	113.533	37.350	和顺县义兴镇九京供水站	201307	和顺县水利局
和顺县	196	31029553	三泉	三泉河	南运河	海河	113.583	37.250	和顺县平松乡三泉水库	201307	和顺县水利局
和顺县	197	31029658	范庄	松烟河	南运河	海河	113.800	37.210	和顺县松烟镇范庄村	201307	和顺县水利局
和顺县	198	31029665	七里滩	许村西沟	南运河	海河	113.633	37.166	和顺县松烟镇七里滩村	201307	和顺县水利局
和顺县	199	31029670	富峪	富峪沟	南运河	海河	113.617	37.133	和顺县松烟镇富峪村	201307	和顺县水利局
和顺县	200	31029680	灰调曲	走马槽沟	南运河	海河	113.733	37.133	和顺县松烟镇灰调曲村	201307	和顺县水利局
和顺县	201	31029733	仪城	横岭河	南运河	海河	113.100	37.366	和顺县横岭镇仪城村	201307	和顺县水利局
和顺县	202	31029740	调畅	横岭河	南运河	海河	113.150	37.321	和顺县横岭镇调畅村	201307	和顺县水利局
和顺县	203	31029853	沙峪	沙峪河	南运河	海河	113.250	37.233	和顺县阳光占乡沙峪村	201307	和顺县水利局
和顺县	204	41024886	南军城	树石河	汾河	黄河	113.200	37.500	和顺县马坊乡南军城村	201307	和顺县水利局
和顺县	205	41024955	柏木寨	西马泉河	汾河	黄河	113.150	37.508	和顺县马坊乡柏木寨村	201307	和顺县水利局

4.4 设计点暴雨

4.4.1 暴雨历时和频率确定

根据《山西省山洪灾害分析评价技术大纲》规定，暴雨历时确定为10min、60min、6h、24h和3d 5种。

根据《山洪灾害分析评价要求》规定，确定暴雨频率为100年一遇、50年一遇、20年一遇、10年一遇、5年一遇5种。

4.4.2 设计雨型确定

漳河流域山区位于山西省水文分区的东区，直接采用《山西省水文计算手册》东区主雨日24h雨型模板（见表4-3）为设计雨型。

表4-3 东区主雨日24h雨型分配表

时程（h）	0~1	1~2	2~3	3~4	4~5	5~6	6~7	7~8	8~9	9~10	10~11	11~12
ΔH占Sp%												
ΔH占（$H_{6h}-Sp$）%												26
ΔH占（$H_{24h}-H_{6h}$）%	3	3	3	5	5	6	5	6	7	11	11	
排位序号	(20)	(22)	(23)	(18)	(17)	(13)	(15)	(14)	(9)	(8)	(7)	(2)
时程（时）	12~13	13~14	14~15	15~16	16~17	17~18	18~19	19~20	20~21	21~22	22~23	23~24
ΔH占Sp%	100											
ΔH占（$H_{6h}-Sp$）%		24	22	15	13							
ΔH占（$H_{24h}-H_{6h}$）%						7	5	7	7	4	3	2
排位序号	(1)	(3)	(4)	(5)	(6)	(10)	(16)	(12)	(11)	(19)	(21)	(24)

表中，Sp为设计雨力，即1h设计雨量；△H为时段雨量：H_{6h}、H_{24h}为6h、24h的设计雨量。

4.4.3 设计暴雨参数查算

根据《山西省水文计算手册》中的成果图表和计算方法，获取设计暴雨参数，包括定点暴雨均值和变差系数 C_v、偏态系数和变差系数比值 C_s/C_v、模比系数和点面折减系数。

(1) 定点暴雨均值和变差系数 C_v。

根据小流域面积和暴雨参数等值线分布情况，确定定点，在《山西省水文计算手册》不同历时的“暴雨均值等值线图”和“C_v 等值线图”中查得各定点的暴雨均值和变差系数 C_v。

(2) 偏态系数和变差系数比值 C_s/C_v

根据《山西省水文计算手册》以及《水利水电工程设计洪水计算规范》（SL44—2006)，倍比 C_s/C_v 值采用 3.5。

(3) 模比系数。

在《山西省水文计算手册》附表Ⅰ－2 中查得。

(4) 点面折减系数。

根据式（4－1）计算。

$$\eta_p\ (A,\ t_b)\ =\frac{1}{1+CA^N} \tag{4-1}$$

式中，A 为流域面积，km^2；C、N 为经验参数，因位于山西省水文分区中的东区，选用东区定点—定面关系参数查用表，见表 4－4。

表 4－4　东区定点定面关系参数查用表

分化	历时	参数	频率（%）				
			100 年	50 年	20 年	10 年	5 年
东区	10 min	C	0.0417	0.0422	0.0456	0.0471	0.0497
		N	0.4686	0.4655	0.4451	0.4361	0.4212
	60 min	C	0.0457	0.0459	0.0507	0.0528	0.0565
		N	0.4108	0.4085	0.3824	0.3712	0.3521
	6 h	C	0.0239	0.0239	0.0238	0.0237	0.0236
		N	0.4541	0.4472	0.4333	0.4250	0.4107
	24 h	C	0.0188	0.0181	0.0165	0.0155	0.0138
		N	0.4360	0.4320	0.4245	0.4204	0.4140
	3 d	C	0.0165	0.0158	0.0144	0.0136	0.0121
		N	0.4175	0.4133	0.4053	0.4007	0.3933

4.4.4 时段设计雨量计算

根据式（4－2）及式（4－3）计算设计点雨量。

$$H_P = H_P\overline{H} \tag{4-2}$$

式中，K_P 为设计点雨量模比系数。

$$H_p^O,_A(t_b) = \sum_{i=1}^{n}[c_iH_p,i(t_b)] \quad (4-3)$$

式中，c_i 为每个定点各自控制的部分面积占小流域面积的权重；A 为每个定点各标准历时的设计雨量，mm；$H_p,_A$（t_b）是同频率、等历时各定点设计雨量在面积 A 上的平均值。

4.5 暴雨点面关系

暴雨点面关系包括定点定面和动点动面两种方法。动点动面法必须假定流域中心点与设计暴雨中心点重合，流域边界与等值线形状一致。但是由于实际情况并非如此，采用动点动面法计算存在偏差。然而定点定面法在实际应用中可以选择流域所在的定点定面分区，使用过程中精度较高。浊漳河流域采用东区定点一定面关系。

设计点暴雨的“点”包含两层含义：一是暴雨统计计算选用的雨量站点，二是指根据计算设计洪水的需要，从流域内选出的具有确定地理位置、依靠暴雨参数等值线图用间接方法计算设计暴雨的地点，二者合称“定点”，选用“定点”的个数，根据流域面积大小参考表 4－5 确定。

表 4－5　定点个数选用表

流域面积（km^2）	<100	100～300	300～500	500～1000
点数	1～2	2～3	3～4	4～5

计算设计点暴雨的方法有直接法和间接法。

4.5.1 直接法

采用直接法推求设计暴雨时，单站不同历时暴雨的统计参数均值、C_v、C_s/C_v（暴雨 C_s/C_v 值统一采用 3.5），宜采用计算机约束准则适线与专家经验相结合的综合适线方法初定；再利用设计暴雨公式参数约束 5 种历时频率曲线之间的间距，使之相互间隔合理，不产生相交。

单站某一种历时暴雨统计参数的计算在于寻求“理论”频率曲线与经验频率点据的最佳拟合，经验频率用期望公式计算。特大值经验频率的确定是决定频率曲线上部走向的关键，对单站适线成果会产生较大的影响，因此要充分利用一切可以利用的信息对特大值的重现期进行考证。

单站多种历时暴雨的适线，重点在于协调各频率曲线之间的合理距离，使不同历时的同一统计参数服从“参数—历时”关系的一般规律（见图 4－1），即均值随着历时延长而递增，在双对数坐标系中表现为微微上凸、连续、单增的光滑曲线；变差系数 C_V 随历时变化的规律多数表现为左偏铃形连续光滑曲线，极大值多出现在 60min 或 6h 处；少数为单调下降曲线。

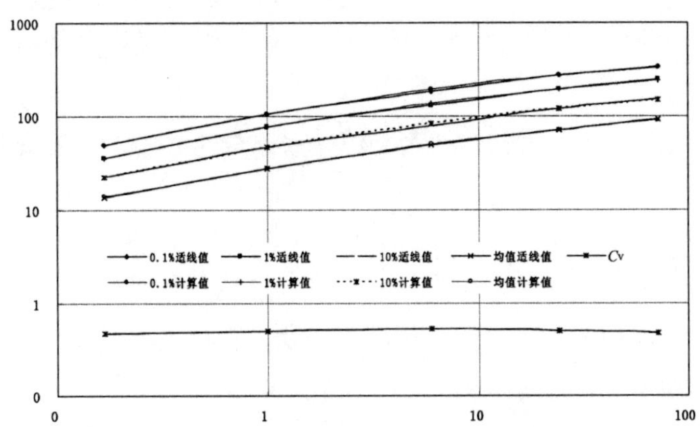

图 4－1 设计暴雨查图结果合理性检查及综合分析图

4.5.2 间接法

（1）等值线查读。

间接法推求设计暴雨，首先确定“定点”及设计暴雨历时，然后分别在相应历时暴雨参数等值线图（《山西省水文计算手册》附图 15 ~ 附图 24）上查读定点的各种历时暴雨均值、变差系数。查图时应该注意以下事项：

①当“定点”位于等值线图的低值区（－）或高值区（＋）时，插值应该小于或大于邻近的等值线值，但不得超过一个级差；当“定点”位于马鞍区（无“＋”、“－”号标示）时，插值一般应取四条等值线的平均值。

②等值线图上标有单站参数值，可作为查图内插时的参考。

（2）合理性检查。

为规避查图误差向设计洪水传递，需对查图结果进行合理性检查及综合分析。方法是：首先，在双对数坐标系中绘制不同历时均值的历时曲线，检查其是否满足“参数—历时”一般规律，如不满足应对查图结果进行调整；然后，根据调整后的参数，用式（4－4）计算各历时的设计暴雨，并在双对数坐标系中绘制历时曲线，该曲线亦为微微上凸、连续、单增光滑曲线。

（3）用经过合理性检查、调整后的参数值，用式（4－4）计算各种历时设计点暴雨。

$$H_p = K_p\overline{H} \tag{4-4}$$

式中，模比系数由《山西省水文计算手册》附录表Ⅰ－2 查用。

（4）设计点暴雨均值计算。

$$H_{p}^{O},_{A}(t_{b}) = \sum_{i=1}^{n}[c_{i}H_{p},i(t_{b})] \quad (4-5)$$

式中，$H_{p,A}^{o}(t_b)$ 是同频率、等历时各定点设计雨量在流域面积 A 上的平均值，而非通常意义上流域重（形）心处一个点的设计点雨量，mm；c_i 为每个定点（雨量站）各自控制的部分面积占流域面积 A 的权重；$H_{p,i}(t_b)$ 为每个定点各标准历时 t_b 的设计雨量，mm。

流域地势平坦，所选定点均匀分布时设计点雨量的流域平均值可以用算术平均法计算；否则，改用泰森多边形法计算。

4.5.3 设计暴雨的时—深关系

设计暴雨的时—深关系，又称设计暴雨公式。直接采用《山西省水文计算手册》中的三参数幂函数型对数非线性暴雨公式：

$$H_p(t) = \begin{cases} S_p \cdot t \cdot e^{\frac{n_s}{\lambda}(1-t^{\lambda})}, & \lambda \neq 0 \\ S_p \cdot t^{1-n_s}, & \lambda = 0 \end{cases} \quad (4-6)$$

也可进一步变形为：

$$H_p(t) = \begin{cases} S_p \cdot t^{1-n}, & \lambda \neq 0 \\ S_p \cdot t^{1-n_s}, & \lambda = 0 \end{cases} \quad 0 \leqslant \lambda < 0.12 \quad (4-7)$$

$$n = n_s \frac{t^{\lambda} - 1}{\lambda \ln t} \quad (4-8)$$

式中，n 、n_s 分别为双对数坐标系中设计暴雨时—强关系曲线的坡度及 $t = 1\text{h}$ 时的斜率；S_p 为设计雨力，即 1h 设计雨量，mm/h；t 为暴雨历时，h；λ 为经验参数，当 $\lambda = 0$ 时，式（4－6）退化为对数线性暴雨公式。

暴雨公式的三个参数 S_p、n_s、λ 需要根据同频率各标准历时设计雨量 $H_p(t)$，以残差相对值平方和最小为目标求解，其中 S_p 的查图误差控制在 ±5% 以内；$0 \leqslant \lambda < 0.12$。当 λ 不被满足时，适当调整查图的均值和 C_V，至 λ 满足约束为止。

求得设计暴雨公式参数后，不同历时设计雨量即可由式（4－6）或式（4－7）与式（4－8）计算求得。

4.6 设计面雨量

根据式（4－9）计算设计面雨量。

$$H_{p,A}(t_b) = \eta_p(A, t_b) \times H_{p,A}^{o}(t_b) \quad (4-9)$$

式中，$H_{p,A}$（t_b）为标准历时为 t_b、设计标准为 p、流域面积为 A 的设计面雨量，mm；$H^o_{p,A}$（t_b）为设计点雨量的流域平均值，mm；η_p（A，t_b）为设计暴雨点—面折减系数。

由式（4－10）、式（4－11）计算不同历时的设计面雨量。

$$H_p(t)=\begin{cases}S_p\cdot t^{1-n}, & \lambda\neq 0\\ S_p\cdot t^{1-n_s}, & \lambda=0\end{cases}\quad 0\leq\lambda<0.12 \tag{4-10}$$

$$n=n_S\frac{t^{\lambda}-1}{\lambda\ln t} \tag{4-11}$$

式中，n、n_s 分别为双对数坐标系中设计暴雨时—强关系曲线的坡度及 $t=1$h 时的斜率；S_p 为设计雨力，即 1h 设计雨量，mm/h；t 为暴雨历时，h；λ 为经验参数。

表 4－6 为定点定面关系参数查用表。

表 4－6　定点定面关系参数查用表

分化	历时	参数	频率（%）											
			0.01	0.1	0.2	0.33	0.5	1	2	3.3	5	10	20	25
10 min	C	0.0441	0.0524	0.0520	0.0514	0.0515	0.0507	0.0502	0.0495	0.0492	0.0481	0.0469	0.0450	0.0444
	N	0.4227	0.4105	0.4102	0.4114	0.4102	0.4120	0.4124	0.4135	0.4137	0.4155	0.4173	0.4204	0.4213
60 min	C	0.0456	0.0512	0.0506	0.0504	0.0504	0.0499	0.0495	0.0490	0.0487	0.0482	0.0473	0.0461	0.0457
	N	0.3652	0.3739	0.3723	0.3718	0.3709	0.3710	0.3705	0.3701	0.3693	0.3686	0.3675	0.3662	0.3656
6h	C	0.0156	0.0254	0.0242	0.0237	0.0237	0.0230	0.0223	0.0213	0.0209	0.0201	0.0187	0.0168	0.0161
	N	0.4398	0.4188	0.4201	0.4206	0.4206	0.4216	0.4228	0.4257	0.4251	0.4269	0.4303	0.4355	0.4381
24h	C	0.0116	0.0151	0.0137	0.0135	0.0135	0.0133	0.0132	0.0127	0.0128	0.0126	0.0122	0.0117	0.0115
	N	0.3704	0.4460	0.4485	0.4450	0.4450	0.4396	0.4345	0.4334	0.4243	0.4178	0.4062	0.3894	0.3819
3d	C	0.0047	0.0088	0.0077	0.0075	0.0075	0.0073	0.0070	0.0066	0.0066	0.0063	0.0058	0.0052	0.0049
	N	0.4472	0.4862	0.4934	0.4912	0.4912	0.4877	0.4845	0.4873	0.4779	0.4741	0.4672	0.4571	0.4533

4.7　设计暴雨时程分配

推求设计洪水过程线，需要计算设计暴雨的过程，即设计暴雨的时程分布雨型，简称设计时雨型。根据《山西省水文计算手册》分析，流域面积小于 1000km²，点雨量的时雨型和流域平均雨量的时程分布（面雨量时程雨型）没有明显差异，可用点雨量时雨型代替面雨量时雨型。

点雨量时雨型分为日雨型和逐时雨型。根据主雨日所处降雨过程的前、中、后位置，漳河上游山区在于山西省东区，日雨型和时雨型“模板”见表 4－7。

表 4－7　东区设计雨型查用表

第一日																								
$(H_{3d}-H_{24h})$%	36																							
时程(时)	0－1	1－2	2－3	3－4	4－5	5－6	6－7	7－8	8－9	9－10	10－11	11－12	12－13	13－14	14－15	15－16	16－17	17－18	18－19	19－20	20－21	21－22	22－23	23－24
时程分配(%)	2	3	3	4	2	2	1		1		1	2	2	3	2	2	8	24	10	7	6	3	5	7
主雨日																								
时程(时)	0－1	1－2	2－3	3－4	4－5	5－6	6－7	7－8	8－9	9－10	10－11	11－12	12－13	13－14	14－15	15－16	16－17	17－18	18－19	19－20	20－21	21－22	22－23	23－24
△H 占 S_p%													100											
△H 占 $(H_{6h}-S_p)$%												26		24	22	15	13							
△H 占 $(H_{24h}-H_{6h})$%	3	3	3	5	5	6	5	6	7	11	11							7	5	7	7	4	3	2
排位序号	(20)	(22)	(23)	(18)	(17)	(13)	(15)	(14)	(9)	(8)	(7)	(2)	(1)	(3)	(4)	(5)	(6)	(10)	(16)	(12)	(11)	(19)	(21)	(24)
第三日																								
$(H_{3d}-H_{24h})$%	36																							
时程（时)	0－1	1－2	2－3	3－4	4－5	5－6	6－7	7－8	8－9	9－10	10－11	11－12	12－13	13－14	14－15	15－16	16－17	17－18	18－19	19－20	20－21	21－22	22－23	23－24
时程分配(%)	5	3	3	3	4	5	4	6	9	18	12	7	3	4	3	3	1	3	2	1				1

表列雨型为 $\Delta t=1\text{h}$ 时的基础雨型，当工程控制流域面积较小、汇流时间不足 1h 时，可将基础雨型细化为 $\Delta t=\frac{1}{2}\text{h}$ 或 $\Delta t=\frac{1}{4}\text{h}$ 的派生雨型。派生雨型的构造方法是：把基础雨型中的每个序位 j 离散为 j_1、j_2 两个二级序位或 j_1、j_2、j_3、j_4 四个二级序位，对于 $j=1$ 的主峰时段，前者的峰值应安排在基础雨型靠近第 2 序位的一边；后者的峰值应安排在靠近基础雨型第 2 序位的 j_2 或 j_3 位置。其他时段的二级序位按雨量大小由大到小进行安排，如图 4－2 所示。

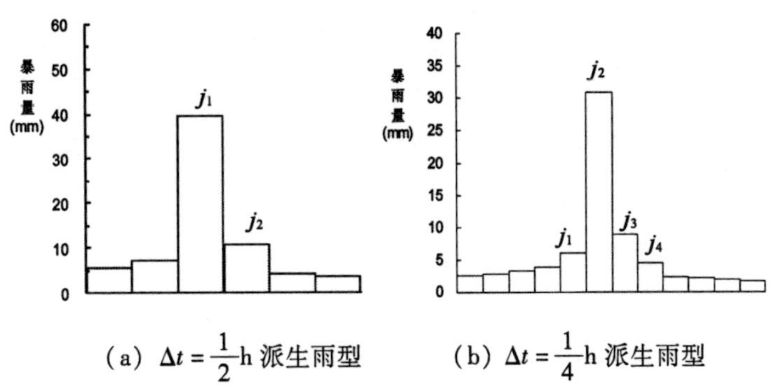

（a）$\Delta t=\frac{1}{2}\text{h}$ 派生雨型　（b）$\Delta t=\frac{1}{4}\text{h}$ 派生雨型

图 4－2　派生雨型示意图

计算主雨日的设计时雨型，应采用暴雨公式计算的时段雨量序位法，亦可采用百分比法；非主雨日的设计时雨型，宜采用百分比法。

1. 时段雨量序位法

利用暴雨公式（4－12）计算时段雨量：

$$\Delta H_{p,j}=H_p(t_j)-H_p(t_{j-1}),\ j=1,\ 2,\ \cdots,\ t_0=0 \tag{4-12}$$

式中，j 为表 4－7 中主雨日时段雨量排位序号，即时段雨量 $\Delta H_{p,\text{j}}$ 摆放的序位。逐时段依次用式（4－12）计算出时段雨量，并按序位号依次摆放在相应位置，即得逐时雨型。

2. 百分比法

（1）利用设计暴雨公式及其参数计算不同标准历时的设计暴雨量 $H_{p,1\text{h}}$（即雨力 S_p）、$H_{p,6\text{h}}$、$H_{p,24\text{h}}$。

（2）把最大 1h 雨量 $H_{p,1\text{h}}$ 放在主峰（即 1 号）位置。

（3）主峰前后两侧 6h 以内的时段雨量 ΔH，按设计雨型表（见表 4－7）中查得的百分数 B_j（%）用式（4－13）分配：

$$\Delta H_j=(H_{p,6\text{h}}-H_{p,1\text{h}})\times B_j/100,\ j=2,\ 3,\ 4,\ 5,\ 6 \tag{4-13}$$

（4）主雨日内其他时段的雨量按式（4－14）分配：

$$\Delta H_j=(H_{p,24\text{h}}-H_{p,6\text{h}})\times B_j/100,\ j=7,\ 8,\ \cdots,\ 23,\ 24 \tag{4-14}$$

非主雨日的日雨量按式（4－15）分配：

$$H_{p,i} = (H_{p,3d} - H_{P,24h}) \times B_i/100 \tag{4-15}$$

式中，$H_{P,j}$为非主雨日设计日雨量，mm；B_j 为非主雨日日雨量占非主雨日雨量之和的百分比。

非主雨日的时段雨量按式（4－16）分配：

$$\Delta H_{i,j} = H_{p,i} \times B_j/100,\ i=1,\ 2;\ j=1,\ 2,\ \cdots,\ 23,\ 24 \tag{4-16}$$

式中，B_j 为非主雨日的时段雨量占非主雨日雨量的百分比。

4.8 主雨历时与主雨雨量

漳河上游山区形成洪水的暴雨，一般集中分布在主雨峰及其两侧，而不是暴雨全过程。强度比较小的那些时段的降水，对洪水的形成或制约作用不大。从“造洪”角度来说，可以只考虑制造洪水的主要时段降水，即“造洪雨”或主雨，其历时 t_z 称为“主雨历时”。

本次采用瞬时雨强大于等于 2.5mm/h 的降水作为主雨。对于实测暴雨而言，可以根据它的面雨量时程分配按此标准统计计算主雨历时和主雨雨量；设计条件下应该借助暴雨公式求解主雨历时 t_z：

$$S_p \frac{1-n_s t_z{}^{\lambda}}{t_z^n} = 2.\ 5,\ n = n_s \frac{t_z^{\lambda}-1}{\lambda \ln t_z} \tag{4-17}$$

式中各符号意义同前。

求解主雨历时 t_z 可以采用数值解法，也可以采用图解法。

图解法计算步骤是令：

$$f(t) = \frac{1-n_s t^{\lambda}}{t^n} S_p \tag{4-18}$$

在普通坐标系中绘制 $f(t) \sim t$ 曲线，然后在纵坐标上截取 $f(t) = 2.5$ 得点 A，过 A 点作水平线，交 $f(t) \sim t$ 曲线于 P 点，P 点的横坐标即为主雨历时 t_z。

用式（4－19）计算主雨雨量 $H_p(t_z)$：

$$H_p(t_z) = S_p t_z^{1-n},\ n = n_s \frac{t^{\lambda}-1_z}{\lambda \ln t_z} \tag{4-19}$$

非主雨日的主雨历时及主雨雨量按雨强大于 2.5mm/h 的标准统计计算。

根据分析成果，设计暴雨时程分配要分配到以流域汇流时间为历时的雨型。本次工作考虑到小流域面积较小、汇流时间较短，时程分配的历时选用 6h 即可基本涵盖汇流时间，对于汇流时间超过 6h 的小流域历时适当延长。

根据设计雨型和时段设计雨量成果，采用时段雨量序位法对各频率的时段设计雨量进行时程分配，成果见“设计暴雨时程分配表”（表 4－10）。

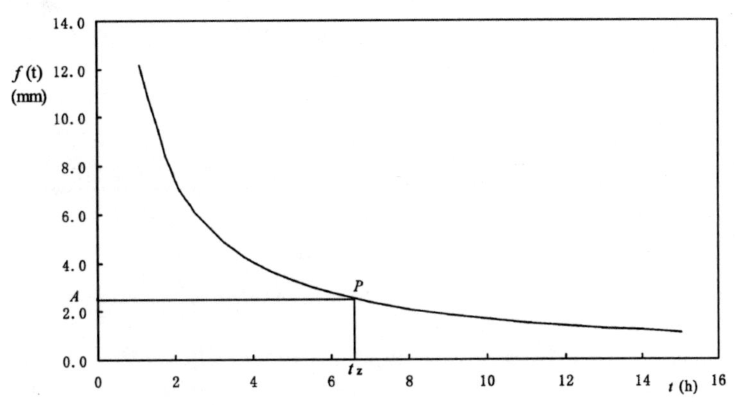

图4－3　主雨历时图解法示意图

时段雨量序位法利用暴雨公式（4－20）计算时段雨量：

$$\Delta H_{j}=H_{(}t_{j})\ -H\ (t_{j-1}),\ j=1,\ 2,\ \cdots,\ t_{0}=0 \qquad (4-20)$$

式中，j 为表4－7中主雨日排位序号，即时段雨量 $\Delta H_{p,i}$ 摆放的序位。依次用式（4－20）计算出逐时段雨量，并按序位号依次摆放在相应位置，求得逐时段雨型。

4.9　暴雨成果整理

按照《山西省水文计算手册》方法，本次计算的832个村需要先进行小流域进行划分、小流域设计暴雨参数查图等工作。

（1）计算历时 $p=1\%$、2%、5%、10%、20% 五种不同频率的设计“点”雨量 $H^{°}$。

根据流域面积大小及暴雨参数等值线通过流域的实际情况，按表4－6定点选取原则，选取定点。

从 $t_b=10\text{min}$、60min、6h、24h、3d 的均值 $\overline{H}$ 和变差系数 C_v 等值线图上分别查得各定点的 $\overline{H}$ 和 C_v 值，填入表4－8，并检查 $\overline{H}$ 和 C_v 历时规律的合理性，如不合理应加以调整。

（2）计算历时 $p=1\%$、2%、5%、10%、20% 五种不同频率的设计面雨量初值 H'。

计算点—面折减系数 $\eta_{1\%}$（A，t_b）。根据不同频率的 $H°$ 和 $\eta_{1\%}$（A，t_b），由式（4－9）计算设计面雨量初值 H'。

（3）求解暴雨公式参数，计算设计面雨量。

根据表4－8栏各历时设计面雨量初值 H'，采用多元回归求解参数：$S_{1\%}$，n_s，λ（求解条件是 S_p 的误差控制在 ±5%以内；$0\leq\lambda<0.12$。λ 不能满足时，应该调整单站查图值，直至满足约束为止）。

漳河上游山区设计暴雨成果具体计算结果见表4－10。

为节约篇幅，本次计算漳河上游山区设计暴雨成果选点按每县一个列举于表4－9。漳河上游山区小流域汇流时间设计暴雨时程分配结果表4－10。漳河上游山区小流域汇流时间设计暴雨时程分配结果也按一县列举一村，结果见表4－10。

表4－8　漳河山区小流域设计暴雨参数查图成果表

县区	序号	小流域名称	定点	水文分区	面积(km^2)	不同历时定点暴雨参数									
						10min		60min		6h		24h		3d	
						$\overline{H}$(mm)	Cv	$\overline{H}$(mm)	Cv	$\overline{H}$(mm)	Cv	$\overline{H}$(mm)	Cv	$\overline{H}$(mm)	Cv
武乡县	1	洪水村	洪水1	东区	53.4	13.2	0.46	27.9	0.5	42	0.49	58	0.44	78	0.43
武乡县	2	寨坪村	寨坪1	东区	122.2	13.6	0.45	27	0.5	43	0.49	58	0.43	77.5	0.43
武乡县	3	下寨村	下寨1	东区	14.9	13	0.47	26	0.51	42.5	0.52	59	0.45	79	0.44
武乡县	4	中村村	中村1	东区	12.7	13	0.48	26.5	0.51	43.3	0.54	62.5	0.47	82.5	0.46
武乡县	5	义安村	义安1	东区	12.7	13	0.48	26.5	0.51	43.3	0.54	62.5	0.47	82.5	0.46
武乡县	6	韩北村	韩北1	东区	7.2	14	0.5	28	0.51	45	0.54	63	0.47	83	0.45
武乡县	7	王家峪村	王家峪1	东区	2.9	13.5	0.45	26.8	0.49	41.5	0.53	59	0.44	78	0.43
武乡县	8	大有村	大有1	东区	32.3	13.4	0.45	27.2	0.48	43	0.5	58.5	0.43	77.5	0.43
武乡县	9	辛庄村	辛庄1	东区	32.3	13.4	0.45	27.2	0.48	43	0.5	58.5	0.43	77.5	0.43
武乡县	10	峪口村	峪口1	东区	44.8	13.6	0.45	27	0.48	43.1	0.51	58	0.43	77	0.43
武乡县	11	型村	型村1	东区	0.5	14.5	0.5	29	0.5	45	0.51	61	0.45	80	0.45
武乡县	12	李峪村	李峪1	东区	20.4	13.4	0.46	27.2	0.49	41.9	0.53	58.5	0.44	77	0.44
武乡县	13	泉沟村	李峪1	东区	20.4	13.4	0.46	27.2	0.49	41.9	0.53	58.5	0.44	77	0.44
武乡县	14	贾豁村	贾豁1	东区	55.7	14	0.47	28.5	0.47	44	0.5	60	0.44	78	0.43
武乡县	15	高家庄村	高家庄1	东区	18.3	14.1	0.48	28.5	0.48	44	0.49	60	0.44	78	0.43
武乡县	16	石泉村	石泉1	东区	9.2	14.1	0.47	28.5	0.47	44.5	0.49	60	0.44	78	0.43

续表

县区	序号	小流域名称	定点	水文分区	面积(km²)	不同历时定点暴雨参数									
						10min		60min		6h		24h		3d	
						$\overline{H}$(mm)	C_v	$\overline{H}$(mm)	C_v	$\overline{H}$(mm)	C_v	$\overline{H}$(mm)	C_v	$\overline{H}$(mm)	C_v
武乡县	17	海神沟村	海神沟1	东区	0.8	14	0.47	28.3	0.47	43.5	0.49	59.8	0.44	78	0.43
武乡县	18	郭村村	郭村1	东区	15.8	14.1	0.48	28.5	0.48	44.5	0.49	60	0.44	78.5	0.43
武乡县	19	杨桃湾村	杨桃湾1	东区	2.9	14.5	0.49	28.5	0.5	45	0.52	61	0.46	81	0.45
武乡县	20	胡庄铺村	胡庄铺1	东区	9.3	15	0.49	29.2	0.49	43	0.55	64.8	0.5	84.8	0.47
武乡县	21	平家沟村	平家沟1	东区	1.7	14.5	0.5	28.3	0.51	45	0.57	66	0.56	86	0.47
武乡县	22	王路村	王路1	东区	3.0	15	0.49	28	0.5	43	0.56	65.1	0.52	85	0.48
武乡县	23	西黄岩 马牧村干流	马牧1	东区	99.1	14.3	0.52	29	0.53	44.5	0.57	66	0.54	85	0.5
		马牧村支流	马牧2	东区	26.0	14.5	0.53	29	0.53	43	0.58	66.5	0.56	86	0.52
武乡县	24	南村村	南村1	东区	109.1	14	0.53	30	0.54	45	0.57	66	0.55	85	0.5
武乡县	25	东寨底村	东寨底1	东区	5.5	13.8	0.6	28.5	0.61	44	0.63	68	0.58	87	0.57
武乡县	26	邵渠村	邵渠1	东区	5.0	14.5	0.57	28.5	0.59	44.5	0.63	67	0.58	87	0.57
武乡县	27	北涅水村	北涅水1	东区	2.3	14.5	0.57	28.5	0.58	44.5	0.63	67	0.59	87	0.57
武乡县	28	高台寺村	高台寺1	东区	117.2	14	0.61	28	0.61	43.5	0.63	67	0.58	86.5	0.54
武乡县	29	槐圪塔村	槐圪塔1	东区	61.8	13.8	0.6	27.5	0.6	45	0.62	66	0.57	87	0.53
武乡县	30	大寨村	大寨1	东区	54.9	13.9	0.62	27	0.62	43.5	0.62	66.5	0.57	87	0.53
武乡县	31	西良村	西良1	东区	61.8	13.8	0.6	27.5	0.6	45	0.62	66	0.57	87	0.53
武乡县	32	分水岭村	分水岭1	东区	10.8	13.2	0.62	25.9	0.61	42.5	0.59	67	0.55	86	0.51
武乡县	33	窑儿头村	窑儿头1	东区	16.4	13.1	0.6	25.8	0.6	41	0.61	65.2	0.55	85	0.51

续表

县区	序号	小流域名称	定点	水文分区	面积(km^2)	不同历时定点暴雨参数									
						10min		60min		6h		24h		3d	
						$\overline{H}$(mm)	C_v	$\overline{H}$(mm)	C_v	$\overline{H}$(mm)	C_v	$\overline{H}$(mm)	C_v	$\overline{H}$(mm)	C_v
武乡县	34	南关村	南关1	东区	67.1	13	0.6	25.5	0.61	42	0.61	65.5	0.55	85	0.5
武乡县	35	松庄村	松庄1	东区	21.3	13.8	0.6	26	0.6	42	0.62	67	0.56	86	0.52
武乡县	36	石北村	石北1	东区	21.5	14	0.53	30	0.55	45	0.6	66	0.58	86	0.52
武乡县	37	西黄岩村 西黄干岩村	西黄1	东区	52.0	14	0.53	30	0.55	45	0.6	66	0.58	86	0.52
		西黄岩村 西黄支岩村	西黄2	东区	3.7	14	0.51	29.5	0.53	45	0.6	66	0.55	85	0.5
武乡县	38	型庄村	型庄1	东区	67.7	15	0.51	29	0.53	45	0.58	66	0.55	85	0.5
武乡县	39	长蔚村	长蔚1	东区	1.1	14.5	0.5	30	0.54	45	0.56	66	0.53	85	0.48
武乡县	40	玉家渠村	王家渠1	东区	1.9	14.5	0.5	28.5	0.52	45	0.57	66	0.53	85	0.47
武乡县	41	长庆村	长庆1	东区	1.1	14.5	0.5	30	0.54	45	0.56	66	0.53	85	0.48
武乡县	42	长庆凹村	长庆凹1	东区	3.5	15	0.5	29	0.51	45	0.56	66	0.53	86	0.47
武乡县	43	墨镫村	墨镫1	东区	11.4	14	0.5	28.2	0.51	44	0.5	60	0.47	80	0.45
沁县	1	北关社区	定点1	东区	121.4	14	0.59	30	0.59	47	0.65	70	0.66	93	0.6
沁县	2	南关社区	定点1	东区	127.0	14.5	0.57	31	0.58	49	0.64	72	0.67	95	0.6
沁县			定点2	东区	121.4	14	0.59	30	0.59	47	0.65	70	0.66	93	0.6
沁县			定点3	东区	24.3	15	0.56	32	0.56	50	0.63	73	0.67	98	0.6
沁县	3	西苑社区	定点1	东区	140.2	14	0.59	30	0.59	47	0.65	70	0.66	93	0.6
沁县	4	东苑社区	定点1	东区	140.2	14	0.59	30	0.59	47	0.65	70	0.66	93	0.6
沁县	5	育才社区	定点1	东区	127.0	14.5	0.57	31	0.58	49	0.64	72	0.67	95	0.6
			定点2	东区	121.4	14	0.59	30	0.59	47	0.65	70	0.66	93	0.6
			定点3	东区	24.3	15	0.56	32	0.56	50	0.63	73	0.67	98	0.6

续表

县区	序号	小流域名称	定点	水文分区	面积(km^2)	不同历时定点暴雨参数									
						10min		60min		6h		24h		3d	
						$\overline{H}$(mm)	C_v	$\overline{H}$(mm)	C_v	$\overline{H}$(mm)	C_v	$\overline{H}$(mm)	C_v	$\overline{H}$(mm)	C_v
沁县	6	合庄村	定点1	东区	1.2	15.2	0.56	32.4	0.57	51	0.59	72	0.6	96	0.55
沁县	7	北寺上村	定点1	东区	12.5	15	0.56	31	0.56	48	0.61	70	0.61	93	0.56
沁县	8	下曲峪村	定点1	东区	2.5	15	0.56	31	0.56	48	0.61	70	0.61	93	0.56
沁县	9	迎春村	定点1	东区	111.3	14.5	0.57	31	0.58	49	0.64	72	0.67	95	0.6
沁县	10	官道上	定点1	东区	127.9	14.5	0.57	31	0.58	49	0.64	72	0.67	95	0.6
沁县	11	北漳村	定点1	东区	4.4	14.5	0.55	30	0.55	47	0.6	70	0.6	93	0.55
沁县	12	福村村	定点1	东区	33.6	14.1	0.58	31	0.58	48	0.62	72	0.66	94	0.6
沁县	13	郭村村	定点1	东区	6.7	14.1	0.57	31	0.58	49	0.64	73	0.67	94	0.61
沁县	14	池堡村	定点1	东区	5.1	14.3	0.58	31	0.58	48	0.64	73	0.66	95	0.61
沁县	15	故县村	定点1	东区	58.5	15.2	0.58	32.5	0.59	47	0.63	70	0.66	85	0.57
			定点2	东区	29.2	15.5	0.57	32.5	0.61	48	0.61	68	0.64	83.5	0.56
			定点3	东区	39.2	15.5	0.58	32	0.59	47	0.61	70	0.63	82.5	0.56
沁县	16	后河村	定点1	东区	23.6	15	0.57	33	0.6	49	0.62	70	0.66	85	0.57
沁县	17	徐村	定点1	东区	58.5	15	0.59	33	0.59	48	0.63	70.5	0.66	85	0.57
			定点2	东区	60.0	15.5	0.58	33.5	0.61	49	0.62	69.5	0.66	85	0.56
			定点3	东区	42.2	15.5	0.57	33	0.62	48.5	0.6	67	0.6	82.5	0.55
			定点4	东区	52.4	15	0.58	32	0.6	48	0.61	69	0.63	83.5	0.56
沁县	18	马连道村	定点1	东区	58.5	15	0.59	33	0.59	48	0.63	70.5	0.66	85	0.57
			定点2	东区	47.9	15.5	0.58	33.5	0.61	49	0.62	69.5	0.66	85	0.56
			定点3	东区	42.2	15.5	0.57	33	0.62	48.5	0.6	67	0.6	82.5	0.55
			定点4	东区	52.4	15	0.58	32	0.6	48	0.61	69	0.63	83.5	0.56
沁县	19	徐阳村	定点1	东区	53.4	16.5	0.55	34	0.53	47	0.53	66	0.5	85	0.45
沁县	20	邓家坡村	定点1	东区	56.6	16.5	0.55	34	0.53	47	0.53	66	0.5	85	0.45
沁县	21	南池村	定点1	东区	65.2	16	0.56	33	0.61	49	0.57	66	0.57	82	0.52

续表

县区	序号	小流域名称	定点	水文分区	面积(km^2)	不同历时定点暴雨参数									
						10min		60min		6h		24h		3d	
						$\overline{H}$(mm)	C_v	$\overline{H}$(mm)	C_v	$\overline{H}$(mm)	C_v	$\overline{H}$(mm)	C_v	$\overline{H}$(mm)	C_v
沁县	22	古城村	定点1	东区	49.4	16	0.56	33	0.61	49	0.57	66	0.57	82	0.52
沁县	23	太里村	定点1	东区	56.3	16.1	0.57	33	0.62	49.5	0.57	66	0.57	82	0.52
沁县	24	西待贤	定点1	东区	16.4	15.9	0.58	32.5	0.61	47	0.58	66	0.57	80	0.53
沁县	25	芦则沟	定点1	东区	0.5	16.2	0.57	33	0.61	49	0.57	65.5	0.57	80.5	0.52
沁县	26	陈庄沟	定点1	东区	1.8	16.2	0.57	33	0.61	49	0.57	65.5	0.57	80.5	0.52
沁县	27	沙圪道	定点1	东区	35.9	16	0.57	33	0.61	49	0.59	66	0.57	80	0.53
沁县	28	交口村	定点1	东区	16.8	13.9	0.6	29	0.6	46	0.64	67	0.63	89	0.58
沁县	29	韩曹沟	定点1	东区	3.7	14.1	0.57	29.7	0.55	46	0.63	68	0.64	90	0.57
沁县	30	固亦村	定点1	东区	48.9	14.2	0.57	29.9	0.58	46	0.63	69	0.65	90	0.58
沁县	31	南园则村	定点1	东区	48.9	14.2	0.57	29.9	0.58	46	0.63	69	0.65	90	0.58
沁县	32	景村村	定点1	东区	62.2	14	0.59	30	0.59	47	0.65	70	0.66	93	0.6
沁县	33	羊庄村	定点1	东区	21.0	13.9	0.6	29	0.61	46	0.66	69	0.65	90	0.6
沁县	34	乔家湾村	定点1	东区	13.8	14	0.59	30	0.6	47	0.65	70	0.63	90	0.6
沁县	35	山坡村	定点1	东区	34.5	13.9	0.59	29	0.6	47	0.65	69	0.66	90	0.6
沁县	36	道兴村	定点1	东区	88.6	15	0.57	32.5	0.58	49	0.62	73	0.67	93	0.6
沁县	37	燕垒沟村	定点1	东区	1.3	15	0.57	32.5	0.59	50	0.63	72	0.66	93	0.57
沁县	38	河止村	定点1	东区	72.8	14.4	0.57	32	0.57	49	0.64	73	0.66	91	0.6
沁县	39	漫水村	定点1	东区	42.0	14.5	0.57	32	0.58	48	0.64	73	0.66	92	0.61
沁县	40	下湾村	定点1	东区	52.4	14.6	0.57	32	0.57	48.5	0.64	74	0.68	91	0.61
沁县	41	寺庄村	定点1	东区	43.2	14.5	0.57	32	0.58	48	0.64	73	0.66	92	0.61
沁县	42	前庄	定点1	东区	6.5	14.5	0.56	29	0.56	44	0.62	68	0.61	89	0.56
沁县	43	蔡甲	定点1	东区	6.5	14.5	0.56	29	0.56	44	0.62	68	0.61	89	0.56

续表

县区	序号	小流域名称	定点	水文分区	面积(km²)	不同历时定点暴雨参数									
						10min		60min		6h		24h		3d	
						$\overline{H}$(mm)	C_v	$\overline{H}$(mm)	C_v	$\overline{H}$(mm)	C_v	$\overline{H}$(mm)	C_v	$\overline{H}$(mm)	C_v
沁县	44	长街村	定点1	东区	13.7	15.2	0.55	31	0.55	47	0.58	69	0.57	90	0.52
沁县	45	次村村	定点1	东区	31.0	16.5	0.54	33	0.52	47	0.54	66.5	0.49	84.5	0.45
沁县	46	五星村	定点1	东区	43.2	16.5	0.55	33.7	0.52	47	0.54	67	0.49	84.5	0.45
沁县	47	东杨家庄村	定点1	东区	3.8	16.5	0.53	33	0.52	47	0.52	66	0.47	83	0.44
沁县	48	下张庄村	定点1	东区	12.4	15.3	0.57	33.5	0.61	51	0.61	70.5	0.65	89	0.56
沁县	49	唐村村	定点1	东区	2.1	15.6	0.57	34.1	0.58	53	0.61	71	0.63	93	0.55
沁县	50	中里村	定点1	东区	2.3	15.7	0.57	34	0.6	52	0.61	71	0.63	92	0.56
沁县	51	南泉村	定点1	东区	20.0	15	0.57	32	0.59	48	0.61	70	0.6	84	0.56
沁县	52	榜口村	定点1	东区	35.5	15	0.57	32.5	0.59	48	0.61	70	0.62	84	0.56
沁县	53	杨安村	定点1	东区	44.3	15.5	0.57	31.5	0.61	47	0.59	68	0.58	80	0.53
襄垣县	1	石灰窑村	石灰窑村	东区	33.3	16	0.48	31.5	0.49	44.5	0.57	62	0.45	77.5	0.44
襄垣县	2	返底村	返底村	东区	2.4	15	0.49	28.5	0.51	42	0.53	64.9	0.52	80	0.47
襄垣县	3	普头村	普头村	东区	66.9	15	0.5	29	0.52	43.5	0.54	66	0.52	82	0.47
襄垣县	4	安沟村	安沟村	东区	6.9	17.4	0.56	32.5	0.55	44.3	0.53	64.6	0.51	79.4	0.51
襄垣县	5	阎村	阎村	东区	35.1	16.5	0.56	32	0.55	44.8	0.53	64.7	0.52	79.9	0.51
襄垣县	6	南马喊村	胡家沟村	东区	9.5	16.9	0.49	32.8	0.51	44.5	0.52	63.2	0.46	79	0.49
襄垣县	7	河口村	河口村	东区	20.7	16.7	0.52	34.2	0.52	47	0.53	64	0.46	79	0.44
襄垣县	8	北田漳村	北田漳村	东区	3.5	16.8	0.49	32	0.49	44.3	0.51	62.8	0.46	78	0.49
襄垣县	9	南邯村	南邯村	东区	20.2	17	0.55	33.5	0.55	45	0.54	64.8	0.49	78	0.48

续表

县区	序号	小流域名称	定点	水文分区	面积(km^2)	不同历时定点暴雨参数									
						10min		60min		6h		24h		3d	
						$\overline{H}$(mm)	C_v	$\overline{H}$(mm)	C_v	$\overline{H}$(mm)	C_v	$\overline{H}$(mm)	C_v	$\overline{H}$(mm)	C_v
襄垣县	10	小河村	小河村	东区	21.5	16.5	0.56	34.5	0.54	50	0.54	66	0.5	82.5	0.45
襄垣县	11	白堰底村	白堰底村	东区	7.5	16.8	0.56	34.5	0.52	49.5	0.54	66	0.49	82.5	0.44
襄垣县	12	西洞上村	西洞上村	东区	13.4	16.5	0.56	34.5	0.54	50	0.54	66	0.5	82.5	0.45
襄垣县	13	王村	王村	东区	43.6	16.3	0.51	32.5	0.5	45.3	0.53	65	0.45	80	0.43
襄垣县	14	下庙村	下庙村	东区	37.3	16.3	0.52	33	0.5	45.5	0.53	65	0.45	80	0.43
襄垣县	15	史属村	史属村	东区	3.9	16.5	0.5	32.5	0.49	45	0.53	64.5	0.44	79.5	0.43
襄垣县	16	店上村	店上村1	东区	62.4	16.8	0.5	32.5	0.49	45	0.53	64.5	0.44	78.5	0.43
襄垣县	17		店上村2	东区	48.7	16	0.48	31	0.47	43	0.52	63	0.42	78	0.42
襄垣县	18	北姚村	北姚村	东区	87.4	16.2	0.5	32	0.49	45	0.54	64.5	0.44	79.5	0.43
襄垣县	19	史北村	史北村	东区	25.3	16.3	0.53	33	0.5	46.5	0.53	65.3	0.45	80.5	0.44
襄垣县	20	前王沟村	前王沟村	东区	17.5	16.7	0.51	33.5	0.51	45	0.54	64	0.46	78	0.44
襄垣县	21	任庄村	任庄村	东区	0.7	16.5	0.54	34	0.53	48	0.53	66	0.46	82	0.44
襄垣县	22	高家沟村	高家沟村	东区	1.7	15.8	0.49	30.8	0.49	44	0.54	64	0.44	79.8	0.43
襄垣县	23	下良村	下良村1	东区	92.4	16	0.48	31.3	0.48	44	0.52	64.5	0.43	78.5	0.43
襄垣县	24		下良村2	东区	62.5	16.4	0.5	32.5	0.49	45	0.53	63	0.44	79.5	0.43
襄垣县	25	水碾村	水碾村	东区	111.5	16.4	0.49	32	0.48	44.5	0.53	64	0.44	79.5	0.44
襄垣县	26	寨沟村	寨沟村	东区	3.8	14.3	0.47	29.2	0.46	42	0.51	60.8	0.43	78.2	0.42

续表

县区	序号	小流域名称	定点	水文分区	面积(km^2)	不同历时定点暴雨参数									
						10min		60min		6h		24h		3d	
						$\overline{H}$(mm)	C_v	$\overline{H}$(mm)	C_v	$\overline{H}$(mm)	C_v	$\overline{H}$(mm)	C_v	$\overline{H}$(mm)	C_v
襄垣县	27	庄里村	庄里村	东区	1.1	16.1	0.48	31.5	0.48	43.8	0.53	62.5	0.44	78	0.43
襄垣县	28	桑家河村	桑家河村	东区	25.1	16.3	0.48	31.2	0.48	43.5	0.52	63.2	0.44	78	0.43
襄垣县	29	固村	固村	东区	81.4	16.5	0.57	33.5	0.62	47.2	0.55	65	0.54	79	0.51
襄垣县	30	阳沟村	阳沟村	东区	71.4	16.5	0.57	33.5	0.61	48	0.55	64.5	0.54	78.5	0.51
襄垣县	31	温泉村	温泉村	东区	55.6	16.3	0.57	32.5	0.62	47.2	0.55	65	0.54	78.5	0.51
襄垣县	32	燕家沟村	燕家沟村	东区	7.9	16.8	0.56	33.8	0.6	48	0.54	64	0.53	77.5	0.5
襄垣县	33	高崖底村	高崖底村	东区	49.0	16.1	0.57	32	0.62	47	0.55	65.5	0.55	79	0.52
襄垣县	34	里阚村	里阚村	东区	215.3	16.5	0.57	33.3	0.61	47.7	0.55	64.5	0.54	78.2	0.51
襄垣县	35	合漳村	合漳村	东区	28.8	16.6	0.54	34	0.54	46	0.54	64.3	0.48	78.5	0.47
襄垣县	36	西底村	西底村	东区	51.0	16.7	0.54	34.3	0.52	47.8	0.54	65	0.48	80.8	0.44
襄垣县	37	南田漳村	南田漳村	东区	1.3	16.3	0.49	31.3	0.49	44	0.52	62.5	0.46	78	0.44
襄垣县	38	北马喊村	北马喊村	东区	10.2	16.7	0.49	32.2	0.49	44.2	0.51	62.7	0.48	77	0.48
襄垣县	39	南底村	南底村	东区	4.8	16.5	0.56	33.8	0.55	45.2	0.54	64	0.5	78.5	0.5
襄垣县	40	兴民村	兴民村	东区	6.8	14.7	0.47	29.6	0.46	44	0.52	62	0.41	77	0.43
襄垣县	41	路家沟村	路家沟村	东区	4.3	16.6	0.49	32	0.49	44.8	0.52	63	0.44	78	0.43
襄垣县	42	南漳西	南漳村西	东区	0.51	13.3	0.48	28.4	0.48	43	0.53	59	0.44	78	0.43

续表

县区	序号	小流域名称	定点	水文分区	面积(km^2)	不同历时定点暴雨参数									
						10min		60min		6h		24h		3d	
						$\overline{H}$(mm)	C_v	$\overline{H}$(mm)	C_v	$\overline{H}$(mm)	C_v	$\overline{H}$(mm)	C_v	$\overline{H}$(mm)	C_v
襄垣县	43	南漳东	南漳村东	东区	1.77	13.3	0.48	28.4	0.48	43	0.53	59	0.44	78	0.43
襄垣县	44	东坡村	东坡村	东区	6.3	16.5	0.54	34	0.52	47.5	0.5	65.5	0.46	81.8	0.44
襄垣县	45	九龙村	九龙村	东区	100.2	16.5	0.53	35	0.53	47	0.54	63	0.48	78	0.44
壶关县	1	桥上村	定点1	东区	75.4	16.2	0.47	31.2	0.51	54.8	0.73	89.5	0.72	122.7	0.71
壶关县	2	盘底村	定点1	东区	69.2	14.3	0.43	30.1	0.47	46.8	0.57	72	0.55	100	0.55
			定点2	东区	93.4	16.3	0.46	31.2	0.49	57	0.68	92	0.67	125	0.65
壶关县	2	盘底村	定点3	东区	155.6	16.2	0.48	31.3	0.47	54	0.65	85	0.64	118	0.62
			定点4	东区	49.1	16.2	0.46	31.2	0.49	53.8	0.69	88.5	0.67	119.5	0.68
壶关县	3	石咀上	定点1	东区	77.3	14.3	0.43	30.1	0.47	46.8	0.57	72	0.55	100	0.55
			定点2	东区	89.0	16.3	0.46	31.2	0.49	57	0.68	92	0.67	125	0.65
			定点3	东区	144.7	16.2	0.48	31.3	0.47	54	0.65	85	0.64	118	0.62
			定点4	东区	59.5	16.2	0.46	31.2	0.49	53.8	0.69	88.5	0.67	119.5	0.68
壶关县	4	王家庄村	定点1	东区	79.0	14.3	0.43	30.1	0.47	46.8	0.57	72	0.55	100	0.55
			定点2	东区	102.5	16.3	0.46	31.2	0.49	57	0.68	92	0.67	125	0.65
			定点3	东区	147.8	16.2	0.48	31.3	0.47	54	0.65	85	0.64	118	0.62
			定点4	东区	56.7	16.2	0.46	31.2	0.49	53.8	0.69	88.5	0.67	119.5	0.68
壶关县	4	王家庄村	定点1	东区	79.0	14.3	0.43	30.1	0.47	46.8	0.57	72	0.55	100	0.55
			定点2	东区	102.5	16.3	0.46	31.2	0.49	57	0.68	92	0.67	125	0.65
			定点3	东区	147.9	16.2	0.48	31.3	0.47	54	0.65	85	0.64	118	0.62
			定点4	东区	56.7	16.2	0.46	31.2	0.49	53.8	0.69	88.5	0.67	119.5	0.68
壶关县	5	沙滩村	定点1	东区	78.1	14.3	0.43	30.1	0.47	46.8	0.57	72	0.55	100	0.55
			定点2	东区	90.0	16.3	0.46	31.2	0.49	57	0.68	92	0.67	125	0.65
			定点3	东区	146.3	16.2	0.48	31.3	0.47	54	0.65	85	0.64	118	0.62
			定点4	东区	70.0	16.2	0.46	31.2	0.49	53.8	0.69	88.5	0.67	119.5	0.68
壶关县	6	丁家岩村	定点1	东区	78.1	14.3	0.43	30.1	0.47	46.8	0.57	72	0.55	100	0.55
			定点2	东区	30.1	14.5	0.4	31.5	0.46	45.1	0.55	70	0.53	95	0.5
			定点3	东区	146.3	16.2	0.48	31.3	0.47	54	0.65	85	0.64	118	0.62
			定点4	东区	133.1	16.2	0.48	31.3	0.47	54	0.65	85	0.64	118	0.62
			定点5	东区	156.3	16.3	0.47	31.3	0.5	55	0.71	90	0.7	120.8	0.65

续表

县区	序号	小流域名称	定点	水文分区	面积(km^2)	不同历时定点暴雨参数									
						10min		60min		6h		24h		3d	
						$\overline{H}$(mm)	C_v	$\overline{H}$(mm)	C_v	$\overline{H}$(mm)	C_v	$\overline{H}$(mm)	C_v	$\overline{H}$(mm)	C_v
壶关县	7	潭上	定点1	东区	81.6	14.3	0.43	30.1	0.47	46.8	0.57	72	0.55	100	0.55
			定点2	东区	30.2	14.5	0.4	31.5	0.46	45.1	0.55	70	0.53	95	0.5
			定点3	东区	70.2	16.3	0.46	31.2	0.49	57	0.68	92	0.67	125	0.65
			定点4	东区	133.1	16.2	0.48	31.3	0.47	54	0.65	85	0.64	118	0.62
			定点5	东区	151.8	16.3	0.47	31.3	0.5	55	0.71	90	0.7	120.8	0.65
壶关县	8	河东	定点1	东区	81.57	14.3	0.43	30.1	0.47	46.8	0.57	72	0.55	100	0.55
			定点2	东区	30.2	14.5	0.4	31.5	0.46	45.1	0.55	70	0.53	95	0.5
			定点3	东区	70.2	16.3	0.46	31.2	0.49	57	0.68	92	0.67	125	0.65
			定点4	东区	133.1	16.2	0.48	31.3	0.47	54	0.65	85	0.64	118	0.62
			定点5	东区	159.8	16.3	0.47	31.3	0.5	55	0.71	90	0.7	120.8	0.65
壶关县	9	大河村	定点1	东区	81.6	14.3	0.43	30.1	0.47	46.8	0.57	72	0.55	100	0.55
			定点2	东区	30.2	14.5	0.4	31.5	0.46	45.1	0.55	70	0.53	95	0.5
			定点3	东区	70.2	16.3	0.46	31.2	0.49	57	0.68	92	0.67	125	0.65
			定点4	东区	133.1	16.2	0.48	31.3	0.47	54	0.65	85	0.64	118	0.62
			定点5	东区	162.6	16.3	0.47	31.3	0.5	55	0.71	90	0.7	120.8	0.65
壶关县	10	坡底	定点1	东区	81.6	14.3	0.43	30.1	0.47	46.8	0.57	72	0.55	100	0.55
			定点2	东区	30.2	14.5	0.4	31.5	0.46	45.1	0.55	70	0.53	95	0.5
			定点3	东区	70.2	16.3	0.46	31.2	0.49	57	0.68	92	0.67	125	0.65
			定点4	东区	133.1	16.2	0.48	31.3	0.47	54	0.65	85	0.64	118	0.62
			定点5	东区	161.9	16.3	0.47	31.3	0.5	55	0.71	90	0.7	120.8	0.65
壶关县	11	南坡	定点1	东区	23.8	16.4	0.48	31.3	0.52	58.3	0.8	93	0.78	132.5	0.78
壶关县	12	杨家池村	定点1	东区	82.8	16.2	0.45	30.8	0.46	47.5	0.56	72	0.55	98	0.51
			定点2	东区	108.1	15.9	0.47	30.5	0.49	55	0.72	89	0.7	125	0.7
			定点3	东区	140.6	16.3	0.46	30.6	0.46	47	0.56	74	0.54	97	0.5
			定点4	东区	97.3	15.8	0.48	31.2	0.49	57	0.69	89	0.69	120	0.68
			定点5	东区	78.2	15	0.47	31.5	0.48	61	0.82	99.5	0.81	135	0.81
壶关县	13	河东岸	定点1	东区	83.3	16.2	0.45	30.8	0.46	47.5	0.56	72	0.55	98	0.51
			定点2	东区	108.3	15.9	0.47	30.5	0.49	55	0.72	89	0.7	125	0.7
			定点3	东区	140.9	16.3	0.46	30.6	0.46	47	0.56	74	0.54	97	0.5
			定点4	东区	97.5	15.8	0.48	31.2	0.49	57	0.69	89	0.69	120	0.68
			定点5	东区	77.0	15	0.47	31.5	0.48	61	0.82	99.5	0.81	135	0.81

续表

县区	序号	小流域名称	定点	水文分区	面积(km^2)	不同历时定点暴雨参数									
						10min		60min		6h		24h		3d	
						$\overline{H}$(mm)	C_v	$\overline{H}$(mm)	C_v	$\overline{H}$(mm)	C_v	$\overline{H}$(mm)	C_v	$\overline{H}$(mm)	C_v
壶关县	14	东川底村	定点1	东区	0.1	15.3	0.52	30.1	0.61	61.5	0.83	103.5	0.79	139.5	0.8
壶关县	15	庄则上村	定点1	东区	78.1	14.3	0.43	30.1	0.47	46.8	0.57	72	0.55	100	0.55
			定点2	东区	101.4	16.3	0.46	31.2	0.49	57	0.68	92	0.67	125	0.65
			定点3	东区	103.9	16.2	0.48	31.3	0.47	54	0.65	85	0.64	118	0.62
			定点4	东区	17.4	16.2	0.46	31.2	0.49	53.8	0.69	88.5	0.67	119.5	0.68
壶关县	16	土圪堆	定点1	东区	46.0	16.3	0.46	31.2	0.49	57	0.68	92	0.67	125	0.65
			定点2	东区	95.8	18.2	0.45	31.5	0.49	50.5	0.61	77.8	0.56	105	0.55
			定点3	东区	101.4	16.2	0.48	31.3	0.47	54	0.65	85	0.64	118	0.62
壶关县	17	下石坡村	定点1	东区	53.1	16.7	0.47	31.2	0.48	46	0.58	74	0.55	99	0.51
壶关县	18	黄崖底村	定点1	东区	51.0	14.3	0.49	30.1	0.56	61.8	0.75	100	0.74	135	0.74
壶关县	19	西坡上	定点1	东区	7.3	15	0.49	30.5	0.54	61.5	0.78	101.5	0.76	135.5	0.76
壶关县	20	靳家庄	定点1	东区	32.1	14.5	0.47	30.3	0.54	61.6	0.72	98	0.72	133	0.72
壶关县	21	碾盘街	定点1	东区	62.8	16.4	0.48	31.5	0.54	61.8	0.75	100	0.75	131.8	0.76
壶关县	22	五里沟村	定点1	东区	6.7	14.3	0.48	30.5	0.48	60	0.79	98.5	0.76	137.5	0.77
壶关县	23	石坡村	定点1	东区	19.4	16.3	0.4	30	0.45	44.5	0.53	66.5	0.48	93.5	0.49
壶关县	24	东黄花水村	定点1	东区	6.0	16.5	0.42	31.5	0.46	42.5	0.52	66	0.46	92	0.46
壶关县	25	西黄花水村	定点1	东区	5.7	14.3	0.4	31.5	0.45	42.8	0.51	64.5	0.45	87.5	0.4
壶关县	26	安口村	定点1	东区	1.1	17	0.44	31.5	0.46	42	0.52	65	0.45	90	0.45
壶关县	27	北平头坞村	定点1	东区	26.2	17.8	0.46	31	0.48	46	0.55	69.9	0.51	94	0.48
壶关县	28	南平头坞村	定点1	东区	26.6	16.3	0.44	30.5	0.46	45	0.55	70	0.51	95	0.5
壶关县	29	双井村	定点1	东区	8.2	16.5	0.4	30.3	0.47	47.5	0.57	72.5	0.62	100.5	0.54
壶关县	30	石河沐村	定点1	东区	4.5	17	0.47	30.7	0.49	54	0.7	88	0.69	120	0.72

续表

县区	序号	小流域名称	定点	水文分区	面积(km^2)	不同历时定点暴雨参数									
						10min		60min		6h		24h		3d	
						$\overline{H}$(mm)	C_v	$\overline{H}$(mm)	C_v	$\overline{H}$(mm)	C_v	$\overline{H}$(mm)	C_v	$\overline{H}$(mm)	C_v
壶关县	31	口头村	定点1	东区	3.8	17.8	0.48	31.2	0.48	47.5	0.57	69.9	0.55	90.3	0.46
壶关县	32	三郊口村	定点1	东区	15.0	16.3	0.45	30.4	0.47	45	0.55	70.5	0.5	95.5	0.48
壶关县	33	大井村	定点1	东区	0.5	17.5	0.44	31.3	0.46	44.5	0.54	68	0.47	93	0.47
壶关县	34	城寨村	定点1	东区	1.4	17	0.47	30.7	0.47	45	0.53	67	0.48	93	0.45
壶关县	35	土寨	定点1	东区	3.3	16.8	0.46	30.5	0.46	49.6	0.54	58.5	0.46	92.5	0.46
壶关县	36	薛家园村	定点1	东区	0.7	15.8	0.49	35	0.48	49	0.42	60	0.42	77	0.41
壶关县	37	西底村	定点1	东区	1.9	15.8	0.45	34.5	0.45	42.5	0.44	60.5	0.43	81.5	0.41
壶关县	38	磨掌村	定点1	东区	42.8	15.6	0.49	31.3	0.47	46.1	0.53	67	0.5	90.4	0.46
壶关县	39	神北村	定点1	东区	56.4	16.5	0.48	31.2	0.48	50	0.56	74	0.54	100	0.51
壶关县	40	神南村	定点1	东区	56.4	16.5	0.48	31.2	0.48	50	0.56	74	0.54	100	0.51
壶关县	41	上河村	定点1	东区	28.3	16.2	0.49	30.3	0.48	47.5	0.55	72.3	0.52	97.5	0.48
壶关县	42	福头村	定点1	东区	31.6	16.9	0.46	31	0.48	49	0.57	74	0.56	104	0.53
壶关县	43	西七里村	定点1	东区	18.3	16.2	0.4	32.5	0.43	42.5	0.5	65	0.43	87	0.45
壶关县	44	料阳村	定点1	东区	2.7	17	0.4	34	0.38	45.8	0.43	60.1	0.45	85.6	0.4
壶关县	45	南岸上	定点1	东区	60.1	16.3	0.45	34	0.46	42.1	0.48	61.8	0.43	84.5	0.43
			定点2	东区	90.2	16.2	0.46	32.8	0.47	40.9	0.49	63.2	0.44	85	0.44
壶关县	46	鲍家则	定点1	东区	1.8	16	0.44	33.8	0.43	43	0.48	63	0.45	86	0.43
壶关县	47	南沟村	定点1	东区	0.8	16.3	0.43	30.1	0.45	43.8	0.52	65.5	0.45	89.5	0.44
壶关县	48	角脚底村	定点1	东区	4.4	16.8	0.43	31.3	0.47	45.5	0.54	65.5	0.46	90	0.46
壶关县	49	北河村	定点1	东区	41.3	15.8	0.45	34.1	0.44	46.5	0.43	65.4	0.44	83	0.43

续表

县区	序号	小流域名称	定点	水文分区	面积（km^2）	不同历时定点暴雨参数									
						10min		60min		6h		24h		3d	
						$\overline{H}$(mm)	C_v	$\overline{H}$(mm)	C_v	$\overline{H}$(mm)	C_v	$\overline{H}$(mm)	C_v	$\overline{H}$(mm)	C_v
黎城县	1	柏官庄	柏官庄	东区	19.1	14.2	0.52	30.5	0.54	47	0.58	77	0.53	97	0.52
黎城县	2	北泉寨	北泉寨1	东区	20.3	14.5	0.52	30.8	0.54	47	0.55	74.5	0.53	93.5	0.52
黎城县			北泉寨2	东区	21.1	14.5	0.52	30.5	0.54	47	0.57	73	0.53	90	0.52
黎城县			北泉寨3	东区	10.3	15.2	0.53	31.5	0.57	48	0.57	72	0.54	89.5	0.53
黎城县			北泉寨4	东区	13.1	15	0.53	31.5	0.57	47.5	0.57	72	0.54	89	0.53
黎城县			北泉寨5	东区	20.6	15.3	0.54	32.5	0.58	49	0.59	69.8	0.54	92.5	0.53
黎城县			北泉寨6	东区	4.9	15.2	0.54	32	0.57	48.5	0.58	70	0.54	92.5	0.53
黎城县			北泉寨7	东区	19.5	15.1	0.53	31.5	0.57	48	0.58	70	0.54	92.5	0.53
黎城县			北泉寨8	东区	1.7	15	0.53	31.2	0.56	47.9	0.57	69.8	0.53	89.8	0.52
黎城县			北泉寨9	东区	16.3	14.8	0.53	31.1	0.56	47.3	0.57	71.5	0.53	91.5	0.52
黎城县			北泉寨10	东区	1.1	15	0.53	31.2	0.57	47.4	0.57	71	0.53	91.6	0.52
黎城县	3	北停河	北停河1	东区	16.3	14.8	0.53	31.1	0.56	47.3	0.57	71.5	0.53	91.5	0.52
黎城县			北停河2	东区	1.1	15	0.53	31.2	0.57	47.4	0.57	71	0.53	91.6	0.52
黎城县	4	北委泉	北委泉	东区	17.9	13.8	0.51	30	0.53	46	0.57	80.5	0.52	105	0.51
黎城县	5	茶棚滩	茶棚滩1	东区	10.6	14	0.51	30	0.55	46	0.57	81.5	0.52	105	0.51
黎城县			茶棚滩2	东区	7.1	14.2	0.52	31	0.54	49.8	0.58	79	0.53	107.5	0.52
黎城县			茶棚滩3	东区	27.5	13.8	0.51	30	0.53	46	0.57	82.5	0.52	107	0.51

续表

县区	序号	小流域名称	定点	水文分区	面积(km^2)	不同历时定点暴雨参数									
						10min		60min		6h		24h		3d	
						$\overline{H}$(mm)	C_v	$\overline{H}$(mm)	C_v	$\overline{H}$(mm)	C_v	$\overline{H}$(mm)	C_v	$\overline{H}$(mm)	C_v
黎城县	5	茶棚滩	茶棚滩4	东区	17.9	13.8	0.51	30	0.53	46	0.57	80.5	0.52	105	0.51
黎城县	6	东洼	东洼1	东区	20.3	14.5	0.52	30.8	0.54	47	0.55	74.5	0.53	93.5	0.52
黎城县			东洼2	东区	21.1	14.5	0.52	30.5	0.54	47	0.57	73	0.53	90	0.52
黎城县			东洼3	东区	10.3	15.2	0.53	31.5	0.57	48	0.57	72	0.54	89.5	0.53
黎城县			东洼4	东区	13.1	15	0.53	31.5	0.57	47.5	0.57	72	0.54	89	0.53
黎城县			东洼5	东区	20.6	15.3	0.54	32.5	0.58	49	0.59	69.8	0.54	92.5	0.53
黎城县			东洼6	东区	4.9	15.2	0.54	32	0.57	48.5	0.58	70	0.54	92.5	0.53
黎城县			东洼7	东区	19.5	15.1	0.53	31.5	0.57	48	0.58	70	0.54	92.5	0.53
黎城县			东洼8	东区	1.7	15	0.53	31.2	0.56	47.9	0.57	69.8	0.53	89.8	0.52
黎城县			东洼9	东区	16.3	14.8	0.53	31.1	0.56	47.3	0.57	71.5	0.53	91.5	0.52
黎城县			东洼10	东区	23.2	15	0.53	31.2	0.57	47.4	0.57	71	0.53	91.6	0.52
黎城县			东洼11	东区	27.8	14.5	0.52	30.5	0.54	46	0.56	71.5	0.53	88.5	0.52
黎城县			东洼12	东区	8.7	15.2	0.53	31.5	0.57	48	0.57	67.5	0.53	87.8	0.52
黎城县	7	佛崖底	佛崖底1	东区	71.1	14.5	0.53	31.8	0.53	49.3	0.57	75	0.53	95	0.52
黎城县			佛崖底2	东区	3.2	14	0.53	31	0.52	46.4	0.56	70.8	0.52	91.5	0.52
黎城县			佛崖底3	东区	33.9	13.9	0.51	29.8	0.52	45.3	0.55	69.5	0.51	90.5	0.51

续表

县区	序号	小流域名称	定点	水文分区	面积(km^2)	不同历时定点暴雨参数									
						10min		60min		6h		24h		3d	
						$\overline{H}$(mm)	C_v	$\overline{H}$(mm)	C_v	$\overline{H}$(mm)	C_v	$\overline{H}$(mm)	C_v	$\overline{H}$(mm)	C_v
黎城县	8	后寨	后寨	东区	2.8	14.1	0.53	31	0.54	48	0.57	76	0.53	97	0.52
黎城县	9	岚沟	岚沟	东区	9.5	13.8	0.51	29.5	0.53	45.2	0.58	80	0.52	98	0.52
黎城县	10	仁庄	仁庄	东区	8.7	15.2	0.53	31.5	0.57	48	0.57	67.5	0.53	87.8	0.52
黎城县	11	车元	车元	东区	6.2	14.2	0.52	30.8	0.54	48	0.57	79.5	0.53	105.2	0.53
黎城县	12	寺底	寺底1	东区	45.4	13.8	0.51	30	0.53	46	0.57	80.5	0.52	105	0.51
黎城县			寺底2	东区	16.6	13.5	0.51	29.5	0.53	46	0.56	73	0.52	94	0.51
黎城县			寺底3	东区	87.6	14	0.53	31	0.54	48	0.57	78	0.53	100	0.52
黎城县			寺底4	东区	2.8	14.1	0.53	31	0.54	48	0.57	76	0.53	97	0.52
黎城县			寺底5	东区	7.1	14.2	0.52	31	0.54	49.8	0.58	79	0.53	107.5	0.52
黎城县			寺底6	东区	10.6	14	0.51	30	0.55	46	0.57	81.5	0.52	105	0.51
黎城县			寺底7	东区	6.9	14.2	0.52	30.8	0.54	48	0.57	79.5	0.53	105.2	0.53
黎城县			寺底8	东区	38.7	14.8	0.54	32	0.55	49	0.59	77.5	0.54	105.2	0.54
黎城县			寺底9	东区	23.8	14.5	0.53	31.2	0.54	48	0.58	78.5	0.53	105.2	0.52
黎城县			寺底10	东区	19.1	14.2	0.52	30.5	0.55	47	0.57	78.5	0.53	97.5	0.52
黎城县			寺底11	东区	11.1	14.8	0.53	30.8	0.56	49	0.59	75.5	0.54	100	0.53
黎城县			寺底12	东区	7	14.2	0.52	30.5	0.54	47	0.57	79	0.53	101	0.52
黎城县	13	宋家庄	宋家庄	东区	16.9	15.8	0.56	32.2	0.57	47.5	0.58	68.5	0.55	90	0.53

续表

县区	序号	小流域名称	定点	水文分区	面积(km^2)	不同历时定点暴雨参数									
						10min		60min		6h		24h		3d	
						$\overline{H}$(mm)	C_v	$\overline{H}$(mm)	C_v	$\overline{H}$(mm)	C_v	$\overline{H}$(mm)	C_v	$\overline{H}$(mm)	C_v
黎城县	14	苏家峧	苏家峧	东区	1.5	15.6	0.56	33.3	0.58	49.1	0.59	74.5	0.54	94.9	0.53
黎城县	15	西村	西村	东区	33.9	13.9	0.51	29.8	0.52	45.3	0.55	69.5	0.51	90.5	0.51
黎城县	16	小寨	小寨1	东区	3.2	14	0.53	31	0.52	46.4	0.56	70.8	0.52	91.5	0.52
黎城县			小寨2	东区	33.9	13.9	0.51	29.8	0.52	45.3	0.55	69.5	0.51	90.5	0.51
黎城县	17	郭家庄	骆驼沟	东区	11.1	14.5	0.54	31.9	0.56	44	0.54	75	0.53	100	0.52
黎城县	18	前庄	峧沟	东区	28	14	0.51	29.5	0.53	45	0.57	73.5	0.52	90	0.51
黎城县	19	龙王庙	龙王庙1	东区	5	15.1	0.54	31.8	0.56	47.8	0.57	72.5	0.53	95	0.52
黎城县			龙王庙2	东区	25.9	15.2	0.54	32.4	0.57	48.2	0.58	72.5	0.53	97.5	0.52
黎城县	20	秋树垣	秋树垣1	东区	4.9	15.1	0.54	31.8	0.56	47.8	0.57	72.5	0.53	95	0.52
黎城县			秋树垣2	东区	25.9	15.2	0.54	32.4	0.57	48.2	0.58	72.5	0.53	97.5	0.52
黎城县			秋树垣3	东区	6.8	15.5	0.56	33.3	0.57	49	0.58	73	0.54	96	0.53
黎城县			秋树垣4	东区	13.3	15.5	0.56	33.3	0.57	49	0.58	73	0.54	95	0.53
黎城县			秋树垣5	东区	1.5	15.6	0.56	33.3	0.58	49.1	0.59	74.5	0.54	94.9	0.53
黎城县	21	背坡	背坡	东区	16.6	13.5	0.51	29.5	0.53	46	0.56	73	0.52	94	0.51
黎城县	22	南委泉	南委泉1	东区	10.6	14	0.51	30	0.55	46	0.57	81.5	0.52	105	0.51
黎城县			南委泉2	东区	27.5	13.8	0.51	30	0.53	46	0.57	82.5	0.52	107	0.51
黎城县	23	平头	平头	东区	54.3	13.2	0.49	29	0.52	44.8	0.57	75	0.52	95	0.51

续表

县区	序号	小流域名称	定点	水文分区	面积(km²)	不同历时定点暴雨参数									
						10min		60min		6h		24h		3d	
						$\overline{H}$(mm)	C_v	$\overline{H}$(mm)	C_v	$\overline{H}$(mm)	C_v	$\overline{H}$(mm)	C_v	$\overline{H}$(mm)	C_v
黎城县	24	中庄	中庄	东区	23.5	14.2	0.51	29.8	0.53	45	0.58	74.5	0.52	90	0.52
黎城县	25	孔家峧	孔家峧	东区	7	14.2	0.52	30.5	0.54	47	0.58	78	0.53	102	0.52
黎城县	26	三十亩	三十亩1	东区	7	14.2	0.52	30.5	0.54	47	0.58	78	0.53	102	0.52
黎城县			三十亩2	东区	19.1	14.2	0.52	30.5	0.54	47	0.58	77	0.53	97	0.52
黎城县	26	三十亩	三十亩3	东区	18.9	14.8	0.53	31.3	0.55	48	0.59	76	0.54	99	0.53
黎城县			三十亩4	东区	5.3	14.8	0.53	31.3	0.54	48	0.59	78	0.54	106	0.53
黎城县	27	清泉	清泉1	东区	71.1	14.5	0.53	31.8	0.53	49.3	0.57	75	0.53	95	0.52
黎城县			清泉2	东区	3.2	14	0.53	31	0.52	46.4	0.56	70.8	0.52	91.5	0.52
黎城县			清泉3	东区	33.9	13.9	0.51	29.8	0.52	45.3	0.55	69.5	0.51	90.5	0.51
黎城县			清泉4	东区	3.1	15.5	0.54	33.7	0.54	49.9	0.58	77	0.54	99.5	0.53
黎城县			清泉5	东区	13.2	15.5	0.54	33.9	0.54	50	0.58	77.2	0.54	100	0.53
黎城县			清泉6	东区	15	15.6	0.56	34	0.54	50.5	0.58	77.2	0.55	99.5	0.53
黎城县			清泉7	东区	18.2	15.8	0.56	35.5	0.56	51.5	0.58	77.2	0.56	100	0.54
黎城县			清泉8	东区	86	15	0.53	31.8	0.52	46.3	0.55	70	0.53	92	0.52
屯留县	1	杨家湾村	定点1	东区	2.43	16	0.55	32	0.58	45.87	0.59	71.61	0.6	89.62	0.58
屯留县	2	贾庄村	定点1	东区	13.08	16	0.55	32.51	0.6	45.32	0.55	66.13	0.55	85	0.5
屯留县	3	魏村	定点1	东区	11.2	16	0.55	32	0.6	45.13	0.55	68.05	0.55	85	0.55

续表

县区	序号	小流域名称	定点	水文分区	面积(km^2)	不同历时定点暴雨参数									
						10min		60min		6h		24h		3d	
						$\overline{H}$(mm)	C_v	$\overline{H}$(mm)	C_v	$\overline{H}$(mm)	C_v	$\overline{H}$(mm)	C_v	$\overline{H}$(mm)	C_v
屯留县	4	吾元村	定点1	东区	6.1	16	0.6	32	0.6	50	0.56	67.92	0.56	85	0.55
屯留县	5	丰秀岭村	定点1	东区	0.4	16	0.6	32	0.6	46.05	0.56	68.1	0.56	85	0.55
屯留县	6	南阳坡村	定点1	东区	6.4	16	0.6	32	0.6	50	0.57	68.63	0.57	85	0.55
屯留县	7	罗村	定点1	东区	10.4	16	0.6	32	0.6	50	0.6	68.23	0.57	85	0.55
屯留县	8	煤窑沟村	定点1	东区	7.8	16	0.6	32	0.6	50	0.6	68.26	0.57	85	0.55
屯留县	9	东坡村	定点1	东区	7.5	16	0.55	32	0.6	50	0.56	66.21	0.56	85	0.5
屯留县			定点2	东区	0.8	16	0.6	32	0.6	50	0.56	66.85	0.56	85	0.5
屯留县			定点3	东区	1.1	16	0.6	32	0.6	50	0.56	66.81	0.56	85	0.5
屯留县			定点4	东区	0.8	16	0.6	32	0.6	50	0.56	66.87	0.57	85	0.5
屯留县			定点5	东区	2.1	16	0.6	32	0.6	50	0.56	67.12	0.57	85	0.55
屯留县			定点6	东区	10.0	16	0.6	32	0.6	50	0.6	67.66	0.58	85	0.55
屯留县			定点7	东区	10.9	16	0.6	32	0.6	50	0.6	67.88	0.58	85	0.55
屯留县			定点8	东区	15.1	16	0.6	32	0.6	50	0.6	66.81	0.58	85	0.55
屯留县			定点9	东区	17.7	16	0.6	32	0.6	50	0.6	67.76	0.59	85	0.55
屯留县			定点10	东区	20.0	16	0.6	32	0.6	50	0.6	68.7	0.59	85	0.55
屯留县			定点11	东区	10.7	16	0.55	32	0.6	50	0.56	66.24	0.57	85	0.5
屯留县			定点12	东区	17.6	16	0.6	32	0.6	50	0.57	67.74	0.57	85	0.55
屯留县			定点13	东区	10.0	16	0.6	32	0.6	50	0.57	68.56	0.57	85	0.55
屯留县			定点14	东区	10.6	16	0.6	32	0.6	50	0.6	68.29	0.57	85	0.55

续表

县区	序号	小流域名称	定点	水文分区	面积(km^2)	不同历时定点暴雨参数									
						10min		60min		6h		24h		3d	
						$\overline{H}$(mm)	C_v	$\overline{H}$(mm)	C_v	$\overline{H}$(mm)	C_v	$\overline{H}$(mm)	C_v	$\overline{H}$(mm)	C_v
屯留县	9	东坡村	定点15	东区	10.7	16	0.55	32	0.6	50	0.55	66.65	0.55	85	0.5
屯留县			定点16	东区	20.0	16	0.6	32	0.6	46.16	0.56	67.91	0.56	85	0.55
屯留县	10	三交村	定点1	东区	74.1	15.2	0.57	31	0.61	48	0.58	67	0.58	80	0.53
屯留县			定点2	东区	52.9	15.1	0.58	31.2	0.62	47.5	0.57	68	0.57	81	0.53
屯留县			定点3	东区	31.1	15.6	0.57	31.2	0.62	47.4	0.56	68	0.56	81	0.53
屯留县	11	贾庄	定点1	东区	20.0	16	0.6	32	0.6	46.12	0.57	68.78	0.57	85	0.55
屯留县	12	老庄沟	定点1	东区	6.3	16	0.6	32	0.6	46.27	0.57	69.17	0.57	85	0.55
屯留县	13	北沟庄	定点1	东区	12.8	16	0.6	32	0.6	46.22	0.57	69.06	0.57	85	0.55
屯留县	14	西坡	定点1	东区	15.9	16	0.6	32	0.6	46.17	0.57	68.82	0.57	85	0.55
屯留县	15	秦家村	定点1	东区	1.2	16	0.55	32.02	0.6	45.71	0.55	66.61	0.55	85	0.5
屯留县	16	张店村	定点1	东区	2.4	13.4	0.6	32	0.6	46.77	0.58	69.72	0.58	85	0.55
屯留县			定点2	东区	17.4	13.2	0.6	32	0.6	46.97	0.6	69.74	0.58	87.1	0.55
屯留县			定点3	东区	17.1	13	0.6	32	0.6	50	0.6	69.94	0.58	88.34	0.55
屯留县			定点4	东区	16.4	13	0.6	32	0.6	47.22	0.6	70.19	0.59	91.49	0.55
屯留县			定点5	东区	10.5	13	0.6	32	0.6	47.24	0.6	69.9	0.59	89.97	0.55
屯留县			定点6	东区	13.7	13	0.6	32	0.6	47.3	0.6	69.81	0.59	90.76	0.55
屯留县			定点7	东区	12.1	13	0.6	32	0.6	47.24	0.6	69.97	0.59	90.77	0.55
屯留县			定点8	东区	5.9	13.4	0.6	32	0.6	50	0.6	69.36	0.58	85	0.55

续表

县区	序号	小流域名称	定点	水文分区	面积（km^2）	不同历时定点暴雨参数									
						10min		60min		6h		24h		3d	
						$\overline{H}$(mm)	C_v	$\overline{H}$(mm)	C_v	$\overline{H}$(mm)	C_v	$\overline{H}$(mm)	C_v	$\overline{H}$(mm)	C_v
屯留县	16	张店村	定点9	东区	0.4	13.4	0.6	32	0.6	50	0.6	69.3	0.58	85	0.55
屯留县			定点10	东区	15.0	13.4	0.6	32	0.6	50	0.6	69.57	0.58	85	0.55
屯留县			定点11	东区	13.9	13.4	0.6	32	0.6	50	0.6	70.08	0.58	85	0.55
屯留县			定点12	东区	16.5	13.5	0.6	32	0.6	50	0.6	70.05	0.59	85	0.55
屯留县			定点13	东区	11.7	13.6	0.6	32	0.6	50	0.6	69.43	0.59	85	0.55
屯留县			定点14	东区	16.9	13.6	0.6	32	0.6	50	0.6	70.72	0.59	85	0.55
屯留县			定点15	东区	12.1	13.6	0.6	32	0.6	50	0.6	70.02	0.59	85	0.55
屯留县			定点16	东区	13.8	13.3	0.6	32	0.59	50	0.6	70.64	0.58	85.83	0.55
屯留县			定点17	东区	34.3	13.2	0.6	32	0.59	50	0.6	70.54	0.58	86.66	0.55
屯留县			定点18	东区	17.2	13	0.6	32	0.59	50	0.6	70.85	0.58	88.29	0.55
屯留县			定点19	东区	23.3	13.5	0.6	32	0.6	50	0.6	68.81	0.58	85	0.55
屯留县	17	甄湖村	定点1	东区	1.92	13.3	0.6	32	0.6	50	0.6	69.29	0.58	85	0.55
屯留县			定点2	东区	0.4	13.4	0.6	32	0.6	50	0.6	69.3	0.58	85	0.55
屯留县			定点3	东区	15.0	13.4	0.6	32	0.6	50	0.6	69.57	0.58	85	0.55
屯留县			定点4	东区	13.9	13.4	0.6	32	0.6	50	0.6	70.08	0.58	85	0.55
屯留县			定点5	东区	16.5	13.5	0.6	32	0.6	50	0.6	70.05	0.59	85	0.55

续表

县区	序号	小流域名称	定点	水文分区	面积(km^2)	不同历时定点暴雨参数									
						10min		60min		6h		24h		3d	
						$\overline{H}$(mm)	C_v	$\overline{H}$(mm)	C_v	$\overline{H}$(mm)	C_v	$\overline{H}$(mm)	C_v	$\overline{H}$(mm)	C_v
屯留县	17	甄湖村	定点6	东区	11.7	13.6	0.6	32	0.6	50	0.6	69.43	0.59	85	0.55
屯留县			定点7	东区	16.9	13.6	0.6	32	0.6	50	0.6	70.72	0.59	85	0.55
屯留县			定点8	东区	12.1	13.6	0.6	32	0.6	50	0.6	70.02	0.59	85	0.55
屯留县			定点9	东区	13.8	13.3	0.6	32	0.59	50	0.6	70.64	0.58	85.83	0.55
屯留县			定点10	东区	34.3	13.2	0.6	32	0.59	50	0.6	70.54	0.58	86.66	0.55
屯留县			定点11	东区	17.2	13	0.6	32	0.59	50	0.6	70.85	0.58	88.29	0.55
屯留县			定点12	东区	23.3	13.5	0.6	32	0.6	50	0.6	68.81	0.58	85	0.55
屯留县	18	张村	定点1	东区	12.4	13.2	0.6	32	0.6	46.97	0.6	69.81	0.58	87.41	0.55
屯留县			定点2	东区	17.1	13	0.6	32	0.6	50	0.6	69.94	0.58	88.34	0.55
屯留县			定点3	东区	16.4	13	0.6	32	0.6	47.22	0.6	70.19	0.59	91.49	0.55
屯留县			定点4	东区	10.5	13	0.6	32	0.6	47.24	0.6	69.9	0.59	89.97	0.55
屯留县			定点5	东区	13.7	13	0.6	32	0.6	47.3	0.6	69.81	0.59	90.76	0.55
屯留县			定点6	东区	12.1	13	0.6	32	0.6	47.24	0.6	69.97	0.59	90.77	0.55
屯留县	19	南里庄村	定点1	东区	8.2	13.38	0.6	32	0.6	46.84	0.58	70.91	0.58	87.11	0.55
屯留县	20	上立寨村	定点1	东区	6.6	13.5	0.6	32	0.6	50	0.57	69.24	0.58	85	0.55
屯留县	21	大半沟	定点1	东区	9.5	13.5	0.6	32	0.6	50	0.57	69.23	0.58	85	0.55
屯留县	22	五龙沟	定点1	东区	4.4	14.4	0.57	29	0.62	47.5	0.57	69.9	0.57	83.1	0.53
屯留县	23	李家庄村	定点1	东区	7.4	14.6	0.57	29.9	0.62	47.7	0.57	70.1	0.57	83.8	0.54

续表

县区	序号	小流域名称	定点	水文分区	面积(km^2)	不同历时定点暴雨参数									
						10min		60min		6h		24h		3d	
						$\overline{H}$(mm)	C_v	$\overline{H}$(mm)	C_v	$\overline{H}$(mm)	C_v	$\overline{H}$(mm)	C_v	$\overline{H}$(mm)	C_v
屯留县	24	马家庄	定点1	东区	7.4	14.6	0.57	29.9	0.62	47.7	0.57	70.1	0.57	83.8	0.54
屯留县	25	帮家庄	定点1	东区	7.4	14.6	0.57	29.9	0.62	47.7	0.57	70.1	0.57	83.8	0.54
屯留县	26	秋树坡	定点1	东区	7.4	14.6	0.57	29.9	0.62	47.7	0.57	70.1	0.57	83.8	0.54
屯留县	27	李家庄村西坡	定点1	东区	7.4	14.6	0.57	29.9	0.62	47.7	0.57	70.1	0.57	83.8	0.54
屯留县	28	半坡村	定点1	东区	2.5	13.7	0.58	28	0.62	47.5	0.57	75	0.59	92	0.56
屯留县	29	霜泽村	定点1	东区	18.9	13.3	0.6	32	0.6	47	0.59	73.03	0.59	91.15	0.55
屯留县			定点2	东区	12.1	13.3	0.6	32	0.6	47.1	0.59	74.04	0.6	92.87	0.56
屯留县			定点3	东区	11.0	13.1	0.6	32	0.6	47.16	0.59	72.3	0.59	92.31	0.55
屯留县	30	雁落坪村	定点1	东区	18.9	13.3	0.6	32	0.6	47	0.59	73.03	0.59	91.15	0.55
屯留县			定点2	东区	12.1	13.3	0.6	32	0.6	47.1	0.59	74.04	0.6	92.87	0.56
屯留县			定点3	东区	11.0	13.1	0.6	32	0.6	47.16	0.59	72.3	0.59	92.31	0.55
屯留县	31	雁落坪村西坡	定点1	东区	13.2	13.3	0.6	32	0.6	47.02	0.59	72.82	0.59	91.12	0.55
屯留县			定点2	东区	12.1	13.3	0.6	32	0.6	47.1	0.59	74.04	0.6	92.87	0.56
屯留县			定点3	东区	11.0	13.1	0.6	32	0.6	47.16	0.59	72.3	0.59	92.31	0.55
屯留县	32	宜丰村	定点1	东区	9.0	13.3	0.6	32	0.6	47.13	0.59	73.91	0.6	93.02	0.56
屯留县			定点2	东区	11.0	13.1	0.6	32	0.6	47.16	0.59	72.3	0.59	92.31	0.55

续表

县区	序号	小流域名称	定点	水文分区	面积(km^2)	不同历时定点暴雨参数									
						10min		60min		6h		24h		3d	
						$\overline{H}$(mm)	C_v	$\overline{H}$(mm)	C_v	$\overline{H}$(mm)	C_v	$\overline{H}$(mm)	C_v	$\overline{H}$(mm)	C_v
屯留县	33	浪井沟	定点1	东区	9.0	13.3	0.6	32	0.6	47.13	0.59	73.91	0.6	93.02	0.56
屯留县			定点2	东区	11.0	13.1	0.6	32	0.6	47.16	0.59	72.3	0.59	92.31	0.55
屯留县	34	宜丰村西坡	定点1	东区	9.0	13.3	0.6	32	0.6	47.13	0.59	73.91	0.6	93.02	0.56
屯留县			定点2	东区	11.0	13.1	0.6	32	0.6	47.16	0.59	72.3	0.59	92.31	0.55
屯留县	35	中村村	定点1	东区	0.5	14.4	0.58	29	0.59	47.5	0.57	69	0.57	83.3	0.53
屯留县	36	河西村	定点1	东区	12.1	13.3	0.6	32	0.6	50	0.6	70.69	0.58	85.92	0.55
屯留县	37	柳树庄村	定点1	东区	7.0	13.3	0.6	32	0.6	50	0.6	70.88	0.58	86.33	0.55
屯留县	38	柳树庄	定点1	东区	7.0	13.3	0.6	32	0.6	50	0.6	70.88	0.58	86.33	0.55
屯留县	39	老洪沟	定点1	东区	10.2	13.3	0.6	32	0.6	50	0.6	70.75	0.58	86.06	0.55
屯留县	40	崖底村	定点1	东区	20.7	13.1	0.6	32	0.59	50	0.6	70.94	0.58	86.96	0.55
屯留县			定点2	东区	17.2	13	0.6	32	0.59	50	0.6	70.85	0.58	88.29	0.55
屯留县	41	唐王庙村	定点1	东区	5.7	13.4	0.6	32	0.6	50	0.6	69.58	0.58	85	0.55
屯留县	42	南掌	定点1	东区	92.6	14.9	0.58	30	0.59	48	0.58	70	0.57	84.8	0.54
屯留县	43	徐家庄	定点1	东区	18.7	14.7	0.58	29.9	0.61	48	0.57	68.3	0.57	82.5	0.52
屯留县	44	郭家庄	定点1	东区	9.4	14.9	0.58	30.1	0.6	48.4	0.58	68.7	0.57	82.2	0.53
屯留县	45	沿湾	定点1	东区	11.3	13.5	0.6	32	0.6	50	0.6	68.83	0.58	85	0.55
屯留县	46	王家庄	定点1	东区	6.8	13.5	0.6	32	0.6	50	0.6	68.83	0.58	85	0.55

续表

县区	序号	小流域名称	定点	水文分区	面积(km^2)	不同历时定点暴雨参数									
						10min		60min		6h		24h		3d	
						$\overline{H}$(mm)	C_v	$\overline{H}$(mm)	C_v	$\overline{H}$(mm)	C_v	$\overline{H}$(mm)	C_v	$\overline{H}$(mm)	C_v
屯留县	47	林庄村	定点1	东区	12.7	13.5	0.6	32	0.6	50	0.6	69.98	0.59	85	0.55
屯留县			定点2	东区	11.7	13.6	0.6	32	0.6	50	0.6	69.43	0.59	85	0.55
屯留县			定点3	东区	16.9	13.6	0.6	32	0.6	50	0.6	70.72	0.59	85	0.55
屯留县			定点4	东区	12.1	13.6	0.6	32	0.6	50	0.6	70.02	0.59	85	0.55
屯留县	48	八泉村	定点1	东区	5.8	13	0.6	32	0.6	50	0.6	70.27	0.59	89.43	0.55
屯留县			定点2	东区	12.1	13	0.6	32	0.6	47.24	0.6	69.97	0.59	90.77	0.55
屯留县	49	七泉村	定点1	东区	0.1	13	0.6	32	0.6	47.18	0.6	69.75	0.59	89.73	0.55
屯留县	49	七泉村	定点2	东区	16.4	13	0.6	32	0.6	47.22	0.6	70.19	0.59	91.49	0.55
屯留县			定点3	东区	10.5	13	0.6	32	0.6	47.24	0.6	69.9	0.59	89.97	0.55
屯留县			定点4	东区	13.7	13	0.6	32	0.6	47.3	0.6	69.81	0.59	90.76	0.55
屯留县			定点5	东区	12.1	13	0.6	32	0.6	47.24	0.6	69.97	0.59	90.77	0.55
屯留县	50	鸡窝圪套	定点1	东区	0.1	13	0.6	32	0.6	47.18	0.6	69.75	0.59	89.73	0.55
屯留县			定点2	东区	16.4	13	0.6	32	0.6	47.22	0.6	70.19	0.59	91.49	0.55
屯留县			定点3	东区	10.5	13	0.6	32	0.6	47.24	0.6	69.9	0.59	89.97	0.55
屯留县			定点4	东区	13.7	13	0.6	32	0.6	47.3	0.6	69.81	0.59	90.76	0.55
屯留县			定点5	东区	12.1	13	0.6	32	0.6	47.24	0.6	69.97	0.59	90.77	0.55
屯留县	51	南沟村	定点1	东区	12.5	13	0.6	32	0.6	47.23	0.6	70.1	0.59	91.54	0.55

续表

县区	序号	小流域名称	定点	水文分区	面积(km²)	不同历时定点暴雨参数									
						10min		60min		6h		24h		3d	
						$\overline{H}$(mm)	C_v	$\overline{H}$(mm)	C_v	$\overline{H}$(mm)	C_v	$\overline{H}$(mm)	C_v	$\overline{H}$(mm)	C_v
屯留县	52	棋盘新庄	定点1	东区	12.5	13	0.6	32	0.6	47.23	0.6	70.1	0.59	91.54	0.55
屯留县	53	羊窑	定点1	东区	12.5	13	0.6	32	0.6	47.23	0.6	70.1	0.59	91.54	0.55
屯留县	54	小桥	定点1	东区	12.5	13	0.6	32	0.6	47.23	0.6	70.1	0.59	91.54	0.55
屯留县	55	寨上村	定点1	东区	11.6	13	0.6	32	0.6	47.25	0.6	69.95	0.59	90.8	0.55
屯留县	56	寨上	定点1	东区	11.6	13	0.6	32	0.6	47.25	0.6	69.95	0.59	90.8	0.55
屯留县	57	吴而村	定点1	东区	11.5	13	0.6	32	0.59	50	0.6	70.78	0.58	88.41	0.55
屯留县	58	西上村	定点1	东区	17.0	13.1	0.6	32	0.59	50	0.6	71.02	0.58	87.06	0.55
屯留县	58	西上村	定点2	东区	17.2	13	0.6	32	0.59	50	0.6	70.85	0.58	88.29	0.55
屯留县	59	西沟河村	定点1	东区	12.4	13	0.6	32	0.6	50	0.6	69.82	0.58	88.47	0.55
屯留县			定点2	东区	16.4	13	0.6	32	0.6	47.22	0.6	70.19	0.59	91.49	0.55
屯留县			定点3	东区	10.5	13	0.6	32	0.6	47.24	0.6	69.9	0.59	89.97	0.55
屯留县			定点4	东区	13.7	13	0.6	32	0.6	47.3	0.6	69.81	0.59	90.76	0.55
屯留县			定点5	东区	12.1	13	0.6	32	0.6	47.24	0.6	69.97	0.59	90.77	0.55
屯留县	60	西岸上	定点1	东区	12.4	13	0.6	32	0.6	50	0.6	69.82	0.58	88.47	0.55
屯留县			定点2	东区	16.4	13	0.6	32	0.6	47.22	0.6	70.19	0.59	91.49	0.55
屯留县			定点3	东区	10.5	13	0.6	32	0.6	47.24	0.6	69.9	0.59	89.97	0.55
屯留县			定点4	东区	13.7	13	0.6	32	0.6	47.3	0.6	69.81	0.59	90.76	0.55
屯留县			定点5	东区	12.1	13	0.6	32	0.6	47.24	0.6	69.97	0.59	90.77	0.55

续表

县区	序号	小流域名称	定点	水文分区	面积(km^2)	不同历时定点暴雨参数									
						10min		60min		6h		24h		3d	
						$\overline{H}$(mm)	C_v	$\overline{H}$(mm)	C_v	$\overline{H}$(mm)	C_v	$\overline{H}$(mm)	C_v	$\overline{H}$(mm)	C_v
屯留县	61	西村	定点1	东区	12.4	13	0.6	32	0.6	50	0.6	69.82	0.58	88.47	0.55
屯留县			定点2	东区	16.4	13	0.6	32	0.6	47.22	0.6	70.19	0.59	91.49	0.55
屯留县			定点3	东区	10.5	13	0.6	32	0.6	47.24	0.6	69.9	0.59	89.97	0.55
屯留县			定点4	东区	13.7	13	0.6	32	0.6	47.3	0.6	69.81	0.59	90.76	0.55
屯留县			定点5	东区	12.1	13	0.6	32	0.6	47.24	0.6	69.97	0.59	90.77	0.55
屯留县	62	西丰宜村	定点1	东区	13.7	14	0.6	32	0.6	47.02	0.6	76.72	0.6	96.7	0.58
屯留县			定点2	东区	11.1	13.7	0.6	32	0.6	47.12	0.6	76.3	0.6	96.52	0.57
屯留县	62	西丰宜村	定点3	东区	19.1	13.5	0.6	32	0.6	47.34	0.6	76.1	0.6	99.39	0.57
屯留县			定点4	东区	15.9	13.2	0.6	32	0.6	47.31	0.6	74.59	0.6	96.19	0.56
屯留县			定点5	东区	13.4	13.1	0.6	32	0.6	47.45	0.6	73.92	0.6	98.73	0.57
屯留县			定点6	东区	10.3	13.7	0.6	32	0.6	47.43	0.6	77.08	0.6	101.7	0.58
屯留县			定点7	东区	10.4	13.8	0.6	32	0.6	46.99	0.6	76.06	0.6	95	0.57
屯留县	63	郝家庄村	定点1	东区	1.0	13.9	0.6	32	0.6	46.77	0.6	75.71	0.6	93.44	0.57
屯留县	64	石泉村	定点1	东区	0.2	14.7	0.57	30.2	0.59	47.6	0.61	76	0.63	94	0.57
屯留县	65	西洼村	定点1	东区	13.0	16	0.55	32	0.56	45	0.54	64.83	0.5	85	0.5
屯留县	66	河神庙	定点1	东区	6.2	16	0.55	32	0.6	46.45	0.59	74.7	0.6	91.31	0.56
屯留县	67	梨树庄村	定点1	东区	5.6	13.5	0.6	32	0.6	50	0.6	68.83	0.58	85	0.55

续表

县区	序号	小流域名称	定点	水文分区	面积(km^2)	不同历时定点暴雨参数									
						10min		60min		6h		24h		3d	
						$\overline{H}$(mm)	C_v	$\overline{H}$(mm)	C_v	$\overline{H}$(mm)	C_v	$\overline{H}$(mm)	C_v	$\overline{H}$(mm)	C_v
屯留县	68	庄洼	定点1	东区	5.6	13.5	0.6	32	0.6	50	0.6	68.83	0.58	85	0.55
屯留县	69	西沟村	定点1	东区	4.9	13.9	0.57	28.5	0.62	47.3	0.58	75.6	0.6	92.5	0.56
屯留县			定点2	东区	0.1	14.1	0.57	28	0.63	47.7	0.57	74.8	0.59	91.2	0.56
屯留县	70	老婆角	定点1	东区	4.9	13.9	0.57	28.5	0.62	47.3	0.58	75.6	0.6	92.5	0.56
屯留县			定点2	东区	0.1	14.1	0.57	28	0.63	47.7	0.57	74.8	0.59	91.2	0.56
屯留县	71	西沟口	定点1	东区	4.9	13.9	0.57	28.5	0.62	47.3	0.58	75.6	0.6	92.5	0.56
屯留县			定点2	东区	0.1	14.1	0.57	28	0.63	47.7	0.57	74.8	0.59	91.2	0.56
屯留县	72	司家沟	定点1	东区	2.7	13.9	0.57	28.5	0.62	47.3	0.58	75.6	0.6	92.5	0.56
屯留县	73	龙王沟村	定点1	东区	6.2	16	0.55	32	0.6	46.45	0.59	74.7	0.6	91.31	0.56
屯留县	74	西流寨村	定点1	东区	18.6	13.5	0.6	32	0.6	47.33	0.6	76.14	0.6	99.25	0.57
屯留县			定点2	东区	15.9	13.2	0.6	32	0.6	47.31	0.6	74.59	0.6	96.19	0.56
屯留县			定点3	东区	13.4	13.1	0.6	32	0.6	47.45	0.6	73.92	0.6	98.73	0.57
屯留县	75	马家庄	定点1	东区	8.2	13.7	0.6	32	0.6	47	0.59	75.93	0.6	94.62	0.57
屯留县	76	大会村	定点1	东区	13.2	13.5	0.6	32	0.6	47.36	0.6	75.96	0.6	99.68	0.57
屯留县			定点2	东区	15.9	13.2	0.6	32	0.6	47.31	0.6	74.59	0.6	96.19	0.56
屯留县			定点3	东区	13.4	13.1	0.6	32	0.6	47.45	0.6	73.92	0.6	98.73	0.57

续表

县区	序号	小流域名称	定点	水文分区	面积(km^2)	不同历时定点暴雨参数									
						10min		60min		6h		24h		3d	
						$\overline{H}$(mm)	C_v	$\overline{H}$(mm)	C_v	$\overline{H}$(mm)	C_v	$\overline{H}$(mm)	C_v	$\overline{H}$(mm)	C_v
屯留县	77	西大会	定点1	东区	13.2	13.5	0.6	32	0.6	47.36	0.6	75.96	0.6	99.68	0.57
屯留县			定点2	东区	15.9	13.2	0.6	32	0.6	47.31	0.6	74.59	0.6	96.19	0.56
屯留县			定点3	东区	13.4	13.1	0.6	32	0.6	47.45	0.6	73.92	0.6	98.73	0.57
屯留县	78	河长头村	定点1	东区	8.8	13.6	0.6	32	0.6	47.15	0.6	76.17	0.6	96.5	0.57
屯留县			定点2	东区	19.1	13.5	0.6	32	0.6	47.34	0.6	76.1	0.6	99.39	0.57
屯留县			定点3	东区	15.9	13.2	0.6	32	0.6	47.31	0.6	74.59	0.6	96.19	0.56
屯留县			定点4	东区	13.4	13.1	0.6	32	0.6	47.45	0.6	73.92	0.6	98.73	0.57
屯留县			定点5	东区	10.3	13.7	0.6	32	0.6	47.43	0.6	77.08	0.6	101.7	0.58
屯留县	79	南庄村	定点1	东区	0.2	14	0.6	32	0.6	47.1	0.6	76.97	0.6	97.61	0.58
屯留县			定点2	东区	11.1	13.7	0.6	32	0.6	47.12	0.6	76.3	0.6	96.52	0.57
屯留县			定点3	东区	19.1	13.5	0.6	32	0.6	47.34	0.6	76.1	0.6	99.39	0.57
屯留县			定点4	东区	15.9	13.2	0.6	32	0.6	47.31	0.6	74.59	0.6	96.19	0.56
屯留县			定点5	东区	13.4	13.1	0.6	32	0.6	47.45	0.6	73.92	0.6	98.73	0.57
屯留县			定点6	东区	10.3	13.7	0.6	32	0.6	47.43	0.6	77.08	0.6	101.7	0.58
屯留县			定点7	东区	10.4	13.8	0.6	32	0.6	46.99	0.6	76.06	0.6	95	0.57
屯留县	80	中理村	定点1	东区	10.0	13.8	0.6	32	0.6	47.02	0.6	76.2	0.6	95.54	0.57

续表

县区	序号	小流域名称	定点	水文分区	面积(km^2)	不同历时定点暴雨参数									
						10min		60min		6h		24h		3d	
						$\overline{H}$(mm)	C_v	$\overline{H}$(mm)	C_v	$\overline{H}$(mm)	C_v	$\overline{H}$(mm)	C_v	$\overline{H}$(mm)	C_v
屯留县	81	吴寨村	定点1	东区	15.9	13.2	0.6	32	0.6	47.33	0.6	74.29	0.6	96.48	0.56
屯留县			定点2	东区	13.4	13.1	0.6	32	0.6	47.45	0.6	73.92	0.6	98.73	0.57
屯留县	82	桑园	定点1	东区	15.9	13.2	0.6	32	0.6	47.33	0.6	74.29	0.6	96.48	0.56
屯留县			定点2	东区	13.4	13.1	0.6	32	0.6	47.45	0.6	73.92	0.6	98.73	0.57
屯留县	83	黑家口	定点1	东区	7.0	13.1	0.6	32	0.6	47.34	0.6	73.62	0.6	95.73	0.56
屯留县			定点2	东区	13.4	13.1	0.6	32	0.6	47.45	0.6	73.92	0.6	98.73	0.57
屯留县	84	上莲村	定点1	东区	18.7	17	0.56	33	0.57	45.5	0.54	64.6	0.52	78.6	0.52
屯留县	85	前上莲	定点1	东区	18.7	17	0.56	33	0.57	45.5	0.54	64.6	0.52	78.6	0.52
屯留县	86	后上莲	定点1	东区	7.1	16	0.55	32.87	0.58	45	0.54	64.89	0.5	85	0.5
屯留县	86	后上莲	定点2	东区	11.0	16	0.55	33.12	0.6	45.25	0.54	64.92	0.5	85	0.5
屯留县	87	山角村	定点1	东区	3.5	16	0.55	32.95	0.58	45	0.54	64.81	0.5	85	0.5
屯留县			定点2	东区	11.0	16	0.55	33.12	0.6	45.25	0.54	64.92	0.5	85	0.5
屯留县	88	马庄	定点1	东区	18.7	17	0.56	33	0.57	45.5	0.54	64.6	0.52	78.6	0.52
屯留县	89	交川村	定点1	东区	3.8	16	0.55	33.08	0.6	45.4	0.54	64.98	0.5	85	0.5
平顺县	1	洪岭村	洪岭村	东区	2.1	18.5	0.4	31	0.43	43	0.48	60	0.47	87	0.43
平顺县	2	椿树沟村	椿树沟	东区	1.5	17.3	0.4	32.1	0.44	42.5	0.48	62.3	0.44	87.9	0.43
平顺县	3	贾家村	贾家村	东区	7.6	17.3	0.4	32.8	0.4	43.2	0.45	62.3	0.44	86.7	0.42
平顺县	4	南北头村	王家村	东区	11.9	17.3	0.4	32.3	0.43	44.7	0.45	64.8	0.44	86.4	0.44

续表

县区	序号	小流域名称	定点	水文分区	面积（km^2）	不同历时定点暴雨参数									
						10min		60min		6h		24h		3d	
						$\overline{H}$(mm)	C_v	$\overline{H}$(mm)	C_v	$\overline{H}$(mm)	C_v	$\overline{H}$(mm)	C_v	$\overline{H}$(mm)	C_v
平顺县	5	河则	河则	东区	33.3	17.3	0.4	33.8	0.44	44.9	0.48	64.8	0.45	87.2	0.44
平顺县	6	路家口村	路家口村	东区	33.3	17.3	0.4	33.8	0.44	44.9	0.48	64.8	0.45	87.2	0.44
平顺县	7	北坡村支流	北坡村1	东区	9.7	17.3	0.4	31.1	0.44	45	0.57	68.9	0.55	90.5	0.49
平顺县	8	北坡村干流	北坡村2	东区	9.7	17.3	0.4	31.1	0.44	45	0.57	68.9	0.55	90.5	0.49
平顺县	9	龙镇村	龙镇村	东区	14.4	17.3	0.4	31.1	0.45	45	0.57	64.8	0.46	92.5	0.44
平顺县	10	南坡村	南坡村	东区	22.0	16.5	0.4	30.8	0.44	45	0.54	70.1	0.51	95	0.5
平顺县	11	东迷村	东迷村	东区	6.2	17.3	0.4	31.6	0.44	45	0.54	66.6	0.51	92.7	0.5
平顺县	12	正村	正村	东区	41.0	18	0.4	30	0.44	44	0.51	66	0.48	89	0.47
平顺县	13	龙家村	龙家村	东区	43.1	17	0.4	30	0.44	44	0.5	65	0.49	90	0.47
平顺县	14	申家坪村	申家坪村	东区	44.1	17.3	0.4	30.5	0.43	45.4	0.5	64.8	0.48	89.7	0.47
平顺县	15	下井村	下井村	东区	10.0	17.3	0.4	31.6	0.45	45.1	0.54	70.2	0.52	94.8	0.5
平顺县	16	青行头村	青行头村	东区	52.2	18.5	0.4	30	0.44	45	0.5	65	0.48	90	0.47
平顺县	17	南赛	南赛	东区	71.0	17.3	0.4	31.6	0.45	45.1	0.54	70.2	0.52	94.8	0.5
平顺县	18	东峪	东峪	东区	4.7	17.3	0.44	31.6	0.45	46.7	0.58	70.1	0.56	95.4	0.55
平顺县	19	西沟村	西沟村	东区	82.1	17.1	0.4	31.6	0.44	45.7	0.56	75	0.5	90	0.48
平顺县	20	川底村	川底村	东区	92.5	18	0.4	32.5	0.44	45.7	0.5	66	0.49	90	0.47
平顺县	21	石埠头村	石埠头村	东区	102.7	18	0.4	32	0.46	47	0.52	70	0.5	92	0.49
平顺县	22	小东峪村	小东峪村	东区	6.5	17.3	0.4	33.8	0.46	46.9	0.52	69.9	0.51	91.8	0.5
平顺县	23	城关村	城关村	东区	45.1	18.5	0.4	33	0.45	46	0.49	67	0.48	90	0.47

续表

县区	序号	小流域名称	定点	水文分区	面积(km^2)	不同历时定点暴雨参数									
						10min		60min		6h		24h		3d	
						$\overline{H}$(mm)	C_v	$\overline{H}$(mm)	C_v	$\overline{H}$(mm)	C_v	$\overline{H}$(mm)	C_v	$\overline{H}$(mm)	C_v
平顺县	24	峪峪村	峪峪村	东区	10.6	18.5	0.5	33.5	0.47	47.5	0.53	69	0.52	91	0.51
平顺县	25	张井村	张井村	东区	15.9	18	0.5	34	0.47	47.5	0.48	69	0.52	90	0.51
平顺县	26	回源峧村	回源峧村	东区	1.7	18.5	0.5	35	0.46	47	0.52	68	0.5	89	0.49
平顺县	27	小赛村	小赛村	东区	74.6	17	0.4	35	0.45	47	0.51	67	0.48	88	0.47
平顺县	28	后留村	后留村	东区	2.9	15.5	0.5	32.5	0.49	46	0.53	68	0.52	88	0.51
平顺县	29	常家村	常家村	东区	2.3	15.9	0.45	32.2	0.46	43.8	0.51	66	0.47	84.9	0.46
平顺县	30	庙后村	庙后村	东区	11.5	15.9	0.43	34.2	0.44	44.7	0.47	66.1	0.44	86	0.43
平顺县	31	黄崖村	黄崖村	东区	15.4	17.3	0.5	33.3	0.49	51.9	0.65	82.3	0.64	115.1	0.63
平顺县	32	牛石窑村	牛石窑村	东区	39.7	17.3	0.5	31.3	0.5	54.5	0.65	85	0.64	115.1	0.63
平顺县	33	玉峡关支流	玉峡关1	东区	1.7	17.3	0.5	33.8	0.51	56	0.75	92.5	0.72	126.8	0.71
平顺县	34	玉峡关干流	玉峡关2	东区	8.1	17.3	0.5	33.8	0.51	56	0.75	92.5	0.72	126.8	0.71
平顺县	35	南地	南地	东区	99.0	17	0.5	34.3	0.52	51.2	0.7	90	0.68	122.2	0.66
平顺县	36	阱沟	阱沟	东区	1.3	17.9	0.5	33.1	0.53	55	0.76	89	0.72	122.2	0.69
平顺县	37	石窑滩村	石窑滩村	东区	2.0	17.3	0.5	32.5	0.51	53.9	0.66	86.6	0.65	120	0.64
平顺县	38	羊老岩村	羊老岩村	东区	3.7	17	0.5	32.6	0.51	51	0.64	84.2	0.63	112.1	0.61
平顺县	39	河口	河口	东区	16.6	16.5	0.6	31.9	0.57	49.7	0.61	69.1	0.58	95	0.55
平顺县	40	底河村	底河村	东区	13.8	18.5	0.5	33.5	0.47	50	0.61	79	0.6	108	0.58
平顺县	41	西湾村	西湾村	东区	68.7	18.5	0.5	33.5	0.47	50	0.61	78	0.59	105	0.56
平顺县	42	焦底村	焦底村	东区	1.1	17.3	0.46	32.3	0.47	48	0.53	73	0.56	97	0.52

续表

县区	序号	小流域名称	定点	水文分区	面积(km^2)	不同历时定点暴雨参数									
						10min		60min		6h		24h		3d	
						$\overline{H}$(mm)	C_v	$\overline{H}$(mm)	C_v	$\overline{H}$(mm)	C_v	$\overline{H}$(mm)	C_v	$\overline{H}$(mm)	C_v
平顺县	43	棠梨村	棠梨村	东区	2.2	18.5	0.5	33.3	0.47	48	0.53	73	0.56	98	0.52
平顺县	44	大山村	大山村	东区	3.2	17.7	0.5	33.3	0.51	52	0.64	84	0.63	115	0.62
平顺县	45	安阳村	安阳村	东区	7.0	20	0.5	37	0.49	52	0.63	83	0.62	113	0.59
平顺县	46	虎窑村	虎窑村	东区	93.6	18.5	0.5	33.3	0.47	49	0.59	77	0.58	105	0.56
平顺县	47	军寨	军寨	东区	119.0	18.5	0.46	33.3	0.47	50	0.6	77	0.59	105	0.56
平顺县	48	东寺头村	东寺头村	东区	122.0	17.3	0.46	31.2	0.48	50	0.6	77	0.59	105	0.56
平顺县	49	后庄村	后庄村	东区	5.3	17.3	0.5	31	0.48	48	0.54	74	0.56	100	0.53
平顺县	50	前庄村	前庄村	东区	11.1	17.3	0.5	32.3	0.49	48	0.55	75	0.58	101	0.54
平顺县	51	虹梯关村	虹梯关村	东区	17.2	18.5	0.47	32.5	0.49	47	0.54	71	0.56	95	0.53
平顺县	52	梯后村	梯后村	东区	225.0	17.3	0.5	32.3	0.49	50	0.6	77	0.59	105	0.55
平顺县	53	碑滩村	碑滩村	东区	240.1	17.3	0.5	31	0.49	50	0.6	77	0.59	105	0.56
平顺县	54	虹霓村	虹霓村	东区	254.1	18	0.5	31	0.5	50	0.6	75	0.59	105	0.57
平顺县	55	苤兰岩村	苤兰岩村	东区	265.3	18	0.5	31	0.5	50	0.6	75	0.59	105	0.57
平顺县	56	堕磊辿	龙柏庵村	东区	292.3	18	0.5	31.5	0.5	50	0.6	76	0.59	105	0.57
平顺县	57	库峧村	库峧村	东区	11.1	19	0.6	30.8	0.57	51	0.63	73	0.59	105	0.59
平顺县	58	靳家园村	靳家园村	东区	24.4	16	0.5	32	0.55	47	0.56	70	0.53	88	0.52
平顺县	59	棚头村	棚头村	东区	30.5	15.9	0.51	32	0.55	46.8	0.56	70	0.53	87.8	0.52
平顺县	60	南耽车河	南耽车村	东区	51.7	16.5	0.5	33.3	0.5	46.8	0.54	69.1	0.53	89	0.52
平顺县	61	椰树园村	椰树园村	东区	31.7	16.5	0.5	31.9	0.54	47.1	0.55	69.1	0.56	95	0.54

续表

县区	序号	小流域名称	定点	水文分区	面积(km^2)	不同历时定点暴雨参数									
						10min		60min		6h		24h		3d	
						$\overline{H}$(mm)	C_v	$\overline{H}$(mm)	C_v	$\overline{H}$(mm)	C_v	$\overline{H}$(mm)	C_v	$\overline{H}$(mm)	C_v
平顺县	62	侯壁河	堂耳庄村	东区	41.8	16.2	0.5	31.9	0.54	46.1	0.56	69.1	0.55	95	0.54
平顺县	63	源头	源头村	东区	40.8	16.1	0.6	31.9	0.57	48	0.6	68.1	0.58	91.2	0.54
平顺县	64	豆峪	豆峪村	东区	16.6	16.5	0.56	31.9	0.57	49.7	0.61	69.1	0.58	95	0.55
平顺县	65	井底村	井底	东区	106.6	17	0.5	34.3	0.52	51.2	0.7	90	0.68	122.2	0.66
平顺县	66	消军岭村	消军岭村	东区	1.5	17.3	0.4	31.1	0.45	45	0.57	64.8	0.46	92.5	0.44
平顺县	67	天脚村	天脚村	东区	72.4	18.5	0.5	35	0.46	47	0.52	68	0.5	89	0.49
平顺县	68	安咀村	安咀村	东区	60.4	18.5	0.46	33.5	0.47	50	0.61	78	0.59	105	0.56
平顺县	69	上五井村	上五井村	东区	86.0	17	0.4	35	0.45	47	0.51	67	0.48	88	0.47
平顺县	70	石灰窑	石灰窑	东区	1.9	17	0.4	35	0.45	47	0.51	67	0.48	88	0.47
平顺县	71	驮山	驮山	东区	91.2	17	0.4	35	0.45	47	0.51	67	0.48	88	0.47
平顺县	72	窑门前	窑门前	东区	3.3	17	0.46	34.5	0.47	47	0.48	68	0.51	88	0.5
平顺县	73	中五井村	中五井村	东区	102.7	17	0.46	34.5	0.47	47	0.48	68	0.51	88	0.5
平顺县	74	西安村	西安村	东区	10.2	17.3	0.46	33.3	0.47	52.1	0.69	81.5	0.65	115	0.64
潞城市	1	会山底村	会山底村	东区	0.3	15.7	0.47	32.5	0.47	44	0.51	65.8	0.46	85.9	0.48
潞城市	2	下社村	下社	东区	8.4	15.9	0.46	33.8	0.45	44.5	0.51	65.6	0.44	86.2	0.47
潞城市	3	下社村后交	下社	东区	8.4	15.9	0.46	33.8	0.45	44.5	0.51	65.6	0.44	86.2	0.47
潞城市	4	河西村	河西村	东区	0.9	15.7	0.48	32.3	0.48	44.2	0.51	66	0.48	86	0.48
潞城市	5	后峧村	后峧村	东区	2.9	16.1	0.44	34.5	0.44	44.5	0.5	65.4	0.44	86.2	0.48
潞城市	6	申家村	申家	东区	26.4	16	0.44	34.5	0.44	44	0.49	65.4	0.44	86	0.47

续表

县区	序号	小流域名称	定点	水文分区	面积(km²)	不同历时定点暴雨参数									
						10min		60min		6h		24h		3d	
						$\overline{H}$(mm)	C_v	$\overline{H}$(mm)	C_v	$\overline{H}$(mm)	C_v	$\overline{H}$(mm)	C_v	$\overline{H}$(mm)	C_v
潞城市	7	苗家村	申家	东区	26.4	16	0.44	34.5	0.44	44	0.49	65.4	0.44	86	0.47
潞城市	8	苗家村庄上	申家	东区	26.4	16	0.44	34.5	0.44	44	0.49	65.4	0.44	86	0.47
潞城市	9	枣臻村	枣臻村	东区	19.3	14.6	0.49	29.5	0.51	43.5	0.53	64.6	0.51	79.5	0.46
潞城市	10	赤头村	赤头村	东区	13.5	15	0.5	28.5	0.5	45	0.53	64	0.51	80	0.48
潞城市	11	马江沟村	马江沟村	东区	1.7	14.6	0.49	29.5	0.5	43.3	0.53	64.4	0.51	79.3	0.46
潞城市	12	弓家岭	弓家岭	东区	0.5	14.6	0.49	29.5	0.5	43.3	0.53	64.4	0.51	79.3	0.46
潞城市	13	红江沟	红江沟	东区	0.3	14.6	0.49	29.5	0.5	43.3	0.53	64.4	0.51	79.3	0.46
潞城市	14	曹家沟村	曹家沟1	东区	249.3	15.3	0.52	31	0.52	44	0.52	65	0.51	82	0.48
潞城市			曹家沟2	东区	103.3	14.8	0.51	29.8	0.51	43.5	0.52	64	0.51	79	0.47
潞城市	15	韩村	韩村	东区	283.0	15.3	0.52	31	0.52	44	0.52	65	0.51	82	0.48
潞城市	16	冯村	冯村	东区	10.7	15.5	0.49	31.5	0.51	44	0.52	67	0.5	86	0.48
潞城市	17	韩家园村	韩家园村	东区	20.2	15	0.48	31.7	0.5	48	0.51	67	0.5	86	0.48
潞城市	18	李家庄村	李家庄村	东区	8.3	14.6	0.5	31.3	0.51	48	0.52	67.3	0.51	85.5	0.48
潞城市	19	漫流河村	漫流河村	东区	14.7	14.6	0.51	31.2	0.51	48	0.52	67.5	0.51	85.6	0.48
潞城市	20	石匣村	石匣村	东区	63.0	14.5	0.52	31	0.52	48	0.53	68	0.52	85.5	0.49
潞城市	21	申家山村	申家山村	东区	4.2	14.9	0.51	32.4	0.58	49	0.53	67	0.52	86	0.49
潞城市	22	井峪村	井峪村	东区	5.2	14.7	0.51	32.1	0.57	48.5	0.53	66	0.52	82.5	0.48
潞城市	23	南马庄村	南马庄村	东区	15.5	14.7	0.51	32.2	0.57	48	0.53	66.5	0.52	83	0.49
潞城市	24	五里坡村	五里坡村	东区	2.9	14.8	0.51	32.3	0.58	48.5	0.53	66.4	0.52	83.3	0.48

续表

县区	序号	小流域名称	定点	水文分区	面积(km^2)	不同历时定点暴雨参数									
						10min		60min		6h		24h		3d	
						$\overline{H}$(mm)	C_v	$\overline{H}$(mm)	C_v	$\overline{H}$(mm)	C_v	$\overline{H}$(mm)	C_v	$\overline{H}$(mm)	C_v
潞城市	25	西北村	西流	东区	10.4	15	0.5	31	0.55	46	0.53	67	0.52	86	0.5
潞城市	26	西南村	西流	东区	10.4	15	0.5	31	0.55	46	0.53	67	0.52	86	0.5
潞城市	27	南流村	南流村	东区	0.2	15.5	0.5	31.5	0.55	46	0.53	67	0.52	87	0.51
潞城市	28	涧口村	涧口村	东区	68.5	14.5	0.52	31	0.52	48	0.53	68	0.52	85.5	0.49
潞城市	29	斜底村	斜底村	东区	1.0	15.3	0.51	31.3	0.58	45.1	0.53	67.7	0.52	86.2	0.5
潞城市	30	中村	中村	东区	9.1	14.7	0.53	30.5	0.54	44.9	0.52	66.5	0.49	82.5	0.49
潞城市	31	堡头村	堡头村	东区	22.3	14.7	0.53	30.5	0.54	44.9	0.52	66.5	0.49	82.5	0.49
潞城市	32	河后村	河后村	东区	0.7	14.7	0.53	30.5	0.54	44.9	0.52	66.5	0.49	82.5	0.49
潞城市	33	桥堡村	桥堡村	东区	10.2	14.7	0.53	30.5	0.54	44.9	0.52	66.5	0.49	82.5	0.49
潞城市	34	东山村	东山村	东区	14.9	14.9	0.52	30.4	0.52	44	0.53	66	0.52	83	0.47
潞城市	35	西坡村	西坡村	东区	13.1	14.8	0.5	29.5	0.51	44	0.54	66	0.53	81	0.48
潞城市	36	西坡村东坡	东坡	东区	0.7	14.8	0.5	29.5	0.51	44	0.54	66	0.53	81	0.48
潞城市	37	儒教村	儒教村	东区	7.4	14.8	0.5	29.5	0.51	44	0.54	66	0.53	81	0.48
潞城市	38	王家庄村后交	王家庄	东区	0.7	16.1	0.44	34.5	0.44	44.5	0.5	65.4	0.44	86.2	0.48
潞城市	39	上黄村向阳庄	向阳庄	东区	0.2	15.5	0.49	32.2	0.51	45.1	0.53	67.1	0.51	86	0.49
潞城市	40	南花山村	南花山村	东区	2.4	15.8	0.48	31.7	0.5	46	0.53	67.5	0.51	87.4	0.51
潞城市	41	辛安村	辛安1	东区	95.8	15.1	0.51	31	0.52	45.5	0.54	68.5	0.5	86.8	0.5
潞城市			辛安2	东区	84.7	14.8	0.51	30.6	0.52	45.2	0.54	68.6	0.5	86	0.5
潞城市			辛安3	东区	102.0	15.2	0.51	31.2	0.52	45.6	0.53	67.9	0.51	86.5	0.5

续表

县区	序号	小流域名称	定点	水文分区	面积（km^2）	不同历时定点暴雨参数									
						10min		60min		6h		24h		3d	
						$\overline{H}$(mm)	C_v	$\overline{H}$(mm)	C_v	$\overline{H}$(mm)	C_v	$\overline{H}$(mm)	C_v	$\overline{H}$(mm)	C_v
潞城市	42	辽河村	辽河	东区	21.5	15.3	0.5	31.4	0.52	45	0.53	67	0.51	86	0.49
潞城市	43	辽河村车旺	辽河	东区	21.5	15.3	0.5	31.4	0.52	45	0.53	67	0.51	86	0.49
潞城市	44	曲里村	曲里村	东区	249.3	15.3	0.52	31	0.52	44	0.51	65	0.51	82	0.48
长子县	1	红星庄	红星庄	东区	4.0	14.86	0.51	32	0.52	48.04	0.6	79.02	0.6	101.7	0.6
长子县	2	石家庄村	石家庄村1	东区	11.6	15.55	0.5	32	0.5	48.61	0.54	77.62	0.58	100.4	0.55
长子县			石家庄村2	东区	27.3	15.15	0.5	32	0.5	48.42	0.57	79.21	0.6	101.7	0.6
长子县			石家庄村3	东区	0.1	15.15	0.5	32	0.51	48.56	0.57	80	0.6	102.3	0.6
长子县			石家庄村4	东区	11.7	14.88	0.54	32	0.54	48.49	0.59	80	0.6	104.2	0.6
长子县			石家庄村5	东区	21.2	14.94	0.55	32	0.56	48.44	0.59	79.1	0.6	103.6	0.6
长子县			石家庄村6	东区	11.5	15.16	0.55	32	0.56	48.56	0.59	77.69	0.6	102.8	0.6
长子县			石家庄村7	东区	24.0	14.45	0.55	32	0.57	48.12	0.6	78.81	0.61	104.6	0.6
长子县			石家庄村8	东区	19.6	14.13	0.6	32	0.6	47.85	0.6	75.91	0.61	103.8	0.6
长子县			石家庄村9	东区	4.4	14.96	0.52	32	0.52	48.44	0.59	80	0.6	102.9	0.6
长子县			石家庄村10	东区	24.1	14.46	0.55	32	0.55	48.1	0.6	80	0.61	104.9	0.6
长子县			石家庄村11	东区	18.6	13.97	0.6	32	0.59	47.89	0.6	77.8	0.61	105	0.6
长子县			石家庄村12	东区	10.6	14.04	0.6	32	0.58	47.87	0.6	78.52	0.61	105	0.59
长子县			石家庄村13	东区	13.5	14.65	0.54	32	0.54	48.01	0.6	79.82	0.61	102.9	0.6

续表

县区	序号	小流域名称	定点	水文分区	面积(km^2)	不同历时定点暴雨参数									
						10min		60min		6h		24h		3d	
						$\overline{H}$(mm)	C_v	$\overline{H}$(mm)	C_v	$\overline{H}$(mm)	C_v	$\overline{H}$(mm)	C_v	$\overline{H}$(mm)	C_v
长子县	2	石家庄村	石家庄村14	东区	12.5	15.42	0.5	32	0.51	48.91	0.56	80	0.6	102.4	0.58
长子县			石家庄村15	东区	20.7	15.88	0.51	32.48	0.52	49.43	0.56	80	0.58	102.2	0.55
长子县			石家庄村16	东区	17.2	15.44	0.53	32	0.53	48.97	0.57	80	0.6	103	0.58
长子县	3	西河庄村	西河庄村1	东区	11.6	15.55	0.5	32	0.5	48.61	0.54	77.62	0.58	100.4	0.55
长子县			西河庄村2	东区	27.3	15.15	0.5	32	0.5	48.42	0.57	79.21	0.6	101.7	0.6
长子县			西河庄村3	东区	0.1	15.15	0.5	32	0.51	48.56	0.57	80	0.6	102.3	0.6
长子县			西河庄村4	东区	11.7	14.88	0.54	32	0.54	48.49	0.59	80	0.6	104.2	0.6
长子县			西河庄村5	东区	21.2	14.94	0.55	32	0.56	48.44	0.59	79.1	0.6	103.6	0.6
长子县			西河庄村6	东区	11.5	15.16	0.55	32	0.56	48.56	0.59	77.69	0.6	102.8	0.6
长子县			西河庄村7	东区	24.0	14.45	0.55	32	0.57	48.12	0.6	78.81	0.61	104.6	0.6
长子县			西河庄村8	东区	19.6	14.13	0.6	32	0.6	47.85	0.6	75.91	0.61	103.8	0.6
长子县			西河庄村9	东区	4.4	14.96	0.52	32	0.52	48.44	0.59	80	0.6	102.9	0.6
长子县			西河庄村10	东区	24.1	14.46	0.55	32	0.55	48.1	0.6	80	0.61	104.9	0.6
长子县			西河庄村11	东区	18.6	13.97	0.6	32	0.59	47.89	0.6	77.8	0.61	105	0.6
长子县			西河庄村12	东区	10.6	14.04	0.6	32	0.58	47.87	0.6	78.52	0.61	105	0.59
长子县			西河庄村13	东区	13.5	14.65	0.54	32	0.54	48.01	0.6	79.82	0.61	102.9	0.6
长子县			西河庄村14	东区	12.5	15.42	0.5	32	0.51	48.91	0.56	80	0.6	102.4	0.58
长子县			西河庄村15	东区	20.7	15.88	0.51	32.48	0.52	49.43	0.56	80	0.58	102.2	0.55
长子县			西河庄村16	东区	17.2	15.44	0.53	32	0.53	48.97	0.57	80	0.6	103	0.58

续表

县区	序号	小流域名称	定点	水文分区	面积(km^2)	不同历时定点暴雨参数									
						10min		60min		6h		24h		3d	
						$\overline{H}$(mm)	C_v	$\overline{H}$(mm)	C_v	$\overline{H}$(mm)	C_v	$\overline{H}$(mm)	C_v	$\overline{H}$(mm)	C_v
长子县	4	晋义村	晋义村1	东区	24.0	14.53	0.55	32	0.57	48.17	0.6	79.05	0.61	104.5	0.6
长子县			晋义村2	东区	19.6	14.13	0.6	32	0.6	47.85	0.6	75.91	0.61	103.8	0.6
长子县	5	刁黄村	刁黄村1	东区	24.0	14.53	0.55	32	0.57	48.17	0.6	79.05	0.61	104.5	0.6
长子县			刁黄村2	东区	19.6	14.13	0.6	32	0.6	47.85	0.6	75.91	0.61	103.8	0.6
长子县	6	南沟河村	南沟河村	东区	19.6	14.13	0.6	32	0.6	47.85	0.6	75.91	0.61	103.8	0.6
长子县	7	良坪村	良坪村	东区	19.6	14.06	0.6	32	0.6	47.81	0.6	75.56	0.61	103.8	0.6
长子县	8	乱石河	乱石河1	东区	21.2	14.94	0.55	32	0.56	48.44	0.59	79.1	0.6	103.6	0.6
长子县			乱石河2	东区	11.5	15.16	0.55	32	0.56	48.56	0.59	77.69	0.6	102.8	0.6
长子县			乱石河3	东区	24.0	14.45	0.55	32	0.57	48.12	0.6	78.81	0.61	104.6	0.6
长子县			乱石河4	东区	19.6	14.13	0.6	32	0.6	47.85	0.6	75.91	0.61	103.8	0.6
长子县	9	两都村	两都村1	东区	21.2	15.01	0.55	32	0.55	48.53	0.59	79.7	0.6	103.7	0.6
长子县			两都村2	东区	11.5	15.16	0.55	32	0.56	48.56	0.59	77.69	0.6	102.8	0.6
长子县	10	苇池村	苇池村	东区	11.5	15.16	0.55	32	0.56	48.56	0.59	77.69	0.6	102.8	0.6
长子县	11	李家庄村	李家庄村	东区	10.6	14.06	0.6	32	0.58	47.9	0.6	78.65	0.61	105	0.6
长子县	12	圪倒村	圪倒村1	东区	21.2	14.94	0.55	32	0.56	48.44	0.59	79.1	0.6	103.6	0.6
长子县			圪倒村2	东区	11.5	15.16	0.55	32	0.56	48.56	0.59	77.69	0.6	102.8	0.6
长子县			圪倒村3	东区	24.0	14.45	0.55	32	0.57	48.12	0.6	78.81	0.61	104.6	0.6

续表

县区	序号	小流域名称	定点	水文分区	面积(km^2)	不同历时定点暴雨参数									
						10min		60min		6h		24h		3d	
						$\overline{H}$(mm)	C_v	$\overline{H}$(mm)	C_v	$\overline{H}$(mm)	C_v	$\overline{H}$(mm)	C_v	$\overline{H}$(mm)	C_v
长子县	12	圪倒村	圪倒村4	东区	19.6	14.13	0.6	32	0.6	47.85	0.6	75.91	0.61	103.8	0.6
长子县	13	高桥沟村	高桥沟村1	东区	21.2	14.94	0.55	32	0.56	48.44	0.59	79.1	0.6	103.6	0.6
长子县			高桥沟村2	东区	11.5	15.16	0.55	32	0.56	48.56	0.59	77.69	0.6	102.8	0.6
长子县			高桥沟村3	东区	24.0	14.45	0.55	32	0.57	48.12	0.6	78.81	0.61	104.6	0.6
长子县			高桥沟村4	东区	19.6	14.13	0.6	32	0.6	47.85	0.6	75.91	0.61	103.8	0.6
长子县	4	花家坪村	花家坪村1	东区	21.2	14.94	0.55	32	0.56	48.44	0.59	79.1	0.6	103.6	0.6
长子县			花家坪村2	东区	11.5	15.16	0.55	32	0.56	48.56	0.59	77.69	0.6	102.8	0.6
长子县			花家坪村3	东区	24.0	14.45	0.55	32	0.57	48.12	0.6	78.81	0.61	104.6	0.6
长子县			花家坪村4	东区	19.6	14.13	0.6	32	0.6	47.85	0.6	75.91	0.61	103.8	0.6
长子县	15	洪珍村	洪珍村1	东区	24.1	14.48	0.55	32	0.56	48.21	0.6	80	0.61	105	0.6
长子县			洪珍村2	东区	18.6	13.97	0.6	32	0.59	47.89	0.6	77.8	0.61	105	0.6
长子县			洪珍村3	东区	10.6	14.04	0.6	32	0.58	47.87	0.6	78.52	0.61	105	0.59
长子县	16	郭家沟村	郭家沟村	东区	2.9	14.28	0.55	32	0.57	47.82	0.6	79.25	0.61	103.9	0.6
长子县	17	南岭庄	南岭庄1	东区	15.0	13.09	0.6	32	0.6	47.26	0.61	70.31	0.61	100.2	0.59
长子县			南岭庄2	东区	20.1	13.36	0.6	32	0.6	47.45	0.61	72.2	0.61	102	0.59
长子县			南岭庄3	东区	11.6	13.54	0.6	32	0.6	47.6	0.61	74	0.61	103.8	0.59
长子县	18	大山	大山1	东区	15.0	13.09	0.6	32	0.6	47.26	0.61	70.31	0.61	100.2	0.59

续表

县区	序号	小流域名称	定点	水文分区	面积(km^2)	不同历时定点暴雨参数									
						10min		60min		6h		24h		3d	
						$\overline{H}$(mm)	C_v	$\overline{H}$(mm)	C_v	$\overline{H}$(mm)	C_v	$\overline{H}$(mm)	C_v	$\overline{H}$(mm)	C_v
长子县	18	大山	大山2	东区	20.1	13.36	0.6	32	0.6	47.45	0.61	72.2	0.61	102	0.59
长子县			大山3	东区	11.6	13.54	0.6	32	0.6	47.6	0.61	74	0.61	103.8	0.59
长子县	19	羊窑沟	羊窑沟1	东区	15.0	13.09	0.6	32	0.6	47.26	0.61	70.31	0.61	100.2	0.59
长子县			羊窑沟2	东区	20.1	13.36	0.6	32	0.6	47.45	0.61	72.2	0.61	102	0.59
长子县			羊窑沟3	东区	11.6	13.54	0.6	32	0.6	47.6	0.61	74	0.61	103.8	0.59
长子县	20	响水铺	响水铺1	东区	12.8	13	0.6	32	0.6	47.04	0.61	69.74	0.61	97.94	0.59
长子县			响水铺2	东区	15.0	13	0.6	32	0.6	47.27	0.61	70.47	0.61	100.5	0.59
长子县			响水铺3	东区	20.1	13.36	0.6	32	0.6	47.45	0.61	72.2	0.61	102	0.59
长子县			响水铺4	东区	11.6	13.54	0.6	32	0.6	47.6	0.61	74	0.61	103.8	0.59
长子县	21	东沟庄	东沟庄	东区	3.2	13	0.6	32	0.6	46.79	0.61	69.42	0.61	95.45	0.59
长子县	22	九亩沟	九亩沟	东区	11.6	13.54	0.6	32	0.6	47.6	0.61	74	0.61	103.8	0.59
长子县	23	小豆沟	小豆沟1	东区	18.1	13.2	0.6	32	0.6	47.57	0.6	74.44	0.61	105	0.58
长子县			小豆沟2	东区	14.2	13.58	0.6	32	0.6	47.7	0.6	76.4	0.61	105	0.58
长子县			小豆沟3	东区	11.7	13.57	0.6	32	0.6	47.7	0.6	75.74	0.61	105	0.59
长子县	24	尧神沟村	尧神沟村	东区	0.3	15.76	0.5	32	0.5	48.45	0.52	75.06	0.55	97.73	0.5
长子县	25	沙河村	沙河村1	东区	8.6	15.9	0.5	32	0.5	48.39	0.51	74.46	0.55	96.58	0.5
长子县			沙河村2	东区	11.5	16	0.5	33.12	0.5	48.47	0.5	73.79	0.55	94.74	0.49
长子县			沙河村3	东区	12.4	16	0.5	32.17	0.5	48.73	0.5	75.23	0.55	97.26	0.5

续表

县区	序号	小流域名称	定点	水文分区	面积(km^2)	不同历时定点暴雨参数									
						10min		60min		6h		24h		3d	
						$\overline{H}$(mm)	C_v	$\overline{H}$(mm)	C_v	$\overline{H}$(mm)	C_v	$\overline{H}$(mm)	C_v	$\overline{H}$(mm)	C_v
长子县	26	沙河村	韩坊村1	东区	8.3	16	0.5	32	0.5	47.98	0.5	72.82	0.55	94.28	0.5
长子县			韩坊村2	东区	2.3	16	0.5	32.28	0.5	48.01	0.5	72.63	0.55	93.61	0.49
长子县			韩坊村3	东区	26.0	16	0.5	34.03	0.5	48.82	0.5	73.69	0.5	93.74	0.48
长子县			韩坊村4	东区	13.6	16	0.5	36	0.5	49.69	0.5	75.61	0.55	96.68	0.48
长子县			韩坊村5	东区	20.5	16	0.5	34.02	0.5	47.58	0.5	71.28	0.5	90.25	0.47
长子县			韩坊村6	东区	8.6	15.9	0.5	32	0.5	48.35	0.51	74.31	0.55	96.34	0.5
长子县			韩坊村7	东区	11.5	16	0.5	33.12	0.5	48.47	0.5	73.79	0.55	94.74	0.49
长子县			韩坊村8	东区	12.4	16	0.5	32.17	0.5	48.73	0.5	75.23	0.55	97.26	0.5
长子县	27	交里村	交里村1	东区	29.6	16	0.5	32	0.5	48.18	0.52	74.23	0.56	96.72	0.55
长子县			交里村2	东区	11.6	15.46	0.5	32	0.5	48.55	0.54	77.65	0.59	100.5	0.56
长子县			交里村3	东区	27.3	15.15	0.5	32	0.5	48.42	0.57	79.21	0.6	101.7	0.6
长子县			交里村4	东区	0.1	15.15	0.5	32	0.51	48.56	0.57	80	0.6	102.3	0.6
长子县			交里村5	东区	11.7	14.88	0.54	32	0.54	48.49	0.59	80	0.6	104.2	0.6
长子县			交里村6	东区	21.2	14.94	0.55	32	0.56	48.44	0.59	79.1	0.6	103.6	0.6
长子县			交里村7	东区	11.5	15.16	0.55	32	0.56	48.56	0.59	77.69	0.6	102.8	0.6
长子县			交里村8	东区	24.0	14.45	0.55	32	0.57	48.12	0.6	78.81	0.61	104.6	0.6
长子县			交里村9	东区	19.6	14.13	0.6	32	0.6	47.85	0.6	75.91	0.61	103.8	0.6
长子县			交里村10	东区	4.4	14.96	0.52	32	0.52	48.44	0.59	80	0.6	102.9	0.6

续表

县区	序号	小流域名称	定点	水文分区	面积(km^2)	不同历时定点暴雨参数									
						10min		60min		6h		24h		3d	
						$\overline{H}$(mm)	C_v	$\overline{H}$(mm)	C_v	$\overline{H}$(mm)	C_v	$\overline{H}$(mm)	C_v	$\overline{H}$(mm)	C_v
长子县	27	交里村	交里村11	东区	24.1	14.46	0.55	32	0.55	48.1	0.6	80	0.61	104.9	0.6
长子县			交里村12	东区	18.6	13.97	0.6	32	0.59	47.89	0.6	77.8	0.61	105	0.6
长子县			交里村13	东区	10.6	14.04	0.6	32	0.58	47.87	0.6	78.52	0.61	105	0.59
长子县			交里村14	东区	13.5	14.65	0.54	32	0.54	48.01	0.6	79.82	0.61	102.9	0.6
长子县			交里村15	东区	12.5	15.42	0.5	32	0.51	48.91	0.56	80	0.6	102.4	0.58
长子县			交里村16	东区	20.7	15.88	0.51	32.48	0.52	49.43	0.56	80	0.58	102.2	0.55
长子县			交里村17	东区	17.2	15.44	0.53	32	0.53	48.97	0.57	80	0.6	103	0.58
长子县			交里村18	东区	23.8	15.78	0.5	32	0.5	48.83	0.53	77.68	0.57	100.4	0.55
长子县			交里村19	东区	24.0	16	0.5	32.83	0.5	49.41	0.52	78.27	0.55	100.4	0.5
长子县			交里村20	东区	10.9	16	0.5	33.51	0.5	49.81	0.53	79.84	0.55	100.9	0.5
长子县	28	西田良村	西田良村1	东区	18.3	16	0.5	34.04	0.5	49.13	0.5	74.23	0.5	94.58	0.48
长子县			西田良村2	东区	13.6	16	0.5	36	0.5	49.69	0.5	75.61	0.55	96.68	0.48
长子县	29	南贾村	南贾村	东区	13.6	16	0.5	36	0.5	49.69	0.5	75.61	0.55	96.68	0.48
长子县	30	东田良村	东田良村1	东区	18.2	16	0.5	34.04	0.5	49.13	0.5	74.23	0.5	94.58	0.48
长子县			东田良村2	东区	13.6	16	0.5	36	0.5	49.69	0.5	75.61	0.55	96.68	0.48
长子县	31	南张店村	南张店村	东区	13.6	16	0.5	34.04	0.5	49.63	0.5	75.92	0.55	97.26	0.48
长子县	32	西范村	西范村	东区	3.6	16	0.5	36	0.5	50.01	0.5	75.64	0.55	96.39	0.48
长子县	33	东范村	东范村	东区	13.6	16	0.5	34.04	0.5	49.63	0.5	75.92	0.55	97.26	0.48

续表

县区	序号	小流域名称	定点	水文分区	面积(km^2)	不同历时定点暴雨参数									
						10min		60min		6h		24h		3d	
						$\overline{H}$(mm)	C_v	$\overline{H}$(mm)	C_v	$\overline{H}$(mm)	C_v	$\overline{H}$(mm)	C_v	$\overline{H}$(mm)	C_v
长子县	34	崔庄村	崔庄村	东区	13.6	16	0.5	36	0.5	49.69	0.5	75.61	0.55	96.68	0.48
长子县	35	龙泉村	龙泉村	东区	13.6	16	0.5	34.04	0.5	49.63	0.5	75.92	0.55	97.26	0.48
长子县	36	程家庄村	程家庄村	东区	1.2	16	0.5	34.01	0.5	49.65	0.5	76.82	0.55	98.66	0.49
长子县	37	窑下村	窑下村	东区	16.9	16	0.5	36	0.5	50.01	0.5	74.66	0.5	93.27	0.46
长子县	38	赵家庄村	赵家庄村	东区	1.5	16	0.5	36	0.5	48.32	0.5	72.01	0.5	86.99	0.45
长子县	39	陈家庄村	陈家庄村	东区	1.5	16	0.5	36	0.5	48.32	0.5	72.01	0.5	86.99	0.45
长子县	40	吴家庄村	吴家庄村	东区	1.5	16	0.5	36	0.5	48.32	0.5	72.01	0.5	86.99	0.45
长子县	41	曹家沟村	曹家沟村	东区	16.9	16	0.5	36	0.5	50.01	0.5	74.66	0.5	93.27	0.46
长子县	42	琚村	琚村1	东区	11.6	16	0.5	36	0.5	48.79	0.5	72.81	0.5	88.89	0.45
长子县			琚村2	东区	16.9	16	0.5	36	0.5	50.01	0.5	74.66	0.5	93.27	0.46
长子县	43	平西沟村	平西沟村1	东区	15.9	16	0.5	36	0.5	48.56	0.5	72.64	0.5	88.95	0.46
长子县			平西沟村2	东区	16.9	16	0.5	36	0.5	50.01	0.5	74.66	0.5	93.27	0.46
长子县	44	平西沟村	南漳村1	东区	20.6	16	0.55	32.18	0.51	46.64	0.5	68.93	0.5	88.16	0.48
长子县			南漳村2	东区	9.1	16	0.55	33.4	0.51	46.3	0.5	68.97	0.5	86.89	0.47
长子县			南漳村3	东区	12.5	16	0.55	34.04	0.51	45.91	0.5	69.15	0.5	85.66	0.45
长子县			南漳村4	东区	11.9	16	0.55	34.08	0.51	45.25	0.5	65	0.49	85	0.45
长子县			南漳村5	东区	10.3	16	0.54	34.01	0.5	46.6	0.5	69.63	0.5	87.8	0.46

续表

县区	序号	小流域名称	定点	水文分区	面积（km^2）	不同历时定点暴雨参数									
						10min		60min		6h		24h		3d	
						$\overline{H}$(mm)	C_v	$\overline{H}$(mm)	C_v	$\overline{H}$(mm)	C_v	$\overline{H}$(mm)	C_v	$\overline{H}$(mm)	C_v
长子县	45	吴村	吴村1	东区	17.0	16	0.55	32	0.54	46.82	0.6	74.67	0.6	95.97	0.6
长子县			吴村2	东区	11.6	16	0.55	32	0.55	47	0.6	75.89	0.61	97.15	0.6
长子县			吴村3	东区	9.8	16	0.55	32	0.58	46.51	0.6	75.17	0.6	93.7	0.58
长子县	45	吴村	吴村4	东区	8.2	16	0.55	32	0.57	46.74	0.6	75.83	0.6	95.43	0.59
长子县			吴村5	东区	19.4	14.12	0.55	32	0.6	46.77	0.6	76.06	0.6	94.65	0.58
长子县			吴村6	东区	17.5	14.02	0.55	32	0.6	47.07	0.6	76.91	0.6	97.28	0.58
长子县			吴村7	东区	11.1	13.69	0.6	32	0.6	47.12	0.6	76.3	0.6	96.52	0.57
长子县			吴村8	东区	19.1	13.52	0.6	32	0.6	47.34	0.6	76.1	0.6	99.39	0.57
长子县			吴村9	东区	15.9	13.22	0.6	32	0.6	47.31	0.6	74.59	0.6	96.19	0.56
长子县			吴村10	东区	13.4	13.06	0.6	32	0.6	47.45	0.6	73.92	0.6	98.73	0.57
长子县			吴村11	东区	10.3	13.74	0.6	32	0.6	47.43	0.6	77.08	0.6	101.7	0.58
长子县			吴村12	东区	21.6	14.41	0.55	32	0.56	47.23	0.6	77.3	0.61	98.74	0.6
长子县			吴村13	东区	13.8	14.23	0.55	32	0.57	47.48	0.6	78.28	0.61	101	0.59
长子县			吴村14	东区	17.1	14	0.6	32	0.59	47.58	0.6	78.08	0.61	102.9	0.59
长子县			吴村15	东区	10.2	16	0.55	32	0.58	46.35	0.6	74.12	0.6	92.98	0.59
长子县	46	安西村	安西村1	东区	13.8	14.18	0.55	32	0.58	47.37	0.6	77.97	0.61	100.2	0.59
长子县			安西村2	东区	17.1	14	0.6	32	0.59	47.58	0.6	78.08	0.61	102.9	0.59

续表

县区	序号	小流域名称	定点	水文分区	面积（km^2）	不同历时定点暴雨参数									
						10min		60min		6h		24h		3d	
						$\overline{H}$(mm)	C_v	$\overline{H}$(mm)	C_v	$\overline{H}$(mm)	C_v	$\overline{H}$(mm)	C_v	$\overline{H}$(mm)	C_v
长子县	47	金村	金村1	东区	13.8	14.18	0.55	32	0.58	47.37	0.6	77.97	0.61	100.2	0.59
长子县			金村2	东区	17.1	14	0.6	32	0.59	47.58	0.6	78.08	0.61	102.9	0.59
长子县	48	丰村	丰村	东区	17.1	13.97	0.6	32	0.59	47.59	0.6	78.02	0.61	103.1	0.59
长子县	49	苏村	苏村1	东区	24.0	16	0.5	32.51	0.5	49.31	0.52	78.66	0.55	100.6	0.5
长子县			苏村2	东区	10.9	16	0.5	33.51	0.5	49.81	0.53	79.84	0.55	100.9	0.5
长子县	50	西沟村	西沟村	东区	5.9	16	0.5	32.81	0.5	49.51	0.54	80	0.56	101.3	0.5
长子县	51	西峪村	西峪村	东区	10.9	16	0.5	33.54	0.5	49.84	0.53	80	0.55	101	0.5
长子县	52	东峪村	东峪村	东区	10.9	16	0.5	33.51	0.5	49.81	0.53	79.84	0.55	100.9	0.5
长子县	53	城阳村	城阳村1	东区	12.5	15.31	0.51	32	0.52	48.83	0.57	80	0.6	102.8	0.6
长子县			城阳村2	东区	20.7	15.88	0.51	32.48	0.52	49.43	0.56	80	0.58	102.2	0.55
长子县			城阳村3	东区	17.2	15.44	0.53	32	0.53	48.97	0.57	80	0.6	103	0.58
长子县	54	阳鲁村	阳鲁村	东区	17.2	15.44	0.53	32	0.54	48.96	0.57	80	0.6	103.1	0.58
长子县	55	善村	善村	东区	20.7	15.83	0.51	32.37	0.52	49.39	0.56	80	0.58	102.3	0.55
长子县	56	南庄村	南庄村	东区	20.7	15.83	0.51	32.37	0.52	49.39	0.56	80	0.58	102.3	0.55
长子县	57	大南石村	大南石村	东区	7.3	15.06	0.5	32	0.51	48.41	0.58	79.86	0.6	102.2	0.6
长子县	58	小南石村	小南石村	东区	0.8	15.37	0.5	32	0.5	48.71	0.56	79.62	0.6	101.8	0.59
长子县	59	申村	申村1	东区	27.3	15.2	0.5	32	0.5	48.46	0.57	79.03	0.6	101.6	0.6
长子县			申村2	东区	0.1	15.15	0.5	32	0.51	48.56	0.57	80	0.6	102.3	0.6

续表

县区	序号	小流域名称	定点	水文分区	面积（km^2）	不同历时定点暴雨参数									
						10min		60min		6h		24h		3d	
						$\overline{H}$(mm)	C_v	$\overline{H}$(mm)	C_v	$\overline{H}$(mm)	C_v	$\overline{H}$(mm)	C_v	$\overline{H}$(mm)	C_v
长子县			申村3	东区	11.7	14.88	0.54	32	0.54	48.49	0.59	80	0.6	104.2	0.6
长子县			申村4	东区	21.2	14.94	0.55	32	0.56	48.44	0.59	79.1	0.6	103.6	0.6
长子县			申村5	东区	11.5	15.16	0.55	32	0.56	48.56	0.59	77.69	0.6	102.8	0.6
长子县			申村6	东区	24.0	14.45	0.55	32	0.57	48.12	0.6	78.81	0.61	104.6	0.6
长子县			申村7	东区	19.6	14.13	0.6	32	0.6	47.85	0.6	75.91	0.61	103.8	0.6
长子县			申村8	东区	4.4	14.96	0.52	32	0.52	48.44	0.59	80	0.6	102.9	0.6
长子县	59	申村	申村9	东区	24.1	14.46	0.55	32	0.55	48.1	0.6	80	0.61	104.9	0.6
长子县			申村10	东区	18.6	13.97	0.6	32	0.59	47.89	0.6	77.8	0.61	105	0.6
长子县			申村11	东区	10.6	14.04	0.6	32	0.58	47.87	0.6	78.52	0.61	105	0.59
长子县			申村12	东区	13.5	14.65	0.54	32	0.54	48.01	0.6	79.82	0.61	102.9	0.6
长子县			申村13	东区	12.5	15.42	0.5	32	0.51	48.91	0.56	80	0.6	102.4	0.58
长子县			申村14	东区	20.7	15.88	0.51	32.48	0.52	49.43	0.56	80	0.58	102.2	0.55
长子县			申村15	东区	17.2	15.44	0.53	32	0.53	48.97	0.57	80	0.6	103	0.58
长子县			西何村1	东区	5.9	16	0.55	32	0.52	46.5	0.56	68.6	0.56	90.71	0.55
长子县			西何村2	东区	2.9	16	0.54	32	0.52	46.73	0.56	69.64	0.58	92.06	0.58
长子县			西何村3	东区	25.9	16	0.53	32	0.52	46.82	0.6	72.59	0.6	94.23	0.6
长子县	60	西何村	西何村4	东区	17.0	16	0.55	32	0.54	46.82	0.6	74.67	0.6	95.97	0.6
长子县			西何村5	东区	11.6	16	0.55	32	0.55	47	0.6	75.89	0.61	97.15	0.6
长子县			西何村6	东区	9.8	16	0.55	32	0.58	46.51	0.6	75.17	0.6	93.7	0.58
长子县			西何村7	东区	8.2	16	0.55	32	0.57	46.74	0.6	75.83	0.6	95.43	0.59

续表

县区	序号	小流域名称	定点	水文分区	面积 (km^2)	不同历时定点暴雨参数									
						10min		60min		6h		24h		3d	
						$\overline{H}$(mm)	C_v	$\overline{H}$(mm)	C_v	$\overline{H}$(mm)	C_v	$\overline{H}$(mm)	C_v	$\overline{H}$(mm)	C_v
长子县	60	西何村	西何村 8	东区	19.4	14.12	0.55	32	0.6	46.77	0.6	76.06	0.6	94.65	0.58
长子县			西何村 9	东区	17.5	14.02	0.55	32	0.6	47.07	0.6	76.91	0.6	97.28	0.58
长子县			西何村 10	东区	11.1	13.69	0.6	32	0.6	47.12	0.6	76.3	0.6	96.52	0.57
长子县			西何村 11	东区	19.1	13.52	0.6	32	0.6	47.34	0.6	76.1	0.6	99.39	0.57
长子县			西何村 12	东区	15.9	13.22	0.6	32	0.6	47.31	0.6	74.59	0.6	96.19	0.56
长子县			西何村 13	东区	13.4	13.06	0.6	32	0.6	47.45	0.6	73.92	0.6	98.73	0.57
长子县			西何村 14	东区	10.3	13.74	0.6	32	0.6	47.43	0.6	77.08	0.6	101.7	0.58
长子县			西何村 15	东区	21.6	14.41	0.55	32	0.56	47.23	0.6	77.3	0.61	98.74	0.6
长子县			西何村 16	东区	13.8	14.23	0.55	32	0.57	47.48	0.6	78.28	0.61	101	0.59
长子县			西何村 17	东区	17.0	14	0.6	32	0.59	47.58	0.6	78.08	0.61	102.9	0.59
长子县			西何村 18	东区	10.2	16	0.55	32	0.58	46.35	0.6	74.12	0.6	92.98	0.59
长子县			西何村 19	东区	17.9	16	0.5	32	0.51	47.14	0.57	72.4	0.6	94.7	0.6
长子县			西何村 20	东区	33.0	16	0.55	32	0.54	46.39	0.6	71.15	0.6	92.33	0.6
长子县	61	鲍寨村	鲍寨村	东区	16.9	16	0.5	36	0.5	50.02	0.5	74.74	0.5	93.56	0.46
长子县	62	南庄村	南庄村 1	东区	15.0	13.09	0.6	32	0.6	47.26	0.61	70.31	0.61	100.2	0.59
长子县			南庄村 2	东区	20.1	13.36	0.6	32	0.6	47.45	0.61	72.2	0.61	102	0.59
长子县			南庄村 3	东区	11.6	13.54	0.6	32	0.6	47.6	0.61	74	0.61	103.8	0.59

续表

县区	序号	小流域名称	定点	水文分区	面积(km^2)	不同历时定点暴雨参数									
						10min		60min		6h		24h		3d	
						$\overline{H}$(mm)	C_v	$\overline{H}$(mm)	C_v	$\overline{H}$(mm)	C_v	$\overline{H}$(mm)	C_v	$\overline{H}$(mm)	C_v
长子县	63	南沟	南沟	东区	17.1	13.97	0.6	32	0.59	47.59	0.6	78.02	0.61	103.1	0.59
长子县	64	庞庄村	庞庄村	东区	17.2	15.44	0.53	32	0.54	48.96	0.57	80	0.6	103.1	0.58
长治县	1	柳林村	1	东区	7.4	16	0.53	34	0.5	45.5	0.5	66	0.47	84	0.45
长治县	2	林移村	1	东区	15.3	16	0.54	33.7	0.5	45.1	0.5	67	0.49	84.8	0.46
长治县	3	柳林庄村	1	东区	12.4	16	0.54	33.8	0.5	45.1	0.5	67	0.49	84.8	0.46
长治县	4	司马村	1	东区	58.9	16	0.53	33	0.5	45.1	0.5	67	0.48	84	0.46
长治县	5	荫城村	1	东区	87.6	17	0.49	35	0.48	44	0.47	64	0.43	83	0.42
长治县	6	河下村	1	东区	70.9	17	0.49	35	0.48	44	0.47	64	0.43	83	0.42
长治县	7	横河村	1	东区	69.2	17	0.49	35	0.48	44	0.47	64	0.43	83	0.42
长治县	8	桑梓一村	1	东区	59.9	17.3	0.55	35.5	0.53	45	0.49	65	0.46	83	0.44
长治县	9	桑梓二村	1	东区	3.5	17.3	0.52	35	0.51	43	0.47	64	0.46	83	0.43
长治县	10	北头村	1	东区	52.7	16	0.55	35	0.5	45	0.5	66	0.46	84	0.45
长治县	11	内王村	1	东区	3.5	17.3	0.54	35.5	0.52	44	0.47	65	0.46	83	0.43
长治县	12	王坊村	1	东区	80.0	17	0.55	35.5	0.52	44	0.48	65	0.46	83	0.43
长治县			2	东区	82.5	17	0.49	35	0.48	44	0.47	64	0.43	83	0.42
长治县	13	中村	1	东区	80.0	17	0.55	35.5	0.52	44	0.48	65	0.46	83	0.43
长治县			2	东区	82.5	17	0.49	35	0.48	44	0.47	64	0.43	83	0.42
长治县	14	河南村	1	东区	80.0	17	0.55	35.5	0.52	44	0.48	65	0.46	83	0.43
长治县			2	东区	82.5	17	0.49	35	0.48	44	0.47	64	0.43	83	0.42

续表

县区	序号	小流域名称	定点	水文分区	面积(km^2)	不同历时定点暴雨参数									
						10min		60min		6h		24h		3d	
						$\overline{H}$(mm)	C_v	$\overline{H}$(mm)	C_v	$\overline{H}$(mm)	C_v	$\overline{H}$(mm)	C_v	$\overline{H}$(mm)	C_v
长治县	15	李坊村	1	东区	85.0	17	0.55	35.5	0.52	45	0.46	65	0.45	84	0.43
长治县			2	东区	80.0	17.3	0.48	35	0.47	44	0.45	63	0.43	84	0.42
长治县	16	北王庆村	1	东区	0.2	16	0.52	35	0.5	45	0.5	65	0.47	84	0.45
长治县	17	桥头村	1	东区	6.4	17.3	0.5	35	0.49	44	0.48	63	0.43	83	0.43
长治县	18	下赵家庄村	1	东区	0.8	16	0.49	35	0.48	45	0.5	65	0.45	84	0.45
长治县	19	南河村	1	东区	0.3	16	0.48	34.5	0.47	45	0.5	65	0.45	84	0.45
长治县	20	羊川村	1	东区	7.1	16	0.47	34.5	0.46	45	0.5	65	0.45	84	0.45
长治县	21	八义村	1	东区	9.8	17.3	0.56	35.5	0.51	45	0.51	68	0.48	84	0.44
长治县	22	狗湾村	1	东区	87.2	16	0.5	36	0.5	48	0.5	71	0.5	86	0.45
长治县	23	北楼底村	1	东区	5.0	17.3	0.5	35	0.49	47	0.48	70	0.47	87	0.45
长治县	24	南楼底村	1	东区	56.3	16	0.5	36	0.5	48	0.5	72	0.5	86	0.45
长治县	25	新庄村	1	东区	0.9	16	0.45	34.5	0.45	45	0.5	65	0.45	83	0.45
长治县	26	定流村	1	东区	3.7	16	0.44	34.5	0.46	44	0.48	64	0.46	82.5	0.45
长治县	27	北郭村	1	东区	82.6	15.8	0.52	33	0.52	46	0.49	67	0.49	84	0.47
长治县	28	岭上村	1	东区	63.6	16	0.53	33	0.5	45.1	0.5	67	0.48	84	0.46
长治县	29	高河村	1	东区	130.0	17.3	0.52	31	0.53	47	0.54	70	0.53	90	0.51
长治县			2	东区	127.6	16.5	0.5	33.5	0.51	47	0.52	70	0.52	90	0.48
长治县			3	东区	120.0	15.8	0.48	31.5	0.48	48	0.52	76	0.55	100	0.52

续表

县区	序号	小流域名称	定点	水文分区	面积(km^2)	不同历时定点暴雨参数									
						10min		60min		6h		24h		3d	
						$\overline{H}$(mm)	C_v	$\overline{H}$(mm)	C_v	$\overline{H}$(mm)	C_v	$\overline{H}$(mm)	C_v	$\overline{H}$(mm)	C_v
长治县	30	西池村	1	东区	6.8	17.3	0.48	35	0.47	44	0.47	63	0.44	83	0.43
长治县	31	东池村	1	东区	5.2	17.3	0.48	35	0.47	44	0.47	63	0.44	83	0.43
长治县	32	小河村	1	东区	1.9	16	0.53	35	0.48	45	0.5	65	0.46	84	0.45
长治县	33	沙峪村	1	东区	0.5	16	0.5	35	0.5	45	0.5	65	0.47	84	0.45
长治县	34	土桥村	1	东区	4.4	15.8	0.51	35	0.5	44	0.48	65	0.47	83	0.44
长治县	59	河头村	1	东区	142.3	16	0.45	35	0.45	45	0.5	65	0.45	84	0.45
长治县			2	东区	144.0	16	0.45	33	0.45	45	0.5	65	0.45	84	0.45
长治县	36	小川村	1	东区	2.7	17.3	0.47	35	0.46	44	0.46	64	0.44	83	0.43
长治县	37	北呈村	1	东区	6.6	16.5	0.58	32.5	0.58	46	0.57	67	0.51	87	0.47
长治县	38	大沟村	1	东区	71.5	16	0.55	34	0.5	46	0.5	68	0.5	86.5	0.46
长治县	39	南岭头村	1	东区	9.1	16	0.55	33.5	0.5	46	0.5	69	0.5	88	0.47
长治县	40	北岭头村	1	东区	41.7	16.5	0.56	35	0.53	46	0.48	67	0.48	85	0.45
长治县	41	须村	1	东区	0.7	16	0.52	34	0.5	46	0.5	70	0.52	87	0.47
长治县	42	东和村	1	东区	27.0	16	0.55	34.3	0.5	45	0.5	67	0.48	84.5	0.45
长治县	43	中和村	1	东区	31.7	16	0.55	34.3	0.5	45	0.5	67	0.48	84.5	0.45
长治县	44	西和村	1	东区	33.3	16	0.55	34.3	0.5	45	0.5	67	0.48	84.5	0.45
长治县	45	曹家沟村	1	东区	3.0	16	0.55	34.5	0.5	45	0.5	66.5	0.47	84	0.45
长治县	46	琚家沟村	1	东区	3.7	16	0.55	34.5	0.5	45	0.5	66.5	0.47	84	0.45

续表

县区	序号	小流域名称	定点	水文分区	面积(km^2)	不同历时定点暴雨参数									
						10min		60min		6h		24h		3d	
						$\overline{H}$(mm)	C_v	$\overline{H}$(mm)	C_v	$\overline{H}$(mm)	C_v	$\overline{H}$(mm)	C_v	$\overline{H}$(mm)	C_v
长治县	47	屈家山村	1	东区	1.3	16	0.53	35	0.5	46	0.5	69	0.5	86.5	0.47
长治县	48	辉河村	1	东区	0.3	16	0.52	34	0.5	46	0.5	70	0.52	87	0.47
长治县	49	子乐沟村	1	东区	0.8	16	0.52	35.8	0.5	47	0.5	70	0.49	84.5	0.45
长治县	50	北宋村	1	东区	32.9	16	0.55	35	0.5	45	0.5	66	0.46	84	0.45
长治郊区	1	关村	关村	东区	0.7	16	0.48	32	0.49	45	0.5	65	0.48	85	0.47
长治郊区	2	沟西村	沟西村	东区	5.3	16	0.46	32.95	0.47	45	0.5	65	0.47	85	0.46
长治郊区	3	西长井村	西长井村	东区	1.6	16	0.45	33.58	0.46	45	0.5	65	0.46	85	0.46
长治郊区	4	石桥村	石桥村	东区	2.7	16	0.45	33.59	0.46	45	0.5	65	0.46	85	0.46
长治郊区	5	大天桥村	大天桥村	东区	5.9	16	0.45	33.53	0.47	45	0.5	65	0.47	85	0.46
长治郊区	6	中天桥村	中天桥村	东区	3.5	16	0.45	33.59	0.47	45	0.5	65	0.47	85	0.46
长治郊区	7	毛站村	毛站村	东区	3.7	16	0.45	33.56	0.47	45	0.5	65	0.47	85	0.46
长治郊区	8	南天桥村	南天桥村	东区	1.4	16	0.46	33.7	0.47	45	0.5	65	0.47	85	0.45
长治郊区	9	南垂村	南垂村	东区	4.6	16	0.48	32	0.48	45	0.5	65	0.48	85	0.47
长治郊区	10	鸡坡村	鸡坡村	东区	0.6	16	0.48	32	0.49	45	0.51	65	0.48	85	0.47

续表

县区	序号	小流域名称	定点	水文分区	面积(km²)	不同历时定点暴雨参数									
						10min		60min		6h		24h		3d	
						$\overline{H}$(mm)	C_v	$\overline{H}$(mm)	C_v	$\overline{H}$(mm)	C_v	$\overline{H}$(mm)	C_v	$\overline{H}$(mm)	C_v
长治郊区	11	盐店沟村	盐店沟村	东区	2.4	16	0.47	32.14	0.48	45	0.5	65	0.47	85	0.47
长治郊区	12	小龙脑村	小龙脑村	东区	0.5	16	0.46	32.39	0.47	45	0.5	65	0.47	85	0.47
长治郊区	13	瓦窑沟村	瓦窑沟村	东区	2.0	16	0.46	32.4	0.47	45	0.5	65	0.47	85	0.47
长治郊区	14	滴谷寺村	滴谷寺村	东区	0.5	16	0.46	32.51	0.47	45	0.5	65	0.47	85	0.47
长治郊区	15	东沟村	东沟村	东区	0.7	16	0.47	32.17	0.48	45	0.5	65	0.48	85	0.47
长治郊区	16	苗圃村	苗圃村	东区	0.3	16	0.47	32.09	0.48	45	0.5	65	0.48	85	0.47
长治郊区	17	老巴山村	老巴山村	东区	2.8	16	0.46	32.43	0.47	45	0.5	65	0.47	85	0.47
长治郊区	18	二龙山村	二龙山村	东区	0.6	16	0.47	32.35	0.48	45	0.5	65	0.48	85	0.47
长治郊区	19	余庄村	余庄村	东区	0.4	16	0.55	32	0.53	45.83	0.52	66.13	0.55	85.32	0.5
长治郊区	20	店上村	店上村	东区	1.0	16	0.55	32	0.53	45.97	0.52	66.44	0.55	85.86	0.5
长治郊区	21	马庄村	马庄村	东区	11.1	16	0.55	32	0.52	45	0.52	64.81	0.5	85	0.5
长治郊区	22	故县村	故县村	东区	36.7	16	0.55	32	0.54	45	0.54	64.14	0.5	85	0.5
长治郊区	23	葛家庄村	葛家庄村	东区	0.4	16	0.55	32	0.52	45	0.53	63.71	0.5	85	0.49

续表

县区	序号	小流域名称	定点	水文分区	面积(km^2)	不同历时定点暴雨参数									
						10min		60min		6h		24h		3d	
						$\overline{H}$(mm)	C_v	$\overline{H}$(mm)	C_v	$\overline{H}$(mm)	C_v	$\overline{H}$(mm)	C_v	$\overline{H}$(mm)	C_v
长治郊区	24	良才村	良才村	东区	0.3	16	0.54	32	0.52	45	0.53	63.62	0.5	85	0.49
长治郊区	25	史家庄村	史家庄村	东区	1.6	16	0.54	32	0.52	45	0.53	63.67	0.5	85	0.49
长治郊区	26	西沟村	西沟村	东区	0.3	16	0.55	32	0.52	45	0.53	63.74	0.5	85	0.49
长治郊区	27	西白兔村	西白兔村	东区	6.2	16	0.53	32	0.52	45	0.53	63.67	0.5	85	0.49
长治郊区	28	漳村	漳村	东区	0.2	16	0.5	32	0.5	45	0.53	63.6	0.5	85	0.48
左权县	1	清漳西源	长城村	东区	452.8	16	0.5	32	0.5	45	0.5	59	0.46	76	0.45
左权县	2	清漳西源	店上村	东区	511.5	16	0.5	32	0.5	45	0.5	59	0.46	76	0.45
左权县	3	柳林河西1	寺仙村	东区	99.0	14.6	0.5	29	0.5	42	0.5	57	0.46	78	0.45
左权县	4	柳林河西1	上会村	东区	105.6	14.7	0.5	29.1	0.5	42	0.5	57	0.46	78	0.45
左权县	5	柳林河西1	马厩村	东区	111.5	14.8	0.5	29.3	0.5	42	0.5	57	0.46	78	0.45
左权县	6	枯河刘家庄1	简会村	东区	28.2	15.5	0.5	31	0.5	43	0.5	51	0.49	75	0.45
左权县	7	枯河8	上其至村	东区	0.5	15	0.52	30.5	0.5	42	0.5	59	0.49	75	0.45
左权县	8	枯河6	石港口村	东区	3.5	14.5	0.51	30.5	0.5	42	0.5	50.5	0.49	76	0.45
左权县	9	紫阳河1	紫阳村	东区	26.8	14.5	0.52	31	0.5	44	0.5	60	0.51	78	0.48
左权县	10	枯河刘家庄1	刘家庄村	东区	28.4	15.5	0.5	31	0.5	43	0.5	51	0.49	75	0.45

续表

县区	序号	小流域名称	定点	水文分区	面积(km^2)	不同历时定点暴雨参数									
						10min		60min		6h		24h		3d	
						$\overline{H}$(mm)	C_v	$\overline{H}$(mm)	C_v	$\overline{H}$(mm)	C_v	$\overline{H}$(mm)	C_v	$\overline{H}$(mm)	C_v
左权县	11	十里店沟1	庄则村	东区	36.2	15	0.5	30	0.5	44	0.5	59	0.49	77	0.45
左权县	12	十里店沟3	西寨村	东区	6.1	15	0.5	29	0.5	44	0.5	58	0.49	76	0.44
左权县	13	龙河沟西6	丈八沟村	东区	0.7	14.2	0.5	28.9	0.5	43.5	0.5	59.5	0.47	79.5	0.45
左权县	14	龙河沟西1	望阳垴村	东区	5.4	14	0.5	28.7	0.5	43	0.5	59.5	0.47	79.5	0.45
左权县	15	龙河沟西1	堡则村	东区	24.1	14.2	0.5	29	0.5	43.5	0.5	59.5	0.48	79.5	0.45
左权县	16	龙河沟西1	西瑶村	东区	29.1	14.2	0.5	29	0.5	43.5	0.5	59.8	0.48	79.5	0.45
左权县	17	苇泽沟2	西峧村	东区	12.5	14.4	0.53	31.7	0.53	47	0.5	67.5	0.53	90	0.52
左权县	18	苇泽沟2	马家坪村	东区	7.0	14.3	0.52	31.5	0.52	46.5	0.5	67	0.53	88.5	0.52
左权县	19	王凯沟1	半坡	东区	41.7	16.1	0.57	35.7	0.57	52.5	0.6	77.5	0.58	100	0.58
左权县	20	桐峪沟1	西隘口	东区	64.1	14	0.5	30	0.52	45	0.5	65	0.51	85	0.5
左权县	21	桐峪沟2	武家峧	东区	3.8	15	0.54	32.5	0.54	48	0.5	72	0.54	93	0.54
左权县	22	桐峪沟4	南峧沟村	东区	5.3	14	0.52	30.5	0.53	46	0.6	70	0.52	91	0.51
左权县	23	桐峪河北	东隘口	东区	25.0	14.5	0.52	31	0.53	46	0.5	67	0.52	90	0.51
左权县	24	熟峪河	垴上	东区	1	16.1	0.58	35.5	0.57	52.5	0.57	77	0.57	98	0.56
左权县	25	禅房沟1	新庄村	东区	7.4	15.8	0.57	34.4	0.56	52.5	0.6	76.5	0.59	99	0.62
左权县	26	禅房沟3	高家井村	东区	12.0	15.8	0.58	34.4	0.57	52.5	0.6	78.5	0.61	103	0.65

续表

县区	序号	小流域名称	定点	水文分区	面积（km^2）	不同历时定点暴雨参数									
						10min		60min		6h		24h		3d	
						$\overline{H}$(mm)	C_v	$\overline{H}$(mm)	C_v	$\overline{H}$(mm)	C_v	$\overline{H}$(mm)	C_v	$\overline{H}$(mm)	C_v
左权县	27	拐儿西沟1	南岔村	东区	44.7	14.5	0.54	30.5	0.51	44	0.5	62	0.53	78	0.5
左权县	28	拐儿西沟1	西五指	东区	92.1	14	0.53	30	0.51	44.5	0.5	63	0.53	79	0.51
左权县	29	拐儿西沟1	拐儿村	东区	97.8	14.1	0.54	30	0.51	44	0.5	62	0.54	78	0.51
左权县	30	下庄河沟东	上庄村	东区	7.4	15	0.57	32.5	0.57	55	0.6	77	0.61	100	0.65
长子县	59	下庄河沟南	下庄村（沟南）	东区	14.6	15	0.57	33	0.57	55	0.6	78	0.61	102	0.65
长子县		下庄河沟东	下庄村（沟东）	东区	14.7	15	0.57	33	0.57	55	0.6	78	0.61	102	0.65
左权县	32	下庄沟河1	天门村	东区	79.1	14.9	0.58	35	0.57	52	0.6	75.5	0.6	100	0.64
左权县	33	羊角河5	水峪沟村	东区	3.7	15.8	0.58	34.8	0.57	52	0.6	80	0.62	106	0.66
左权县	34	羊角河1	羊角村	东区	10.3	16	0.58	35.9	0.58	55	0.6	82	0.61	108	0.67
左权县	35	羊角河1	石灰窑	东区	40.6	16.2	0.59	35	0.58	54	0.6	80	0.62	106	0.65
左权县	36	枯河1	晴岚	东区	174.1	14.7	0.52	30.5	0.5	42	0.5	59	0.5	75	0.45
左权县	37	桐峪沟1	上口	东区	157.1	14.5	0.52	31	0.52	47	0.5	70	0.53	92	0.52
左权县	38	桐峪沟1	上武村	东区	98.9	14.1	0.51	30	0.51	45	0.5	66	0.52	90	0.5
左权县	39	三家村村沟	三家村村	东区	7.8	14.7	0.5	30.5	0.5	45	0.5	60	0.47	83	0.45
左权县	40	紫阳河	车上铺	东区	22.5	14.5	0.53	31	0.51	44	0.5	62.5	0.52	80	0.5
左权县	41	熟峪河	前郭家峪	东区	2.9	16.1	0.58	37	0.56	52	0.6	78	0.58	101	0.57
左权县	42	熟峪河	郭家峪	东区	2.9	16.1	0.58	37	0.56	52	0.6	78	0.58	101	0.57
左权县	43	熟峪河	安窑底1	东区	3.9	16.5	0.58	37	0.57	53	0.6	78	0.59	105	0.58

续表

县区	序号	小流域名称	定点	水文分区	面积(km^2)	不同历时定点暴雨参数									
						10min		60min		6h		24h		3d	
						$\overline{H}$(mm)	C_v	$\overline{H}$(mm)	C_v	$\overline{H}$(mm)	C_v	$\overline{H}$(mm)	C_v	$\overline{H}$(mm)	C_v
左权县	43	熟峪河	安窑底1	东区	3.9	16.5	0.58	37	0.57	53	0.6	78	0.59	105	0.58
左权县	59	河头村	安窑底2	东区	0.9	16.5	0.58	37	0.57	53	0.6	78	0.59	105	0.58
左权县			安窑底3	东区	6.1	16.5	0.58	37	0.57	53	0.6	78	0.59	105	0.58
左权县	44	熟峪河	熟峪村	东区	30.7	16.5	0.58	36.5	0.57	53	0.6	78	0.58	103	0.58
左权县	45	熟峪河南	大林口	东区	14.4	16.5	0.58	36.5	0.57	53	0.6	78	0.57	103	0.55
左权县	46	十里店沟	五里堠后村1	东区	2.5	14.7	0.5	30	0.5	43	0.5	59.2	0.48	79	0.45
左权县	46	十里店沟	五里堠后村2	东区	30.6	14.4	0.5	29.5	0.5	43	0.5	59.2	0.47	79	0.45
左权县	47	西崖底村沟	西崖底村	东区	11.7	15.5	0.55	33.5	0.54	49	0.5	73.5	0.54	93.5	0.54
左权县	48	河北沟	河北沟村	东区	4.7	16	0.57	35	0.55	51	0.6	77	0.56	97.5	0.55
左权县	49	高峪沟	高峪	东区	15.1	15	0.58	32.5	0.54	50.5	0.5	72	0.57	92.5	0.58
左权县	50	熟峪河	麻田村	东区	68.6	16	0.57	36	0.54	50	0.59	77	0.58	103	0.55
左权县	51	桐峪河	杨家峧	东区	11.3	15	0.54	32	0.53	48	0.54	73	0.54	93	0.53
左权县	52	禅房沟	水坡村	东区	46.5	15.8	0.57	34	0.56	50	0.55	78	0.6	100	0.63
左权县	53	拐儿西沟	东五指	东区	100.1	14	0.54	30	0.5	45	0.52	63	0.53	80	0.53
左权县	54	禅房沟	王家庄	东区	54.1	15.8	0.57	34	0.56	50	0.55	75	0.6	100	0.63
左权县	55	十里店沟	刘家窑	东区	36.1	14.5	0.5	30	0.5	43	0.5	59	0.48	78	0.45
左权县	56	十里店沟	马家拐	东区	4.1	14.5	0.5	30	0.5	44	0.5	59	0.49	79	0.45
左权县	57	王凯沟	寺凹村	东区	15.6	16	0.57	36	0.57	50	0.54	78	0.59	103	0.6
左权县	58	王凯沟	东峪	东区	5.8	16	0.57	37	0.53	50	0.53	78	0.59	105	0.6

续表

县区	序号	小流域名称	定点	水文分区	面积(km^2)	不同历时定点暴雨参数									
						10min		60min		6h		24h		3d	
						$\overline{H}$(mm)	C_v	$\overline{H}$(mm)	C_v	$\overline{H}$(mm)	C_v	$\overline{H}$(mm)	C_v	$\overline{H}$(mm)	C_v
左权县	59	羊角河	磨沟村	东区	1.1	16	0.57	34.5	0.57	50	0.56	79	0.61	104	0.65
左权县	60	羊角河	北艾铺村	东区	2.4	16	0.57	36	0.57	50	0.56	78	0.59	102	0.61
左权县	61	羊角河	南岩沟	东区	0.9	16	0.58	35.5	0.57	50	0.56	77	0.59	103	0.62
左权县	62	柳林河东	西沟村	东区	1.4	14.3	0.5	29	0.5	43	0.5	58	0.44	78	0.45
左权县	63	柳林河东	赵家村	东区	21.4	14.2	0.5	29	0.5	43	0.5	59	0.46	78	0.44
左权县	64	柳林河西	林河村	东区	61.6	14.5	0.5	31.5	0.48	44	0.5	58	0.45	78	0.45
左权县	65	柳林河西	姜家庄	东区	11.9	14.3	0.5	29	0.5	44	0.5	58	0.45	77	0.45
左权县	66	板峪沟	板峪村	东区	13.4	14.2	0.54	30.5	0.52	46	0.52	65	0.54	83	0.54
左权县	67	板峪沟	桃园村	东区	14.9	14.2	0.55	31	0.52	47	0.52	65	0.54	84	0.54
左权县	68	龙沟河	前龙村	东区	87.9	14.5	0.5	30	0.5	43	0.5	63	0.5	83	0.48
左权县	69	龙沟河	龙则村	东区	67.8	14.3	0.5	30	0.5	44	0.5	60	0.5	80	0.48
左权县	70	秋林滩沟	旧寨沟	东区	28.9	14.5	0.55	31	0.53	47	0.52	65	0.54	85	0.53
左权县	71	秋林滩沟	前坪上	东区	9.8	14.5	0.55	31.5	0.52	47	0.52	67	0.54	85	0.54
左权县	72	三教河	佛口村	东区	25.6	14	0.5	28	0.5	43	0.5	58	0.45	78	0.45
左权县	73	三教河	梁峪	东区	1.6	14	0.5	28.5	0.5	43	0.5	58	0.45	78	0.45
左权县	74	苇则沟	北岸	东区	46.4	15.5	0.55	32	0.54	48	0.53	70	0.54	91	0.54
左权县	75	苇则沟	碾草渠村	东区	8.8	14.5	0.53	32	0.54	47	0.53	70	0.53	92	0.53
左权县	76	紫阳河	西云山	东区	12.2	14.5	0.52	30.5	0.5	44	0.5	60	0.51	78	0.48
左权县	77	桐峪沟	坐岩口	东区	57.3	16	0.52	29.3	0.52	49	0.53	65	0.51	86	0.49

续表

县区	序号	小流域名称	定点	水文分区	面积(km^2)	不同历时定点暴雨参数									
						10min		60min		6h		24h		3d	
						$\overline{H}$(mm)	C_v	$\overline{H}$(mm)	C_v	$\overline{H}$(mm)	C_v	$\overline{H}$(mm)	C_v	$\overline{H}$(mm)	C_v
左权县	78	熟峪河	北柳背村	东区	0.8	16	0.58	37	0.57	52	0.56	79	0.59	105	0.6
左权县	79	熟峪河	羊林村	东区	0.6	15.8	0.57	36.5	0.57	53	0.56	76	0.59	103	0.59
左权县	80	熟峪河	车谷村	东区	1.1	16	0.57	36	0.56	52	0.56	77	0.57	99	0.57
左权县	81	熟峪河南	南蒿沟	东区	2.6	16.2	0.57	36.2	0.57	52	0.58	78	0.57	104	0.55
左权县	82	熟峪河	土崖上村	东区	53.7	16.5	0.56	36	0.56	51	0.56	78	0.57	102	0.57
左权县	83	拐儿西沟	南沟	东区	0.9	14	0.54	29.2	0.53	46	0.53	65	0.55	83	0.56
左权县	84	拐儿西沟	长吉岩	东区	22.1	14.5	0.52	30.5	0.5	44	0.51	60	0.52	78	0.5
左权县	85	拐儿西沟	田渠坪	东区	40.4	14	0.53	30.5	0.5	44	0.51	60	0.52	79	0.5
左权县	86	秋林滩沟	方谷连	东区	4.0	14.5	0.54	31.5	0.52	47	0.52	66	0.53	84	0.52
左权县	87	柏峪沟	柏峪村	东区	13.4	14.4	0.52	31	0.52	46	0.52	65	0.52	86	0.51
左权县	88	紫阳河	铺峧	东区	6.9	14.5	0.53	30.5	0.5	44.5	0.51	62	0.52	79	0.49
左权县	89	西崖底村	后山村	东区	7.7	15.2	0.55	33.1	0.54	49	0.54	73	0.54	93	0.53
榆社县	1	南屯河9	前牛兰村	东区	9.0	14.1	0.5	28.4	0.5	45	0.5	57	0.45	77.7	0.45
榆社县	2	南屯河10	前千家峪村	东区	2.9	14	0.5	28.2	0.5	44.9	0.5	57.2	0.45	77.8	0.45
榆社县	3	南屯河1	上赤土村	东区	21.9	14.7	0.5	29.2	0.5	45	0.5	58	0.47	78.2	0.45
榆社县	4	南屯河1	下赤土村	东区	32.9	14.6	0.5	29.2	0.5	45	0.5	58	0.46	78.2	0.45
榆社县	5	南屯河1	讲堂村	东区	48.5	14.5	0.5	29.1	0.5	45	0.5	57.8	0.46	78.1	0.45
榆社县	6	南屯河1	上咱则村	东区	86.7	14.4	0.5	29.1	0.5	45	0.5	57.7	0.45	78.1	0.45
榆社县	7	南屯河1	下咱则村	东区	109.7	14.3	0.5	29	0.5	45	0.5	57.6	0.45	78	0.45

续表

县区	序号	小流域名称	定点	水文分区	面积(km^2)	不同历时定点暴雨参数									
						10min		60min		6h		24h		3d	
						$\overline{H}$(mm)	C_v	$\overline{H}$(mm)	C_v	$\overline{H}$(mm)	C_v	$\overline{H}$(mm)	C_v	$\overline{H}$(mm)	C_v
榆社县	8	南屯河1	屯村	东区	130.3	14.2	0.5	29	0.5	45	0.5	57.5	0.45	77.9	0.45
榆社县	9	南屯河1	郭郊村	东区	164.8	14.1	0.5	28.9	0.5	45	0.5	57	0.45	77.9	0.45
榆社县	10	南屯河3	大里道庄村	东区	10.6	14	0.5	28	0.5	43	0.5	56	0.45	79	0.45
榆社县	11	南屯河6	前庄村	东区	5.5	14	0.5	28	0.5	43.2	0.5	56	0.45	78.1	0.45
榆社县	12	南屯河12	陈家峪村	东区	5.7	14.4	0.48	29.4	0.48	45.3	0.48	58	0.45	78.5	0.43
榆社县	13	南屯河3	王家庄村	东区	1.6	14	0.5	28	0.48	46	0.5	60	0.45	78	0.45
榆社县	14	泉水河1	五科村	东区	139.3	15.9	0.52	33	0.45	47	0.46	62	0.47	72	0.43
榆社县	15	泉水河1	水磨头村	东区	195.9	15.2	0.52	33	0.48	46	0.48	62	0.48	76	0.43
榆社县	16	泉水河1	上城南村	东区	50.7	16	0.53	32	0.48	47	0.47	61	0.46	76	0.43
榆社县	17	泉水河1	千峪村	东区	144.0	16	0.53	32	0.48	46	0.48	62	0.48	72	0.43
榆社县	18	泉水河1	牛槽沟村	东区	109.0	16	0.52	32	0.48	48	0.47	62	0.48	72	0.42
榆社县	19	泉水河1	东湾村	东区	193.4	15.9	0.53	33	0.49	47	0.48	62	0.48	72	0.43
榆社县	20	清秀河1	辉教村	东区	33.7	13.3	0.57	26	0.57	44	0.6	62.5	0.53	78	0.52
榆社县	21	清秀河6	西沟村	东区	5.0	13.1	0.58	25.7	0.58	44.5	0.6	63	0.53	78	0.52
榆社县	22	清秀河1	寄家沟村	东区	11.2	13.2	0.56	25.8	0.56	43	0.6	62	0.53	75	0.5
榆社县	23	清秀河2	寄子村	东区	6.5	15.3	0.6	30	0.6	45	0.6	65	0.55	84	0.53
榆社县	24	清秀河3	牛村	东区	7.4	15.2	0.6	30.1	0.6	45	0.6	65	0.54	83.5	0.53
榆社县	25	清秀河4	青阳平村	东区	2.8	14.2	0.6	28.8	0.6	45	0.6	65	0.54	83	0.52
榆社县	26	李峪沟1	李峪村	东区	28.8	14.6	0.5	30.1	0.5	45	0.5	63	0.46	79	0.45

续表

县区	序号	小流域名称	定点	水文分区	面积（km^2）	不同历时定点暴雨参数									
						10min		60min		6h		24h		3d	
						$\overline{H}$(mm)	C_v	$\overline{H}$(mm)	C_v	$\overline{H}$(mm)	C_v	$\overline{H}$(mm)	C_v	$\overline{H}$(mm)	C_v
榆社县	27	大南沟1	大南沟村	东区	1.3	14.7	0.5	29.2	0.5	45	0.49	63.5	0.47	81	0.45
榆社县	28	东河1	王景村	东区	55.3	15.1	0.51	31.8	0.5	45	0.5	61	0.47	77	0.45
榆社县	29	东河1	红崖头村	东区	12.9	15.1	0.5	31.1	0.5	45	0.5	59	0.47	77	0.45
榆社县	30	赵庄河3、4、5	白海村	东区	20.9	14.5	0.59	30.5	0.59	45	0.6	66	0.55	84	0.51
榆社县	31	赵庄河8	海银山村	东区	1.3	14.7	0.6	29	0.61	45	0.62	67	0.57	86	0.54
榆社县	32	赵庄河6	狐家沟村	东区	5.2	15	0.57	29	0.58	45	0.61	67	0.57	86	0.53
榆社县	33	赵庄河3	迷沙沟村	东区	1.0	15	0.61	30	0.62	45	0.62	67	0.56	84	0.52
榆社县	34	赵庄河4	清风村	东区	2.0	15	0.57	30.5	0.57	45	0.59	66	0.54	84	0.51
榆社县	35	赵庄河5	申村	东区	8.3	15	0.6	30.5	0.6	45	0.61	66	0.54	84	0.51
榆社县	36	西崖底河	西崖底村	东区	48.1	14.5	0.63	30	0.58	48	0.55	62.5	0.5	77.5	0.47
榆社县	37	白壁河4	牌坊村	东区	3.8	13	0.5	25	0.53	42	0.55	57.5	0.51	70.5	0.49
榆社县	38	白壁河1	井泉沟村	东区	50.1	13	0.52	25.2	0.53	42.5	0.57	58	0.51	72.5	0.48
榆社县	39	白壁河2、3	罗秀村	东区	3.1	13.7	0.56	27.2	0.55	44.5	0.53	60.5	0.49	74	0.45
榆社县		白壁河2	罗秀村1	东区	0.5	13.6	0.55	27	0.55	44.2	0.52	60.2	0.49	73.5	0.45
榆社县		白壁河3	罗秀村2	东区	2.2	13.7	0.56	27.1	0.55	44.3	0.53	60.5	0.49	74	0.45
榆社县	40	武源河1	官寨村1	东区	24.7	14	0.6	29	0.6	45	0.6	63	0.52	78	0.51
榆社县		武源河3	官寨村2	东区	0.7	15	0.6	29.5	0.6	45	0.6	63	0.52	78	0.5
榆社县	41	武源河1	武源村	东区	58.6	14	0.6	30	0.6	45	0.6	64	0.52	80	0.5

续表

县区	序号	小流域名称	定点	水文分区	面积(km^2)	不同历时定点暴雨参数									
						10min		60min		6h		24h		3d	
						$\overline{H}$(mm)	C_v	$\overline{H}$(mm)	C_v	$\overline{H}$(mm)	C_v	$\overline{H}$(mm)	C_v	$\overline{H}$(mm)	C_v
榆社县	42	武源河2	小河沟村	东区	1.1	15	0.59	31	0.58	45	0.54	65	0.49	81	0.49
榆社县	43	苍竹沟1	西河底村	东区	8.0	14.8	0.61	30	0.59	48	0.56	62.5	0.5	77.6	0.48
榆社县	44	银郊河1	南社村	东区	40.3	15	0.58	31	0.57	45	0.55	66	0.5	82	0.48
左权县	43	银郊河1	桑家沟村1	东区	14.3	15	0.6	31	0.6	45	0.57	66	0.53	82	0.5
左权县		银郊河2	桑家沟村2	东区	2.9	15	0.6	31	0.59	45	0.57	66	0.52	82	0.5
左权县		银郊河1	桑家沟村	东区	17.9	15	0.6	31	0.6	45	0.57	66	0.53	82	0.5
榆社县	46	银郊河1	峡口村	东区	40.2	15	0.58	31	0.57	45	0.55	66	0.5	82	0.48
榆社县	47	段家沟3	王家沟村	东区	2.7	14.5	0.56	31	0.55	50	0.54	68	0.5	82.5	0.48
左权县	48	交口河1	两河口村1	东区	63.7	15	0.53	30.8	0.5	45.1	0.5	61.5	0.47	75	0.45
左权县		交口河4	两河口村2	东区	32.3	14.2	0.53	29	0.5	45.1	0.5	61	0.48	75	0.45
左权县		交口河1、4	两河口村	东区	96.3	15	0.53	30	0.5	45.1	0.5	61.5	0.47	75	0.45
左权县	49	交口河4	石源村1	东区	10.7	13.9	0.53	28.8	0.52	45.1	0.5	60.8	0.48	74	0.45
左权县		交口河5	石源村2	东区	17.3	14.2	0.53	29.2	0.5	45.1	0.5	61	0.47	74.5	0.45
左权县		交口河4、5	石源村	东区	28.2	14.1	0.52	29	0.5	45.1	0.5	60.8	0.47	74.6	0.45
榆社县	50	交口河1	石栈道村	东区	1.4	14.9	0.54	32.5	0.52	45.8	0.5	65	0.48	80.2	0.45
榆社县	51	交口河1	沙旺村	东区	23.2	15.2	0.52	30.3	0.49	45.2	0.49	60.5	0.45	74	0.44
榆社县	52	西河2	双峰村	东区	0.2	14.8	0.54	31	0.53	45	0.5	62	0.48	77.5	0.45

续表

县区	序号	小流域名称	定点	水文分区	面积（km^2）	不同历时定点暴雨参数									
						10min		60min		6h		24h		3d	
						$\overline{H}$(mm)	C_v	$\overline{H}$(mm)	C_v	$\overline{H}$(mm)	C_v	$\overline{H}$(mm)	C_v	$\overline{H}$(mm)	C_v
榆社县	53	交口河1	阳乐村	东区	104.8	15	0.52	30	0.5	45.2	0.49	61.5	0.47	75	0.45
榆社县	54	交口河3	更修村	东区	7.0	15	0.55	31.8	0.53	46	0.5	64	0.49	79	0.45
榆社县	55	交口河2	田家沟村	东区	1.1	15	0.55	32	0.53	46	0.5	64	0.49	79	0.45
榆社县	56	交口河3	沤泥凹村	东区	2.8	15	0.5	31.9	0.53	46	0.5	63.5	0.49	78.5	0.45
榆社县	57	段家沟3	西坡村	东区	3.1	14.5	0.56	31	0.55	50	0.54	68	0.5	82.5	0.48
榆社县	58	后庄	后庄村	东区	5.8	13.5	0.6	27	0.6	45	0.6	66	0.56	83	0.52
和顺县	1	岩庄	岩庄1	东区	16.9	13.9	0.57	27.5	0.58	38.5	0.55	57.6	0.51	76.8	0.48
和顺县	2	曲里	曲里1	东区	44.1	14.6	0.6	28.2	0.57	38.5	0.55	57.6	0.5	76.8	0.48
和顺县	3	红堡沟	红堡沟1	东区	9.9	13.6	0.55	27.2	0.57	38.5	0.55	57.6	0.52	76	0.48
和顺县	4	紫罗	紫罗1	东区	52.2	13.9	0.57	27.5	0.58	38.5	0.55	57.6	0.51	76.8	0.48
和顺县			紫罗2	东区	52.2	15.4	0.57	29	0.54	38.5	0.53	57.2	0.49	76.4	0.46
和顺县	5	科举	科举1	东区	61.6	13.9	0.57	27.5	0.58	38.5	0.55	57.6	0.51	76.8	0.48
和顺县			科举2	东区	61.6	14.2	0.55	28.2	0.54	38.5	0.53	57.2	0.51	75.2	0.47
和顺县	6	梳头	梳头1	东区	71.7	13.9	0.57	27.5	0.58	38.5	0.55	57.6	0.51	76.8	0.48
和顺县			梳头2	东区	71.7	14.2	0.55	28.2	0.54	38.5	0.53	57.2	0.51	75.2	0.47
和顺县	7	九京	九京1	东区	153.9	—	—	—	—	—	—	—	—	—	—
和顺县	8	河北	河北1	东区	28.0	13.9	0.56	26.8	0.55	39	0.53	57.6	0.52	74	0.49

续表

县区	序号	小流域名称	定点	水文分区	面积(km^2)	不同历时定点暴雨参数									
						10min		60min		6h		24h		3d	
						$\overline{H}$(mm)	C_v	$\overline{H}$(mm)	C_v	$\overline{H}$(mm)	C_v	$\overline{H}$(mm)	C_v	$\overline{H}$(mm)	C_v
和顺县	9	蔡家庄	蔡家庄1	东区	460.0	—	—	—	—	—	—	—	—	—	—
和顺县	10	王汴	王汴1	东区	45.3	14.2	0.67	29.6	0.67	48	0.64	70.5	0.67	99	0.71
和顺县			王汴2	东区	45.3	13.9	0.61	29	0.61	48	0.59	69	0.62	92.5	0.64
和顺县	11	大窑底	大窑底1	东区	63.2	14.2	0.67	29.6	0.67	48	0.64	70.5	0.67	99	0.71
和顺县			大窑底2	东区	63.2	13.9	0.61	29	0.61	48	0.59	69	0.62	92.5	0.64
和顺县	12	青家寨	青家寨1	东区	9.7	14.2	0.59	30.4	0.59	50.4	0.57	71	0.61	94	0.63
和顺县	13	松烟	松烟1	东区	69.7	14.2	0.67	29.6	0.67	48	0.64	70.5	0.67	99	0.71
和顺县			松烟2	东区	69.7	13.9	0.61	29	0.61	48	0.59	69	0.62	92.5	0.64
和顺县			松烟3	东区	69.7	14.2	0.59	30.4	0.59	50.4	0.57	71	0.61	94	0.63
和顺县	14	灰调曲	灰调曲1	东区	13.1	14.1	0.57	30	0.57	50.2	0.55	71.5	0.6	92.5	0.62
和顺县	15	前营	前营1	东区	11.6	14.5	0.58	31.5	0.57	51	0.55	73	0.6	95	0.63
和顺县	16	许村	许村1	东区	1072.6	13	0.55	25	0.54	39	0.53	62	0.51	78	0.51
和顺县	17	龙旺	龙旺1	东区	28.6	16.4	0.6	31	0.49	43	0.46	57.6	0.43	74	0.43
和顺县	18	横岭	横岭1	东区	56.4	15.8	0.54	30	0.49	44.8	0.46	58	0.43	72	0.43
和顺县			横岭2	东区	56.4	16.4	0.53	32	0.48	45.6	0.46	59	0.45	75	0.43
和顺县	19	口则	口则1	东区	15.1	16.4	0.51	33	0.48	46	0.47	60.2	0.46	77	0.43
和顺县	20	广务	广务1	东区	77.7	15.8	0.54	30	0.49	44.8	0.46	58	0.43	72	0.43

续表

县区	序号	小流域名称	定点	水文分区	面积（km^2）	不同历时定点暴雨参数									
						10min		60min		6h		24h		3d	
						$\overline{H}$(mm)	C_v	$\overline{H}$(mm)	C_v	$\overline{H}$(mm)	C_v	$\overline{H}$(mm)	C_v	$\overline{H}$(mm)	C_v
和顺县	20	广务	广务2	东区	77.7	16.4	0.53	32	0.48	45.6	0.46	59	0.45	75	0.43
和顺县			广务3	东区	77.8	16.4	0.51	33	0.48	46	0.47	60.2	0.46	77	0.43
和顺县	21	要峪	要峪1	东区	3.4	16.4	0.49	32.4	0.48	46	0.47	59.8	0.46	77.6	0.43
和顺县	22	西白岩	西白岩1	东区	82.7	15.8	0.54	30	0.49	44.8	0.46	58	0.43	72	0.43
和顺县			西白岩2	东区	82.7	16.4	0.53	32	0.48	45.6	0.46	59	0.45	75	0.43
和顺县			西白岩3	东区	82.8	16.4	0.48	32	0.48	45.4	0.47	59	0.46	78.4	0.43
和顺县	23	下白岩	下白岩1	东区	86.7	15.8	0.54	30	0.49	44.8	0.46	58	0.43	72	0.43
和顺县			下白岩2	东区	86.7	16.4	0.53	32	0.48	45.6	0.46	59	0.45	75	0.43
和顺县			下白岩3	东区	86.7	16.4	0.48	32	0.48	45.4	0.47	59	0.46	78.4	0.43
和顺县	24	拐子	拐子1	东区	33.8	16	0.49	32	0.48	46.4	0.47	59.8	0.47	78.4	0.43
和顺县	25	内阳	内阳1	东区	12.8	16.8	0.53	32	0.49	43	0.46	57.6	0.45	76	0.43
和顺县	26	阳光占	阳光占1	东区	71.9	16.8	0.53	32	0.49	43	0.46	57.6	0.45	76	0.43
和顺县			阳光占2	东区	71.9	16.4	0.48	31.8	0.48	44.8	0.47	58	0.46	79	0.43
和顺县	27	榆圪塔	榆圪塔1	东区	13.5	13.8	0.55	26	0.58	38	0.56	60	0.52	77.6	0.49
和顺县	28	上石勒	上石勒1	东区	21.3	13.8	0.55	26	0.58	38	0.56	59.8	0.52	77	0.49
和顺县	29	下石勒	下石勒1	东区	32.7	13.6	0.54	25.8	0.59	38	0.56	58.6	0.53	76.4	0.49
和顺县	30	回黄	回黄1	东区	15.6	13.6	0.54	25.6	0.59	39	0.57	61	0.53	78	0.5

续表

县区	序号	小流域名称	定点	水文分区	面积 (km^2)	不同历时定点暴雨参数									
						10min		60min		6h		24h		3d	
						$\overline{H}$(mm)	C_v	$\overline{H}$(mm)	C_v	$\overline{H}$(mm)	C_v	$\overline{H}$(mm)	C_v	$\overline{H}$(mm)	C_v
和顺县	31	南李阳	南李阳1	东区	12.3	13.2	0.57	24.8	0.62	39	0.57	58	0.55	74.6	0.51
和顺县	32	联坪	联坪1	东区	68.5	16.1	0.56	30.2	0.51	39.5	0.5	56	0.47	76	0.45
和顺县	33	合山	合山1	东区	14.9	13.6	0.58	26.5	0.58	44.5	0.55	63	0.58	83.5	0.58
和顺县	34	平松	平松1	东区	36.3	13.6	0.58	26.5	0.58	44.5	0.55	63	0.58	83.5	0.58
和顺县			平松2	东区	36.3	13.5	0.59	25.6	0.59	42.5	0.56	61.2	0.56	81	0.55
和顺县	35	玉女	玉女1	东区	81.8	13.7	0.53	27.9	0.52	42	0.52	59	0.52	76.5	0.5
和顺县	36	独堆	独堆1	东区	80.7	16.2	0.64	28.5	0.55	40	0.52	57.2	0.47	74	0.46
和顺县			独堆2	东区	80.7	16.5	0.58	30.5	0.52	39.8	0.49	58.2	0.45	75	0.44
和顺县	37	寺沟	寺沟1	东区	7.0	15.6	0.54	30.6	0.49	40.2	0.49	59.2	0.48	74.8	0.41
和顺县	38	东远佛	东远佛1	东区	4.3	14.8	0.53	29.6	0.49	40.2	0.49	59.4	0.49	73.6	0.42
和顺县	39	西远佛	西远佛1	东区	5.2	15.2	0.54	30.2	0.49	40.2	0.49	59.4	0.49	74	0.42
和顺县	40	大南巷	大南巷1	东区	12.2	14.4	0.53	29.6	0.49	40.4	0.49	59.4	0.49	73.6	0.45
和顺县	41	壁子村	壁子村1	东区	62.8	17.8	0.53	33	0.47	45	0.46	59	0.46	75.8	0.42
和顺县	42	庄里村	庄里村1	东区	81.8	17.6	0.5	33	0.46	46	0.46	59.4	0.46	76.8	0.42
和顺县	43	杨家峪村	杨家峪1	东区	10.0	16.4	0.57	30.4	0.51	39	0.49	56	0.45	77	0.44
和顺县	44	裴家峪村	裴家峪1	东区	10.3	15.6	0.53	30.4	0.49	40	0.49	56	0.46	77.8	0.44
和顺县	45	部家庄村	部家庄1	东区	15.4	15.6	0.54	30.2	0.49	39	0.49	55.8	0.47	77.8	0.44
和顺县	46	团壁村	团壁村1	东区	86.6	14.8	0.54	29.4	0.51	38	0.5	55.6	0.49	74.6	0.46

续表

县区	序号	小流域名称	定点	水文分区	面积(km²)	不同历时定点暴雨参数									
						10min		60min		6h		24h		3d	
						$\overline{H}$(mm)	C_v	$\overline{H}$(mm)	C_v	$\overline{H}$(mm)	C_v	$\overline{H}$(mm)	C_v	$\overline{H}$(mm)	C_v
和顺县	47	仪村	仪村1	东区	116.2	14.2	0.54	28.8	0.52	38	0.51	56.4	0.51	73.2	0.47
和顺县	48	凤台村	凤台村1	东区	131.2	13.8	0.54	28.4	0.52	38	0.52	57	0.52	71	0.48
和顺县	49	甘草坪村	甘草坪1	东区	5.4	17	0.59	30	0.53	39	0.5	57	0.46	76	0.45
和顺县	50	口上村	口上村1	东区	15.9	15	0.54	29	0.5	39	0.49	58	0.48	75	0.46
和顺县	51	新庄村	新庄村1	东区	13.0	14.4	0.66	30	0.68	48	0.65	71.2	0.68	100	0.74
和顺县	52	大川口村	大川口1	东区	50.5	14.4	0.64	30	0.66	48	0.63	71.2	0.65	97.2	0.69
和顺县	53	土岭村	土岭村1	东区	86.9	14	0.61	29.2	0.62	48	0.6	70	0.63	94	0.65
和顺县	54	石叠村	石叠村1	东区	86.9	14	0.61	29.4	0.62	48	0.6	69.6	0.63	93.8	0.65
和顺县	55	圈马坪村	圈马坪1	东区	130.5	14	0.58	29.2	0.59	49	0.57	69.6	0.61	91.8	0.63
和顺县	56	牛郎峪村	牛郎峪1	东区	152.8	13.8	0.57	29	0.58	49	0.56	68.4	0.6	90.2	0.62
和顺县	57	雷庄村	雷庄村1	东区	194.4	13.6	0.56	27.8	0.57	47	0.55	66.8	0.59	87.2	0.61
和顺县	58	暖窑村	暖窑村1	东区	32.9	13,4	0.55	27.8	0.56	47	0.54	66	0.58	85	0.6
和顺县	59	乔庄村	乔庄村1	东区	37.6	13.6	0.55	29.2	0.54	47	0.53	67	0.57	85.4	0.58
和顺县	60	富峪村	富峪村1	东区	16.0	13.4	0.54	28.8	0.53	46	0.53	64	0.55	82.4	0.56
和顺县	61	前南峪村	前南峪1	东区	10.4	13.9	0.53	28.6	0.52	39.8	0.51	59	0.52	71.6	0.47
和顺县	62	后南峪村	后南峪1	东区	10.4	13.9	0.53	28.6	0.52	39.8	0.51	59	0.52	71.6	0.47
和顺县	63	南窑村	南窑村1	东区	10.4	13.9	0.53	28.6	0.52	39.8	0.51	59	0.52	71.6	0.47

表 4-9　漳河上游山区设计暴雨成果表

县区	序号	小流域名称	历时	均值(H)	变差系数 C_v	C_s/C_v	不同频率 100 年($H_{1\%}$)	50 年($H_{2\%}$)	20 年($H_{5\%}$)	10 年($H_{10\%}$)	5 年($H_{20\%}$)
武乡县	1	洪水村	10 min	13.2	0.46	3.5	25.0	22.2	18.5	15.7	12.8
			60 min	27.9	0.5	3.5	56.8	50.3	41.6	34.9	28.1
			6 h	42	0.49	3.5	102.8	91.2	75.7	63.7	51.4
			24 h	58	0.44	3.5	134.4	120.2	101.2	86.4	71.0
			3 d	78	0.43	3.5	183.0	164.0	138.7	119.0	98.3
沁县	2	北关社区	10 min	14	0.59	3.5	32.5	28.3	22.8	18.5	14.3
			60 min	30	0.59	3.5	71.6	62.1	49.6	40.2	30.8
			6 h	47	0.65	3.5	140.8	121.6	96.3	77.3	58.6
			24 h	70	0.66	3.5	218.4	187.7	147.3	117.1	87.5
			3 d	93	0.6	3.5	277.2	240.7	192.8	156.6	120.4
襄垣县	3	石灰窑村	10 min	16	0.48	3.5	34.7	30.9	25.8	21.9	17.8
			60 min	31.5	0.49	3.5	73.0	64.3	52.5	43.6	34.5
			6 h	44.5	0.57	3.5	121.4	106.9	87.5	72.6	57.6
			24 h	62	0.45	3.5	148.2	132.2	110.5	93.7	76.3
			3 d	77.5	0.44	3.5	184.8	165.5	139.5	119.4	98.3
壶关县	4	桥上村	10 min	16.2	0.47	3.5	42.2	37.5	31.2	26.3	21.3
			60 min	31.2	0.51	3.5	86.8	76.4	62.7	52.2	41.5
			6 h	54.8	0.73	3.5	209.6	177.2	135.3	104.5	75.1
			24 h	89.5	0.72	3.5	337.9	286.2	219.2	169.9	122.6
			3 d	122.7	0.71	3.5	457.1	387.9	298.0	231.8	168.1
黎城县	5	东洼	10 min	14.5	0.52	3.5	30.1	26.5	21.7	18.0	14.3
			60 min	30.8	0.54	3.5	66.7	58.4	47.3	38.9	30.4
			6 h	47	0.55	3.5	125.4	109.8	89.1	73.4	57.5
			24 h	74.5	0.53	3.5	179.6	158.3	129.9	108.2	86.0
			3 d	93.5	0.52	3.5	237.3	209.3	172.3	143.9	114.7
屯留县	6	杨家湾村	10 min	16	0.55	3.5	46.0	40.0	32.0	27.0	21.0
			60 min	32	0.58	3.5	86.0	74.0	60.0	49.0	38.0
			6 h	45.87	0.59	3.5	149.0	130.0	104.0	84.0	65.0
			24 h	71.61	0.6	3.5	217.0	189.0	150.0	121.0	93.0

续表

县区	序号	小流域名称	历时	均值(H)	变差系数（C_v）	C_s/C_v	不同频率				
							100年（$H_{1\%}$）	50年（$H_{2\%}$）	20年（$H_{5\%}$）	10年（$H_{10\%}$）	5年（$H_{20\%}$）
屯留县	6	杨家湾村	3 d	89.62	0.58	3.5	282.0	245.0	193.0	158.0	119.0
平顺县	7	洪岭村	10 min	18.5	0.42	3.5	41.5	37.4	31.7	27.3	22.7
			60 min	31	0.43	3.5	70.2	62.8	52.8	45.0	36.9
			6 h	43	0.48	3.5	112.0	99.3	82.8	70.1	56.9
			24 h	60	0.47	3.5	153.0	136.0	113.0	95.0	76.7
			3 d	87	0.43	3.5	210.0	188.0	159.0	136.0	112.0
潞城市	8	会山底村	10 min	15.7	0.47	3.5	40.4	35.9	30.0	25.3	20.6
			60 min	32.5	0.47	3.5	77.6	68.7	56.7	47.5	38.1
			6 h	44	0.51	3.5	126.9	112.3	92.7	77.7	62.2
			24 h	65.8	0.46	3.5	163.6	145.5	121.1	102.3	82.8
			3 d	85.9	0.48	3.5	226.6	200.9	166.5	140.1	112.9
长子县	9	红星庄	10 min	15.15	0.5	3.5	38.0	34.0	28.0	23.0	19.0
			60 min	32	0.5	3.5	80.0	70.0	57.0	47.0	37.0
			6 h	48.42	0.57	3.5	155.0	133.0	108.0	88.0	68.0
			24 h	79.21	0.6	3.5	242.0	210.0	166.0	134.0	102.0
			3 d	101.7	0.6	3.5	331.0	291.0	225.0	181.0	137.0
长治县	10	柳林村	10 min	16	0.53	3.5	41.3	36.3	29.5	24.4	19.2
			60 min	34	0.5	3.5	75.1	66.3	54.6	45.6	36.4
			6 h	45.5	0.5	3.5	123.3	109.2	90.3	75.8	61.0
			24 h	66	0.47	3.5	167.7	148.6	122.9	103.1	82.9
			3 d	84	0.45	3.5	211.6	188.7	157.8	133.8	109.1
长治郊区	11	关村	10 min	16	0.48	3.5	41.0	37.0	31.0	26.0	21.0
			60 min	32	0.49	3.5	78.0	69.0	57.0	48.0	38.0
			6 h	45	0.5	3.5	128.0	112.0	93.0	78.0	62.0
			24 h	65	0.48	3.5	167.0	148.0	122.0	103.0	83.0
			3 d	85	0.48	3.5	190.0	172.0	143.0	120.0	97.0
左权县	12	清漳西源长城村	10 min	16	0.5	3.5	27.2	24.1	20.0	16.8	13.5
			60 min	32	0.5	3.5	57.3	50.8	42.0	35.3	28.4
			6 h	45	0.5	3.5	98.0	87.2	72.7	61.5	50.0

续表

县区	序号	小流域名称	历时	均值（H）	变差系数（C_v）	C_s/C_v	不同频率				
							100 年（$H_{1\%}$）	50 年（$H_{2\%}$）	20 年（$H_{5\%}$）	10 年（$H_{10\%}$）	5 年（$H_{20\%}$）
左权县	12	清漳西源长城村	24 h	59	0.46	3.5	125.6	112.6	95.3	81.7	67.5
			3 d	76	0.45	3.5	168.5	151.1	128.3	110.3	91.4
榆社县	13	南屯河 9 前牛兰村	10 min	14.1	0.5	3.5	34.2	30.2	25.0	20.9	16.8
			60 min	28.4	0.5	3.5	70.6	62.3	51.3	42.8	34.2
			6 h	45	0.5	3.5	115.4	102.2	84.6	71.0	57.1
			24 h	57	0.45	3.5	139.3	124.4	104.2	88.6	72.5
			3 d	77.7	0.45	3.5	191.8	171.3	143.6	122.2	100.0
和顺县	14	岩庄	10 min	13.9	0.57	3.5	37.4	32.6	29.7	21.4	16.6
			60 min	27.5	0.58	3.5	69.5	60.6	59.4	39.8	30.8
			6 h	38.5	0.55	3.5	113.1	99.1	80.7	66.1	51.8
			24 h	57.6	0.51	3.5	149.0	131.6	115.8	90.3	72.1
			3 d	76.8	0.48	3.5	197.9	175.7	149.4	123.0	99.4

表 4－10　漳河上游山区小流域汇流时间设计暴雨时程分配表

县区	序号	小流域名称	时段长	时段序号	不同频率				
					100 年（$H_{1\%}$）	50 年（$H_{2\%}$）	20 年（$H_{5\%}$）	10 年（$H_{10\%}$）	5 年（$H_{20\%}$）
武乡县	1	洪水村	1 h	1	1.0	0.9	0.8	0.8	0.7
				2	0.8	0.8	0.7	0.7	0.6
				3	0.8	0.7	0.7	0.6	0.6
				4	1.2	1.1	1.0	0.9	0.8
				5	1.3	1.2	1.1	1.0	0.8
				6	1.8	1.7	1.5	1.3	1.1
				7	1.5	1.4	1.2	1.1	1.0
				8	1.7	1.5	1.4	1.2	1.1
				9	3.0	2.7	2.3	2.0	1.7
				10	3.4	3.1	2.7	2.3	1.9
				11	4.1	3.7	3.1	2.7	2.2
				12	16.8	14.9	12.3	10.3	8.2

续表

县区	序号	小流域名称	时段长	时段序号	不同频率				
					100 年 ($H_{1\%}$)	50 年 ($H_{2\%}$)	20 年 ($H_{5\%}$)	10 年 ($H_{10\%}$)	5 年 ($H_{20\%}$)
沁县	2	北关社区	1 h	1	4. 8	4. 1	3. 2	2. 6	1. 9
				2	5. 3	4. 5	3. 6	2. 9	2. 1
				3	5. 9	5. 1	4. 0	3. 2	2. 4
				4	6. 8	5. 9	4. 6	3. 7	2. 8
				5	10. 1	8. 7	6. 9	5. 6	4. 2
				6	39. 2	34. 1	27. 4	22. 3	17. 2
				7	14. 2	12. 3	9. 8	7. 9	6. 0
				8	8. 1	7. 0	5. 5	4. 4	3. 3
				9	4. 4	3. 7	2. 9	2. 3	1. 8
				10	4. 0	3. 5	2. 7	2. 2	1. 6
				11	3. 7	3. 2	2. 5	2. 0	1. 5
				12	3. 5	3. 0	2. 4	1. 9	1. 4
				13	3. 3	2. 8	2. 2	1. 8	1. 3
				14	3. 1	2. 7	2. 1	1. 7	1. 2
				15	3. 0	2. 5	2. 0	1. 6	1. 2
				16	2. 8	2. 4	1. 9	1. 5	1. 1
				17	2. 7	2. 3	1. 8	1. 4	1. 1
				18	2. 6	2. 2	1. 7	1. 4	1. 0
				19	2. 5	2. 1	1. 6	1. 3	1. 0
				20	2. 4	2. 0	1. 6	1. 3	0. 9
				21	2. 3	2. 0	1. 5	1. 2	0. 9
				22	2. 2	1. 9	1. 5	1. 2	0. 9
				23	2. 1	1. 8	1. 4	1. 1	0. 8
				24	2. 1	1. 8	1. 4	1. 1	0. 8
襄垣县	3	石灰窑村	0. 25 h	1	3. 7	3. 2	2. 6	2. 1	1. 7
				2	4. 2	3. 7	3. 0	2. 4	1. 9
				3	4. 9	4. 3	3. 4	2. 8	2. 2
				4	5. 9	5. 1	4. 1	3. 3	2. 6
				5	9. 6	8. 3	6. 7	5. 4	4. 2

续表

县区	序号	小流域名称	时段长	时段序号	不同频率				
					100 年 ($H_{1\%}$)	50 年 ($H_{2\%}$)	20 年 ($H_{5\%}$)	10 年 ($H_{10\%}$)	5 年 ($H_{20\%}$)
襄垣县	3	石灰窑村	0. 25 h	6	41. 8	37. 1	30. 8	26. 0	21. 0
				7	14. 3	12. 5	10. 0	8. 1	6. 2
				8	7. 3	6. 3	5. 1	4. 1	3. 2
				9	3. 3	2. 9	2. 3	1. 9	1. 5
				10	2. 9	2. 6	2. 1	1. 7	1. 4
				11	2. 6	2. 3	1. 9	1. 6	1. 3
				12	2. 4	2. 1	1. 7	1. 4	1. 2
				13	2. 2	2. 0	1. 6	1. 3	1. 1
				14	2. 0	1. 8	1. 5	1. 2	1. 0
				15	1. 9	1. 7	1. 4	1. 2	0. 9
				16	1. 8	1. 6	1. 3	1. 1	0. 9
				17	1. 6	1. 5	1. 2	1. 0	0. 8
				18	1. 5	1. 4	1. 1	1. 0	0. 8
				19	1. 4	1. 3	1. 1	0. 9	0. 7
				20	1. 4	1. 2	1. 0	0. 9	0. 7
				21	1. 3	1. 1	1. 0	0. 8	0. 7
				22	1. 2	1. 1	0. 9	0. 8	0. 6
				23	1. 1	1. 0	0. 9	0. 7	0. 6
				24	1. 1	1. 0	0. 8	0. 7	0. 6
壶关县	4	桥上村	0. 5 h	1	6. 4	5. 3	4. 0	3. 0	2. 1
				2	12. 8	10. 9	8. 4	6. 5	4. 7
				3	15. 4	13. 1	10. 2	8. 0	5. 8
				4	53. 4	47. 1	38. 7	32. 3	25. 8
				5	20. 5	17. 6	13. 8	10. 9	8. 1
				6	11. 1	9. 4	7. 2	5. 6	4. 0
				7	10. 0	8. 4	6. 4	5. 0	3. 5
				8	9. 1	7. 7	5. 9	4. 5	3. 2
				9	8. 4	7. 1	5. 4	4. 1	2. 9
				10	7. 9	6. 6	5. 0	3. 8	2. 7

续表

县区	序号	小流域名称	时段长	时段序号	不同频率				
					100年 ($H_{1\%}$)	50年 ($H_{2\%}$)	20年 ($H_{5\%}$)	10年 ($H_{10\%}$)	5年 ($H_{20\%}$)
壶关县	4	桥上村	0.5 h	11	7.4	6.2	4.7	3.6	2.5
				12	7.0	5.9	4.4	3.4	2.4
黎城县	5	东洼	0.25 h	1	2.0	1.8	1.6	1.3	1.1
				2	1.8	1.6	1.4	1.2	1.0
				3	1.7	1.6	1.4	1.2	1.0
				4	2.3	2.0	1.7	1.5	1.2
				5	2.4	2.2	1.8	1.6	1.3
				6	3.2	2.8	2.4	2.0	1.7
				7	2.7	2.4	2.1	1.8	1.5
				8	2.9	2.6	2.2	1.9	1.6
				9	4.6	4.1	3.4	2.9	2.3
				10	5.2	4.6	3.8	3.2	2.6
				11	5.9	5.2	4.3	3.6	2.9
				12	20.3	17.7	14.2	11.7	9.1
				13	66.7	58.4	47.3	38.9	30.4
				14	13.4	11.7	9.5	7.8	6.1
				15	10.1	8.9	7.2	6.0	4.7
				16	8.2	7.2	5.9	4.9	3.9
				17	6.8	6.0	5.0	4.1	3.3
				18	4.1	3.7	3.1	2.6	2.1
				19	2.6	2.3	1.9	1.7	1.4
				20	3.4	3.1	2.6	2.2	1.8
				21	3.8	3.3	2.8	2.4	1.9
				22	2.1	1.9	1.6	1.4	1.2
				23	1.9	1.7	1.5	1.3	1.1
				24	1.6	1.5	1.3	1.1	1.0
屯留县	6	杨家湾村	0.25 h	1	4.7	4.0	3.2	2.6	2.0
				2	5.2	4.5	3.6	2.9	2.2
				3	5.9	5.1	4.1	3.3	2.5

续表

县区	序号	小流域名称	时段长	时段序号	不同频率				
					100 年（$H_{1\%}$）	50 年（$H_{2\%}$）	20 年（$H_{5\%}$）	10 年（$H_{10\%}$）	5 年（$H_{20\%}$）
屯留县	6	杨家湾村	0.25 h	4	6.8	5.9	4.7	3.8	2.9
				5	10.5	9.1	7.3	5.9	4.5
				6	50.9	44.3	35.6	29.0	22.5
				7	15.3	13.3	10.6	8.6	6.6
				8	8.2	7.1	5.7	4.6	3.5
				9	4.2	3.7	2.9	2.4	1.8
				10	3.9	3.4	2.7	2.2	1.6
				11	3.6	3.1	2.5	2.0	1.5
				12	3.4	2.9	2.3	1.9	1.4
				13	3.2	2.7	2.2	1.7	1.3
				14	3.0	2.6	2.0	1.6	1.2
				15	2.8	2.4	1.9	1.5	1.2
				16	2.7	2.3	1.8	1.5	1.1
				17	2.5	2.2	1.7	1.4	1.1
				18	2.4	2.1	1.7	1.3	1.0
				19	2.3	2.0	1.6	1.3	1.0
				20	2.2	1.9	1.5	1.2	0.9
				21	2.1	1.8	1.5	1.2	0.9
				22	2.1	1.8	1.4	1.1	0.9
				23	2.0	1.7	1.4	1.1	0.8
				24	1.9	1.7	1.3	1.0	0.8
平顺县	7	洪岭村	0.25 h	1	2.9	2.6	2.1	1.8	1.4
				2	3.3	2.9	2.4	2.0	1.6
				3	3.8	3.3	2.7	2.3	1.8
				4	4.4	3.9	3.2	2.7	2.2
				5	7.1	6.3	5.2	4.3	3.5
				6	47.0	42.2	35.8	30.7	25.5
				7	10.7	9.5	7.9	6.6	5.3
				8	5.4	4.8	4.0	3.3	2.7

续表

县区	序号	小流域名称	时段长	时段序号	不同频率				
					100 年 ($H_{1\%}$)	50 年 ($H_{2\%}$)	20 年 ($H_{5\%}$)	10 年 ($H_{10\%}$)	5 年 ($H_{20\%}$)
平顺县	7	洪岭村	0.25 h	9	2.6	2.3	1.9	1.6	1.3
				10	2.4	2.1	1.8	1.5	1.2
				11	2.2	2.0	1.6	1.4	1.1
				12	2.1	1.8	1.5	1.3	1.0
				13	1.9	1.7	1.4	1.2	0.9
				14	1.8	1.6	1.3	1.1	0.9
				15	1.7	1.5	1.2	1.0	0.8
				16	1.6	1.4	1.2	1.0	0.8
				17	1.5	1.4	1.1	0.9	0.7
				18	1.5	1.3	1.1	0.9	0.7
				19	1.4	1.2	1.0	0.8	0.7
				20	1.3	1.2	1.0	0.8	0.6
				21	1.3	1.1	0.9	0.8	0.6
				22	1.2	1.1	0.9	0.7	0.6
				23	1.2	1.0	0.9	0.7	0.6
				24	1.1	1.0	0.8	0.7	0.5
潞城市	8	会山底村	0.25 h	1	3.6	3.2	2.6	2.2	1.7
				2	4.1	3.6	3.0	2.5	2.0
				3	4.8	4.2	3.4	2.9	2.3
				4	5.7	5.0	4.1	3.4	2.7
				5	9.2	8.1	6.6	5.5	4.3
				6	47.4	42.1	35.0	29.6	23.9
				7	14.0	12.3	10.0	8.3	6.5
				8	7.0	6.2	5.0	4.2	3.3
				9	3.2	2.9	2.4	2.0	1.6
				10	2.9	2.6	2.1	1.8	1.4
				11	2.7	2.4	1.9	1.6	1.3
				12	2.5	2.2	1.8	1.5	1.2
				13	2.3	2.0	1.7	1.4	1.1

续表

县区	序号	小流域名称	时段长	时段序号	不同频率				
					100 年（$H_{1\%}$）	50 年（$H_{2\%}$）	20 年（$H_{5\%}$）	10 年（$H_{10\%}$）	5 年（$H_{20\%}$）
潞城市	8	会山底村	0.25 h	14	2.1	1.9	1.5	1.3	1.0
				15	2.0	1.7	1.4	1.2	1.0
				16	1.8	1.6	1.4	1.1	0.9
				17	1.7	1.5	1.3	1.1	0.9
				18	1.6	1.5	1.2	1.0	0.8
				19	1.5	1.4	1.1	1.0	0.8
				20	1.5	1.3	1.1	0.9	0.7
				21	1.4	1.2	1.0	0.9	0.7
				22	1.3	1.2	1.0	0.8	0.7
				23	1.3	1.1	0.9	0.8	0.7
				24	1.2	1.1	0.9	0.8	0.6
长子县	9	红星庄	0.5 h	1	11.0	9.0	7.0	6.0	4.0
				2	14.0	12.0	9.0	8.0	6.0
				3	61.0	53.0	44.0	36.0	28.0
				4	19.0	16.0	14.0	11.0	8.0
				5	9.0	8.0	6.0	5.0	4.0
				6	8.0	7.0	5.0	4.0	3.0
				7	7.0	6.0	5.0	4.0	3.0
				8	6.0	5.0	4.0	3.0	2.0
				9	6.0	5.0	4.0	3.0	2.0
				10	5.0	4.0	4.0	3.0	2.0
				11	5.0	4.0	3.0	3.0	2.0
				12	5.0	4.0	3.0	2.0	2.0
长治县	10	柳林村	0.5 h	6.5	0.9	0.8	0.7	0.6	0.5
				7	0.9	0.8	0.7	0.6	0.5
				7.5	0.9	0.9	0.7	0.6	0.5
				8	1.0	0.9	0.8	0.6	0.5
				8.5	1.6	1.4	1.2	1.0	0.8
				9	1.7	1.5	1.3	1.1	0.9

续表

县区	序号	小流域名称	时段长	时段序号	不同频率				
					100年（$H_{1\%}$）	50年（$H_{2\%}$）	20年（$H_{5\%}$）	10年（$H_{10\%}$）	5年（$H_{20\%}$）
长治县	10	柳林村	0.5 h	9.5	1.8	1.6	1.3	1.1	0.9
				10	1.9	1.7	1.4	1.2	1.0
				10.5	2.0	1.8	1.5	1.3	1.1
				11	2.2	2.0	1.7	1.4	1.2
				11.5	7.5	6.7	5.5	4.7	3.8
				12	10.1	9.0	7.4	6.3	5.1
				12.5	62.7	55.2	45.3	37.7	29.9
				13	15.7	14.0	11.6	9.7	7.9
				13.5	5.9	5.3	4.4	3.7	3.0
				14	4.9	4.4	3.7	3.1	2.5
				14.5	4.2	3.8	3.1	2.7	2.2
				15	3.7	3.3	2.7	2.3	1.9
				15.5	3.3	2.9	2.4	2.1	1.7
				16	2.9	2.6	2.2	1.9	1.5
				16.5	2.6	2.4	2.0	1.7	1.4
				17	2.4	2.2	1.8	1.5	1.3
				17.5	1.5	1.3	1.1	1.0	0.8
				18	1.4	1.2	1.1	0.9	0.7
长治郊区	11	关村	0.5 h	1	8.0	7.0	6.0	5.0	4.0
				2	10.0	9.0	7.0	6.0	5.0
				3	62.0	55.0	45.0	38.0	30.0
				4	16.0	14.0	11.0	10.0	8.0
				5	6.0	5.0	4.0	4.0	3.0
				6	5.0	4.0	4.0	3.0	2.0
				7	4.0	4.0	3.0	3.0	2.0
				8	4.0	3.0	3.0	2.0	2.0
				9	3.0	3.0	2.0	2.0	2.0
				10	3.0	3.0	2.0	2.0	2.0
				11	3.0	2.0	2.0	2.0	1.0

续表

县区	序号	小流域名称	时段长	时段序号	不同频率				
					100 年（$H_{1\%}$）	50 年（$H_{2\%}$）	20 年（$H_{5\%}$）	10 年（$H_{10\%}$）	5 年（$H_{20\%}$）
长治郊区	11	关村	0.5 h	12	3.0	2.0	2.0	2.0	1.0
左权县	12	清漳西源长城村	0.5 h	1	0.6	0.6	0.5	0.5	0.4
				2	0.7	0.7	0.6	0.5	0.5
				3	1.2	1.1	1.0	0.9	0.7
				4	1.4	1.3	1.1	1.0	0.8
				5	1.8	1.7	1.4	1.2	1.1
				6	8.7	7.7	6.4	5.4	4.4
				7	44.0	38.9	32.2	27.0	21.7
				8	13.4	11.8	9.8	8.3	6.7
				9	4.3	3.8	3.2	2.7	2.3
				10	2.8	2.5	2.1	1.8	1.5
				11	2.2	2.0	1.7	1.5	1.2
				12	1.2	1.1	0.9	0.8	0.7
榆社县	13	南屯河9前牛兰村	0.5 h	1	0.5	0.5	0.4	0.4	0.4
				2	0.6	0.6	0.5	0.4	0.4
				3	1.3	1.1	0.9	0.8	0.7
				4	1.5	1.3	1.1	0.9	0.8
				5	1.8	1.5	1.3	1.1	0.9
				6	10.1	6.5	5.4	4.5	3.6
				7	54.7	48.3	39.8	33.2	26.5
				8	15.9	14.0	4.2	3.6	2.9
				9	4.7	4.2	2.9	2.5	2.0
				10	3.3	3.0	2.2	1.9	1.5
				11	2.3	2.0	1.7	1.3	1.2
				12	1.0	0.9	0.8	0.7	0.6

续表

县区	序号	小流域名称	时段长	时段序号	不同频率				
					100 年 ($H_{1\%}$)	50 年 ($H_{2\%}$)	20 年 ($H_{5\%}$)	10 年 ($H_{10\%}$)	5 年 ($H_{20\%}$)
和顺县	14	岩庄村	0. 5 h	1	1. 8	1. 6	1. 4	1. 2	1. 0
				2	2. 0	1. 7	1. 5	1. 3	1. 0
				3	2. 1	1. 9	1. 6	1. 3	1. 1
				4	6. 8	6. 0	4. 9	4. 0	3. 2
				5	9. 1	7. 9	6. 4	5. 3	4. 2
				6	55. 5	48. 3	38. 9	31. 7	24. 6
				7	14. 0	12. 2	9. 9	8. 1	6. 3
				8	5. 4	4. 8	3. 9	3. 3	2. 6
				9	4. 5	4. 0	3. 3	2. 7	2. 2
				10	3. 9	3. 5	2. 8	2. 4	1. 9
				11	3. 4	3. 0	2. 5	2. 1	1. 7
				12	3. 0	2. 7	2. 2	1. 9	1. 5

5　山区洪水分析

5.1　山区洪水分析计算方法

漳河上游山区地处山西省东南部，按照《山西省水文计算手册》分类属于东区，洪水分析计算采用《山西省水文计算手册》流域模型法按以下步骤进行分析计算。

1. 基础资料的收集、整理、复核、分析

基础资料是设计洪水分析计算的基础，应当根据流域自然地理特性、水利工程特点及设计洪水计算方法，广泛收集整理有关资料。

本次收集了漳河上游山区流域自然地理特征及与流域产流、汇流有关的河道特征等资料：流域及工程地理位置、地形、地质、地貌、植被、流域面积、河长、河流纵比降等。

分析了计算设计洪水需要直接引用的水文气象资料，如暴雨、洪水（包括调查历史洪水）等，并收集了以往规划设计报告及产流、汇流分析成果等资料，以及调查了流域内水利化与水土保持发展情况，已建、在建和拟建的小型水库、引水工程等对调洪有影响的资料。

2. 流域特征参数的确定

在1∶50000或1∶100000（流域面积较小时采用1∶10000）地形图上量算以下流域特征参数：

a. 流域面积A（km^2）——计算断面以上的流域面积。

b. 河长L（km）——由计算断面至流域最远分水岭、沿主河道量算的距离。

c. 流域平均宽度B（km）——由式（5－1）计算。

$$B=\frac{A}{L} \tag{5-1}$$

d. 河流纵比降J（m/km）——用式（5－2）计算。

$$J=\frac{(Z_0+Z_1)L_1+(Z_1+Z_2)L_2+\cdots+(Z_{n-1}+Z_n)L_n-2Z_0L}{L^2} \tag{5-2}$$

式中，L 为自流域出口断面起沿主河道至分水岭的最长距离，包括主河道以上沟形不明显部分坡面流程的长度，当河道上有瀑布、跌坎、陡坡时，应当把突然变动比降段两端的特征点都作为计算加权平均比降时的分段点，以使计算的比降反映沿程实际的水力条件，km；Z_0，Z_1，…，Z_n 为自流域出口断面起沿流程比降突变特征点的地面高程，m；L_1，L_2，…，L_n 为两个特征点之间的距离，km。

上述符号意义如图 5－1 所示。

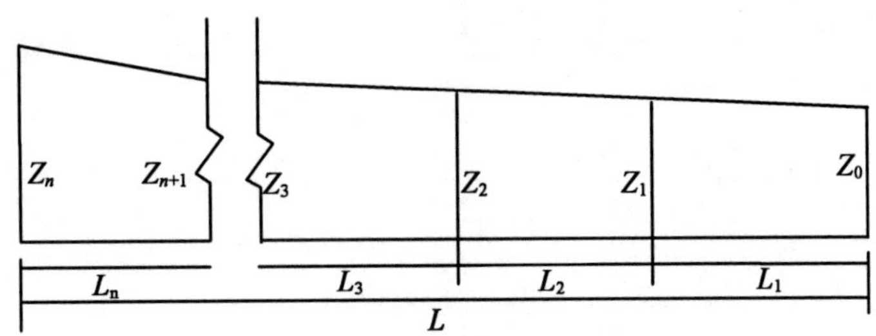

图 5－1 河流纵比降计算示意图

3. 计算方法的选取

本次计算分为两种形式：流域内有水文站且与水文站位置、地类、植被、流域面积基本一致的直接采用水文站计算成果；没有水文站的采用《山西省水文计算手册》中的流域模型法计算。

流域模型法分产流计算和汇流计算两部分。产流计算包括设计净雨深和设计净雨过程计算两部分，前者采用双曲正切模型计算，后者采用变损失率推理扣损法计算；汇流计算采用综合瞬时单位线计算。

5.2 漳河山区产汇流区域划分

划分水文下垫面区域界限的主要依据是地理位置、地貌特征、地形特征、地质条件、植被特征、土壤性质等，其中地质条件、地貌和植被湿制约水文现象区域分异规律的三大主导因素。

考虑到制约产流和汇流的水文下垫面因素，结合山西省实际情况，划分了 12 种影响产流和 6 种影响汇流的水文下垫面因素。

5.3 漳河山区产流地类

产流地类主要包含了 12 种类型，具体参数类型如表 5－1 所示。

表 5 - 1　产流地类参数查用表

产流地类	S_r			K_s		
	最大值	最小值	一般值	最大值	最小值	一般值
灰岩森林山地	43	28	35.5	4.1	2.6	3.35
灰岩灌丛山地	35	26	30.5	3.5	2.3	2.9
耕种平地	27	27	27	1.9	1.9	1.9
灰岩土石山区	25	23	24	1.8	1.6	1.7
砂页岩森林山地	23	23	23	1.5	1.5	1.5
变质岩森林山地	22	22	22	1.45	1.45	1.45
黄土丘陵阶地	21	21	21	1.4	1.4	1.4
黄土丘陵沟壑区	20	20	20	1.3	1.3	1.3
砂页岩土石山区	19	19	19	1.25	1.25	1.25
砂页岩灌丛山地	18	18	18	1.2	1.2	1.2
变质岩土石山区	17	17	17	1.15	1.15	1.15
变质岩灌丛山地	16	16	16	1.1	1.1	1.1

5.4　漳河山区汇流地类

汇流地类主要包含了 6 种类型，具体参数类型如表 5 - 2 所示。

表 5 - 2　汇流地类参数查用表

汇流地类	C_1	β_1	β_2	C_2 一般值	C_2 范围	
森林山地	1.357	0.047	0.190	2.757	2.757 ~ 2.950	0.397
灌丛山地	1.257	0.047	0.190	1.530	1.200 ~ 1.770	0.397
草坡山地	1.046	0.047	0.190	0.717	0.710 ~ 0.950	0.397
耕种平地	1.257	0.047	0.190	1.530	1.200 ~ 1.770	0.397
黄土丘陵阶地	1.046	0.047	0.190	0.717	0.710 ~ 0.950	0.397
黄土丘陵沟壑	1.000	0.047	0.190	0.620	0.580 ~ 0.700	0.397

漳河上游山区小流域产汇流地类调查结果详见表 5 - 3 。及图 5 - 2 ~ 图 5 - 3。

表5-3 漳河上游山区小流域产汇流地类调查表

县区	序号	小流域名称	汇流时间（h）	产流地类面积（km²）										汇流地类面积（km²）			
				灰岩森林山地	灰岩灌丛山地	灰岩土石山区	黄土丘陵阶地	砂页岩土石山区	砂页岩灌丛山地	砂页岩森林山地	耕种平地	变质岩森林山地	变质岩灌丛山地	森林山地	灌丛山地	草坡山地	耕种平地
武乡县	1	洪水村	4	10.9	30.0		4.2		95.7					10.9	125.7	4.2	
武乡县	2	寨坪村	3	16.4	40.3		19.4		150.2					16.4	190.5	19.4	
武乡县	3	下寨村	1				14.7		0.2						0.2	14.7	
武乡县	4	中村村	1		11.6				1.1						12.7		
武乡县	5	义安村	1		11.6				1.1						12.7		
武乡县	6	韩北村	1.5		7.2										6.7	0.4	
武乡县	7	王家峪村	1				0.8		2.1						2.1	0.8	
武乡县	8	大有村	1				32.3									32.3	
武乡县	9	辛庄村	1				32.3									32.3	
武乡县	10	峪口村	1.5				44.8									44.8	
武乡县	11	型村	1				0.1	0.5								0.5	
武乡县	12	李峪村	1.5				20.4									20.4	
武乡县	13	泉沟村	1.5				20.4									20.4	
武乡县	14	贾豁村	2.5				54.5	1.1	0.1						55.7		
武乡县	15	高家庄村	1.5				18.2		0.1						0.1	18.2	
武乡县	16	石泉村	1				9.1		0.1						0.1	9.1	

续表

县区	序号	小流域名称		汇流时间/h	产流地类面积/km²										汇流地类面积/km²			
					灰岩森林山地	灰岩灌丛山地	灰岩土石山区	黄土丘陵阶地	砂页岩土石山区	砂页岩灌丛山地	砂页岩森林山地	耕种平地	变质岩森林山地	变质岩灌丛山地	森林山地	灌丛山地	草坡山地	耕种平地
武乡县	17	海神沟村		0.5				0.8									0.8	
武乡县	18	郭村村		1				15.7		0.1						0.1	15.7	
武乡县	19	杨桃湾村		0.5					2.9							1.5	1.4	
武乡县	20	胡庄铺村		1				6.0	3.3							3.3	6.0	
武乡县	21	平家沟村		0.5				1.7									1.7	
武乡县	22	王路村		1.5				0.3	2.7							2.7	0.3	
武乡县	23	马牧村	马牧干流	2.5				20.1	79.0							65.4	33.8	
			马牧支流	2.0				7.9	18.1							16.9	9.1	
武乡县	24	南村村		3				28.4	80.7							67.1	42.0	
武乡县	25	东寨底村		1				5.5									5.5	
武乡县	26	邵渠村		1				5.0									5.0	
武乡县	27	北涅水村		0.5				2.3									2.3	
武乡县	28	高台寺村		2				46.2	37.1	33.9						62.8	54.4	
武乡县	29	槐圪塔村		2				22.1	5.8	33.9						39.7	22.1	
武乡县	30	大寨村		2				15.9	5.8	33.2						39.0	15.9	

续表

县区	序号	小流域名称	汇流时间/h	产流地类面积/km²										汇流地类面积/km²			
				灰岩森林山地	灰岩灌丛山地	灰岩土石山区	黄土丘陵阶地	砂页岩土石山区	砂页岩灌丛山地	砂页岩森林山地	耕种平地	变质岩森林山地	变质岩灌丛山地	森林山地	灌丛山地	草坡山地	耕种平地
武乡县	31	西良村	2				22.1	5.8	33.9						39.7	22.1	
武乡县	32	分水岭村	1.5						10.8						10.8		
武乡县	33	窑儿头村	2						16.4						16.4		
武乡县	34	南关村	2.5						67.1						67.0	0.1	
武乡县	35	松庄村	2						21.3						21.3		
武乡县	36	石北村	2				0.8	20.7							13.0	8.5	
武乡县	37	西黄岩村 西黄岩村干流	2.0				10.3	41.7							29.3	22.7	
		西黄岩村 西黄岩村支流	1.0					3.7							3.2	0.5	
武乡县	38	型庄村	2				10.2	57.5							45.0	22.7	
武乡县	39	长蔚村	3				18.0	80.1							66.4	31.7	
武乡县	40	玉家渠村	0.5				1.0	0.9							0.9	1.0	
武乡县	41	长庆村	0.5					0.4							0.4	0.6	
武乡县	42	长庆凹村	1				0.3	3.2							3.2	0.3	
武乡县	43	墨镫村	1.5						11.4						11.4		
沁县	1	北关社区	3.5				80.1		14.9	26.3				26.6	14.7	80.1	
沁县	2	南关社区	3.5				202.2		32.3	38.2				38.5	32.0	202.2	

续表

县区	序号	小流域名称	汇流时间/h	产流地类面积/km²										汇流地类面积/km²			
				灰岩森林山地	灰岩灌丛山地	灰岩土石山区	黄土丘陵阶地	砂页岩土石山区	砂页岩灌丛山地	砂页岩森林山地	耕种平地	变质岩森林山地	变质岩灌丛山地	森林山地	灌丛山地	草坡山地	耕种平地
沁县	3	西苑社区	3.5				98.9		14.9	26.3				26.6	14.7	98.9	
沁县	4	东苑社区	3.5				98.9		14.9	26.3				26.6	14.7	98.9	
沁县	5	育才社区	3.5				202.2		32.3	38.2				38.5	32.0	202.2	
沁县	6	合庄村	1				1.2									1.2	
沁县	7	北寺上村	2				12.5									12.5	
沁县	8	下曲峪村	1				2.5									2.5	
沁县	9	迎春村	3				82.0		17.4	11.9				11.9	17.4	82.0	
沁县	10	官道上	3				97.6		17.4	11.9				11.9	17.4	97.6	
沁县	11	北漳村	1				4.4									4.4	
沁县	12	福村村	2				21.7		9.7	2.2				2.2	9.7	21.7	
沁县	13	郭村村	2				3.3		1.2	2.2				2.2	1.2	3.3	
沁县	14	池堡村	2				3.0		0.5	1.6				1.5	0.6	3.0	
沁县	15	故县村	2.5				20.8		77.5	28.6				28.6	64.0	34.3	
沁县	16	后河村	1.5				17.0		4.4	2.2				2.2	4.4	17.0	
沁县	17	徐村	2.5				76.0		106.3	30.8				30.8	80.3	102.0	
沁县	18	马连道村	2.5				63.9		106.3	30.8				30.8	80.3	89.9	
沁县	19	徐阳村	2.5				0.3	53.1							53.1	0.3	
沁县	20	邓家坡村	3				1.3	55.3							55.3	1.3	
沁县	21	南池村	2				46.6		18.6						18.6	46.6	
沁县	22	古城村	1.5				30.8		18.6						18.6	30.8	
沁县	23	太里村	2				37.7		18.6						18.6	37.7	
沁县	24	西待贤	1				1.4		15.0						15.0	1.4	
沁县	25	芦则沟	0.5				0.5									0.5	

续表

县区	序号	小流域名称	汇流时间/h	产流地类面积/km²										汇流地类面积/km²			
				灰岩森林山地	灰岩灌丛山地	灰岩土石山区	黄土丘陵阶地	砂页岩土石山区	砂页岩灌丛山地	砂页岩森林山地	耕种平地	变质岩森林山地	变质岩灌丛山地	森林山地	灌丛山地	草坡山地	耕种平地
沁县	26	陈庄沟	0.5				1.8									1.8	
沁县	27	沙圪道	1.5				17.3		18.6						18.6	17.3	
沁县	28	交口村	1				10.1		6.7						6.7	10.1	
沁县	29	韩曹沟	1				3.7									3.7	
沁县	30	固亦村	2				42.2		6.7						6.7	42.2	
沁县	31	南园则村	2				42.2		6.7						6.7	42.2	
沁县	32	景村村	3.5				27.7		8.0	26.6				26.6	8.0	27.7	
沁县	33	羊庄村	3.5				2.2		1.9	16.9				16.9	1.9	2.2	
沁县	34	乔家湾村	2.5				4.3		1.3	8.3				8.3	1.3	4.3	
沁县	35	山坡村	3.5				9.5		6.7	18.3				18.3	6.7	9.5	
沁县	36	道兴村	3.5				35.8		35.9	16.9				16.9	35.9	35.8	
沁县	37	燕垒沟村	0.5				1.3									1.3	
沁县	38	河止村	3				20.0		35.9	16.9				16.9	35.9	20.0	
沁县	39	漫水村	3				0.7		24.8	16.5				16.5	24.8	0.7	
沁县	40	下湾村	3				7.5		28.4	16.5				16.5	28.4	7.5	
沁县	41	寺庄村	3				1.5		25.2	16.5				16.5	25.2	1.5	
沁县	42	前庄	1				6.5									6.5	
沁县	43	蔡甲	1				6.5									6.5	
沁县	44	长街村	1				9.8	3.9							3.9	9.8	
沁县	45	次村村	1.5				0.3	30.7							30.7	0.3	
沁县	46	五星村	2				0.3	42.9							42.9	0.3	

续表

县区	序号	小流域名称	汇流时间/h	产流地类面积/km^2										汇流地类面积/km^2			
				灰岩森林山地	灰岩灌丛山地	灰岩土石山区	黄土丘陵阶地	砂页岩土石山区	砂页岩灌丛山地	砂页岩森林山地	耕种平地	变质岩森林山地	变质岩灌丛山地	森林山地	灌丛山地	草坡山地	耕种平地
沁县	47	东杨家庄村	0.5					3.8							3.8		
沁县	48	下张庄村	1				12.4									12.4	
沁县	49	唐村村	0.5				2.1									2.1	
沁县	50	中里村	0.5				2.3									2.3	
沁县	51	南泉村	2						14.2	5.8				5.8	14.2		
沁县	52	榜口村	2.5				0.3		24.2	11.0				11.0	23.0	1.5	
沁县	53	杨安村	2.5						32.5	11.8				11.8	32.5		
襄垣县	1	石灰窑村	1.5		13.7		19.6								13.7	19.6	
襄垣县	2	返底村	1			2.4									1.9	0.5	
襄垣县	3	普头村	2		8.1	58.8									54.2	12.7	
襄垣县	4	安沟村	1				6.9									6.9	
襄垣县	5	阎村	1.5				32.2				2.9				2.9	32.2	
襄垣县	6	南马喊村	1				9.5									9.5	
襄垣县	7	河口村	1				20.7									20.7	
襄垣县	8	北田漳村	1		1.6		17.3									18.8	
襄垣县	9	南邯村	1.5				8.3		11.9						11.9	8.3	
襄垣县	10	小河村	1.5				4.7	16.9							16.9	4.7	
襄垣县	11	白堰底村	1				2.2	5.3							5.3	2.2	

续表

县区	序号	小流域名称	汇流时间/h	产流地类面积/km^2										汇流地类面积/km^2			
				灰岩森林山地	灰岩灌丛山地	灰岩土石山区	黄土丘陵阶地	砂页岩土石山区	砂页岩灌丛山地	砂页岩森林山地	耕种平地	变质岩森林山地	变质岩灌丛山地	森林山地	灌丛山地	草坡山地	耕种平地
襄垣县	12	西洞上村	1				2.6	10.8							10.8	2.6	
襄垣县	13	王村	1				43.1	0.5							0.5	43.1	
襄垣县	14	下庙村	1				36.8	0.5							0.5	36.8	
襄垣县	15	史属村	0.5				3.9									3.9	
襄垣县	16	店上村	1.5		0.4		110.2	0.5							0.9	110.2	
襄垣县	17	北姚村	1.5				86.9	0.5							0.5	86.9	
襄垣县	18	史北村	1				24.7	0.5							0.5	24.7	
襄垣县	19	前王沟村	1				17.5									17.5	
襄垣县	20	任庄村	0.5				0.7	0.0							0.0	0.7	
襄垣县	21	高家沟村	0.5				1.7									1.7	
襄垣县	22	下良村	2.5		37.1		117.4	0.5							36.8	118.2	
襄垣县	23	水碾村	2.5		64.4		124.4	0.5							125.2	64.1	
襄垣县	24	寨沟村	1.5		3.8		1.1								3.8	1.1	
襄垣县	25	庄里村	0.5				1.1									1.1	
襄垣县	26	桑家河村	1		5.7		19.4								1.0	24.1	
襄垣县	27	固村	5				12.9		189.1	37.6				37.6	189.1	12.9	
襄垣县	28	阳沟村	5				6.5		174.9	37.6				37.6	174.9	6.5	
襄垣县	29	温泉村	5				0.3		165.3	37.6				37.6	165.3	0.3	

续表

县区	序号	小流域名称	汇流时间/h	产流地类面积/km^2										汇流地类面积/km^2			
				灰岩森林山地	灰岩灌丛山地	灰岩土石山区	黄土丘陵阶地	砂页岩土石山区	砂页岩灌丛山地	砂页岩森林山地	耕种平地	变质岩森林山地	变质岩灌丛山地	森林山地	灌丛山地	草坡山地	耕种平地
襄垣县	30	燕家沟村	1				3.9		4.0						4.0	3.9	
襄垣县	31	高崖底村	5						159.1	37.6				37.6	159.1		
襄垣县	32	里阚村	5				5.8		171.9	37.6				37.6	171.9	5.8	
襄垣县	33	合漳村	1				22.2		6.6						6.6	22.2	
襄垣县	34	西底村	1.5				51.0									51.0	
襄垣县	35	南田漳村			1.3											1.3	
襄垣县	36	北马喊村					10.2									10.2	
襄垣县	37	南底村							4.8						4.8		
襄垣县	38	兴民村			6.4		0.4								6.3	0.5	
襄垣县	39	路家沟村					4.3									4.3	
襄垣县	40	南漳西			0.5										0.5		
襄垣县	41	南漳东			0.7		0.1								0.7	0.1	
襄垣县	42	东坡村					6.3	0.1							0.1	6.3	
襄垣县	43	九龙村	1				93.4		6.9						6.9	93.4	
壶关县	1	淅河 1		22.4	53.0									22.1	53.3		
壶关县	2			166.1	196.8			4.3						158.9	208.3		
壶关县	3			167.7	198.5			4.3						166.9	203.6		
壶关县	4			181.0	200.7			4.2						180.6	205.4		

续表

县区	序号	小流域名称	汇流时间/h	产流地类面积/km^2										汇流地类面积/km^2			
				灰岩森林山地	灰岩灌丛山地	灰岩土石山区	黄土丘陵阶地	砂页岩土石山区	砂页岩灌丛山地	砂页岩森林山地	耕种平地	变质岩森林山地	变质岩灌丛山地	森林山地	灌丛山地	草坡山地	耕种平地
壶关县	5	浙河2		178.4	201.6			4.3						178.0	206.4		
壶关县	6			211.5	255.5			4.3						210.9	260.4		
壶关县	7			207.0	255.5			4.3						206.2	260.6		
壶关县	8			213.6	257.0			4.2						214.2	260.5		
壶关县	9			216.4	256.9			4.3						215.7	261.9		
壶关县	10			215.6	257.0			4.3						215.5	261.4		
壶关县	11			6.5	17.2									6.5	17.3		
壶关县	12			223.4	278.5			4.4						223.9	282.4		
壶关县	13			223.9	279.3			4.5						223.4	284.2		
壶关县	14				0.1										0.1		
壶关县	15			134.5	162.2			4.2						133.8	167.0		
壶关县	16			133.3	105.6			4.3						133.8	109.3		
壶关县	17	石坡河1		11.7	41.4									11.4	41.7		
壶关县	18	桑延河1			7.3										7.3		
壶关县	19			22.1	10.0									22.0	10.0		
壶关县	20			24.0	38.8									23.8	39.0		

续表

县区	序号	小流域名称	汇流时间/h	产流地类面积/km²										汇流地类面积/km²			
				灰岩森林山地	灰岩灌丛山地	灰岩土石山区	黄土丘陵阶地	砂页岩土石山区	砂页岩灌丛山地	砂页岩森林山地	耕种平地	变质岩森林山地	变质岩灌丛山地	森林山地	灌丛山地	草坡山地	耕种平地
壶关县	21	桑延河2	6.7										6.7				
壶关县	22	浙河3			6.7										6.7		
壶关县	23	石坡河2			19.4										19.4		
壶关县	24	浙河4			6.0										6.0		
壶关县	25				5.7										5.7		
壶关县	26	石坡河3			1.1										1.1		
壶关县	27			0.9	25.3									0.8	25.4		
壶关县	28			1.2	25.4									1.0	25.6		
壶关县	29	石坡河4	8.2										8.2				
壶关县	30	浙河5		4.5										4.5			
壶关县	31				3.8										3.8		
壶关县	32				15.0										15.0		
壶关县	33	石坡河5			0.5										0.5		
壶关县	34	浙河6			1.4										1.4		
壶关县	35	石坡河6			3.3										3.3		

续表

县区	序号	小流域名称	汇流时间/h	产流地类面积/km^2										汇流地类面积/km^2			
				灰岩森林山地	灰岩灌丛山地	灰岩土石山区	黄土丘陵阶地	砂页岩土石山区	砂页岩灌丛山地	砂页岩森林山地	耕种平地	变质岩森林山地	变质岩灌丛山地	森林山地	灌丛山地	草坡山地	耕种平地
壶关县	36	陶清河			0.7										0.7		
壶关县	37			1.9										1.9			
壶关县	38	神郊河		31.2	11.6									31.3	11.4		
壶关县	39	浙河 7		9.7	42.4			4.3						9.8	46.6		
壶关县	40			9.7	42.4			4.3						9.7	46.7		
壶关县	41			2.6	21.5			4.2						2.7	25.5		
壶关县	42			17.0	14.6									17.7	13.9		
壶关县	43	石子河 1			18.3										18.3		
壶关县	44			1.1	1.6									1.1	1.6		
壶关县	45			89.5	60.8									90.4	59.9		
壶关县	46	石子河 2			1.8										1.8		
壶关县	47				0.8										0.8		
壶关县	48				4.4										4.4		
壶关县	49	庄头河			4.2	21.3	12.7		3.2						6.2	35.2	
黎城县	1	东洼		3	1.6	96.7						80.1	8.4	0.6	189.7	74.0	
黎城县	2	仁庄		1		5.0						3.7			5.2	3.5	

续表

县区	序号	小流域名称	汇流时间/h	产流地类面积/km²										汇流地类面积/km²			
				灰岩森林山地	灰岩灌丛山地	灰岩土石山区	黄土丘陵阶地	砂页岩土石山区	砂页岩灌丛山地	砂页岩森林山地	耕种平地	变质岩森林山地	变质岩灌丛山地	森林山地	灌丛山地	草坡山地	耕种平地
黎城县	3	北泉寨	北泉寨		2.5	1.3	79.2				42.6	5.3	0.4	6.6	80.7	41.4	
黎城县	4	宋家庄	宋家庄		1.5	1.6	15.3							1.6	15.3		
黎城县	5	苏家峧	苏家峧		0.5		1.5								1.5		
黎城县	6	岚沟	岚沟		2.5	1.3						6.6	1.6	8.0	1.6		
黎城县	7	后寨	后寨		1		0.6						2.2		2.8		
黎城县	8	寺底	寺底		5	18.8	137.7					69.5	50.2	88.2	168.8	19.1	
黎城县	9	北委泉	北委泉		3	1.3	1.2					12.3	3.1	13.6	4.3		
黎城县	10	车元	车元		1.5	0.5	2.2					1.1	2.5	1.5	4.7		
黎城县	11	茶棚滩	茶棚滩		3.5	3.6	14.7					32.9	11.8	36.6	26.6		
黎城县	12	佛崖底	佛崖底		4.5	11.1	1.2					28.1	67.7	39.2	69.0		
黎城县	13	小寨	小寨		3.5	8.6						14.8	13.7	23.4	13.7		
黎城县	14	西村	西村		3.5	8.6						14.8	10.5	23.4	10.5		
黎城县	15	北停河	北停河		1		16.9				0.5				7.2	10.2	
黎城县	16	柏官庄	柏官庄		1.5	1.2	7.9					8.7	1.3	9.9	9.2		
黎城县	17	郭家庄	郭家庄		3		11.1								8.5	2.6	
黎城县	18	前庄	前庄		4.5							12.9	15.1	12.9	14.7	0.4	

续表

县区	序号	小流域名称	汇流时间/h	产流地类面积/km^2										汇流地类面积/km^2			
				灰岩森林山地	灰岩灌丛山地	灰岩土石山区	黄土丘陵阶地	砂页岩土石山区	砂页岩灌丛山地	砂页岩森林山地	耕种平地	变质岩森林山地	变质岩灌丛山地	森林山地	灌丛山地	草坡山地	耕种平地
黎城县	19	龙王庙	龙王庙		1.5		30.9								22.2	8.7	
黎城县	20	秋树垣	秋树垣		1.5		52.5				0.0				43.8	8.7	
黎城县	21	背坡	背坡		2.1	2.6	0.6					7.3	6.0	10.0	6.6		
黎城县	22	南委泉	南委泉		3.5	2.4	7.3					20.6	7.8	23.0	15.1		
黎城县	23	平头	平头		4	37.4	11.5					0.1	5.3	37.5	16.8		
黎城县	24	中庄	中庄										12.5	11.0	12.5	11.0	
黎城县	25	孔家峧	孔家峧		2.5	0.5	2.2					4.2	0.1	4.7	2.2		
黎城县	26	三十亩	三十亩		2.5	1.9	34.0					12.9	1.4	14.8	21.5	13.9	
黎城县	27	清泉	清泉		5	32.5	6.8					56.4	147.8	89.0	154.6		
屯留县	1	杨家湾村	0.5				2.4									2.4	
屯留县	2	贾庄村	1.5				6.2		6.9						6.9	6.2	
屯留县	3	魏村	2								11.2				11.2		
屯留县	4	吾元村	1						6.1						6.1		
屯留县	5	丰秀岭村	0.5						0.4						0.4		
屯留县	6	南阳坡村	2						2.1	4.3				4.3	2.1		
屯留县	7	罗村	2.5						4.5	5.9				5.9	4.5		

续表

县区	序号	小流域名称	汇流时间/h	产流地类面积/km²										汇流地类面积/km²			
				灰岩森林山地	灰岩灌丛山地	灰岩土石山区	黄土丘陵阶地	砂页岩土石山区	砂页岩灌丛山地	砂页岩森林山地	耕种平地	变质岩森林山地	变质岩灌丛山地	森林山地	灌丛山地	草坡山地	耕种平地
屯留县	8	煤窑沟村	2.5						1.8	5.9				5.9	1.8		
屯留县	9	东坡村	3.5						128.7	36.8				36.8	128.7		
屯留县	10	三交村	3.5						121.3	36.8				36.8	121.3		
屯留县	11	贾庄	1.5				2.3		17.8						17.8	2.3	
屯留县	12	老庄沟	1						6.3						6.3		
屯留县	13	北沟庄	1.5				0.3		12.5						12.5	0.3	
屯留县	14	老庄沟西坡	1.5				0.4		15.6						15.6	0.4	
屯留县	15	秦家村	0.5				0.6		0.6						0.6	0.6	
屯留县	16	张店村	6						80.7	189.7				189.7	80.7		
屯留县	17	甄湖村	6						59.2	177.8				177.8	59.2		
屯留县	18	张村	5.5						13.9	68.4				68.4	13.9		
屯留县	19	南里庄村	1.5						8.2						8.2		
屯留县	20	上立寨村	2.5						1.6	5.0				5.0	1.6		
屯留县	21	大半沟	2.5						2.8	6.6				6.6	2.8		
屯留县	22	五龙沟	1.5						4.4						4.4		
屯留县	23	李家庄村	1.5						7.4						7.4		

续表

县区	序号	小流域名称	汇流时间/h	产流地类面积/km^2										汇流地类面积/km^2			
				灰岩森林山地	灰岩灌丛山地	灰岩土石山区	黄土丘陵阶地	砂页岩土石山区	砂页岩灌丛山地	砂页岩森林山地	耕种平地	变质岩森林山地	变质岩灌丛山地	森林山地	灌丛山地	草坡山地	耕种平地
屯留县	24	马家庄	1.5						7.4						7.4		
屯留县	25	帮家庄	1.5						7.4						7.4		
屯留县	26	秋树坡	1.5						7.4						7.4		
屯留县	27	李家庄村西坡	1.5						7.4						7.4		
屯留县	28	半坡村	1.5						2.4	0.1				0.1	2.4		
屯留县	29	霜泽村	2.5						21.4	20.6				20.6	21.4		
屯留县	30	雁落坪村	2.5						15.8	20.6				20.6	15.8		
屯留县	31	雁落坪村西坡	2.5						15.8	20.6				20.6	15.8		
屯留县	32	宜丰村	2.5						6.4	13.6				13.6	6.4		
屯留县	33	浪井沟	2.5						6.4	13.6				13.6	6.4		
屯留县	34	宜丰村西坡	2.5						6.4	13.6				13.6	6.4		
屯留县	35	中村村	1						0.5						0.5		
屯留县	36	河西村	2						8.9	3.3				3.3	8.9		
屯留县	37	柳树庄村	2						3.8	3.2				3.2	3.8		
屯留县	38	柳树庄	2						3.8	3.2				3.2	3.8		
屯留县	39	老洪沟	2						2.6	3.3				3.3	2.6		

续表

县区	序号	小流域名称	汇流时间/h	产流地类面积/km²										汇流地类面积/km²			
				灰岩森林山地	灰岩灌丛山地	灰岩土石山区	黄土丘陵阶地	砂页岩土石山区	砂页岩灌丛山地	砂页岩森林山地	耕种平地	变质岩森林山地	变质岩灌丛山地	森林山地	灌丛山地	草坡山地	耕种平地
屯留县	40	崖底村	3.5						37.9	24.8				24.8	37.9		
屯留县	41	唐王庙村	1.5						5.3	0.4				0.4	5.3		
屯留县	42	南掌	10						27.9	64.7				64.7	27.9		
屯留县	43	徐家庄	3						4.8	13.9				13.9	4.8		
屯留县	44	郭家庄	2						1.3	8.1				8.1	1.3		
屯留县	45	沿湾	2						3.2	8.1				8.1	3.2		
屯留县	46	王家庄	1.5						0.1	6.6				6.6	0.1		
屯留县	47	林庄村	4.5						1.0	52.4				52.4	1.0		
屯留县	48	八泉村	3						0.2	17.7				17.7	0.2		
屯留县	49	七泉村	4						3.3	49.6				49.6	3.3		
屯留县	50	鸡窝圪套	4						3.3	49.6				49.6	3.3		
屯留县	51	南沟村	2.5						2.4	10.1				10.1	2.4		
屯留县	52	棋盘新庄	2.5						2.4	10.1				10.1	2.4		
屯留县	53	羊窑	2.5						2.4	10.1				10.1	2.4		
屯留县	54	小桥	2.5						2.4	10.1				10.1	2.4		
屯留县	55	寨上村	3						0.2	11.4				11.4	0.2		

续表

县区	序号	小流域名称	汇流时间/h	产流地类面积/km²										汇流地类面积/km²			
				灰岩森林山地	灰岩灌丛山地	灰岩土石山区	黄土丘陵阶地	砂页岩土石山区	砂页岩灌丛山地	砂页岩森林山地	耕种平地	变质岩森林山地	变质岩灌丛山地	森林山地	灌丛山地	草坡山地	耕种平地
屯留县	56	寨上	3						0.2	11.4				11.4	0.2		
屯留县	57	吴而村	2.5							11.5				11.5			
屯留县	58	西上村	3.5						9.6	24.7				24.7	9.6		
屯留县	59	西沟河村	5						6.6	58.6				58.6	6.6		
屯留县	60	西岸上	5						6.6	58.6				58.6	6.6		
屯留县	61	西村	5						6.6	58.6				58.6	6.6		
屯留县	62	西丰宜村	3				9.2		55.9	28.9				28.9	55.9	9.2	
屯留县	63	郝家庄村	1				0.3		0.7						0.7	0.3	
屯留县	64	石泉村	0.5				0.2									0.2	
屯留县	65	西洼村	1.5				5.8				7.1				7.1	5.8	
屯留县	66	河神庙	0.5				6.2									6.2	
屯留县	67	梨树庄村	1.5						5.6						5.6		
屯留县	68	庄洼	1.5						5.6						5.6		
屯留县	69	西沟村	2						0.5	4.4				4.4	0.5		
屯留县	70	老婆角	2						0.5	4.4				4.4	0.5		
屯留县	71	西沟口	2						0.5	4.4				4.4	0.5		

续表

县区	序号	小流域名称	汇流时间/h	产流地类面积/km²										汇流地类面积/km²			
				灰岩森林山地	灰岩灌丛山地	灰岩土石山区	黄土丘陵阶地	砂页岩土石山区	砂页岩灌丛山地	砂页岩森林山地	耕种平地	变质岩森林山地	变质岩灌丛山地	森林山地	灌丛山地	草坡山地	耕种平地
屯留县	72	司家沟	0.5				1.3		1.4						1.4	1.3	
屯留县	73	龙王沟村	0.5				6.2									6.2	
屯留县	74	西流寨村	2.5				0.4		29.2	18.3				18.3	29.2	0.4	
屯留县	75	马家庄	1.5						5.1	3.1				3.1	5.1		
屯留县	76	大会村	2.5						24.4	18.1				18.1	24.4		
屯留县	77	西大会	2.5						24.4	18.1				18.1	24.4		
屯留县	78	河长头村	3				1.1		40.6	25.8				25.8	40.6	1.1	
屯留县	79	南庄村	3				2.5		49.1	28.9				28.9	49.1	2.5	
屯留县	80	中理村	2				0.4		6.8	2.8				2.8	6.8	0.4	
屯留县	81	吴寨村	2.5						14.3	15.0				15.0	14.3		
屯留县	82	桑园	2.5						14.3	15.0				15.0	14.3		
屯留县	83	黑家口	2						8.0	12.4				12.4	8.0		
屯留县	84	上莲村	1.5				7.4		11.3						11.3	7.4	
屯留县	85	前上莲	1.5				7.4		11.3						11.3	7.4	
屯留县	86	后上莲	1.5				6.7		11.4						11.4	6.7	
屯留县	87	山角村	1.5				0.3		10.4						10.4	0.3	

续表

县区	序号	小流域名称	汇流时间/h	产流地类面积/km^2										汇流地类面积/km^2			
				灰岩森林山地	灰岩灌丛山地	灰岩土石山区	黄土丘陵阶地	砂页岩土石山区	砂页岩灌丛山地	砂页岩森林山地	耕种平地	变质岩森林山地	变质岩灌丛山地	森林山地	灌丛山地	草坡山地	耕种平地
屯留县	88	马庄	1.5				7.4		11.3						11.3	7.4	
屯留县	89	交川村	1						3.8						3.8		
平顺县	1	洪岭村	1		2.1										2.1		
平顺县	2	椿树沟村	1		1.5										1.5		
平顺县	3	贾家村	1.5		7.6										7.6		
平顺县	4	南北头村	1.5		11.9										11.9		
平顺县	5	河则	1.5		22.0										22.0		
平顺县	6	路家口村	1.5		33.3										33.3		
平顺县	7	北坡村支流	1		1.4										1.4		
平顺县	8	北坡村干流	1.5		9.7										9.7		
平顺县	9	龙镇村	1.5		14.4										14.4		
平顺县	10	南坡村	2		22.0										22.0		
平顺县	11	东迷村	0.5		6.2										4.7	1.5	
平顺县	12	正村	2.5		41.0										39.5	1.5	
平顺县	13	龙家村	2.5		43.1										41.6	1.5	
平顺县	14	申家坪村	2.5		44.1										42.6	1.5	

续表

县区	序号	小流域名称	汇流时间/h	产流地类面积/km²										汇流地类面积/km²			
				灰岩森林山地	灰岩灌丛山地	灰岩土石山区	黄土丘陵阶地	砂页岩土石山区	砂页岩灌丛山地	砂页岩森林山地	耕种平地	变质岩森林山地	变质岩灌丛山地	森林山地	灌丛山地	草坡山地	耕种平地
平顺县	15	下井村	1		10.0										2.7	7.3	
平顺县	16	青行头村	2.5		52.2										50.7	1.5	
平顺县	17	南赛	2.5		71.1										64.1	7.0	
平顺县	18	东峪	1		4.7										0.4	4.3	
平顺县	19	西沟村	3		82.1										69.8	12.2	
平顺县	20	川底村	3		92.5										75.5	17.0	
平顺县	21	石埠头村	3		102.6										80.8	21.8	
平顺县	22	小东峪村	1.5		6.5										6.3	0.2	
平顺县	23	城关村	3		45.1										34.3	10.8	
平顺县	24	峪峪村	1.5		10.6										10.6		
平顺县	25	张井村	1.5		15.9										14.9	1.0	
平顺县	26	回源峧村	0.5		1.7										0.1	1.6	
平顺县	27	小赛村	3.5		74.6										67.6	7.0	
平顺县	28	后留村	0.5		2.9											2.9	
平顺县	29	常家村	1.5		2.3										2.3		
平顺县	30	庙后村	1.5		11.5										11.5		

续表

县区	序号	小流域名称	汇流时间/h	产流地类面积/km^2										汇流地类面积/km^2			
				灰岩森林山地	灰岩灌丛山地	灰岩土石山区	黄土丘陵阶地	砂页岩土石山区	砂页岩灌丛山地	砂页岩森林山地	耕种平地	变质岩森林山地	变质岩灌丛山地	森林山地	灌丛山地	草坡山地	耕种平地
平顺县	31	黄崖村	1.5		15.4										15.4		
平顺县	32	牛石窑村	2		39.7										39.7		
平顺县	33	玉峡关支流	1		1.7									1.7			
平顺县	34	玉峡关干流	1.5		8.1										8.1		
平顺县	35	南地	2.5	6.5	92.5									6.5	92.5		
平顺县	36	阱沟	1	1.3										1.3			
平顺县	37	石窑滩村	1		2.0										2.0		
平顺县	38	羊老岩村	1		3.7										3.7		
平顺县	39	河口	1.5	4.0	8.2									4.0	8.2		
平顺县	40	底河村	2		13.8										13.8		
平顺县	41	西湾村	1.5		68.7										66.4	2.3	
平顺县	42	焦底村	1.5		1.1										1.1		
平顺县	43	棠梨村	1.5		3.2										3.2		
平顺县	44	大山村	1		3.2										3.2		
平顺县	45	安阳村	1		7.0										7.0		
平顺县	46	虎窑村	1.5		93.6										84.1	9.5	

续表

县区	序号	小流域名称	汇流时间/h	产流地类面积/km^2										汇流地类面积/km^2			
				灰岩森林山地	灰岩灌丛山地	灰岩土石山区	黄土丘陵阶地	砂页岩土石山区	砂页岩灌丛山地	砂页岩森林山地	耕种平地	变质岩森林山地	变质岩灌丛山地	森林山地	灌丛山地	草坡山地	耕种平地
平顺县	47	军寨	2		119.0										109.5	9.5	
平顺县	48	东寺头村	3		122.4										112.9	9.5	
平顺县	49	后庄村	1		5.3										4.0	1.3	
平顺县	50	前庄村	1.5		11.1										9.8	1.3	
平顺县	51	虹梯关村	1.5	0.8	16.4									0.8	16.4		
平顺县	52	梯后村	4.5	11.8	213.3									11.8	202.5	10.8	
平顺县	53	碑滩村	4.5	18.6	221.5									18.6	210.7	10.8	
平顺县	54	虹霓村	5	29.0	225.1									29.0	214.3	10.8	
平顺县	55	苤兰岩村	5	33.7	231.6									33.7	220.8	10.8	
平顺县	56	堕磊辿	5.5	46.9	245.0									46.9	234.2	10.8	
平顺县	57	库峧村	3	7.6	3.5									7.6	3.5		
平顺县	58	靳家园村	2		24.4										12.8	11.7	
平顺县	59	棚头村	1		30.5										13.7	16.8	
平顺县	60	南耽车村	3	14.8	37.0									14.8	37.0		
平顺县	61	椰树园村	3	22.9	8.8									22.9	8.8		
平顺县	62	侯壁河	3	28.0	13.8									28.0	13.8		

续表

县区	序号	小流域名称	汇流时间/h	产流地类面积/km^2										汇流地类面积/km^2			
				灰岩森林山地	灰岩灌丛山地	灰岩土石山区	黄土丘陵阶地	砂页岩土石山区	砂页岩灌丛山地	砂页岩森林山地	耕种平地	变质岩森林山地	变质岩灌丛山地	森林山地	灌丛山地	草坡山地	耕种平地
平顺县	63	源头	2.5	2.0	38.9									2.0	38.9		
平顺县	64	豆峪	2		16.5										16.5		
平顺县	65	井底村	3	93.4	14.5									14.5	93.4		
平顺县	66	消军岭村	0.5		1.5										1.5		
平顺县	67	天脚村	3		72.4										56.7	15.8	
平顺县	68	安咀村	3		68.7										66.4	2.3	
平顺县	69	上五井村	3		86.0										64.8	21.1	
平顺县	70	石灰窑	0.5		1.9										0.8	1.1	
平顺县	71	驮山	4		91.2										66.3	25.9	
平顺县	72	窑门前	0.5		3.3										1.0	2.2	
平顺县	73	中五井村	3		102.7										72.8	29.9	
平顺县	74	西安村	1		10.2										10.2		
潞城市	1	会山底村	0.5		0.3											0.3	
潞城市	2	下社村	2.5		8.4										7.9	0.5	
潞城市	3	下社村后交	2.5		8.4										7.9	0.5	
潞城市	4	河西村	0.5		0.3	0.6										0.9	

续表

县区	序号	小流域名称	汇流时间/h	产流地类面积/km²										汇流地类面积/km²			
				灰岩森林山地	灰岩灌丛山地	灰岩土石山区	黄土丘陵阶地	砂页岩土石山区	砂页岩灌丛山地	砂页岩森林山地	耕种平地	变质岩森林山地	变质岩灌丛山地	森林山地	灌丛山地	草坡山地	耕种平地
潞城市	5	后峧村	1.5		2.9										2.9		
潞城市	6	申家村	2.5		26.4										25.9	0.5	
潞城市	7	苗家村	2.5		26.4										25.9	0.5	
潞城市	8	苗家村庄上	2.5		26.4										25.9	0.5	
潞城市	9	枣臻村	2.5			9.5					9.8				19.3		
潞城市	10	赤头村	1.5		0.1	7.7					5.8				7.7	5.8	
潞城市	11	马江沟村	1								1.7				1.7		
潞城市	12	弓家岭	1								0.5				0.5		
潞城市	13	红江沟	0.5								0.3				0.3		
潞城市	15	韩村	6		4.9	64.0					214.2				255.3	27.7	
潞城市	16	冯村	1			4.4					6.3				1.9	8.9	
潞城市	17	韩家园村	1.5		0.1	13.3					6.8				13.3	6.9	
潞城市	18	李家庄村	1			3.4					4.9				5.8	2.5	
潞城市	19	漫流河村	1.5			9.7					5.0				11.4	3.3	
潞城市	20	石匣村	2.5			58.0					5.0				30.6	32.4	
潞城市	21	申家山村	1.5			4.2									3.8	0.4	

续表

县区	序号	小流域名称	汇流时间/h	产流地类面积/km²										汇流地类面积/km²			
				灰岩森林山地	灰岩灌丛山地	灰岩土石山区	黄土丘陵阶地	砂页岩土石山区	砂页岩灌丛山地	砂页岩森林山地	耕种平地	变质岩森林山地	变质岩灌丛山地	森林山地	灌丛山地	草坡山地	耕种平地
潞城市	22	井峪村	1			5.2									5.2		
潞城市	23	南马庄村	1.5			15.5									12.8	2.7	
潞城市	24	五里坡村	1			2.9									2.7	0.2	
潞城市	25	西北村	1			10.4									6.8	3.6	
潞城市	26	西南村	1			10.4									6.8	3.6	
潞城市	27	南流村	0.5		0.2											0.2	
潞城市	28	涧口村	2.5			63.5					5.0				30.6	37.9	
潞城市	29	斜底村	0.5			1.0									1.0		
潞城市	30	中村	3								9.1				9.1		
潞城市	31	堡头村	4	2.0							20.3			2.0	20.3		
潞城市	32	河后村	1								0.7				0.7		
潞城市	33	桥堡村	3	2.0							8.2			2.0	8.2		
潞城市	34	东山村	1.5			14.9									8.3	6.6	
潞城市	35	西坡村	1.5			13.1									12.9	0.1	
潞城市	36	西坡村东坡	1			0.7									0.7		
潞城市	37	儒教村	1			7.4									7.4		

续表

县区	序号	小流域名称	汇流时间/h	产流地类面积/km^2										汇流地类面积/km^2			
				灰岩森林山地	灰岩灌丛山地	灰岩土石山区	黄土丘陵阶地	砂页岩土石山区	砂页岩灌丛山地	砂页岩森林山地	耕种平地	变质岩森林山地	变质岩灌丛山地	森林山地	灌丛山地	草坡山地	耕种平地
潞城市	38	王家庄村后交	0.5		0.7											0.7	
潞城市	39	上黄村向阳庄	1			0.2									0.2		
潞城市	40	南花山村	1		2.4											2.4	
潞城市	41	辛安村	3.5		182.3	80.6					19.6				178.7	103.8	
潞城市	42	辽河村	1.5		4.3	17.2									17.2	4.3	
潞城市	43	辽河村车旺	1.5		4.3	17.2									17.2	4.3	
潞城市	44	曲里村	4		4.9	64.0					180.4				221.6	27.7	
长子县	1	红星庄	0.5				2.2		1.9						1.9	2.2	
长子县	2	石家庄	3.5				55.6		107.9	76.6	8.5			76.6	108.0	55.6	8.5
长子县	3	西河庄	3.5				55.6		107.9	76.6	8.5			76.6	107.9	55.6	8.5
长子县	4	晋义	3				1.3		24.5	17.9				17.9	24.5	1.3	
长子县	5	刁黄	3				1.3		24.5	17.9				17.9	24.5	1.3	
长子县	6	南沟河	2.5						7.2	12.4				12.4	7.2		
长子县	7	良坪	2.5						7.2	12.4				12.4	7.2		
长子县	8	乱石河	2.5				8.9		35.0	32.4				32.4	35.0	8.9	
长子县	9	两都	2.5				7.6		10.6	14.5				14.5	10.6	7.6	

续表

县区	序号	小流域名称	汇流时间/h	产流地类面积/km²										汇流地类面积/km²			
				灰岩森林山地	灰岩灌丛山地	灰岩土石山区	黄土丘陵阶地	砂页岩土石山区	砂页岩灌丛山地	砂页岩森林山地	耕种平地	变质岩森林山地	变质岩灌丛山地	森林山地	灌丛山地	草坡山地	耕种平地
长子县	10	苇池	2.5						2.7	8.8				8.8	2.7		
长子县	11	李家庄	2						4.5	6.1				6.1	4.5		
长子县	12	圪倒	2.5				8.9		35.0	32.4				32.4	35.0	8.9	
长子县	13	高桥沟	2.5				8.9		35.0	32.4				32.4	35.0	8.9	
长子县	14	花家坪	2.5				8.9		35.0	32.4				32.4	35.0	8.9	
长子县	15	洪珍	3				2.0		29.7	21.5				21.5	29.7	2.0	
长子县	16	郭家沟	1.5							2.9				2.9			
长子县	17	南岭庄	2						1.7						1.7		
长子县	18	大山	2						41.9	4.7				4.7	41.9		
长子县	19	羊窑沟	2						41.9	4.7				4.7	41.9		
长子县	20	响水铺	2.5						52.7	6.7				6.7	52.7		
长子县	21	东沟庄	1.5						0.8	2.5				2.5	0.8		
长子县	22	九庙沟	1.5						11.5	0.1				0.1	11.5		
长子县	23	小豆沟	2.5						26.0	18.0				18.0	26.0		
长子县	24	尧神沟	0.5				0.2									0.2	
长子县	25	沙河	2				1.3	11.6			19.7				11.6	1.3	19.7

续表

县区	序号	小流域名称	汇流时间/h	产流地类面积/km^2										汇流地类面积/km^2			
				灰岩森林山地	灰岩灌丛山地	灰岩土石山区	黄土丘陵阶地	砂页岩土石山区	砂页岩灌丛山地	砂页岩森林山地	耕种平地	变质岩森林山地	变质岩灌丛山地	森林山地	灌丛山地	草坡山地	耕种平地
长子县	26	韩坊	3.5				1.3	55.0	2.3		44.7				57.3	1.3	44.7
长子县	27	交里	4.5				65.3	27.6	129.4	78.4	36.3			78.4	157.0	65.3	36.3
长子县	28	西田良	2					29.6	2.3						31.9		
长子县	29	南贾	1.5					12.2	1.4						13.6		
长子县	30	东田良	2					29.6	2.3						31.9		
长子县	31	南张店	1.5					12.2	1.4						13.6		
长子县	32	西范	1					2.2	1.4						3.6		
长子县	33	东范	1.5					12.2	1.4						13.6		
长子县	34	崔庄	1.5					12.2	1.4						13.6		
长子县	35	龙泉	1.5					12.2	1.4						13.6		
长子县	36	程家庄	1					1.2							1.2		
长子县	37	窑下	1.5					0.1	16.9						17.0		
长子县	38	赵家庄	1						1.5						1.5		
长子县	39	陈家庄	1						1.5						1.5		
长子县	40	吴家庄	1						1.5						1.5		
长子县	41	曹家沟	1.5					0.1	16.8						16.9		

续表

县区	序号	小流域名称	汇流时间/h	产流地类面积/km²										汇流地类面积/km²			
				灰岩森林山地	灰岩灌丛山地	灰岩土石山区	黄土丘陵阶地	砂页岩土石山区	砂页岩灌丛山地	砂页岩森林山地	耕种平地	变质岩森林山地	变质岩灌丛山地	森林山地	灌丛山地	草坡山地	耕种平地
长子县	42	琚村	2					1.5	27.0						28.5		
长子县	43	平西沟	2					5.5	27.2						32.8		
长子县	44	南漳	3.5			1.1		1			53.3				11.1		53.3
长子县	45	吴村	3.5				94.9		65.6	41.9	13.5			41.9	65.6	94.9	13.5
长子县	46	安西	2.5				3.0		12.4	15.6				15.6	12.4	2.9	
长子县	47	金村	2.5				2.9		12.4	15.6				15.6	12.4	2.9	
长子县	48	丰村	2.5				0.1		6.7	10.3				10.3	6.7	0.1	
长子县	49	苏村	2					15.1	18.1	1.8				1.8	33.2		
长子县	50	西沟	1.5						5.3	0.6				0.6	5.3		
长子县	51	西峪	1.5					0.2	9.5	1.2				1.2	9.8		
长子县	52	东峪	1.5					0.2	9.5	1.2				1.2	9.8		
长子县	53	城阳	3				4.5		28.5	17.3				17.3	28.5	4.5	
长子县	54	阳鲁	3						11.0	6.2				6.2	11.0		
长子县	55	善村	2.5						9.5	11.1				11.1	9.5		
长子县	56	南庄	2.5			0.0	0.0	0.0	9.5	11.1	0.0			11.1	9.5	0.0	0.0
长子县	57	大南石	0.5			0.0	0.2	0.0	0.0	0.0	0.0			0.0	0.0	0.2	0.0

续表

县区	序号	小流域名称	汇流时间/h	产流地类面积/km^2										汇流地类面积/km^2			
				灰岩森林山地	灰岩灌丛山地	灰岩土石山区	黄土丘陵阶地	砂页岩土石山区	砂页岩灌丛山地	砂页岩森林山地	耕种平地	变质岩森林山地	变质岩灌丛山地	森林山地	灌丛山地	草坡山地	耕种平地
长子县	58	小南石	0.5			0.0	0.2	0.0	0.0	0.0	0.0			0.0	0.0	0.2	0.0
长子县	59	申村	3.5			0.0	48.7	0.0	107.9	76.6	3.8			76.6	107.9	48.7	3.8
长子县	60	西何	5			0.0	103.9	0.0	65.6	41.9	89.8			41.9	65.6	103.9	89.8
长子县	61	鲍寨	1			0.0	0.0	0.1	16.8	0.0	0.0			0.0	16.9	0.0	0.0
长子县	62	南庄	1			0.0	0.0	0.0	7.5	11.1	0.0			11.1	7.5	0.0	0.0
长子县	63	南沟	2			0.0	0.0	0.0	0.0	1.0	0.0			1.0	0.0	0.0	0.0
长子县	64	庞庄	1.5			0.0	0.0	0.0	3.3	6.1	0.0			6.1	3.3	0.0	0.0
长治县	1	柳林村	1.5			1.3		0.1			6.0				7.4		
长治县	2	林移村	2			1.3		0.1			14.0				15.3		
长治县	3	柳林庄村	1.5			1.3		0.1			11.0				12.4		
长治县	4	司马村	2.5			16.4		0.0			42.4				58.9		
长治县	5	荫城村	2.5	2.1	17.4			0.4	67.8					2.1	85.0	0.5	
长治县	6	河下村	2.5	2.1	16.3			0.4	52.1					2.1	68.2	0.5	
长治县	7	横河村	2	2.1	16.3			0.4	50.5					2.1	66.5	0.5	
长治县	8	桑梓一村	2					3.0	56.9						59.6	0.3	
长治县	9	桑梓二村	1						3.5						3.5		

续表

县区	序号	小流域名称	汇流时间/h	产流地类面积/km^2										汇流地类面积/km^2			
				灰岩森林山地	灰岩灌丛山地	灰岩土石山区	黄土丘陵阶地	砂页岩土石山区	砂页岩灌丛山地	砂页岩森林山地	耕种平地	变质岩森林山地	变质岩灌丛山地	森林山地	灌丛山地	草坡山地	耕种平地
长治县	10	北头村	2					4.0	48.6						51.8	0.9	
长治县	11	内王村	1						3.5						3.5		
长治县	12	王坊村	3	2.1	17.4			4.8	138.3					2.1	159.6	0.8	
长治县	13	中村	3	2.1	17.4			4.8	138.3					2.1	159.6	0.8	
长治县	14	河南村	3	2.1	17.4			4.8	138.3					2.1	159.6	0.8	
长治县	15	李坊村	3	2.1	17.4			7.0	138.5					2.1	162.1	0.8	
长治县	16	北王庆村	0.5			0.2		0.1							0.2		
长治县	17	桥头村	1					0.3	6.1						6.2	0.1	
长治县	18	下赵家庄村	0.5						0.8						0.8		
长治县	19	南河村	0.5						0.3						0.3		
长治县	20	羊川村	1.5		3.1				4.1						7.1		
长治县	21	八义村	1.5					3.7	6.1						9.8		
长治县	22	狗湾村	3					32.6	54.6						87.2		
长治县	23	北楼底村	1.5					5.0							5.0		
长治县	24	南楼底村	2.5					15.8	40.5						56.3		
长治县	25	新庄村	1		0.0	0.9		0.1						0.0	0.9		

续表

县区	序号	小流域名称	汇流时间/h	产流地类面积/km^2										汇流地类面积/km^2			
				灰岩森林山地	灰岩灌丛山地	灰岩土石山区	黄土丘陵阶地	砂页岩土石山区	砂页岩灌丛山地	砂页岩森林山地	耕种平地	变质岩森林山地	变质岩灌丛山地	森林山地	灌丛山地	草坡山地	耕种平地
长治县	26	定流村	1			3.7									3.7		
长治县	27	北郭村	3			17.6		0.0			65.0				82.6		
长治县	28	岭上村	2.5			16.4		0.1			47.1				63.6		
长治县	29	高河村	5			4.1	17.8	92.7	23.7	1.8	237.5			1.8	358.0	17.8	
长治县	30	西池村	2	1.5	3.3			1.2	0.8					1.5	5.3		
长治县	31	东池村	1.5	0.8	3.2			0.4	0.8					0.8	4.4		
长治县	32	小河村	1					1.9							1.9		
长治县	33	沙峪村	0.5			0.1		0.4							0.5		
长治县	34	土桥村	1			3.8		0.7							4.5		
长治县	35	河头村	6	187.4	88.3	0.4		9.2	1.0					188.9	97.4		
长治县	36	小川村	2.5	2.4				0.4						2.8			
长治县	37	北呈村	1.5								6.6				6.6		
长治县	38	大沟村	3.5			3.6		10.4			57.5				71.5		
长治县	39	南岭头村	2					1.9			7.2				9.1		
长治县	40	北岭头村	2.5			4.1		8.6			29.1				41.7		
长治县	41	须村	0.5								0.7				0.7		
长治县	42	东和村	2			4.1		7.0			15.9				27.0		

续表

县区	序号	小流域名称	汇流时间/h	产流地类面积/km²										汇流地类面积/km²			
				灰岩森林山地	灰岩灌丛山地	灰岩土石山区	黄土丘陵阶地	砂页岩土石山区	砂页岩灌丛山地	砂页岩森林山地	耕种平地	变质岩森林山地	变质岩灌丛山地	森林山地	灌丛山地	草坡山地	耕种平地
长治县	43	中和村	2			4.1		8.6			19.1				31.8		
长治县	44	西和村	2			3.6		8.5			21.2				33.3		
长治县	45	曹家沟村	1.5			0.3		2.1			0.6				3.0		
长治县	46	琚家沟村	1.5			0.5		2.3			0.9				3.7		
长治县	47	屈家山村	1					1.3							1.3		
长治县	48	辉河村	0.5								0.3				0.3		
长治县	49	子乐沟村	1						0.8						0.8		
长治县	50	北宋村	1.5					4.1	28.9						32.1	0.9	
长治郊区	1	关村	1			0.0					0.7				0.7		
长治郊区	2	沟西村	0.5		0.2	5.1					0.0				5.3		
长治郊区	3	西长井村	1		0.9	0.7									1.6		
长治郊区	4	石桥村	1.5		1.4	1.3									2.7		
长治郊区	5	大天桥村	1.5			5.9									5.9		
长治郊区	6	中天桥村	1			3.5									3.5		
长治郊区	7	毛站村	1			3.7									3.7		

续表

县区	序号	小流域名称	汇流时间/h	产流地类面积/km²										汇流地类面积/km²			
				灰岩森林山地	灰岩灌丛山地	灰岩土石山区	黄土丘陵阶地	砂页岩土石山区	砂页岩灌丛山地	砂页岩森林山地	耕种平地	变质岩森林山地	变质岩灌丛山地	森林山地	灌丛山地	草坡山地	耕种平地
长治郊区	8	南天桥村	1			1.4									1.4		
长治郊区	9	南垂村	1.5		0.0	3.3					1.3				4.6		
长治郊区	10	鸡坡村	0.5		0.0	0.6					0.0				0.6		
长治郊区	11	盐店沟村	1		0.0	2.4									2.4		
长治郊区	12	小龙脑村	0.5			0.5									0.5		
长治郊区	13	瓦窑沟村	1			2.0									2.0		
长治郊区	14	滴谷寺村	0.5		0.1	0.5									0.6		
长治郊区	15	东沟村	0.5			0.6					0.1				0.7		
长治郊区	16	苗圃村	0.5			0.3					0.0				0.3		
长治郊区	17	老巴山村	1			2.3					0.5				2.8		
长治郊区	18	二龙山村	1			0.4					0.2				0.6		
长治郊区	19	余庄村	1								0.4				0.4		
长治郊区	20	店上村	1								1.0				1.0		
长治郊区	21	马庄村	1								11.1				11.1		

续表

县区	序号	小流域名称	汇流时间/h	产流地类面积/km²										汇流地类面积/km²			
				灰岩森林山地	灰岩灌丛山地	灰岩土石山区	黄土丘陵阶地	砂页岩土石山区	砂页岩灌丛山地	砂页岩森林山地	耕种平地	变质岩森林山地	变质岩灌丛山地	森林山地	灌丛山地	草坡山地	耕种平地
长治郊区	22	故县村	3.5				0.3				36.4				36.4	0.3	
长治郊区	23	葛家庄村	1								0.4				0.4		
长治郊区	24	良才村	0.5								0.3				0.3		
长治郊区	25	史家庄村	1								1.6				1.6		
长治郊区	26	西沟村	0.5								0.3				0.3		
长治郊区	27	西白兔村	1								6.2				6.2		
长治郊区	28	漳村	0.5								0.2				0.2		
左权县	1	清漳西源	5						246.6	206.2				206.2	246.6		
左权县	2	清漳西源	5						305.3	206.2				206.2	305.3		
左权县	3	柳林河西1	2.5						99.0						99.0		
左权县	4	柳林河西1	2.5						105.6						105.6		
左权县	5	柳林河西1	2.5						111.5						111.5		
左权县	6	枯河刘家庄0	1.5						28.2	0.0				0.0	28.2		
左权县	7	枯河8	1.5						0.1				0.5		0.5		
左权县	8	枯河6	1						3.5						3.5		

续表

县区	序号	小流域名称	汇流时间/h	产流地类面积/km^2										汇流地类面积/km^2			
				灰岩森林山地	灰岩灌丛山地	灰岩土石山区	黄土丘陵阶地	砂页岩土石山区	砂页岩灌丛山地	砂页岩森林山地	耕种平地	变质岩森林山地	变质岩灌丛山地	森林山地	灌丛山地	草坡山地	耕种平地
左权县	9	紫阳河0	2.5									26.0	0.8	26.0	0.8		
左权县	10	枯河刘家庄0	1.5						28.4	0.0					28.4		
左权县	11	十里店沟1	1.5	0.7	8.1				27.4					0.7	35.5		
左权县	12	十里店沟3	1						6.1						4.5	1.6	
左权县	13	龙河沟西6	0.5						0.7						0.0	0.7	
左权县	14	龙河沟西1	1						5.4						4.7	0.7	
左权县	15	龙河沟西1	1.5	3.9	2.1				18.1					3.9	11.8	8.4	
左权县	16	龙河沟西1	1.5	3.9	2.8				22.4					3.9	14.7	10.4	
左权县	17	苇泽沟2	1.5						9.9			2.5		2.5	9.9		
左权县	18	苇泽沟2	1						4.5			2.5		2.5	4.5		
左权县	19	王凯沟0	2	4.8	25.3								11.6	4.8	36.9		
左权县	20	桐峪沟1	3.5	42.5								18.7	3.0	61.1	3.0		
左权县	21	桐峪沟2	1									1.7	2.2	1.7	2.2		
左权县	22	桐峪沟4	1	0.0	3.2							2.0		2.1	3.2		
左权县	23	桐峪河北	2	1.4								17.8	5.7	19.3	5.7		
左权县	24	熟峪河	2		50.1								18.2		68.3		
左权县	25	禅房沟1	1.5	4.1	3.3									4.1	3.3		
左权县	26	禅房沟3	1.5		12.0										12.0		

续表

县区	序号	小流域名称	汇流时间/h	产流地类面积/km^2										汇流地类面积/km^2			
				灰岩森林山地	灰岩灌丛山地	灰岩土石山区	黄土丘陵阶地	砂页岩土石山区	砂页岩灌丛山地	砂页岩森林山地	耕种平地	变质岩森林山地	变质岩灌丛山地	森林山地	灌丛山地	草坡山地	耕种平地
左权县	27	拐儿西沟1	2.5									43.9	0.8	43.9	0.8		
左权县	28	拐儿西沟1	3									83.7	8.4	83.7	8.4		
左权县	29	拐儿西沟1	2									86.0	11.8	86.0	11.8		
左权县	30	下庄河沟东	2	4.4	3.0									4.4	3.0		
左权县	31	下庄河沟南	2.5	10.7	3.9									10.7	3.9		
		下庄河沟东	2.5	0.8	13.9									0.8	13.9		
左权县	32	下庄沟河0	3.5	46.9	20.8							7.0	4.4	53.9	25.2		
左权县	33	羊角河5	1		3.7										3.7		
左权县	34	羊角河1	1.5		10.3										10.3		
左权县	35	羊角河1	2		40.6										40.6		
左权县	36	枯河0	3						40.1	32.3		32.7	60.4	64.9	12.3	88.1	
左权县	37	桐峪沟0	4	43.9								54.3	58.7	98.2	58.7		
左权县	38	桐峪沟0	3.5	43.9								39.0	16.0	98.2	58.8		
左权县	39	三家村村沟	1.5						7.8						7.8		
左权县	40	紫阳河	2									17.3	5.2	17.3	5.2		
左权县	41	熟峪河	1		2.1										2.1		

续表

县区	序号	小流域名称	汇流时间/h	产流地类面积/km^2										汇流地类面积/km^2			
				灰岩森林山地	灰岩灌丛山地	灰岩土石山区	黄土丘陵阶地	砂页岩土石山区	砂页岩灌丛山地	砂页岩森林山地	耕种平地	变质岩森林山地	变质岩灌丛山地	森林山地	灌丛山地	草坡山地	耕种平地
左权县	42	熟峪河	1		2.1										2.1		
左权县	43	熟峪河	1		3.9										3.9		
			1		6.1										6.1		
			1		0.9										0.9		
左权县	44	熟峪河	2		30.7										30.7		
左权县	45	熟峪河南	1.5		12.9								1.5		14.4		
左权县	46	十里店沟	1						2.5						1.6	0.9	
			1.5	0.1	4.7				25.9					0.1	18.6	11.9	
左权县	47	西崖底村沟	1.5									6.4	5.3	6.4	5.3		
左权县	48	河北沟	1		1.3								3.4		4.7		
左权县	49	高峪沟	2	1.6	0.7							10.3	2.6	11.8	3.3		
左权县	50	熟峪河	2		50.1								18.5		68.6		
左权县	51	桐峪河	1									2.5	8.8	2.5	8.8		
左权县	52	禅房沟	2	20.4	24.3							0.9	0.9	21.3	25.2		
左权县	53	拐儿西沟	3									86.1	14.0	86.1	14.0		
左权县	54	禅房沟	2.5	22.3	24.9							3.5	3.5	25.8	28.4		
左权县	55	十里店沟	1	0.7	8.1				27.3					0.7	15.0	20.3	
左权县	56	十里店沟	0.5		0.5				3.6					2.3	1.8		
左权县	57	王凯沟	1	0.4	15.1									0.4	15.1		
左权县	58	王凯沟	1		5.8										5.8		

续表

县区	序号	小流域名称	汇流时间/h	产流地类面积/km^2										汇流地类面积/km^2			
				灰岩森林山地	灰岩灌丛山地	灰岩土石山区	黄土丘陵阶地	砂页岩土石山区	砂页岩灌丛山地	砂页岩森林山地	耕种平地	变质岩森林山地	变质岩灌丛山地	森林山地	灌丛山地	草坡山地	耕种平地
左权县	59	羊角河	1		1.1										1.1		
左权县	60	羊角河	1.5	2.4										2.4			
左权县	61	羊角河	0.5	0.9										0.9			
左权县	62	柳林河东	0.5						1.4						1.4		
左权县	63	柳林河东	1.5						21.4						21.4		
左权县	64	柳林河西	2.5						61.6						61.6		
左权县	65	柳林河西	1						11.9						11.9		
左权县	66	板峪沟	1.5									8.9	4.4	8.9	4.4		
左权县	67	板峪沟	1.5						5.9			8.9		8.9	5.9		
左权县	68	龙沟河	2	44.3	19.3				22.5			0.9	1.0	45.1	31.6	11.1	
左权县	69	龙沟河	0.5	34.2	11.1				22.5					34.2	11.1	22.4	
左权县	70	秋林滩沟	1.5									10.8	18.1	10.8	18.1		
左权县	71	秋林滩沟	1.5									4.8	4.9	4.8	4.9		
左权县	72	三教河	1.5						25.6						25.6		
左权县	73	三教河	0.5						1.6						1.6		
左权县	74	苇则沟	1.5									7.3	39.2	7.3	39.2		
左权县	75	苇则沟	1									0.6	8.1	0.6	8.1		
左权县	76	紫阳河	1.5									12.2		12.2			

续表

县区	序号	小流域名称	汇流时间/h	产流地类面积/km²										汇流地类面积/km²			
				灰岩森林山地	灰岩灌丛山地	灰岩土石山区	黄土丘陵阶地	砂页岩土石山区	砂页岩灌丛山地	砂页岩森林山地	耕种平地	变质岩森林山地	变质岩灌丛山地	森林山地	灌丛山地	草坡山地	耕种平地
左权县	77	桐峪沟	3	42.3								14.4	0.6	56.6	0.6		
左权县	78	熟峪河	0.5		0.8										0.8		
左权县	79	熟峪河	0.5		0.6										0.6		
左权县	80	熟峪河	0.5		1.1										1.1		
左权县	81	熟峪河南	0.5		2.6										2.6		
左权县	82	熟峪河	2		46.9								6.8		53.7		
左权县	83	拐儿西沟	1									0.9		0.9			
左权县	84	拐儿西沟	1									22.1		22.1			
左权县	85	拐儿西沟	1									39.6	0.8	39.6	0.8		
左权县	86	秋林滩沟	1.5									4.0		4.0			
左权县	87	柏峪沟	2	1.1								12.4		13.5			
左权县	88	紫阳河	1.5									6.4	0.5	6.4	0.5		
左权县	89	西崖底村	2									5.5	2.1	5.5	2.1		
榆社县	1	南屯河9	1.5						9.0						9.0		
榆社县	2	南屯河10	1						2.9						2.9		
榆社县	3	南屯河1	1.5						21.9						21.9		
榆社县	4	南屯河1	1.5						32.9						32.9		
榆社县	5	南屯河1	2						48.5						48.5		

续表

县区	序号	小流域名称	汇流时间/h	产流地类面积/km^2										汇流地类面积/km^2			
				灰岩森林山地	灰岩灌丛山地	灰岩土石山区	黄土丘陵阶地	砂页岩土石山区	砂页岩灌丛山地	砂页岩森林山地	耕种平地	变质岩森林山地	变质岩灌丛山地	森林山地	灌丛山地	草坡山地	耕种平地
榆社县	6	南屯河1	2						86.7						86.7		
榆社县	7	南屯河1	2						109.7						109.7		
榆社县	8	南屯河1	2.5						130.3						130.3		
榆社县	9	南屯河1	2.5				10.7		154.1						154.1	10.7	
榆社县	10	南屯河3	1				3.9		6.7						6.7	3.9	
榆社县	11	南屯河6	1						5.5						5.5		
榆社县	12	南屯河12	1.5						5.7						5.7		
榆社县	13	南屯河3	0.5				0.1		1.5						1.5	0.1	
榆社县	14	泉水河1	2.5						137.7	1.6				1.6	113.6	24.2	
榆社县	15	泉水河1	3				8.8		185.5	1.6				1.6	131.1	63.2	
榆社县	16	泉水河1	3.5						50.7						48.5	2.2	
榆社县	17	泉水河1	2.5						142.4	1.6				1.6	115.4	27.1	
榆社县	18	泉水河1	2.5						107.4	1.6				1.6	98.7	8.7	
榆社县	19	泉水河1	3				6.4		185.5	1.6				1.6	131.1	60.7	
榆社县	20	清秀河1	1.5						3.6	30.1				3.6	30.1		
榆社县	21	清秀河6	1						3.7	1.3				1.3	3.7		
榆社县	22	清秀河1	1.5						9.0	2.3				2.3	9.0		
榆社县	23	清秀河2	0.5				6.5									6.5	

续表

县区	序号	小流域名称	汇流时间/h	产流地类面积/km²										汇流地类面积/km²			
				灰岩森林山地	灰岩灌丛山地	灰岩土石山区	黄土丘陵阶地	砂页岩土石山区	砂页岩灌丛山地	砂页岩森林山地	耕种平地	变质岩森林山地	变质岩灌丛山地	森林山地	灌丛山地	草坡山地	耕种平地
榆社县	24	清秀河 3	0.5				0.1		7.4							7.4	
榆社县	25	清秀河 4	1				1.7		1.2						1.2	1.7	
榆社县	26	李峪沟 1	1.5				14.6		14.2						9.5	19.3	
榆社县	27	大南沟 1	0.5				1.3									1.3	
榆社县	28	东河 1	1.5						55.3						54.4	0.9	
榆社县	29	东河 1	1						12.9						12.9		
榆社县	30	赵庄河 3、4、5	1				20.9									20.9	
榆社县	31	赵庄河 8	0.5					1.3							1.0	0.2	
榆社县	32	赵庄河 6	1					5.2							1.8	3.4	
榆社县	33	赵庄河 3	0.5				1.0									1.0	
榆社县	34	赵庄河 4	0.5				2.0									2.0	
榆社县	35	赵庄河 5	0.5				8.3									8.3	
榆社县	36	西崖底河	1.5				4.8		43.4						18.3	29.9	
榆社县	37	白壁河 4	1.5						2.6	1.2					1.2	2.6	
榆社县	38	白壁河 1	2.5						23.0	27.1					27.1	23.0	
榆社县	39	白壁河 2、3	1						3.1						3.1		
		白壁河 2	1						0.5						0.5		
		白壁河 3	1						2.2						2.2		

续表

县区	序号	小流域名称	汇流时间/h	产流地类面积/km²										汇流地类面积/km²			
				灰岩森林山地	灰岩灌丛山地	灰岩土石山区	黄土丘陵阶地	砂页岩土石山区	砂页岩灌丛山地	砂页岩森林山地	耕种平地	变质岩森林山地	变质岩灌丛山地	森林山地	灌丛山地	草坡山地	耕种平地
榆社县	40	武源河1	1						24.8						16.9	7.9	
		武源河3	0.5						0.7							0.7	
榆社县	41	武源河1	1.5				12.7		45.9						18.5	40.1	
榆社县	42	武源河2	0.5				1.1									1.1	
榆社县	43	苍竹沟1	1				4.5		3.4						3.4	4.5	
榆社县	44	银郊河1	1				39.1		1.3							40.4	
榆社县	45	银郊河1	0.5				2.9									2.9	
		银郊河2	1				13.1		1.3							14.4	
		银郊河1	1				16.6		1.3							17.9	
榆社县	46	银郊河1	1				38.9		1.3							40.2	
榆社县	47	段家沟3	0.5				2.7									2.7	
榆社县	48	交口河1	1.5						31.8	0.5					0.5	31.8	
		交口河4	2.5						55.4	8.3					8.3	55.4	
		交口河1、4	2.5						87.6	8.8					8.8	87.6	
榆社县	49	交口河4	1.5						16.9	0.5				0.5	16.9		
		交口河5	1.5						10.7						10.7		
		交口河4、5	1.5				132.9		27.8	0.5				0.5	27.8		
榆社县	50	交口河1	3.5				1.4							10.4	441.5	252.0	
榆社县	51	交口河1	2				252.0		441.5	10.4				7.3	15.9		
榆社县	52	西河2	0.5						0.2						0.2		
榆社县	53	交口河1	3						94.5	8.8				8.8	94.5		

续表

县区	序号	小流域名称	汇流时间/h	产流地类面积/km^2										汇流地类面积/km^2			
				灰岩森林山地	灰岩灌丛山地	灰岩土石山区	黄土丘陵阶地	砂页岩土石山区	砂页岩灌丛山地	砂页岩森林山地	耕种平地	变质岩森林山地	变质岩灌丛山地	森林山地	灌丛山地	草坡山地	耕种平地
榆社县	54	交口河3	1				5.8		1.2							7.0	
榆社县	55	交口河2	0.5				1.1									1.1	
榆社县	56	交口河3	0.5				1.7		1.2							2.8	
榆社县	57	段家沟3	0.5				3.1									3.1	
榆社县	58	后庄	1				0.8		5.0						5.0	0.8	
和顺县	1	岩庄村	2						15.3	1.6				1.6	15.3		
和顺县	2	曲里村	2						34.6	9.6				9.6	34.6		
和顺县	3	红堡沟村	2						3.6	6.4				6.4	3.6		
和顺县	4	紫罗村	4						48.1	56.3				56.3	48.1		
和顺县	5	科举村	4						53.7	69.4				69.4	53.7		
和顺县	6	梳头村	4						70.4	73.0				73.0	70.4		
和顺县	7	王汴村	3	7.1	79.9							0.6	3.0	7.7	82.9		
和顺县	8	大窑底	3.5	10.9	97.4							2.6	15.5	13.4	113.0		
和顺县	9	青家寨	2.5	8.6	1.1									8.6	1.1		
和顺县	10	松烟村	5	41.1	126.8							8.3	32.9	49.5	159.7		
和顺县	11	灰调曲村	2.5	13.1										13.1			
和顺县	12	前营村	2	8.3	3.3									8.3	3.3		
和顺县	13	龙旺村	3							28.6				28.6			

续表

县区	序号	小流域名称	汇流时间/h	产流地类面积/km²										汇流地类面积/km²			
				灰岩森林山地	灰岩灌丛山地	灰岩土石山区	黄土丘陵阶地	砂页岩土石山区	砂页岩灌丛山地	砂页岩森林山地	耕种平地	变质岩森林山地	变质岩灌丛山地	森林山地	灌丛山地	草坡山地	耕种平地
和顺县	14	横岭村	3						99.6	13.3				13.3	99.6		
和顺县	15	口则村	2						8.8	6.4				6.4	8.8		
和顺县	16	广务村	3.5						151.6	81.6				81.6	151.6		
和顺县	17	要峪村	1						2.5	0.9				0.9	2.5		
和顺县	18	西白岩村	4						165.6	82.6				82.6	165.6		
和顺县	19	下白岩村	4.5						177.1	83.1				83.1	177.1		
和顺县	20	拐子村	2						25.5	8.3				8.4	25.5		
和顺县	21	内阳村	2.5							12.8				12.8			
和顺县	22	阳光占村	5.5						27.4	116.4				116.4	27.4		
和顺县	23	榆圪塔村	1						13.3	0.2				0.2	13.3		
和顺县	24	上石勒村	1.5						18.6	2.7				2.7	18.6		
和顺县	25	下石勒村	2						28.3	4.4				4.4	28.3		
和顺县	26	回黄村	1.5						10.3	5.3				5.3	10.3		
和顺县	27	南李阳村	1			8.6			3.7						6.0	6.3	
和顺县	28	联坪村	3.5						14.4	54.1				54.1	11.4	3.0	
和顺县	29	合山村	1.5	3.4	9.8	1.6						0.1	0.0	4.1	10.8		
和顺县	30	平松村	2.5	17.7	9.8	43.3						0.1	1.7	25.1	33.3	14.2	
和顺县	31	玉女村	3			1.5			4.4			41.3	34.6	41.8	22.0	18.0	

续表

县区	序号	小流域名称	汇流时间/h	产流地类面积/km²										汇流地类面积/km²			
				灰岩森林山地	灰岩灌丛山地	灰岩土石山区	黄土丘陵阶地	砂页岩土石山区	砂页岩灌丛山地	砂页岩森林山地	耕种平地	变质岩森林山地	变质岩灌丛山地	森林山地	灌丛山地	草坡山地	耕种平地
和顺县	32	独堆村	4						50. 1	100. 8				102. 9	46. 4	12. 0	
和顺县	33	寺沟村	2							7. 0				7. 0			
和顺县	34	东远佛村	0. 5						4. 3						1. 0	3. 3	
和顺县	35	西远佛村	1						3. 9						1. 7	2. 3	
和顺县	36	大南巷村	0. 5						1. 1				11. 1		5. 1	7. 0	
和顺县	37	壁子村	3. 5						9. 4	53. 3				53. 3	9. 4		
和顺县	38	庄里村	3. 5						22. 3	59. 5				59. 5	22. 3		
和顺县	39	杨家峪村	2							10. 0				10. 0			
和顺县	40	裴家峪村	2. 5							10. 3				10. 3			
和顺县	41	郜家庄村	2. 5						0. 5	14. 9				14. 9		0. 5	
和顺县	42	团壁村	3. 5						24. 4	62. 2				62. 2	7. 8	16. 6	
和顺县	43	仪村	3. 5						49. 4	66. 8				66. 8	20. 7	28. 7	
和顺县	44	凤台村	3. 5						63. 7	67. 5				67. 5	28. 7	35. 0	
和顺县	45	甘草坪村	2						0. 8	4. 7				4. 7	0. 8		
和顺县	46	口上村	1. 5						15. 9						15. 9		
和顺县	47	新庄村	2	7. 1	6. 0									7. 1	6. 0		

续表

县区	序号	小流域名称	汇流时间/h	产流地类面积/km^2										汇流地类面积/km^2			
				灰岩森林山地	灰岩灌丛山地	灰岩土石山区	黄土丘陵阶地	砂页岩土石山区	砂页岩灌丛山地	砂页岩森林山地	耕种平地	变质岩森林山地	变质岩灌丛山地	森林山地	灌丛山地	草坡山地	耕种平地
和顺县	48	大川口村	2.5	7.1	43.4									7.1	43.4		
和顺县	49	土岭村	3.5	7.1	79.8									7.1	79.8		
和顺县	50	石叠村	3.5	7.1	79.8									7.1	79.8		
和顺县	51	圈马坪村	4.5	12.8	113.9							0.7	3.2	13.4	117.1		
和顺县	52	牛郎峪村	5.5	29.9	119.0							0.7	3.2	30.6	122.2		
和顺县	53	雷庄村	5.5	34.7	130.6							2.6	26.5	37.3	157.1		
和顺县	54	暖窑村	3.5	27.7	5.2									27.7	5.2		
和顺县	55	乔庄村	3.5	27.4	8.9								1.3	27.4	10.2		
和顺县	56	富峪村	2.5									16.0		16.0			
和顺县	57	前南峪村	0.5						9.7				0.7		6.4	4.0	
和顺县	58	后南峪村	0.5						9.7				0.7		6.4	4.0	
和顺县	59	南窑村	0.5						9.7				0.7		6.4	4.0	

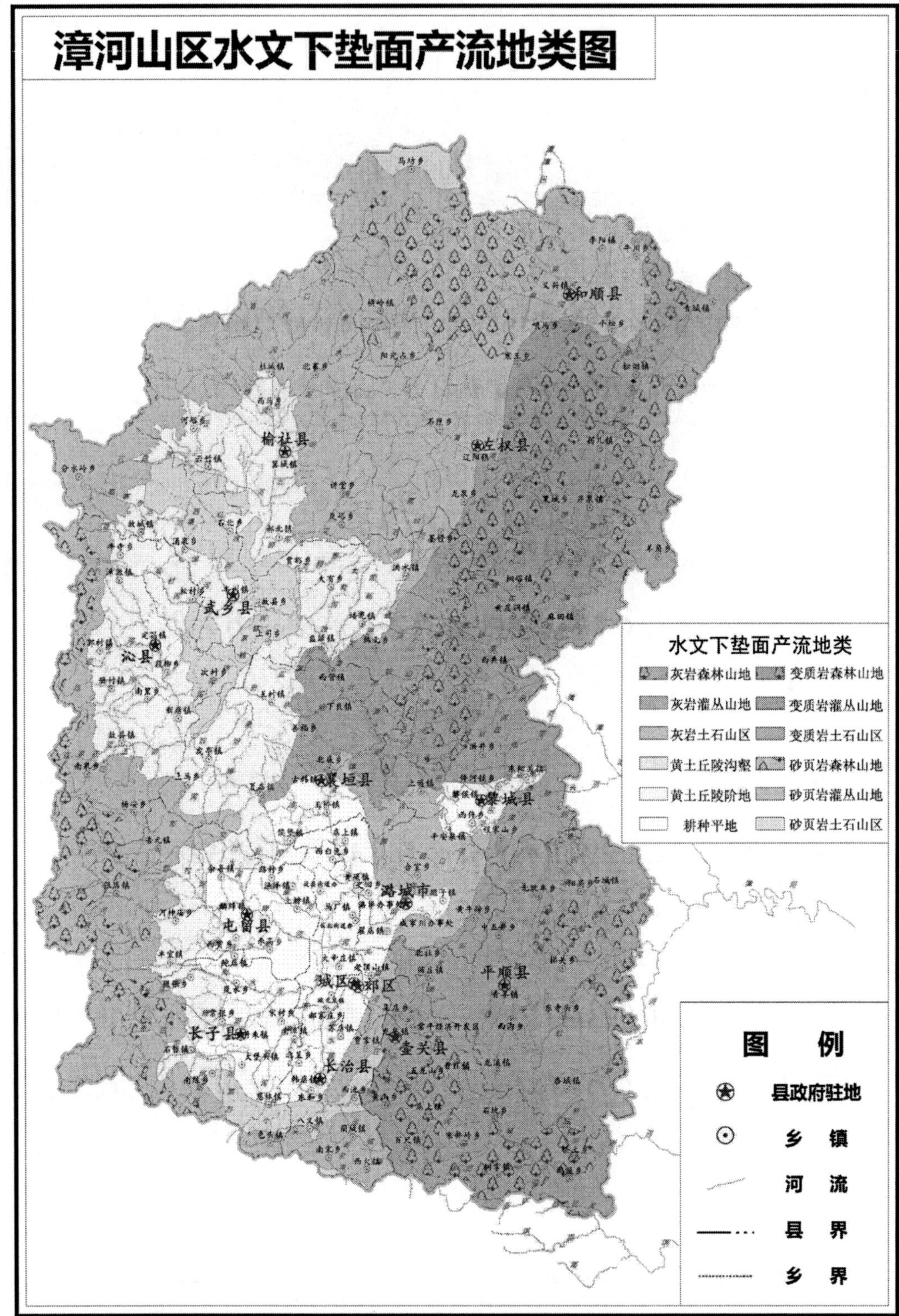

图5－2　漳河山区水文下垫面产流地类图

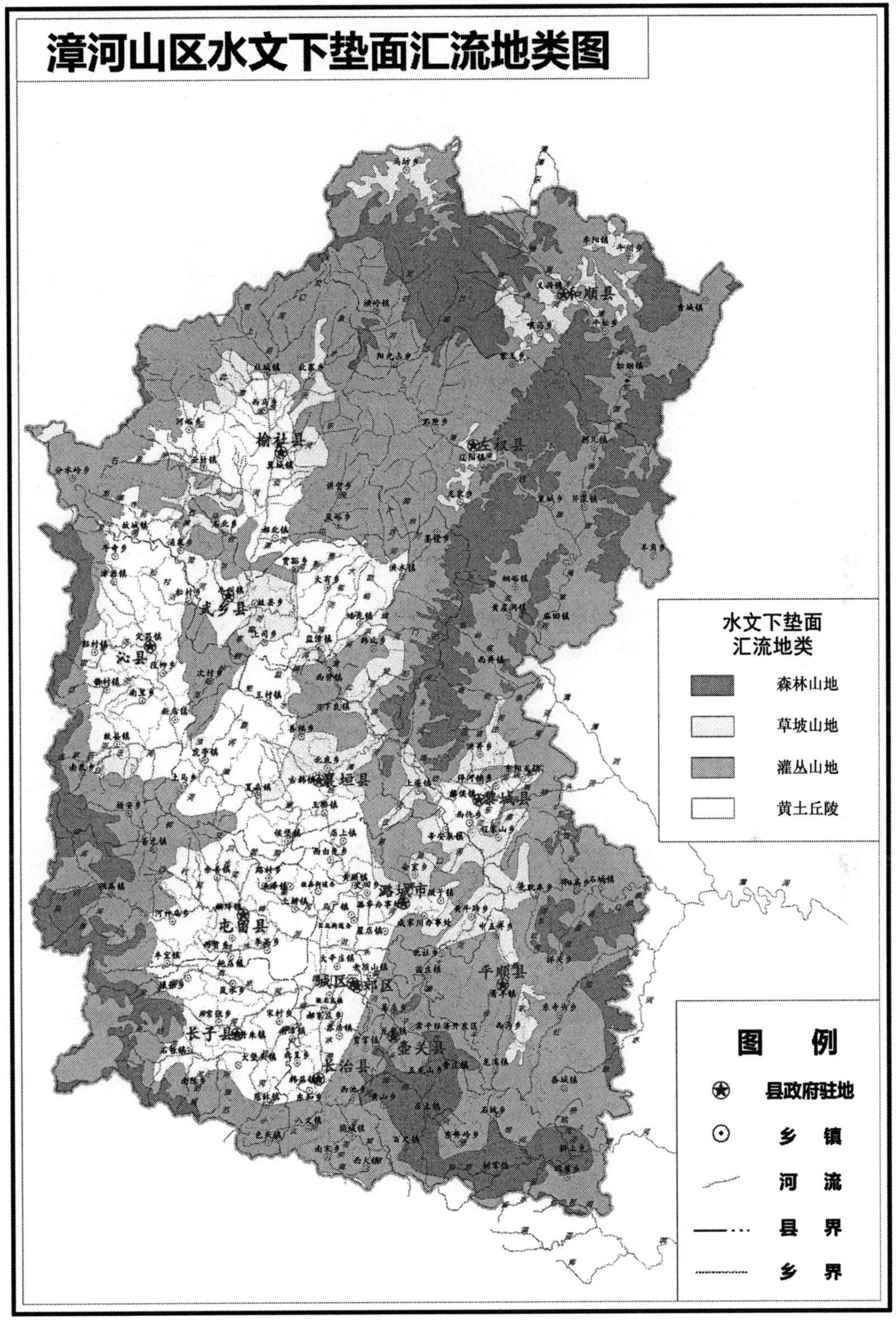

图 5－3 漳河山区水文下垫面汇流地类图

5.5 漳河山区水文站网

浊漳河流域内基本水文站主要有石梁、漳泽水库、北张店、后湾水库、蔡家庄、榆社。

1. 石梁水文站

石梁水文站为干流控制站，位于潞城市辛安泉镇石梁村东约750m，1952年6月3日由中央水利部工程总局设立。同年9月移交山西省人民政府水利局领导。1954年5月基本水尺断面下迁280m，称石梁站。1958年7月下放至晋东南专员公署水利局。1965年由水电部山西省水文总站领导，仍称石梁站。测验任务主要是水位、流量、蒸发，另外，还担负着向长治分局报汛的工作任务，属于国家基本站，控制流域面积9652km^2。石梁站设站以来最大洪峰流量3780m^3/s，发生于1976年8月。1956年6月开始有河干情况出现。

2. 漳泽水库水文站

漳泽水库水文站位于长治市郊区马厂镇临漳村，建于1955年，漳泽水文站属海河流域南运河水系，境内浊漳河发源于长子县黑虎岭。控制流域面积3176km^2，坝址以上干流长68 km，平均宽度44 km，最大98 km，河道从坡0.6‰。流域多年平均降水量594.8mm，多年平均来水量2.25亿m^3。主要服务于汛期流量、汛限水位、雨量测验、墒情报汛，属于国家基本水文站。

3. 北张店水文站

北张店水文站所处河流绛河是浊漳河南源最大的一条支流，上游河道分为南北两个支流，南支为八泉河，河长16.2km；北支为庶纪河，河长25.0km；水文站以上流域面积270km^2，河长25.0km，流域平均纵坡0.5%。流域下垫面为土石山区，植被一般，易产流，属暴涨暴落型山溪河流，一般情况下，洪水产汇流时间较短，一般3h至7h，洪水即到达断面。建站目的首先是为了研究和探讨其降雨径流，其次是为了防汛抗旱的需要。本站是个典型的小河配套站，是屯绛水库的进库站，汛期还担负着水库的报汛任务。

4. 后湾水文站

后湾水库位于襄垣县虒亭镇后湾村，建于1960年3月，集水面积为1396km^2，属于海河流域，位于浊漳河西支。

5. 蔡家庄水文站

蔡家庄水文站位于和顺县城关镇蔡家庄村清漳河东支上，设立于1958年5月，控制流域面积460km^2。蔡家庄水文站设立时间早，水文观测系列资料长，因此选取测站观测资料直接计算设计洪水。

6. 榆社水文站

榆社水文站又名石栈道站，建于1958年6月，控制流域面积702km²。浊漳河北源关河水库上游控制站。

5.6 设计洪水

5.6.1 产流计算

5.6.1.1 设计净雨深

设计净雨深用双曲正切模型计算，见式（5－1）。

$$R_p = H_{p,A}(t_z) - F_A(t_z) \cdot \text{th}\left[\frac{H_{p,A}(t_z)}{F_A(t_z)}\right] \tag{5-1}$$

式中，th为双曲正切运算符；t_z为设计暴雨的主雨历时，h；$H_{p,A}(t_z)$为设计暴雨的主雨面雨量，mm；R_P为设计洪水净雨深，mm；$F_A(t_z)$为主雨历时内的流域可能损失，mm。

主雨历时t_z按暴雨公式（5－2）求解。

$$S_p \frac{1 - n_s t_z^{\lambda}}{t_z^{n}} = 2.5,\ n = n_s \frac{t_z^{\lambda} - 1}{\lambda \ln t_z} \tag{5-2}$$

式中，符号意义同前。

流域可能损失$F_A(t_z)$用式（5－3）计算。

$$F_A(t_z) = S_{r,A}(1 - B_{0,p})\ t_z^{0.5} + 2K_{S,A}\ t_z \tag{5-3}$$

式中，$S_{r,A}$为流域包气带充分风干时的吸收率，反映流域的综合吸水能力，mm/h$^{1/2}$；$K_{S,A}$为流域包气带饱和时的导水率，mm/h；$B_{0,p}$为设计频率的流域前期土湿标志（流域持水度），根据表5－4查取。

表5－4　设计洪水流域前期持水度$B_{0,p}$查用表

频率（%）	<0.33	1	2	5	10	>10
$B_{0,P}$	0.63	0.61	0.58	0.54	0.50	0.50

根据流域下垫面的实际情况，从《山西省水文计算手册》表5－1中合理选用相应的单地类吸收率S_r及导水率K_S（取值见表5－5），然后分别根据各种地类的面积权重按式（5－4）及式（5－5）加权计算流域的吸收率$S_{r,A}$和导水率$K_{S,A}$。

$$S_{r,A} = \sum c_i \cdot S_{r,\ i} \quad i = 1,\ 2,\ \cdots \tag{5-4}$$

$$K_{S,A}=\sum c_i \cdot K_{s,i}, i=1, 2, \cdots \tag{5-5}$$

式中，$S_{r,i}$为单地类包气带充分风干时的吸收率，mm/h$^{1/2}$；$K_{S,i}$为单地类包气带饱和时的导水率，mm/h；c_i 为某种地类面积占流域总面积的权重。

表 5－5　产汇流地类参数采用值表

县区	序号	小流域名称	村落名称	产流地类											汇流地类				
				参数	灰岩森林山地	灰岩灌丛山地	灰岩土石山区	黄土丘陵阶地	砂页岩土石山区	砂页岩森林山地	砂页岩灌丛山地	耕种平地	变岩灌丛山地	变质岩森林山地	参数	森林山地	灌丛山地	草坡山地	耕种平地
武乡县	1	洪水村	洪水村	S_r	43	35		21			18				C_1	1.36	1.26	1.05	
				Ks	4.1	3.5		1.4			1.2				C_2	2.76	1.77	0.95	
武乡县	2	寨坪村	寨坪村	S_r	35.5	30.5		21			18				C_1	1.36	1.26	1.05	
				K_s	3.35	2.9		1.4			1.2				C_2	2.95	1.53	0.95	
武乡县	3	下寨村	下寨村	S_r				21			18				C_1		1.26	1.05	
				K_s				1.4			1.2				C_2		1.53	0.95	
武乡县	4	中村村	中村村	S_r		30.5					18				C_1		1.26		
				K_s		2.9					1.2				C_2		1.53		
武乡县	5	义安村	义安村	S_r		30.5					18				C_1		1.26		
				K_s		2.9					1.2				C_2		1.53		
武乡县	6	韩北村	韩北村	S_r		30.5									C_1		1.26	1.05	
				K_s		2.9									C_2		1.77	0.95	
武乡县	7	王家峪村	王家峪村	S_r		30.5		21							C_1		1.26	1.05	
				K_s		2.9		1.4							C_2		1.53	0.95	
武乡县	8	大有村	大有村	S_r				21							C_1			1.05	
				K_s				1.4							C_2			0.95	
武乡县	9	辛庄村	辛庄村	S_r				21							C_1			1.05	
				K_s				1.4							C_2			0.95	
武乡县	10	峪口村	峪口村	S_r				21							C_1			1.05	
				K_s				1.4							C_2			0.95	
武乡县	11	型村	型村	S_r				21	19						C_1			1.05	
				K_s				1.4	1.25						C_2			0.95	
武乡县	12	李峪村	李峪村	S_r				21							C_1			1.05	
				K_s				1.4							C_2			0.95	
武乡县	13	泉沟村	泉沟村	S_r				21							C_1			1.05	
				K_s				1.4							C_2			0.95	
武乡县	14	贾豁村	贾豁村	S_r				21	19		18				C_1		1.26	1.05	
				K_s				1.4	1.25		1.2				C_2		1.53	0.95	

续表

县区	序号	小流域名称	村落名称	产流地类											汇流地类				
				参数	灰岩森林山地	灰岩灌丛山地	灰岩土石山区	黄土丘陵阶地	砂页岩土石山区	砂页岩森林山地	砂页岩灌丛山地	耕种平地	变岩灌丛山地	变质岩森林山地	参数	森林山地	灌丛山地	草坡山地	耕种平地
武乡县	15	高家庄村	高家庄村	S_r				21			18				C_1		1.26	1.05	
				K_s				1.4			1.2				C_2		1.53	0.95	
武乡县	16	石泉村	石泉村	S_r				21			18				C_1		1.26	1.05	
				K_s				1.4			1.2				C_2		1.53	0.95	
武乡县	17	海神沟村	海神沟村	S_r				21							C_1			1.05	
				K_s				1.4							C_2			0.95	
武乡县	18	郭村村	郭村村	S_r				21			18				C_1		1.26	1.05	
				K_s				1.4			1.2				C_2		1.53	0.95	
武乡县	19	杨桃湾村	杨桃湾村	S_r					19						C_1		1.26	1.05	
				K_s					1.25						C_2		1.77	0.95	
武乡县	20	胡庄铺村	胡庄铺村	S_r				21	19						C_1		1.26	1.05	
				K_s				1.4	1.25						C_2		1.77	0.95	
武乡县	21	平家沟	平家沟	S_r				21							C_1			1.05	
				K_s				1.4							C_2			0.95	
武乡县	22	王路村	王路村	S_r				21	19						C_1		1.26	1.05	
				K_s				1.4	1.25						C_2		1.53	0.95	
武乡县	23	马牧村 马牧村干流	马牧村	S_r				21	19						C_1		1.26	1.05	
				K_s				1.4	1.25						C_2		1.53	0.95	
武乡县		马牧村 马牧村支流		S_r				21	19						C_1		1.26	1.05	
				K_s				1.4	1.25						C_2		1.53	0.95	
武乡县	24	南村村	南村村	S_r				21	19						C_1		1.26	1.05	
				K_s				1.4	1.25						C_2		1.77	0.95	
武乡县	25	东寨底村	东寨底村	S_r				21							C_1			1.05	
				K_s				1.4							C_2			0.95	
武乡县	26	邵渠村	邵渠村	S_r				21							C_1			1.05	
				K_s				1.4							C_2			0.95	
武乡县	27	北涅水村	北涅水村	S_r				21							C_1			1.05	
				K_s				1.4							C_2			0.95	
武乡县	28	高台寺村	高台寺村	S_r				21	19		18				C_1		1.26	1.05	
				K_s				1.4	1.25		1.2				C_2		1.77	0.95	

续表

县区	序号	小流域名称	村落名称	产流地类											汇流地类				
				参数	灰岩森林山地	灰岩灌丛山地	灰岩土石山区	黄土丘陵阶地	砂页岩土石山区	砂页岩森林山地	砂页岩灌丛山地	耕种平地	变岩灌丛山地	变质岩森林山地	参数	森林山地	灌丛山地	草坡山地	耕种平地
武乡县	29	槐圪塔村	槐圪塔村	S_r				21	19		18				C_1		1.26	1.05	
				K_s				1.4	1.25		1.2				C_2		1.77	0.95	
武乡县	30	大寨村	大寨村	S_r				21	19		18				C_1		1.26	1.05	
				K_s				1.4	1.25		1.2				C_2		1.53	0.95	
武乡县	31	西良村	西良村	S_r				21			18				C_1		1.26	1.05	
				K_s				1.4			1.2				C_2		1.77	0.95	
武乡县	32	分水岭村	分水岭村	S_r							18				C_1		1.26		
				K_s							1.2				C_2		1.53		
武乡县	33	窑儿头村	窑儿头村	S_r							18				C_1		18		
				K_s							1.2				C_2		1.2		
武乡县	34	南关村	南关村	S_r							18				C_1		1.26	1.05	
				K_s							1.2				C_2		1.77	0.95	
武乡县	35	松庄村	松庄村	S_r							18				C_1		1.26	1.05	
				K_s							1.2				C_2		1.77	0.95	
武乡县	36	石北村	石北村	S_r				21	19						C_1		1.26	1.05	
				K_s				1.4	1.25						C_2		1.77	0.95	
武乡县	37	西黄岩村 西黄岩村干流	西黄岩村	S_r				21	19						C_1		1.26	1.05	
				K_s				1.4	1.25						C_2		1.77	0.95	
武乡县		西黄岩村 西黄岩村支流		S_r				21	19						C_1		1.26	1.05	
				K_s				1.4	1.25						C_2		1.77	0.95	
武乡县	38	石北村	石北村	S_r				21	19						C_1		1.26	1.05	
				K_s				1.4	1.25						C_2		1.77	0.95	
武乡县	39	长蔚村	长蔚村	S_r				21	19						C_1		1.26	1.05	
				K_s				1.4	1.25						C_2		1.77	0.95	
武乡县	40	玉家渠	玉家渠	S_r				21	19						C_1		1.26	1.05	
				K_s				1.4	1.25						C_2		1.77	0.95	
武乡县	41	长庆村	长庆村	S_r				21	19						C_1		1.26	1.05	
				K_s				1.4	1.25						C_2		1.77	0.95	
武乡县	42	长庆凹村	长庆凹村	S_r				21	19						C_1		1.26	1.05	
				K_s				1.4	1.25						C_2		1.77	0.95	

续表

县区	序号	小流域名称	村落名称	产流地类											汇流地类				
				参数	灰岩森林山地	灰岩灌丛山地	灰岩土石山区	黄土丘陵阶地	砂页岩土石山区	砂页岩森林山地	砂页岩灌丛山地	耕种平地	变岩灌丛山地	变质岩森林山地	参数	森林山地	灌丛山地	草坡山地	耕种平地
武乡县	43	墨镫村	墨镫村	S_r							18				C_1		1.26		
				K_s							1.2				C_2		1.53		
沁县	1	北关社区	北关社区	S_r				21		23	18				C_1	1.36	1.26	1.05	
				K_s				1.4		1.5	1.2				C_2	2.76	1.53	0.95	
沁县	2	南关社区	北关社区	S_r				21		23	18				C_1	1.36	1.26	1.05	
				K_s				1.4		1.5	1.2				C_2	2.76	1.53	0.95	
沁县	3	西苑社区	西苑社区	S_r				21		23	18				C_1	1.36	1.26	1.05	
				K_s				1.4		1.5	1.2				C_2	2.76	1.53	0.95	
沁县	4	东苑社区	东苑社区	S_r				21		23	18				C_1	1.36	1.26	1.05	
				K_s				1.4		1.5	1.2				C_2	2.76	1.53	0.95	
沁县	5	育才社区	育才社区	S_r				21		23	18				C_1	1.36	1.26	1.05	
				K_s				1.4		1.5	1.2				C_2	2.76	1.53	0.95	
沁县	6	合庄村	合庄村	S_r				21							C_1			1.05	
				K_s				1.4							C_2			0.95	
沁县	7	北寺上村	北寺上村	S_r				21							C_1			1.05	
				K_s				1.4							C_2			0.95	
沁县	8	下曲峪村	下曲峪村	S_r				21							C_1			1.05	
				K_s				1.4							C_2			0.95	
沁县	9	迎春村	迎春村	S_r				21		23	18				C_1	1.36	1.26	1.05	
				K_s				1.4		1.5	1.2				C_2	2.76	1.53	0.95	
沁县	10	官道上	官道上	S_r				21							C_1			1.05	
				K_s				1.4							C_2			0.95	
沁县	11	北漳村	北漳村	S_r				21		23	18				C_1	1.36	1.26	1.05	
				K_s				1.4		1.5	1.2				C_2	2.76	1.53	0.95	
沁县	12	福村村	福村村	S_r				21		23	18				C_1	1.36	1.26	1.05	
				K_s				1.4		1.5	1.2				C_2	2.76	1.53	0.95	
沁县	13	郭村村	郭村村	S_r				21		23	18				C_1	1.36	1.26	1.05	
				K_s				1.4		1.5	1.2				C_2	2.76	1.53	0.95	
沁县	14	池堡村	池堡村	S_r				21		23	18				C_1	1.36	1.26	1.05	
				K_s				1.4		1.5	1.2				C_2	2.76	1.53	0.95	
沁县	15	故县村	故县村	S_r				21		23	18				C_1	1.36	1.26	1.05	
				K_s				1.4		1.5	1.2				C_2	2.76	1.53	0.95	

续表

县区	序号	小流域名称	村落名称	产流地类											汇流地类				
				参数	灰岩森林山地	灰岩灌丛山地	灰岩土石山区	黄土丘陵阶地	砂页岩土石山区	砂页岩森林山地	砂页岩灌丛山地	耕种平地	变岩灌丛山地	变质岩森林山地	参数	森林山地	灌丛山地	草坡山地	耕种平地
沁县	16	后河村	后河村	S_r				21		23	18				C_1	1.36	1.26	1.05	
				K_s				1.4		1.5	1.2				C_2	2.76	1.53	0.95	
沁县	17	徐村	徐村	S_r				21		23	18				C_1	1.36	1.26	1.05	
				K_s				1.4		1.5	1.2				C_2	2.76	1.53	0.95	
沁县	18	马连道村	马连道村	S_r				21	19						C_1		1.26	1.05	
				K_s				1.4	1.25						C_2		1.53	0.95	
沁县	19	徐阳村	徐阳村	S_r				21	19						C_1		1.26	1.05	
				K_s				1.4	1.25						C_2		1.53	0.95	
沁县	20	邓家坡村	邓家坡村	S_r				21			18				C_1		1.26	1.05	
				K_s				1.4			1.2				C_2		1.53	0.95	
沁县	21	南池村	南池村	S_r				21			18				C_1		1.26	1.05	
				K_s				1.4			1.2				C_2		1.53	0.95	
沁县	22	古城村	古城村	S_r				21			18				C_1	1.36	1.26	1.05	
				K_s				1.4			1.2				C_2	2.76	1.53	0.95	
沁县	23	太里村	太里村	S_r				21			18				C_1		1.26	1.05	
				K_s				1.4			1.2				C_2		1.53	0.95	
沁县	24	西贤待	西贤待	S_r				21							C_1			1.05	
				K_s				1.4							C_2			0.95	
沁县	25	芦则沟	芦则沟	S_r				21							C_1			1.05	
				K_s				1.4							C_2			0.95	
沁县	26	陈庄沟	陈庄沟	S_r				21			18				C_1		1.26	1.05	
				K_s				1.4			1.2				C_2		1.53	0.95	
沁县	27	沙圪道	沙圪道	S_r				21			18				C_1		1.26	1.05	
				K_s				1.4			1.2				C_2		1.53	0.95	
沁县	28	交口村	交口村	S_r				21							C_1			1.05	
				K_s				1.4							C_2			0.95	
沁县	29	韩曹沟	韩曹沟	S_r				21			18				C_1		1.26	1.05	
				K_s				1.4			1.2				C_2		1.53	0.95	
沁县	30	固亦村	固亦村	S_r				21			18				C_1		1.26	1.05	
				K_s				1.4			1.2				C_2		1.53	0.95	
沁县	31	南园则村	南园则村	S_r				21		23	18				C_1	1.36	1.26	1.05	
				K_s				1.4		1.5	1.2				C_2	2.76	1.53	0.95	

续表

县区	序号	小流域名称	村落名称	产流地类											汇流地类				
				参数	灰岩森林山地	灰岩灌丛山地	灰岩土石山区	黄土丘陵阶地	砂页岩土石山区	砂页岩森林山地	砂页岩灌丛山地	耕种平地	变岩灌丛山地	变质岩森林山地	参数	森林山地	灌丛山地	草坡山地	耕种平地
沁县	32	景村村	景村村	S_r				21		23	18				C_1	1.36	1.26	1.05	
				K_s				1.4		1.5	1.2				C_2	2.76	1.53	0.95	
沁县	33	羊庄村	羊庄村	S_r				21		23	18				C_1	1.36	1.26	1.05	
				K_s				1.4		1.5	1.2				C_2	2.76	1.53	0.95	
沁县	34	乔家湾村	乔家湾村	S_r				21		23	18				C_1	1.36	1.26	1.05	
				K_s				1.4		1.5	1.2				C_2	2.76	1.53	0.95	
沁县	35	山坡村	山坡村	S_r				21		23	18				C_1	1.36	1.26	1.05	
				K_s				1.4		1.5	1.2				C_2	2.76	1.53	0.95	
沁县	36	道兴村	道兴村	S_r				21							C_1			1.05	
				K_s				1.4							C_2			0.95	
沁县	37	燕垒沟村	燕垒沟村	S_r				21		23	18				C_1	1.36	1.26	1.05	
				K_s				1.4		1.5	1.2				C_2	2.76	1.53	0.95	
沁县	38	河止村	河止村	S_r				21		23	18				C_1	1.36	1.26	1.05	
				K_s				1.4		1.5	1.2				C_2	2.76	1.53	0.95	
沁县	39	漫水村	漫水村	S_r				21		23	18				C_1	1.36	1.26	1.05	
				K_s				1.4		1.5	1.2				C_2	2.76	1.53	0.95	
沁县	40	下湾村	下湾村	S_r				21		23	18				C_1	1.36	1.26	1.05	
				K_s				1.4		1.5	1.2				C_2	2.76	1.53	0.95	
沁县	41	寺庄村	寺庄村	S_r				21							C_1			1.05	
				K_s				1.4							C_2			0.95	
沁县	42	前庄	前庄	S_r				21							C_1			1.05	
				K_s				1.4							C_2			0.95	
沁县	43	蔡甲	蔡甲	S_r				21	19						C_1		1.26	1.05	
				K_s				1.4	1.25						C_2		1.53	0.95	
沁县	44	长街村	长街村	S_r				21	19						C_1		1.26	1.05	
				K_s				1.4	1.25						C_2		1.53	0.95	
沁县	45	次村村	次村村	S_r				21	19						C_1		1.26	1.05	
				K_s				1.4	1.25						C_2		1.53	0.95	
沁县	46	五星村	五星村	S_r					19						C_1		1.26		
				K_s					1.25						C_2		1.53		
沁县	47	东杨家庄村	东杨家庄村	S_r				21							C_1			1.05	
				K_s				1.4							C_2			0.95	

续表

县区	序号	小流域名称	村落名称	产流地类											汇流地类				
				参数	灰岩森林山地	灰岩灌丛山地	灰岩土石山区	黄土丘陵阶地	砂页岩土石山区	砂页岩森林山地	砂页岩灌丛山地	耕种平地	变岩灌丛山地	变质岩森林山地	参数	森林山地	灌丛山地	草坡山地	耕种平地
沁县	48	下张庄村	下张庄村	S_r				21							C_1			1.05	
				K_s				1.4							C_2			0.95	
沁县	49	唐村村	唐村村	S_r				21							C_1			1.05	
				K_s				1.4							C_2			0.95	
沁县	50	中里村	中里村	S_r						23	18				C_1	1.36	1.26		
				K_s						1.5	1.2				C_2	2.76	1.53		
沁县	51	南泉村	南泉村	S_r				21		23	18				C_1	1.36	1.26	1.05	
				K_s				1.4		1.5	1.2				C_2	2.76	1.53	0.95	
沁县	52	榜口村	榜口村	S_r						23	18				C_1	1.36	1.26		
				K_s						1.5	1.2				C_2	2.76	1.53		
沁县	53	杨安村	杨安村	S_r		30.5		21							C_1		1.257	1.046	
				K_s		2.9		1.4							C_2		1.53	0.95	
襄垣县	1	石灰窑村	石灰窑村	S_r		30.5		21							C_1		1.257	1.046	
				K_s		2.9		1.4							C_2		1.53	0.95	
襄垣县	2	返底村	返底村	S_r			24								C_1		1.257	1.046	
				K_s			1.7								C_2		1.53	0.95	
襄垣县	3	普头村	普头村	S_r		30.5	24								C_1		1.257	1.046	
				K_s		2.9	1.7								C_2		1.53	0.95	
襄垣县	4	安沟村	安沟村	S_r				21							C_1			1.046	
				K_s				1.4							C_2			0.95	
襄垣县	5	阎村	阎村	S_r				21				27			C_1		1.257	1.046	
				K_s				1.4				1.9			C_2		1.53	0.95	
襄垣县	6	南马喊村	南马喊村	S_r				21							C_1			1.046	
				K_s				1.4							C_2			0.95	
襄垣县	7	河口村	河口村	S_r				21							C_1			1.046	
				K_s				1.4							C_2			0.95	
襄垣县	8	北田漳村	北田漳村	S_r		35		21							C_1			1.046	
				K_s		3.5		1.4							C_2			0.95	
襄垣县	9	南邯村	南邯村	S_r				21			18				C_1		1.257	1.046	
				K_s				1.4			1.2				C_2		1.53	0.95	
襄垣县	10	小河村	小河村	S_r				21	19						C_1		1.257	1.046	
				K_s				1.4	1.3						C_2		1.53	0.95	

续表

县区	序号	小流域名称	村落名称	产流地类											汇流地类				
				参数	灰岩森林山地	灰岩灌丛山地	灰岩土石山区	黄土丘陵阶地	砂页岩土石山区	砂页岩森林山地	砂页岩灌丛山地	耕种平地	变岩灌丛山地	变质岩森林山地	参数	森林山地	灌丛山地	草坡山地	耕种平地
襄垣县	11	白堰底村	白堰底村	S_r				21	19						C_1		1.257	1.046	
				K_s				1.4	1.3						C_2		1.53	0.95	
襄垣县	12	西洞上村	西洞上村	S_r				21	19						C_1		1.257	1.046	
				K_s				1.4	1.3						C_2		1.53	0.95	
襄垣县	13	王村	王村	S_r				21	19						C_1		1.257	1.046	
				K_s				1.4	1.3						C_2		1.53	0.95	
襄垣县	14	下庙村	下庙村	S_r				21	19						C_1		1.257	1.046	
				K_s				1.4	1.3						C_2		1.53	0.95	
襄垣县	15	史属村	史属村	S_r				21							C_1			1.046	
				K_s				1.4							C_2			0.95	
襄垣县	16	店上村	店上村	S_r		30.5		21	19						C_1		1.257	1.046	
				K_s		2.9		1.4	1.3						C_2		1.53	0.95	
襄垣县	17	北姚村	北姚村	S_r				21	19						C_1		1.257	1.046	
				K_s				1.4	1.3						C_2		1.53	0.95	
襄垣县	18	史北村	史北村	S_r				21	19						C_1		1.257	1.046	
				K_s				1.4	1.3						C_2		1.53	0.95	
襄垣县	19	前王沟村	前王沟村	S_r				21							C_1			1.046	
				K_s				1.4							C_2			0.95	
襄垣县	20	任庄村	任庄村	S_r				21	19						C_1		1.257	1.046	
				K_s				1.4	1.3						C_2		1.53	0.95	
襄垣县	21	高家沟村	高家沟村	S_r				21							C_1			1.046	
				K_s				1.4							C_2			0.95	
襄垣县	22	下良村	下良村	S_r		30.5		21	19						C_1		1.257	1.046	
				K_s		2.9		1.4	1.3						C_2		1.53	0.95	
襄垣县	23	水碾村	水碾村	S_r		30.5		21	19						C_1		1.257	1.046	
				K_s		2.9		1.4	1.3						C_2		1.53	0.95	
襄垣县	24	寨沟村	寨沟村	S_r		30.5		21							C_1		1.257	1.046	
				K_s		2.9		1.4							C_2		1.53	0.95	
襄垣县	25	庄里村	庄里村	S_r				21							C_1			1.046	
				K_s				1.4							C_2			0.95	
襄垣县	26	桑家河村	桑家河村	S_r		30.5		21							C_1		1.257	1.046	
				K_s		2.9		1.4							C_2		1.53	0.95	

续表

县区	序号	小流域名称	村落名称	产流地类											汇流地类				
				参数	灰岩森林山地	灰岩灌丛山地	灰岩土石山区	黄土丘陵阶地	砂页岩土石山区	砂页岩森林山地	砂页岩灌丛山地	耕种平地	变岩灌丛山地	变质岩森林山地	参数	森林山地	灌丛山地	草坡山地	耕种平地
襄垣县	27	固村	固村	S_r				21		23	18				C_1	1.357	1.257	1.046	
				K_s				1.4		1.5	1.2				C_2	2.95	1.77	0.95	
襄垣县	28	阳沟村	阳沟村	S_r				21		23	18				C_1	1.357	1.257	1.046	
				K_s				1.4		1.5	1.2				C_2	2.95	1.77	0.95	
襄垣县	29	温泉村	温泉村	S_r				21		23	18				C_1	1.357	1.257	1.046	
				K_s				1.4		1.5	1.2				C_2	2.95	1.77	0.95	
襄垣县	30	燕家沟村	燕家沟村	S_r				21			18				C_1		1.257	1.046	
				K_s				1.4			1.2				C_2		1.53	0.95	
襄垣县	31	高崖底村	高崖底村	S_r						23	18				C_1	1.357	1.257		
				K_s						1.5	1.2				C_2	2.95	1.77		
襄垣县	32	里阚村	里阚村	S_r				21		23	18				C_1	1.357	1.257	1.046	
				K_s				1.4		1.5	1.2				C_2	2.95	1.77	0.95	
襄垣县	33	合漳村	合漳村	S_r				21			18				C_1		1.257	1.046	
				K_s				1.4			1.2				C_2		1.77	0.95	
襄垣县	34	西底村	西底村	S_r				21							C_1			1.046	
				K_s				1.4							C_2			0.95	
襄垣县	35	南田漳村	南田漳村	S_r		30.5									C_1			1.046	
				K_s		2.9									C_2			0.95	
襄垣县	36	北马喊村	北马喊村	S_r				21							C_1			1.046	
				K_s				1.4							C_2			0.95	
襄垣县	37	南底村	南底村	S_r							18				C_1		1.257		
				K_s							1.2				C_2		1.53		
襄垣县	38	兴民村	兴民村	S_r		30.5		21							C_1		1.257	1.046	
				K_s		2.9		1.4							C_2		1.53	0.95	
襄垣县	39	路家沟村	路家沟村	S_r				21							C_1			1.046	
				K_s				1.4							C_2			0.95	
襄垣县	40	南漳西	南漳西	S_r		30.5									C_1		1.257		
				K_s		2.9									C_2		1.77		
襄垣县	41	南漳东	南漳东	S_r		30.5		21							C_1		1.257	1.046	
				K_s		2.9		1.4							C_2		1.77	0.95	
襄垣县	42	东坡村	东坡村	S_r				21	19						C_1		1.257	1.046	
				K_s				1.4	1.3						C_2		1.53	0.95	

续表

县区	序号	小流域名称	村落名称	产流地类											汇流地类				
				参数	灰岩森林山地	灰岩灌丛山地	灰岩土石山区	黄土丘陵阶地	砂页岩土石山区	砂页岩森林山地	砂页岩灌丛山地	耕种平地	变岩灌丛山地	变质岩森林山地	参数	森林山地	灌丛山地	草坡山地	耕种平地
襄垣县	43	九龙村	九龙村	S_r				21			18				C_1		1.257	1.046	
				K_s				1.4			1.2				C_2		1.77	0.95	
壶关县	1	浙河	桥上村	S_r	35.5	30.5			19						C_1	1.36	1.26		
				K_s	3.35	2.9			1.25						C_2	2.76	1.53		
壶关县	2		盘底村	S_r	35.5	30.5			19						C_1	1.36	1.26		
				K_s	3.35	2.9			1.25						C_2	2.76	1.53		
壶关县	3		石咀上	S_r	35.5	30.5			19						C_1	1.36	1.26		
				K_s	3.35	2.9			1.25						C_2	2.76	1.53		
壶关县	4	浙河		S_r	35.5	30.5			19						C_1	1.36	1.26		
				K_s	3.35	2.9			1.25						C_2	2.76	1.53		
和顺县	5		盘底村	S_r	35.5	30.5			19						C_1	1.36	1.26		
				K_s	3.35	2.9			1.25						C_2	2.76	1.53		
和顺县	6		石咀上	S_r	35.5	30.5			19						C_1	1.36	1.26		
				K_s	3.35	2.9			1.25						C_2	2.76	1.53		
和顺县	7		王家庄村	S_r	35.5	30.5			19						C_1	1.36	1.26		
				K_s	3.35	2.9			1.25						C_2	2.76	1.53		
和顺县	8		沙滩村	S_r	35.5	30.5			19						C_1	1.36	1.26		
				K_s	3.35	2.9			1.25						C_2	2.76	1.53		
和顺县	9		丁家岩村	S_r	35.5	30.5			19						C_1	1.36	1.26		
				K_s	3.35	2.9			1.25						C_2	2.76	1.53		
和顺县	10		潭上	S_r	35.5	30.5			19						C_1	1.36	1.26		
				K_s	3.35	2.9			1.25						C_2	2.76	1.53		
和顺县	11		河东	S_r	35.5	30.5			19						C_1	1.36	1.26		
				K_s	3.35	2.9			1.25						C_2	2.76	1.53		
和顺县	12		大河村	S_r	35.5	30.5			19						C_1	1.36	1.26		
				K_s	3.35	2.9			1.25						C_2	2.76	1.53		
和顺县	13		坡底	S_r	35.5	30.5			19						C_1	1.36	1.26		
				K_s	3.35	2.9			1.25						C_2	2.76	1.53		
和顺县	14		南坡	S_r	35.5	30.5									C_1	1.36	1.26		
				K_s	3.35	2.9									C_2	2.76	1.53		
和顺县	15		杨家池村	S_r	35.5	30.5			19						C_1	1.36	1.26		
				K_s	3.35	2.9			1.25						C_2	2.76	1.53		

续表

县区	序号	小流域名称	村落名称	产流地类											汇流地类				
				参数	灰岩森林山地	灰岩灌丛山地	灰岩土石山区	黄土丘陵阶地	砂页岩土石山区	砂页岩森林山地	砂页岩灌丛山地	耕种平地	变岩灌丛山地	变质岩森林山地	参数	森林山地	灌丛山地	草坡山地	耕种平地
和顺县	16	浙河	河东岸	S_r	35.5	30.5			19						C_1	1.36	1.26		
				K_s	3.35	2.9			1.25						C_2	2.76	1.53		
壶关县	17	石坡河	东川底村	S_r		30.5									C_1		1.26		
				K_s		2.9									C_2		1.53		
壶关县	18	桑延河	庄则上村	S_r	35.5	30.5			19						C_1	1.36	1.26		
				K_s	3.35	2.9			1.25						C_2	2.76	1.53		
和顺县	19		土圪堆	S_r	35.5	30.5			19						C_1	1.36	1.26		
				K_s	3.35	2.9			1.25						C_2	2.76	1.53		
壶关县	20	桑延河	西坡上	S_r	35.5	30.5									C_1	1.36	1.26		
				K_s	3.35	2.9									C_2	2.76	1.53		
壶关县	21		靳家庄	S_r	35.5	30.5									C_1	1.36	1.26		
				K_s	3.35	2.9									C_2	2.76	1.53		
壶关县	22	浙河	五里沟村	S_r		30.5									C_1		1.26		
				K_s		2.9									C_2		1.53		
壶关县	23	石坡河	石坡村	S_r		30.5									C_1		1.26		
				K_s		2.9									C_2		1.53		
壶关县	24	浙河	东黄花水村	S_r		30.5									C_1		1.26		
				K_s		2.9									C_2		1.53		
壶关县	25		西黄花水村	S_r		30.5									C_1		1.26		
				K_s		2.9									C_2		1.53		
壶关县	26	石坡河	安口村	S_r		30.5									C_1		1.26		
				K_s		2.9									C_2		1.53		
壶关县	27		北平头坞村	S_r	35.5	30.5									C_1	1.36	1.26		
				K_s	3.35	2.9									C_2	2.76	1.53		
壶关县	28		南平头坞村	S_r	35.5	30.5									C_1	1.36	1.26		
				K_s	3.35	2.9									C_2	2.76	1.53		
壶关县	29		双井村	S_r		30.5									C_1		1.26		
				K_s		2.9									C_2		1.53		

续表

县区	序号	小流域名称	村落名称	产流地类											汇流地类				
				参数	灰岩森林山地	灰岩灌丛山地	灰岩土石山区	黄土丘陵阶地	砂页岩土石山区	砂页岩森林山地	砂页岩灌丛山地	耕种平地	变岩灌丛山地	变质岩森林山地	参数	森林山地	灌丛山地	草坡山地	耕种平地
壶关县	30	浙河	石河沐村	S_r	35.5										C_1	1.36			
				K_s	3.35										C_2	2.76			
壶关县	31		口头村	S_r		30.5									C_1		1.26		
				K_s		2.9									C_2		1.53		
壶关县	32		三郊口村	S_r		30.5									C_1		1.26		
				K_s		2.9									C_2		1.53		
壶关县	33	石坡河	大井村	S_r		30.5									C_1		1.26		
				K_s		2.9									C_2		1.53		
壶关县	34	浙河	城寨村	S_r		30.5									C_1		1.26		
				K_s		2.9									C_2		1.53		
壶关县	35	石坡河	土寨村	S_r		30.5									C_1		1.26		
				K_s		2.9									C_2		1.53		
壶关县	36	陶清河	薛家园村	S_r		30.5									C_1		1.26		
				K_s		2.9									C_2		1.53		
壶关县	37		西底村	S_r	35.5										C_1	1.36			
				K_s	3.35										C_2	2.76			
壶关县	38	神郊河	磨掌村	S_r	35.5	30.5									C_1	1.36	1.26		
				K_s	3.35	2.9									C_2	2.76	1.53		
壶关县	39	浙河	神北村	S_r	35.5	30.5			19						C_1	1.36	1.26		
				K_s	3.35	2.9			1.25						C_2	2.76	1.53		
壶关县	40		神南村	S_r	35.5	30.5			19						C_1	1.36	1.26		
				K_s	3.55	2.9			1.25						C_2	2.76	1.53		
壶关县	41		上河村	S_r	35.5	30.5			19						C_1	1.36	1.26		
				K_s	3.35	2.9			1.25						C_2	2.76	1.53		
壶关县	42		福头村	S_r	35.5	30.5									C_1	1.36	1.26		
				K_s	3.35	2.9									C_2	2.76	1.53		

续表

县区	序号	小流域名称	村落名称	产流地类											汇流地类				
				参数	灰岩森林山地	灰岩灌丛山地	灰岩土石山区	黄土丘陵阶地	砂页岩土石山区	砂页岩森林山地	砂页岩灌丛山地	耕种平地	变岩灌丛山地	变质岩森林山地	参数	森林山地	灌丛山地	草坡山地	耕种平地
壶关县	43	石子河	西七里村	S_r		30.5									C_1		1.26		
				K_s		2.9									C_2		1.53		
壶关县	44		料阳村	S_r	35.5	30.5									C_1	1.36	1.26		
				K_s	3.35	2.9									C_2	2.76	1.53		
壶关县	45		南岸上	S_r	35.5	30.5									C_1	1.36	1.26		
				K_s	3.35	2.9									C_2	2.76	1.53		
壶关县	46		鲍家则	S_r		30.5									C_1		1.26		
				K_s		2.9									C_2		1.53		
壶关县	47		南沟村	S_r		30.5									C_1		1.26		
				K_s		2.9									C_2		1.53		
壶关县	48		角脚底村	S_r		30.5									C_1		1.26		
				K_s		2.9									C_2		1.53		
壶关县	49	庄头河	北河村	S_r	35.5	30.5	24		19						C_1	1.36	1.26		
				K_s	3.35	2.9	1.7		1.25						C_2	2.76	1.53		
黎城县	1	东洼	东洼	S_r	35.5	30.5							16	22	C_1	1.36	1.26		
				K_s	3.35	2.9							1.1	1.45	C_2	2.76	1.53		
黎城县	2	仁庄	仁庄	S_r		30.5						27			C_1		1.26	1.05	
				K_s		2.9						1.9			C_2		1.53	0.72	
黎城县	3	北泉寨	北泉寨	S_r	35.5	30.5						27	16	22	C_1	1.36	1.26	1.05	
				K_s	3.35	2.9						1.9	1.1	1.45	C_2	2.76	1.53	0.72	
黎城县	4	宋家庄	宋家庄	S_r	35.5	30.5									C_1	1.36	1.26		
				K_s	3.35	2.9									C_2	2.76	1.53		
黎城县	5	苏家峧	苏家峧	S_r		30.5									C_1		1.26		
				K_s		2.9									C_2		1.53		
黎城县	6	岚沟	岚沟	S_r	35.5								16	22	C_1	1.36	1.26		
				K_s	3.35								1.1	1.45	C_2	2.76	1.53		
黎城县	7	后寨	后寨	S_r		30.5							16		C_1		1.26		
				K_s		2.9							1.1		C_2		1.53		
黎城县	8	寺底	寺底	S_r	35.5	30.5							16	22	C_1	1.36	1.26	1.05	
				K_s	3.35	2.9							1.1	1.45	C_2	2.76	1.53	0.72	
黎城县	9	北委泉	北委泉	S_r	35.5	30.5							16	22	C_1	1.36	1.26		
				K_s	3.35	2.9							1.1	1.45	C_2	2.76	1.53		

续表

县区	序号	小流域名称	村落名称	产流地类											汇流地类				
				参数	灰岩森林山地	灰岩灌丛山地	灰岩土石山区	黄土丘陵阶地	砂页岩土石山区	砂页岩森林山地	砂页岩灌丛山地	耕种平地	变岩灌丛山地	变质岩森林山地	参数	森林山地	灌丛山地	草坡山地	耕种平地
黎城县	10	车元	车元	S_r	35.5	30.5							16	22	C_1	1.36	1.26		
				K_s	3.35	2.9							1.1	1.45	C_2	2.76	1.53		
黎城县	11	茶棚滩	茶棚滩	S_r	35.5	30.5							16	22	C_1	1.36	1.26		
				K_s	3.35	2.9							1.1	1.45	C_2	2.76	1.53		
黎城县	12	佛崖底	佛崖底	S_r	35.5	30.5							16	22	C_1	1.36	1.26		
				K_s	3.35	2.9							1.1	1.45	C_2	2.76	1.53		
黎城县	13	小寨	小寨	S_r	35.5								16	22	C_1	1.36	1.26		
				K_s	3.35								1.1	1.45	C_2	2.76	1.53		
黎城县	14	西村	西村	S_r	35.5								16	22	C_1	1.36	1.26		
				K_s	3.35								1.1	1.45	C_2	2.76	1.53		
黎城县	15	北停河	北停河	S_r		30.5						27			C_1		1.26	1.05	
				K_s		2.9						1.9			C_2		1.53	0.72	
黎城县	16	柏官庄	柏官庄	S_r	35.5	30.5							16	22	C_1	1.36	1.26		
				K_s	3.35	2.9							1.1	1.45	C_2	2.76	1.53		
黎城县	17	郭家庄	郭家庄	S_r		30.5									C_1		1.26	1.05	
				K_s		2.9									C_2		1.53	0.72	
黎城县	18	前庄	前庄	S_r									16	22	C_1	1.36	1.26	1.05	
				K_s									1.1	1.45	C_2	2.76	1.53	0.72	
黎城县	19	龙王庙	龙王庙	S_r		30.5									C_1		1.26	1.05	
				K_s		2.9									C_2		1.53	0.72	
黎城县	20	秋树垣	秋树垣	S_r		30.5						27			C_1		1.26	1.05	
				K_s		2.9						1.9			C_2		1.53	0.72	
黎城县	21	背坡	背坡	S_r	35.5	30.5							16	22	C_1	1.36	1.26		
				K_s	3.35	2.9							1.1	1.45	C_2	2.76	1.53		
黎城县	22	南委泉	南委泉	S_r	35.5	30.5							16	22	C_1	1.36	1.26		
				K_s	3.35	2.9							1.1	1.45	C_2	2.76	1.53		
黎城县	23	平头	平头	S_r	35.5	30.5							16	22	C_1	1.36	1.26		
				K_s	3.35	2.9							1.1	1.45	C_2	2.76	1.53		
黎城县	24	中庄	中庄	S_r									16	22	C_1	1.36	1.26		
				K_s									1.1	1.45	C_2	2.76	1.53		
黎城县	25	孔家峧	孔家峧	S_r	35.5	30.5							16	22	C_1	1.36	1.26		
				K_s	3.35	2.9							1.1	1.45	C_2	2.76	1.53		

续表

县区	序号	小流域名称	村落名称	产流地类											汇流地类				
				参数	灰岩森林山地	灰岩灌丛山地	灰岩土石山区	黄土丘陵阶地	砂页岩土石山区	砂页岩森林山地	砂页岩灌丛山地	耕种平地	变岩灌丛山地	变质岩森林山地	参数	森林山地	灌丛山地	草坡山地	耕种平地
黎城县	26	三十亩	三十亩	S_r	35.5	30.5							16	22	C_1	1.36	1.26	1.05	
				K_s	3.35	2.9							1.1	1.45	C_2	2.76	1.53	0.72	
黎城县	27	清泉	清泉	S_r	35.5	30.5							16	22	C_1	1.36	1.26		
				K_s	3.35	2.9							1.1	1.45	C_2	2.76	1.53		
屯留县	1	杨家湾村	杨家湾村	S_r				21							C_1			1.05	
				K_s				1.4							C_2			0.72	
屯留县	2	贾庄村	贾庄村	S_r				21			18				C_1		1.26	1.05	
				K_s				1.4			1.2				C_2		1.53	0.72	
屯留县	3	魏村	魏村	S_r								27			C_1		1.26		
				K_s								1.9			C_2		1.53		
屯留县	4	吾元村	吾元村	S_r							18				C_1		1.26		
				K_s							1.2				C_2		1.53		
屯留县	5	丰秀岭村	丰秀岭村	S_r							18				C_1		1.26		
				K_s							1.2				C_2		1.53		
屯留县	6	南阳坡村	南阳坡村	S_r						23	18				C_1	1.36	1.26		
				K_s						1.5	1.2				C_2	2.76	1.53		
屯留县	7	罗村	罗村	S_r						23	18				C_1	1.36	1.26		
				K_s						1.5	1.2				C_2	2.76	1.53		
屯留县	8	煤窑沟村	煤窑沟村	S_r						23	18				C_1	1.36	1.26		
				K_s						1.5	1.2				C_2	2.76	1.53		
屯留县	9	东坡村	东坡村	S_r						23	18				C_1	1.36	1.26		
				K_s						1.5	1.2				C_2	2.76	1.53		
屯留县	10	三交村	三交村	S_r						23	18				C_1	1.36	1.26		
				K_s						1.5	1.2				C_2	2.76	1.53		
屯留县	11	贾庄	贾庄	S_r				21			18				C_1		1.26	1.05	
				K_s				1.4			1.2				C_2		1.53	0.72	
屯留县	12	老庄沟	老庄沟	S_r							18				C_1		1.26		
				K_s							1.2				C_2		1.53		
屯留县	13	北沟庄	北沟庄	S_r				21			18				C_1		1.26	1.05	
				K_s				1.4			1.2				C_2		1.53	0.95	
屯留县	14	老庄沟村西坡	老庄沟村西坡	S_r				21			18				C_1		1.26	1.05	
				K_s				1.4			1.2				C_2		1.53	0.95	

续表

县区	序号	小流域名称	村落名称	产流地类											汇流地类				
				参数	灰岩森林山地	灰岩灌丛山地	灰岩土石山区	黄土丘陵阶地	砂页岩土石山区	砂页岩森林山地	砂页岩灌丛山地	耕种平地	变岩灌丛山地	变质岩森林山地	参数	森林山地	灌丛山地	草坡山地	耕种平地
屯留县	15	秦家村	秦家村	S_r				21			18				C_1		1.26	1.05	
				K_s				1.4			1.2				C_2		1.53	0.72	
屯留县	16	张店村	张店村	S_r						23	18				C_1	1.36	1.26		
				K_s						1.5	1.2				C_2	2.76	1.53		
屯留县	17	甄湖村	甄湖村	S_r				21		23	18				C_1	1.36	1.26	1.05	
				K_s				1.4		1.5	1.2				C_2	2.76	1.53	0.95	
屯留县	18	张村	张村	S_r						23	18				C_1	1.36	1.26		
				K_s						1.5	1.2				C_2	2.76	1.53		
屯留县	19	南里庄村	南里庄村	S_r							18				C_1		1.26		
				K_s							1.2				C_2		1.53		
屯留县	20	上立寨村	上立寨村	S_r						23	18				C_1	1.36	1.26		
				K_s						1.5	1.2				C_2	2.76	1.53		
屯留县	21	大半沟	大半沟	S_r						23	18				C_1	1.36	1.26		
				K_s						1.5	1.2				C_2	2.76	1.53		
屯留县	22	五龙沟	五龙沟	S_r							18				C_1		1.26		
				K_s							1.2				C_2		1.53		
屯留县	23	李家庄村	李家庄村	S_r							18				C_1		1.26		
				K_s							1.2				C_2		1.53		
屯留县	24	马家庄	马家庄	S_r							18				C_1		1.26		
				K_s							1.2				C_2		1.53		
屯留县	25	帮家庄	帮家庄	S_r							18				C_1		1.26		
				K_s							1.2				C_2		1.53		
屯留县	26	秋树坡	秋树坡	S_r							18				C_1		1.26		
				K_s							1.2				C_2		1.53		
屯留县	27	李家庄村西坡	李家庄村西坡	S_r							18				C_1		1.26		
				K_s							1.2				C_2		1.53		
屯留县	28	半坡村	半坡村	S_r						23	18				C_1	1.36	1.26		
				K_s						1.5	1.2				C_2	2.76	1.53		
屯留县	29	霜泽村	霜泽村	S_r						23	18				C_1	1.36	1.26		
				K_s						1.5	1.2				C_2	2.76	1.53		
屯留县	30	雁落坪村	雁落坪村	S_r						23	18				C_1	1.36	1.26		
				K_s						1.5	1.2				C_2	2.76	1.53		

续表

县区	序号	小流域名称	村落名称	参数	灰岩森林山地	灰岩灌丛山地	灰岩土石山区	黄土丘陵阶地	砂页岩土石山区	砂页岩森林山地	砂页岩灌丛山地	耕种平地	变岩灌丛山地	变质岩森林山地	参数	森林山地	灌丛山地	草坡山地	耕种平地
					产流地类										汇流地类				
屯留县	31	雁落坪村西坡	雁落坪村西坡	S_r						23	18				C_1	1.36	1.26		
				K_s						1.5	1.2				C_2	2.76	1.53		
屯留县	32	宜丰村	宜丰村	S_r						23	18				C_1	1.36	1.26		
				K_s						1.5	1.2				C_2	2.76	1.53		
屯留县	33	浪井沟	浪井沟	S_r						23	18				C_1	1.36	1.26		
				K_s						1.5	1.2				C_2	2.76	1.53		
屯留县	34	宜丰村西坡	宜丰村西坡	S_r						23	18				C_1	1.36	1.26		
				K_s						1.5	1.2				C_2	2.76	1.53		
屯留县	35	中村村	中村村	S_r							18				C_1		1.26		
				K_s							1.2				C_2		1.53		
屯留县	36	河西村	河西村	S_r						23	18				C_1	1.36	1.26		
				K_s						1.5	1.2				C_2	2.76	1.53		
屯留县	37	柳树庄村	柳树庄村	S_r						23	18				C_1	1.36	1.26		
				K_s						1.5	1.2				C_2	2.76	1.53		
屯留县	38	柳树庄	柳树庄	S_r						23	18				C_1	1.36	1.26		
				K_s						1.5	1.2				C_2	2.76	1.53		
屯留县	39	老洪沟	老洪沟	S_r						23	18				C_1	1.36	1.26		
				K_s						1.5	1.2				C_2	2.76	1.53		
屯留县	40	崖底村	崖底村	S_r						23	18				C_1	1.36	1.26		
				K_s						1.5	1.2				C_2	2.76	1.53		
屯留县	41	唐王庙村	唐王庙村	S_r				21			18				C_1		1.26	1.05	
				K_s				1.4			1.2				C_2		1.53	0.95	
屯留县	42	南掌	南掌	S_r				21							C_1			1.05	
				K_s				1.4							C_2			0.95	
屯留县	43	徐家庄	徐家庄	S_r				21							C_1			1.05	
				K_s				1.4							C_2			0.95	
屯留县	44	郭家庄	郭家庄	S_r				21			18				C_1		1.26	1.05	
				K_s				1.4			1.2				C_2		1.53	0.95	
屯留县	45	沿湾	沿湾	S_r				21			18				C_1		1.26	1.05	
				K_s				1.4			1.2				C_2		1.53	0.95	
屯留县	46	王家庄	王家庄	S_r				21							C_1			1.05	
				K_s				1.4							C_2			0.95	

续表

县区	序号	小流域名称	村落名称	产流地类											汇流地类				
				参数	灰岩森林山地	灰岩灌丛山地	灰岩土石山区	黄土丘陵阶地	砂页岩土石山区	砂页岩森林山地	砂页岩灌丛山地	耕种平地	变岩灌丛山地	变质岩森林山地	参数	森林山地	灌丛山地	草坡山地	耕种平地
屯留县	47	林庄村	林庄村	S_r						23	18				C_1	1.36	1.26		
				K_s						1.5	1.2				C_2	2.76	1.53		
屯留县	48	八泉村	八泉村	S_r						23	18				C_1	1.36	1.26		
				K_s						1.5	1.2				C_2	2.76	1.53		
屯留县	49	七泉村	七泉村	S_r						23	18				C_1	1.36	1.26		
				K_s						1.5	1.2				C_2	2.76	1.53		
屯留县	50	鸡窝圪套	鸡窝圪套	S_r						23	18				C_1	1.36	1.26		
				K_s						1.5	1.2				C_2	2.76	1.53		
屯留县	51	南沟村	南沟村	S_r						23	18				C_1	1.36	1.26		
				K_s						1.5	1.2				C_2	2.76	1.53		
屯留县	52	棋盘新庄	棋盘新庄	S_r						23	18				C_1	1.36	1.26		
				K_s						1.5	1.2				C_2	2.76	1.53		
屯留县	53	羊窑	羊窑	S_r						23	18				C_1	1.36	1.26		
				K_s						1.5	1.2				C_2	2.76	1.53		
屯留县	54	小桥	小桥	S_r						23	18				C_1	1.36	1.26		
				K_s						1.5	1.2				C_2	2.76	1.53		
屯留县	55	寨上村	寨上村	S_r						23	18				C_1	1.36	1.26		
				K_s						1.5	1.2				C_2	2.76	1.53		
屯留县	56	寨上	寨上	S_r						23	18				C_1	1.36	1.26		
				K_s						1.5	1.2				C_2	2.76	1.53		
屯留县	57	吴而村	吴而村	S_r						23					C_1	1.36			
				K_s						1.5					C_2	2.76			
屯留县	58	西上村	西上村	S_r						23	18				C_1	1.36	1.26		
				K_s						1.5	1.2				C_2	2.76	1.53		
屯留县	59	西沟河村	西沟河村	S_r						23	18				C_1	1.36	1.26		
				K_s						1.5	1.2				C_2	2.76	1.53		
屯留县	60	西岸上	西岸上	S_r						23	18				C_1	1.36	1.26		
				K_s						1.5	1.2				C_2	2.76	1.53		
屯留县	61	西村	西村	S_r						23	18				C_1	1.36	1.26		
				K_s						1.5	1.2				C_2	2.76	1.53		
屯留县	62	西丰宜村	西丰宜村	S_r				21		23	18				C_1	1.36	1.26	1.05	
				K_s				1.4		1.5	1.2				C_2	2.76	1.53	0.95	

续表

县区	序号	小流域名称	村落名称	产流地类											汇流地类				
				参数	灰岩森林山地	灰岩灌丛山地	灰岩土石山区	黄土丘陵阶地	砂页岩土石山区	砂页岩森林山地	砂页岩灌丛山地	耕种平地	变岩灌丛山地	变质岩森林山地	参数	森林山地	灌丛山地	草坡山地	耕种平地
屯留县	63	郝家庄村	郝家庄村	S_r				21			18				C_1		1.26	1.05	
				K_s				1.4			1.2				C_2		1.53	0.95	
屯留县	64	石泉村	石泉村	S_r				21							C_1			1.05	
				K_s				1.4							C_2			0.95	
屯留县	65	西洼村	西洼村	S_r				21				27			C_1		1.26	1.05	
				K_s				1.4				1.9			C_2		1.53	0.95	
屯留县	66	河神庙	河神庙	S_r				21							C_1			1.05	
				K_s				1.4							C_2			0.95	
屯留县	67	梨树庄村	梨树庄村	S_r							18				C_1		1.26		
				K_s							1.2				C_2		1.53		
屯留县	68	庄洼	庄洼	S_r							18				C_1		1.26		
				K_s							1.2				C_2		1.53		
屯留县	69	西沟村	西沟村	S_r						23	18				C_1	1.36	1.26		
				K_s						1.5	1.2				C_2	2.76	1.53		
屯留县	70	老婆角	老婆角	S_r						23	18				C_1	1.36	1.26		
				K_s						1.5	1.2				C_2	2.76	1.53		
屯留县	71	西沟口	西沟口	S_r						23	18				C_1	1.36	1.26		
				K_s						1.5	1.2				C_2	2.76	1.53		
屯留县	72	司家沟	司家沟	S_r				21			18				C_1		1.26	1.05	
				K_s				1.4			1.2				C_2		1.53	0.95	
屯留县	73	龙王沟村	龙王沟村	S_r				21							C_1			1.05	
				K_s				1.4							C_2			0.95	
屯留县	74	西流寨村	西流寨村	S_r				21		23	18				C_1	1.36	1.26	1.05	
				K_s				1.4		1.5	1.2				C_2	2.76	1.53	0.95	
屯留县	75	马家庄	马家庄	S_r						23	18				C_1	1.36	1.26		
				K_s						1.5	1.2				C_2	2.76	1.53		
屯留县	76	大会村	大会村	S_r						23	18				C_1	1.36	1.26		
				K_s						1.5	1.2				C_2	2.76	1.53		
屯留县	77	西大会	西大会	S_r						23	18				C_1	1.36	1.26		
				K_s						1.5	1.2				C_2	2.76	1.53		
屯留县	78	河长头村	河长头村	S_r				21		23	18				C_1	1.36	1.26	1.05	
				K_s				1.4		1.5	1.2				C_2	2.76	1.53	0.95	

续表

县区	序号	小流域名称	村落名称	产流地类											汇流地类				
				参数	灰岩森林山地	灰岩灌丛山地	灰岩土石山区	黄土丘陵阶地	砂页岩土石山区	砂页岩森林山地	砂页岩灌丛山地	耕种平地	变岩灌丛山地	变质岩森林山地	参数	森林山地	灌丛山地	草坡山地	耕种平地
屯留县	79	南庄村	南庄村	S_r				21		23	18				C_1	1.36	1.26	1.05	
				K_s				1.4		1.5	1.2				C_2	2.76	1.53	0.95	
屯留县	80	中理村	中理村	S_r				21		23	18				C_1	1.36	1.26	1.05	
				K_s				1.4		1.5	1.2				C_2	2.76	1.53	0.95	
屯留县	81	吴寨村	吴寨村	S_r						23	18				C_1	1.36	1.26		
				K_s						1.5	1.2				C_2	2.76	1.53		
屯留县	82	桑园	桑园	S_r						23	18				C_1	1.36	1.26		
				K_s						1.5	1.2				C_2	2.76	1.53		
屯留县	83	黑家口	黑家口	S_r						23	18				C_1	1.36	1.26		
				K_s						1.5	1.2				C_2	2.76	1.53		
屯留县	84	上莲村	上莲村	S_r				21			18				C_1		1.26	1.05	
				K_s				1.4			1.2				C_2		1.53	0.95	
屯留县	85	前上莲	前上莲	S_r				21			18				C_1		1.26	1.05	
				K_s				1.4			1.2				C_2		1.53	0.95	
屯留县	86	后上莲	后上莲	S_r				21			18				C_1		1.26	1.05	
				K_s				1.4			1.2				C_2		1.53	0.95	
屯留县	87	山角村	山角村	S_r				21			18				C_1		1.26	1.05	
				K_s				1.4			1.2				C_2		1.53	0.95	
屯留县	88	马庄	马庄	S_r				21			18				C_1		1.26	1.05	
				K_s				1.4			1.2				C_2		1.53	0.95	
屯留县	89	交川村	交川村	S_r							18				C_1		1.26		
				K_s							1.2				C_2		1.53		
平顺县	1	洪岭村	洪岭村	S_r		30.5									C_1		1.26		
				K_s		2.9									C_2		1.53		
平顺县	2	椿树沟村	椿树沟村	S_r		30.5		21		23	18				C_1	1.36	1.26	1.05	
				K_s		2.9		1.4		1.5	1.2				C_2	2.76	1.53	0.95	
平顺县	3	贾家村	贾家村	S_r		30.5									C_1		1.26		
				K_s		2.9									C_2		1.53		
平顺县	4	南北头村	南北头村	S_r		30.5									C_1		1.26		
				K_s		2.9									C_2		1.53		
平顺县	5	河则	河则	S_r		30.5									C_1		1.26		
				K_s		2.9									C_2		1.53		

续表

县区	序号	小流域名称	村落名称	产流地类											汇流地类				
				参数	灰岩森林山地	灰岩灌丛山地	灰岩土石山区	黄土丘陵阶地	砂页岩土石山区	砂页岩森林山地	砂页岩灌丛山地	耕种平地	变岩灌丛山地	变质岩森林山地	参数	森林山地	灌丛山地	草坡山地	耕种平地
平顺县	6	路家口村	路家口村	S_r		30.5		21			18				C_1		1.26	1.05	
				K_s		2.9		1.4			1.2				C_2		1.53	0.95	
平顺县	7	北坡村支流	北坡村支流	S_r		30.5									C_1		1.26		
				K_s		2.9									C_2		1.53		
平顺县	8	北坡村干流	北坡村干流	S_r		30.5									C_1		1.26		
				K_s		2.9									C_2		1.53		
平顺县	9	龙镇村	龙镇村	S_r		30.5									C_1		1.26		
				K_s		2.9									C_2		1.53		
平顺县	10	南坡村	南坡村	S_r		30.5									C_1		1.26		
				K_s		2.9									C_2		1.53		
平顺县	11	东迷村	东迷村	S_r		30.5									C_1		1.26	1.05	
				K_s		2.9									C_2		1.53	0.72	
平顺县	12	正村	正村	S_r		30.5		21			18				C_1		1.26	1.05	
				K_s		2.9		1.4			1.2				C_2		1.53	0.95	
平顺县	13	龙家村	龙家村	S_r	35.5	30.5									C_1	1.36	1.26	1.05	
				K_s	3.35	2.9									C_2	2.76	1.53	0.72	
平顺县	14	申家坪村	申家坪村	S_r	35.5	30.5									C_1	1.36	1.26	1.05	
				K_s	3.35	2.9									C_2	2.76	1.53	0.72	
平顺县	15	下井村	下井村	S_r		30.5									C_1		1.26	1.05	
				K_s		2.9									C_2		1.53	0.72	
平顺县	16	青行头村	青行头村	S_r		30.5									C_1		1.26	1.05	
				K_s		2.9									C_2		1.53	0.72	
平顺县	17	南赛	南赛	S_r	35.5	30.5									C_1	1.36	1.26	1.05	
				K_s	3.35	2.9									C_2	2.76	1.53	0.72	
平顺县	18	东峪	东峪	S_r		30.5									C_1		1.26	1.05	
				K_s		2.9									C_2		1.53	0.72	
平顺县	19	西沟村	西沟村	S_r	35.5	30.5									C_1	1.36	1.26	1.05	
				K_s	3.35	2.9									C_2	2.76	1.53	0.72	
平顺县	20	川底村	川底村	S_r	35.5	30.5									C_1	1.36	1.26	1.05	
				K_s	3.35	2.9									C_2	2.76	1.53	0.72	
平顺县	21	石埠头村	石埠头村	S_r		30.5									C_1		1.26	1.05	
				K_s		2.9									C_2		1.53	0.72	

续表

县区	序号	小流域名称	村落名称	产流地类											汇流地类				
				参数	灰岩森林山地	灰岩灌丛山地	灰岩土石山区	黄土丘陵阶地	砂页岩土石山区	砂页岩森林山地	砂页岩灌丛山地	耕种平地	变岩灌丛山地	变质岩森林山地	参数	森林山地	灌丛山地	草坡山地	耕种平地
平顺县	22	小东峪村	小东峪村	S_r		30. 5		21		23	18				C_1	1. 36	1. 26	1. 05	
				K_s		2. 9		1. 4		1. 5	1. 2				C_2	2. 76	1. 53	0. 95	
平顺县	23	城关村	城关村	S_r		30. 5									C_1		1. 26	1. 05	
				K_s		2. 9									C_2		1. 53	0. 72	
平顺县	24	峈峪村	峈峪村	S_r		30. 5									C_1		1. 26		
				K_s		2. 9									C_2		1. 53		
平顺县	25	张井村	张井村	S_r		30. 5									C_1		1. 26	1. 05	
				K_s		2. 9									C_2		1. 53	0. 72	
平顺县	26	回源交村	回源交村	S_r		30. 5									C_1		1. 26	1. 05	
				K_s		2. 9									C_2		1. 53	0. 72	
平顺县	27	小赛村	小赛村	S_r		30. 5									C_1		1. 26	1. 05	
				K_s		2. 9									C_2		1. 53	0. 72	
平顺县	28	后留村	后留村	S_r		30. 5									C_1			1. 05	
				K_s		2. 9									C_2			0. 72	
平顺县	29	常家村	常家村	S_r		30. 5		21		23	18				C_1	1. 36	1. 26	1. 05	
				K_s		2. 9		1. 4		1. 5	1. 2				C_2	2. 76	1. 53	0. 95	
平顺县	30	庙后村	庙后村	S_r		30. 5		21		23	18				C_1	1. 36	1. 26	1. 05	
				K_s		2. 9		1. 4		1. 5	1. 2				C_2	2. 76	1. 53	0. 95	
平顺县	31	黄崖村	黄崖村	S_r		30. 5									C_1		1. 26		
				K_s		2. 9									C_2		1. 53		
平顺县	32	牛石窑村	牛石窑村	S_r		30. 5									C_1		1. 26		
				K_s		2. 9									C_2		1. 53		
平顺县	33	玉峡关村	玉峡关村	S_r		30. 5									C_1	1. 36			
				K_s		2. 9									C_2	2. 76			
平顺县	34	玉峡关村	玉峡关村	S_r		30. 5									C_1		1. 26		
				K_s		2. 9									C_2		1. 53		
平顺县	35	南地	南地	S_r	35. 5	30. 5									C_1	1. 36	1. 26		
				K_s	3. 35	2. 9									C_2	2. 76	1. 53		
平顺县	36	阱沟	阱沟	S_r	35. 5										C_1	1. 36			
				K_s	3. 35										C_2	2. 76			
平顺县	37	石窑滩村	石窑滩村	S_r		30. 5									C_1		1. 26		
				K_s		2. 9									C_2		1. 53		

续表

县区	序号	小流域名称	村落名称	产流地类											汇流地类				
				参数	灰岩森林山地	灰岩灌丛山地	灰岩土石山区	黄土丘陵阶地	砂页岩土石山区	砂页岩森林山地	砂页岩灌丛山地	耕种平地	变岩灌丛山地	变质岩森林山地	参数	森林山地	灌丛山地	草坡山地	耕种平地
平顺县	38	羊老岩村	羊老岩村	S_r		30.5									C_1		1.26		
				K_s		2.9									C_2		1.53		
平顺县	39	河口	河口	S_r	35.5	30.5									C_1	1.36	1.26		
				K_s	3.35	2.9									C_2	2.76	1.53		
平顺县	40	底河村	底河村	S_r		30.5									C_1		1.26		
				K_s		2.9									C_2		1.53		
平顺县	41	西湾村	西湾村	S_r		30.5									C_1		1.26	1.05	
				K_s		2.9									C_2		1.53	0.72	
平顺县	42	焦底村	焦底村	S_r		30.5		21		23	18				C_1	1.36	1.26	1.05	
				K_s		2.9		1.4		1.5	1.2				C_2	2.76	1.53	0.95	
平顺县	43	棠梨村	棠梨村	S_r		30.5		21			18				C_1		1.26	1.05	
				K_s		2.9		1.4			1.2				C_2		1.53	0.95	
平顺县	44	大山村	大山村	S_r		30.5									C_1		1.26		
				K_s		2.9									C_2		1.53		
平顺县	45	安阳村	安阳村	S_r		30.5		21			18				C_1		1.26	1.05	
				K_s		2.9		1.4			1.2				C_2		1.53	0.95	
平顺县	46	虎窑村	虎窑村	S_r		30.5									C_1		1.26	1.05	
				K_s		2.9									C_2		1.53	0.72	
平顺县	47	军寨	军寨	S_r		30.5									C_1		1.26	1.05	
				K_s		2.9									C_2		1.53	0.72	
平顺县	48	东寺头村	东寺头村	S_r		30.5				23					C_1		1.26	1.05	
				K_s		2.9				1.5					C_2		1.53	0.72	
平顺县	49	后庄村	后庄村	S_r		30.5									C_1		1.26	1.05	
				K_s		2.9									C_2		1.53	0.72	
平顺县	50	前庄村	前庄村	S_r		30.5		21		23	18				C_1	1.36	1.26	1.05	
				K_s		2.9		1.4		1.5	1.2				C_2	2.76	1.53	0.95	
平顺县	51	虹梯关村	虹梯关村	S_r	35.5	30.5									C_1	1.36	1.26		
				K_s	3.35	2.9									C_2	2.76	1.53		
平顺县	52	梯后村	梯后村	S_r	35.5	30.5									C_1	1.36	1.26	1.05	
				K_s	3.35	2.9									C_2	2.76	1.53	0.72	
平顺县	53	碑滩村	碑滩村	S_r	35.5	30.5									C_1	1.36	1.26	1.05	
				K_s	3.35	2.9									C_2	2.76	1.53	0.72	

续表

县区	序号	小流域名称	村落名称	产流地类											汇流地类				
				参数	灰岩森林山地	灰岩灌丛山地	灰岩土石山区	黄土丘陵阶地	砂页岩土石山区	砂页岩森林山地	砂页岩灌丛山地	耕种平地	变岩灌丛山地	变质岩森林山地	参数	森林山地	灌丛山地	草坡山地	耕种平地
平顺县	54	虹霓村	虹霓村	S_r	35.5	30.5									C_1	1.36	1.26	1.05	
				K_s	3.35	2.9									C_2	2.76	1.53	0.72	
平顺县	55	苤兰岩村	苤兰岩村	S_r	35.5	30.5									C_1	1.36	1.26	1.05	
				K_s	3.35	2.9									C_2	2.76	1.53	0.72	
平顺县	56	堕磊辿	堕磊辿	S_r	35.5	30.5									C_1	1.36	1.26	1.05	
				K_s	3.35	2.9									C_2	2.76	1.53	0.72	
平顺县	57	库峧村	库峧村	S_r	35.5	30.5									C_1	1.36	1.26		
				K_s	3.35	2.9									C_2	2.76	1.53		
平顺县	58	靳家园村	靳家园村	S_r		30.5		21		23	18				C_1	1.36	1.26	1.05	
				K_s		2.9		1.4		1.5	1.2				C_2	2.76	1.53	0.95	
平顺县	59	棚头村	棚头村	S_r		30.5									C_1	1.36	1.26		
				K_s		2.9									C_2	2.76	1.53		
平顺县	60	南耽车河	南耽车河	S_r	35.5	30.5									C_1	1.36	1.26		
				K_s	3.35	2.9									C_2	2.76	1.53		
平顺县	61	椰树园村	椰树园村	S_r	35.5	30.5									C_1	1.36	1.26		
				K_s	3.35	2.9									C_2	2.76	1.53		
平顺县	62	侯壁河	侯壁河	S_r	35.5	30.5									C_1	1.36	1.26		
				K_s	3.35	2.9									C_2	2.76	1.53		
平顺县	63	源头	源头	S_r	35.5	30.5									C_1	1.36	1.26		
				K_s	3.35	2.9									C_2	2.76	1.53		
平顺县	64	豆峪	豆峪	S_r		30.5									C_1		1.26		
				K_s		2.9									C_2		1.53		
平顺县	65	井底	井底	S_r	35.5	30.5									C_1	1.36	1.26		
				K_s	3.35	2.9									C_2	1.36	1.26		
平顺县	66	消军岭村	消军岭村	S_r		30.5									C_1		1.26		
				K_s		2.9									C_2		1.26		
平顺县	67	天脚村	天脚村	S_r		30.5									C_1		1.26	1.05	
				K_s		2.9									C_2		1.26	0.95	
平顺县	68	安咀村	安咀村	S_r						23					C_1		1.26	1.05	
				K_s						1.5					C_2		1.26	0.95	
平顺县	69	上五井村	上五井村	S_r		30.5									C_1		1.26	1.05	
				K_s		2.9									C_2		1.26	0.95	

续表

县区	序号	小流域名称	村落名称	产流地类											汇流地类				
				参数	灰岩森林山地	灰岩灌丛山地	灰岩土石山区	黄土丘陵阶地	砂页岩土石山区	砂页岩森林山地	砂页岩灌丛山地	耕种平地	变岩灌丛山地	变质岩森林山地	参数	森林山地	灌丛山地	草坡山地	耕种平地
平顺县	70	石灰窑	石灰窑	S_r		30.5									C_1		1.26	1.05	
				K_s		2.9									C_2		1.26	0.95	
平顺县	71	驮山	驮山	S_r		30.5									C_1		1.26	1.05	
				K_s		2.9									C_2		1.26	0.95	
平顺县	72	窑门前	窑门前	S_r		30.5									C_1		1.26	1.05	
				K_s		2.9									C_2		1.26	0.95	
平顺县	73	中五井村	中五井村	S_r		30.5									C_1		1.26	1.05	
				K_s		2.9									C_2		1.26	0.95	
平顺县	74	西安村	西安村	S_r		30.5									C_1		1.26		
				K_s		2.9									C_2		1.26		
潞城市	1	会山底村	会山底村	S_r		30.5									C_1			1.05	
				K_s		2.9									C_2			0.72	
潞城市	2	下社村	下社村	S_r		30.5									C_1		1.26	1.05	
				K_s		2.9									C_2		1.53	0.72	
潞城市	3	下社村后交	下社村后交	S_r		30.5									C_1		1.26	1.05	
				K_s		2.9									C_2		1.53	0.72	
潞城市	4	河西村	河西村	S_r		30.5	24								C_1			1.05	
				K_s		2.9	1.7								C_2			0.72	
潞城市	5	后峧村	后峧村	S_r		30.5									C_1		1.26		
				K_s		2.9									C_2		1.53		
潞城市	6	申家村	申家村	S_r		30.5									C_1		1.26	1.05	
				K_s		2.9									C_2		1.53	0.72	
潞城市	7	苗家村	苗家村	S_r		30.5									C_1		1.26	1.05	
				K_s		2.9									C_2		1.53	0.72	
潞城市	8	苗家村庄上	苗家村庄上	S_r		30.5									C_1		1.26	1.05	
				K_s		2.9									C_2		1.53	0.72	
潞城市	9	枣臻村	枣臻村	S_r			24					27			C_1		1.26		
				K_s			1.7					1.9			C_2		1.53		
潞城市	10	赤头村	赤头村	S_r		30.5	24					27			C_1		1.26	1.05	
				K_s		2.9	1.7					1.9			C_2		1.53	0.72	
潞城市	11	马江沟村	马江沟村	S_r								27			C_1		1.26		
				K_s								1.9			C_2		1.53		

续表

县区	序号	小流域名称	村落名称	产流地类											汇流地类				
				参数	灰岩森林山地	灰岩灌丛山地	灰岩土石山区	黄土丘陵阶地	砂页岩土石山区	砂页岩森林山地	砂页岩灌丛山地	耕种平地	变岩灌丛山地	变质岩森林山地	参数	森林山地	灌丛山地	草坡山地	耕种平地
潞城市	12	弓家岭	弓家岭	S_r								27			C_1		1.26		
				K_s								1.9			C_2		1.53		
潞城市	13	红江沟	红江沟	S_r								27			C_1		1.26		
				K_s								1.9			C_2		1.53		
潞城市	14	曹家沟村	曹家沟村	S_r		30.5	24					27			C_1		1.26	1.05	
				K_s		2.9	1.7					1.9			C_2		1.53	0.72	
潞城市	15	韩村	韩村	S_r		30.5	24					27			C_1		1.26	1.05	
				K_s		2.9	1.7					1.9			C_2		1.53	0.72	
潞城市	16	冯村	冯村	S_r			24					27			C_1		1.26	1.05	
				K_s			1.7					1.9			C_2		1.53	0.72	
潞城市	17	韩家园村	韩家园村	S_r		30.5	24					27			C_1		1.26	1.05	
				K_s		2.9	1.7					1.9			C_2		1.53	0.72	
潞城市	18	李家庄村	李家庄村	S_r			24					27			C_1		1.26	1.05	
				K_s			1.7					1.9			C_2		1.53	0.72	
潞城市	19	漫流河村	漫流河村	S_r			24					27			C_1		1.26	1.05	
				K_s			1.7					1.9			C_2		1.53	0.72	
潞城市	20	石匣村	石匣村	S_r			24					27			C_1		1.26	1.05	
				K_s			1.7					1.9			C_2		1.53	0.72	
潞城市	21	申家山村	申家山村	S_r			24								C_1		1.26	1.05	
				K_s			1.7								C_2		1.53	0.72	
潞城市	22	井峪村	井峪村	S_r			24								C_1		1.26		
				K_s			1.7								C_2		1.53		
潞城市	23	南马庄村	南马庄村	S_r			24								C_1		1.26	1.05	
				K_s			1.7								C_2		1.53	0.72	
潞城市	24	五里坡村	五里坡村	S_r			24								C_1		1.26	1.05	
				K_s			1.7								C_2		1.53	0.72	
潞城市	25	西北村	西北村	S_r			24								C_1		1.26	1.05	
				K_s			1.7								C_2		1.53	0.72	
潞城市	26	西南村	西南村	S_r			24								C_1		1.26	1.05	
				K_s			1.7								C_2		1.53	0.72	
潞城市	27	南流村	南流村	S_r		30.5									C_1			1.05	
				K_s		2.9									C_2			0.72	

续表

县区	序号	小流域名称	村落名称	产流地类											汇流地类				
				参数	灰岩森林山地	灰岩灌丛山地	灰岩土石山区	黄土丘陵阶地	砂页岩土石山区	砂页岩森林山地	砂页岩灌丛山地	耕种平地	变岩灌丛山地	变质岩森林山地	参数	森林山地	灌丛山地	草坡山地	耕种平地
潞城市	28	洞口村	洞口村	S_r			24					27			C_1		1.26	1.05	
				K_s			1.7					1.9			C_2		1.53	0.72	
潞城市	29	斜底村	斜底村	S_r			24								C_1		1.26	1.05	
				K_s			1.7								C_2		1.53	0.72	
潞城市	30	中村	中村	S_r								27			C_1		1.26		
				K_s								1.9			C_2		1.53		
潞城市	31	堡头村	堡头村	S_r	35.5							27			C_1	1.36	1.26		
				K_s	3.35							1.9			C_2	2.76	1.53		
潞城市	32	河后村	河后村	S_r								27			C_1		1.26		
				K_s								1.9			C_2		1.53		
潞城市	33	桥堡村	桥堡村	S_r	35.5							27			C_1	1.36	1.26		
				K_s	3.35							1.9			C_2	2.76	1.53		
潞城市	34	东山村	东山村	S_r			24								C_1		1.26	1.05	
				K_s			1.7								C_2		1.53	0.72	
潞城市	35	西坡村	西坡村	S_r			24								C_1		1.26	1.05	
				K_s			1.7								C_2		1.53	0.72	
潞城市	36	西坡村东坡	西坡村东坡	S_r			24								C_1		1.26		
				K_s			1.7								C_2		1.53		
潞城市	37	儒教村	儒教村	S_r			24								C_1		1.26		
				K_s			1.7								C_2		1.53		
潞城市	38	王家庄村后交	王家庄村后交	S_r		30.5									C_1			1.05	
				K_s		2.9									C_2			0.72	
潞城市	39	上黄村向阳庄	上黄村向阳庄	S_r			24								C_1		1.26		
				K_s			1.7								C_2		1.53		
潞城市	40	南花山村	南花山村	S_r		30.5									C_1			1.05	
				K_s		2.9									C_2			0.72	
潞城市	41	辛安村	辛安村	S_r		30.5	24					27			C_1		1.26	1.05	
				K_s		2.9	1.7					1.9			C_2		1.53	0.72	
潞城市	42	辽河村	辽河村	S_r		30.5	24								C_1		1.26	1.05	
				K_s		2.9	1.7								C_2		1.53	0.72	
潞城市	43	辽河村车旺	辽河村车旺	S_r		30.5	24								C_1		1.26	1.05	
				K_s		2.9	1.7								C_2		1.53	0.72	

续表

县区	序号	小流域名称	村落名称	产流地类											汇流地类				
				参数	灰岩森林山地	灰岩灌丛山地	灰岩土石山区	黄土丘陵阶地	砂页岩土石山区	砂页岩森林山地	砂页岩灌丛山地	耕种平地	变岩灌丛山地	变质岩森林山地	参数	森林山地	灌丛山地	草坡山地	耕种平地
潞城市	44	曲里村	曲里村	S_r		30.5	24					27			C_1		1.26	1.05	
				K_s		2.9	1.7					1.9			C_2		1.53	0.72	
长子县	1	红星庄	红星庄	S_r				21		23	18				C_1	1.36	1.26	1.05	
				K_s				1.4		1.5	1.2				C_2	2.76	1.53	0.72	
长子县	2	石家庄	石家庄	S_r				21	19	23	18	27			C_1	1.36	1.26	1.05	1.26
				K_s				1.4	1.25	1.5	1.2	1.9			C_2	2.76	1.53	0.72	1.53
长子县	3	西河庄	西河庄	S_r				21	19	23	18	27			C_1	1.36	1.26	1.05	1.26
				K_s				1.4	1.25	1.5	1.2	1.9			C_2	2.76	1.53	0.72	1.53
长子县	4	晋义	晋义	S_r				21		23	18				C_1	1.36	1.26	1.05	
				K_s				1.4		1.5	1.2				C_2	2.76	1.53	0.72	
长子县	5	刁黄	刁黄	S_r				21		23	18				C_1	1.36	1.26	1.05	
				K_s				1.4		1.5	1.2				C_2	2.76	1.53	0.72	
长子县	6	南沟河	南沟河	S_r						23	18				C_1	1.36	1.26		
				K_s						1.5	1.2				C_2	2.76	1.53		
长子县	7	良坪	良坪	S_r						23	18				C_1	1.36	1.26		
				K_s						1.5	1.2				C_2	2.76	1.53		
长子县	8	乱石河	乱石河	S_r				21		23	18				C_1	1.36	1.26	1.05	
				K_s				1.4		1.5	1.2				C_2	2.76	1.53	0.72	
长子县	9	两都	两都	S_r				21		23	18				C_1	1.36	1.26	1.05	
				K_s				1.4		1.5	1.2				C_2	2.76	1.53	0.72	
长子县	10	苇池	苇池	S_r						23	18				C_1	1.36	1.26		
				K_s						1.5	1.2				C_2	2.76	1.53		
长子县	11	李家庄	李家庄	S_r						23	18				C_1	1.36	1.26		
				K_s						1.5	1.2				C_2	2.76	1.53		
长子县	12	圪倒	圪倒	S_r				21		23	18				C_1	1.36	1.26	1.05	
				K_s				1.4		1.5	1.2				C_2	2.76	1.53	0.72	
长子县	13	高桥沟	高桥沟	S_r				21		23	18				C_1	1.36	1.26	1.05	
				K_s				1.4		1.5	1.2				C_2	2.76	1.53	0.72	
长子县	14	花家坪	花家坪	S_r				21		23	18				C_1	1.36	1.26	1.05	
				K_s				1.4		1.5	1.2				C_2	2.76	1.53	0.72	
长子县	15	洪珍	洪珍	S_r				21		23	18				C_1	1.36	1.26	1.05	
				K_s				1.4		1.5	1.2				C_2	2.76	1.53	0.72	

续表

县区	序号	小流域名称	村落名称	产流地类											汇流地类				
				参数	灰岩森林山地	灰岩灌丛山地	灰岩土石山区	黄土丘陵阶地	砂页岩土石山区	砂页岩森林山地	砂页岩灌丛山地	耕种平地	变岩灌丛山地	变质岩森林山地	参数	森林山地	灌丛山地	草坡山地	耕种平地
长子县	16	郭家沟	郭家沟	S_r						23					C_1	1.36			
				K_s						1.5					C_2	2.76			
长子县	17	南岭庄	南岭庄	S_r						23	18				C_1		1.26		
				K_s						1.5	1.2				C_2		1.53		
长子县	18	大山	大山	S_r						23	18				C_1	1.36	1.26		
				K_s						1.5	1.2				C_2	2.76	1.53		
长子县	19	羊窑沟	羊窑沟	S_r						23	18				C_1	1.36	1.26		
				K_s						1.5	1.2				C_2	2.76	1.53		
长子县	20	响水铺	响水铺	S_r						23	18				C_1	1.36	1.26		
				K_s						1.5	1.2				C_2	2.76	1.53		
长子县	21	东沟庄	东沟庄	S_r						23	18				C_1	1.36	1.26		
				K_s						1.5	1.2				C_2	2.76	1.53		
长子县	22	九庙沟	九庙沟	S_r						23	18				C_1	1.36	1.26		
				K_s						1.5	1.2				C_2	2.76	1.53		
长子县	23	小豆沟	小豆沟	S_r						23	18				C_1	1.36	1.26		
				K_s						1.5	1.2				C_2	2.76	1.53		
长子县	24	尧神沟	尧神沟	S_r				21				27			C_1			1.05	1.26
				K_s				1.4				1.9			C_2			0.72	1.53
长子县	25	沙河	沙河	S_r				21	19			27			C_1		1.26	1.05	1.26
				K_s				1.4	1.25			1.9			C_2		1.53	0.72	1.53
长子县	26	韩坊	韩坊	S_r				21	19		18	27			C_1		1.26	1.05	1.26
				K_s				1.4	1.25		1.2	1.9			C_2		1.53	0.72	1.53
长子县	27	交里	交里	S_r				21	19	23	18	27			C_1	1.36	1.26	1.05	1.26
				K_s				1.4	1.25	1.5	1.2	1.9			C_2	2.76	1.53	0.72	1.53
长子县	28	西田良	西田良	S_r					19		18				C_1		1.26		
				K_s					1.25		1.2				C_2		1.53		
长子县	29	南贾	南贾	S_r					19		18				C_1		1.26		
				K_s					1.25		1.2				C_2		1.53		
长子县	30	东田良	东田良	S_r					19		18				C_1		1.26		
				K_s					1.25		1.2				C_2		1.53		
长子县	31	南张店	南张店	S_r					19		18				C_1		1.26		
				K_s					1.25		1.2				C_2		1.53		

续表

县区	序号	小流域名称	村落名称	产流地类											汇流地类				
				参数	灰岩森林山地	灰岩灌丛山地	灰岩土石山区	黄土丘陵阶地	砂页岩土石山区	砂页岩森林山地	砂页岩灌丛山地	耕种平地	变岩灌丛山地	变质岩森林山地	参数	森林山地	灌丛山地	草坡山地	耕种平地
长子县	32	西范	西范	S_r					19		18				C_1		1.26		
				K_s					1.25		1.2				C_2		1.53		
长子县	33	东范	东范	S_r					19		18				C_1		1.26		
				K_s					1.25		1.2				C_2		1.53		
长子县	34	崔庄	崔庄	S_r					19		18				C_1		1.26		
				K_s					1.25		1.2				C_2		1.53		
长子县	35	龙泉	龙泉	S_r					19		18				C_1		1.26		
				K_s					1.25		1.2				C_2		1.53		
长子县	36	程家庄	程家庄	S_r					19						C_1		1.26		
				K_s					1.25						C_2		1.53		
长子县	37	窑下	窑下	S_r					19		18				C_1		1.26		
				K_s					1.25		1.2				C_2		1.53		
长子县	38	赵家庄	赵家庄	S_r							18				C_1		1.26		
				K_s							1.2				C_2		1.53		
长子县	39	陈家庄	陈家庄	S_r							18				C_1		1.26		
				K_s							1.2				C_2		1.53		
长子县	40	吴家庄	吴家庄	S_r							18				C_1		1.26		
				K_s							1.2				C_2		1.53		
长子县	41	曹家沟	曹家沟	S_r					19		18				C_1		1.26		
				K_s					1.25		1.2				C_2		1.53		
长子县	42	琚村	琚村	S_r					19		18				C_1		1.26		
				K_s					1.25		1.2				C_2		1.53		
长子县	43	平西沟	平西沟	S_r					19		18				C_1		1.26		
				K_s					1.25		1.2				C_2		1.53		
长子县	44	南漳	南漳	S_r			24		19			27			C_1		1.26		1.26
				K_s			1.7		1.25			1.9			C_2		1.53		1.53
长子县	45	吴村	吴村	S_r				21		23	18	27			C_1	1.36	1.26	1.05	1.26
				K_s				1.4		1.5	1.2	1.9			C_2	2.76	1.53	0.72	1.53
长子县	46	安西村	安西村	S_r				21		23	18				C_1	1.36	1.26	1.05	
				K_s				1.4		1.5	1.2				C_2	2.76	1.53	0.72	
长子县	47	金村	金村	S_r				21		23	18				C_1	1.36	1.26	1.05	
				K_s				1.4		1.5	1.2				C_2	2.76	1.53	0.72	

续表

县区	序号	小流域名称	村落名称	产流地类											汇流地类				
				参数	灰岩森林山地	灰岩灌丛山地	灰岩土石山区	黄土丘陵阶地	砂页岩土石山区	砂页岩森林山地	砂页岩灌丛山地	耕种平地	变岩灌丛山地	变质岩森林山地	参数	森林山地	灌丛山地	草坡山地	耕种平地
长子县	48	丰村	丰村	S_r				21		23	18				C_1	1.36	1.26	1.05	
				K_s				1.4		1.5	1.2				C_2	2.76	1.53	0.72	
长子县	49	苏村	苏村	S_r					19	23	18				C_1	1.36	1.26		
				K_s					1.25	1.5	1.2				C_2	2.76	1.53		
长子县	50	西沟	西沟	S_r						23	18				C_1	1.36	1.26		
				K_s						1.5	1.2				C_2	2.76	1.53		
长子县	51	西峪	西峪	S_r					19	23	18				C_1	1.36	1.26		
				K_s					1.25	1.5	1.2				C_2	2.76	1.53		
长子县	52	东峪	东峪	S_r					19	23	18				C_1	1.36	1.26		
				K_s					1.25	1.5	1.2				C_2	2.76	1.53		
长子县	53	城阳	城阳	S_r				21		23	18				C_1	1.36	1.26	1.05	
				K_s				1.4		1.5	1.2				C_2	2.76	1.53	0.72	
长子县	54	阳鲁	阳鲁	S_r						23	18				C_1	1.36	1.26		
				K_s						1.5	1.2				C_2	2.76	1.53		
长子县	55	善村	善村	S_r						23	18				C_1	1.36	1.26		
				K_s						1.5	1.2				C_2	2.76	1.53		
长子县	56	南庄	南庄	S_r						23	18				C_1	1.36	1.26		
				K_s						1.5	1.2				C_2	2.76	1.53		
长子县	57	大南石	大南石	S_r				21							C_1			1.05	
				K_s				1.4							C_2			0.72	
长子县	58	小南石	小南石	S_r				21							C_1			1.05	
				K_s				1.4							C_2			0.72	
长子县	59	申村	申村	S_r				21		23	18	27			C_1	1.36	1.26	1.05	1.26
				K_s				1.4		1.5	1.2	1.9			C_2	2.76	1.53	0.72	1.53
长子县	60	西何	西何	S_r				21		23	18	27			C_1	1.36	1.26	1.05	1.26
				K_s				1.4		1.5	1.2	1.9			C_2	2.76	1.53	0.72	1.53
长子县	61	鲍寨	鲍寨	S_r					19		18				C_1		1.26		
				K_s					1.25		1.2				C_2		1.53		
长子县	62	南庄	南庄	S_r						23	18				C_1	1.36	1.26		
				K_s						1.5	1.2				C_2	2.76	1.53		
长子县	63	南沟	南沟	S_r						23					C_1	1.36			
				K_s						1.5					C_2	2.76			

续表

县区	序号	小流域名称	村落名称	产流地类											汇流地类				
				参数	灰岩森林山地	灰岩灌丛山地	灰岩土石山区	黄土丘陵阶地	砂页岩土石山区	砂页岩森林山地	砂页岩灌丛山地	耕种平地	变岩灌丛山地	变质岩森林山地	参数	森林山地	灌丛山地	草坡山地	耕种平地
长子县	64	庞庄	庞庄	S_r						23	18				C_1	1.36	1.26		
				K_s						1.5	1.2				C_2	2.76	1.53		
长治县	1	柳林村	柳林村	S_r			24		19			27			C_1		1.26		
				K_s			1.7		1.25			1.9			C_2		1.53		
长治县	2	林移村	林移村	S_r			24		19			27			C_1		1.26		
				K_s			1.7		1.25			1.9			C_2		1.53		
长治县	3	柳林庄村	柳林庄村	S_r			24		19			27			C_1		1.26		
				K_s			1.7		1.25			1.9			C_2		1.53		
长治县	4	司马村	司马村	S_r			24		19			27			C_1		1.26		
				K_s			1.7		1.25			1.9			C_2		1.53		
长治县	5	荫城村	荫城村	S_r	35.5	30.5			19		18				C_1	1.36	1.26	1.05	
				K_s	3.35	2.9			1.25		1.2				C_2	2.76	1.53	0.72	
长治县	6	河下村	河下村	S_r	35.5	30.5			19		18				C_1	1.36	1.26	1.05	
				K_s	3.35	2.9			1.25		1.2				C_2	2.76	1.53	0.72	
长治县	7	横河村	横河村	S_r	35.5	30.5			19		18				C_1	1.36	1.26	1.05	
				K_s	3.35	2.9			1.25		1.2				C_2	2.76	1.53	0.72	
长治县	8	桑梓一村	桑梓一村	S_r					19		18				C_1		1.26	1.05	
				K_s					1.25		1.2				C_2		1.53	0.72	
长治县	9	桑梓二村	桑梓二村	S_r							18				C_1		1.26		
				K_s							1.2				C_2		1.53		
长治县	10	北头村	北头村	S_r					19		18				C_1		1.26	1.05	
				K_s					1.25		1.2				C_2		1.53	0.72	
长治县	11	内王村	内王村	S_r							18				C_1		1.26		
				K_s							1.2				C_2		1.53		
长治县	12	王坊村	王坊村	S_r	35.5	30.5			19		18				C_1	1.36	1.26	1.05	
				K_s	3.35	2.9			1.25		1.2				C_2	2.76	1.53	0.72	
长治县	13	中村	中村	S_r	35.5	30.5			19		18				C_1	1.36	1.26	1.05	
				K_s	3.35	2.9			1.25		1.2				C_2	2.76	1.53	0.72	
长治县	14	河南村	河南村	S_r	35.5	30.5			19		18				C_1	1.36	1.26	1.05	
				K_s	3.35	2.9			1.25		1.2				C_2	2.76	1.53	0.72	
长治县	15	李坊村	李坊村	S_r	35.5	30.5			19		18				C_1	1.36	1.26	1.05	
				K_s	3.35	2.9			1.25		1.2				C_2	2.76	1.53	0.72	

续表

县区	序号	小流域名称	村落名称	产流地类											汇流地类					
				参数	灰岩森林山地	灰岩灌丛山地	灰岩土石山区	黄土丘陵阶地	砂页岩土石山区	砂页岩森林山地	砂页岩灌丛山地	耕种平地	变岩灌丛山地	变质岩森林山地	参数	森林山地	灌丛山地	草坡山地	耕种平地
长治县	16	北王庆村	北王庆村	S_r			24		19						C_1		1.26		
				K_s			1.7		1.25						C_2		1.53		
长治县	17	桥头村	桥头村	S_r					19		18				C_1		1.26	1.05	
				K_s					1.25		1.2				C_2		1.53	0.72	
长治县	18	下赵家庄村	下赵家庄村	S_r							18				C_1		1.26		
				K_s							1.2				C_2		1.53		
长治县	19	南河村	南河村	S_r							18				C_1		1.26		
				K_s							1.2				C_2		1.53		
长治县	20	羊川村	羊川村	S_r		30.5					18				C_1		1.26		
				K_s		2.9					1.2				C_2		1.53		
长治县	21	八义村	八义村	S_r					19		18				C_1		1.26		
				K_s					1.25		1.2				C_2		1.53		
长治县	22	狗湾村	狗湾村	S_r					19		18				C_1		1.26		
				K_s					1.25		1.2				C_2		1.53		
长治县	23	北楼底村	北楼底村	S_r					19						C_1		1.26		
				K_s					1.25						C_2		1.53		
长治县	24	南楼底村	南楼底村	S_r					19		18				C_1		1.26		
				K_s					1.25		1.2				C_2		1.53		
长治县	25	新庄村	新庄村	S_r		30.5	24		19						C_1	1.36	1.26		
				K_s		2.9	1.7		1.25						C_2	2.76	1.53		
长治县	26	定流村	定流村	S_r			24								C_1		1.26		
				K_s			1.7								C_2		1.53		
长治县	27	北郭村	北郭村	S_r			24		19			27			C_1		1.26		
				K_s			1.7		1.25			1.9			C_2		1.53		
长治县	28	岭上村	岭上村	S_r			24		19			27			C_1		1.26		
				K_s			1.7		1.25			1.9			C_2		1.53		
长治县	29	高河村	高河村	S_r			24	21	19	23	18	27			C_1	1.36	1.26	1.05	
				K_s			1.7	1.4	1.25	1.5	1.2	1.9			C_2	2.76	1.53	0.72	
长治县	30	西池村	西池村	S_r	35.5	30.5			19		18				C_1	1.36	1.26		
				K_s	3.35	2.9			1.25		1.2				C_2	2.76	1.53		
长治县	31	东池村	东池村	S_r	35.5	30.5			19		18				C_1	1.36	1.26		
				K_s	3.35	2.9			1.25		1.2				C_2	2.76	1.53		

续表

县区	序号	小流域名称	村落名称	产流地类											汇流地类				
				参数	灰岩森林山地	灰岩灌丛山地	灰岩土石山区	黄土丘陵阶地	砂页岩土石山区	砂页岩森林山地	砂页岩灌丛山地	耕种平地	变岩灌丛山地	变质岩森林山地	参数	森林山地	灌丛山地	草坡山地	耕种平地
长治县	32	小河村	小河村	S_r					19						C_1		1.26		
				K_s					1.25						C_2		1.53		
长治县	33	沙峪村	沙峪村	S_r			24		19						C_1		1.26		
				K_s			1.7		1.25						C_2		1.53		
长治县	34	土桥村	土桥村	S_r			24		19						C_1		1.26		
				K_s			1.7		1.25						C_2		1.53		
长治县	35	河头村	河头村	S_r	35.5	30.5	24		19		18				C_1	1.36	1.26		
				K_s	3.35	2.9	1.7		1.25		1.2				C_2	2.76	1.53		
长治县	36	小川村	小川村	S_r	35.5				19						C_1	1.36			
				K_s	3.35				1.25						C_2	2.76			
长治县	37	北呈村	北呈村	S_r								27			C_1		1.26		
				K_s								1.9			C_2		1.53		
长治县	38	大沟村	大沟村	S_r	35.5	30.5	24		19		18	27			C_1	1.36	1.26	1.05	
				K_s	3.35	2.9	1.7		1.25		1.2	1.9			C_2	2.76	1.53	0.72	
长治县	39	南岭头村	南岭头村	S_r					19			27			C_1		1.26		
				K_s					1.25			1.9			C_2		1.53		
长治县	40	北岭头村	北岭头村	S_r			24		19			27			C_1		1.26		
				K_s			1.7		1.25			1.9			C_2		1.53		
长治县	41	须村	须村	S_r								27			C_1			1.05	
				K_s								1.9			C_2			0.72	
长治县	42	东和村	东和村	S_r			24		19			27			C_1		1.26		
				K_s			1.7		1.25			1.9			C_2		1.53		
长治县	43	中和村	中和村	S_r			24		19			27			C_1		1.26		
				K_s			1.7		1.25			1.9			C_2		1.53		
长治县	44	西和村	西和村	S_r			24		19			27			C_1		1.26		
				K_s			1.7		1.25			1.9			C_2		1.53		
长治县	45	曹家沟	曹家沟	S_r			24		19			27			C_1		1.26		
				K_s			1.7		1.25			1.9			C_2		1.53		
长治县	46	琚家沟村	琚家沟村	S_r			24		19			27			C_1		1.26		
				K_s			1.7		1.25			1.9			C_2		1.53		
长治县	47	屈家山村	屈家山村	S_r					19						C_1		1.26		
				K_s					1.25						C_2		1.53		

续表

县区	序号	小流域名称	村落名称	产流地类											汇流地类				
				参数	灰岩森林山地	灰岩灌丛山地	灰岩土石山区	黄土丘陵阶地	砂页岩土石山区	砂页岩森林山地	砂页岩灌丛山地	耕种平地	变岩灌丛山地	变质岩森林山地	参数	森林山地	灌丛山地	草坡山地	耕种平地
长治县	48	辉河村	辉河村	S_r								27			C_1			1.05	
				K_s								1.9			C_2			0.72	
长治县	49	子乐沟村	子乐沟村	S_r							18				C_1		1.26		
				K_s							1.2				C_2		1.53		
长治县	50	北宋村	北宋村	S_r					19		18				C_1		1.26	1.05	
				K_s					1.25		1.2				C_2		1.53	0.72	
长治郊区	1	关村	关村	S_r			24					27			C_1		1.26		
				K_s			1.7					1.9			C_2		1.53		
长治郊区	2	沟西村	沟西村	S_r		30.5	24					27			C_1		1.26		
				K_s		2.9	1.7					1.9			C_2		1.53		
长治郊区	3	西长井村	西长井村	S_r		30.5	24								C_1		1.26		
				K_s		2.9	1.7								C_2		1.53		
长治郊区	4	石桥村	石桥村	S_r		30.5	24								C_1		1.26		
				K_s		2.9	1.7								C_2		1.53		
长治郊区	5	大天桥村	大天桥村	S_r			24								C_1		1.26		
				K_s			1.7								C_2		1.53		
长治郊区	6	中天桥村	中天桥村	S_r			24								C_1		1.26		
				K_s			1.7								C_2		1.53		
长治郊区	7	毛站村	毛站村	S_r			24								C_1		1.26		
				K_s			1.7								C_2		1.53		
长治郊区	8	南天桥村	南天桥村	S_r			24								C_1		1.26		
				K_s			1.7								C_2		1.53		
长治郊区	9	南垂村	南垂村	S_r			24					27			C_1		1.26		
				K_s			1.7					1.9			C_2		1.53		
长治郊区	10	鸡坡村	鸡坡村	S_r			24								C_1		1.26		
				K_s			1.7								C_2		1.53		
长治郊区	11	盐店沟村	盐店沟村	S_r			24								C_1		1.26		
				K_s			1.7								C_2		1.53		

续表

县区	序号	小流域名称	村落名称	产流地类											汇流地类				
				参数	灰岩森林山地	灰岩灌丛山地	灰岩土石山区	黄土丘陵阶地	砂页岩土石山区	砂页岩森林山地	砂页岩灌丛山地	耕种平地	变岩灌丛山地	变质岩森林山地	参数	森林山地	灌丛山地	草坡山地	耕种平地
长治郊区	12	小龙脑村	小龙脑村	S_r			24								C_1		1.26		
				K_s			1.7								C_2		1.53		
长治郊区	13	瓦窑沟村	瓦窑沟村	S_r			24								C_1		1.26		
				K_s			1.7								C_2		1.53		
长治郊区	14	滴谷寺村	滴谷寺村	S_r			24								C_1		1.26		
				K_s			1.7								C_2		1.53		
长治郊区	15	东沟村	东沟村	S_r			24					27			C_1		1.26		
				K_s			1.7					1.9			C_2		1.53		
长治郊区	16	苗圃村	苗圃村	S_r			24								C_1		1.26		
				K_s			1.7								C_2		1.53		
长治郊区	17	老巴山村	老巴山村	S_r		30.5	24								C_1		1.26		
				K_s		2.9	1.7								C_2		1.53		
长治郊区	18	二龙山村	二龙山村	S_r			24					27			C_1		1.26		
				K_s			1.7					1.9			C_2		1.53		
长治郊区	19	余庄村	余庄村	S_r								27			C_1		1.26		
				K_s								1.9			C_2		1.53		
长治郊区	20	店上村	店上村	S_r								27			C_1		1.26		
				K_s								1.9			C_2		1.53		
长治郊区	21	马庄村	马庄村	S_r								27			C_1		1.26		
				K_s								1.9			C_2		1.53		
长治郊区	22	故县村	故县村	S_r				21				27			C_1		1.26	1.05	
				K_s				1.4				1.9			C_2		1.53	0.72	
长治郊区	23	葛家庄村	葛家庄村	S_r								27			C_1		1.26		
				K_s								1.9			C_2		1.53		
长治郊区	24	良才村	良才村	S_r								27			C_1		1.26		
				K_s								1.9			C_2		1.53		
长治郊区	25	史家庄村	史家庄村	S_r								27			C_1		1.26		
				K_s								1.9			C_2		1.53		

续表

县区	序号	小流域名称	村落名称	产流地类											汇流地类				
				参数	灰岩森林山地	灰岩灌丛山地	灰岩土石山区	黄土丘陵阶地	砂页岩土石山区	砂页岩森林山地	砂页岩灌丛山地	耕种平地	变岩灌丛山地	变质岩森林山地	参数	森林山地	灌丛山地	草坡山地	耕种平地
长治郊区	26	西沟村	西沟村	S_r								27			C_1		1.26		
				K_s								1.9			C_2		1.53		
长治郊区	27	西白兔村	西白兔村	S_r								27			C_1		1.26		
				K_s								1.9			C_2		1.53		
长治郊区	28	漳村	漳村	S_r								27			C_1		1.26		
				K_s								1.9			C_2		1.53		
左权县	1	清漳西源	长城村	S_r						23	18				C_1	1.36	1.26		
				K_s						1.5	1.2				C_2	2.95	1.77		
左权县	2	清漳西源	店上村	S_r						23	18				C_1	1.36	1.26		
				K_s						1.5	1.2				C_2	2.95	1.77		
左权县	3	柳林河西1	寺仙村	S_r							18				C_1		1.26		
				K_s							1.2				C_2		1.77		
左权县	4	柳林河西1	上会村	S_r							18				C_1		1.26		
				K_s							1.2				C_2		1.77		
左权县	5	柳林河西1	马厩村	S_r							18				C_1		1.26		
				K_s							1.2				C_2		1.77		
左权县	6	枯河刘家庄1	简会村	S_r							18				C_1		1.26		
				K_s							1.2				C_2		1.77		
左权县	7	枯河8	上其至村	S_r							18		16		C_1		1.26		
				K_s							1.2		1.1		C_2		1.77		
左权县	8	枯河6	石港口村	S_r							18				C_1		1.26		
				K_s							1.2				C_2		1.77		
左权县	9	紫阳河1	紫阳村	S_r									16	22	C_1	1.36	1.26		
				K_s									1.1	1.45	C_2	2.95	1.77		
左权县	10	枯河刘家庄1	刘家庄村	S_r						23	18				C_1		1.26		
				K_s						1.5	1.2				C_2		1.77		
左权县	11	十里店沟1	庄则村	S_r	35.5	30.5					18				C_1	1.36	1.26		
				K_s	3.35	2.9					1.2				C_2	2.95	1.77		
左权县	12	十里店沟3	西寨村	S_r							18				C_1		1.26	1.05	
				K_s							1.2				C_2		1.77	0.95	

续表

县区	序号	小流域名称	村落名称	产流地类											汇流地类				
				参数	灰岩森林山地	灰岩灌丛山地	灰岩土石山区	黄土丘陵阶地	砂页岩土石山区	砂页岩森林山地	砂页岩灌丛山地	耕种平地	变岩灌丛山地	变质岩森林山地	参数	森林山地	灌丛山地	草坡山地	耕种平地
左权县	13	龙沟河西6	丈八沟村	S_r							18				C_1		1.26	1.05	
				K_s							1.2				C_2		1.77	0.95	
左权县	14	龙沟河西1	望阳垴村	S_r							18				C_1		1.26	1.05	
				K_s							1.2				C_2		1.77	0.95	
左权县	15	龙沟河西1	堡则村	S_r	35.5	30.5					18				C_1	1.36	1.26	1.05	
				K_s	3.35	2.9					1.2				C_2	2.95	1.77	0.95	
左权县	16	龙沟河西1	西瑶村	S_r	35.5	30.5					18				C_1	1.36	1.26	1.05	
				K_s	3.35	2.9					1.2				C_2	2.95	1.77	0.95	
左权县	17	苇泽沟2	西峧村	S_r									16	22	C_1	1.36	1.26		
				K_s									1.1	1.45	C_2	2.95	1.77		
左权县	18	苇泽沟2	马家坪村	S_r									16	22	C_1	1.36	1.26		
				K_s									1.1	1.45	C_2	2.95	1.77		
左权县	19	王凯沟1	半坡	S_r	35.5	30.5							16		C_1	1.36	1.26		
				K_s	3.35	2.9							1.1		C_2	2.95	1.77		
左权县	20	桐峪沟1	西隘口	S_r	35.5	30.5							16	22	C_1	1.36	1.26		
				K_s	3.35	2.9							1.1	1.45	C_2	2.95	1.77		
左权县	21	桐峪沟2	武家峧	S_r									16	22	C_1	1.36	1.26		
				K_s									1.1	1.45	C_2	2.95	1.77		
左权县	22	桐峪沟4	南峧沟村	S_r	35.5								16	22	C_1	1.36	1.26		
				K_s	3.35								1.1	1.45	C_2	2.95	1.77		
左权县	23	桐峪河北	东隘口	S_r	35.5								16	22	C_1	1.36	1.26		
				K_s	3.35								1.1	1.45	C_2	2.95	1.77		
左权县	24	熟峪河	垴上	S_r		30.5									C_1		1.26		
				K_s		2.9									C_2		1.77		
左权县	25	禅房沟1	新庄村	S_r	35.5	30.5									C_1	1.36	1.26		
				K_s	3.35	2.9									C_2	2.95	1.77		
左权县	26	禅房沟3	高家井村	S_r		30.5									C_1		1.26		
				K_s		2.9									C_2		1.77		
左权县	27	拐儿西沟1	南岔村	S_r									16	22	C_1	1.36	1.26		
				K_s									1.1	1.45	C_2	2.95	1.77		
左权县	28	拐儿西沟1	西五指	S_r									16	22	C_1	1.36	1.26		
				K_s									1.1	1.45	C_2	2.95	1.77		

续表

县区	序号	小流域名称	村落名称	产流地类											汇流地类				
				参数	灰岩森林山地	灰岩灌丛山地	灰岩土石山区	黄土丘陵阶地	砂页岩土石山区	砂页岩森林山地	砂页岩灌丛山地	耕种平地	变岩灌丛山地	变质岩森林山地	参数	森林山地	灌丛山地	草坡山地	耕种平地
左权县	29	拐儿西沟1	拐儿村	S_r									16	22	C_1	1.36	1.26		
				K_s									1.1	1.45	C_2	2.95	1.77		
左权县	30	下庄河沟东	上庄村	S_r	35.5	30.5									C_1	1.36	1.26		
				K_s	3.35	2.9									C_2	2.95	1.77		
左权县	31	下庄河沟南	下庄村（沟南）	S_r	35.5	30.5									C_1	1.36	1.26		
				K_s	3.35	2.9									C_2	2.95	1.77		
左权县	31	下庄河沟东	下庄村（沟东）	S_r	35.5	30.5									C_1	1.36	1.26		
				K_s	3.35	2.9									C_2	2.95	1.77		
左权县	32	下庄沟河1	天门村	S_r	35.5	30.5							16	22	C_1	1.36	1.26		
				K_s	3.35	2.9							1.1	1.45	C_2	2.95	1.77		
左权县	33	羊角河5	水峪沟村	S_r		30.5									C_1		1.26		
				K_s		2.9									C_2		1.77		
左权县	34	羊角河1	羊角村	S_r		30.5									C_1		1.26		
				K_s		2.9									C_2		1.77		
左权县	35	羊角河1	石灰窑	S_r		30.5									C_1		1.26		
				K_s		2.9									C_2		1.77		
左权县	36	枯河1	晴岚	S_r						23	18		16	22	C_1	1.36	1.26	1.05	
				K_s						1.5	1.2		1.1	1.45	C_2	2.95	1.77	0.95	
左权县	37	桐峪沟1	上口	S_r	35.5								16	22	C_1	1.36	1.26		
				K_s	3.35								1.1	1.45	C_2	2.95	1.77		
左权县	38	桐峪沟1	上武村	S_r	35.5	2.9							16	22	C_1	1.36	1.26		
				K_s	3.35								1.1	1.45	C_2	2.95	1.77		
左权县	39	三家村村	三家村村	S_r							18				C_1		1.26		
				K_s							1.2				C_2		1.77		
左权县	40	紫阳河	车上铺	S_r									16	22	C_1	1.36	1.26		
				K_s									1.1	1.45	C_2	2.95	1.77		
左权县	41	熟峪河	前郭家峪	S_r		30.5									C_1		1.26		
				K_s		2.9									C_2		1.77		
左权县	42	熟峪河	郭家峪	S_r		30.5									C_1		1.26		
				K_s		2.9									C_2		1.77		

续表

县区	序号	小流域名称	村落名称	产流地类											汇流地类				
				参数	灰岩森林山地	灰岩灌丛山地	灰岩土石山区	黄土丘陵阶地	砂页岩土石山区	砂页岩森林山地	砂页岩灌丛山地	耕种平地	变岩灌丛山地	变质岩森林山地	参数	森林山地	灌丛山地	草坡山地	耕种平地
左权县	43	熟峪河	安窑底1	S_r		30.5									C_1		1.26		
				K_s		2.9									C_2		1.77		
左权县		熟峪河	安窑底2	S_r		30.5									C_1		1.26		
				K_s		2.9									C_2		1.77		
左权县		熟峪河	安窑底3	S_r		30.5									C_1		1.26		
				K_s		2.9									C_2		1.77		
左权县	44	熟峪河	熟峪村	S_r		30.5									C_1		1.26		
				K_s		2.9									C_2		1.77		
左权县	45	熟峪河南	大林口	S_r		30.5							16		C_1		1.26		
				K_s		2.9							1.1		C_2		1.77		
左权县	46	十里店沟	五里堠村后村	S_r							18				C_1		1.26	1.05	
				K_s							1.2				C_2		1.77	0.95	
左权县		十里店沟	五里堠村前村	S_r	35.5	30.5					18				C_1	1.36	1.26	1.05	
				K_s	3.35	2.9					1.2				C_2	2.95	1.77	0.95	
左权县	47	西崖底村	西崖底村	S_r									16	22	C_1	1.36	1.26		
				K_s									1.1	1.45	C_2	2.95	1.77		
左权县	48	河北沟	河北村	S_r		30.5							16		C_1		1.26		
				K_s		2.9							1.1		C_2		1.77		
左权县	49	高峪	高峪	S_r	35.5	30.5							16	22	C_1	1.36	1.26		
				K_s	3.35	2.9							1.1	1.45	C_2	2.95	1.77		
左权县	50	板峪沟	板峪	S_r									16	22	C_1	1.36	1.26		
				K_s									1.1	1.45	C_2	2.95	1.77		
左权县	51	羊角河	北艾铺	S_r	35.5										C_1	1.36			
				K_s	3.35										C_2	2.95			
左权县	52	苇则沟	北岸	S_r									16	22	C_1	1.36	1.26		
				K_s									1.1	1.45	C_2	2.95	1.77		
左权县	53	拐儿西沟	东五指	S_r									16	22	C_1	1.36	1.26		
				K_s									1.1	1.45	C_2	2.95	1.77		
左权县	54	王凯沟	东峪	S_r		30.5									C_1		1.26		
				K_s		2.9									C_2		1.77		
左权县	55	三教河	佛口	S_r							18				C_1		1.26		
				K_s							1.2				C_2		1.77		

续表

县区	序号	小流域名称	村落名称	产流地类											汇流地类				
				参数	灰岩森林山地	灰岩灌丛山地	灰岩土石山区	黄土丘陵阶地	砂页岩土石山区	砂页岩森林山地	砂页岩灌丛山地	耕种平地	变岩灌丛山地	变质岩森林山地	参数	森林山地	灌丛山地	草坡山地	耕种平地
左权县	56	柳林河东	赵家村	S_r							18				C_1		1.26		
				K_s							1.2				C_2		1.77		
左权县	57	柳林河西	姜家庄	S_r							18				C_1		1.26		
				K_s							1.2				C_2		1.77		
左权县	58	秋林滩沟	旧寨沟	S_r									16	22	C_1	1.36	1.26		
				K_s									1.1	1.45	C_2	2.95	1.77		
左权县	59	柳林河西	林河村	S_r							18				C_1		1.26		
				K_s							1.2				C_2		1.77		
左权县	60	十里店沟	刘家窑	S_r	35.5	30.5					18				C_1	1.36	1.26	1.05	
				K_s	3.35	2.9					1.2				C_2	2.95	1.77	0.95	
左权县	61	龙沟河	龙则	S_r	35.5	30.5					18				C_1	1.36	1.26	1.05	
				K_s	3.35	2.9					1.2				C_2	2.95	1.77	0.95	
左权县	62	熟峪河	麻田	S_r		30.5							16		C_1		1.26		
				K_s		2.9							1.1		C_2		1.77		
左权县	63	十里店沟	马家拐	S_r		30.5					18				C_1	1.36	1.26		
				K_s		2.9					1.2				C_2	2.95	1.77		
左权县	64	羊角河	磨沟村	S_r		30.5									C_1		1.26		
				K_s		2.9									C_2		1.77		
左权县	65	羊角河	南沿沟	S_r	35.5										C_1	1.36			
				K_s	3.35										C_2	2.95			
左权县	66	苇则沟	碾草渠	S_r									16	22	C_1	1.36	1.26		
				K_s									1.1	1.45	C_2	2.95	1.77		
左权县	67	龙沟河	前龙村	S_r	35.5	30.5					18		16	22	C_1	1.36	1.26	1.05	
				K_s	3.35	2.9					1.2		1.1	1.45	C_2	2.95	1.77	0.95	
左权县	68	秋林滩沟	前坪上	S_r									16	22	C_1	1.36	1.26		
				K_s									1.1	1.45	C_2	2.95	1.77		
左权县	69	禅房沟	水坡	S_r	35.5	30.5							16	22	C_1	1.36	1.26		
				K_s	3.35	2.9							1.1	1.45	C_2	2.95	1.77		
左权县	70	王凯沟	寺凹村	S_r	35.5	30.5									C_1	1.36	1.26		
				K_s	3.35	2.9									C_2	2.95	1.77		
左权县	71	板峪沟	桃园村	S_r									16	22	C_1	1.36	1.26		
				K_s									1.1	1.45	C_2	2.95	1.77		

续表

县区	序号	小流域名称	村落名称	产流地类											汇流地类				
				参数	灰岩森林山地	灰岩灌丛山地	灰岩土石山区	黄土丘陵阶地	砂页岩土石山区	砂页岩森林山地	砂页岩灌丛山地	耕种平地	变岩灌丛山地	变质岩森林山地	参数	森林山地	灌丛山地	草坡山地	耕种平地
左权县	72	禅房沟	王家庄	S_r	35.5	30.5							16	22	C_1	1.36	1.26		
				K_s	3.35	2.9							1.1	1.45	C_2	2.95	1.77		
左权县	73	柳林河东	西沟	S_r							18				C_1		1.26		
				K_s							1.2				C_2		1.77		
左权县	74	三教河	梁峪	S_r											C_1		1.26		
				K_s							18				C_2		1.77		
左权县	75	桐峪河	杨家峧	S_r							1.2		16	22	C_1	1.36	1.26		
				K_s									1.1	1.45	C_2	2.95	1.77		
左权县	76	紫阳河	西云山	S_r										22	C_1	1.36			
				K_s										1.45	C_2	2.95			
左权县	77	桐峪沟	左岩口	S_r	35.5								16	22	C_1	1.36	1.26		
				K_s	3.35								1.1	1.45	C_2	2.95	1.77		
左权县	78	熟峪河	北柳背	S_r		30.5									C_1		1.26		
				K_s		2.9									C_2		1.77		
左权县	79	熟峪河	羊林	S_r		30.5									C_1		1.26		
				K_s		2.9									C_2		1.77		
左权县	80	熟峪河	车谷	S_r		30.5									C_1		1.26		
				K_s		2.9									C_2		1.77		
左权县	81	熟峪河南	南蒿沟	S_r		30.5									C_1		1.26		
				K_s		2.9									C_2		1.77		
左权县	82	熟峪河	土崖上	S_r		30.5							16		C_1		1.26		
				K_s		2.9							1.1		C_2		1.77		
左权县	83	拐儿西沟	南沟	S_r										22	C_1	1.36			
				K_s										1.45	C_2	2.95			
左权县	84	拐儿西沟	长吉岩	S_r										22	C_1	1.36			
				K_s										1.45	C_2	2.95			
左权县	85	拐儿西沟	田渠坪	S_r									16	22	C_1	1.36	1.26		
				K_s									1.1	1.45	C_2	2.95	1.77		
左权县	86	秋林滩沟	方谷连	S_r										22	C_1	1.36			
				K_s										1.45	C_2	2.95			
左权县	87	柏峪沟	柏峪	S_r	35.5									22	C_1	1.36			
				K_s	3.35									1.45	C_2	2.95			

续表

县区	序号	小流域名称	村落名称	产流地类											汇流地类				
				参数	灰岩森林山地	灰岩灌丛山地	灰岩土石山区	黄土丘陵阶地	砂页岩土石山区	砂页岩森林山地	砂页岩灌丛山地	耕种平地	变岩灌丛山地	变质岩森林山地	参数	森林山地	灌丛山地	草坡山地	耕种平地
左权县	88	紫阳河	铺峧	S_r											C_1				
				K_s											C_2				
左权县	89	西崖底村	后山	S_r									16	22	C_1	1.36	1.26		
				K_s									1.1	1.45	C_2	2.95	1.77		
榆社县	1	南屯河9	前牛兰村	S_r							18				C_1		1.26		
				K_s							1.2				C_2		1.77		
榆社县	2	南屯河10	前千家峪村	S_r							18				C_1		1.26		
				K_s							1.2				C_2		1.77		
榆社县	3	南屯河1	上赤土村	S_r							18				C_1		1.26		
				K_s							1.2				C_2		1.77		
榆社县	4	南屯河1	下赤土村	S_r							18				C_1		1.26		
				K_s							1.2				C_2		1.77		
榆社县	5	南屯河1	讲堂村	S_r							18				C_1		1.26		
				K_s							1.2				C_2		1.77		
榆社县	6	南屯河1	上咱则村	S_r							18				C_1		1.26		
				K_s							1.2				C_2		1.77		
榆社县	7	南屯河1	下咱则村	S_r							18				C_1		1.26		
				K_s							1.2				C_2		1.77		
榆社县	8	南屯河1	屯村	S_r							18				C_1		1.26		
				K_s							1.2				C_2		1.77		
榆社县	9	南屯河1	郭郊村	S_r				21			18				C_1		1.26	1.05	
				K_s				1.4			1.2				C_2		1.77	0.95	
榆社县	10	南屯河3	大里道庄	S_r				21			18				C_1		1.26	1.05	
				K_s				1.4			1.2				C_2		1.77	0.95	
榆社县	11	南屯河6	前庄村	S_r							18				C_1		1.26		
				K_s							1.2				C_2		1.77		
榆社县	12	南屯河12	陈家峪村	S_r							18				C_1		1.26		
				K_s							1.2				C_2		1.77		
榆社县	13	南屯河3	王家庄村	S_r				21			18				C_1		1.26	1.05	
				K_s				1.4			1.2				C_2		1.77	0.95	
榆社县	14	泉水河1	五科村	S_r						23	18				C_1	1.36	1.26	1.05	
				K_s						1.5	1.2				C_2	2.95	1.77	0.95	

续表

县区	序号	小流域名称	村落名称	产流地类											汇流地类				
				参数	灰岩森林山地	灰岩灌丛山地	灰岩土石山区	黄土丘陵阶地	砂页岩土石山区	砂页岩森林山地	砂页岩灌丛山地	耕种平地	变岩灌丛山地	变质岩森林山地	参数	森林山地	灌丛山地	草坡山地	耕种平地
榆社县	15	泉水河1	水磨头村	S_r				21		23	18				C_1	1.36	1.26	1.05	
				K_s				1.4		1.5	1.2				C_2	2.95	1.77	0.95	
榆社县	16	泉水河1	上城南村	S_r							18				C_1		1.26	1.05	
				K_s							1.2				C_2		1.77	0.95	
榆社县	17	泉水河1	千峪村	S_r						23	18				C_1	1.36	1.26	1.05	
				K_s						1.5	1.2				C_2	2.95	1.77	0.95	
榆社县	18	泉水河1	牛槽沟村	S_r						23	18				C_1	1.36	1.26	1.05	
				K_s						1.5	1.2				C_2	2.95	1.77	0.95	
榆社县	19	泉水河1	东湾村	S_r				21		23	18				C_1	1.36	1.26	1.05	
				K_s				1.4		1.5	1.2				C_2	2.95	1.77	0.95	
榆社县	20	清秀河1	辉教村	S_r						23	18				C_1	1.36	1.26		
				K_s						1.5	1.2				C_2	2.95	1.77		
榆社县	21	清秀河6	西沟村	S_r						23	18				C_1	1.36	1.26		
				K_s						1.5	1.2				C_2	2.95	1.77		
榆社县	22	清秀河1	寄家沟村	S_r						23	18				C_1	1.36	1.26		
				K_s						1.5	1.2				C_2	2.95	1.77		
榆社县	23	清秀河2	寄子村	S_r				21							C_1			1.05	
				K_s				1.4							C_2			0.95	
榆社县	24	清秀河3	牛村	S_r				21			18				C_1			1.05	
				K_s				1.4			1.2				C_2			0.95	
榆社县	25	清秀河4	青阳平村	S_r				21			18				C_1		1.26	1.05	
				K_s				1.4			1.2				C_2		1.77	0.95	
榆社县	26	李峪沟1	李峪村	S_r				21			18				C_1		1.26	1.05	
				K_s				1.4			1.2				C_2		1.77	0.95	
榆社县	27	大南沟1	大南沟村	S_r				21							C_1			1.05	
				K_s				1.4							C_2			0.95	
榆社县	28	东河1	王景村	S_r							18				C_1		1.26	1.05	
				K_s							1.2				C_2		1.77	0.95	
榆社县	29	东河1	红崖头村	S_r							18				C_1		1.26		
				K_s							1.2				C_2		1.77		
榆社县	30	赵庄河3、4、5	白海村	S_r				21							C_1			1.05	
				K_s				1.4							C_2			0.95	

续表

县区	序号	小流域名称	村落名称	产流地类											汇流地类				
				参数	灰岩森林山地	灰岩灌丛山地	灰岩土石山区	黄土丘陵阶地	砂页岩土石山区	砂页岩森林山地	砂页岩灌丛山地	耕种平地	变岩灌丛山地	变质岩森林山地	参数	森林山地	灌丛山地	草坡山地	耕种平地
榆社县	31	赵庄河 8	海银山村	S_r					19						C_1		1.26	1.05	
				K_s					1.25						C_2		1.77	0.95	
榆社县	32	赵庄河 6	狐家沟村	S_r					19						C_1		1.26	1.05	
				K_s					1.25						C_2		1.77	0.95	
榆社县	33	赵庄河 3	迷沙沟村	S_r				21							C_1			1.05	
				K_s				1.4							C_2			0.95	
榆社县	34	赵庄河 4	清风村	S_r				21							C_1			1.05	
				K_s				1.4							C_2			0.95	
榆社县	35	赵庄河 5	申村	S_r				21							C_1			1.05	
				K_s				1.4							C_2			0.95	
榆社县	36	西崖底河	西崖底村	S_r				21			18				C_1		1.26	1.05	
				K_s				1.4			1.2				C_2		1.77	0.95	
榆社县	37	白壁河 4	牌坊村	S_r						23	18				C_1	1.36	1.26		
				K_s						1.5	1.2				C_2	2.95	1.77		
榆社县	38	白壁河 1	井泉沟村	S_r						23	18				C_1	1.36	1.26		
				K_s						1.5	1.2				C_2	2.95	1.77		
榆社县	39	白壁河 2、3	罗秀村	S_r							18				C_1		1.26		
				K_s							1.2				C_2		1.77		
榆社县		白壁河 2	罗秀村 1	S_r							18				C_1		1.26		
				K_s							1.2				C_2		1.77		
榆社县	39	白壁河 3	罗秀村 2	S_r							18				C_1		1.26		
				K_s							1.2				C_2		1.77		
榆社县	40	武源河 1	官寨村 1	S_r							18				C_1		1.26	1.05	
				K_s							1.2				C_2		1.77	0.95	
榆社县		武源河 3	官寨村 2	S_r							18				C_1		1.26	1.05	
				K_s							1.2				C_2		1.77	0.95	
榆社县	41	武源河 1	武源村	S_r				21			18				C_1		1.26	1.05	
				K_s				1.4			1.2				C_2		1.77	0.95	
榆社县	42	武源河 2	小河沟村	S_r				21							C_1			1.05	
				K_s				1.4							C_2			0.95	
榆社县	43	苍竹沟 1	西河底村	S_r				21			18				C_1		1.26	1.05	
				K_s				1.4			1.2				C_2		1.77	0.95	

续表

县区	序号	小流域名称	村落名称	产流地类											汇流地类				
				参数	灰岩森林山地	灰岩灌丛山地	灰岩土石山区	黄土丘陵阶地	砂页岩土石山区	砂页岩森林山地	砂页岩灌丛山地	耕种平地	变岩灌丛山地	变质岩森林山地	参数	森林山地	灌丛山地	草坡山地	耕种平地
榆社县	44	银郊河 1	南社村	S_r				21			18				C_1			1.05	
				K_s				1.4			1.2				C_2			0.95	
榆社县	45	银郊河 1	桑家沟村 1	S_r				21			18				C_1			1.046	
				K_s				1.4			1.2				C_2			0.95	
榆社县		银郊河 2	桑家沟村 2	S_r				21							C_1			1.046	
				K_s				1.4							C_2			0.95	
榆社县		银郊河 1	桑家沟村	S_r				21			18				C_1			1.05	
				K_s				1.4			1.2				C_2			0.95	
榆社县	46	银郊河 1	峡口村	S_r				21			18				C_1			1.05	
				K_s				1.4			1.2				C_2			0.95	
榆社县	47	段家沟 3	王家沟村	S_r				21							C_1			1.05	
				K_s				1.4							C_2			0.95	
榆社县	48	交口河 1	两河口村 1	S_r						23	18				C_1	1.357	1.257		
				K_s						1.5	1.2				C_2	2.95	1.77		
榆社县		交口河 4	两河口村 2	S_r						23	18				C_1	1.357	1.257		
				K_s						1.5	1.2				C_2	2.95	1.77		
榆社县		交口河 1、4	两河口村	S_r						23	18				C_1	1.36	1.26		
				K_s						1.5	1.2				C_2	2.95	1.77		
榆社县	49	交口河 4	石源村 1	S_r							18				C_1		1.257		
				K_s							1.2				C_2		1.77		
榆社县	49	交口河 5	石源村	S_r						23	18				C_1	1.357	1.257		
				K_s						1.5	1.2				C_2	2.95	1.77		
榆社县		交口河 4、5	石源村	S_r						23	18				C_1	1.36	1.26		
				K_s						1.5	1.2				C_2	2.95	1.77		
榆社县	50	交口河 1	石栈道村	S_r				21							C_1			1.05	
				K_s				1.4							C_2			0.95	
榆社县	51	交口河 1	沙旺村	S_r						23	18				C_1	1.36	1.26		
				K_s						1.5	1.2				C_2	2.95	1.77		
榆社县	52	西河 2	双峰村	S_r							18				C_1		1.26		
				K_s							1.2				C_2		1.77		
榆社县	53	交口河 1	阳乐村	S_r						23	18				C_1	1.36	1.26		
				K_s						1.5	1.2				C_2	2.95	1.77		

续表

县区	序号	小流域名称	村落名称	产流地类											汇流地类				
				参数	灰岩森林山地	灰岩灌丛山地	灰岩土石山区	黄土丘陵阶地	砂页岩土石山区	砂页岩森林山地	砂页岩灌丛山地	耕种平地	变岩灌丛山地	变质岩森林山地	参数	森林山地	灌丛山地	草坡山地	耕种平地
榆社县	54	交口河3	更修村	S_r				21			18				C_1			1.05	
				K_s				1.4			1.2				C_2			0.95	
榆社县	55	交口河2	田家沟村	S_r				21							C_1			1.05	
				K_s				1.4							C_2			0.95	
榆社县	56	交口河3	沤泥凹村	S_r				21			18				C_1			1.05	
				K_s				1.4			1.2				C_2			0.95	
榆社县	57	段家沟3	西坡村	S_r				21							C_1				
				K_s				1.4							C_2				
榆社县	58	后庄	后庄村	S_r				21			18				C_1		1.26	1.05	
				K_s				1.4			1.2				C_2		1.77	0.95	
和顺县	1	岩庄村	岩庄村	S_r						23	18				C_1	1.36	1.26		
				K_s						1.5	1.2				C_2	2.95	1.77		
和顺县	2	曲里村	曲里村	S_r						23	18				C_1	1.36	1.26		
				K_s						1.5	1.2				C_2	2.95	1.77		
和顺县	3	红堡沟村	红堡沟村	S_r						23	18				C_1	1.36	1.26		
				K_s						1.5	1.2				C_2	2.95	1.77		
和顺县	4	紫罗村	紫罗村	S_r						23	18				C_1	1.36	1.26		
				K_s						1.5	1.2				C_2	2.95	1.77		
和顺县	5	科举村	科举村	S_r						23	18				C_1	1.36	1.26		
				K_s						1.5	1.2				C_2	2.95	1.77		
和顺县	6	梳头村	梳头村	S_r						23	18				C_1	1.36	1.26		
				K_s						1.5	1.2				C_2	2.95	1.77		
和顺县	7	王汴村	王汴村	S_r	35.5	30.5							16	22	C_1	1.36	1.26		
				K_s	3.35	2.9							1.1	1.45	C_2	2.95	1.77		
和顺县	8	大窑底	大窑底	S_r	35.5	30.5							16	22	C_1	1.36	1.26		
				K_s	3.35	2.9							1.1	1.45	C_2	2.95	1.77		
和顺县	9	青家寨	青家寨	S_r	35.5	30.5									C_1	1.36	1.26		
				K_s	3.35	2.9									C_2	2.95	1.77		
和顺县	10	松烟村	松烟村	S_r	35.5	30.5							16	22	C_1	1.36	1.26		
				K_s	3.35	2.9							1.1	1.45	C_2	2.95	1.77		
和顺县	11	灰调曲村	灰调曲村	S_r	35.5										C_1	1.36			
				K_s	3.35										C_2	2.95			

续表

县区	序号	小流域名称	村落名称	产流地类											汇流地类				
				参数	灰岩森林山地	灰岩灌丛山地	灰岩土石山区	黄土丘陵阶地	砂页岩土石山区	砂页岩森林山地	砂页岩灌丛山地	耕种平地	变岩灌丛山地	变质岩森林山地	参数	森林山地	灌丛山地	草坡山地	耕种平地
和顺县	12	前营村	前营村	S_r	35.5	30.5									C_1	1.36	1.26		
				K_s	3.35	2.9									C_2	2.95	1.77		
和顺县	13	龙旺村	龙旺村	S_r						23					C_1	1.36			
				K_s						1.5					C_2	2.95			
和顺县	14	横岭村	横岭村	S_r						23	18				C_1	1.36	1.26		
				K_s						1.5	1.2				C_2	2.95	1.77		
和顺县	15	口则村	口则村	S_r						23	18				C_1	1.36	1.26		
				K_s						1.5	1.2				C_2	2.95	1.77		
和顺县	16	广务村	广务村	S_r						23	18				C_1	1.36	1.26		
				K_s						1.5	1.2				C_2	2.95	1.77		
和顺县	17	要峪村	要峪村	S_r						23	18				C_1	1.36	1.26		
				K_s						1.5	1.2				C_2	2.95	1.77		
和顺县	18	西白岩村	西白岩村	S_r						23	18				C_1	1.36	1.26		
				K_s						1.5	1.2				C_2	2.95	1.77		
和顺县	19	下白岩村	下白岩村	S_r						23	18				C_1	1.36	1.26		
				K_s						1.5	1.2				C_2	2.95	1.77		
和顺县	20	拐子村	拐子村	S_r						23	18				C_1	1.36	1.26		
				K_s						1.5	1.2				C_2	2.95	1.77		
和顺县	21	内阳村	内阳村	S_r						23					C_1	1.36			
				K_s						1.5					C_2	2.95			
和顺县	22	阳光占村	阳光占村	S_r						23	18				C_1	1.36	1.26		
				K_s						1.5	1.2				C_2	2.95	1.77		
和顺县	23	榆疙瘩村	榆疙瘩村	S_r						23	18				C_1	1.36	1.26		
				K_s						1.5	1.2				C_2	2.95	1.77		
和顺县	24	上石勒村	上石勒村	S_r						23	18				C_1	1.36	1.26		
				K_s						1.5	1.2				C_2	2.95	1.77		
和顺县	25	下石勒村	下石勒村	S_r						23	18				C_1	1.36	1.26		
				K_s						1.5	1.2				C_2	2.95	1.77		
和顺县	26	回黄村	回黄村	S_r						23	18				C_1	1.36	1.26		
				K_s						1.5	1.2				C_2	2.95	1.77		
和顺县	27	南李阳村	南李阳村	S_r			24				18				C_1		1.26	1.05	
				K_s			1.7				1.2				C_2		1.77	0.95	

续表

县区	序号	小流域名称	村落名称	产流地类											汇流地类				
				参数	灰岩森林山地	灰岩灌丛山地	灰岩土石山区	黄土丘陵阶地	砂页岩土石山区	砂页岩森林山地	砂页岩灌丛山地	耕种平地	变岩灌丛山地	变质岩森林山地	参数	森林山地	灌丛山地	草坡山地	耕种平地
和顺县	28	联坪村	联坪村	S_r						23	18				C_1	1.36	1.26	1.05	
				K_s						1.5	1.2				C_2	2.95	1.77	0.95	
和顺县	29	合山村	合山村	S_r	35.5	30.5	24						16	22	C_1	1.36	1.26		
				K_s	3.35	2.9	1.7						1.1	1.45	C_2	2.95	1.77		
和顺县	30	平松村	平松村	S_r	35.5	30.5	24						16	22	C_1	1.36	1.26	1.05	
				K_s	3.35	2.9	1.7						1.1	1.45	C_2	2.95	1.77	0.95	
和顺县	31	玉女村	玉女村	S_r			24				18		16	22	C_1	1.36	1.26	1.05	
				K_s			1.7				1.2		1.1	1.45	C_2	2.95	1.77	0.95	
和顺县	32	独堆村	独堆村	S_r						23	18				C_1	1.36	1.26	1.05	
				K_s						1.5	1.2				C_2	2.95	1.77	0.95	
和顺县	33	寺沟村	寺沟村	S_r						23					C_1	1.36			
				K_s						1.5					C_2	2.95			
和顺县	34	东远佛村	东远佛村	S_r							18				C_1		1.26	1.05	
				K_s							1.2				C_2		1.77	0.95	
和顺县	35	西远佛村	西远佛村	S_r						23	18				C_1		1.26	1.05	
				K_s						1.5	1.2				C_2		1.77	0.95	
和顺县	36	大南巷	大南巷	S_r							18		16		C_1		1.26	1.05	
				K_s							1.2		1.1		C_2		1.77	0.95	
和顺县	37	壁子村	壁子村	S_r						23	18				C_1	1.36	1.26		
				K_s						1.5	1.2				C_2	2.95	1.77		
和顺县	38	庄里村	庄里村	S_r						23	18				C_1	1.36	1.26		
				K_s						1.5	1.2				C_2	2.95	1.77		
和顺县	39	杨家峪村	杨家峪村	S_r						23					C_1	1.36			
				K_s						1.5					C_2	2.95			
和顺县	40	裴家峪村	裴家峪村	S_r						23					C_1	1.36			
				K_s						1.5					C_2	2.95			
和顺县	41	郜家庄村	郜家庄村	S_r						23	18				C_1	1.36		1.05	
				K_s						1.5	1.2				C_2	2.95		0.95	
和顺县	42	团壁村	团壁村	S_r						23	18				C_1	1.36	1.26	1.05	
				K_s						1.5	1.2				C_2	2.95	1.77	0.95	
和顺县	43	仪村	仪村	S_r						23	18				C_1	1.36	1.26	1.05	
				K_s						1.5	1.2				C_2	2.95	1.77	0.95	

续表

县区	序号	小流域名称	村落名称	产流地类 参数	灰岩森林山地	灰岩灌丛山地	灰岩土石山区	黄土丘陵阶地	砂页岩土石山区	砂页岩森林山地	砂页岩灌丛山地	耕种平地	变岩灌丛山地	变质岩森林山地	汇流地类 参数	森林山地	灌丛山地	草坡山地	耕种平地
和顺县	44	凤台村	凤台村	S_r						23	18				C_1	1.36	1.26	1.05	
				K_s						1.5	1.2				C_2	2.95	1.77	0.95	
和顺县	45	甘草坪村	甘草坪村	S_r						23	18				C_1	1.36	1.26		
				K_s						1.5	1.2				C_2	2.95	1.77		
和顺县	46	口上村	口上村	S_r							18				C_1	1.36	1.26		
				K_s							1.2				C_2	2.95	1.77		
和顺县	47	新庄村	新庄村	S_r	35.5	30.5									C_1	1.36	1.26		
				K_s	3.35	2.9									C_2	2.95	1.77		
和顺县	48	大川口村	大川口村	S_r	35.5	30.5									C_1	1.36	1.26		
				K_s	3.35	2.9									C_2	2.95	1.77		
和顺县	49	土岭村	土岭村	S_r	35.5	30.5									C_1	1.36	1.26		
				K_s	3.35	2.9									C_2	2.95	1.77		
和顺县	50	石叠村	石叠村	S_r	35.5	30.5									C_1	1.36	1.26		
				K_s	3.35	2.9									C_2	2.95	1.77		
和顺县	51	圈马坪村	圈马坪村	S_r	35.5	30.5							16	22	C_1	1.36	1.26		
				K_s	3.35	2.9							1.1	1.45	C_2	2.95	1.77		
和顺县	52	牛郎峪村	牛郎峪村	S_r	35.5	30.5							16	22	C_1	1.36	1.26		
				K_s	3.35	2.9							1.1	1.45	C_2	2.95	1.77		
和顺县	53	雷庄村	雷庄村	S_r	35.5	30.5							16	22	C_1	1.36	1.26		
				K_s	3.35	2.9							1.1	1.45	C_2	2.95	1.77		
和顺县	54	暖窑村	暖窑村	S_r	35.5	30.5									C_1	1.36	1.26		
				K_s	3.35	2.9									C_2	2.95	1.77		
和顺县	55	乔庄村	乔庄村	S_r	35.5	30.5							16		C_1	1.36	1.26		
				K_s	3.35	2.9							1.1		C_2	2.95	1.77		
和顺县	56	富峪村	富峪村	S_r										22	C_1	1.36			
				K_s										1.45	C_2	2.95			
和顺县	57	前南峪	前南峪	S_r							18		16		C_1		1.26	1.05	
				K_s							1.2		1.1		C_2		1.77	0.95	
和顺县	58	后南峪村	后南峪村	S_r							18		16		C_1		1.26	1.05	
				K_s							1.2		1.1		C_2		1.77	0.95	
和顺县	59	南窑村	南窑村	S_r							18		16		C_1		1.26	1.05	
				K_s							1.2		1.1		C_2		1.77	0.95	

5.6.1.2 设计净雨过程

设计净雨过程采用变损失率推理扣损法计算。

具体计算步骤如下：

（1）由式（5－6）求解产流历时 t_c。

$$R_p=\begin{cases}n_sS_{p,A}t^{1+\lambda-n}, & \lambda\neq0\\ n_sS_{p,A}t^{1-n_S}, & \lambda=0\end{cases},\quad n=n_S\frac{t^{\lambda}-1}{\lambda\ln t}\tag{5-6}$$

式中，R_p 为用双曲正切模型计算的场次洪水设计净雨深，mm；其他符号意义同前。

（2）由式（5－7）计算损失率 μ。

$$\mu=(1-n_s t_c^{\lambda})S_{p,A}\cdot t_c^{-n},\quad n=n_S\frac{t_c^{\lambda}-1}{\lambda\ln t_c}\tag{5-7}$$

（3）由式（5－8）和式（5－9）计算时段净雨及净雨过程。

$$\Delta h_{p,j}=h_p(t_j)-h_p(t_{j-1})\tag{5-8}$$

$$h_p(t)=H_{p,A}(t)-\mu t,\ t\leq t_c\tag{5-9}$$

式中，Δh_p 为设计时段净雨深，mm；j 为时雨型“模板”中的序位编号；t_{j-1} 为 j 时段的开始时刻；其他符号意义同前。

（4）把计算出的时段净雨按序位编号安排在设计雨型“模板”中相应序位位置，即得净雨过程。

5.6.2 汇流计算

流域模型法汇流计算采用综合瞬时单位线计算。

（1）方法介绍。

瞬时汇流曲线按式（5－10）计算。

$$u_n(0,t)=\frac{1}{k\Gamma(n)}\left(\frac{t}{k}\right)^{n-1}e^{-\frac{t}{k}}\tag{5-10}$$

式中，n 为线性水库个数；k 为一个线性水库的调蓄参数，h；t 为时间，h；$\Gamma(n)$ 为伽马函数。

单位强度净雨过程在流域出口断面形成的水体时间概率分布函数称为 $S_n(t)$ 曲线，它是瞬时汇流曲线对时间的积分，无量纲，按式（5－11）计算。

$$S_n(t)=\int_0^t u_n(0,t)dt=\Gamma(n,m),m=t/k\tag{5-11}$$

式中，$\Gamma(n,m)$ 称为 n 阶不完全伽马函数。

时段单位净雨在流域出口断面形成的概率密度曲线称为时段汇流曲线，按式（5－12）计算。

$$u_n(\Delta t,t)=\begin{cases}S_n(t) & 0\leq t\leq\Delta t\\ S_n(t)-S_n(t-\Delta t) & t>\Delta t\end{cases}\tag{5-12}$$

流域出口断面的洪水过程根据时段净雨序列与时段汇流曲线用卷积公式（5－13）计算。

$$Q(i\Delta t) = \sum_{j=1}^{M} u_n(\Delta t,(i+1-j)\Delta t)\frac{\Delta h_j}{3.6\Delta t}A\ ,0 \le i+1-j \le M\ ,j = 1,2,\cdots,M \tag{5-13}$$

式中，Δt 为计算时段，h；Δh 为时段净雨深，mm；A 为流域面积，km^2；3.6 为单位换算系数；M 为净雨时段数。

（2）参数计算。

参数 n 采用式（5－14）和式公式（5－15）计算。

$$n = C_{1,A}\ (A/J)^{\beta_1} \tag{5-14}$$

$$C_{1,A} = \sum a_i \cdot C_{1,i},\quad i = 1,2,\cdots \tag{5-15}$$

式中，A 为流域面积，km^2；J 为河流纵比降，‰；$C_{1,A}$为复合地类汇流参数；$C_{1,i}$为单地类汇流参数；β_1 为经验性指数；a_i 为某种地类的面积权重，以小数计。

m_1 采用下列经验公式（5－16）～（5－19）计算：

$$m_1 = m_{\tau,1}(\bar{i}_\tau)^{-\beta_2} \tag{5-16}$$

$$m_{\tau,1} = C_{2,A}(L/J^{\frac{1}{3}})^{\alpha} \tag{5-17}$$

$$C_{2,A} = \sum a_i \cdot C_{2,i},\quad i = 1,2,\cdots \tag{5-18}$$

$$\bar{i}_\tau = \frac{Q_p}{0.278A} \tag{5-19}$$

式中，$\bar{i}_\tau$为 τ 历时平均净雨强度，mm/h；τ 为汇流历时，h；$m_{\tau,1}$为$\bar{i}_\tau = 1mm/h$ 时瞬时单位线的滞时，h；Q_p 为设计洪峰流量，m^3/s；L 为河长，km；$C_{2,A}$为复合地类汇流参数；$C_{2,i}$为单地类汇流参数；α、β_2 为经验性指数。

根据流域的实际情况，从《山西省水文计算手册》表 7.3.2.1 中选取单地类汇流参数 C_1、C_2 和经验性指数 α、β_1、β_2（C_2 取值见表 5－7）。

5.7 设计洪水成果

控制断面设计洪水成果内容包括 758 个沿河村落控制断面各频率（重现期）设计洪水的洪峰、洪量、洪水历时等洪水要素以及控制断面各频率洪峰水位。

漳河上游山区 14 个县区共有 836 个村，进行了设计洪水计算，其中，部分村庄位于河流左右岸，断面出口接近，且没有其他汇水面积，采用同一计算断面；部分村庄主要曼坡面江水威胁，无控制断面。各县区计算情况见表 5－6。

表 5－6　漳河上游山区沿河村落控制断面设计洪水成果情况统计表

县区	计算个数	县区	计算个数
武乡县	44	潞城市	44
沁县	53	长子县	64
襄垣县	45	长治县	48
壶关县	30	长治郊区	28
黎城县	30	左权县	89
屯留县	89	榆社县	58
平顺县	72	和顺县	64
合计		758	

漳河上游山区控制断面设计洪水成果见表5－7。漳河山区设计洪水分布见图5－4。

表 5－7　漳河上游山区控制断面设计洪水成果表

县区	序号	行政区划名称	小流域名称	100 年（$Q_{1\%}$）	50 年（$Q_{2\%}$）	20 年（$Q_{5\%}$）	10 年（$Q_{10\%}$）	5 年（$Q_{20\%}$）
武乡县	1	洪水村	洪水村	513	388	252	161	95.4
武乡县	2	寨坪村	寨坪村	985	759	471	301	181
武乡县	3	下寨村	下寨村	223	186	137	97.8	65.4
武乡县	4	中村村	中村村	167	131	86.3	58	33.1
武乡县	5	义安村	义安村	167	131	86.3	58	33.1
武乡县	6	韩北村	韩北村	79.0	60.0	37.1	24.3	13.5
武乡县	7	王家峪村	王家峪村	46.0	37.0	25.3	17.5	10.5
武乡县	8	大有村	大有村	407	341	250	178	117
武乡县	9	辛庄村	辛庄村	407	341	250	178	117
武乡县	10	峪口村	峪口村	466	387	278	194	124
武乡县	11	型村	型村	12.0	10.0	7.70	5.70	3.90
武乡县	12	李峪村	李峪村	255	212	154	108	69.2
武乡县	13	泉沟村	泉沟村	255	212	154	108	69.2
武乡县	14	贾豁村	贾豁村	392	319	221	147	91.4
武乡县	15	高家庄村	高家庄村	233	195	143	102	67.3
武乡县	16	石泉村	石泉村	152	128	95.1	69.8	48.3
武乡县	17	海神沟村	海神沟村	24.0	21.0	16.2	12.5	9.1

续表

县区	序号	行政区划名称	小流域名称	100 年 ($Q_{1\%}$)	50 年 ($Q_{2\%}$)	20 年 ($Q_{5\%}$)	10 年 ($Q_{10\%}$)	5 年 ($Q_{20\%}$)
武乡县	18	郭村村	郭村村	219	183	134	96.5	65.4
武乡县	19	杨桃湾村	杨桃湾村	72.0	62.0	47.3	36.0	25.3
武乡县	20	胡庄铺村	胡庄铺村	167	140	104	75.3	50.4
武乡县	21	平家沟村	平家沟村	57.0	49.0	38.2	29.3	20.6
武乡县	22	王路村	王路村	44.0	37.0	27.5	19.8	12.7
武乡县	23	马牧村干流	马牧村干流	842	692	493	333	195
武乡县	24	马牧村支流	马牧村支流	269	221	158	107	64.6
武乡县	25	南村村	南村村	759	618	432	286	162
武乡县	26	东寨底村	东寨底村	120	99.0	71.1	49.4	30.4
武乡县	27	邵渠村	邵渠村	105	87.0	62.9	43.9	27.3
武乡县	28	北涅水村	北涅水村	76.0	64.0	48.0	35.4	23.5
武乡县	29	高台寺村	高台寺村	1089	879	607	394	213
武乡县	30	槐圪塔村	槐圪塔村	672	547	387	262	150
武乡县	31	大寨村	大寨村	661	537	378	254	146
武乡县	32	西良村	西良村	385	315	225	155	89.5
武乡县	33	分水岭村	分水岭村	171	142	103	73.4	45.2
武乡县	34	窑儿头村	窑儿头村	167	137	97.5	66.6	38.3
武乡县	35	南关村	南关村	542	437	305	203	112
武乡县	36	松庄村	松庄村	228	187	134	92.4	53.0
武乡县	37	石北村	石北村	234	194	141	98.4	59.0
武乡县	38	西黄岩村	西黄岩村	63.0	53.0	39.5	29.0	19.1
武乡县	39	型庄村	型庄村	636	525	376	256	151
武乡县	40	长蔚村	长蔚村	753	612	430	286	162
武乡县	41	玉家渠村	玉家渠村	54.0	46.0	35.7	27.2	18.9
武乡县	42	长庆村	长庆村	31.0	26.0	20.2	15.3	10.6
武乡县	43	长庆凹村	长庆凹村	71.0	60.0	45.5	33.6	22.5
武乡县	44	墨镫村	墨镫村	153	128	95.8	69.7	46.2
沁县	1	北关社区	北关社区	895	706	479	304	159
沁县	2	南关社区	南关社区	2230	1772	1219	796	422
沁县	3	西苑社区	西苑社区	1015	800	542	343	178

续表

县区	序号	行政区划名称	小流域名称	100年（$Q_{1\%}$）	50年（$Q_{2\%}$）	20年（$Q_{5\%}$）	10年（$Q_{10\%}$）	5年（$Q_{20\%}$）
沁县	4	东苑社区	东苑社区	1015	800	542	343	178
沁县	5	育才社区	育才社区	2230	1772	1219	796	422
沁县	6	合庄村	合庄村	33.0	28.0	20.8	15.3	10.1
沁县	7	北寺上村	北寺上村	156	128	91.5	62.6	37.3
沁县	8	下曲峪村	下曲峪村	67.0	56.2	41.9	30.7	20.1
沁县	9	迎春村	迎春村	824	656	449	287	160
沁县	10	官道上	官道上	1146	914	633	420	228
沁县	11	北漳村	北漳村	101	84.8	63.0	45.7	29.6
沁县	12	福村村	福村村	390	318	225	155	88.2
沁县	13	郭村村	郭村村	108	89.1	64.5	45.5	27.4
沁县	14	池堡村	池堡村	107	88.8	64.7	45.9	28.2
沁县	15	故县村	故县村	1188	958	671	447	247
沁县	16	后河村	后河村	399	330	240	169	103
沁县	17	徐村	徐村	1607	1281	882	573	312
沁县	18	马连道村	马连道村	2067	1681	1188	802	455
沁县	19	徐阳村	徐阳村	592	491	357	249	157
沁县	20	邓家坡村	邓家坡村	434	356	251	169	104
沁县	21	南池村	南池村	776	637	454	310	184
沁县	22	古城村	古城村	680	560	401	277	169
沁县	23	太里村	太里村	748	614	437	300	181
沁县	24	西待贤	西待贤	325	271	200	145	92.9
沁县	25	芦则沟	芦则沟	21.8	18.5	14.0	10.6	7.33
沁县	26	陈庄沟	陈庄沟	70.1	59.1	44.5	33.2	22.6
沁县	27	沙圪道	沙圪道	527	434	312	217	132
沁县	28	交口村	交口村	353	289	215	140	79.2
沁县	29	韩曹沟	韩曹沟	90.0	76.0	56.0	40.5	25.9
沁县	30	固亦村	固亦村	518	419	295	196	109
沁县	31	南园则村	南园则村	518	419	295	196	109
沁县	32	景村村	景村村	411	320	214	131	68.3
沁县	33	羊庄村	羊庄村	203	162	110	68.6	35.7

续表

县区	序号	行政区划名称	小流域名称	100年（$Q_{1\%}$）	50年（$Q_{2\%}$）	20年（$Q_{5\%}$）	10年（$Q_{10\%}$）	5年（$Q_{20\%}$）
沁县	34	乔家湾村	乔家湾村	156	126	87.7	57.3	31.3
沁县	35	山坡村	山坡村	319	254	174	110	58.1
沁县	36	道兴村	道兴村	848	683	478	324	182
沁县	37	燕垒沟村	燕垒沟村	41.0	34.0	25.6	18.9	12.4
沁县	38	河止村	河止村	793	645	457	315	181
沁县	39	漫水村	漫水村	494	403	286	197	113
沁县	40	下湾村	下湾村	552	448	313	215	121
沁县	41	寺庄村	寺庄村	491	399	282	194	110
沁县	42	前庄	前庄	109	91.0	65.8	45.7	27.6
沁县	43	蔡甲	蔡甲	109	91.0	65.8	45.7	27.6
沁县	44	长街村	长街村	250	210	154.9	111	70.5
沁县	45	次村村	次村村	469	392	289	206	134
沁县	46	五星村	五星村	509	423	309	217	137
沁县	47	东杨家庄村	东杨家庄村	102	86	65.2	48.6	33.1
沁县	48	下张庄村	下张庄村	294	244	179	129	81.9
沁县	49	唐村村	唐村村	68.5	57.7	43.4	32.4	21.8
沁县	50	中里村	中里村	73.1	61.4	46.0	34.1	22.7
沁县	51	南泉村	南泉村	269	222	160	112	67.1
沁县	52	榜口村	榜口村	393	320	228	156	90.4
沁县	53	杨安村	杨安村	411	334	233	155	89
襄垣县	1	石灰窑村	石灰窑村	397	315	211	137	79.8
襄垣县	2	返底村	返底村	48.5	40.1	28.6	20.1	13.1
襄垣县	3	普头村	普头村	540	423	268	166	94.7
襄垣县	4	安沟村	安沟村	168	139	102	73.5	48.6
襄垣县	5	阎村	阎村	516	425	302	208	129
襄垣县	6	南马喊村	南马喊村	220	186	139	102	70.2
襄垣县	7	胡家沟村	胡家沟村	220	186	139	102	70.2
襄垣县	8	河口村	河口村	364	303	221	159	105
襄垣县	9	北田漳村	北田漳村	458	385	287	212	146
襄垣县	10	南邯村	南邯村	329	274	200	142	92.0

续表

县区	序号	行政区划名称	小流域名称	100年（$Q_{1\%}$）	50年（$Q_{2\%}$）	20年（$Q_{5\%}$）	10年（$Q_{10\%}$）	5年（$Q_{20\%}$）
襄垣县	11	小河村	小河村	327	272	199	143	92.7
襄垣县	12	白堰底村	白堰底村	165	138	102	75.3	51.1
襄垣县	13	西洞上村	西洞上村	248	208	155	113	75.3
襄垣县	14	王村	王村	659	551	402	285	185
襄垣县	15	下庙村	下庙村	683	570	417	299	200
襄垣县	16	史属村	史属村	124	106	81.8	62.2	43.8
襄垣县	17	店上村	店上村	1186	978	693	471	291
襄垣县	18	北姚村	北姚村	1151	955	691	484	309
襄垣县	19	垴上村	垴上村	580	487	363	266	180
襄垣县	20	史北村	史北村	580	487	363	266	180
襄垣县	21	前王沟村	前王沟村	339	283	208	150	100
襄垣县	22	任庄村	任庄村	28.3	24.1	18.5	14.2	10.0
襄垣县	23	高家沟村	高家沟村	55.4	47.4	36.6	28	19.8
襄垣县	24	下良村	下良村	1104	867	563	357	211
襄垣县	25	水碾村	水碾村	1074	819	519	322	188
襄垣县	26	寨沟村	寨沟村	37.4	28.4	18.8	12.1	6.96
襄垣县	27	庄里村	庄里村	41.2	35.5	27.8	21.6	15.5
襄垣县	28	桑家河村	桑家河村	417	342	244	173	116
襄垣县	29	固村	固村	1199	961	645	417	241
襄垣县	30	阳沟村	阳沟村	966	772	516	331	190
襄垣县	31	温泉村	温泉村	931	743	496	317	181
襄垣县	32	燕家沟村	燕家沟村	178	148	108	78.4	51.3
襄垣县	33	高崖底村	高崖底村	909	727	486	310	176
襄垣县	34	里阚村	里阚村	972	777	519	334	192
襄垣县	35	合漳村	合漳村	496	411	299	213	140
襄垣县	36	西底村	西底村	694	574	413	289	185
襄垣县	37	返头村	返头村	694	574	413	289	185
襄垣县	38	南田漳村	南田漳村	21.1	16.6	11.3	7.19	4.17
襄垣县	39	北马喊村	北马喊村	289	246	188	141	98.7
襄垣县	40	南底村	南底村	105	88.3	65.4	48.1	32.4

续表

县区	序号	行政区划名称	小流域名称	100年 ($Q_{1\%}$)	50年 ($Q_{2\%}$)	20年 ($Q_{5\%}$)	10年 ($Q_{10\%}$)	5年 ($Q_{20\%}$)
襄垣县	41	兴民村	兴民村	98.7	78.3	53	35.7	20.8
襄垣县	42	路家沟村	路家沟村	142	122	94.3	72.0	50.9
襄垣县	43	南漳村	南漳村	11.5	8.98	6.08	3.93	2.23
襄垣县	44	东坡村	东坡村	214	181	138	104	73.3
襄垣县	45	九龙村	九龙村	1673	1399	1030	738	483
壶关县	1	桥上	桥上	640	494	299	136	56.6
壶关县	2	盘底村	盘底村	1318	943	452	219	105
壶关县	3	沙滩村	沙滩村	1262	895	423	204	98.3
壶关县	4	潭上	潭上	1488	1053	495	237	113
壶关县	5	庄则上村	庄则上村	1451	1062	524	261	127
壶关县	6	土圪堆	土圪堆	988	725	355	178	87.6
壶关县	7	下石坡村	下石坡村	298	201	119	70.7	39.2
壶关县	8	黄崖底	黄崖底	581	464	300	163	63.0
壶关县	9	西坡上	西坡上	156	131	95.9	64.2	31.6
壶关县	10	靳家庄	靳家庄	403	323	211	110	45.5
壶关县	11	碾盘街	碾盘街	690	556	364	197	72.2
壶关县	12	东黄花水村	东黄花水村	104	82.9	57.3	36.1	21.1
壶关县	13	西黄花水村	西黄花水村	93.4	75.4	52.3	36.5	21.9
壶关县	14	安口村	安口村	24.0	19.3	13.1	8.26	4.95
壶关县	15	北平头坞村	北平头坞村	463	360	225	141	83.8
壶关县	16	南平头坞村	南平头坞村	171	133	80.9	48.3	27.1
壶关县	17	双井村	双井村	153	119	76.9	51.0	28.4
壶关县	18	石河沐村	石河沐村	73.7	58.0	33.7	16.3	7.6
壶关县	19	口头村	口头村	60.8	47.6	32.0	19.7	11.4
壶关县	20	大井村	大井村	5.70	4.30	2.61	1.50	0.700
壶关县	21	城寨村	城寨村	31.3	23.3	14.5	9.10	5.42
壶关县	22	薛家园村	薛家园村	8.50	6.40	3.90	2.30	1.10
壶关县	23	西底村	西底村	22.9	17.1	10.7	6.78	4.16
壶关县	24	神北村	神北村	325	237	144	87.1	49.1
壶关县	25	神南村	神南村	311	226	137	82.7	46.5

续表

县区	序号	行政区划名称	小流域名称	100年（$Q_{1\%}$）	50年（$Q_{2\%}$）	20年（$Q_{5\%}$）	10年（$Q_{10\%}$）	5年（$Q_{20\%}$）
壶关县	26	上河村	上河村	172	128	78.6	48.2	27.9
壶关县	27	福头村	福头村	138	91.5	53.3	31.3	17.2
壶关县	28	西七里村	西七里村	137	101	61.5	38.0	22.4
壶关县	29	角脚底村	角脚底村	57.3	47.9	29.3	18.0	10.4
壶关县	30	北河村	北河村	306	254	165	108	68.2
黎城县	1	东洼	小东河	1091	794	461.3	264.4	138.3
黎城县	2	仁庄	小东河	182	145	98.2	65.2	39.8
黎城县	3	北泉寨	小东河	958	709	419.6	244.1	129.7
黎城县	4	宋家庄	小东河	225	172	104.5	62.2	34.0
黎城县	5	苏家峧	峪里沟	58.0	47.0	33.3	23.0	13.5
黎城县	6	岚沟村	平头河	90.0	73.0	50.6	32.7	18.2
黎城县	7	后寨村	茅岭底沟	62.0	52.0	38.9	28.9	19.4
黎城县	8	寺底村	骆驼沟	1007	744	444.3	259.4	136.5
黎城县	9	北委泉村	南委泉河	138	112	77.0	49.4	27.5
黎城县	10	车元村	南委泉河	95.0	77.0	54.2	36.1	21.3
黎城县	11	茶棚滩村	茅岭底沟	370	293	190	115	62.3
黎城县	12	佛崖底村	东崖底河	533	430	293	189	109
黎城县	13	小寨村	东崖底河	211	166	106.5	66	37.4
黎城县	14	西村村	小东河	205	161	102.6	63.1	35.6
黎城县	15	北停河村	小东河	277	215	140.5	92.9	51.9
黎城县	16	柏官庄村	柏官庄河	259	209	140	90.9	50.7
黎城县	17	郭家庄村	东崖底河	62.0	46.0	27.0	16.0	8.70
黎城县	18	前庄村	峧沟	148	118	81.9	53.7	30.7
黎城县	19	曹庄村	柏官庄河	468	361	229	140	75.9
黎城县	20	三十亩村	柏官庄河	415	314	191	115	61.6
黎城县	21	孔家峧村	柏官庄河	63.7	50.36	32.32	19.7	10.7
黎城县	22	龙王庙村	峪里沟	368	279	173	102	55.0
黎城县	23	秋树垣村	峪里沟	551	414	254	150	80.2
黎城县	24	南委泉村	南委泉河	241	190	126	77.5	42.1
黎城县	25	牛居村	南委泉河	127	105	76.5	53.7	32.0

续表

县区	序号	行政区划名称	小流域名称	100年（$Q_{1\%}$）	50年（$Q_{2\%}$）	20年（$Q_{5\%}$）	10年（$Q_{10\%}$）	5年（$Q_{20\%}$）
黎城县	26	彭庄村	茅岭底沟	189	153	106	68.6	39.3
黎城县	27	背坡村	南委泉河	150	121	83.3	53.4	50.7
黎城县	28	平头村	茅岭底沟	210	149	85.3	49.0	26.0
黎城县	29	中庄村	峧沟	261	216	158	112	68.0
黎城县	30	清泉村	东崖底河	1035	824	543	340	191
屯留县	1	杨家湾村	杨家湾村	84.9	71.3	53.3	39.2	25.8
屯留县	2	贾庄村	贾庄村	197	163	118	83.0	52.0
屯留县	3	魏村	魏村	121	94.0	60.0	39.0	21.0
屯留县	4	吾元村	吾元村	119	99.0	73.0	53.0	34.0
屯留县	5	丰秀岭村	丰秀岭村	13.6	11.5	8.79	6.70	4.68
屯留县	6	南阳坡村	南阳坡村	90.4	73.9	52.1	35.1	21.1
屯留县	7	罗村	罗村	119	95.0	65.0	44.0	27.0
屯留县	8	煤窑沟村	煤窑沟村	83.0	68.0	46.0	30.0	17.0
屯留县	9	东坡村	东坡村	1055	856	590	385	219
屯留县	10	三交村	三交村	1036	841	590	385	220
屯留县	11	贾庄	贾庄	250	208	150	107	65.0
屯留县	12	老庄沟	老庄沟	122	101	74.0	53.0	34.0
屯留县	13	北沟庄	北沟庄	185	153	110	77.0	48.0
屯留县	14	老庄沟西坡	老庄沟西坡	207	172	125	88.0	55.0
屯留县	15	秦家村	秦家村	33.0	28.0	21.0	16.0	11.0
屯留县	16	张店村	张店村	1020	804	531	324	174
屯留县	17	甄湖村	甄湖村	768	612	404	250	136
屯留县	18	张村	张村	404	322	212	130	70.0
屯留县	19	南里庄村	南里庄村	131	108	79.4	57.5	36.7
屯留县	20	上立寨村	上立寨村	71.0	58.0	41.0	28.0	16.0
屯留县	21	大半沟	大半沟	91.0	74.0	53.0	35.0	20.0
屯留县	22	五龙沟	五龙沟	73.6	61.2	45.0	32.6	20.7
屯留县	23	李家庄村	李家庄村	108	89.2	65.0	46.5	29.0
屯留县	24	马家庄	马家庄	108	89.2	65.0	46.5	29.0
屯留县	25	帮家庄	帮家庄	108	89.2	65.0	46.5	29.0

续表

县区	序号	行政区划名称	小流域名称	100年($Q_{1\%}$)	50年($Q_{2\%}$)	20年($Q_{5\%}$)	10年($Q_{10\%}$)	5年($Q_{20\%}$)
屯留县	26	秋树坡	秋树坡	108	89.2	65.0	46.5	29.0
屯留县	27	李家庄村西坡	李家庄村西坡	108	89.2	65.0	46.5	29.0
屯留县	28	半坡村	半坡村	44.3	37.1	27.5	20.2	13.1
屯留县	29	霜泽村	霜泽村	387	314	221	150	85.0
屯留县	30	雁落坪村	雁落坪村	346	281	197	133	76.0
屯留县	31	雁落坪村西坡	雁落坪村西坡	346	281	197	133	76.0
屯留县	32	宜丰村	宜丰村	208	170	120	81.0	47.0
屯留县	33	浪井沟	浪井沟	208	170	120	81.0	47.0
屯留县	34	宜丰村西坡	宜丰村西坡	208	170	120	81.0	47.0
屯留县	35	中村村	中村村	13.1	11.0	8.22	6.11	4.08
屯留县	36	河西村	河西村	152	122	84.0	57.0	36.0
屯留县	37	柳树庄村	柳树庄村	87.0	70.0	55.0	39.0	24.0
屯留县	38	柳树庄	柳树庄	87.0	70.0	55.0	39.0	24.0
屯留县	39	老洪沟	老洪沟	129	107	77.0	54.0	33.0
屯留县	40	崖底村	崖底村	275	225	156	103	58.0
屯留县	41	唐王庙村	唐王庙村	98.2	81.5	60.0	43.6	28.1
屯留县	42	南掌	南掌	254	195	121	72.7	39.6
屯留县	43	徐家庄	徐家庄	155	125	85.0	54.2	30.5
屯留县	44	郭家庄	郭家庄	121	98.2	68.4	45.2	26.4
屯留县	45	沿湾	沿湾	135	110	77.8	52.7	30.6
屯留县	46	王家庄	王家庄	102	83.2	58.5	39.5	23.2
屯留县	47	林庄村	林庄村	306	245	162	100	54.0
屯留县	48	八泉村	八泉村	154	125	85.0	54.0	30.0
屯留县	49	七泉村	七泉村	345	276	185	115	63.0
屯留县	50	鸡窝圪套	鸡窝圪套	345	276	185	115	63.0
屯留县	51	南沟村	南沟村	127	104	72.0	48.0	27.0
屯留县	52	棋盘新庄	棋盘新庄	127	104	72.0	48.0	27.0
屯留县	53	羊窑	羊窑	127	104	72.0	48.0	27.0

续表

县区	序号	行政区划名称	小流域名称	100年($Q_{1\%}$)	50年($Q_{2\%}$)	20年($Q_{5\%}$)	10年($Q_{10\%}$)	5年($Q_{20\%}$)
屯留县	54	小桥	小桥	127	104	72.0	48.0	27.0
屯留县	55	寨上村	寨上村	104	85.0	57.0	38.0	21.0
屯留县	56	寨上	寨上	104	85.0	57.0	38.0	21.0
屯留县	57	吴而村	吴而村	96.0	87.0	67.0	44.0	25.0
屯留县	58	西上村	西上村	255	206	145	95.0	54.0
屯留县	59	西沟河村	西沟河村	348	278	183	112	61.0
屯留县	60	西岸上	西岸上	348	278	183	112	61.0
屯留县	61	西村	西村	348	278	183	112	61.0
屯留县	62	西丰宜村	西丰宜村	713	573	397	272	154
屯留县	63	郝家庄村	郝家庄村	26.0	22.0	16.0	12.0	8.0
屯留县	64	石泉村	石泉村	9.85	8.42	6.54	5.07	3.60
屯留县	65	西洼村	西洼村	193	155	106	73.0	44.0
屯留县	66	河神庙	河神庙	205	175	134	102	70.0
屯留县	67	梨树庄村	梨树庄村	108	89.7	66.4	48.7	31.9
屯留县	68	庄洼	庄洼	108	89.7	66.4	48.7	31.9
屯留县	69	西沟村	西沟村	58.8	47.6	33.5	22.3	12.4
屯留县	70	老婆角	老婆角	58.8	47.6	33.5	22.3	12.4
屯留县	71	西沟口	西沟口	58.8	47.6	33.5	22.3	12.4
屯留县	72	司家沟	司家沟	81.3	68.5	51.7	38.8	26.1
屯留县	73	龙王沟村	龙王沟村	205	175	134	102	70.0
屯留县	74	西流寨村	西流寨村	440	357	251	172	99.0
屯留县	75	马家庄	马家庄	110	91.0	65.0	47.0	29.0
屯留县	76	大会村	大会村	399	325	228	156	90.0
屯留县	77	西大会	西大会	399	325	228	156	90.0
屯留县	78	河长头村	河长头村	566	457	319	216	122
屯留县	79	南庄村	南庄村	632	509	353	238	138
屯留县	80	中理村	中理村	120	100	71.0	50.0	30.0
屯留县	81	吴寨村	吴寨村	303	247	175	120	69.0
屯留县	82	桑园	桑园	303	247	175	120	69.0
屯留县	83	黑家口	黑家口	230	189	134	92.0	53.0

续表

县区	序号	行政区划名称	小流域名称	100 年（$Q_{1\%}$）	50 年（$Q_{2\%}$）	20 年（$Q_{5\%}$）	10 年（$Q_{10\%}$）	5 年（$Q_{20\%}$）
屯留县	84	上莲村	上莲村	310	258	189	134	86.1
屯留县	85	前上莲	前上莲	310	258	189	134	86.1
屯留县	86	后上莲	后上莲	260	215	154	109	69.0
屯留县	87	山角村	山角村	213	176	127	89.0	57.0
屯留县	88	马庄	马庄	310	258	189	134	86.1
屯留县	89	交川村	交川村	78.0	65.0	48.0	35.0	23.0
平顺县	1	洪岭村	洪岭村	31.0	24.0	15.8	10.3	6.50
平顺县	2	椿树沟村	椿树沟村	26.0	20.0	12.4	7.90	4.90
平顺县	3	贾家村	贾家村	49.0	38.0	23.9	15.4	9.70
平顺县	4	南北头村	南北头村	63.0	47.0	30.1	19.3	12.1
平顺县	5	河则	河则	274	207	130	82.9	51.2
平顺县	6	路家口村	路家口村	274	207	130	82.9	51.2
平顺县	7	北坡村	北坡村支流	20.1	15.6	10.6	6.53	3.83
平顺县	7	北坡村	北坡村干流	99.0	73.0	47.3	28.7	16.5
平顺县	8	龙镇村	龙镇村	131	100	60.5	37.2	21.4
平顺县	9	南坡村	南坡村	153	115	70.7	43.4	25.3
平顺县	10	东迷村	东迷村	140	113	78.5	50.3	30.5
平顺县	11	正村	正村	202	150	91.9	56.7	33.5
平顺县	12	龙家村	龙家村	213	159	98.2	61.2	36.7
平顺县	13	申家坪村	申家坪村	215	161	101	63.7	38.6
平顺县	14	下井村	下井村	162	129	88.1	55.3	32.8
平顺县	15	青行头村	青行头村	158	117	71.8	44.8	27.2
平顺县	16	南赛	南赛	327	239	144	88.1	51.0
平顺县	17	东峪	东峪	165	130	89.6	57.0	33.1
平顺县	18	西沟村	西沟村	396	286	171	103	58.4
平顺县	19	川底村	川底村	381	283	176	111	67.1
平顺县	20	石埠头村	石埠头村	416	305	185	113	65.8
平顺县	21	小东峪村	小东峪村	69	53.0	34.8	22.9	13.5
平顺县	22	城关村	城关村	431	318	195	122	72.9
平顺县	23	峈峪村	峈峪村	121	94.0	63.9	40.1	23.6

续表

县区	序号	行政区划名称	小流域名称	100年（$Q_{1\%}$）	50年（$Q_{2\%}$）	20年（$Q_{5\%}$）	10年（$Q_{10\%}$）	5年（$Q_{20\%}$）
平顺县	24	张井村	张井村	140	106	68.7	44.3	27.7
平顺县	25	回源峧村	回源峧村	54.0	44.0	31.9	21.4	13.3
平顺县	26	小赛村	小赛村	574	420	255	156	92.8
平顺县	27	后留村	后留村	89.0	73.0	52.8	37.1	22.6
平顺县	28	常家村	常家村	21.0	16.0	9.90	6.20	3.70
平顺县	29	庙后村	庙后村	110	85.0	54.3	36.1	21.8
平顺县	30	黄崖村	黄崖村	233	183	105	61	32.2
平顺县	31	牛石窑村	牛石窑村	481	382	225	118	59.4
平顺县	32	玉峡关村	玉峡关村	51.0	43.0	31.1	19.4	10.5
平顺县	32	玉峡关村	玉峡关村	159	131	90.2	49.8	24.4
平顺县	33	南地	南地	1018	794	465	222	103
平顺县	34	阱沟	阱沟	37.0	31.0	19.8	10.9	5.10
平顺县	35	石窑滩村	石窑滩村	56.0	46.0	31.0	19.5	10.6
平顺县	36	羊老岩村	羊老岩村	72.0	57.0	34.8	21.9	11.6
平顺县	37	河口	河口	151	119	69.3	36.4	23.8
平顺县	38	底河村	底河村	172	127	69.3	41.3	22.8
平顺县	39	西湾村	西湾村	514	352	187	109	59.1
平顺县	40	焦底村	焦底村	12.0	9.00	5.90	3.80	2.20
平顺县	41	棠梨村	棠梨村	25.0	18.0	12.3	7.70	4.50
平顺县	42	大山村	大山村	86.0	70.0	44.8	29.5	16
平顺县	43	安阳村	安阳村	133	101	61.7	40.3	21.9
平顺县	44	虎窑村	虎窑村	1089	790	457	283	154
平顺县	45	军寨	军寨	715	471	244	141	75.5
平顺县	46	东寺头村	东寺头村	703	473	237	134	71.5
平顺县	47	后庄村	后庄村	87.0	65.0	43.4	27.1	15.6
平顺县	48	前庄村	前庄村	130	93.0	56.3	35.4	19.9
平顺县	49	虹梯关村	虹梯关村	169	123	75.5	46.9	27.5
平顺县	50	梯后村	梯后村	836	556	309	181	97.7
平顺县	51	碑滩村	碑滩村	861	578	301	174	92.7
平顺县	52	虹霓村	虹霓村	820	542	292	169	89.6

续表

县区	序号	行政区划名称	小流域名称	100 年（$Q_{1\%}$）	50 年（$Q_{2\%}$）	20 年（$Q_{5\%}$）	10 年（$Q_{10\%}$）	5 年（$Q_{20\%}$）
平顺县	53	苤兰岩村	苤兰岩村	825	543	291	167	88. 5
平顺县	54	堕磊辿	堕磊辿	861	563	298	170	89. 6
平顺县	55	库峧村	库峧村	66. 0	45. 0	25. 3	14. 4	7. 50
平顺县	56	靳家园村	靳家园村	235	178	107	64. 1	35
平顺县	57	棚头村	棚头村	387	297	191	125	68. 6
平顺县	58	南耽车村	南耽车村	263	192	115	69. 6	39. 4
平顺县	59	榔树园村	榔树园村	151	109	63. 7	37. 6	20. 7
平顺县	60	堂耳庄村	堂耳庄村	198	142	82. 7	48. 3	26. 2
平顺县	61	源头村	源头村	309	230	136	79. 1	41. 6
平顺县	62	豆峪村	豆峪村	168	126	76. 3	44. 7	23. 8
平顺县	63	井底村	井底村	805	589	278	123	57. 1
平顺县	64	消军岭村	消军岭村	32. 6	26. 6	18. 8	12. 6	7. 29
平顺县	65	天脚村	天脚村	574	420	255	156	92. 8
平顺县	66	安咀村	安咀村	514	352	186. 5	109. 2	59. 1
平顺县	67	上五井村	上五井村	406	301	185	114	67. 0
平顺县	68	石灰窑	石灰窑	51. 7	42. 8	31. 0	18. 5	11. 3
平顺县	69	驮山	驮山	1620	197	118	70. 8	41. 3
平顺县	70	窑门前	窑门前	80. 4	64. 7	43. 1	28. 3	17. 9
平顺县	71	中五井村	中五井村	119	98. 0	70. 6	48. 5	30. 7
平顺县	72	西安村	西安村	165	132	77. 0	45. 9	24. 9
潞城市	1	会山底村	会山底村	8. 09	6. 60	4. 70	3. 19	1. 94
潞城市	2	下社村	下社村	58. 4	44. 5	27. 7	17. 3	10. 1
潞城市	3	下社村后交	下社村后交	58. 4	44. 5	27. 7	17. 3	10. 1
潞城市	4	河西村	河西村	25. 5	21. 3	15. 7	11. 3	7. 6
潞城市	5	后峧村	后峧村	28. 0	21. 7	13. 7	8. 72	5. 26
潞城市	6	申家村	申家村	152	115	72. 3	45. 5	27. 1
潞城市	7	苗家村	苗家村	152	115	72. 3	45. 5	27. 1
潞城市	8	苗家村庄上	苗家村庄上	152	115	72. 3	45. 5	27. 1
潞城市	9	枣臻村	枣臻村	157	123	78. 9	49. 4	28. 4
潞城市	10	赤头村	赤头村	166	133	89. 8	58. 8	34. 7

续表

县区	序号	行政区划名称	小流域名称	100年($Q_{1\%}$)	50年($Q_{2\%}$)	20年($Q_{5\%}$)	10年($Q_{10\%}$)	5年($Q_{20\%}$)
潞城市	11	马江沟村	马江沟村	24.7	19.9	13.6	8.91	5.7
潞城市	12	弓家岭	弓家岭	11.7	9.70	6.90	4.90	3.21
潞城市	13	红江沟	红江沟	8.32	6.94	5.12	3.64	2.43
潞城市	14	曹家沟村	曹家沟村	717	524	316	190	107
潞城市	15	韩村	韩村	944	697	423	255	145
潞城市	16	冯村	冯村	227	188	135	95.2	63.0
潞城市	17	韩家园村	韩家园村	261	213	149	102	62.8
潞城市	18	李家庄村	李家庄村	139	114	81.4	56.4	35.5
潞城市	19	漫流河村	漫流河村	201	165	115	78.4	48.2
潞城市	20	石匣村	石匣村	544	439	295	190	112
潞城市	21	申家山村	申家山村	59.7	48.7	33.9	22.8	13.9
潞城市	22	井峪村	井峪村	127	106	77.7	55.4	36.2
潞城市	23	南马庄村	南马庄村	205	166	113	73.3	42.9
潞城市	24	五里坡村	五里坡村	51.7	42.8	30.6	21.2	13.2
潞城市	25	西北村	西北村	180	147	103	70.7	44.8
潞城市	26	西南村	西南村	180	147	103	70.7	44.8
潞城市	27	南流村	南流村	8.60	7.10	5.20	3.70	2.20
潞城市	28	涧口村	涧口村	566	455	305	196	115
潞城市	29	斜底村	斜底村	28.9	24.2	17.7	12.7	8.30
潞城市	30	中村	中村	103	81.1	53.0	33.8	19.3
潞城市	31	堡头村	堡头村	166	126	77.8	47.2	26.4
潞城市	32	河后村	河后村	12.9	10.4	7.20	4.90	3.10
潞城市	33	桥堡村	桥堡村	99.6	76.1	48.8	29.8	16.8
潞城市	34	东山村	东山村	204	166	115	77.8	46.4
潞城市	35	西坡村	西坡村	202	168	120	82.6	50.4
潞城市	36	西坡村东坡	西坡村东坡	17.1	14.3	10.4	7.53	4.99
潞城市	37	儒教村	儒教村	115	95.5	68.3	47	28.8
潞城市	38	王家庄村后交	王家庄村后交	26.0	21.9	16.3	11.7	7.4

续表

县区	序号	行政区划名称	小流域名称	100年（$Q_{1\%}$）	50年（$Q_{2\%}$）	20年（$Q_{5\%}$）	10年（$Q_{10\%}$）	5年（$Q_{20\%}$）
潞城市	39	上黄村向阳庄	上黄村向阳庄	4.80	4.00	2.90	2.10	1.40
潞城市	40	南花山村	南花山村	55.5	44.9	31.3	21.2	12.5
潞城市	41	辛安村	辛安村	1550	1166	721	429	240
潞城市	42	辽河村	辽河村	237	188	125	81.4	47.6
潞城市	43	辽河村车旺	辽河村车旺	237	188	125	81.4	47.6
潞城市	44	曲里村	曲里村	966	716	437	266	152
长子县	1	红星庄	红星庄	100	85.0	66.0	51.0	35.0
长子县	2	石家庄村	石家庄村	1520	1224	845	567	307
长子县	3	西河庄村	西河庄村	1520	1224	845	567	307
长子县	4	晋义村	晋义村	394	320	225	155	87.0
长子县	5	刁黄村	刁黄村	394	320	225	155	87.0
长子县	6	南沟河村	南沟河村	199	162	113	77.0	43.0
长子县	7	良坪村	良坪村	198	161	113	76.0	43.0
长子县	8	乱石河村	乱石河村	671	545	379	260	149
长子县	9	两都村	两都村	311	253	180	123	71.0
长子县	10	苇池村	苇池村	123	100	72.0	48.0	27.0
长子县	11	李家庄村	李家庄村	120	99.0	70.0	48.0	29.0
长子县	12	圪倒村	圪倒村	671	545	379	260	149
长子县	13	高桥沟村	高桥沟村	671	545	379	260	149
长子县	14	花家坪村	花家坪村	671	545	379	260	149
长子县	15	洪珍村	洪珍村	440	356	248	170	97
长子县	16	郭家沟村	郭家沟村	38.0	31.0	22.0	15.0	8.00
长子县	17	南岭庄	南岭庄	523	431	309	219	133
长子县	18	大山	大山	523	431	309	219	133
长子县	19	羊窑沟	羊窑沟	523	431	309	219	133
长子县	20	响水铺	响水铺	619	508	363	255	154
长子县	21	东沟庄	东沟庄	54.0	44.0	31.0	22.0	13.0
长子县	22	九亩沟	九亩沟	193	160	116	84.0	54.0
长子县	23	小豆沟	小豆沟	411	333	234	160	92.0

续表

县区	序号	行政区划名称	小流域名称	100年（$Q_{1\%}$）	50年（$Q_{2\%}$）	20年（$Q_{5\%}$）	10年（$Q_{10\%}$）	5年（$Q_{20\%}$）
长子县	24	尧神沟村	尧神沟村	8.00	7.00	5.00	4.00	3.00
长子县	25	沙河村	沙河村	296	242	167	108	65.0
长子县	26	韩坊村	韩坊村	575	465	312	202	125
长子县	27	交里村	交里村	1595	1262	860	551	296
长子县	28	西田良村	西田良村	311	260	194	141	91.0
长子县	29	南贾村	南贾村	166	140	106	78.0	52.0
长子县	30	东田良村	东田良村	313	263	196	142	92.0
长子县	31	南张店村	南张店村	160	135	102	76.0	50.0
长子县	32	西范村	西范村	74.0	63.0	48.0	37.0	26.0
长子县	33	东范村	东范村	160	135	102	76.0	50.0
长子县	34	崔庄村	崔庄村	166	140	106	78.0	52.0
长子县	35	龙泉村	龙泉村	160	135	102	76.0	50.0
长子县	36	程家庄村	程家庄村	28.0	24.0	19.0	15.0	10.0
长子县	37	窑下村	窑下村	202	171	130	97.0	66.0
长子县	38	赵家庄村	赵家庄村	38.0	33.0	26.0	20.0	14.0
长子县	39	陈家庄村	陈家庄村	38.0	33.0	26.0	20.0	14.0
长子县	40	吴家庄村	吴家庄村	38.0	33.0	26.0	20.0	14.0
长子县	41	曹家沟村	曹家沟村	202	171	130	97.0	66.0
长子县	42	琚村	琚村	295	248	186	137	91.0
长子县	43	平西沟村	平西沟村	329	276	207	152	100
长子县	44	南漳村	南漳村	366	285	179	116	67.0
长子县	45	吴村	吴村	1333	1064	731	463	253
长子县	46	安西村	安西村	297	241	170	116	65.0
长子县	47	金村	金村	297	241	170	116	65.0
长子县	48	丰村	丰村	179	146	103	70.0	40.0
长子县	49	苏村	苏村	341	286	212	155	100
长子县	50	西沟村	西沟村	91.0	77.0	57.0	43.0	28.0
长子县	51	西峪村	西峪村	135	113	85.0	63.0	41.0
长子县	52	东峪村	东峪村	135	113	84.0	62.0	41.0
长子县	53	城阳村	城阳村	406	331	235	163	96.0

续表

县区	序号	行政区划名称	小流域名称	100年（$Q_{1\%}$）	50年（$Q_{2\%}$）	20年（$Q_{5\%}$）	10年（$Q_{10\%}$）	5年（$Q_{20\%}$）
长子县	54	阳鲁村	阳鲁村	186	154	113	80.0	49.0
长子县	55	善村	善村	197	162	117	81.0	49.0
长子县	56	南庄村	南庄村	197	162	117	81.0	49.0
长子县	57	大南石村	大南石村	7.00	6.00	5.00	4.00	3.00
长子县	58	小南石村	小南石村	16.00	14.00	11.00	8.00	6.00
长子县	59	申村	申村	1547	1253	873	590	323
长子县	60	西何村	西何村	1335	1052	671	402	216
长子县	61	鲍寨村	鲍寨村	202	171	130	97.0	66.0
长子县	62	南庄村	南庄村	523	431	309	219	133
长子县	63	南沟	南沟	26.0	22.0	17.0	12.0	8.0
长子县	64	庞庄	庞庄	218	185	143	109	75.0
长治县	1	柳林村	黑水河	106	85	59	41.0	25.0
长治县	2	林移村	黑水河	138	108	71.0	46.0	28.0
长治县	3	柳林庄村	黑水河	130	102	69.6	46.9	27.9
长治县	4	司马村	黑水河	408	314	202.4	129.9	77.6
长治县	5	荫城村	荫城河	507	493	335	226	142
长治县	6	河下村	荫城河	561	450	307	207	131
长治县	7	横河村	荫城河	539	432	294	207	131
长治县	8	桑梓一村	南宋河	598	497	361	254	164
长治县	9	桑梓二村	桑梓二村沟	61.0	52.0	39.0	29.0	20.0
长治县	10	北头村	南宋河	515	431	317	226	148
长治县	11	内王村	内王河	69.0	58.0	43.0	31.0	22.0
长治县	12	王坊村	荫城河	866	693	463	318	207
长治县	13	中村	荫城河	866	693	463	318	207
长治县	14	李坊村	荫城河	837	669	452	317	208
长治县	15	北王庆村	陶清河	6.00	5.00	4.00	3.00	2.00
长治县	16	桥头村	桥头沟	108	92.0	69.0	52.0	36.0
长治县	17	下赵家庄村	荫城河	21.0	18.0	14.0	11.0	8.00
长治县	18	南河村	南河沟	9.00	8.00	6.00	5.00	4.00
长治县	19	羊川村	羊川沟	87.0	70.0	49.0	35.0	22.0

续表

县区	序号	行政区划名称	小流域名称	100年($Q_{1\%}$)	50年($Q_{2\%}$)	20年($Q_{5\%}$)	10年($Q_{10\%}$)	5年($Q_{20\%}$)
长治县	20	八义村	八义河	168	141	106	77.0	52.0
长治县	21	狗湾村	色头河	637	530	388	276	175
长治县	22	北楼底村	北楼底沟	82.0	70.0	54.0	40.0	28.0
长治县	23	南楼底村	色头河	493	412	306	221	143
长治县	24	新庄村	新庄沟	14.0	12.0	9.00	6.00	4.00
长治县	25	定流村	定流沟	61.0	50.0	37.0	26.0	18.0
长治县	26	北郭村	黑水河	492	377	240	152	90.0
长治县	27	岭上村	黑水河	419	322	207	132	79.0
长治县	28	高河村	浊漳河南源	2640	2042	1349	367	207
长治县	29	西池村	东池沟	62.0	49.0	31.0	20.0	13.0
长治县	30	东池村	东池沟	54.0	42.0	27.0	18.0	11.0
长治县	31	小河村	陶清河	40.0	34.0	26.0	19.0	14.0
长治县	32	沙峪村	陶清河	14.0	12.0	9.00	7.0	5.00
长治县	33	土桥村	土桥沟	69.0	57.0	41.0	29.0	18.0
长治县	34	河头村	河头沟	304	220	132	80.0	47.0
长治县	35	小川村	小川沟	15.0	11.0	7.00	5.00	3.00
长治县	36	北呈村	北呈沟	118	94.0	63.0	40.0	23.0
长治县	37	大沟村	陶清河	429	321	188	109	61.0
长治县	38	南岭头村	辉河	104	83.0	57.0	38.0	23.0
长治县	39	北岭头村	陶清河	317	246	161	104	63.0
长治县	40	须村	辉河	21.0	17.0	13.0	9.00	6.00
长治县	41	东和村	陶清河	429	321	188	109	61.0
长治县	42	中和村	陶清河	429	321	188	109	61.0
长治县	43	西和村	陶清河	429	321	188	109	61.0
长治县	44	曹家沟村	陶清河	429	321	188	109	61.0
长治县	45	琚家沟村	陶清河	429	321	188	109	61.0
长治县	46	屈家山村	辉河	31.0	26.0	20.0	15.0	10.0
长治县	47	辉河村	辉河	10.0	8.00	6.00	4.00	3.00
长治县	48	子乐沟村	子乐沟	19.0	16.0	13.0	10.0	7.00
长治县	1	关村	关村	11.0	9.00	6.00	4.00	2.00

续表

县区	序号	行政区划名称	小流域名称	100年（$Q_{1\%}$）	50年（$Q_{2\%}$）	20年（$Q_{5\%}$）	10年（$Q_{10\%}$）	5年（$Q_{20\%}$）
长治县	2	沟西村	沟西村	121	102	76.0	56.0	37.0
长治县	3	西长井村	西长井村	29.0	24.0	17.0	11.0	7.00
长治县	4	石桥村	石桥村	29.0	23.0	16.0	10.0	6.00
长治县	5	大天桥村	大天桥村	78.0	64.0	45.0	32.0	21.0
长治县	6	中天桥村	中天桥村	56.0	46.0	33.0	24.0	16.0
长治县	7	毛站村	毛站村	56.0	46.0	33.0	24.0	15.0
长治县	8	南天桥村	南天桥村	30.0	25.0	19.0	14.0	9.00
长治县	9	南垂村	南垂村	56.0	45.0	31.0	22.0	13.0
长治县	10	鸡坡村	鸡坡村	14.0	12.0	9.00	6.00	4.00
长治县	11	盐店沟村	盐店沟村	40.0	33.0	24.0	17.0	11.0
长治县	12	小龙脑村	小龙脑村	11.0	9.00	7.00	5.00	3.00
长治县	13	瓦窑沟村	瓦窑沟村	36.0	30.0	22.0	16.0	10.0
长治县	14	滴谷寺村	滴谷寺村	14.0	12.0	9.00	6.00	4.00
长治县	15	东沟村	东沟村	15.0	13.0	10.0	7.00	4.00
长治县	16	苗圃村	苗圃村	7.00	6.00	4.00	3.00	2.00
长治县	17	老巴山村	老巴山村	37.0	31.0	22.0	16.0	10.0
长治县	18	二龙山村	二龙山村	12.0	10.0	7.0	5.0	3.0
长治县	19	余庄村	余庄村	8.0	7.0	5.0	3.0	2.0
长治县	20	店上村	店上村	16	12	8	6	3
长治县	21	马庄村	马庄村	224	181	127	84	51
长治县	22	故县村	故县村	220	164	101	64	36
长治县	23	葛家庄村	葛家庄村	9	7	5	3	2
长治县	24	良才村	良才村	10	8	6	4	2
长治县	25	史家庄村	史家庄村	33	26	18	13	7
长治县	26	西沟村	西沟村	8	6	4	3	2
长治县	27	西白兔村	西白兔村	103	82	57	38	22
长治县	28	漳村	漳村	5	4	3	2	1
左权县	1	长城村	清漳西源	1130	877	575	373	226
左权县	2	店上村	清漳西源	1260	984	646	420	255
左权县	3	寺仙村	柳林河西1	596	489	345	233	146

续表

县区	序号	行政区划名称	小流域名称	100年（$Q_{1\%}$）	50年（$Q_{2\%}$）	20年（$Q_{5\%}$）	10年（$Q_{10\%}$）	5年（$Q_{20\%}$）
左权县	4	上会村	柳林河西1	576	471	330	221	138
左权县	5	马厩村	柳林河西1	564	460	320	214	135
左权县	6	简会村	枯河刘家庄1	223	185	133	92.9	60.2
左权县	7	上其至村	枯河8	7.02	5.92	4.45	3.29	2.26
左权县	8	石港口村	枯河6	50.3	42.2	31.4	22.9	15.8
左权县	9	紫阳村	紫阳河1	163	132	89.0	58.6	36.2
左权县	10	刘家庄村	十里店沟1	223	185	133	92.9	60.2
左权县	11	庄则村	十里店沟1	336	272	188	131	86
左权县	12	西寨村	十里店沟3	79.4	66.7	49.6	36.0	24.5
左权县	13	丈八沟村	龙河沟西6	19.9	17.2	13.6	10.7	7.9
左权县	14	望阳垴村	龙河沟西1	76.4	64.3	48.1	35.2	23.9
左权县	15	堡则村	龙河沟西1	212	171	116	81.3	52.3
左权县	16	西瑶村	龙河沟西1	241	195	133	88.1	55.9
左权县	17	西峧村	苇泽沟2	155	129	96.2	70.6	46.6
左权县	18	马家坪村	苇泽沟2	106	88.8	66.7	49.3	33.0
左权县	19	半坡	王凯沟1	336	257	160	99.5	56.4
左权县	20	西隘口	峒峪沟1	192	140	83	49.4	27.4
左权县	21	武家峧	桐峪沟2	62.2	52.0	38.8	28.5	18.7
左权县	22	南峧沟村	峒峪沟4	79.0	66.1	49.3	36.1	23.7
左权县	23	东隘口	峒峪河北	191	155	108	70.7	42.2
左权县	24	垴上	熟峪河	21.0	16.0	11.0	7.00	4.00
左权县	25	新庄村	禅房沟1	56.7	42.3	26.8	15.9	8.97
左权县	26	高家井村	禅房沟3	146	108	71.1	44.2	24.6
左权县	27	南岔村	拐儿西沟1	249	199	133	85.4	51.7
左权县	28	西五指	拐儿西沟1	433	347	231	149	89
左权县	29	拐儿村	拐儿西沟1	639	517	352	227	137
左权县	30	上庄村	下庄河沟东	54.1	39.7	23.8	14.3	7.82
左权县	31	下庄村（沟南）	下庄河沟南	152	108	63.9	37.4	20.0
			下庄河沟东	60.9	43.3	25.6	15.0	8.00

续表

县区	序号	行政区划名称	小流域名称	100年（$Q_{1\%}$）	50年（$Q_{2\%}$）	20年（$Q_{5\%}$）	10年（$Q_{10\%}$）	5年（$Q_{20\%}$）
左权县	32	天门村	下庄沟河1	292	213	126	74.8	40.7
左权县	33	水峪沟村	羊角河5	66.6	49.5	33.2	20.9	11.7
左权县	34	羊角村	羊角河1	131	99.0	65.0	41.9	22.9
左权县	35	石灰窑	羊角河1	338	231	140	84.9	47.3
左权县	36	晴岚	枯河1	762	614	415	273	168
左权县	37	上口村	桐峪沟1	538	414	255	157	89.1
左权县	38	上武村	桐峪沟1	323	239	146	88.7	50.3
左权县	39	三家村村	三家村村沟	90.7	75.9	56.2	40.6	27.2
左权县	40	车上铺	紫阳河	181	149	105	70.5	43.7
左权县	41	前郭家峪	熟峪河	53.6	42.2	28.6	18.4	10.4
左权县	42	郭家峪	熟峪河	53.6	42.2	28.6	18.4	10.4
左权县	43	安窑底1	熟峪河	60.6	46.7	31.0	19.6	10.8
		安窑底2	熟峪河	152	117	77.5	49.1	26.9
		安窑底3	熟峪河	91.0	70.1	46.5	29.5	16.1
左权县	44	熟峪村	熟峪河	290	218	137	84.8	46.4
左权县	45	大林口	熟峪河南	188	145	94.7	61.6	33.8
左权县	46	五里堠后村	十里店沟	44.0	37.0	28.0	21.0	15.0
左权县	47	五里堠后村	十里店沟	324	267	189	133	88.7
左权县	47	西崖底村	西崖底村	133	111	81.6	58.5	37.0
左权县	48	河北村	河北沟	92.8	77.5	57.1	41.2	26.9
左权县	49	高峪	高峪	146	120	83.9	55.7	33.9
左权县	50	板峪	板峪沟	135	113	81.8	57.0	35.7
左权县	51	北艾铺	羊角河	22.7	17.3	10.4	6.16	3.40
左权县	52	北岸	苇则沟	473	395	294	215	139
左权县	53	东五指	拐儿西沟	419	591	407	143	84.8
左权县	54	东峪	王凯沟	78.0	59.9	39.9	25.0	14.7
左权县	55	佛口	三教河	215	179	130	90.9	58.1
左权县	56	赵家村	柳林河东	199	167	122	86.7	56.0
左权县	57	姜家庄	柳林河西	138	115	84.5	60.6	40.5
左权县	58	旧寨沟	秋林滩沟	268	224	165	117	74.7

续表

县区	序号	行政区划名称	小流域名称	100年（$Q_{1\%}$）	50年（$Q_{2\%}$）	20年（$Q_{5\%}$）	10年（$Q_{10\%}$）	5年（$Q_{20\%}$）
左权县	59	林河村	柳林河西	360	297	213	147	93.5
左权县	60	刘家窖	十里店沟	336	272	188	131	85.9
左权县	61	龙则	龙沟河	885	706	474	298	176
左权县	62	麻田	熟峪河	512	390	240	146	81.0
左权县	63	马家拐	十里店沟	76.5	64.6	48.5	35.9	24.9
左权县	64	磨沟村	羊角河	20.1	15.1	10.1	6.3	3.6
左权县	65	姜家庄	柳林河西	138	115	84.5	60.6	40.5
左权县	66	板峪村	板峪沟	135	112	81.8	57.0	35.7
左权县	67	桃园村	板峪沟	144	120	87.6	61.5	38.8
左权县	68	前龙村	龙沟河	327	242	148	90.3	51.9
左权县	69	龙则村	龙沟河	885	706	474	298	176
左权县	70	旧寨沟	秋林滩沟	268	224	165	117	74.4
左权县	71	前坪上	秋林滩沟	101	84.5	62.4	44.6	28.5
左权县	72	佛口村	三教河	215	179	130	90.9	58.1
左权县	73	梁峪	三教河	30.9	26.2	19.9	15.0	10.4
左权县	74	北岸	苇则沟	473	395	294	215	139
左权县	75	碾草渠村	苇则沟	136	114	86.0	64.5	43.8
左权县	76	西云山	紫阳河	100	81.8	56.6	37.8	23.6
左权县	77	坐岩口	桐峪沟	168	122	73.1	44.6	25.9
左权县	78	北柳背村	熟峪河	19.5	15.6	11.2	7.04	4.08
左权县	79	羊林村	熟峪河	15.0	12.1	9.00	5.66	3.28
左权县	80	车谷村	熟峪河	24.6	19.6	14.1	8.78	5.06
左权县	81	南蒿沟	熟峪河南	59.0	46.6	33.5	20.5	11.5
左权县	82	土崖上村	熟峪河	421	314	194	118	66.3
左权县	83	南沟	拐儿西沟	10.4	8.54	6.08	4.18	2.92
左权县	84	长吉岩	拐儿西沟	267	219	155	107	73.6
左权县	85	田渠坪	拐儿西沟	621	516	375	264	187
左权县	86	方谷连	秋林滩沟	47.7	39.3	28.0	19.4	13.8
左权县	87	柏峪村	柏峪沟	110	89.0	60.8	39.5	23.8
左权县	88	铺峧	紫阳河	62.3	51.3	36.1	24.3	15.9

续表

县区	序号	行政区划名称	小流域名称	100 年（$Q_{1\%}$）	50 年（$Q_{2\%}$）	20 年（$Q_{5\%}$）	10 年（$Q_{10\%}$）	5 年（$Q_{20\%}$）
左权县	89	后山村	西崖底村	96.3	79.7	57.9	41.1	25.8
榆社县	1	前牛兰村	南屯河 9	90	75	56	40	26
榆社县	2	前千家峪村	南屯河 10	42	35	26	19	13
榆社县	3	上赤土村	南屯河 1	219	184	136	98	64
榆社县	4	下赤土村	南屯河 1	285	238	174	123	79
榆社县	5	讲堂村	南屯河 1	366	304	220	153	98
榆社县	6	上咱则村	南屯河 1	581	479	344	237	150
榆社县	7	下咱则村	南屯河 1	672	553	395	270	169
榆社县	8	屯村	南屯河 1	732	601	426	290	181
榆社县	9	郭郊村	南屯河 1	854	699	492	332	209
榆社县	10	大里道庄	南屯河 3	135	112	82	59	40
榆社县	11	前庄村	南屯河 6	62	52	38	27	18
榆社县	12	陈家峪村	南屯河 12	61	51	38	28	19
榆社县	13	王家庄村	南屯河 3	29	25	19	15	10
榆社县	14	五科村	泉水河 1	698	580	419	294	196
榆社县	15	水磨头村	泉水河 1	904	745	530	365	235
榆社县	16	上城南村	泉水河 1	216	177	125	87	56
榆社县	17	千峪村	泉水河 1	724	597	425	293	190
榆社县	18	牛槽沟村	泉水河 1	616	510	369	257	166
榆社县	19	东湾村	泉水河 1	930	766	544	376	242
榆社县	20	辉教村	清秀河 1	304	245	165	103	57
榆社县	21	西沟村	清秀河 6	66	54	39	27	16
榆社县	22	寄家沟村	清秀河 1	116	95	68	46	28
榆社县	23	寄子村	清秀河 2	144	119	86	61	39
榆社县	24	牛村	清秀河 3	178	149	111	81	53
榆社县	25	青阳平村	清秀河 4	56	46	34	24	15
榆社县	26	李峪村	李峪沟 1	292	243	176	125	83
榆社县	27	大南沟村	大南沟 1	33	28	22	16	11
榆社县	28	王景村	东河 1	487	407	298	212	137
榆社县	29	红崖头村	东河 1	171	144	107	78	53

续表

县区	序号	行政区划名称	小流域名称	100年（$Q_{1\%}$）	50年（$Q_{2\%}$）	20年（$Q_{5\%}$）	10年（$Q_{10\%}$）	5年（$Q_{20\%}$）
榆社县	30	白海村	赵庄河3、4、5	355	292	209	144	91
榆社县	31	海银山村	赵庄河8	31	26	19	14	9
榆社县	32	狐家沟村	赵庄河6	106	89	66	47	30
榆社县	33	迷沙沟村	赵庄河3	33	28	21	15	10
榆社县	34	清风村	赵庄河4	58	49	37	27	18
榆社县	35	申村	赵庄河5	198	165	120	85	55
榆社县	36	西崖底村	西崖底河	496	411	297	208	129
榆社县	37	牌坊村	白壁河4	39	32	23	16	10
榆社县	38	井泉沟村	白壁河1	281	226	151	95	54
榆社县	39	安窑底1	熟峪河	60.6	46.7	31.0	19.6	10.8
榆社县		安窑底2	熟峪河	152	117	77.5	49.1	26.9
榆社县		安窑底3	熟峪河	91.0	70.1	46.5	29.5	16.1
榆社县	40	官寨村1	武源河1	307	252	180	125	76
榆社县		官寨村2	武源河3	20	17	13	10	7
榆社县	41	武源村	武源河1	632	520	371	254	151
榆社县	42	小河沟村	武源河2	31	26	19	14	10
榆社县	43	西河底村	苍竹沟1	148	122	88	62	40
榆社县	44	南社村	银郊河1	548	449	318	219	140
榆社县	45	桑家沟村1	银郊河1	291	241	175	123	79
榆社县		桑家沟村2	银郊河2	74	62	46	33	22
榆社县		桑家沟村	银郊河1	358	296	214	151	97
榆社县	46	峡口村	银郊河1	557	457	324	223	143
榆社县	47	王家沟村	段家沟3	67	57	43	32	22
榆社县	48	两河口村1	交口河1	327	263	177	117	72
榆社县		两河口村2	交口河4	269	225	165	116	75
榆社县		两河口村	交口河1、4	500	410	289	195	123
榆社县	49	石源村1	交口河4	112	93	69	49	32
榆社县		石源村2	交口河5	156	130	96	68	44
榆社县		石源村	交口河4、5	246	205	151	107	69
榆社县	50	石栈道村	交口河1	37	31	24	18	13

续表

县区	序号	行政区划名称	小流域名称	100年（$Q_{1\%}$）	50年（$Q_{2\%}$）	20年（$Q_{5\%}$）	10年（$Q_{10\%}$）	5年（$Q_{20\%}$）
榆社县	51	沙旺村	交口河1	174	143	102	70	45
榆社县	52	双峰村	西河2	6	5	4	3	2
榆社县	53	阳乐村	交口河1	514	422	296	202	128
榆社县	54	更修村	交口河3	134	113	84	61	42
榆社县	55	田家沟村	交口河2	31	27	20	15	11
榆社县	56	沤泥凹村	交口河3	67	57	44	34	24
榆社县	57	西坡村	段家沟3	72	61	45	34	23
榆社县	58	后庄村	后庄	94	77	56	40	25
和顺县	1	岩庄村	岩庄村	151	123	85	56	33
和顺县	2	曲里村	曲里村	351	284	192	124	73
和顺县	3	红堡沟村	红堡沟村	75	60	39	25	14
和顺县	4	紫罗村	紫罗村	443	342	218	136	78
和顺县	5	科举村	科举村	503	390	246	153	87
和顺县	6	梳头村	梳头村	541	419	264	162	92
和顺县	11	王汴村	王汴村	471	335	190	106	52
和顺县	12	大窑底	大窑底	534	381	216	121	61
和顺县	13	青家寨	青家寨	57	41	24	14	8
和顺县	14	松烟村	松烟村	625	440	249	140	71
和顺县	15	灰调曲	灰调曲	63	46	27	16	9
和顺县	16	前营村	前营村	74	54	32	20	11
和顺县	18	龙旺村	龙旺村	144	113	76	51	32
和顺县	19	横岭村	横岭村	554	451	316	219	142
和顺县	20	口则村	口则村	130	108	77	54	35
和顺县	21	广务村	广务村	917	734	501	337	214
和顺县	22	要峪村	要峪村	52	44	33	24	17
和顺县	23	西白岩村	西白岩村	869	692	467	312	199
和顺县	24	下白岩村	下白岩村	825	656	444	300	190
和顺县	25	拐子村	拐子村	270	225	163	114	75
和顺县	26	内阳村	内阳村	75	59	40	27	17
和顺县	27	阳光占村	阳光占村	396	309	205	135	84
和顺县	28	榆疙瘩村	榆疙瘩村	146	120	85	60	36
和顺县	29	上石勒村	上石勒村	185	151	105	68	39
和顺县	30	下石勒村	下石勒村	255	207	142	91	52
和顺县	31	回黄村	回黄村	144	117	81	52	30
和顺县	32	南李阳村	南李阳村	166	133	90	60	34

续表

县区	序号	行政区划名称	小流域名称	100 年（$Q_{1\%}$）	50 年（$Q_{2\%}$）	20 年（$Q_{5\%}$）	10 年（$Q_{10\%}$）	5 年（$Q_{20\%}$）
和顺县	33	联坪村	联坪村	300	230	150	97	59
和顺县	34	合山村	合山村	123	94	57	33	18
和顺县	35	平松村	平松村	352	256	152	88	47
和顺县	36	玉女村	玉女村	402	325	222	143	86
和顺县	37	独堆村	独堆村	560	432	280	179	108
和顺县	38	寺沟村	寺沟村	55	43	29	19	12
和顺县	39	东远佛村	东远佛村	96	82	63	48	34
和顺县	40	西远佛村	西远佛村	75	63	46	33	22
和顺县	41	大南巷村	大南巷村	217	185	142	108	75
和顺县	42	壁子村	壁子村	289	226	153	104	67
和顺县	43	庄里村	庄里村	348	276	188	128	83
和顺县	44	杨家峪	杨家峪	73	57	39	26	16
和顺县	45	裴家峪村	裴家峪村	66	52	34	23	14
和顺县	46	郜家庄村	郜家庄村	86	67	45	29	18
和顺县	47	团壁村	团壁村	365	282	181	117	70
和顺县	48	仪村	仪村	494	387	247	157	94
和顺县	49	凤台村	凤台村	540	423	273	173	102
和顺县	50	甘草坪	甘草坪	43	34	23	15	9
和顺县	51	口上	口上	137	113	81	56	36
和顺县	52	新庄村	新庄村	109	77	45	24	12
和顺县	53	大川口村	大川口村	328	233	132	73	36
和顺县	54	土岭村	土岭村	370	261	149	84	43
和顺县	55	石叠村	石叠村	372	263	150	85	43
和顺县	56	圈马坪村	圈马坪村	420	299	172	98	51
和顺县	57	牛郎峪	牛郎峪	398	282	161	93	49
和顺县	58	雷庄村	雷庄村	468	331	191	111	59
和顺县	59	暖窑村	暖窑村	105	75	43	25	14
和顺县	60	乔庄村	乔庄村	123	89	52	31	17
和顺县	61	富峪村	富峪村	124	101	70	46	27
和顺县	62	前南峪	前南峪	175	148	111	81	55
和顺县	63	后南峪	后南峪	175	148	111	81	55
和顺县	64	南窑	南窑	175	148	111	81	55

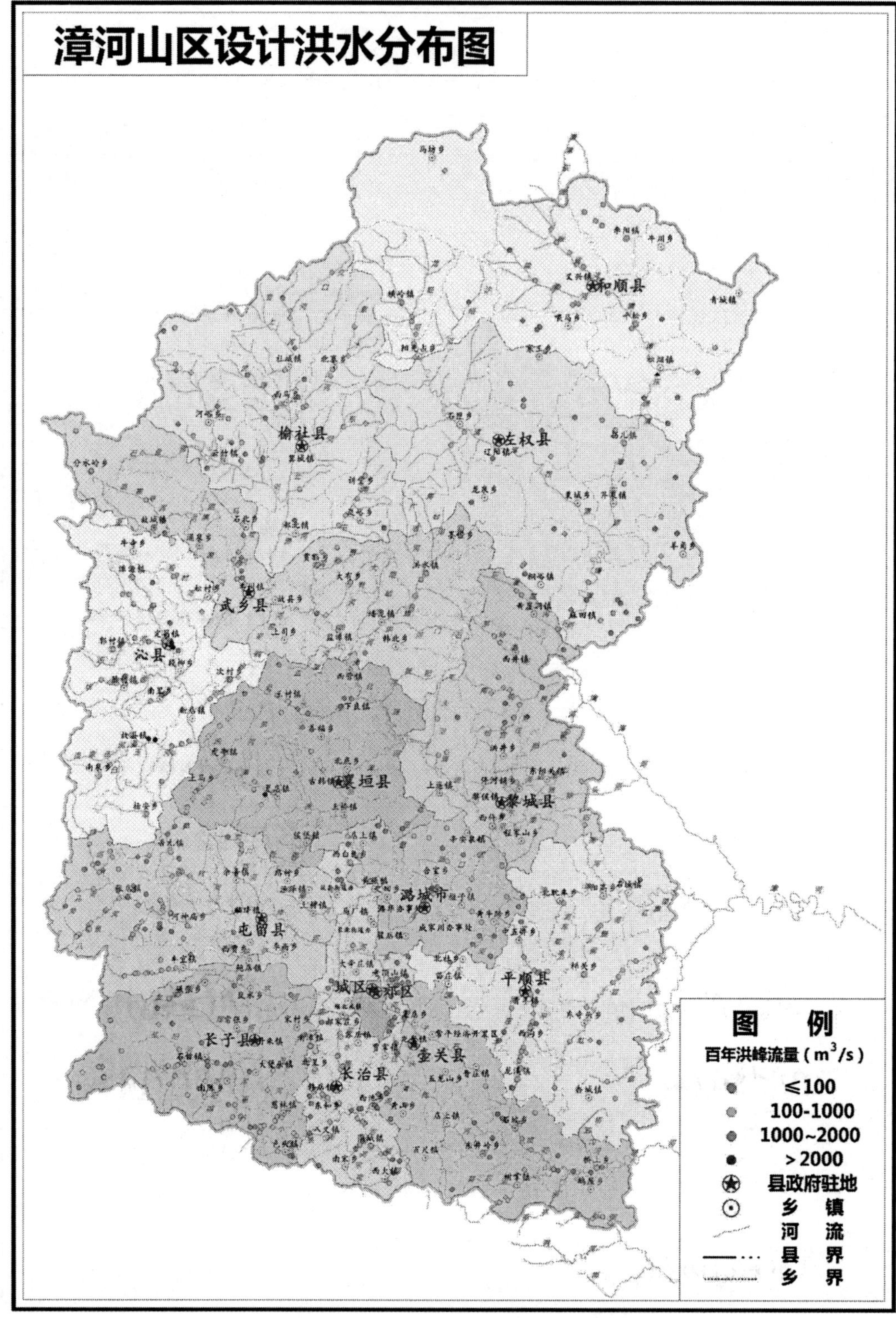

图5-4　漳河山区设计洪水分布图

5.8 设计洪水成果合理性分析

5.8.1 武乡县

高台寺村，集水面积 50.4 km^2，洪峰流量为 153m^3/s（1928 年）、219m^3/s（1962 年），其他洪水未调查到，则 153 ~ 219 m^3/s 为一般性洪水，本次计算一般性洪水洪峰流量 213m^3/s，与调查值基本一致。综上分析，高寨寺河流域计算结果合理，其他小流域设计暴雨洪水计算所用资料和方法同高台寺村小流域，相关参数取值参考《山西省水文计算手册》，并经过相关人员的详细核查，最终确定，故认为本次设计暴雨洪水计算成果合理。

5.8.2 沁县

沁县各分析评价村将均采用流域模型法计算进行设计洪水计算，和调查到的实际发生洪水进行比较检验成果合理性。实地调查到的历史洪水的洪痕，评价村落断面一致的主要有交口村洪水。

根据历史洪水资料记载 1993 年 8 月 4 日交口村发生洪水，洪峰流量 93.5m^3/s，此后分别于 1998 年、2010 年发生洪水，但没有进行调查测量，具体量级无法考证，综合判断调查到的 1993 年洪水应大于 5 年一遇。

流域模型法计算 5 年一遇设计洪峰流量为 79.2m^3/s，10 年一遇设计洪峰流量为 140 m^3/s，调查洪水洪峰 93.5m^3/s，介于 5 ~ 10 年一遇之间，可认为该结果是基本合理的。

其他小流域设计暴雨洪水计算所用资料和方法相同，均参考《山西省水文计算手册》，并经过相关人员的详细核查，故认为本次设计暴雨洪水计算成果合理。

5.8.3 襄垣县

襄垣县境内仅有后湾水库 1 个水库水文站，且浊漳河西源水库上游小水库较多，水库调蓄影响较大。根据历史洪水资料记载，西底河段 1937 年、1954 年、1959 年和 1973 年后湾村有 4 场洪水，其中 1937 年、1954 年、1959 年资料中未推算洪峰流量，1973 年推算洪峰流量为 390m^3/s，可靠程度为较可靠，距 1959 年场次洪水 24 年，采用流域模型法计算得到的西底村 20 年一遇设计洪水为 413m^3/s，与 1973 年洪峰流量接近，计算结果合理；据历史资料记载，里阚河段 1945 年、1961 年有 2 场洪水，洪峰流量分别为 332 m^3/s 和 134m^3/s，本次流域模型法计算 10 年一遇设计洪峰流量为 334m^3/s，与 1945 年场次洪水洪峰流量较为接近，认为计算结果合理。

综上分析，西底村、里阚村设计洪水计算结果合理，其他村落设计暴雨洪水计算所用资料和方法同上述沿河村落，均来源于《山西省水文计算手册》，并经过相关人员的详细核查，故认为本次设计暴雨洪水计算成果合理。

5.8.4 壶关县

壶关县桥上村 1975 年 8 月发生洪水，经山洪灾害调查测量历史最高洪水位洪痕，洪峰流量约 400 m^3/s，洪水定性为自 1975 年来最大洪水，位于流域模型法计算 20 年一遇洪峰流量 299 m^3/s 和 50 年一遇洪峰流量 494 m^3/s 之间，时间间隔 40 年，所以认为本次计算与调查值基本吻合，计算成果合理。

壶关县石坡村 1975 年 8 月、1996 年 8 月均发生洪水，经山洪灾害调查 1996 年较大，测量历史最高洪水位洪痕，洪峰流量约 200 m^3/s，洪水定性为自 1975 年来最大洪水，在本次计算 20 年一遇洪峰流量 119 m^3/s 和 50 年一遇洪峰流量 201 m^3/s 之间，时间间隔 40 年，所以认为本次计算与调查值基本合理。

综上分析，桥上村、石坡村设计洪水计算结果合理，其他村落设计暴雨洪水计算所用资料和方法同上述沿河村落，均来源于《山西省水文计算手册》，并经过相关人员的详细核查，故认为本次设计暴雨洪水计算成果合理。

5.8.5 黎城县

黎城县实地调查到一场历史洪水的洪痕：柏管九河流域孔家峧村现有洪痕高程 951.71m，为新中国成立以来最大洪水 1993 年和 1996 年虽发生过较大洪水，但无法计算洪峰流量，且可以肯定比 1996 年洪水 1993 年洪水小，所以可认为该村洪浪多 1993 年洪水超过 50 年一遇，经水文计算，孔家峧村断面 50 年一遇洪峰流量为 448m^3/s，洪峰水位为 915.70mm，100 年一遇洪峰流量为 599m^3/s，洪峰水位为 951.84mm，水文计算与调查基本一致，可以认为成果合理。

综上分析，柏官庄河流域计算结果合理，其他小流域设计暴雨洪水计算所用资料和方法与其相同，均参考《山西省水文计算手册》，并经过相关人员的详细核查，故认为本次设计暴雨洪水计算成果合理。

5.8.6 屯留县

屯留县实地调查到的历史洪水的洪痕，与评价村落断面一致的主要有张店镇张店村、丰宜镇西丰宜村。

根据历史洪水资料记载，张店村共有 2 段年调查成果，即 1922 年和 1964 年，洪峰流量分别为 1228m^3/s 和 868m^3/s，其中 1964 年 868m^3/s 为水文站实测成果。流域模型法计算 100 年一遇设计洪峰流量为 1020m³/s，50 年一遇设计洪峰流量为 804m³/s，与调查洪水洪峰比较接近，可认为该结果是基本合理的。

根据历史洪水资料记载，丰宜镇西丰宜村共有 2 段年调查成果，即 1914 年和 1932 年，洪峰流量分别为 532m³/s 和 733m³/s。1914 年洪水发生之后至今，只 1932 年发生过较大洪水，此后于 1975 年、1993 年发生洪水，但没有进行调查测量，具体量级无法考证，可以肯定均没有超过 1914 年洪峰流量，可认为 1914 年洪水位于 20～50 年一遇之间。流域模型法计算 50 年一遇设计洪峰流量为 573m³/s，20 年一遇设计洪峰流量为 397 m³/s，1914 年调查洪水洪峰流量为 532m³/s，介于 20～50 年一遇之间，可认为该结果是基本合理的。

综上分析，张店村、西丰宜村设计洪水计算结果合理，其他小流域设计暴雨洪水计算所用资料和方法同上述两个小流域，均参考《山西省水文计算手册》，并经过相关人员的详细核查，故认为本次设计暴雨洪水就算成果合理。

5.8.7 平顺县

由于资料条件的限制，平顺县境内无水文站，无长系列资料进行比对，根据历史洪水资料记载，1975 年东峪沟有场洪水，洪峰流量 62.0m³/s，到目前为止未发生过洪水，流域模型法计算 50 年一遇设计洪峰流量为 53 .0m³/s，与 1975 年洪峰流量接近，计算结果合理；同年西湾村发生洪水，洪峰流量 446m³/s，流域模型法计算 50 年一遇设计洪峰流量为 352m³/s，100 年一遇设计洪峰流量 514 m³/s，1975 年到目前为止未发生过洪水，认为计算结果合理；虎窑村同年洪水洪峰流量 775m³/s，计算 50 年一遇设计洪水 790m³/s，与 1975 年洪峰流量接近，且 40 年来未发生洪水，计算结果合理。

综上分析，东峪沟、虎窑村、西湾村设计洪水计算结果合理，其他村落设计暴雨洪水计算所用资料和方法同上述沿河村落，均来源于《山西省水文计算手册》，并经过相关人员的详细核查，故认为本次设计暴雨洪水计算成果合理。

5.8.8 潞城市

潞城市实地调查到两场历史洪水的洪痕：1993 年黄碾河桥堡村洪水和 1993 年南大河冯村洪水。1993 年桥堡村洪峰流量为 94.0m³/s，为 1964 年来最大洪水，且 1962 年和 1964 年虽发生过较大洪水但无法计算洪峰流量，且可以肯定比 1993 年洪水小，所以 1993 年洪水超过 50 年一遇，经水文计算，桥堡断面 50 年一遇洪峰流量为 76.1m³/s，100 年洪峰流量为 99.6m³/s。水文计算与调查基本一致，可以肯定成果合理。1993 年冯村历史洪水位 888.93m，此后未发生较大洪水，经水文计算，冯村断面 20 年设计洪水位为 889.10m，基本接近，计算结果合理。

综上分析，黄碾河、南大河流域计算结果合理，其他小流域设计暴雨洪水计算所用资料和方法同上述两个流域，均参考《山西省水文计算手册》，并经过相关人员的详细核查，故认为本次设计暴雨洪水计算成果合理。

5.8.9 长子县

经查阅《山西省历史洪水调查成果》和《山西洪水研究》，依据《长子县历史洪水调查报告》，长子县境内有 7 个断面的历史洪水调查成果。本次实地调查按照历史洪水调查相关要求而开展，考证了洪水痕迹，对洪痕所在河道断面进行了测量，收集了调查洪水相应的降雨资料，估算了洪峰流量和洪水重现期。

结合调查成果和重点防治区情况，良坪、城阳和西河庄三个村既是重点防治区，又有历史洪水调查成果，故将计算结果与调查及以前掌握的资料进行分析。

1. 良坪

南运河水系浊漳河南源良坪断面，位于长子县石哲镇花家坪村西。断面以上为土石山区，有部分林区，植被一般，河道坡度大，水流急。

调查河段基本顺直，河段上游约 500m 处有一公路桥，300m 以上为弯道，洪水时无支流汇入。单式砂卵石河床，坡度大，洪水时冲淤变化不大。

该河段 2007 年调查成果，洪峰流量为 92.1m^3/s，此次洪水重现期为 10 年左右，本次计算成果良坪村 10 年一遇设计洪峰流量为 76 m^3/s，20 年一遇设计洪峰流量为 113 m^3/s。92.1 m^3/s 在 10～20 年一遇洪水之间，基本符合调查情况。

2. 城阳

南运河水系浊漳河南源城阳断面，位于长子县南陈乡城阳村，集水面积 41.0km^2。流域呈扇形，河长为 8.9km。石山区分布在河流一带，土石山区则在山腰及各支流的中游，石山区为砂页岩，土质为黏土，常年有清水。

调查河段距申村水库坝址 7.2km，不受回水影响，河段顺直，上、下游有弯道。

该河段 1962 年调查成果，洪峰流量 369m^3/s，此次洪水重现期为 50 年左右，本次城阳村断面计算 50 年一遇设计洪峰流量为 331 m^3/s，与调查结果很接近，设计洪水计算结果也是基本合理的。

3. 西河庄

南运河水系浊漳河南源西河庄断面，位于长子县石哲镇西河庄村，集水面积 236 km^2。流域呈扇形，流域内上游主要为紫红色砂页岩石山区，中游为土石山区，沿河两岸为少量的丘陵阶地，土壤以红黏土为多，植被较差。

调查河段位于申村水库坝址下游，西河庄附近河道弯曲，西河庄以下顺直段较长。断面呈 V 形的单式河槽，河床由粗砂组成，冲淤变化较大。

该河段共有 5 年调查成果，以 1921 年和 1927 年洪水为大洪水，洪峰流量分别为 953m^3/s 和 1150m^3/s，1927 年这场洪水重现期为 90 年一遇。本次设计西河庄村 100 年一遇设计流量为1520 m^3/s，与之相比较，设计洪水计算结果是基本合理的。

经过有资料且又是沿河村落的断面对比，良坪、城阳以及西河庄流域计算结果都是合理，说明本次计算方法是正确的。其他小流域设计暴雨洪水计算所用资料和方法同上述流域一致，均来源于《山西省水文计算手册》，并经过相关人员的详细核查，故认为本次设计暴雨洪水计算成果合理。

5.8.10　长治县

由于资料条件的限制，长治县境内无水文站，无长系列资料进行比对。根据历史洪水调查成果，1900 年曹家沟河段发生洪水，洪峰流量 1260m^3/s，到目前为止未发生过洪水，流域模型法计算 100 年一遇设计洪峰流量为 1205m^3/s，与 1900 年洪峰流量接近，所以认为计算结果合理。

其他小流域设计暴雨洪水计算所用资料和方法均来源与曹家沟小流域城相同《山西省水文计算手册》，并经过相关人员的详细核查，故认为本次设计暴雨洪水计算成果合理。

5.8.11　长治郊区

各分析评价村均采用流域模型法进行设计洪水计算，和调查到的实际发生洪水进行比较检验成果合理性。实地调查到两场历史洪水的洪痕，时间发生在 1962 年 8 月 1 日，洪痕地址在南天桥村和老巴山村。

实测 1962 年南天桥村历史洪水位 1044. 194m，计算相应流量 23. 2m^3/s，由于 1962 年洪水当时没有进行频率分析，距今 52 年，基本可确定为 50 年一遇洪水，由流域模型法计算 50 年一遇设计洪水，洪峰流量 25. 0m^3/s，相应洪痕所在断面水位为 1044. 21m，与 1962 年洪痕水位相差 0. 02m，流量差 8%，基本接近，由此可认为计算结果是合理的。

实测 1962 年老巴山村历史洪水位 973. 102m，计算的相应流量 29. 0m^3/s，由于 1962 年洪水当时没有进行频率分析，距今 52 年，基本可确定为 50 年一遇洪水，由流域模型法计算 50 年一遇设计洪水，洪峰流量 31. 0m^3/s，相应洪痕所在断面水位为 973. 12m，与历史洪痕水位相差 0. 02m，流量差 8%，基本接近，由此认为计算结果是合理的。

综上分析，南天桥村和老巴山村流域计算结果合理，其他小流域设计暴雨洪水计算所用资料和方法同上述两个流域，均来源《山西省水文计算手册》，并经过相关人员的详细核查，故认为本次设计暴雨洪水计算成果合理。

5.8.12　左权县

由于资料条件的限制，左权县仅部分沿河村落有 3 年的洪水资料，资料系列较短，无法作为设计洪水成果比较的依据。但实地调查到两场历史洪水的洪痕：1956 年清漳河上的集水面积为3390km^2，洪峰流量为2570m^3/s，流域模型法计算100 年一遇设计洪水时，清漳河上的长城村的集水面积为 453 km^2，10 年一遇的洪峰流量为 373.4m^3/s，通过面积倍比法可知与历史洪量接近，重现期为 9 年，计算结果合理；1996 年清漳河东源上的集水面积为 1580km^2，洪峰流量为 3520m^3/s，清漳河东源上的高峪村的集水面积为 15.07km^2，5 年一遇的洪峰流量为 33.9m^3/s，通过面积倍比法可知与历史洪痕接近，重现期为 5 年，计算结果合理。

综上分析，长城村、高峪村计算结果合理，其他受山洪灾害威胁村庄设计的暴雨洪水计算所采用资料和方法同上述两个流域，均来源于《山西省水文计算手册》，并经过详细核查，故认为本次设计暴雨洪水计算成果合理。

5.8.13 榆社县

由于资料条件的限制，榆社县仅部分沿河村落有 3 年的洪水资料，资料系列较短，无法作为设计洪水成果比较的依据。但实地调查到两场历史洪水的洪痕：2006 年社城镇上西崖底河段的集水面积为51.7km^2，洪峰流量为35.6m^3/s，流域模型法计算100 年一遇设计洪水时，社城镇上的沙旺村的集水面积为 23.16 km^2，5 年一遇的洪峰流量为 44.8m^3/s，通过面积倍比法可知与历史洪量接近，重现期为 3 年，计算结果合理；1970 年箕城镇上石栈道河段上的集水面积为 702km^2，洪峰流量为 1190m^3/s，箕城镇上的王景村的集水面积为 55.25km^2，5 年一遇的洪峰流量为 137.15m^3/s，通过面积倍比法可知与历史洪痕接近，重现期为 4 年，计算结果合理。

综上分析，沙旺村、王景村计算结果合理，其他受山洪灾害威胁村庄设计的暴雨洪水计算所采用资料和方法同上述两个流域，均来源于《山西省水文计算手册》，并经过详细核查，故认为本次设计暴雨洪水计算成果合理。

5.8.14 和顺县

经查阅《山西省历史洪水调查成果》和《山西洪水研究》，和顺县境内的历史洪水调查成果共计 11 个河段，其中 3 个河段位于本次分析评价村落内，分别为蔡家庄河段、紫罗河段、科举河段。

蔡家庄设有蔡家庄水文站，测站观测时间久，资料$\frac{3}{4}$列长，故蔡家庄设计洪水直接使用测站资料计算，设计合理。

对 1996 年义兴镇紫罗村洪水调查分析，洪峰流量为 162m^3/s，经紫罗村成灾水位对应流量频率查算图查算出 1996 年紫罗村洪水重现期为 13 年一遇，故本次设计暴雨洪水计算成果合理；1996 年的义兴镇科举村河段历史洪水，洪峰流量为 206m^3/s，同方法查算重现期为 15 年一遇洪水，故本次设计暴雨洪水计算成果合理。

综上分析，蔡家庄、紫罗、科举流域计算结果合理，其他小流域设计暴雨洪水计算所用资料和方法同紫罗、科举两个流域，均来源《山西省水文计算手册》，并经过相关人员的详细核查，故认为本次设计暴雨洪水计算成果合理。

6 漳河山区洪灾分析

本次工作在漳河山区山洪灾害调查结果的基础上，主要针对漳河山区所属 14 个县（市）共计 836 个沿河村落进行了分析，各行政区统计情况见表 6 – 1。漳河上游山区重点防治区分析评价名录详见表 6 – 2。

表 6 – 1　漳河山区山洪灾害分析评价统计表

编号	所在政区	合计	编号	所在政区	合计
1	武乡县	45	8	潞城市	45
2	沁县	53	9	长子县	64
3	襄垣县	45	10	长治县	50
4	壶关县	49	11	长治市郊区	28
5	黎城县	54	12	左权县	89
6	屯留县	89	13	榆社县	56
7	平顺县	105	14	和顺县	64
合计	836				

表 6 – 2　漳河上游山区重点防治区分析评价名录

县区	序号	行政区划名称	行政区划代码	小流域名称	控制断面代码
武乡县	1	洪水村	140429101200000	洪水村	1404291012000004t02j
武乡县	2	寨坪村	140429101217000	寨坪村	1404291012170004t03r
武乡县	3	下寨村	140429101224000	下寨村	1404291012240004t03e
武乡县	4	中村村	140429101225000	中村村	1404291012250004t003
武乡县	5	义安村	140429101225100	义安村	1404291012250004t003
武乡县	6	韩北村	140429201200000	韩北村	1404292012000003B00n
武乡县	7	王家峪村	140429201208000	王家峪村	1404292012000004t02Z
武乡县	8	大有村	140429202200000	大有村	1404292022001004t01T
武乡县	9	辛庄村	140429202200100	辛庄村	1404292022001004t01T

续表

县区	序号	行政区划名称	行政区划代码	小流域名称	控制断面代码
武乡县	10	峪口村	140429202222000	峪口村	1404292022220004t03n
武乡县	11	型村	140429202222102	型村	1404292022220034t00m
武乡县	12	长乐村	140429202223000	长乐村	1404292022230004t03u
武乡县	13	李峪村	140429202224000	李峪村	1404292022241004t02y
武乡县	14	泉沟村	140429202224100	泉沟村	1404292022241004t02y
武乡县	15	贾豁村	140429203200000	贾豁村	1404292032000004t02t
武乡县	16	高家庄村	140429203200100	高家庄村	1404292032001004t024
武乡县	17	石泉村	140429203212000	石泉村	1404292032120004t02T
武乡县	18	海神沟村	140429203212101	海神沟村	1404292032121014t02f
武乡县	19	郭村村	140429203213000	郭村村	1404292032120004t02c
武乡县	20	杨桃湾村	140429203225100	杨桃湾村	1404292032251003B00q
武乡县	21	胡庄铺村	140429100206000	胡庄铺村	1404291002060004t02n
武乡县	22	平家沟村	140429100207000	平家沟村	1404291002070003B002
武乡县	23	王路村	140429100209000	王路村	1404291002090004t032
武乡县	24	马牧村干流	140429100210000	马牧村干流	1404291002100004t02E
武乡县	25	马牧村支流	140429100210000	马牧村支流	1404291002100004t02F
武乡县		南村村	140429100212000	南村村	1404291002120004t02N
武乡县	26	东寨底村	140429104208000	东寨底村	1404291042080004t005
武乡县	27	邵渠村	140429104209000	邵渠村	1404291042090003B00i
武乡县	28	北涅水村	140429104210000	北涅水村	1404291042100004t00h
武乡县	29	高台寺村	140429104211000	高台寺村	1404291042110004t029
武乡县	30	槐圪塔村	140429104211100	槐圪塔村	1404291042111004t02r
武乡县	31	大寨村	140429104219000	大寨村	1404291042190004t01Y
武乡县	32	西良村	140429104222000	西良村	1404291042220004t03a
武乡县	33	分水岭村	140429208200000	分水岭村	1404292082000004t022
武乡县	34	窑儿头村	140429208210000	窑儿头村	1404292082100004t03k
武乡县	35	南关村	140429208211000	南关村	1404292082110004t02Q
武乡县	36	胡庄村	140429208220000	胡庄村	
武乡县	37	松庄村	140429208226000	松庄村	1404292082260004t02X
武乡县	38	石北村	140429206201000	石北村	1404292062010004t02R
武乡县	39	西黄岩村	140429206211000	西黄岩村	1404292062110004t036

续表

县区	序号	行政区划名称	行政区划代码	小流域名称	控制断面代码
武乡县	40	型庄村	140429206213000	型庄村	1404292062130004t03i
武乡县	41	长蔚村	140429206214000	长蔚村	1404292062140003B00e
武乡县	42	玉家渠村	140429206214100	玉家渠村	1404292062141003B00a
武乡县	43	长庆村	140429206214101	长庆村	1404292062141014t03B
武乡县	44	长庆凹村	140429206215000	长庆凹村	1404292062150004t03x
武乡县	45	墨镫村	140429200200000	墨镫村	1404292002000004t02J
沁县	1	北关社区	140430100001000	北关社区	1404301000010008y01u
沁县	2	南关社区	140430100002000	南关社区	1404301000020008y01D
沁县	3	西苑社区	140430100003000	西苑社区	1404301000030008y01p
沁县	4	东苑社区	140430100004000	东苑社区	1404301000040008y01K
沁县	5	育才社区	140430100005000	育才社区	1404301000050008y01x
沁县	6	合庄村	140430100202000	合庄村	1404301002020004t03v
沁县	7	北寺上村	140430100205000	北寺上村	1404301002050008y021
沁县	8	下曲峪村	140430100209000	下曲峪村	1404301002090008y01X
沁县	9	迎春村	140430100223000	迎春村	1404301002230004t04v
沁县	10	官道上	140430100229101	官道上	1404301002291018y01R
沁县	11	北漳村	140430100232000	北漳村	1404301002370004t03d
沁县	12	福村村	140430100237000	福村村	1404301012010004t03o
沁县	13	郭村村	140430101201000	郭村村	1404301022010007t001
沁县	14	池堡村	140430101208000	池堡村	1404301022020004t03B
沁县	15	故县村	140430102201000	故县村	1404301022030008y00T
沁县	16	后河村	140430102202000	后河村	1404301022040008y00J
沁县	17	徐村	140430102203000	徐村	1404301032090008y00D
沁县	18	马连道村	140430102204000	马连道村	1404301032220008y011
沁县	19	徐阳村	140430103205000	徐阳村	1404301032251007t003
沁县	20	邓家坡村	140430103209000	邓家坡村	1404301032341007t004
沁县	21	南池村	140430103215000	南池村	1404301042010004t03G
沁县	22	古城村	140430103221000	古城村	1404301042081004t03r
沁县	23	太里村	140430103222000	太里村	1404301042140007t005
沁县	24	西待贤	140430103225100	西待贤	1404301042150003B00p
沁县	25	芦则沟	140430103227100	芦则沟	1404301042200004t04p

续表

县区	序号	行政区划名称	行政区划代码	小流域名称	控制断面代码
沁县	26	陈庄沟	140430103227105	陈庄沟	1404301042300003B006
沁县	27	沙圪道	140430103234100	沙圪道	1404301042320004t03Y
沁县	28	交口村	140430104201000	交口村	1404301052130004t03b
沁县	29	韩曹沟	140430104208100	韩曹沟	1404301052180004t04m
沁县	30	固亦村	140430104209000	固亦村	1404301052190004t03z
沁县	31	南园则村	140430104214000	南园则村	1404301052200004t03K
沁县	32	景村村	140430104215000	景村村	1404301052210003B009
沁县	33	羊庄村	140430104220000	羊庄村	1404301052230004t043
沁县	34	乔家湾村	140430104230000	乔家湾村	1404302042081034t03R
沁县	35	山坡村	140430104232000	山坡村	1404302012151014t034
沁县	36	道兴村	140430105213000	道兴村	1404302012180004t04y
沁县	37	燕垒沟村	140430105218000	燕垒沟村	1404302022010003B00f
沁县	38	河止村	140430105219000	河止村	1404302022020003B00c
沁县	39	漫水村	140430105220000	漫水村	1404302022060004t04s
沁县	40	下湾村	140430105221000	下湾村	1404302042060004t04i
沁县	41	寺庄村	140430105223000	寺庄村	1404302042090008y01b
沁县	42	前庄	140430201215100	前庄	1404302042100008y01e
沁县	43	蔡甲	140430201215101	蔡甲	1404302052010003B00i
沁县	44	长街村	140430201218000	长街村	1404302052030003B00m
沁县	45	次村村	140430202201000	次村村	1404302062010007t006
沁县	46	五星村	140430202202000	五星村	1404301002320003B00t
沁县	47	东杨家庄村	140430202206000	东杨家庄村	1404301012080004t038
沁县	48	下张庄村	140430204206000	下张庄村	1404301032050008y00Y
沁县	49	唐村村	140430204209000	唐村村	1404301032150008y00O
沁县	50	中里村	140430204210000	中里村	1404301032210007t002
沁县	51	南泉村	140430205201000	南泉村	1404301032271034t03I
沁县	52	榜口村	140430205203000	榜口村	1404301032271054t04d
沁县	53	杨安村	140430206201000	杨安村	1404301042090008y003
襄垣县	1	石灰窑村	140423100208000	石灰窑村	14042310020800000000
襄垣县	2	返底村	140423101218000	返底村	1404231012180003402D
襄垣县	3	普头村	140423101220000	普头村	1404231012200003402x

续表

县区	序号	行政区划名称	行政区划代码	小流域名称	控制断面代码
襄垣县	4	安沟村	140423102217000	安沟村	1404231022170003400b
襄垣县	5	阎村	140423102220000	阎村	14042310222000000000
襄垣县	6	南马喊村	140423103204000	南马喊村	1404231032040004500j
襄垣县	7	胡家沟村	140423103219000	胡家沟村	14042310221600000000
襄垣县	8	河口村	140423103223000	河口村	1404231032230003401Z
襄垣县	9	北田漳村	140423103231000	北田漳村	14042310323100000000
襄垣县	10	南邯村	140423103239000	南邯村	1404231032390003402c
襄垣县	11	小河村	140423104207000	小河村	1404231042080003400V
襄垣县	12	白堰底村	140423104224000	白堰底村	1404231042250003400L
襄垣县	13	西洞上村	140423104227000	西洞上村	1404231042280003400Q
襄垣县	14	王村	140423106200000	王村	1404232106200003401s
襄垣县	15	下庙村	140423106201000	下庙村	1404231062010003401w
襄垣县	16	史属村	140423106202000	史属村	1404231062020003401o
襄垣县	17	店上村	140423106207000	店上村	14042310620700000000
襄垣县	18	北姚村	140423106208000	北姚村	14042310620800000000
襄垣县	19	史北村	140423106210000	史北村	1404231062100003401k
襄垣县	20	垴上村	140423106211000	垴上村	1404231062100003401l
襄垣县	21	前王沟村	140423103221000	前王沟村	1404231062120003402k
襄垣县	22	任庄村	140423106214000	任庄村	1404231062140003401g
襄垣县	23	高家沟村	140423106223000	高家沟村	1404231062230003401d
襄垣县	24	下良村	140423107200000	下良村	1404231072000003401E
襄垣县	25	水碾村	140423107217000	水碾村	1404231072170003401z
襄垣县	26	寨沟村	140423107219000	寨沟村	1404231072190003401H
襄垣县	27	庄里村	140423200209000	庄里村	1404231062100003400e
襄垣县	28	桑家河村	140423200212000	桑家河村	1404232002120003400i
襄垣县	29	固村	140423202205000	固村	1404232022050003400w
襄垣县	30	阳沟村	140423202206000	阳沟村	1404232022060003400H
襄垣县	31	温泉村	140423202208000	温泉村	1404232022080003400B
襄垣县	32	燕家沟村	140423202211000	燕家沟村	1404232022110003400E
襄垣县	33	高崖底村	140423202209000	高崖底村	1404232022090003400t
襄垣县	34	里阚村	140423202207000	里阚村	1404232022070004t009

续表

县区	序号	行政区划名称	行政区划代码	小流域名称	控制断面代码
襄垣县	35	合漳村	140423103241000	合漳村	1404231032410004t00f
襄垣县	36	西底村	140423104203000	西底村	1404231042030004t00h
襄垣县	37	返头村	140423104204000	返头村	1404231042040004t00a
襄垣县	38	南田漳村	140423100212000	南田漳村	1404231002120003402g
襄垣县	39	北马喊村	140423103232000	北马喊村	1404231032320003401M
襄垣县	40	南底村	140423103249000	南底村	14042310324900000000
襄垣县	41	兴民村	140423105219000	兴民村	1404231052190003402r
襄垣县	42	路家沟村	140423200211000	路家沟村	1404232002110003400o
襄垣县	43	南漳村	140423105202000	南漳村	1404231052020004t00n
襄垣县	44	东坡村	140423106220000	东坡村	14042310622000000000
襄垣县	45	九龙村	140423103240000	九龙村	1404231032400004t004
壶关县	1	桥上村	140427206200000	淅河	1404272062000003401k
壶关县	2	盘底村	140427206201000	淅河	1404272062010003401d
壶关县	3	石咀上	140427206201100	淅河	1404272062011003401L
壶关县	4	王家庄村	140427206202000	淅河	1404272062020007V00k
壶关县	5	沙滩村	140427206203000	淅河	1404272062030003401r
壶关县	6	丁家岩村	140427206205000	淅河	1404272062050007V00b
壶关县	7	潭上	140427206205100	淅河	1404272062051003401W
壶关县	8	河东	140427206205102	淅河	1404272062051023400y
壶关县	9	大河村	140427206206000	淅河	1404272062060003400j
壶关县	10	坡底	140427206206103	淅河	1404272062061033401h
壶关县	11	南坡	140427206206104	淅河	1404272062061047V005
壶关县	12	杨家池村	140427206207000	淅河	1404272062070007V00t
壶关县	13	河东岸	140427206207100	淅河	1404272062071003400B
壶关县	14	东川底村	140427206208000	淅河	1404272062080003400m
壶关县	15	庄则上村	140427206217000	淅河	1404272062170003402p
壶关县	16	土圪堆	140427206217100	淅河	1404272062171007V00v
壶关县	17	下石坡村	140427206220000	石坡河	1404272062200003402g
壶关县	18	黄崖底村	140427205211000	桑延河	1404272052110003400E
壶关县	19	西坡上	140427205211106	桑延河	1404272052111067V00q
壶关县	20	靳家庄	140427205211123	桑延河	1404272052111233400L

续表

县区	序号	行政区划名称	行政区划代码	小流域名称	控制断面代码
壶关县	21	碾盘街	140427205211163	桑延河	1404272052111633401b
壶关县	22	五里沟村	140427205215000	淅河	14042720521500000000
壶关县	23	石坡村	140427203200000	石坡河	1404272032000007V00g
壶关县	24	东黄花水村	140427203201000	淅河	1404272032010003400p
壶关县	25	西黄花水村	140427203202000	淅河	1404272032020007V00m
壶关县	26	安口村	140427203204000	石坡河	14042720320400000000
壶关县	27	北平头坞村	140427203207000	石坡河	14042720320700000000
壶关县	28	南平头坞村	140427203208000	石坡河	14042720320800000000
壶关县	29	双井村	140427203213000	石坡河	1404272032130003401O
壶关县	30	石河沐村	140427203215000	淅河	1404272032150003401G
壶关县	31	口头村	140427202202000	淅河	1404272022020003400P
壶关县	32	三郊口村	140427202204000	淅河	1404272022040003401o
壶关县	33	大井村	140427202207000	石坡河	1404272022070007V008
壶关县	34	城寨村	140427202222000	淅河	1404272022220003400f
壶关县	35	土寨	140427202207100	石坡河	14042720220710000000
壶关县	36	薛家园村	140427201203000	陶清河	1404272012030003402n
壶关县	37	西底村	140427201208000	陶清河	14042720120800000000
壶关县	38	磨掌村	140427104205000	神郊河	14042710420500000000
壶关县	39	神北村	140427104210000	淅河	1404271042100003401y
壶关县	40	神南村	140427104211000	淅河	1404271042100000S002
壶关县	41	上河村	140427104213000	淅河	1404271042130003401w
壶关县	42	福头村	140427104221000	淅河	1404271042210003400w
壶关县	43	西七里村	140427103204000	石子河	1404271032040003402b
壶关县	44	料阳村	140427103214000	石子河	1404271032140003400V
壶关县	45	南岸上	140427102208101	淙上河	1404271022081016n00e
壶关县	46	鲍家则	140427102208100	淙上河	1404271022081007V002
壶关县	47	南沟村	140427102209000	淙上河	14042710220900000000
壶关县	48	角脚底村	140427102210000	淙上河	1404271022100003400I
壶关县	49	北河村	140427100214000	庄头河	14042710021400000000
黎城县	1	南关村	140426100205000	小东河源	—
黎城县	2	上桂花村	140426100206000	七里店河	—

续表

县区	序号	行政区划名称	行政区划代码	小流域名称	控制断面代码
黎城县	3	下桂花村	140426100207000	小东河	—
黎城县	4	东洼村	140426100209000	小东河	1404261002090008g014
黎城县	5	仁庄村	140426100211000	小东河	1404261002110008g001
黎城县	6	北泉寨村	140426100225000	小东河	1404261002250008g00W
黎城县	7	城南村	140426100229000	七里店河	—
黎城县	8	城西村	140426100230000	七里店河	—
黎城县	9	古县村	140426100232000	七里店河	—
黎城县	10	下村	140426100224000	七里店河	—
黎城县	11	上庄村	140426100234000	阳高河	—
黎城县	12	宋家庄村	140426100242000	小东河	1404261002420008g019
黎城县	13	东阳关村	140426101201000	小东河	—
黎城县	14	火巷道村	140426101202000	神头沟	—
黎城县	15	香炉峧村	140426101210000	峪里沟	—
黎城县	16	苏家峧村	140426101223000	峪里沟	1404261012230008g00n
黎城县	17	龙王庙村	140426101222000	峪里沟	1404261012220008g00g
黎城县	18	秋树垣村	140426101225000	峪里沟	1404261012250008g00m
黎城县	19	高石河村	140426101229000	峧沟	—
黎城县	20	前庄村	140426102226000	峧沟	1404261022260008g01i
黎城县	21	中庄村	140426102227000	峧沟	1404261022270008g01l
黎城县	22	行曹村	140426102228000	峧沟	—
黎城县	23	岚沟村	140426102241000	平头河	1404261022410008g01d
黎城县	24	平头村	140426102231000	茅岭底沟	1404261022310008g01g
黎城县	25	后寨村	140426103207000	茅岭底沟	1404261032070008g01N
黎城县	26	彭庄村	140426103209000	茅岭底沟	1404261032090008g01Y
黎城县	27	背坡村	140426103210000	南委泉河	1404261032100008g01x
黎城县	28	南委泉村	140426103234000	南委泉河	1404261032340008g01R
黎城县	29	北委泉村	140426103235000	南委泉河	1404261032350008g01s
黎城县	30	牛居村	140426103240000	南委泉河	1404261032400008g01V
黎城县	31	新庄村	140426103241000	南委泉河	—
黎城县	32	车元村	140426103242000	南委泉河	1404261032420008g01G
黎城县	33	茶棚滩村	140426103243000	茅岭底沟	1404261032430008g01z

续表

县区	序号	行政区划名称	行政区划代码	小流域名称	控制断面代码
黎城县	34	寺底村	140426103225000	骆驼沟	1404261032250008g020
黎城县	35	西骆驼村	140426103230000	骆驼沟	—
黎城县	36	朱家峧村	140426103231000	骆驼沟	—
黎城县	37	郭家庄村	140426103232000	东崖底河	1404261032320008g01K
黎城县	38	南陌村	140426104202000	东崖底河	—
黎城县	39	佛崖底村	140426104213000	东崖底河	1404261042130008g00L
黎城县	40	看后村	140426104214000	东崖底河	—
黎城县	41	清泉村	140426104215000	东崖底河	1404261042150008g00P
黎城县	42	小寨村	140426104218000	东崖底河	1404261042180008g00T
黎城县	43	西村村	140426104220000	小东河	1404261042200008g00Q
黎城县	44	元村村	140426201210000	小东河	—
黎城县	45	北停河村	140426201212000	小东河	1404262012120008g01n
黎城县	46	程家山村	140426202201000	程家山	—
黎城县	47	段家庄村	140426202211000	西流	—
黎城县	48	西庄头村	140426203213000	七里店河	—
黎城县	49	柏官庄村	140426203216000	柏官庄河	1404262032160008g00t
黎城县	50	鸽子峧村	140426203218000	柏官庄河	—
黎城县	51	黄草辿村	140426203219000	柏官庄河	—
黎城县	52	孔家峧村	140426203220000	柏官庄河	1404262032200008g00C
黎城县	53	曹庄村	140426203223000	柏官庄河	1404262032230008g00w
黎城县	54	三十亩村	140426203224000	柏官庄河	1404262032240008g00F
屯留县	1	杨家湾村	140424100218000	杨家湾	1404241002180007V00q
屯留县	2	贾庄村	140424103212000	贾庄村	1404241032120003B00k
屯留县	3	魏村	140424103218000	魏村	1404241032180003B00I
屯留县	4	吾元村	140424104201000	吾元	1404241042010003B00g
屯留县	5	丰秀岭村	140424104202000	丰秀岭	1404241042020007V00z
屯留县	6	南阳坡村	140424104210000	南阳坡	1404241042100003B00B
屯留县	7	罗村	140424104211000	罗村	1404241042110003B00n
屯留县	8	煤窑沟村	140424104213000	煤窑沟	1404241042130003B00j
屯留县	9	东坡村	140424104214000	东坡	1404241042140003B00f
屯留县	10	三交村	140424104220000	三交	1404241042200007V00O

续表

县区	序号	行政区划名称	行政区划代码	小流域名称	控制断面代码
屯留县	11	贾庄	140424104223000	贾庄	1404241032120007V01K
屯留县	12	老庄沟	140424104224000	老庄沟	1404241042240007V00H
屯留县	13	北沟庄	140424104224101	老庄沟	1404241042240007V00D
屯留县	14	老庄沟西坡	140424104224104	老庄沟	1404241042240007V00J
屯留县	15	秦家村	140424104226000	秦家村	1404241042260003B00p
屯留县	16	张店村	140424105201000	张店	1404241052010004t006
屯留县	17	甄湖村	140424105202000	甄湖	1404241052020003B00Z
屯留县	18	张村	140424105203000	张村	1404241052030003B00U
屯留县	19	南里庄村	140424105206000	南里庄	1404241052060003B00E
屯留县	20	上立寨村	140424105208000	上立寨	1404241052080007V02K
屯留县	21	大半沟	140424105208101	上立寨	1404241052080007V02M
屯留县	22	五龙沟	140424105212000	五龙沟	1404241052120007V032
屯留县	23	李家庄村	140424105213000	李家庄	1404241052130007V02c
屯留县	24	马家庄	140424105213102	李家庄	1404241052130007V02f
屯留县	25	帮家庄	140424105213110	李家庄	1404241052130007V02h
屯留县	26	秋树坡	140424105213111	李家庄	1404241052130007V028
屯留县	27	李家庄村西坡	140424105213116	李家庄	1404241052131163B011
屯留县	28	半坡村	140424105217000	半坡	1404241052170007V01X
屯留县	29	霜泽村	140424105218000	霜泽	1404241052180007V02P
屯留县	30	雁落坪村	140424105219000	雁落坪	1404241052190007V03f
屯留县	31	雁落坪村西坡	140424105219103	雁落坪	1404241052190006n00n
屯留县	32	宜丰村	140424105220000	宜丰	1404241052200007V03k
屯留县	33	浪井沟	140424105220101	宜丰	1404241052200007V03k
屯留县	34	宜丰村西坡	140424105220102	宜丰	1404241052200007V03k
屯留县	35	中村村	140424105221000	中村	1404241052210007V03w
屯留县	36	河西村	140424105222000	河西	1404241052220003B00h
屯留县	37	柳树庄村	140424105223000	柳树庄	1404241052230007V02x
屯留县	38	柳树庄	140424105223100	柳树庄	1404241052230007V02x
屯留县	39	老洪沟	140424105223101	柳树庄	1404241052231013B002
屯留县	40	崖底村	140424105224000	崖底	1404241052240003B00Q
屯留县	41	唐王庙村	140424105226000	唐王庙	1404241052260003B00G

续表

县区	序号	行政区划名称	行政区划代码	小流域名称	控制断面代码
屯留县	42	南掌	140424105226101	唐王庙	140424105226000 7V02R
屯留县	43	徐家庄	140424105227100	郭徐庄	140424105227100 7V025
屯留县	44	郭家庄	140424105227104	郭徐庄	140424105227000 7V020
屯留县	45	沿湾	140424105227107	郭徐庄	140424105227107 3B009
屯留县	46	王家庄	140424105227108	郭徐庄	140424105227108 3B00a
屯留县	47	林庄村	140424105229000	林庄	140424105229000 7V02r
屯留县	48	八泉村	140424105231000	八泉	140424105231000 7V01P
屯留县	49	七泉村	140424105232000	七泉	140424105232000 7V02G
屯留县	50	鸡窝圪套	140424105232107	七泉	140424105232000 6n00j
屯留县	51	南沟村	140424105233000	南沟	140424105233000 7V02A
屯留县	52	棋盘新庄	140424105233100	南沟	140424105233000 7V02A
屯留县	53	羊窑	140424105233101	南沟	140424105233000 6n00f
屯留县	54	小桥	140424105233114	南沟	140424105233000 6n00f
屯留县	55	寨上村	140424105234000	寨上	140424105234000 7V03m
屯留县	56	寨上	140424105234100	寨上	140424105234000 6n00o
屯留县	57	吴而村	140424105235000	吴而	140424105235000 7V02U
屯留县	58	西上村	140424105236000	西上	140424105236000 7V03b
屯留县	59	西沟河村	140424105237000	西沟河	140424105237000 7V037
屯留县	60	西岸上	140424105237102	西沟河	140424105237000 7V037
屯留县	61	西村	140424105237103	西沟河	140424105237000 6n00l
屯留县	62	西丰宜村	140424106202000	西丰宜	140424106202000 7V005
屯留县	63	郝家庄村	140424106206000	郝家庄	140424106206000 3B00e
屯留县	64	石泉村	140424106207000	石泉	140424106207000 7V001
屯留县	65	西洼村	140424201215000	西洼	140424201215000 3B00O
屯留县	66	河神庙	140424202201000	河神庙	140424202230000 3B00t
屯留县	67	梨树庄村	140424202220000	梨树庄	140424202220102 3B00n
屯留县	68	庄洼	140424202220102	梨树庄	140424202220102 3B00n
屯留县	69	西沟村	140424202221000	西沟	140424202221000 7V00i
屯留县	70	老婆角	140424202221105	西沟	140424202221000 7V00i
屯留县	71	西沟口	140424202221106	西沟	140424202221000 7V00i
屯留县	72	司家沟	140424202224100	司家沟	140424202224100 6n003

续表

县区	序号	行政区划名称	行政区划代码	小流域名称	控制断面代码
屯留县	73	龙王沟村	140424202230000	龙王沟	1404242022300007V00e
屯留县	74	西流寨村	140424400201000	西流寨	1404244002010007V01B
屯留县	75	马家庄	140424400202000	马家庄	1404244002020007V01c
屯留县	76	大会村	140424400203000	大会	1404244002030007V00V
屯留县	77	西大会	140424400203101	大会	1404244002030006n008
屯留县	78	河长头村	140424400204000	河长头	1404244002040007V00Z
屯留县	79	南庄村	140424400205000	南庄	1404244002050003B00L
屯留县	80	中理村	140424400206000	中理	1404244002060007V01E
屯留县	81	吴寨村	140424400207000	吴寨	1404244002070007V01x
屯留县	82	桑园	140424400207103	吴寨	1404244002070007V01u
屯留县	83	黑家口	140424400208000	黑家口	1404244002080007V014
屯留县	84	上莲村	140424402201000	上莲	1404244022010007V00v
屯留县	85	前上莲	140424402201100	上莲	1404244022010006n006
屯留县	86	后上莲	140424402201101	上莲	1404244022011013B00v
屯留县	87	山角村	140424402201105	上莲	1404244022011053B00C
屯留县	88	马庄	140424402201106	上莲	1404244022010007V00x
屯留县	89	交川村	140424402209000	交川	1404244022090003B00z
平顺县	1	城关村	140425100200000	城关村	1404251002000004504d
平顺县	2	小东峪村	140425100203000	小东峪村	1404251002030004503z
平顺县	3	前庄上	140425100203100	前庄上	1404251002030004503C
平顺县	4	当庄上	140425100203101	当庄上	1404251002030004503y
平顺县	5	三亩地	140425100203102	三亩地	1404251002030004503x
平顺县	6	石片上	140425100203103	石片上	1404251002030004503w
平顺县	7	张井村	140425100206000	张井村	1404251002060004503X
平顺县	8	迴源峧村	140425100207000	迴源峧村	1404251002070004501C
平顺县	9	峈峪村	140425100208000	峈峪村	1404251002080004502u
平顺县	10	红公	140425100208100	红公	1404251002080004502t
平顺县	11	路家口村	140425100216000	路家口村	1404251002160004502p
平顺县	12	蒋家	140425100216101	蒋家	1404251002160004502q
平顺县	13	河则	140425100216102	河则	1404251002160004502r
平顺县	14	西坪上	140425100216106	西坪上	1404251002160004502s

续表

县区	序号	行政区划名称	行政区划代码	小流域名称	控制断面代码
平顺县	15	洪岭村	140425100221000	洪岭村	1404251002210004501n
平顺县	16	椿树沟村	140425100222000	椿树沟村	1404251002220004500s
平顺县	17	贾家村	140425100223000	贾家村	1404251002230004501H
平顺县	18	王家村	140425100224000	王家村	1404251002240004503g
平顺县	19	南北头村	140425100225000	南北头村	1404251002250004502w
平顺县	20	秦家崖	140425100225102	秦家崖	140425100225102450２O
平顺县	21	东寺头村	140425201200000	东寺头村	1404252012000004500f
平顺县	22	西平上	140425201200100	西平上	1404252012001004500L
平顺县	23	军寨	140425201200101	军寨	1404252012001014501c
平顺县	24	虎窑村	140425201201000	虎窑村	1404252012010004501t
平顺县	25	黄花井	140425201201103	黄花井	1404252012011034501x
平顺县	26	西湾村	140425201202000	西湾村	1404252012020004503r
平顺县	27	安咀村	140425201203000	安咀村	140425201203000000000
平顺县	28	安阳村	140425201204000	安阳村	140425201203000000000
平顺县	29	棠梨村	140425201205000	棠梨村	140425201000004503c
平顺县	30	焦底村	140425201206000	焦底村	140425201000004501L
平顺县	31	后庄村	140425201211000	后庄村	140425201211000000000
平顺县	32	前庄村	140425201212000	前庄村	1404252012120004502M
平顺县	33	大山村	140425201213000	大山村	140425201213000450０u
平顺县	34	石窑滩村	140425201215000	石窑滩村	140425201215000000000
平顺县	35	井底村	140425201216000	井底村	—
平顺县	36	庄谷练	140425201216104	庄谷练	—
平顺县	37	里沟	140425201216109	里沟	1404252012160004501S
平顺县	38	南地	140425201216111	南地	1404252012160004501R
平顺县	39	阱沟	140425201216113	阱沟	140425201216113 4501X
平顺县	40	羊老岩村	140425201220000	羊老岩村	1404252012200004503I
平顺县	41	后庄	140425201220100	后庄	140425201220000 4503J
平顺县	42	后南站	140425201220104	后南站	140425201220000 4503H
平顺县	43	沟口	140425201220112	沟口	140425201220112 00000
平顺县	44	土地后庄	140425201220114	土地后庄	—
平顺县	45	河口	140425201220116	河口	140425201220116 00000

续表

县区	序号	行政区划名称	行政区划代码	小流域名称	控制断面代码
平顺县	46	堂耳庄村	140425203210000	堂耳庄村	140425203210000000000
平顺县	47	椰树园村	140425203211000	椰树园村	140425203211000000000
平顺县	48	豆峪村	140425102204000	豆峪村	1404251022040004500S
平顺县	49	源头村	140425102208000	源头村	1404251022080004503U
平顺县	50	南耽车村	140425204201000	南耽车村	1404252042010004502x
平顺县	51	棚头村	140425204214000	棚头村	140425204214000000000
平顺县	52	靳家园村	140425204215000	靳家园村	1404252042150004501Q
平顺县	53	后留村	140425205200000	后留村	1404252052000004501q
平顺县	54	中五井村	140425205206000	中五井村	140425205206000000000
平顺县	55	寺峪口	140425205206100	寺峪口	—
平顺县	56	窑门前	140425205206101	窑门前	—
平顺县	57	北头村	140425205207000	北头村	—
平顺县	58	驮山	140425205207100	驮山	—
平顺县	59	石灰窑	140425205207101	石灰窑	—
平顺县	60	堡沟	140425205207103	堡沟	—
平顺县	61	上五井村	140425205208000	上五井村	1404252052080004502U
平顺县	62	天脚村	140425205210000	天脚村	—
平顺县	63	小赛村	140425205211000	小赛村	1404252052110004503F
平顺县	64	西沟村	140425200200000	西沟村	1404252002000004503n
平顺县	65	东峪	140425200200104	东峪	1404252002001044500P
平顺县	66	南赛	140425200200105	南赛	1404252002001054502H
平顺县	67	池底	140425200200109	池底	1404252002000004503l
平顺县	68	刘家地	140425200200110	刘家地	1404252002000004503m
平顺县	69	川底村	140425200201000	川底村	1404252002010004500o
平顺县	70	石埠头村	140425200202000	石埠头村	140425200202000000000
平顺县	71	东岸	140425200202100	东岸	140425200202000000000
平顺县	72	青行头村	140425200207000	青行头村	1404252002070004502R
平顺县	73	申家坪村	140425200208000	申家坪村	1404252002080004502X
平顺县	74	龙家村	140425200209000	龙家村	1404252002090004502a
平顺县	75	正村	140425200210000	正村	140425200210000000000
平顺县	76	下井村	140425200211000	下井村	1404252002110004503u

续表

县区	序号	行政区划名称	行政区划代码	小流域名称	控制断面代码
平顺县	77	常家村	140425206204000	常家村	1404252062040004500h
平顺县	78	庙后村	140425206213000	庙后村	1404252062130008g003
平顺县	79	西安村	140425104206000	西安村	—
平顺县	80	黄崖村	140425104210000	黄崖村	1404251042100004501A
平顺县	81	牛石窑村	140425104211000	牛石窑村	1404251042110004502J
平顺县	82	玉峡关村	140425104217000	玉峡关村	1404251042170004503N
平顺县	83	玉峡关村	140425104217115	玉峡关村	1404251042170004503L
平顺县	84	虹梯关村	140425202200000	虹梯关村	1404252022000004501h
平顺县	85	梯后村	140425202209000	梯后村	1404252022090004504a
平顺县	86	碑滩村	140425202210000	碑滩村	1404252022100008g008
平顺县	87	高滩	140425202210100	高滩	—
平顺县	88	梯根	140425202210101	梯根	—
平顺县	89	虹霓村	140425202211000	虹霓村	1404252022110008g00b
平顺县	90	秋方沟	140425202211100	秋方沟	—
平顺县	91	苤兰岩村	140425202213000	苤兰岩村	1404252022130004500W
平顺县	92	小葫芦	140425202213100	小葫芦	—
平顺县	93	闺女峧口	140425202213101	闺女峧口	—
平顺县	94	龙柏庵村	140425202214000	龙柏庵村	—
平顺县	95	堕磊辿	140425202214100	堕磊辿	14042520221400000000
平顺县	96	库峧村	140425202215000	库峧村	1404252022150004501Z
平顺县	97	龙镇村	140425101200000	龙镇村	1404251012000004502d
平顺县	98	北坡村	140425101202000	北坡村	1404251012020004500b
平顺县	99	北坡	140425101202100	北坡	1404251012020004500e
平顺县	100	底河村	140425101209000	底河村	1404251012090004500x
平顺县	101	东迷村	140425101217000	东迷村	1404251012170004500C
平顺县	102	南坡村	140425101218000	南坡村	1404251012180004502B
平顺县	103	消军岭村	140425101222000	消军岭村	—
平顺县	104	后河	140425101222100	后河	—
平顺县	105	前河	140425101222101	前河	—
潞城市	1	会山底村	140481002216000	会山底村	140481002216000З B005
潞城市	2	下社村	140481002219000	下社	1404810022190008y00d

续表

县区	序号	行政区划名称	行政区划代码	小流域名称	控制断面代码
潞城市	3	下社村后交	140481002219100	下社	1404810022191008y00g
潞城市	4	河西村	140481002220000	河西村	1404810022200003B002
潞城市	5	后峧村	140481002225000	后峧村	1404810022250008y002
潞城市	6	申家村	140481002227000	申家	1404810022270008y00a
潞城市	7	苗家村	140481002228000	申家	1404810022280008y005
潞城市	8	苗家村庄上	140481002228100	申家	1404810022281008y008
潞城市	9	枣臻村	140481100202000	枣臻村	1404811002020008y00B
潞城市	10	赤头村	140481100214000	赤头村	1404811002140008y00M
潞城市	11	马江沟村	140481100215000	马江沟村	1404811002150008y00G
潞城市	12	弓家岭	140481100215100	弓家岭	1404811002151003B00k
潞城市	13	红江沟	140481100215101	红江沟	1404811002151013B00m
潞城市	14	曹家沟村	140481100217000	曹家沟村	1404811002170008y00v
潞城市	15	韩村	140481100221000	韩村	1404811002210008y00y
潞城市	16	冯村	140481101205000	冯村	1404811012050003B00a
潞城市	17	韩家园村	140481101210000	韩家园村	1404811012100008y003
潞城市	18	李家庄村	140481101212000	李家庄村	1404811012120008y017
潞城市	19	漫流河村	140481101218000	漫流河村	1404811012180008y00r
潞城市	20	石匣村	140481101226000	石匣村	1404811012260008y00a
潞城市	21	石梁村	140481102200000		1404811022000008y011
潞城市	22	申家山村	140481102206000	申家山村	1404811022060008y014
潞城市	23	井峪村	140481102209000	井峪村	1404811022090008y00U
潞城市	24	南马庄村	140481102210000	南马庄村	1404811022100008y00T
潞城市	25	五里坡村	140481102212000	五里坡村	1404811022120008y00X
潞城市	26	西北村	140481102213000	西流	1404811022130007t001
潞城市	27	西南村	140481102214000	西流	1404811022140003B00j
潞城市	28	南流村	140481102215000	南流村	1404811022150008y00m
潞城市	29	涧口村	140481102217000	涧口村	1404811022170008y00e
潞城市	30	斜底村	140481102218000	斜底村	1404811022180008y00p
潞城市	31	中村	140481200203000	中村	1404812002030003B018
潞城市	32	堡头村	140481200204000	堡头村	1404812002040003B00W
潞城市	33	河后村	140481200207000	河后村	1404812002070003B00Z

续表

县区	序号	行政区划名称	行政区划代码	小流域名称	控制断面代码
潞城市	34	桥堡村	140481200211000	桥堡村	1404812002110003B00R
潞城市	35	东山村	140481200212000	东山村	140481200212000 8y007
潞城市	36	西坡村	140481200214000	西坡村	1404812002140007t01A
潞城市	37	西坡村东坡	140481200214100	东坡	1404812002140003B008
潞城市	38	儒教村	140481200217000	儒教村	1404812002170007t01J
潞城市	39	王家庄村后交	140481201201100	王家庄村	1404812012011003B00d
潞城市	40	上黄村向阳庄	140481201210100	向阳庄	1404812012101003B00h
潞城市	41	南花山村	140481201214000	南花山村	1404812012140008y00o
潞城市	42	辛安村	140481201216000	辛安村	1404812012160008y00r
潞城市	43	辽河村	140481201218000	辽河	1404812012180008y00t
潞城市	44	辽河村车旺	140481201218100	辽河	1404812012181003B00b
潞城市	45	曲里村	140481202201000	曲里村	1404812022010008y00P
长子县	1	红星庄	140428102205000	红星庄	1404281022050006k00I
长子县	2	石家庄村	140428102215000	石家庄村	1404281022150006k01I
长子县	3	西河庄村	140428102216000	西河庄村	1404281022160007V037
长子县	4	晋义村	140428102217000	晋义村	1404281022170006k00Y
长子县	5	刁黄村	140428102218000	刁黄村	1404281022180006k00g
长子县	6	南沟河村	140428102219000	南沟河村	1404281022190006k01l
长子县	7	良坪村	140428102220000	良坪村	1404281022200006k01b
长子县	8	乱石河村	140428102221000	乱石河村	1404281022210006k00z
长子县	9	两都村	140428102225000	两都村	1404281022250006k01f
长子县	10	苇池村	140428102226000	苇池村	1404281022260006k01O
长子县	11	李家庄村	140428102227000	李家庄村	1404281022270006k017
长子县	12	圪倒村	140428102229000	圪倒村	1404281022290006k01i
长子县	13	高桥沟村	140428102230000	高桥沟村	1404281022300006k00w
长子县	14	花家坪村	140428102231000	花家坪村	1404281022310006k00P
长子县	15	洪珍村	140428102237000	洪珍村	1404281022370006k00M
长子县	16	郭家沟村	140428102241000	郭家沟村	1404281022410006k00C
长子县	17	南岭庄	140428102251100	南岭庄	1404281022511007V02m
长子县	18	大山	140428102253100	大山	1404281022531007V03i
长子县	19	羊窑沟	140428102253101	羊窑沟	1404281022531017V022

续表

县区	序号	行政区划名称	行政区划代码	小流域名称	控制断面代码
长子县	20	响水铺	140428102256100	响水铺	1404281022561007V03a
长子县	21	东沟庄	140428102257103	东沟庄	1404281022571036k00j
长子县	22	九亩沟	140428102258102	九亩沟	1404281022581027V02t
长子县	23	小豆沟	140428102264100	小豆沟	1404281022641007V03e
长子县	24	尧神沟村	140428103202000	尧神沟村	1404281032020006k02e
长子县	25	沙河村	140428103211000	沙河村	1404281032110006k01z
长子县	26	韩坊村	140428103212000	韩坊村	1404281032120006k00F
长子县	27	交里村	140428103213000	交里村	1404281032130006k00V
长子县	28	西田良村	140428104201000	西田良村	1404281042010006k01Z
长子县	29	南贾村	140428104202000	南贾村	1404281042020006k00S
长子县	30	东田良村	140428104203000	东田良村	1404281042030006k00n
长子县	31	南张店村	140428104215000	南张店村	1404281042150006k02l
长子县	32	西范村	140428104216000	西范村	1404281042160007V032
长子县	33	东范村	140428104217000	东范村	1404281042170007V027
长子县	34	崔庄村	140428104219000	崔庄村	1404281042190007V01X
长子县	35	龙泉村	140428104225000	龙泉村	1404281042250007V02D
长子县	36	程家庄村	140428104231000	程家庄村	1404281042310006k00a
长子县	37	窑下村	140428105205000	窑下村	1404281052050004t002
长子县	38	赵家庄村	140428105206000	赵家庄村	1404281052060006k02p
长子县	39	陈家庄村	140428105206100	陈家庄村	1404281052061006k02Y
长子县	40	吴家庄村	140428105206101	吴家庄村	1404281052061016k02T
长子县	41	曹家沟村	140428105208000	曹家沟村	1404281052080006k007
长子县	42	琚村	140428105210000	琚村	1404281052100006k012
长子县	43	平西沟村	140428105213000	平西沟村	1404281052130006k01v
长子县	44	南漳村	140428106200000	南漳村	1404281062000007V02J
长子县	45	吴村	140428200210000	吴村	1404282002100007V02V
长子县	46	安西村	140428201211000	安西村	1404282012110006k003
长子县	47	金村	140428201213000	金村	1404282012130007V02q
长子县	48	丰村	140428201217000	丰村	1404282012170007V02d
长子县	49	苏村	140428203210000	苏村	1404282032100006k01L
长子县	50	西沟村	140428203211000	西沟村	1404282032110006k01R

续表

县区	序号	行政区划名称	行政区划代码	小流域名称	控制断面代码
长子县	51	西峪村	140428203212000	西峪村	1404282032120006k023
长子县	52	东峪村	140428203213000	东峪村	1404282032130006k00r
长子县	53	城阳村	140428203220000	城阳村	1404282032200006k02u
长子县	54	阳鲁村	140428203221000	阳鲁村	1404282032210006k02a
长子县	55	善村	140428203222000	善村	1404282032220006k01C
长子县	56	南庄村	140428203223000	南庄村	1404282032230006k01o
长子县	57	大南石村	140428203225000	大南石村	1404282032250006k00d
长子县	58	小南石村	140428203226000	小南石村	1404282032260006k026
长子县	59	申村	140428203230000	申村	1404282032300006k01F
长子县	60	西何村	140428204229000	西何村	1404282042290006k01V
长子县	61	鲍寨村	140428105201000	鲍寨村	1404281052010007V01P
长子县	62	南庄村	140428102251101	南庄村	1404281022510007V02i
长子县	63	南沟	140428201217100	南沟	1404282012171007V02P
长子县	64	庞庄	140428203232000	庞庄	1404282032320006k01s
长治县	1	韩店镇柳林村	140421100212000	黑水河	1404211002120004t00G
长治县	2	韩店镇林移村	140421100215000	黑水河	1404211002150004t00A
长治县	3	韩店镇柳林庄村	140421100216000	黑水河	1404211002160004t00J
长治县	4	苏店镇司马村	140421101214000	黑水河	1404211012140004t00W
长治县	5	荫城镇荫城村	140421102200000	荫城河	1404211022000007V05O
长治县	6	荫城镇河下村	140421102202000	荫城河	1404211022020007V04Q
长治县	7	荫城镇横河村	140421102203000	荫城河	1404211022030007V04Z
长治县	8	荫城镇桑梓一村	140421102216000	南宋河	1404211022160007V05r
长治县	9	荫城镇桑梓二村	140421102217000	桑梓二村沟	1404211022170007V045
长治县	10	荫城镇北头村	140421102218000	南宋河	1404211022180004t007
长治县	11	荫城镇内王村	140421102220000	内王河	1404211022200007V05g
长治县	12	荫城镇王坊村	140421102223000	荫城河	1404211022230007V06m
长治县	13	荫城镇中村	140421102224000	荫城河	1404211022240007V06r
长治县	14	荫城镇河南村	140421102225000	荫城河	1404211022250004t00s
长治县	15	荫城镇李坊村	140421102226000	荫城河	1404211022260007V06u
长治县	16	荫城镇北王庆村	140421102229000	陶清河	1404211022290005M008
长治县	17	西火镇桥头村	140421103203000	桥头沟	1404211032030007V05k

续表

县区	序号	行政区划名称	行政区划代码	小流域名称	控制断面代码
长治县	18	西火镇下赵家庄村	140421103219000	荫城河	1404211032190005M00o
长治县	19	西火镇南河村	140421103227000	南河沟	1404211032270007V05d
长治县	20	西火镇羊川村	140421103232000	羊川沟	1404211032320004t01h
长治县	21	八义镇八义村	140421104200000	八义河	1404211042000007V04c
长治县	22	八义镇狗湾村	140421104213000	色头河	1404211042130004t00o
长治县	23	八义镇北楼底村	140421104220000	北楼底沟	1404211042200007V04t
长治县	24	八义镇南楼底村	140421104221000	色头河	1404211042210004t00Q
长治县	25	贾掌镇新庄村	140421105204000	新庄沟	1404211052040007V05J
长治县	26	贾掌镇定流村	140421105207000	定流沟	1404211052070007V04y
长治县	27	郝家庄乡北郭村	140421200201000	黑水河	1404212002010007V04m
长治县	28	郝家庄乡岭上村	140421200205000	黑水河	1404212002050004t00C
长治县	29	郝家庄乡高河村	140421200211000	浊漳河南源	1404212002110007V04J
长治县	30	西池乡西池村	140421201200000	东池沟	1404212012000007V05D
长治县	31	西池乡东池村	140421201201000	东池沟	1404212012010007V04I
长治县	32	西池乡小河村	140421201203000	陶清河	1404212012030005M00r
长治县	33	西池乡沙峪村	140421201209000	陶清河	1404212012090005M00d
长治县	34	西池乡土桥村	140421201210000	土桥沟	1404212012100007V05x
长治县	35	西池乡河头村	140421201214000	河头沟	1404212012140007V04N
长治县	36	西池乡小川村	140421201215000	小川沟	1404212012150007V05F
长治县	37	北呈乡北呈村	140421202200000	北呈沟	1404212022000007V04i
长治县	38	北呈乡大沟村	140421202203000	陶清河	1404212022030004t00g
长治县	39	北呈乡南岭头村	140421202211000	辉河	1404212022110004t00M
长治县	40	北呈乡北岭头村	140421202212000	陶清河	1404212022120007V04s
长治县	41	北呈乡须村	140421202214000	辉河	1404212022140005M00w
长治县	42	东和乡东和村	140421203200000	陶清河	1404212032000004t00j
长治县	43	东和乡中和村	140421203201000	陶清河	1404212032010004t01k
长治县	44	东和乡西和村	140421203203000	陶清河	1404212032030004t012
长治县	45	东和乡曹家沟村	140421203206000	陶清河	1404212032060004t00e
长治县	46	东和乡琚家沟村	140421203207000	陶清河	1404212032070004t00y
长治县	47	东和乡屈家山村	140421203208000	辉河	1404212032080007V05n
长治县	48	东和乡辉河村	140421203209000	辉河	1404212032090005M00k

续表

县区	序号	行政区划名称	行政区划代码	小流域名称	控制断面代码
长治县	49	南宋乡子乐沟村	140421204214000	子乐沟	1404212042140007V05X
长治县	50	南宋乡北宋村	140421204217000	南宋河	1404212042170004t005
长治郊区	1	关村	140411100001000	关村	140411100000100000000
长治郊区	2	沟西村	140411100203000	沟西村	1404111002030008900t
长治郊区	3	西长井村	140411100205000	西长井村	1404111002050008900L
长治郊区	4	石桥村	140411100206000	石桥村	1404111002060008900F
长治郊区	5	大天桥村	140411100207000	大天桥村	1404111002070008900h
长治郊区	6	中天桥村	140411100208000	中天桥村	1404111002080007V01t
长治郊区	7	毛站村	140411100209000	毛站村	14041110020900000000
长治郊区	8	南天桥村	140411100210000	南天桥村	1404111002100007V01N
长治郊区	9	南垂村	140411100211000	南垂村	1404111002110007V00w
长治郊区	10	鸡坡村	140411100226000	鸡坡村	14041110022600000000
长治郊区	11	盐店沟村	140411100227000	盐店沟村	1404111002270008900R
长治郊区	12	小龙脑村	140411100228000	小龙脑村	1404111002280008901e
长治郊区	13	瓦窑沟村	140411100229000	瓦窑沟村	1404111002290008901g
长治郊区	14	滴谷寺村	140411100230000	滴谷寺村	14041110023000000000
长治郊区	15	东沟村	140411100231000	东沟村	1404111002310007V00J
长治郊区	16	苗圃村	140411100232000	苗圃村	14041110023200000000
长治郊区	17	老巴山村	140411100233000	老巴山村	1404111002330007V00C
长治郊区	18	二龙山村	140411100234000	二龙山村	1404111002340008901b
长治郊区	19	余庄村	140411101203000	余庄村	14041110120300000000
长治郊区	20	店上村	140411101206000	店上村	1404111012060008900n
长治郊区	21	马庄村	140411103208000	马庄村	14041110320800000000
长治郊区	22	故县村	140411104202000	故县村	1404111042020008900w
长治郊区	23	葛家庄村	140411104203000	葛家庄村	1404111042030007V01z
长治郊区	24	良才村	140411104204000	良才村	1404111042040008900z
长治郊区	25	史家庄村	140411104205000	史家庄村	1404111042050007V014
长治郊区	26	西沟村	140411104206000	西沟村	1404111042060007V01h
长治郊区	27	西白兔村	140411200200000	西白兔村	1404112002000007V01v
长治郊区	28	漳村	140411200204000	漳村	1404112002040008900U
左权县	1	长城村	140722201222000	清漳西源	—

续表

县区	序号	行政区划名称	行政区划代码	小流域名称	控制断面代码
左权县	2	店上村	140722201220000	清漳西源	—
左权县	3	寺仙村	140722201204000	柳林河西 1	1407222012040008q06U
左权县	4	上会村	140722201203000	柳林河西 1	—
左权县	5	马厩村	140722201202000	柳林河西 1	1407222012020008q07b
左权县	6	简会村	140722200217000	枯河刘家庄 0	1407222002170008q07e
左权县	7	上其至村	140722200208000	枯河 8	—
左权县	8	石港口村	140722200211000	枯河 6	1407222002110008q02e
左权县	9	紫阳村	140722100214000	紫阳河 0	—
左权县	10	刘家庄村	140722200216000	枯河刘家庄 0	—
左权县	11	庄则村	140722100223000	十里店沟 1	—
左权县	12	西寨村	140722202201000	十里店沟 3	—
左权县	13	丈八村	140722202214100	龙河沟西 6	—
左权县	14	望阳垴村	140722202214100	龙河沟西 1	1407222022140008q07G
左权县	15	堡则村	140722202207000	龙河沟西 1	—
左权县	16	西瑶村	140722202205000	龙河沟西 1	—
左权县	17	西峧村	140722101210000	苇泽沟 2	1407221012100008q05P
左权县	18	马家坪村	140722101211000	苇泽沟 2	1407221012110008q058
左权县	19	半坡	140722102210102	王凯沟 0	—
左权县	20	西隘口	140722101204102	桐峪沟 1	1407221012041028q06v
左权县	21	武家峧	140722101203000	桐峪沟 2	—
左权县	22	南峧沟村	140722101206000	桐峪沟 4	1407221012060008q060
左权县	23	东隘口	140722101204101	桐峪河北	1407221012041018q05u
左权县	24	垴上	140722102222100	熟峪河	—
左权县	25	新庄村	140722204212000	禅房沟 1	1407222042120008q018
左权县	26	高家井村	140722204211000	禅房沟 3	1407222042110008q03n
左权县	27	南岔村	140722104221000	拐儿西沟 1	1407221042001008q084
左权县	28	西五指	140722104204000	拐儿西沟 1	1407221042040008q054
左权县	29	拐儿村	140722104200000	拐儿西沟 1	1407221042000008q07r
左权县	30	上庄村	140722103212000	下庄河沟东	—
左权县	31	下庄村（沟南）	140722103210000	下庄河沟南	1407221032100008q04u
左权县		下庄村（沟东）	140722103210000	下庄河沟东	1407221032100008q04f

续表

县区	序号	行政区划名称	行政区划代码	小流域名称	控制断面代码
左权县	32	天门村	140722104208000	下庄沟河 0	1407221042080008q01v
左权县	33	水峪沟村	140722204207000	羊角河 5	1407222042070008q01I
左权县	34	羊角村	140722204200000	羊角河 1	—
左权县	35	石灰窑	140722204205100	羊角河 1	1407222042051008q01Z
左权县	36	晴岚	140722200212000	枯河 0	1407222002120008q02N
左权县	37	上口	140722102203000	桐峪沟 0	1407221022030008q07C
左权县	38	上武村	140722101205000	桐峪沟 0	—
左权县	39	三家村村	140722201201000	三家村村沟	—
左权县	40	车上铺	140722100215300	紫阳河	1407221002153008q03M
左权县	41	前郭家峪	140722102221100	熟峪河	—
左权县	42	郭家峪	140722102221000	熟峪河	1407221022210008q00s
左权县	43	安窑底 1	140722102219000	熟峪河	1407221022190008q03Z
		安窑底 2	140722102219000	熟峪河	1407221022190008q03P
		安窑底 3	140722102219000	熟峪河	1407221022190008q03U
左权县	44	熟峪村	140722102220000	熟峪河	1407221022200008q01R
左权县	45	大林口	140722102224000	熟峪河南	1407221022240008q03v
左权县	46	五里堠后村	140722100225000	十里店沟	1407221002250008q00J
左权县		五里堠前村	140722100225000	十里店沟	1407221002250008q00D
左权县	47	西崖底村	140722102209000	西崖底村沟	1407221022090008q01d
左权县	48	河北村	140722102206100	河北沟	1407221022061038q032
左权县	49	高峪	140722103200101	高峪沟	1407221032001018q03b
左权县	50	麻田村	140722102200000	熟峪河	—
左权县	51	杨家峧	140722101200102	桐峪河	—
左权县	52	水坡村	140722103204100	禅房沟	—
左权县	53	东五指	140722104206000	拐儿西沟	1407221042060008q0bx
左权县	54	王家庄	140722100212000	禅房沟	—
左权县	55	刘家窑	140722100224000	十里店沟	—
左权县	56	马家拐	140722202203000	十里店沟	—
左权县	57	寺凹村	140722102214000	王凯沟	—
左权县	58	东峪	140722102216000	王凯沟	—
左权县	59	磨沟村	140722204208000	羊角河	—

续表

县区	序号	行政区划名称	行政区划代码	小流域名称	控制断面代码
左权县	60	北艾铺村	140722102218000	羊角河	—
左权县	61	南岩沟	140722102218100	羊角河	—
左权县	62	西沟村	140722202207300	柳林河东	—
左权县	63	赵家村	140722201210000	柳林河东	—
左权县	64	林河村	140722201205000	柳林河西	—
左权县	65	姜家庄	140722201208000	柳林河西	—
左权县	66	板峪村	140722104213000	板峪沟	1407221042130008q094
左权县	67	桃园村	140722104212000	板峪沟	—
左权县	68	前龙村	140722100210000	龙沟河	—
左权县	69	龙则村	140722202206000	龙沟河	—
左权县	70	旧寨沟	140722104215000	秋林滩沟	—
左权县	71	前坪上	140722104218100	秋林滩沟	—
左权县	72	佛口村	140722202217000	三教河	—
左权县	73	小梁峪	140722202219101	三教河	—
左权县	74	北岸	140722101209100	苇则沟	—
左权县	75	碾草渠村	140722101213000	苇则沟	—
左权县	76	西云山	140722100207100	紫阳河	1407221002071008q08p
左权县	77	坐岩口	140722101204100	桐峪沟	—
左权县	78	北柳背村	140722102219100	熟峪河	1407221022191008q07S
左权县	79	羊林村	140722102219101	熟峪河	—
左权县	80	车谷村	140722102222000	熟峪河	1407221022220008q07Y
左权县	81	南蒿沟	140722102223100	熟峪河南	1407221022231008q08h
左权县	82	土崖上村	140722102225100	熟峪河	—
左权县	83	南沟	140722104200100	拐儿西沟	1407221042001008q084
左权县	84	长吉岩	140722104200101	拐儿西沟	1407221042001018q0cU
左权县	85	田渠坪	140722104200102	拐儿西沟	1407221042001028q0d9
左权县	86	方谷连	140722104214100	秋林滩沟	1407221042141008q08D
左权县	87	柏峪村	140722203204000	柏峪沟	—
左权县	88	铺峧	140722100215302	紫阳河	—
左权县	89	后山村	140722102209100	西崖底村	—
榆社县	1	前牛兰村	140721203227000	南屯河 9	1407212032270002N04L

续表

县区	序号	行政区划名称	行政区划代码	小流域名称	控制断面代码
榆社县	2	前千家峪村	140721203225000	南屯河 10	1407212032250002N051
榆社县	3	上赤土村	140721204204000	南屯河 1	1407212042040002N06O
榆社县	4	下赤土村	140721204203000	南屯河 1	1407212042030002N0a6
榆社县	5	讲堂村	140721204200000	南屯河 1	1407212042000002N02h
榆社县	6	上咱则村	140721204201000	南屯河 1	1407212042010002N070
榆社县	7	下咱则村	140721203203000	南屯河 1	1407212032030002N0ad
榆社县	8	屯村	140721203201000	南屯河 1	1407212032010002N089
榆社县	9	郭郊村	140721203202000	南屯河 1	1407212032020002N01D
榆社县	10	大里道庄	140721203211000	南屯河 3	1407212032110002N00p
榆社县	11	前庄村	140721203218000	南屯河 6	1407212032180002N057
榆社县	12	陈家峪村	140721204202000	南屯河 12	1407212042020002N00k
榆社县	13	王家庄村	140721203214000	南屯河 3	1407212032140002N08z
榆社县	14	五科村	140721201217000	泉水河 1	1407212012170002N08W
榆社县	15	水磨头村	140721201223000	泉水河 1	1407212012230002N07O
榆社县	16	上城南村	140721201208000	泉水河 1	1407212012080002N0bQ
榆社县	17	千峪村	140721201218000	泉水河 1	1407212012180002N04J
榆社县	18	牛槽沟村	140721201214000	泉水河 1	1407212012140002N03s
榆社县	19	东湾村	140721201222000	泉水河 1	1407212012220002N00Z
榆社县	20	辉教村	140721200220000	清秀河 1	1407212002200002N01Y
榆社县	21	西沟村	140721200219000	清秀河 6	1407212002190002N09l
榆社县	22	寄家沟村	140721200219100	清秀河 1	1407212002191002N0bk
榆社县	23	寄子村	140721200215000	清秀河 2	1407212002150002N0bB
榆社县	24	牛村	140721200213000	清秀河 3	1407212002130002N03J
榆社县	25	青阳平村	140721200211000	清秀河 4	1407212002110002N05B
榆社县	26	李峪村	140721100222000	李峪沟 1	1407211002220002N02w
榆社县	27	大南沟村	140721102210000	大南沟 1	1407211022100002N00G
榆社县	28	王景村	140721100253000	东河 1	1407211002530002N08N
榆社县	29	红崖头村	140721100254000	东河 1	1407211002540002N00O
榆社县	30	白海村	140721101209000	赵庄河 3、4、5	1407211012090002N005
榆社县	31	海银山村	140721101202000	赵庄河 8	1407211012020002N01N
榆社县	32	狐家沟村	140721101204000	赵庄河 6	1407211012040002N0aW

续表

县区	序号	行政区划名称	行政区划代码	小流域名称	控制断面代码
榆社县	33	迷沙沟村	140721101213000	赵庄河 3	1407211012130002N03g
榆社县	34	清风村	140721101210000	赵庄河 4	1407211012100002N060
榆社县	35	申村	140721101212000	赵庄河 5	1407211012120002N076
榆社县	36	西崖底村	140721103220000	西崖底河	1407211032200002N09V
榆社县	37	牌坊村	140721202222000	白壁河 4	1407212022220002N04v
榆社县	38	井泉沟村	140721202222100	白壁河 1	1407212022221002N02o
榆社县	39	罗秀村	140721202226100	白壁河 2、3	1407212022261002N031
		罗秀村 1	140721202226100	白壁河 2	—
		罗秀村 2	140721202226100	白壁河 3	1407212022261002N034
榆社县	40	官寨村 1	140721202219000	武源河 1	1407212022190002N01s
		官寨村 2	140721202219000	武源河 3	—
榆社县	41	武源村	140721202213000	武源河 1	1407212022130002N095
榆社县	42	小河沟村	140721202211000	武源河 2	1407212022110002N0aE
榆社县	43	西河底村	140721200204000	苍竹沟 1	1407212002040002N09A
榆社县	44	南社村	140721100240000	银郊河 1	1407211002400002N04f
榆社县	45	桑家沟村 2	140721100261000	银郊河 1	1407211002610002N06b
		桑家沟村 1	140721100261000	银郊河 2	—
		桑家沟村	140721100261000	银郊河 1	1407211002610002N06r
榆社县	46	峡口村	140721100239000	银郊河 1	1407211002390002N04l
榆社县	47	王家沟村	140721101228000	段家沟 3	1407211012280002N08m
榆社县	48	两河口村 2	140721103213000	交口河 1	1407211032130002N02P
		两河口村 1	140721103213000	交口河 4	—
		两河口村	140721103213000	交口河 1、4	—
榆社县	49	石源村 2	140721103214000	交口河 4	1407211032140002N07j
		石源村 1	140721103214000	交口河 5	1407211032140002N07t
		石源村	140721103214000	交口河 4、5	—
榆社县	50	石栈道村	140721100203000	交口河 1	1407211002030002N07y
榆社县	51	沙旺村	140721103218100	交口河 1	1407211032181002N06K
榆社县	52	双峰村	140721103205000	西河 2	1407211032050002N0bq
榆社县	53	阳乐村	140721103212000	交口河 1	1407211032120002N0aS
榆社县	54	更修村	140721202205000	交口河 3	1407212022050002N01b

续表

县区	序号	行政区划名称	行政区划代码	小流域名称	控制断面代码
榆社县	55	田家沟村	140721202204000	交口河 2	1407212022040002N083
榆社县	56	沤泥凹村	140721202206000	交口河 3	1407212022060002N047
榆社县	57	西坡村	140721101227000	段家沟 3	1407211012270002N09I
榆社县	58	后庄村	140721200210000	后庄	1407212002100002N0bd
和顺县	1	岩庄村	140723100235000	岩庄村	1407231002350008n07C
和顺县	2	曲里村	140723100234000	曲里村	1407231002340008n05X
和顺县	3	红堡沟村	140723100231000	红堡沟村	1407231002310008n042
和顺县	4	紫罗村	140723100229000	紫罗村	1407231002290008n05A
和顺县	5	科举村	140723100232000	科举村	1407231002320008n04B
和顺县	6	梳头村	140723100233000	梳头村	1407231002330008n05f
和顺县	7	九京村	140723100218000	九京村	1407231002180008n04g
和顺县	8	河北村	140723100213000	河北村	1407231002130008n03Q
和顺县	9	蔡家庄	140723100206000	蔡家庄	1407231002060008n03f
和顺县	10	小南会	140723201201000	小南会	1407232012010008n07t
和顺县	11	王汴村	140723103224000	王汴村	1407231032240008n07d
和顺县	12	大窑底	140723103215000	大窑底	1407231032150008n02e
和顺县	13	青家寨	140723102212000	青家寨	1407231022120008n053
和顺县	14	松烟村	140723102200000	松烟村	1407231022000008n07l
和顺县	15	灰调曲	140723102216000	灰调曲	1407231022160008n02p
和顺县	16	前营村	140723102224000	前营村	1407231022240008n02y
和顺县	17	许村	140723102220000	许村	1407231022200008n05u
和顺县	18	龙旺村	140723104210000	龙旺村	1407231042100008n076
和顺县	19	横岭村	140723104200000	横岭村	1407231042000008n010
和顺县	20	口则村	140723104201000	口则村	1407231042010008n00c
和顺县	21	广务村	140723104202000	广务村	1407231042020008n00v
和顺县	22	要峪村	140723104203000	要峪村	1407231042030008n07M
和顺县	23	西白岩村	140723104204000	西白岩村	1407231042040008n007
和顺县	24	下白岩村	140723204203000	下白岩村	1407232042030008n02J
和顺县	25	拐子村	140723204204000	拐子村	1407232042040008n02j
和顺县	26	内阳村	140723204210000	内阳村	1407232042100008n028
和顺县	27	阳光占村	140723204200000	阳光占村	1407232042000008n02T

续表

县区	序号	行政区划名称	行政区划代码	小流域名称	控制断面代码
和顺县	28	榆疙瘩村	140723101204000	榆疙瘩村	1407231012040008n01F
和顺县	29	上石勒村	140723101208000	上石勒村	1407231012080008n01j
和顺县	30	下石勒村	140723101211000	下石勒村	1407231012110008n019
和顺县	31	回黄村	140723101202000	回黄村	1407231012020008n00S
和顺县	32	南李阳村	140723101200000	南李阳村	1407231012000008n01w
和顺县	33	联坪村	140723100249000	联坪村	1407231002490008n04J
和顺县	34	合山村	140723201209000	合山村	1407232012090008n03B
和顺县	35	平松村	140723201200000	平松村	1407232012000008n04W
和顺县	36	玉女村	140723201203000	玉女村	1407232012030008n036
和顺县	37	独堆村	140723203212000	独堆村	1407232032120008n03p
和顺县	38	寺沟村	140723200211000	寺沟村	1407232002110008n02F
和顺县	39	东远佛村	140723200216000	东远佛村	1407232002160008n01O
和顺县	40	西远佛村	140723200215000	西远佛村	1407232002150008n021
和顺县	41	大南巷村	140723200222000	大南巷村	1407232002220008n01J
和顺县	42	壁子村	140723104208000	壁子村	1407231042080008n086
和顺县	43	庄里村	140723104206000	庄里村	1407231042060008n08c
和顺县	44	杨家峪村	140723100244000	杨家峪村	1407231002440008n08m
和顺县	45	裴家峪村	140723100253000	裴家峪村	1407231002530008n08H
和顺县	46	郜家庄村	140723100259000	郜家庄村	1407231002590008n08X
和顺县	47	团壁村	140723100257000	团壁村	1407231002570008n08w
和顺县	48	仪村	140723100254000	仪村	1407231002540008n06O
和顺县	49	凤台村	140723100221000	凤台村	1407231002210008n081
和顺县	50	甘草坪村	140723100242000	甘草坪村	1407231002420008n06f
和顺县	51	口上村	140723100255000	口上村	1407231002550008n06x
和顺县	52	新庄村	140723103202000	新庄村	1407231032020008n08r
和顺县	53	大川口村	140723103203000	大川口村	1407231032030008n07W
和顺县	54	土岭村	140723103223000	土岭村	
和顺县	55	石叠村	140723103222000	石叠村	1407231032220008n08B
和顺县	56	圈马坪村	140723102209000	圈马坪村	1407231022090008n092
和顺县	57	牛郎峪村	140723102213000	牛郎峪村	1407231022130008n08M
和顺县	58	雷庄村	140723102206000	雷庄村	1407231022060008n08S

续表

县区	序号	行政区划名称	行政区划代码	小流域名称	控制断面代码
和顺县	59	暖窑村	140723102205000	暖窑村	140723102205000 8n08h
和顺县	60	乔庄村	140723102232000	乔庄村	140723102232000 8n07Q
和顺县	61	富峪村	140723102223000	富峪村	140723102223000 8n097
和顺县	62	前南峪村	140723100225000	前南峪村	140723100225000 8n06Z
和顺县	63	后南峪村	140723100224000	后南峪村	140723100224000 8n06o
和顺县	64	南窑村	140723100208000	南窑村	140723100208000 8n06U

6.1 山区河流洪水水面线计算方法

河道水面线的计算就是从某控制断面的已知水位开始，根据相关水文和地形等资料，运用水面曲线基本方程式，逐河段推算其他断面水位的一种水力计算。各频率设计洪水水面线采用水力学方法推求，其原理是由 Godunov 格式的有限体积法建立的复杂明渠水流运动的高适用性数学模型。

1. 控制方程

描述天然河道一维浅水运动控制方程的向量形式如下：

$$D\frac{\partial U}{\partial t}+\frac{\partial F}{\partial x}=S \tag{6-1}$$

其中 $D=\begin{bmatrix}B & 0\\0 & 1\end{bmatrix}$，$U=\begin{bmatrix}Z\\Q\end{bmatrix}$，$F\ (U)\ -\begin{bmatrix}f_1\\f_2\end{bmatrix}-\begin{bmatrix}Q\\\frac{\alpha Q}{A}\end{bmatrix}$，$S-\begin{bmatrix}0\\-gA\frac{\partial Z}{\partial x}-gAJ\end{bmatrix}$

式中，B 为水面宽度；Q 为断面流量；Z 为水位；A 为过水断面面积，为动量修正系数，一般默认为 1.0；f_1 和 f_2 分别代表向量 F（U）的两个分量；g 为重力加速度；t 为时间变量，J 为沿程阻力损失，其表达式为 $J=(n^2Q|Q|)/(A^2R^{4/3})$；R 为水力半径；n 为糙率。

浅水方程的以上表达形式在工程上应用较广，源项部分采用水面坡度代表压力项的影响，其优点是水面变化一般比河道底坡变化平缓，因此即使底坡非常陡峭时，对计算格式稳定性的影响也不大。另外，该形式还可以很好地避免由于采用不理想的底坡项离散方法平衡数值通量时所带来的水量不守恒问题。

2. 数值离散方法

采用中心格式的有限体积法，把变量存在单元的中心，如图 6-1 所示。

将式（6-1）在控制体 i 上进行积分并运用 Gauss 定理离散后得：

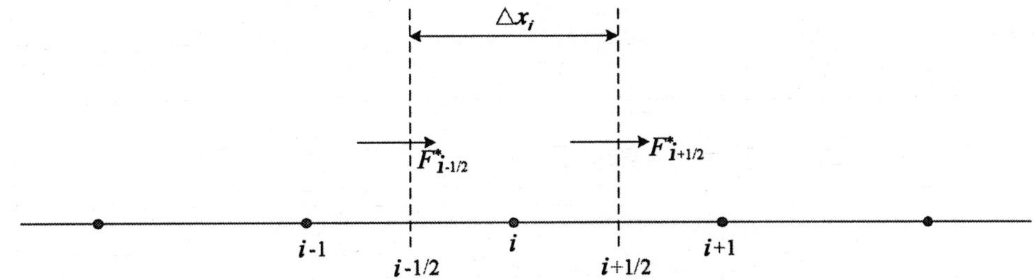

图 6－1　中心格式的有限体积法示意图

$$U_i^{n+1} = U_i^n - \frac{\Delta t}{\Delta x_i} D_i^{-1} (F^*_{i+1/2} - F^*_{i-1/2}) + \Delta t D_i^{-1} S_i \tag{6-2}$$

式中，U_i为第 i 个单元变量的平均值；$F^*_{i-1/2}$ ，$F^*_{i+1/2}$ 分别为单元 i 左右两侧界面的通量值，Δx_i 为第 i 个单元的边长；S_i为第 i 个单元源项的平均值。

（1）HLL 格式的近似 Riemann 解

对界面通量计算采用 HLL（Harten，Lax，van Leer）格式，该格式求解 Riemann 近似问题时的形式简单，在处理干单元时的功能要优于其的格式，通量求解过程如下：

$$F^* = \begin{cases} F(U_L) & s_L \geqslant 0 \\ F_{LR} = \left[\dfrac{B_R s_R f_1^L - B_L s_L f_1^R + B_R s_L s_R (Z_R - Z_L)}{B_R s_R - B_L s_L}, \dfrac{s_R f_2^L - s_L f_2^R + s_L s_R (Q_R - Q_L)}{s_R - s_L} \right]^T & s_L < 0 < s_R \\ F(U_R) & s_R \leqslant 0 \end{cases} \tag{6-3}$$

式中，s_L和 s_R为计算单元左右两侧的波速，当 $s_L \geqslant 0$ 和 $s_R \leqslant 0$ 时，计算单元界面的通量值分别由其左右两侧单元的水力要素确定，当 $s_L \leqslant 0 \leqslant s_R$ 时，计算单元界面的通量由 HLL 近似 Riemann 解给出。

经过离散后，式（6－2）中的连续方程变为如下形式：

$$Z_i^{n+1} = Z_i^n - \frac{1}{B_i} \frac{\Delta t}{\Delta x_i} [(f_1)^*_{i+1/2} - (f_1)^*_{i-1/2}] \tag{6-4}$$

可以看出，式中变量 Q 被通量f_1取代，由于通量f_1可以保持很好的守恒特性，而变量 Q 不具备这个特点，因此为了保持计算格式的和谐性，Ying 等提出采用通量f_1的值取代输出结果中的 Q 值，而由动量方程计算得出的 Q 值仅作为计算 Riemann 问题的中间变量。

（2）二阶数值重构

采用 HLL 格式近似 Riemann 解求解界面通量在空间上仅具有一阶精度，为了使数值解的空间精度提高到二阶，采用 MUSCL 方法对界面左右两侧的变量进行数值重构，其表达式为：

$$U^L_{i+1/2} = U_i + \frac{1}{2}\varphi(r_i)(U_i - U_{i-1}), U^R_{i+1/2} = U_{i+1} - \frac{1}{2}\varphi(r_{i+1})(U_{i+2} - U_{i+1}) \tag{6-5}$$

式中：$r_i = (U_{i+1} - U_i)/(U_i - U_{i-1}), r_{i+1} = (U_{i+1} - U_i)/(U_{i+2} - U_{i+1})$。$\varphi$ 是限制器函数，本书

采用应用较为广泛的 Minmod 限制器，该限制器可以使格式保持较好的 TVD 性质。

为使保持数值解整体上提高到二阶精度同时维持数值解的稳定性，对时间步采用 Hancock 预测、校正的两步格式：

$$
\begin{aligned}
U_i^{n+1/2} &= U_i^n - \frac{1}{2}\frac{\Delta t}{\Delta x_i} D_i^{-1}\left[F_{i+1/2}(U_{i+1/2}^n) - F_{i-1/2}(U_{i-1/2}^n)\right] \\
U_i^{n+1} &= U_i^{n+1/2} - \frac{\Delta t}{\Delta x_i} D_i^{-1}\left[F_{i+1/2}^*(U_{i+1/2}^{n+1/2}) - F_{i-1/2}^*(U_{i-1/2}^{n+1/2})\right] + \Delta t D_i^{-1} S_i
\end{aligned}
\tag{6-6}
$$

其中 $U_{i+1/2}^{n+1/2}, U_{i-1/2}^{n+1/2}$ 为计算的中间变量。

（3）源项的处理

源项包括水面梯度项和摩阻项。摩阻项直接采用显格式处理。对于水面梯度项的处理，为了保持数值解的光滑性，采用空间数值重构后的水位变量值来计算水面梯度，其表达式如下：

$$
\partial Z / \partial x_i = (\bar{Z}_{i+1/2} - \bar{Z}_{i-1/2}) / \Delta x_i \tag{6-7}
$$

其中，$\bar{Z}_{i+1/2} = (Z_{i+1/2}^L + Z_{i+1/2}^R)/2$，$\bar{Z}_{i-1/2} = (Z_{i-1/2}^L + Z_{i-1/2}^R)/2$。$Z_{i\pm1/2}^L$ 和 $Z_{i\pm1/2}^R$ 为采用 TVD－MUSCL 方法差值后的水位值。

本次河道水面线的推求，根据沿河村落断面的实际情况，考虑了防洪堤、桥梁、涵洞等涉水建筑物对水流的影响，采用水力学法，应用水面线软件，对 5 种频率设计洪水的水面线进行推求。

天然河道直接采用水面线软件推求。涉水建筑物主要包括塘坝、桥梁、路涵、水库等。塘坝主要为淤地坝，其下泄流量采用设计资料。桥梁与路涵受其河床变化影响较大，一般采用其现状断面情况计算其过水能力。对建设规模相对较大、基本不影响河道过水能力的桥梁与路涵通过水面线法来推求其相应过水流量；对河道过水能力影响较大的桥梁与路涵，本次采用水力学法计算其过水能力。对于有水库影响河段，参考水库相关设计参数进行水面线推求。

6.2　洪灾危险区范围

危险区范围为最高历史洪水位和 100 年一遇设计洪水位中的较高水位淹没范围以内的居民区域。根据推求所得各个沿河村落河段 100 年一遇设计洪水水面线，与最高历史洪水位对比，结合沿河村落地形及居民户高程，勾绘沿河村落洪水的淹没范围。

根据各县、各村汇水不同分别计算是否受（河）沟道洪水影响，同时对部分受坡面流影响的沿河村落也进行了统计。受（河）沟道洪水影响的 734 个村，受坡面流影响的 181 个村，即受河）沟道洪水影响又受坡面流影响的村 79 个。具体结果详见表 6－3。

表6-3 山洪灾害威胁村普查结果统计表

县区	序号	村落名称	行政区划代码	所在乡镇	是否受（河）沟道洪水影响	是否受坡面流影响	备注
武乡县	1	洪水村	140429101200000		是		
武乡县	2	寨坪村	140429101217000		是		
武乡县	3	下寨村	140429101224000	洪水镇	是		
武乡县	4	中村村	140429101225000		是		
武乡县	5	义安村	140429101225100		是		
武乡县	6	韩北村	140429201200000		是	是	
武乡县	7	王家峪村	140429201208000		是		
武乡县	8	大有村	140429202200000	大有乡	是		
武乡县	9	辛庄村	140429202200100		是		
武乡县	10	峪口村	140429202222000		是		
武乡县	11	型村	140429202222102		是		
武乡县	12	长乐村	140429202223000		是		
武乡县	13	李峪村	140429202224000		是		
武乡县	14	泉沟村	140429202224100		是		
武乡县	15	贾豁村	140429203200000	贾豁乡	是		
武乡县	16	高家庄村	140429203200100		是		
武乡县	17	石泉村	140429203212000		是	是	
武乡县	18	海神沟村	140429203212101		是		
武乡县	19	郭村	140429203213000		是		
武乡县	20	杨桃湾村	140429203225100		是	是	
武乡县	21	胡庄铺村	140429100206000		是		
武乡县	22	平家沟村	140429100207000		是		
武乡县	23	王路村	140429100209000	丰州镇	是		
武乡县	24	马牧村	140429100210000		是		
武乡县	25	南村村	140429100212000		是		
武乡县	26	东寨底村	140429104208000		是		
武乡县	27	邵渠村	140429104209000		是	是	
武乡县	28	北涅水村	140429104210000	故城镇	是		
武乡县	29	高台寺村	140429104211000		是		
武乡县	30	槐圪塔村	140429104211100		是		

续表

县区	序号	村落名称	行政区划代码	所在乡镇	是否受（河）沟道洪水影响	是否受坡面流影响	备注
武乡县	31	大寨村	140429104219000	故城镇	是		
武乡县	32	西良村	140429104222000		是		
武乡县	33	分水岭村	140429208200000	分水岭乡	是		
武乡县	34	窑儿头村	140429208210000		是		
武乡县	35	南关村	140429208211000		是		
武乡县	36	胡庄村	140429208220000		是		
武乡县	37	嵩庄村	140429208226000		是		
武乡县	38	石北村	140429206201000	石北乡	是		
武乡县	39	西黄岩村	140429206211000		是		
武乡县	40	型庄村	140429206213000		是		
武乡县	41	长蔚村	140429206214000		是		
武乡县	42	玉家渠村	140429206214100		是	是	
武乡县	43	长庆村	140429206214101		是		
武乡县	44	长庆凹村	140429206215000		是		
武乡县	45	墨镫村	140429200200000	墨镫乡	是		
襄垣县	46	石灰窑村	140423100208000	古韩镇	是		
襄垣县	47	返底村	140423101218000	王桥镇	是		
襄垣县	48	普头村	140423101220000		是		
襄垣县	49	安沟村	140423102217000	侯堡镇	是		
襄垣县	50	阎村	140423102220000		是		
襄垣县	51	南马喊村	140423103204000	夏店镇	是		
襄垣县	52	胡家沟村	140423103219000		是		
襄垣县	53	河口村	140423103223000		是		
襄垣县	54	北田漳村	140423103231000		是		
襄垣县	55	南邯村	140423103239000		是		
襄垣县	56	小河村	140423104207000	虒亭镇	是		
襄垣县	57	白堰底村	140423104224000		是		
襄垣县	58	西洞上村	140423104227000		是		
襄垣县	59	王村	140423106200000	王村镇	是		
襄垣县	60	下庙村	140423106201000		是		

续表

县区	序号	村落名称	行政区划代码	所在乡镇	是否受（河）沟道洪水影响	是否受坡面流影响	备注
襄垣县	61	史属村	140423106202000	王村镇	是		
襄垣县	62	店上村	140423106207000		是		
襄垣县	63	北姚村	140423106208000		是		
襄垣县	64	史北村	140423106210000		是		
襄垣县	65	垴上村	140423106211000		是		
襄垣县	66	前王沟村	140423103221000	夏店镇	是		
襄垣县	67	任庄村	140423106214000	王村镇	是		
襄垣县	68	高家沟村	140423106223000		是		
襄垣县	69	下良村	140423107200000	下良镇	是		
襄垣县	70	水碾村	140423107217000		是		
襄垣县	71	寨沟村	140423107219000		是		
襄垣县	72	庄里村	140423200209000	善福乡	是		
襄垣县	73	桑家河村	140423200212000		是		
襄垣县	74	固村	140423202205000	上马乡	是		
襄垣县	75	阳沟村	140423202206000		是		
襄垣县	76	温泉村	140423202208000		是		
襄垣县	77	燕家沟村	140423202211000		是		
襄垣县	78	高崖底村	140423202209000		是		
襄垣县	79	里阚村	140423202207000		是		
襄垣县	80	合漳村	140423103241000	夏店镇	是		
襄垣县	81	西底村	140423104203000	虒亭镇	是		
襄垣县	82	返头村	140423104204000		是		
襄垣县	83	南田漳村	140423100212000	古韩镇	是	是	
襄垣县	84	北马喊村	140423103232000	夏店镇	是	是	
襄垣县	85	南底村	140423103249000		是	是	
襄垣县	86	兴民村	140423105219000	西营镇		是	
襄垣县	87	路家沟村	140423200211000	善福乡		是	
襄垣县	88	南漳村	140423105202000	西营镇		是	
襄垣县	89	东坡村	140423106220000	王村镇		是	
襄垣县	90	九龙村	140423103240000	夏店镇	是		后湾水库下游

续表

县区	序号	村落名称	行政区划代码	所在乡镇	是否受（河）沟道洪水影响	是否受坡面流影响	备注
平顺县	91	城关村	140425100200000	青羊镇	是		重要城镇集镇
平顺县	92	小东峪村	140425100203000		是		
平顺县	93	前庄上	140425100203100		是		
平顺县	94	当庄上	140425100203101		是		
平顺县	95	三亩地	140425100203102		是		
平顺县	96	石片上	140425100203103			是	
平顺县	97	张井村	140425100206000		是		
平顺县	98	回源峧村	140425100207000		是	是	
平顺县	99	峈峪村	140425100208000		是		
平顺县	100	红公	140425100208100		是		
平顺县	101	路家口村	140425100216000		是		
平顺县	102	蒋家	140425100216101		是	是	
平顺县	103	河则	140425100216102		是	是	
平顺县	104	西坪上	140425100216106		是	是	
平顺县	105	洪岭村	140425100221000		是	是	
平顺县	106	椿树沟村	140425100222000		是	是	
平顺县	107	贾家村	140425100223000		是		
平顺县	108	王家村	140425100224000		是		
平顺县	109	南北头村	140425100225000		是	是	
平顺县	110	秦家崖	140425100225102		是	是	
平顺县	111	东寺头村	140425201200000	东寺头乡	是	是	
平顺县	112	西平上	140425201200100		是	是	
平顺县	113	军寨	140425201200101		是	是	
平顺县	114	虎窑村	140425201201000		是	是	
平顺县	115	黄花井	140425201201103		是	是	
平顺县	116	西湾村	140425201202000		是		
平顺县	117	安咀村	140425201203000		是	是	
平顺县	118	安阳村	140425201204000		是		
平顺县	119	棠梨村	140425201205000		是	是	

续表

县区	序号	村落名称	行政区划代码	所在乡镇	是否受（河）沟道洪水影响	是否受坡面流影响	备注
平顺县	120	焦底村	140425201206000	东寺头乡	是	是	
平顺县	121	后庄村	140425201211000	东寺头乡	是	是	
平顺县	122	前庄村	140425201212000	东寺头乡	是		
平顺县	123	大山村	140425201213000	东寺头乡	是		
平顺县	124	石窑滩村	140425201215000	东寺头乡	是	是	
平顺县	125	井底村	140425201216000	东寺头乡	是	是	
平顺县	126	庄谷练	140425201216104	东寺头乡		是	
平顺县	127	里沟	140425201216109	东寺头乡	是	是	
平顺县	128	南地	140425201216111	东寺头乡	是	是	
平顺县	129	阱沟	140425201216113	东寺头乡	是	是	
平顺县	130	羊老岩村	140425201220000	东寺头乡	是		
平顺县	131	后庄	140425201220100	东寺头乡	是		
平顺县	132	后南站	140425201220104	东寺头乡	是		
平顺县	133	沟口	140425201220112	东寺头乡	是		
平顺县	134	土地后庄	140425201220114	东寺头乡		是	
平顺县	135	河口	140425201220116	东寺头乡	是	是	
平顺县	136	堂耳庄村	140425203210000	阳高乡	是		
平顺县	137	椰树园村	140425203211000	阳高乡	是		
平顺县	138	豆峪村	140425102204000	石城镇	是		
平顺县	139	源头村	140425102208000	石城镇	是		
平顺县	140	南耽车村	140425204201000	北耽车乡	是		
平顺县	141	棚头村	140425204214000	北耽车乡	是	是	
平顺县	142	靳家园村	140425204215000	北耽车乡	是	是	
平顺县	143	后留村	140425205200000	中五井乡	是		
平顺县	144	中五井村	140425205206000	中五井乡		是	
平顺县	145	寺峪口	140425205206100	中五井乡		是	
平顺县	146	窑门前	140425205206101	中五井乡		是	
平顺县	147	北头村	140425205207000	中五井乡		是	
平顺县	148	驮山	140425205207100	中五井乡		是	
平顺县	149	石灰窑	140425205207101	中五井乡		是	

续表

县区	序号	村落名称	行政区划代码	所在乡镇	是否受（河）沟道洪水影响	是否受坡面流影响	备注
平顺县	150	堡沟	140425205207103	中五井乡		是	
平顺县	151	上五井村	140425205208000			是	
平顺县	152	天脚村	140425205210000			是	
平顺县	153	小赛村	140425205211000		是		
平顺县	154	西沟村	140425200200000	西沟乡	是		
平顺县	155	东峪	140425200200104		是		
平顺县	156	南赛	140425200200105		是		
平顺县	157	池底	140425200200109		是		
平顺县	158	刘家地	140425200200110		是		
平顺县	159	川底村	140425200201000		是		
平顺县	160	石埠头村	140425200202000		是		
平顺县	161	东岸	140425200202100		是	是	
平顺县	162	青行头村	140425200207000		是		
平顺县	163	申家坪村	140425200208000		是		
平顺县	164	龙家村	140425200209000		是		
平顺县	165	正村	140425200210000		是		
平顺县	166	下井村	140425200211000		是		
平顺县	167	常家村	140425206204000	北社乡	是		
平顺县	168	庙后村	140425206213000		是	是	
平顺县	169	西安村	140425104206000	杏城镇		是	
平顺县	170	黄崖村	140425104210000		是	是	
平顺县	171	牛石窑村	140425104211000		是		
平顺县	172	玉峡关村	140425104217000		是		
平顺县	173	虹梯关村	140425202200000	虹梯关乡	是		
平顺县	174	梯后村	140425202209000		是		
平顺县	175	碑滩村	140425202210000		是		
平顺县	176	高滩	140425202210100			是	
平顺县	177	梯根	140425202210101			是	
平顺县	178	虹霓村	140425202211000		是		
平顺县	179	秋方沟	140425202211100			是	

续表

县区	序号	村落名称	行政区划代码	所在乡镇	是否受（河）沟道洪水影响	是否受坡面流影响	备注
平顺县	180	苶兰岩村	140425202213000	虹梯关乡	是		
平顺县	181	小葫芦	140425202213100			是	
平顺县	182	闺女峧口	140425202213101			是	
平顺县	183	龙柏庵村	140425202214000			是	
平顺县	184	堕磊辿	140425202214100		是	是	
平顺县	185	库峧村	140425202215000		是		
平顺县	186	龙镇村	140425101200000	龙溪镇	是		
平顺县	187	北坡村	140425101202000		是		
平顺县	188	底河村	140425101209000		是		
平顺县	189	东迷村	140425101217000		是		
平顺县	190	南坡村	140425101218000		是		
平顺县	191	消军岭村	140425101222000			是	
平顺县	192	后河	140425101222100			是	
平顺县	193	前河	140425101222101			是	
沁县	194	北关社区	140430100001000	定昌镇	是		
沁县	195	南关社区	140430100002000		是		
沁县	196	西苑社区	140430100003000		是		
沁县	197	东苑社区	140430100004000		是		
沁县	198	育才社区	140430100005000		是		
沁县	199	合庄村	140430100202000		是		
沁县	200	北寺上村	140430100205000		是		
沁县	201	下曲峪村	140430100209000		是		
沁县	202	迎春村	140430100223000		是		
沁县	203	官道上	140430100229101		是		
沁县	204	北漳村	140430100232000		是	是	
沁县	205	福村村	140430100237000		是		
沁县	206	郭村村	140430101201000	郭村镇	是		
沁县	207	池堡村	140430101208000		是	是	
沁县	208	故县村	140430102201000	故县镇	是		
沁县	209	后河村	140430102202000		是		

续表

县区	序号	村落名称	行政区划代码	所在乡镇	是否受（河）沟道洪水影响	是否受坡面流影响	备注
沁县	211	马连道村	140430102204000		是		
沁县	212	徐阳村	140430103205000	新店镇	是	是	
沁县	213	邓家坡村	140430103209000		是		
沁县	214	南池村	140430103215000		是		
沁县	215	古城村	140430103221000		是		
沁县	216	太里村	140430103222000		是		
沁县	217	西待贤	140430103225100		是		
沁县	218	芦则沟	140430103227100		是	是	
沁县	219	陈庄沟	140430103227105		是	是	
沁县	220	沙圪道	140430103234100		是		
沁县	221	交口村	140430104201000	漳源镇	是		
沁县	222	韩曹沟	140430104208100		是		
沁县	223	固亦村	140430104209000		是		
沁县	224	南园则村	140430104214000		是		
沁县	225	景村村	140430104215000		是		
沁县	226	羊庄村	140430104220000		是		
沁县	227	乔家湾村	140430104230000		是		
沁县	228	山坡村	140430104232000		是		
沁县	229	道兴村	140430105213000	册村镇	是		
沁县	230	燕垒沟村	140430105218000		是		
沁县	231	河止村	140430105219000		是		
沁县	232	漫水村	140430105220000		是		
沁县	233	下湾村	140430105221000		是		
沁县	234	寺庄村	140430105223000		是		
沁县	235	前庄	140430201215100	松村乡	是		
沁县	236	蔡甲	140430201215101		是		
沁县	237	长街村	140430201218000		是		
沁县	238	次村村	140430202201000	次村乡	是		
沁县	239	五星村	140430202202000		是		
沁县	240	东杨家庄村	140430202206000		是		

续表

县区	序号	村落名称	行政区划代码	所在乡镇	是否受（河）沟道洪水影响	是否受坡面流影响	备注
沁县	241	下张庄村	140430204206000	南里乡	是		
沁县	242	唐村村	140430204209000		是		
沁县	243	中里村	140430204210000		是		
沁县	244	南泉村	140430205201000	南泉乡	是		
沁县	245	榜口村	140430205203000		是		
沁县	246	杨安村	140430206201000	杨安乡	是		
壶关县	247	北河村	140427100214000	龙泉镇	是		
壶关县	248	关帝村鲍家则	140427102208100	店上镇	是		
壶关县	249	关帝村鲍家则	140427102208103		是		
壶关县	250	南沟村	140427102209000		是		
壶关县	251	脚底村	140427102210000		是		
壶关县	252	西七里村	140427103204000		是		
壶关县	253	料阳村	140427103214000	晋庄镇	是		
壶关县	254	磨掌村	140427104205000		是		
壶关县	255	神北村	140427104210000	树掌镇	是		
壶关县	256	神南村	140427104211000		是		
壶关县	257	上河村	140427104213000		是		
壶关县	258	福头村	140427104221000		是		
壶关县	259	薛家园村	140427201203000		是		
壶关县	260	西底村	140427201208000	黄山乡	是		
壶关县	261	口头村	140427202202000		是		
壶关县	262	三郊口村	140427202204000	东井岭乡	是		
壶关县	263	大井村	140427202207000		是		
壶关县	264	城寨村	140427202222000		是		
壶关县	265	土寨村	140427202207100		是		
壶关县	266	石坡村	140427203200000		是		
壶关县	267	东黄花水村	140427203201000	石坡乡	是		
壶关县	268	西黄花水村	140427203202000		是		
壶关县	269	安口村	140427203204000		是		
壶关县	270	北平头坞村	140427203207000		是		

续表

县区	序号	村落名称	行政区划代码	所在乡镇	是否受（河）沟道洪水影响	是否受坡面流影响	备注
壶关县	271	南平头坞村	140427203208000	石坡乡	是		
壶关县	272	双井村	140427203213000		是		
壶关县	273	石河沐村	140427203215000		是		
壶关县	274	黄崖底村	140427205211000	鹅屋乡	是		
壶关县	275	黄崖底村西坡上	140427205211106		是		
壶关县	276	黄崖底村靳家庄	140427205211123		是		
壶关县	277	黄崖底村碾盘街	140427205211163		是		
壶关县	278	五里沟村	140427205215000	桥上乡	是		
壶关县	279	桥上村	140427206200000		是		
壶关县	280	盘底村	140427206201000		是		
壶关县	281	盘底村石咀上	140427206201100		是		
壶关县	282	王家庄村	140427206202000		是		
壶关县	283	沙滩村	140427206203000		是		
壶关县	284	丁家岩村	140427206205000		是		
壶关县	285	丁家岩村潭上	140427206205100		是		
壶关县	286	丁家岩村河东	140427206205102		是		
壶关县	287	大河村	140427206206000		是		
壶关县	288	大河村坡底	140427206206103		是		
壶关县	289	大河村南坡	140427206206104		是		
壶关县	290	杨家池村	140427206207000		是		
壶关县	291	杨家池村河东岸	140427206207100		是		
壶关县	292	东川底村	140427206208000		是		
壶关县	293	庄则上村	140427206217000		是		
壶关县	294	庄则上村土圪堆	140427206217100		是		
壶关县	295	下石坡村	140427206220000	黎侯镇	是		
黎城县	296	南关村	140426100205000		是	是	
黎城县	297	上桂花村	140426100206000			是	

续表

县区	序号	村落名称	行政区划代码	所在乡镇	是否受（河）沟道洪水影响	是否受坡面流影响	备注
黎城县	298	下桂花村	140426100207000	黎侯镇		是	
黎城县	299	东洼村	140426100209000	黎侯镇	是		
黎城县	300	仁庄村	140426100211000	黎侯镇	是		
黎城县	301	北泉寨村	140426100225000	黎侯镇	是		
黎城县	302	城南村	140426100229000	黎侯镇		是	
黎城县	303	城西村	140426100230000	黎侯镇		是	
黎城县	304	古县村	140426100232000	黎侯镇	是	是	
黎城县	305	上庄村	140426100234000	黎侯镇		是	
黎城县	306	下村村	140426100224000	黎侯镇		是	
黎城县	307	宋家庄村	140426100242000	黎侯镇	是		
黎城县	308	东阳关村	140426101201000	东阳关	是	是	
黎城县	309	火巷道村	140426101202000	东阳关		是	
黎城县	310	香炉峧村	140426101210000	东阳关		是	
黎城县	311	苏家峧村	140426101223000	东阳关	是		
黎城县	312	龙王庙村	140426101222000	东阳关	是		
黎城县	313	秋树垣村	140426101225000	东阳关	是		
黎城县	314	高石河村	140426101229000	东阳关		是	
黎城县	315	前庄村	140426102226000	上瑶乡	是		
黎城县	316	中庄村	140426102227000	上瑶乡	是		
黎城县	317	行曹村	140426102228000	上瑶乡		是	
黎城县	318	岚沟村	140426102241000	上瑶乡	是		
黎城县	319	平头村	140426102231000	上瑶乡	是		
黎城县	320	后寨村	140426103207000	西井镇	是		
黎城县	321	彭庄村	140426103209000	西井镇	是		
黎城县	322	背坡村	140426103210000	西井镇	是		
黎城县	323	南委泉村	140426103234000	西井镇	是		
黎城县	324	北委泉村	140426103235000	西井镇	是		
黎城县	325	牛居村	140426103240000	西井镇	是		
黎城县	326	新庄村	140426103241000	西井镇		是	
黎城县	327	车元村	140426103242000	西井镇	是		

续表

县区	序号	村落名称	行政区划代码	所在乡镇	是否受（河）沟道洪水影响	是否受坡面流影响	备注
黎城县	328	茶棚滩村	140426103243000	西井镇	是		
黎城县	329	寺底村	140426103225000		是		
黎城县	330	西骆驼村	140426103230000			是	
黎城县	331	朱家峧村	140426103231000			是	
黎城县	332	郭家庄村	140426103232000		是		
黎城县	333	南陌村	140426104202000	黄崖洞镇		是	
黎城县	334	佛崖底村	140426104213000		是		
黎城县	335	看后村	140426104214000			是	
黎城县	336	清泉村	140426104215000		是		
黎城县	337	小寨村	140426104218000		是		
黎城县	338	西村村	140426104220000		是		
黎城县	339	元村村	140426201210000	停河铺		是	
黎城县	340	北停河村	140426201212000		是		
黎城县	341	程家山村	140426202201000	程家山乡		是	
黎城县	342	段家庄村	140426202211000		是	是	
黎城县	343	西庄头村	140426203213000	洪井乡		是	
黎城县	344	柏官庄村	140426203216000		是		
黎城县	345	鸽子峧村	140426203218000			是	
黎城县	346	黄草讪村	140426203219000			是	
黎城县	347	孔家峧村	140426203220000		是		
黎城县	348	曹庄村	140426203223000		是		
黎城县	349	三十亩村	140426203224000		是		
屯留县	350	杨家湾村	140424100218000	麟绛镇	是		
屯留县	351	贾庄村	140424103212000	余吾镇	是	是	
屯留县	352	魏村	140424103218000		是		
屯留县	353	吾元村	140424104201000	吾元镇	是		
屯留县	354	丰秀岭村	140424104202000		是		
屯留县	355	南阳坡村	140424104210000		是		
屯留县	356	罗村	140424104211000		是		
屯留县	357	煤窑沟村	140424104213000		是		

续表

县区	序号	村落名称	行政区划代码	所在乡镇	是否受（河）沟道洪水影响	是否受坡面流影响	备注
屯留县	358	东坡村	140424104214000	吾元镇	是		
屯留县	359	三交村	140424104220000		是		
屯留县	360	贾庄	140424104223000		是		
屯留县	361	老庄沟	140424104224000		是		
屯留县	362	北沟庄	140424104224101		是		
屯留县	363	老庄沟西坡	140424104224104		是		
屯留县	364	秦家村	140424104226000		是	是	
屯留县	365	张店村	140424105201000	张店镇	是		
屯留县	366	甄湖村	140424105202000		是		
屯留县	367	张村	140424105203000		是		
屯留县	368	南里庄村	140424105206000		是		
屯留县	369	上立寨村	140424105208000		是		
屯留县	370	大半沟	140424105208101		是		
屯留县	371	五龙沟	140424105212000		是		
屯留县	372	李家庄村	140424105213000		是		
屯留县	373	李家庄村马家庄	140424105213102		是		
屯留县	374	帮家庄	140424105213110		是		
屯留县	375	秋树坡	140424105213111		是		
屯留县	376	李家庄村西坡	140424105213116		是		
屯留县	377	半坡村	140424105217000		是		
屯留县	378	霜泽村	140424105218000		是		
屯留县	379	雁落坪村	140424105219000		是		
屯留县	380	雁落坪村西坡	140424105219103		是		
屯留县	381	宜丰村	140424105220000		是		
屯留县	382	浪井沟	140424105220101		是		
屯留县	383	宜丰村西坡	140424105220102		是		
屯留县	384	中村村	140424105221000		是		
屯留县	385	河西村	140424105222000		是		
屯留县	386	柳树庄村	140424105223000		是		
屯留县	387	柳树庄	140424105223100		是		

续表

县区	序号	村落名称	行政区划代码	所在乡镇	是否受（河）沟道洪水影响	是否受坡面流影响	备注
屯留县	388	老洪沟	140424105223101	张店镇	是	是	
屯留县	389	崖底村	140424105224000		是		
屯留县	390	唐王庙村	140424105226000		是		
屯留县	391	南掌	140424105226101		是		
屯留县	392	徐家庄	140424105227100		是		
屯留县	393	郭家庄	140424105227104		是		
屯留县	394	沿湾	140424105227107		是		
屯留县	395	王家庄	140424105227108		是		
屯留县	396	林庄村	140424105229000		是		
屯留县	397	八泉村	140424105231000		是		
屯留县	398	七泉村	140424105232000		是		
屯留县	399	鸡窝圪套	140424105232107		是		
屯留县	400	南沟村	140424105233000		是		
屯留县	401	棋盘新庄	140424105233100		是		
屯留县	402	羊窑	140424105233101		是		
屯留县	403	南沟小桥	140424105233114		是		
屯留县	404	寨上村	140424105234000		是		
屯留县	405	寨上	140424105234100		是		
屯留县	406	吴而村	140424105235000		是		
屯留县	407	西上村	140424105236000		是		
屯留县	408	西沟河村	140424105237000		是		
屯留县	409	西岸上	140424105237102		是		
屯留县	410	西村	140424105237103		是		
屯留县	411	西丰宜村	140424106202000	丰宜镇	是		
屯留县	412	郝家庄村	140424106206000		是	是	
屯留县	413	石泉村	140424106207000		是		
屯留县	414	西洼村	140424201215000	路村乡	是		
屯留县	415	河神庙	140424202201000	河神庙乡	是		
屯留县	416	梨树庄村	140424202220000		是		
屯留县	417	庄洼	140424202220102		是		

续表

县区	序号	村落名称	行政区划代码	所在乡镇	是否受（河）沟道洪水影响	是否受坡面流影响	备注
屯留县	418	西沟村	140424202221000	河神庙乡	是		
屯留县	419	老婆角	140424202221105		是		
屯留县	420	西沟口	140424202221106		是		
屯留县	421	司家沟	140424202224100		是		
屯留县	422	龙王沟村	140424202230000		是		
屯留县	423	西流寨村	140424400201000	西流寨经济开发区	是		
屯留县	424	马家庄	140424400202000		是		
屯留县	425	大会村	140424400203000		是		
屯留县	426	西大会	140424400203101		是		
屯留县	427	河长头村	140424400204000		是		
屯留县	428	南庄村	140424400205000		是	是	
屯留县	429	中理村	140424400206000		是		
屯留县	430	吴寨村	140424400207000		是		
屯留县	431	桑园	140424400207103		是		
屯留县	432	黑家口	140424400208000		是		
屯留县	433	上莲村	140424402201000	上莲开发区	是		
屯留县	434	前上莲	140424402201100		是		
屯留县	435	后上莲	140424402201101		是		
屯留县	436	山角村	140424402201105		是	是	
屯留县	437	马庄	140424402201106		是		
屯留县	438	交川村	140424402209000		是		
潞城市	439	会山底村	140481002216000	成家川办事处	是		
潞城市	440	下社村	140481002219000		是	是	
潞城市	441	后交	140481002219100		是	是	
潞城市	442	河西村	140481002220000		是		
潞城市	443	后峧村	140481002225000		是		
潞城市	444	申家村	140481002227000		是		
潞城市	445	苗家村	140481002228000		是		
潞城市	446	庄上	140481002228100		是		
潞城市	447	枣臻村	140481100202000	店上镇	是		

续表

县区	序号	村落名称	行政区划代码	所在乡镇	是否受（河）沟道洪水影响	是否受坡面流影响	备注
潞城市	448	赤头村	140481100214000	店上镇	是		
潞城市	449	马江沟村	140481100215000	店上镇	是		
潞城市	450	弓家岭	140481100215100	店上镇	是	是	
潞城市	451	红江沟	140481100215101	店上镇	是		
潞城市	452	曹家沟村	140481100217000	店上镇	是		
潞城市	453	韩村	140481100221000	店上镇	是		
潞城市	454	冯村	140481101205000	微子镇	是		
潞城市	455	韩家园村	140481101210000	微子镇	是		
潞城市	456	李家庄村	140481101212000	微子镇	是		
潞城市	457	漫流河村	140481101218000	微子镇	是		
潞城市	458	石匣村	140481101226000	微子镇	是		
潞城市	459	石梁村	140481102200000	辛安泉镇	是		
潞城市	460	申家山村	140481102206000	辛安泉镇	是		
潞城市	461	井峪村	140481102209000	辛安泉镇	是		
潞城市	462	南马庄村	140481102210000	辛安泉镇	是		
潞城市	463	五里坡村	140481102212000	辛安泉镇	是		
潞城市	464	西北村	140481102213000	辛安泉镇	是		
潞城市	465	西南村	140481102214000	辛安泉镇	是		
潞城市	466	南流村	140481102215000	辛安泉镇	是	是	
潞城市	467	涧口村	140481102217000	辛安泉镇	是	是	
潞城市	468	斜底村	140481102218000	辛安泉镇	是	是	
潞城市	469	中村	140481200203000	合室乡	是		
潞城市	470	堡头村	140481200204000	合室乡	是		
潞城市	471	河后村	140481200207000	合室乡	是		
潞城市	472	桥堡村	140481200211000	合室乡	是		
潞城市	473	东山村	140481200212000	合室乡	是		
潞城市	474	西坡村	140481200214000	合室乡	是		
潞城市	475	东坡	140481200214100	合室乡	是	是	
潞城市	476	儒教村	140481200217000	合室乡	是		
潞城市	477	后交	140481201201100	黄牛蹄乡	是	是	

续表

县区	序号	村落名称	行政区划代码	所在乡镇	是否受（河）沟道洪水影响	是否受坡面流影响	备注
潞城市	478	向阳庄	140481201210100	黄牛蹄乡	是		
潞城市	479	南花山村	140481201214000		是		
潞城市	480	辛安村	140481201216000		是		
潞城市	481	辽河村	140481201218000		是		
潞城市	482	车旺	140481201218100		是	是	
潞城市	483	曲里村	140481202201000	史回乡	是		
长子县	484	红星庄	140428102205000	石哲镇	是	是	
长子县	485	石家庄村	140428102215000		是	是	
长子县	486	西河庄村	140428102216000		是		
长子县	487	晋义村	140428102217000		是		
长子县	488	刁黄村	140428102218000		是	是	
长子县	489	南沟河村	140428102219000		是		
长子县	490	良坪村	140428102220000		是		
长子县	491	圪倒村	140428102221000		是		
长子县	492	两都村	140428102225000		是		
长子县	493	苇池村	140428102226000		是	是	
长子县	494	李家庄村	140428102227000		是	是	
长子县	495	圪倒村	140428102229000		是	是	
长子县	496	高桥沟村	140428102230000		是		
长子县	497	花家坪村	140428102231000		是	是	
长子县	498	洪珍村	140428102237000		是		
长子县	499	郭家沟村	140428102241000		是		
长子县	500	南沟村南岭庄	140428102251100		是		
长子县	501	南沟村南庄	140428102251101		是		
长子县	502	麦王沟村大山	140428102253100		是		
长子县	503	麦王沟村羊窑沟	140428102253101		是		
长子县	504	崖底村响水铺	140428102256100		是	是	
长子县	505	下王沟村东沟庄	140428102257103		是	是	
长子县	506	庙底村九亩沟	140428102258102		是	是	
长子县	507	西李村小豆沟	140428102264100		是		

续表

县区	序号	村落名称	行政区划代码	所在乡镇	是否受（河）沟道洪水影响	是否受坡面流影响	备注
长子县	508	尧神沟村	140428103202000	大堡头镇	是		
长子县	509	沙河村	140428103211000		是		
长子县	510	韩坊村	140428103212000		是		
长子县	511	交里村	140428103213000		是		
长子县	512	西田良村	140428104201000	慈林镇	是		
长子县	513	南贾村	140428104202000		是		
长子县	514	东田良村	140428104203000		是	是	
长子县	515	张店村	140428104215000		是		
长子县	516	西范村	140428104216000		是		
长子县	517	东范村	140428104217000		是		
长子县	518	崔庄村	140428104219000		是		
长子县	519	龙泉村	140428104225000		是		
长子县	520	程家庄村	140428104231000		是	是	
长子县	521	鲍寨村	140428105201000	色头镇	是		
长子县	522	窑下村	140428105205000		是	是	
长子县	523	赵家庄村	140428105206000		是		
长子县	524	赵家庄村陈家庄村	140428105206100		是		
长子县	525	赵家庄村吴家庄村	140428105206101		是		
长子县	526	曹家沟村	140428105208000		是		
长子县	527	琚村	140428105210000		是		
长子县	528	平西沟村	140428105213000		是		
长子县	529	南漳村	140428106200000	南漳镇	是		
长子县	530	吴村	140428200210000	岚水乡	是		
长子县	531	安西村	140428201211000	碾张乡	是		
长子县	532	金村	140428201213000		是	是	
长子县	533	丰村	140428201217000		是	是	
长子县	534	丰村南沟	140428201217100		是	是	
长子县	535	苏村	140428203210000	南陈乡	是		
长子县	536	西沟村	140428203211000		是		

续表

县区	序号	村落名称	行政区划代码	所在乡镇	是否受（河）沟道洪水影响	是否受坡面流影响	备注
长子县	537	西峪村	140428203212000	南陈乡	是		
长子县	538	东峪村	140428203213000		是		
长子县	539	城阳村	140428203220000		是		
长子县	540	阳鲁村	140428203221000		是		
长子县	541	善村	140428203222000		是		
长子县	542	南庄村	140428203223000		是		
长子县	543	大南石村	140428203225000		是	是	
长子县	544	小南石村	140428203226000		是	是	
长子县	545	申村	140428203230000		是	是	
长子县	546	庞庄村	140428203232000		是		
长子县	547	西何村	140428204229000	宋村乡	是		
长治县	548	柳林村	140421100212000	韩店镇	是		
长治县	549	林移村	140421100215000		是		
长治县	550	柳林庄村	140421100216000		是		
长治县	551	司马村	140421101214000	苏店镇	是		
长治县	552	荫城村	140421102200000	荫城镇	是		
长治县	553	河下村	140421102202000		是		
长治县	554	横河村	140421102203000		是		
长治县	555	桑梓一村	140421102216000		是		
长治县	556	桑梓二村	140421102217000		是		
长治县	557	北头村	140421102218000		是		
长治县	558	内王村	140421102220000		是		
长治县	559	王坊村	140421102223000		是		
长治县	560	中村	140421102224000		是		
长治县	561	河南村	140421102225000		是		
长治县	562	李坊村	140421102226000		是		
长治县	563	北王庆村	140421102229000		是		
长治县	564	桥头村	140421103203000	西火镇	是		
长治县	565	下赵家庄村	140421103219000		是		
长治县	566	南河村	140421103227000		是		

续表

县区	序号	村落名称	行政区划代码	所在乡镇	是否受（河）沟道洪水影响	是否受坡面流影响	备注
长治县	567	羊川村	140421103232000	西火镇	是		
长治县	568	八义村	140421104200000	八义镇	是		
长治县	569	狗湾村	140421104213000		是		
长治县	570	北楼底村	140421104220000		是		
长治县	571	南楼底村	140421104221000		是		
长治县	572	新庄村	140421105204000	贾掌镇	是		
长治县	573	定流村	140421105207000		是		
长治县	574	北郭村	140421200201000	郝家庄乡	是		
长治县	575	岭上村	140421200205000		是		
长治县	576	高河村	140421200211000		是		
长治县	577	西池村	140421201200000	西池乡	是		
长治县	578	东池村	140421201201000		是		
长治县	579	小河村	140421201203000		是		
长治县	580	沙峪村	140421201209000		是		
长治县	581	土桥村	140421201210000		是		
长治县	582	河头村	140421201214000		是		
长治县	583	小川村	140421201215000		是		
长治县	584	北呈村	140421202200000	北呈乡	是		
长治县	585	大沟村	140421202203000		是		
长治县	586	南岭头村	140421202211000		是		
长治县	587	北岭头村	140421202212000		是		
长治县	588	须村	140421202214000		是		
长治县	589	东和村	140421203200000	东和乡	是		
长治县	590	中和村	140421203201000		是		
长治县	591	西和村	140421203203000		是		
长治县	592	曹家沟村	140421203206000		是		
长治县	593	琚家沟村	140421203207000		是		
长治县	594	屈家山村	140421203208000		是		
长治县	595	辉河村	140421203209000		是		
长治县	596	子乐沟村	140421204214000	南宋乡	是		

续表

县区	序号	村落名称	行政区划代码	所在乡镇	是否受（河）沟道洪水影响	是否受坡面流影响	备注
长治县	597	北宋村	140421204217000	南宋乡			
长治市郊区	598	关村	140411100001000	老顶山镇	是		
长治市郊区	599	沟西村	140411100203000		是		
长治市郊区	600	西长井村	140411100205000		是		
长治市郊区	601	石桥村	140411100206000		是		
长治市郊区	602	大天桥村	140411100207000		是		
长治市郊区	603	中天桥村	140411100208000		是		
长治市郊区	604	毛站村	140411100209000		是		
长治市郊区	605	南天桥村	140411100210000		是		
长治市郊区	606	南垂村	140411100211000		是		
长治市郊区	607	鸡坡村	140411100226000		是		
长治市郊区	608	盐店沟村	140411100227000		是		
长治市郊区	609	小龙脑村	140411100228000		是		
长治市郊区	610	瓦窑沟村	140411100229000		是		
长治市郊区	611	滴谷寺村	140411100230000		是		
长治市郊区	612	东沟村	140411100231000		是		
长治市郊区	613	苗圃村	140411100232000		是		
长治市郊区	614	老巴山村	140411100233000		是		
长治市郊区	615	二龙山村	140411100234000		是		
长治市郊区	616	余庄村	140411101203000	堠北庄镇	是		

续表

县区	序号	村落名称	行政区划代码	所在乡镇	是否受（河）沟道洪水影响	是否受坡面流影响	备注
长治市郊区	617	店上村	140411101206000	堠北庄镇	是		
长治市郊区	618	马庄村	140411103208000	马厂镇	是		
长治市郊区	619	故县村	140411104202000	黄碾镇	是		
长治市郊区	620	葛家庄村	140411104203000		是		
长治市郊区	621	良才村	140411104204000		是		
长治市郊区	622	史家庄村	140411104205000		是		
长治市郊区	623	西沟村	140411104206000		是		
长治市郊区	624	西白兔村	140411200200000	西白兔乡	是		
长治市郊区	625	漳村	140411200204000		是		
左权县	626	武家峧村	140722101203000	桐峪镇		是	
左权县	627	东隘口村	140722101204101		是		
左权县	628	西隘口村	140722101204102		是		
左权县	629	西峧村	140722101210000		是		
左权县	630	马家坪村	140722101211000		是		
左权县	631	上武村	140722101205000			是	
左权县	632	碾草渠村	140722101213000			是	
左权县	633	北岸	140722101209100			是	
左权县	634	杨家峧	140722101200102			是	
左权县	635	南峧沟村	140722101206000		是		
左权县	636	坐岩口	140722101204100			是	
左权县	637	上口村	140722102203000	麻田镇	是		
左权县	638	河北村	140722102206100		是		
左权县	639	西崖底村	140722102209000		是		
左权县	640	东峪村	140722102216000			是	
左权县	641	寺凹村	140722102214000			是	

续表

县区	序号	村落名称	行政区划代码	所在乡镇	是否受（河）沟道洪水影响	是否受坡面流影响	备注
左权县	642	熟峪村	140722102220000	麻田镇	是		
左权县	643	前郭家峪村	140722102221100			是	
左权县	644	郭家峪村	140722102221000		是		
左权县	645	安窑底村	140722102219000		是		
左权县	646	麻田村	140722102200000			是	
左权县	647	南岩沟村	140722102218100			是	
左权县	648	北艾铺村	140722102218000			是	
左权县	649	大林口	140722102224000		是		
左权县	650	垴上	140722102222100			是	
左权县	651	半坡村	140722102210102			是	
左权县	652	北柳背村	140722102219100		是		
左权县	653	羊林村	140722102219101			是	
左权县	654	车谷村	140722102222000		是		
左权县	655	南蒿沟	140722102223100		是		
左权县	656	土崖上村	140722102225100	麻田镇		是	
左权县	657	后山村	140722102209100			是	
左权县	658	高峪	140722103200101	芹泉镇	是		
左权县	659	下庄村	140722103210000		是		
左权县	660	水坡	140722103204100			是	
左权县	661	上庄村	140722103212000			是	
左权县	662	拐儿村	140722104200000	拐儿镇	是		
左权县	663	西五指村	140722104204000		是		
左权县	664	天门村	140722104208000		是		
左权县	665	南岔村	140722104221000		是		
左权县	666	桃园村	140722104212000			是	
左权县	667	旧寨村	140722104215000			是	
左权县	668	板峪村	140722104213000		是		
左权县	669	前坪上	140722104218100			是	
左权县	670	东五指	140722104206000		是		
左权县	671	南沟	140722104200100		是		

续表

县区	序号	村落名称	行政区划代码	所在乡镇	是否受（河）沟道洪水影响	是否受坡面流影响	备注
左权县	672	长吉岩	140722104200101	拐儿镇	是		
左权县	673	田渠坪	140722104200102		是		
左权县	674	方谷连	140722104214100		是		
左权县	675	上其至村	140722200208000	寒王乡		是	
左权县	676	石港口村	140722200211000		是		
左权县	677	晴岚	140722200212000		是		
左权县	678	刘家庄村	140722200216000			是	
左权县	679	简会村	140722200217000		是		
左权县	680	三家村村	140722201201000	石匣乡		是	
左权县	681	马厩村	140722201202000		是		
左权县	682	上会村	140722201203000			是	
左权县	683	寺仙村	140722201204000		是		
左权县	684	店上村	140722201220000			是	
左权县	685	赵家村村	140722201210000			是	
左权县	686	姜家庄村	140722201208000			是	
左权县	687	林河村	140722201205000			是	
左权县	688	长城村	140722201222000			是	
左权县	689	西瑶村	140722202205000	龙泉乡		是	
左权县	690	堡则村	140722202207000			是	
左权县	691	望阳垴村	140722202214000		是		
左权县	692	丈八沟村	140722202214100			是	
左权县	693	龙则村	140722202206000			是	
左权县	694	佛口村	140722202217000			是	
左权县	695	西沟	140722202207300			是	
左权县	696	梁峪	140722202219101			是	
左权县	697	西寨村	140722202201000			是	
左权县	698	马家拐村	140722202203000			是	
左权县	699	羊角村	140722204200000	羊角乡		是	
左权县	700	石灰窑	140722204205100		是		
左权县	701	水峪沟村	140722204207000		是		

续表

县区	序号	村落名称	行政区划代码	所在乡镇	是否受（河）沟道洪水影响	是否受坡面流影响	备注
左权县	702	磨沟村	140722204208000	羊角乡		是	
左权县	703	高家井村	140722204211000	羊角乡	是		
左权县	704	新庄村	140722204212000	羊角乡	是		
左权县	705	刘家窑村	140722100224000	辽阳镇		是	
左权县	706	庄则村	140722100223000	辽阳镇		是	
左权县	707	车上铺村	140722100215300	辽阳镇	是		
左权县	708	紫阳村	140722100214000	辽阳镇		是	
左权县	709	五里堠村	140722100225000	辽阳镇	是		
左权县	710	前龙村	140722100210000	辽阳镇		是	
左权县	711	王家庄村	140722100212000	辽阳镇		是	
左权县	712	西云山	140722100207100	辽阳镇	是		
左权县	713	铺峧	140722100215302	辽阳镇		是	
左权县	714	柏峪村	140722203204000	粟城乡		是	
榆社县	715	石栈道村	140721100203000	箕城镇	是		
榆社县	716	李峪村	140721100222000	箕城镇	是		
榆社县	717	峡口村	140721100239000	箕城镇	是		
榆社县	718	南社村	140721100240000	箕城镇	是		
榆社县	719	王景村	140721100253000	箕城镇	是		
榆社县	720	红崖头村	140721100254000	箕城镇	是		
榆社县	721	桑家沟村	140721100261000	箕城镇		是	
榆社县	722	海银山村	140721101202000	云竹镇	是		
榆社县	723	狐家沟村	140721101204000	云竹镇	是		
榆社县	724	白海村	140721101209000	云竹镇	是		
榆社县	725	清风村	140721101210000	云竹镇	是		
榆社县	726	申村村	140721101212000	云竹镇	是		
榆社县	727	迷沙沟村	140721101213000	云竹镇	是		
榆社县	728	西坡村	140721101227000	云竹镇	是		
榆社县	729	王家沟村	140721101228000	云竹镇	是		
榆社县	730	大南沟村	140721102210000	郝北镇	是		
榆社县	731	双峰村	140721103205000	社城镇	是		

续表

县区	序号	村落名称	行政区划代码	所在乡镇	是否受（河）沟道洪水影响	是否受坡面流影响	备注
榆社县	732	阳乐村	140721103212000	社城镇	是		
榆社县	733	两河口村	140721103213000			是	
榆社县	734	石源村	140721103214000			是	
榆社县	735	沙旺村	140721103218100		是		
榆社县	736	西崖底村	140721103220000		是		
榆社县	737	西河底村	140721200204000	河峪乡	是		
榆社县	738	后庄村	140721200210000		是		
榆社县	739	青阳平村	140721200211000		是		
榆社县	740	牛村村	140721200213000		是		
榆社县	741	寄子村	140721200215000		是		
榆社县	742	西沟村	140721200219000		是		
榆社县	743	寄家沟	140721200219100		是		
榆社县	744	辉教村	140721200220000		是		
榆社县	745	上城南村	140721201208000	北寨乡	是		
榆社县	746	牛槽沟村	140721201214000		是		
榆社县	747	五科村	140721201217000		是		
榆社县	748	千峪村	140721201218000		是		
榆社县	749	东湾村	140721201222000		是		
榆社县	750	水磨头村	140721201223000		是		
榆社县	751	田家沟村	140721202204000	西马乡	是		
榆社县	752	更修村	140721202205000		是		
榆社县	753	沤泥凹村	140721202206000		是		
榆社县	754	小河沟村	140721202211000		是		
榆社县	755	武源村	140721202213000		是		
榆社县	756	官寨村	140721202219000			是	
榆社县	757	牌坊村	140721202222000		是		
榆社县	758	井泉沟	140721202222100		是		
榆社县	759	罗秀村	140721202226100			是	
榆社县	760	屯村村	140721203201000	岚峪乡	是		
榆社县	761	郭郊村	140721203202000		是		

续表

县区	序号	村落名称	行政区划代码	所在乡镇	是否受（河）沟道洪水影响	是否受坡面流影响	备注
榆社县	762	下咱则村	140721203203000	岚峪乡	是		
榆社县	763	大里道庄村	140721203211000		是		
榆社县	764	王家庄村	140721203214000		是		
榆社县	765	前火烧庄	140721203218000		是		
榆社县	766	前千家峪村	140721203225000		是		
榆社县	767	前牛兰村	140721203227000		是		
榆社县	768	讲堂村	140721204200000	讲堂乡	是		
榆社县	769	上咱则村	140721204201000		是		
榆社县	770	陈家峪村	140721204202000		是		
榆社县	771	下赤土村	140721204203000		是		
榆社县	772	上赤土村	140721204204000		是		
和顺县	773	河北村	140723100213000	义兴镇	是		
和顺县	774	九京村	140723100218000		是		
和顺县	775	紫罗村	140723100229000		是		
和顺县	776	红堡沟村	140723100231000		是		
和顺县	777	科举村	140723100232000		是		
和顺县	778	梳头村	140723100233000		是		
和顺县	779	曲里村	140723100234000		是		
和顺县	780	岩庄村	140723100235000		是		
和顺县	781	联坪村	140723100249000		是		
和顺县	782	仪村	140723100254000		是		
和顺县	783	蔡家庄村	140723100206000		是		
和顺县	784	后南峪村	140723100224000		是		
和顺县	785	甘草坪村	140723100242000		是		
和顺县	786	口上村	140723100255000		是		
和顺县	787	前南峪村	140723100225000		是		
和顺县	788	凤台	140723100221000		是		
和顺县	789	团壁	140723100257000		是		
和顺县	790	杨家峪	140723100244000		是		
和顺县	791	郜家庄	140723100259000		是		

续表

县区	序号	村落名称	行政区划代码	所在乡镇	是否受（河）沟道洪水影响	是否受坡面流影响	备注
和顺县	792	裴家峪	140723100253000	义兴镇	是		
和顺县	793	南窑村	140723100208000		是		
和顺县	794	寺沟村	140723200211000	喂马乡	是		
和顺县	795	大南巷村	140723200222000		是		
和顺县	796	东远佛村	140723200216000		是		
和顺县	797	西远佛村	140723200215000		是		
和顺县	798	松烟村	140723102200000	松烟镇	是		
和顺县	799	雷庄村	140723102206000		是		
和顺县	800	灰调曲村	140723102216000		是		
和顺县	801	许村	140723102220000		是		
和顺县	802	平松村	140723201200000	平松乡	是		
和顺县	803	小南会村	140723201201000		是		
和顺县	804	玉女村	140723201203000		是		
和顺县	805	前营村	140723102224000	松烟镇	是		
和顺县	806	富峪	140723102223000		是		
和顺县	807	暖窑	140723102205000		是		
和顺县	808	牛郎峪	140723102213000		是		
和顺县	809	圈马坪	140723102209000		是		
和顺县	810	青家寨村	140723102212000		是		
和顺县	811	乔庄村	140723102232000		是		
和顺县	812	阳光占村	140723204200000	阳光占乡	是		
和顺县	813	下白岩村	140723204203000		是		
和顺县	814	拐子村	140723204204000		是		
和顺县	815	内阳村	140723204210000		是		
和顺县	816	大川口村	140723103203000	青城镇	是		
和顺县	817	大窑底村	140723103215000		是		
和顺县	818	王汴村	140723103224000		是		
和顺县	819	土岭	140723103223000			是	
和顺县	820	石叠	140723103222000		是		
和顺县	821	新庄	140723100239000		是		

续表

县区	序号	村落名称	行政区划代码	所在乡镇	是否受（河）沟道洪水影响	是否受坡面流影响	备注
和顺县	822	横岭村	140723104200000	青城镇	是		
和顺县	823	口则村	140723104201000		是		
和顺县	824	广务村	140723104202000		是		
和顺县	825	西白岩村	140723104204000		是		
和顺县	826	龙旺村	140723104210000		是		
和顺县	827	要峪村	140723104203000		是		
和顺县	828	壁子	140723104208000		是		
和顺县	829	庄里	140723104206000		是		
和顺县	830	南李阳村	140723101200000	横岭镇	是		
和顺县	831	回黄村	140723101202000		是		
和顺县	832	榆圪塔村	140723101204000		是		
和顺县	833	上石勒村	140723101208000		是		
和顺县	834	下石勒村	140723101211000		是		
和顺县	835	合山村	140723201209000	平松乡	是		
和顺县	836	独堆村	140723203212000	马坊乡	是		
合计					734	181	

6.3　成灾水位及重现期

1. 各频率设计洪水水面线推求

推求漳河山区836个沿河村落50年、20年、10年和5年一遇设计洪水水面线。

2. 各频率设计洪水淹没范围确定

根据各频率设计洪水水面线成果，结合沿河村落地形及居民户高程，勾绘各频率设计洪水淹没范围。

3. 成灾水位及控制断面的确定

对比临河一侧居民户高程和沿河村落河段水面线确定成灾水位，具体方法为：

（1）将淹没范围内居民户投影到纵断面上，绘制居民户高程与各频率设计洪水水面线对比示意图，居民户低于水面线即代表被淹没。

（2）距离该水面线最远的居民户最先受灾，距离该居民户最近的横断面即为控制断面，根据该居民户高程及比降推求居民户高程在控制断面处对应水位即为成灾水位。

其中，当河道设有堤防时，村落受堤防保护，成灾水位确定为控制断面出槽水位；当河道无堤防时，为天然河道，则依据最先受灾居民点高程推求成灾水位。

4. 水位—流量关系计算

控制断面的水位—流量关系，如有实测资料或成果，应优先采用。对于无资料地区，利用各频率水面线分析成果而得，绘制控制断面水位流量关系曲线。本次分析中，控制断面的水位—流量关系由各频率水面线分析成果而得，在一段河道中取多个横断面，按照从下往上推算原则，采用水面线求得控制断面处 5 个不同频率洪峰流量、相应水位，建立水位流量关系线。

5. 成灾水位对应频率

根据水位流量关系推求成灾水位对应的洪峰流量，采用插值法利用洪峰流量频率曲线确定其频率，换算成重现期，得到沿河村落的现状防洪能力。

以平顺县西沟乡龙家村为例进行分析。龙家村隶属于平顺县西沟乡，所在河流为平顺河，村落以上流域控制面积 43.07km^2，河长 7.89km，流域内均为灰岩灌丛山地，植被一般。居民户位于河道两岸，居民户高程与各频率设计洪水水面线对比示意图见图 6-1，图示位置最易出槽对应水位 1314.05m 为成灾水位。控制断面水位流量关系线成果见图 6-2。成灾水位及其对应的洪水频率见表 6-2、图 6-3。

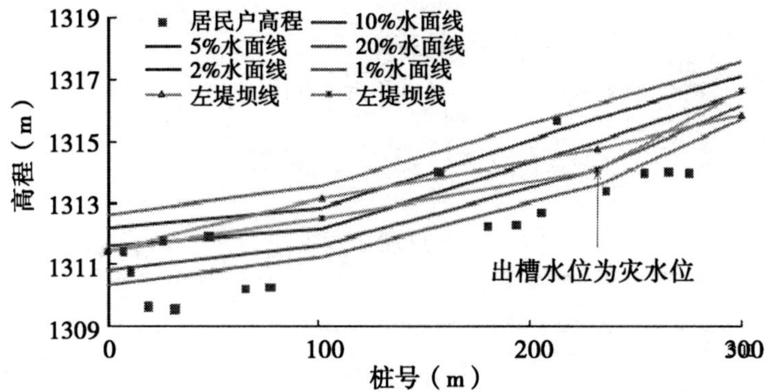

图 6-1　平顺县西沟乡龙家村居民户高程与水面线对比示意图

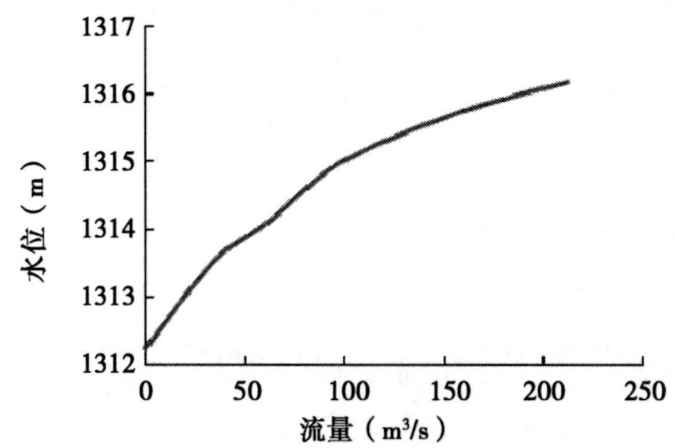

图 6-2　平顺县西沟乡龙家村控制断面水位流量关系曲线

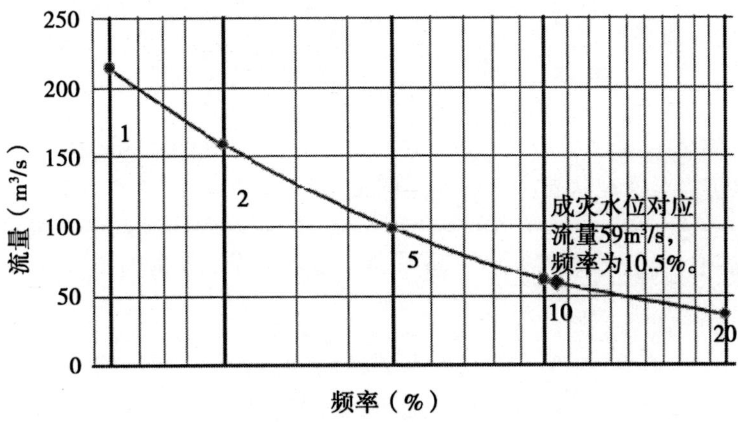

图 6-3 平顺县西沟乡龙家村成灾水位对应的洪水频率

表 6-2 龙家村成灾水位及其对应洪水频率成果表

行政区划名称	成灾水位（m）	洪峰流量（m^3/s）	频率（%）	重现期（年）
龙家村	1314.05	59.0	10.5	9

6.4 危险区等级划分

按照危险区等级划分标准（见表 6-4），初步划定各级危险区。

表 6-4 危险区等级划分标准

危险区等级	洪水重现期（年）	说明
极高危险区	小于 5 年一遇	属较高发生频次
高危险区	大于等于 5 年一遇，小于 20 年一遇	属中等发生频次
危险区	大于等于 20 年一遇至 100 年一遇或历史最高	属稀遇发生频次不受特殊工况影响
特殊工况危险区	100 年一遇或历史最高至叠加洪水淹没范围	属稀遇发生频次受特殊工况影响

应根据具体情况按照初步划分的危险区适当调整危险区等级：

（1）初步划分的危险区内存在学校、医院等重要设施应提升一级危险区等级。

（2）河谷形态为窄深型，到达成灾水位后，水位流量关系曲线陡峭，对人口和房屋影响严重的情况，应提升一级危险区等级。

6.5 洪灾危险区灾情分析

漳河山区防灾对象现状防洪能力分布图见图 6－4。

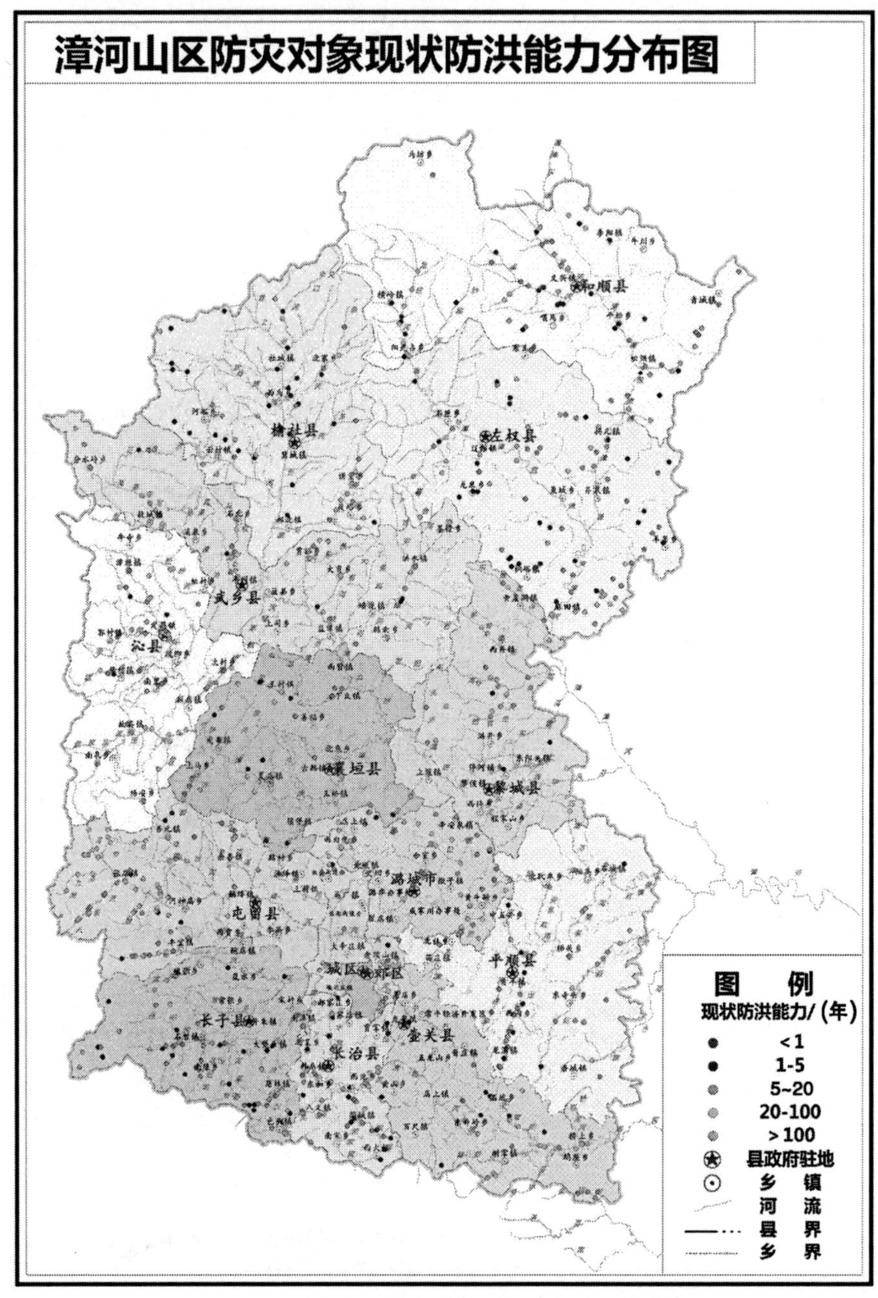

图 6－4 漳河山区防灾对象现状防洪能力分布图

6.5.1 危险区水位—流量—人口关系

通过计算漳河上游山区沿河村落5个典型频率设计洪水对应的水面线成果，结合沿河村落地形地貌、居民户高程情况，勾绘划定各频率设计洪水淹没范围。统计不同频率设计洪水位下的累积人口、户数，若沿河村落受特殊工况洪水影响，需统计特殊工况危险区累计人口、户数。成果详见表6-5，并绘制防灾对象水位—流量—人口对照图，以平顺县西沟乡龙家村为例（图6-5）。

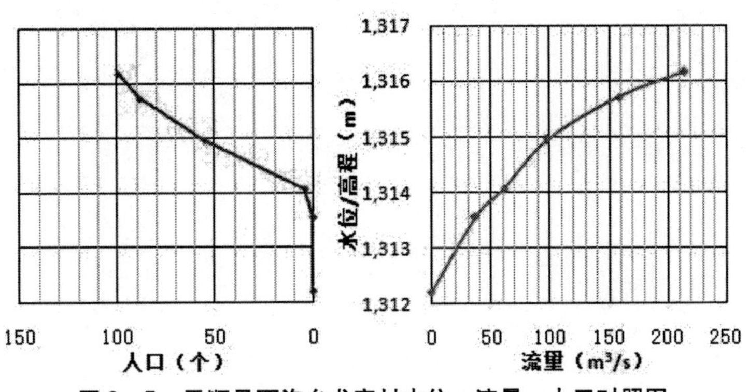

图6-5 平顺县西沟乡龙家村水位—流量—人口对照图

表6-5 控制断面水位—流量—人口关系表

县区	序号	行政区划名称	小流域名称	水位（m）	流量（m^3/s）	重现期（年）	人口（人）	户数（户）	房屋数（座）	备注
武乡县	1	洪水村	洪水村	1095.67	95.4	5	0	0	0	
				1096.10	161.0	10	0	0	0	
				1096.75	252.0	20	24	5	5	
				1097.20	388.0	50	50	10	10	
				1097.62	513.0	100	59	14	14	
武乡县	2	寨坪村	寨坪村	1085.85	181.0	5	0	0	0	
				1086.30	301.0	10	0	0	0	
				1086.84	471.0	20	0	0	0	
				1087.60	759.0	50	0	0	0	
				1088.09	985.0	100	7	2	2	
武乡县	3	下寨村	下寨村	104.76	65.4	5	0	0	0	
				1055.03	97.8	10	13	3	3	
				1055.32	137.0	20	17	4	4	
				1055.84	186.0	50	17	4	4	
				1055.98	223.0	100	17	4	4	

续表

县区	序号	行政区划名称	小流域名称	水位(m)	流量(m^3/s)	重现期(年)	人口(人)	户数(户)	房屋数(座)	备注
武乡县	4	中村村	中村村	1049. 37	33. 1	5	7	1	1	
				1049. 81	58. 0	10	23	4	4	
				1050. 23	86. 3	20	23	4	4	
				1050. 79	131. 0	50	23	4	4	
				1051. 20	167. 0	100	32	6	6	
武乡县	5	义安村	义安村	1049. 37	33. 1	5	7	1	1	
				1049. 81	58. 0	10	23	4	4	
				1050. 23	86. 3	20	23	4	4	
				1050. 79	131. 0	50	23	4	4	
				1051. 20	167. 0	100	32	6	6	
武乡县	6	王家峪村	王家峪村	934. 67	10. 5	5	0	0	0	
				935. 18	17. 5	10	10	2	2	
				935. 77	25. 3	20	10	2	2	
				936. 01	37. 0	50	10	2	2	
				936. 25	46. 0	100	15	3	3	
武乡县	7	大有村	大有村	1021. 11	117. 0	5	0	0	0	
				1021. 66	178. 0	10	0	0	0	
				1022. 19	250. 0	20	0	0	0	
				1022. 78	341. 0	50	16	4	4	
				1023. 15	407. 0	100	26	7	7	
武乡县	8	辛庄村	辛庄村	1021. 11	117. 0	5	0	0	0	
				1021. 66	178. 0	10	0	0	0	
				1022. 19	250. 0	20	0	0	0	
				1022. 78	341. 0	50	12	3	3	
				1023. 15	407. 0	100	19	5	5	
武乡县	9	峪口村	峪口村	904. 80	124. 0	5	0	0	0	
				905. 25	194. 0	10	16	2	2	
				905. 71	278. 0	20	31	7	7	
				906. 22	387. 0	50	31	7	7	
				906. 47	446. 0	100	31	7	7	

续表

县区	序号	行政区划名称	小流域名称	水位（m）	流量（m^3/s）	重现期（年）	人口（人）	户数（户）	房屋数（座）	备注
武乡县	10	型村	型村	909.96	3.90	5	0	0	0	
				910.03	5.7	10	0	0	0	
				910.10	7.7	20	7	1	1	
				910.18	10.0	50	11	2	2	
				910.23	12.0	100	19	4	4	
武乡县	11	李峪村	李峪村	894.34	69.2	5	0	0	0	
				894.75	108.0	10	0	0	0	
				895.17	154.0	20	0	0	0	
				895.62	212.0	50	0	0	0	
				895.93	255.0	100	10	2	2	
武乡县	12	泉沟村	泉沟村	894.34	69.2	5	0	0	0	
				894.75	108.0	10	0	0	0	
				895.17	154.0	20	0	0	0	
				895.62	212.0	50	0	0	0	
				895.93	255.0	100	4	1	1	
武乡县	13	贾豁村	贾豁村	1036.36	91.4	5	0	0	0	
				1036.79	147.0	10	0	0	0	
				1037.2	221.0	20	0	0	0	
				1038.16	319.0	50	28	7	7	
				1038.38	392.0	100	35	10	10	
武乡县	14	高家庄村	高家庄村	1036.36	67.3	5	0	0	0	
				1036.79	102.0	10	0	0	0	
				1037.20	143.0	20	0	0	0	
				1038.16	195.0	50	28	7	7	
				1038.38	233.0	100	35	10	10	
武乡县	15	海神沟村	海神沟村	1054.99	65.4	5	0	0	0	
				1055.34	96.5	10	0	0	0	
				1055.71	134.0	20	11	3	3	
				1056.21	183.0	50	58	14	14	
				1056.45	219.0	100	73	18	18	

续表

县区	序号	行政区划名称	小流域名称	水位(m)	流量(m^3/s)	重现期(年)	人口(人)	户数(户)	房屋数(座)	备注
武乡县	16	郭村村	郭村村	1054.99	65.4	5	0	0	0	
				1055.34	96.5	10	0	0	0	
				1055.71	134.0	20	11	3	3	
				1056.21	183.0	50	58	14	14	
				1056.45	219.0	100	73	18	18	
武乡县	17	胡庄铺村	胡庄铺村	939.85	50.4	5	0	0	0	
				940.18	75.3	10	52	15	15	
				940.43	104.0	20	58	16	16	
				940.68	140.0	50	58	16	16	
				940.84	167.0	100	73	20	20	
武乡县	18	平家沟村	平家沟村	949.65	20.6	5	0	0	0	
				949.70	29.3	10	0	0	0	
				949.74	38.2	20	0	0	0	
				949.79	49.0	50	20	7	7	
				949.82	57.0	100	50	16	16	
武乡县	19	王路村	王路村	951.90	12.7	5	0	0	0	
				952.05	19.8	10	0	0	0	
				952.19	27.5	20	0	0	0	
				952.34	37.0	50	0	0	0	
				952.43	44.0	100	8	1	1	
武乡县	20	马牧村干流	马牧村干流	951.42	195.0	5	5	1	1	
				952.06	333.0	10	27	7	7	
				952.44	493.0	20	31	8	8	
				952.82	692.0	50	31	8	8	
				953.08	842.0	100	31	8	8	
武乡县	21	马牧村支流	马牧村支流	950.98	64.6	5	7	1	1	
				951.24	107.0	10	17	3	3	
				951.48	158.0	20	20	4	4	
				951.73	221.0	50	20	4	4	
				951.9	269.0	100	20	4	4	

续表

县区	序号	行政区划名称	小流域名称	水位（m）	流量（m^3/s）	重现期（年）	人口（人）	户数（户）	房屋数（座）	备注
武乡县	22	南村村	南村村	940.97	225.0	5	0	0	0	
				941.58	358.0	10	3	1	1	
				942.2	529.0	20	10	3	3	
				942.97	778.0	50	14	4	4	
				943.53	983.0	100	19	6	6	
武乡县	23	东寨底村	东寨底村	987.65	30.4	5	0	0	0	
				987.84	49.4	10	0	0	0	
				988.01	71.10	20	0	0	0	
				988.19	99.0	50	48	15	15	
				988.31	120.0	100	85	25	25	
武乡县	24	北涅水村	北涅水村	983.61	23.5	5	0	0	0	
				983.87	35.4	10	0	0	0	
				984.32	48.0	20	0	0	0	
				984.53	64.0	50	0	0	0	
				984.60	76.0	100	7	2	2	
武乡县	25	高台寺村	高台寺村	982.25	213	5	0	0	0	
				982.68	394.0	10	0	0	0	
				983.10	607.0	20	19	4	4	
				983.54	879.0	50	33	8	8	
				983.85	1089.0	100	48	11	11	
武乡县	26	西良村	西良村	1010.34	89.5	5	0	0	0	
				1010.71	154.0	10	0	0	0	
				1010.96	224.0	20	0	0	0	
				1011.25	315.0	50	0	0	0	
				1011.46	385.0	100	15	4	4	
武乡县	27	分水岭村	分水岭村	1331.77	45.2	5	0	0	0	
				1332.01	73.4	10	5	1	1	
				1332.21	103.0	20	5	1	1	
				1332.44	142.0	50	5	1	1	
				1332.57	172.0	100	5	1	1	

续表

县区	序号	行政区划名称	小流域名称	水位（m）	流量（m^3/s）	重现期（年）	人口（人）	户数（户）	房屋数（座）	备注
武乡县	28	南关村	南关村	1182.65	112.0	5	0	0	0	
				1183.23	203.0	10	0	0	0	
				1183.78	305.0	20	0	0	0	
				1184.74	437.0	50	7	2	2	
				1185.02	542.0	100	21	7	7	
武乡县	29	松庄村	松庄村	1119.51	53.0	5	5	1	1	
				1119.83	92.4	10	23	5	5	
				1120.13	134.0	20	31	7	7	
				1120.47	187.0	50	31	7	7	
				1120.70	228.0	100	35	8	8	
武乡县	30	石北村	石北村	1007.53	59.0	5	0	0	0	
				1008.19	98.4	10	0	0	0	
				1008.58	141.0	20	35	18	18	
				1008.93	194.0	50	35	18	18	
				1009.16	234.0	100	48	24	24	
武乡县	31	西黄岩村	西黄岩村	989.32	19.1	5	0	0	0	
				989.65	29.0	10	0	0	0	
				989.91	39.5	20	0	0	0	
				990.18	53.0	50	12	5	5	
				990.36	63.0	100	21	10	10	
武乡县	32	型庄村	型庄村	961.42	151.0	5	0	0	0	
				962.10	256.0	10	9	3	3	
				962.73	376.0	20	76	20	20	
				963.55	525.0	50	78	21	21	
				963.87	636.0	100	80	22	22	
武乡县	33	长蔚村	长蔚村	955.80	162.0	5	0	0	0	
				956.12	286.0	10	0	0	0	
				956.46	430.0	20	0	0	0	
				956.77	612.0	50	13	3	3	
				956.96	753.0	100	19	5	5	

续表

县区	序号	行政区划名称	小流域名称	水位(m)	流量(m^3/s)	重现期(年)	人口(人)	户数(户)	房屋数(座)	备注
武乡县	34	长庆村	长庆村	960.54	10.6	5	0	0	0	
				960.64	15.3	10	19	3	3	
				960.74	20.2	20	29	5	5	
				960.82	26.0	50	34	6	6	
				960.88	31.0	100	41	7	7	
武乡县	35	长庆凹村	长庆凹村	967.61	22.5	5	0	0	0	
				967.72	33.6	10	0	0	0	
				967.84	45.5	20	0	0	0	
				967.96	60.0	50	12	5	5	
				968.04	71.0	100	15	6	6	
武乡县	36	墨镫村	墨镫村	1238.80	46.2	5	0	0	0	
				1239.39	69.7	10	32	11	11	
				1239.67	95.8	20	52	17	17	
				1240.02	129.0	50	78	24	24	
				1240.23	153.0	100	95	28	28	
沁县	1	北关社区	北关社区	951.57	159.0	5	0	0	0	
				952.01	304.0	10	0	0	0	
				952.43	479.0	20	0	0	0	
				952.89	706.0	50	16	3	3	
				953.22	895.0	100	361	123	123	
沁县	2	南关社区	南关社区	946.68	422.0	5	0	0	0	
				947.52	796.0	10	31	9	9	
				947.99	1219.0	20	56	16	16	
				948.53	1772.0	50	114	33	33	
				948.92	2230.0	100	574	176	176	
沁县	3	西苑社区	西苑社区	955.13	178.0	5	0	0	0	
				955.45	343.0	10	37	10	10	
				955.79	542.0	20	83	24	24	
				956.11	800.0	50	146	41	41	
				956.34	1015.0	100	987	250	250	

续表

县区	序号	行政区划名称	小流域名称	水位（m）	流量（m^3/s）	重现期（年）	人口（人）	户数（户）	房屋数（座）	备注
沁县	4	东苑社区	东苑社区	954.78	178.0	5	0	0	0	
				955.20	343.0	10	0	0	0	
				955.54	542.0	20	74	21	21	
				955.86	800.0	50	104	27	27	
				956.09	1015.0	100	668	147	147	
沁县	5	育才社区	育才社区	948.64	422.0	5	0	0	0	
				949.18	796.0	10	0	0	0	
				949.65	1219.0	20	0	0	0	
				950.19	1772.0	50	114	33	33	
				950.58	2230.0	100	873	247	247	
沁县	6	合庄村	合庄村	945.84	10.1	5	0	0	0	
				945.99	15.3	10	0	0	0	
				946.12	20.8	20	0	0	0	
				946.29	27.8	50	9	2	2	
				946.38	33.1	100	30	5	5	
沁县	7	北寺上村	北寺上村	954.14	37.3	5	0	0	0	
				954.47	62.6	10	0	0	0	
				954.83	91.5	20	0	0	0	
				955.19	128.0	50	0	0	0	
				955.55	156.0	100	719	220	220	
沁县	8	下曲峪村	下曲峪村	969.34	20.1	5	13	6	6	
				969.40	30.7	10	16	8	8	
				969.45	41.9	20	24	11	11	
				969.52	56.2	50	26	12	12	
				969.56	67.0	100	36	16	16	
沁县	9	迎春村	迎春村	940.61	160.0	5	0	0	0	
				941.35	287.0	10	17	3	3	
				942.06	449.0	20	105	19	19	
				942.81	656.0	50	143	29	29	
				943.36	824.0	100	173	37	37	

续表

县区	序号	行政区划名称	小流域名称	水位(m)	流量(m^3/s)	重现期(年)	人口(人)	户数(户)	房屋数(座)	备注
沁县	10	官道上	官道上	952.52	228.0	5	0	0	0	
				953.04	420.0	10	7	2	2	
				953.51	633.0	20	10	3	3	
				954.29	914.0	50	20	7	7	
				954.64	1146.0	100	43	15	15	
沁县	11	福村村	福村村	955.40	88.2	5	0	0	0	
				956.13	155.0	10	0	0	0	
				956.81	225.0	20	0	0	0	
				957.48	318.0	50	0	0	0	
				957.95	391.0	100	36	9	9	
沁县	12	郭村村	郭村村	993.43	27.4	5	0	0	0	
				993.52	45.5	10	0	0	0	
				993.60	64.5	20	0	0	0	
				993.68	89.1	50	21	6	6	
				993.74	108.0	100	54	14	14	
沁县	13	故县村	故县村	933.00	247.0	5	0	0	0	
				934.13	447.0	10	3	1	1	
				935.15	671.0	20	17	4	4	
				936.41	985.0	50	44	12	12	
				937.13	1188.0	100	91	24	24	
沁县	14	后河村	后河村	935.17	103.0	5	0	0	0	
				935.69	169.0	10	0	0	0	
				936.15	240.0	20	9	2	2	
				936.67	330.0	50	13	3	3	
				937.01	399.0	100	13	3	3	
沁县	15	徐村	徐村	947.36	455.0	5	0	0	0	
				948.01	809.0	10	0	0	0	
				948.67	1205.0	20	0	0	0	
				949.32	1709.0	50	157	26	26	
				949.76	2108.0	100	213	39	39	

续表

县区	序号	行政区划名称	小流域名称	水位(m)	流量(m^3/s)	重现期(年)	人口(人)	户数(户)	房屋数(座)	备注
沁县	16	马连道村	马连道村	947.53	455.0	5	0	0	0	
				948.26	802.0	10	0	0	0	
				949.15	1188.0	20	0	0	0	
				949.78	1681.0	50	81	22	22	
				950.16	2067.0	100	148	37	37	
沁县	17	邓家坡村	邓家坡村	950.68	104.0	5	0	0	0	
				951.01	169.0	10	0	0	0	
				951.34	251.0	20	3	1	1	
				951.70	356.0	50	10	3	3	
				952.04	434.0	100	25	10	10	
沁县	18	太里村	太里村	923.65	181.3	5	0	0	0	
				923.92	299.8	10	0	0	0	
				924.18	437.2	20	0	0	0	
				924.47	614.2	50	0	0	0	
				924.67	748.2	100	10	3	3	
沁县	19	西待贤	西待贤	953.20	92.9	5	0	0	0	
				953.48	145.0	10	0	0	0	
				953.75	200.2	20	0	0	0	
				954.06	271.2	50	0	0	0	
				954.28	324.8	100	20	6	6	
沁县	20	沙圪道	沙圪道	916.59	132.0	5	0	0	0	
				916.98	217.0	10	0	0	0	
				917.36	312.0	20	0	0	0	
				917.78	434.0	50	4	1	1	
				918.07	527.0	100	13	4	4	
沁县	21	交口村	交口村	992.61	79.2	5	0	0	0	
				993.24	140.0	10	0	0	0	
				993.83	215.0	20	4	1	1	
				994.51	289.0	50	4	1	1	
				994.90	353.0	100	54	10	10	

续表

县区	序号	行政区划名称	小流域名称	水位(m)	流量(m^3/s)	重现期(年)	人口(人)	户数(户)	房屋数(座)	备注
沁县	22	韩曹沟	韩曹沟	987.58	25.9	5	0	0	0	
				987.75	40.5	10	0	0	0	
				987.93	56.0	20	0	0	0	
				988.10	75.6	50	6	1	1	
				988.19	90.3	100	6	1	1	
沁县	23	南园则村	南园则村	952.24	108.0	5	0	0	0	
				952.69	196.0	10	0	0	0	
				953.08	295.0	20	0	0	0	
				953.59	419.0	50	0	0	0	
				953.83	518.0	100	39	14	14	
沁县	24	景村村	景村村	978.71	68.3	5	0	0	0	
				979.75	131.0	10	0	0	0	
				980.7	214.0	20	4	1	1	
				981.59	320.0	50	15	4	4	
				982.24	411.0	100	64	16	16	
沁县	25	羊庄村	羊庄村	1002.12	24.0	5	0	0	0	
				1002.85	46.9	10	0	0	0	
				1002.98	78.0	20	0	0	0	
				1003.09	118.0	50	0	0	0	
				1003.17	150.0	100	9	2	2	
沁县	26	乔家湾村	乔家湾村	981.94	31.3	5	8	2	2	
				982.14	57.3	10	13	4	4	
				982.31	87.7	20	29	9	9	
				982.45	126.3	50	37	11	11	
				982.52	156.2	100	49	14	14	
沁县	27	山坡村	山坡村	979.79	58.7	5	0	0	0	
				980.48	111.0	10	0	0	0	
				980.96	175.0	20	23	4	4	
				981.61	256.0	50	32	6	6	
				982.06	320.0	100	57	18	18	

续表

县区	序号	行政区划名称	小流域名称	水位（m）	流量（m^3/s）	重现期（年）	人口（人）	户数（户）	房屋数（座）	备注
沁县	28	道兴村	道兴村	940.63	124.0	5	0	0	0	
				941.34	229.0	10	7	1	1	
				941.62	349.0	20	7	1	1	
				941.93	511.0	50	12	2	2	
				942.15	644.0	100	58	14	14	
沁县	29	燕垒沟村	燕垒沟村	955.08	12.4	5	0	0	0	
				955.47	18.9	10	0	0	0	
				955.65	25.6	20	0	0	0	
				955.76	34.2	50	29	7	7	
				955.82	40.7	100	31	8	8	
沁县	30	河止村	河止村	951.5	124.0	5	0	0	0	
				951.87	225.0	10	0	0	0	
				952.01	336.0	20	0	0	0	
				952.29	487.0	50	5	1	1	
				952.49	609.0	100	55	14	14	
沁县	31	漫水村	漫水村	1000.19	77.3	5	0	0	0	
				1000.72	141.0	10	0	0	0	
				1001.32	211.0	20	0	0	0	
				1001.65	306.0	50	0	0	0	
				1001.94	381.0	100	20	5	5	
沁县	32	下湾村	下湾村	990.47	121.0	5	26	10	10	
				990.84	215.0	10	43	15	15	
				991.15	313.0	20	46	16	16	
				991.50	448.0	50	51	18	18	
				991.76	552.0	100	51	18	18	
沁县	33	寺庄村	寺庄村	978.92	75.6	5	0	0	0	
				979.35	138.0	10	4	2	2	
				979.75	207.0	20	4	2	2	
				980.04	301.0	50	4	2	2	
				980.23	376.0	100	13	5	5	

续表

县区	序号	行政区划名称	小流域名称	水位（m）	流量（m^3/s）	重现期（年）	人口（人）	户数（户）	房屋数（座）	备注
沁县	34	前庄	前庄	974.75	27.6	5	0	0	0	
				975.07	45.7	10	0	0	0	
				975.25	65.8	20	0	0	0	
				975.44	90.7	50	0	0	0	
				975.57	109.0	100	26	9	9	
沁县	35	蔡甲	蔡甲	976.31	27.6	5	0	0	0	
				976.48	45.7	10	0	0	0	
				976.62	65.8	20	0	0	0	
				976.76	90.7	50	9	2	2	
				976.82	109.0	100	32	12	12	
沁县	36	长街村	长街村	954.00	70.5	5	0	0	0	
				954.33	111.0	10	16	4	4	
				954.48	155.0	20	32	8	8	
				954.62	210.0	50	40	10	10	
				954.69	250.0	100	49	13	13	
沁县	37	次村村	次村村	994.80	134.0	5	0	0	0	
				995.69	206.0	10	4	1	1	
				996.01	289.0	20	9	2	2	
				996.22	392.0	50	14	3	3	
				996.33	469.0	100	58	24	24	
沁县	38	五星村	五星村	964.66	137.0	5	0	0	0	
				965.25	217.0	10	0	0	0	
				965.81	309.0	20	10	3	3	
				966.67	423.0	50	37	11	11	
				966.89	509.0	100	54	16	16	
沁县	39	东杨家庄村	东杨家庄村	1004.77	33.1	5	0	0	0	
				1005.19	48.6	10	0	0	0	
				1005.50	65.2	20	0	0	0	
				1005.80	86.3	50	2	1	1	
				1005.99	102.0	100	12	5	5	

续表

县区	序号	行政区划名称	小流域名称	水位（m）	流量（m^3/s）	重现期（年）	人口（人）	户数（户）	房屋数（座）	备注
沁县	40	下张庄村	下张庄村	944.01	81.9	5	0	0	0	
				944.38	129.0	10	0	0	0	
				944.53	180.0	20	0	0	0	
				944.72	244.0	50	32	6	6	
				944.84	294.0	100	66	12	12	
沁县	41	唐村村	唐村村	950.54	21.8	5	0	0	0	
				950.69	32.4	10	0	0	0	
				950.74	43.4	20	4	1	1	
				950.79	57.7	50	4	1	1	
				950.83	68.5	100	77	21	21	
沁县	42	中里村	中里村	954.35	22.7	5	0	0	0	
				954.51	34.1	10	0	0	0	
				954.72	46.0	20	5	3	3	
				954.82	61.4	50	5	3	3	
				954.89	73.1	100	13	7	7	
沁县	43	南泉村	南泉村	1018.29	67.1	5	0	0	0	
				1018.60	112.0	10	5	1	1	
				1019.04	160.0	20	7	2	2	
				1019.22	222.0	50	17	6	6	
				1019.32	269.0	100	35	13	13	
沁县	44	榜口村	榜口村	982.75	90.4	5	0	0	0	
				982.96	156.0	10	1	1	1	
				983.21	228.0	20	13	5	5	
				983.41	320.0	50	21	8	8	
				983.51	393.0	100	38	14	14	
沁县	45	杨安村	杨安村	981.70	89.0	5	0	0	0	
				982.09	155.0	10	0	0	0	
				982.46	233.0	20	14	3	3	
				982.83	334.0	50	29	6	6	
				983.08	411.0	100	31	7	7	

续表

县区	序号	行政区划名称	小流域名称	水位(m)	流量(m^3/s)	重现期(年)	人口(人)	户数(户)	房屋数(座)	备注
沁县	46	南池村	南池村	922.37	184.0	5	0	0	0	
				922.69	310.0	10	0	0	0	
				922.95	454.0	20	0	0	0	
				923.26	638.0	50	30	4	4	
				923.46	776.0	100	50	7	7	
沁县	47	古城村	古城村	909.13	169.0	5	0	0	0	
				909.76	277.0	10	0	0	0	
				910.31	401.0	20	0	0	0	
				910.96	560.0	50	21	5	5	
				911.44	680.0	100	41	9	9	
沁县	48	固亦村	固亦村	970.64	108.0	5	0	0	0	
				971.07	196.0	10	0	0	0	
				971.31	295.0	20	0	0	0	
				971.54	419.0	50	0	0	0	
				971.71	518.0	100	29	9	9	
襄垣县	1	石灰窑村	石灰窑村	903.04	79.8	5	0	0	0	
				903.33	137.2	10	0	0	0	
				903.59	211.7	20	8	3	3	
				903.87	315.9	50	19	6	6	
				904.08	397.4	100	27	8	8	
襄垣县	2	返底村	返底村	916.23	13.1	5	15	2	2	
				916.47	20.1	10	22	3	3	
				916.65	28.6	20	31	6	6	
				916.86	40.1	50	40	10	10	
				917.00	48.5	100	64	16	16	
襄垣县	3	普头村	普头村	845.23	94.7	5	0	0	0	
				845.96	166.6	10	0	0	0	
				846.71	269.0	20	0	0	0	
				847.58	423.2	50	0	0	0	
				848.16	540.5	100	14	3	3	

续表

县区	序号	行政区划名称	小流域名称	水位(m)	流量(m^3/s)	重现期(年)	人口(人)	户数(户)	房屋数(座)	备注
襄垣县	4	安沟村	安沟村	948.53	48.6	5	12	3	3	
				948.90	73.5	10	16	4	4	
				949.16	102.1	20	56	13	13	
				949.43	139.9	50	68	17	17	
				949.57	168.1	100	68	17	17	
襄垣县	5	阎村	阎村	917.22	129.5	5	18	4	4	
				918.37	208.4	10	23	5	5	
				919.53	302.2	20	92	19	19	
				920.90	425.6	50	128	26	26	
				921.83	516.1	100	143	29	29	
襄垣县	6	南马喊村	南马喊村	903.75	70.2	5	0	0	0	
				903.95	102.6	10	0	0	0	
				904.07	139.2	20	14	3	3	
				904.20	186.0	50	24	7	7	
				904.29	221.0	100	39	13	13	
襄垣县	7	胡家沟	胡家沟	908.82	70.2	5	0	0	0	
				909.15	102.6	10	0	0	0	
				909.47	139.2	20	0	0	0	
				909.95	186.2	50	14	4	4	
				910.13	220.9	100	41	11	11	
襄垣县	8	河口村	河口村	895.86	106.0	5	9	2	2	
				896.05	159.0	10	19	4	4	
				896.26	221.6	20	33	8	8	
				896.49	303.4	50	59	16	16	
				896.66	364.4	100	97	25	25	
襄垣县	9	北田漳村	北田漳村	917.38	29.2	5	0	0	0	
				917.51	42.0	10	0	0	0	
				917.61	56.3	20	0	0	0	
				917.70	74.6	50	9	2	2	
				917.75	88.0	100	59	15	15	

续表

县区	序号	行政区划名称	小流域名称	水位(m)	流量(m^3/s)	重现期(年)	人口(人)	户数(户)	房屋数(座)	备注
襄垣县	10	南邯村	南邯村	901.94	92.0	5	0	0	0	
				902.31	142.2	10	0	0	0	
				902.72	200.4	20	0	0	0	
				903.14	274.4	50	0	0	0	
				903.41	329.7	100	33	9	9	
襄垣县	11	小河村	小河村	929.02	92.7	5	0	0	0	
				929.66	143.2	10	0	0	0	
				930.31	199.9	20	0	0	0	
				931.06	272.5	50	0	0	0	
				931.60	327.2	100	62	15	15	
襄垣县	12	白堰底村	白堰底村	997.35	51.1	5	0	0	0	
				997.82	75.3	10	0	0	0	
				998.25	102.5	20	0	0	0	
				998.74	138.2	50	27	6	6	
				999.05	165.0	100	114	24	24	
襄垣县	13	西洞上村	西洞上村	975.60	75.3	5	4	1	1	
				976.10	113.7	10	9	3	3	
				976.55	155.5	20	15	5	5	
				977.01	209.0	50	29	8	8	
				977.21	249.0	100	48	13	13	
襄垣县	14	王村	王村	982.91	185.2	5	0	0	0	
				983.98	285.4	10	0	0	0	
				984.81	402.4	20	0	0	0	
				985.58	551.0	50	83	25	25	
				986.08	660.0	100	192	60	60	
襄垣县	15	下庙村	下庙村	1011.04	200.4	5	0	0	0	
				1011.53	299.5	10	0	0	0	
				1012.18	417.8	20	0	0	0	
				1012.71	570.6	50	0	0	0	
				1013.04	683.4	100	17	3	3	

续表

县区	序号	行政区划名称	小流域名称	水位(m)	流量(m^3/s)	重现期(年)	人口(人)	户数(户)	房屋数(座)	备注
襄垣县	16	史属村	史属村	1021.36	43.8	5	0	0	0	
				1021.74	62.2	10	0	0	0	
				1022.26	81.8	20	0	0	0	
				1022.58	106.6	50	21	5	5	
				1022.76	124.9	100	44	12	12	
襄垣县	17	店上村	店上村	948.17	291.9	5	0	0	0	
				948.92	471.8	10	0	0	0	
				949.67	693.4	20	0	0	0	
				950.67	978.2	50	22	7	7	
				951.15	1186.5	100	50	15	15	
襄垣县	18	北姚村	北姚村	964.20	309.8	5	22	7	7	
				964.79	484.2	10	56	17	17	
				965.38	691.4	20	81	24	24	
				966.07	955.8	50	112	32	32	
				966.53	1151.2	100	121	34	34	
襄垣县	19	史北村	史北村	1036.25	180.8	5	18	5	5	
				1036.90	266.3	10	47	12	12	
				1037.76	363.1	20	80	20	20	
				1038.26	487.7	50	122	30	30	
				1038.86	580.7	100	149	37	37	
襄垣县	20	垴上村	垴上村	1031.65	180.8	5	14	5	5	
				1032.54	266.3	10	24	9	9	
				1033.42	363.1	20	32	12	12	
				1034.41	487.7	50	55	19	19	
				1035.09	580.7	100	88	27	27	
襄垣县	21	前王沟村	前王沟村	900.43	100.8	5	8	2	2	
				900.77	150.2	10	30	6	6	
				901.11	208.5	20	53	12	12	
				901.51	283.9	50	75	16	16	
				901.82	339.7	100	107	27	27	

续表

县区	序号	行政区划名称	小流域名称	水位（m）	流量（m^3/s）	重现期（年）	人口（人）	户数（户）	房屋数（座）	备注
襄垣县	22	任庄村	任庄村	1103.31	10	5	0	0	0	
				1103.44	14.2	10	0	0	0	
				1103.55	18.5	20	0	0	0	
				1103.68	24.1	50	15	7	7	
				1103.78	28.3	100	40	17	17	
襄垣县	23	高家沟村	高家沟村	1099.02	19.8	5	0	0	0	
				1099.28	28.0	10	30	6	6	
				1099.50	36.6	20	42	9	9	
				1099.77	47.4	50	84	18	18	
				1100.15	55.4	100	195	39	39	
襄垣县	24	下良村	下良村	901.35	211.5	5	100	23	23	
				902.07	357.6	10	121	28	28	
				902.87	563.9	20	156	36	36	
				903.98	867.0	50	173	41	41	
				904.78	1105.0	100	240	56	56	
襄垣县	25	水碾村	水碾村	886.88	188.2	5	0	0	0	
				888.01	323.0	10	16	4	4	
				889.17	519.9	20	48	12	12	
				890.80	819.9	50	72	18	18	
				892.05	1074.7	100	88	22	22	
襄垣县	26	寨沟村	寨沟村	907.81	7.0	5	0	0	0	
				908.09	12.1	10	0	0	0	
				908.41	18.8	20	9	2	2	
				908.77	28.4	50	13	3	3	
				909.46	37.4	100	58	14	14	
襄垣县	27	庄里村	庄里村	1008.50	15.5	5	0	0	0	
				1008.65	21.6	10	8	2	2	
				1008.81	27.8	20	48	8	8	
				1009.02	35.5	50	68	12	12	
				1009.16	41.2	100	82	14	14	

续表

县区	序号	行政区划名称	小流域名称	水位（m）	流量（m^3/s）	重现期（年）	人口（人）	户数（户）	房屋数（座）	备注
襄垣县	28	桑家河村	桑家河村	931.88	116.4	5	0	0	0	
				932.30	173.7	10	0	0	0	
				932.74	244.3	20	0	0	0	
				933.23	342.3	50	0	0	0	
				933.52	417.1	100	33	7	7	
襄垣县	29	固村	固村	925.42	241.5	5	0	0	0	
				926.00	417.5	10	22	6	6	
				926.63	645.4	20	52	15	15	
				927.38	961.4	50	73	20	20	
				927.89	1199.2	100	87	24	24	
襄垣县	30	阳沟村	阳沟村	927.05	190.3	5	0	0	0	
				927.53	331.6	10	5	1	1	
				927.89	516.1	20	38	9	9	
				928.26	772.5	50	49	12	12	
				928.51	966.8	100	64	16	16	
襄垣县	31	温泉村	温泉村	938.39	181.4	5	0	0	0	
				939.54	317.8	10	9	2	2	
				940.90	496.2	20	22	5	5	
				942.39	743.8	50	44	10	10	
				943.45	931.0	100	120	25	25	
襄垣县	32	燕家沟村	燕家沟村	961.30	51.3	5	0	0	0	
				961.66	78.4	10	0	0	0	
				961.99	108.9	20	0	0	0	
				962.37	148.3	50	9	2	2	
				962.64	178.0	100	32	7	7	
襄垣县	33	高崖底村	高崖底村	940.65	176.0	5	0	0	0	
				941.09	310.0	10	0	0	0	
				941.74	486.0	20	0	0	0	
				942.58	727.0	50	9	2	2	
				943.17	909.0	100	32	7	7	

续表

县区	序号	行政区划名称	小流域名称	水位(m)	流量(m^3/s)	重现期(年)	人口(人)	户数(户)	房屋数(座)	备注
襄垣县	34	里阙村	里阙村	932.52	192.0	5	0	0	0	
				933.40	334.0	10	7	2	2	
				933.86	519.0	20	38	10	10	
				934.25	777.0	50	91	23	23	
				934.43	972.0	100	128	32	32	
襄垣县	35	合漳村	合漳村	894.98	140.0	5	0	0	0	
				895.07	213.0	10	0	0	0	
				895.17	299.0	20	0	0	0	
				895.27	411.0	50	51	14	14	
				895.33	496.0	100	128	31	31	
襄垣县	36	西底村	西底村	923.41	185.0	5	0	0	0	
				923.63	289.0	10	0	0	0	
				923.86	413.0	20	0	0	0	
				924.13	574.0	50	9	2	2	
				924.33	694.0	100	22	6	6	
襄垣县	37	返头村	返头村	919.25	185.0	5	0	0	0	
				919.64	289.0	10	0	0	0	
				920.02	413.0	20	3	1	1	
				920.51	574.0	50	17	6	6	
				920.82	694.0	100	46	15	15	
襄垣县	38	九龙村	九龙村	890.59	1310.0	5	0	0	0	
				890.85	1565.0	10	0	0	0	
				891.13	1856.0	20	0	0	0	
				891.44	2225.0	50	0	0	0	
				891.64	2500.0	100	65	17	17	
壶关县	1	桥上村	桥上村	670.74	640.0	100	16	3	3	
				670.25	494.0	50	0	0	0	
				669.49	299.0	20	0	0	0	
				668.70	136.0	10	0	0	0	
				668.17	56.6	5	0	0	0	

续表

县区	序号	行政区划名称	小流域名称	水位（m）	流量（m^3/s）	重现期（年）	人口（人）	户数（户）	房屋数（座）	备注
壶关县	2	盘底村	盘底村	768.59	1318.0	100	35	9	9	
				767.91	943.0	50	21	5	5	
				766.81	452.0	20	5	1	1	
				765.78	219.0	10	0	0	0	
				765.17	105.0	5	0	0	0	
壶关县	3	沙滩村	沙滩村	689.17	1262.0	100	4	1	1	
				688.24	895.0	50	4	1	1	
				686.78	423.0	20	0	0	0	
				685.86	204.0	10	0	0	0	
				685.27	98.3	5	0	0	0	
壶关县	4	潭上	潭上	644.57	1488.0	100	4	1	1	
				643.88	1053.0	50	0	0	0	
				642.79	495.0	20	0	0	0	
				642.09	237.0	10	0	0	0	
				641.59	113.0	5	0	0	0	
壶关县	5	庄则上村	庄则上村	956.74	1451.0	100	10	3	3	
				955.80	1062.0	50	0	0	0	
				954.21	524.0	20	0	0	0	
				953.19	261.0	10	0	0	0	
				952.49	127.0	5	0	0	0	
壶关县	6	土圪堆	土圪堆	974.00	988.0	100	1	1	1	
				973.60	725.0	50	0	0	0	
				972.81	355.0	20	0	0	0	
				972.25	178.0	10	0	0	0	
				971.83	87.6	5	0	0	0	
壶关县	7	下石坡村	下石坡村	1258.77	298.0	100	47	11	11	
				1257.93	201.0	50	10	2	2	
				1257.09	119.0	20	0	0	0	
				1256.48	70.7	10	0	0	0	
				1255.98	39.2	5	0	0	0	

续表

县区	序号	行政区划名称	小流域名称	水位（m）	流量（m^3/s）	重现期（年）	人口（人）	户数（户）	房屋数（座）	备注
壶关县	8	黄崖底	黄崖底	751.12	581.0	100	8	2	2	
				750.49	464.0	50	15	3	3	
				749.48	300.0	20	7	3	3	
				748.45	163.0	10	0	0	0	
				747.42	63.0	5	0	0	0	
壶关县	9	西坡上	西坡上	785.31	156.0	100	9	3	3	
				785.25	131.0	50	0	0	0	
				785.17	95.9	20	3	1	1	
				785.08	64.2	10	0	0	0	
				784.98	31.6	5	0	0	0	
壶关县	10	靳家庄	靳家庄	809.89	403.0	100	4	1	1	
				808.88	323.0	50	0	0	0	
				807.27	211.0	20	6	1	1	
				805.50	110.0	10	3	1	1	
				803.96	45.5	5	0	0	0	
壶关县	11	碾盘街	碾盘街	783.45	690.0	100	0	0	0	
				783.17	556.0	50	0	0	0	
				782.72	364.0	20	3	1	1	
				782.25	197.0	10	0	0	0	
				781.66	72.2	5	0	0	0	
壶关县	12	东黄花水村	东黄花水村	1438.99	104.0	100	1	1	1	
				1438.62	82.9	50	0	0	0	
				1438.13	57.3	20	0	0	0	
				1437.66	36.1	10	0	0	0	
				1437.25	21.1	5	0	0	0	
壶关县	13	西黄花水村	西黄花水村	1467.99	93.4	100	0	0	0	
				1467.89	75.4	50	0	0	0	
				1467.74	52.3	20	0	0	0	
				1467.57	36.5	10	3	1	1	
				1467.38	21.9	5	0	0	0	

续表

县区	序号	行政区划名称	小流域名称	水位（m）	流量（m^3/s）	重现期（年）	人口（人）	户数（户）	房屋数（座）	备注
壶关县	14	安口村	安口村	1474.88	24.0	100	4	1	1	
				1474.83	19.3	50	0	0	0	
				1474.77	13.1	20	0	0	0	
				1474.70	8.26	10	0	0	0	
				1474.65	4.95	5	35	7	7	
壶关县	15	北平头坞村	北平头坞村	1324.77	463.0	100	0	0	0	
				1324.54	360.0	50	5	1	1	
				1324.20	225.0	20	4	5	5	
				1323.94	141.0	10	18	1	1	
				1323.59	83.8	5	3	1	1	
壶关县	16	南平头坞村	南平头坞村	1304.65	171.0	100	5	1	1	
				1304.43	133.0	50	0	0	0	
				1304.08	80.9	20	0	0	0	
				1303.81	48.3	10	0	0	0	
				1303.60	27.1	5	0	0	0	
壶关县	17	双井村	双井村	1471.81	153.0	100	0	0	0	
				1471.53	119.0	50	6	1	1	
				1471.14	76.9	20	0	0	0	
				1470.86	51.0	10	0	0	0	
				1470.54	28.4	5	0	0	0	
壶关县	18	石河沐村	石河沐村	1239.35	73.7	100	3	1	1	
				1238.88	58.0	50	20	5	5	
				1238.03	33.7	20	0	0	0	
				1237.24	16.3	10	46	10	10	
				1236.71	7.62	5	54	12	12	
壶关县	19	口头村	口头村	1393.00	60.8	100	3	1	1	
				1392.91	47.6	50	0	0	0	
				1392.80	32.0	20	0	0	0	
				1392.70	19.7	10	0	0	0	
				1392.61	11.4	5	0	0	0	

续表

县区	序号	行政区划名称	小流域名称	水位(m)	流量(m^3/s)	重现期(年)	人口(人)	户数(户)	房屋数(座)	备注
壶关县	20	大井村	大井村	1465.03	5.7	100	0	0	0	
				1464.94	4.0	50	0	0	0	
				1464.88	3.0	20	0	0	0	
				1464.82	2.0	10	5	2	2	
				1464.68	0.7	5	8	3	3	
壶关县	21	城寨村	城寨村	278.35	31.3	100	6	2	2	
				278.14	23.3	50	23	5	5	
				277.71	14.5	20	4	1	1	
				277.39	9.1	10	36	9	9	
				277.09	5.42	5	13	3	3	
壶关县	22	薛家园村	薛家园村	1072.75	8.5	100	9	2	2	
				1072.68	6.0	50	0	0	0	
				1072.62	4.0	20	0	0	0	
				1072.55	2.0	10	4	1	1	
				1072.50	1.0	5	7	2	2	
壶关县	23	西底村	西底村	1071.38	22.9	100	6	1	1	
				1071.24	17.1	50	5	1	1	
				1071.07	10.7	20	0	0	0	
				1070.94	6.78	10	0	0	0	
				1070.82	4.16	5	0	0	0	
壶关县	24	神北村	神北村	1263.41	325.0	100	3	1	1	
				1263.22	237.0	50	0	0	0	
				1262.99	144.0	20	0	0	0	
				1262.78	87.1	10	0	0	0	
				1262.60	49.1	5	0	0	0	
壶关县	25	神南村	神南村	1263.04	311.0	100	18	4	4	
				1262.81	226.0	50	18	5	5	
				1262.53	137.0	20	0	0	0	
				1262.28	82.7	10	0	0	0	
				1262.06	46.5	5	0	0	0	

续表

县区	序号	行政区划名称	小流域名称	水位（m）	流量（m^3/s）	重现期（年）	人口（人）	户数（户）	房屋数（座）	备注
壶关县	26	上河村	上河村	1270. 47	172. 0	100	13	4	4	
				1269. 81	128. 0	50	0	0	0	
				1269. 14	78. 6	20	0	0	0	
				1268. 69	48. 2	10	0	0	0	
				1268. 26	27. 9	5	0	0	0	
壶关县	27	福头村	福头村	1230. 02	138. 0	100	9	2	2	
				1229. 88	91. 5	50	10	3	3	
				1229. 68	53. 3	20	0	0	0	
				1229. 57	31. 3	10	5	1	1	
				1229. 46	17. 2	5	0	0	0	
壶关县	28	西七里村	西七里村	1259. 54	137. 0	100	11	2	2	
				1259. 15	101. 0	50	8	2	2	
				1258. 62	61. 5	20	6	1	1	
				1258. 19	38. 0	10	6	1	1	
				1257. 83	22. 4	5	0	0	0	
壶关县	29	角脚底村	角脚底村	1279. 03	57. 3	100	0	0	0	
				1278. 77	47. 9	50	5	1	1	
				1278. 20	29. 3	20	5	1	1	
				1277. 77	18. 0	10	0	0	0	
				1277. 42	10. 4	5	0	0	0	
壶关县	30	北河村	北河村	1001. 52	306. 0	100	0	0	0	
				1000. 25	254. 0	50	0	0	0	
				997. 83	165. 0	20	18	3	3	
				995. 99	108. 0	10	46	9	9	
				994. 46	68. 2	5	20	5	5	
黎城县	1	东洼	小东河	704. 28	138. 3	5	0	0	0	
				705. 22	264. 4	10	0	0	0	
				706. 32	461. 3	20	46	9	9	
				707. 84	794. 4	50	46	9	9	
				709. 02	1091. 0	100	46	9	9	

续表

县区	序号	行政区划名称	小流域名称	水位(m)	流量(m^3/s)	重现期(年)	人口(人)	户数(户)	房屋数(座)	备注
黎城县	2	仁庄	小东河	725.89	39.8	5	0	0	0	
				726.11	65.2	10	0	0	0	
				726.38	98.2	20	0	0	0	
				726.76	144.9	50	7	2	2	
				727.08	182.1	100	19	6	6	
黎城县	3	北泉寨	小东河	724.64	129.7	5	8	2	2	
				725.7	244.1	10	8	2	2	
				727.04	419.6	20	8	2	2	
				728.9	708.8	50	8	2	2	
				730.29	958.1	100	8	2	2	
黎城县	4	宋家庄	小东河	944.02	34.0	5	0	0	0	
				944.51	62.0	10	0	0	0	
				945.10	105.0	20	0	0	0	
				946.04	172.0	50	22	6	6	
				946.40	225.0	100	27	7	7	
黎城县	5	苏家峧	峪里沟	800.23	14.0	5	4	1	1	
				800.40	23.0	10	4	1	1	
				800.57	33.0	20	6	2	2	
				800.76	47.0	50	9	3	3	
				800.90	58.0	100	11	4	4	
黎城县	6	岚沟村	平头河	1174.99	18.0	5	0	0	0	
				1175.45	33.0	10	0	0	0	
				1175.69	51.0	20	0	0	0	
				1175.94	73.0	50	0	0	0	
				1176.11	90.0	100	5	2	2	
黎城县	7	后寨村	茅岭底沟	856.49	19.0	5	26	7	7	
				856.73	29.0	10	44	12	12	
				857.04	39.0	20	46	13	13	
				857.29	52.0	50	64	17	17	
				857.47	62.0	100	64	17	17	

续表

县区	序号	行政区划名称	小流域名称	水位（m）	流量（m^3/s）	重现期（年）	人口（人）	户数（户）	房屋数（座）	备注
黎城县	8	寺底村	骆驼沟	663.90	137.0	5	0	0	0	
				664.53	259.0	10	0	0	0	
				665.25	444.0	20	6	1	1	
				666.18	744.0	50	11	2	2	
				666.88	1007.0	100	13	3	3	
黎城县	9	北委泉村	南委泉河	929.43	27.5	5	0	0	0	
				929.77	49.4	10	0	0	0	
				930.19	77.0	20	18	4	4	
				930.44	111.6	50	32	8	8	
				930.61	138.4	100	33	9	9	
黎城县	10	车元村	南委泉河	873.40	21.0	5	0	0	0	
				874.28	36.0	10	18	5	5	
				874.97	54.0	20	22	6	6	
				875.23	77.0	50	38	10	10	
				875.41	95.0	100	38	10	10	
黎城县	11	茶棚滩村	茅岭底沟	805.99	62.0	5	0	0	0	
				806.39	116.0	10	0	0	0	
				806.55	190.0	20	0	0	0	
				806.75	292.0	50	0	0	0	
				806.88	371.0	100	54	15	15	
黎城县	12	佛崖底村	东崖底河	662.3	109.0	5	0	0	0	
				662.87	189.0	10	0	0	0	
				663.74	293.0	20	17	3	3	
				663.92	430.0	50	34	7	7	
				664.03	533.0	100	34	7	7	
黎城县	13	小寨村	东崖底河	880.59	37.4	5	0	0	0	
				881.02	66.0	10	0	0	0	
				881.40	106.5	20	0	0	0	
				881.87	166.3	50	16	3	3	
				882.36	211.0	100	21	4	4	

续表

县区	序号	行政区划名称	小流域名称	水位(m)	流量(m^3/s)	重现期(年)	人口(人)	户数(户)	房屋数(座)	备注
黎城县	14	西村村	小东河	911.45	35.6	5	0	0	0	
				911.78	63.1	10	0	0	0	
				912.08	102.6	20	4	1	1	
				912.33	161.3	50	27	5	5	
				912.50	205.4	100	41	8	8	
黎城县	15	北停河村	小东河	758.50	51.9	5	5	2	2	
				758.66	92.9	10	5	2	2	
				758.83	140.5	20	5	2	2	
				759.06	214.6	50	7	3	3	
				759.26	276.5	100	8	4	4	
黎城县	16	柏官庄村	柏官庄河	916.50	50.7	5	0	0	0	
				916.81	90.9	10	18	5	5	
				917.11	140.0	20	22	6	6	
				917.35	208.6	50	38	10	10	
				917.50	259.2	100	38	10	10	
黎城县	17	郭家庄村	东崖底河	805.03	8.7	5	0	0	0	
				805.23	16.0	10	0	0	0	
				805.49	27.0	20	0	0	0	
				805.82	45.5	50	0	0	0	
				806.14	62.4	100	18	18	18	
黎城县	18	前庄村	峧沟	30.70	879.62	5	0	0	0	
				53.70	879.78	10	0	0	0	
				81.90	879.92	20	24	4	4	
				118.10	880.07	50	24	4	4	
				147.70	880.2	100	24	4	4	
黎城县	19	曹庄村	柏官庄河	834.48	75.9	5	0	0	0	
				834.70	140.3	10	0	0	0	
				834.87	228.8	20	0	0	0	
				835.09	361.4	50	0	0	0	
				835.24	468.3	100	0	0	0	

续表

县区	序号	行政区划名称	小流域名称	水位（m）	流量（m^3/s）	重现期（年）	人口（人）	户数（户）	房屋数（座）	备注
黎城县	20	三十亩村	柏官庄河	776.90	61.6	5	0	0	0	
				777.22	114.7	10	0	0	0	
				777.57	190.8	20	0	0	0	
				777.87	314.2	50	0	0	0	
				778.13	415.3	100	0	0	0	
黎城县	21	孔家峧村	柏官庄河	962.22	10.7	5	0	0	0	
				962.53	19.7	10	0	0	0	
				962.85	32.3	20	0	0	0	
				963.21	50.4	50	4	1	1	
				963.44	63.7	100	4	1	1	
黎城县	22	龙王庙村	峪里沟	712.99	54.9	5	0	0	0	
				713.39	102	10	0	0	0	
				713.85	172.7	20	0	0	0	
				714.41	279	50	6	1	1	
				714.81	367.9	100	6	1	1	
黎城县	23	秋树垣村	峪里沟	678.63	80.2	5	0	0	0	
				679.15	149.8	10	0	0	0	
				679.75	254.1	20	0	0	0	
				680.61	414.3	50	0	0	0	
				681.13	550.6	100	3	1	1	
黎城县	24	南委泉村	南委泉河	850.26	42.1	5	0	0	0	
				850.52	77.5	10	0	0	0	
				850.76	126.5	20	0	0	0	
				850.93	189.9	50	0	0	0	
				851.05	240.8	100	4	1	1	
黎城县	25	牛居村	南委泉河	939.49	32.0	5	0	0	0	
				939.79	53.7	10	0	0	0	
				940.10	76.5	20	0	0	0	
				940.31	105.3	50	0	0	0	
				940.45	127.5	100	0	0	0	

续表

县区	序号	行政区划名称	小流域名称	水位（m）	流量（m^3/s）	重现期（年）	人口（人）	户数（户）	房屋数（座）	备注
黎城县	26	彭庄村	茅岭底沟	39.30	924.3	5	0	0	0	
				68.60	924.68	10	0	0	0	
				105.90	925.0	20	0	0	0	
				153.20	925.29	50	0	0	0	
				188.60	925.51	100	0	0	0	
黎城县	27	背坡村	南委泉河	30.50	983.76	5	0	0	0	
				53.40	984.11	10	0	0	0	
				83.30	984.61	20	0	0	0	
				121.50	984.81	50	3	1	1	
				149.90	985.1	100	0	0	0	
黎城县	28	平头村	茅岭底沟	980.39	25.8	5	0	0	0	
				981.02	49.0	10	0	0	0	
				981.20	85.3	20	4	1	1	
				981.44	149.4	50	8	2	2	
				981.63	209.9	100	8	2	2	
黎城县	29	中庄村	峧沟	939.19	68.0	5	0	0	0	
				939.37	111.9	10	0	0	0	
				939.53	157.8	20	0	0	0	
				939.73	215.8	50	0	0	0	
				939.86	260.6	100	8	2	2	
黎城县	30	清泉村	东崖底河	601.75	191.0	5	0	0	0	
				602.31	340.3	10	0	0	0	
				602.93	543.2	20	0	0	0	
				603.49	824.2	50	0	0	0	
				603.84	1035.3	100	8	2	2	
屯留县	1	杨家湾村	杨家湾村	963.59	25.8	5	0	0	0	
				963.88	39.2	10	0	0	0	
				964.16	53.3	20	0	0	0	
				964.45	71.3	50	13	3	3	
				964.71	84.9	100	39	9	9	

续表

县区	序号	行政区划名称	小流域名称	水位（m）	流量（m^3/s）	重现期（年）	人口（人）	户数（户）	房屋数（座）	备注
屯留县	2	吾元村	吾元村	1005.73	34.0	5	0	0	0	
				1005.92	53.0	10	0	0	0	
				1006.08	73.0	20	0	0	0	
				1006.26	99.0	50	2	1	1	
				1006.44	119.0	100	4	2	2	
屯留县	3	丰秀岭村	丰秀岭村	1054.18	4.68	5	0	0	0	
				1054.42	6.70	10	0	0	0	
				1054.66	8.79	20	0	0	0	
				1054.90	11.5	50	0	0	0	
				1055.12	13.6	100	32	13	13	
屯留县	4	南阳坡村	南阳坡村	1021.83	21.1	5	0	0	0	
				1021.93	35.1	10	0	0	0	
				1022.05	52.1	20	0	0	0	
				1022.17	73.9	50	0	0	0	
				1022.34	90.4	100	2	1	1	
屯留县	5	罗村	罗村	1013.30	27.0	5	0	0	0	
				1013.66	44.0	10	0	0	0	
				1013.94	65.0	20	0	0	0	
				1014.20	95.0	50	13	4	4	
				1014.44	119.0	100	37	11	11	
屯留县	6	煤窑沟村	煤窑沟村	1040.70	17.0	5	0	0	0	
				1041.00	30.0	10	0	0	0	
				1041.28	46.0	20	0	0	0	
				1041.64	68.0	50	0	0	0	
				1041.89	83.0	100	6	2	2	
屯留县	7	东坡村	东坡村	965.00	219.0	5	8	2	2	
				965.61	385.0	10	49	11	11	
				966.02	590.0	20	77	18	18	
				966.35	856.0	50	125	30	30	
				966.56	1055.0	100	182	46	46	

续表

县区	序号	行政区划名称	小流域名称	水位（m）	流量（m^3/s）	重现期（年）	人口（人）	户数（户）	房屋数（座）	备注
屯留县	8	三交村	三交村	973.25	220.0	5	27	6	6	
				973.76	385.0	10	62	14	14	
				974.27	590.0	20	75	18	18	
				974.83	841.0	50	94	23	23	
				975.21	1036.0	100	149	39	39	
屯留县	9	贾庄	贾庄	972.93	65.0	5	0	0	0	
				973.31	107.0	10	0	0	0	
				973.68	150.0	20	0	0	0	
				974.02	208.0	50	4	1	1	
				974.22	250.0	100	9	2	2	
屯留县	10	老庄沟	老庄沟	1005.92	34.0	5	0	0	0	
				1006.16	53.0	10	0	0	0	
				1006.38	74.0	20	0	0	0	
				1006.63	101.0	50	0	0	0	
				1006.88	122.0	100	21	6	6	
屯留县	11	北沟庄	北沟庄	990.87	48.0	5	0	0	0	
				991.08	77.0	10	0	0	0	
				991.28	110.0	20	0	0	0	
				991.50	153.0	50	0	0	0	
				991.85	185.0	100	42	6	6	
屯留县	12	老庄沟西坡	老庄沟西坡	983.75	55.0	5	0	0	0	
				984.02	88.0	10	0	0	0	
				984.26	125.0	20	0	0	0	
				984.52	172.0	50	6	1	1	
				984.69	207.0	100	21	4	4	
屯留县	13	张店村	张店村	980.85	174.0	5	0	0	0	
				981.14	324.0	10	0	0	0	
				981.46	531.0	20	0	0	0	
				981.81	804.0	50	6	1	1	
				982.15	1020.0	100	260	63	63	

续表

县区	序号	行政区划名称	小流域名称	水位(m)	流量(m^3/s)	重现期(年)	人口(人)	户数(户)	房屋数(座)	备注
屯留县	14	甄湖村	甄湖村	990.15	136.0	5	0	0	0	
				990.70	250.0	10	0	0	0	
				991.28	404.0	20	0	0	0	
				991.94	612.0	50	0	0	0	
				992.38	768.0	100	48	12	12	
屯留县	15	张村	张村	990.59	70.0	5	0	0	0	
				991.09	130.0	10	0	0	0	
				991.84	212.0	20	8	3	3	
				992.26	322.0	50	31	8	8	
				992.55	404.0	100	57	15	15	
屯留县	16	南里庄村	南里庄村	987.99	36.7	5	0	0	0	
				988.20	57.5	10	0	0	0	
				988.38	79.4	20	0	0	0	
				988.58	108.0	50	0	0	0	
				988.76	131.0	100	18	5	5	
屯留县	17	上立寨村	上立寨村	1004.06	17.0	5	0	0	0	
				1004.24	28.0	10	0	0	0	
				1004.39	41.0	20	9	2	2	
				1004.59	60.0	50	24	6	6	
				1004.80	75.0	100	36	8	8	
屯留县	18	大半沟	大半沟	998.07	20.0	5	1	1	1	
				998.30	35.0	10	1	1	1	
				998.72	53.0	20	1	1	1	
				999.06	74.0	50	4	2	2	
				999.35	91.0	100	8	4	4	
屯留县	19	五龙沟	五龙沟	991.13	20.7	5	0	0	0	
				991.35	32.6	10	0	0	0	
				991.58	45.0	20	0	0	0	
				991.86	61.2	50	7	3	3	
				992.06	73.6	100	19	7	7	

续表

县区	序号	行政区划名称	小流域名称	水位（m）	流量（m^3/s）	重现期（年）	人口（人）	户数（户）	房屋数（座）	备注
屯留县	20	李家庄村	李家庄村	996.18	29.0	5	0	0	0	
				996.45	46.5	10	0	0	0	
				996.70	65.0	20	0	0	0	
				996.99	89.2	50	0	0	0	
				997.20	108.0	100	32	9	9	
屯留县	21	马家庄	马家庄	982.41	29.0	5	0	0	0	
				982.70	46.5	10	0	0	0	
				982.94	65.0	20	0	0	0	
				983.22	89.2	50	8	2	2	
				983.51	108.0	100	12	3	3	
屯留县	22	帮家庄	帮家庄	979.77	29.0	5	0	0	0	
				980.03	46.5	10	0	0	0	
				980.26	65.0	20	0	0	0	
				980.57	89.2	50	0	0	0	
				980.85	108.0	100	12	3	3	
屯留县	23	秋树坡	秋树坡	1007.86	29.0	5	0	0	0	
				1008.08	46.5	10	0	0	0	
				1008.27	65.0	20	0	0	0	
				1008.50	89.2	50	0	0	0	
				1008.65	108.0	100	15	4	4	
屯留县	24	李家庄村西坡	李家庄村西坡	977.95	29.0	5	0	0	0	
				978.06	46.5	10	0	0	0	
				978.15	65.0	20	0	0	0	
				978.26	89.2	50	0	0	0	
				978.34	107.9	100	12	2	2	
屯留县	25	半坡村	半坡村	998.93	13.1	5	0	0	0	
				999.03	20.2	10	5	1	1	
				999.11	27.5	20	5	1	1	
				999.22	37.1	50	8	2	2	
				999.32	44.3	100	14	4	4	

续表

县区	序号	行政区划名称	小流域名称	水位（m）	流量（m^3/s）	重现期（年）	人口（人）	户数（户）	房屋数（座）	备注
屯留县	26	霜泽村	霜泽村	987.63	85.0	5	0	0	0	
				988.10	150.0	10	0	0	0	
				988.39	221.0	20	0	0	0	
				988.62	314.0	50	26	6	6	
				988.77	387.0	100	59	12	12	
屯留县	27	雁落坪村	雁落坪村	998.25	76.0	5	0	0	0	
				998.42	133.0	10	0	0	0	
				998.58	197.0	20	0	0	0	
				998.79	281.0	50	14	3	3	
				998.94	346.0	100	35	7	7	
屯留县	28	雁落坪村西坡	雁落坪村西坡	998.25	76.0	5	0	0	0	
				998.42	133.0	10	0	0	0	
				998.58	197.0	20	0	0	0	
				998.79	281.0	50	7	1	1	
				998.94	346.0	100	14	3	3	
屯留县	29	宜丰村	宜丰村	1021.05	47.0	5	0	0	0	
				1021.39	81.0	10	0	0	0	
				1021.71	120.0	20	0	0	0	
				1022.01	170.0	50	20	5	5	
				1022.32	208.0	100	64	15	15	
屯留县	30	浪井沟	浪井沟	1021.05	47.0	5	0	0	0	
				1021.39	81.0	10	0	0	0	
				1021.71	120.0	20	0	0	0	
				1022.01	170.0	50	49	10	10	
				1022.32	208.0	100	57	12	12	
屯留县	31	宜丰村西坡	宜丰村西坡	1021.05	47.0	5	0	0	0	
				1021.39	81.0	10	0	0	0	
				1021.71	120.0	20	0	0	0	
				1022.01	170.0	50	0	0	0	
				1022.32	208.0	100	28	7	7	

续表

县区	序号	行政区划名称	小流域名称	水位（m）	流量（m^3/s）	重现期（年）	人口（人）	户数（户）	房屋数（座）	备注
屯留县	32	中村村	中村村	1035.35	4.08	5	0	0	0	
				1035.46	6.11	10	0	0	0	
				1035.56	8.22	20	0	0	0	
				1035.74	11.0	50	0	0	0	
				1035.84	13.1	100	25	6	6	
屯留县	33	河西村	河西村	1031.59	36.0	5	0	0	0	
				1031.81	57.0	10	0	0	0	
				1032.02	84.0	20	0	0	0	
				1032.22	122.0	50	0	0	0	
				1032.50	152.0	100	7	2	2	
屯留县	34	柳树庄村	柳树庄村	1045.45	24.0	5	0	0	0	
				1045.78	39.0	10	0	0	0	
				1046.10	55.0	20	0	0	0	
				1046.34	70.0	50	0	0	0	
				1046.58	87.0	100	39	8	8	
屯留县	35	柳树庄	柳树庄	1045.45	24.0	5	0	0	0	
				1045.78	39.0	10	0	0	0	
				1046.10	55.0	20	0	0	0	
				1046.34	70.0	50	0	0	0	
				1046.58	87.0	100	10	3	3	
屯留县	36	崖底村	崖底村	1055.00	58.0	5	0	0	0	
				1055.25	103.0	10	0	0	0	
				1055.51	156.0	20	0	0	0	
				1055.78	225.0	50	8	2	2	
				1056.07	275.0	100	27	7	7	
屯留县	37	唐王庙村	唐王庙村	1018.89	28.1	5	0	0	0	
				1019.01	43.6	10	0	0	0	
				1019.08	60.0	20	0	0	0	
				1019.16	81.5	50	0	0	0	
				1019.21	98.2	100	20	4	4	

续表

县区	序号	行政区划名称	小流域名称	水位（m）	流量（m^3/s）	重现期（年）	人口（人）	户数（户）	房屋数（座）	备注
屯留县	38	南掌	南掌	1015.52	39.6	5	0	0	0	
				1015.90	72.7	10	0	0	0	
				1016.30	121.0	20	3	1	1	
				1016.78	195.0	50	3	1	1	
				1017.08	254.0	100	25	5	5	
屯留县	39	徐家庄	徐家庄	1038.36	30.5	5	0	0	0	
				1038.68	54.2	10	0	0	0	
				1038.94	85.0	20	0	0	0	
				1039.23	125.0	50	0	0	0	
				1039.41	155.0	100	4	1	1	
屯留县	40	郭家庄	郭家庄	1103.53	26.4	5	0	0	0	
				1103.74	45.2	10	0	0	0	
				1103.94	68.4	20	0	0	0	
				1104.17	98.2	50	0	0	0	
				1104.32	121.0	100	15	3	3	
屯留县	41	沿湾	沿湾	1081.81	30.6	5	0	0	0	
				1082.13	52.7	10	0	0	0	
				1082.42	77.8	20	0	0	0	
				1082.71	110.0	50	0	0	0	
				1082.90	135.0	100	4	1	1	
屯留县	42	王家庄	王家庄	1147.92	23.2	5	0	0	0	
				1148.11	39.5	10	0	0	0	
				1148.30	58.5	20	0	0	0	
				1148.50	83.2	50	0	0	0	
				1148.65	102.0	100	5	2	2	
屯留县	43	林庄村	林庄村	1058.89	54.0	5	0	0	0	
				1059.33	100.0	10	0	0	0	
				1059.76	162.0	20	0	0	0	
				1060.23	245.0	50	0	0	0	
				1060.53	306.0	100	31	8	8	

续表

县区	序号	行政区划名称	小流域名称	水位(m)	流量(m^3/s)	重现期(年)	人口(人)	户数(户)	房屋数(座)	备注
屯留县	44	八泉村	八泉村	1073.35	30.0	5	0	0	0	
				1073.63	54.0	10	0	0	0	
				1073.91	85.0	20	0	0	0	
				1074.42	125.0	50	30	6	6	
				1074.77	154.0	100	119	26	26	
屯留县	45	七泉村	七泉村	1046.95	63.0	5	0	0	0	
				1047.19	115.0	10	29	8	8	
				1047.42	185.0	20	47	14	14	
				1047.77	276.0	50	71	19	19	
				1047.92	345.0	100	126	35	35	
屯留县	46	鸡窝圪套	鸡窝圪套	1043.81	63.0	5	0	0	0	
				1044.00	115.0	10	0	0	0	
				1044.20	185.0	20	4	1	1	
				1044.39	276.0	50	10	2	2	
				1044.54	345.0	100	14	3	3	
屯留县	47	南沟村	南沟村	1064.76	27.0	5	0	0	0	
				1064.90	48.0	10	0	0	0	
				1065.06	72.0	20	0	0	0	
				1065.18	104	50	11	2	2	
				1065.35	127	100	33	7	7	
屯留县	48	棋盘新庄	棋盘新庄	1064.76	27.0	5	0	0	0	
				1064.90	48.0	10	0	0	0	
				1065.06	72.0	20	0	0	0	
				1065.18	104.0	50	0	0	0	
				1065.35	127.0	100	14	3	3	
屯留县	49	羊窑	羊窑	1058.90	27.0	5	0	0	0	
				1059.22	48.0	10	0	0	0	
				1059.36	72.0	20	0	0	0	
				1059.46	104.0	50	11	2	2	
				1059.60	127.0	100	25	5	5	

续表

县区	序号	行政区划名称	小流域名称	水位（m）	流量（m^3/s）	重现期（年）	人口（人）	户数（户）	房屋数（座）	备注
屯留县	50	小桥	小桥	1058.90	27.0	5	0	0	0	
				1059.22	48.0	10	0	0	0	
				1059.36	72.0	20	0	0	0	
				1059.46	104.0	50	3	1	1	
				1059.60	127.0	100	19	4	4	
屯留县	51	寨上村	寨上村	1084.04	21.0	5	0	0	0	
				1084.31	38.0	10	0	0	0	
				1084.54	57.0	20	0	0	0	
				1084.80	85.0	50	9	3	3	
				1084.99	104.0	100	43	11	11	
屯留县	52	寨上	寨上	1078.79	21.0	5	0	0	0	
				1079.17	38.0	10	0	0	0	
				1079.52	57.0	20	0	0	0	
				1079.96	85.0	50	0	0	0	
				1080.33	104.0	100	20	3	3	
屯留县	53	吴而村	吴而村	1146.80	25.0	5	0	0	0	
				1147.12	44.0	10	0	0	0	
				1147.42	67.0	20	0	0	0	
				1147.64	87.0	50	16	3	3	
				1147.83	96.0	100	61	11	11	
屯留县	54	西上村	西上村	1068.98	54.0	5	0	0	0	
				1069.36	95.0	10	0	0	0	
				1069.70	145.0	20	0	0	0	
				1070.04	206.0	50	12	2	2	
				1070.26	255.0	100	12	2	2	
屯留县	55	西沟河村	西沟河村	1016.34	61.0	5	0	0	0	
				1016.73	112.0	10	0	0	0	
				1017.20	183.0	20	11	3	3	
				1017.70	278.0	50	20	6	6	
				1018.11	348.0	100	33	10	10	

续表

县区	序号	行政区划名称	小流域名称	水位(m)	流量(m^3/s)	重现期(年)	人口(人)	户数(户)	房屋数(座)	备注
屯留县	56	西岸上	西岸上	1016.34	61.0	5	0	0	0	
				1016.73	112.0	10	0	0	0	
				1017.20	183.0	20	1	1	1	
				1017.70	278.0	50	5	2	2	
				1018.11	348.0	100	11	3	3	
屯留县	57	西村	西村	1013.77	61.0	5	0	0	0	
				1014.14	112.0	10	0	0	0	
				1014.61	183.0	20	18	4	4	
				1015.05	278.0	50	20	5	5	
				1015.40	348.0	100	24	6	6	
屯留县	58	西丰宜村	西丰宜村	959.02	154.0	5	0	0	0	
				959.55	272.0	10	0	0	0	
				960.01	397.0	20	19	4	4	
				960.56	573.0	50	42	9	9	
				960.95	713.0	100	125	27	27	
屯留县	59	石泉村	石泉村	983.26	3.6	5	0	0	0	
				983.34	5.07	10	0	0	0	
				983.42	6.54	20	0	0	0	
				983.50	8.42	50	0	0	0	
				983.55	9.85	100	1	1	1	
屯留县	60	河神庙	河神庙	958.61	70.0	5	0	0	0	
				958.82	102.0	10	0	0	0	
				959.02	134.0	20	0	0	0	
				959.23	175.0	50	0	0	0	
				959.46	205.0	100	4	1	1	
屯留县	61	梨树庄村	梨树庄村	976.41	31.9	5	0	0	0	
				976.64	48.7	10	0	0	0	
				976.85	66.4	20	0	0	0	
				977.09	89.7	50	0	0	0	
				977.24	108.0	100	9	2	2	

续表

县区	序号	行政区划名称	小流域名称	水位（m）	流量（m^3/s）	重现期（年）	人口（人）	户数（户）	房屋数（座）	备注
屯留县	62	庄洼	庄洼	976.41	31.9	5	0	0	0	
				976.64	48.7	10	0	0	0	
				976.85	66.4	20	0	0	0	
				977.09	89.7	50	0	0	0	
				977.24	108.0	100	3	1	1	
屯留县	63	西沟村	西沟村	977.96	12.4	5	5	1	1	
				978.14	22.3	10	20	4	4	
				978.30	33.5	20	23	5	5	
				978.46	47.6	50	37	8	8	
				978.57	58.8	100	44	10	10	
屯留县	64	老婆角	老婆角	977.96	12.4	5	0	0	0	
				978.14	22.3	10	0	0	0	
				978.30	33.5	20	0	0	0	
				978.46	47.6	50	0	0	0	
				978.57	58.8	100	24	11	11	
屯留县	65	西沟口	西沟口	977.96	12.4	5	0	0	0	
				978.14	22.3	10	0	0	0	
				978.30	33.5	20	0	0	0	
				978.46	47.6	50	0	0	0	
				978.57	58.8	100	40	10	10	
屯留县	66	司家沟	司家沟	978.26	26.1	5	0	0	0	
				978.49	38.8	10	0	0	0	
				978.62	51.7	20	0	0	0	
				978.75	68.5	50	5	1	1	
				978.85	81.3	100	13	3	3	
屯留县	67	龙王沟村	龙王沟村	990.79	70.0	5	12	3	3	
				991.20	102.0	10	12	3	3	
				991.45	134.0	20	12	3	3	
				991.74	175.0	50	16	4	4	
				991.93	205.0	100	28	7	7	

续表

县区	序号	行政区划名称	小流域名称	水位（m）	流量（m^3/s）	重现期（年）	人口（人）	户数（户）	房屋数（座）	备注
屯留县	68	西流寨村	西流寨村	993.31	99.0	5	0	0	0	
				993.68	172.0	10	0	0	0	
				994.00	251.0	20	15	4	4	
				994.36	357.0	50	39	12	12	
				994.61	440.0	100	64	18	18	
屯留县	69	马家庄	马家庄	996.24	29.0	5	0	0	0	
				996.49	47.0	10	0	0	0	
				996.66	65.0	20	5	1	1	
				996.86	91.0	50	9	2	2	
				996.99	110.0	100	33	8	8	
屯留县	70	大会村	大会村	1006.97	90.0	5	0	0	0	
				1007.29	156.0	10	0	0	0	
				1007.59	228.0	20	0	0	0	
				1008.18	325.0	50	4	1	1	
				1008.49	399.0	100	8	3	3	
屯留县	71	西大会	西大会	1011.17	90.0	5	0	0	0	
				1011.31	156.0	10	0	0	0	
				1011.43	228.0	20	0	0	0	
				1011.57	325.0	50	4	1	1	
				1011.66	399.0	100	11	3	3	
屯留县	72	河长头村	河长头村	980.51	122.0	5	0	0	0	
				981.00	216.0	10	0	0	0	
				981.17	319.0	20	0	0	0	
				981.37	457.0	50	0	0	0	
				981.61	566.0	100	46	10	10	
屯留县	73	中理村	中理村	972.89	30.0	5	0	0	0	
				973.28	50.0	10	0	0	0	
				973.62	71.0	20	0	0	0	
				974.00	100.0	50	0	0	0	
				974.22	120.0	100	18	4	4	

续表

县区	序号	行政区划名称	小流域名称	水位（m）	流量（m^3/s）	重现期（年）	人口（人）	户数（户）	房屋数（座）	备注
屯留县	74	吴寨村	吴寨村	1031.85	69.0	5	0	0	0	
				1032.24	120.0	10	0	0	0	
				1032.53	175.0	20	11	4	4	
				1032.87	247.0	50	26	8	8	
				1032.99	303.0	100	40	12	12	
屯留县	75	桑园	桑园	1046.38	69.0	5	0	0	0	
				1046.75	120.0	10	0	0	0	
				1047.00	175.0	20	7	2	2	
				1047.37	247.0	50	32	7	7	
				1047.62	303.0	100	32	7	7	
屯留县	76	黑家口	黑家口	1074.44	53.0	5	12	3	3	
				1074.71	92.0	10	35	9	9	
				1074.92	134.0	20	50	13	13	
				1075.18	189.0	50	55	14	14	
				1075.35	230.0	100	80	19	19	
屯留县	77	上莲村	上莲村	994.78	86.1	5	0	0	0	
				994.96	134.0	10	0	0	0	
				995.15	189.0	20	0	0	0	
				995.35	258.0	50	15	3	3	
				995.50	310.0	100	29	6	6	
屯留县	78	前上莲	前上莲	1000.66	86.1	5	0	0	0	
				1001.18	134.0	10	7	2	2	
				1001.40	189.0	20	7	2	2	
				1001.64	258.0	50	11	3	3	
				1001.79	310.0	100	18	5	5	
屯留县	79	后上莲	后上莲	1012.02	69.0	5	0	0	0	
				1012.21	109.0	10	14	3	3	
				1012.37	154.0	20	23	5	5	
				1012.56	215.0	50	33	7	7	
				1012.68	260.0	100	50	10	10	

续表

县区	序号	行政区划名称	小流域名称	水位（m）	流量（m^3/s）	重现期（年）	人口（人）	户数（户）	房屋数（座）	备注
屯留县	80	马庄	马庄	990.17	86.1	5	0	0	0	
				990.60	134.0	10	0	0	0	
				991.02	189.0	20	0	0	0	
				991.68	258.0	50	7	3	3	
				991.93	310.0	100	7	3	3	
屯留县	81	交川村	交川村	1067.22	23.0	5	0	0	0	
				1067.46	35.0	10	6	2	2	
				1067.57	48.0	20	9	3	3	
				1067.74	65.0	50	15	4	4	
				1067.85	78.0	100	34	8	8	
平顺县	1	贾家村	贾家村	1306.41	9.7	5	0	0	0	
				1306.59	15.4	10	0	0	0	
				1306.8	23.9	20	0	0	0	
				1307.1	37.8	50	6	1	1	
				1307.3	49.1	100	18	5	5	
平顺县	2	王家村	王家村	1277.79	12.1	5	0	0	0	
				1278.39	19.3	10	19	4	4	
				1279.23	30.1	20	27	6	6	
				1280.52	47.2	50	31	7	7	
				1281.66	62.7	100	51	12	12	
平顺县	3	路家口村	路家口村	1161.28	51.2	5	0	0	0	
				1161.60	82.9	10	0	0	0	
				1161.96	130.0	20	12	3	3	
				1162.43	207.0	50	24	9	9	
				1162.80	274.0	100	28	13	13	
平顺县	4	北坡村	北坡村	1481.27	3.83	5	0	0	0	
				1481.43	6.53	10	0	0	0	
				1481.64	10.6	20	13	3	3	
				1481.82	15.6	50	64	14	14	
				1481.97	20.1	100	64	14	14	

续表

县区	序号	行政区划名称	小流域名称	水位（m）	流量（m^3/s）	重现期（年）	人口（人）	户数（户）	房屋数（座）	备注
平顺县	5	北坡村	北坡村	1477.53	16.5	5	0	0	0	
				1477.86	28.7	10	20	5	5	
				1478.24	47.3	20	23	6	6	
				1478.72	72.7	50	28	8	8	
				1479.36	99.0	100	37	10	10	
平顺县	6	龙镇村	龙镇村	1432.29	21.4	5	20	5	5	
				1432.52	37.2	10	39	10	10	
				1432.81	60.5	20	75	17	17	
				1433.22	100.0	50	80	18	18	
				1433.49	131.0	100	80	18	18	
平顺县	7	南坡村	南坡村	1370.17	25.3	5	0	0	0	
				1370.62	43.4	10	0	0	0	
				1371.41	70.7	20	2	1	1	
				1371.87	115.0	50	15	4	4	
				1372.22	153.0	100	44	12	12	
平顺县	8	东迷村	东迷村	1378.53	30.5	5	0	0	0	
				1378.85	50.3	10	29	5	5	
				1379.27	78.5	20	46	8	8	
				1379.69	113	50	56	10	10	
				1380	140.0	100	63	12	12	
平顺县	9	正村	正村	1325.24	33.5	5	0	0	0	
				1325.61	56.7	10	0	0	0	
				1326.07	91.9	20	0	0	0	
				1326.87	150.0	50	3	13	13	
				1327.08	202.0	100	8	32	32	
平顺县	10	龙家村	龙家村	1325.24	33.5	5	0	0	0	
				1325.61	56.7	10	0	0	0	
				1326.07	91.9	20	0	0	0	
				1326.87	150.0	50	13	3	3	
				1327.08	202.0	100	32	8	8	

续表

县区	序号	行政区划名称	小流域名称	水位（m）	流量（m³/s）	重现期（年）	人口（人）	户数（户）	房屋数（座）	备注
平顺县	11	申家坪村	申家坪村	1297.96	38.6	5	0	0	0	
				1298.31	63.7	10	0	0	0	
				1298.75	101.0	20	3	1	1	
				1299.53	161.0	50	34	8	8	
				1299.88	215.0	100	51	13	13	
平顺县	12	下井村	下井村	1326.67	32.8	5	38	11	11	
				1326.95	55.3	10	49	14	14	
				1327.24	88.1	20	49	14	14	
				1327.46	129.0	50	49	14	14	
				1327.63	162.0	100	49	14	14	
平顺县	13	青行头村	青行头村	1278.1	27.2	5	0	0	0	
				1278.39	44.8	10	0	0	0	
				1278.76	71.8	20	0	0	0	
				1279.35	117.0	50	0	0	0	
				1279.83	158.0	100	16	4	4	
平顺县	14	南赛	南赛	1228.20	51.0	5	0	0	0	
				1228.44	88.1	10	0	0	0	
				1228.75	144.0	20	0	0	0	
				1229.17	239.0	50	17	4	4	
				1229.53	327.0	100	44	9	9	
平顺县	15	东峪	东峪	1178.50	14.0	5	5	1	1	
				1178.68	24.2	10	5	1	1	
				1178.90	39.5	20	9	2	2	
				1179.14	59.6	50	31	7	7	
				1179.30	75.2	100	31	7	7	
平顺县	16	西沟村	西沟村	1297.96	38.6	5	0	0	0	
				1298.31	63.7	10	0	0	0	
				1298.75	101.0	20	3	1	1	
				1299.53	161.0	50	34	8	8	
				1299.88	215.0	100	51	13	13	

续表

县区	序号	行政区划名称	小流域名称	水位（m）	流量（m^3/s）	重现期（年）	人口（人）	户数（户）	房屋数（座）	备注
平顺县	17	刘家地	刘家地	1297.96	38.6	5	0	0	0	
				1298.31	63.7	10	0	0	0	
				1298.75	101.0	20	3	1	1	
				1299.53	161.0	50	34	8	8	
				1299.88	215.0	100	51	13	13	
平顺县	18	池底	池底	1297.96	38.6	5	0	0	0	
				1298.31	63.7	10	0	0	0	
				1298.75	101.0	20	3	1	1	
				1299.53	161.0	50	34	8	8	
				1299.88	215.0	100	51	13	13	
平顺县	19	川底村	川底村	1137.05	67.1	5	0	0	0	
				1137.96	111.0	10	28	6	6	
				1138.53	176.0	20	28	6	6	
				1139.19	283.0	50	28	6	6	
				1139.71	381.0	100	28	6	6	
平顺县	20	石埠头村	石埠头村	1109.91	65.8	5	0	0	0	
				1110.44	113.0	10	0	0	0	
				1111.11	185.0	20	0	0	0	
				1112.35	305.0	50	26	5	5	
				1112.62	416.0	100	26	5	5	
平顺县	21	小东峪村	小东峪村	1106.01	13.5	5	30	11	11	
				1106.34	22.9	10	35	12	12	
				1106.71	34.8	20	60	20	20	
				1106.96	53.0	50	78	26	26	
				1107.15	68.7	100	81	27	27	
平顺县	22	城关村	城关村	1084.76	64.5	5	4	1	1	
				1085.14	105.9	10	47	6	6	
				1085.62	166.9	20	104	15	15	
				1086.31	265.0	50	134	19	19	
				1086.84	352.4	100	154	22	22	

续表

县区	序号	行政区划名称	小流域名称	水位（m）	流量（m^3/s）	重现期（年）	人口（人）	户数（户）	房屋数（座）	备注
平顺县	23	峈峪村	峈峪村	1101.11	23.6	5	0	0	0	
				1101.24	40.1	10	0	0	0	
				1101.41	63.9	20	0	0	0	
				1101.58	94.1	50	17	4	4	
				1101.72	121.0	100	44	12	12	
平顺县	24	张井村	张井村	986.77	27.7	5	20	5	5	
				986.97	44.3	10	35	9	9	
				987.21	68.7	20	38	10	10	
				987.55	107.0	50	61	17	17	
				987.82	141.0	100	121	34	34	
平顺县	25	小赛村	小赛村	934.49	92.8	5	0	0	0	
				934.85	156.0	10	0	0	0	
				935.33	255.0	20	0	0	0	
				936.27	420.0	50	71	16	16	
				936.55	574.0	100	176	40	40	
平顺县	26	后留村	后留村	882.66	22.6	5	31	13	13	
				883.16	37.1	10	36	15	15	
				883.48	52.8	20	41	17	17	
				883.85	73.4	50	48	19	19	
				884.11	88.7	100	55	22	22	
平顺县	27	常家村	常家村	893.13	3.7	5	0	0	0	
				893.34	6.2	10	8	2	2	
				893.53	9.9	20	21	4	4	
				893.67	15.8	50	72	10	10	
				893.74	20.8	100	82	12	12	
平顺县	28	羊老岩村	羊老岩村	1382.77	11.6	5	0	0	0	
				1383.46	21.9	10	3	1	1	
				1383.85	34.8	20	7	2	2	
				1384.46	57.0	50	18	4	4	
				1384.80	72.0	100	42	10	10	

续表

县区	序号	行政区划名称	小流域名称	水位（m）	流量（m³/s）	重现期（年）	人口（人）	户数（户）	房屋数（座）	备注
平顺县	29	底河村	底河村	1457.97	22.8	5	6	1	1	
				1458.31	41.3	10	6	1	1	
				1458.60	69.3	20	13	2	2	
				1459.07	127.0	50	25	5	5	
				1460.31	172.0	100	44	9	9	
平顺县	30	西湾村	西湾村	1268.06	59.1	5	0	0	0	
				1268.55	109.0	10	0	0	0	
				1269.15	187.0	20	7	2	2	
				1269.98	352.0	50	51	16	16	
				1270.62	514.0	100	93	30	30	
平顺县	31	大山村	大山村	1365.54	16.0	5	0	0	0	
				1366.31	29.5	10	8	2	2	
				1366.49	44.8	20	14	4	4	
				1366.75	69.7	50	18	5	5	
				1366.91	85.7	100	18	5	5	
平顺县	32	安阳村	安阳村	1289.53	21.9	5	0	0	0	
				1290.27	40.3	10	22	6	6	
				1290.51	61.7	20	47	12	12	
				1290.83	101.0	50	54	14	14	
				1291.05	133.0	100	82	21	21	
平顺县	33	前庄村	前庄村	1216.24	19.9	5	0	0	0	
				1216.63	35.4	10	0	0	0	
				1217.20	56.3	20	0	0	0	
				1217.67	93.0	50	3	1	1	
				1217.98	130.0	100	7	2	2	
平顺县	34	虹梯关村	虹梯关村	1189.5	27.5	5	0	0	0	
				1189.98	46.9	10	0	0	0	
				1190.57	75.5	20	20	6	6	
				1191.77	123.0	50	109	27	27	
				1192.18	169.0	100	128	32	32	

续表

县区	序号	行政区划名称	小流域名称	水位(m)	流量(m^3/s)	重现期(年)	人口(人)	户数(户)	房屋数(座)	备注
平顺县	35	梯后村	梯后村	800.58	97.7	5	0	0	0	
				801.40	181.0	10	6	1	1	
				801.94	309.0	20	6	1	1	
				802.82	556.0	50	40	7	7	
				803.66	836.0	100	45	8	8	
平顺县	36	碑滩村	碑滩村	776.77	92.7	5	0	0	0	
				777.99	174.0	10	0	0	0	
				779.41	301.0	20	19	6	6	
				781.92	578.0	50	38	10	10	
				784.07	861.0	100	38	10	10	
平顺县	37	虹霓村	虹霓村	752.81	89.6	5	0	0	0	
				753.25	169.0	10	0	0	0	
				753.78	292.0	20	13	3	3	
				754.68	542.0	50	41	11	11	
				755.52	820.0	100	67	17	17	
平顺县	38	茎兰岩村	茎兰岩村	651.29	88.5	5	0	0	0	
				651.76	167.0	10	0	0	0	
				652.30	291.0	20	0	0	0	
				653.25	543.0	50	0	0	0	
				654.24	825.0	100	35	6	6	
平顺县	39	玉峡关村	玉峡关村	1416.07	24.4	5	0	0	0	
				1416.63	49.8	10	0	0	0	
				1417.35	90.2	20	5	1	1	
				1417.90	131.0	50	32	9	9	
				1418.26	159.0	100	23	8	8	
平顺县	40	库峧村	库峧村	731.61	7.5	5	0	0	0	
				731.91	14.4	10	0	0	0	
				732.29	25.3	20	0	0	0	
				733.01	45.0	50	0	0	0	
				733.38	66.0	100	22	6	6	

续表

县区	序号	行政区划名称	小流域名称	水位(m)	流量(m^3/s)	重现期(年)	人口(人)	户数(户)	房屋数(座)	备注
平顺县	41	南耽车村	南耽车村	591.61	39.4	5	0	0	0	
				591.83	69.6	10	3	1	1	
				592.11	115.0	20	7	2	2	
				592.49	192.0	50	18	4	4	
				592.77	263.0	100	42	10	10	
平顺县	42	源头村	源头村	568.03	41.6	5	0	0	0	
				568.53	79.1	10	0	0	0	
				569.13	136.0	20	0	0	0	
				570.31	230.0	50	24	5	5	
				570H.72	309.0	100	48	10	10	
平顺县	43	豆峪村	豆峪村	627.14	23.8	5	6	1	1	
				627.69	44.7	10	6	1	1	
				628.15	76.3	20	13	2	2	
				628.57	126.0	50	25	5	5	
				628.88	16.0	100	44	9	9	
平顺县	44	榔树园村	榔树园村	721.06	20.7	5	0	0	0	
				721.31	37.6	10	0	0	0	
				721.63	63.7	20	9	2	2	
				722.08	109.0	50	15	3	3	
				722.63	151.0	100	43	9	9	
平顺县	45	堂耳庄村	堂耳庄村	695.13	26.2	5	0	0	0	
				695.43	48.3	10	0	0	0	
				695.74	82.7	20	0	0	0	
				696.15	142.2	50	0	0	0	
				696.96	198.2	100	6	2	2	
平顺县	46	牛石窑村	牛石窑村	1340.6	59.4	5	0	0	0	
				1341.05	128.2	10	0	0	0	
				1341.52	224.8	20	0	0	0	
				1341.82	308.7	50	0	0	0	
				1342.77	481.4	100	19	5	5	

续表

县区	序号	行政区划名称	小流域名称	水位(m)	流量(m^3/s)	重现期(年)	人口(人)	户数(户)	房屋数(座)	备注
潞城市	1	会山底村	会山底村	910.3	1.94	5	0	0	0	
				910.52	3.19	10	0	0	0	
				910.74	4.7	20	0	0	0	
				910.96	6.6	50	0	0	0	
				911.17	8.1	100	263	79	79	
潞城市	2	河西村	河西村	883.67	7.60	5	0	0	0	
				883.92	11.34	10	0	0	0	
				884.16	15.7	20	0	0	0	
				884.40	21.3	50	0	0	0	
				884.64	25.5	100	168	47	47	
潞城市	3	后峧村	后峧村	966.47	5.26	5	0	0	0	
				966.72	8.72	10	0	0	0	
				966.98	13.7	20	0	0	0	
				967.26	21.7	50	7	2	2	
				967.51	28.0	100	12	3	3	
潞城市	4	枣臻村	枣臻村	900.91	28.4	5	0	0	0	
				901.11	49.4	10	10	2	2	
				901.31	78.9	20	18	5	5	
				901.53	123.0	50	22	7	7	
				901.70	157.0	100	40	13	13	
潞城市	5	赤头村	赤头村	917.07	34.7	5	16	5	5	
				917.85	58.8	10	41	12	12	
				918.58	89.8	20	45	14	14	
				919.73	133.0	50	52	16	16	
				920.68	1656.0	100	59	18	18	
潞城市	6	马江沟村	马江沟村	973.08	5.70	5	0	0	0	
				973.91	8.91	10	0	0	0	
				974.63	13.6	20	12	3	3	
				975.17	19.9	50	19	6	6	
				975.70	24.7	100	25	9	9	

续表

县区	序号	行政区划名称	小流域名称	水位（m）	流量（m^3/s）	重现期（年）	人口（人）	户数（户）	房屋数（座）	备注
潞城市	7	红江沟	红江沟	970.80	2.4	5	0	0	0	
				971.15	3.6	10	4	1	1	
				971.50	5.1	20	7	2	2	
				971.86	6.9	50	21	5	5	
				972.19	8.3	100	32	8	8	
潞城市	8	曹家沟村	曹家沟村	868.37	107.0	5	0	0	0	
				868.97	190.0	10	0	0	0	
				869.48	316.0	20	0	0	0	
				870.27	524.0	50	0	0	0	
				870.95	717.0	100	18	5	5	
潞城市	9	韩村	韩村	874.79	145.0	5	0	0	0	
				875.37	255.0	10	0	0	0	
				876.11	423.0	20	0	0	0	
				877.06	697.0	50	6	3	3	
				877.77	944.0	100	36	10	10	
潞城市	10	冯村	冯村	879.95	51.2	5	0	0	0	
				880.30	78.1	10	0	0	0	
				880.65	112.0	20	0	0	0	
				881.06	159.0	50	13	4	4	
				881.34	194.0	100	29	8	8	
潞城市	11	韩家园村	韩家园村	823.28	62.8	5	0	0	0	
				824.04	102.0	10	0	0	0	
				824.77	149.0	20	0	0	0	
				825.47	213.0	50	0	0	0	
				826.18	261.0	100	19	7	7	
潞城市	12	李家庄村	李家庄村	845.44	36.0	5	0	0	0	
				845.68	56.0	10	0	0	0	
				845.91	81.0	20	0	0	0	
				846.16	114.0	50	0	0	0	
				846.43	139.0	100	21	8	8	

续表

县区	序号	行政区划名称	小流域名称	水位(m)	流量(m^3/s)	重现期(年)	人口(人)	户数(户)	房屋数(座)	备注
潞城市	13	漫流河村	漫流河村	791.48	48.2	5	0	0	0	
				792.04	78.4	10	0	0	0	
				792.59	115.0	20	0	0	0	
				793.23	165.0	50	5	1	1	
				793.59	201.0	100	18	6	6	
潞城市	14	申家山村	申家山村	818.56	13.9	5	0	0	0	
				819.14	22.8	10	0	0	0	
				819.71	33.9	20	0	0	0	
				820.31	48.7	50	0	0	0	
				820.84	59.7	100	15	4	4	
潞城市	15	井峪村	井峪村	901.29	36.2	5	0	0	0	
				901.62	55.4	10	0	0	0	
				901.80	77.7	20	0	0	0	
				901.99	106.0	50	3	1	1	
				902.18	127.0	100	10	3	3	
潞城市	16	南马庄村	南马庄村	776.89	42.9	5	0	0	0	
				777.42	73.3	10	0	0	0	
				777.85	113.0	20	2	1	1	
				778.09	166.0	50	7	3	3	
				778.39	205.0	100	11	5	5	
潞城市	17	西北村	西北村	653.66	44.8	5	0	0	0	
				653.77	70.7	10	2	1	1	
				653.90	103.0	20	5	3	3	
				654.05	147.0	50	12	5	5	
				654.15	180.0	100	20	7	7	
潞城市	18	西南村	西南村	653.66	44.8	5	15	5	5	
				653.77	70.7	10	27	10	10	
				653.90	103.0	20	31	12	12	
				654.05	147.0	50	39	14	14	
				654.15	180.0	100	47	16	16	

续表

县区	序号	行政区划名称	小流域名称	水位(m)	流量(m^3/s)	重现期(年)	人口(人)	户数(户)	房屋数(座)	备注
潞城市	19	中村	中村	973.30	19.3	5	0	0	0	
				974.15	33.8	10	0	0	0	
				974.80	53.0	20	186	39	39	
				976.30	81.1	50	186	39	39	
				977.75	103.0	100	186	39	39	
潞城市	20	堡头村	堡头村	969.26	26.4	5	0	0	0	
				969.61	47.2	10	0	0	0	
				969.99	77.8	20	123	37	37	
				970.50	126.0	50	123	37	37	
				971.00	166.0	100	123	37	37	
潞城市	21	河后村	河后村	977.50	3.1	5	0	0	0	
				977.65	4.9	10	0	0	0	
				977.80	7.2	20	0	0	0	
				977.95	10.4	50	142	36	36	
				978.05	12.9	100	142	36	36	
潞城市	22	桥堡村	桥堡村	980.97	16.8	5	0	0	0	
				981.34	29.8	10	7	1	1	
				981.67	48.8	20	152	34	34	
				982.00	76.1	50	152	34	34	
				982.22	99.6	100	152	34	34	
潞城市	23	东山村	东山村	923.10	46.4	5	0	0	0	
				923.60	77.8	10	0	0	0	
				924.12	115.0	20	0	0	0	
				924.61	166.0	50	0	0	0	
				925.09	204.0	100	20	6	6	
潞城市	24	西坡村	西坡村	948.68	50.4	5	0	0	0	
				949.53	82.6	10	0	0	0	
				950.30	120.0	20	10	3	3	
				951.09	168.0	50	21	7	7	
				951.58	202.0	100	53	17	17	

续表

县区	序号	行政区划名称	小流域名称	水位（m）	流量（m^3/s）	重现期（年）	人口（人）	户数（户）	房屋数（座）	备注
潞城市	25	儒教村	儒教村	936.29	28.8	5	0	0	0	
				936.75	47.0	10	0	0	0	
				937.22	68.3	20	0	0	0	
				937.66	95.5	50	0	0	0	
				937.92	115.0	100	7	2	2	
潞城市	26	王家庄村后交	王家庄村后交	848.39	7.4	5	0	0	0	
				848.69	11.7	10	0	0	0	
				848.98	16.3	20	0	0	0	
				849.27	21.9	50	0	0	0	
				849.53	26.0	100	15	3	3	
潞城市	27	南花山村	南花山村	762.17	12.5	5	0	0	0	
				762.56	21.2	10	0	0	0	
				762.94	31.3	20	0	0	0	
				763.32	44.9	50	0	0	0	
				763.69	55.5	100	10	3	3	
潞城市	28	辛安村	辛安村	622.09	240.0	5	0	0	0	
				622.91	429.0	10	0	0	0	
				623.56	721.0	20	0	0	0	
				624.36	1166.0	50	0	0	0	
				624.95	1550.0	100	23	5	5	
潞城市	29	辽河村	辽河村	690.39	47.6	5	0	0	0	
				690.78	81.4	10	0	0	0	
				691.19	125.0	20	0	0	0	
				691.67	188.0	50	4	1	1	
				691.99	237.0	100	13	3	3	
潞城市	30	曲里村	曲里村	880.90	152.0	5	0	0	0	
				881.53	266.0	10	0	0	0	
				882.05	437.0	20	0	0	0	
				882.74	716.0	50	7	2	2	
				883.26	966.0	100	35	10	10	

续表

县区	序号	行政区划名称	小流域名称	水位（m）	流量（m^3/s）	重现期（年）	人口（人）	户数（户）	房屋数（座）	备注
潞城市	31	石匣村	石匣村	714.36	112.0	5	0	0	0	
				715.17	190.0	10	0	0	0	
				716.02	295.0	20	0	0	0	
				716.96	439.0	50	0	0	0	
				717.60	544.0	100	18	6	6	
潞城市	32	五里坡村	五里坡村	887.92	13.0	5	0	0	0	
				888.08	21.0	10	0	0	0	
				888.23	31.0	20	0	0	0	
				888.41	43.0	50	0	0	0	
				888.51	52.0	100	19	4	4	
长子县	1	红星庄	红星庄	964.88	35.0	5	0	0	0	
				965.00	51.0	10	252	77	77	
				965.09	66.0	20	252	77	77	
				965.19	85.0	50	252	77	77	
				965.26	100.0	100	252	77	77	
长子县	2	石家庄村	石家庄村	930.06	307.0	5	0	0	0	
				930.78	567.0	10	764	204	204	
				931.38	845.0	20	764	204	204	
				932.05	1224.0	50	764	204	204	
				932.49	1520.0	100	764	204	204	
长子县	3	西河庄村	西河庄村	933.81	307.0	5	3	1	1	
				934.46	567.0	10	3	1	1	
				935.00	845.0	20	3	1	1	
				935.48	1224.0	50	3	1	1	
				935.81	1520.0	100	3	1	1	
长子县	4	晋义村	晋义村	970.97	87.0	5	0	0	0	
				971.36	155.0	10	12	3	3	
				971.63	225.0	20	20	5	5	
				971.89	320.0	50	20	5	5	
				972.04	394.0	100	20	5	5	

续表

县区	序号	行政区划名称	小流域名称	水位（m）	流量（m^3/s）	重现期（年）	人口（人）	户数（户）	房屋数（座）	备注
长子县	5	刁黄村	刁黄村	971.18	87.0	5	0	0	0	
				971.60	155.0	10	302	80	80	
				971.99	225.0	20	302	80	80	
				972.21	320.0	50	302	80	80	
				972.34	394.0	100	302	80	80	
长子县	6	南沟河	南沟河	997.31	43.0	5	4	1	1	
				997.73	77.0	10	12	3	3	
				997.99	113.0	20	24	6	6	
				998.22	162.0	50	28	7	7	
				998.41	199.0	100	28	7	7	
长子县	7	良坪村	良坪村	1058.54	43.0	5	0	0	0	
				1058.04	76.0	10	0	0	0	
				1059.48	113.0	20	0	0	0	
				1059.94	161.0	50	8	2	2	
				1060.5	198.0	100	8	2	2	
长子县	8	乱石河村	乱石河村	966.64	149.0	5	0	0	0	
				967.55	260.0	10	0	0	0	
				967.81	379.0	20	0	0	0	
				968.14	545.0	50	4	1	1	
				968.36	671.0	100	4	1	1	
长子县	9	两都村	两都村	984.72	71.0	5	4	1	1	
				985.00	123.0	10	8	2	2	
				985.24	180.0	20	32	8	8	
				985.48	253.0	50	40	10	10	
				985.63	311.0	100	40	10	10	
长子县	10	苇池村	苇池村	1008.12	27.0	5	0	0	0	
				1008.31	48.0	10	202	55	55	
				1008.49	72.0	20	202	55	55	
				1008.66	100.0	50	202	55	55	
				1008.77	123.0	100	202	55	55	

续表

县区	序号	行政区划名称	小流域名称	水位（m）	流量（m^3/s）	重现期（年）	人口（人）	户数（户）	房屋数（座）	备注
长子县	11	李家庄村	李家庄村	1079. 93	29. 0	5	0	0	0	
				1080. 25	48. 0	10	444	120	120	
				1080. 54	70. 0	20	444	120	120	
				1080. 85	99. 0	50	444	120	120	
				1081. 05	120. 0	100	444	120	120	
长子县	12	圪倒村	圪倒村	966. 21	149. 0	5	0	0	0	
				966. 77	260. 0	10	240	53	53	
				967. 26	379. 0	20	240	53	53	
				967. 80	545. 0	50	240	53	53	
				968. 15	671. 0	100	240	53	53	
长子县	13	高桥沟村	高桥沟村	958. 11	149. 0	5	0	0	0	
				958. 64	260. 0	10	0	0	0	
				959. 07	379. 0	20	0	0	0	
				959. 47	545. 0	50	16	4	4	
				959. 73	671. 0	100	16	4	4	
长子县	14	花家坪村	花家坪村	956. 64	149. 0	5	0	0	0	
				957. 05	260. 0	10	234	54	54	
				957. 38	379. 0	20	234	54	54	
				957. 76	545. 0	50	234	54	54	
				958. 00	671. 0	100	234	54	54	
长子县	15	洪珍村	洪珍村	975. 03	97. 0	5	4	1	1	
				975. 28	170. 0	10	4	1	1	
				975. 47	248. 0	20	4	1	1	
				975. 70	356. 0	50	4	1	1	
				975. 85	440. 0	100	4	1	1	
长子县	16	郭家沟村	郭家沟村	1063. 65	8. 0	5	0	0	0	
				1064. 01	15. 0	10	0	0	0	
				1064. 27	22. 0	20	0	0	0	
				1064. 53	31. 0	50	0	0	0	
				1064. 69	38. 0	100	4	1	1	

续表

县区	序号	行政区划名称	小流域名称	水位（m）	流量（m^3/s）	重现期（年）	人口（人）	户数（户）	房屋数（座）	备注
长子县	17	南岭庄	南岭庄	1109.42	133.0	5	0	0	0	
				1109.83	219.0	10	13	2	2	
				1110.17	309.0	20	13	2	2	
				1110.55	431.0	50	13	2	2	
				1110.81	523.0	100	13	2	2	
长子县	18	大山	大山	1100.19	133.0	5	0	0	0	
				1100.57	219.0	10	0	0	0	
				1100.90	309.0	20	11	2	2	
				1101.31	431.0	50	36	7	7	
				1101.55	523.0	100	36	7	7	
长子县	19	羊窑沟	羊窑沟	1102.69	133.0	5	4	1	1	
				1103.02	219.0	10	4	1	1	
				1103.28	309.0	20	4	1	1	
				1103.57	431.0	50	10	3	3	
				1103.77	523.0	100	12	4	4	
长子县	20	响水铺	响水铺	1040.19	154.0	5	0	0	0	
				1040.59	255.0	10	60	26	26	
				1040.95	363.0	20	60	26	26	
				1041.38	508.0	50	60	26	26	
				1041.66	619.0	100	60	26	26	
长子县	21	东沟庄	东沟庄	1175.38	13.0	5	0	0	0	
				1175.52	22.0	10	19	9	9	
				1175.63	31.0	20	19	9	9	
				1175.76	44.0	50	19	9	9	
				1175.85	54.0	100	19	9	9	
长子县	22	九亩沟	九亩沟	1232.59	54.0	5	0	0	0	
				1232.97	84.0	10	54	27	27	
				1233.29	116.0	20	54	27	27	
				1233.64	160.0	50	54	27	27	
				1233.85	193.0	100	54	27	27	

续表

县区	序号	行政区划名称	小流域名称	水位（m）	流量（m^3/s）	重现期（年）	人口（人）	户数（户）	房屋数（座）	备注
长子县	23	小豆沟	小豆沟	1141.15	92.0	5	16	3	3	
				1141.56	160.0	10	17	4	4	
				1141.92	234.0	20	21	5	5	
				1142.30	333.0	50	25	6	6	
				1142.56	411.0	100	34	8	8	
长子县	24	尧神沟村	尧神沟村	964.54	3.00	5	12	3	3	
				964.56	4.00	10	12	3	3	
				964.58	5.00	20	12	3	3	
				964.60	7.00	50	12	3	3	
				964.62	8.00	100	12	3	3	
长子县	25	沙河村	沙河村	931.98	65.0	5	0	0	0	
				932.24	108.0	10	0	0	0	
				932.89	167.0	20	0	0	0	
				933.37	242.0	50	0	0	0	
				933.66	296.0	100	16	4	4	
长子县	26	韩坊村	韩坊村	923.02	125.0	5	16	4	4	
				923.27	202.0	10	20	5	5	
				923.53	312.0	20	24	6	6	
				923.79	465.0	50	36	9	9	
				923.95	575.0	100	36	9	9	
长子县	27	交里村	交里村	919.5	296.0	5	4	1	1	
				920.61	551.0	10	8	2	2	
				921.08	860.0	20	16	4	4	
				921.78	1262.0	50	48	12	12	
				922.36	1595.0	100	124	31	31	
长子县	28	西田良村	西田良村	958.22	91.0	5	0	0	0	
				958.38	141.0	10	0	0	0	
				958.53	194.0	20	0	0	0	
				958.68	260.0	50	44	11	11	
				958.77	311.0	100	52	13	13	

续表

县区	序号	行政区划名称	小流域名称	水位(m)	流量(m^3/s)	重现期(年)	人口(人)	户数(户)	房屋数(座)	备注
长子县	29	南贾村	南贾村	964.44	52.0	5	0	0	0	
				964.68	78.0	10	0	0	0	
				964.89	106.0	20	0	0	0	
				965.08	140.0	50	0	0	0	
				965.21	166.0	100	4	1	1	
长子县	30	东田良村	东田良村	959.42	92.0	5	0	0	0	
				959.64	142.0	10	0	0	0	
				959.82	196.0	20	651	192	192	
				960.00	263.0	50	651	192	192	
				960.10	313.0	100	651	192	192	
长子县	31	南张店村	南张店村	985.72	50.0	5	64	16	16	
				985.98	76.0	10	72	18	18	
				986.02	102.0	20	72	18	18	
				986.05	135.0	50	72	18	18	
				986.08	160.0	100	76	19	19	
长子县	32	西范村	西范村	998.26	26.0	5	30	6	6	
				998.51	37.0	10	79	18	18	
				998.69	48.0	20	94	21	21	
				998.89	63.0	50	104	23	23	
				999.04	74.0	100	104	23	23	
长子县	33	东范村	东范村	978.01	50.0	5	0	0	0	
				978.34	76.0	10	11	4	4	
				978.59	102.0	20	41	13	13	
				978.82	135.0	50	68	18	18	
				978.98	160.0	100	82	21	21	
长子县	34	崔庄村	崔庄村	968.54	52.0	5	0	0	0	
				968.82	78.0	10	6	1	1	
				969.07	106.0	20	10	2	2	
				969.34	140.0	50	36	7	7	
				969.53	166.0	100	81	17	17	

续表

县区	序号	行政区划名称	小流域名称	水位(m)	流量(m^3/s)	重现期(年)	人口(人)	户数(户)	房屋数(座)	备注
长子县	35	龙泉村	龙泉村	993.18	50.0	5	44	11	11	
				993.52	76.0	10	78	20	20	
				993.80	102.0	20	99	24	24	
				994.11	135.0	50	101	25	25	
				994.33	160.0	100	117	28	28	
长子县	36	程家庄村	程家庄村	1011.86	10.0	5	0	0	0	
				1011.91	15.0	10	0	0	0	
				1011.95	19.0	20	197	58	58	
				1011.99	24.0	50	197	58	58	
				1012.02	28.0	100	197	58	58	
长子县	37	窑下村	窑下村	1020.29	66.0	5	0	0	0	
				1020.35	97.0	10	0	0	0	
				1020.41	130.0	20	0	0	0	
				1020.49	171.0	50	0	0	0	
				1020.54	202.0	100	683	202	202	
长子县	38	赵家庄村	赵家庄村	1085.63	14.0	5	0	0	0	
				1085.79	20.0	10	0	0	0	
				1085.92	26.0	20	0	0	0	
				1086.04	33.0	50	110	25	25	
				1086.12	38.0	100	110	25	25	
长子县	39	陈家庄村	陈家庄村	1085.63	14.0	5	0	0	0	
				1085.79	20.0	10	0	0	0	
				1085.92	26.0	20	0	0	0	
				1086.04	33.0	50	110	25	25	
				1086.12	38.0	100	110	25	25	
长子县	40	吴家庄村	吴家庄村	1085.63	14.0	5	0	0	0	
				1085.79	20.0	10	0	0	0	
				1085.92	26.0	20	0	0	0	
				1086.04	33.0	50	110	25	25	
				1086.12	38.0	100	110	25	25	

续表

县区	序号	行政区划名称	小流域名称	水位（m）	流量（m^3/s）	重现期（年）	人口（人）	户数（户）	房屋数（座）	备注
长子县	41	曹家沟村	曹家沟村	1042.50	66.0	5	80	20	20	
				1042.74	97.0	10	80	20	20	
				1042.94	130.0	20	80	20	20	
				1043.17	171.0	50	80	20	20	
				1043.33	202.0	100	80	20	20	
长子县	42	琚村	琚村	1018.20	91.0	5	100	25	25	
				1018.59	137.0	10	116	29	29	
				1018.77	186.0	20	116	29	29	
				1018.77	248.0	50	116	29	29	
				1018.77	295.0	100	116	29	29	
长子县	43	平西沟村	平西沟村	1033.44	100.0	5	0	0	0	
				1033.59	152.0	10	0	0	0	
				1033.73	207.0	20	0	0	0	
				1033.88	276.0	50	0	0	0	
				1033.98	329.0	100	136	34	34	
长子县	44	南漳村	南漳村	917.08	67.0	5	0	0	0	
				917.66	116.0	10	0	0	0	
				918.25	179.0	20	204	41	41	
				918.97	285.0	50	246	49	49	
				919.50	366.0	100	259	52	52	
长子县	45	吴村	吴村	937.64	253.0	5	302	66	66	
				940.10	463.0	10	307	68	68	
				943.23	731.0	20	307	68	68	
				947.12	1064.0	50	307	68	68	
				950.26	1333.0	100	307	68	68	
长子县	46	安西村	安西村	980.61	65.0	5	0	0	0	
				980.93	116.0	10	0	0	0	
				981.20	170.0	20	0	0	0	
				981.49	241.0	50	8	2	2	
				981.69	297.0	100	8	2	2	

续表

县区	序号	行政区划名称	小流域名称	水位（m）	流量（m^3/s）	重现期（年）	人口（人）	户数（户）	房屋数（座）	备注
长子县	47	金村	金村	985.79	65.0	5	0	0	0	
				986.12	116.0	10	0	0	0	
				986.33	170.0	20	0	0	0	
				986.53	241.0	50	0	0	0	
				986.67	297.0	100	546	168	168	
长子县	48	丰村	丰村	1008.12	40.0	5	0	0	0	
				1008.45	70.0	10	0	0	0	
				1008.72	103.0	20	0	0	0	
				1009.01	146.0	50	0	0	0	
				1009.18	179.0	100	440	133	133	
长子县	49	苏村	苏村	971.82	100.0	5	8	2	2	
				972.03	155.0	10	12	3	3	
				972.19	212.0	20	16	4	4	
				972.36	286.0	50	24	6	6	
				972.48	341.0	100	24	6	6	
长子县	50	西沟村	西沟村	990.06	28.0	5	0	0	0	
				990.14	43.0	10	0	0	0	
				990.22	57.0	20	0	0	0	
				990.31	77.0	50	12	3	3	
				990.36	91.0	100	12	3	3	
长子县	51	西峪村	西峪村	1004.15	41.0	5	0	0	0	
				1004.46	63.0	10	0	0	0	
				1004.72	85.0	20	156	39	39	
				1004.96	113.0	50	208	52	52	
				1005.10	135.0	100	224	56	56	
长子县	52	东峪村	东峪村	997.78	41.0	5	0	0	0	
				997.99	62.0	10	0	0	0	
				998.17	84.0	20	0	0	0	
				998.36	113.0	50	0	0	0	
				998.48	135.0	100	100	25	25	

续表

县区	序号	行政区划名称	小流域名称	水位（m）	流量（m^3/s）	重现期（年）	人口（人）	户数（户）	房屋数（座）	备注
长子县	53	城阳村	城阳村	962.54	96.0	5	0	0	0	
				962.84	163.0	10	0	0	0	
				963.09	235.0	20	4	1	1	
				963.38	331.0	50	4	1	1	
				963.57	406.0	100	8	2	2	
长子县	54	阳鲁村	阳鲁村	983.78	49.0	5	0	0	0	
				984.08	80.0	10	0	0	0	
				984.29	113.0	20	24	6	6	
				984.51	154.0	50	24	6	6	
				984.65	186.0	100	24	6	6	
长子县	55	善村	善村	990.62	49.0	5	0	0	0	
				990.88	81.0	10	0	0	0	
				991.08	117.0	20	0	0	0	
				991.27	162.0	50	4	1	1	
				991.40	197.0	100	8	2	2	
长子县	56	南庄村	南庄村	998.51	49.0	5	0	0	0	
				998.77	81.0	10	4	1	1	
				998.94	117.0	20	20	5	5	
				999.06	162.0	50	24	6	6	
				999.13	197.0	100	28	7	7	
长子县	57	大南石村	大南石村	948.94	3.0	5	0	0	0	
				948.97	4.0	10	0	0	0	
				948.99	5.0	20	0	0	0	
				949.01	6.0	50	0	0	0	
				949.02	7.0	100	437	162	162	
长子县	58	小南石	小南石	948.64	6.0	5	0	0	0	
				948.65	8.0	10	0	0	0	
				948.65	11.0	20	0	0	0	
				948.66	14.0	50	0	0	0	
				948.67	16.0	100	531	195	195	

续表

县区	序号	行政区划名称	小流域名称	水位(m)	流量(m^3/s)	重现期(年)	人口(人)	户数(户)	房屋数(座)	备注
长子县	59	申村	申村	949.56	323.0	5	0	0	0	
				949.78	590.0	10	0	0	0	
				949.95	873.0	20	0	0	0	
				950.15	1253.0	50	0	0	0	
				950.29	1547.0	100	774	272	272	
长子县	60	西何村	西何村	924.35	216.0	5	92	23	23	
				925.07	402.0	10	92	23	23	
				925.87	671.0	20	92	23	23	
				926.71	1052.0	50	92	23	23	
				927.25	1335.0	100	92	23	23	
长子县	61	鲍寨村	鲍寨村	1037.36	66.0	5	0	0	0	
				1037.70	97.0	10	0	0	0	
				1037.98	130.0	20	365	78	78	
				1038.22	171.0	50	365	78	78	
				1038.37	202.0	100	365	78	78	
长子县	62	南庄	南庄	1105.57	133.0	5	15	4	4	
				1106.03	219.0	10	16	5	5	
				1106.48	309.0	20	31	9	9	
				1107.08	431.0	50	38	13	13	
				1107.54	523.0	100	39	14	14	
长子县	63	南沟	南沟	1109.32	8.0	5	0	0	0	
				1109.42	12.0	10	0	0	0	
				1109.51	17.0	20	0	0	0	
				1109.6	22.0	50	0	0	0	
				1109.67	26.0	100	3	2	2	
长子县	64	庞庄村	庞庄村	1026.72	75.0	5	0	0	0	
				1026.95	109.0	10	4	1	1	
				1027.15	143.0	20	4	1	1	
				1027.36	185.0	50	8	2	2	
				1027.51	218.0	100	16	4	4	

续表

县区	序号	行政区划名称	小流域名称	水位（m）	流量（m^3/s）	重现期（年）	人口（人）	户数（户）	房屋数（座）	备注
长治县	1	柳林村	黑水河	954.99	25.0	5	0	0	0	
				955.28	40.9	10	6	1	1	
				955.45	59.1	20	11	2	2	
				955.67	84.8	50	11	2	2	
				955.83	105.7	100	16	3	3	
长治县	2	林移村	黑水河	947.08	28.3	5	11	3	3	
				947.13	46.0	10	36	8	8	
				947.19	70.6	20	75	19	19	
				947.26	107.8	50	145	34	34	
				947.30	137.8	100	215	51	51	
长治县	3	柳林庄村	黑水河	954.31	27.9	5	0	0	0	
				954.41	46.9	10	0	0	0	
				954.49	69.6	20	0	0	0	
				954.56	101.8	50	0	0	0	
				954.63	129.9	100	13	2	2	
长治县	4	司马村	黑水河	935.61	77.6	5	8	3	3	
				935.72	129.9	10	17	6	6	
				935.85	202.4	20	30	11	11	
				935.99	314.1	50	62	23	23	
				936.07	407.8	100	92	34	34	
长治县	5	荫城村	荫城河	994.71	142.3	5	0	0	0	
				995.39	226.0	10	0	0	0	
				995.88	335.2	20	22	6	6	
				996.33	493.3	50	82	19	19	
				996.37	506.9	100	90	21	21	
长治县	6	河下村	荫城河	1013.05	131.0	5	0	0	0	
				1013.82	207.5	10	4	1	1	
				1014.58	307.3	20	4	1	1	
				1015.28	450.3	50	12	3	3	
				1015.58	561.4	100	21	5	5	

续表

县区	序号	行政区划名称	小流域名称	水位（m）	流量（m^3/s）	重现期（年）	人口（人）	户数（户）	房屋数（座）	备注
长治县	7	横河村	荫城河	1020.03	130.9	5	4	1	1	
				1020.23	207.2	10	4	1	1	
				1020.59	294.0	20	28	6	6	
				1021.08	431.8	50	28	6	6	
				1021.42	539.2	100	28	6	6	
长治县	8	桑梓一村	南宋河	989.30	164.0	5	0	0	0	
				990.01	253.9	10	0	0	0	
				990.43	361.0	20	4	1	1	
				991.00	497.3	50	15	4	4	
				991.33	598.2	100	15	4	4	
长治县	9	桑梓二村	桑梓二村沟	1001.49	20.0	5	9	2	2	
				1001.61	28.9	10	73	15	15	
				1001.73	38.9	20	94	19	19	
				1001.87	51.6	50	107	22	22	
				1001.97	61.4	100	107	22	22	
长治县	10	北头村	南宋河	1005.97	148.0	5	4	1	1	
				1006.12	226.4	10	4	1	1	
				1006.28	317.3	20	4	1	1	
				1006.40	430.8	50	21	4	4	
				1006.47	514.7	100	64	13	13	
长治县	11	内王村	内王河	1009.98	21.8	5	0	0	0	
				1010.56	31.5	10	12	3	3	
				1010.72	42.8	20	35	8	8	
				1010.92	57.5	50	40	9	9	
				1011.07	68.6	100	46	10	10	
长治县	12	王坊村	荫城河	976.74	206.8	5	0	0	0	
				977.21	318.2	10	0	0	0	
				977.88	462.6	20	5	2	2	
				978.47	692.9	50	17	5	5	
				978.73	866.2	100	32	8	8	

续表

县区	序号	行政区划名称	小流域名称	水位(m)	流量(m^3/s)	重现期(年)	人口(人)	户数(户)	房屋数(座)	备注
长治县	13	中村	荫城河	975.55	206.8	5	0	0	0	
				976.65	318.2	10	0	0	0	
				977.06	462.6	20	4	1	1	
				977.52	692.9	50	40	8	8	
				977.76	866.2	100	81	16	16	
长治县	14	李坊村	荫城河	975.57	208.4	5	7	2	2	
				975.96	317.0	10	9	3	3	
				976.35	451.7	20	9	3	3	
				976.90	669.4	50	17	5	5	
				977.25	836.5	100	17	5	5	
长治县	15	北王庆村	陶清河	974.99	2.0	5	0	0	0	
				975.08	2.9	10	0	0	0	
				975.16	3.9	20	0	0	0	
				975.25	5.1	50	0	0	0	
				975.37	6.1	100	52	15	15	
长治县	16	桥头村	桥头沟	1076.46	35.7	5	7	2	2	
				1076.69	51.6	10	7	2	2	
				1076.92	69.4	20	11	3	3	
				1077.17	91.7	50	11	3	3	
				1077.36	108.2	100	15	4	4	
长治县	17	下赵家庄村	荫城河	1070.88	7.8	5	13	4	4	
				1070.94	10.7	10	18	5	5	
				1070.99	13.8	20	21	6	6	
				1071.06	17.7	50	25	7	7	
				1071.09	20.6	100	25	7	7	
长治县	18	南河村	南河沟	1060.47	3.6	5	7	1	1	
				1060.56	5.0	10	11	2	2	
				1060.64	6.4	20	21	5	5	
				1060.72	8.1	50	34	8	8	
				1060.77	9.3	100	59	14	14	

续表

县区	序号	行政区划名称	小流域名称	水位（m）	流量（m^3/s）	重现期（年）	人口（人）	户数（户）	房屋数（座）	备注
长治县	19	羊川村	羊川沟	1039.57	22.4	5	0	0	0	
				1039.75	35.0	10	4	1	1	
				1039.95	49.0	20	4	1	1	
				1040.11	69.9	50	9	2	2	
				1040.22	86.5	100	38	8	8	
长治县	20	八义村	八义河	985.71	51.8	5	0	0	0	
				986.12	77.2	10	0	0	0	
				986.78	105.6	20	30	6	6	
				987.10	141.5	50	74	16	16	
				987.28	168.0	100	106	23	23	
长治县	21	狗湾村	色头河	972.31	175.1	5	0	0	0	
				972.88	276.4	10	0	0	0	
				973.44	388.0	20	0	0	0	
				973.92	530.3	50	5	1	1	
				974.24	637.2	100	40	11	11	
长治县	22	北楼底村	北楼底沟	993.76	27.8	5	0	0	0	
				993.97	40.2	10	35	7	7	
				994.11	53.6	20	74	16	16	
				994.26	70.2	50	116	26	26	
				994.34	82.5	100	156	36	36	
长治县	23	南楼底村	色头河	999.77	142.6	5	0	0	0	
				1000.17	220.9	10	0	0	0	
				1000.54	305.8	20	0	0	0	
				1000.95	412.5	50	0	0	0	
				1001.24	493.3	100	5	1	1	
长治县	24	新庄村	新庄沟	1047.54	4.1	5	13	3	3	
				1047.62	6.2	10	17	4	4	
				1047.70	8.6	20	17	4	4	
				1047.80	11.9	50	24	5	5	
				1047.87	14.4	100	45	9	9	

续表

县区	序号	行政区划名称	小流域名称	水位(m)	流量(m^3/s)	重现期(年)	人口(人)	户数(户)	房屋数(座)	备注
长治县	25	定流村	定流沟	1085.24	17.8	5	2	1	1	
				1085.65	26.2	10	23	6	6	
				1085.85	36.7	20	53	14	14	
				1086.08	50.4	50	64	16	16	
				1086.25	60.7	100	70	18	18	
长治县	26	北郭村	黑水河	922.52	89.6	5	20	4	4	
				922.99	151.6	10	40	9	9	
				923.52	240.2	20	100	22	22	
				924.21	376.9	50	172	39	39	
				924.72	491.6	100	253	60	60	
长治县	27	岭上村	黑水河	934.15	78.7	5	0	0	0	
				934.26	132.3	10	0	0	0	
				934.45	206.6	20	0	0	0	
				934.57	321.5	50	0	0	0	
				934.68	419.0	100	13	2	2	
长治县	28	高河村	浊漳河南源	904.78	206.8	5	0	0	0	
				905.45	366.6	10	0	0	0	
				906.28	611.2	20	0	0	0	
				907.35	998.2	50	13	3	3	
				908.10	1309.5	100	16	4	4	
长治县	29	西池村	东池沟	976.38	12.7	5	0	0	0	
				976.66	20.5	10	24	5	5	
				976.96	31.5	20	41	8	8	
				977.31	48.5	50	62	12	12	
				977.54	62.3	100	101	21	21	
长治县	30	东池村	东池沟	994.49	11.1	5	0	0	0	
				994.59	17.9	10	0	0	0	
				994.68	27.4	20	0	0	0	
				994.77	42.2	50	0	0	0	
				994.84	54.3	100	19	5	5	

续表

县区	序号	行政区划名称	小流域名称	水位（m）	流量（m^3/s）	重现期（年）	人口（人）	户数（户）	房屋数（座）	备注
长治县	31	小河村	陶清河	990.13	13.5	5	0	0	0	
				990.25	19.3	10	0	0	0	
				990.39	25.8	20	0	0	0	
				990.48	33.9	50	0	0	0	
				990.55	40.0	100	9	2	2	
长治县	32	沙峪村	陶清河	976.14	4.9	5	0	0	0	
				976.35	6.9	10	0	0	0	
				976.56	9.1	20	0	0	0	
				976.78	11.9	50	0	0	0	
				976.93	13.9	100	67	20	20	
长治县	33	土桥村	土桥沟	970.51	18.4	5	19	4	4	
				970.72	28.8	10	19	4	4	
				970.88	40.8	20	23	5	5	
				971.07	56.9	50	43	11	11	
				971.17	68.9	100	87	24	24	
长治县	34	河头村	河头沟	988.08	46.6	5	0	0	0	
				988.78	79.5	10	0	0	0	
				989.36	131.9	20	0	0	0	
				990.21	220.4	50	0	0	0	
				990.64	303.8	100	30	7	7	
长治县	35	小川村	小川沟	988.76	2.8	5	0	0	0	
				988.82	4.6	10	0	0	0	
				988.88	7.2	20	0	0	0	
				988.97	11.5	50	0	0	0	
				989.04	15.2	100	14	4	4	
长治县	36	北呈村	北呈沟	930.12	22.6	5	76	19	19	
				930.52	40.1	10	95	23	23	
				930.94	62.9	20	102	48	48	
				931.41	94.1	50	108	68	68	
				931.72	118.2	100	110	78	78	

续表

县区	序号	行政区划名称	小流域名称	水位(m)	流量(m^3/s)	重现期(年)	人口(人)	户数(户)	房屋数(座)	备注
长治县	37	大沟村	陶清河	922.45	60.5	5	0	0	0	
				922.81	109.4	10	0	0	0	
				923.18	188.1	20	0	0	0	
				923.66	320.8	50	0	0	0	
				923.98	428.5	100	25	4	4	
长治县	38	南岭头村	辉河	944.65	23.1	5	0	0	0	
				944.78	37.8	10	0	0	0	
				944.90	56.5	20	0	0	0	
				945.08	83.5	50	0	0	0	
				945.24	104.5	100	6	1	1	
长治县	39	北岭头村	陶清河	929.32	62.9	5	0	0	0	
				930.18	104.4	10	10	2	2	
				931.17	161.2	20	19	5	5	
				932.51	246.5	50	21	6	6	
				933.53	316.8	100	21	6	6	
长治县	40	须村	辉河	955.12	6.0	5	0	0	0	
				955.18	9.3	10	0	0	0	
				955.23	12.9	20	5	1	1	
				955.28	17.3	50	20	5	5	
				955.32	20.5	100	48	11	11	
长治县	41	东和村	陶清河	942.73	60.5	5	0	0	0	
				942.87	109.4	10	0	0	0	
				943.06	188.1	20	0	0	0	
				943.29	320.8	50	0	0	0	
				943.46	428.5	100	31	6	6	
长治县	42	中和村	陶清河	938.75	60.5	5	0	0	0	
				939.03	109.4	10	0	0	0	
				939.25	188.1	20	11	2	2	
				939.55	320.8	50	46	10	10	
				939.75	428.5	100	84	20	20	

续表

县区	序号	行政区划名称	小流域名称	水位（m）	流量（m^3/s）	重现期（年）	人口（人）	户数（户）	房屋数（座）	备注
长治县	43	西和村	陶清河	936.53	60.5	5	0	0	0	
				936.75	109.4	10	0	0	0	
				937.00	188.1	20	9	2	2	
				937.35	320.8	50	17	4	4	
				937.54	428.5	100	45	10	10	
长治县	44	曹家沟村	陶清河	950.49	60.5	5	0	0	0	
				950.91	109.4	10	0	0	0	
				951.34	188.1	20	0	0	0	
				951.94	320.8	50	0	0	0	
				952.30	428.5	100	31	6	6	
长治县	45	琚家沟村	陶清河	949.00	60.5	5	0	0	0	
				949.31	109.4	10	0	0	0	
				949.82	188.1	20	0	0	0	
				950.19	320.8	50	0	0	0	
				950.59	428.5	100	16	3	3	
长治县	46	屈家山村	辉河	1013.98	10.3	5	9	2	2	
				1014.11	14.8	10	32	7	7	
				1014.23	19.7	20	62	14	14	
				1014.37	26.0	50	97	21	21	
				1014.46	30.7	100	142	32	32	
长治县	47	辉河村	辉河	971.10	2.9	5	0	0	0	
				971.15	4.4	10	0	0	0	
				971.20	6.1	20	15	3	3	
				971.24	8.1	50	35	8	8	
				971.27	9.6	100	57	14	14	
长治县	48	子乐沟村	子乐沟	1017.51	19.0	5	0	0	0	
				1017.38	16.3	10	11	2	2	
				1017.18	12.6	20	16	4	4	
				1016.91	9.7	50	17	5	5	
				1016.61	6.9	100	19	5	5	

续表

县区	序号	行政区划名称	小流域名称	水位(m)	流量(m^3/s)	重现期(年)	人口(人)	户数(户)	房屋数(座)	备注
长治郊区	1	关村	关村	931.30	2.0	5	0	0	0	
				931.32	4.0	10	0	0	0	
				931.33	6.0	20	0	0	0	
				931.35	9.0	50	0	0	0	
				931.37	11.0	100	35	5	5	
长治郊区	2	沟西村	沟西村	959.66	37.0	5	0	0	0	
				959.74	56.0	10	0	0	0	
				959.81	76.0	20	0	0	0	
				959.89	102.0	50	0	4	4	
				959.95	121.0	100	54	14	14	
长治郊区	3	西长井村	西长井村	990.62	7.0	5	0	0	0	
				990.77	11.0	10	0	0	0	
				990.93	17.0	20	20	4	4	
				990.93	24.0	50	50	10	10	
				991.16	29.0	100	70	14	14	
长治郊区	4	石桥村	石桥村	975.71	6.0	5	0	0	0	
				975.74	10.0	10	0	0	0	
				975.79	16.0	20	0	0	0	
				975.84	23.0	50	0	0	0	
				975.88	29.0	100	20	6	6	
长治郊区	5	大天桥村	大天桥村	1012.79	21.0	5	0	0	0	
				1012.90	32.0	10	0	0	0	
				1013.00	45.0	20	35	10	10	
				1013.12	64.0	50	65	17	17	
				1013.19	78.0	100	110	29	29	
长治郊区	6	中天桥村	中天桥村	1007.89	16.0	5	0	0	0	
				1008.10	24.0	10	0	0	0	
				1008.29	33.0	20	15	4	4	
				1008.53	46.0	50	35	9	9	
				1008.68	56.0	100	60	15	15	

续表

县区	序号	行政区划名称	小流域名称	水位（m）	流量（m^3/s）	重现期（年）	人口（人）	户数（户）	房屋数（座）	备注
长治郊区	7	毛站村	毛站村	999.29	15.0	5	0	0	0	
				999.57	24.0	10	0	0	0	
				999.82	33.0	20	15	5	5	
				1000.14	46.0	50	40	13	13	
				1000.34	56.0	100	55	18	18	
长治郊区	8	南天桥村	南天桥村	1043.49	9.0	5	0	0	0	
				1043.73	14.0	10	0	0	0	
				1043.96	19.0	20	0	0	0	
				1044.21	25.0	50	30	7	7	
				1044.36	30.0	100	75	19	19	
长治郊区	9	南垂村	南垂村	908.16	13.0	5	50	16	16	
				908.33	22.0	10	80	25	25	
				908.49	31.0	20	115	35	35	
				908.72	45.0	50	145	39	39	
				908.91	56.0	100	165	46	46	
长治郊区	10	鸡坡村	鸡坡村	959.97	4.0	5	0	0	0	
				960.05	6.0	10	0	0	0	
				960.11	9.0	20	0	0	0	
				960.18	12.0	50	0	0	0	
				960.22	14.0	100	0	0	0	
长治郊区	11	盐店沟村	盐店沟村	997.15	4.0	5	0	0	0	
				997.42	7.0	10	0	0	0	
				997.63	10.0	20	0	0	0	
				997.88	14.0	50	0	0	0	
				998.03	17.0	100	0	0	0	
长治郊区	12	小龙脑村	小龙脑村	1104.52	3.0	5	0	0	0	
				1104.63	5.0	10	0	0	0	
				1104.74	7.0	20	0	0	0	
				1104.84	9.0	50	0	0	0	
				1104.91	11.0	100	0	0	0	

续表

县区	序号	行政区划名称	小流域名称	水位(m)	流量(m^3/s)	重现期(年)	人口(人)	户数(户)	房屋数(座)	备注
长治郊区	13	瓦窑沟村	瓦窑沟村	1013.81	10.0	5	0	0	0	
				1013.91	16.0	10	0	0	0	
				1014.00	22.0	20.0	0	0	0	
				1014.11	30.0	50	30	14	14	
				1014.18	36.0	100	55	26	26	
长治郊区	14	滴谷寺村	滴谷寺村	1093.12	4.0	5	0	0	0	
				1093.20	6.0	10	0	0	0	
				1093.27	9.0	20	0	0	0	
				1093.34	12.0	50	25	7	7	
				1093.38	14.0	100	60	19	19	
长治郊区	15	东沟村	东沟村	944.44	4.0	5	0	0	0	
				944.59	7.4	10	8	2	2	
				944.72	10.0	20	23	6	6	
				944.87	13.0	50	43	14	14	
				944.97	15.0	100	73	26	26	
长治郊区	16	苗圃村	苗圃村	968.21	2.0	5	0	0	0	
				968.29	3.0	10	0	0	0	
				968.34	4.0	20	15	4	4	
				968.41	6.0	50	40	15	15	
				968.45	7.0	100	60	24	24	
长治郊区	17	老巴山村	老巴山村	972.88	10.0	5	0	0	0	
				972.97	16.0	10	0	0	0	
				973.04	22.0	20	15	4	4	
				973.12	31.0	50	40	12	12	
				973.18	37.0	100	60	17	17	
长治郊区	18	二龙山村	二龙山村	941.84	3.0	5	0	0	0	
				941.88	5.0	10	0	0	0	
				941.91	7.0	20	0	0	0	
				941.95	10.2	50	30	7	7	
				941.98	12.0	100	75	19	19	

续表

县区	序号	行政区划名称	小流域名称	水位（m）	流量（m^3/s）	重现期（年）	人口（人）	户数（户）	房屋数（座）	备注
长治郊区	19	余庄村	余庄村	907.27	2.0	5	0	0	0	
				907.29	3.0	10	0	0	0	
				907.32	5.0	20	0	0	0	
				907.34	7.4	50	40	15	15	
				907.35	8.0	100	65	25	25	
长治郊区	20	店上村	店上村	903.73	3.0	5	0	0	0	
				904.08	6.0	10	0	0	0	
				904.11	8.0	20	0	0	0	
				904.15	12.0	50	30	5	5	
				904.18	16.0	100	70	14	14	
长治郊区	21	马庄村	马庄村	901.97	51.0	5	0	0	0	
				902.06	84.0	10	0	0	0	
				902.16	127.0	20	35	8	8	
				902.27	181.0	50	65	15	15	
				902.34	224.0	100	100	23	23	
长治郊区	22	故县村	故县村	909.38	36.0	5	0	0	0	
				909.50	64.0	10	0	0	0	
				909.61	101.0	20	0	0	0	
				909.75	164.0	50	45	12	12	
				909.85	220.0	100	90	24	24	
长治郊区	23	葛家庄村	葛家庄村	921.12	2.0	5	0	0	0	
				921.41	3.0	10	0	0	0	
				921.69	5.0	20	0	0	0	
				921.99	7.4	50	35	10	10	
				922.20	9.0	100	80	22	22	
长治郊区	24	良才村	良才村	1019.43	2.0	5	0	0	0	
				1019.48	4.0	10	0	0	0	
				1019.54	6.0	20	0	0	0	
				1019.60	8.0	50	34	9	9	
				1019.63	10.0	100	79	20	20	

续表

县区	序号	行政区划名称	小流域名称	水位（m）	流量（m^3/s）	重现期（年）	人口（人）	户数（户）	房屋数（座）	备注
长治郊区	25	史家庄村	史家庄村	917.4	7.0	5	15	3	3	
				917.54	13.0	10	35	8	8	
				917.64	18.0	20	60	14	14	
				917.76	26.0	50	90	21	21	
				917.84	33.0	100	115	27	27	
长治郊区	26	西沟村	西沟村	894.19	2.0	5	0	0	0	
				894.43	3.0	10	10	4	4	
				894.64	4.0	20	30	11	11	
				894.84	6.0	50	60	16	16	
				894.98	8.0	100	105	20	20	
长治郊区	27	西白兔村	西白兔村	870.01	22.0	5	0	0	0	
				870.41	38.0	10	0	0	0	
				870.80	57.0	20	0	0	0	
				871.17	82.0	50	35	9	9	
				871.43	103.0	100	80	21	21	
长治郊区	28	漳村	漳村	874.1	1.0	5	0	0	0	
				874.17	2.0	10	0	0	0	
				874.22	3.0	20	0	0	0	
				874.28	4.0	50	0	0	0	
				874.31	5.0	100	0	0	0	
左权县	1	寺仙村	柳林河西 1	1158.32	146.0	5	0	0	0	
				1158.51	233.0	10	35	10	10	
				1158.71	345.0	20	62	17	17	
				1158.90	489.0	50	109	27	27	
				1159.01	596.0	100	156	37	37	
左权县	2	水峪沟村	羊角河 5	1269.30	11.7	5	3	1	1	
				1269.59	20.9	10	3	1	1	
				1269.74	33.2	20	6	2	2	
				1269.84	49.5	50	16	5	5	
				1269.93	66.6	100	19	7	7	

续表

县区	序号	行政区划名称	小流域名称	水位（m）	流量（m^3/s）	重现期（年）	人口（人）	户数（户）	房屋数（座）	备注
左权县	3	西崖底村	西崖底村	728.60	37.0	5	19	10	10	
				728.90	58.5	10	38	15	15	
				729.18	81.6	20	41	16	16	
				729.50	111.0	50	60	20	20	
				729.72	133.0	100	63	21	21	
左权县	4	上口村	桐峪沟 1	670.77	236.0	5	0	0	0	
				671.21	376.0	10	0	0	0	
				671.67	562.0	20	0	0	0	
				672.17	842.0	50	32	8	8	
				672.37	1080.0	100	32	8	8	
左权县	5	下庄南	下庄河沟南	1156.58	20.0	5	7	2	2	
				1156.71	37.4	10	28	8	8	
				1156.87	63.9	20	36	10	10	
				1157.10	108.0	50	37	16	16	
				1157.29	152.0	100	85	31	31	
左权县		下庄东	下庄河沟东	1158.19	8.0	5	211	51	51	
				1158.47	15.0	10	224	55	55	
				1158.77	25.6	20	245	62	62	
				1159.17	43.3	50	275	71	71	
				1159.44	60.9	100	299	78	78	
左权县	6	安窑底 1	熟峪河	928.98	10.8	5	0	0	0	
				929.34	19.6	10	0	0	0	
				929.69	31.0	20	0	0	0	
				930.05	46.7	50	2	1	1	
				930.30	60.6	100	2	1	1	
左权县		安窑底 2	熟峪河	925.26	26.9	5	3	1	1	
				925.58	49.1	10	3	1	1	
				925.89	77.5	20	3	1	1	
				926.21	117.0	50	3	1	1	
				926.45	152.0	100	10	3	3	

续表

县区	序号	行政区划名称	小流域名称	水位（m）	流量（m^3/s）	重现期（年）	人口（人）	户数（户）	房屋数（座）	备注
左权县	6	安窑底3	熟峪河	935.86	16.1	5	0	0	0	
				936.08	29.5	10	0	0	0	
				936.24	46.5	20	12	2	2	
				936.35	70.1	50	12	2	2	
				936.44	91.0	100	12	2	2	
左权县	7	南峧沟	峒峪沟4	959.04	23.7	5	0	0	0	
				959.31	36.1	10	0	0	0	
				959.53	49.3	20	4	1	1	
				959.78	66.1	50	4	1	1	
				959.94	79.0	100	4	1	1	
左权县	8	马厩	柳林河西1	1124.26	134.0	5	0	0	0	
				1124.48	214.0	10	0	0	0	
				1124.66	320.0	20	0	0	0	
				1124.88	459.0	50	7	2	2	
				1125.00	564.0	100	7	2	2	
左权县	9	河北村	河北沟	689.51	26.9	5	57	17	17	
				689.61	41.2	10	57	17	17	
				689.71	57.1	20	64	19	19	
				689.81	77.5	50	64	19	19	
				689.88	92.8	100	74	22	22	
左权县	10	高家井	禅房沟3	1143.19	24.6	5	111	29	29	
				1143.37	44.2	10	123	32	32	
				1143.55	71.1	20	153	40	40	
				1143.73	108.0	50	183	50	50	
				1143.90	146.0	100	201	54	54	
左权县	11	高峪	高峪	1027.04	33.9	5	2	1	1	
				1027.18	55.7	10	4	2	2	
				1027.34	83.9	20	6	3	3	
				1027.50	120.0	50	12	6	6	
				1027.60	146.0	100	16	8	8	

续表

县区	序号	行政区划名称	小流域名称	水位（m）	流量（m^3/s）	重现期（年）	人口（人）	户数（户）	房屋数（座）	备注
左权县	12	马家坪	苇泽沟 2	1122.56	17.3	5	4	1	1	
				1122.76	25.9	10	4	1	1	
				1122.94	35.0	20	4	1	1	
				1123.13	46.6	50	10	2	2	
				1123.26	55.4	100	14	3	3	
左权县	13	望阳垴村	龙河沟西 1	1317.40	23.9	5	9	3	3	
				1317.51	35.2	10	10	4	4	
				1317.60	48.1	20	22	8	8	
				1317.71	64.3	50	27	10	10	
				1317.78	76.4	100	37	11	11	
左权县	14	西峧村	苇泽沟 2	1017.16	46.6	5	3	2	2	
				1017.27	70.6	10	27	10	10	
				1017.37	96.2	20	27	10	10	
				1017.49	129.0	50	47	15	15	
				1017.57	155.0	100	83	23	23	
左权县	15	大林口	熟峪河南	796.81	33.8	5	10	3	3	
				796.99	61.6	10	13	4	4	
				797.16	94.7	20	28	8	8	
				797.38	145.0	50	43	12	12	
				797.55	188.0	100	83	23	23	
左权县	16	东隘口	峒峪河北	944.50	42.2	5	4	1	1	
				944.70	70.7	10	65	15	15	
				944.90	108.0	20	120	29	29	
				945.09	155.0	50	151	38	38	
				945.19	191.0	100	199	50	50	
左权县	17	拐儿村	拐儿西沟 1	999.29	82.3	5	45	11	11	
				999.42	139.0	10	71	17	17	
				999.56	218.0	20	89	21	21	
				999.71	332.0	50	151	34	34	
				999.81	416.0	100	229	52	52	

续表

县区	序号	行政区划名称	小流域名称	水位(m)	流量(m^3/s)	重现期(年)	人口(人)	户数(户)	房屋数(座)	备注
左权县	18	郭家峪	熟峪河	980.65	10.4	5	28	9	9	
				980.77	18.4	10	33	10	10	
				980.89	28.6	20	45	13	13	
				981.03	42.2	50	51	15	15	
				981.13	53.6	100	121	35	35	
左权县	19	简会村	桔河刘家庄1	1254.45	60.2	5	12	5	5	
				1254.70	92.9	10	34	12	12	
				1254.94	133.0	20	52	16	16	
				1255.25	185.0	50	87	27	27	
				1255.41	223.0	100	117	35	35	
左权县	20	南岔村	拐儿西沟1	1159.39	51.7	5	0	1	1	
				1159.51	85.4	10	0	2	2	
				1159.65	133.0	20	1	3	3	
				1159.82	200.0	50	1	4	4	
				1159.93	249.0	100	1	4	4	
左权县	21	晴岚	桔河1	1206.88	168.0	5	65	17	17	
				1207.25	273.0	10	140	35	35	
				1207.53	415.0	20	230	58	58	
				1207.82	614.0	50	286	74	74	
				1208.00	762.0	100	342	89	89	
左权县	22	石港口村	桔河6	1222.47	15.8	5	0	0	0	
				1222.61	22.9	10	0	0	0	
				1222.74	31.4	20	0	0	0	
				1223.08	42.2	50	4	1	1	
				1223.17	50.3	100	4	1	1	
左权县	23	石灰窑	羊角河1	1080.84	47.3	5	0	0	0	
				1081.22	84.9	10	2	1	1	
				1081.63	140.0	20	2	1	1	
				1082.13	231.0	50	2	1	1	
				1082.57	338.0	100	2	1	1	

续表

县区	序号	行政区划名称	小流域名称	水位（m）	流量（m^3/s）	重现期（年）	人口（人）	户数（户）	房屋数（座）	备注
左权县	24	熟峪村	熟峪河	863.29	46.4	5	26	6	6	
				863.52	84.8	10	47	12	12	
				863.75	137.0	20	90	23	23	
				864.03	218.0	50	169	46	46	
				864.25	290.0	100	252	71	71	
左权县	25	天门村	下庄沟河1	1061.43	40.7	5	0	0	0	
				1061.76	74.8	10	0	0	0	
				1062.10	126.0	20	6	2	2	
				1062.52	213.0	50	16	7	7	
				1062.73	292.0	100	46	17	17	
左权县	26	五里堠前村	十里店沟	1123.27	88.7	5	3	2	2	
				1123.43	133.0	10	124	21	21	
				1123.61	189.0	20	149	30	30	
				1123.81	267.0	50	164	35	35	
				1123.94	324.0	100	198	45	45	
左权县		五里堠后村	十里店沟	1135.38	14.5	5	68	17	17	
				1135.59	20.9	10	74	19	19	
				1135.77	28.0	20	80	21	21	
				1135.96	37.0	50	89	24	24	
				1136.09	43.6	100	104	29	29	
左权县	27	西隘口	峒峪沟1	935.66	27.4	5	5	2	2	
				935.82	49.4	10	23	7	7	
				935.98	83.0	20	45	14	14	
				936.18	140.0	50	58	21	21	
				936.33	192.0	100	148	50	50	
左权县	28	西五指	拐儿西沟1	1078.11	89.0	5	0	0	0	
				1078.30	149.0	10	8	3	3	
				1078.52	231.0	20	16	5	5	
				1078.79	347.0	50	40	11	11	
				1078.96	433.0	100	59	17	17	

续表

县区	序号	行政区划名称	小流域名称	水位(m)	流量(m^3/s)	重现期(年)	人口(人)	户数(户)	房屋数(座)	备注
左权县	29	新庄村	禅房沟1	1177.96	8.97	5	15	3	3	
				1178.04	15.9	10	35	8	8	
				1178.13	26.8	20	41	9	9	
				1178.23	42.3	50	99	18	18	
				1178.32	56.7	100	106	48	48	
左权县	30	车上铺	紫阳河	1218.04	43.7	5	0	0	0	
				1218.33	70.5	10	0	0	0	
				1218.64	105.0	20	0	1	1	
				1218.92	149.0	50	0	1	1	
				1219.07	181.0	100	13	4	4	
左权县	31	南沟	拐儿西沟4	1365.48	2.92	5	55	15	15	
				1365.57	4.18	10	55	15	15	
				1365.68	6.08	20	55	15	15	
				1365.79	8.54	50	55	15	15	
				1365.84	10.4	100	65	17	17	
左权县	32	南蒿沟	熟峪河南	946.98	11.5	5	1	1	1	
				947.31	20.5	10	1	1	1	
				947.65	33.5	20	1	1	1	
				947.91	46.6	50	3	2	2	
				948.13	59.0	100	3	2	2	
左权县	33	车谷村	熟峪河	1005.11	5.06	5	0	0	0	
				1005.28	8.78	10	0	0	0	
				1005.46	14.1	20	0	0	0	
				1005.61	19.6	50	0	0	0	
				1005.72	24.6	100	4	1	1	
左权县	34	北柳背村	熟峪河	1047.44	4.08	5	0	0	0	
				1047.55	7.04	10	0	0	0	
				1047.67	11.2	20	4	1	1	
				1047.76	15.6	50	4	1	1	
				1047.84	19.5	100	13	3	3	

续表

县区	序号	行政区划名称	小流域名称	水位（m）	流量（m^3/s）	重现期（年）	人口（人）	户数（户）	房屋数（座）	备注
左权县	35	西云山	紫阳河	1393. 33	23. 6	5	27	6	6	
				1393. 45	37. 8	10	27	6	6	
				1393. 59	56. 6	20	32	7	7	
				1393. 76	81. 8	50	32	7	7	
				1393. 30	100. 0	100	32	7	7	
榆社县	1	下赤土村	南屯河 1	1166. 83	79. 2	5	0	0	0	
				1167. 07	123. 0	10	0	0	0	
				1167. 29	174. 0	20	0	0	0	
				1167. 53	238. 0	50	7	2	2	
				1167. 68	285. 0	100	13	3	3	
榆社县	2	郭郊村	南屯河 1	1038. 93	209. 2	5	0	0	0	
				1039. 50	332. 0	10	0	1	1	
				1040. 11	492. 0	20	0	1	1	
				1040. 77	699. 0	50	0	1	1	
				1041. 22	854. 0	100	0	1	1	
榆社县	3	上咱则村	南屯河 1	1108. 64	149. 7	5	0	0	0	
				1109. 18	237. 0	10	0	0	0	
				1109. 69	344. 0	20	0	0	0	
				1110. 08	479. 0	50	0	0	0	
				1110. 32	581. 0	100	2	1	1	
榆社县	4	屯村村	南屯河 1	1067. 96	180. 9	5	0	0	0	
				1068. 19	290. 0	10	0	0	0	
				1068. 41	426. 0	20	0	0	0	
				1068. 64	601. 0	50	6	1	1	
				1068. 78	732. 0	100	8	2	2	
榆社县	5	王家庄村	南屯河 3	1255. 01	10. 2	5	4	1	1	
				1255. 22	15. 0	10	4	1	1	
				1255. 34	19. 0	20	4	1	1	
				1255. 47	25. 0	50	4	1	1	
				1255. 60	29. 0	100	4	1	1	

续表

县区	序号	行政区划名称	小流域名称	水位（m）	流量（m^3/s）	重现期（年）	人口（人）	户数（户）	房屋数（座）	备注
榆社县	6	水磨头村	泉水河1	1014.62	235.0	5	0	0	0	
				1014.86	365.0	10	4	1	1	
				1015.09	530.0	20	8	2	2	
				1015.37	745.0	50	12	3	3	
				1015.55	904.0	100	22	5	5	
榆社县	7	五科村	泉水河1	1067.65	196.0	5	0	0	0	
				1068.00	294.0	10	0	0	0	
				1068.33	419.0	20	3	1	1	
				1068.66	580.0	50	3	1	1	
				1068.86	698.0	100	10	3	3	
榆社县	8	上城南村	泉水河1	1150.32	56.3	5	0	0	0	
				1150.54	87.0	10	0	0	0	
				1150.76	125.0	20	6	2	2	
				1150.97	177.0	50	52	14	14	
				1151.09	216.0	100	75	19	19	
榆社县	9	千峪村	泉水河1	1060.41	189.8	5	9	1	1	
				1060.70	293.0	10	13	2	2	
				1060.96	425.0	20	30	6	6	
				1061.17	597.0	50	41	8	8	
				1061.28	724.0	100	45	9	9	
榆社县	10	牛槽沟村	泉水河1	1102.52	166.0	5	0	0	0	
				1102.90	257.0	10	0	0	0	
				1103.26	369.0	20	0	0	0	
				1103.70	510.0	50	0	0	0	
				1103.99	616.0	100	4	1	1	
榆社县	11	东湾村	泉水河1	1019.07	242.0	5	9	5	5	
				1019.34	376.0	10	16	8	8	
				1019.59	544.0	20	16	8	8	
				1019.89	766.0	50	21	9	9	
				1020.08	930.0	100	22	10	10	

续表

县区	序号	行政区划名称	小流域名称	水位(m)	流量(m^3/s)	重现期(年)	人口(人)	户数(户)	房屋数(座)	备注
榆社县	12	辉教村	清秀河1	1172.66	57.3	5	215	59	59	
				1172.92	106.0	10	226	61	61	
				1173.17	161.0	20	237	66	66	
				1173.49	242.0	50	257	71	71	
				1173.71	305.0	100	262	72	72	
榆社县	13	西沟村	清秀河6	1293.78	16.3	5	0	2	2	
				1294.04	27.0	10	0	2	2	
				1294.27	39.0	20	0	2	2	
				1294.52	54.0	50	0	2	2	
				1294.69	66.0	100	0	2	2	
榆社县	14	寄家沟村	清秀河1	1236.26	27.7	5	22	6	6	
				1236.34	46.0	10	22	6	6	
				1236.42	68.0	20	22	6	6	
				1236.49	95.0	50	22	6	6	
				1236.53	116.0	100	22	6	6	
榆社县	15	寄子村	清秀河2	1027.13	38.8	5	64	2	2	
				1027.21	61.0	10	70	3	3	
				1027.29	86.0	20	70	3	3	
				1027.38	119.0	50	86	8	8	
				1027.45	144.0	100	104	11	11	
榆社县	16	牛村	清秀河3	1056.45	56.2	5	0	0	0	
				1056.56	85.0	10	0	0	0	
				1056.67	115.0	20	0	0	0	
				1056.79	155.0	50	14	2	2	
				1056.87	185.0	100	19	3	3	
榆社县	17	青阳平村	清秀河4	1059.59	15.3	5	0	0	0	
				1059.93	24.0	10	18	4	4	
				1060.06	34.0	20	32	8	8	
				1060.21	46.0	50	65	14	14	
				1060.31	56.0	100	79	19	19	

续表

县区	序号	行政区划名称	小流域名称	水位(m)	流量(m^3/s)	重现期(年)	人口(人)	户数(户)	房屋数(座)	备注
榆社县	18	李峪村	李峪沟1	986.17	82.9	5	84	19	19	
				986.31	125.0	10	144	33	33	
				986.44	176.0	20	210	47	47	
				986.57	243.0	50	278	63	63	
				986.67	292.0	100	298	68	68	
榆社县	19	大南沟村	大南沟1	984.37	11.5	5	37	8	8	
				984.42	16.0	10	42	9	9	
				984.46	22.0	20	50	12	12	
				984.50	28.0	50	57	14	14	
				984.53	33.0	100	57	14	14	
榆社县	20	王景村	东河1	1113.29	137.2	5	0	1	1	
				1113.52	212.0	10	0	1	1	
				1113.73	298.0	20	0	1	1	
				1113.96	407.0	50	18	6	6	
				1114.12	487.0	100	31	10	10	
榆社县	21	红崖头村	东河1	1219.81	52.7	5	0	0	0	
				1220.45	78.0	10	0	0	0	
				1220.99	107.0	20	5	1	1	
				1221.35	144.0	50	5	1	1	
				1221.55	171.0	100	16	4	4	
榆社县	22	白海村	赵庄河3、4、5	1006.51	95.8	5	0	0	0	
				1007.13	156.0	10	65	15	15	
				1007.68	222.0	20	105	25	25	
				1008.32	310.0	50	118	28	28	
				1008.75	376.0	100	125	30	30	
榆社县	23	海银山村	赵庄河8	1046.45	8.70	5	0	0	0	
				1046.59	14.0	10	0	0	0	
				1046.67	19.0	20	0	0	0	
				1046.76	26.0	50	25	4	4	
				1046.81	31.0	100	25	4	4	

续表

县区	序号	行政区划名称	小流域名称	水位（m）	流量（m^3/s）	重现期（年）	人口（人）	户数（户）	房屋数（座）	备注
榆社县	24	迷沙沟村	赵庄河 3	1032.45	10.0	5	27	9	9	
				1032.52	15.0	10	32	10	10	
				1032.58	21.0	20	36	11	11	
				1032.65	28.0	50	46	13	13	
				1032.69	33.0	100	53	15	15	
榆社县	25	清风村	赵庄河 4	1023.43	18.1	5	19	4	4	
				1023.82	27.0	10	19	4	4	
				1024.13	37.0	20	23	5	5	
				1024.47	49.0	50	23	5	5	
				1024.69	58.0	100	23	5	5	
榆社县	26	申村	赵庄河 5	1027.76	54.8	5	0	0	0	
				1028.02	85.0	10	0	0	0	
				1028.25	120.0	20	0	0	0	
				1028.51	165.0	50	64	17	17	
				1028.70	198.0	100	64	17	17	
榆社县	27	西崖底村	西崖底河	1033.69	129.1	5	96	25	25	
				1034.03	208.0	10	197	56	56	
				1034.20	297.0	20	435	98	98	
				1034.38	411.0	50	665	140	140	
				1034.50	496.0	100	696	251	251	
榆社县	28	牌坊村	白壁河 4	1313.49	10.1	5	0	0	0	
				1313.59	16.0	10	0	0	0	
				1313.68	23.0	20	0	0	0	
				1313.78	32.0	50	0	0	0	
				1313.84	39.0	100	11	3	3	
榆社县	29	井泉沟村	白壁河 1	1264.02	54.3	5	13	6	6	
				1264.16	95.0	10	16	9	9	
				1264.30	151.0	20	19	11	11	
				1264.45	226.0	50	22	13	13	
				1264.54	281.0	100	22	13	13	

续表

县区	序号	行政区划名称	小流域名称	水位(m)	流量(m^3/s)	重现期(年)	人口(人)	户数(户)	房屋数(座)	备注
榆社县	30	罗秀村	白壁河3	1340.93	16.9	5	8	2	2	
				1341.09	25.0	10	12	3	3	
				1341.17	34.0	20	23	5	5	
				1341.26	46.0	50	28	6	6	
				1341.32	55.0	100	31	7	7	
榆社县	31	官寨村	武源河1	1103.98	6.50	5	0	0	0	
				1104.09	10.0	10	0	0	0	
				1104.19	13.0	20	0	0	0	
				1104.30	17.0	50	0	0	0	
				1104.37	20.0	100	7	1	1	
榆社县	32	武源村	武源河1	1025.59	161.0	5	0	0	0	
				1025.92	261.0	10	0	0	0	
				1026.15	380.0	20	0	0	0	
				1026.39	543.0	50	161	25	25	
				1026.56	667.0	100	217	35	35	
榆社县	33	小河沟村	武源河2	1023.64	9.60	5	7	3	3	
				1023.78	14.0	10	10	4	4	
				1023.91	19.0	20	10	4	4	
				1024.04	26.0	50	10	4	4	
				1024.13	31.0	100	10	4	4	
榆社县	34	西河底村	苍竹沟1	1039.45	40.0	5	0	0	0	
				1039.63	62.0	10	0	0	0	
				1039.81	88.0	20	0	0	0	
				1040.00	122.0	50	16	3	3	
				1040.13	148.0	100	21	4	4	
榆社县	35	南社	银郊河1	1004.26	139.8	5	11	2	2	
				1004.53	219.0	10	51	10	10	
				1004.75	318.0	20	92	16	16	
				1004.99	449.0	50	96	17	17	
				1005.14	548.0	100	101	18	18	

续表

县区	序号	行政区划名称	小流域名称	水位（m）	流量（m^3/s）	重现期（年）	人口（人）	户数（户）	房屋数（座）	备注
榆社县	36	桑家沟村2	银郊河1	1036.24	21.6	5	0	0	0	
				1036.44	33.0	10	0	0	0	
				1036.63	46.0	20	0	0	0	
				1036.83	62.0	50	0	0	0	
				1036.97	74.0	100	12	3	3	
榆社县	37	峡口村	银郊河1	1003.93	143.0	5	3	1	1	
				1004.27	223.0	10	9	2	2	
				1004.64	324.0	20	25	7	7	
				1005.05	457.0	50	165	21	21	
				1005.31	557.0	100	209	31	31	
榆社县	38	王家沟村	段家沟3	1013.38	5.6	5	0	0	0	
				1013.65	8.0	10	0	0	0	
				1013.91	11.0	20	0	0	0	
				1014.18	14.0	50	13	3	3	
				1014.36	17.0	100	35	11	11	
榆社县	39	两河口村2	交口河1	1131.76	74.6	5	60	20	20	
				1132.12	116.0	10	82	27	27	
				1132.29	165.0	20	97	31	31	
				1132.48	225.0	50	105	34	34	
				1132.60	269.0	100	105	34	34	
榆社县	40	石源村2	交口河4	1176.89	44.2	5	0	0	0	
				1177.21	68.0	10	0	0	0	
				1177.50	96.0	20	4	2	2	
				1177.78	130.0	50	15	4	4	
				1177.95	156.0	100	21	5	5	
榆社县	41	石栈道村	交口河1	999.80	12.6	5	28	8	8	
				999.88	18.0	10	71	19	19	
				999.96	24.0	20	107	29	29	
				1000.05	31.0	50	135	36	36	
				1000.11	37.0	100	169	44	44	

续表

县区	序号	行政区划名称	小流域名称	水位（m）	流量（m^3/s）	重现期（年）	人口（人）	户数（户）	房屋数（座）	备注
榆社县	42	沙旺村	交口河 1	1310.26	44.6	5	0	0	0	
				1310.39	70.0	10	0	0	0	
				1310.52	102.0	20	0	0	0	
				1310.66	143.0	50	4	3	3	
				1310.74	174.0	100	7	4	4	
榆社县	43	双峰村	西河 2	1048.75	2.0	5	68	21	21	
				1048.78	3.0	10	74	22	22	
				1048.80	4.0	20	74	22	22	
				1048.81	5.0	50	74	22	22	
				1048.83	6.0	100	74	22	22	
榆社县	44	阳乐村	交口河 1	1114.50	128.0	5	0	0	0	
				1114.79	202.0	10	0	0	0	
				1115.09	296.0	20	0	0	0	
				1115.38	422.0	50	0	0	0	
				1115.56	514.0	100	1	2	2	
榆社县	45	更修村	交口河 3	1020.94	41.9	5	7	2	2	
				1021.12	61.0	10	14	5	5	
				1021.28	84.0	20	34	11	11	
				1021.46	113.0	50	97	31	31	
				1021.58	134.0	100	185	54	54	
榆社县	46	田家沟村	交口河 2	1036.08	10.7	5	27	6	6	
				1036.28	15.0	10	45	11	11	
				1036.46	20.0	20	60	20	20	
				1036.65	27.0	50	103	28	28	
				1036.78	31.0	100	131	33	33	
榆社县	47	沤泥凹村	交口河 3	1079.44	23.8	5	90	18	18	
				1079.53	34.0	10	100	21	21	
				1079.61	44.0	20	107	24	24	
				1079.70	57.0	50	148	34	34	
				1079.76	67.0	100	164	36	36	

续表

县区	序号	行政区划名称	小流域名称	水位（m）	流量（m^3/s）	重现期（年）	人口（人）	户数（户）	房屋数（座）	备注
榆社县	48	西坡村	段家沟3	1006.49	22.6	5	17	5	5	
				1006.54	34.0	10	17	6	6	
				1006.59	45.0	20	42	14	14	
				1006.64	61.0	50	56	17	17	
				1006.68	72.0	100	79	23	23	
榆社县	49	后庄村	后庄	1097.49	24.8	5	4	1	1	
				1097.63	40.0	10	10	2	2	
				1097.77	56.0	20	15	3	3	
				1097.92	77.0	50	18	4	4	
				1098.03	94.0	100	29	6	6	
和顺县	1	曲里村	曲里村	1302.37	73.4	5	61	26	26	村落
				1302.56	124.0	10	88	37	37	
				1302.73	192.0	20	107	42	42	
				1302.93	284.0	50	124	49	49	
				1303.05	351.0	100	139	55	55	
和顺县	2	紫罗村	紫罗村	1283.96	77.9	5	0	0	0	村落
				1284.23	136.0	10	0	0	0	
				1284.54	218.0	20	3	1	1	
				1284.92	342.0	50	5	2	2	
				1285.20	443.0	100	15	8	8	
和顺县	3	科举村	科举村	1276.25	86.6	5	0	0	0	村落
				1276.8	153.0	10	0	0	0	
				1277.09	246.0	20	0	0	0	
				1277.41	390.0	50	0	0	0	
				1277.63	503.0	100	7	1	1	
和顺县	4	梳头村	梳头村	1267.71	91.8	5	0	0	0	村落
				1267.93	162.0	10	0	0	0	
				1268.17	264.0	20	0	0	0	
				1268.48	419.0	50	0	0	0	
				1268.69	541.0	100	28	8	8	

续表

县区	序号	行政区划名称	小流域名称	水位（m）	流量（m^3/s）	重现期（年）	人口（人）	户数（户）	房屋数（座）	备注
和顺县	5	九京村	九京村	1264.57	95.0	5	0	0	0	村落
				1265.04	169.0	10	0	0	0	
				1265.52	274.0	20	0	0	0	
				1266.09	435.0	50	0	0	0	
				1266.46	562.0	100	1	1	1	
和顺县	6	河北村	河北村	1256.26	80.5	5	0	0	0	村落
				1256.59	125.0	10	2	1	1	
				1256.94	182.0	20	16	6	6	
				1257.32	256.0	50	123	34	34	
				1257.56	312.0	100	352	46	46	
和顺县	7	蔡家庄	蔡家庄	1251.02	179.0	5	4	2	2	村落
				1251.49	327.0	10	4	2	2	
				1251.87	498.0	20	5	3	3	
				1252.27	746.0	50	628	148	148	
				1252.53	945.0	100	659	154	154	
和顺县	8	大窑底	大窑底	1202.72	60.7	5	0	0	0	村落
				1203.09	121.0	10	0	0	0	
				1203.51	216.0	20	7	4	4	
				1204.02	381.0	50	36	14	14	
				1204.4	534.0	100	49	17	17	
和顺县	9	青家寨	青家寨	1191.64	7.5	5	9	2	2	村落
				1191.745	14.1	10	9	2	2	
				1191.86	24.1	20	13	4	4	
				1191.99	41.1	50	13	4	4	
				1192.095	57.0	100	74	16	16	
和顺县	10	灰调曲	灰调曲	1247.61	8.5	5	14	4	4	村落
				1247.86	15.7	10	14	4	4	
				1248.15	26.8	20	14	4	4	
				1248.53	45.5	50	16	5	5	
				1249.42	62.9	100	16	5	5	

续表

县区	序号	行政区划名称	小流域名称	水位（m）	流量（m^3/s）	重现期（年）	人口（人）	户数（户）	房屋数（座）	备注
和顺县	11	前营村	前营村	1156.755	10.8	5	0	0	0	村落
				1156.92	19.5	10	0	0	0	
				1157.105	32.3	20	0	0	0	
				1157.35	53.8	50	0	0	0	
				1157.53	73.5	100	6	2	2	
和顺县	12	许村	许村	1072.72	212.0	5	0	0	0	村落
				1073.61	388.0	10	0	0	0	
				1074.00	665.0	20	2	1	1	
				1074.43	1122.0	50	6	3	3	
				1074.76	1543.0	100	12	6	6	
和顺县	13	横岭村	横岭村	1310.615	142.0	5	3	1	1	村落
				1310.885	219.0	10	3	1	1	
				1311.11	316.0	20	9	3	3	
				1311.355	451.0	50	71	17	17	
				1311.54	554.0	100	113	26	26	
和顺县	14	口则村	口则村	1283.31	35.4	5	1	1	1	村落
				1283.43	53.9	10	3	2	2	
				1283.54	76.8	20	3	2	2	
				1283.66	108.0	50	3	2	2	
				1283.74	130.0	100	7	3	3	
和顺县	15	广务村	广务村	1277.08	214.0	5	50	14	14	村落
				1277.64	337.0	10	72	20	20	
				1277.88	501.0	20	107	29	29	
				1278.16	734.0	50	125	33	33	
				1278.27	917.0	100	172	36	36	
和顺县	16	西白岩村	西白岩村	1262.42	199.0	5	87	32	32	村落
				1262.62	312.0	10	95	36	36	
				1262.82	467.0	20	103	41	41	
				1263.08	692.0	50	113	46	46	
				1263.26	869.0	100	113	46	46	

续表

县区	序号	行政区划名称	小流域名称	水位（m）	流量（m^3/s）	重现期（年）	人口（人）	户数（户）	房屋数（座）	备注
和顺县	17	下白岩村	下白岩村	1250.60	190.0	5	0	0	0	村落
				1250.83	300.0	10	0	0	0	
				1251.06	444.0	20	0	0	0	
				1251.33	656.0	50	13	3	3	
				1251.52	825.0	100	15	4	4	
和顺县	18	拐子村	拐子村	1239.07	74.5	5	23	10	10	村落
				1239.17	114.0	10	46	23	23	
				1239.27	163.0	20	77	35	35	
				1239.39	225.0	50	169	72	72	
				1239.47	270.0	100	201	83	83	
和顺县	19	内阳村	内阳村	1367.65	17.1	5	8	8	8	村落
				1367.85	26.9	10	8	8	8	
				1367.88	39.9	20	8	8	8	
				1367.95	59.0	50	12	10	10	
				1368.06	74.8	100	16	13	13	
和顺县	20	榆圪塔村	榆圪塔村	1371.645	35.7	5	0	0	0	村落
				1372.00	57.0	10	0	0	0	
				1372.325	84.6	20	0	0	0	
				1372.64	120.0	50	4	1	1	
				1372.82	146.0	100	22	6	6	
和顺县	21	上石勒村	上石勒村	1327.65	39.4	5	2	1	1	村落
				1327.84	68.1	10	6	3	3	
				1328.01	105.0	20	16	5	5	
				1328.18	151.0	50	16	5	5	
				1328.28	185.0	100	16	5	5	
和顺县	22	下石勒村	下石勒村	1305.195	52.2	5	0	0	0	村落
				1305.5075	91.3	10	0	0	0	
				1305.755	142.0	20	0	0	0	
				1305.9125	207.0	50	0	0	0	
				1306.0025	255.0	100	6	3	3	

续表

县区	序号	行政区划名称	小流域名称	水位（m）	流量（m^3/s）	重现期（年）	人口（人）	户数（户）	房屋数（座）	备注
和顺县	23	回黄村	回黄村	1244.23	29.9	5	0	0	0	村落
				1244.53	52.0	10	0	0	0	
				1244.85	80.8	20	0	0	0	
				1245.19	117.0	50	0	0	0	
				1245.41	144.0	100	5	2	2	
和顺县	24	南李阳村	南李阳村	1302.72	33.9	5	15	5	5	村落
				1303.03	59.8	10	284	76	76	
				1303.23	89.5	20	389	106	106	
				1303.43	133.0	50	492	122	122	
				1303.54	166.0	100	548	137	137	
和顺县	25	联坪村	联坪村	1333.27	59.4	5	0	0	0	村落
				1333.46	97.1	10	0	0	0	
				1333.68	150.0	20	6	4	4	
				1333.97	230.0	50	26	12	12	
				1334.14	300.0	100	32	17	17	
和顺县	26	合山村	合山村	1353.61	8.8	5	2	1	1	村落
				1353.75	16.4	10	5	4	4	
				1353.92	28.25	20	6	5	5	
				1354.11	47.25	50	28	17	17	
				1354.22	61.5	100	63	27	27	
和顺县	27	平松村	平松村	1232.72	46.8	5	268	46	46	村落
				1233.21	88.3	10	285	52	52	
				1233.78	152.0	20	287	53	53	
				1234.30	256.0	50	290	55	55	
				1234.68	352.0	100	309	61	61	
和顺县	28	玉女村	玉女村	1231.68	86.3	5	0	1	1	村落
				1231.88	143.0	10	4	2	2	
				1232.10	222.0	20	21	6	6	
				1232.34	325.0	50	34	10	10	
				1232.50	402.0	100	34	10	10	

续表

县区	序号	行政区划名称	小流域名称	水位（m）	流量（m^3/s）	重现期（年）	人口（人）	户数（户）	房屋数（座）	备注
和顺县	29	独堆村	独堆村	1247.705	75.0	5	0	0	0	村落
				1247.925	120.0	10	0	0	0	
				1248.095	170.0	20	1	1	1	
				1248.385	288.0	50	1	1	1	
				1248.54	375.0	100	6	2	2	
和顺县	30	寺沟村	寺沟村	1419.90	12.1	5	0	0	0	村落
				1420.00	19.2	10	0	0	0	
				1420.17	28.9	20	0	0	0	
				1420.37	43.2	50	0	0	0	
				1420.50	54.5	100	4	2	2	
和顺县	31	东远佛村	东远佛村	1403.40	34.2	5	0	0	0	村落
				1403.59	48.2	10	8	2	2	
				1403.77	63.4	20	8	2	2	
				1403.96	82.4	50	13	3	3	
				1404.08	96.3	100	13	3	3	
和顺县	32	西远佛村	西远佛村	1387.89	22.4	5	21	8	8	村落
				1387.98	32.9	10	30	11	11	
				1388.09	45.6	20	47	18	18	
				1388.20	62.9	50	58	22	22	
				1388.27	75.3	100	67	25	25	
和顺县	33	大南巷村	大南巷村	1339.95	75.4	5	0	0	0	村落
				1340.24	108.0	10	3	2	2	
				1340.43	142.0	20	30	11	11	
				1340.60	185.0	50	73	25	25	
				1340.69	217.0	100	78	28	28	
和顺县	34	甘草坪村	甘草坪村	1480.165	9.2	5	4	2	2	村落
				1480.305	15.3	10	7	5	5	
				1480.45	23.4	20	17	9	9	
				1480.595	34.0	50	24	12	12	
				1480.70	42.9	100	30	13	13	

续表

县区	序号	行政区划名称	小流域名称	水位（m）	流量（m^3/s）	重现期（年）	人口（人）	户数（户）	房屋数（座）	备注
和顺县	35	口上村	口上村	1299.51	36.0	5	54	17	17	村落
				1299.75	56.1	10	81	24	24	
				1300.01	81.3	20	89	26	26	
				1300.29	113.4	50	109	30	30	
				1300.47	136.8	100	109	31	31	
和顺县	36	仪村	仪村	1289.31	94.1	5	36	8	8	村落
				1289.56	157.0	10	88	21	21	
				1289.74	247.0	20	119	29	29	
				1289.93	386.0	50	128	34	34	
				1290.05	494.0	100	161	46	46	
和顺县	37	前南峪村	前南峪村	1303.50	55.2	5	380	1	1	村落
				1303.60	81.1	10	380	1	1	
				1303.69	110.6	20	380	2	2	
				1303.79	147.5	50	380	3	3	
				1303.86	174.9	100	380	3	3	
和顺县	38	后南峪村	后南峪村	1313.78	55.2	5	43	10	10	村落
				1313.99	81.1	10	54	13	13	
				1314.19	110.6	20	54	13	13	
				1314.39	147.5	50	63	15	15	
				1314.52	174.9	100	63	15	15	
和顺县	39	南窑村	南窑村	1295.40	55.2	5	7	1	1	村落
				1295.77	81.1	10	7	1	1	
				1295.78	110.6	20	21	4	4	
				1295.90	147.5	50	72	14	14	
				1295.98	174.9	100	106	20	20	

6.5.2 各级危险区人口统计

为了准确掌握漳河上游山区各县区山洪灾害分析评价情况，根据水位—流量—人口关系成果获得各级危险区对应的人口、户数等信息，统计每个县区不同危险等级下的相应受灾人口。经初步调查分析漳河上游山区14县市区中共有受危险人口54043人，其中，处于极高危险区的人口有4740人；处于高危险区的人口有16092人；处于危险区的人口有33211人。

各行政区危险人口汇总成果见表6-6。

表6-6　水位—流量—人口关系成果表

编号	所在政区	极高危险区（小于5年一遇）人口（人）	高危险区（5~20年一遇）人口（人）	危险区（大于20年一遇）人口（人）	合计
1	武乡县	63	604	2314	2981
2	沁县	47	545	6971	7563
3	襄垣县	220	731	2086	3037
4	壶关县	153	233	425	811
5	黎城县	43	201	382	626
6	屯留县	65	1644	2431	4140
7	平顺县	156	474	1533	2163
8	潞城市	31	3438	2340	5809
9	长子县	922	3752	5437	10111
10	长治县	209	761	1766	2736
11	长治市郊区	35	313	1433	1781
12	左权县	772	1237	1998	4007
13	榆社县	932	1088	1872	3892
14	和顺县	1092	1071	2223	4386
合计		4740	16092	33211	54043

6.5.3　现状防洪能力评价

根据水位流量关系曲线，以及成灾水位、各频率设计洪水位下的人口、户数统计信息，绘制防洪现状评价图，防洪能力按照本次受灾沿河居民户住宅高程，最先处于洪水位的高程为最高防洪标准，相应流量在频率位置为本次受灾等级，分为极高危、高危和危险三个等级。经分析评价漳河上游山区14县市区836个村中共有724个村在百年洪水位或历史洪水位以下，处于极高危险区的村有167个村，处于高危险区的村有206个村；处于危险的村有351个村。

各行政区现状防洪能力情况统计见表6-7。漳河上游山区防洪现状评价成果详见表6-8。

各县市区危险村的防洪现状评价图受篇幅限制就不一一列举，仅附一例图供参考，见图6-5平顺县西沟乡龙家村防洪现状评价图。

表6-7　漳河上游山区防洪现状评价成果表

编号	所在政区	各危险区等级包含村落数目			合计
		极高危（小于5年一遇）	高危（5~20年一遇）	危险（大于20年一遇）	
1	武乡县	5	13	23	41
2	沁县	3	21	29	53
3	襄垣县	11	14	20	45
4	壶关县	8	8	14	30
5	黎城县	4	7	16	30
6	屯留县	6	22	59	87
7	平顺县	10	28	14	52
8	潞城市	2	18	22	42
9	长子县	18	22	24	64
10	长治县	14	17	17	48
11	长治市郊区	2	8	14	24
12	左权县	36	12	41	89
13	榆社县	26	9	23	58
14	和顺县	22	7	35	64
合计		167	206	315	724

表6-8　漳河上游山区防洪现状评价成果表

县区	序号	行政区划名称	小流域名称	防洪能力（年）	极高危（小于5年一遇）		高危（5~20年一遇）		危险（大于20年一遇）	
					人口（人）	房屋（座）	人口（人）	房屋（座）	人口（人）	房屋（座）
武乡县	1	洪水村	洪水村	17	0	0	24	5	35	9
武乡县	2	寨坪村	寨坪村	65	0	0	0	0	7	2
武乡县	3	下寨村	下寨村	15	0	0	17	4	0	0
武乡县	4	中村村	中村村	3	23	4	0	0	4	1
武乡县	5	义安村	义安村	5	7	1	16	3	9	2
武乡县	6	韩北村	韩北村	33	0	0	0	0	140	44
武乡县	7	王家峪村	王家峪村	9	0	0	10	2	5	1

续表

县区	序号	行政区划名称	小流域名称	防洪能力（年）	极高危（小于5年一遇）		高危（5～20年一遇）		危险（大于20年一遇）	
					人口（人）	房屋（座）	人口（人）	房屋（座）	人口（人）	房屋（座）
武乡县	8	大有村	大有村	21	0	0	0	0	26	7
武乡县	9	辛庄村	辛庄村	21	0	0	0	0	19	5
武乡县	10	峪口村	峪口村	3	16	2	15	5	0	0
武乡县	11	型村	型村	20	0	0	7	1	12	3
武乡县	12	李峪村	李峪村	81	0	0	0	0	10	2
武乡县	13	泉沟村	泉沟村	81	0	0	0	0	4	1
武乡县	14	贾豁村	贾豁村	52	0	0	0	0	120	26
武乡县	15	高家庄村	高家庄村	27	0	0	0	0	35	10
武乡县	16	石泉村	石泉村	25	0	0	0	0	420	100
武乡县	17	海神沟村	海神沟村	65	0	0	0	0	20	4
武乡县	18	郭村村	郭村村	14	0	0	11	3	62	15
武乡县	19	杨桃湾村	杨桃湾村	33	0	0	0	0	60	14
武乡县	20	胡庄铺村	胡庄铺村	5.5	0	0	58	16	15	4
武乡县	21	平家沟村	平家沟村	32	0	0	0	0	50	16
武乡县	22	王路村	王路村	87	0	0	0	0	8	1
武乡县	23	马牧村干流	马牧村干流	3	5	1	26	7	0	0
武乡县	24	马牧村支流	马牧村支流	4	7	1	13	3	0	0
武乡县	25	南村村	南村村	7	0	0	10	3	9	3
武乡县	26	东寨底村	东寨底村	43	0	0	0	0	85	25
武乡县	27	邵渠村	邵渠村	33	0	0	0	0	947	247
武乡县	28	北涅水村	北涅水村	70	0	0	0	0	7	2
武乡县	29	高台寺村	高台寺村	20	0	0	0	0	15	3
武乡县	30	槐圪塔村	槐圪塔村	999	0	0	0	0	0	0
武乡县	31	大寨村	大寨村	999	0	0	0	0	0	0
武乡县	32	西良村	西良村	72	0	0	0	0	15	4
武乡县	33	分水岭村	分水岭村	10	0	0	5	1	0	0
武乡县	34	窑儿头村	窑儿头村	999	0	0	0	0	0	0
武乡县	35	南关村	南关村	49	0	0	0	0	21	7
武乡县	36	松庄村	松庄村	5	5	1	26	6	4	1

续表

县区	序号	行政区划名称	小流域名称	防洪能力（年）	极高危（小于5年一遇）		高危（5～20年一遇）		危险（大于20年一遇）	
					人口（人）	房屋（座）	人口（人）	房屋（座）	人口（人）	房屋（座）
武乡县	37	石北村	石北村	20	0	0	35	18	13	6
武乡县	38	西黄岩村	西黄岩村	50	0	0	0	0	21	10
武乡县	39	型庄村	型庄村	7	0	0	76	20	4	2
武乡县	40	长蔚村	长蔚村	24	0	0	0	0	19	5
武乡县	41	玉家渠村	玉家渠村	33	0	0	0	0	23	11
武乡县	42	长庆村	长庆村	6	0	0	29	5	12	2
武乡县	43	长庆凹村	长庆凹村	6	0	0	0	0	15	6
武乡县	44	墨镫村	墨镫村	6	0	0	52	17	43	11
武乡县	45	胡庄村	胡庄村	20	0	0	174	53	0	0
武乡县	46	长乐村	长乐村	999	0	0	0	0	0	0
沁县	1	北关社区	北关社区	25	0	0	0	0	361	123
沁县	2	南关社区	南关社区	8	0	0	56	16	518	160
沁县	3	西苑社区	西苑社区	6	0	0	83	24	904	226
沁县	4	东苑社区	东苑社区	10	0	0	74	21	594	126
沁县	5	育才社区	育才社区	26	0	0	0	0	873	247
沁县	6	合庄村	合庄村	37	0	0	0	0	30	5
沁县	7	北寺上村	北寺上村	50	0	0	0	0	719	220
沁县	8	下曲峪村	下曲峪村	4	13	6	11	5	12	5
沁县	9	迎春村	迎春村	6	0	0	105	19	68	18
沁县	10	官道上	官道上	10	0	0	10	3	33	12
沁县	11	福村村	福村村	70	0	0	0	0	36	9
沁县	12	郭村村	郭村村	24	0	0	0	0	54	14
沁县	13	故县村	故县村	9	0	0	17	4	74	20
沁县	14	后河村	后河村	15	0	0	9	2	4	1
沁县	15	徐村	徐村	22	0	0	0	0	213	39
沁县	16	马连道村	马连道村	22	0	0	0	0	148	37
沁县	17	邓家坡村	邓家坡村	15	0	0	3	1	22	9
沁县	18	太里村	太里村	57	0	0	0	0	10	3
沁县	19	西待贤	西待贤	50	0	0	0	0	20	6

续表

县区	序号	行政区划名称	小流域名称	防洪能力（年）	极高危（小于5年一遇）		高危（5~20年一遇）		危险（大于20年一遇）	
					人口（人）	房屋（座）	人口（人）	房屋（座）	人口（人）	房屋（座）
沁县	20	沙圪道	沙圪道	50	0	0	0	0	13	4
沁县	21	交口村	交口村	17	0	0	4	1	50	9
沁县	22	韩曹沟	韩曹沟	29	0	0	0	0	6	1
沁县	23	南园则村	南园则村	89	0	0	0	0	39	14
沁县	24	景村村	景村村	14	0	0	4	1	60	15
沁县	25	羊庄村	羊庄村	71	0	0	0	0	4	15
沁县	26	乔家湾村	乔家湾村	5	8	2	21	7	20	5
沁县	27	山坡村	山坡村	11	0	0	23	4	34	14
沁县	28	道兴村	道兴村	9	0	0	7	1	51	13
沁县	29	燕垒沟村	燕垒沟村	23	0	0	0	0	31	8
沁县	30	河止村	河止村	35	0	0	0	0	55	14
沁县	31	漫水村	漫水村	63	0	0	0	0	20	5
沁县	32	下湾村	下湾村	3	26	10	20	6	5	2
沁县	33	寺庄村	寺庄村	6	0	0	4	2	9	3
沁县	34	前庄	前庄	76	0	0	0	0	26	9
沁县	35	蔡甲	蔡甲	35	0	0	0	0	32	12
沁县	36	长街村	长街村	6	0	0	32	8	17	5
沁县	37	次村村	次村村	9	0	0	9	2	49	22
沁县	38	五星村	五星村	11	0	0	10	3	44	13
沁县	39	东杨家庄村	东杨家庄村	42	0	0	0	0	12	5
沁县	40	下张庄村	下张庄村	27	0	0	0	0	66	12
沁县	41	唐村村	唐村村	16	0	0	4	1	73	20
沁县	42	中里村	中里村	12	0	0	5	3	8	4
沁县	43	南泉村	南泉村	8	0	0	7	2	28	11
沁县	44	榜口村	榜口村	7	0	0	13	5	25	9
沁县	45	杨安村	杨安村	17	0	0	14	3	17	4
沁县	46	北漳村	北漳村	32	0	0	0	0	380	114
沁县	47	池堡村	池堡村	23	0	0	0	0	585	174
沁县	48	徐阳村	徐阳村	33	0	0	0	0	275	84

续表

县区	序号	行政区划名称	小流域名称	防洪能力（年）	极高危（小于5年一遇）		高危（5～20年一遇）		危险（大于20年一遇）	
					人口（人）	房屋（座）	人口（人）	房屋（座）	人口（人）	房屋（座）
沁县	49	南池村	南池村	21	0	0	0	0	50	7
沁县	50	古城村	古城村	34	0	0	0	0	41	9
沁县	51	芦则沟	芦则沟	33	0	0	0	0	56	19
沁县	52	陈庄沟	陈庄沟	33	0	0	0	0	68	23
沁县	53	固亦村	固亦村	66	0	0	0	0	29	9
襄垣县	1	石灰窑村	石灰窑村	12.5	0	0	8	3	19	5
襄垣县	2	返底村	返底村	4	15	2	16	4	33	10
襄垣县	3	普头村	普头村	71	0	0	0	0	14	3
襄垣县	4	安沟村	安沟村	4	12	3	44	10	12	4
襄垣县	5	阎村	阎村	4	18	4	74	15	51	10
襄垣县	6	南马喊村	南马喊村	12.5	0	0	14	3	25	10
襄垣县	7	胡家沟村	胡家沟村	45.5	0	0	0	0	41	11
襄垣县	8	河口村	河口村	4	9	2	24	6	64	17
襄垣县	9	北田漳村	北田漳村	30	0	0	0	0	59	15
襄垣县	10	南邯村	南邯村	52.6	0	0	0	0	33	9
襄垣县	11	小河村	小河村	66.7	0	0	0	0	62	15
襄垣县	12	白堰底村	白堰底村	20	0	0	0	0	114	24
襄垣县	13	西洞上村	西洞上村	4	4	1	11	4	33	8
襄垣县	14	王村	王村	26	0	0	0	0	192	60
襄垣县	15	下庙村	下庙村	70	0	0	0	0	17	3
襄垣县	16	史属村	史属村	21	0	0	0	0	44	12
襄垣县	17	店上村	店上村	23.8	0	0	0	0	50	15
襄垣县	18	北姚村	北姚村	4	22	7	59	17	40	10
襄垣县	19	史北村	史北村	4	18	5	62	15	69	17
襄垣县	20	垴上村	垴上村	4	14	5	18	7	56	15
襄垣县	21	前王沟村	前王沟村	4	8	2	45	10	54	15
襄垣县	22	任庄村	任庄村	22.5	0	0	0	0	40	17
襄垣县	23	高家沟村	高家沟村	9.2	0	0	42	9	153	30
襄垣县	24	下良村	下良村	9	100	23	56	13	84	20

续表

县区	序号	行政区划名称	小流域名称	防洪能力（年）	极高危（小于5年一遇）		高危（5~20年一遇）		危险（大于20年一遇）	
					人口（人）	房屋（座）	人口（人）	房屋（座）	人口（人）	房屋（座）
襄垣县	25	水碾村	水碾村	9	0	0	48	12	40	10
襄垣县	26	寨沟村	寨沟村	17	0	0	9	2	49	12
襄垣县	27	庄里村	庄里村	5.8	0	0	48	8	34	6
襄垣县	28	桑家河村	桑家河村	57	0	0	0	0	33	7
襄垣县	29	固村	固村	5.7	0	0	52	15	35	9
襄垣县	30	阳沟村	阳沟村	5.4	0	0	38	9	26	7
襄垣县	31	温泉村	温泉村	6	0	0	22	5	98	20
襄垣县	32	燕家沟村	燕家沟村	41	0	0	0	0	32	7
襄垣县	33	高崖底村	高崖底村	41	0	0	0	0	32	7
襄垣县	34	里阚村	里阚村	9.5	0	0	38	10	90	22
襄垣县	35	合漳村	合漳村	23	0	0	0	0	128	31
襄垣县	36	西底村	西底村	57	0	0	0	0	22	6
襄垣县	37	返头村	返头村	20	0	0	3	1	43	14
襄垣县	38	九龙村	九龙村	68	0	0	0	0	65	17
壶关县	1	桥上村	桥上村	72	0	0	0	0	16	3
壶关县	2	盘底村	盘底村	19	0	0	5	1	56	14
壶关县	3	沙滩村	沙滩村	26	0	0	0	0	8	2
壶关县	4	潭上	潭上	90	0	0	0	0	4	1
壶关县	5	庄则上村	庄则上村	80	0	0	0	0	10	3
壶关县	6	土圪堆	土圪堆	71	0	0	0	0	1	1
壶关县	7	下石坡村	下石坡村	25	0	0	7	3	57	13
壶关县	8	黄崖底村	黄崖底村	14	0	0	3	1	23	5
壶关县	9	西坡上	西坡上	7.3	3	0	6	1	9	3
壶关县	10	靳家庄	靳家庄	9	0	0	6	2	4	1
壶关县	11	碾盘街	碾盘街	17	0	0	0	0	0	0
壶关县	12	东黄花水村	东黄花水村	99	0	0	0	0	1	1
壶关县	13	西黄花水村	西黄花水村	5	10	0	3	1	0	0
壶关县	14	安口村	安口村	5	35	7	4	5	4	1
壶关县	15	北平头坞村	北平头坞村	5	3	1	18	1	5	1

续表

县区	序号	行政区划名称	小流域名称	防洪能力（年）	极高危（小于5年一遇）		高危（5~20年一遇）		危险（大于20年一遇）	
					人口（人）	房屋（座）	人口（人）	房屋（座）	人口（人）	房屋（座）
壶关县	16	南平头坞村	南平头坞村	82	0	0	0	0	5	1
壶关县	17	双井村	双井村	49	0	0	0	0	6	1
壶关县	18	石河沐村	石河沐村	5	54	12	46	10	23	6
壶关县	19	口头村	口头村	61	0	0	0	0	3	1
壶关县	20	大井村	大井村	5	8	3	9	3	0	0
壶关县	21	城寨村	城寨村	5	13	3	36	9	29	7
壶关县	22	薛家园村	薛家园村	5	7	2	4	1	9	2
壶关县	23	西底村	西底村	21	0	0	0	0	11	2
壶关县	24	神北村	神北村	77	0	0	0	0	3	1
壶关县	25	神南村	神南村	28	0	0	0	0	36	9
壶关县	26	上河村	上河村	61	0	0	0	0	13	4
壶关县	27	福头村	福头村	6	0	0	11	2	19	5
壶关县	28	西七里村	西七里村	6	0	0	11	2	19	4
壶关县	29	角脚底村	角脚底村	15	0	0	18	3	5	1
壶关县	30	北河村	北河村	5	20	5	46	9	46	9
黎城县	1	柏官庄村	柏官庄河	20	0	0	40	18	76	23
黎城县	2	北泉寨村	南委泉河	2	8	3	0	0	0	0
黎城县	3	北停河村	小东河	5	5	2	0	0	3	1
黎城县	4	北委泉村	南委泉河	14.3	0	0	18	7	15	5
黎城县	5	曹庄村	柏官庄河	999	0	0	0	0	0	0
黎城县	6	茶棚滩村	茅岭底沟	61	0	0	0	0	54	19
黎城县	7	车元村	南委泉河	3	0	0	22	8	16	6
黎城县	8	东洼村	小东河	15.3	0	0	46	18	0	0
黎城县	9	仁庄村	小东河	35	0	0	0	0	19	7
黎城县	10	佛崖底村	东崖底河	17	0	0	17	6	17	6
黎城县	11	郭家庄村	东崖底河	50	0	0	0	0	18	6
黎城县	12	后寨村	茅岭底沟	24	26	9	20	9	18	6
黎城县	13	孔家峧村	柏官庄河	72	0	0	0	0	4	1
黎城县	14	岚沟村	平头河	71	0	0	0	0	5	2

续表

县区	序号	行政区划名称	小流域名称	防洪能力（年）	极高危（小于5年一遇）		高危（5～20年一遇）		危险（大于20年一遇）	
					人口（人）	房屋（座）	人口（人）	房屋（座）	人口（人）	房屋（座）
黎城县	15	龙王庙村	峪里沟	72	0	0	0	0	6	2
黎城县	16	南委泉村	南委泉河	74	0	0	0	0	4	2
黎城县	17	牛居村	南委泉河	999	0	0	0	0	0	0
黎城县	18	平头村	茅岭底沟	11	0	0	4	2	4	2
黎城县	19	前庄村	峧沟	14	0	0	24	8	0	0
黎城县	20	中庄村	峧沟	61	0	0	0	0	8	3
黎城县	21	清泉村	东崖底河	80	0	0	0	0	8	3
黎城县	22	秋树垣村	峪里沟	77	0	0	0	0	3	1
黎城县	23	三十亩村	柏官庄河	72	0	0	0	0	9	4
黎城县	24	寺底村	骆驼沟	10	0	0	6	3	7	2
黎城县	25	宋家庄村	小东河	22	0	0	0	0	27	9
黎城县	26	苏家峧村	峪里沟	3	4	1	0	0	0	0
黎城县	27	西村村	小东河	19	0	0	4	2	37	10
黎城县	28	小寨村	东崖底河	35	0	0	0	0	21	9
黎城县	29	彭庄村	茅岭底沟	999	0	0	0	0	0	0
黎城县	30	背坡村	南委泉河	45	0	0	0	0	3	1
屯留县	1	杨家湾村	杨家湾村	28	0	0	0	0	39	9
屯留县	2	吾元村	吾元村	33	0	0	0	0	4	2
屯留县	3	丰秀岭村	丰秀岭村	54	0	0	0	0	32	13
屯留县	4	南阳坡村	南阳坡村	90	0	0	0	0	2	1
屯留县	5	罗村	罗村	23	0	0	0	0	37	11
屯留县	6	煤窑沟村	煤窑沟村	94	0	0	0	0	6	2
屯留县	7	东坡村	东坡村	4	8	2	69	16	105	28
屯留县	8	三交村	三交村	4	27	6	48	12	74	21
屯留县	9	贾庄	贾庄	32	0	0	0	0	9	2
屯留县	10	老庄沟	老庄沟	71	0	0	0	0	21	6
屯留县	11	北沟庄	北沟庄	67	0	0	0	0	42	6
屯留县	12	老庄沟西坡	老庄沟西坡	44	0	0	0	0	21	4
屯留县	13	张店村	张店村	49	0	0	0	0	260	63

续表

县区	序号	行政区划名称	小流域名称	防洪能力（年）	极高危（小于5年一遇）		高危（5~20年一遇）		危险（大于20年一遇）	
					人口（人）	房屋（座）	人口（人）	房屋（座）	人口（人）	房屋（座）
屯留县	14	甄湖村	甄湖村	54	0	0	0	0	48	12
屯留县	15	张村	张村	15	0	0	8	3	49	12
屯留县	16	南里庄村	南里庄村	96	0	0	0	0	18	5
屯留县	17	上立寨村	上立寨村	12	0	0	9	2	27	6
屯留县	18	大半沟	大半沟	4	1	1	0	0	7	3
屯留县	19	五龙沟	五龙沟	34	0	0	0	0	19	7
屯留县	20	李家庄村	李家庄村	60	0	0	0	0	32	9
屯留县	21	马家庄	马家庄	32	0	0	0	0	12	3
屯留县	22	帮家庄	帮家庄	74	0	0	0	0	12	3
屯留县	23	秋树坡	秋树坡	69	0	0	0	0	15	4
屯留县	24	李家庄村西坡	李家庄村西坡	72	0	0	0	0	12	2
屯留县	25	半坡村	半坡村	6	0	0	5	1	9	3
屯留县	26	霜泽村	霜泽村	26	0	0	0	0	59	12
屯留县	27	雁落坪村	雁落坪村	34	0	0	0	0	35	7
屯留县	28	雁落坪村西坡	雁落坪村西坡	34	0	0	0	0	14	3
屯留县	29	宜丰村	宜丰村	25	0	0	0	0	64	15
屯留县	30	浪井沟	浪井沟	25	0	0	0	0	57	12
屯留县	31	宜丰村西坡	宜丰村西坡	25	0	0	0	0	28	7
屯留县	32	中村村	中村村	59	0	0	0	0	25	6
屯留县	33	河西村	河西村	67	0	0	0	0	7	2
屯留县	34	柳树庄村	柳树庄村	59	0	0	0	0	39	8
屯留县	35	柳树庄	柳树庄	59	0	0	0	0	10	3
屯留县	36	崖底村	崖底村	41	0	0	0	0	27	7
屯留县	37	唐王庙村	唐王庙村	72	0	0	0	0	20	4
屯留县	38	南掌	南掌	21	0	0	3	1	22	4
屯留县	39	徐家庄	徐家庄	60	0	0	0	0	4	1
屯留县	40	郭家庄	郭家庄	76	0	0	0	0	15	3
屯留县	41	沿湾	沿湾	88	0	0	0	0	4	1

续表

县区	序号	行政区划名称	小流域名称	防洪能力（年）	极高危（小于5年一遇）		高危（5~20年一遇）		危险（大于20年一遇）	
					人口（人）	房屋（座）	人口（人）	房屋（座）	人口（人）	房屋（座）
屯留县	42	王家庄	王家庄	70	0	0	0	0	5	2
屯留县	43	林庄村	林庄村	74	0	0	0	0	31	8
屯留县	44	八泉村	八泉村	35	0	0	0	0	119	26
屯留县	45	七泉村	七泉村	6	0	0	47	14	79	21
屯留县	46	鸡窝圪套	鸡窝圪套	18	0	0	4	1	10	2
屯留县	47	南沟村	南沟村	46	0	0	0	0	33	7
屯留县	48	棋盘新庄	棋盘新庄	46	0	0	0	0	14	3
屯留县	49	羊窑	羊窑	23	0	0	0	0	25	5
屯留县	50	小桥	小桥	23	0	0	0	0	19	4
屯留县	51	寨上村	寨上村	26	0	0	0	0	43	11
屯留县	52	寨上	寨上	60	0	0	0	0	20	3
屯留县	53	吴而村	吴而村	42	0	0	0	0	61	11
屯留县	54	西上村	西上村	43	0	0	0	0	12	2
屯留县	55	西沟河村	西沟河村	15	0	0	11	3	22	7
屯留县	56	西岸上	西岸上	15	0	0	1	1	10	2
屯留县	57	西村	西村	18	0	0	18	4	6	2
屯留县	58	西丰宜村	西丰宜村	11	0	0	19	4	106	23
屯留县	59	石泉村	石泉村	84	0	0	0	0	1	1
屯留县	60	河神庙	河神庙	90	0	0	0	0	4	1
屯留县	61	梨树庄村	梨树庄村	86	0	0	0	0	9	2
屯留县	62	庄洼	庄洼	86	0	0	0	0	3	1
屯留县	63	西沟村	西沟村	5	5	1	18	4	21	5
屯留县	64	老婆角	老婆角	50	0	0	0	0	24	11
屯留县	65	西沟口	西沟口	50	0	0	0	0	40	10
屯留县	66	司家沟	司家沟	24	0	0	0	0	13	3
屯留县	67	龙王沟村	龙王沟村	4	12	3	0	0	16	4
屯留县	68	西流寨村	西流寨村	11	0	0	15	4	49	14
屯留县	69	马家庄	马家庄	12	0	0	5	1	28	7
屯留县	70	大会村	大会村	42	0	0	0	0	8	3

续表

县区	序号	行政区划名称	小流域名称	防洪能力（年）	极高危（小于5年一遇）		高危（5~20年一遇）		危险（大于20年一遇）	
					人口（人）	房屋（座）	人口（人）	房屋（座）	人口（人）	房屋（座）
屯留县	71	西大会	西大会	30	0	0	0	0	11	3
屯留县	72	河长头村	河长头村	66	0	0	0	0	46	10
屯留县	73	中理村	中理村	64	0	0	0	0	18	4
屯留县	74	吴寨村	吴寨村	16	0	0	11	4	29	8
屯留县	75	桑园	桑园	13	0	0	7	2	25	5
屯留县	76	黑家口	黑家口	3	12	3	38	10	30	6
屯留县	77	上莲村	上莲村	22	0	0	0	0	29	6
屯留县	78	前上莲	前上莲	6	0	0	7	2	11	3
屯留县	79	后上莲	后上莲	6	0	0	23	5	27	5
屯留县	80	马庄	马庄	23	0	0	0	0	7	3
屯留县	81	交川村	交川村	6	0	0	9	3	25	5
屯留县	82	贾庄村	贾庄村	10	0	0	620	167	0	0
屯留县	83	秦家村	秦家村	10	0	0	170	22	0	0
屯留县	84	老洪沟	老洪沟	7	0	0	32	8	0	0
屯留县	85	郝家庄村	郝家庄村	10	0	0	97	14	0	0
屯留县	86	南庄村	南庄村	10	0	0	300	75	0	0
屯留县	87	山角村	山角村	10	0	0	50	12	0	0
屯留县	88	西洼村	西洼村	999	0	0	0	0	0	0
屯留县	89	魏村	魏村	999	0	0	0	0	0	0
平顺县	1	贾家村	贾家村	35	0	0	0	0	18	5
平顺县	2	王家村	王家村	6	0	0	27	6	24	6
平顺县	3	路家口村	路家口村	10.2	0	0	12	3	16	10
平顺县	4	北坡村	北坡村	19.7	0	0	13	3	51	11
平顺县	5	北坡	北坡	19.7	0	0	23	6	14	4
平顺县	6	龙镇村	龙镇村	4	20	5	55	12	5	1
平顺县	7	南坡村	南坡村	16	0	0	2	1	42	11
平顺县	8	东迷村	东迷村	5.4	0	0	46	8	17	4
平顺县	9	正村	正村	26	0	0	0	0	8	32
平顺县	10	龙家村	龙家村	26	0	0	0	0	32	8

续表

县区	序号	行政区划名称	小流域名称	防洪能力（年）	极高危（小于5年一遇）		高危（5~20年一遇）		危险（大于20年一遇）	
					人口（人）	房屋（座）	人口（人）	房屋（座）	人口（人）	房屋（座）
平顺县	11	申家坪村	申家坪村	15	0	0	3	1	48	12
平顺县	12	下井村	下井村	4	38	11	11	3	0	0
平顺县	13	青行头村	青行头村	56	0	0	0	0	16	4
平顺县	14	南赛村	南赛村	15	0	0	0	0	44	9
平顺县	15	东峪村	东峪村	4	5	1	4	1	22	5
平顺县	16	西沟村（含刘家地、池底）	西沟村（含刘家地、池底）	15	0	0	3	1	48	12
平顺县	17	川底村	川底村	8.5	0	0	28	6	0	0
平顺县	18	石埠头村	石埠头村	27	0	0	0	0	26	5
平顺县	19	小东峪村（含前庄上、当庄上、三亩地）	小东峪村（含前庄上、当庄上、三亩地）	5	30	11	30	9	21	7
平顺县	20	峈峪村	峈峪村	22	0	0	0	0	44	12
平顺县	21	张井村	张井村	4	20	5	18	5	83	24
平顺县	22	小赛村	小赛村	27.5	0	0	0	0	176	40
平顺县	23	后留村	后留村	4	31	13	10	4	14	5
平顺县	24	常家村	常家村	7.5	0	0	21	4	61	8
平顺县	25	羊老岩村	羊老岩村	5.5	0	0	7	2	35	8
平顺县	26	底河村	底河村	4	6	1	7	1	31	7
平顺县	27	西湾村	西湾村	15	0	0	7	2	86	28
平顺县	28	大山村	大山村	7.5	0	0	14	4	4	1
平顺县	29	安阳村	安阳村	7.5	0	0	47	12	35	9
平顺县	30	前庄村	前庄村	38	0	0	0	0	7	2
平顺县	31	虹梯关村	虹梯关村	11.5	0	0	20	6	108	26
平顺县	32	梯后村	梯后村	8	0	0	6	1	39	7
平顺县	33	碑滩村	碑滩村	15.9	0	0	19	6	19	4
平顺县	34	虹霓村	虹霓村	10.2	0	0	13	3	54	14
平顺县	35	玉峡关村	玉峡关村	12.2	0	0	5	1	55	17

续表

县区	序号	行政区划名称	小流域名称	防洪能力（年）	极高危（小于5年一遇）		高危（5~20年一遇）		危险（大于20年一遇）	
					人口（人）	房屋（座）	人口（人）	房屋（座）	人口（人）	房屋（座）
平顺县	36	茎兰岩村	茎兰岩村	59	0	0	0	0	35	6
平顺县	37	库峧村	库峧村	33	0	0	0	0	22	6
平顺县	38	南耽车村	南耽车村	5. 5	0	0	7	2	35	8
平顺县	39	源头村	源头村	26	0	0	0	0	48	10
平顺县	40	豆峪村	豆峪村	4	6	1	7	1	31	7
平顺县	41	榔树园村	榔树园村	15. 5	0	0	9	2	34	7
平顺县	42	堂耳庄村	堂耳庄村	97	0	0	0	0	6	2
平顺县	43	牛石窑村	牛石窑村	75	0	0	0	0	19	5
潞城市	1	会山底村	会山底村	93	0	0	0	0	263	79
潞城市	2	河西村	河西村	85	0	0	0	0	168	47
潞城市	3	后峧村	后峧村	45	0	0	0	0	12	3
潞城市	4	枣臻村	枣臻村	6	0	0	18	5	22	8
潞城市	5	赤头村	赤头村	4	16	5	29	9	14	4
潞城市	6	马江沟村	马江沟村	17	0	0	12	3	13	6
潞城市	7	红江沟	红江沟	10	0	0	7	2	25	6
潞城市	8	曹家沟村	曹家沟村	53	0	0	0	0	18	5
潞城市	9	韩村	韩村	41	0	0	0	0	36	10
潞城市	10	冯村	冯村	42	0	0	0	0	29	8
潞城市	11	韩家园村	韩家园村	67	0	0	0	0	19	7
潞城市	12	李家庄村	李家庄村	16	0	0	0	0	21	8
潞城市	13	漫流河村	漫流河村	24	0	0	0	0	18	6
潞城市	14	申家山村	申家山村	84	0	0	0	0	15	4
潞城市	15	井峪村	井峪村	25	0	0	0	0	10	3
潞城市	16	南马庄村	南马庄村	12	0	0	2	1	9	4
潞城市	17	西北村	西北村	10	0	0	5	3	15	4
潞城市	18	西南村	西南村	4	15	5	16	7	16	4
潞城市	19	中村	中村	12	0	0	186	39	0	0
潞城市	20	堡头村	堡头村	20	0	0	123	37	0	0
潞城市	21	河后村	河后村	60	0	0	0	0	142	36

续表

县区	序号	行政区划名称	小流域名称	防洪能力（年）	极高危（小于5年一遇）		高危（5~20年一遇）		危险（大于20年一遇）	
					人口（人）	房屋（座）	人口（人）	房屋（座）	人口（人）	房屋（座）
潞城市	22	桥堡村	桥堡村	12	0	0	152	34	0	0
潞城市	23	东山村	东山村	69	0	0	0	0	20	6
潞城市	24	西坡村	西坡村	13	0	0	10	3	43	13
潞城市	25	儒教村	儒教村	55	0	0	0	0	7	2
潞城市	26	王家庄村后交	王家庄村后交	88	0	0	0	0	15	3
潞城市	27	南花山村	南花山村	75	0	0	0	0	10	3
潞城市	28	辛安村	辛安村	63	0	0	0	0	23	5
潞城市	29	辽河村	辽河村	16	0	0	0	0	13	3
潞城市	30	曲里村	曲里村	34	0	0	0	0	35	10
潞城市	31	石匣村	石匣村	16	0	0	0	0	18	6
潞城市	32	五里坡村	五里坡村	54	0	0	0	0	19	4
潞城市	33	下社村	下社村	10	0	0	794	233	0	0
潞城市	34	下社村后交	下社村后交	10	0	0	340	100	0	0
潞城市	35	弓家岭	弓家岭	10	0	0	117	30	0	0
潞城市	36	石梁村	石梁村	20	0	0	0	0	1272	386
潞城市	37	南流村	南流村	12	0	0	512	150	0	0
潞城市	38	洄口村	洄口村	12	0	0	429	127	0	0
潞城市	39	斜底村	斜底村	12	0	0	173	48	0	0
潞城市	40	西坡村东坡	西坡村东坡	12	0	0	47	14	0	0
潞城市	41	上黄村向阳庄	上黄村向阳庄	10	0	0	334	91	0	0
潞城市	42	辽河村车旺	辽河村车旺	10	0	0	132	65	0	0
潞城市	43	申家村	申家村	999	0	0	0	0	0	0
潞城市	44	苗家村	苗家村	999	0	0	0	0	0	0
潞城市	45	苗家村庄上	苗家村庄上	999	0	0	0	0	0	0
长子县	1	红星庄	红星庄	10	0	0	252	77	0	0
长子县	2	石家庄村	石家庄村	10	0	0	764	204	0	0
长子县	3	西河庄村	西河庄村	4	3	1	0	0	0	0
长子县	4	晋义村	晋义村	6	0	0	20	5	0	0
长子县	5	刁黄村	刁黄村	10	0	0	302	80	0	0

续表

县区	序号	行政区划名称	小流域名称	防洪能力（年）	极高危（小于5年一遇）		高危（5～20年一遇）		危险（大于20年一遇）	
					人口（人）	房屋（座）	人口（人）	房屋（座）	人口（人）	房屋（座）
长子县	6	南沟河	南沟河	2	4	1	20	5	4	1
长子县	7	良坪村	良坪村	41	0	0	0	0	8	2
长子县	8	乱石河村	乱石河村	40	0	0	0	0	4	1
长子县	9	两都村	两都村	1	4	1	28	7	8	2
长子县	10	苇池村	苇池村	10	0	0	202	55	0	0
长子县	11	李家庄村	李家庄村	10	0	0	444	120	0	0
长子县	12	圪倒村	圪倒村	10	0	0	240	53	0	0
长子县	13	高桥沟村	高桥沟村	23	0	0	0	0	16	4
长子县	14	花家坪村	花家坪村	10	0	0	234	54	0	0
长子县	15	洪珍村	洪珍村	3	4	1	0	0	0	0
长子县	16	郭家沟村	郭家沟村	90	0	0	0	0	4	1
长子县	17	南岭庄	南岭庄	5	0	0	13	2	0	0
长子县	18	大山	大山	15	0	0	11	2	25	5
长子县	19	羊窑沟	羊窑沟	4	4	1	0	0	8	3
长子县	20	响水铺	响水铺	10	0	0	60	26	0	0
长子县	21	东沟庄	东沟庄	10	0	0	19	9	0	0
长子县	22	九亩沟	九亩沟	10	0	0	54	27	0	0
长子县	23	小豆沟	小豆沟	1	16	3	5	2	13	3
长子县	24	尧神沟村	尧神沟村	1	12	3	0	0	0	0
长子县	25	沙河村	沙河村	53	0	0	0	0	16	4
长子县	26	韩坊村	韩坊村	4	16	4	8	2	12	3
长子县	27	交里村	交里村	3	4	1	12	3	108	27
长子县	28	西田良村	西田良村	34	0	0	0	0	52	13
长子县	29	南贾村	南贾村	95	0	0	0	0	4	1
长子县	30	东田良村	东田良村	20	0	0	0	0	651	192
长子县	31	南张店村	南张店村	1	64	16	8	2	4	1
长子县	32	西范村	西范村	4	30	6	64	15	10	2
长子县	33	东范村	东范村	9	0	0	41	13	41	8
长子县	34	崔庄村	崔庄村	9	0	0	10	2	71	15

续表

县区	序号	行政区划名称	小流域名称	防洪能力（年）	极高危（小于5年一遇）		高危（5～20年一遇）		危险（大于20年一遇）	
					人口（人）	房屋（座）	人口（人）	房屋（座）	人口（人）	房屋（座）
长子县	35	龙泉村	龙泉村	3	44	11	55	13	18	4
长子县	36	程家庄村	程家庄村	20	0	0	0	0	197	58
长子县	37	窑下村	窑下村	100	0	0	0	0	683	202
长子县	38	赵家庄村	赵家庄村	31	0	0	0	0	110	25
长子县	39	陈家庄村	陈家庄村	31	0	0	0	0	110	25
长子县	40	吴家庄村	吴家庄村	31	0	0	0	0	110	25
长子县	41	曹家沟村	曹家沟村	1	80	20	0	0	0	0
长子县	42	琚村	琚村	5	100	25	16	4	0	0
长子县	43	平西沟村	平西沟村	88	88	22	36	9	136	34
长子县	44	南漳村	南漳村	16	0	0	204	41	55	11
长子县	45	吴村	吴村	1	302	66	5	2	0	0
长子县	46	安西村	安西村	20	0	0	0	0	8	2
长子县	47	金村	金村	100	0	0	0	0	546	148
长子县	48	丰村	丰村	100	0	0	0	0	440	133
长子县	49	苏村	苏村	1	8	2	8	2	8	2
长子县	50	西沟村	西沟村	29	0	0	0	0	12	3
长子县	51	西峪村	西峪村	15	0	0	156	39	68	17
长子县	52	东峪村	东峪村	62	28	7	20	5	100	25
长子县	53	城阳村	城阳村	18	0	0	4	1	4	1
长子县	54	阳鲁村	阳鲁村	13	0	0	24	6	0	0
长子县	55	善村	善村	34	0	0	0	0	8	2
长子县	56	南庄村	南庄村	7	0	0	20	5	8	2
长子县	57	大南石村	大南石村	100	0	0	0	0	437	162
长子县	58	小南石	小南石	100	0	0	0	0	531	195
长子县	59	申村	申村	100	0	0	0	0	774	272
长子县	60	西何村	西何村	1	92	23	0	0	0	0
长子县	61	鲍寨村	鲍寨村	11	0	0	365	78	0	0
长子县	62	南庄	南庄	1	15	4	16	5	8	5
长子县	63	南沟	南沟	100	0	0	0	0	3	2

续表

县区	序号	行政区划名称	小流域名称	防洪能力（年）	极高危（小于5年一遇）		高危（5~20年一遇）		危险（大于20年一遇）	
					人口（人）	房屋（座）	人口（人）	房屋（座）	人口（人）	房屋（座）
长子县	64	庞庄村	庞庄村	3	4	1	12	3	4	1
长治县	1	柳林村	黑水河	5.1	0	0	11	2	5	1
长治县	2	林移村	黑水河	4.9	11	3	64	16	140	32
长治县	3	柳林庄村	黑水河	999.0	0	0	0	0	13	2
长治县	4	司马村	黑水河	4.9	8	3	22	8	62	23
长治县	5	荫城村	荫城河	11.5	0	0	22	6	68	15
长治县	6	河下村	荫城河	5.1	0	0	4	1	17	4
长治县	7	横河村	荫城河	4.9	4	1	24	5	0	0
长治县	8	桑梓一村	南宋河	19.0	0	0	4	1	11	3
长治县	9	桑梓二村	桑梓二村沟	5.0	9	2	85	17	13	3
长治县	10	北头村	南宋河	4.9	4	1	0	0	60	12
长治县	11	内王村	内王河	8.4	0	0	35	8	11	2
长治县	12	王坊村	荫城河	15.5	0	0	5	2	27	6
长治县	13	中村	荫城河	12.5	0	0	4	1	77	15
长治县	14	李坊村	荫城河	4.9	7	2	2	1	8	2
长治县	15	北王庆村	陶清河	89.0	0	0	0	0	52	15
长治县	16	桥头村	桥头沟	4.9	7	2	4	1	4	1
长治县	17	下赵家庄村	荫城河	4.9	13	4	8	2	4	1
长治县	18	南河村	南河沟	4.9	7	1	14	4	38	9
长治县	19	羊川村	羊川沟	5.9	0	0	4	1	34	7
长治县	20	八义村	八义河	14.8	0	0	30	6	76	17
长治县	21	狗湾村	色头河	41.0	0	0	0	0	40	11
长治县	22	北楼底村	北楼底沟	5.8	0	0	74	16	82	20
长治县	23	南楼底村	色头河	78.0	0	0	0	0	5	1
长治县	24	新庄村	新庄沟	4.9	13	3	4	1	28	5
长治县	25	定流村	定流沟	4.9	2	1	51	13	17	4
长治县	26	北郭村	黑水河	4.9	20	4	80	18	153	38
长治县	27	岭上村	黑水河	64.0	0	0	0	0	13	2
长治县	28	高河村	浊漳河南源	38.0	0	0	0	0	16	4

续表

县区	序号	行政区划名称	小流域名称	防洪能力（年）	极高危（小于5年一遇）		高危（5~20年一遇）		危险（大于20年一遇）	
					人口（人）	房屋（座）	人口（人）	房屋（座）	人口（人）	房屋（座）
长治县	29	西池村	东池沟	5.3	0	0	41	8	60	13
长治县	30	东池村	东池沟	70.0	0	0	0	0	19	5
长治县	31	小河村	陶清河	22.0	0	0	0	0	9	2
长治县	32	沙峪村	陶清河	85.0	0	0	0	0	67	20
长治县	33	土桥村	土桥沟	4.9	19	4	4	1	64	19
长治县	34	河头村	河头沟	78.0	0	0	0	0	30	7
长治县	35	小川村	小川沟	80.0	0	0	0	0	14	4
长治县	36	北呈村	北呈沟	4.9	76	19	26	29	8	30
长治县	37	大沟村	陶清河	76.0	0	0	0	0	25	4
长治县	38	南岭头村	辉河	75.0	0	0	0	0	6	1
长治县	39	北岭头村	陶清河	8.3	0	0	19	5	2	1
长治县	40	须村	辉河	20	0	0	5	1	43	10
长治县	41	东和村	陶清河	65	0	0	0	0	31	6
长治县	42	中和村	陶清河	13	0	0	11	2	73	18
长治县	43	西和村	陶清河	14	0	0	9	2	36	8
长治县	44	曹家沟村	陶清河	61	0	0	0	0	31	6
长治县	45	琚家沟村	陶清河	87	0	0	0	0	16	3
长治县	46	屈家山村	辉河	4.9	9	2	53	12	80	18
长治县	47	辉河村	辉河	5.1	0	0	15	3	42	11
长治县	48	子乐沟村	子乐沟	6.2	0	0	27	6	36	10
长治郊区	1	关村	关村	70	0	0	0	0	35	5
长治郊区	2	沟西村	沟西村	65	0	0	0	0	54	14
长治郊区	3	西长井村	西长井村	13	0	0	20	4	50	10
长治郊区	4	石桥村	石桥村	74	0	0	0	0	20	6
长治郊区	5	大天桥村	大天桥村	11	0	0	35	10	75	19
长治郊区	6	中天桥村	中天桥村	23	0	0	15	4	45	11
长治郊区	7	毛站村	毛站村	20	0	0	15	5	40	13
长治郊区	8	南天桥村	南天桥村	50	0	0	0	0	75	19
长治郊区	9	南垂村	南垂村	4	20	7	65	19	50	11

续表

县区	序号	行政区划名称	小流域名称	防洪能力（年）	极高危（小于5年一遇）		高危（5~20年一遇）		危险（大于20年一遇）	
					人口（人）	房屋（座）	人口（人）	房屋（座）	人口（人）	房屋（座）
长治郊区	10	鸡坡村	鸡坡村	999	0	0	0	0	0	0
长治郊区	11	盐店沟村	盐店沟村	999	0	0	0	0	0	0
长治郊区	12	小龙脑村	小龙脑村	999	0	0	0	0	0	0
长治郊区	13	瓦窑沟村	瓦窑沟村	83	0	0	0	0	55	26
长治郊区	14	滴谷寺村	滴谷寺村	50	0	0	0	0	60	19
长治郊区	15	东沟村	东沟村	10	0	0	23	6	50	20
长治郊区	16	苗圃村	苗圃村	17	0	0	15	4	45	20
长治郊区	17	老巴山村	老巴山村	20	0	0	15	4	45	13
长治郊区	18	二龙山村	二龙山村	50	0	0	0	0	75	19
长治郊区	19	余庄村	余庄村	50	0	0	0	0	65	25
长治郊区	20	店上村	店上村	40	0	0	0	0	70	14
长治郊区	21	马庄村	马庄村	17	0	0	35	8	65	15
长治郊区	22	故县村	故县村	33	0	0	0	0	90	24
长治郊区	23	葛家庄村	葛家庄村	48	0	0	0	0	80	22
长治郊区	24	良才村	良才村	40	0	0	0	0	79	20
长治郊区	25	史家庄村	史家庄村	4	15	3	45	11	55	13
长治郊区	26	西沟村	西沟村	9	0	0	30	11	75	9
长治郊区	27	西白兔村	西白兔村	21	0	0	0	0	80	21
长治郊区	28	漳村	漳村	999	0	0	0	0	0	0
左权县	1	长城村	清漳西源	5. 5	0	0	62	17	94	20
左权县	2	店上村	清漳西源	5	3	1	3	1	13	5
左权县	3	寺仙村	柳林河西 1	5	19	10	22	6	22	5
左权县	4	上会村	柳林河西 1	24	0	0	0	0	32	8
左权县	5	马厩村	柳林河西 1	5. 5	7	2	29	8	85	21
左权县	6	简会村	枯河刘家庄 0	5	211	51	34	11	54	16
左权县	7	上其至村	枯河 8	24. 5	0	0	0	0	2	1
左权县	8	石港口村	枯河 6	5	3	1	0	0	4	1
左权县	9	紫阳村	紫阳河 0	13. 2	0	0	12	2	0	0
左权县	10	刘家庄村	枯河刘家庄 0	17. 5	0	0	4	1	0	0

续表

县区	序号	行政区划名称	小流域名称	防洪能力（年）	极高危（小于5年一遇）		高危（5～20年一遇）		危险（大于20年一遇）	
					人口（人）	房屋（座）	人口（人）	房屋（座）	人口（人）	房屋（座）
左权县	11	庄则村	十里店沟1	12.2	0	0	62	17	94	20
左权县	12	西寨村	十里店沟3	5	57	17	7	2	13	5
左权县	13	丈八沟村	龙河沟西6	5	111	29	42	11	48	14
左权县	14	望阳垴村	龙河沟西1	5	2	1	4	2	10	5
左权县	15	堡则村	龙河沟西1	5	4	1	0	0	10	2
左权县	16	西瑶村	龙河沟西1	5	9	3	13	5	15	3
左权县	17	西峧村	苇泽沟2	5	3	2	24	8	56	13
左权县	18	马家坪村	苇泽沟2	5	10	3	18	5	55	15
左权县	19	半坡	王凯沟0	5	4	1	116	28	79	21
左权县	20	西隘口	桐峪沟1	5	45	11	44	10	140	31
左权县	21	武家峧	桐峪沟2	5	28	9	17	4	76	22
左权县	22	南峧沟村	桐峪沟4	5	12	5	40	11	65	19
左权县	23	东隘口	桐峪河北	5	0	1	1	2	0	1
左权县	24	垴上	熟峪河	5	65	17	165	41	112	31
左权县	25	新庄村	禅房沟1	5	0	0	0	0	4	1
左权县	26	高家井村	禅房沟3	5	0	0	2	1	0	0
左权县	27	南岔村	拐儿西沟1	5	26	6	64	17	162	48
左权县	28	西五指	拐儿西沟1	21.7	0	0	6	2	40	15
左权县	29	拐儿村	拐儿西沟1	5	3	2	146	28	49	15
左权县	30	上庄村	下庄河沟东	5	68	17	12	4	24	8
左权县	31	下庄村（沟南）	下庄河沟南	5	5	2	40	12	87	32
左权县		下庄村（沟东）	下庄河沟东	5.4	0	0	16	5	43	12
左权县	32	天门村	下庄沟河0	5	15	3	26	6	133	27
左权县	33	水峪沟村	羊角河5	5.5	0	0	62	17	104	23
左权县	34	羊角村	羊角河1	5	55	15	0	0	22	4
左权县	35	石灰窑	羊角河1	5.5	1	1	0	0	17	4
左权县	36	晴岚	枯河0	5	0	1	0	0	8	3
左权县	37	上口	桐峪沟0	5	0	0	4	1	20	4
左权县	38	上武村	桐峪沟0	5	6	27	1	5	0	0

续表

县区	序号	行政区划名称	小流域名称	防洪能力（年）	极高危（小于5年一遇）		高危（5~20年一遇）		危险（大于20年一遇）	
					人口（人）	房屋（座）	人口（人）	房屋（座）	人口（人）	房屋（座）
左权县	39	三家村村	三家村村沟	53	0	0	0	0	20	5
左权县	40	车上铺	紫阳河	20	0	0	23	12	0	0
左权县	41	前郭家峪	熟峪河	33	0	0	0	0	21	12
左权县	42	郭家峪	熟峪河	33	0	0	0	0	22	11
左权县	43	安窑底 1	熟峪河	20	0	0	4	2	0	0
左权县		安窑底 2	熟峪河	36	0	0	0	0	9	5
左权县		安窑底 3	熟峪河	20	0	0	23	10	0	0
左权县	44	熟峪村	熟峪河	53	0	0	0	0	28	7
左权县	45	大林口	熟峪河南	53	0	0	0	0	15	7
左权县	46	五里堠后村	十里店沟	20	0	0	15	7	0	0
左权县		五里堠前村	十里店沟	33	0	0	0	0	11	6
左权县	47	西崖底村	西崖底村沟	20	0	0	36	20	0	0
左权县	48	河北村	河北沟	20	0	0	6	4	0	0
左权县	49	高峪	高峪沟	20	0	0	6	3	0	0
左权县	50	麻田村	熟峪河	33	0	0	0	0	13	9
左权县	51	杨家峧	桐峪河	20	0	0	8	4	0	0
左权县	52	水坡村	禅房沟	20	0	0	1	1	0	0
左权县	53	东五指	拐儿西沟	20	0	0	7	3	0	0
左权县	54	王家庄	禅房沟	53	0	0	0	0	3	2
左权县	55	刘家窑	十里店沟	20	0	0	15	8	0	0
左权县	56	马家拐	十里店沟	20	0	0	2	1	0	0
左权县	57	寺凹村	王凯沟	20	0	0	1	1	0	0
左权县	58	东峪	王凯沟	20	0	0	12	5	0	0
左权县	59	磨沟村	羊角河	20	0	0	12	7	0	0
左权县	60	北艾铺村	羊角河	40	0	0	0	0	20	10
左权县	61	南岩沟	羊角河	20	0	0	11	5	0	0
左权县	62	西沟村	柳林河东	53	0	0	0	0	14	8
左权县	63	赵家村	柳林河东	29	0	0	0	0	19	10
左权县	64	林河村	柳林河西	20	0	0	5	3	0	0

续表

县区	序号	行政区划名称	小流域名称	防洪能力（年）	极高危（小于5年一遇）		高危（5～20年一遇）		危险（大于20年一遇）	
					人口（人）	房屋（座）	人口（人）	房屋（座）	人口（人）	房屋（座）
左权县	65	姜家庄	柳林河西	20	0	0	6	3	0	0
左权县	66	板峪村	板峪沟	33	0	0	0	0	2	2
左权县	67	桃园村	板峪沟	20	0	0	10	6	0	0
左权县	68	前龙村	龙沟河	33	0	0	0	0	4	2
左权县	69	龙则村	龙沟河	31	0	0	0	0	9	4
左权县	70	旧寨沟	秋林滩沟	20	0	0	10	5	0	0
左权县	71	前坪上	秋林滩沟	20	0	0	16	7	0	0
左权县	72	佛口村	三教河	60	0	0	0	0	16	7
左权县	73	小梁峪	三教河	20	0	0	4	1	0	0
左权县	74	北岸	苇则沟	20	0	0	11	6	0	0
左权县	75	碾草渠村	苇则沟	56	0	0	0	0	8	7
左权县	76	西云山	紫阳河	53	0	0	0	0	20	12
左权县	77	坐岩口	桐峪沟	20	0	0	4	2	0	0
左权县	78	北柳背村	熟峪河	36	0	0	0	0	18	9
左权县	79	羊林村	熟峪河	20	0	0	10	4	0	0
左权县	80	车谷村	熟峪河	15	0	0	14	5	0	0
左权县	81	南蒿沟	熟峪河南	20	0	0	3	2	0	0
左权县	82	土崖上村	熟峪河	30	0	0	0	0	14	5
左权县	83	南沟	拐儿西沟	40	0	0	0	0	7	4
左权县	84	长吉岩	拐儿西沟	20	0	0	4	4	0	0
左权县	85	田渠坪	拐儿西沟	20	0	0	2	1	0	0
左权县	86	方谷连	秋林滩沟	36	0	0	0	0	8	4
左权县	87	柏峪村	柏峪沟	20	0	0	2	1	0	0
左权县	88	铺峧	紫阳河	20	0	0	16	7	0	0
左权县	89	后山村	西崖底村	20	0	0	14	10	0	0
榆社县	1	下赤土村	南屯河 1	33	0	0	0	0	13	3
榆社县	2	郭郊村	南屯河 1	5. 5	0	0	0	1	0	0
榆社县	3	上咱则村	南屯河 1	73	0	0	0	0	2	1
榆社县	4	屯村	南屯河 1	46	0	0	0	0	8	2

续表

县区	序号	行政区划名称	小流域名称	防洪能力（年）	极高危（小于5年一遇）		高危（5~20年一遇）		危险（大于20年一遇）	
					人口（人）	房屋（座）	人口（人）	房屋（座）	人口（人）	房屋（座）
榆社县	5	王家庄村	南屯河3	5	4	1	0	0	24	6
榆社县	6	五科村	泉水河1	18	0	0	3	1	7	2
榆社县	7	水磨头村	泉水河1	5.5	0	0	8	2	14	3
榆社县	8	上城南村	泉水河1	15.3	0	0	6	2	69	17
榆社县	9	千峪村	泉水河1	5	9	1	21	5	15	3
榆社县	10	牛槽沟村	泉水河1	58	0	0	0	0	4	1
榆社县	11	东湾村	泉水河1	5	9	5	7	3	6	2
榆社县	12	辉教村	清秀河1	5	215	59	22	7	25	6
榆社县	13	西沟村	清秀河6	5	0	2	0	0	0	0
榆社县	14	寄家沟村	清秀河1	5	22	6	0	0	0	0
榆社县	15	寄子村	清秀河2	5	64	2	6	1	34	8
榆社县	16	牛村	清秀河3	31	0	0	0	0	19	3
榆社县	17	青阳平村	清秀河4	6.5	0	0	32	8	47	11
榆社县	18	李峪村	李峪沟1	5	84	19	126	28	88	21
榆社县	19	大南沟村	大南沟1	5	37	8	13	4	7	2
榆社县	20	王景村	东河1	5	0	1	0	0	31	9
榆社县	21	红崖头村	东河1	8	0	0	5	1	11	3
榆社县	22	白海村	赵庄河3、4、5	5.3	0	0	105	25	20	5
榆社县	23	海银山村	赵庄河8	43	0	0	0	0	25	4
榆社县	24	迷沙沟村	赵庄河3	5	27	9	9	2	17	4
榆社县	25	清风村	赵庄河4	5	19	4	4	1	0	0
榆社县	26	申村	赵庄河5	25	0	0	0	0	64	17
榆社县	27	西崖底村	西崖底河	5	96	25	339	73	261	153
榆社县	28	牌坊村	白壁河4	60	0	0	0	0	11	3
榆社县	29	井泉沟村	白壁河1	5	13	6	6	5	3	2
榆社县	30	罗秀村	白壁河2、3	5	8	2	15	3	8	2
榆社县	31	官寨村	武源河	60	0	0	0	0	7	1
榆社县	32	武源村	武源河1	26.5	0	0	0	0	217	35
榆社县	33	小河沟村	武源河2	5	7	3	3	1	0	0

续表

县区	序号	行政区划名称	小流域名称	防洪能力（年）	极高危（小于5年一遇）		高危（5~20年一遇）		危险（大于20年一遇）	
					人口（人）	房屋（座）	人口（人）	房屋（座）	人口（人）	房屋（座）
榆社县	34	西河底村	苍竹沟1	5	3	1	0	0	21	4
榆社县	35	南社村	银郊河1	5	11	2	81	14	9	2
榆社县	36	桑家沟村	银郊河1	56	0	0	0	0	12	3
榆社县	37	峡口村	银郊河1	5	3	1	22	6	184	24
榆社县	38	王家沟村	段家沟3	50	0	0	0	0	35	11
榆社县	39	两河口村	交口河1、4	5	60	20	37	11	8	3
榆社县	40	石源村1	交口河5	25	0	0	0	0	11	5
榆社县		石源村2	交口河4	12	0	0	4	2	17	3
榆社县	41	石栈道村	交口河1	5	28	8	79	21	62	15
榆社县	42	沙旺村	交口河1	31	0	0	0	0	7	4
榆社县	43	双峰村	西河2	5	68	21	6	1	0	0
榆社县	44	阳乐村	交口河1	58	0	0	0	0	1	2
榆社县	45	更修村	交口河3	5	7	2	27	9	151	43
榆社县	46	田家沟村	交口河2	5	27	6	33	14	71	13
榆社县	47	沤泥凹村	交口河3	5	90	18	17	6	57	12
榆社县	48	西坡村	段家沟3	5	17	5	25	9	37	9
榆社县	49	后庄村	后庄	5	4	1	11	2	14	3
榆社县	50	陈家峪村	南屯河12	40	0	0	0	0	4	2
榆社县	51	大里道庄村	南屯河3	40	0	0	0	0	20	8
榆社县	52	狐家沟村	赵庄河6	27	0	0	0	0	40	15
榆社县	53	讲堂村	南屯河1	39	0	0	0	0	25	10
榆社县	54	前牛兰村	南屯河9	20	0	0	5	2	0	0
榆社县	55	前千家峪村	南屯河10	53	0	0	0	0	5	2
榆社县	56	前庄村	南屯河6	40	0	0	0	0	6	3
榆社县	57	上赤土村	南屯河1	20	0	0	11	5	0	0
榆社县	58	下咱则村	南屯河1	27	0	0	0	0	18	5
和顺县	1	曲里村	曲里村	5	61	26	46	16	32	13
和顺县	2	紫罗村	紫罗村	14	0	0	3	1	12	7
和顺县	3	科举村	科举村	73	0	0	0	0	7	1

续表

县区	序号	行政区划名称	小流域名称	防洪能力（年）	极高危（小于5年一遇）		高危（5~20年一遇）		危险（大于20年一遇）	
					人口（人）	房屋（座）	人口（人）	房屋（座）	人口（人）	房屋（座）
和顺县	4	梳头村	梳头村	83	0	0	0	0	28	8
和顺县	5	九京村	九京村	73	0	0	0	0	1	1
和顺县	6	河北村	河北村	6.5	0	0	16	6	336	40
和顺县	7	蔡家庄	蔡家庄	5	4	2	1	1	654	151
和顺县	8	大窑底	大窑底	43	0	0	0	0	36	14
和顺县	9	青家寨	青家寨	5	9	2	4	2	61	12
和顺县	10	灰调曲	灰调曲	5	14	4	0	0	2	1
和顺县	11	前营村	前营村	90	0	0	0	0	6	2
和顺县	12	许村	许村	16.5	0	0	2	1	10	5
和顺县	13	横岭村	横岭村	5	3	1	6	2	104	23
和顺县	14	口则村	口则村	5	1	1	2	1	4	1
和顺县	15	广务村	广务村	5	50	14	57	15	65	7
和顺县	16	西白岩村	西白岩村	5	87	32	16	9	10	5
和顺县	17	下白岩村	下白岩村	47	0	0	0	0	15	4
和顺县	18	拐子村	拐子村	5	23	10	54	25	124	48
和顺县	19	内阳村	内阳村	5	8	8	0	0	8	5
和顺县	20	榆圪塔村	榆圪塔村	25	0	0	0	0	22	6
和顺县	21	上石勒村	上石勒村	5	2	1	14	4	0	0
和顺县	22	下石勒村	下石勒村	80	0	0	0	0	6	3
和顺县	23	回黄村	回黄村	60	0	0	0	0	5	2
和顺县	24	南李阳村	南李阳村	5	15	5	374	101	159	31
和顺县	25	联坪村	联坪村	15.5	0	0	6	4	26	13
和顺县	26	合山村	合山村	5	2	1	4	4	57	22
和顺县	27	平松村	平松村	5	268	46	19	7	22	8
和顺县	28	玉女村	玉女村	5	0	1	21	5	13	4
和顺县	29	独堆村	独堆村	14	0	0	1	1	5	1
和顺县	30	寺沟村	寺沟村	86	0	0	0	0	4	2
和顺县	31	东远佛村	东远佛村	9	0	0	8	2	5	1
和顺县	32	西远佛村	西远佛村	5	21	8	26	10	20	7

续表

县区	序号	行政区划名称	小流域名称	防洪能力（年）	极高危（小于5年一遇）		高危（5～20年一遇）		危险（大于20年一遇）	
					人口（人）	房屋（座）	人口（人）	房屋（座）	人口（人）	房屋（座）
和顺县	33	大南巷村	大南巷村	5.5	0	0	30	11	48	17
和顺县	34	甘草坪村	甘草坪村	5	4	2	13	7	13	4
和顺县	35	口上村	口上村	5	54	17	35	9	20	5
和顺县	36	仪村	仪村	5	36	8	83	21	42	17
和顺县	37	前南峪村	前南峪村	5	380	1	0	1	0	1
和顺县	38	后南峪村	后南峪村	5	43	10	11	3	9	2
和顺县	39	南窑村	南窑村	5	7	1	14	3	85	16
和顺县	40	凤台村	凤台村	50	0	0	0	0	6	2
和顺县	41	红堡沟村	红堡沟村	20	0	0	19	10	0	0
和顺县	42	岩庄村	岩庄村	44	0	0	0	0	21	7
和顺县	43	杨家峪村	杨家峪村	20	0	0	8	3	0	0
和顺县	44	裴家峪村	裴家峪村	50	0	0	0	0	13	9
和顺县	45	团壁村	团壁村	20	0	0	2	1	0	0
和顺县	46	郜家庄村	郜家庄村	50	0	0	0	0	10	4
和顺县	47	松烟村	松烟村	20	0	0	16	6	0	0
和顺县	48	暖窑村	暖窑村	50	0	0	0	0	8	3
和顺县	49	雷庄村	雷庄村	20	0	0	3	3	0	0
和顺县	50	圈马坪村	圈马坪村	50	0	0	0	0	15	6
和顺县	51	牛郎峪村	牛郎峪村	50	0	0	0	0	1	1
和顺县	52	富峪村	富峪村	20	0	0	10	3	0	0
和顺县	53	乔庄村	乔庄村	50	0	0	0	0	6	2
和顺县	54	新庄村	新庄村	20	0	0	24	8	0	0
和顺县	55	大川口村	大川口村	20	0	0	35	19	0	0
和顺县	56	石叠村	石叠村	20	0	0	8	4	0	0
和顺县	57	土岭村	土岭村	20	0	0	78	30	0	0
和顺县	58	王汴村	王汴村	50	0	0	0	0	10	5
和顺县	59	要峪村	要峪村	50	0	0	0	0	21	7
和顺县	60	庄里村	庄里村	50	0	0	0	0	5	3
和顺县	61	壁子村	壁子村	50	0	0	0	0	2	1

续表

县区	序号	行政区划名称	小流域名称	防洪能力（年）	极高危（小于5年一遇）		高危（5～20年一遇）		危险（大于20年一遇）	
					人口（人）	房屋（座）	人口（人）	房屋（座）	人口（人）	房屋（座）
和顺县	62	龙旺村	龙旺村	50	0	0	0	0	5	4
和顺县	63	小南会村	小南会村	20	0	0	2	1	0	0
和顺县	64	阳光占村	阳光占村	50	0	0	0	0	24	8
合计					4740	1163	16092	4401	33211	9197

6.5.4 武乡县现状防洪能力评价

1. 沿河村落现状防洪能力

分析评价成果表明，武乡县45个重点防治区村落，仅受河道洪水威胁的40个沿河村落中，4个村落现状防洪能力在100年一遇以上，35个村落现状防洪能力在100年一遇以下，其中，1～5年一遇的有5个，5～20年一遇的有13个，20～100年一遇的有17个；5个受双重影响的村落根据暴雨受灾情况确定其防洪能力，均位于20～100年一遇。胡庄村依据胡庄在水库相关参数确定其防洪能力为20年一遇。

2. 沿河村落危险区分布及其人口分布

通过本次分析评价，统计了武乡县45个危险沿河村落各级危险区人口数量及分布情况。成果表明，位于极高危险区63人、高危险区604人、危险区2314人，分别占防治区总人口的0.1%、1.04%和4%。

6.5.5 沁县现状防洪能力评价

1. 沿河村落现状防洪能力

分析评价成果表明，沁县53个沿河村落中，1～5年一遇的有3个（下曲峪村、乔家湾村、下湾村）；5～20年一遇的有21个（南关社区、西苑社区、东苑社区、迎春村、官道上、故县村、后河村、徐村、邓家坡村、交口村、景村村、山坡村、道兴村、寺庄村、次村村、五星村、唐村村、中里村、南泉村、榜口村、杨安村）；20～100年一遇的有29个，其中，24个村落（北关社区、育才社区、合庄村、北寺上村、福村村、郭村村、马连道村、南池村、古城村、太里村、西待贤、沙圪道、韩曹沟、固亦村、南园则村、羊庄村、燕垒沟村、河止村、漫水村、前庄、蔡甲、长街村、东杨家庄村、下张庄村）位于100年一遇设计洪水淹没范围，5个村落（北漳村、池堡村、徐阳村、芦则沟、陈庄沟）主要受坡面洪水威胁，根据暴雨受灾情况确定其防洪能力均位于20～100年一遇。

2. 沿河村落危险区分布及其人口分布

本次工作对53个危险沿河村落划分了各级危险区，确定了临时安置点和转移路线，对每一个沿河村落山洪灾害防治预案的编制都有重要参考作用。

通过本次分析评价，统计了沁县53个危险沿河村落各级危险区人口数量及分布情况。成果表明，位于极高危险区47人，高危险区545人、危险区34610人，分别占20个危险沿河村落总人口的0.1%、0.9%和60.2%。

6.5.6 襄垣县现状防洪能力评价

1. 重点防治区村落现状防洪能力

分析评价成果表明，45个重点防治区村落中，有41个村落受到河道洪水威胁（38个仅受河道洪水威胁，3个受河道洪水和坡面流双重影响），其中3个受双重影响的村落河道现状防洪能力大于100年一遇，仅受河道洪水威胁的38个沿河村落现状防洪能力在100年一遇以下，其中1~5年一遇的有11个，5~20年一遇的有11个，20~100年一遇的有16个，受坡面流影响的7个村落（4个仅受坡面流威胁，3个受河道洪水和坡面流双重影响）中，5~20年一遇的有3个，20~100年一遇的有4个。

2. 重点防治区村落危险区分布及其人口分布

本次工作对45个危险沿河村落划分了各级危险区，确定了临时安置点和转移路线，对每一个沿河村落山洪灾害防治预案的编制都有重要参考作用。

通过本次分析评价，统计了襄垣县45个危险沿河村落各级危险区人口数量及分布情况。成果表明，位于极高危险区220人、高危险区1415人、危险区4721人，分别占45个危险沿河村落总人口的0.94%、6.02%和20.08%。

6.5.7 壶关县现状防洪能力评价

1. 沿河村落现状防洪能力

分析评价成果表明，30个沿河村落均属于危险村落，其中，1~5年一遇的有8个（西黄花水村、安口村、北平头坞村、石河沐村、大井村、城寨村、薛家园村、北河村），5~20年一遇的有12个（盘底村、黄崖底、西坡上、靳家庄、北平头坞村、石河沐村、大井村、城寨村、薛家园村、西七里村、角脚底村、北河村），20~100年一遇的有25个（桥子上、盘底村、沙滩村、潭上、庄则上村、下石坡村、黄崖底、西坡上、靳家庄、碾盘街、东黄花水村、安口村、北平头坞村、南平头坞村、双井村、口头村、城寨村、薛家园村、西底村、神北村、神南村、上河村、福头村、西七里村、角脚底村、土圪堆）。

2. 沿河村落危险区分布及其人口分布

本次工作对30个危险沿河村落划分了各级危险区，确定了临时安置点和转移路线线，对每一个沿河村落山洪灾害防治预案的编制都有重要参考作用。

通过本次分析评价，统计了壶关县30个危险沿河村落各级危险区人口数量及分布情况。成果表明，位于极高危险区127人、高危险区258人、危险区294人，分别占30个危险沿河村落总人口的0.68%、1.38%和1.58%。

6.5.8 黎城县现状防洪能力评价

1. 沿河村落现状防洪能力

分析评价成果表明，黎城县54个沿河村落中，27个沿河村落均属于危险村落，其中，1~5年一遇的有4个（北泉寨村、苏家峧村、车元村、北停河村），5~20年一遇的有16个（东洼村、寺底村、北委泉村、佛崖底村、西村、柏官庄村、前庄村），20~100年一遇的有7个（仁庄村、宋家庄村、岚沟村、后寨村、茶棚滩村、小寨村、郭家庄村、龙王庙村、、秋树垣村、背坡村、南委泉村、平头村、孔家峧村、三十亩村、清泉村）；24个村落主要受坡面汇水威胁，根据暴雨受灾情况确定其防洪能力均位于5~20年一遇的有4个（南关村、东阳关村、行曹村、新庄村）；20~100年一遇的有20个（上桂花村、下桂花村、城南村、城西村、故县村、上庄村、火巷道村、香炉峧村、高石河村、西骆驼村、朱家峧村、南陌村、看后村、下村、元村、程家山村、段家庄村、西庄头村、鸽子峧村、黄草辿村）；3个沿河村落（牛居村、彭庄村、曹庄村）位于100年一遇设计洪水淹没范围外，现状防洪能力在100年一遇以上。

2. 沿河村落危险区分布及其人口分布

本次工作对27个危险沿河村落划分了各级危险区，确定了临时安置点和转移路线，对每一个沿河村落山洪灾害防治预案的编制都有重要参考作用。

成果表明，位于极高危险区43人、高危险区197人、危险区378人，分别占27个危险沿河村落总人口的0.4%、2.0%和3.8%。

6.5.9 屯留县现状防洪能力评价

1. 沿河村落现状防洪能力

分析评价成果表明，屯留县89个沿河村落中，81个沿河村落在100年一遇设计洪水或历史最高洪水位以下，其中，1~5年一遇的有6个（东坡村、三交村、大半沟、西沟村、龙王沟村、黑家口）；5~20年一遇的有22个，其中，16个村落（张村、上立寨村、半坡村、七泉村、鸡窝圪套、西沟河村、西岸上、西村、西丰宜村、西流寨村、马家庄、吴寨村、桑园、前上莲、后上莲、交川村）位于20年一遇设计洪水淹没范围，6个村落（贾庄村、秦家村、老洪沟、郝家庄村、南庄村、山角村）主要受坡面洪水威胁，根据暴雨受灾情况确定其防洪能力均位于5~20年一遇；20~100年一遇的有59个（杨家湾村、吾元村、丰秀岭村、南阳坡村、罗村、煤窑沟村、贾庄、老庄沟、北沟庄、老庄沟西坡、张店村、甄湖村、南里庄村、五龙沟、李家庄村、李家庄村马家庄、帮家庄、秋树坡、李家庄村西坡、霜泽村、雁落坪村、雁落坪村西坡、宜丰村、浪井沟、宜丰村西坡、中村村、河西村、柳树庄村、柳树庄、崖底村、唐王庙村、南掌、徐家庄、郭家庄、沿湾、王家庄、林庄村、八泉村、南沟村、棋盘新庄、羊窑、南沟小桥、寨上村、寨上、吴而村、西上村、石泉村、河神庙、梨树庄村、庄洼、老婆角、西沟口、司家沟、大会村、西大会、河长头村、中理村、上莲村、马庄)；2 个沿河村落（魏村、西洼村）位于 100 年一遇设计洪水淹没范围外，现状防洪能力在 100 年一遇以上。

2. 沿河村落危险区分布及其人口分布

本次工作对 87 个危险沿河村落划分了各级危险区，确定了临时安置点和转移路线，对每一个沿河村落山洪灾害防治预案的编制都有重要参考作用。

通过本次分析评价，统计了屯留县 87 个危险沿河村落各级危险区人口数量及分布情况。成果表明，位于极高危险区 65 人、高危险区 1644 人、危险区 2431 人，分别占 87 个危险沿河村落总人口的 0.3%、6.9%、10.2%。

6.5.10 平顺县现状防洪能力评价

1. 重点防治区村落现状防洪能力

分析评价成果表明，103 个重点防治区村落中，有 81 个村落受到河道洪水威胁（52 个仅受河道洪水威胁，29 个受河道洪水和坡面流双重影响），其中 29 个受双重影响的村落河道现状防洪能力大于 100 年一遇，仅受河道洪水威胁的 52 个沿河村落现状防洪能力在 100 年一遇以下，其中 1～5 年一遇的有 10 个，5～20 年一遇的有 28 个，20～100 年一遇的有 14 个，受坡面流影响的 51 个村落（22 个仅受坡面流威胁，29 个受河道洪水和坡面流双重影响）中，5～20 年一遇的有 3 个，20～100 年一遇的有 48 个。

2. 重点防治区村落危险区分布及其人口分布

本次工作对 52 个危险沿河村落划分了各级危险区，确定了临时安置点和转移路线，对每一个沿河村落山洪灾害防治预案的编制都有重要参考作用。

通过本次分析评价，统计了平顺县 52 个危险沿河村落各级危险区人口数量及分布情况。成果表明，位于极高危险区 156 人、高危险区 474 人、危险区 1533 人，分别占 52 个危险沿河村落总人口的 3.2%、9.5%和 34.3%。

6.5.11 潞城市现状防洪能力评价

1. 沿河村落现状防洪能力

分析评价成果表明，潞城市 45 个沿河村落中，42 个沿河村落在 100 年一遇设计洪水或历史最高洪水位以下，其中，1～5年一遇的有2个（赤头村、西南村）；5～20年一遇的有18个，其中，9个村落（枣臻村、马江沟村、红江沟、南马庄村、西北村、中村、堡头村、桥堡村、西坡村）位于20年一遇设计洪水淹没范围，9个村落（下社村及其下辖自然村后交、弓家岭、南流村、涧口村、东坡、向阳庄、车旺）主要受坡面洪水威胁，根据暴雨受灾情况确定其防洪能力均位于5～20年一遇；20～100年一遇的有22个（会山底村、河西村、后峧村、曹家沟村、韩村、冯村、韩家园村、李家庄村、漫流河村、石匣村、井峪村、五里坡村、河后村、东山村、儒教村、王家庄村后交、南花山村、辛安村、辽河村、曲里村、石梁村）；3个沿河村落（申家村、苗家村及其下辖自然村庄上）位于100年一遇设计洪水淹没范围外，现状防洪能力在100年一遇以上。

2. 沿河村落危险区分布及其人口分布

本次工作对42个位于100年一遇设计洪水或历史洪水位淹没范围内的沿河村落划分了各级危险区，确定了临时安置点和转移路线，对每一个沿河村落山洪灾害防治预案的编制都有重要参考作用。

通过本次分析评价，统计了潞城市42个沿河村落各级危险区人口数量及分布情况。成果表明，位于极高危险区31人、高危险区3438人、危险区2340人，分别占42个危险沿河村落总人口的0.1%、14.0%和11.9%。

6.5.12 长子县现状防洪能力评价

1. 沿河村落现状防洪能力

对确定的长子县64个重点防治区进行分析评价，成果表明，其中，1～5年一遇的有18个，5～20年一遇的有22个，20～100年一遇的有24个。

2. 沿河村落危险区分布及其人口分布

本次工作对重点防治区划分了各级危险区，确定了临时安置点和转移路线，对每一个沿河村落山洪灾害防治预案的编制都有重要参考作用。

通过本次分析评价，统计了长子县64个重点防治区的各级危险区人口数量及分布情况。成果表明，位于极高危险区922人、高危险区3752人、危险区5437人，分别占64个沿河村落总人口的2.3%、9.5%和13.7%。

6.5.13 长治县现状防洪能力评价

1. 沿河村落现状防洪能力

分析评价成果表明，50个沿河村落中有48个村落会受到洪水的威胁，荫城镇河南村和南宋乡北宋村居民户均在百年洪水位以上不会受到洪水的威胁。48个受洪水威胁的沿河村落中，1～5年一遇的有14个（林移村、司马村、横河村、北头村、李坊村、桥头村、下赵家庄村、南河村、新庄村、定流村、北郭村、土桥村、北呈村、屈家山村），5~20 年一遇的有 17 个（柳林村、荫城村、河下村、桑梓一村、桑梓二村、内王村、王坊村、中村、羊川村、八义村、北楼底村、西池村、北岭头村、中和村、西和村、辉河村、子乐沟村），20~100 年一遇的有 17 个（柳林庄村、北王庆村、狗湾村、南楼底村、岭上村、高河村、东池村、小河村、沙峪村、河头村、小川村、大沟村、南岭头村、须村、东和村、曹家沟村、琚家沟村）。

2. 沿河村落危险区分布及其人口分布

本次工作对 48 个受洪水威胁沿河村落划分了各级危险区，确定了临时安置点和转移路线，对每一个沿河村落山洪灾害防治预案的编制都有重要参考作用。

通过本次分析评价，统计了长治县 48 个危险沿河村落各级危险区人口数量及分布情况。成果表明，位于极高危险区 209 人、高危险区 761 人、危险区 1766 人，分别占 48 个危险沿河村落总人口的 0.3%、1.0% 和 2.4%。

6.5.14　长治郊区现状防洪能力评价

1. 沿河村落现状防洪能力

分析评价成果表明，28 个沿河村落中，有 4 个沿河村落的现状防洪能力大于 100 年一遇，其余 24 个沿河村落现状防洪能力在 100 年一遇以下，为危险沿河村落，其中 1~5 年一遇的有 2 个，5~20 年一遇的有 8 个，20~100 年一遇的有 14 个。

2. 沿河村落危险区分布及其人口分布

本次工作对 24 个危险沿河村落划分了各级危险区，确定了临时安置点和转移路线，对每一个沿河村落山洪灾害防治预案的编制都有重要参考作用。

通过本次分析评价，统计了长治市郊区 24 个危险沿河村落各级危险区人口数量及分布情况。成果表明，位于极高危险区 35 人、高危险区 313 人、危险区 1433 人，分别占沿河村落总人口的 0.15%、1.33% 和 6.08%。

6.5.15　左权县现状防洪能力评价

1. 沿河村落现状防洪能力

分析评价成果表明，35 个沿河村落现状防洪能力在 100 年一遇以下，为危险沿河村落，其中 1~5 年一遇的有 26 个，分别为水峪沟村、西崖底村、下庄村（沟东）、安窑底村 2、河北村、高家井村、高峪村、马家坪村、望阳垴村、西峧村、大林口村、东隘口村、拐儿村、郭家峪村、简会村、南岔村、晴岚村、熟峪村、五里堠前村、五里堠后村、西隘口村、南沟、车谷、北柳背村、西云山和新庄；5~20 年一遇的有 10 个，分别为寺仙村、下庄村（沟南）、安窑底村 3、石港口村、南峧沟村、马厩村、石灰窑村、西五指村、车上铺和南蒿沟；20~100 年一遇的危险沿河村落有 3 个，分别为上口村、安窑底村1、天门村。

对54个受坡面水流影响的村庄也划入了危险区。

2. 沿河村落危险区分布及其人口分布

本次工作对59个危险沿河村落划分了各级危险区，确定了临时安置点和转移路线，对每一个沿河村落山洪灾害防治预案的编制都有重要参考作用。

通过本次分析评价，统计了左权县89个危险沿河村落各级危险区人口数量及分布情况。成果表明，位于极高危险区772人、高危险区1237人、危险区1998人，分别占89个危险沿河村落总人口的21.1%、36.6%和50.9%。

6.5.16　榆社县现状防洪能力评价

1. 沿河村落现状防洪能力

分析评价成果表明，49个沿河村落现状防洪能力在100年一遇以下，为危险沿河村落，其中1~5年一遇的有26个，分别为王家庄村、千峪村、东湾村、辉教村、西沟村、寄家沟村、寄子村、李峪村、大南沟村、王景村、迷沙沟村、西崖底村、井泉沟村、罗秀村、小河沟村、西河底村、南社村、峡口村、两河口村、石栈道村、双峰村、更修村、田家沟村、沤泥凹村、西坡村和后庄村；5~20年一遇的有9个，分别为郭郊村、五科村、水磨头村、上城南村、青阳平村、红崖头村、白海村、清风村和石源村2；20~100年一遇的危险沿河村落有15个，分别为下赤土村、上咱则村、屯村村、牛槽沟村、牛村、海银山村、申村、牌坊村、官寨村、武源村、桑家沟村、王家沟村、石源村1、沙旺村和阳乐村。9个村受坡面水流影响的村庄也入了危险区。

2. 沿河村落危险区分布及其人口分布

本次工作对58个危险沿河村落划分了各级危险区，确定了临时安置点和转移路线，对每一个沿河村落山洪灾害防治预案的编制都有重要参考作用。

通过本次分析评价，统计了榆社县58个危险沿河村落各级危险区人口数量及分布情况。成果表明，位于极高危险区932人、高危险区1088人、危险区1872人，分别占58个危险沿河村落总人口的23.9%、28.0%和48.1%。

6.5.17　和顺县现状防洪能力评价

1. 沿河村落现状防洪能力

分析评价成果表明，39个受河道洪水影响的沿河村落现状防洪能力在100年一遇以下，为危险沿河村落，其中1~5年一遇的有22个，分别为曲里村、蔡家庄村、青家寨村、灰调曲村、横岭村、口则村、广务村、西白岩村、拐子村、内阳村、上石勒村、南李阳村、合山村、平松村、玉女村、西远佛村、甘草坪村、口上村、仪村、前南峪村、后南峪村、南窑村；5~20年一遇的有7个，分别为紫罗村、河北村、许村、联坪村、独堆村、东远佛村、大南巷村；20～100年一遇的有10个，分别为科举村、梳头村、九京村、大窑底村、前营村、下白岩村、榆圪塔村、下石勒村、回黄村、寺沟村。

对25个受坡面水流影响的村庄也划入了危险区。

2. 沿河村落危险区分布及其人口分布

本次工作对64个重点防治区划分了各级危险区，确定了临时安置点和转移路线，对每一个沿河村落山洪灾害防治预案的编制都有重要参考作用。

通过本次分析评价，统计了和顺县64个沿河村落各级危险区人口数量及分布情况。成果表明，位于极高危险区1092人、高危险区1071人、危险区2223人，分别占危险区总人口的24.9%、24.4%和50.7%。

6.5.18 各县区防洪现状评价图

1. 武乡县防洪现状评价图

（1）洪水村防洪现状评价图

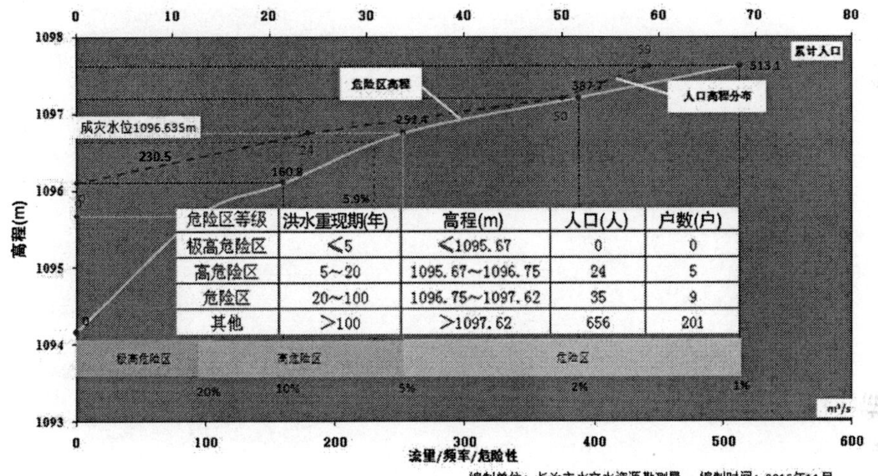

危险区等级	洪水重现期(年)	高程(m)	人口(人)	户数(户)
极高危险区	≤5	≤1095.67	0	0
高危险区	5～20	1095.67～1096.75	24	5
危险区	20～100	1096.75～1097.62	35	9
其他	>100	>1097.62	656	201

（2）寨坪村防洪现状评价图

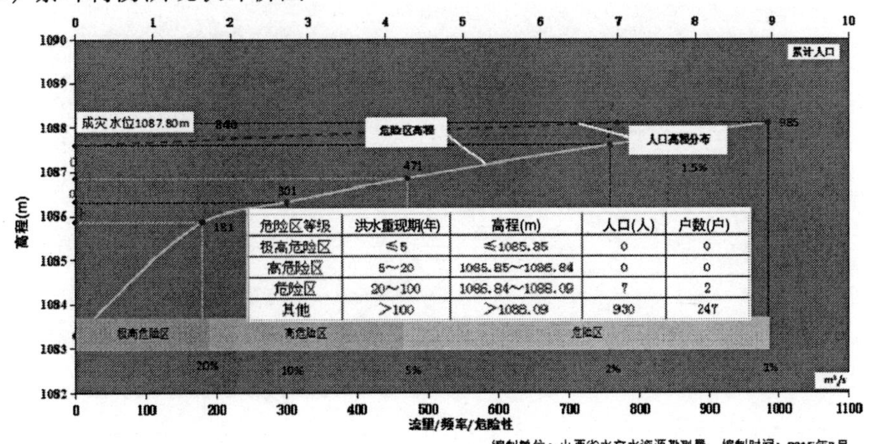

危险区等级	洪水重现期(年)	高程(m)	人口(人)	户数(户)
极高危险区	≤5	≤1085.85	0	0
高危险区	5～20	1085.85～1086.84	0	0
危险区	20～100	1086.84～1088.09	7	2
其他	>100	>1088.09	930	247

（3）下寨村防洪现状评价图

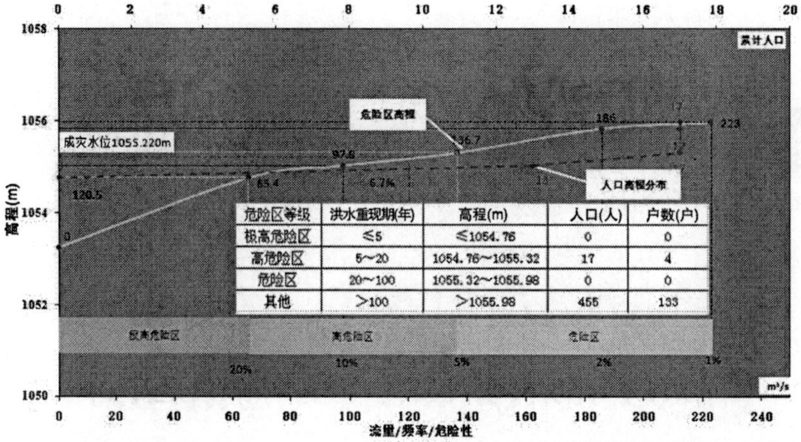

危险区等级	洪水重现期(年)	高程(m)	人口(人)	户数(户)
极高危险区	≤5	≤1054.76	0	0
高危险区	5～20	1054.76～1055.32	17	4
危险区	20～100	1055.32～1055.98	0	0
其他	＞100	＞1055.98	455	133

编制单位：长治市水文水资源勘测局　编制时间：2015年11月

（4）中村防洪现状评价图

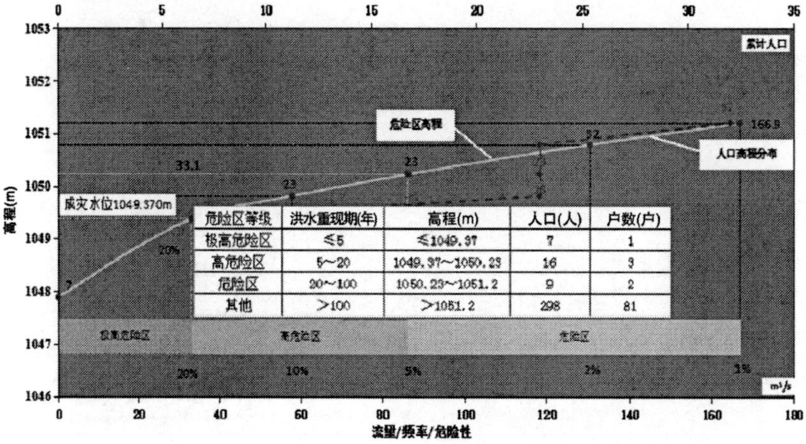

危险区等级	洪水重现期(年)	高程(m)	人口(人)	户数(户)
极高危险区	≤5	≤1049.37	7	1
高危险区	5～20	1049.37～1050.23	16	3
危险区	20～100	1050.23～1051.2	9	2
其他	＞100	＞1051.2	298	81

编制单位：山西省水文水资源勘测局　编制时间：2015年3月

（5）义安村防洪现状评价图

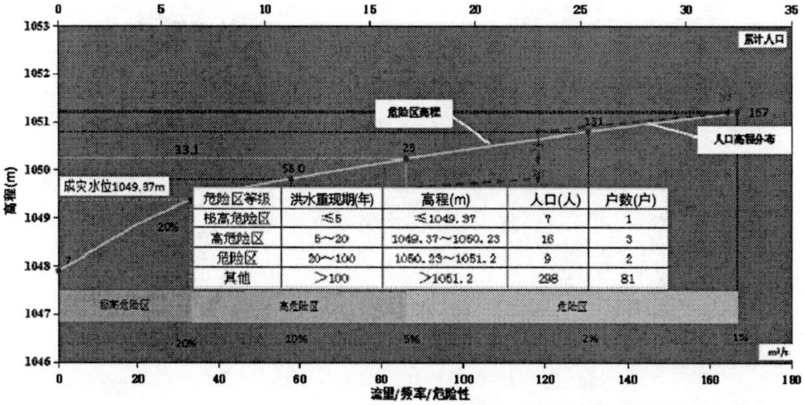

危险区等级	洪水重现期(年)	高程(m)	人口(人)	户数(户)
极高危险区	≤5	≤1049.37	7	1
高危险区	5～20	1049.37～1050.23	16	3
危险区	20～100	1050.23～1051.2	9	2
其他	＞100	＞1051.2	298	81

编制单位：山西省水文水资源勘测局　编制时间：2015年3月

（6）王家峪村防洪现状评价图

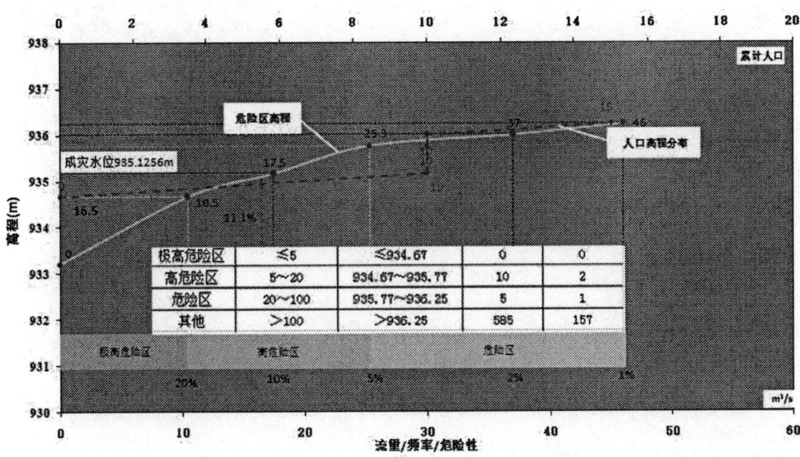

（7）大有村防洪现状评价图

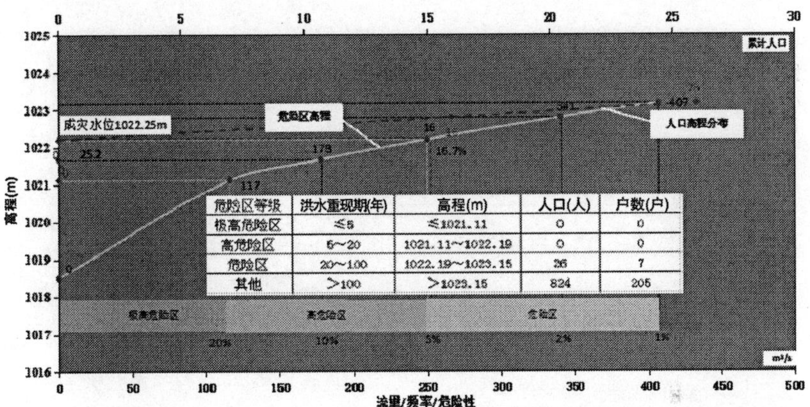

（8）辛庄村防洪现状评价图

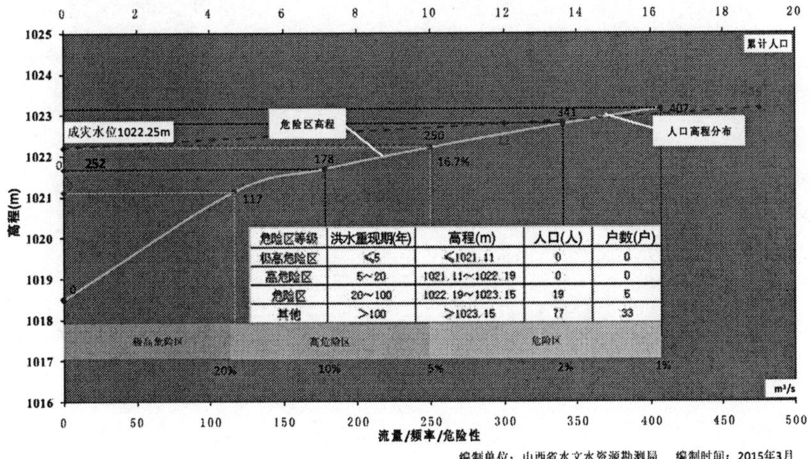

（9）峪口村防洪现状评价图

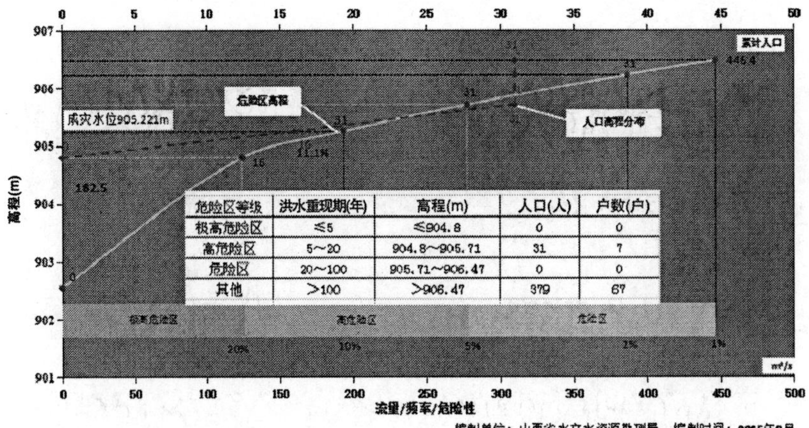

危险区等级	洪水重现期(年)	高程(m)	人口(人)	户数(户)
极高危险区	≤5	≤904.8	0	0
高危险区	5～20	904.8～905.71	31	7
危险区	20～100	905.71～906.47	0	0
其他	＞100	＞906.47	379	67

（10）型村防洪现状评价图

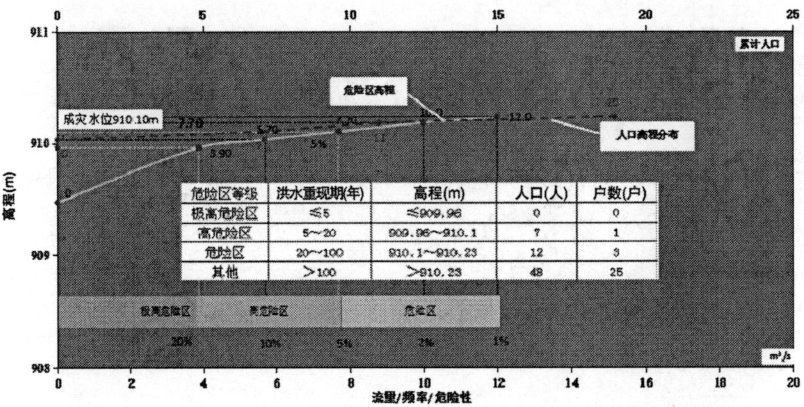

危险区等级	洪水重现期(年)	高程(m)	人口(人)	户数(户)
极高危险区	≤5	≤909.96	0	0
高危险区	5～20	909.96～910.1	7	1
危险区	20～100	910.1～910.23	12	3
其他	＞100	＞910.23	48	25

（11）李峪村防洪现状评价图

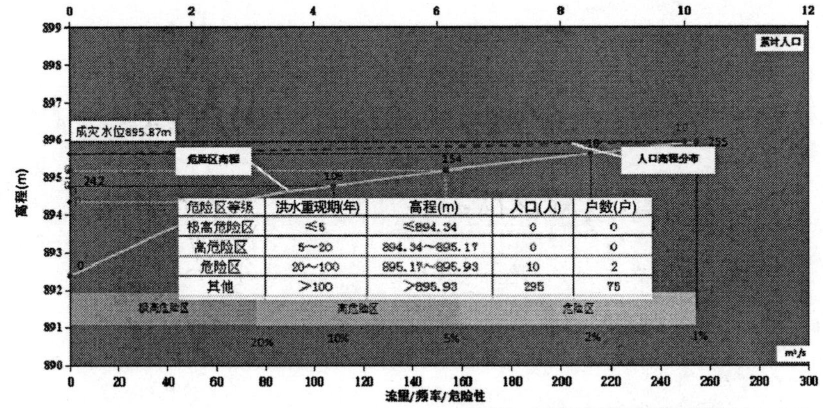

危险区等级	洪水重现期(年)	高程(m)	人口(人)	户数(户)
极高危险区	≤5	≤894.34	0	0
高危险区	5～20	894.34～895.17	0	0
危险区	20～100	895.17～895.93	10	2
其他	＞100	＞895.93	295	75

（12）泉沟村防洪现状评价图

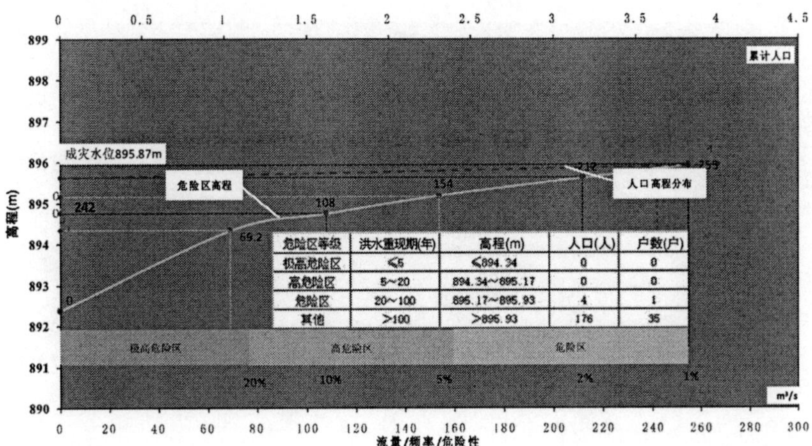

危险区等级	洪水重现期(年)	高程(m)	人口(人)	户数(户)
极高危险区	≤5	≤894.34	0	0
高危险区	5～20	894.34～895.17	0	0
危险区	20～100	895.17～895.93	4	1
其他	>100	>895.93	176	35

（13）贾豁村防洪现状评价图

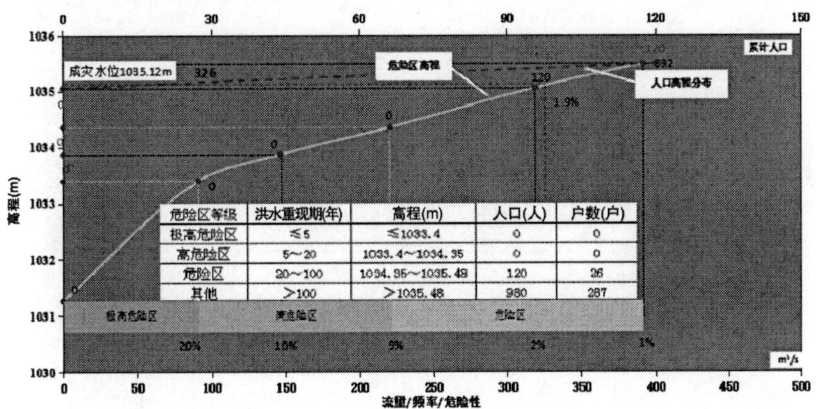

危险区等级	洪水重现期(年)	高程(m)	人口(人)	户数(户)
极高危险区	≤5	≤1033.4	0	0
高危险区	5～20	1033.4～1034.35	0	0
危险区	20～100	1034.35～1035.48	120	26
其他	>100	>1035.48	980	287

（14）高家庄防洪现状评价图

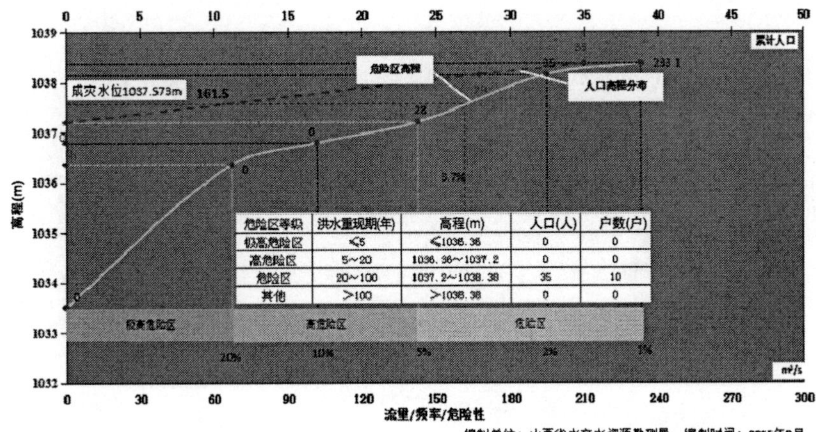

危险区等级	洪水重现期(年)	高程(m)	人口(人)	户数(户)
极高危险区	≤5	≤1036.36	0	0
高危险区	5～20	1036.36～1037.2	0	0
危险区	20～100	1037.2～1038.38	35	10
其他	>100	>1038.38	0	0

（15）海泉沟防洪现状评价图

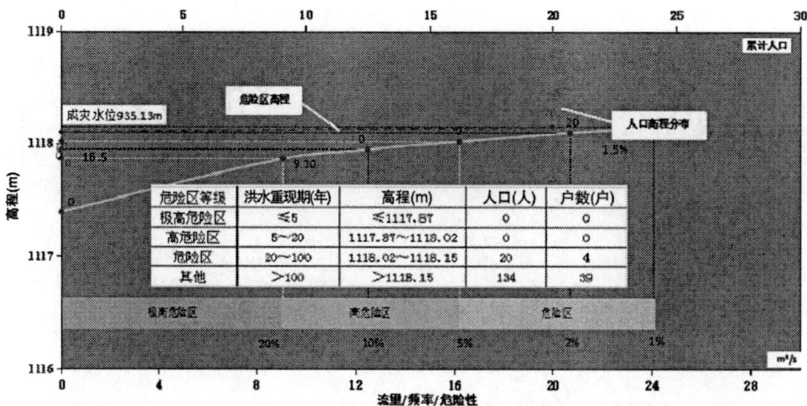

危险区等级	洪水重现期(年)	高程(m)	人口(人)	户数(户)
极高危险区	≤5	≤1117.87	0	0
高危险区	5~20	1117.87~1118.02	0	0
危险区	20~100	1118.02~1118.15	20	4
其他	>100	>1118.15	134	39

（16）郭村防洪现状评价图

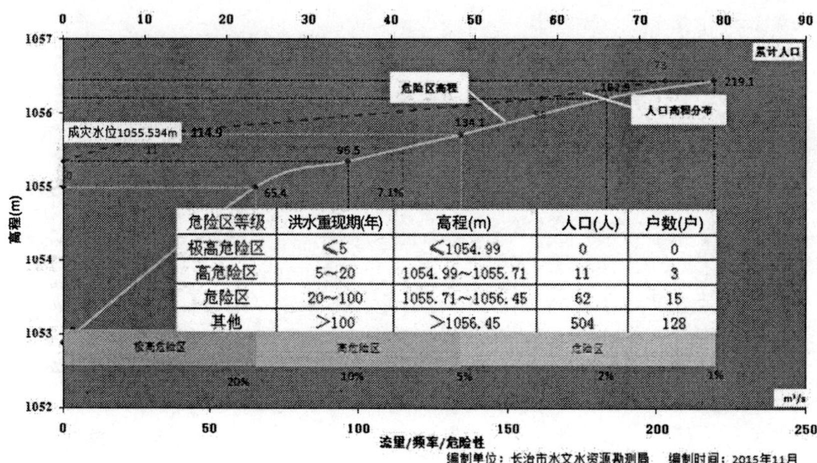

危险区等级	洪水重现期(年)	高程(m)	人口(人)	户数(户)
极高危险区	≤5	≤1054.99	0	0
高危险区	5~20	1054.99~1055.71	11	3
危险区	20~100	1055.71~1056.45	62	15
其他	>100	>1056.45	504	128

（17）胡庄铺村防洪现状评价图

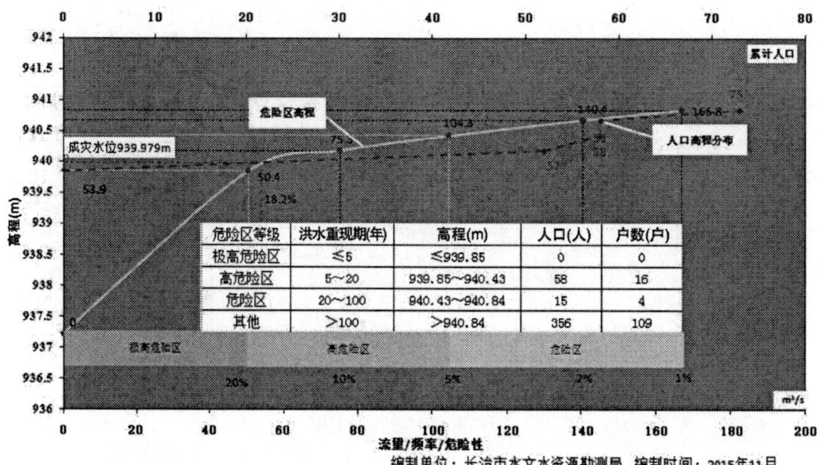

危险区等级	洪水重现期(年)	高程(m)	人口(人)	户数(户)
极高危险区	≤5	≤939.85	0	0
高危险区	5~20	939.85~940.43	58	16
危险区	20~100	940.43~940.84	15	4
其他	>100	>940.84	356	109

（18）平家沟防洪现状评价图

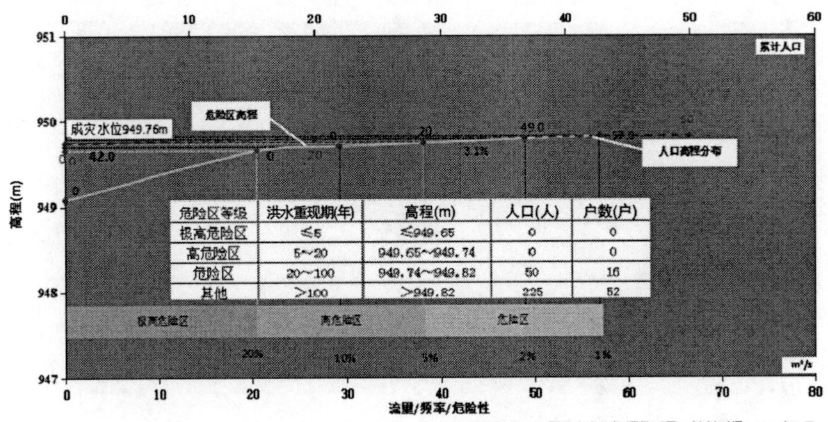

危险区等级	洪水重现期(年)	高程(m)	人口(人)	户数(户)
极高危险区	≤5	≤949.65	0	0
高危险区	5~20	949.65~949.74	0	0
危险区	20~100	949.74~949.82	50	16
其他	>100	>949.82	225	52

（19）王路村防洪现状评价图

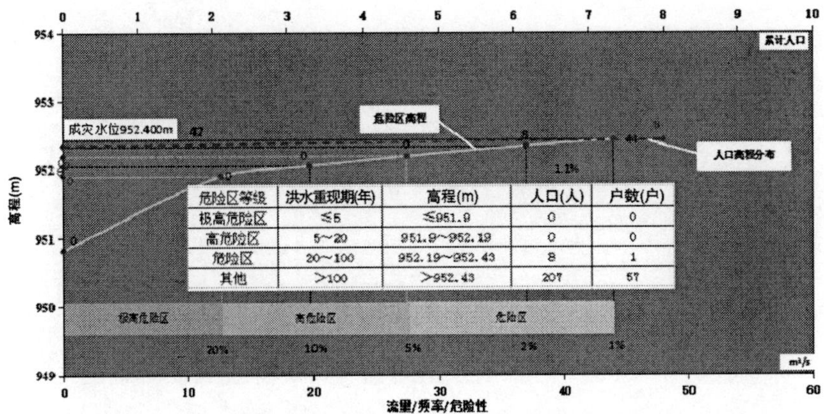

危险区等级	洪水重现期(年)	高程(m)	人口(人)	户数(户)
极高危险区	≤5	≤951.9	0	0
高危险区	5~20	951.9~952.19	0	0
危险区	20~100	952.19~952.43	8	1
其他	>100	>952.43	207	57

（20.1）马牧村干流防洪现状评价图

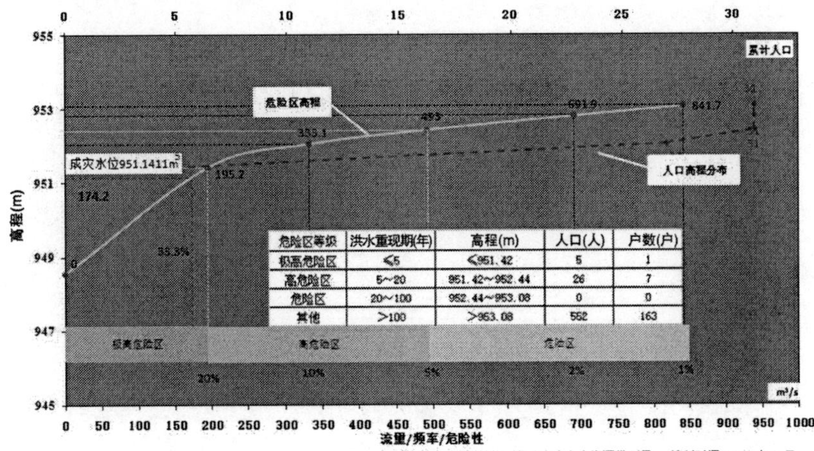

危险区等级	洪水重现期(年)	高程(m)	人口(人)	户数(户)
极高危险区	≤5	≤951.42	5	1
高危险区	5~20	951.42~952.44	26	7
危险区	20~100	952.44~953.08	0	0
其他	>100	>953.08	552	163

（20.2）马牧村支流防洪现状评价图

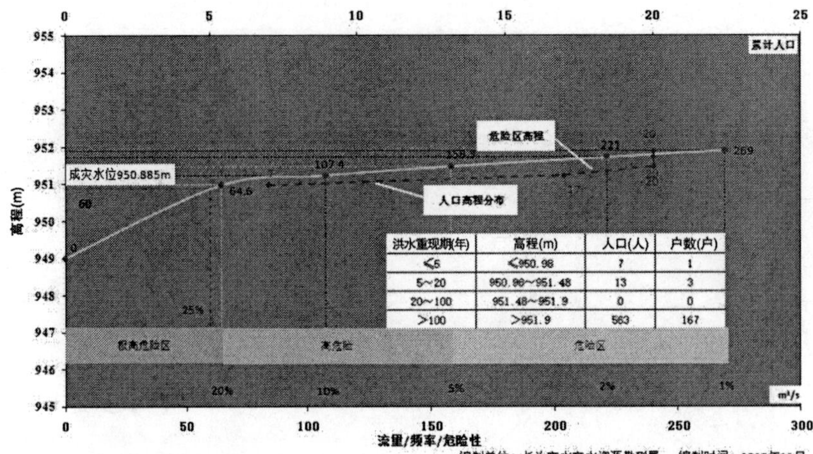

洪水重现期(年)	高程(m)	人口(人)	户数(户)
≤5	≤950.98	7	1
5~20	950.98~951.48	13	3
20~100	951.48~951.9	0	0
>100	>951.9	563	167

编制单位：长治市水文水资源勘测局　编制时间：2015年11月

（21）南村防洪现状评价图

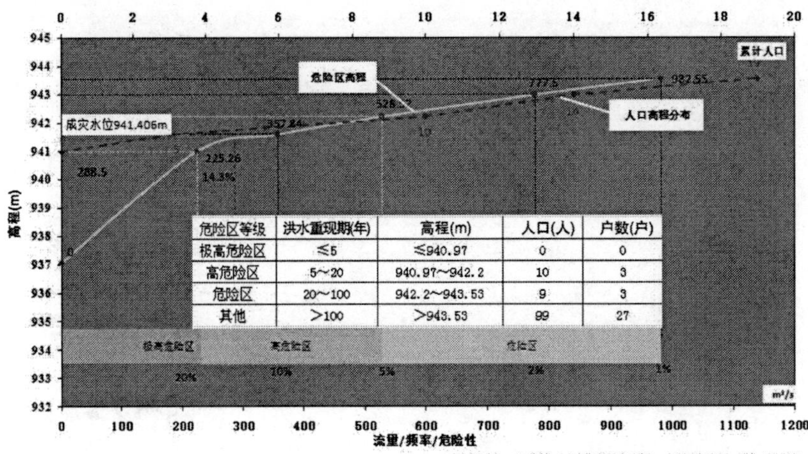

危险区等级	洪水重现期(年)	高程(m)	人口(人)	户数(户)
极高危险区	≤5	≤940.97	0	0
高危险区	5~20	940.97~942.2	10	3
危险区	20~100	942.2~943.53	9	3
其他	>100	>943.53	99	27

编制单位：长治市水文水资源勘测局　编制时间：2015年11月

（22）东寨底防洪现状评价图

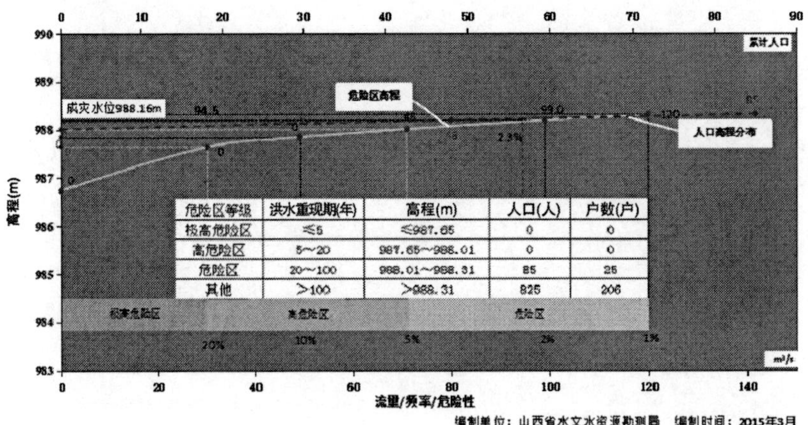

危险区等级	洪水重现期(年)	高程(m)	人口(人)	户数(户)
极高危险区	≤5	≤987.65	0	0
高危险区	5~20	987.65~988.01	0	0
危险区	20~100	988.01~988.31	85	25
其他	>100	>988.31	825	206

编制单位：山西省水文水资源勘测局　编制时间：2015年3月

（23）北涅水防洪现状评价图

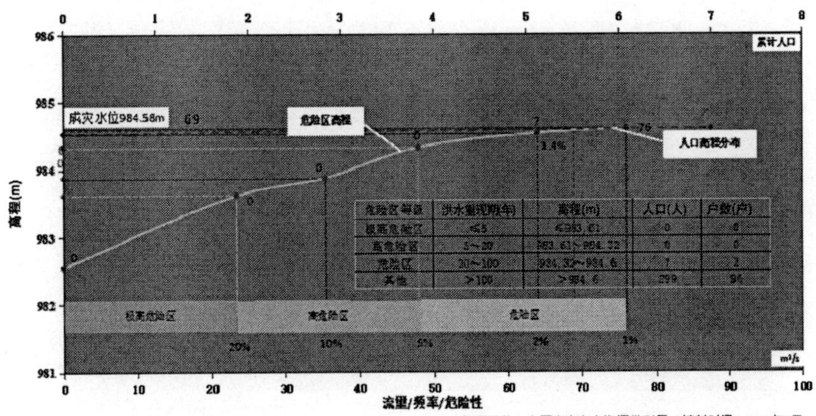

危险区等级	洪水重现期(年)	高程(m)	人口(人)	户数(户)
极高危险区	≤5	≤983.61	0	0
高危险区	5～20	983.61～984.32	0	0
危险区	20～100	984.32～984.6	7	2
其他	>100	>984.6	299	94

（24）高台寺村防洪现状评价图

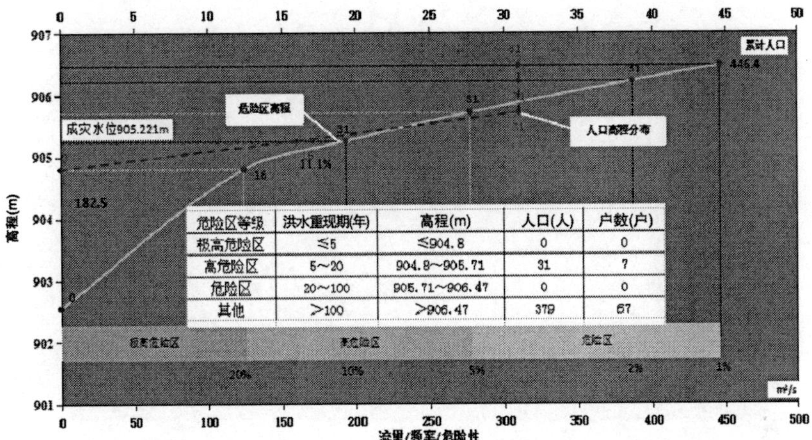

危险区等级	洪水重现期(年)	高程(m)	人口(人)	户数(户)
极高危险区	≤5	≤904.8	0	0
高危险区	5～20	904.8～905.71	31	7
危险区	20～100	905.71～906.47	0	0
其他	>100	>906.47	379	67

（25）西良村防洪现状评价图

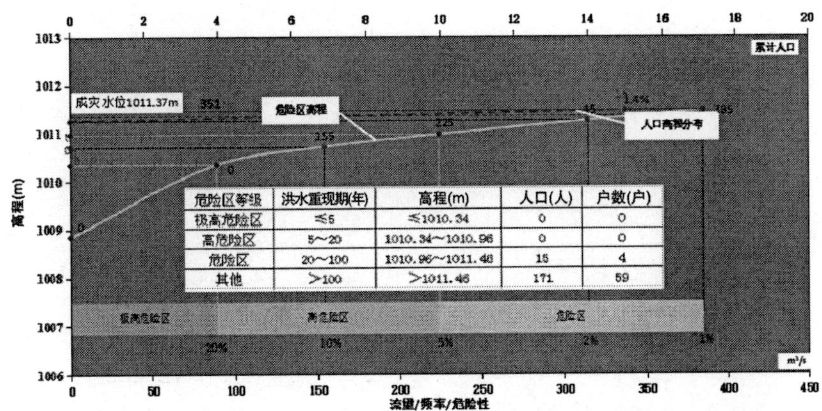

危险区等级	洪水重现期(年)	高程(m)	人口(人)	户数(户)
极高危险区	≤5	≤1010.34	0	0
高危险区	5～20	1010.34～1010.96	0	0
危险区	20～100	1010.96～1011.46	15	4
其他	>100	>1011.46	171	59

(26) 分水岭村防洪现状评价图

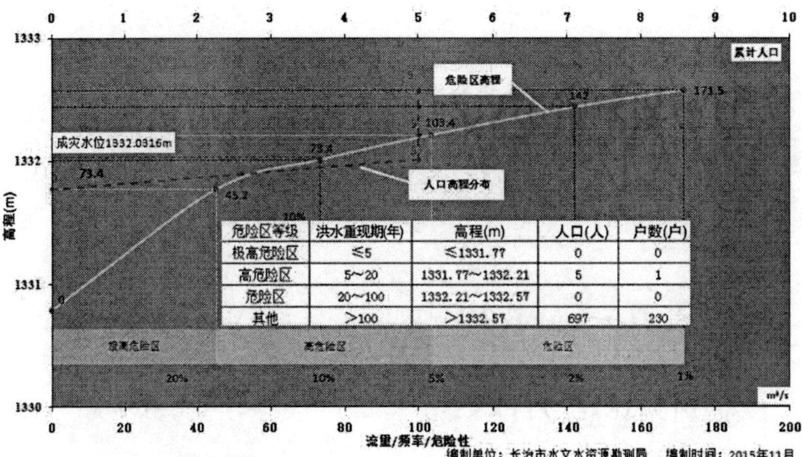

危险区等级	洪水重现期(年)	高程(m)	人口(人)	户数(户)
极高危险区	≤5	≤1331.77	0	0
高危险区	5~20	1331.77~1332.21	5	1
危险区	20~100	1332.21~1332.57	0	0
其他	>100	>1332.57	697	230

(27) 南关村防洪现状评价图

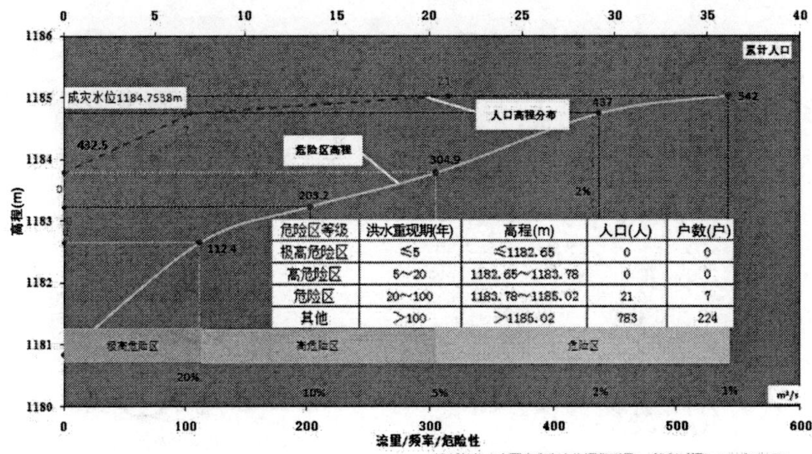

危险区等级	洪水重现期(年)	高程(m)	人口(人)	户数(户)
极高危险区	≤5	≤1182.65	0	0
高危险区	5~20	1182.65~1183.78	0	0
危险区	20~100	1183.78~1185.02	21	7
其他	>100	>1185.02	783	224

(28) 松庄村防洪现状评价图

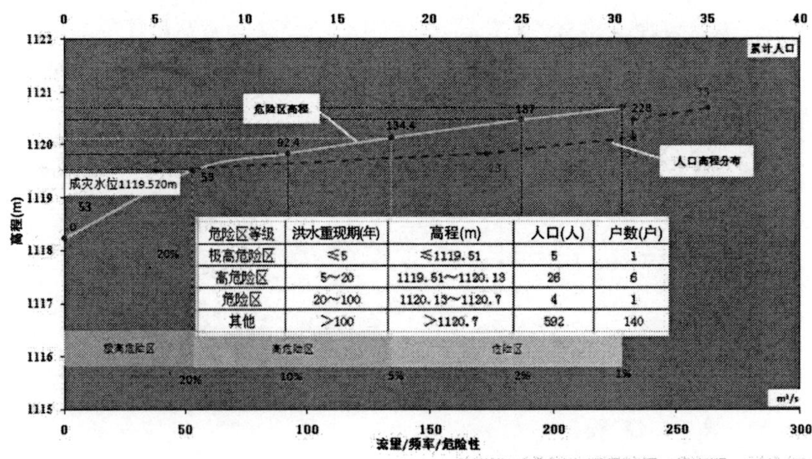

危险区等级	洪水重现期(年)	高程(m)	人口(人)	户数(户)
极高危险区	≤5	≤1119.51	5	1
高危险区	5~20	1119.51~1120.13	26	6
危险区	20~100	1120.13~1120.7	4	1
其他	>100	>1120.7	592	140

(29）石北村防洪现状评价图

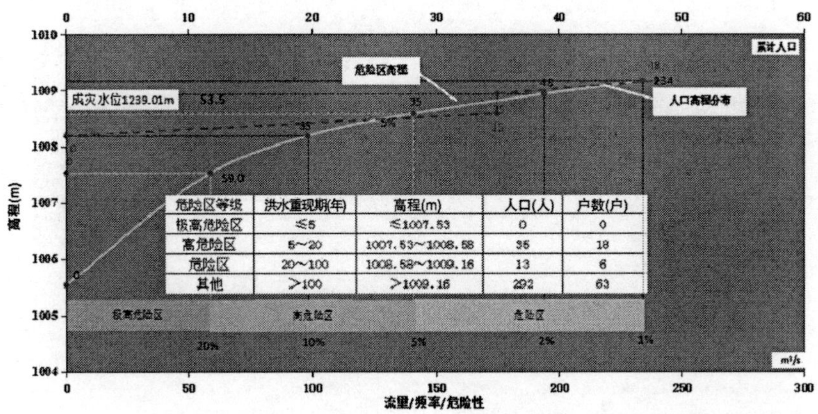

危险区等级	洪水重现期(年)	高程(m)	人口(人)	户数(户)
极高危险区	≤5	≤1007.53	0	0
高危险区	5~20	1007.53~1008.58	35	18
危险区	20~100	1008.58~1009.16	13	6
其他	>100	>1009.16	292	63

(30）西黄岩支流防洪现状评价图

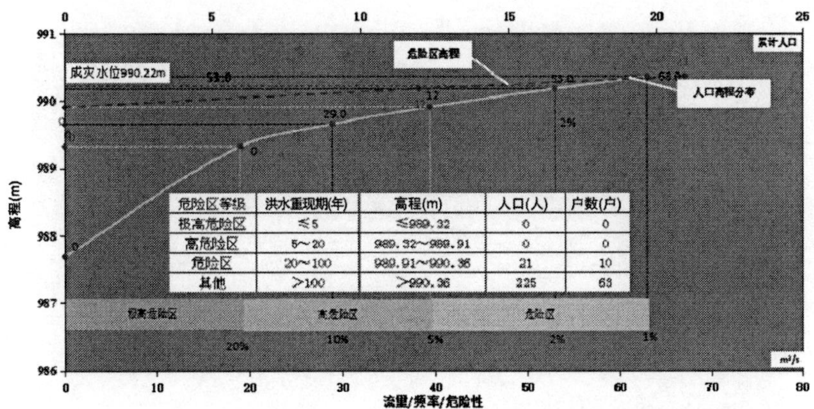

危险区等级	洪水重现期(年)	高程(m)	人口(人)	户数(户)
极高危险区	≤5	≤989.32	0	0
高危险区	5~20	989.32~989.91	0	0
危险区	20~100	989.91~990.36	21	10
其他	>100	>990.36	225	63

(31）型庄村防洪现状评价图

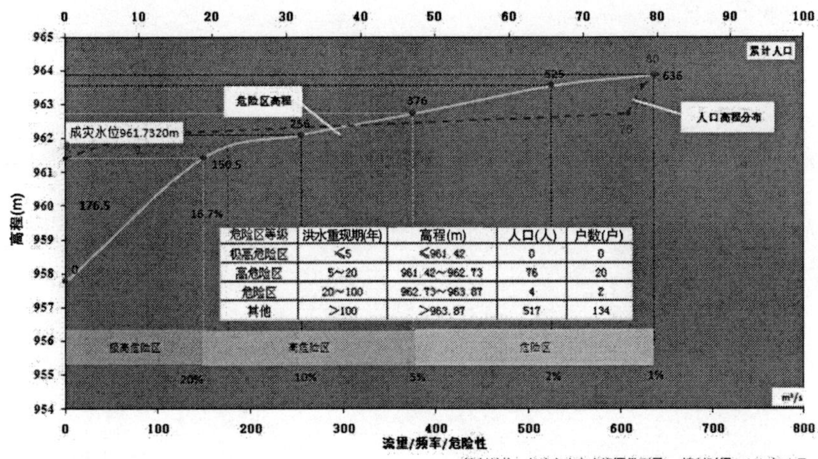

危险区等级	洪水重现期(年)	高程(m)	人口(人)	户数(户)
极高危险区	≤5	≤961.42	0	0
高危险区	5~20	961.42~962.73	76	20
危险区	20~100	962.73~963.87	4	2
其他	>100	>963.87	517	134

（32）长蔚村防洪现状评价图

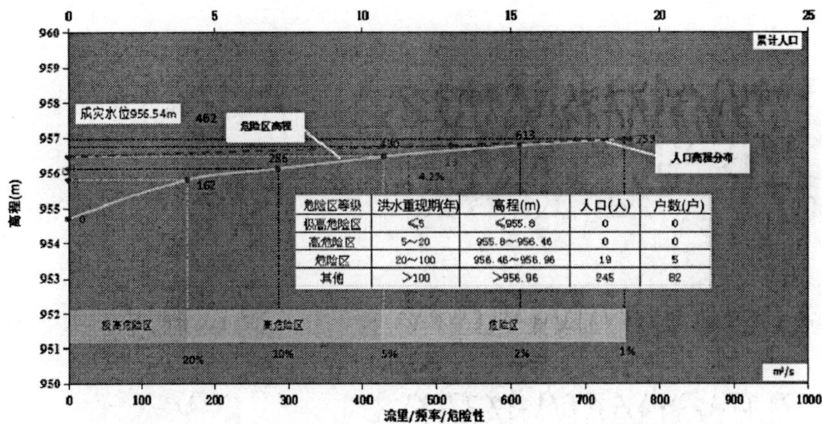

危险区等级	洪水重现期(年)	高程(m)	人口(人)	户数(户)
极高危险区	≤5	≤955.8	0	0
高危险区	5~20	955.8~956.46	0	0
危险区	20~100	956.46~956.96	19	5
其他	>100	>956.96	245	82

（33）长庆村防洪现状评价图

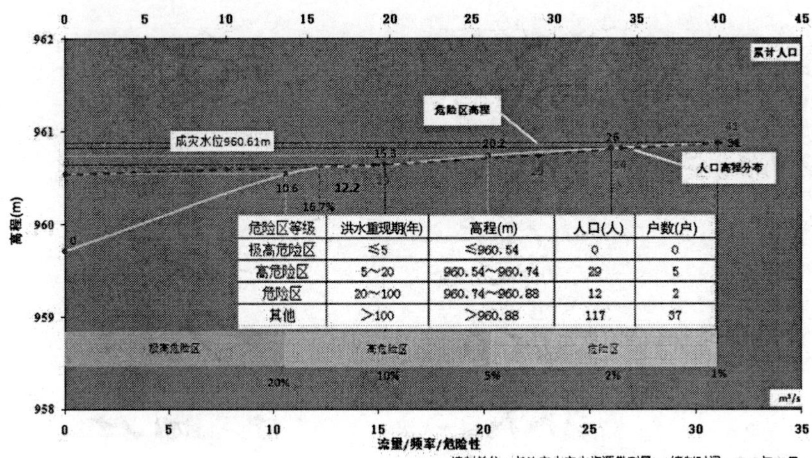

危险区等级	洪水重现期(年)	高程(m)	人口(人)	户数(户)
极高危险区	≤5	≤960.54	0	0
高危险区	5~20	960.54~960.74	29	5
危险区	20~100	960.74~960.88	12	2
其他	>100	>960.88	117	37

（34）长庆凹村防洪现状评价图

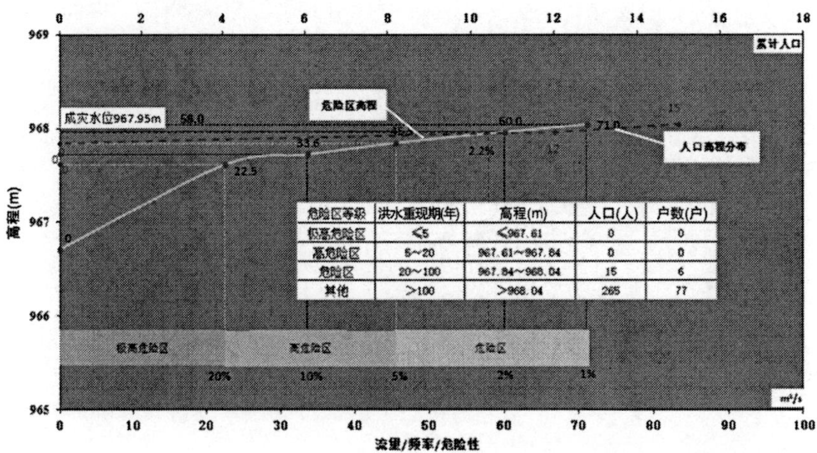

危险区等级	洪水重现期(年)	高程(m)	人口(人)	户数(户)
极高危险区	≤5	≤967.61	0	0
高危险区	5~20	967.61~967.84	0	0
危险区	20~100	967.84~968.04	15	6
其他	>100	>968.04	265	77

（35）墨镫村防洪现状评价图

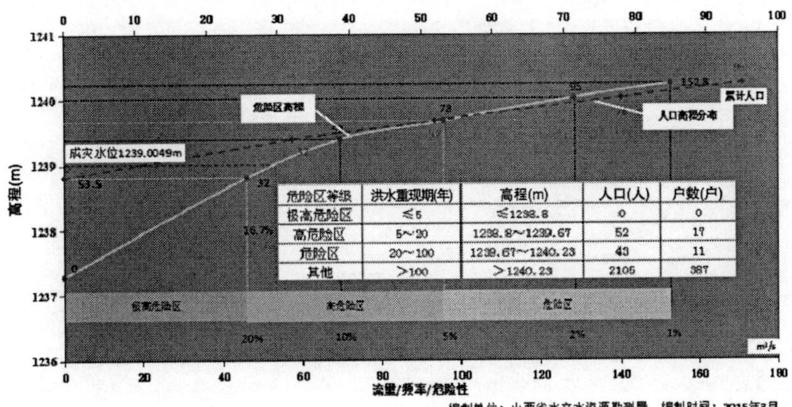

危险区等级	洪水重现期(年)	高程(m)	人口(人)	户数(户)
极高危险区	≤5	≤1238.8	0	0
高危险区	5～20	1238.8～1239.67	52	17
危险区	20～100	1239.67～1240.23	43	11
其他	>100	>1240.23	2105	387

2. 沁县防洪现状评价图

（1）北关社区防洪现状评价图

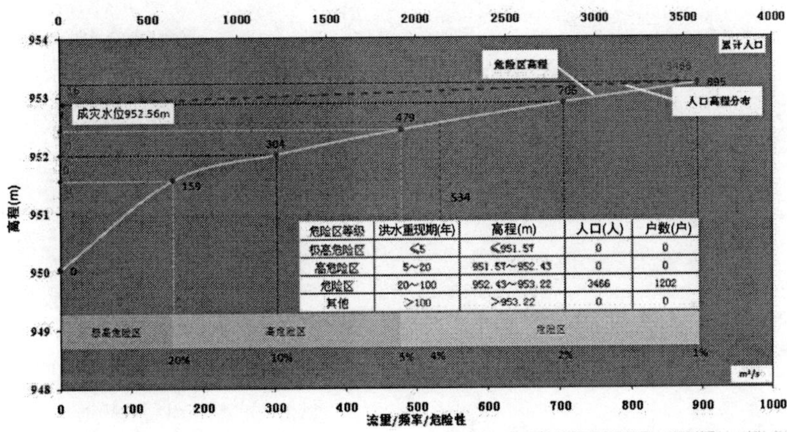

危险区等级	洪水重现期(年)	高程(m)	人口(人)	户数(户)
极高危险区	≤5	≤951.57	0	0
高危险区	5～20	951.57～952.43	0	0
危险区	20～100	952.43～953.22	3466	1202
其他	>100	>953.22	0	0

（2）南关社区防洪现状评价图

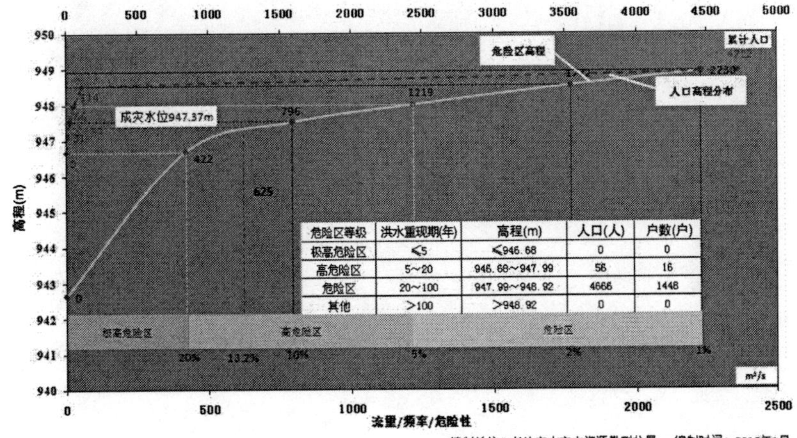

危险区等级	洪水重现期(年)	高程(m)	人口(人)	户数(户)
极高危险区	≤5	≤946.68	0	0
高危险区	5～20	946.68～947.99	56	16
危险区	20～100	947.99～948.92	4666	1448
其他	>100	>948.92	0	0

（3）西苑社区防洪现状评价图

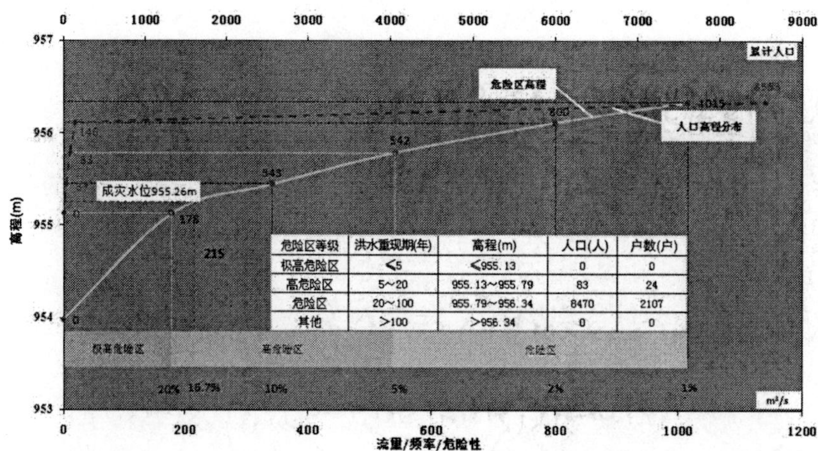

危险区等级	洪水重现期(年)	高程(m)	人口(人)	户数(户)
极高危险区	≤5	≤955.13	0	0
高危险区	5～20	955.13～955.79	83	24
危险区	20～100	955.79～956.34	8470	2107
其他	>100	>956.34	0	0

编制单位：长治市水文水资源勘测分局　编制时间：2016年1月

（4）东苑社区防洪现状评价图

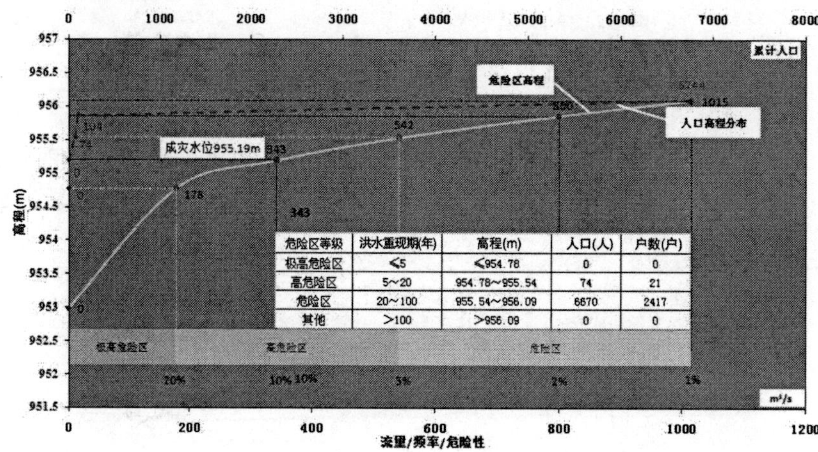

危险区等级	洪水重现期(年)	高程(m)	人口(人)	户数(户)
极高危险区	≤5	≤954.78	0	0
高危险区	5～20	954.78～955.54	74	21
危险区	20～100	955.54～956.09	8670	2417
其他	>100	>956.09	0	0

编制单位：长治市水文水资源勘测分局　编制时间：2016年1月

（5）育才社区防洪现状评价图

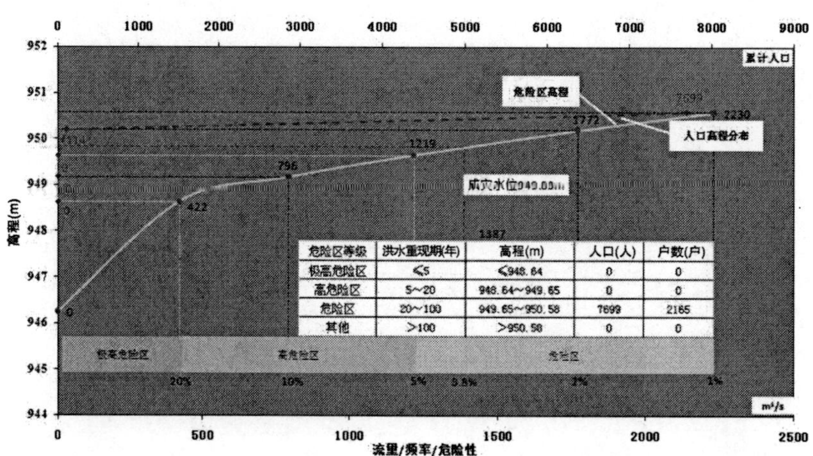

危险区等级	洪水重现期(年)	高程(m)	人口(人)	户数(户)
极高危险区	≤5	≤948.64	0	0
高危险区	5～20	948.64～949.65	0	0
危险区	20～100	949.65～950.58	7699	2165
其他	>100	>950.58	0	0

编制单位：长治市水文水资源勘测分局　编制时间：2016年1月

（6）合庄村防洪现状评价图

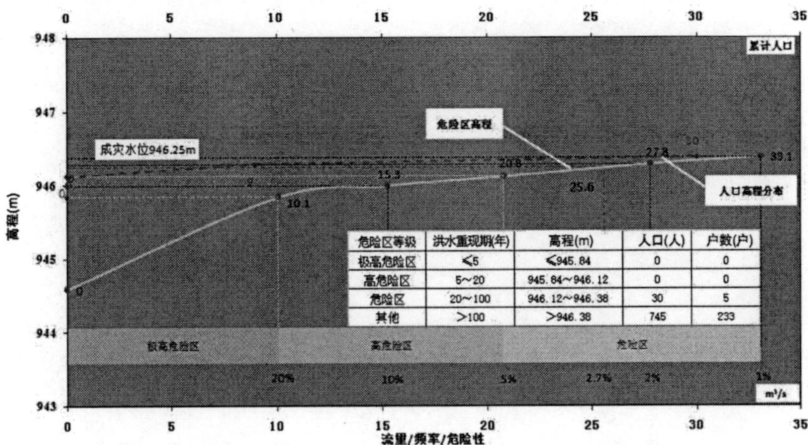

危险区等级	洪水重现期(年)	高程(m)	人口(人)	户数(户)
极高危险区	≤5	≤945.84	0	0
高危险区	5~20	945.84~946.12	0	0
危险区	20~100	946.12~946.38	30	5
其他	>100	>946.38	745	233

（7）北寺上村防洪现状评价图

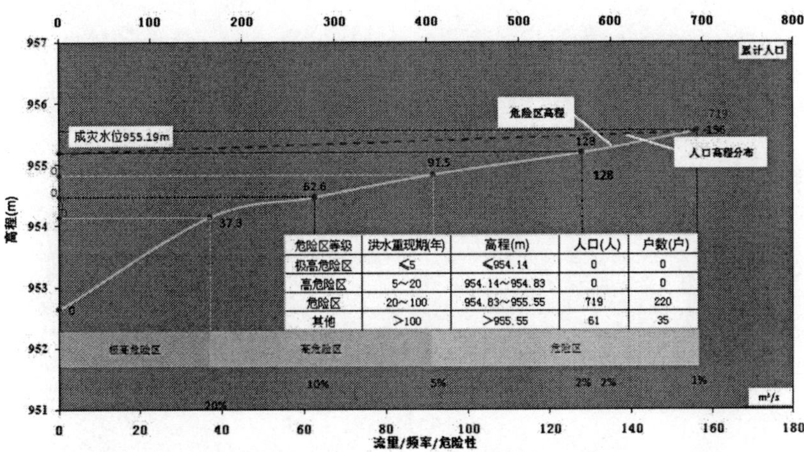

危险区等级	洪水重现期(年)	高程(m)	人口(人)	户数(户)
极高危险区	≤5	≤954.14	0	0
高危险区	5~20	954.14~954.83	0	0
危险区	20~100	954.83~955.55	719	220
其他	>100	>955.55	61	35

（8）下曲峪村防洪现状评价图

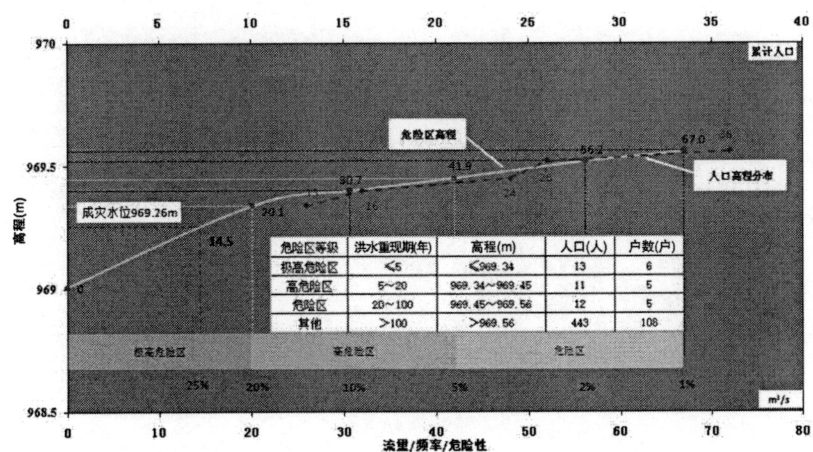

危险区等级	洪水重现期(年)	高程(m)	人口(人)	户数(户)
极高危险区	≤5	≤969.34	13	6
高危险区	5~20	969.34~969.45	11	5
危险区	20~100	969.45~969.56	12	5
其他	>100	>969.56	443	108

（9）迎春村防洪现状评价图

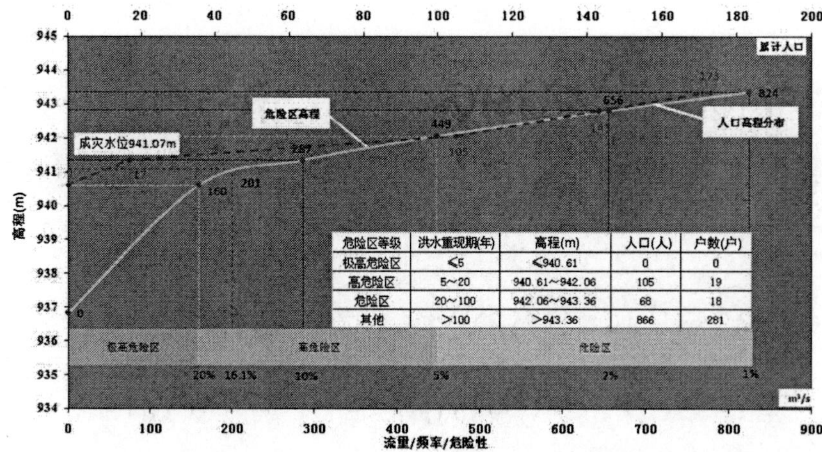

危险区等级	洪水重现期(年)	高程(m)	人口(人)	户数(户)
极高危险区	≤5	≤940.61	0	0
高危险区	5～20	940.61～942.06	105	19
危险区	20～100	942.06～943.36	68	18
其他	>100	>943.36	866	281

编制单位：长治市水文水资源勘测分局　编制时间：2016年1月

（10）官道上防洪现状评价图

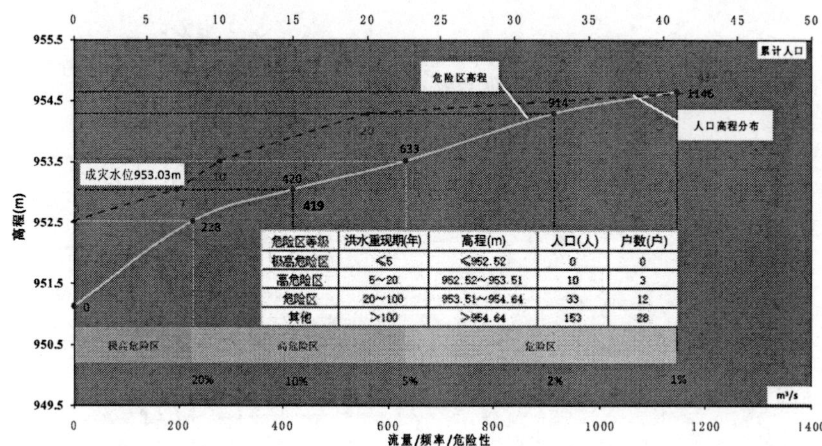

危险区等级	洪水重现期(年)	高程(m)	人口(人)	户数(户)
极高危险区	≤5	≤952.52	0	0
高危险区	5～20	952.52～953.51	10	3
危险区	20～100	953.51～954.64	33	12
其他	>100	>954.64	153	28

编制单位：长治市水文水资源勘测分局　编制时间：2016年1月

（11）福村村防洪现状评价图

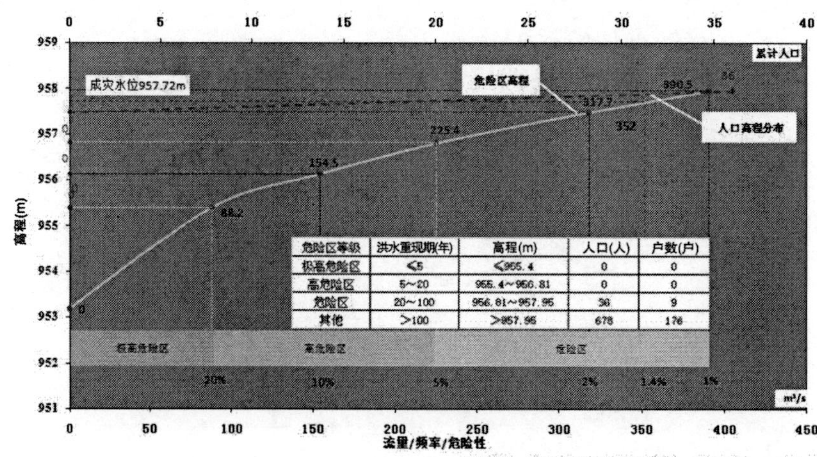

危险区等级	洪水重现期(年)	高程(m)	人口(人)	户数(户)
极高危险区	≤5	≤955.4	0	0
高危险区	5～20	955.4～956.81	0	0
危险区	20～100	956.81～957.95	36	9
其他	>100	>957.95	678	176

编制单位：长治市水文水资源勘测分局　编制时间：2016年1月

（12）郭村村防洪现状评价图

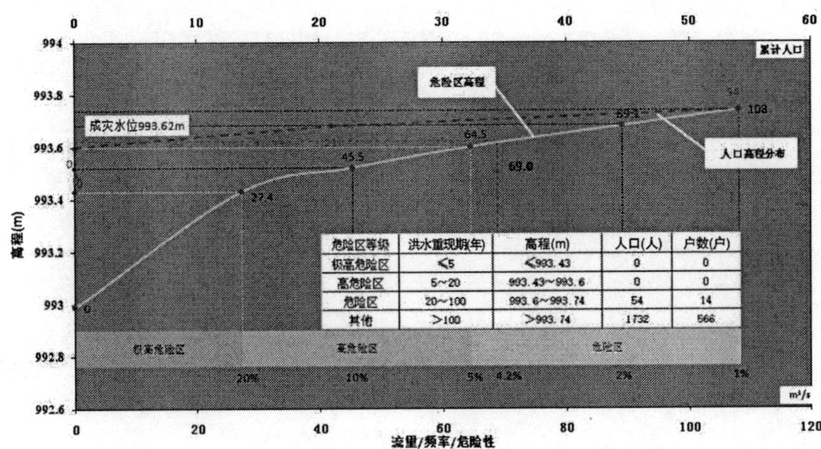

（13）故县村防洪现状评价图

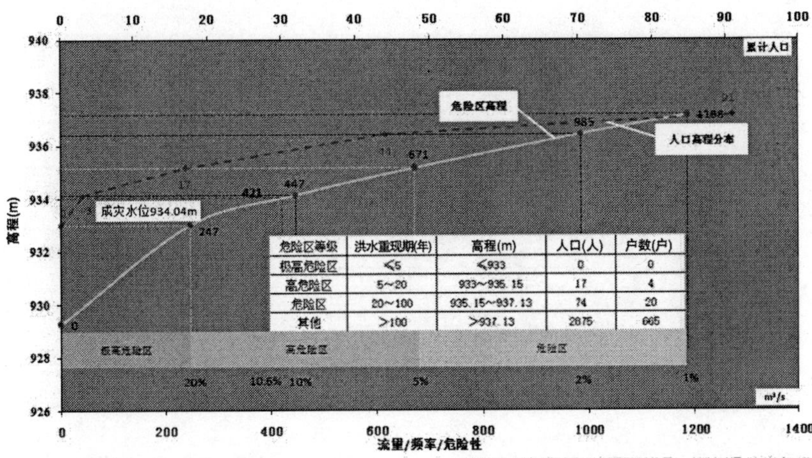

（14）后河村防洪现状评价图

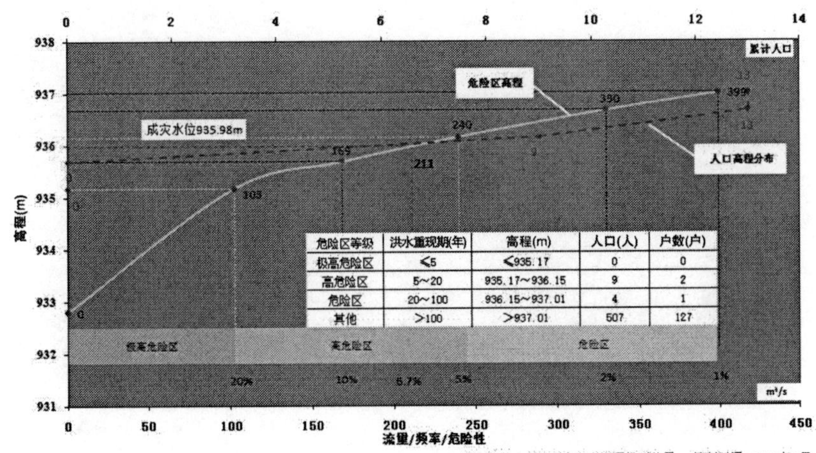

（15）徐村防洪现状评价图

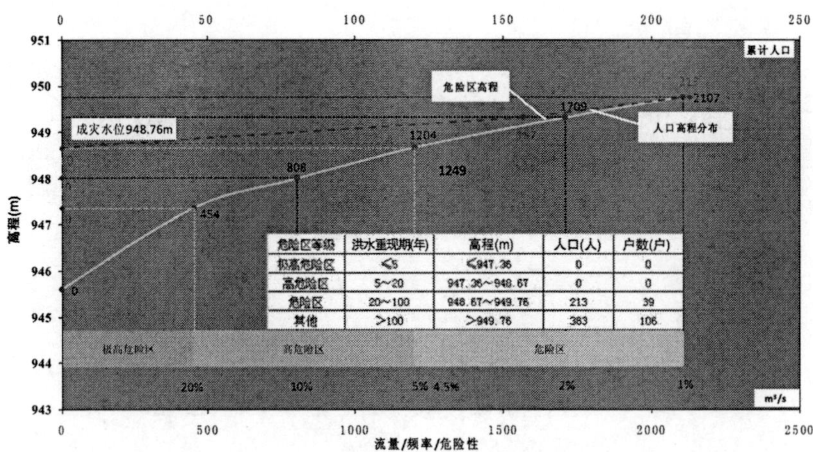

危险区等级	洪水重现期(年)	高程(m)	人口(人)	户数(户)
极高危险区	≤5	≤947.36	0	0
高危险区	5~20	947.36~948.67	0	0
危险区	20~100	948.67~949.76	213	39
其他	>100	>949.76	383	106

（16）马连道村防洪现状评价图

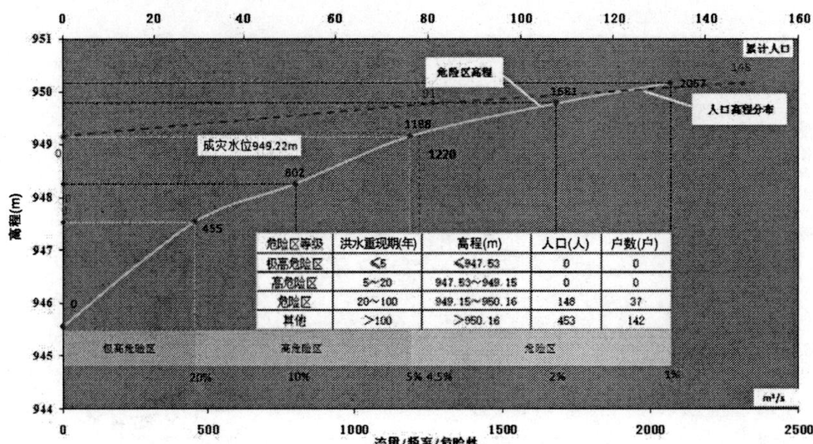

危险区等级	洪水重现期(年)	高程(m)	人口(人)	户数(户)
极高危险区	≤5	≤947.53	0	0
高危险区	5~20	947.53~949.15	0	0
危险区	20~100	949.15~950.16	148	37
其他	>100	>950.16	453	142

（17）邓家坡村防洪现状评价图

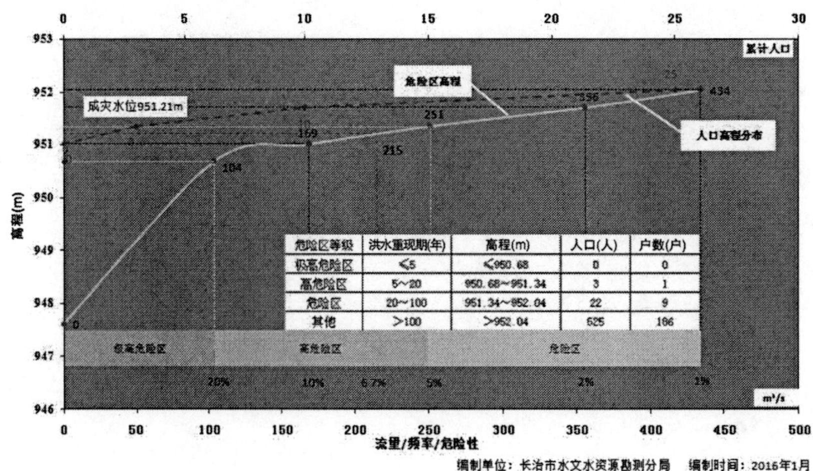

危险区等级	洪水重现期(年)	高程(m)	人口(人)	户数(户)
极高危险区	≤5	≤950.68	0	0
高危险区	5~20	950.68~951.34	3	1
危险区	20~100	951.34~952.04	22	9
其他	>100	>952.04	525	186

（18）南池村防洪现状评价图

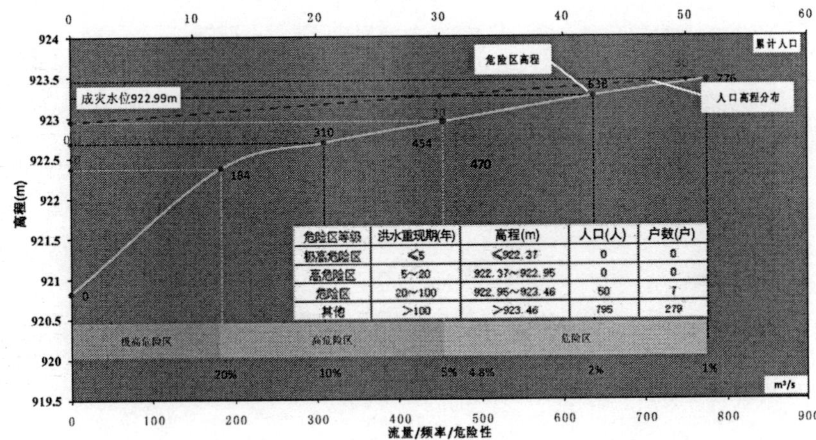

危险区等级	洪水重现期(年)	高程(m)	人口(人)	户数(户)
极高危险区	≤5	≤922.37	0	0
高危险区	5～20	922.37～922.95	0	0
危险区	20～100	922.95～923.46	50	7
其他	>100	>923.46	795	279

（19）古城村防洪现状评价图

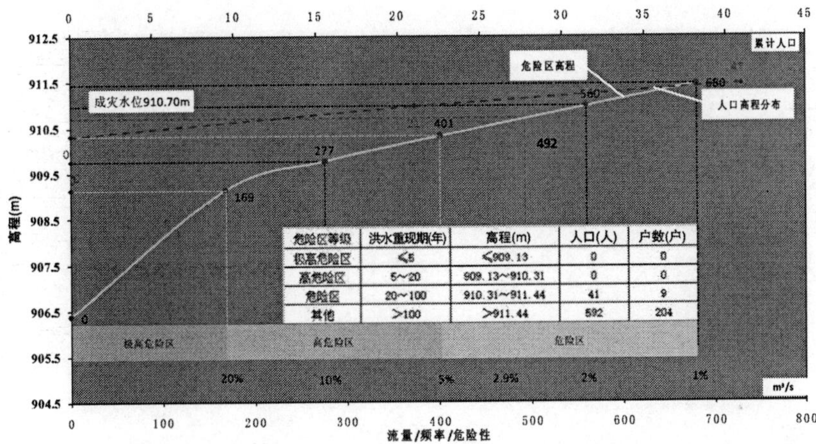

危险区等级	洪水重现期(年)	高程(m)	人口(人)	户数(户)
极高危险区	≤5	≤909.13	0	0
高危险区	5～20	909.13～910.31	0	0
危险区	20～100	910.31～911.44	41	9
其他	>100	>911.44	592	204

（20）太里村防洪现状评价图

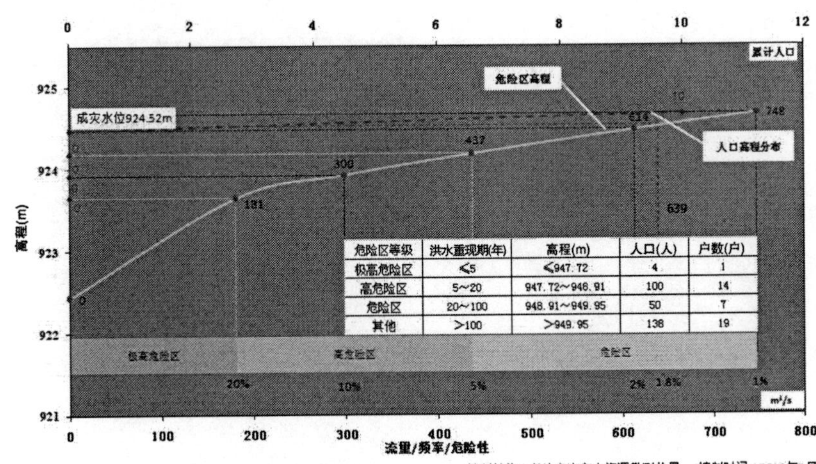

危险区等级	洪水重现期(年)	高程(m)	人口(人)	户数(户)
极高危险区	≤5	≤947.72	4	1
高危险区	5～20	947.72～946.91	100	14
危险区	20～100	948.91～949.95	50	7
其他	>100	>949.95	138	19

（21）西待贤防洪现状评价图

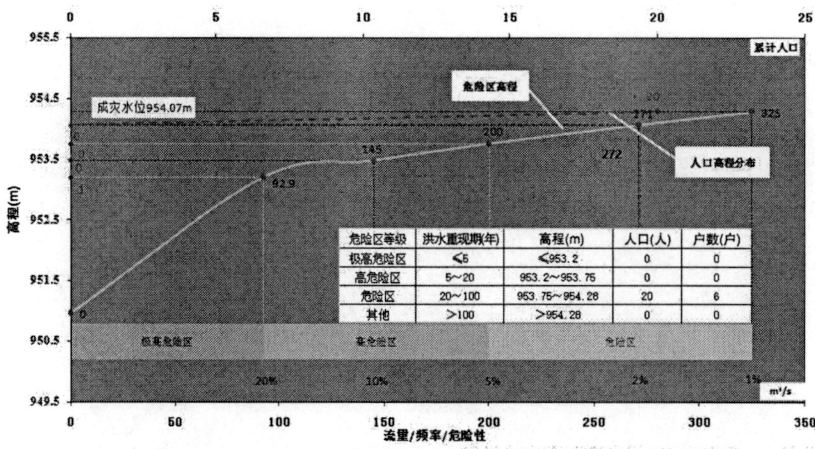

危险区等级	洪水重现期(年)	高程(m)	人口(人)	户数(户)
极高危险区	≤5	≤953.2	0	0
高危险区	5~20	953.2~953.75	0	0
危险区	20~100	953.75~954.28	20	6
其他	>100	>954.28	0	0

（22）沙圪道防洪现状评价图

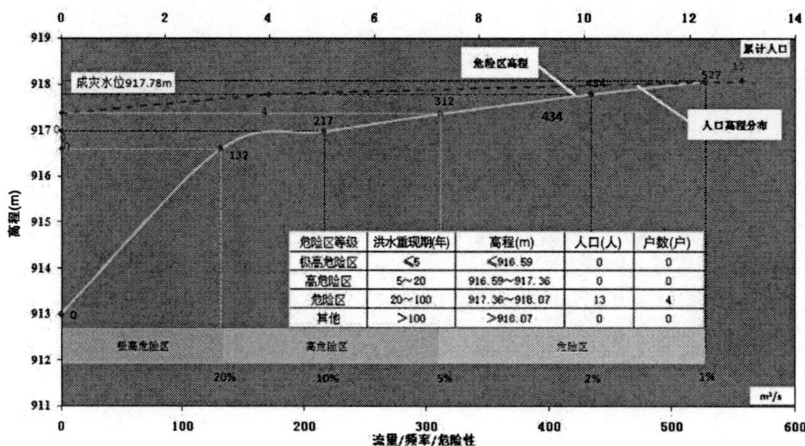

危险区等级	洪水重现期(年)	高程(m)	人口(人)	户数(户)
极高危险区	≤5	≤916.59	0	0
高危险区	5~20	916.59~917.36	0	0
危险区	20~100	917.36~918.07	13	4
其他	>100	>918.07	0	0

（23）交口村防洪现状评价图

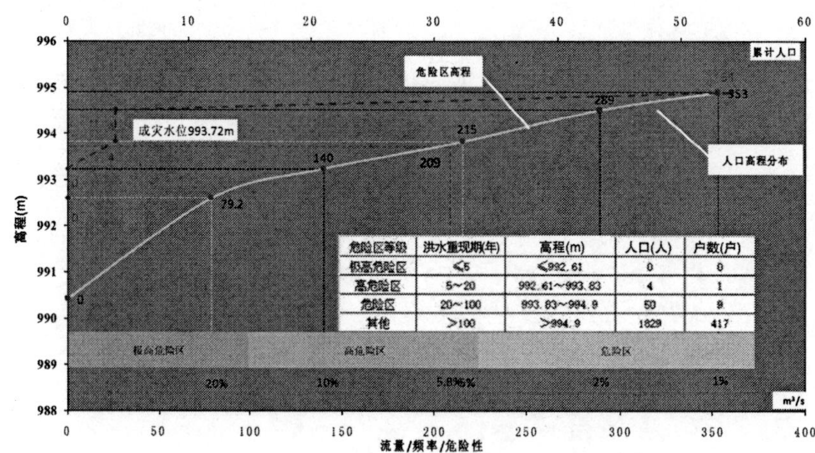

危险区等级	洪水重现期(年)	高程(m)	人口(人)	户数(户)
极高危险区	≤5	≤992.61	0	0
高危险区	5~20	992.61~993.83	4	1
危险区	20~100	993.83~994.9	50	9
其他	>100	>994.9	1829	417

（24）韩曹沟防洪现状评价图

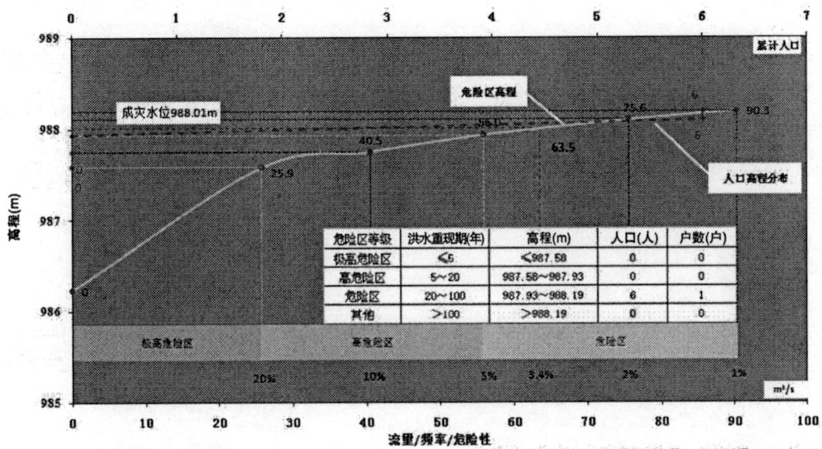

危险区等级	洪水重现期(年)	高程(m)	人口(人)	户数(户)
极高危险区	≤5	≤987.58	0	0
高危险区	5~20	987.58~987.93	0	0
危险区	20~100	987.93~988.19	6	1
其他	>100	>988.19	0	0

（25）固亦村防洪现状评价图

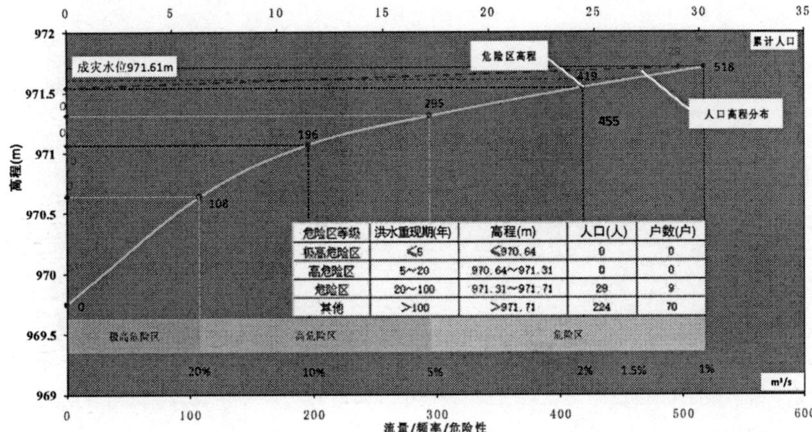

危险区等级	洪水重现期(年)	高程(m)	人口(人)	户数(户)
极高危险区	≤5	≤970.64	0	0
高危险区	5~20	970.64~971.31	0	0
危险区	20~100	971.31~971.71	29	9
其他	>100	>971.71	224	70

（26）南园则村防洪现状评价图

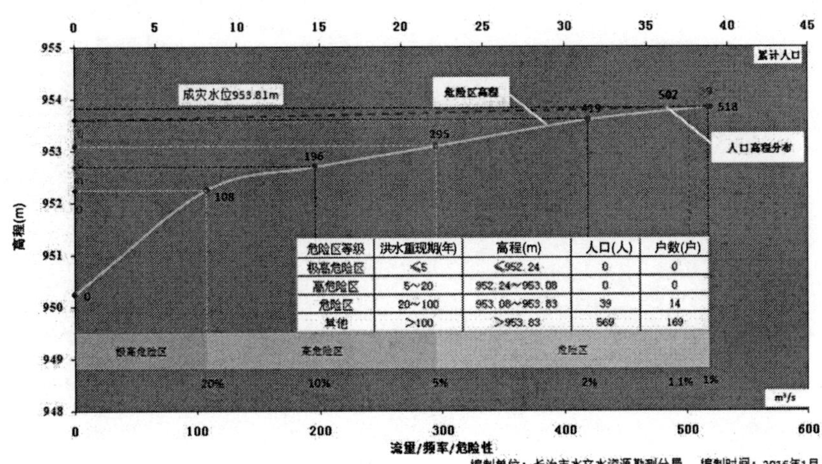

危险区等级	洪水重现期(年)	高程(m)	人口(人)	户数(户)
极高危险区	≤5	≤952.24	0	0
高危险区	5~20	952.24~953.08	0	0
危险区	20~100	953.08~953.83	39	14
其他	>100	>953.83	569	169

（27）景村村防洪现状评价图

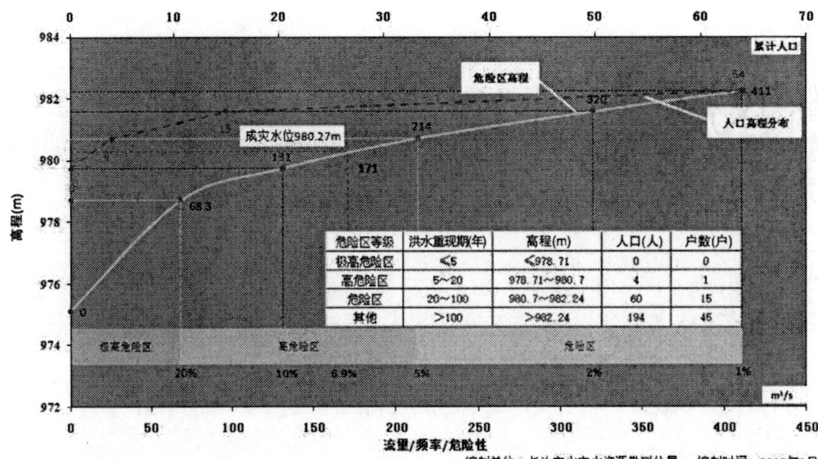

危险区等级	洪水重现期(年)	高程(m)	人口(人)	户数(户)
极高危险区	≤5	≤978.71	0	0
高危险区	5~20	978.71~980.7	4	1
危险区	20~100	980.7~982.24	60	15
其他	>100	>982.24	194	45

编制单位：长治市水文水资源勘测分局　编制时间：2016年1月

（28）羊庄村防洪现状评价图

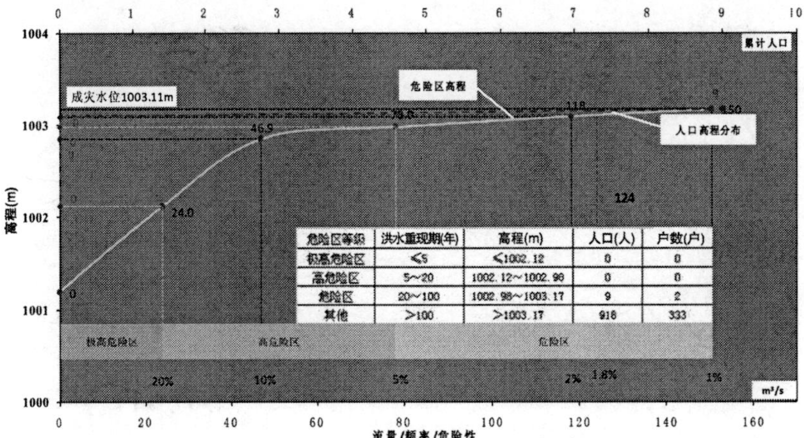

危险区等级	洪水重现期(年)	高程(m)	人口(人)	户数(户)
极高危险区	≤5	≤1002.12	0	0
高危险区	5~20	1002.12~1002.98	0	0
危险区	20~100	1002.98~1003.17	9	2
其他	>100	>1003.17	918	333

编制单位：长治市水文水资源勘测分局　编制时间：2016年1月

（29）乔家湾村防洪现状评价图

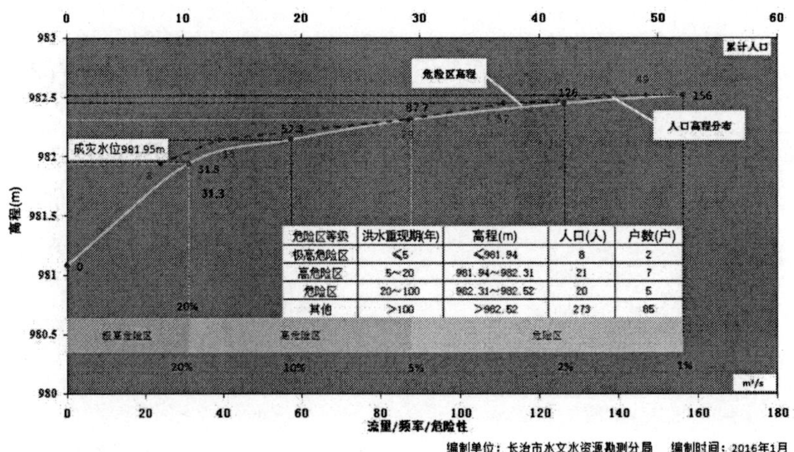

危险区等级	洪水重现期(年)	高程(m)	人口(人)	户数(户)
极高危险区	≤5	≤981.94	8	2
高危险区	5~20	981.94~982.31	21	7
危险区	20~100	982.31~982.52	20	5
其他	>100	>982.52	273	85

编制单位：长治市水文水资源勘测分局　编制时间：2016年1月

（30）山坡村防洪现状评价图

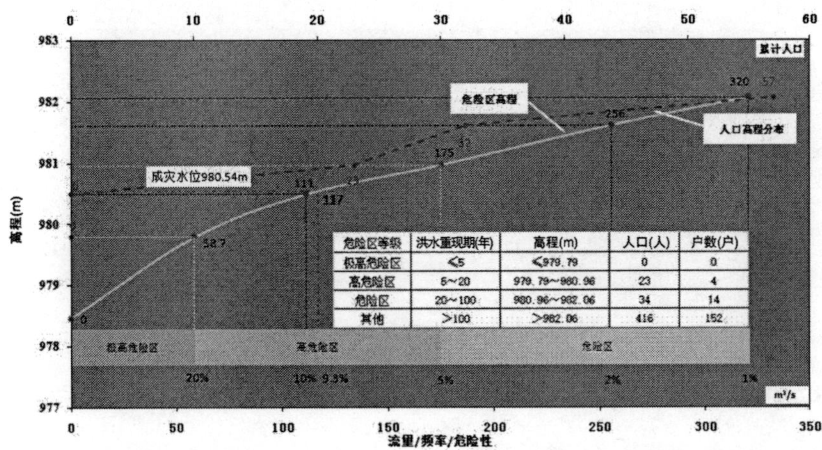

危险区等级	洪水重现期(年)	高程(m)	人口(人)	户数(户)
极高危险区	≤5	≤979.79	0	0
高危险区	5～20	979.79～980.96	23	4
危险区	20～100	980.96～982.06	34	14
其他	>100	>982.06	416	152

编制单位：长治市水文水资源勘测分局　编制时间：2016年1月

（31）道兴村防洪现状评价图

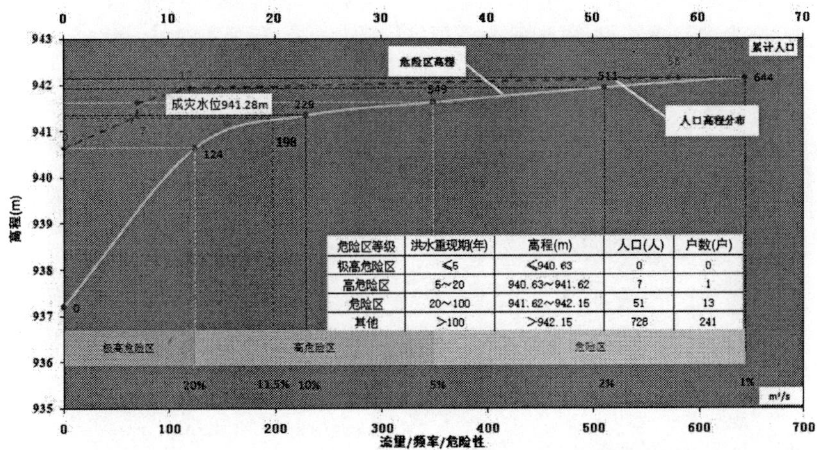

危险区等级	洪水重现期(年)	高程(m)	人口(人)	户数(户)
极高危险区	≤5	≤940.63	0	0
高危险区	5～20	940.63～941.62	7	1
危险区	20～100	941.62～942.15	51	13
其他	>100	>942.15	728	241

编制单位：长治市水文水资源勘测分局　编制时间：2016年1月

（32）燕垒沟村防洪现状评价图

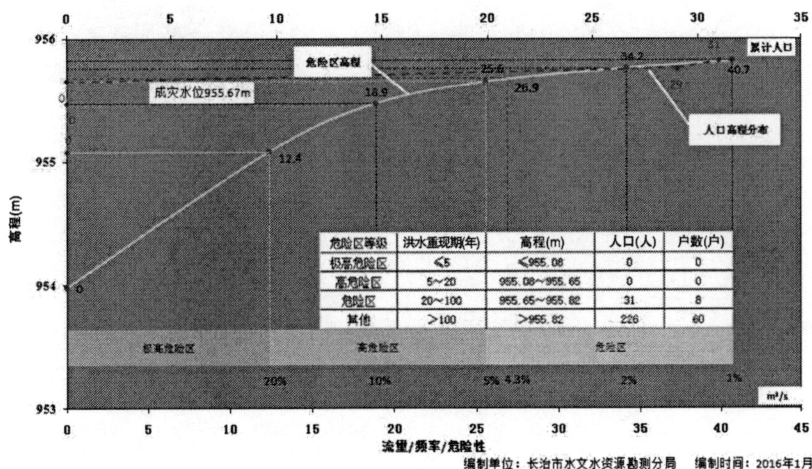

危险区等级	洪水重现期(年)	高程(m)	人口(人)	户数(户)
极高危险区	≤5	≤955.08	0	0
高危险区	5～20	955.08～955.65	0	0
危险区	20～100	955.65～955.82	31	8
其他	>100	>955.82	226	60

编制单位：长治市水文水资源勘测分局　编制时间：2016年1月

（33）河止村防洪现状评价图

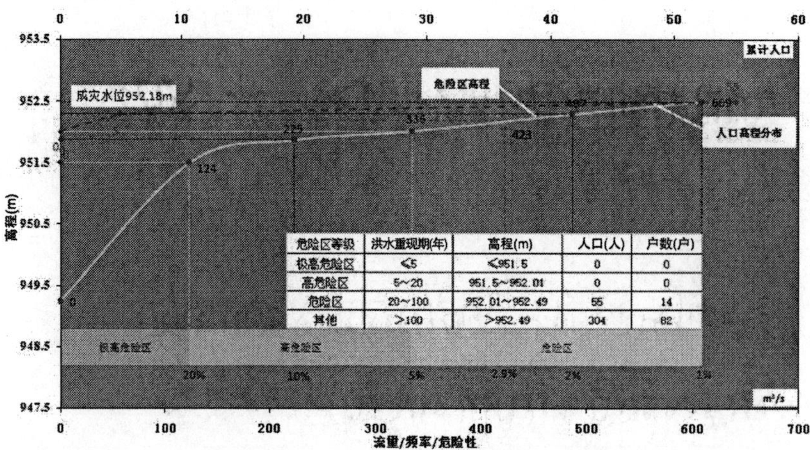

危险区等级	洪水重现期(年)	高程(m)	人口(人)	户数(户)
极高危险区	≤5	≤951.5	0	0
高危险区	5～20	951.5～952.01	0	0
危险区	20～100	952.01～952.49	55	14
其他	>100	>952.49	304	82

编制单位：长治市水文水资源勘测分局　编制时间：2016年1月

（34）漫水村防洪现状评价图

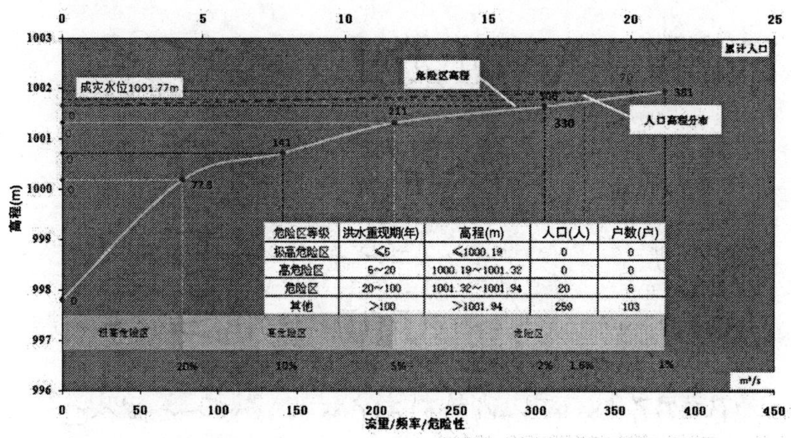

危险区等级	洪水重现期(年)	高程(m)	人口(人)	户数(户)
极高危险区	≤5	≤1000.19	0	0
高危险区	5～20	1000.19～1001.32	0	0
危险区	20～100	1001.32～1001.94	20	5
其他	>100	>1001.94	259	103

编制单位：长治市水文水资源勘测分局　编制时间：2016年1月

（35）下湾村防洪现状评价图

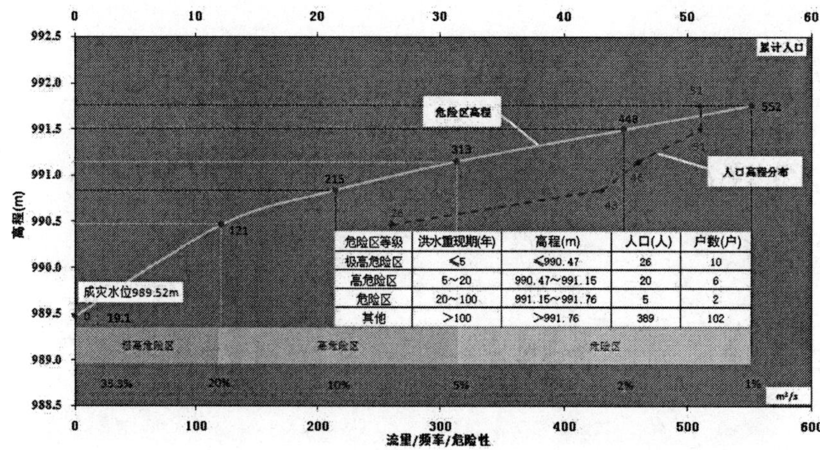

危险区等级	洪水重现期(年)	高程(m)	人口(人)	户数(户)
极高危险区	≤5	≤990.47	26	10
高危险区	5～20	990.47～991.15	20	6
危险区	20～100	991.15～991.76	5	2
其他	>100	>991.76	389	102

编制单位：长治市水文水资源勘测分局　编制时间：2016年1月

(36) 寺庄村防洪现状评价图

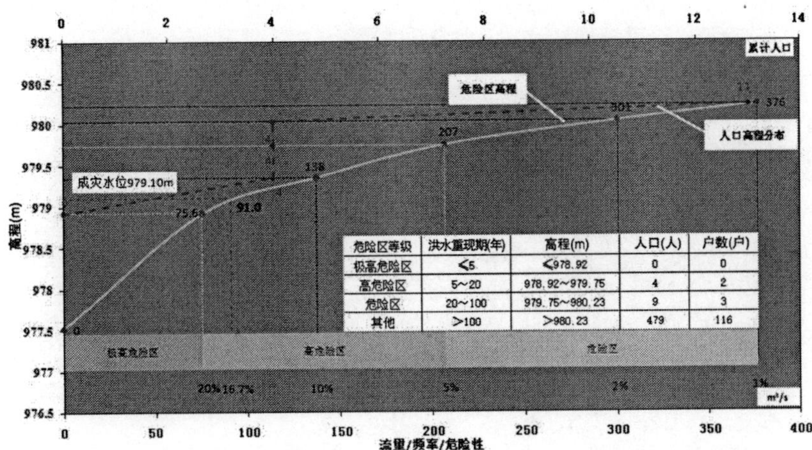

(37) 前庄防洪现状评价图

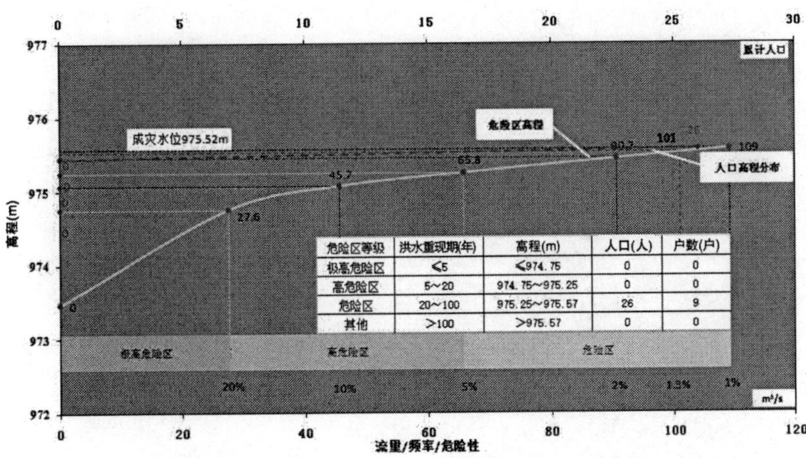

(38) 蔡甲防洪现状评价图

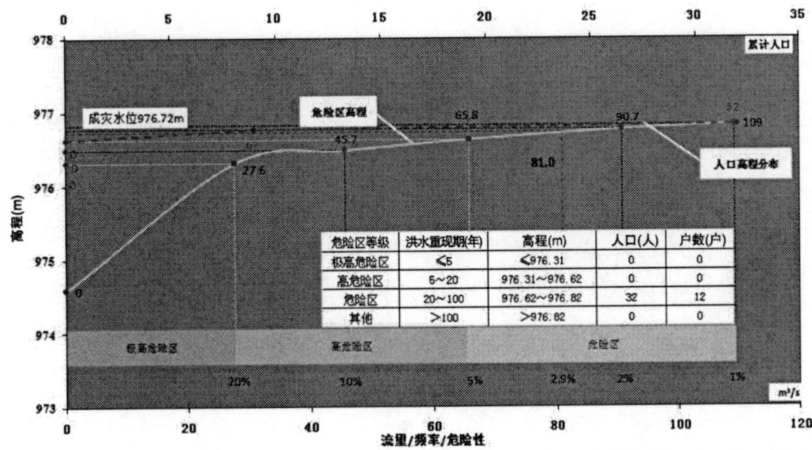

（39）长街村防洪现状评价图

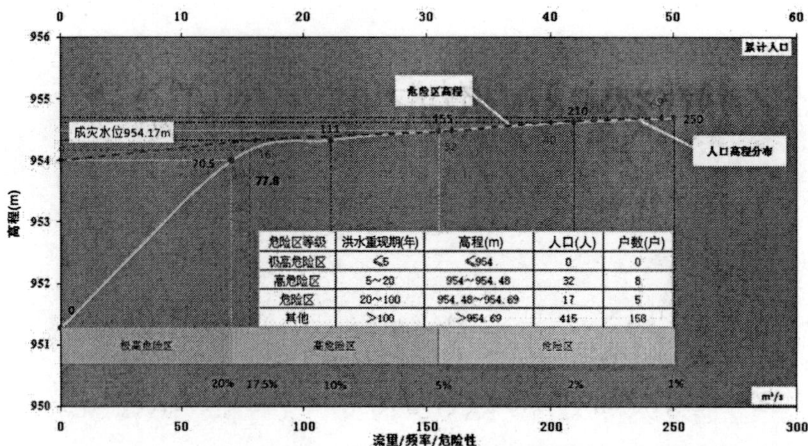

危险区等级	洪水重现期(年)	高程(m)	人口(人)	户数(户)
极高危险区	≤5	≤954	0	0
高危险区	5~20	954~954.48	32	8
危险区	20~100	954.48~954.69	17	5
其他	>100	>954.69	415	158

编制单位：长治市水文水资源勘测分局　编制时间：2016年1月

（40）次村村防洪现状评价图

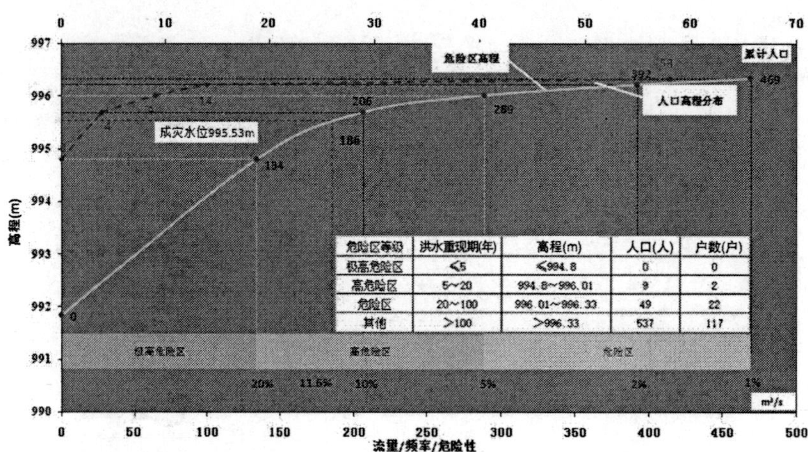

危险区等级	洪水重现期(年)	高程(m)	人口(人)	户数(户)
极高危险区	≤5	≤994.8	0	0
高危险区	5~20	994.8~996.01	9	2
危险区	20~100	996.01~996.33	49	22
其他	>100	>996.33	537	117

编制单位：长治市水文水资源勘测分局　编制时间：2016年1月

（41）五星村防洪现状评价图

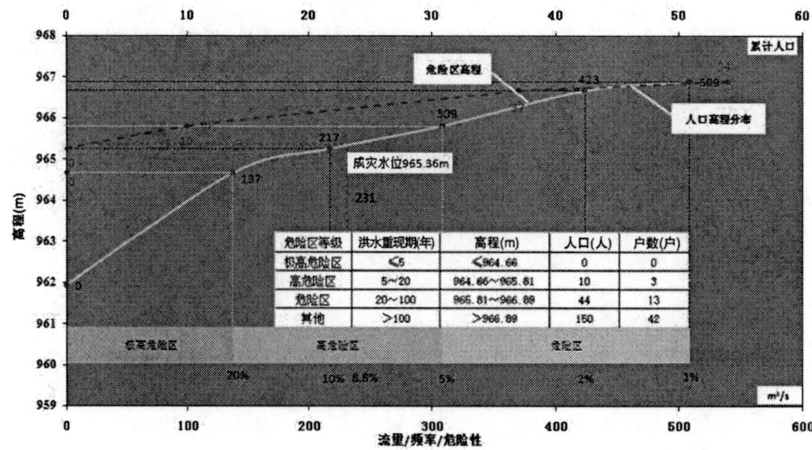

危险区等级	洪水重现期(年)	高程(m)	人口(人)	户数(户)
极高危险区	≤5	≤964.66	0	0
高危险区	5~20	964.66~965.81	10	3
危险区	20~100	965.81~966.89	44	13
其他	>100	>966.89	150	42

编制单位：长治市水文水资源勘测分局　编制时间：2016年1月

（42）东杨家庄村防洪现状评价图

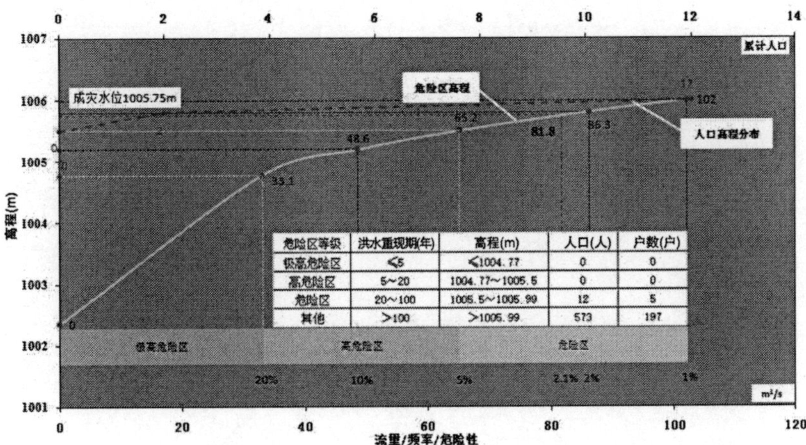

危险区等级	洪水重现期(年)	高程(m)	人口(人)	户数(户)
极高危险区	≤5	≤1004.77	0	0
高危险区	5～20	1004.77～1005.5	0	0
危险区	20～100	1005.5～1005.99	12	5
其他	＞100	＞1005.99	573	197

（43）下张庄村防洪现状评价图

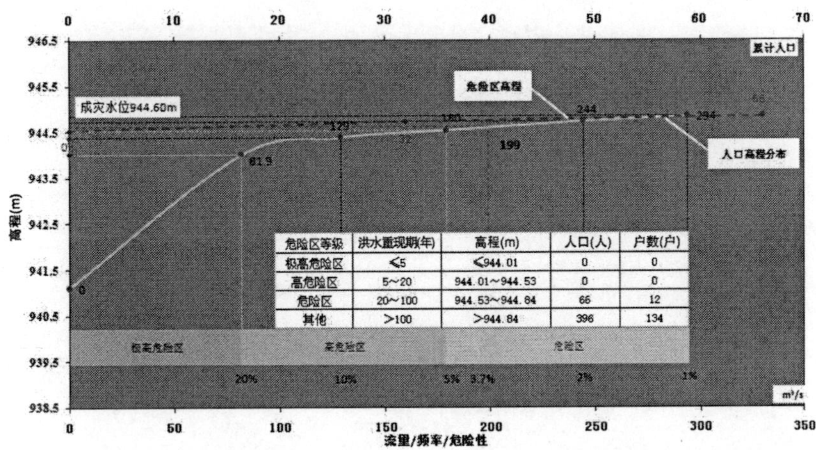

危险区等级	洪水重现期(年)	高程(m)	人口(人)	户数(户)
极高危险区	≤5	≤944.01	0	0
高危险区	5～20	944.01～944.53	0	0
危险区	20～100	944.53～944.84	66	12
其他	＞100	＞944.84	396	134

（44）唐村村防洪现状评价图

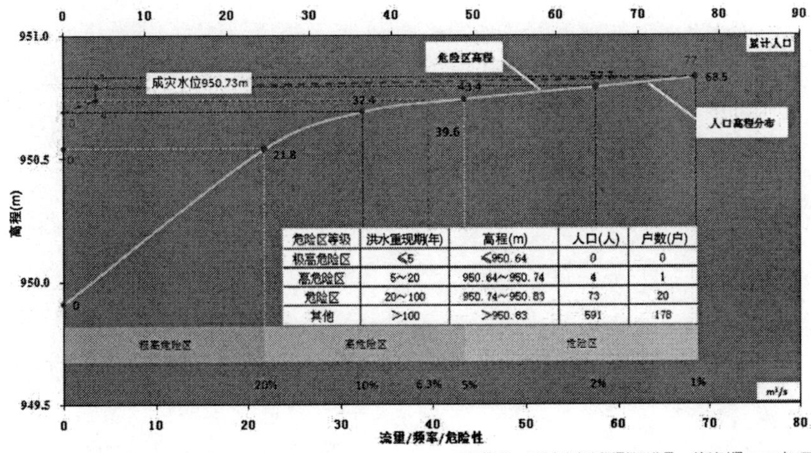

危险区等级	洪水重现期(年)	高程(m)	人口(人)	户数(户)
极高危险区	≤5	≤950.64	0	0
高危险区	5～20	950.64～950.74	4	1
危险区	20～100	950.74～950.83	73	20
其他	＞100	＞950.63	591	178

（45）中里村防洪现状评价图

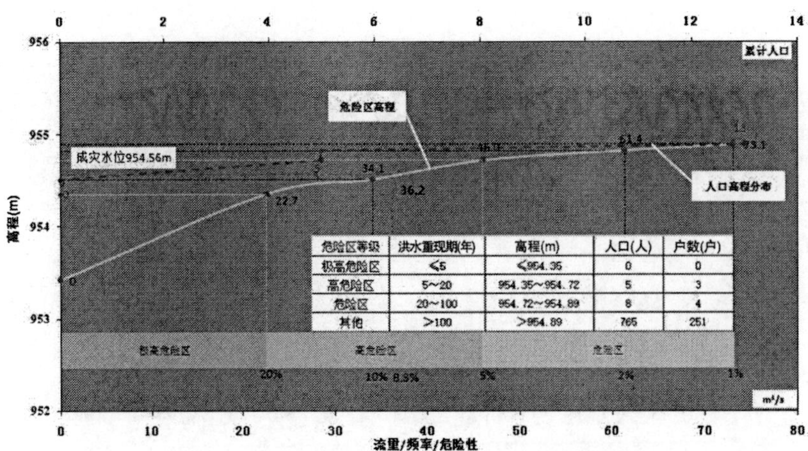

危险区等级	洪水重现期(年)	高程(m)	人口(人)	户数(户)
极高危险区	≤5	≤954.35	0	0
高危险区	5~20	954.35~954.72	5	3
危险区	20~100	954.72~954.89	8	4
其他	>100	>954.89	765	251

（46）南泉村防洪现状评价图

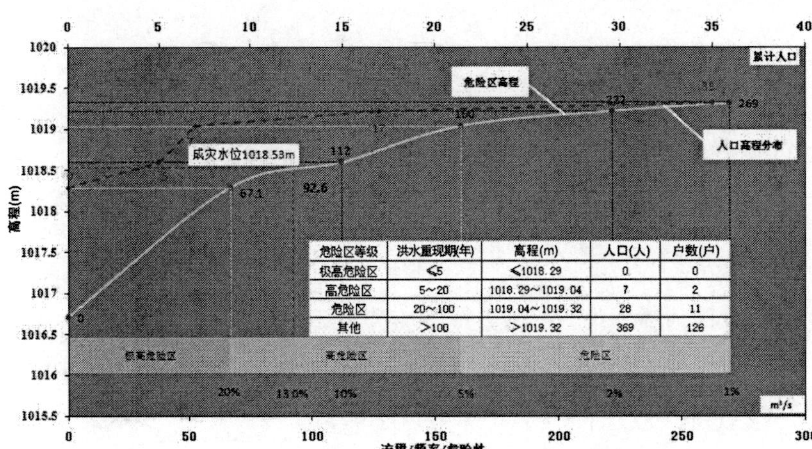

危险区等级	洪水重现期(年)	高程(m)	人口(人)	户数(户)
极高危险区	≤5	≤1018.29	0	0
高危险区	5~20	1018.29~1019.04	7	2
危险区	20~100	1019.04~1019.32	28	11
其他	>100	>1019.32	369	126

（47）榜口村防洪现状评价图

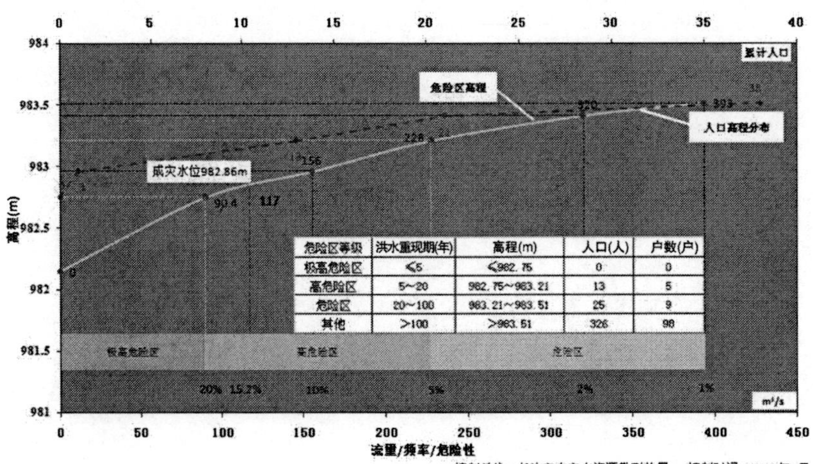

危险区等级	洪水重现期(年)	高程(m)	人口(人)	户数(户)
极高危险区	≤5	≤982.75	0	0
高危险区	5~20	982.75~983.21	13	5
危险区	20~100	983.21~983.51	25	9
其他	>100	>983.51	326	98

(48) 杨安村防洪现状评价图

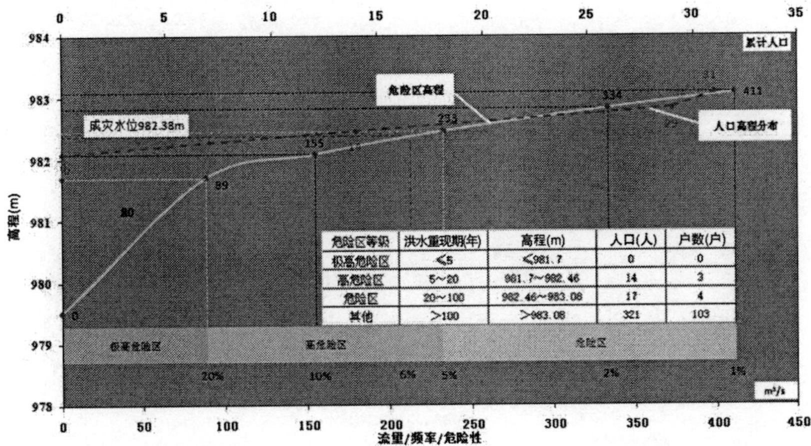

危险区等级	洪水重现期(年)	高程(m)	人口(人)	户数(户)
极高危险区	≤5	≤981.7	0	0
高危险区	5~20	981.7~982.46	14	3
危险区	20~100	982.46~983.08	17	4
其他	>100	>983.08	321	103

3. 襄垣县防洪现状评价图

(1) 石灰窑村防洪现状评价图

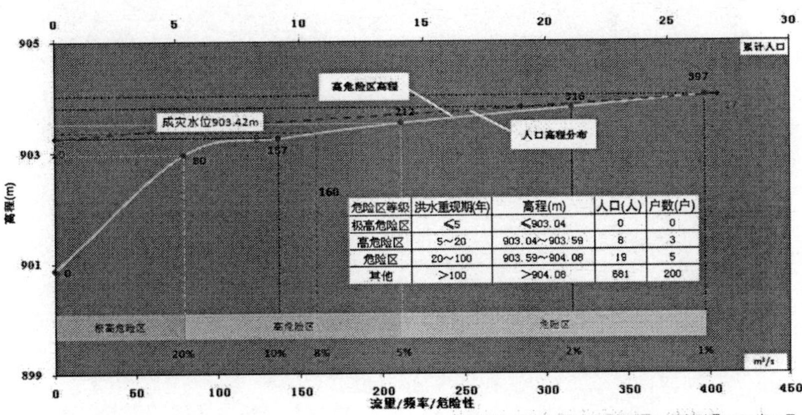

危险区等级	洪水重现期(年)	高程(m)	人口(人)	户数(户)
极高危险区	≤5	≤903.04	0	0
高危险区	5~20	903.04~903.59	8	3
危险区	20~100	903.59~904.08	19	5
其他	>100	>904.08	681	200

(2) 返底村防洪现状评价图

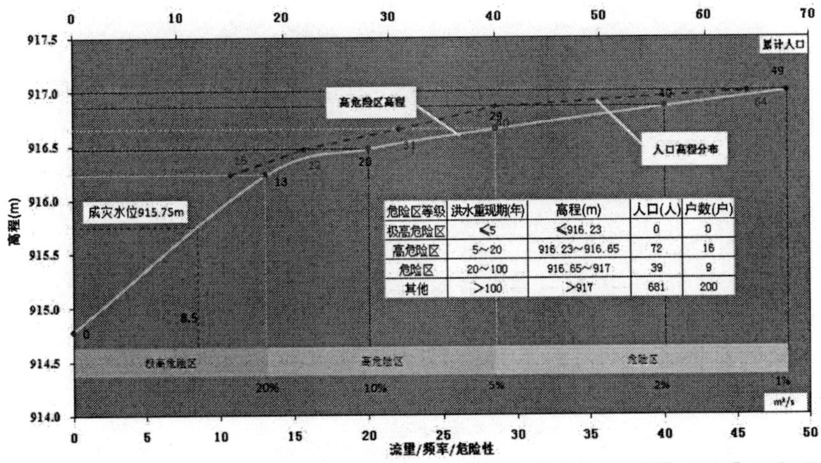

危险区等级	洪水重现期(年)	高程(m)	人口(人)	户数(户)
极高危险区	≤5	≤916.23	0	0
高危险区	5~20	916.23~916.65	72	16
危险区	20~100	916.65~917	39	9
其他	>100	>917	681	200

（3）普头村防洪现状评价图

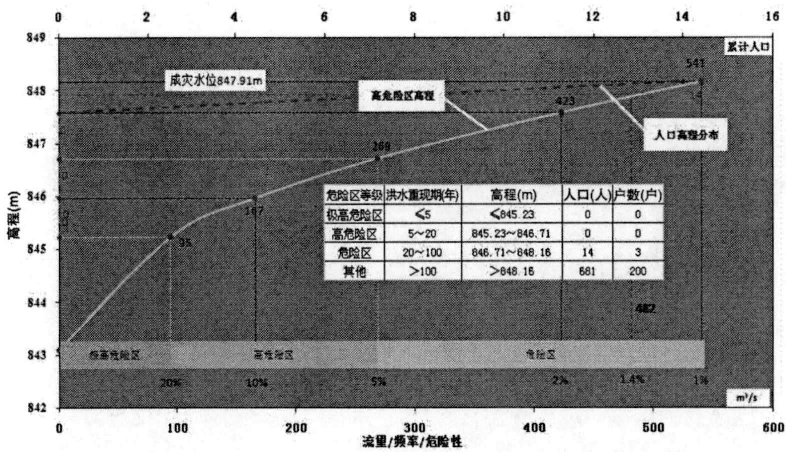

危险区等级	洪水重现期(年)	高程(m)	人口(人)	户数(户)
极高危险区	≤5	≤845.23	0	0
高危险区	5~20	845.23~846.71	0	0
危险区	20~100	846.71~848.16	14	3
其他	>100	>848.16	681	200

（4）安沟村防洪现状评价图

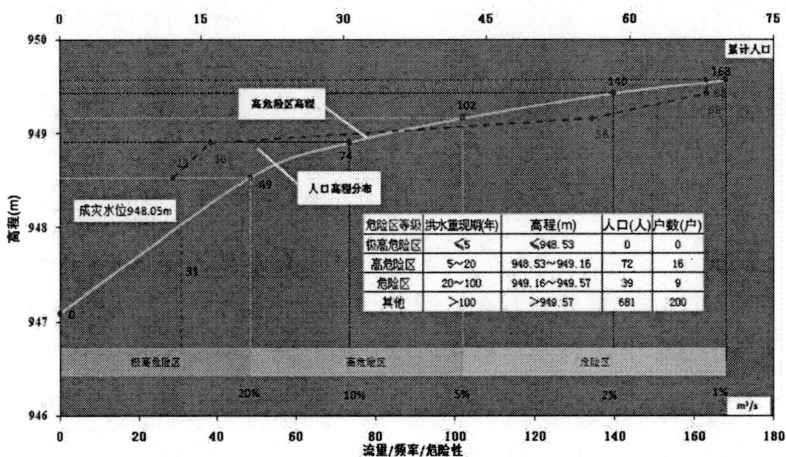

危险区等级	洪水重现期(年)	高程(m)	人口(人)	户数(户)
极高危险区	≤5	≤948.53	0	0
高危险区	5~20	948.53~949.16	72	16
危险区	20~100	949.16~949.57	39	9
其他	>100	>949.57	681	200

（5）阎村防洪现状评价图

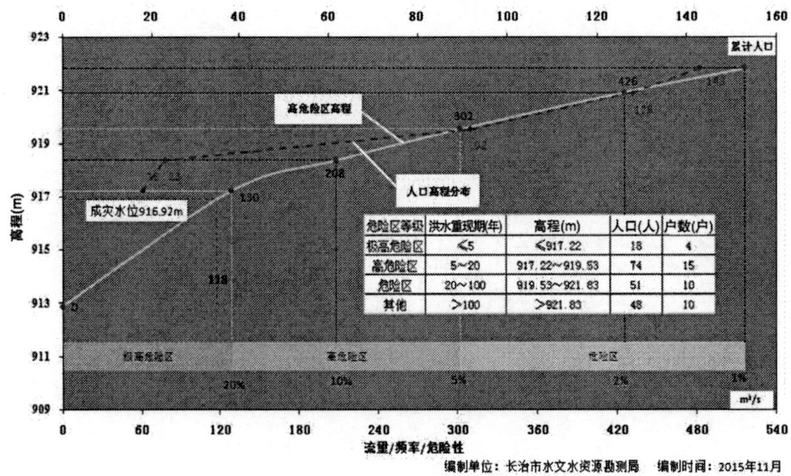

危险区等级	洪水重现期(年)	高程(m)	人口(人)	户数(户)
极高危险区	≤5	≤917.22	18	4
高危险区	5~20	917.22~919.53	74	15
危险区	20~100	919.53~921.83	51	10
其他	>100	>921.83	48	10

（6）南马喊村防洪现状评价图

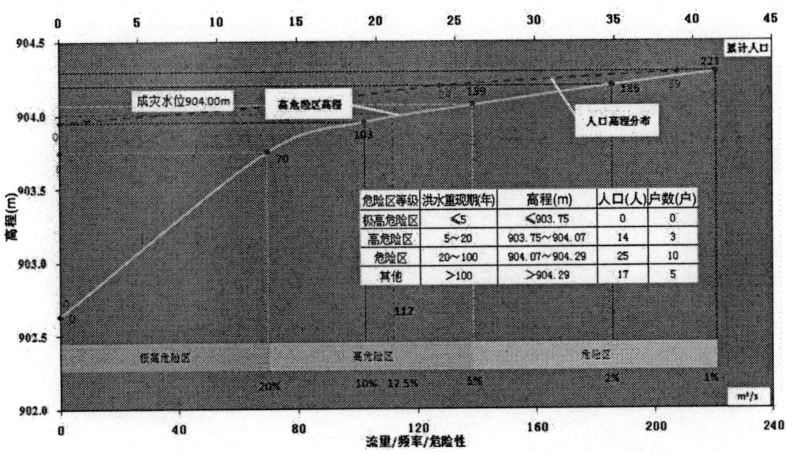

危险区等级	洪水重现期(年)	高程(m)	人口(人)	户数(户)
极高危险区	≤5	≤903.75	0	0
高危险区	5~20	903.75~904.07	14	3
危险区	20~100	904.07~904.29	25	10
其他	>100	>904.29	17	5

（7）胡家沟村防洪现状评价图

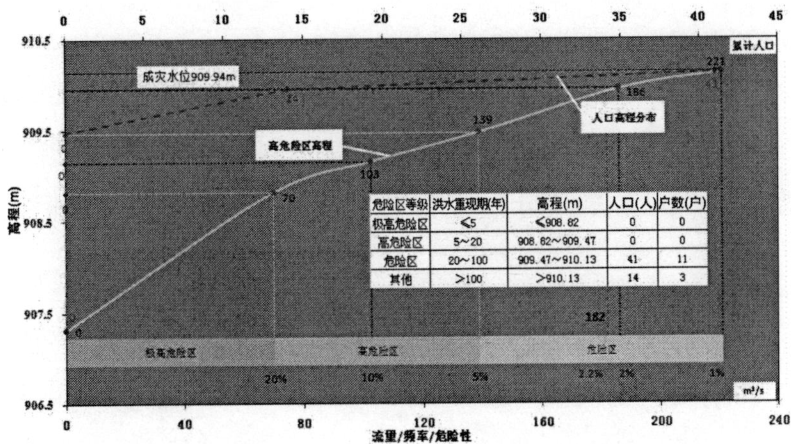

危险区等级	洪水重现期(年)	高程(m)	人口(人)	户数(户)
极高危险区	≤5	≤908.82	0	0
高危险区	5~20	908.82~909.47	0	0
危险区	20~100	909.47~910.13	41	11
其他	>100	>910.13	14	3

（8）河口村防洪现状评价图

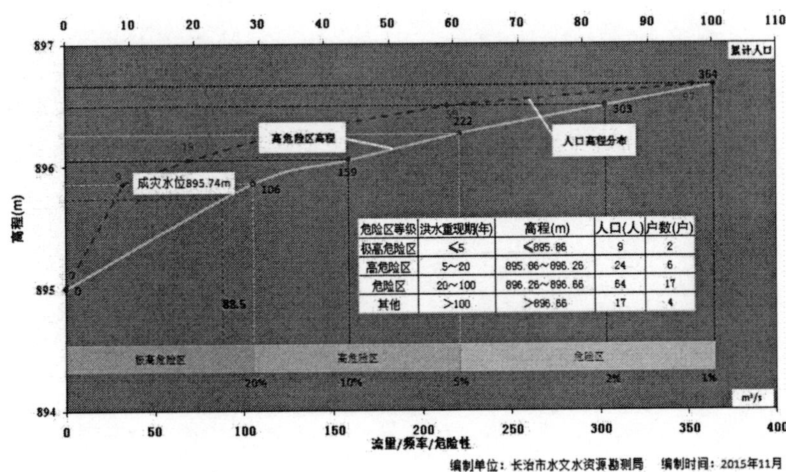

危险区等级	洪水重现期(年)	高程(m)	人口(人)	户数(户)
极高危险区	≤5	≤895.86	9	2
高危险区	5~20	895.86~896.26	24	6
危险区	20~100	896.26~896.66	64	17
其他	>100	>896.66	17	4

（9）北田漳村防洪现状评价图

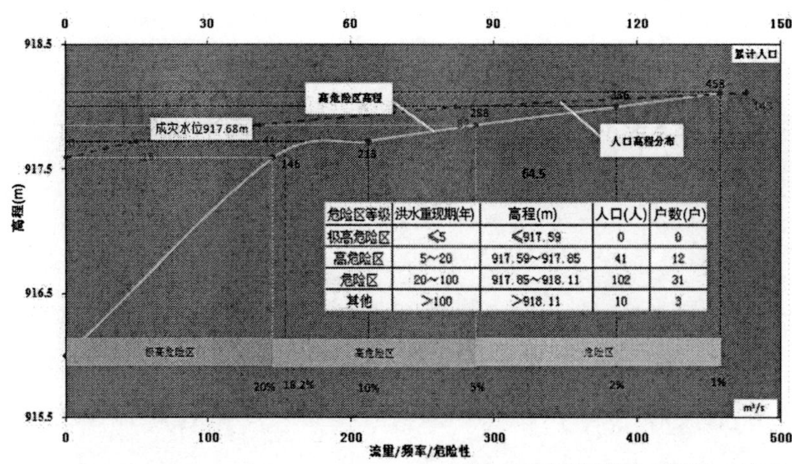

危险区等级	洪水重现期(年)	高程(m)	人口(人)	户数(户)
极高危险区	≤5	≤917.59	0	0
高危险区	5~20	917.59~917.85	41	12
危险区	20~100	917.85~918.11	102	31
其他	>100	>918.11	10	3

（10）南邯村防洪现状评价图

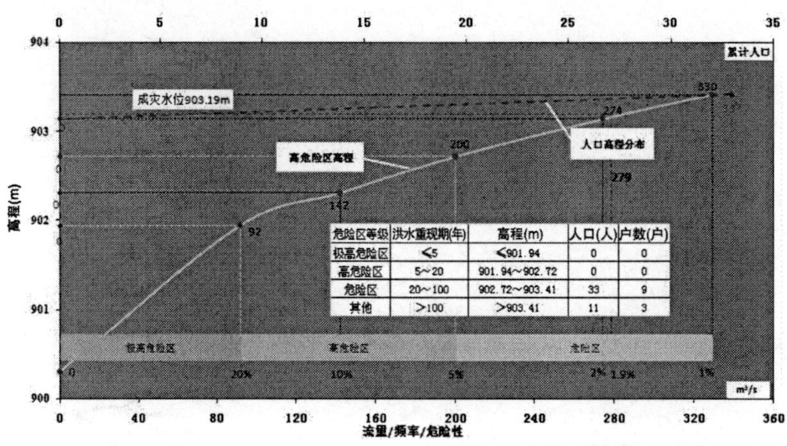

危险区等级	洪水重现期(年)	高程(m)	人口(人)	户数(户)
极高危险区	≤5	≤901.94	0	0
高危险区	5~20	901.94~902.72	0	0
危险区	20~100	902.72~903.41	33	9
其他	>100	>903.41	11	3

（11）小河村防洪现状评价图

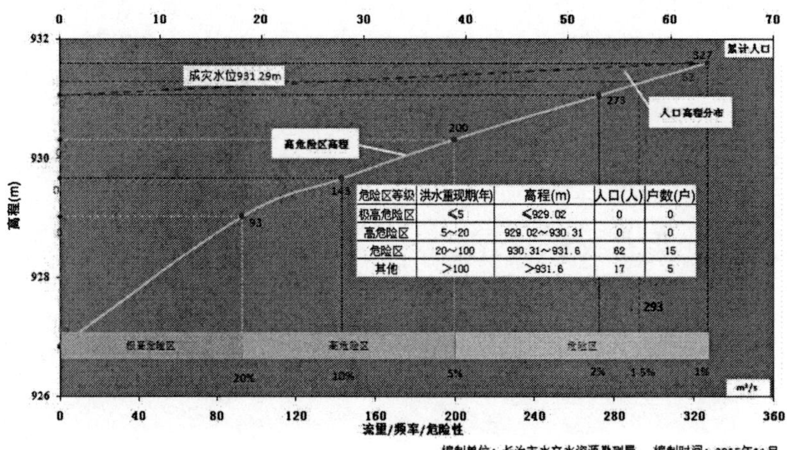

危险区等级	洪水重现期(年)	高程(m)	人口(人)	户数(户)
极高危险区	≤5	≤929.02	0	0
高危险区	5~20	929.02~930.31	0	0
危险区	20~100	930.31~931.6	62	15
其他	>100	>931.6	17	5

(12) 白堰底村防洪现状评价图

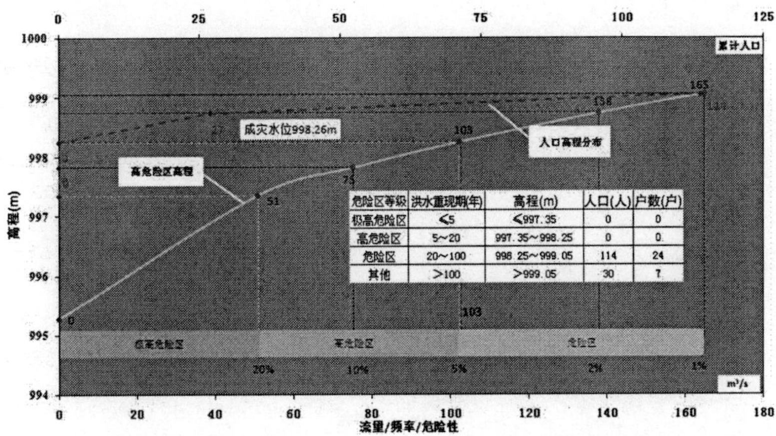

危险区等级	洪水重现期(年)	高程(m)	人口(人)	户数(户)
极高危险区	≤5	≤997.35	0	0
高危险区	5~20	997.35~998.25	0	0
危险区	20~100	998.25~999.05	114	24
其他	>100	>999.05	30	7

(13) 西洞上村防洪现状评价图

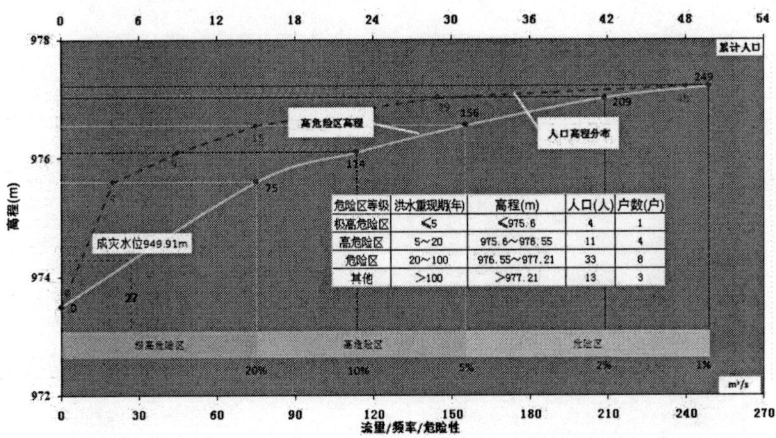

危险区等级	洪水重现期(年)	高程(m)	人口(人)	户数(户)
极高危险区	≤5	≤975.6	4	1
高危险区	5~20	975.6~976.55	11	4
危险区	20~100	976.55~977.21	33	8
其他	>100	>977.21	13	3

(14) 王村防洪现状评价图

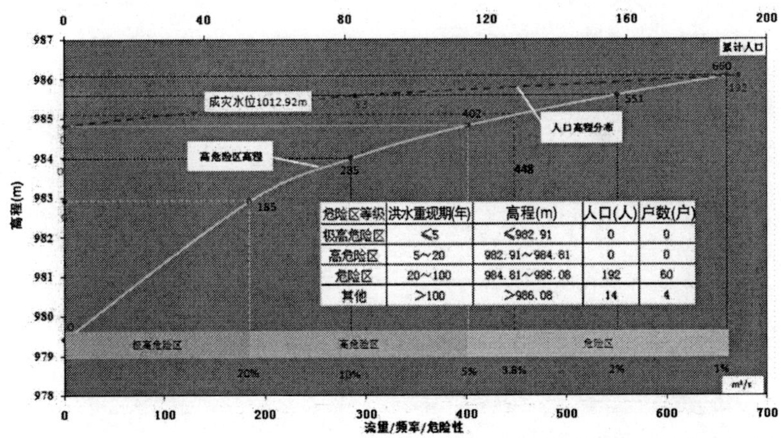

危险区等级	洪水重现期(年)	高程(m)	人口(人)	户数(户)
极高危险区	≤5	≤982.91	0	0
高危险区	5~20	982.91~984.61	0	0
危险区	20~100	984.61~986.08	192	60
其他	>100	>986.08	14	4

（15）下庙村防洪现状评价图

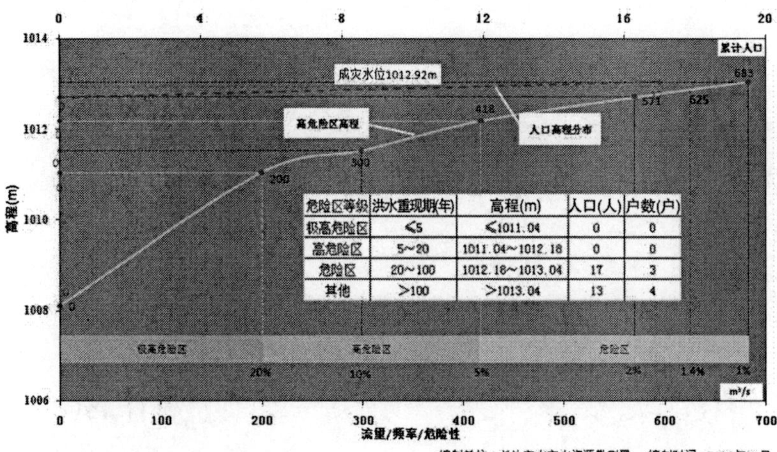

危险区等级	洪水重现期(年)	高程(m)	人口(人)	户数(户)
极高危险区	≤5	≤1011.04	0	0
高危险区	5~20	1011.04~1012.18	0	0
危险区	20~100	1012.18~1013.04	17	3
其他	>100	>1013.04	13	4

编制单位：长治市水文水资源勘测局　编制时间：2015年11月

（16）史属村防洪现状评价图

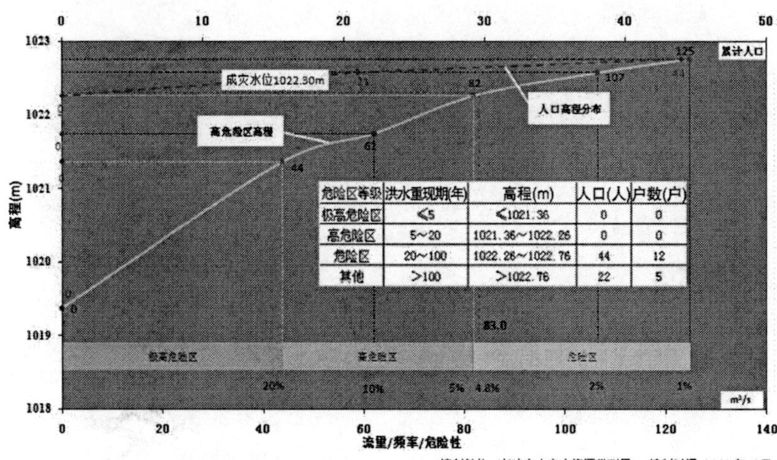

危险区等级	洪水重现期(年)	高程(m)	人口(人)	户数(户)
极高危险区	≤5	≤1021.36	0	0
高危险区	5~20	1021.36~1022.26	0	0
危险区	20~100	1022.26~1022.76	44	12
其他	>100	>1022.76	22	5

编制单位：长治市水文水资源勘测局　编制时间：2015年11月

（17）店上村防洪现状评价图

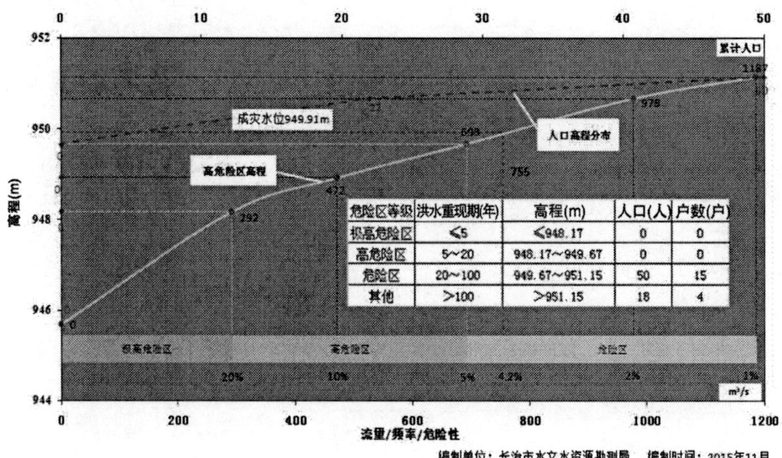

危险区等级	洪水重现期(年)	高程(m)	人口(人)	户数(户)
极高危险区	≤5	≤948.17	0	0
高危险区	5~20	948.17~949.67	0	0
危险区	20~100	949.67~951.15	50	15
其他	>100	>951.15	18	4

编制单位：长治市水文水资源勘测局　编制时间：2015年11月

（18）北姚村防洪现状评价图

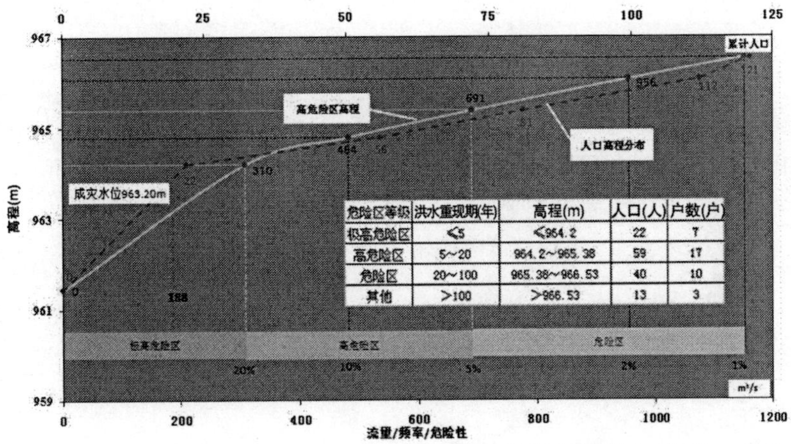

危险区等级	洪水重现期(年)	高程(m)	人口(人)	户数(户)
极高危险区	≤5	≤964.2	22	7
高危险区	5~20	964.2~965.38	59	17
危险区	20~100	965.38~966.53	40	10
其他	>100	>966.53	13	3

（19）史北村防洪现状评价图

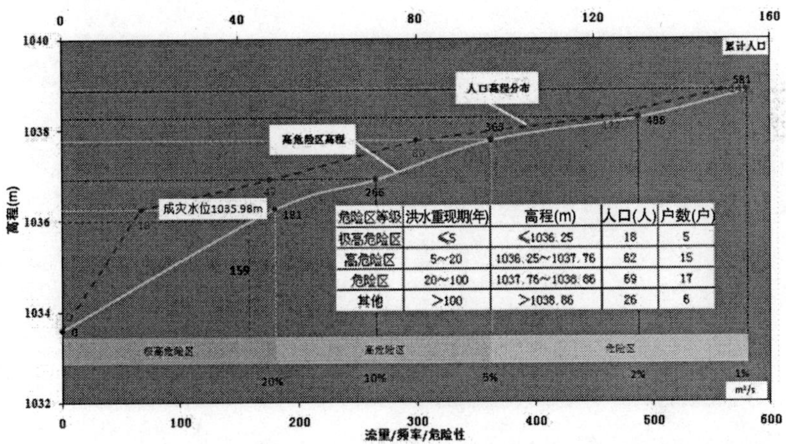

危险区等级	洪水重现期(年)	高程(m)	人口(人)	户数(户)
极高危险区	≤5	≤1036.25	18	5
高危险区	5~20	1036.25~1037.76	62	15
危险区	20~100	1037.76~1038.86	69	17
其他	>100	>1038.86	26	6

（20）垴上村防洪现状评价图

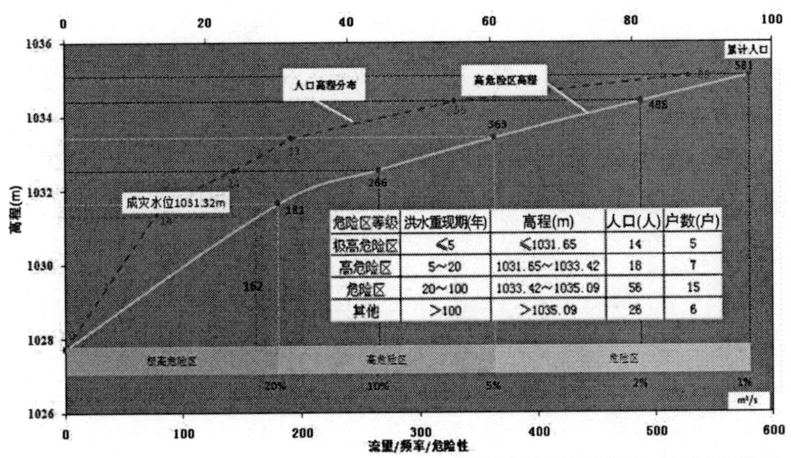

危险区等级	洪水重现期(年)	高程(m)	人口(人)	户数(户)
极高危险区	≤5	≤1031.65	14	5
高危险区	5~20	1031.65~1033.42	18	7
危险区	20~100	1033.42~1035.09	56	15
其他	>100	>1035.09	26	6

（21）前王沟村防洪现状评价图

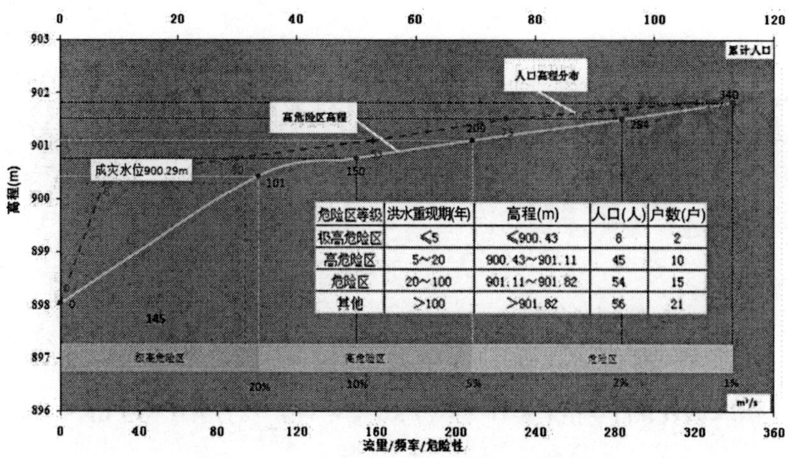

危险区等级	洪水重现期(年)	高程(m)	人口(人)	户数(户)
极高危险区	≤5	≤900.43	8	2
高危险区	5～20	900.43～901.11	45	10
危险区	20～100	901.11～901.82	54	15
其他	>100	>901.82	56	21

编制单位：长治市水文水资源勘测局　编制时间：2015年11月

（22）任庄村防洪现状评价图

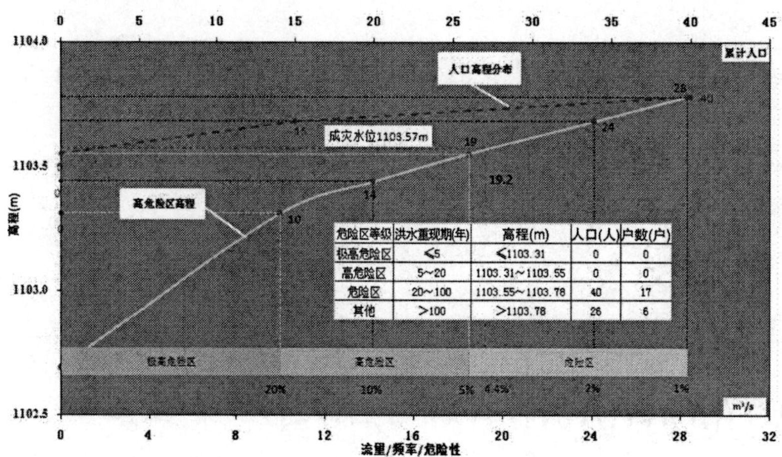

危险区等级	洪水重现期(年)	高程(m)	人口(人)	户数(户)
极高危险区	≤5	≤1103.31	0	0
高危险区	5～20	1103.31～1103.55	0	0
危险区	20～100	1103.55～1103.78	40	17
其他	>100	>1103.78	26	6

编制单位：长治市水文水资源勘测局　编制时间：2015年11月

（23）高家沟村防洪现状评价图

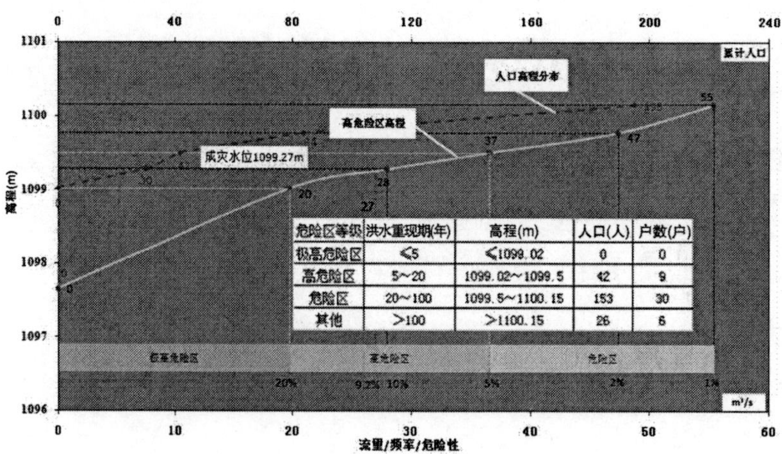

危险区等级	洪水重现期(年)	高程(m)	人口(人)	户数(户)
极高危险区	≤5	≤1099.02	0	0
高危险区	5～20	1099.02～1099.5	42	9
危险区	20～100	1099.5～1100.15	153	30
其他	>100	>1100.15	26	6

编制单位：长治市水文水资源勘测局　编制时间：2015年11月

（24）下良村防洪现状评价图

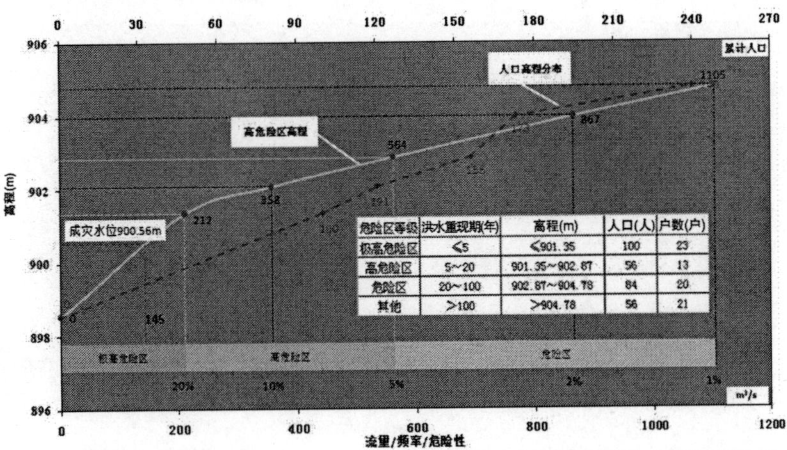

危险区等级	洪水重现期(年)	高程(m)	人口(人)	户数(户)
极高危险区	≤5	≤901.35	100	23
高危险区	5~20	901.35~902.87	56	13
危险区	20~100	902.87~904.78	84	20
其他	>100	>904.78	56	21

（25）水碾村防洪现状评价图

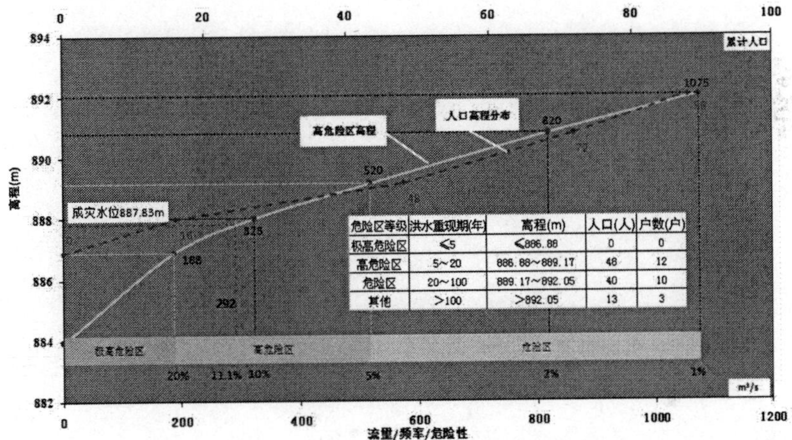

危险区等级	洪水重现期(年)	高程(m)	人口(人)	户数(户)
极高危险区	≤5	≤886.88	0	0
高危险区	5~20	886.88~889.17	48	12
危险区	20~100	889.17~892.05	40	10
其他	>100	>892.05	13	3

（26）寨沟村防洪现状评价图

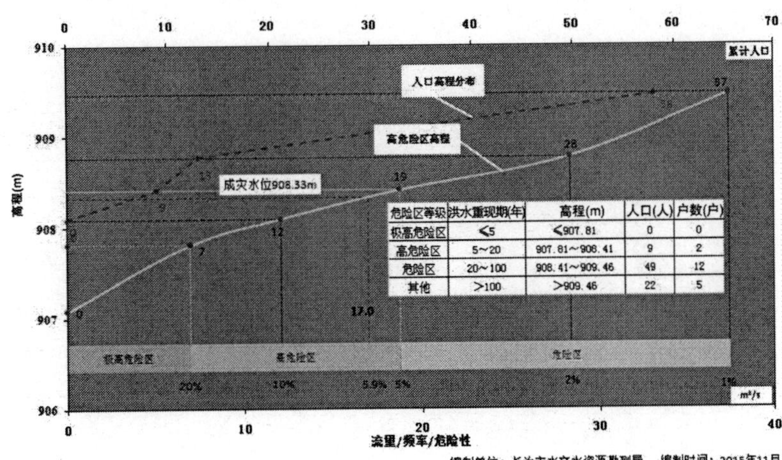

危险区等级	洪水重现期(年)	高程(m)	人口(人)	户数(户)
极高危险区	≤5	≤907.81	0	0
高危险区	5~20	907.81~908.41	9	2
危险区	20~100	908.41~909.46	49	12
其他	>100	>909.46	22	5

（27）庄里村防洪现状评价图

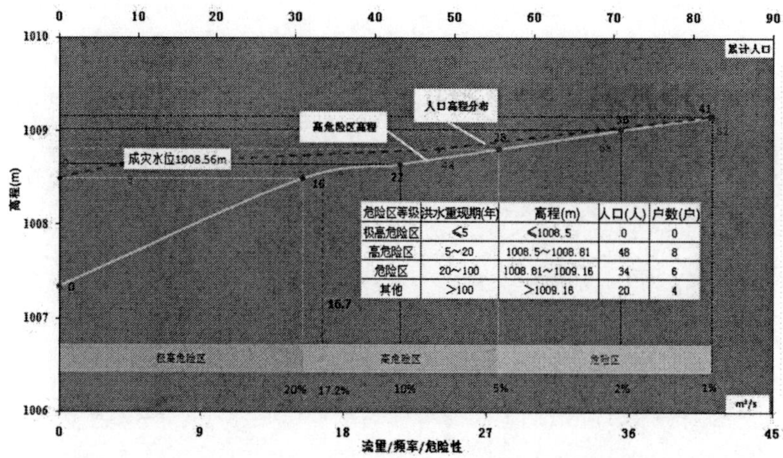

危险区等级	洪水重现期(年)	高程(m)	人口(人)	户数(户)
极高危险区	≤5	≤1008.5	0	0
高危险区	5~20	1008.5~1008.81	48	8
危险区	20~100	1008.81~1009.16	34	6
其他	>100	>1009.16	20	4

编制单位：长治市水文水资源勘测局　编制时间：2015年11月

（28）桑家河村防洪现状评价图

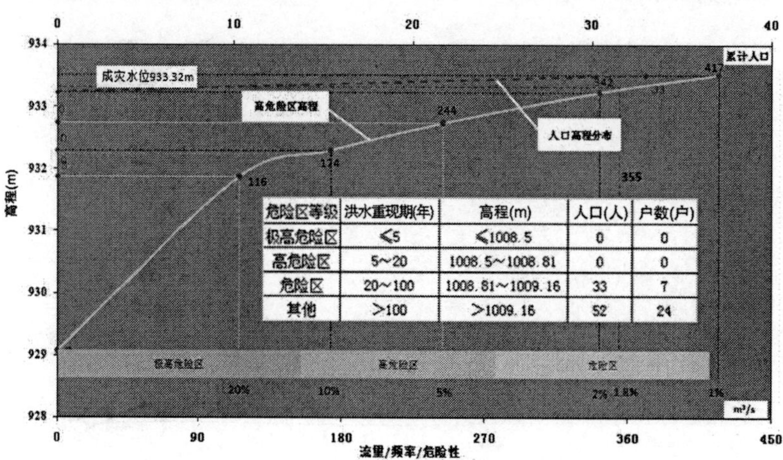

危险区等级	洪水重现期(年)	高程(m)	人口(人)	户数(户)
极高危险区	≤5	≤1008.5	0	0
高危险区	5~20	1008.5~1008.81	0	0
危险区	20~100	1008.81~1009.16	33	7
其他	>100	>1009.16	52	24

编制单位：长治市水文水资源勘测局　编制时间：2015年11月

（29）固村防洪现状评价图

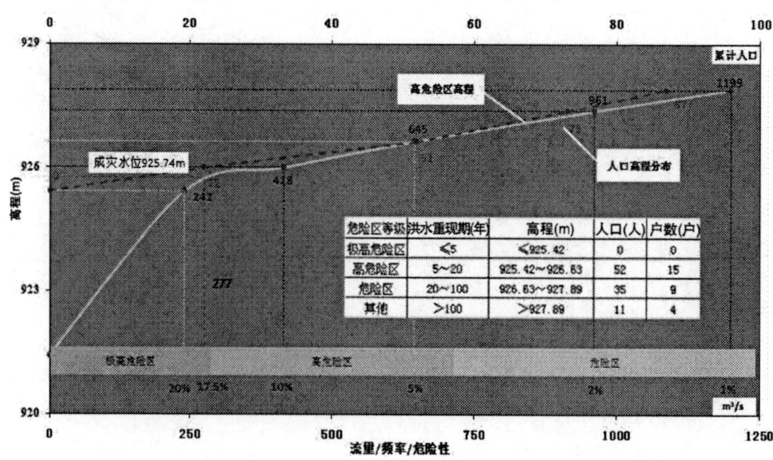

危险区等级	洪水重现期(年)	高程(m)	人口(人)	户数(户)
极高危险区	≤5	≤925.42	0	0
高危险区	5~20	925.42~926.63	52	15
危险区	20~100	926.63~927.89	35	9
其他	>100	>927.89	11	4

编制单位：长治市水文水资源勘测局　编制时间：2015年11月

(30) 阳沟村防洪现状评价图

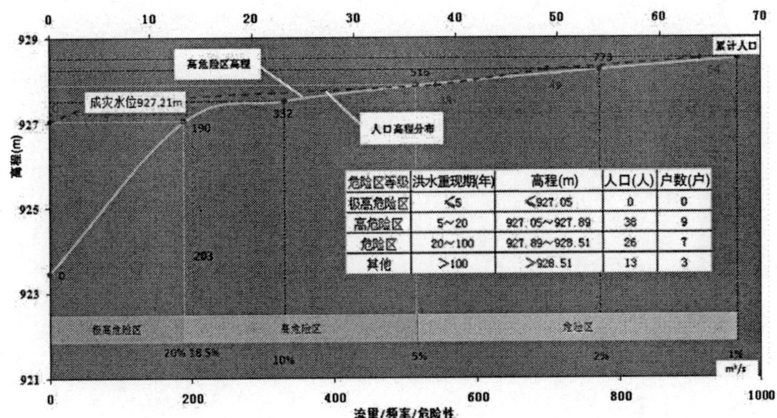

危险区等级	洪水重现期(年)	高程(m)	人口(人)	户数(户)
极高危险区	≤5	≤927.05	0	0
高危险区	5~20	927.05~927.89	38	9
危险区	20~100	927.89~928.51	26	7
其他	>100	>928.51	13	3

(31) 温泉村防洪现状评价图

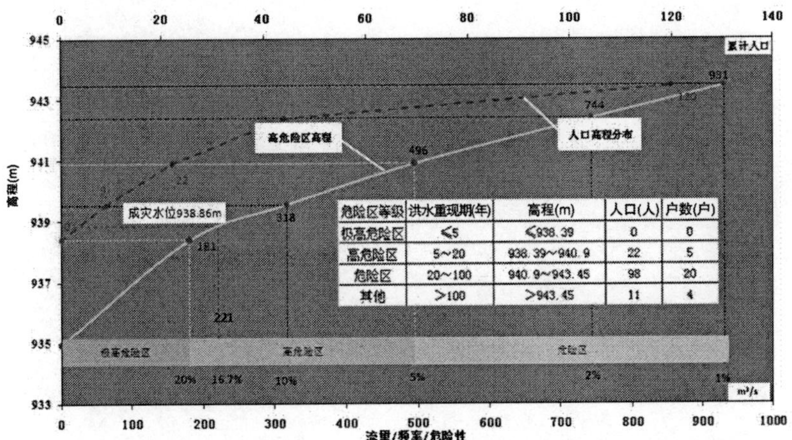

危险区等级	洪水重现期(年)	高程(m)	人口(人)	户数(户)
极高危险区	≤5	≤938.39	0	0
高危险区	5~20	938.39~940.9	22	5
危险区	20~100	940.9~943.45	98	20
其他	>100	>943.45	11	4

(32) 燕家沟村防洪现状评价图

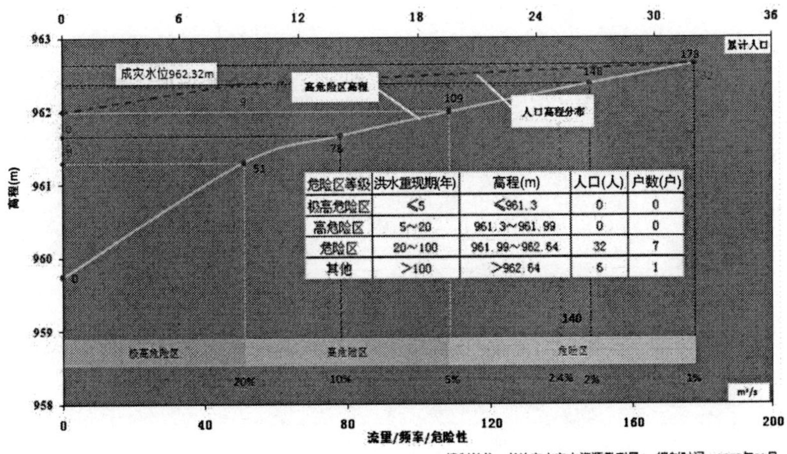

危险区等级	洪水重现期(年)	高程(m)	人口(人)	户数(户)
极高危险区	≤5	≤961.3	0	0
高危险区	5~20	961.3~961.99	0	0
危险区	20~100	961.99~962.64	32	7
其他	>100	>962.64	6	1

（33）高崖底村防洪现状评价图

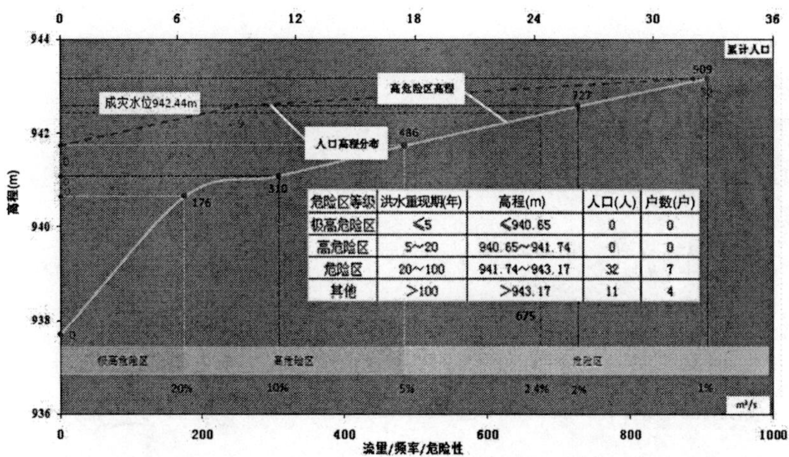

危险区等级	洪水重现期(年)	高程(m)	人口(人)	户数(户)
极高危险区	≤5	≤940.65	0	0
高危险区	5~20	940.65~941.74	0	0
危险区	20~100	941.74~943.17	32	7
其他	>100	>943.17	11	4

（34）里阙村防洪现状评价图

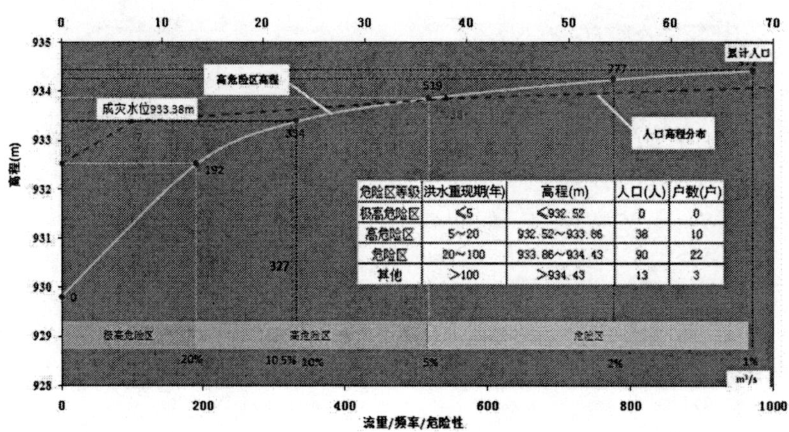

危险区等级	洪水重现期(年)	高程(m)	人口(人)	户数(户)
极高危险区	≤5	≤932.52	0	0
高危险区	5~20	932.52~933.86	38	10
危险区	20~100	933.86~934.43	90	22
其他	>100	>934.43	13	3

（35）合漳村防洪现状评价图

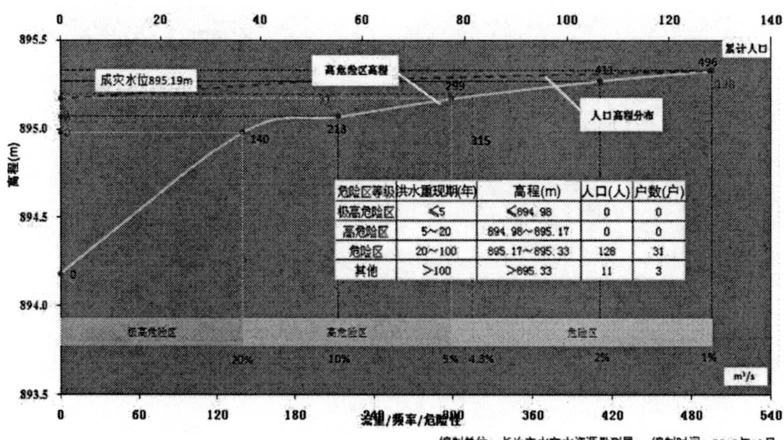

危险区等级	洪水重现期(年)	高程(m)	人口(人)	户数(户)
极高危险区	≤5	≤894.98	0	0
高危险区	5~20	894.98~895.17	0	0
危险区	20~100	895.17~895.33	128	31
其他	>100	>895.33	11	3

(36) 西底村防洪现状评价图

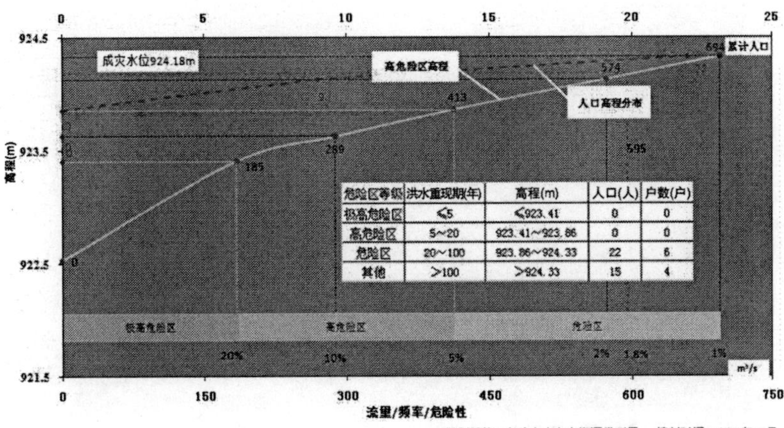

危险区等级	洪水重现期(年)	高程(m)	人口(人)	户数(户)
极高危险区	≤5	≤923.41	0	0
高危险区	5~20	923.41~923.86	0	0
危险区	20~100	923.86~924.33	22	6
其他	>100	>924.33	15	4

(37) 返头村防洪现状评价图

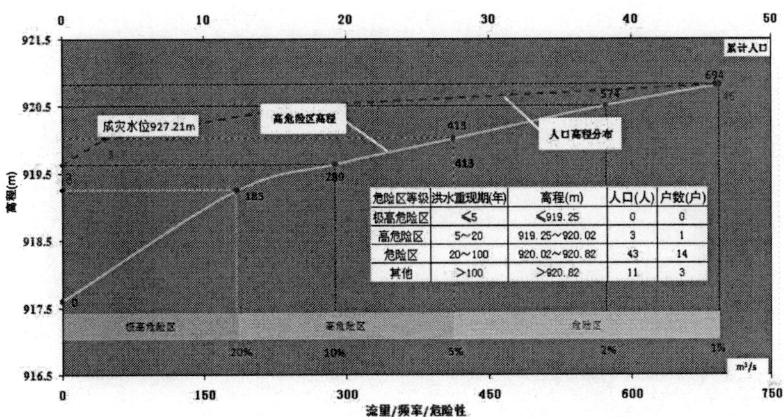

危险区等级	洪水重现期(年)	高程(m)	人口(人)	户数(户)
极高危险区	≤5	≤919.25	0	0
高危险区	5~20	919.25~920.02	3	1
危险区	20~100	920.02~920.82	43	14
其他	>100	>920.82	11	3

(38) 九龙村防洪现状评价图

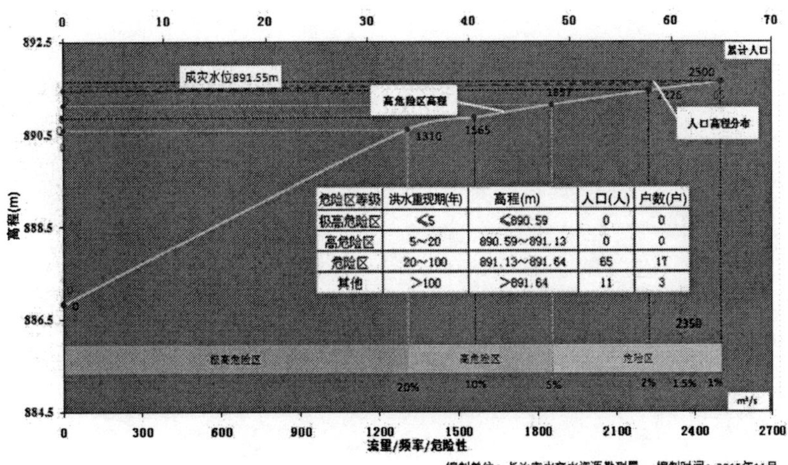

危险区等级	洪水重现期(年)	高程(m)	人口(人)	户数(户)
极高危险区	≤5	≤890.59	0	0
高危险区	5~20	890.59~891.13	0	0
危险区	20~100	891.13~891.64	65	17
其他	>100	>891.64	11	3

4. 壶关县防洪现状评价图

（1）北河村防洪现状评价图

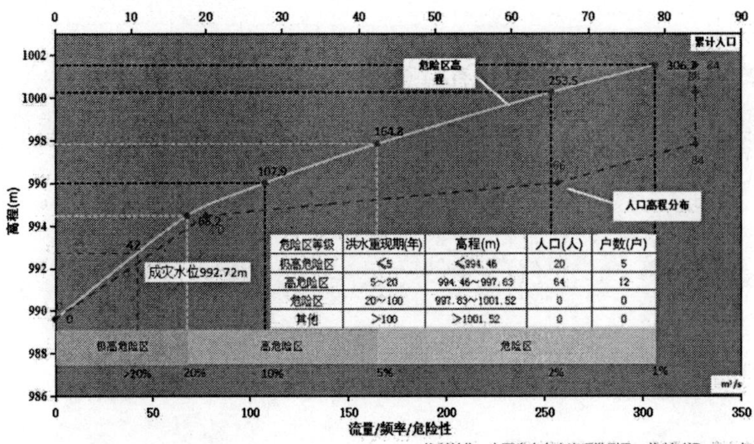

危险区等级	洪水重现期(年)	高程(m)	人口(人)	户数(户)
极高危险区	≤5	≤994.46	20	5
高危险区	5~20	994.46~997.63	64	12
危险区	20~100	997.63~1001.52	0	0
其他	>100	>1001.52	0	0

（2）角脚底村防洪现状评价图

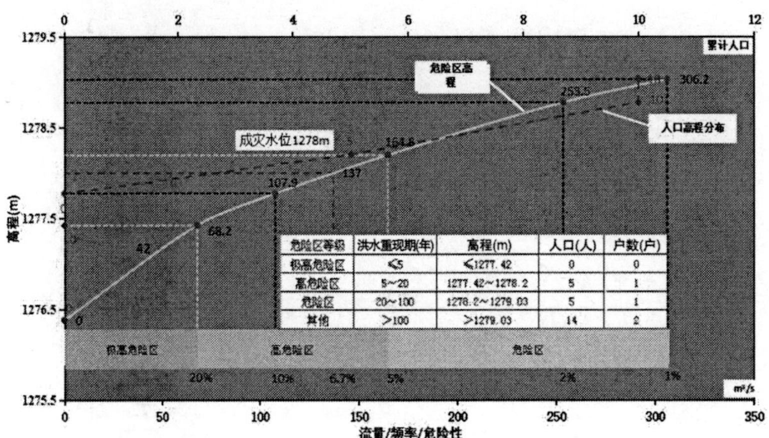

危险区等级	洪水重现期(年)	高程(m)	人口(人)	户数(户)
极高危险区	≤5	≤1277.42	0	0
高危险区	5~20	1277.42~1278.2	5	1
危险区	20~100	1278.2~1279.03	5	1
其他	>100	>1279.03	14	2

（3）西七里村防洪现状评价图

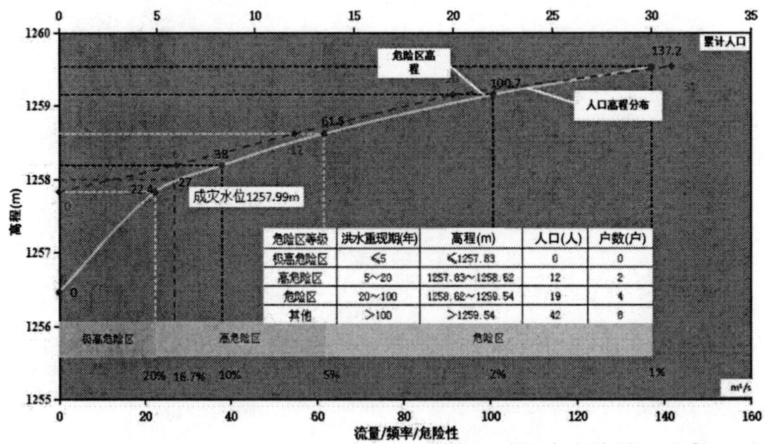

危险区等级	洪水重现期(年)	高程(m)	人口(人)	户数(户)
极高危险区	≤5	≤1257.83	0	0
高危险区	5~20	1257.83~1258.62	12	2
危险区	20~100	1258.62~1259.54	19	4
其他	>100	>1259.54	42	8

（4）神北村防洪现状评价图

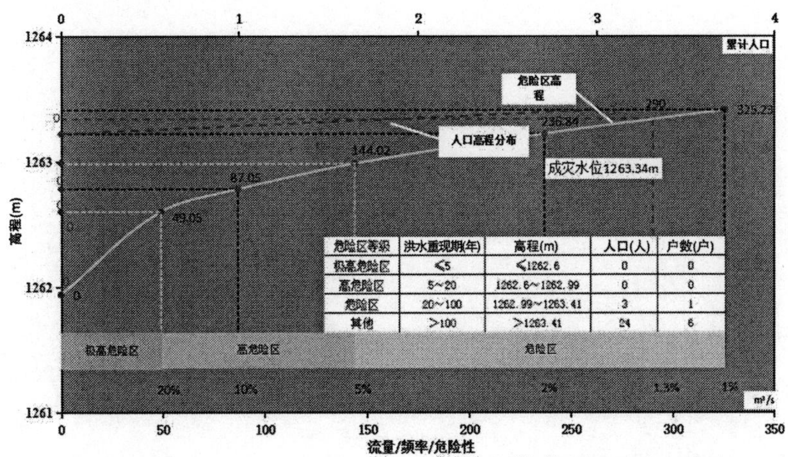

危险区等级	洪水重现期(年)	高程(m)	人口(人)	户数(户)
极高危险区	≤5	≤1262.6	0	0
高危险区	5~20	1262.6~1262.99	0	0
危险区	20~100	1262.99~1263.41	3	1
其他	>100	>1263.41	24	6

编制单位：山西省水文水资源勘测局　编制时间：2016年1

（5）神南村防洪现状评价图

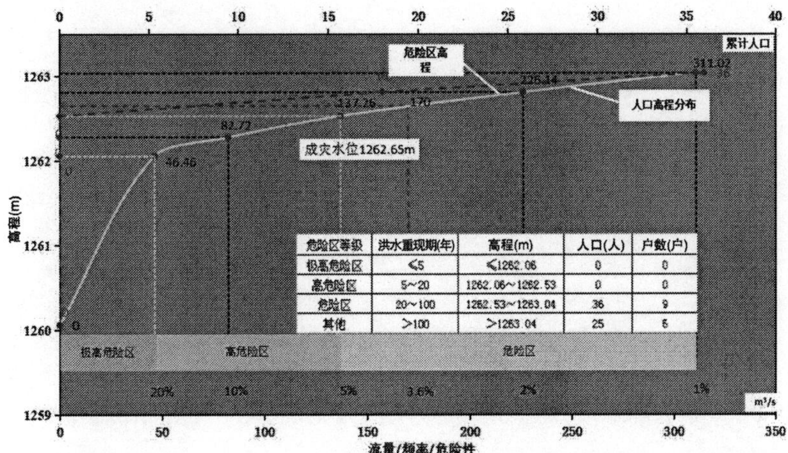

危险区等级	洪水重现期(年)	高程(m)	人口(人)	户数(户)
极高危险区	≤5	≤1262.06	0	0
高危险区	5~20	1262.06~1262.53	0	0
危险区	20~100	1262.53~1263.04	36	9
其他	>100	>1263.04	25	6

编制单位：山西省水文水资源勘测局　编制时间：2016年1

（6）上河村防洪现状评价图

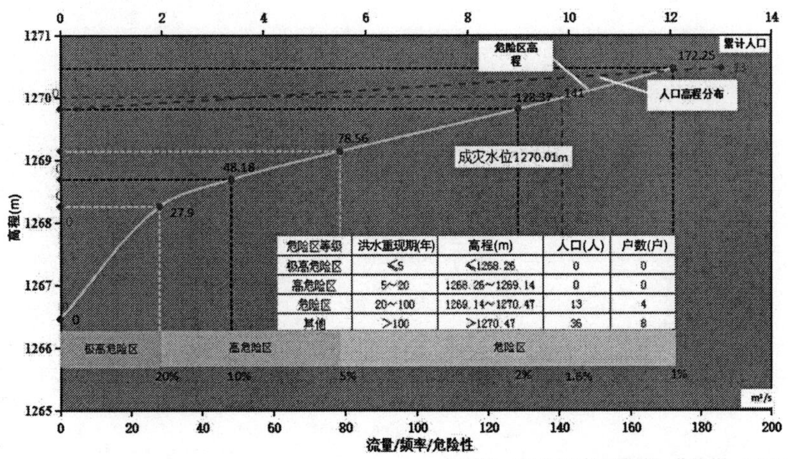

危险区等级	洪水重现期(年)	高程(m)	人口(人)	户数(户)
极高危险区	≤5	≤1268.26	0	0
高危险区	5~20	1268.26~1269.14	0	0
危险区	20~100	1269.14~1270.47	13	4
其他	>100	>1270.47	36	8

编制单位：山西省水文水资源勘测局　编制时间：2016年1

（7）福头村防洪现状评价图

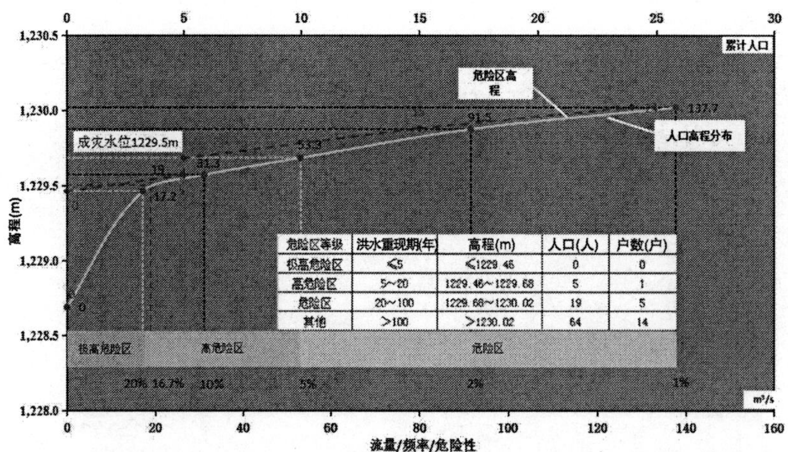

危险区等级	洪水重现期(年)	高程(m)	人口(人)	户数(户)
极高危险区	≤5	≤1229.46	0	0
高危险区	5~20	1229.46~1229.68	5	1
危险区	20~100	1229.68~1230.02	19	5
其他	>100	>1230.02	64	14

（8）薛家园村防洪现状评价图

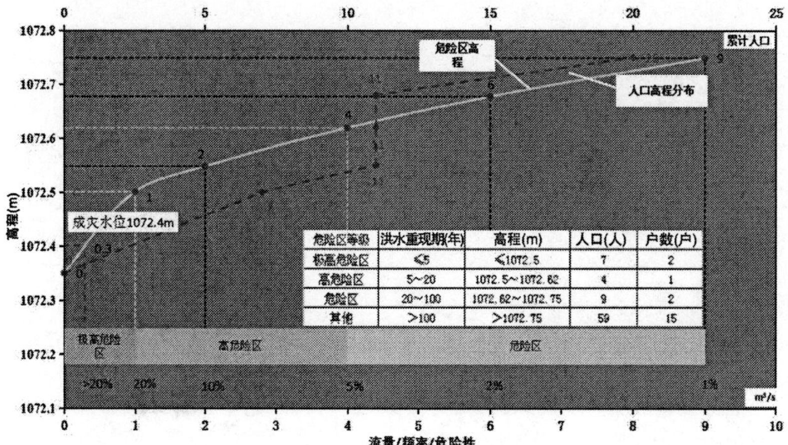

危险区等级	洪水重现期(年)	高程(m)	人口(人)	户数(户)
极高危险区	≤5	≤1072.5	7	2
高危险区	5~20	1072.5~1072.62	4	1
危险区	20~100	1072.62~1072.75	9	2
其他	>100	>1072.75	59	15

（9）西底村防洪现状评价图

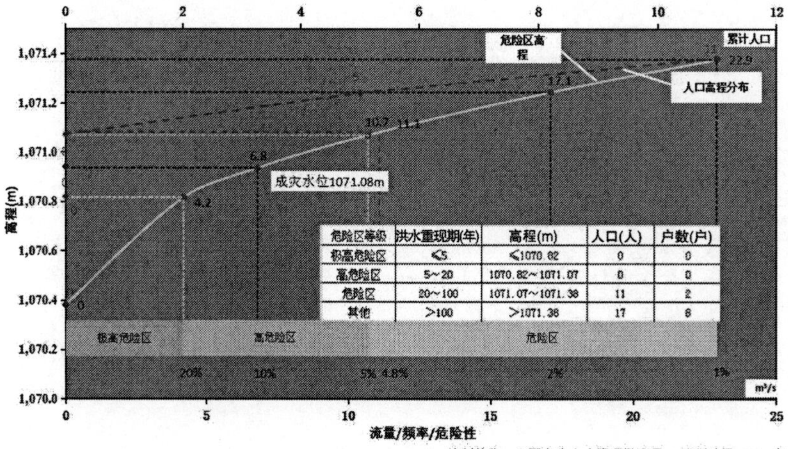

危险区等级	洪水重现期(年)	高程(m)	人口(人)	户数(户)
极高危险区	≤5	≤1070.82	0	0
高危险区	5~20	1070.82~1071.07	0	0
危险区	20~100	1071.07~1071.38	11	2
其他	>100	>1071.38	17	6

(10) 口头村防洪现状评价图

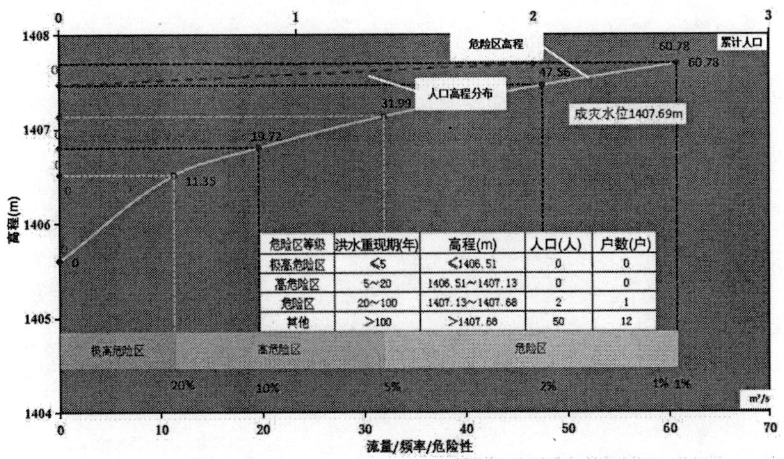

危险区等级	洪水重现期(年)	高程(m)	人口(人)	户数(户)
极高危险区	≤5	≤1406.51	0	0
高危险区	5~20	1406.51~1407.13	0	0
危险区	20~100	1407.13~1407.68	2	1
其他	>100	>1407.68	50	12

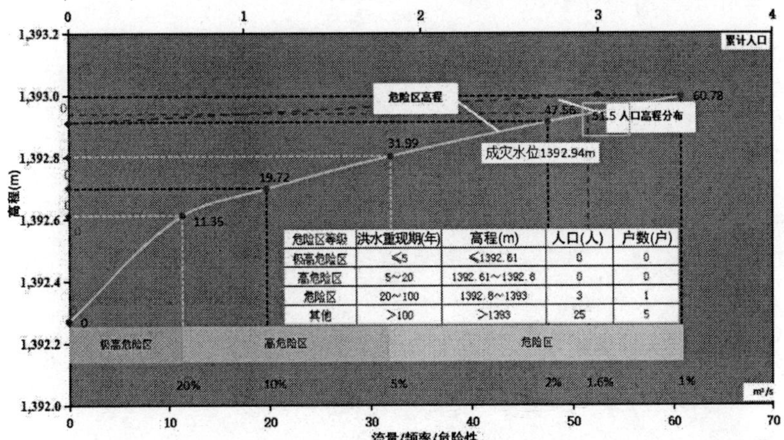

危险区等级	洪水重现期(年)	高程(m)	人口(人)	户数(户)
极高危险区	≤5	≤1392.61	0	0
高危险区	5~20	1392.61~1392.8	0	0
危险区	20~100	1392.8~1393	3	1
其他	>100	>1393	25	5

(11) 大井村防洪现状评价图

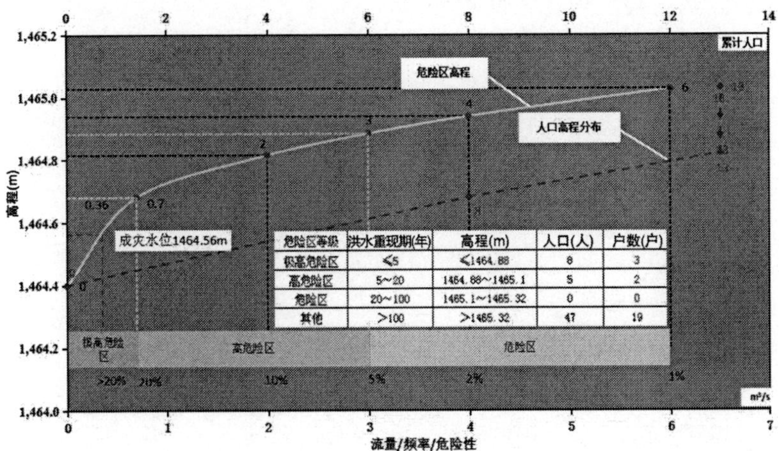

危险区等级	洪水重现期(年)	高程(m)	人口(人)	户数(户)
极高危险区	≤5	≤1464.88	8	3
高危险区	5~20	1464.88~1465.1	5	2
危险区	20~100	1465.1~1465.32	0	0
其他	>100	>1465.32	47	19

（12）城寨村口头村防洪现状评价图

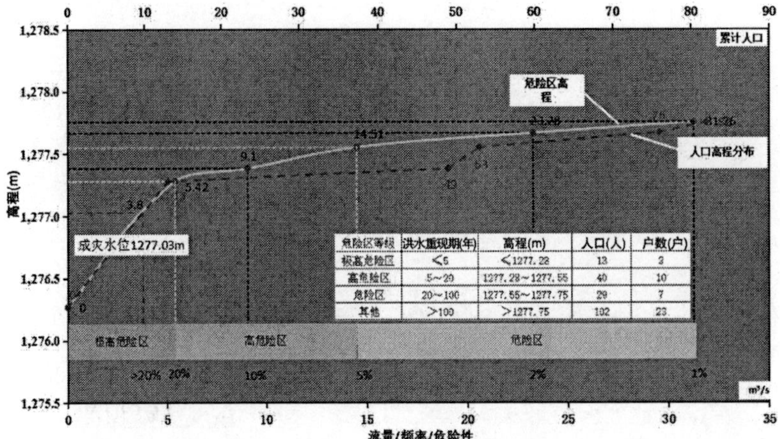

危险区等级	洪水重现期(年)	高程(m)	人口(人)	户数(户)
极高危险区	≤5	≤1277.28	13	3
高危险区	5~20	1277.28~1277.55	40	10
危险区	20~100	1277.55~1277.75	29	7
其他	>100	>1277.75	102	23

（13）东黄花水村防洪现状评价图

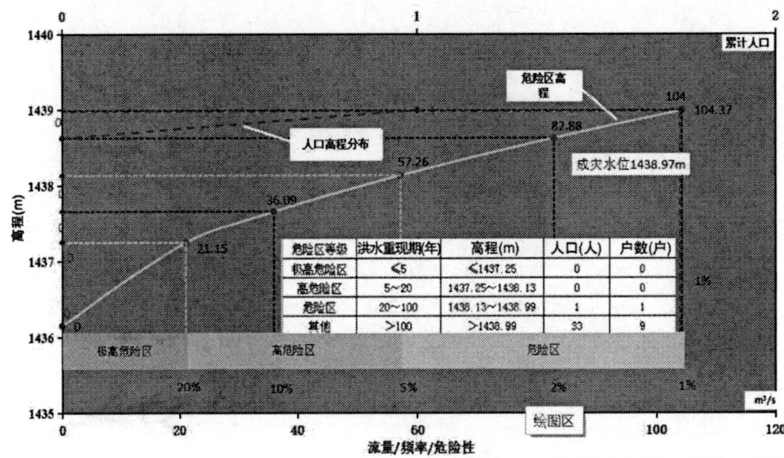

危险区等级	洪水重现期(年)	高程(m)	人口(人)	户数(户)
极高危险区	≤5	≤1437.25	0	0
高危险区	5~20	1437.25~1438.13	0	0
危险区	20~100	1438.13~1438.99	1	1
其他	>100	>1438.99	33	9

（14）西黄花水村防洪现状评价图

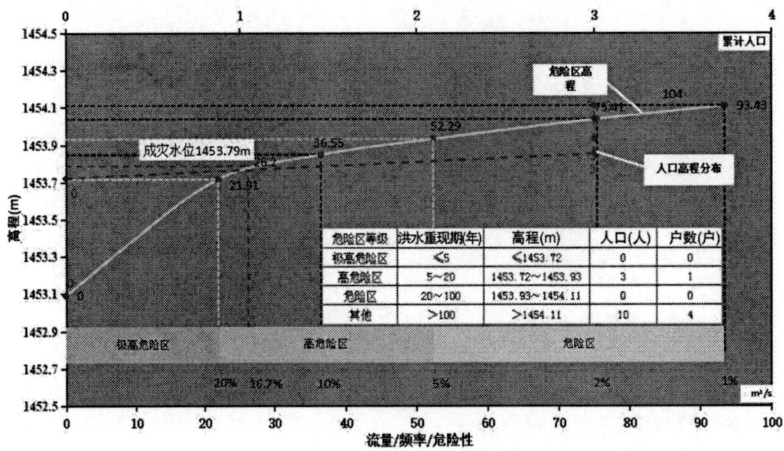

危险区等级	洪水重现期(年)	高程(m)	人口(人)	户数(户)
极高危险区	≤5	≤1453.72	0	0
高危险区	5~20	1453.72~1453.93	3	1
危险区	20~100	1453.93~1454.11	0	0
其他	>100	>1454.11	10	4

（15）安口村防洪现状评价图

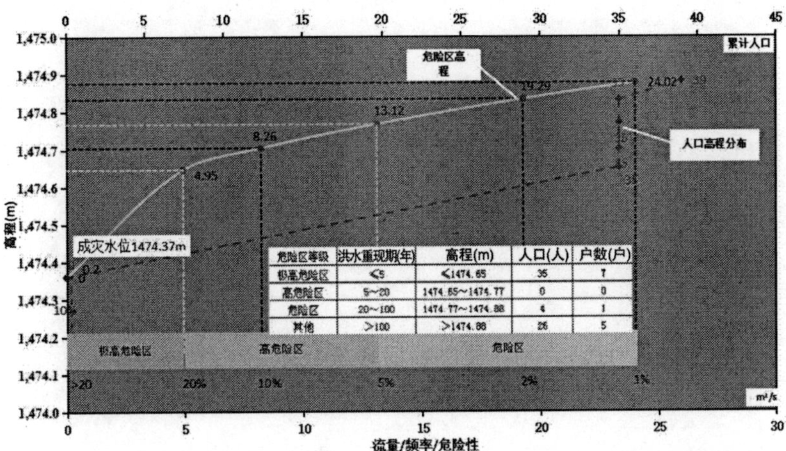

危险区等级	洪水重现期(年)	高程(m)	人口(人)	户数(户)
极高危险区	≤5	≤1474.65	35	7
高危险区	5～20	1474.65～1474.77	0	0
危险区	20～100	1474.77～1474.88	4	1
其他	>100	>1474.88	26	5

编制单位：山西省水文水资源勘测局　编制时间：2016年1

（16）北平头坞村防洪现状评价图

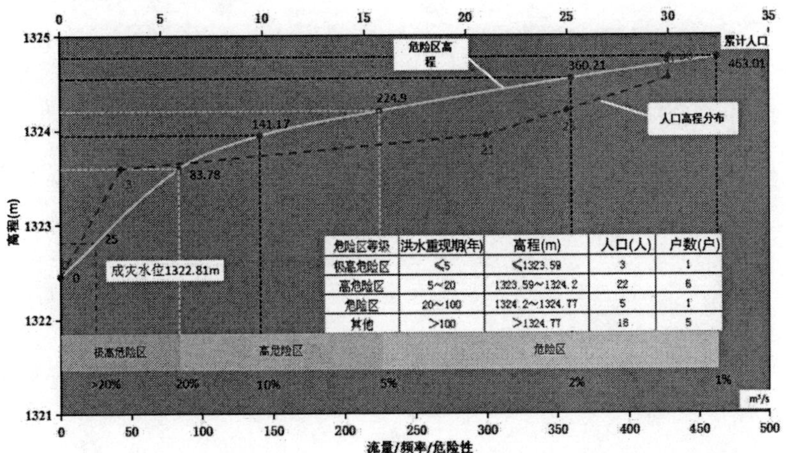

危险区等级	洪水重现期(年)	高程(m)	人口(人)	户数(户)
极高危险区	≤5	≤1323.59	3	1
高危险区	5～20	1323.59～1324.2	22	6
危险区	20～100	1324.2～1324.77	5	1
其他	>100	>1324.77	18	5

编制单位：山西省水文水资源勘测局　编制时间：2016年1

（17）南平头坞村防洪现状评价图

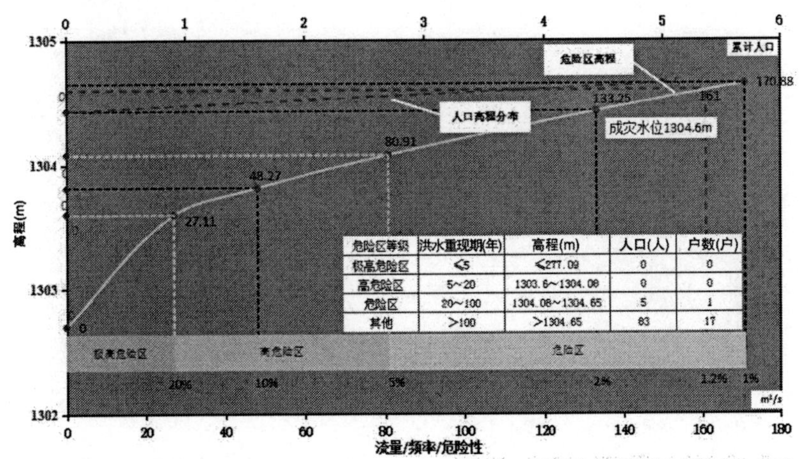

危险区等级	洪水重现期(年)	高程(m)	人口(人)	户数(户)
极高危险区	≤5	≤277.09	0	0
高危险区	5～20	1303.6～1304.08	0	0
危险区	20～100	1304.08～1304.65	5	1
其他	>100	>1304.65	83	17

编制单位：山西省水文水资源勘测局　编制时间：2016年1

（18）双井村防洪现状评价图

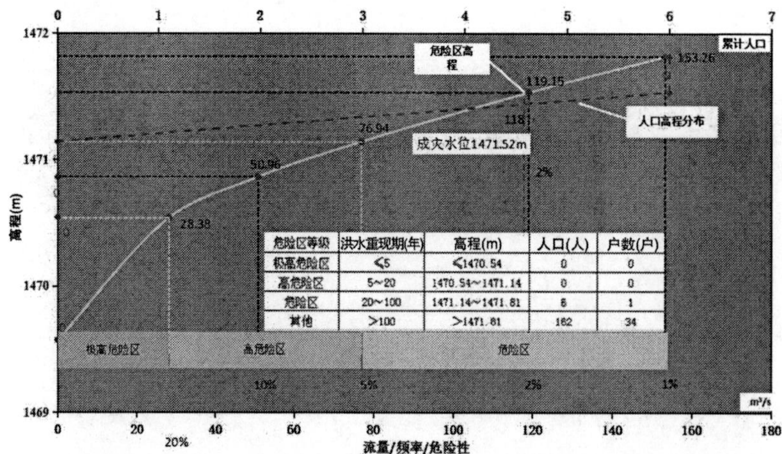

（19）石河沐村防洪现状评价图

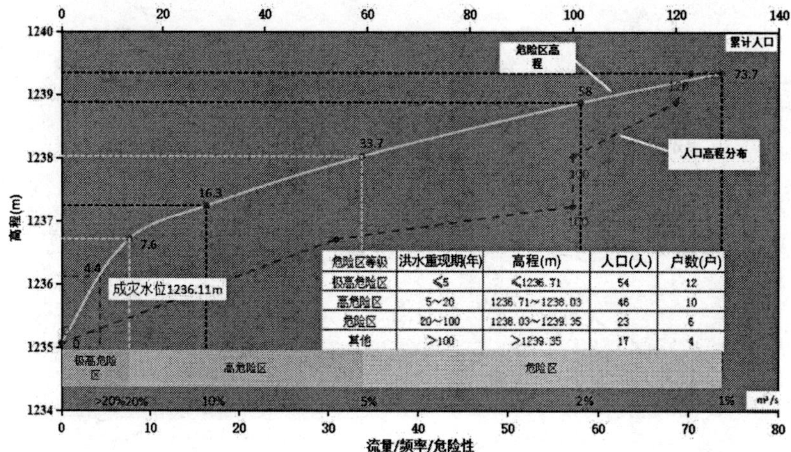

（20）黄崖底村防洪现状评价图

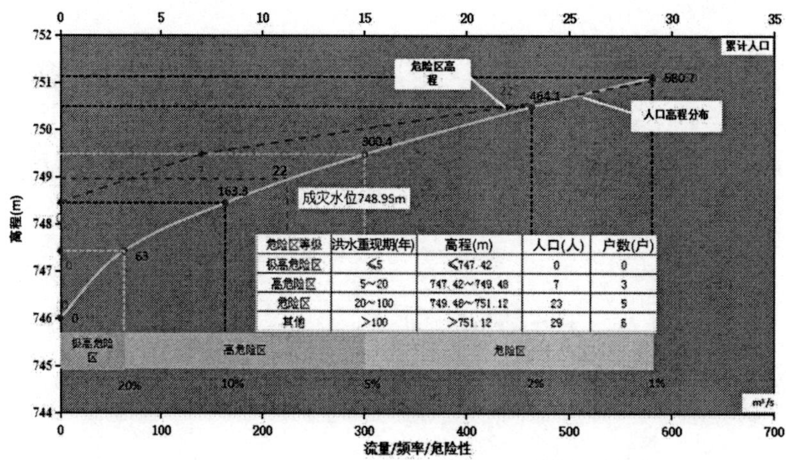

（21）西坡上防洪现状评价图

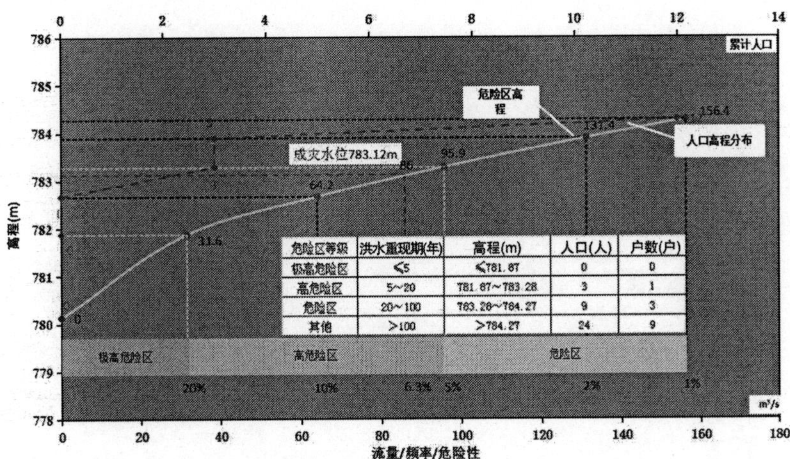

危险区等级	洪水重现期(年)	高程(m)	人口(人)	户数(户)
极高危险区	≤5	≤781.87	0	0
高危险区	5~20	781.87~783.28	3	1
危险区	20~100	783.28~784.27	9	3
其他	>100	>784.27	24	9

（22）靳家庄村防洪现状评价图

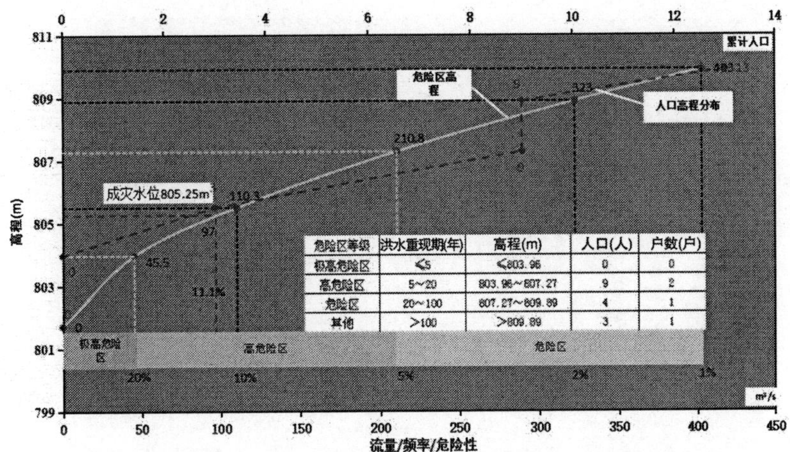

危险区等级	洪水重现期(年)	高程(m)	人口(人)	户数(户)
极高危险区	≤5	≤803.96	0	0
高危险区	5~20	803.96~807.27	9	2
危险区	20~100	807.27~809.89	4	1
其他	>100	>809.89	3	1

（23）碾盘街防洪现状评价图

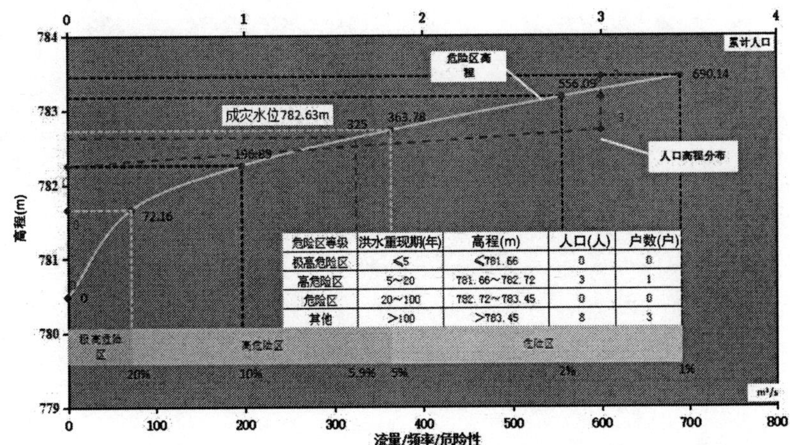

危险区等级	洪水重现期(年)	高程(m)	人口(人)	户数(户)
极高危险区	≤5	≤781.66	0	0
高危险区	5~20	781.66~782.72	3	1
危险区	20~100	782.72~783.45	0	0
其他	>100	>783.45	8	3

（24）桥上村防洪现状评价图

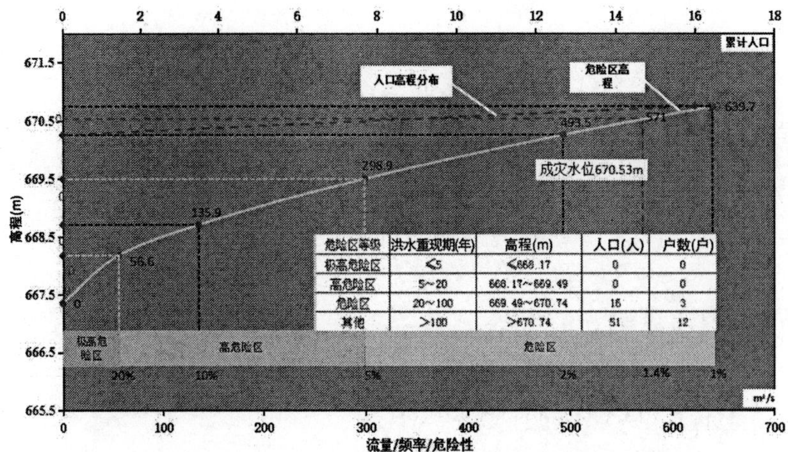

危险区等级	洪水重现期(年)	高程(m)	人口(人)	户数(户)
极高危险区	≤5	≤668.17	0	0
高危险区	5~20	668.17~669.49	0	0
危险区	20~100	669.49~670.74	16	3
其他	>100	>670.74	51	12

编制单位：山西省水文水资源勘测局　编制时间：2016年1

（25）盘底村防洪现状评价图

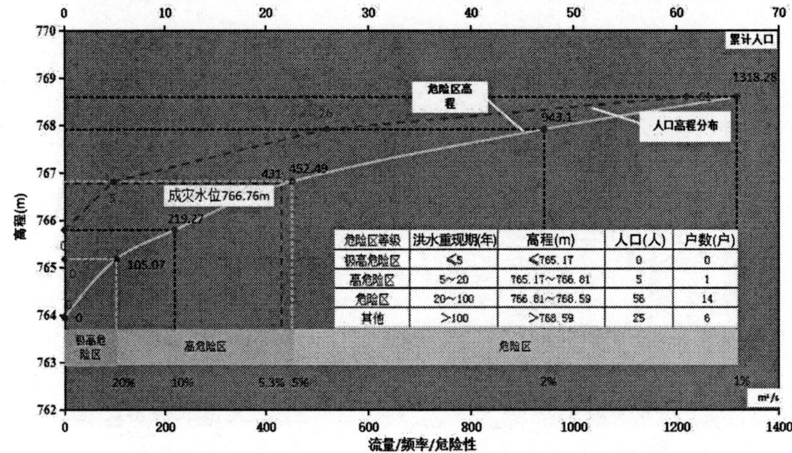

危险区等级	洪水重现期(年)	高程(m)	人口(人)	户数(户)
极高危险区	≤5	≤765.17	0	0
高危险区	5~20	765.17~766.81	5	1
危险区	20~100	766.81~768.59	56	14
其他	>100	>768.59	25	6

编制单位：山西省水文水资源勘测局　编制时间：2016年1

（26）沙滩村防洪现状评价图

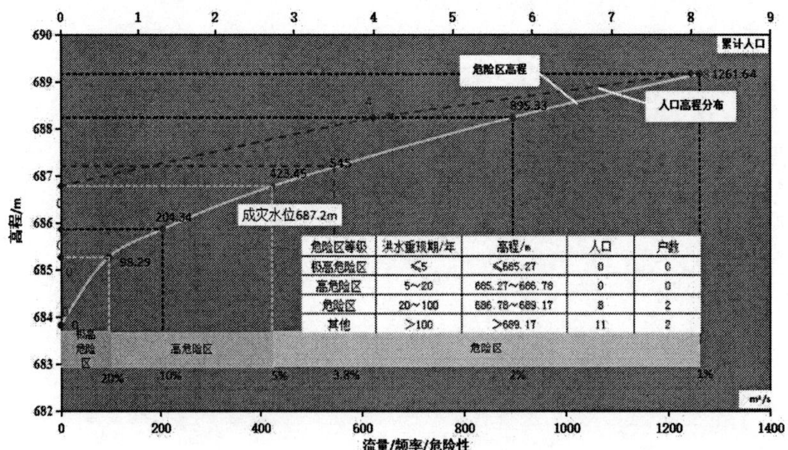

危险区等级	洪水重现期/年	高程/m	人口	户数
极高危险区	≤5	≤685.27	0	0
高危险区	5~20	685.27~686.78	0	0
危险区	20~100	686.78~689.17	8	2
其他	>100	>689.17	11	2

编制单位：山西省水文水资源勘测局　编制时间：2016年1

（27）潭上村防洪现状评价图

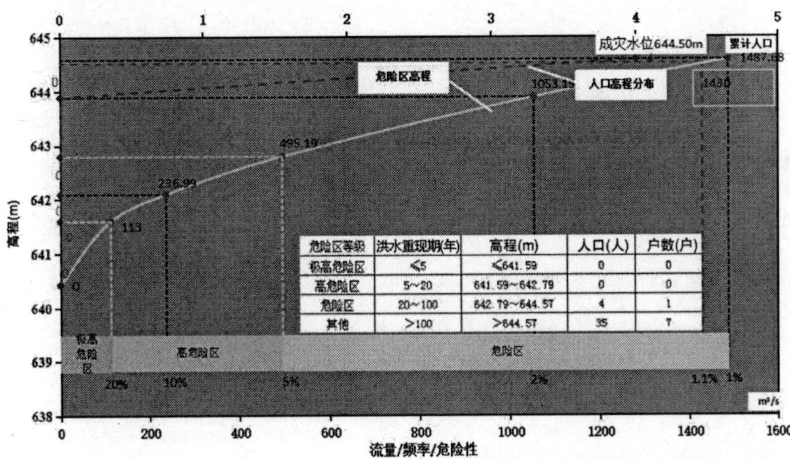

危险区等级	洪水重现期(年)	高程(m)	人口(人)	户数(户)
极高危险区	≤5	≤641.59	0	0
高危险区	5~20	641.59~642.79	0	0
危险区	20~100	642.79~644.57	4	1
其他	>100	>644.57	35	7

编制单位：山西省水文水资源勘测局 编制时间：2016年1

（28）庄则上防洪现状评价图

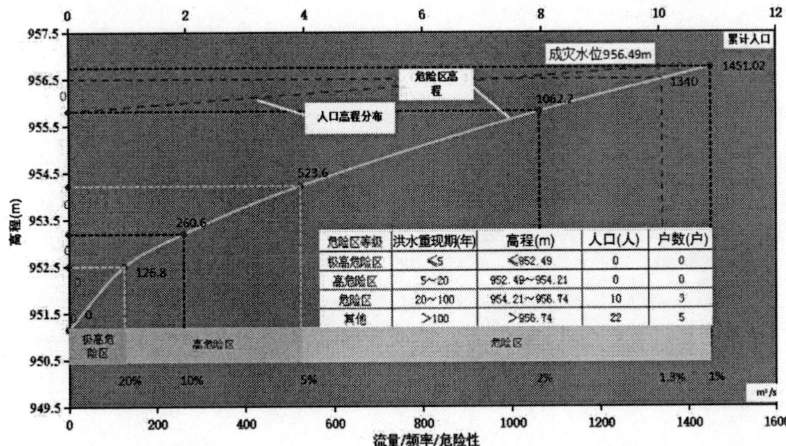

危险区等级	洪水重现期(年)	高程(m)	人口(人)	户数(户)
极高危险区	≤5	≤952.49	0	0
高危险区	5~20	952.49~954.21	0	0
危险区	20~100	954.21~956.74	10	3
其他	>100	>956.74	22	5

编制单位：山西省水文水资源勘测局 编制时间：2016年1

（29）下石坡村防洪现状评价图

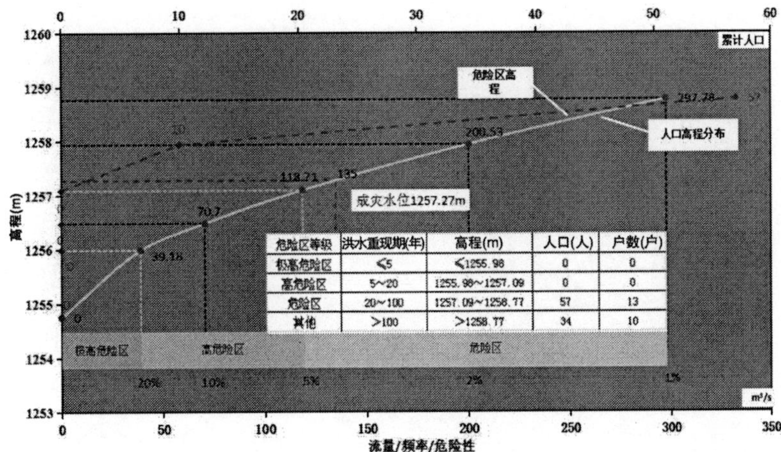

危险区等级	洪水重现期(年)	高程(m)	人口(人)	户数(户)
极高危险区	≤5	≤1255.98	0	0
高危险区	5~20	1255.98~1257.09	0	0
危险区	20~100	1257.09~1258.77	57	13
其他	>100	>1258.77	34	10

编制单位：山西省水文水资源勘测局 编制时间：2016年1

（30）土圪堆防洪现状评价图

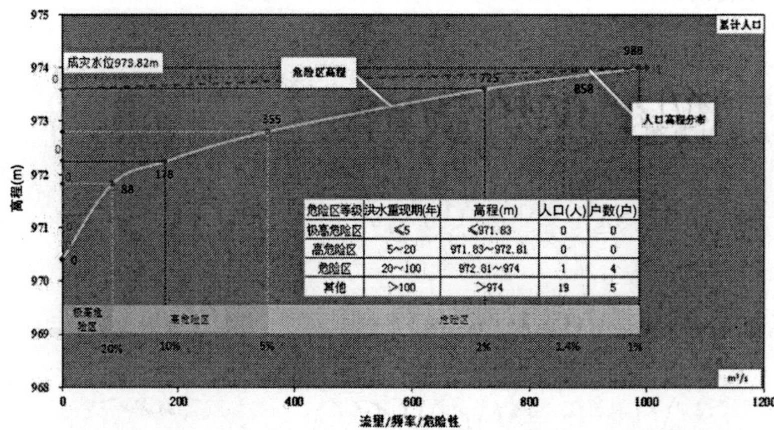

危险区等级	洪水重现期(年)	高程(m)	人口(人)	户数(户)
极高危险区	≤5	≤971.83	0	0
高危险区	5～20	971.83～972.81	0	0
危险区	20～100	972.81～974	1	4
其他	＞100	＞974	19	5

5. 黎城县防洪现状评价图

（1）东洼村防洪现状评价图

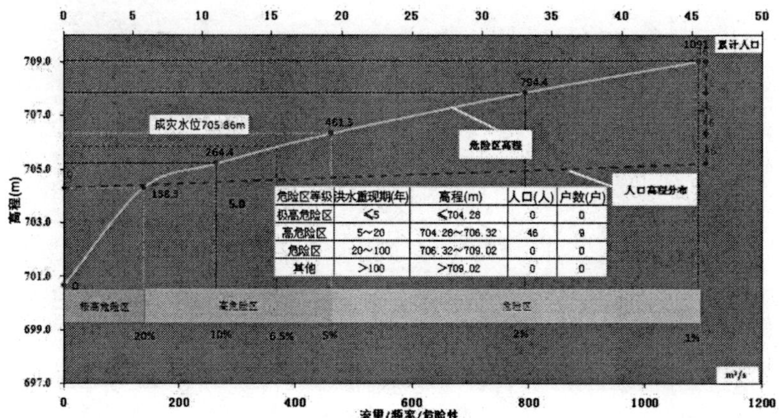

危险区等级	洪水重现期(年)	高程(m)	人口(人)	户数(户)
极高危险区	≤5	≤704.26	0	0
高危险区	5～20	704.26～706.32	46	9
危险区	20～100	706.32～709.02	0	0
其他	＞100	＞709.02	0	0

（2）仁庄村防洪现状评价图

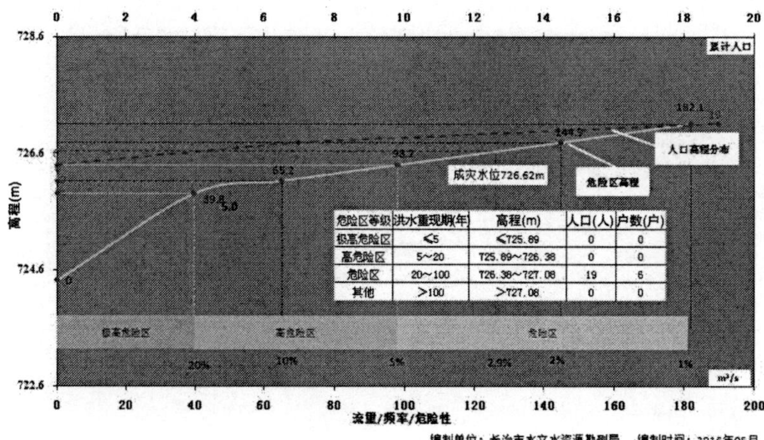

危险区等级	洪水重现期(年)	高程(m)	人口(人)	户数(户)
极高危险区	≤5	≤725.89	0	0
高危险区	5～20	725.89～726.38	0	0
危险区	20～100	726.38～727.08	19	6
其他	＞100	＞727.08	0	0

(3) 北泉寨村防洪现状评价图

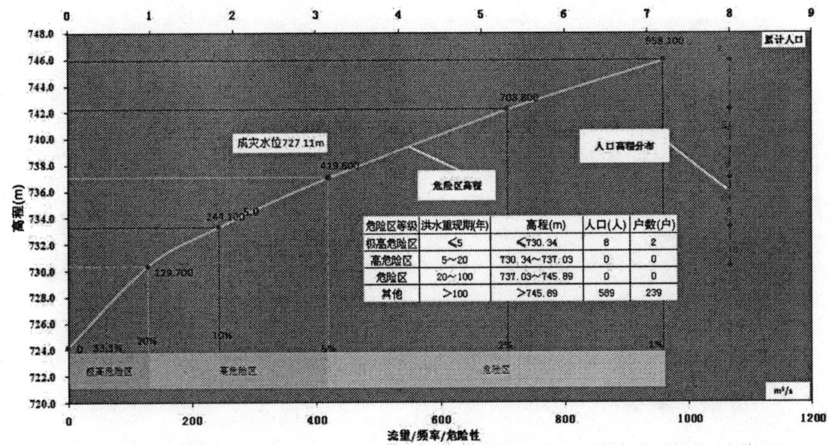

(4) 宋家庄村防洪现状评价图

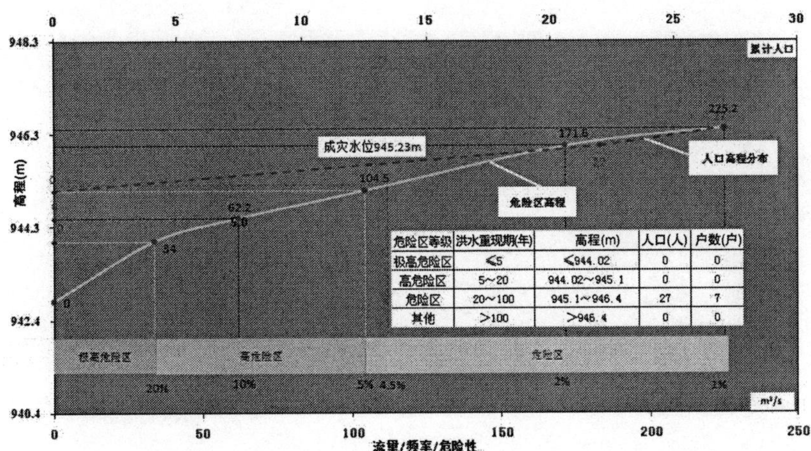

(5) 苏家峧村防洪现状评价图

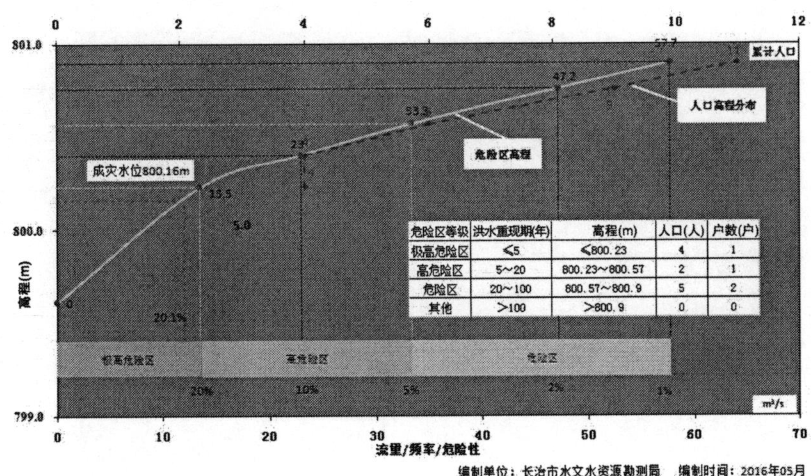

（6）岚沟村防洪现状评价图

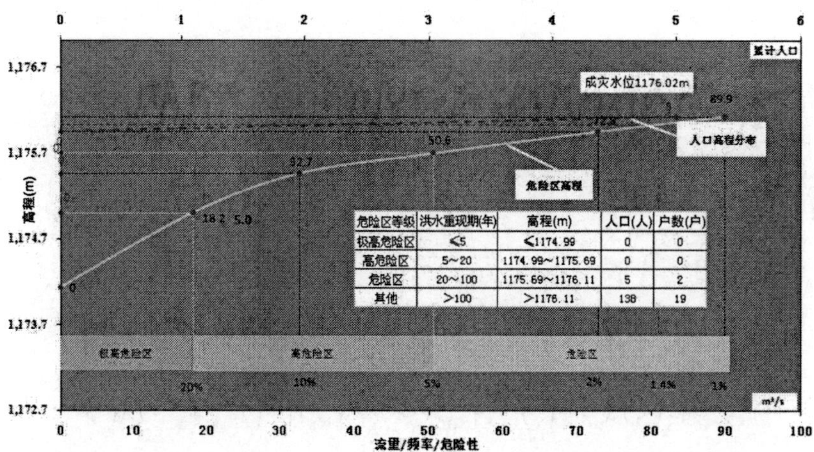

危险区等级	洪水重现期(年)	高程(m)	人口(人)	户数(户)
极高危险区	≤5	≤1174.99	0	0
高危险区	5~20	1174.99~1175.69	0	0
危险区	20~100	1175.69~1176.11	5	2
其他	>100	>1176.11	138	19

（7）后寨村防洪现状评价图

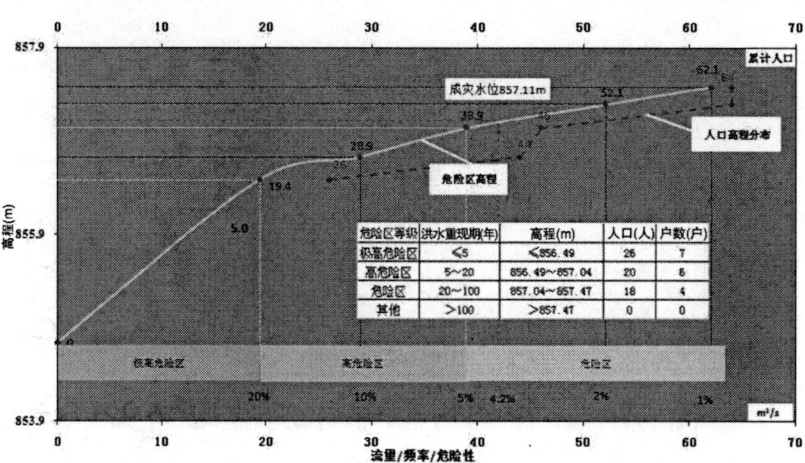

危险区等级	洪水重现期(年)	高程(m)	人口(人)	户数(户)
极高危险区	≤5	≤856.49	26	7
高危险区	5~20	856.49~857.04	20	6
危险区	20~100	857.04~857.47	18	4
其他	>100	>857.47	0	0

（8）寺底村防洪现状评价图

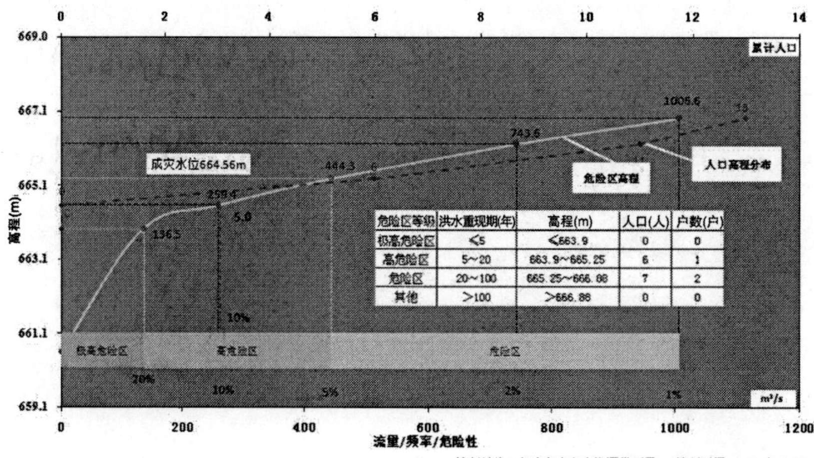

危险区等级	洪水重现期(年)	高程(m)	人口(人)	户数(户)
极高危险区	≤5	≤663.9	0	0
高危险区	5~20	663.9~665.25	6	1
危险区	20~100	665.25~666.88	7	2
其他	>100	>666.88	0	0

(9) 北委泉村防洪现状评价图

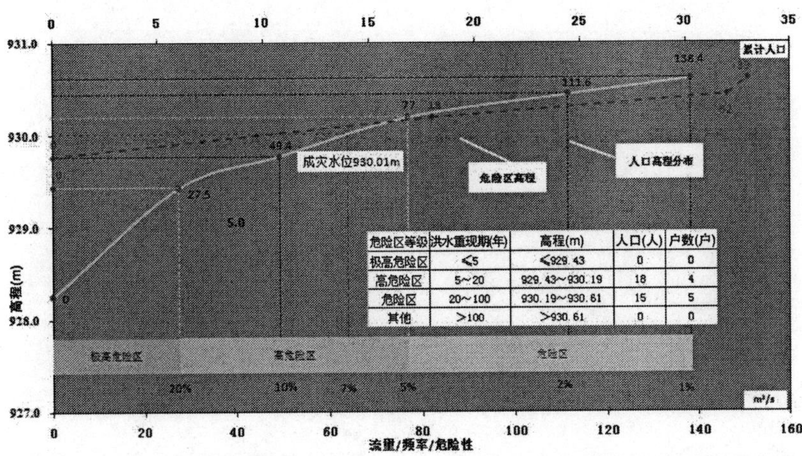

危险区等级	洪水重现期(年)	高程(m)	人口(人)	户数(户)
极高危险区	≤5	≤929.43	0	0
高危险区	5~20	929.43~930.19	18	4
危险区	20~100	930.19~930.61	15	5
其他	>100	>930.61	0	0

编制单位：长治市水文水资源勘测局　编制时间：2016年05月

(10) 车元村防洪现状评价图

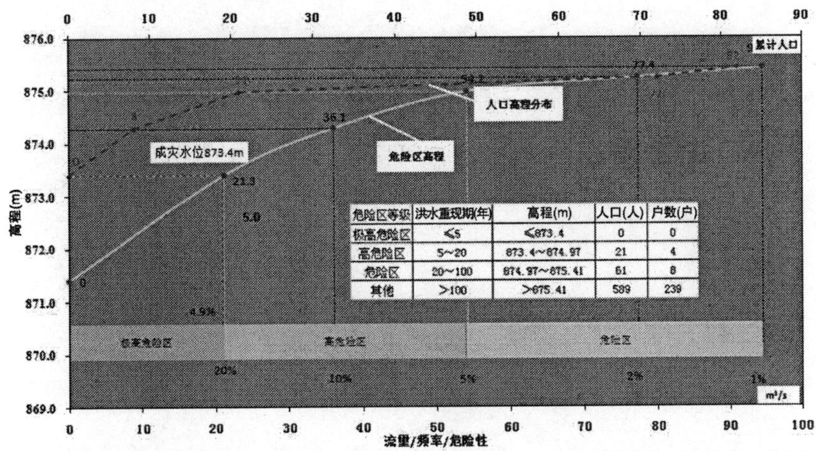

危险区等级	洪水重现期(年)	高程(m)	人口(人)	户数(户)
极高危险区	≤5	≤873.4	0	0
高危险区	5~20	873.4~874.97	21	4
危险区	20~100	874.97~875.41	61	8
其他	>100	>875.41	589	239

编制单位：长治市水文水资源勘测局　编制时间：2016年05月

(11) 茶棚滩村防洪现状评价图

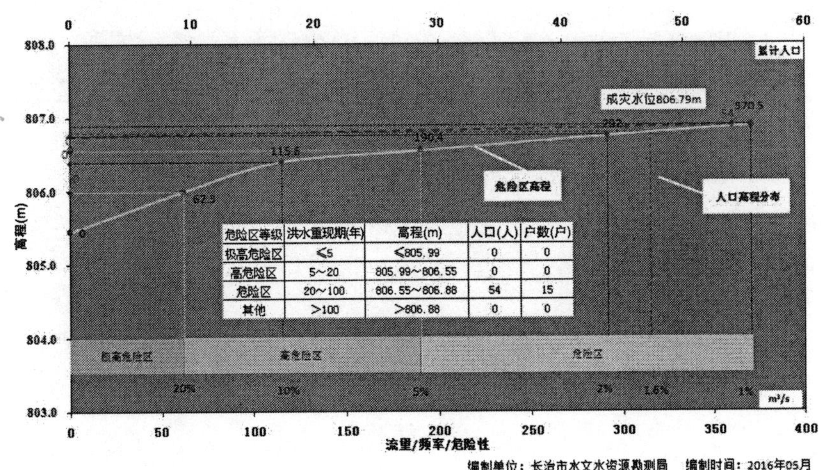

危险区等级	洪水重现期(年)	高程(m)	人口(人)	户数(户)
极高危险区	≤5	≤805.99	0	0
高危险区	5~20	805.99~806.55	0	0
危险区	20~100	806.55~806.88	54	15
其他	>100	>806.88	0	0

编制单位：长治市水文水资源勘测局　编制时间：2016年05月

（12）佛崖底村防洪现状评价图

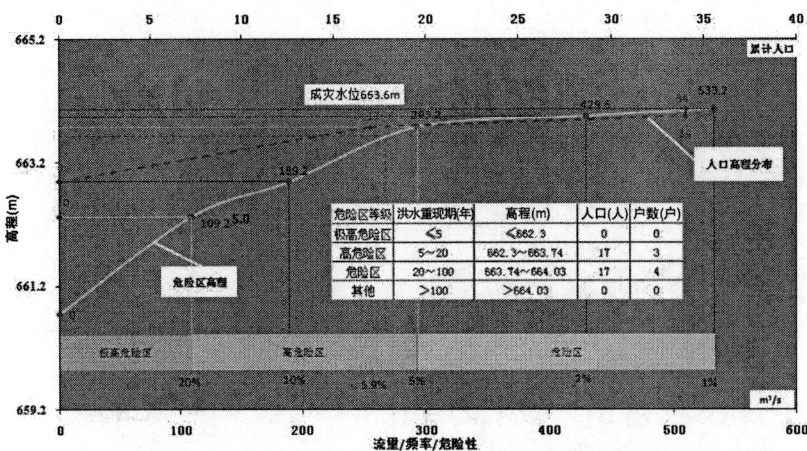

危险区等级	洪水重现期(年)	高程(m)	人口(人)	户数(户)
极高危险区	≤5	≤662.3	0	0
高危险区	5~20	662.3~663.74	17	3
危险区	20~100	663.74~664.03	17	4
其他	>100	>664.03	0	0

编制单位：长治市水文水资源勘测局　编制时间：2016年05月

（13）小寨村防洪现状评价图

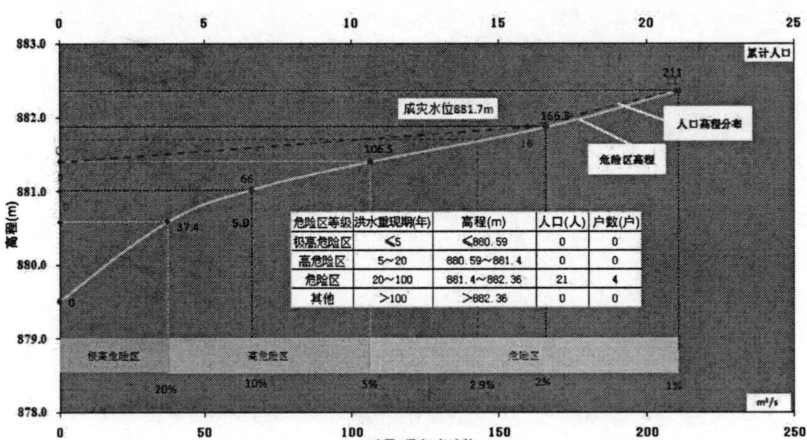

危险区等级	洪水重现期(年)	高程(m)	人口(人)	户数(户)
极高危险区	≤5	≤880.59	0	0
高危险区	5~20	880.59~881.4	0	0
危险区	20~100	881.4~882.36	21	4
其他	>100	>882.36	0	0

编制单位：长治市水文水资源勘测局　编制时间：2016年05月

（14）西村防洪现状评价图

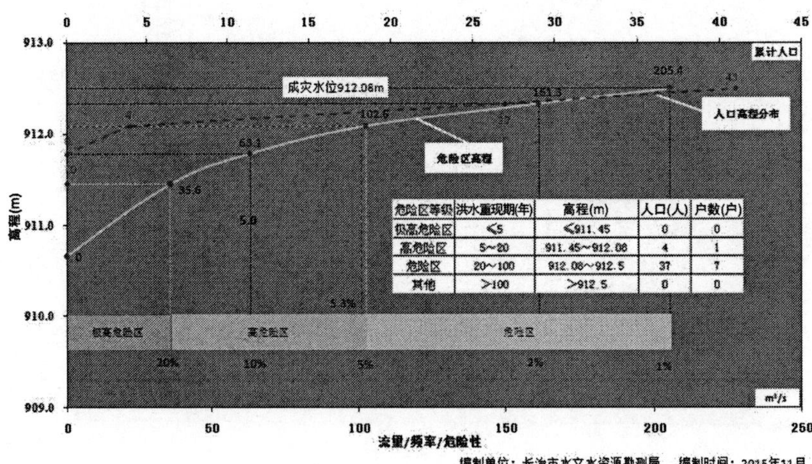

危险区等级	洪水重现期(年)	高程(m)	人口(人)	户数(户)
极高危险区	≤5	≤911.45	0	0
高危险区	5~20	911.45~912.08	4	1
危险区	20~100	912.08~912.5	37	7
其他	>100	>912.5	0	0

编制单位：长治市水文水资源勘测局　编制时间：2015年11月

（15）北停河村防洪现状评价图

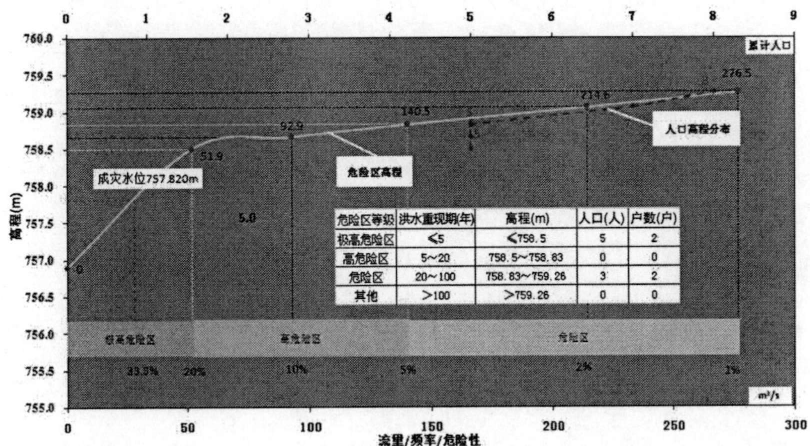

危险区等级	洪水重现期(年)	高程(m)	人口(人)	户数(户)
极高危险区	≤5	≤758.5	5	2
高危险区	5~20	758.5~758.83	0	0
危险区	20~100	758.83~759.26	3	2
其他	>100	>759.26	0	0

编制单位：长治市水文水资源勘测局　编制时间：2016年05月

（16）柏官庄村防洪现状评价图

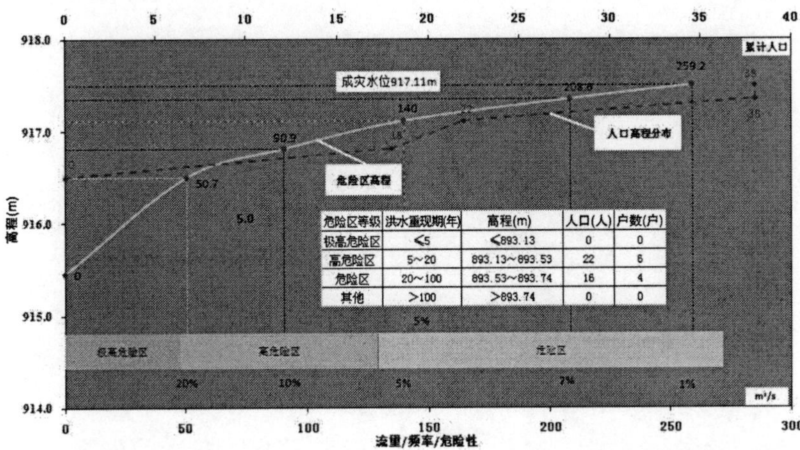

危险区等级	洪水重现期(年)	高程(m)	人口(人)	户数(户)
极高危险区	≤5	≤893.13	0	0
高危险区	5~20	893.13~893.53	22	6
危险区	20~100	893.53~893.74	16	4
其他	>100	>893.74	0	0

编制单位：长治市水文水资源勘测局　编制时间：2016年05月

（17）郭家庄村防洪现状评价图

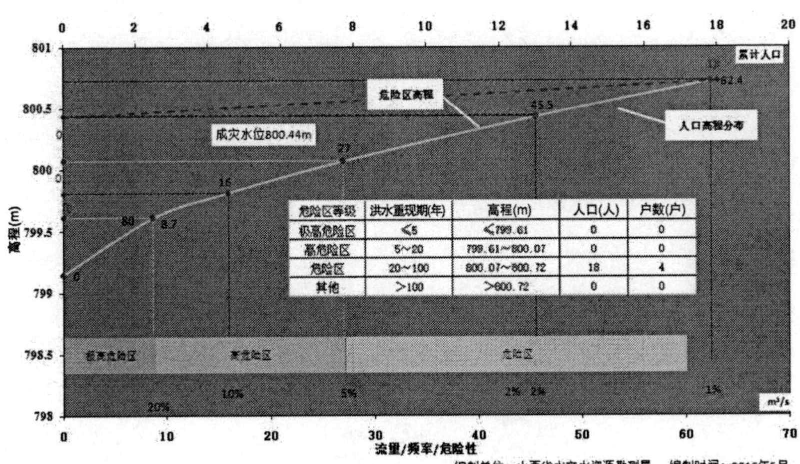

危险区等级	洪水重现期(年)	高程(m)	人口(人)	户数(户)
极高危险区	≤5	≤799.61	0	0
高危险区	5~20	799.61~800.07	0	0
危险区	20~100	800.07~800.72	18	4
其他	>100	>800.72	0	0

编制单位：山西省水文水资源勘测局　编制时间：2016年5月

（18）前庄村防洪现状评价图

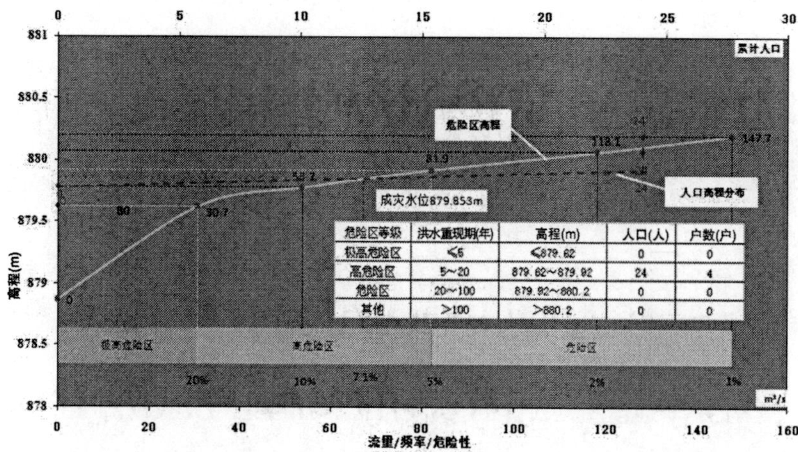

危险区等级	洪水重现期(年)	高程(m)	人口(人)	户数(户)
极高危险区	≤5	≤879.62	0	0
高危险区	5~20	879.62~879.92	24	4
危险区	20~100	879.92~880.2	0	0
其他	>100	>880.2	0	0

（19）龙王庙村防洪现状评价图

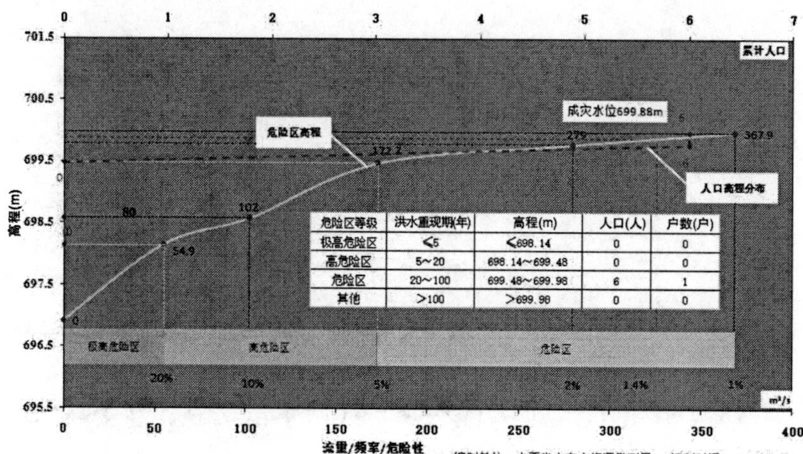

危险区等级	洪水重现期(年)	高程(m)	人口(人)	户数(户)
极高危险区	≤5	≤698.14	0	0
高危险区	5~20	698.14~699.48	0	0
危险区	20~100	699.48~699.98	6	1
其他	>100	>699.98	0	0

（20）秋树垣村防洪现状评价图

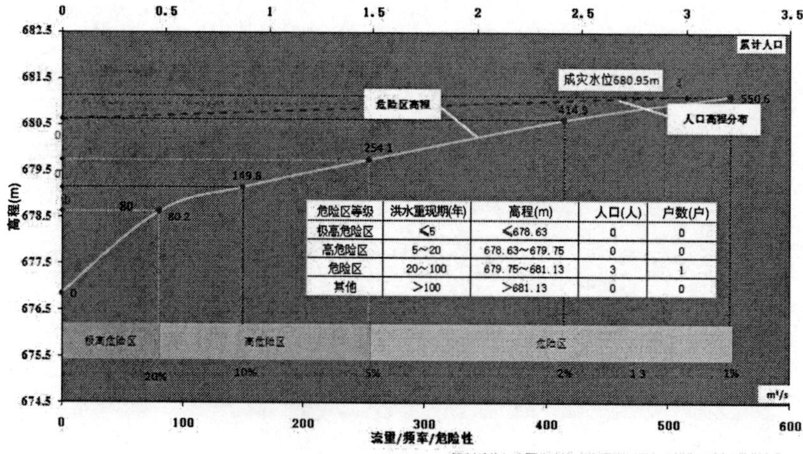

危险区等级	洪水重现期(年)	高程(m)	人口(人)	户数(户)
极高危险区	≤5	≤678.63	0	0
高危险区	5~20	678.63~679.75	0	0
危险区	20~100	679.75~681.13	3	1
其他	>100	>681.13	0	0

(21) 背坡村防洪现状评价图

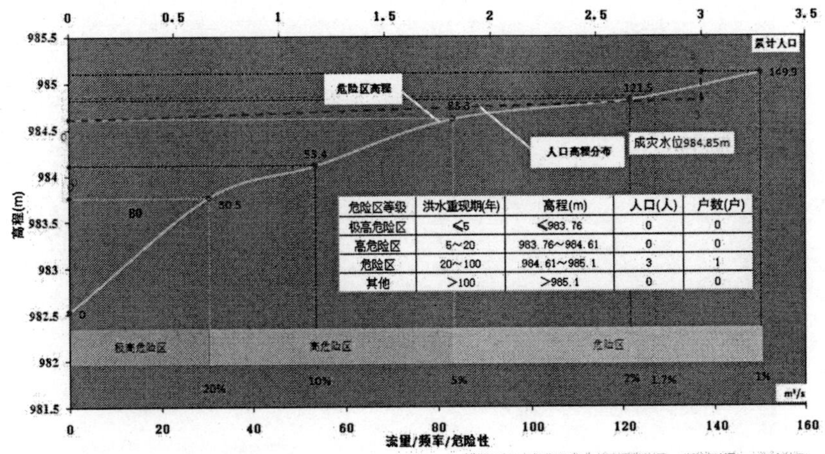

(22) 南委泉村防洪现状评价图

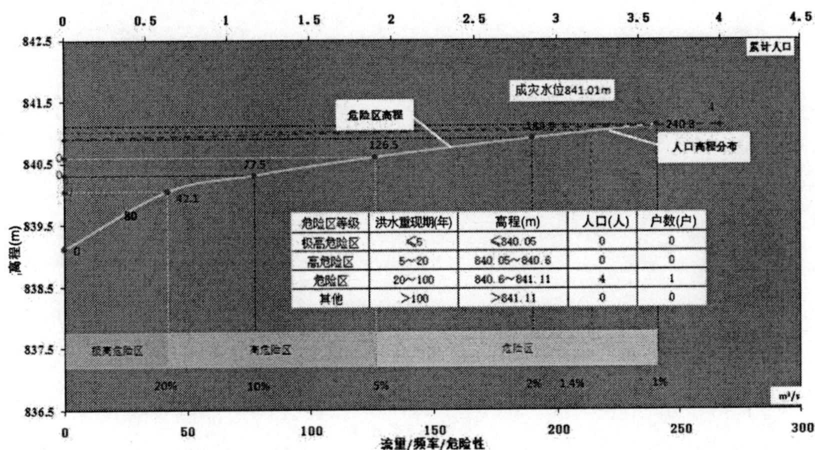

(23) 平头村防洪现状评价图

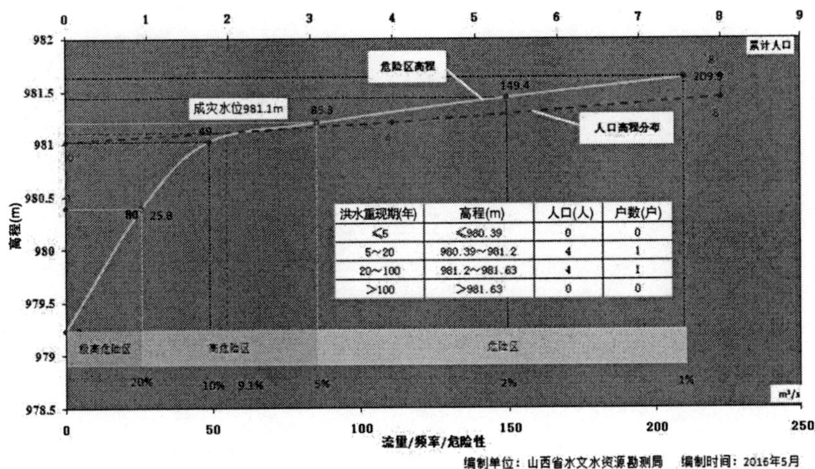

（24）中庄村防洪现状评价图

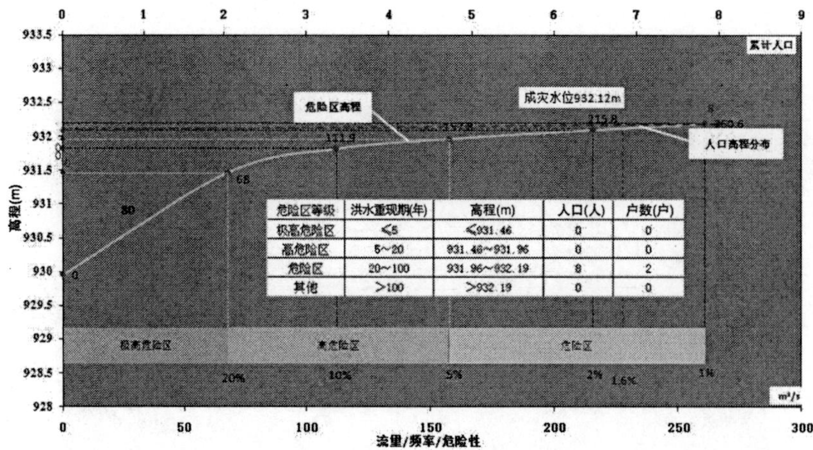

危险区等级	洪水重现期(年)	高程(m)	人口(人)	户数(户)
极高危险区	≤5	≤931.46	0	0
高危险区	5~20	931.46~931.96	0	0
危险区	20~100	931.96~932.19	8	2
其他	>100	>932.19	0	0

编制单位：山西省水文水资源勘测局　编制时间：2016年5月

（25）孔家峧村防洪现状评价图

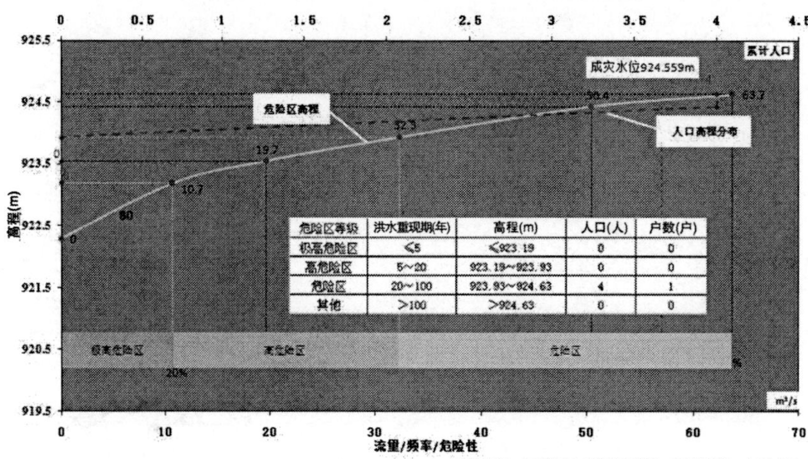

危险区等级	洪水重现期(年)	高程(m)	人口(人)	户数(户)
极高危险区	≤5	≤923.19	0	0
高危险区	5~20	923.19~923.93	0	0
危险区	20~100	923.93~924.63	4	1
其他	>100	>924.63	0	0

编制单位：山西省水文水资源勘测局　编制时间：2016年5月

（26）三十亩村防洪现状评价图

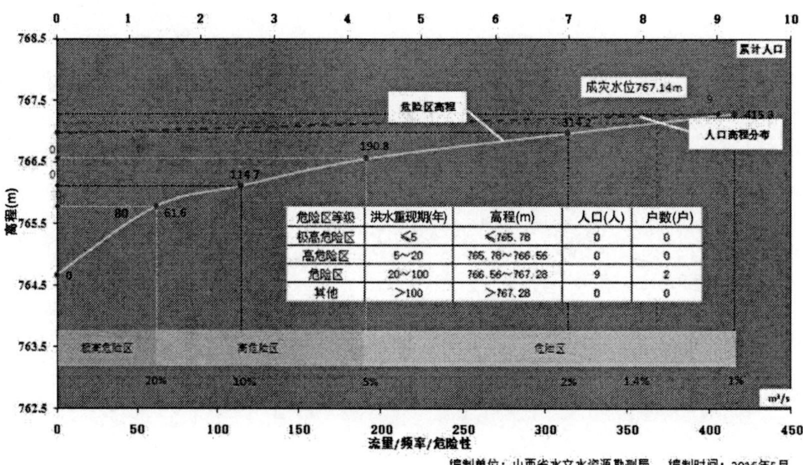

危险区等级	洪水重现期(年)	高程(m)	人口(人)	户数(户)
极高危险区	≤5	≤765.78	0	0
高危险区	5~20	765.78~766.56	0	0
危险区	20~100	766.56~767.28	9	2
其他	>100	>767.28	0	0

编制单位：山西省水文水资源勘测局　编制时间：2016年5月

(27) 清泉村防洪现状评价图

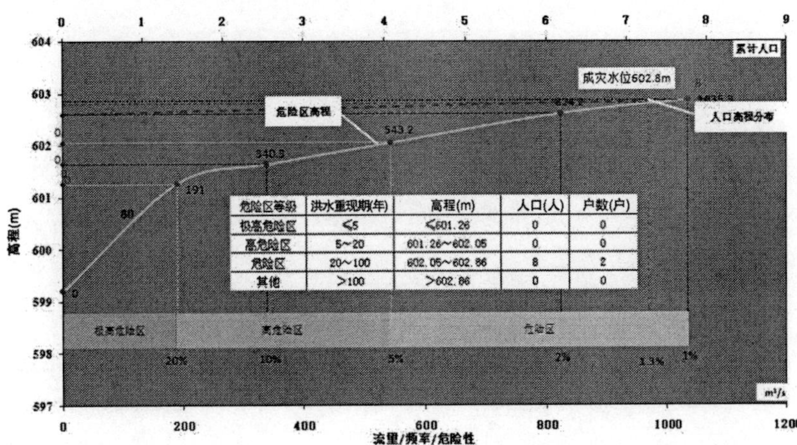

危险区等级	洪水重现期(年)	高程(m)	人口(人)	户数(户)
极高危险区	≤5	≤601.26	0	0
高危险区	5~20	601.26~602.05	0	0
危险区	20~100	602.05~602.86	8	2
其他	>100	>602.86	0	0

6. 屯留县防洪现状评价图

(1) 杨家湾村防洪现状评价图

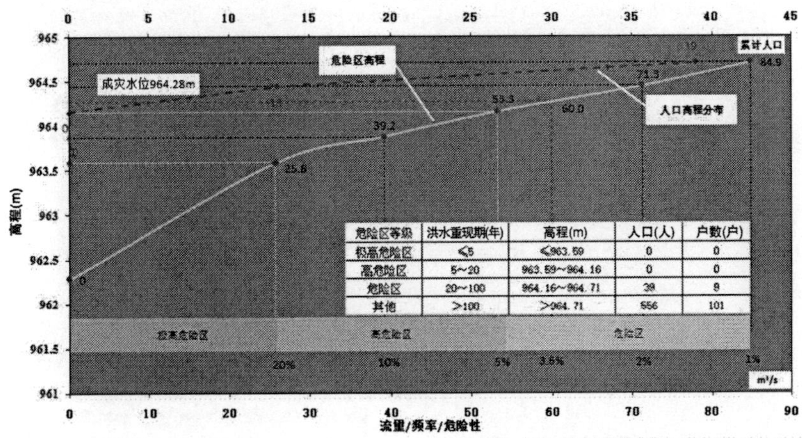

危险区等级	洪水重现期(年)	高程(m)	人口(人)	户数(户)
极高危险区	≤5	≤963.59	0	0
高危险区	5~20	963.59~964.16	0	0
危险区	20~100	964.16~964.71	39	9
其他	>100	>964.71	556	101

(2) 吾元村防洪现状评价图

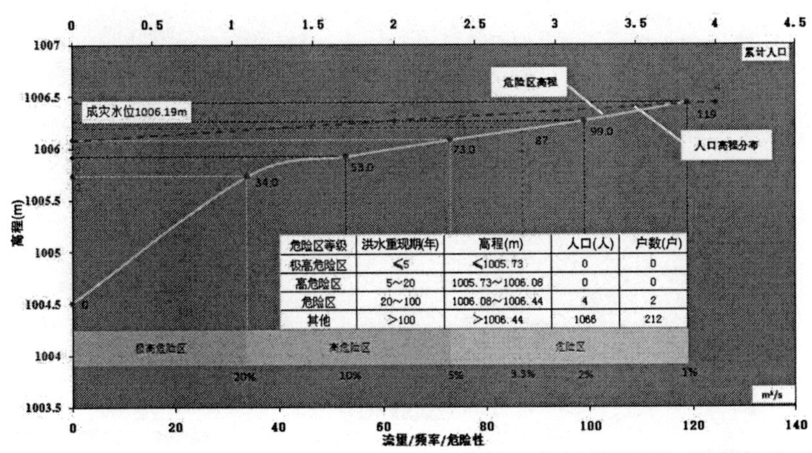

危险区等级	洪水重现期(年)	高程(m)	人口(人)	户数(户)
极高危险区	≤5	≤1005.73	0	0
高危险区	5~20	1005.73~1006.08	0	0
危险区	20~100	1006.08~1006.44	4	2
其他	>100	>1006.44	1068	212

（3）丰秀岭村防洪现状评价图

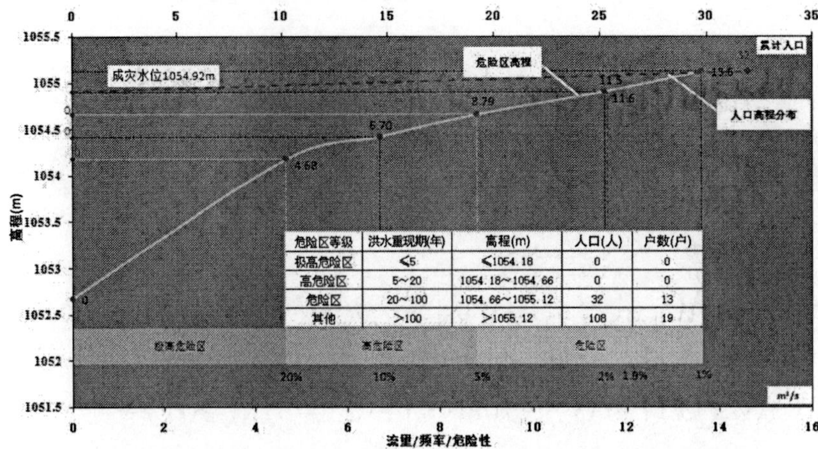

危险区等级	洪水重现期(年)	高程(m)	人口(人)	户数(户)
极高危险区	≤5	≤1054.18	0	0
高危险区	5～20	1054.18～1054.66	0	0
危险区	20～100	1054.66～1055.12	32	13
其他	>100	>1055.12	108	19

（4）南阳坡村防洪现状评价图

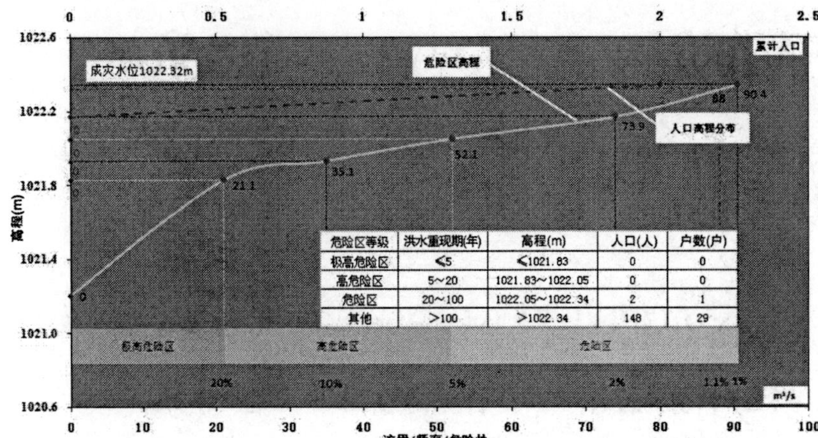

危险区等级	洪水重现期(年)	高程(m)	人口(人)	户数(户)
极高危险区	≤5	≤1021.83	0	0
高危险区	5～20	1021.83～1022.05	0	0
危险区	20～100	1022.05～1022.34	2	1
其他	>100	>1022.34	148	29

（5）罗村防洪现状评价图

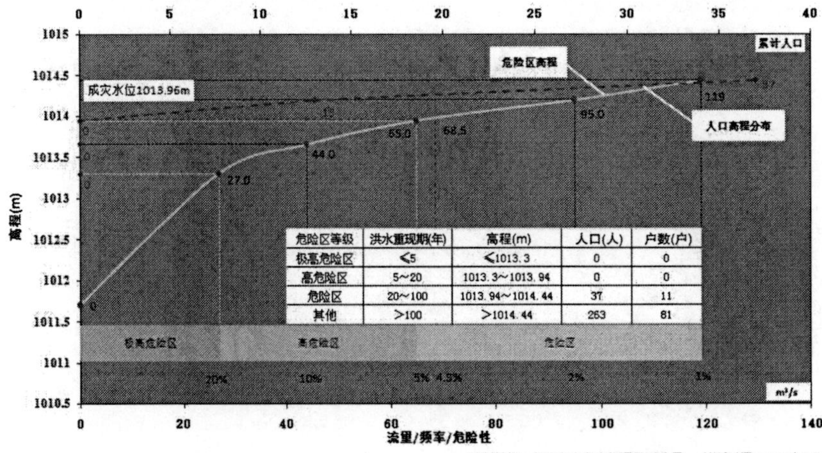

危险区等级	洪水重现期(年)	高程(m)	人口(人)	户数(户)
极高危险区	≤5	≤1013.3	0	0
高危险区	5～20	1013.3～1013.94	0	0
危险区	20～100	1013.94～1014.44	37	11
其他	>100	>1014.44	263	81

(6) 煤窑沟村防洪现状评价图

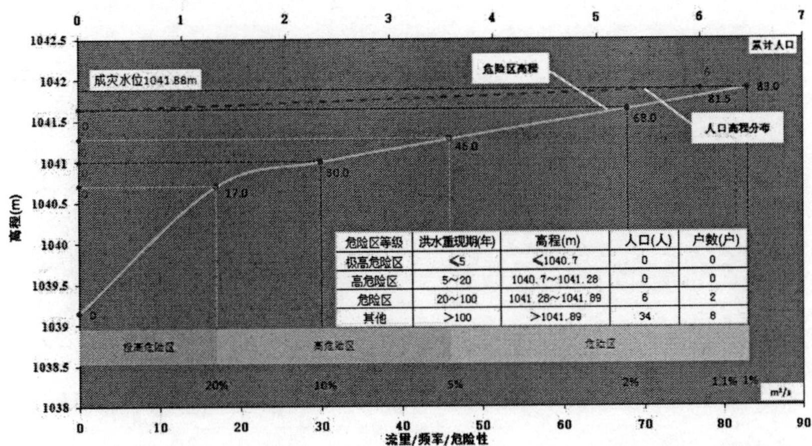

危险区等级	洪水重现期(年)	高程(m)	人口(人)	户数(户)
极高危险区	≤5	≤1040.7	0	0
高危险区	5~20	1040.7~1041.28	0	0
危险区	20~100	1041.28~1041.89	6	2
其他	>100	>1041.89	34	8

(7) 东坡村防洪现状评价图

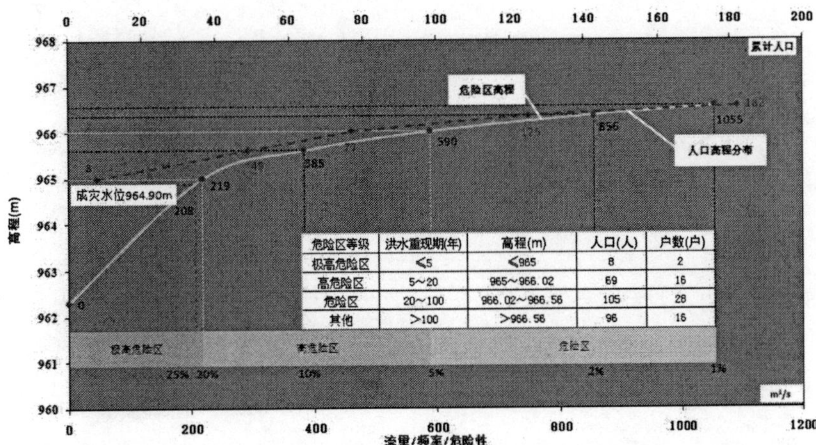

危险区等级	洪水重现期(年)	高程(m)	人口(人)	户数(户)
极高危险区	≤5	≤965	8	2
高危险区	5~20	965~966.02	69	16
危险区	20~100	966.02~966.56	105	28
其他	>100	>966.56	96	16

(8) 三交村防洪现状评价图

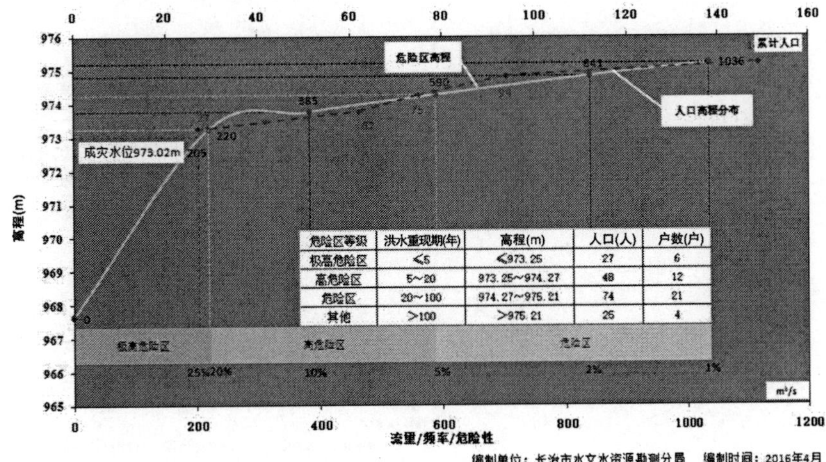

危险区等级	洪水重现期(年)	高程(m)	人口(人)	户数(户)
极高危险区	≤5	≤973.25	27	6
高危险区	5~20	973.25~974.27	48	12
危险区	20~100	974.27~975.21	74	21
其他	>100	>975.21	25	4

（9）贾庄防洪现状评价图

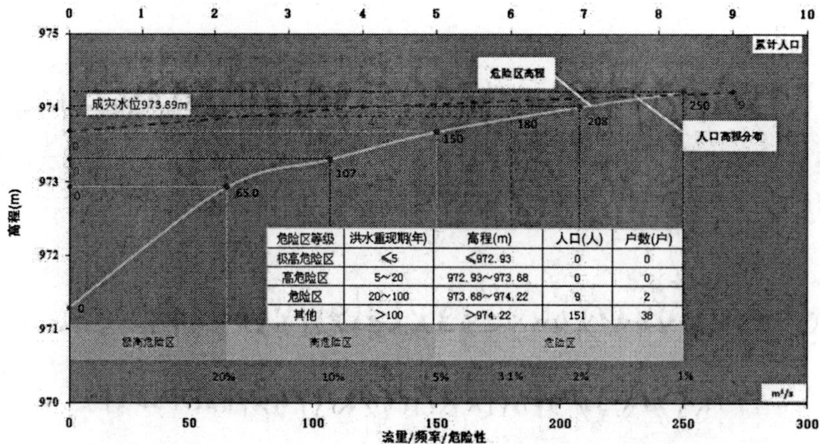

危险区等级	洪水重现期(年)	高程(m)	人口(人)	户数(户)
极高危险区	≤5	≤972.93	0	0
高危险区	5~20	972.93~973.68	0	0
危险区	20~100	973.68~974.22	9	2
其他	>100	>974.22	151	38

编制单位：长治市水文水资源勘测分局　编制时间：2016年4月

（10）老庄沟防洪现状评价图

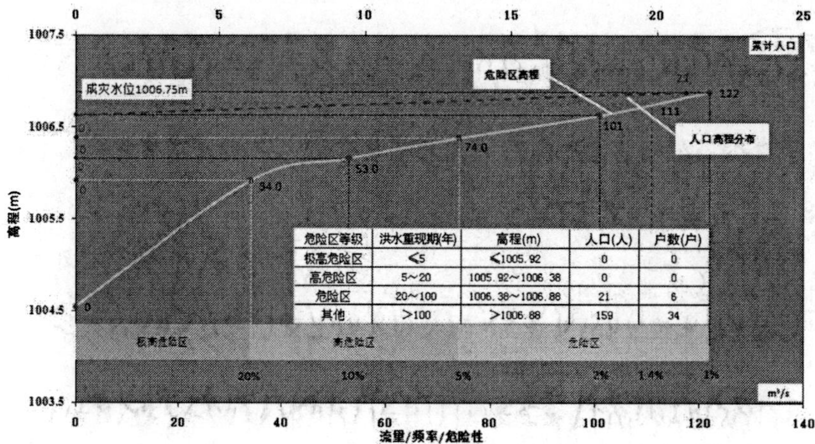

危险区等级	洪水重现期(年)	高程(m)	人口(人)	户数(户)
极高危险区	≤5	≤1005.92	0	0
高危险区	5~20	1005.92~1006.38	0	0
危险区	20~100	1006.38~1006.88	21	6
其他	>100	>1006.88	159	34

编制单位：长治市水文水资源勘测分局　编制时间：2016年4月

（11）北沟庄防洪现状评价图

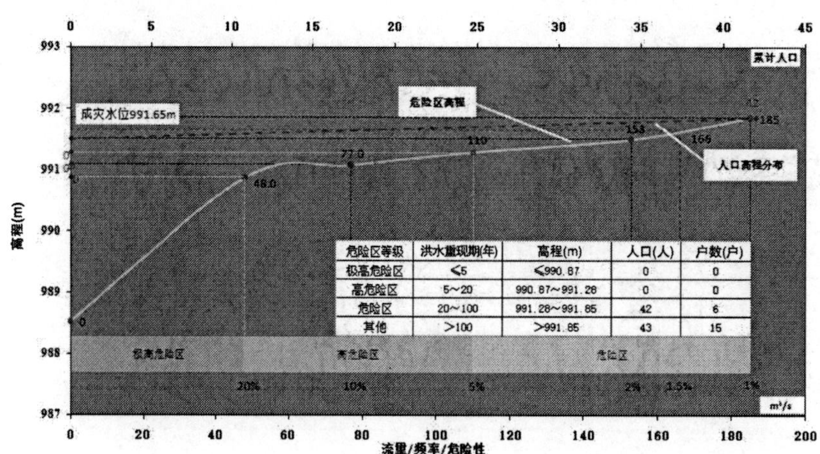

危险区等级	洪水重现期(年)	高程(m)	人口(人)	户数(户)
极高危险区	≤5	≤990.87	0	0
高危险区	5~20	990.87~991.28	0	0
危险区	20~100	991.28~991.85	42	6
其他	>100	>991.85	43	15

编制单位：长治市水文水资源勘测分局　编制时间：2016年4月

(12) 老庄沟西坡防洪现状评价图

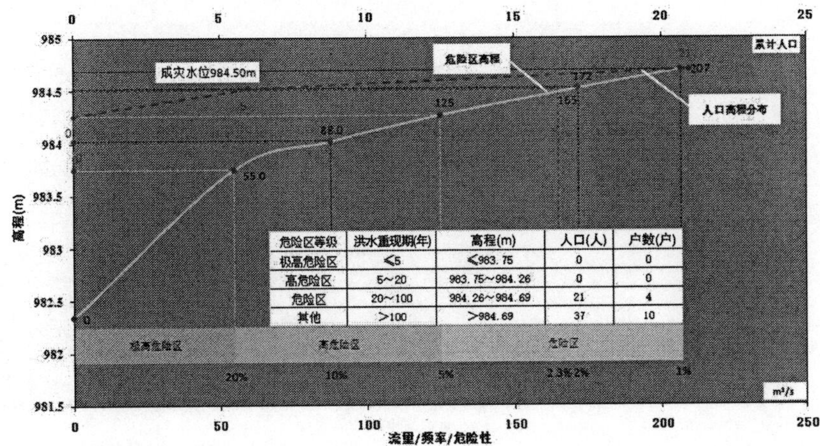

危险区等级	洪水重现期(年)	高程(m)	人口(人)	户数(户)
极高危险区	≤5	≤983.75	0	0
高危险区	5~20	983.75~984.26	0	0
危险区	20~100	984.26~984.69	21	4
其他	>100	>984.69	37	10

(13) 张店村防洪现状评价图

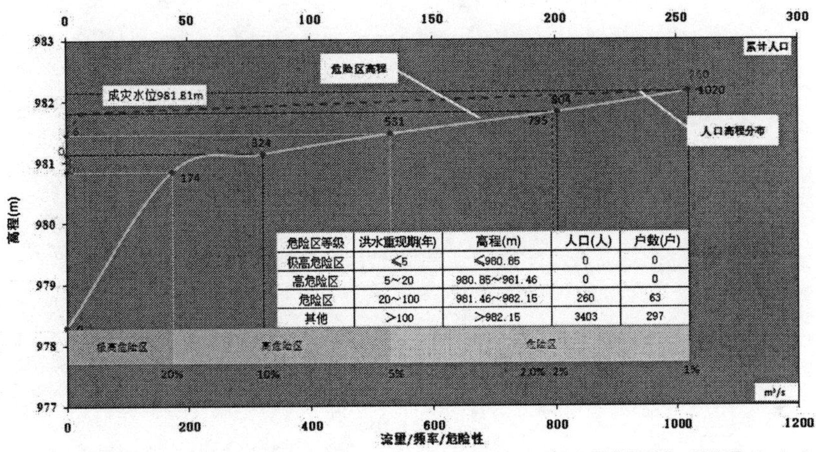

危险区等级	洪水重现期(年)	高程(m)	人口(人)	户数(户)
极高危险区	≤5	≤980.85	0	0
高危险区	5~20	980.85~981.46	0	0
危险区	20~100	981.46~982.15	260	63
其他	>100	>982.15	3403	297

(14) 甄湖村防洪现状评价图

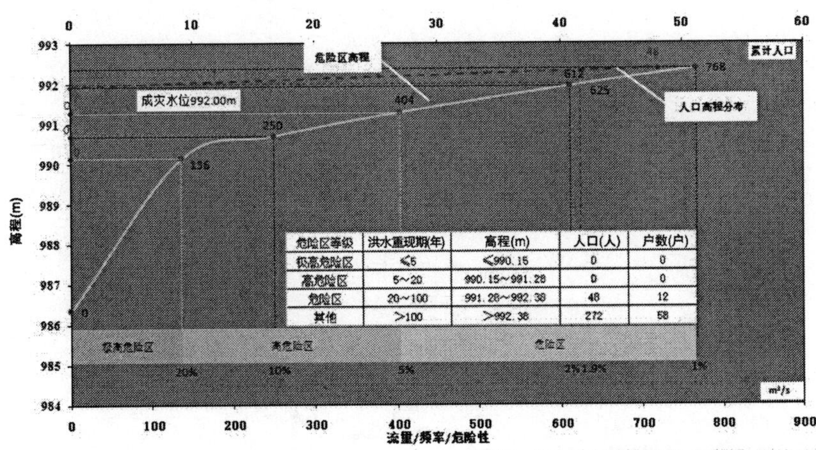

危险区等级	洪水重现期(年)	高程(m)	人口(人)	户数(户)
极高危险区	≤5	≤990.15	0	0
高危险区	5~20	990.15~991.28	0	0
危险区	20~100	991.28~992.38	48	12
其他	>100	>992.38	272	58

（15）张村防洪现状评价图

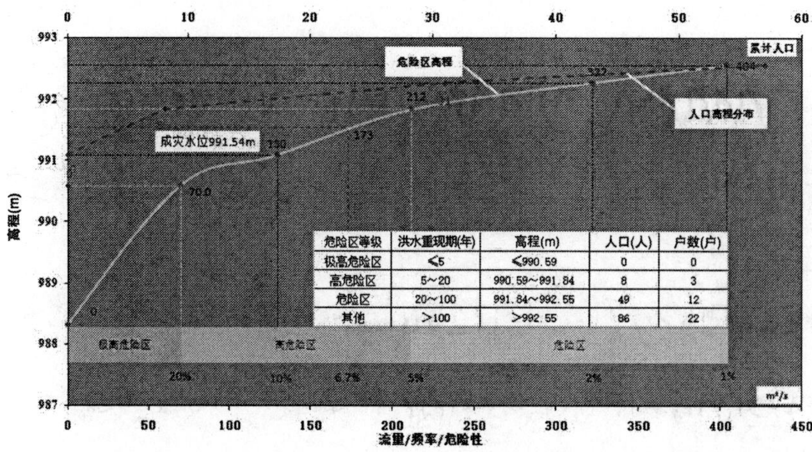

危险区等级	洪水重现期(年)	高程(m)	人口(人)	户数(户)
极高危险区	≤5	≤990.59	0	0
高危险区	5～20	990.59～991.84	8	3
危险区	20～100	991.84～992.55	49	12
其他	>100	>992.55	86	22

（16）南里庄村防洪现状评价图

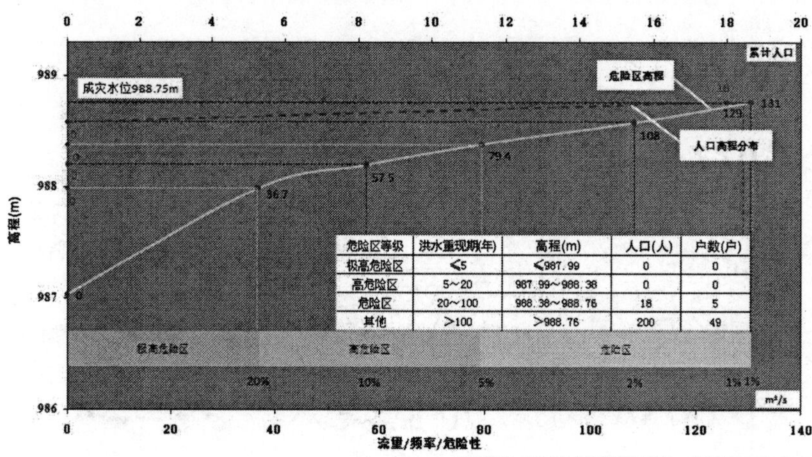

危险区等级	洪水重现期(年)	高程(m)	人口(人)	户数(户)
极高危险区	≤5	≤987.99	0	0
高危险区	5～20	987.99～988.38	0	0
危险区	20～100	988.38～988.76	18	5
其他	>100	>988.76	200	49

（17）上立寨村防洪现状评价图

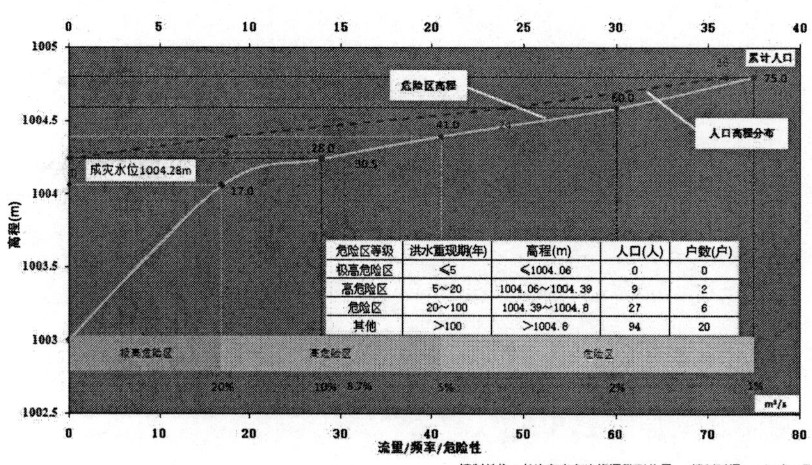

危险区等级	洪水重现期(年)	高程(m)	人口(人)	户数(户)
极高危险区	≤5	≤1004.06	0	0
高危险区	5～20	1004.06～1004.39	9	2
危险区	20～100	1004.39～1004.8	27	6
其他	>100	>1004.8	94	20

（18）大半沟防洪现状评价图

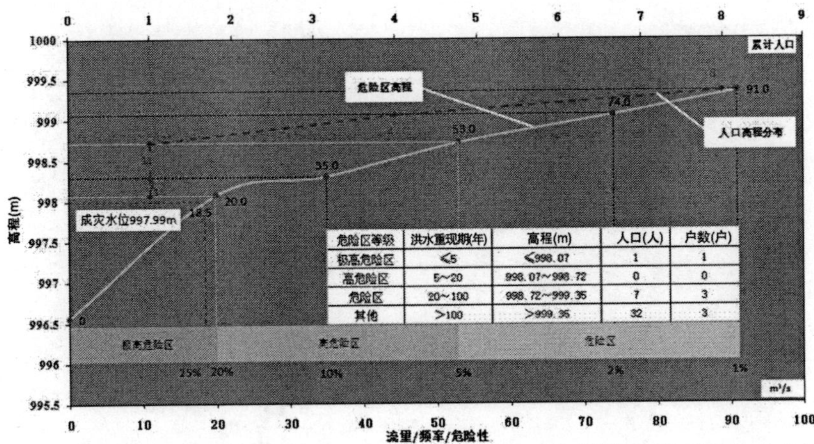

危险区等级	洪水重现期(年)	高程(m)	人口(人)	户数(户)
极高危险区	≤5	≤998.07	1	1
高危险区	5~20	998.07~998.72	0	0
危险区	20~100	998.72~999.35	7	3
其他	>100	>999.35	32	3

（19）五龙沟防洪现状评价图

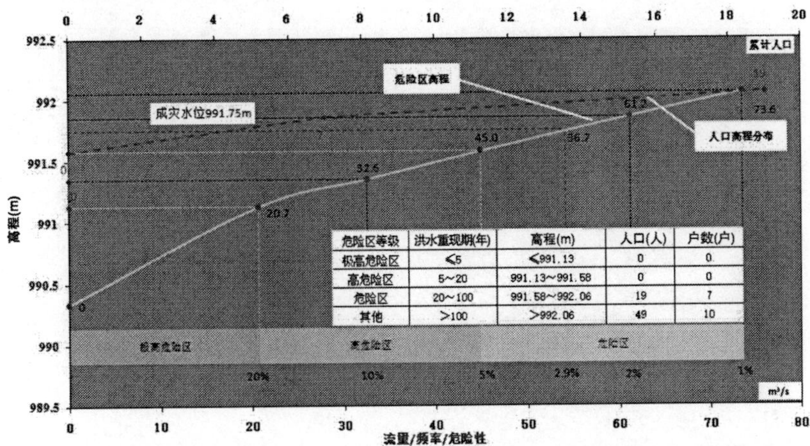

危险区等级	洪水重现期(年)	高程(m)	人口(人)	户数(户)
极高危险区	≤5	≤991.13	0	0
高危险区	5~20	991.13~991.58	0	0
危险区	20~100	991.58~992.06	19	7
其他	>100	>992.06	49	10

（20）李家庄村防洪现状评价图

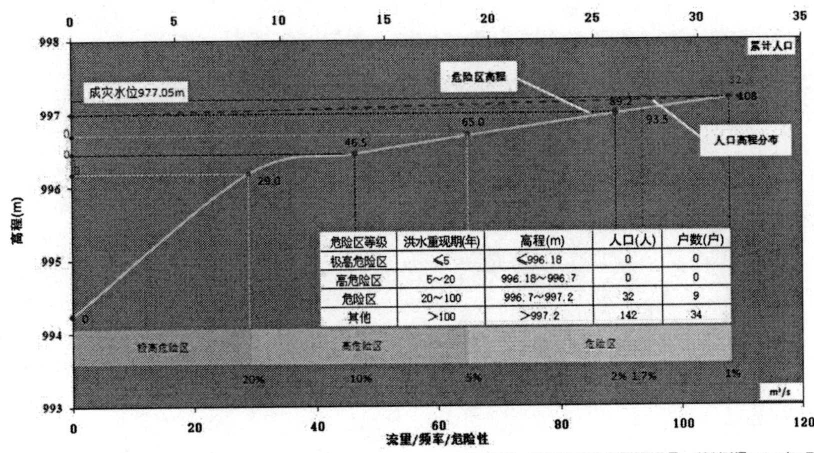

危险区等级	洪水重现期(年)	高程(m)	人口(人)	户数(户)
极高危险区	≤5	≤996.18	0	0
高危险区	5~20	996.18~996.7	0	0
危险区	20~100	996.7~997.2	32	9
其他	>100	>997.2	142	34

(21) 马家庄防洪现状评价图

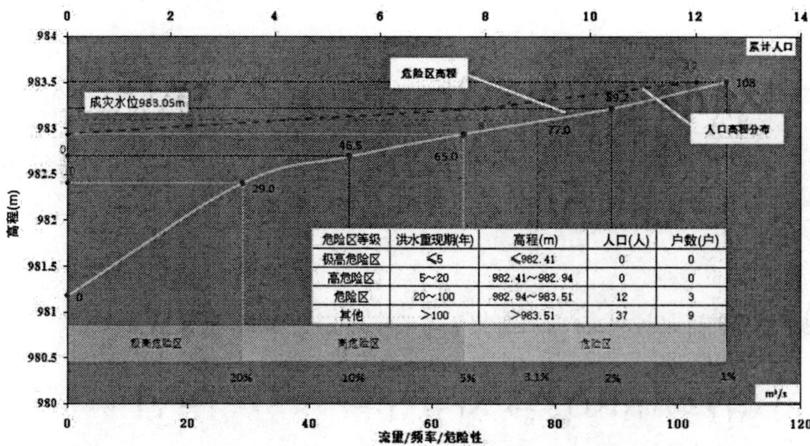

危险区等级	洪水重现期(年)	高程(m)	人口(人)	户数(户)
极高危险区	≤5	≤982.41	0	0
高危险区	5~20	982.41~982.94	0	0
危险区	20~100	982.94~983.51	12	3
其他	>100	>983.51	37	9

编制单位：长治市水文水资源勘测分局　编制时间：2016年4月

(22) 帮家庄防洪现状评价图

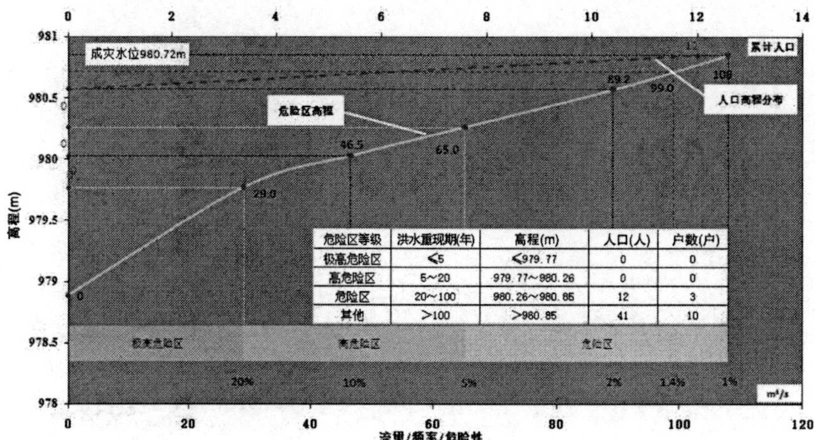

危险区等级	洪水重现期(年)	高程(m)	人口(人)	户数(户)
极高危险区	≤5	≤979.77	0	0
高危险区	5~20	979.77~980.26	0	0
危险区	20~100	980.26~980.85	12	3
其他	>100	>980.85	41	10

编制单位：长治市水文水资源勘测分局　编制时间：2016年4月

(23) 秋树坡防洪现状评价图

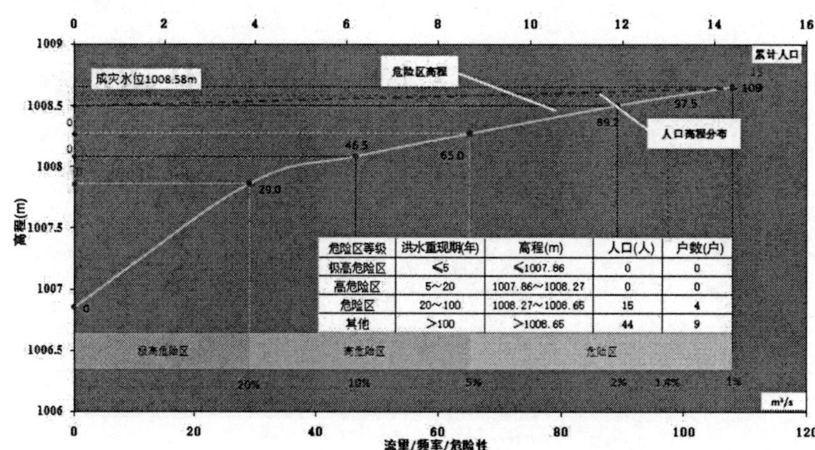

危险区等级	洪水重现期(年)	高程(m)	人口(人)	户数(户)
极高危险区	≤5	≤1007.86	0	0
高危险区	5~20	1007.86~1008.27	0	0
危险区	20~100	1008.27~1008.65	15	4
其他	>100	>1008.65	44	9

编制单位：长治市水文水资源勘测分局　编制时间：2016年4月

（24）李家庄村西坡防洪现状评价图

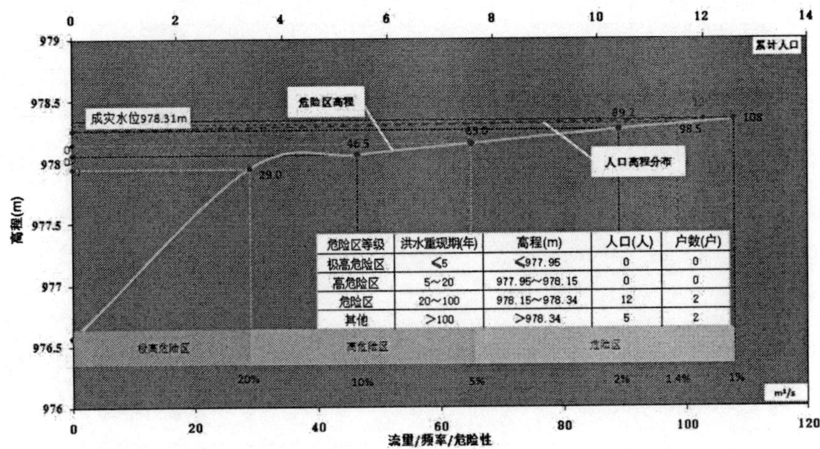

危险区等级	洪水重现期(年)	高程(m)	人口(人)	户数(户)
极高危险区	≤5	≤977.95	0	0
高危险区	5~20	977.95~978.15	0	0
危险区	20~100	978.15~978.34	12	2
其他	>100	>978.34	5	2

编制单位：长治市水文水资源勘测分局　编制时间：2016年4月

（25）半坡村防洪现状评价图

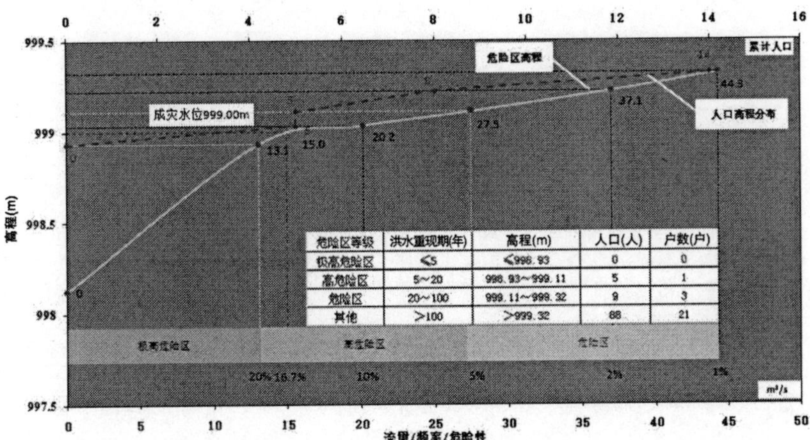

危险区等级	洪水重现期(年)	高程(m)	人口(人)	户数(户)
极高危险区	≤5	≤998.93	0	0
高危险区	5~20	998.93~999.11	5	1
危险区	20~100	999.11~999.32	9	3
其他	>100	>999.32	88	21

编制单位：长治市水文水资源勘测分局　编制时间：2016年4月

（26）霜泽村防洪现状评价图

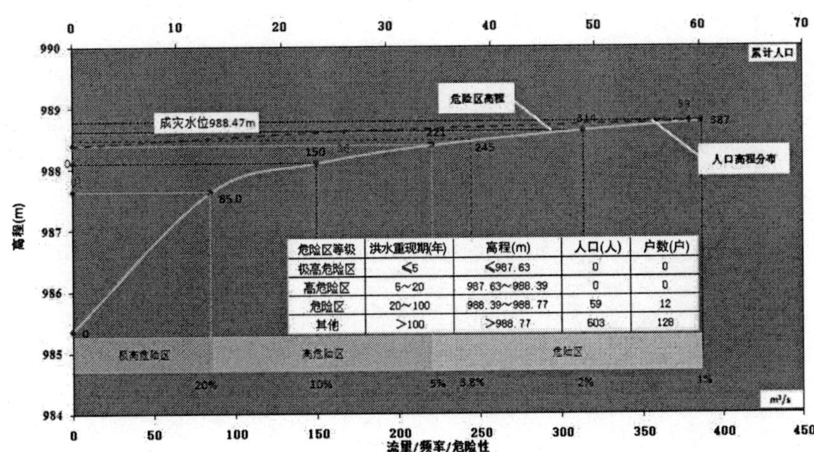

危险区等级	洪水重现期(年)	高程(m)	人口(人)	户数(户)
极高危险区	≤5	≤987.63	0	0
高危险区	5~20	987.63~988.39	0	0
危险区	20~100	988.39~988.77	59	12
其他	>100	>988.77	503	128

编制单位：长治市水文水资源勘测分局　编制时间：2016年4月

（27）雁落坪村防洪现状评价图

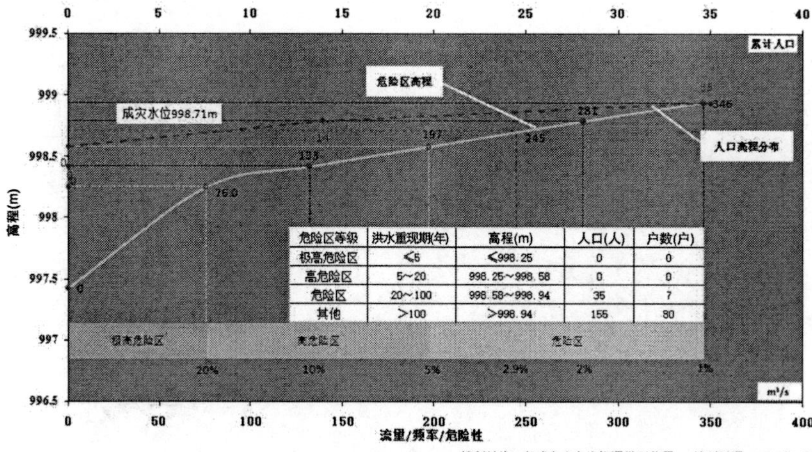

危险区等级	洪水重现期(年)	高程(m)	人口(人)	户数(户)
极高危险区	≤5	≤998.25	0	0
高危险区	5~20	998.25~998.58	0	0
危险区	20~100	998.58~998.94	35	7
其他	>100	>998.94	155	80

编制单位：长治市水文水资源勘测分局　编制时间：2016年4月

（28）雁落坪村西坡防洪现状评价图

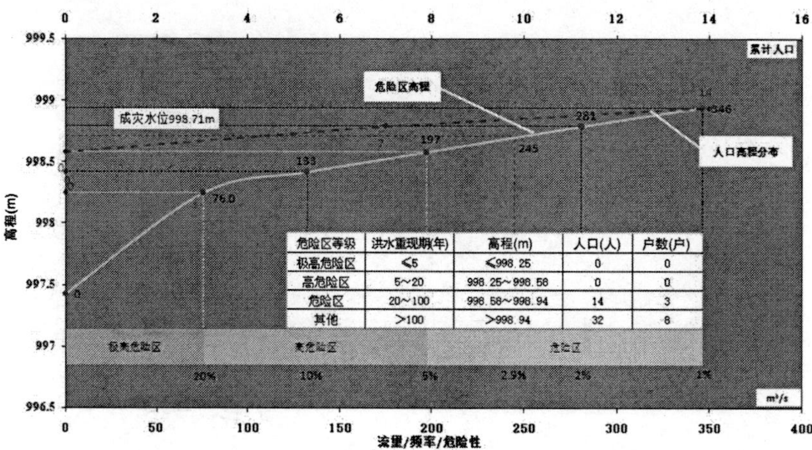

危险区等级	洪水重现期(年)	高程(m)	人口(人)	户数(户)
极高危险区	≤5	≤998.25	0	0
高危险区	5~20	998.25~998.58	0	0
危险区	20~100	998.58~998.94	14	3
其他	>100	>998.94	32	8

编制单位：长治市水文水资源勘测分局　编制时间：2016年4月

（29）宜丰村防洪现状评价图

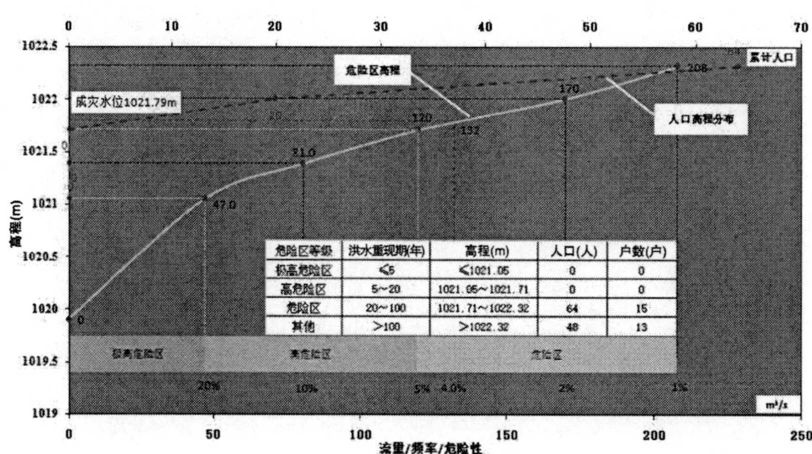

危险区等级	洪水重现期(年)	高程(m)	人口(人)	户数(户)
极高危险区	≤5	≤1021.05	0	0
高危险区	5~20	1021.05~1021.71	0	0
危险区	20~100	1021.71~1022.32	64	15
其他	>100	>1022.32	48	13

编制单位：长治市水文水资源勘测分局　编制时间：2016年4月

（30）浪井沟防洪现状评价图

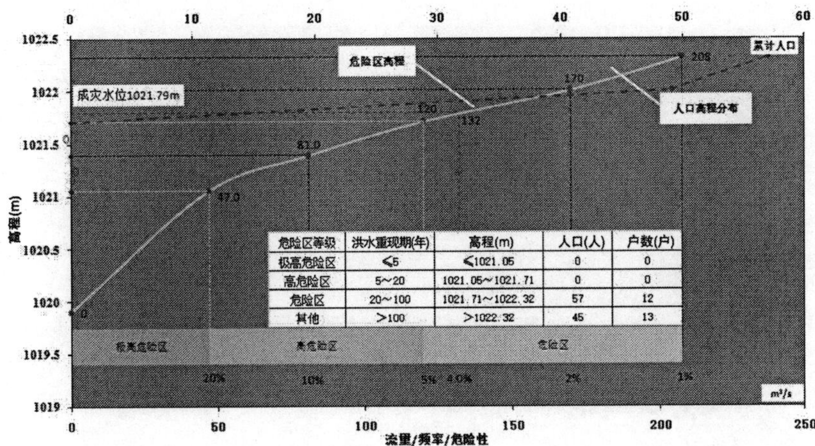

危险区等级	洪水重现期(年)	高程(m)	人口(人)	户数(户)
极高危险区	≤5	≤1021.05	0	0
高危险区	5～20	1021.05～1021.71	0	0
危险区	20～100	1021.71～1022.32	57	12
其他	>100	>1022.32	45	13

（31）宜丰村西坡防洪现状评价图

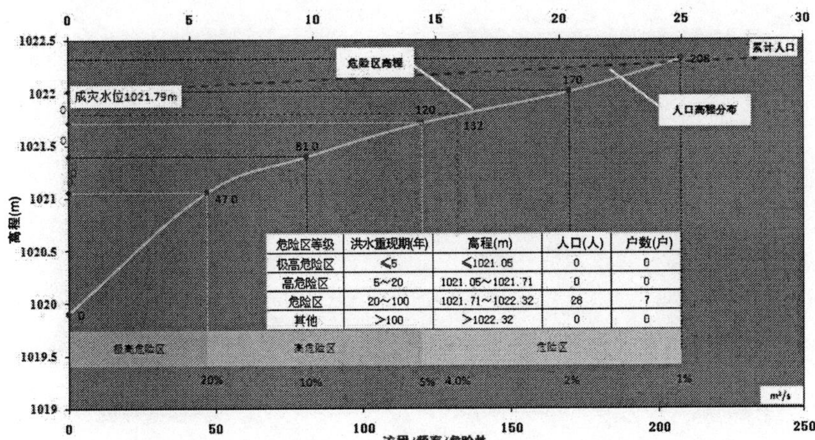

危险区等级	洪水重现期(年)	高程(m)	人口(人)	户数(户)
极高危险区	≤5	≤1021.05	0	0
高危险区	5～20	1021.05～1021.71	0	0
危险区	20～100	1021.71～1022.32	28	7
其他	>100	>1022.32	0	0

（32）中村村防洪现状评价图

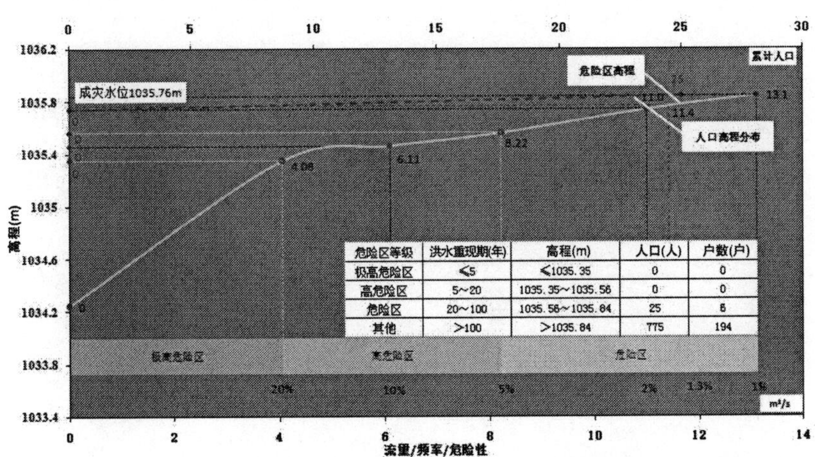

危险区等级	洪水重现期(年)	高程(m)	人口(人)	户数(户)
极高危险区	≤5	≤1035.35	0	0
高危险区	5～20	1035.35～1035.56	0	0
危险区	20～100	1035.56～1035.84	25	6
其他	>100	>1035.84	775	194

（33）河西村防洪现状评价图

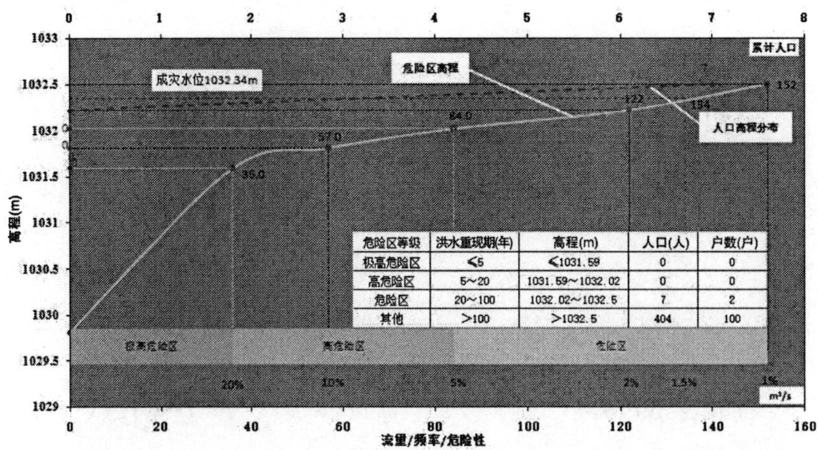

危险区等级	洪水重现期(年)	高程(m)	人口(人)	户数(户)
极高危险区	≤5	≤1031.59	0	0
高危险区	5~20	1031.59~1032.02	0	0
危险区	20~100	1032.02~1032.5	7	2
其他	>100	>1032.5	404	100

编制单位：长治市水文水资源勘测分局　编制时间：2016年4月

（34）柳树庄村防洪现状评价图

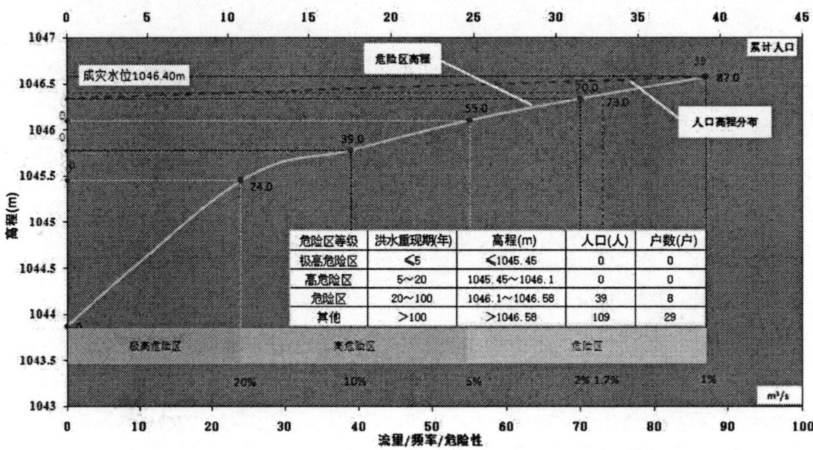

危险区等级	洪水重现期(年)	高程(m)	人口(人)	户数(户)
极高危险区	≤5	≤1045.45	0	0
高危险区	5~20	1045.45~1046.1	0	0
危险区	20~100	1046.1~1046.58	39	8
其他	>100	>1046.58	109	29

编制单位：长治市水文水资源勘测分局　编制时间：2016年4月

（35）柳树庄防洪现状评价图

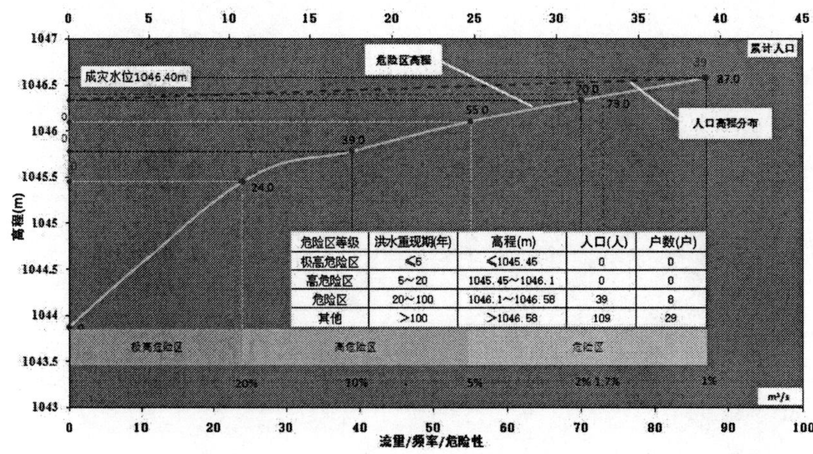

危险区等级	洪水重现期(年)	高程(m)	人口(人)	户数(户)
极高危险区	≤5	≤1045.45	0	0
高危险区	5~20	1045.45~1046.1	0	0
危险区	20~100	1046.1~1046.58	39	8
其他	>100	>1046.58	109	29

编制单位：长治市水文水资源勘测分局　编制时间：2016年4月

(36) 崖底村防洪现状评价图

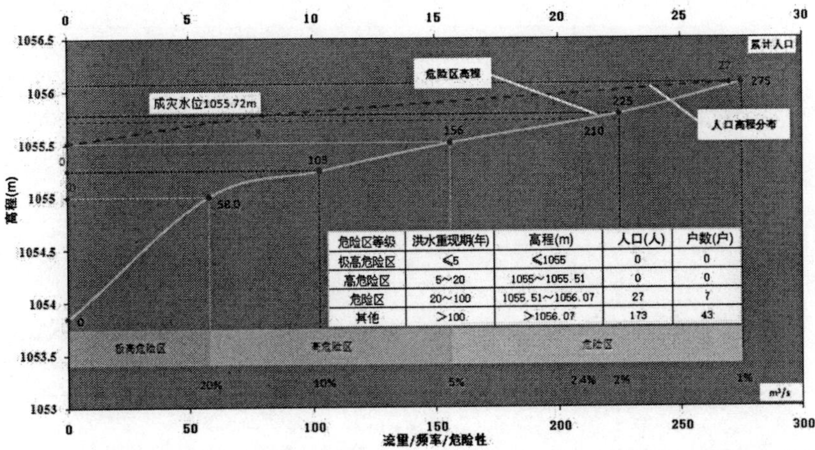

危险区等级	洪水重现期(年)	高程(m)	人口(人)	户数(户)
极高危险区	≤5	≤1055	0	0
高危险区	5~20	1055~1055.51	0	0
危险区	20~100	1055.51~1056.07	27	7
其他	>100	>1056.07	173	43

(37) 唐王庙村防洪现状评价图

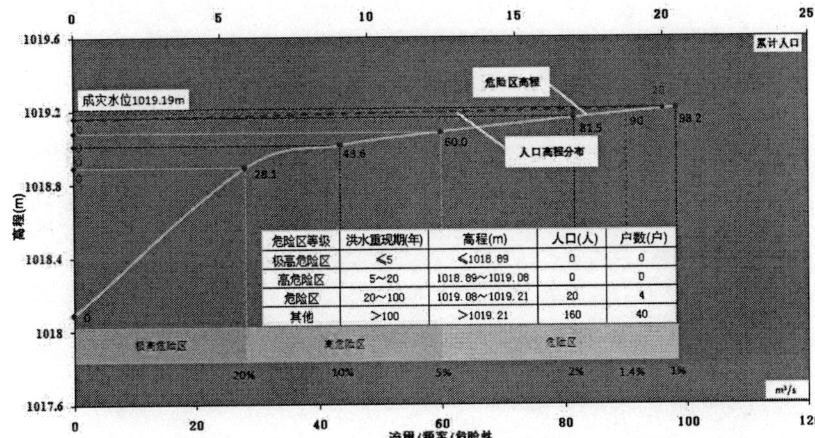

危险区等级	洪水重现期(年)	高程(m)	人口(人)	户数(户)
极高危险区	≤5	≤1018.89	0	0
高危险区	5~20	1018.89~1019.08	0	0
危险区	20~100	1019.08~1019.21	20	4
其他	>100	>1019.21	160	40

(38) 南掌防洪现状评价图

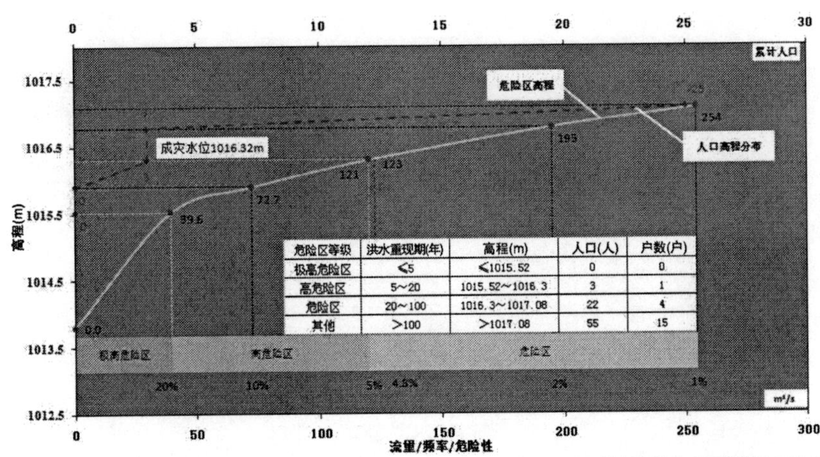

危险区等级	洪水重现期(年)	高程(m)	人口(人)	户数(户)
极高危险区	≤5	≤1015.52	0	0
高危险区	5~20	1015.52~1016.3	3	1
危险区	20~100	1016.3~1017.08	22	4
其他	>100	>1017.08	55	15

（39）徐家庄防洪现状评价图

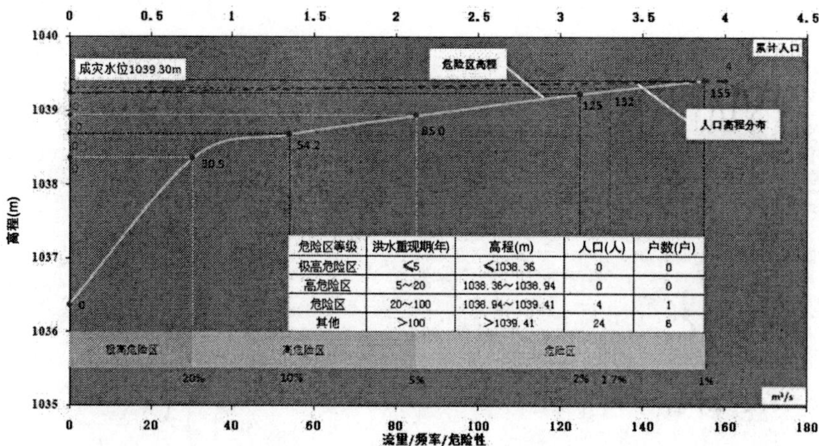

危险区等级	洪水重现期(年)	高程(m)	人口(人)	户数(户)
极高危险区	≤5	≤1038.36	0	0
高危险区	5～20	1038.36～1038.94	0	0
危险区	20～100	1038.94～1039.41	4	1
其他	>100	>1039.41	24	6

编制单位：长治市水文水资源勘测分局　编制时间：2016年4月

（40）郭家庄防洪现状评价图

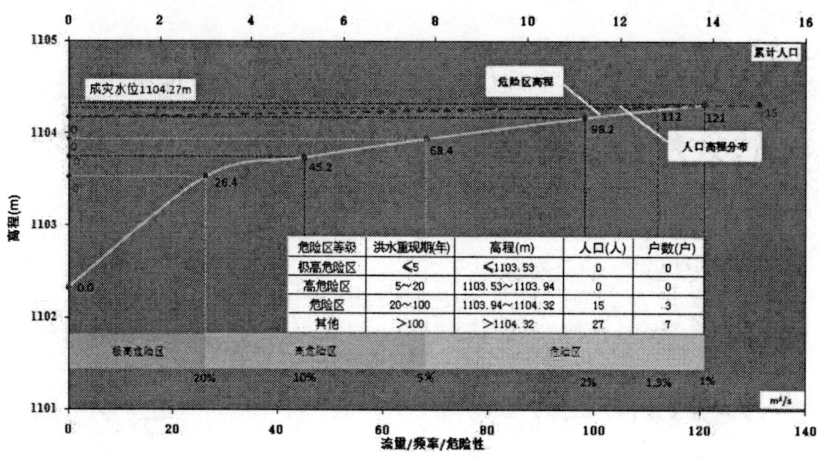

危险区等级	洪水重现期(年)	高程(m)	人口(人)	户数(户)
极高危险区	≤5	≤1103.53	0	0
高危险区	5～20	1103.53～1103.94	0	0
危险区	20～100	1103.94～1104.32	15	3
其他	>100	>1104.32	27	7

编制单位：长治市水文水资源勘测分局　编制时间：2016年4月

（41）沿湾防洪现状评价图

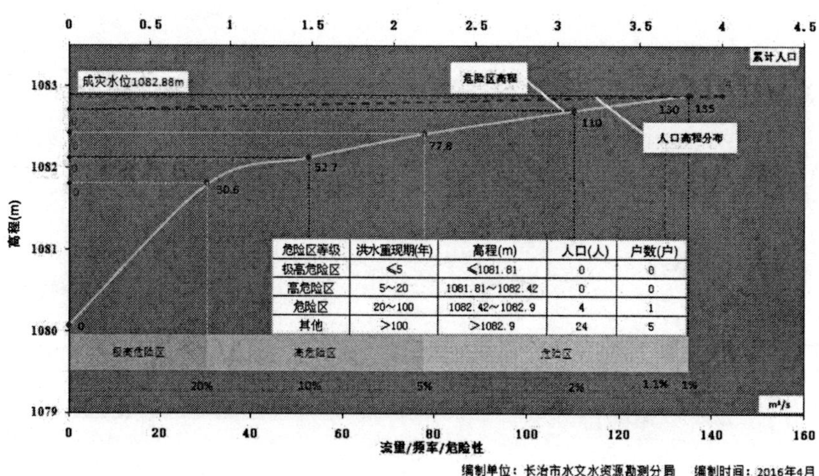

危险区等级	洪水重现期(年)	高程(m)	人口(人)	户数(户)
极高危险区	≤5	≤1081.81	0	0
高危险区	5～20	1081.81～1082.42	0	0
危险区	20～100	1082.42～1082.9	4	1
其他	>100	>1082.9	24	5

编制单位：长治市水文水资源勘测分局　编制时间：2016年4月

(42) 王家庄防洪现状评价图

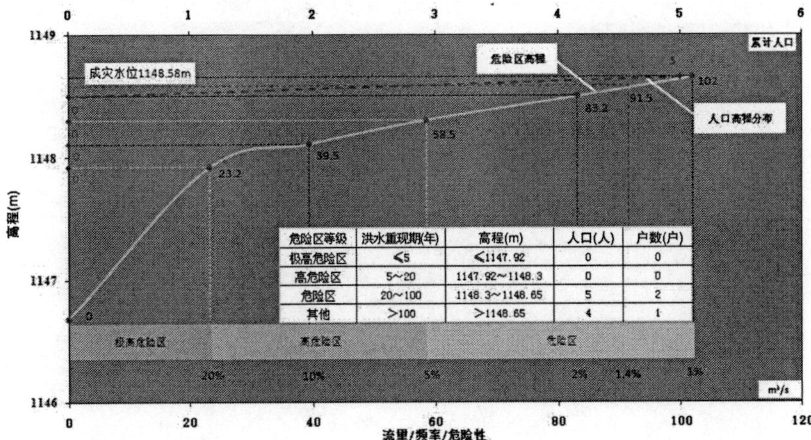

危险区等级	洪水重现期(年)	高程(m)	人口(人)	户数(户)
极高危险区	≤5	≤1147.92	0	0
高危险区	5～20	1147.92～1148.3	0	0
危险区	20～100	1148.3～1148.65	5	2
其他	>100	>1148.65	4	1

(43) 林庄村防洪现状评价图

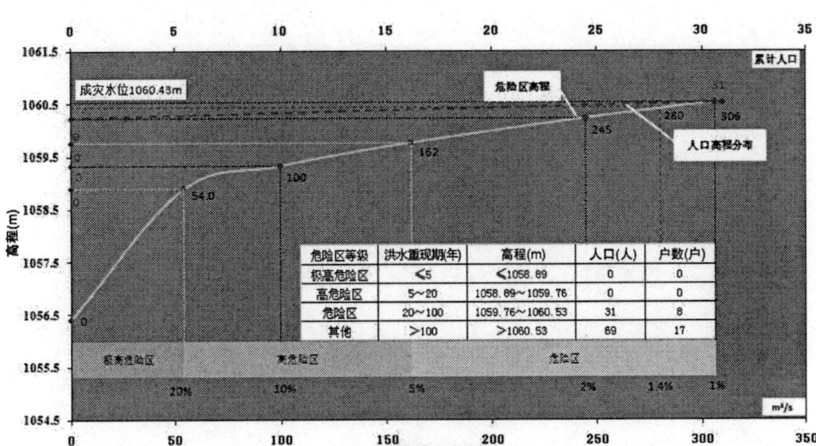

危险区等级	洪水重现期(年)	高程(m)	人口(人)	户数(户)
极高危险区	≤5	≤1058.89	0	0
高危险区	5～20	1058.89～1059.76	0	0
危险区	20～100	1059.76～1060.53	31	8
其他	>100	>1060.53	69	17

(44) 八泉村防洪现状评价图

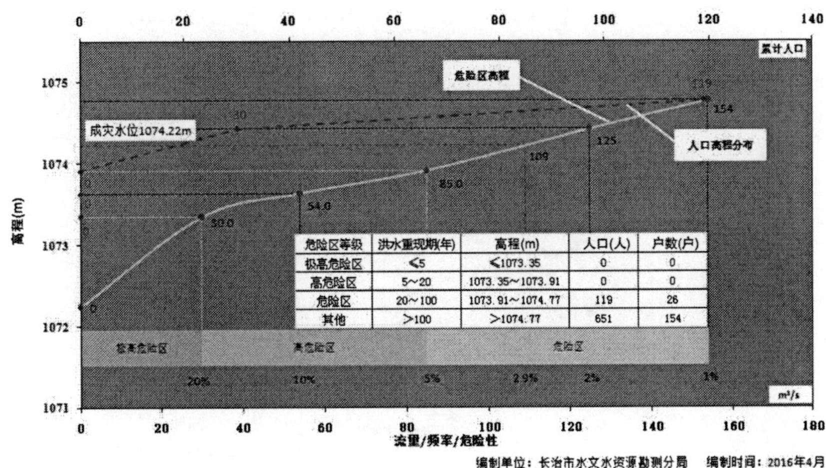

危险区等级	洪水重现期(年)	高程(m)	人口(人)	户数(户)
极高危险区	≤5	≤1073.35	0	0
高危险区	5～20	1073.35～1073.91	0	0
危险区	20～100	1073.91～1074.77	119	26
其他	>100	>1074.77	651	154

（45）七泉村防洪现状评价图

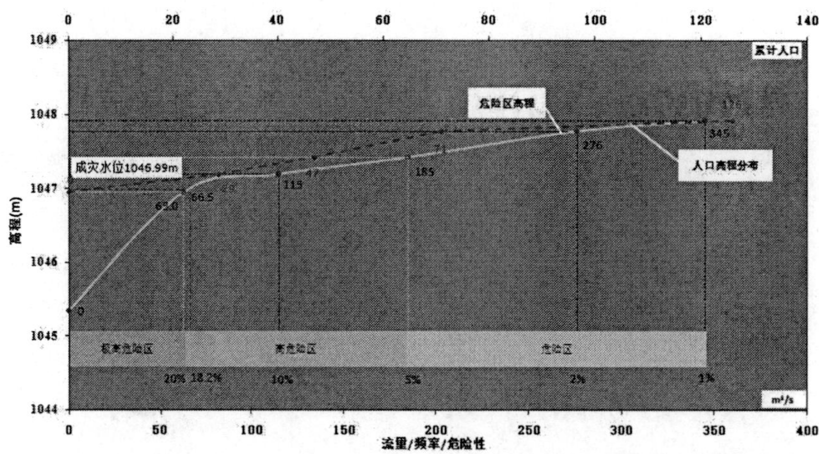

（46）鸡窝圪套防洪现状评价图

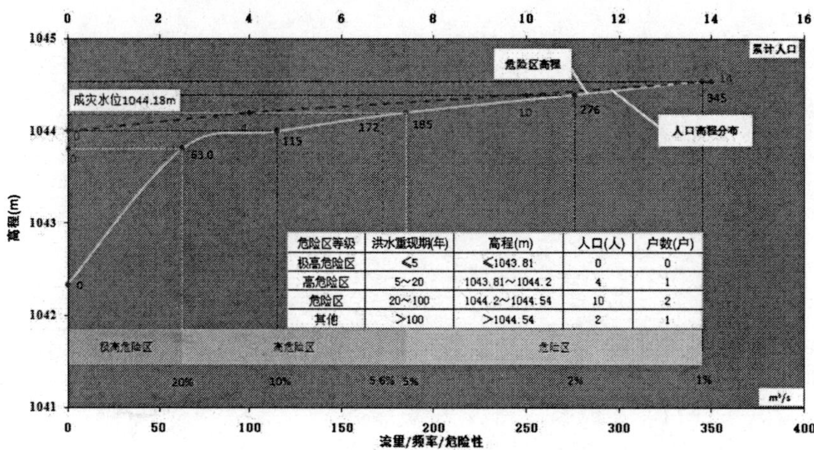

危险区等级	洪水重现期(年)	高程(m)	人口(人)	户数(户)
极高危险区	≤5	≤1043.81	0	0
高危险区	5~20	1043.81~1044.2	4	1
危险区	20~100	1044.2~1044.54	10	2
其他	>100	>1044.54	2	1

（47）南沟村防洪现状评价图

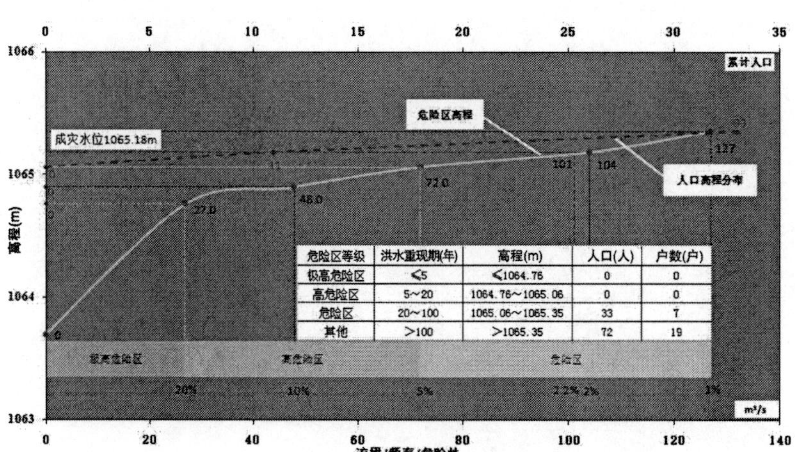

危险区等级	洪水重现期(年)	高程(m)	人口(人)	户数(户)
极高危险区	≤5	≤1064.76	0	0
高危险区	5~20	1064.76~1065.06	0	0
危险区	20~100	1065.06~1065.35	33	7
其他	>100	>1065.35	72	19

（48）棋盘新庄防洪现状评价图

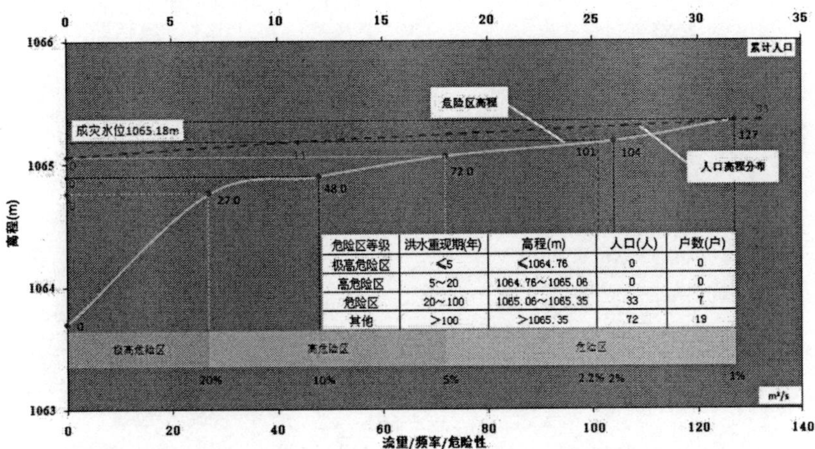

危险区等级	洪水重现期(年)	高程(m)	人口(人)	户数(户)
极高危险区	≤5	≤1064.76	0	0
高危险区	5～20	1064.76～1065.06	0	0
危险区	20～100	1065.06～1065.35	33	7
其他	>100	>1065.35	72	19

（49）羊窑防洪现状评价图

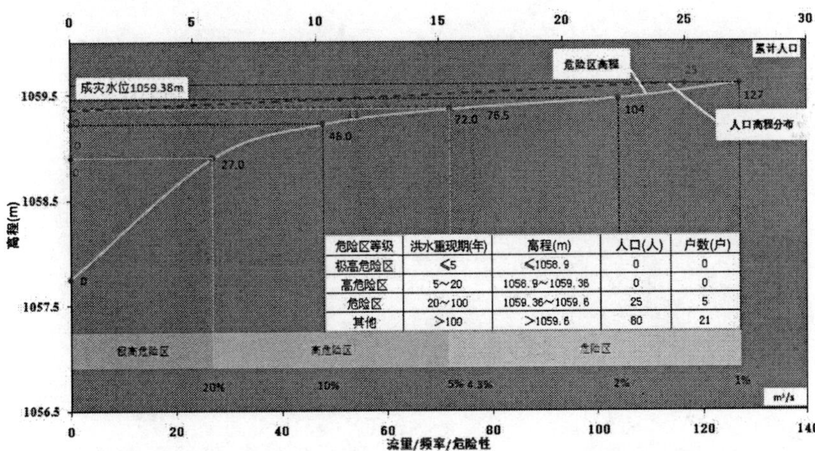

危险区等级	洪水重现期(年)	高程(m)	人口(人)	户数(户)
极高危险区	≤5	≤1058.9	0	0
高危险区	5～20	1058.9～1059.36	0	0
危险区	20～100	1059.36～1059.6	25	5
其他	>100	>1059.6	80	21

（50）小桥防洪现状评价图

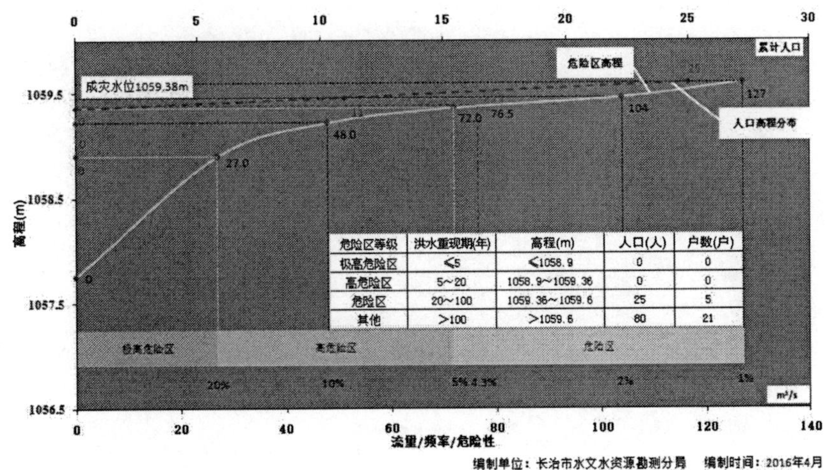

危险区等级	洪水重现期(年)	高程(m)	人口(人)	户数(户)
极高危险区	≤5	≤1058.9	0	0
高危险区	5～20	1058.9～1059.36	0	0
危险区	20～100	1059.36～1059.6	25	5
其他	>100	>1059.6	80	21

(51）寨上村防洪现状评价图

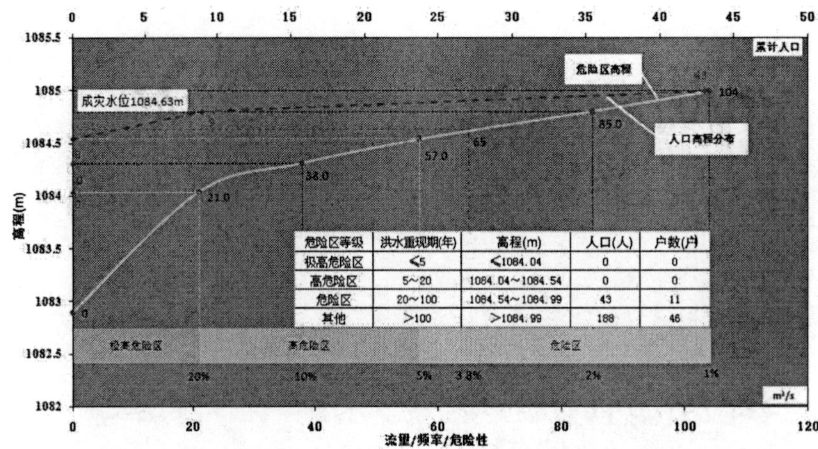

危险区等级	洪水重现期(年)	高程(m)	人口(人)	户数(户)
极高危险区	≤5	≤1084.04	0	0
高危险区	5~20	1084.04~1084.54	0	0
危险区	20~100	1084.54~1084.99	43	11
其他	＞100	＞1084.99	188	46

编制单位：长治市水文水资源勘测分局　编制时间：2016年4月

(52）寨上防洪现状评价图

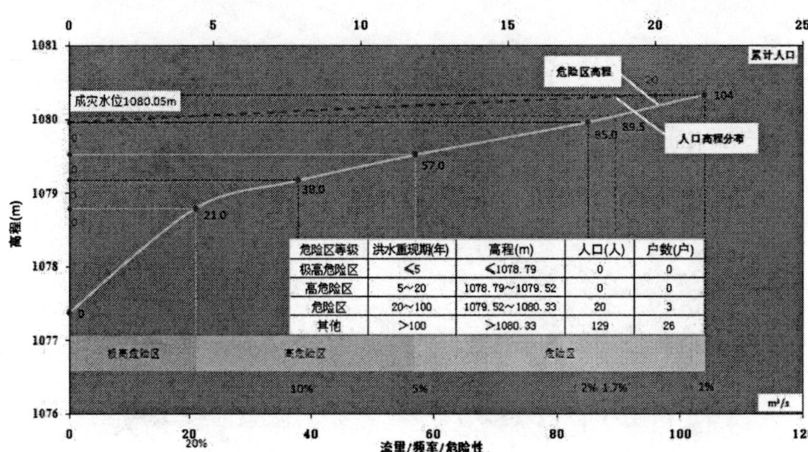

危险区等级	洪水重现期(年)	高程(m)	人口(人)	户数(户)
极高危险区	≤5	≤1078.79	0	0
高危险区	5~20	1078.79~1079.52	0	0
危险区	20~100	1079.52~1080.33	20	3
其他	＞100	＞1080.33	129	26

编制单位：长治市水文水资源勘测分局　编制时间：2016年4月

(53）吴而村防洪现状评价图

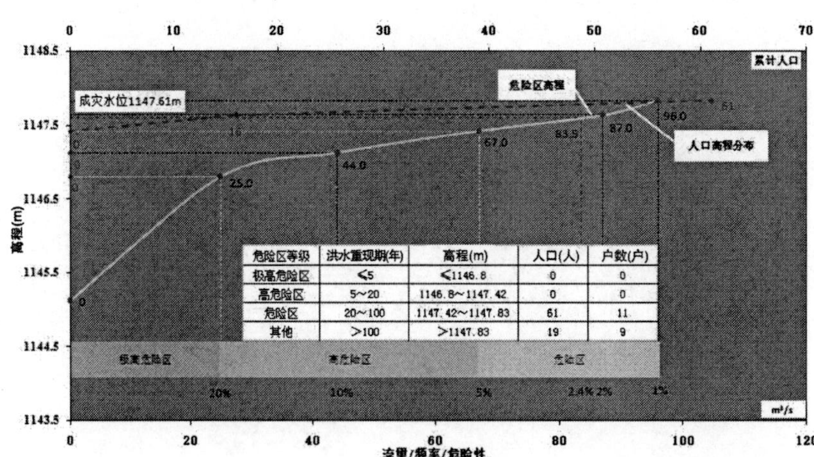

危险区等级	洪水重现期(年)	高程(m)	人口(人)	户数(户)
极高危险区	≤5	≤1146.8	0	0
高危险区	5~20	1146.8~1147.42	0	0
危险区	20~100	1147.42~1147.83	61	11
其他	＞100	＞1147.83	19	9

编制单位：长治市水文水资源勘测分局　编制时间：2016年4月

（54）西上村防洪现状评价图

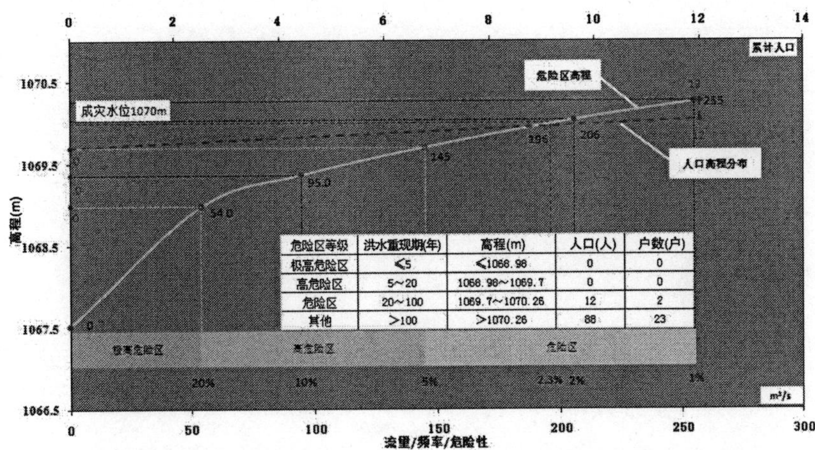

危险区等级	洪水重现期(年)	高程(m)	人口(人)	户数(户)
极高危险区	≤5	≤1068.98	0	0
高危险区	5~20	1068.98~1069.7	0	0
危险区	20~100	1069.7~1070.26	12	2
其他	>100	>1070.26	88	23

（55）西沟河村防洪现状评价图

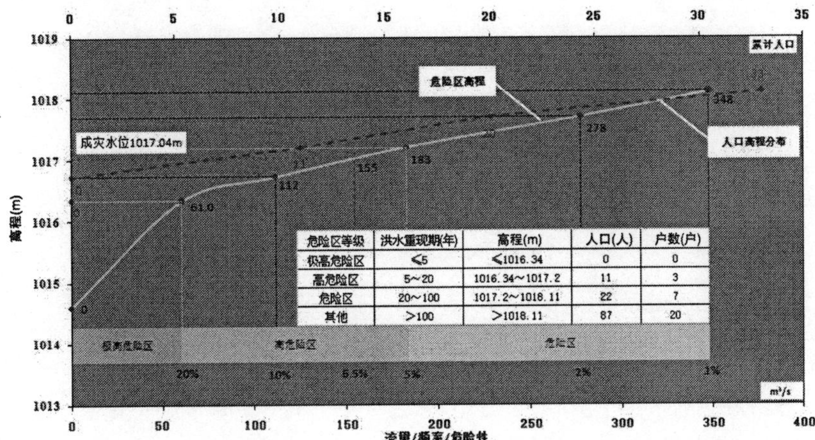

危险区等级	洪水重现期(年)	高程(m)	人口(人)	户数(户)
极高危险区	≤5	≤1016.34	0	0
高危险区	5~20	1016.34~1017.2	11	3
危险区	20~100	1017.2~1018.11	22	7
其他	>100	>1018.11	87	20

（56）西岸上防洪现状评价图

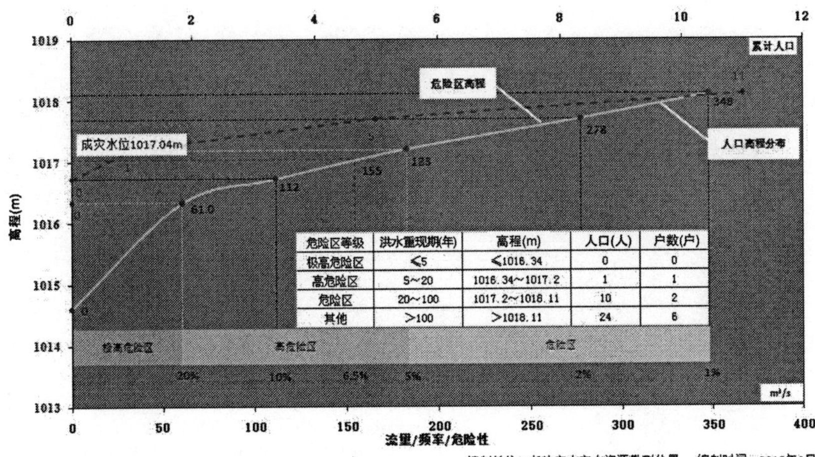

危险区等级	洪水重现期(年)	高程(m)	人口(人)	户数(户)
极高危险区	≤5	≤1016.34	0	0
高危险区	5~20	1016.34~1017.2	1	1
危险区	20~100	1017.2~1018.11	10	2
其他	>100	>1018.11	24	6

（57）西村防洪现状评价图

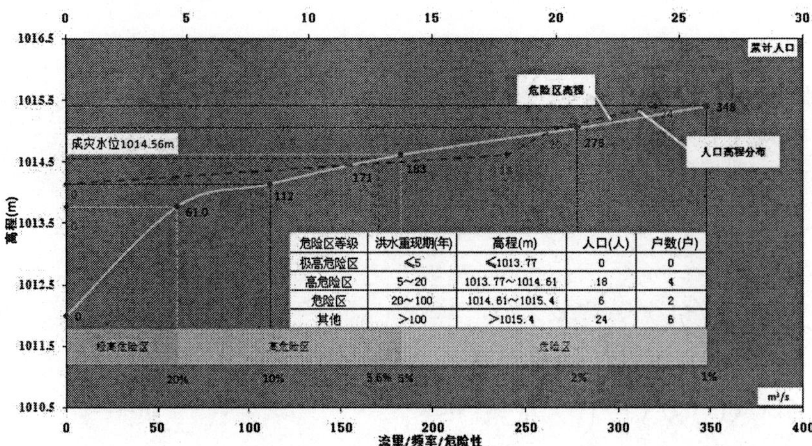

危险区等级	洪水重现期(年)	高程(m)	人口(人)	户数(户)
极高危险区	≤5	≤1013.77	0	0
高危险区	5~20	1013.77~1014.61	18	4
危险区	20~100	1014.61~1015.4	6	2
其他	>100	>1015.4	24	6

（58）西丰宜村防洪现状评价图

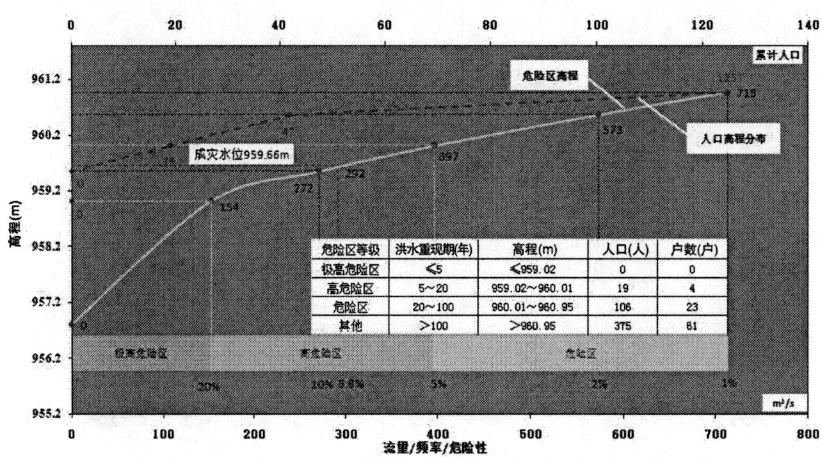

危险区等级	洪水重现期(年)	高程(m)	人口(人)	户数(户)
极高危险区	≤5	≤959.02	0	0
高危险区	5~20	959.02~960.01	19	4
危险区	20~100	960.01~960.95	106	23
其他	>100	>960.95	375	61

（59）石泉村防洪现状评价图

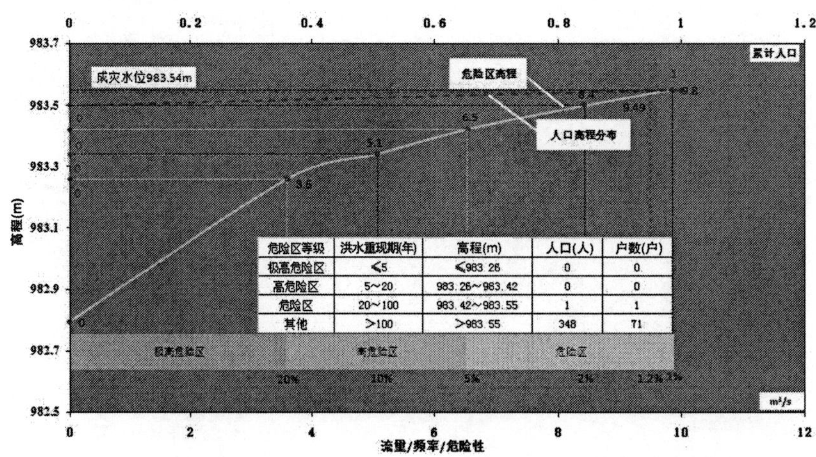

危险区等级	洪水重现期(年)	高程(m)	人口(人)	户数(户)
极高危险区	≤5	≤983.26	0	0
高危险区	5~20	983.26~983.42	0	0
危险区	20~100	983.42~983.55	1	1
其他	>100	>983.55	348	71

（60）河神庙防洪现状评价图

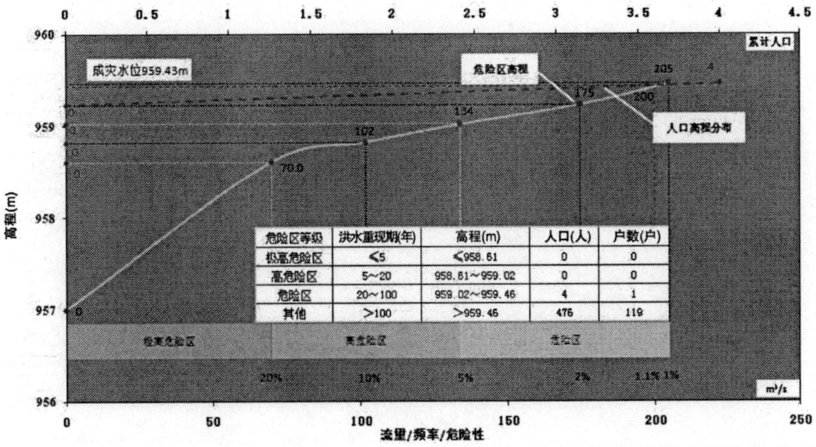

危险区等级	洪水重现期(年)	高程(m)	人口(人)	户数(户)
极高危险区	≤5	≤958.61	0	0
高危险区	5~20	958.61~959.02	0	0
危险区	20~100	959.02~959.46	4	1
其他	>100	>959.46	476	119

编制单位：长治市水文水资源勘测分局　编制时间：2016年4月

（61）梨树庄村防洪现状评价图

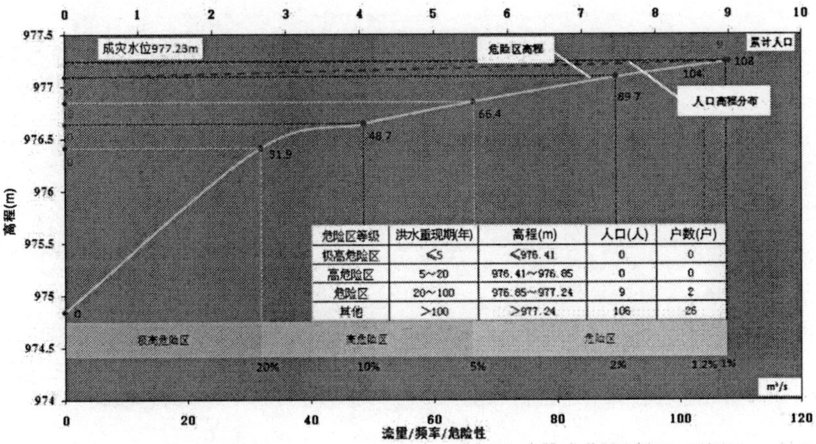

危险区等级	洪水重现期(年)	高程(m)	人口(人)	户数(户)
极高危险区	≤5	≤976.41	0	0
高危险区	5~20	976.41~976.85	0	0
危险区	20~100	976.85~977.24	9	2
其他	>100	>977.24	106	26

编制单位：长治市水文水资源勘测分局　编制时间：2016年4月

（62）庄洼防洪现状评价图

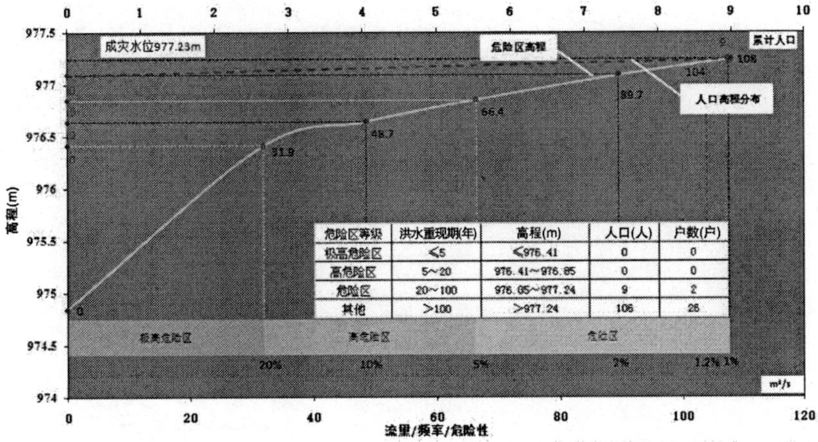

危险区等级	洪水重现期(年)	高程(m)	人口(人)	户数(户)
极高危险区	≤5	≤976.41	0	0
高危险区	5~20	976.41~976.85	0	0
危险区	20~100	976.85~977.24	9	2
其他	>100	>977.24	106	26

编制单位：长治市水文水资源勘测分局　编制时间：2016年4月

（63）西沟村防洪现状评价图

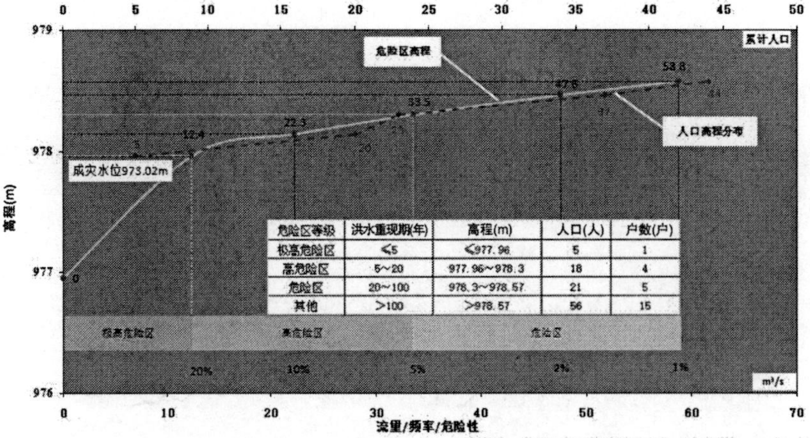

危险区等级	洪水重现期(年)	高程(m)	人口(人)	户数(户)
极高危险区	≤5	≤977.96	5	1
高危险区	5～20	977.96～978.3	18	4
危险区	20～100	978.3～978.57	21	5
其他	>100	>978.57	56	15

编制单位：长治市水文水资源勘测分局　编制时间：2016年4月

（64）老婆角防洪现状评价图

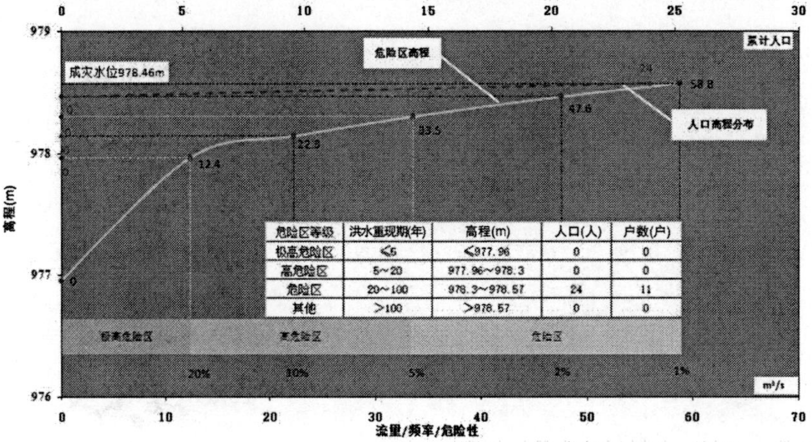

危险区等级	洪水重现期(年)	高程(m)	人口(人)	户数(户)
极高危险区	≤5	≤977.96	0	0
高危险区	5～20	977.96～978.3	0	0
危险区	20～100	978.3～978.57	24	11
其他	>100	>978.57	0	0

编制单位：长治市水文水资源勘测分局　编制时间：2016年4月

（65）西沟口防洪现状评价图

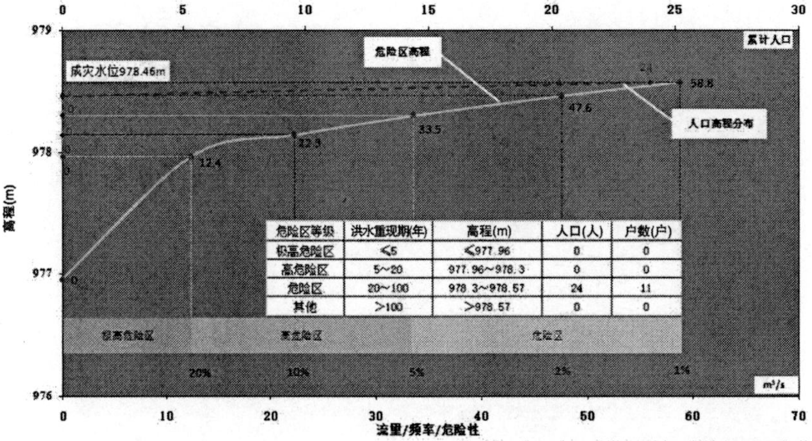

危险区等级	洪水重现期(年)	高程(m)	人口(人)	户数(户)
极高危险区	≤5	≤977.96	0	0
高危险区	5～20	977.96～978.3	0	0
危险区	20～100	978.3～978.57	24	11
其他	>100	>978.57	0	0

编制单位：长治市水文水资源勘测分局　编制时间：2016年4月

（66）司家沟防洪现状评价图

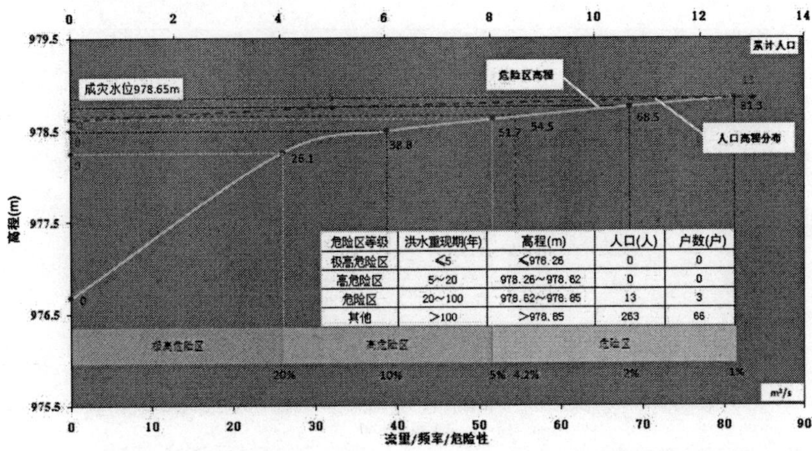

危险区等级	洪水重现期(年)	高程(m)	人口(人)	户数(户)
极高危险区	≤5	≤978.26	0	0
高危险区	5～20	978.26～978.62	0	0
危险区	20～100	978.62～978.85	13	3
其他	>100	>978.85	263	66

（67）龙王沟村防洪现状评价图

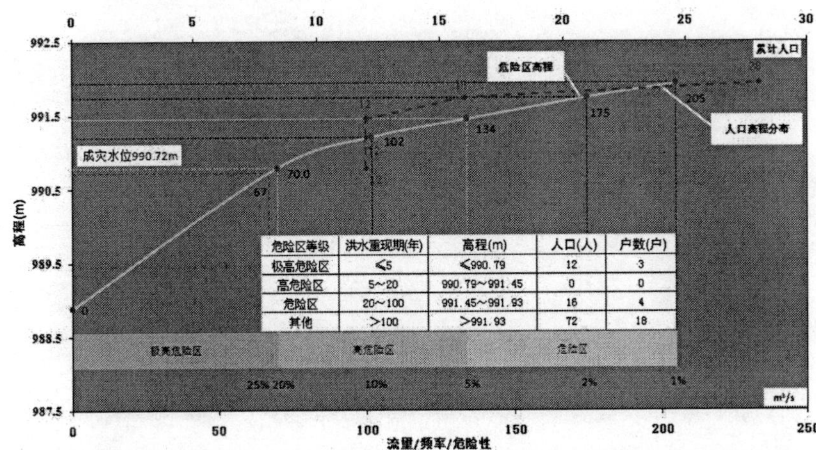

危险区等级	洪水重现期(年)	高程(m)	人口(人)	户数(户)
极高危险区	≤5	≤990.79	12	3
高危险区	5～20	990.79～991.45	0	0
危险区	20～100	991.45～991.93	16	4
其他	>100	>991.93	72	18

（68）西流寨村防洪现状评价图

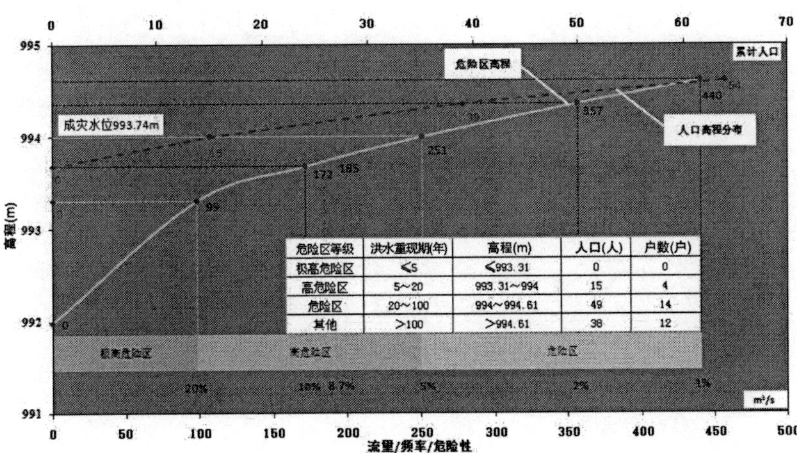

危险区等级	洪水重现期(年)	高程(m)	人口(人)	户数(户)
极高危险区	≤5	≤993.31	0	0
高危险区	5～20	993.31～994	15	4
危险区	20～100	994～994.61	49	14
其他	>100	>994.61	38	12

（69）马家庄防洪现状评价图

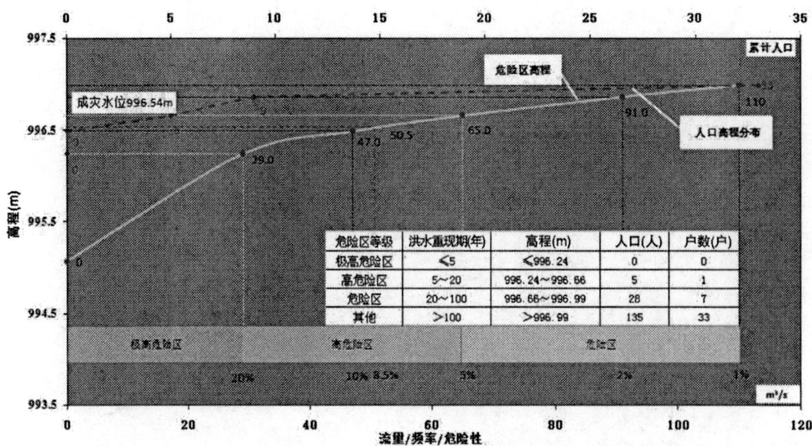

危险区等级	洪水重现期(年)	高程(m)	人口(人)	户数(户)
极高危险区	≤5	≤996.24	0	0
高危险区	5～20	996.24～996.66	5	1
危险区	20～100	996.66～996.99	28	7
其他	>100	>996.99	135	33

（70）大会村防洪现状评价图

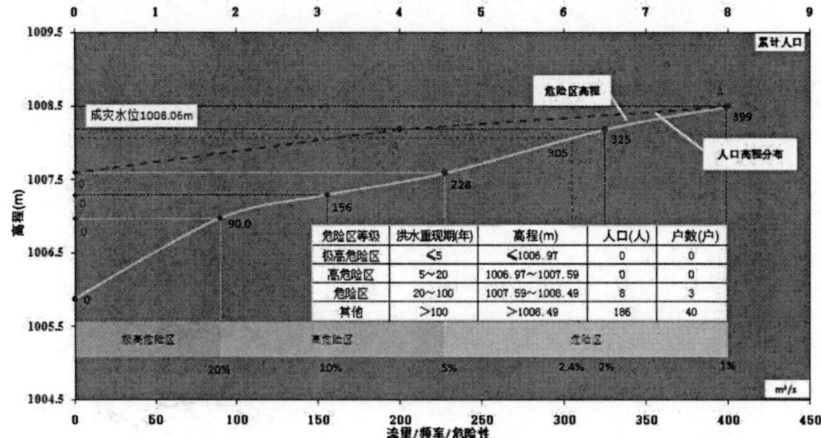

危险区等级	洪水重现期(年)	高程(m)	人口(人)	户数(户)
极高危险区	≤5	≤1006.97	0	0
高危险区	5～20	1006.97～1007.59	0	0
危险区	20～100	1007.59～1008.49	8	3
其他	>100	>1008.49	186	40

（71）西大会防洪现状评价图

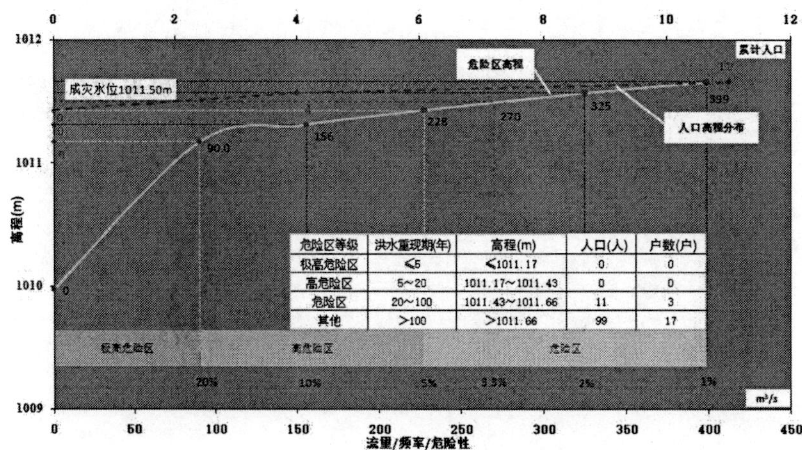

危险区等级	洪水重现期(年)	高程(m)	人口(人)	户数(户)
极高危险区	≤5	≤1011.17	0	0
高危险区	5～20	1011.17～1011.43	0	0
危险区	20～100	1011.43～1011.66	11	3
其他	>100	>1011.66	99	17

（72）河长头村防洪现状评价图

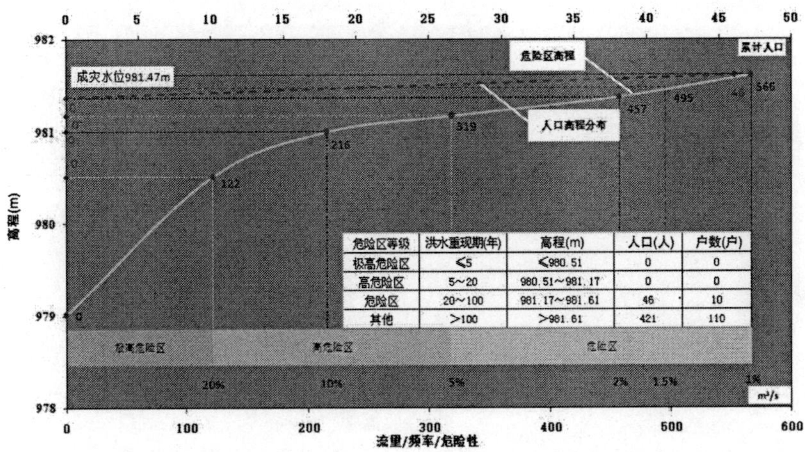

危险区等级	洪水重现期(年)	高程(m)	人口(人)	户数(户)
极高危险区	≤5	≤980.51	0	0
高危险区	5~20	980.51~981.17	0	0
危险区	20~100	981.17~981.61	46	10
其他	>100	>981.61	421	110

（73）中理村防洪现状评价图

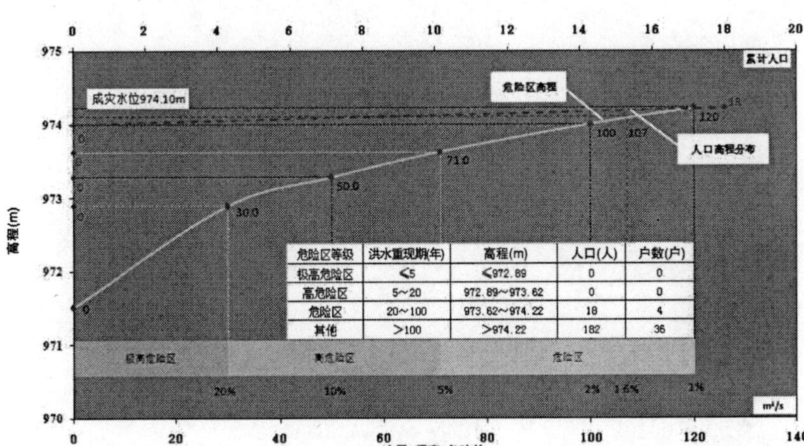

危险区等级	洪水重现期(年)	高程(m)	人口(人)	户数(户)
极高危险区	≤5	≤972.89	0	0
高危险区	5~20	972.89~973.62	0	0
危险区	20~100	973.62~974.22	18	4
其他	>100	>974.22	182	36

（74）吴寨村防洪现状评价图

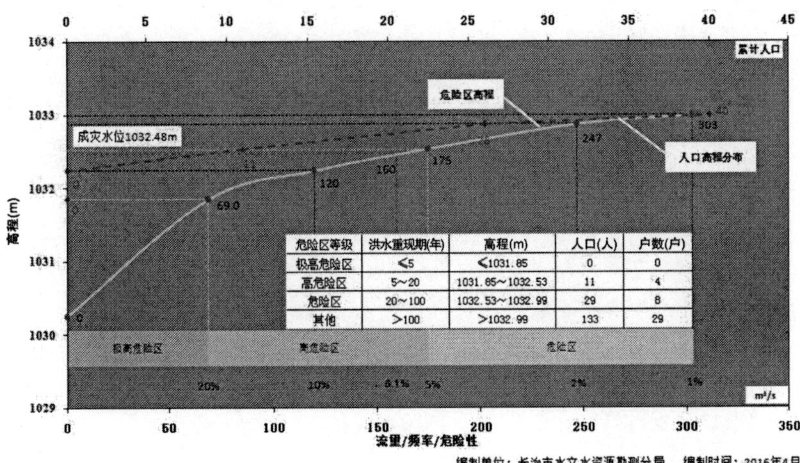

危险区等级	洪水重现期(年)	高程(m)	人口(人)	户数(户)
极高危险区	≤5	≤1031.85	0	0
高危险区	5~20	1031.85~1032.53	11	4
危险区	20~100	1032.53~1032.99	29	8
其他	>100	>1032.99	133	29

（75）桑园防洪现状评价图

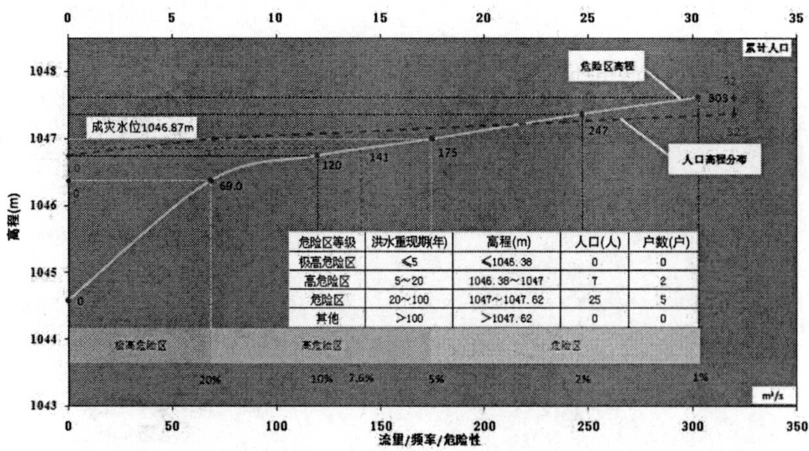

危险区等级	洪水重现期(年)	高程(m)	人口(人)	户数(户)
极高危险区	≤5	≤1046.38	0	0
高危险区	5~20	1046.38~1047	7	2
危险区	20~100	1047~1047.62	25	5
其他	>100	>1047.62	0	0

（76）黑家口防洪现状评价图

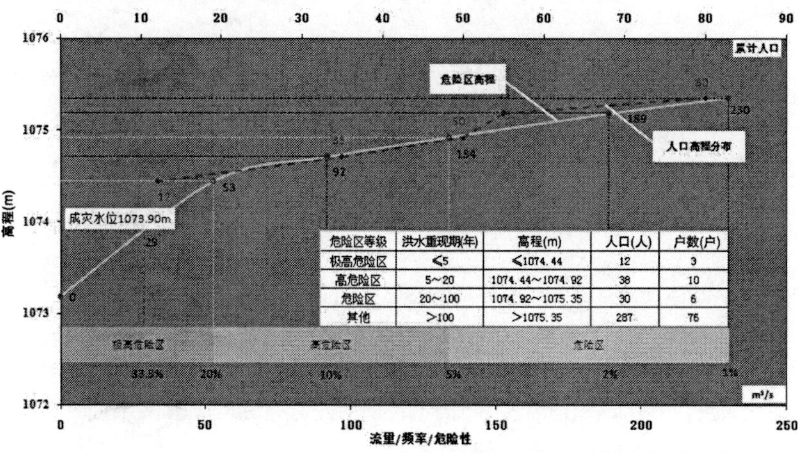

危险区等级	洪水重现期(年)	高程(m)	人口(人)	户数(户)
极高危险区	≤5	≤1074.44	12	3
高危险区	5~20	1074.44~1074.92	38	10
危险区	20~100	1074.92~1075.35	30	6
其他	>100	>1075.35	287	76

（77）上莲村防洪现状评价图

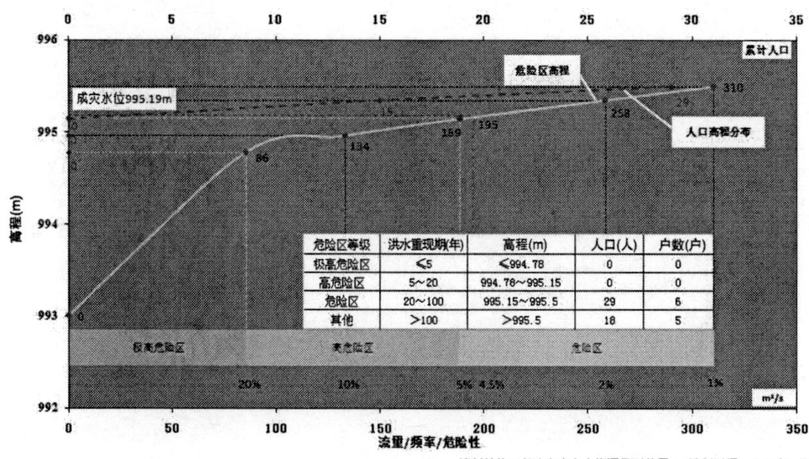

危险区等级	洪水重现期(年)	高程(m)	人口(人)	户数(户)
极高危险区	≤5	≤994.78	0	0
高危险区	5~20	994.78~995.15	0	0
危险区	20~100	995.15~995.5	29	6
其他	>100	>995.5	18	5

（78）前上莲防洪现状评价图

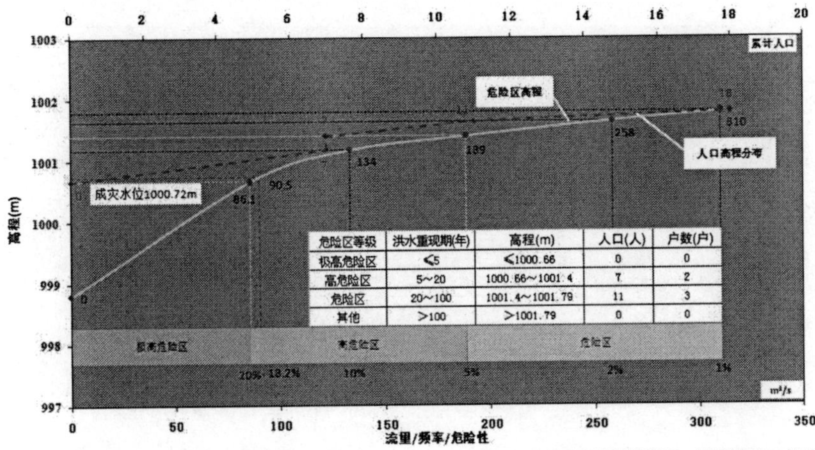

危险区等级	洪水重现期(年)	高程(m)	人口(人)	户数(户)
极高危险区	≤5	≤1000.66	0	0
高危险区	5~20	1000.66~1001.4	7	2
危险区	20~100	1001.4~1001.79	11	3
其他	>100	>1001.79	0	0

（79）后上莲防洪现状评价图

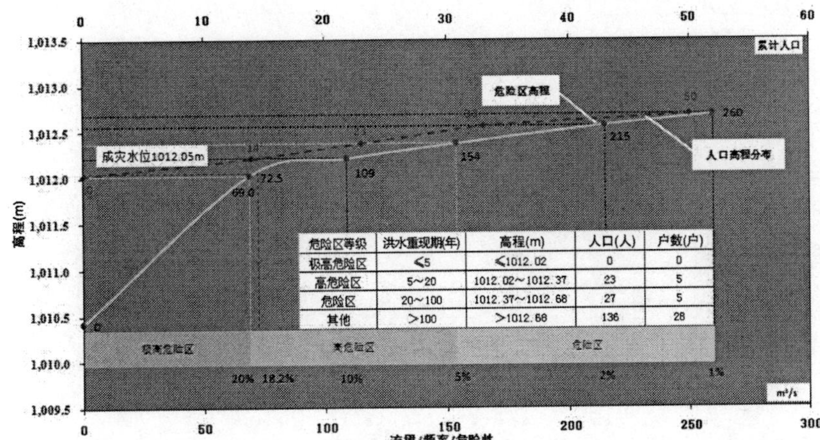

危险区等级	洪水重现期(年)	高程(m)	人口(人)	户数(户)
极高危险区	≤5	≤1012.02	0	0
高危险区	5~20	1012.02~1012.37	23	5
危险区	20~100	1012.37~1012.68	27	5
其他	>100	>1012.68	136	28

（80）马庄防洪现状评价图

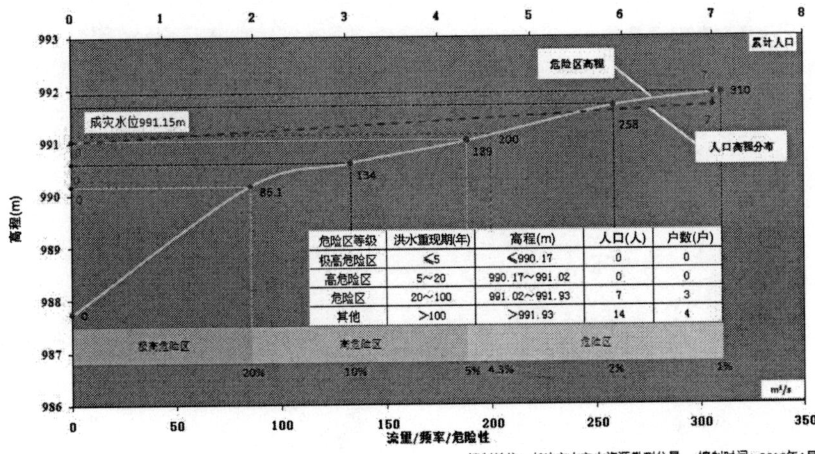

危险区等级	洪水重现期(年)	高程(m)	人口(人)	户数(户)
极高危险区	≤5	≤990.17	0	0
高危险区	5~20	990.17~991.02	0	0
危险区	20~100	991.02~991.93	7	3
其他	>100	>991.93	14	4

（81）交川村防洪现状评价图

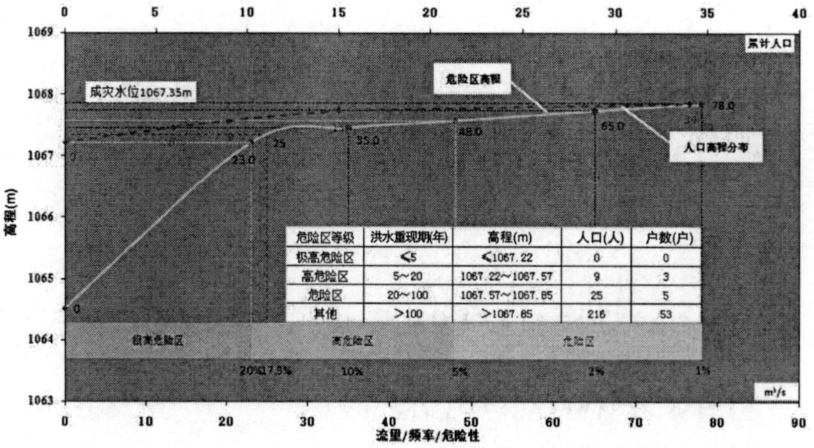

危险区等级	洪水重现期(年)	高程(m)	人口(人)	户数(户)
极高危险区	≤5	≤1067.22	0	0
高危险区	5～20	1067.22～1067.57	9	3
危险区	20～100	1067.57～1067.85	25	5
其他	＞100	＞1067.85	216	53

编制单位：长治市水文水资源勘测分局　编制时间：2016年4月

7. 平顺县防洪现状评价图

（1）贾家村防洪现状评价图

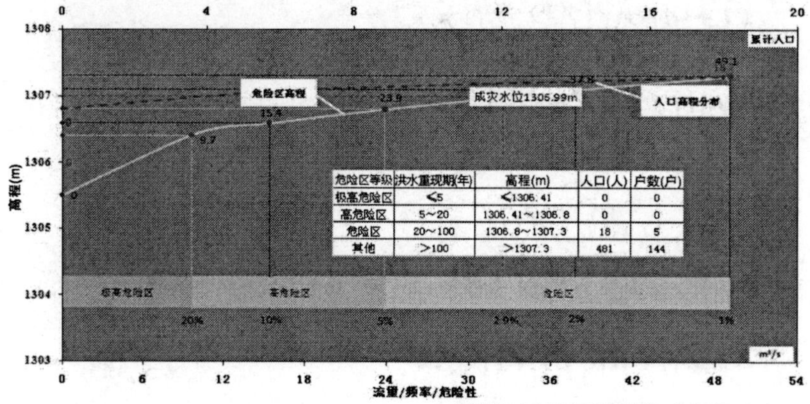

危险区等级	洪水重现期(年)	高程(m)	人口(人)	户数(户)
极高危险区	≤5	≤1306.41	0	0
高危险区	5～20	1306.41～1306.8	0	0
危险区	20～100	1306.8～1307.3	18	5
其他	＞100	＞1307.3	481	144

编制单位：长治市水文水资源勘测局　编制时间：2015年11月

（2）王家村防洪现状评价图

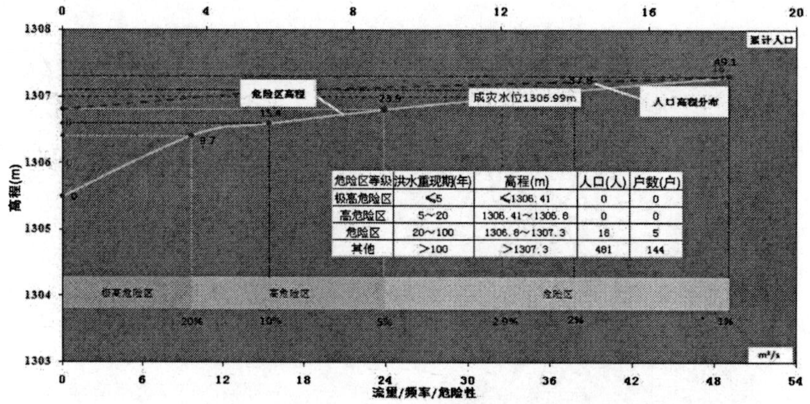

危险区等级	洪水重现期(年)	高程(m)	人口(人)	户数(户)
极高危险区	≤5	≤1306.41	0	0
高危险区	5～20	1306.41～1306.8	0	0
危险区	20～100	1306.8～1307.3	18	5
其他	＞100	＞1307.3	481	144

编制单位：长治市水文水资源勘测局　编制时间：2015年11月

（3）路家口村防洪现状评价图

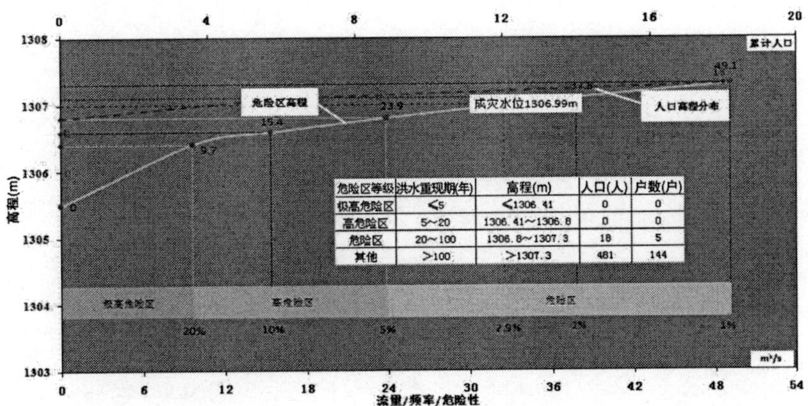

危险区等级	洪水重现期(年)	高程(m)	人口(人)	户数(户)
极高危险区	≤5	≤1306.41	0	0
高危险区	5～20	1306.41～1306.8	0	0
危险区	20～100	1306.8～1307.3	18	5
其他	>100	>1307.3	481	144

（4）北坡村防洪现状评价图

① 支流防洪现状评价图

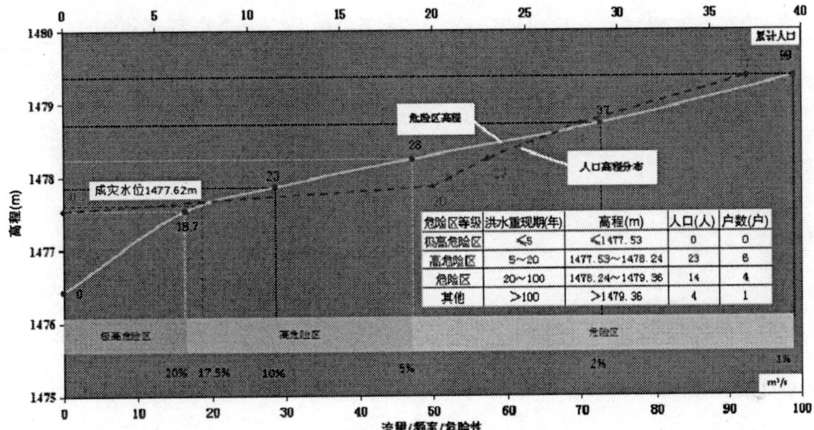

危险区等级	洪水重现期(年)	高程(m)	人口(人)	户数(户)
极高危险区	≤5	≤1477.53	0	0
高危险区	5～20	1477.53～1478.24	23	6
危险区	20～100	1478.24～1479.36	14	4
其他	>100	>1479.36	4	1

② 干流防洪现状评价图

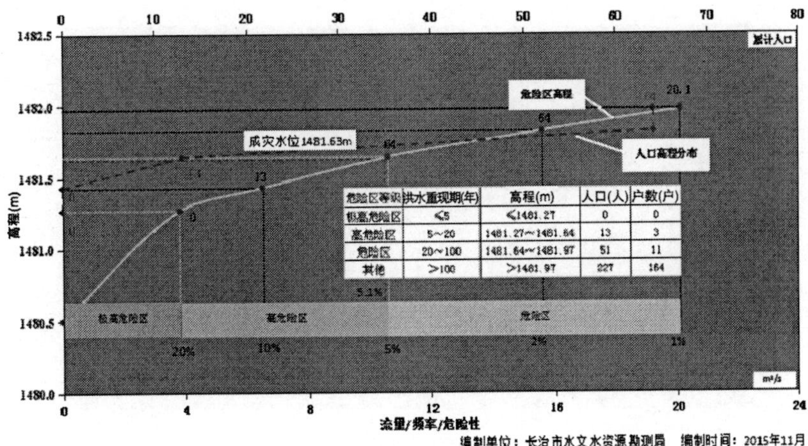

危险区等级	洪水重现期(年)	高程(m)	人口(人)	户数(户)
极高危险区	≤5	≤1481.27	0	0
高危险区	5～20	1481.27～1481.64	13	3
危险区	20～100	1481.64～1481.97	51	11
其他	>100	>1481.97	227	164

（5）龙镇村防洪现状评价图

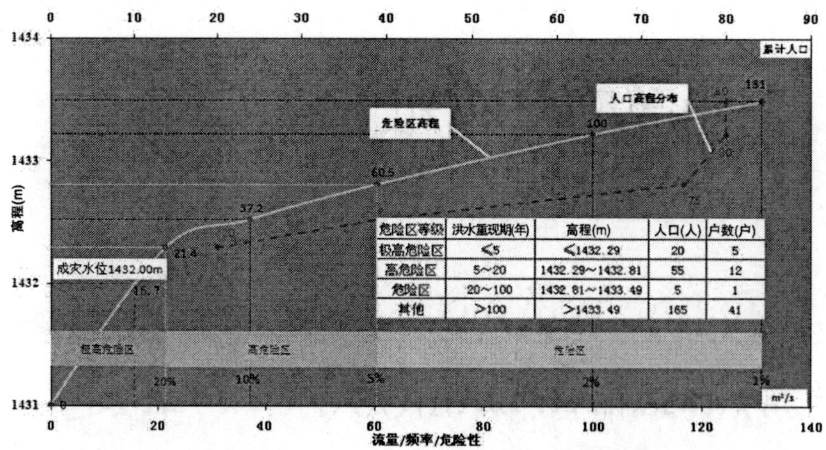

危险区等级	洪水重现期(年)	高程(m)	人口(人)	户数(户)
极高危险区	≤5	≤1432.29	20	5
高危险区	5~20	1432.29~1432.81	55	12
危险区	20~100	1432.81~1433.49	5	1
其他	>100	>1433.49	165	41

（6）南坡村防洪现状评价图

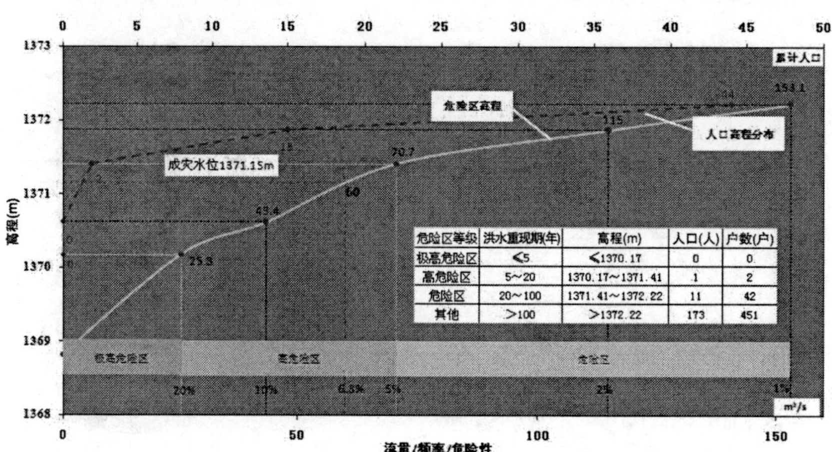

危险区等级	洪水重现期(年)	高程(m)	人口(人)	户数(户)
极高危险区	≤5	≤1370.17	0	0
高危险区	5~20	1370.17~1371.41	1	2
危险区	20~100	1371.41~1372.22	11	42
其他	>100	>1372.22	173	451

（7）东迷村防洪现状评价图

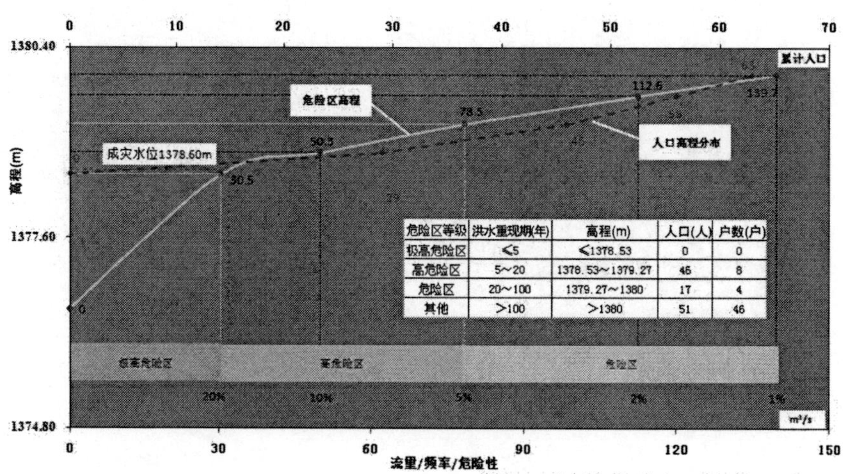

危险区等级	洪水重现期(年)	高程(m)	人口(人)	户数(户)
极高危险区	≤5	≤1378.53	0	0
高危险区	5~20	1378.53~1379.27	46	8
危险区	20~100	1379.27~1380	17	4
其他	>100	>1380	51	46

（8）正村防洪现状评价图

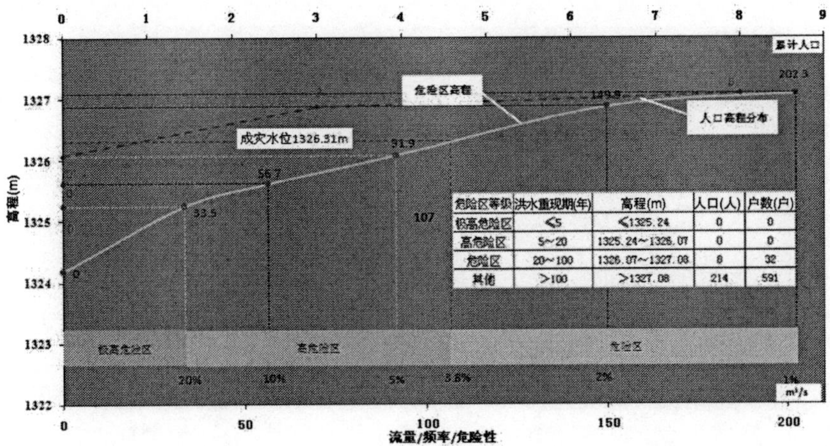

危险区等级	洪水重现期(年)	高程(m)	人口(人)	户数(户)
极高危险区	≤5	≤1325.24	0	0
高危险区	5～20	1325.24～1326.07	0	0
危险区	20～100	1326.07～1327.08	8	32
其他	>100	>1327.08	214	591

（9）龙家村防洪现状评价图

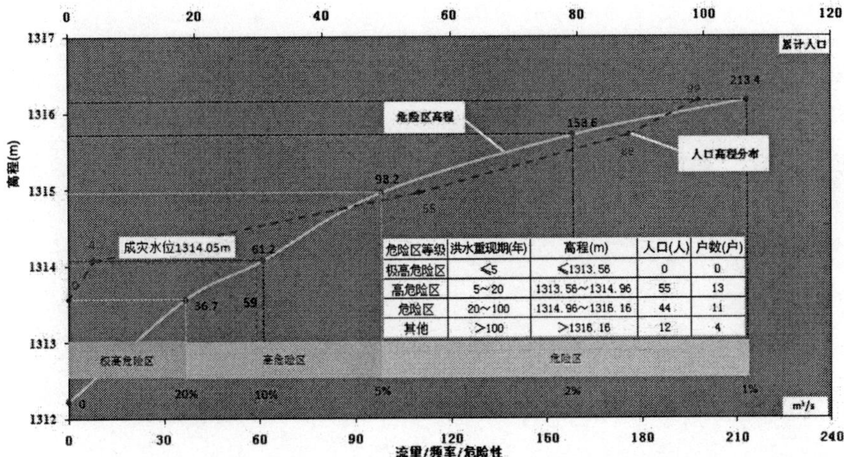

危险区等级	洪水重现期(年)	高程(m)	人口(人)	户数(户)
极高危险区	≤5	≤1313.56	0	0
高危险区	5～20	1313.56～1314.96	55	13
危险区	20～100	1314.96～1316.16	44	11
其他	>100	>1316.16	12	4

（10）申家坪村防洪现状评价图

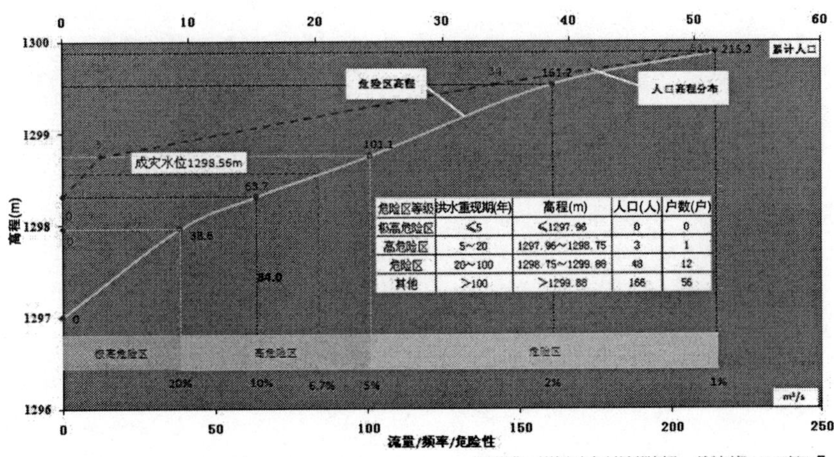

危险区等级	洪水重现期(年)	高程(m)	人口(人)	户数(户)
极高危险区	≤5	≤1297.96	0	0
高危险区	5～20	1297.96～1298.75	3	1
危险区	20～100	1298.75～1299.88	48	12
其他	>100	>1299.88	166	56

（11）下井村防洪现状评价图

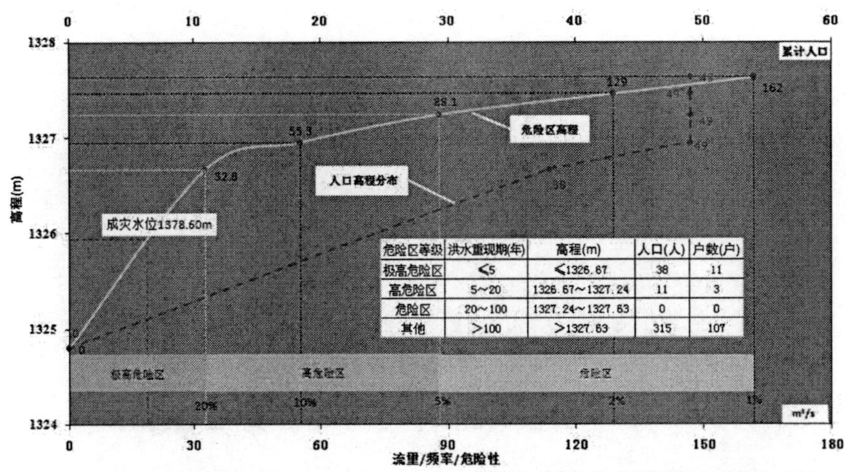

危险区等级	洪水重现期(年)	高程(m)	人口(人)	户数(户)
极高危险区	≤5	≤1326.67	38	11
高危险区	5~20	1326.67~1327.24	11	3
危险区	20~100	1327.24~1327.63	0	0
其他	>100	>1327.63	315	107

（12）青行头村防洪现状评价图

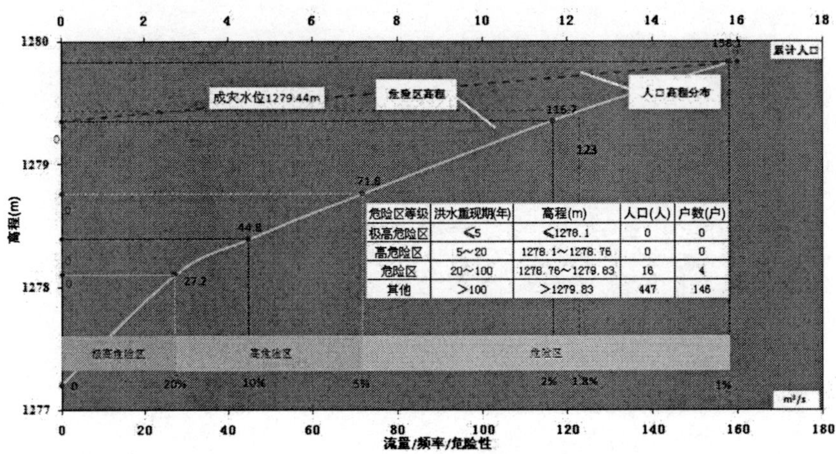

危险区等级	洪水重现期(年)	高程(m)	人口(人)	户数(户)
极高危险区	≤5	≤1278.1	0	0
高危险区	5~20	1278.1~1278.76	0	0
危险区	20~100	1278.76~1279.83	16	4
其他	>100	>1279.83	447	146

（13）南赛防洪现状评价图

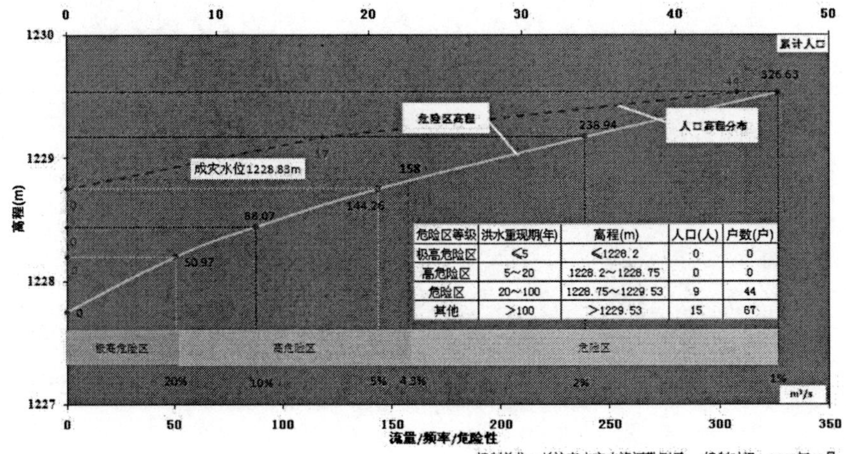

危险区等级	洪水重现期(年)	高程(m)	人口(人)	户数(户)
极高危险区	≤5	≤1228.2	0	0
高危险区	5~20	1228.2~1228.75	0	0
危险区	20~100	1228.75~1229.53	9	44
其他	>100	>1229.53	15	67

(14）东峪防洪现状评价图

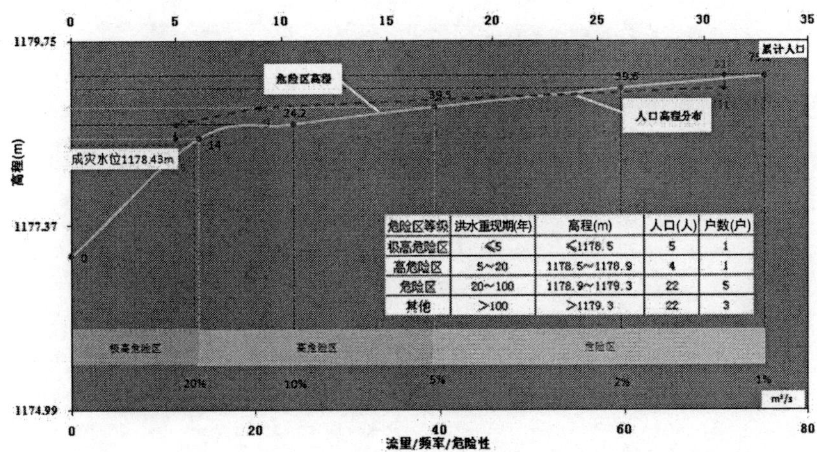

危险区等级	洪水重现期(年)	高程(m)	人口(人)	户数(户)
极高危险区	≤5	≤1178.5	5	1
高危险区	5～20	1178.5～1178.9	4	1
危险区	20～100	1178.9～1179.3	22	5
其他	>100	>1179.3	22	3

编制单位：长治市水文水资源勘测局　编制时间：2015年11月

(15）西沟村（含刘家地、池底）防洪现状评价图

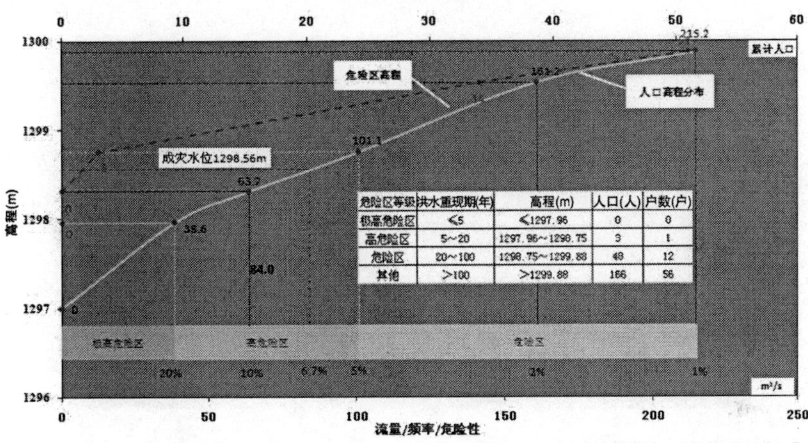

危险区等级	洪水重现期(年)	高程(m)	人口(人)	户数(户)
极高危险区	≤5	≤1297.96	0	0
高危险区	5～20	1297.96～1298.75	3	1
危险区	20～100	1298.75～1299.88	48	12
其他	>100	>1299.88	166	56

编制单位：长治市水文水资源勘测局　编制时间：2015年11月

(16）川底村防洪现状评价图

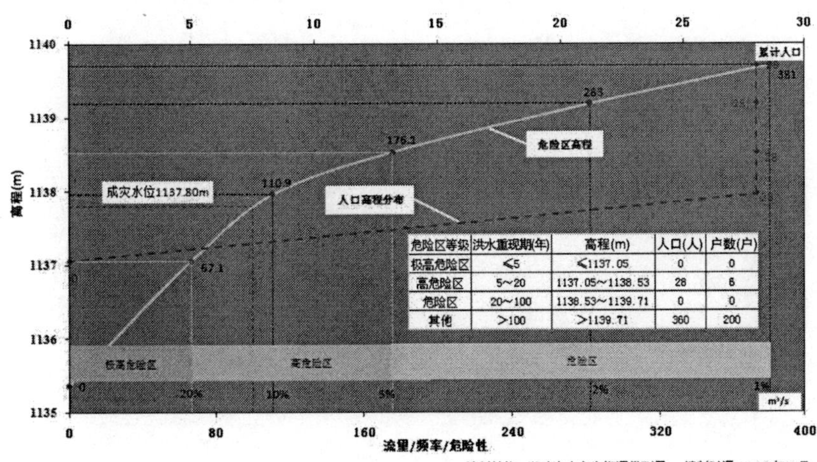

危险区等级	洪水重现期(年)	高程(m)	人口(人)	户数(户)
极高危险区	≤5	≤1137.05	0	0
高危险区	5～20	1137.05～1138.53	28	6
危险区	20～100	1138.53～1139.71	0	0
其他	>100	>1139.71	360	200

编制单位：长治市水文水资源勘测局　编制时间：2015年11月

（17）石埠头村防洪现状评价图

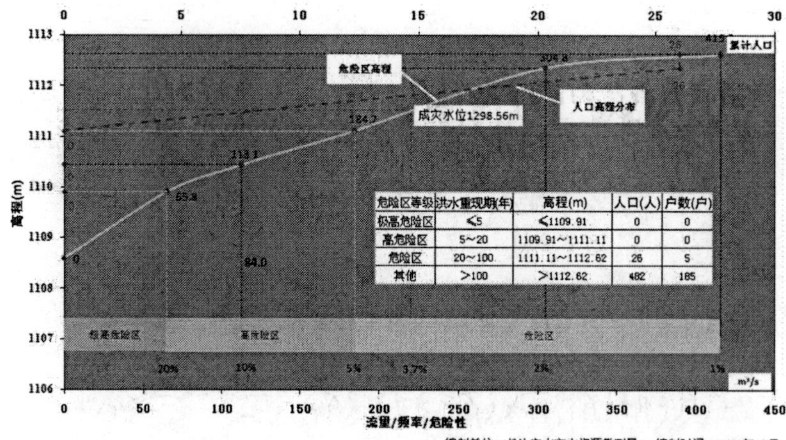

危险区等级	洪水重现期(年)	高程(m)	人口(人)	户数(户)
极高危险区	≤5	≤1109.91	0	0
高危险区	5~20	1109.91~1111.11	0	0
危险区	20~100	1111.11~1112.62	26	5
其他	>100	>1112.62	482	185

（18）小东峪村（含前庄上、当庄上、三亩地）防洪现状评价图

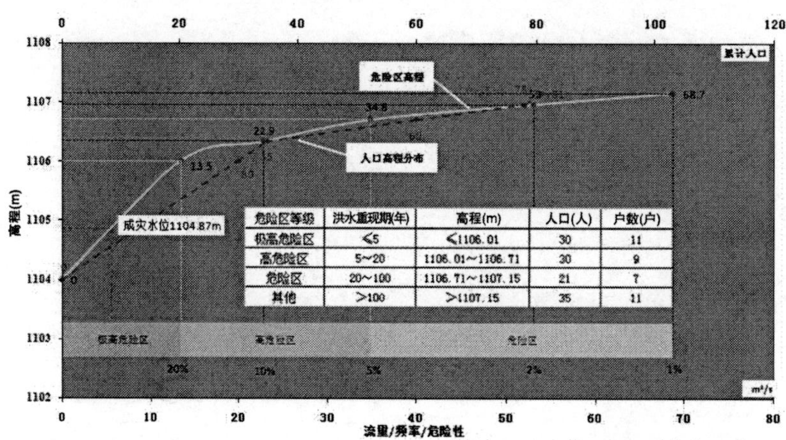

危险区等级	洪水重现期(年)	高程(m)	人口(人)	户数(户)
极高危险区	≤5	≤1106.01	30	11
高危险区	5~20	1106.01~1106.71	30	9
危险区	20~100	1106.71~1107.15	21	7
其他	>100	>1107.15	35	11

（19）峪峪村（含红公）防洪现状评价图

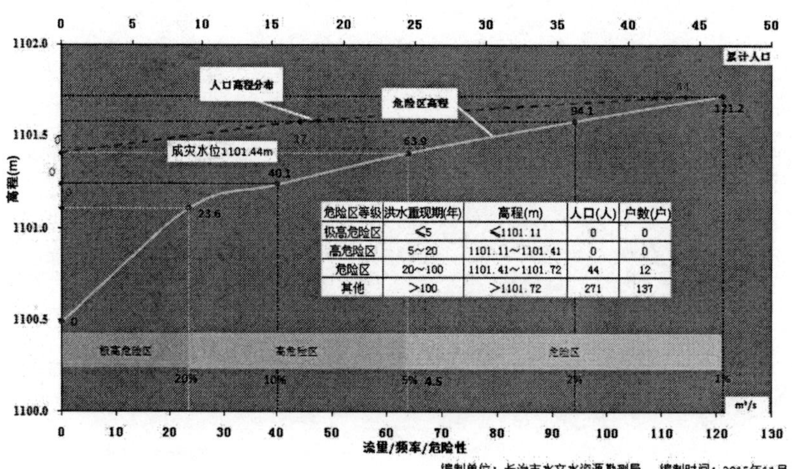

危险区等级	洪水重现期(年)	高程(m)	人口(人)	户数(户)
极高危险区	≤5	≤1101.11	0	0
高危险区	5~20	1101.11~1101.41	0	0
危险区	20~100	1101.41~1101.72	44	12
其他	>100	>1101.72	271	137

（20）城关村防洪现状评价图

城关村属于重要城镇集镇，不属于本次调查范围。

（21）张井村防洪现状评价图

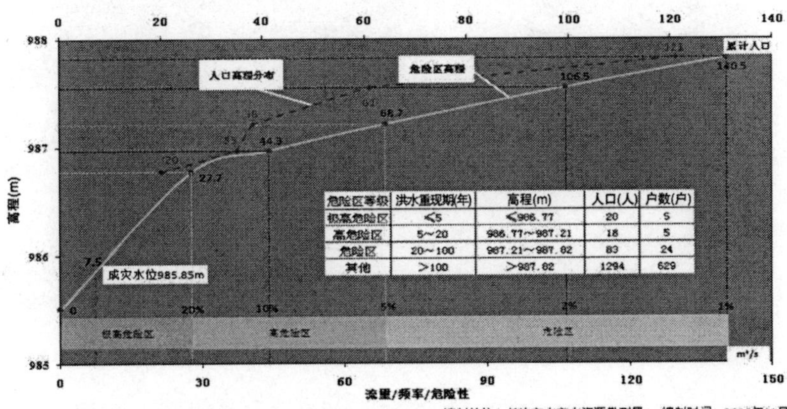

危险区等级	洪水重现期(年)	高程(m)	人口(人)	户数(户)
极高危险区	≤5	≤986.77	20	5
高危险区	5～20	986.77～987.21	18	5
危险区	20～100	987.21～987.82	83	24
其他	＞100	＞987.82	1294	629

（22）小赛村防洪现状评价图

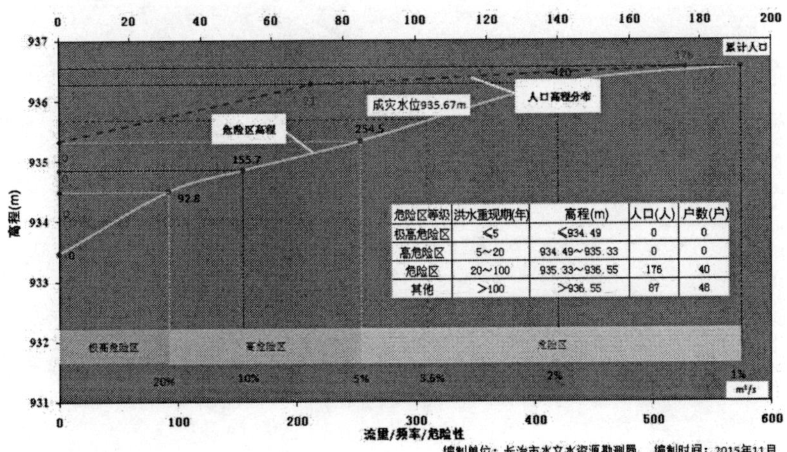

危险区等级	洪水重现期(年)	高程(m)	人口(人)	户数(户)
极高危险区	≤5	≤934.49	0	0
高危险区	5～20	934.49～935.33	0	0
危险区	20～100	935.33～936.55	176	40
其他	＞100	＞936.55	87	48

（23）后留村防洪现状评价图

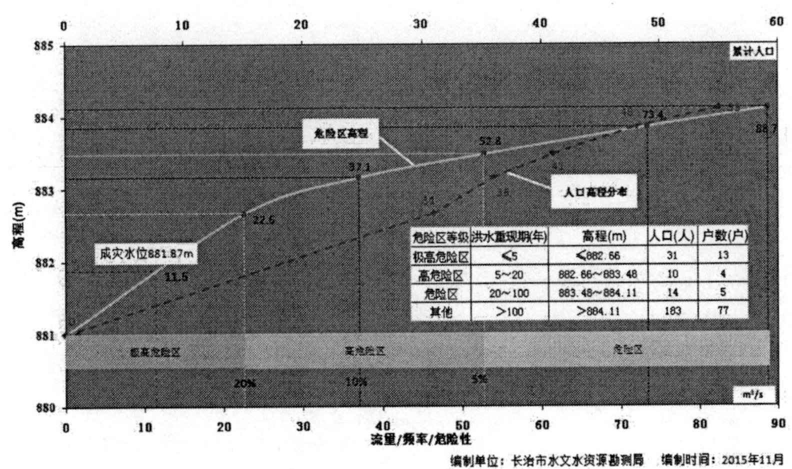

危险区等级	洪水重现期(年)	高程(m)	人口(人)	户数(户)
极高危险区	≤5	≤882.66	31	13
高危险区	5～20	882.66～883.48	10	4
危险区	20～100	883.48～884.11	14	5
其他	＞100	＞884.11	183	77

（24）常家村防洪现状评价图

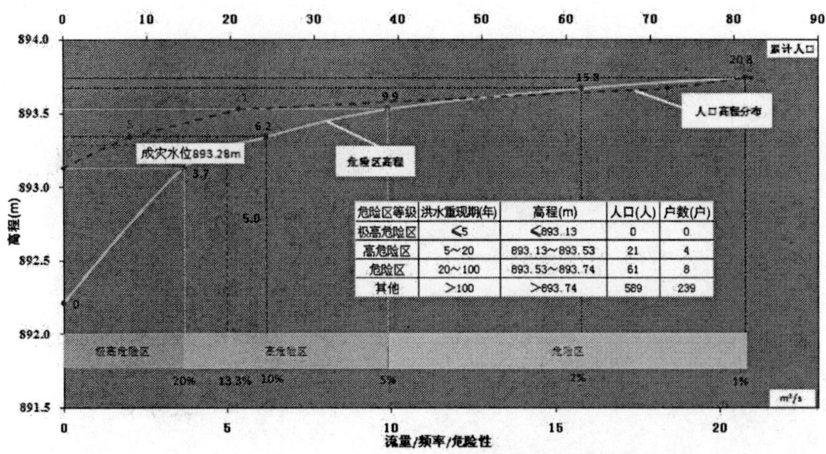

危险区等级	洪水重现期(年)	高程(m)	人口(人)	户数(户)
极高危险区	≤5	≤893.13	0	0
高危险区	5～20	893.13～893.53	21	4
危险区	20～100	893.53～893.74	61	8
其他	>100	>893.74	589	239

（25）羊老岩村（含后庄、沟口、后南站）防洪现状评价图

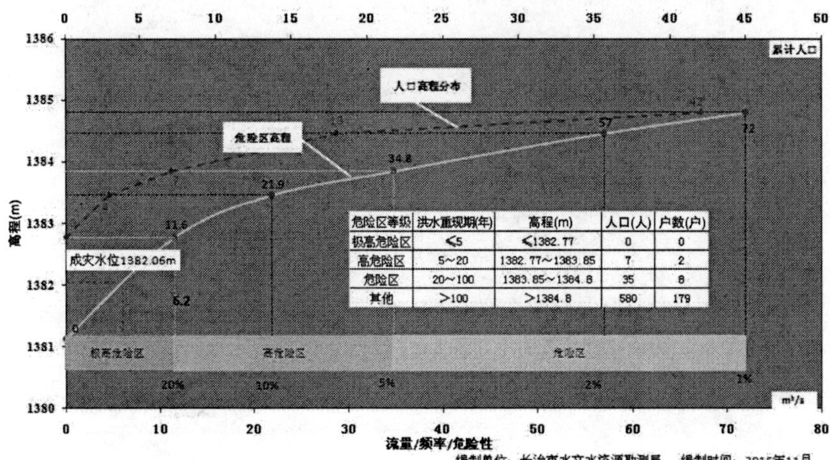

危险区等级	洪水重现期(年)	高程(m)	人口(人)	户数(户)
极高危险区	≤5	≤1382.77	0	0
高危险区	5～20	1382.77～1383.85	7	2
危险区	20～100	1383.85～1384.8	35	8
其他	>100	>1384.8	580	179

（26）底河村防洪现状评价图

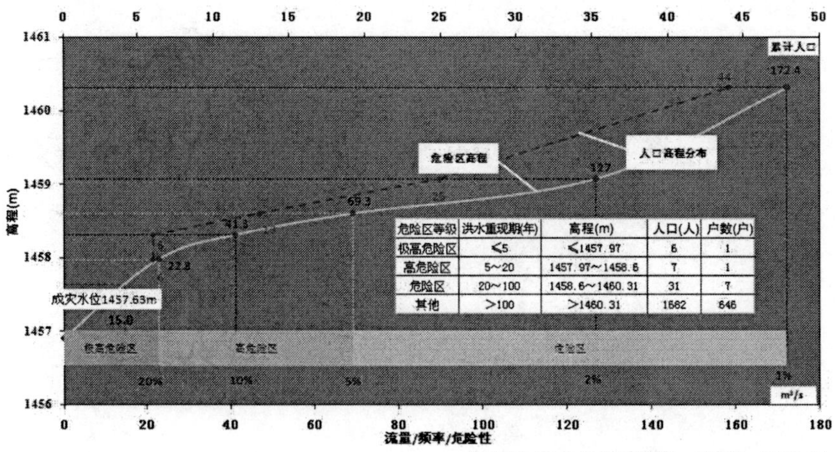

危险区等级	洪水重现期(年)	高程(m)	人口(人)	户数(户)
极高危险区	≤5	≤1457.97	6	1
高危险区	5～20	1457.97～1458.6	7	1
危险区	20～100	1458.6～1460.31	31	7
其他	>100	>1460.31	1662	646

(27) 西湾村防洪现状评价图

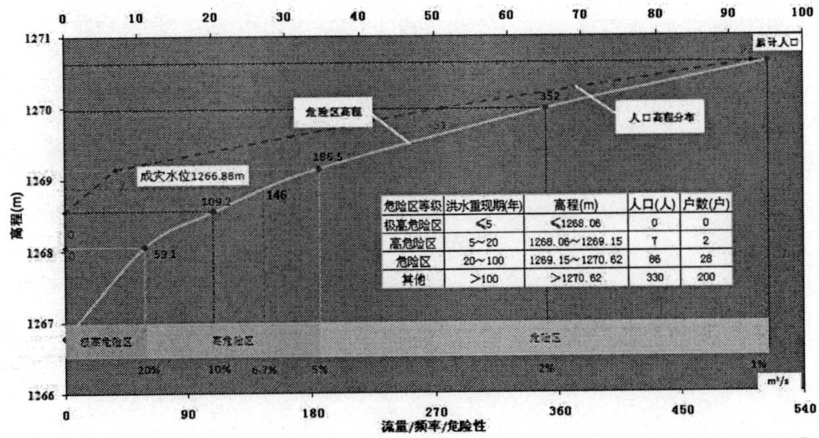

危险区等级	洪水重现期(年)	高程(m)	人口(人)	户数(户)
极高危险区	≤5	≤1268.06	0	0
高危险区	5~20	1268.06~1269.15	7	2
危险区	20~100	1269.15~1270.62	86	28
其他	＞100	＞1270.62	330	200

(28) 大山村防洪现状评价图

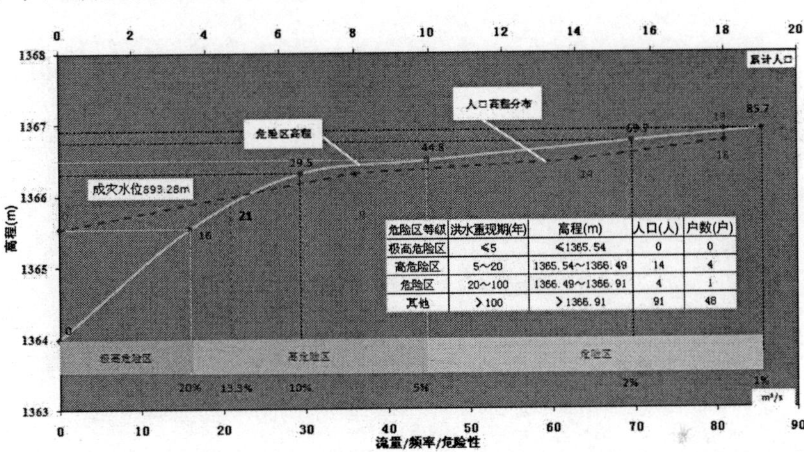

危险区等级	洪水重现期(年)	高程(m)	人口(人)	户数(户)
极高危险区	≤5	≤1365.54	0	0
高危险区	5~20	1365.54~1366.49	14	4
危险区	20~100	1366.49~1366.91	4	1
其他	＞100	＞1366.91	91	48

(29) 安阳村防洪现状评价图

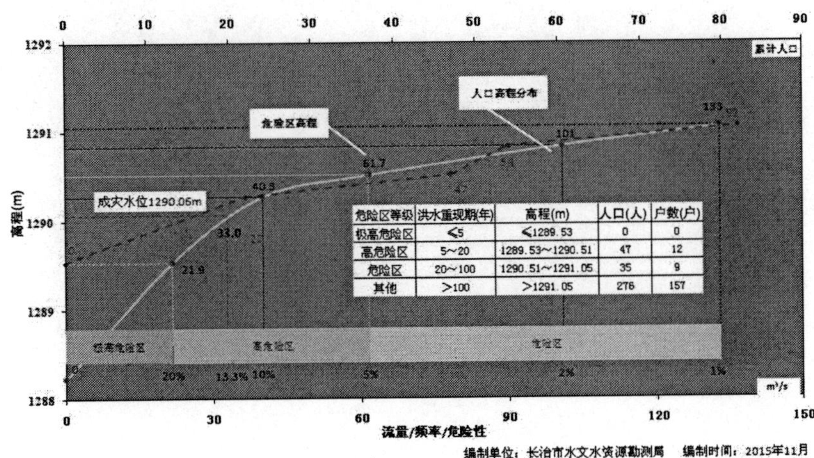

危险区等级	洪水重现期(年)	高程(m)	人口(人)	户数(户)
极高危险区	≤5	≤1289.53	0	0
高危险区	5~20	1289.53~1290.51	47	12
危险区	20~100	1290.51~1291.05	35	9
其他	＞100	＞1291.05	276	157

（30）前庄村防洪现状评价图

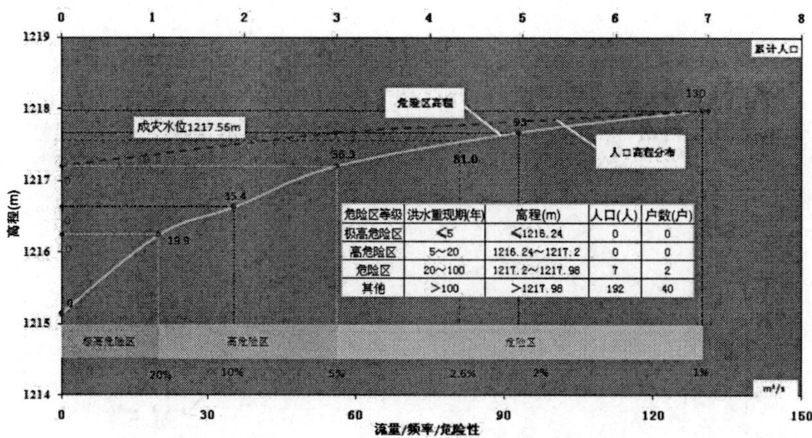

危险区等级	洪水重现期(年)	高程(m)	人口(人)	户数(户)
极高危险区	≤5	≤1216.24	0	0
高危险区	5～20	1216.24～1217.2	0	0
危险区	20～100	1217.2～1217.98	7	2
其他	＞100	＞1217.98	192	40

（31）虹梯关村防洪现状评价图

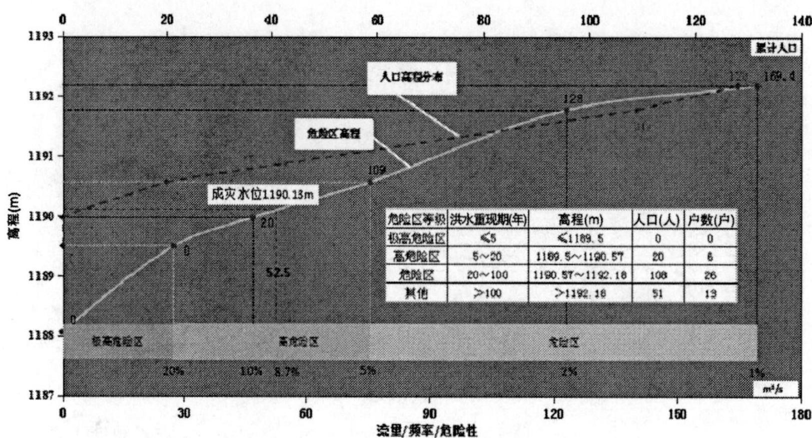

危险区等级	洪水重现期(年)	高程(m)	人口(人)	户数(户)
极高危险区	≤5	≤1189.5	0	0
高危险区	5～20	1189.5～1190.57	20	6
危险区	20～100	1190.57～1192.18	108	26
其他	＞100	＞1192.18	51	13

（32）梯后村防洪现状评价图

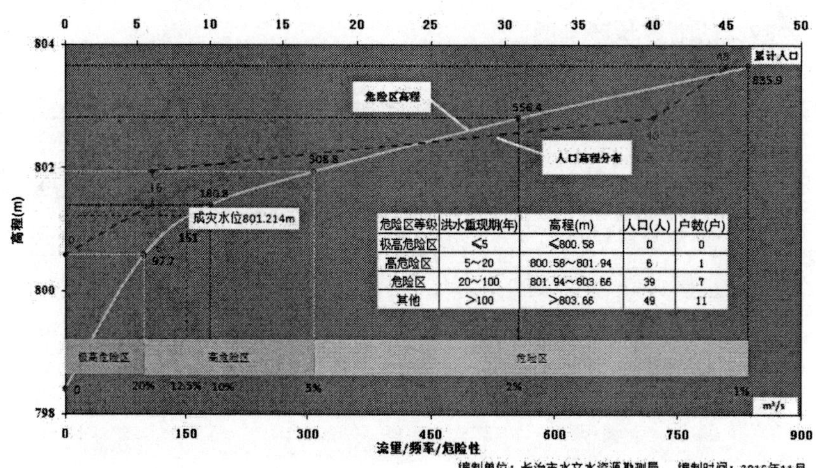

危险区等级	洪水重现期(年)	高程(m)	人口(人)	户数(户)
极高危险区	≤5	≤800.58	0	0
高危险区	5～20	800.58～801.94	6	1
危险区	20～100	801.94～803.66	39	7
其他	＞100	＞803.66	49	11

(33) 碑滩村防洪现状评价图

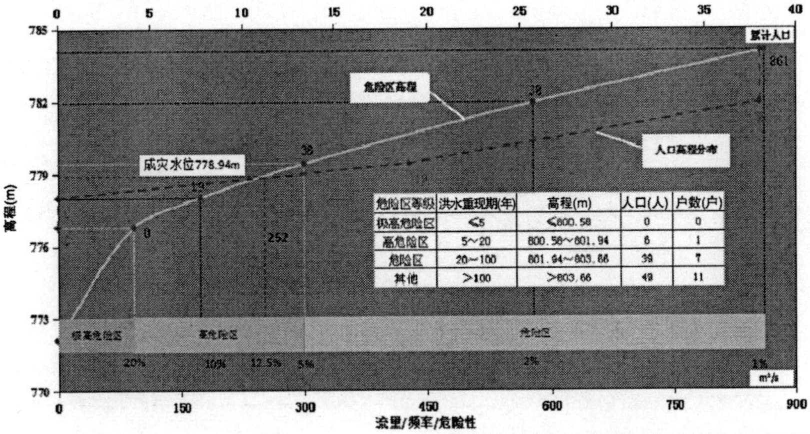

危险区等级	洪水重现期(年)	高程(m)	人口(人)	户数(户)
极高危险区	≤5	≤800.58	0	0
高危险区	5～20	800.58～801.94	6	1
危险区	20～100	801.94～803.66	39	7
其他	>100	>803.66	49	11

编制单位：山西省水文水资源勘测局　编制时间：2015年11月

(34) 虹霓村防洪现状评价图

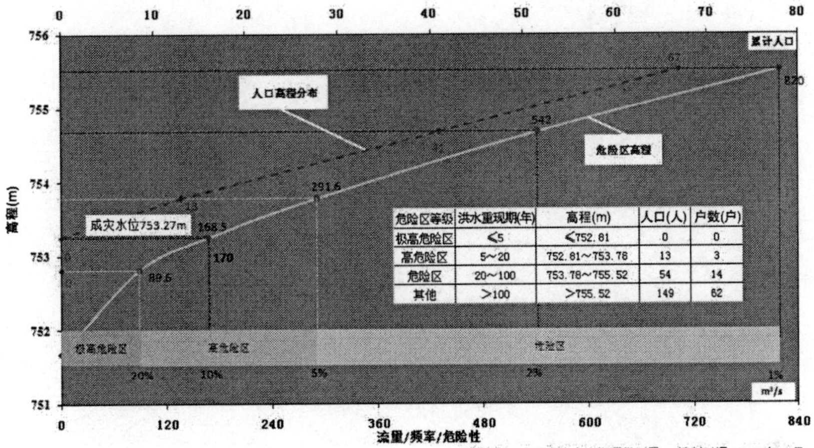

危险区等级	洪水重现期(年)	高程(m)	人口(人)	户数(户)
极高危险区	≤5	≤752.81	0	0
高危险区	5～20	752.81～753.78	13	3
危险区	20～100	753.78～755.52	54	14
其他	>100	>755.52	149	62

编制单位：长治市水文水资源勘测局　编制时间：2015年11月

(35) 茬兰岩村防洪现状评价图

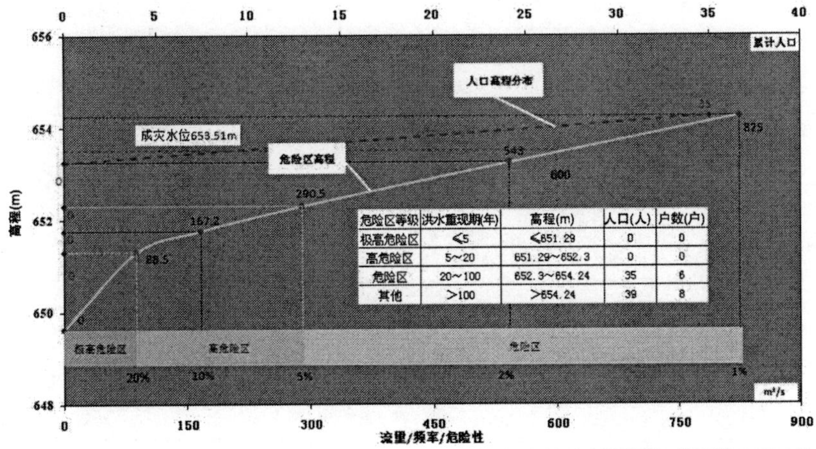

危险区等级	洪水重现期(年)	高程(m)	人口(人)	户数(户)
极高危险区	≤5	≤651.29	0	0
高危险区	5～20	651.29～652.3	0	0
危险区	20～100	652.3～654.24	35	6
其他	>100	>654.24	39	8

编制单位：长治市水文水资源勘测局　编制时间：2015年11月

（36）玉峡关村防洪现状评价图

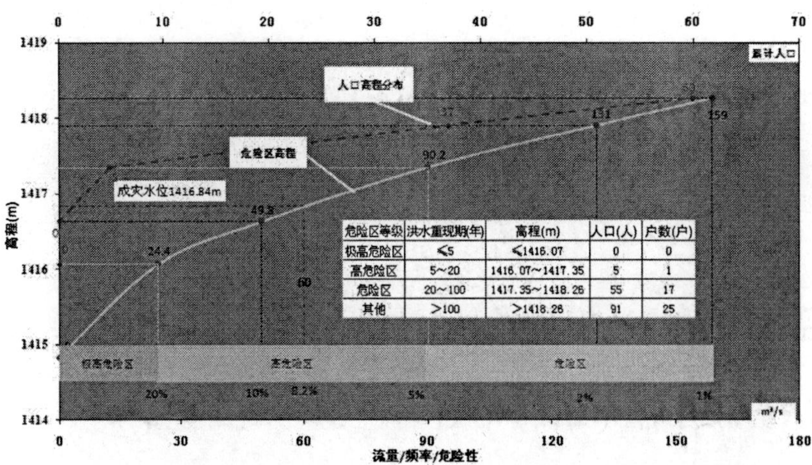

危险区等级	洪水重现期(年)	高程(m)	人口(人)	户数(户)
极高危险区	≤5	≤1416.07	0	0
高危险区	5～20	1416.07～1417.35	5	1
危险区	20～100	1417.35～1418.26	55	17
其他	>100	>1418.26	91	25

编制单位：长治市水文水资源勘测局　编制时间：2015年11月

（37）库峧村防洪现状评价图

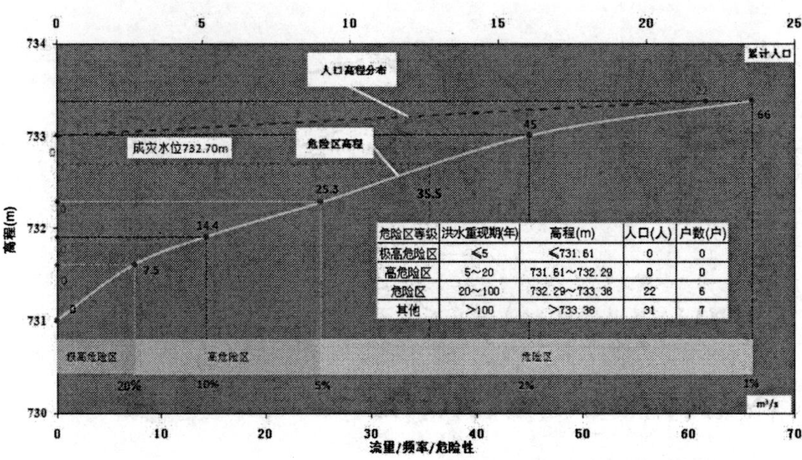

危险区等级	洪水重现期(年)	高程(m)	人口(人)	户数(户)
极高危险区	≤5	≤731.61	0	0
高危险区	5～20	731.61～732.29	0	0
危险区	20～100	732.29～733.38	22	6
其他	>100	>733.38	31	7

编制单位：长治市水文水资源勘测局　编制时间：2015年11月

（38）南耽车村防洪现状评价图

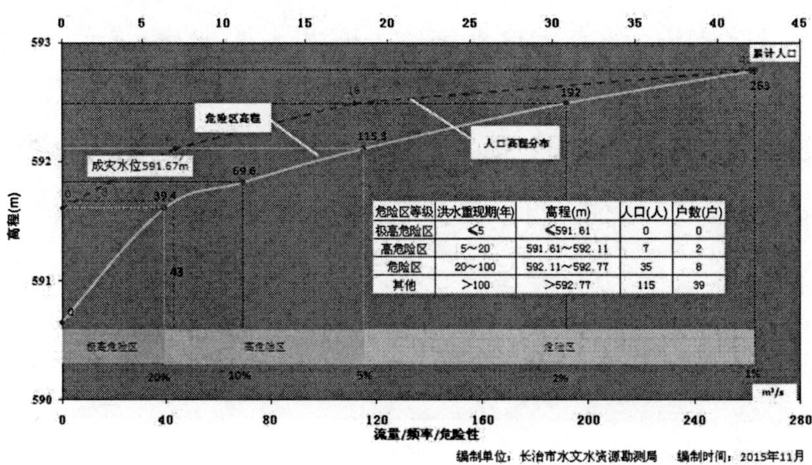

危险区等级	洪水重现期(年)	高程(m)	人口(人)	户数(户)
极高危险区	≤5	≤591.61	0	0
高危险区	5～20	591.61～592.11	7	2
危险区	20～100	592.11～592.77	35	8
其他	>100	>592.77	115	39

编制单位：长治市水文水资源勘测局　编制时间：2015年11月

（39）源头村防洪现状评价图

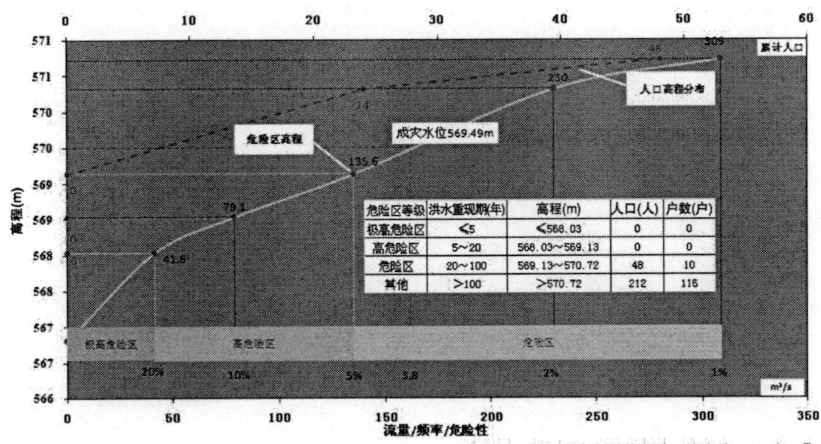

危险区等级	洪水重现期(年)	高程(m)	人口(人)	户数(户)
极高危险区	≤5	≤568.03	0	0
高危险区	5～20	568.03～569.13	0	0
危险区	20～100	569.13～570.72	48	10
其他	>100	>570.72	212	116

（40）豆峪村防洪现状评价图

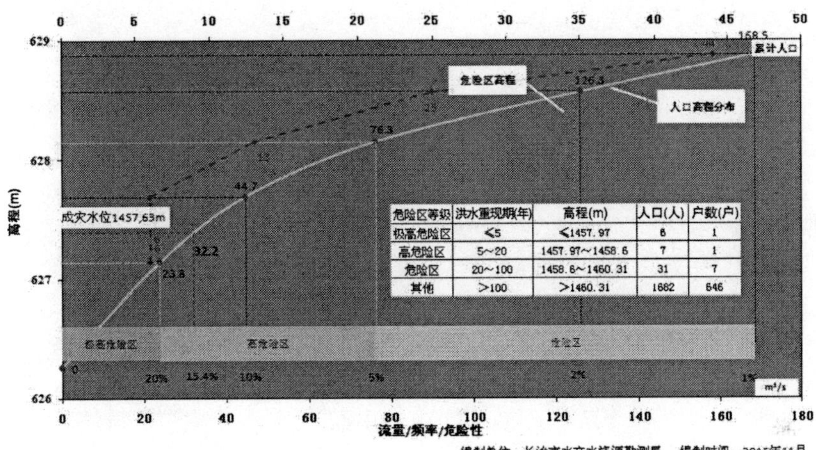

危险区等级	洪水重现期(年)	高程(m)	人口(人)	户数(户)
极高危险区	≤5	≤1457.97	6	1
高危险区	5～20	1457.97～1458.6	7	1
危险区	20～100	1458.6～1460.31	31	7
其他	>100	>1460.31	1682	646

（41）榔树园村防洪现状评价图

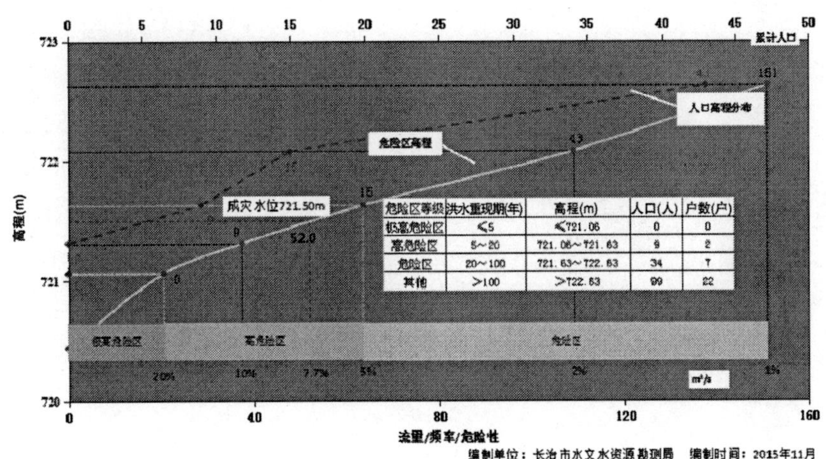

危险区等级	洪水重现期(年)	高程(m)	人口(人)	户数(户)
极高危险区	≤5	≤721.06	0	0
高危险区	5～20	721.06～721.63	9	2
危险区	20～100	721.63～722.63	34	7
其他	>100	>722.63	99	22

（42）堂耳庄村防洪现状评价图

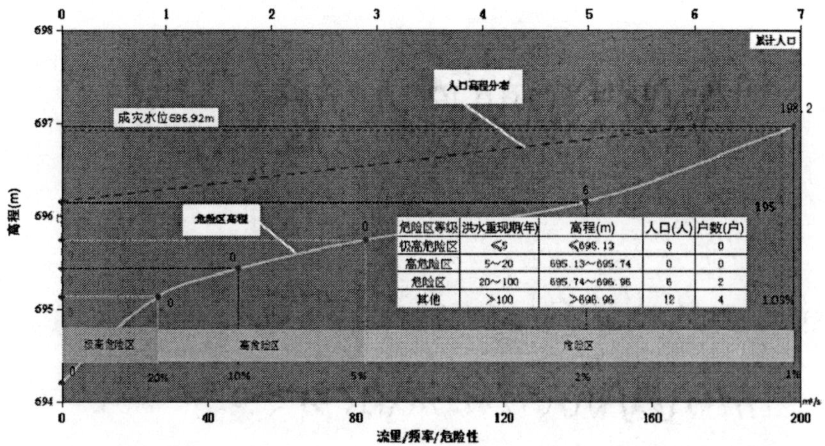

危险区等级	洪水重现期(年)	高程(m)	人口(人)	户数(户)
极高危险区	≤5	≤695.13	0	0
高危险区	5～20	695.13～695.74	0	0
危险区	20～100	695.74～696.96	6	2
其他	＞100	＞696.96	12	4

（43）牛石窑村防洪现状评价图

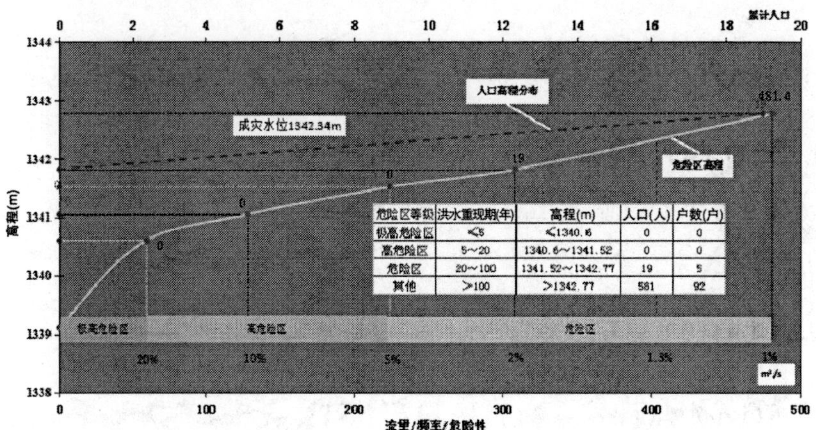

危险区等级	洪水重现期(年)	高程(m)	人口(人)	户数(户)
极高危险区	≤5	≤1340.6	0	0
高危险区	5～20	1340.6～1341.52	0	0
危险区	20～100	1341.52～1342.77	19	5
其他	＞100	＞1342.77	581	92

8. 潞城市防洪现状评价图

（1）会山底村防洪现状评价图

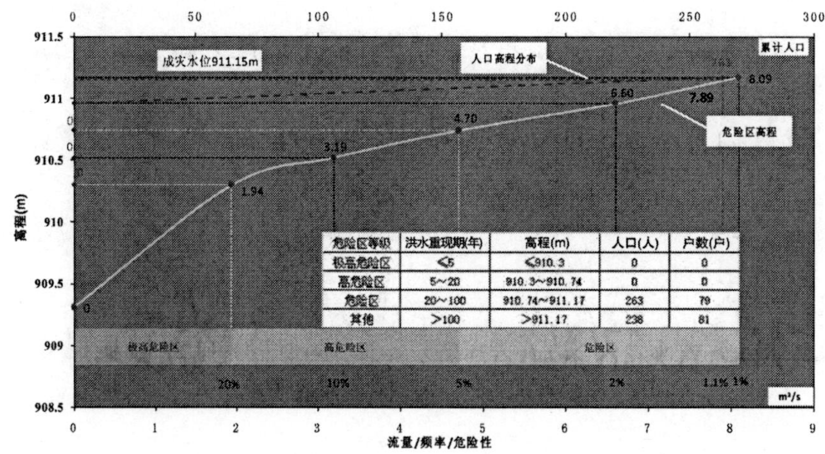

危险区等级	洪水重现期(年)	高程(m)	人口(人)	户数(户)
极高危险区	≤5	≤910.3	0	0
高危险区	5～20	910.3～910.74	0	0
危险区	20～100	910.74～911.17	263	79
其他	＞100	＞911.17	238	81

（2）河西村防洪现状评价图

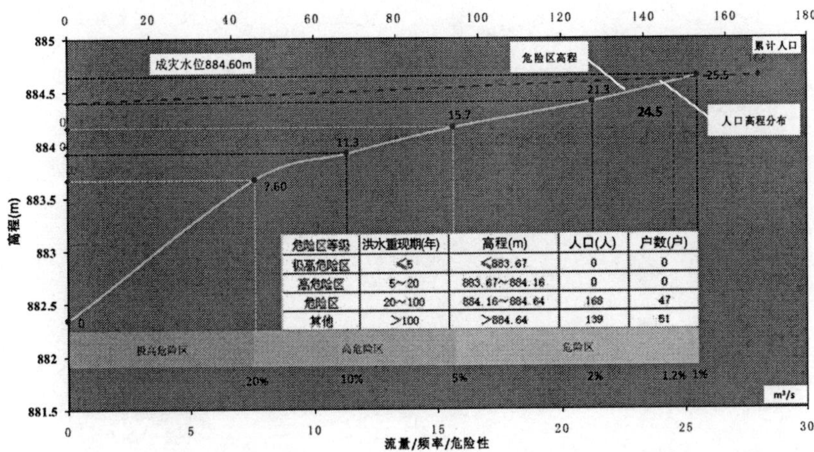

危险区等级	洪水重现期(年)	高程(m)	人口(人)	户数(户)
极高危险区	≤5	≤883.67	0	0
高危险区	5~20	883.67~884.16	0	0
危险区	20~100	884.16~884.64	168	47
其他	>100	>884.64	139	51

编制单位：长治市水文水资源勘测分局　编制时间：2015年11月

（3）后峧村防洪现状评价图

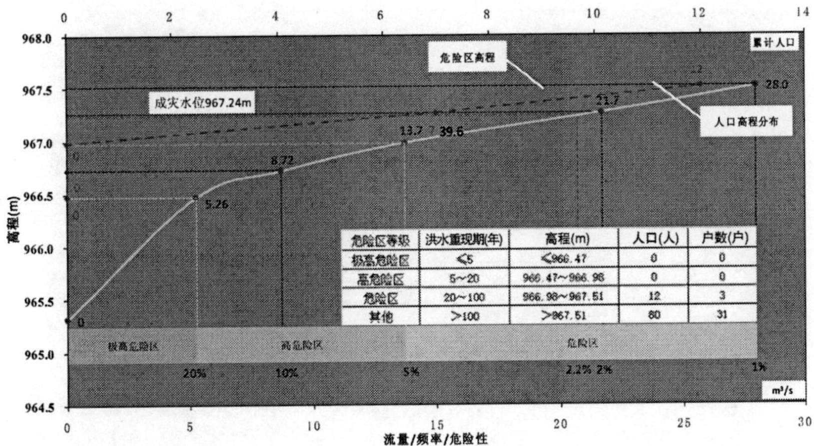

危险区等级	洪水重现期(年)	高程(m)	人口(人)	户数(户)
极高危险区	≤5	≤966.47	0	0
高危险区	5~20	966.47~966.98	0	0
危险区	20~100	966.98~967.51	12	3
其他	>100	>967.51	80	31

编制单位：长治市水文水资源勘测分局　编制时间：2015年11月

（4）枣臻村防洪现状评价图

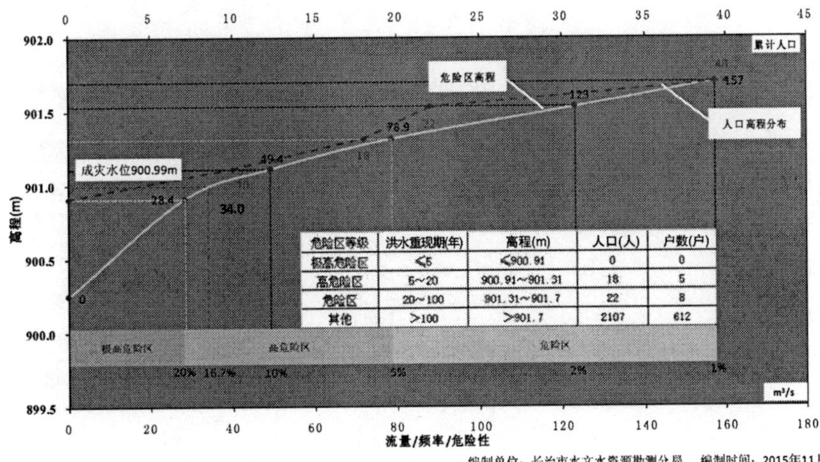

危险区等级	洪水重现期(年)	高程(m)	人口(人)	户数(户)
极高危险区	≤5	≤900.91	0	0
高危险区	5~20	900.91~901.31	18	5
危险区	20~100	901.31~901.7	22	8
其他	>100	>901.7	2107	612

编制单位：长治市水文水资源勘测分局　编制时间：2015年11月

（5）赤头村防洪现状评价图

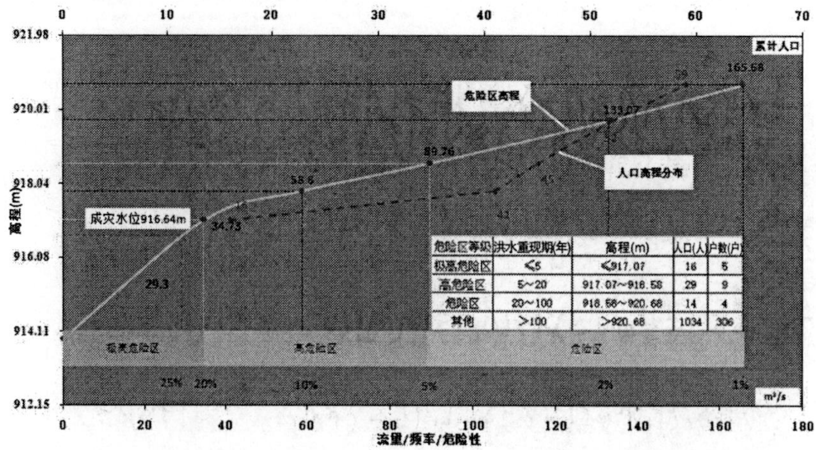

危险区等级	洪水重现期(年)	高程(m)	人口(人)	户数(户)
极高危险区	≤5	≤917.07	16	5
高危险区	5～20	917.07～918.58	29	9
危险区	20～100	918.58～920.68	14	4
其他	>100	>920.68	1034	306

编制单位：长治市水文水资源勘测分局　编制时间：2015年11月

（6）马江沟村防洪现状评价图

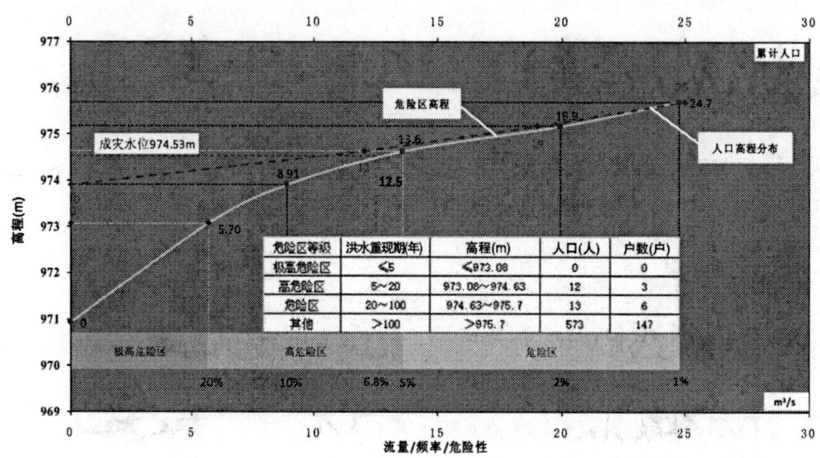

危险区等级	洪水重现期(年)	高程(m)	人口(人)	户数(户)
极高危险区	≤5	≤973.08	0	0
高危险区	5～20	973.08～974.63	12	3
危险区	20～100	974.63～975.7	13	6
其他	>100	>975.7	573	147

编制单位：长治市水文水资源勘测分局　编制时间：2015年11月

（7）红江沟防洪现状评价图

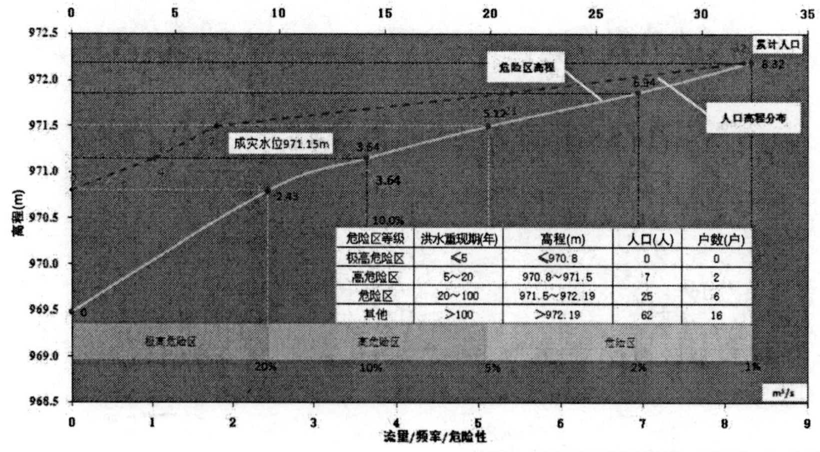

危险区等级	洪水重现期(年)	高程(m)	人口(人)	户数(户)
极高危险区	≤5	≤970.8	0	0
高危险区	5～20	970.8～971.5	7	2
危险区	20～100	971.5～972.19	25	6
其他	>100	>972.19	62	16

编制单位：长治市水文水资源勘测分局　编制时间：2015年11月

（8）曹家沟村防洪现状评价图

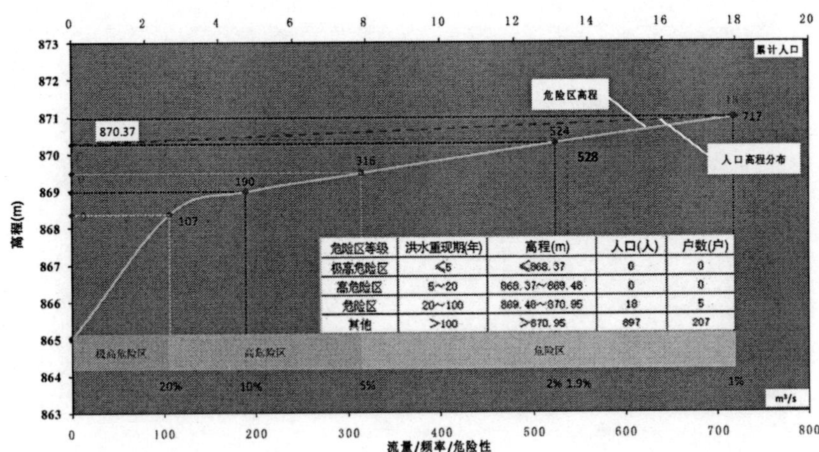

危险区等级	洪水重现期(年)	高程(m)	人口(人)	户数(户)
极高危险区	≤5	≤868.37	0	0
高危险区	5~20	868.37~869.48	0	0
危险区	20~100	869.48~870.95	18	5
其他	>100	>870.95	697	207

编制单位：长治市水文水资源勘测分局　编制时间：2015年11月

（9）韩村防洪现状评价图

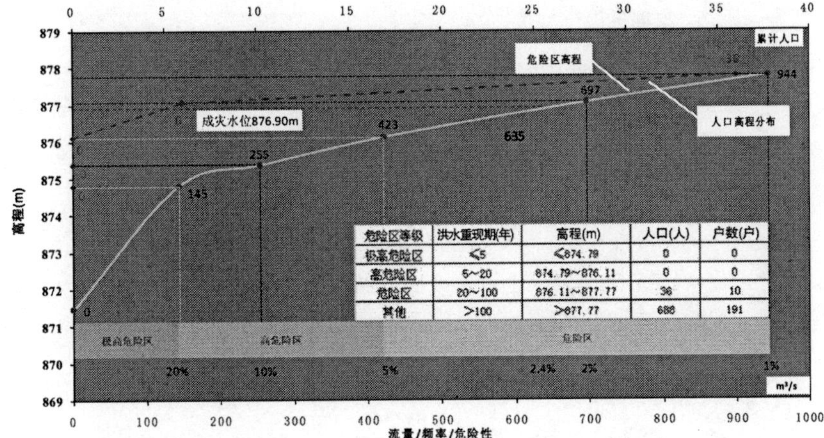

危险区等级	洪水重现期(年)	高程(m)	人口(人)	户数(户)
极高危险区	≤5	≤874.79	0	0
高危险区	5~20	874.79~876.11	0	0
危险区	20~100	876.11~877.77	36	10
其他	>100	>877.77	688	191

编制单位：长治市水文水资源勘测分局　编制时间：2015年11月

（10）冯村防洪现状评价图

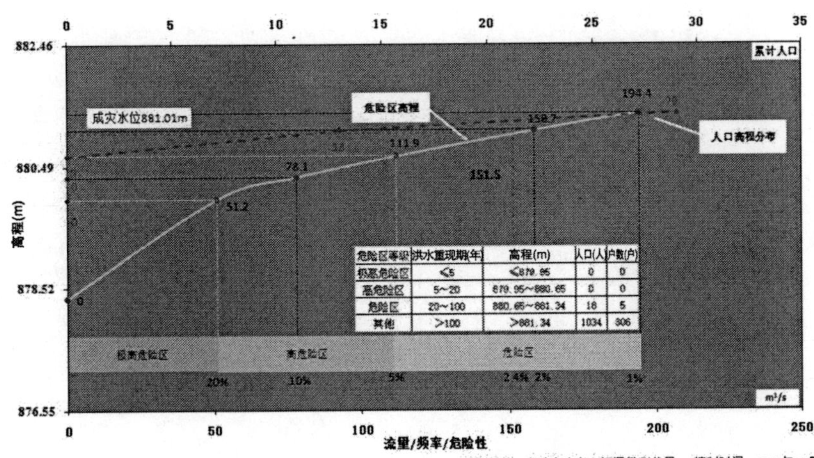

危险区等级	洪水重现期(年)	高程(m)	人口(人)	户数(户)
极高危险区	≤5	≤879.95	0	0
高危险区	5~20	879.95~880.65	0	0
危险区	20~100	880.65~881.34	16	5
其他	>100	>881.34	1034	306

编制单位：长治市水文水资源勘测分局　编制时间：2015年11月

(11) 韩家园村防洪现状评价图

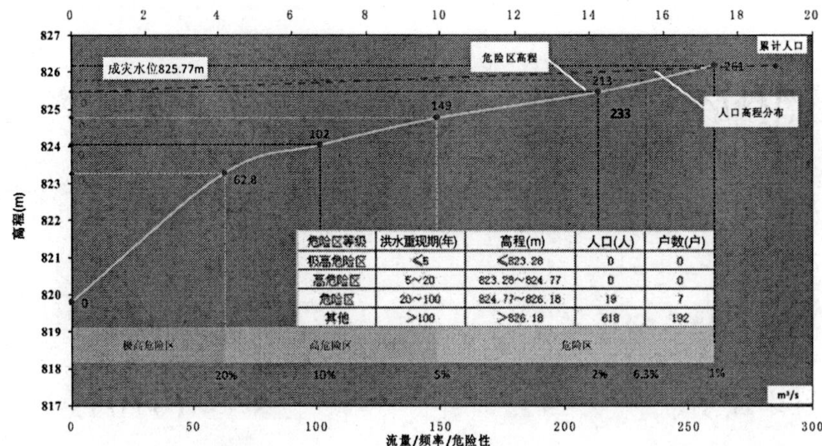

危险区等级	洪水重现期(年)	高程(m)	人口(人)	户数(户)
极高危险区	≤5	≤823.28	0	0
高危险区	5~20	823.28~824.77	0	0
危险区	20~100	824.77~826.18	19	7
其他	>100	>826.18	618	192

编制单位：长治市水文水资源勘测分局　编制时间：2015年11月

(12) 李家庄村防洪现状评价图

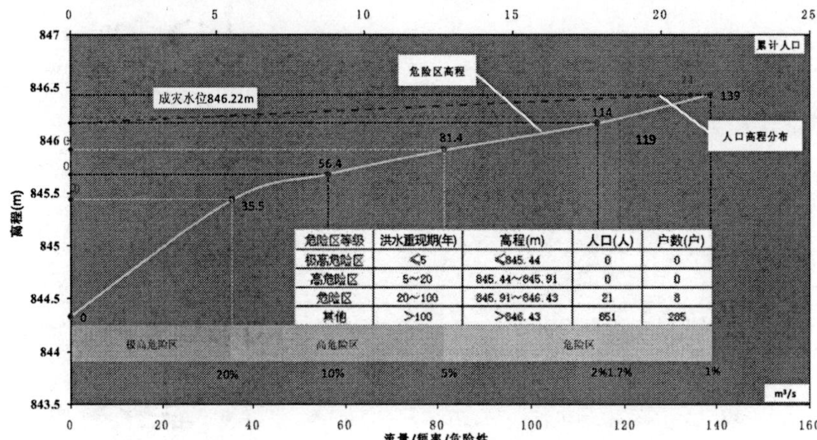

危险区等级	洪水重现期(年)	高程(m)	人口(人)	户数(户)
极高危险区	≤5	≤845.44	0	0
高危险区	5~20	845.44~845.91	0	0
危险区	20~100	845.91~846.43	21	8
其他	>100	>846.43	851	285

编制单位：长治市水文水资源勘测分局　编制时间：2015年11月

(13) 漫流河村防洪现状评价图

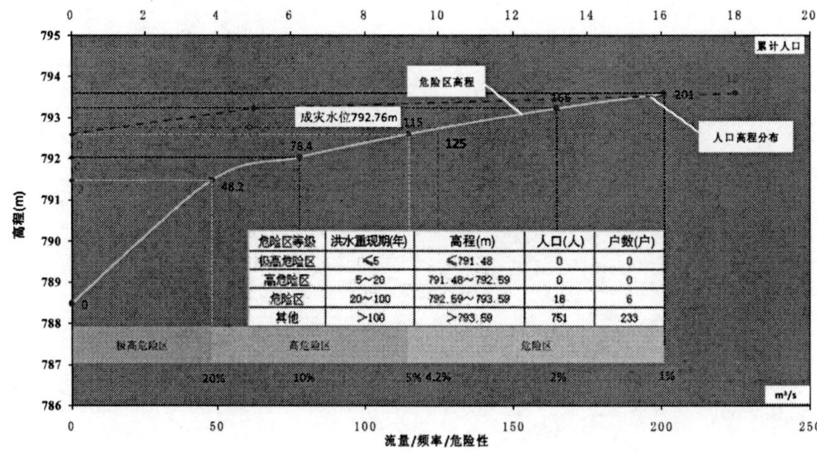

危险区等级	洪水重现期(年)	高程(m)	人口(人)	户数(户)
极高危险区	≤5	≤791.48	0	0
高危险区	5~20	791.48~792.59	0	0
危险区	20~100	792.59~793.59	18	6
其他	>100	>793.59	751	233

编制单位：长治市水文水资源勘测分局　编制时间：2015年11月

（14）石匣村防洪现状评价图

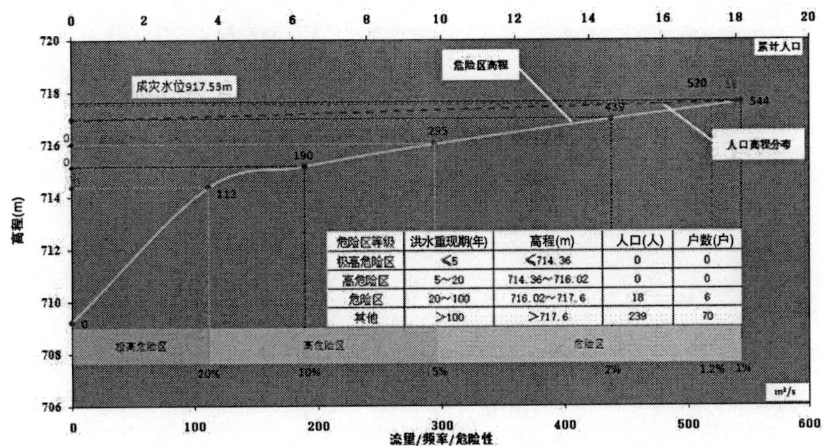

危险区等级	洪水重现期(年)	高程(m)	人口(人)	户数(户)
极高危险区	≤5	≤714.36	0	0
高危险区	5～20	714.36～716.02	0	0
危险区	20～100	716.02～717.6	18	6
其他	＞100	＞717.6	239	70

（15）申家山村防洪现状评价图

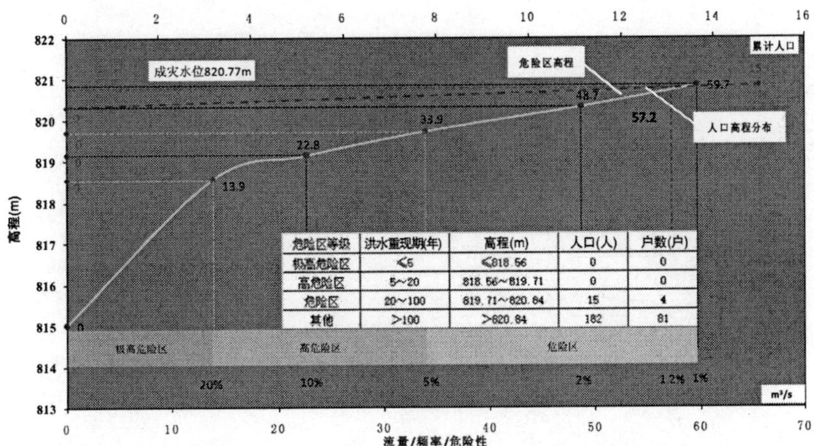

危险区等级	洪水重现期(年)	高程(m)	人口(人)	户数(户)
极高危险区	≤5	≤818.56	0	0
高危险区	5～20	818.56～819.71	0	0
危险区	20～100	819.71～820.84	15	4
其他	＞100	＞820.84	182	81

（16）井峪村防洪现状评价图

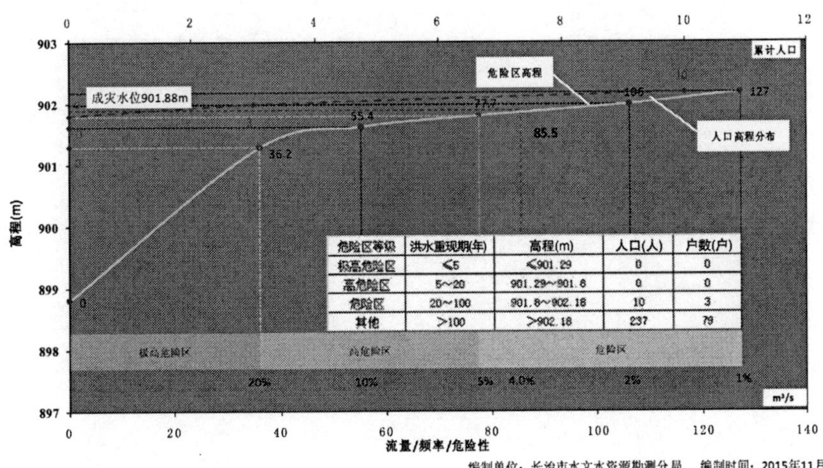

危险区等级	洪水重现期(年)	高程(m)	人口(人)	户数(户)
极高危险区	≤5	≤901.29	0	0
高危险区	5～20	901.29～901.8	0	0
危险区	20～100	901.8～902.18	10	3
其他	＞100	＞902.18	237	79

（17）南马庄村防洪现状评价图

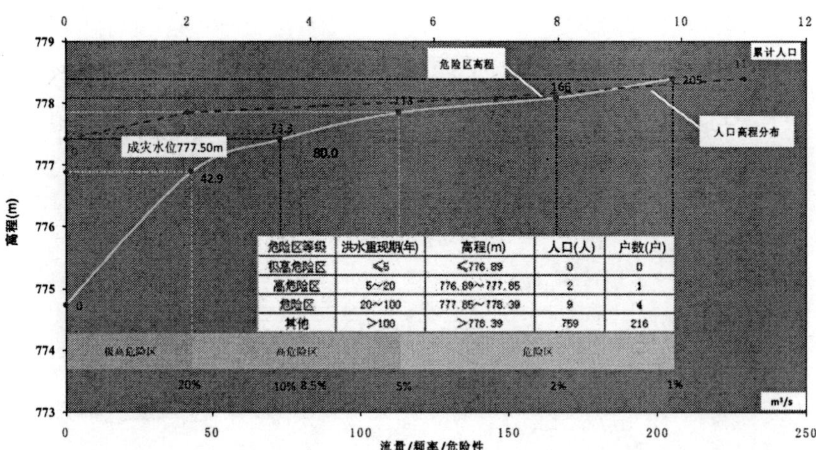

危险区等级	洪水重现期(年)	高程(m)	人口(人)	户数(户)
极高危险区	≤5	≤776.89	0	0
高危险区	5~20	776.89~777.85	2	1
危险区	20~100	777.85~778.39	9	4
其他	>100	>778.39	759	216

编制单位：长治市水文水资源勘测分局　编制时间：2015年11月

（18）五里坡村防洪现状评价图

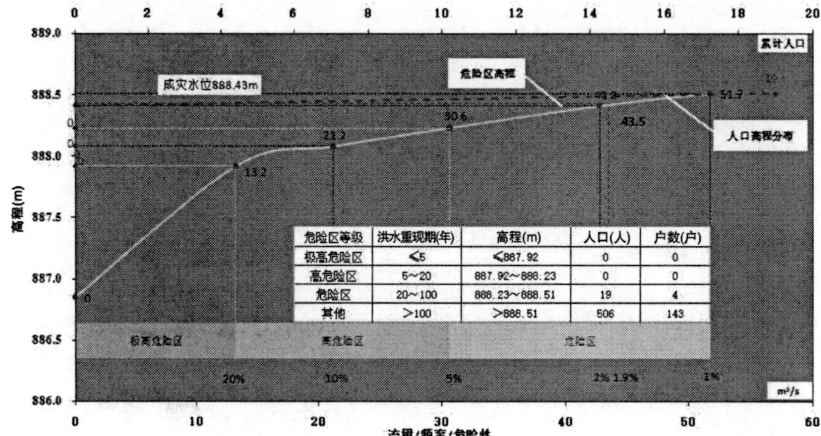

危险区等级	洪水重现期(年)	高程(m)	人口(人)	户数(户)
极高危险区	≤5	≤887.92	0	0
高危险区	5~20	887.92~888.23	0	0
危险区	20~100	888.23~888.51	19	4
其他	>100	>888.51	506	143

编制单位：长治市水文水资源勘测分局　编制时间：2015年11月

（19）西北村防洪现状评价图

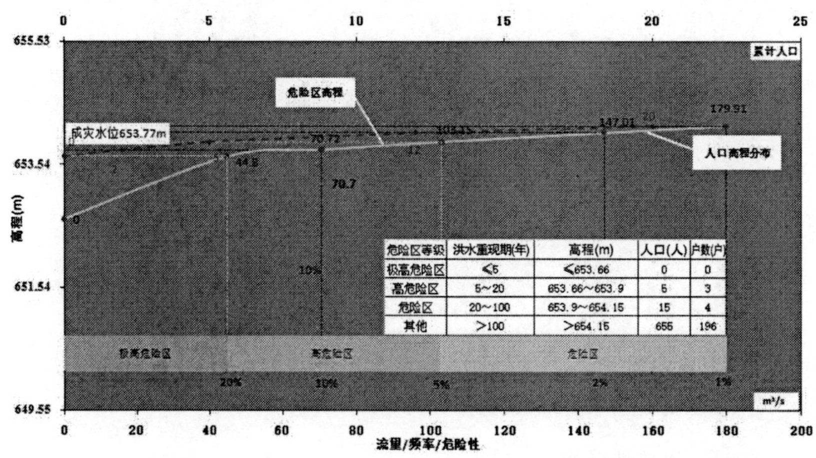

危险区等级	洪水重现期(年)	高程(m)	人口(人)	户数(户)
极高危险区	≤5	≤653.66	0	0
高危险区	5~20	653.66~653.9	5	3
危险区	20~100	653.9~654.15	15	4
其他	>100	>654.15	655	196

编制单位：长治市水文水资源勘测分局　编制时间：2015年11月

（20）西南村防洪现状评价图

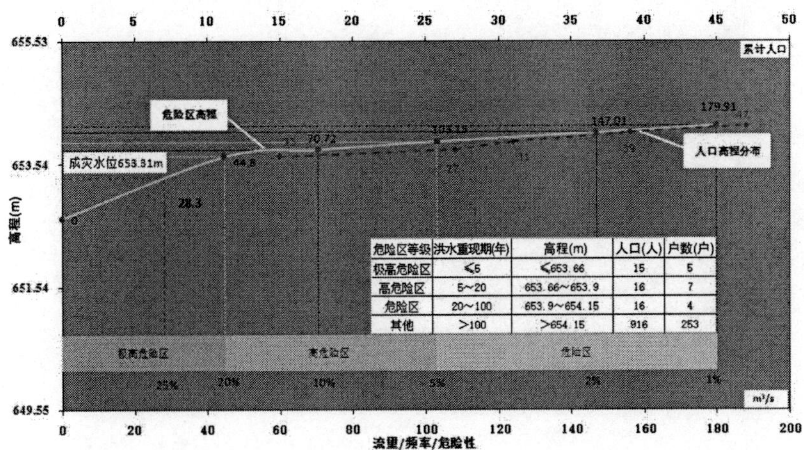

危险区等级	洪水重现期(年)	高程(m)	人口(人)	户数(户)
极高危险区	≤5	≤653.66	15	5
高危险区	5～20	653.66～653.9	16	7
危险区	20～100	653.9～654.15	16	4
其他	>100	>654.15	916	253

（21）中村防洪现状评价图

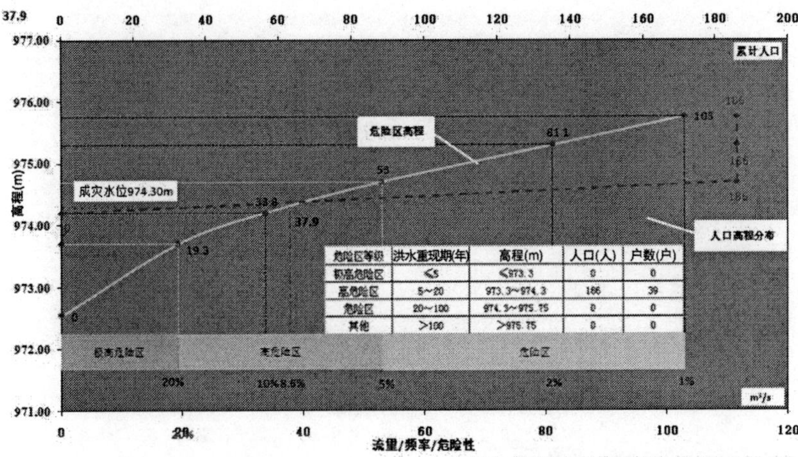

危险区等级	洪水重现期(年)	高程(m)	人口(人)	户数(户)
极高危险区	≤5	≤973.3	0	0
高危险区	5～20	973.3～974.3	166	39
危险区	20～100	974.3～975.75	0	0
其他	>100	>975.75	0	0

（22）堡头村防洪现状评价图

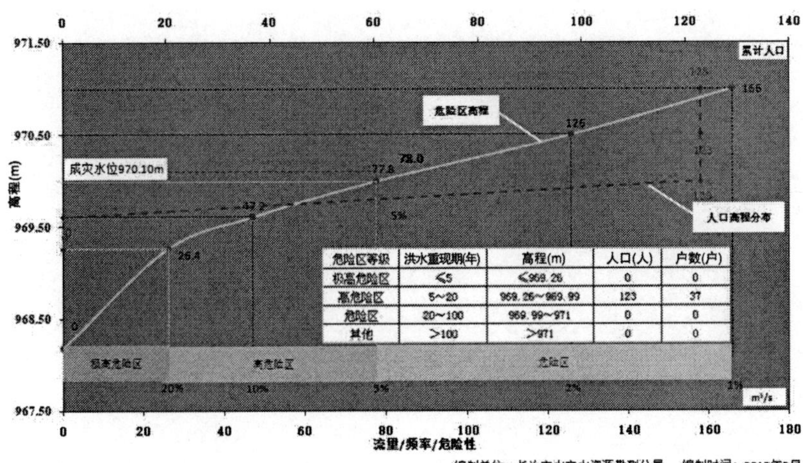

危险区等级	洪水重现期(年)	高程(m)	人口(人)	户数(户)
极高危险区	≤5	≤969.26	0	0
高危险区	5～20	969.26～969.99	123	37
危险区	20～100	969.99～971	0	0
其他	>100	>971	0	0

（23）河后村防洪现状评价图

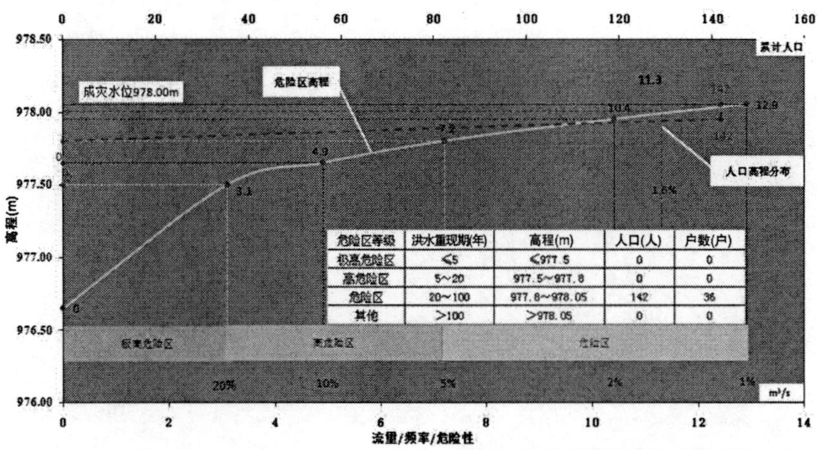

危险区等级	洪水重现期(年)	高程(m)	人口(人)	户数(户)
极高危险区	≤5	≤977.5	0	0
高危险区	5~20	977.5~977.8	0	0
危险区	20~100	977.8~978.05	142	36
其他	>100	>978.05	0	0

（24）桥堡村防洪现状评价图

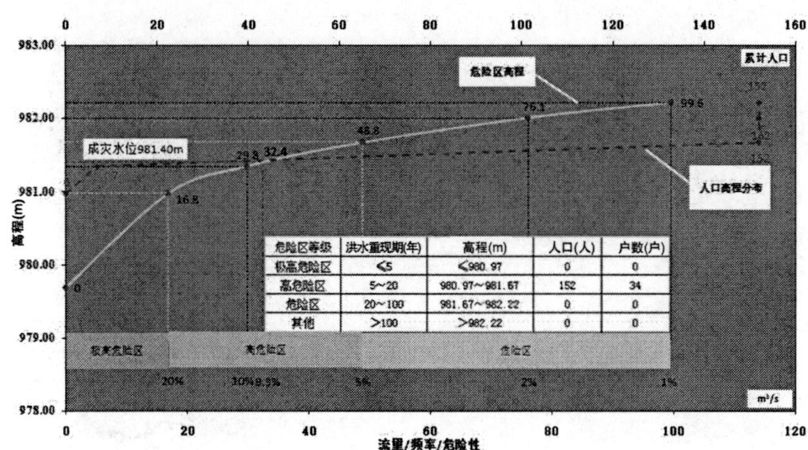

危险区等级	洪水重现期(年)	高程(m)	人口(人)	户数(户)
极高危险区	≤5	≤980.97	0	0
高危险区	5~20	980.97~981.67	152	34
危险区	20~100	981.67~982.22	0	0
其他	>100	>982.22	0	0

（25）东山村防洪现状评价图

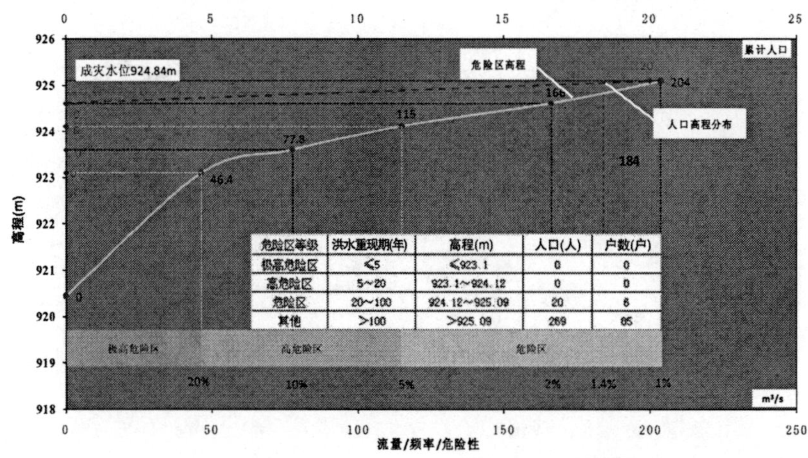

危险区等级	洪水重现期(年)	高程(m)	人口(人)	户数(户)
极高危险区	≤5	≤923.1	0	0
高危险区	5~20	923.1~924.12	0	0
危险区	20~100	924.12~925.09	20	6
其他	>100	>925.09	269	65

（26）西坡村防洪现状评价图

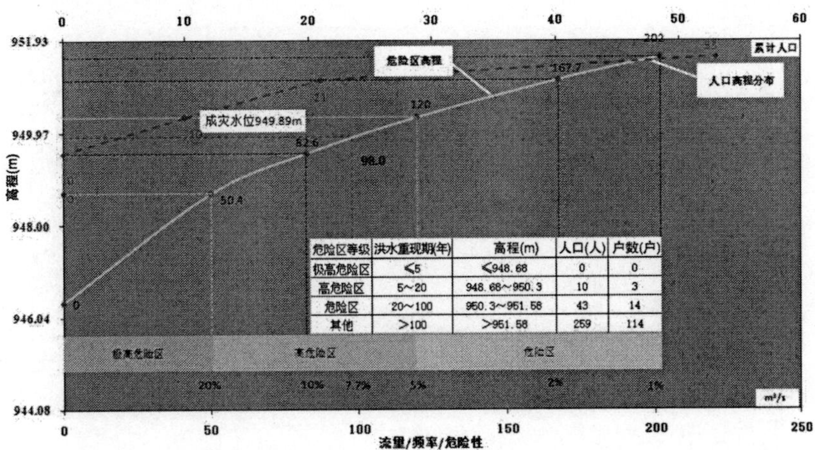

危险区等级	洪水重现期(年)	高程(m)	人口(人)	户数(户)
极高危险区	≤5	≤948.68	0	0
高危险区	5~20	948.68~950.3	10	3
危险区	20~100	950.3~951.58	43	14
其他	>100	>951.58	259	114

（27）儒教村防洪现状评价图

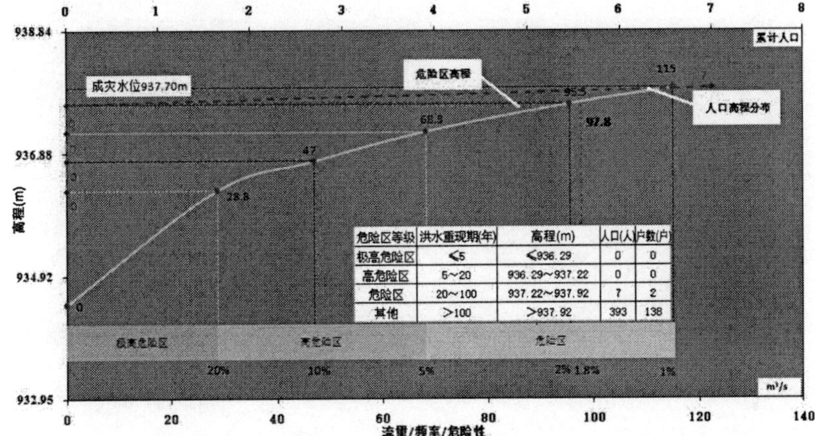

危险区等级	洪水重现期(年)	高程(m)	人口(人)	户数(户)
极高危险区	≤5	≤936.29	0	0
高危险区	5~20	936.29~937.22	0	0
危险区	20~100	937.22~937.92	7	2
其他	>100	>937.92	393	138

（28）王家庄村后交村防洪现状评价图

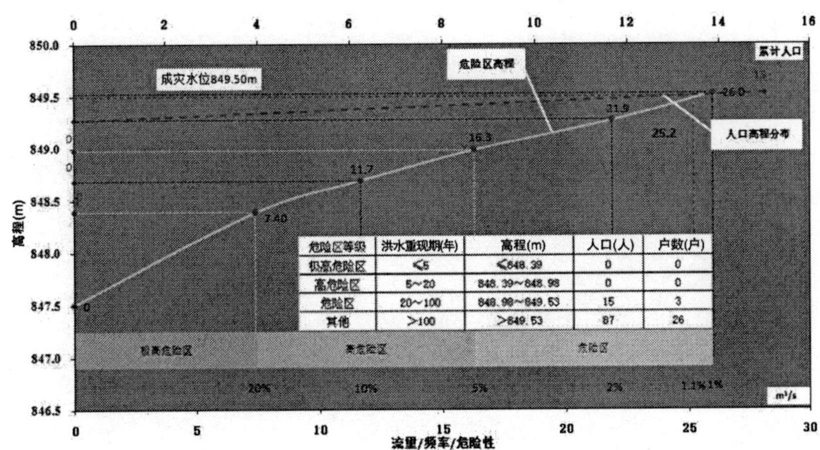

危险区等级	洪水重现期(年)	高程(m)	人口(人)	户数(户)
极高危险区	≤5	≤848.39	0	0
高危险区	5~20	848.39~848.98	0	0
危险区	20~100	848.98~849.53	15	3
其他	>100	>849.53	87	26

（29）南花山村防洪现状评价图

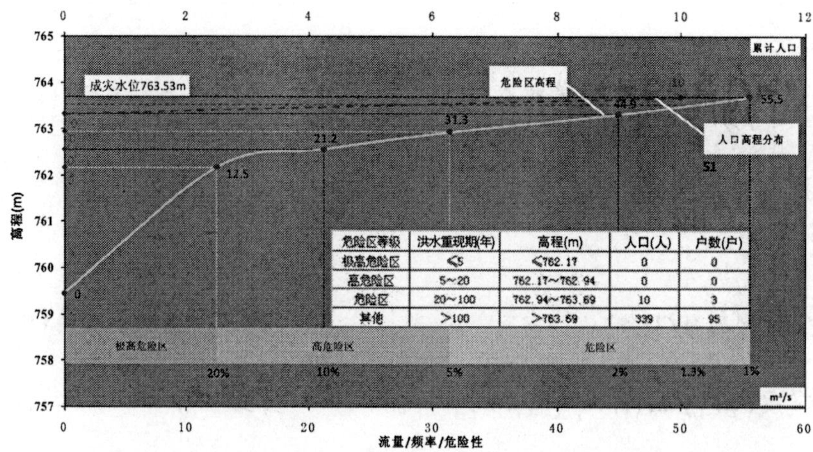

危险区等级	洪水重现期(年)	高程(m)	人口(人)	户数(户)
极高危险区	≤5	≤762.17	0	0
高危险区	5～20	762.17～762.94	0	0
危险区	20～100	762.94～763.69	10	3
其他	＞100	＞763.69	339	95

编制单位：长治市水文水资源勘测分局　编制时间：2015年11月

（30）辛安村防洪现状评价图

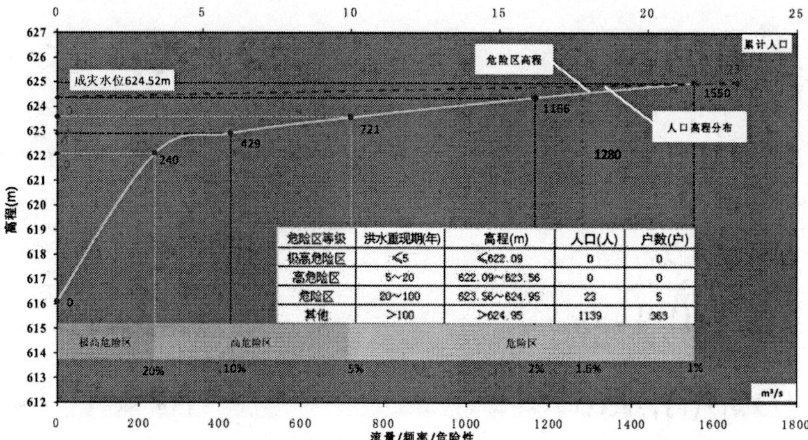

危险区等级	洪水重现期(年)	高程(m)	人口(人)	户数(户)
极高危险区	≤5	≤622.09	0	0
高危险区	5～20	622.09～623.56	0	0
危险区	20～100	623.56～624.95	23	5
其他	＞100	＞624.95	1139	363

编制单位：长治市水文水资源勘测分局　编制时间：2015年11月

（31）辽河村防洪现状评价图

累计人口
危险区高程
成灾水位691.65m
人口高程分布
高程(m)

危险区等级	洪水重现期(年)	高程(m)	人口(人)	户数(户)
极高危险区	≤5	≤690.39	0	0
高危险区	5～20	690.39～691.19	0	0
危险区	20～100	691.19～691.99	13	3
其他	＞100	＞691.99	509	251

极高危险区　高危险区　危险区
20%　10%　5%　2.2%　2%　1%
m³/s
流量/频率/危险性

编制单位：长治市水文水资源勘测分局　编制时间：2015年11月

(32) 曲里村防洪现状评价图

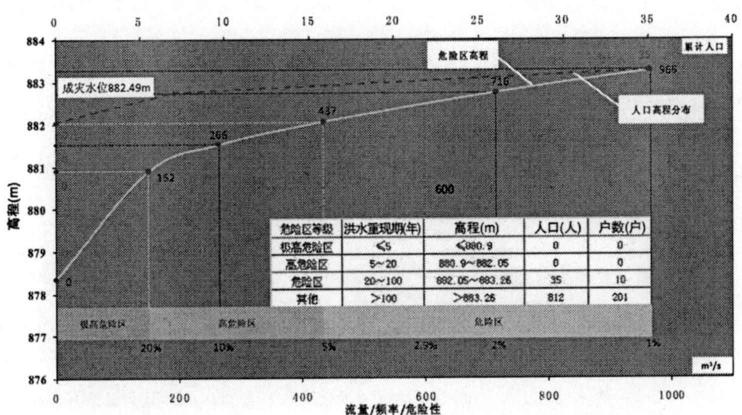

危险区等级	洪水重现期(年)	高程(m)	人口(人)	户数(户)
极高危险区	≤5	≤880.9	0	0
高危险区	5~20	880.9~882.05	0	0
危险区	20~100	882.05~883.26	35	10
其他	>100	>883.26	812	201

9. 长子县防洪现状评价图

(1) 西河庄村防洪现状评价图

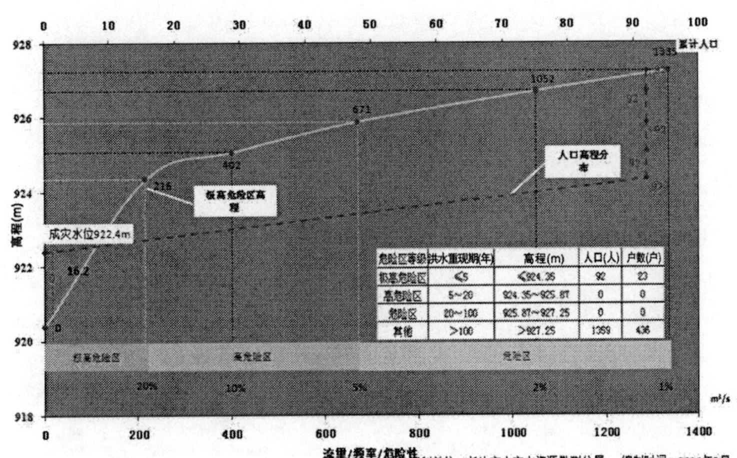

危险区等级	洪水重现期(年)	高程(m)	人口(人)	户数(户)
极高危险区	≤5	≤924.35	92	23
高危险区	5~20	924.35~925.87	0	0
危险区	20~100	925.87~927.25	0	0
其他	>100	>927.25	1359	436

(2) 晋义村防洪现状评价图

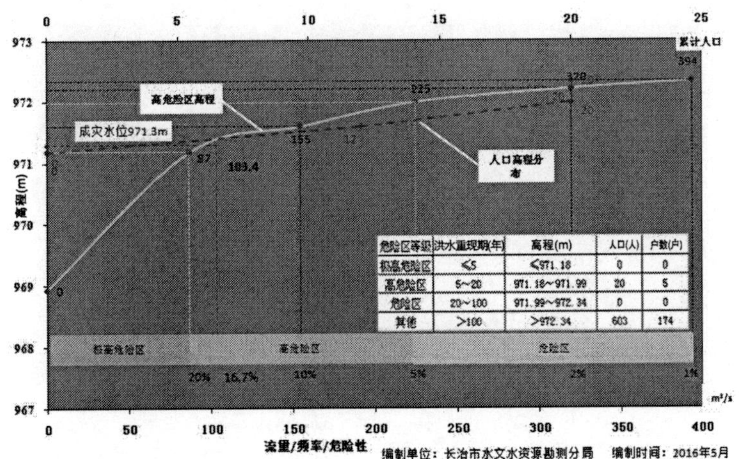

危险区等级	洪水重现期(年)	高程(m)	人口(人)	户数(户)
极高危险区	≤5	≤971.18	0	0
高危险区	5~20	971.18~971.99	20	5
危险区	20~100	971.99~972.34	0	0
其他	>100	>972.34	603	174

（3）南沟河村防洪现状评价图

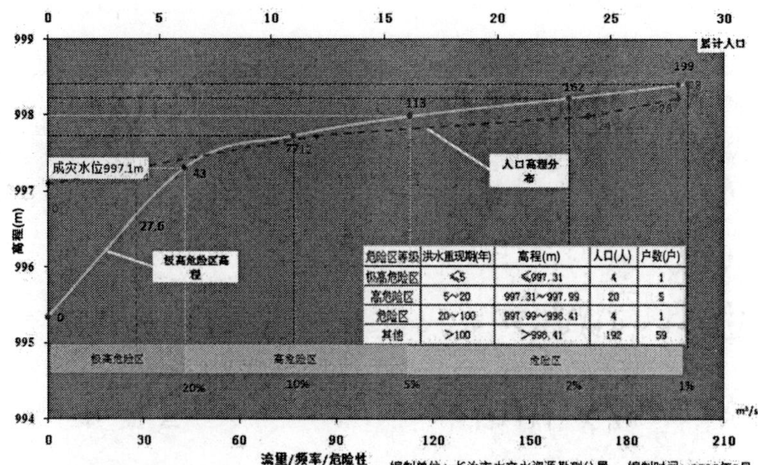

危险区等级	洪水重现期(年)	高程(m)	人口(人)	户数(户)
极高危险区	≤5	≤997.31	4	1
高危险区	5~20	997.31~997.99	20	5
危险区	20~100	997.99~996.41	4	1
其他	>100	>996.41	192	59

（4）良坪村防洪现状评价图

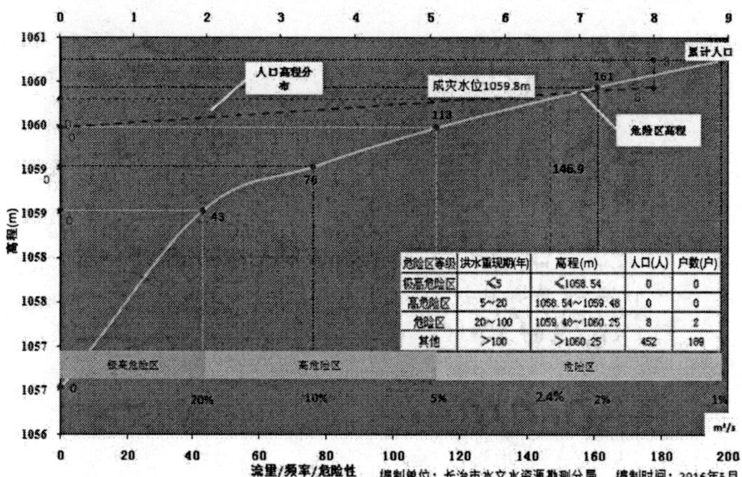

危险区等级	洪水重现期(年)	高程(m)	人口(人)	户数(户)
极高危险区	≤5	≤1058.54	0	0
高危险区	5~20	1058.54~1059.48	0	0
危险区	20~100	1059.48~1060.25	8	2
其他	>100	>1060.25	452	169

（5）乱石河村防洪现状评价图

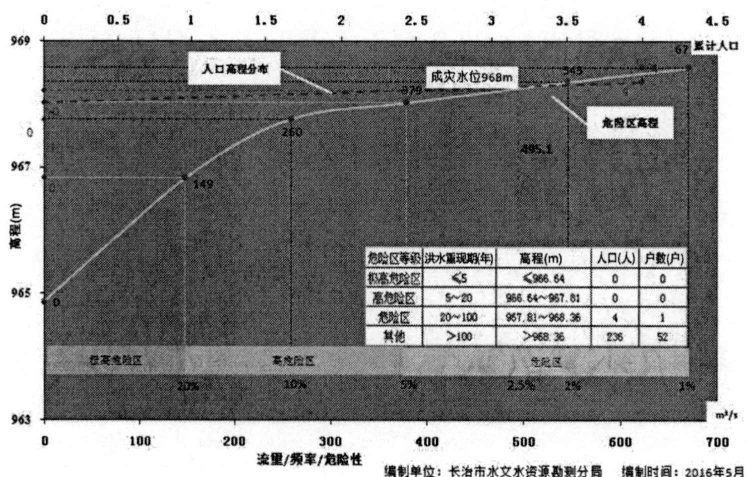

危险区等级	洪水重现期(年)	高程(m)	人口(人)	户数(户)
极高危险区	≤5	≤966.64	0	0
高危险区	5~20	966.64~967.81	0	0
危险区	20~100	967.81~968.36	4	1
其他	>100	>968.36	236	52

（6）两都村防洪现状评价图

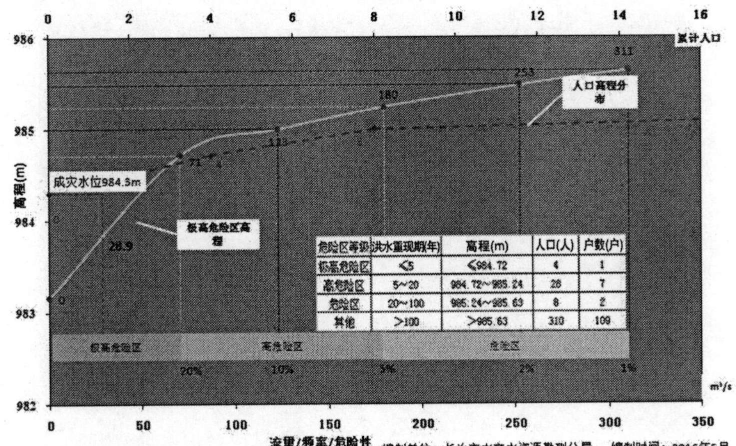

危险区等级	洪水重现期(年)	高程(m)	人口(人)	户数(户)
极高危险区	≤5	≤984.72	4	1
高危险区	5~20	984.72~985.24	26	7
危险区	20~100	985.24~985.63	8	2
其他	>100	>985.63	310	109

（7）高桥沟村防洪现状评价图

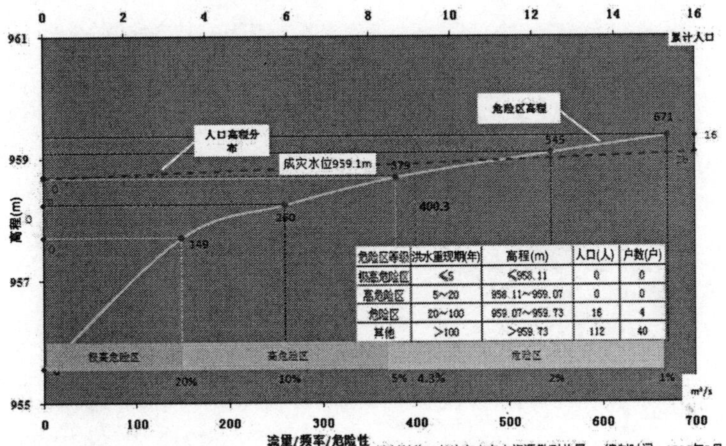

危险区等级	洪水重现期(年)	高程(m)	人口(人)	户数(户)
极高危险区	≤5	≤958.11	0	0
高危险区	5~20	958.11~959.07	0	0
危险区	20~100	959.07~959.73	16	4
其他	>100	>959.73	112	40

（8）洪珍村防洪现状评价图

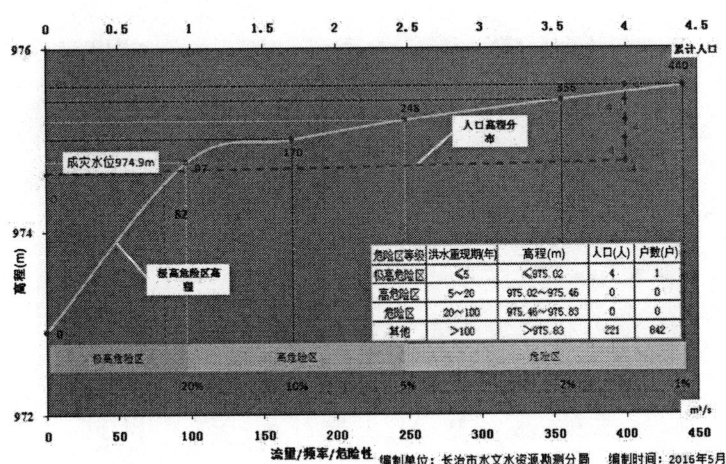

危险区等级	洪水重现期(年)	高程(m)	人口(人)	户数(户)
极高危险区	≤5	≤975.02	4	1
高危险区	5~20	975.02~975.46	0	0
危险区	20~100	975.46~975.83	0	0
其他	>100	>975.83	221	842

（9）郭家沟村防洪现状评价图

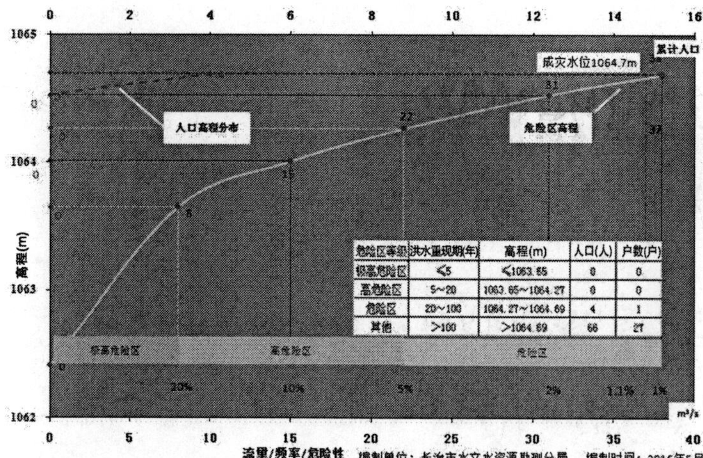

危险区等级	洪水重现期(年)	高程(m)	人口(人)	户数(户)
极高危险区	≤5	≤1063.65	0	0
高危险区	5~20	1063.65~1064.27	0	0
危险区	20~100	1064.27~1064.69	4	1
其他	>100	>1064.69	66	27

（10）南岭庄防洪现状评价图

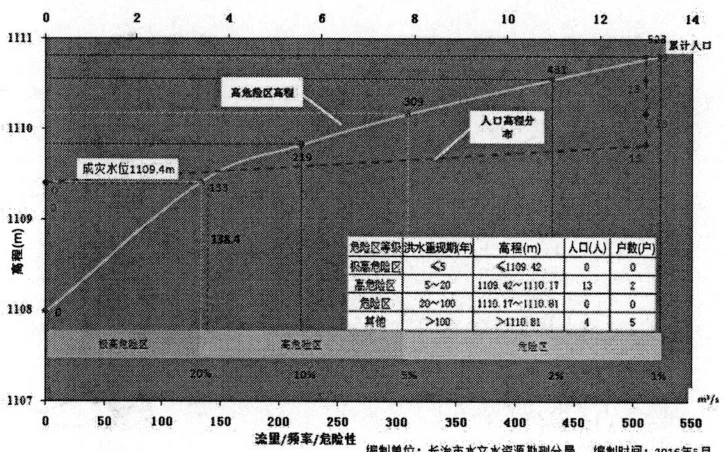

危险区等级	洪水重现期(年)	高程(m)	人口(人)	户数(户)
极高危险区	≤5	≤1109.42	0	0
高危险区	5~20	1109.42~1110.17	13	2
危险区	20~100	1110.17~1110.81	0	0
其他	>100	>1110.81	4	5

（11）大山防洪现状评价图

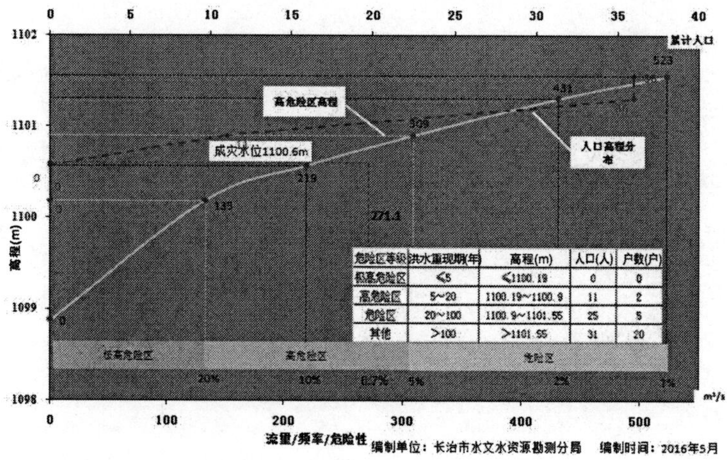

危险区等级	洪水重现期(年)	高程(m)	人口(人)	户数(户)
极高危险区	≤5	≤1100.19	0	0
高危险区	5~20	1100.19~1100.9	11	2
危险区	20~100	1100.9~1101.55	25	5
其他	>100	>1101.55	31	20

（12）羊窑沟防洪现状评价图

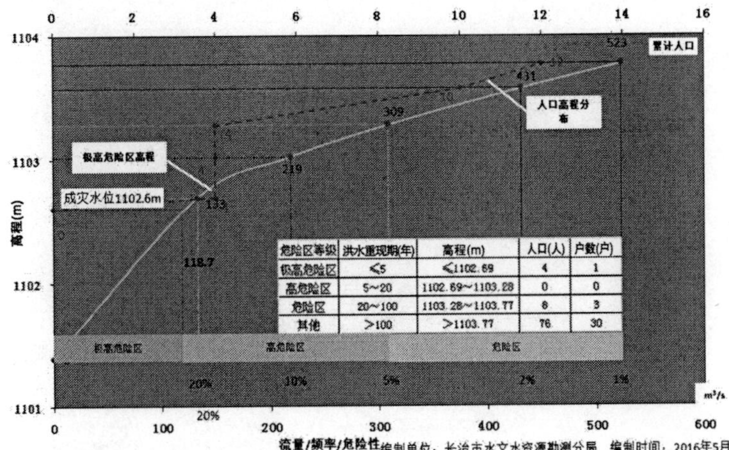

危险区等级	洪水重现期(年)	高程(m)	人口(人)	户数(户)
极高危险区	≤5	≤1102.69	4	1
高危险区	5~20	1102.69~1103.28	0	0
危险区	20~100	1103.28~1103.77	6	3
其他	>100	>1103.77	76	30

（13）小豆沟防洪现状评价图

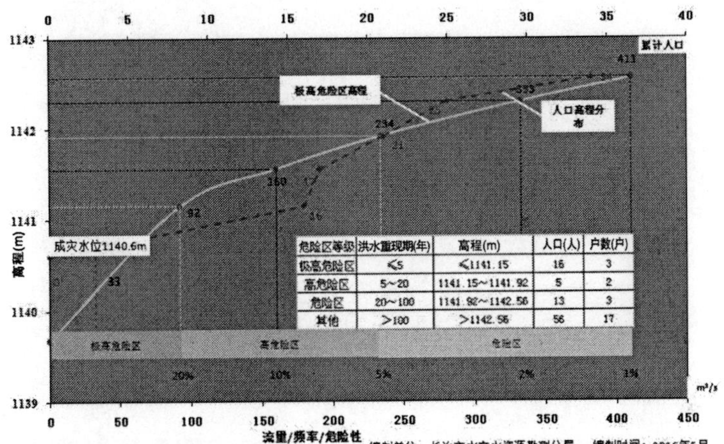

危险区等级	洪水重现期(年)	高程(m)	人口(人)	户数(户)
极高危险区	≤5	≤1141.15	16	3
高危险区	5~20	1141.15~1141.92	5	2
危险区	20~100	1141.92~1142.56	13	3
其他	>100	>1142.56	56	17

（14）尧神沟防洪现状评价图

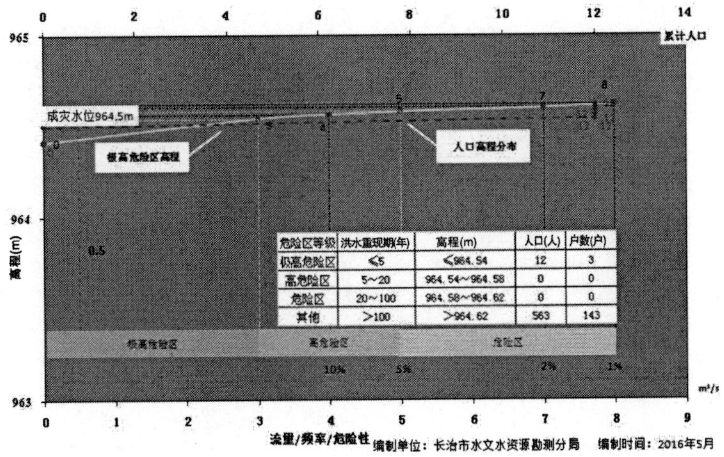

危险区等级	洪水重现期(年)	高程(m)	人口(人)	户数(户)
极高危险区	≤5	≤964.54	12	3
高危险区	5~20	964.54~964.58	0	0
危险区	20~100	964.58~964.62	0	0
其他	>100	>964.62	563	143

（15）沙河村防洪现状评价图

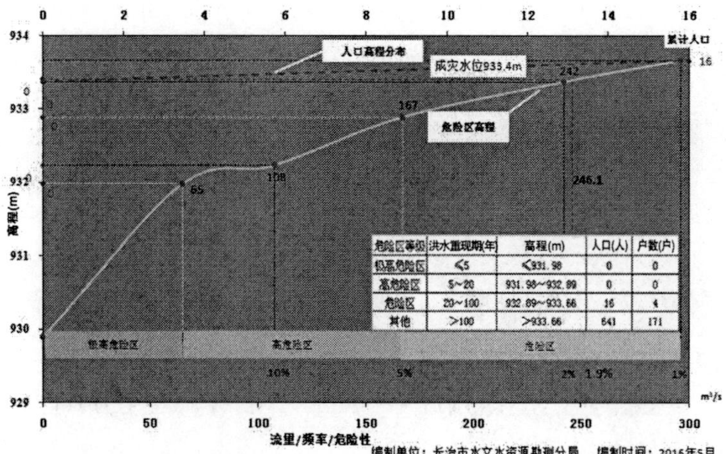

危险区等级	洪水重现期(年)	高程(m)	人口(人)	户数(户)
极高危险区	≤5	≤931.98	0	0
高危险区	5~20	931.98~932.89	0	0
危险区	20~100	932.89~933.66	16	4
其他	＞100	＞933.66	641	171

（16）韩坊村防洪现状评价图

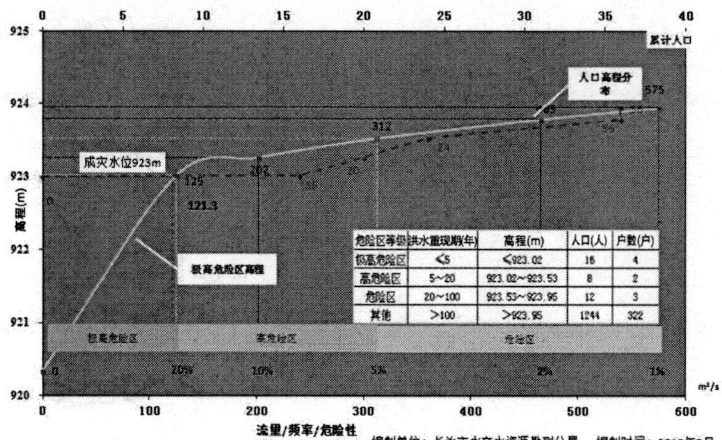

危险区等级	洪水重现期(年)	高程(m)	人口(人)	户数(户)
极高危险区	≤5	≤923.02	16	4
高危险区	5~20	923.02~923.53	8	2
危险区	20~100	923.53~923.95	12	3
其他	＞100	＞923.95	1244	322

（17）交里村防洪现状评价图

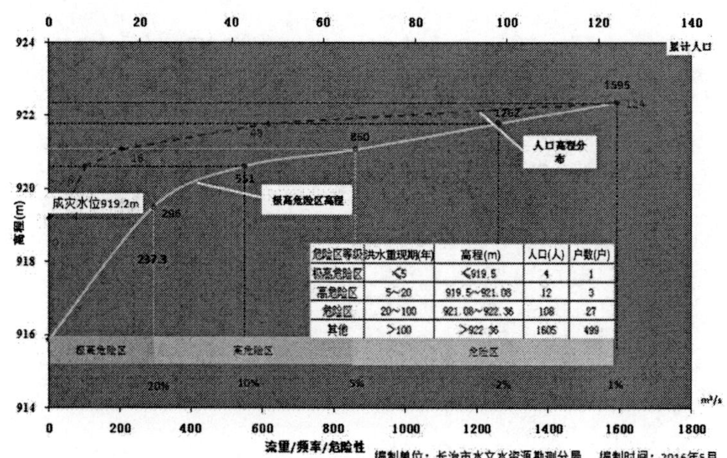

危险区等级	洪水重现期(年)	高程(m)	人口(人)	户数(户)
极高危险区	≤5	≤919.5	4	1
高危险区	5~20	919.5~921.08	12	3
危险区	20~100	921.08~922.36	108	27
其他	＞100	＞922.36	1605	499

（18）西田良村防洪现状评价图

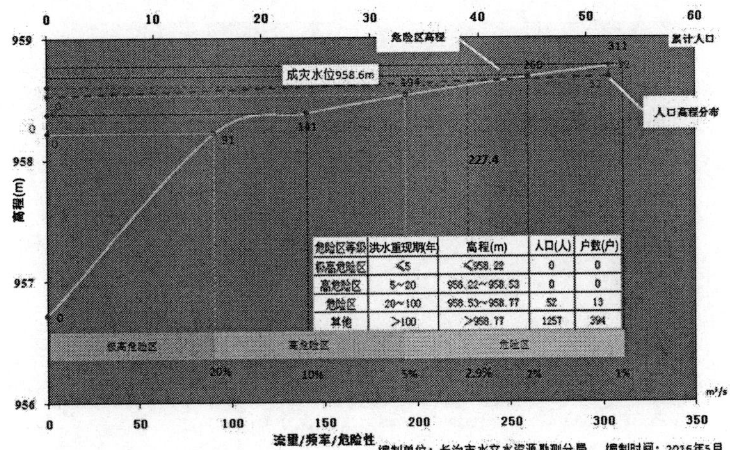

危险区等级	洪水重现期(年)	高程(m)	人口(人)	户数(户)
极高危险区	≤5	≤958.22	0	0
高危险区	5~20	956.22~958.53	0	0
危险区	20~100	958.53~958.77	52	13
其他	>100	>958.77	1257	394

（19）南贾村防洪现状评价图

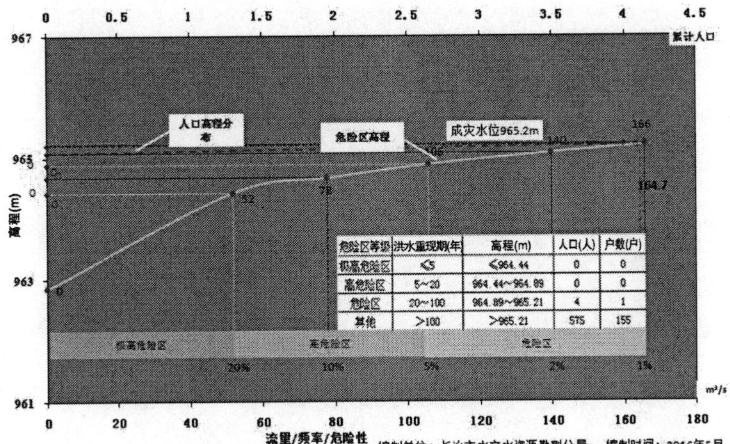

危险区等级	洪水重现期(年)	高程(m)	人口(人)	户数(户)
极高危险区	≤5	≤964.44	0	0
高危险区	5~20	964.44~964.89	0	0
危险区	20~100	964.89~965.21	4	1
其他	>100	>965.21	575	155

（20）南张店村防洪现状评价图

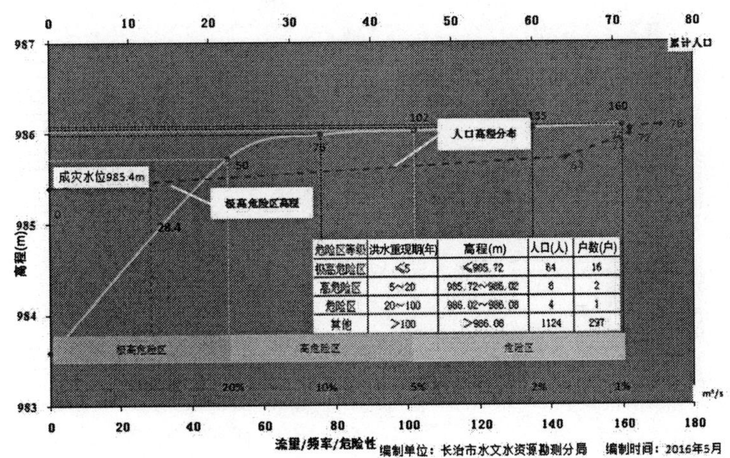

危险区等级	洪水重现期(年)	高程(m)	人口(人)	户数(户)
极高危险区	≤5	≤985.72	64	16
高危险区	5~20	985.72~986.02	8	2
危险区	20~100	986.02~986.08	4	1
其他	>100	>986.08	1124	297

（21）西范村防洪现状评价图

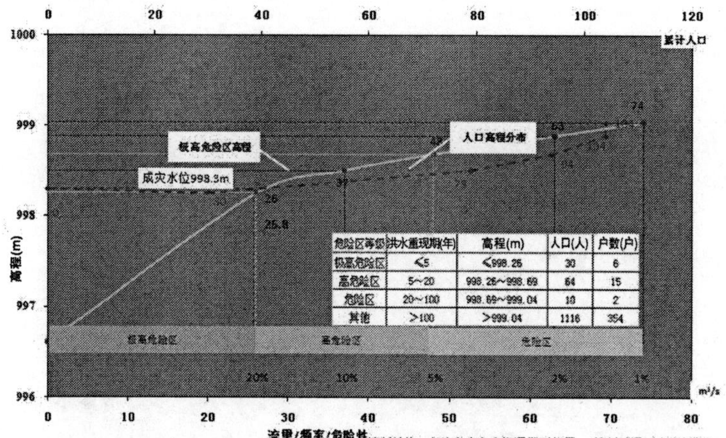

危险区等级	洪水重现期(年)	高程(m)	人口(人)	户数(户)
极高危险区	≤5	≤998.26	30	6
高危险区	5~20	998.26~998.69	64	15
危险区	20~100	998.69~999.04	10	2
其他	>100	>999.04	1116	354

（22）东范村防洪现状评价图

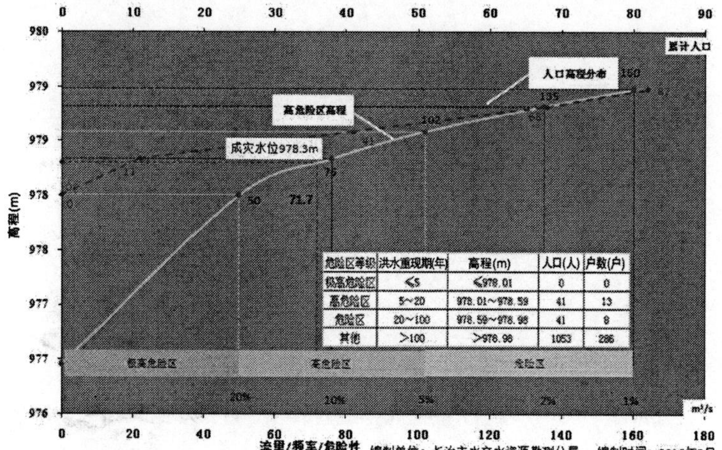

危险区等级	洪水重现期(年)	高程(m)	人口(人)	户数(户)
极高危险区	≤5	≤978.01	0	0
高危险区	5~20	978.01~978.59	41	13
危险区	20~100	978.59~978.98	41	8
其他	>100	>978.98	1053	286

（23）崔庄村防洪现状评价图

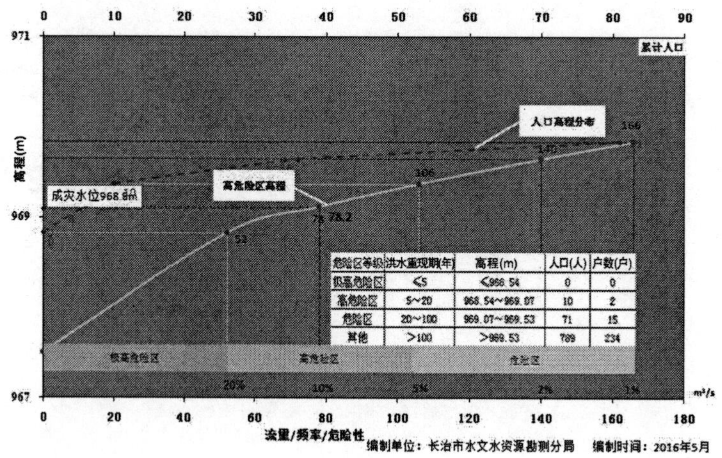

危险区等级	洪水重现期(年)	高程(m)	人口(人)	户数(户)
极高危险区	≤5	≤968.54	0	0
高危险区	5~20	968.54~969.07	10	2
危险区	20~100	969.07~969.53	71	15
其他	>100	>969.53	789	234

（24）龙泉村防洪现状评价图

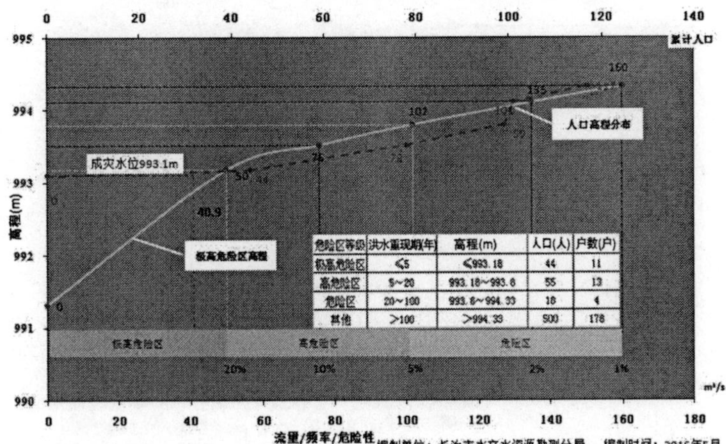

危险区等级	洪水重现期(年)	高程(m)	人口(人)	户数(户)
极高危险区	≤5	≤993.18	44	11
高危险区	5~20	993.18~993.6	55	13
危险区	20~100	993.6~994.33	18	4
其他	>100	>994.33	500	178

（25）赵家庄村防洪现状评价图

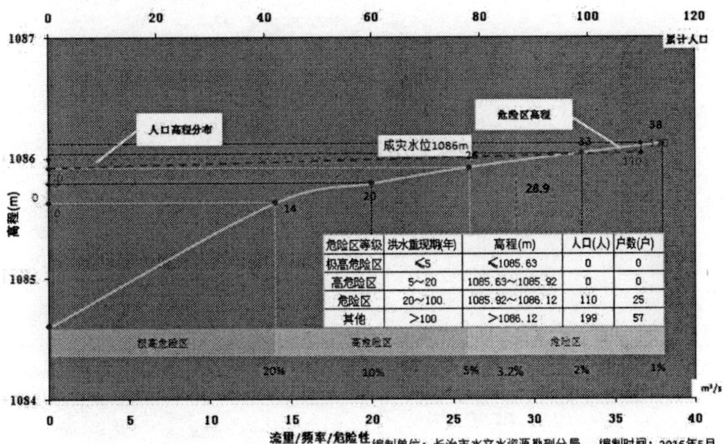

危险区等级	洪水重现期(年)	高程(m)	人口(人)	户数(户)
极高危险区	≤5	≤1085.63	0	0
高危险区	5~20	1085.63~1085.92	0	0
危险区	20~100	1085.92~1086.12	110	25
其他	>100	>1086.12	199	57

（26）陈家庄村防洪现状评价图

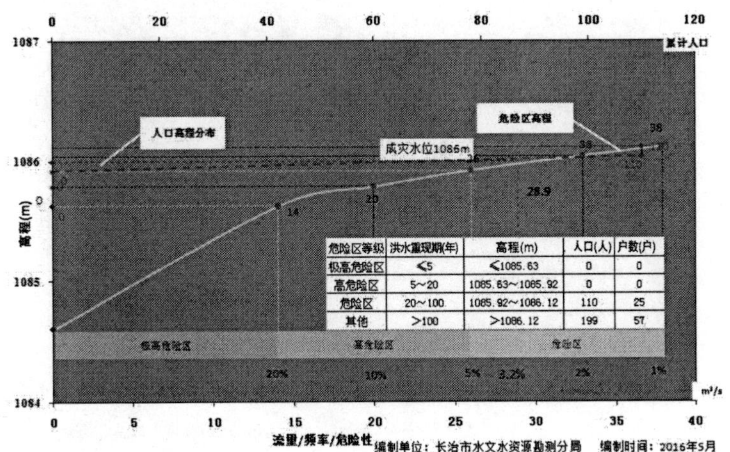

危险区等级	洪水重现期(年)	高程(m)	人口(人)	户数(户)
极高危险区	≤5	≤1085.63	0	0
高危险区	5~20	1085.63~1085.92	0	0
危险区	20~100	1085.92~1086.12	110	25
其他	>100	>1086.12	199	57

（27）吴家庄村防洪现状评价图

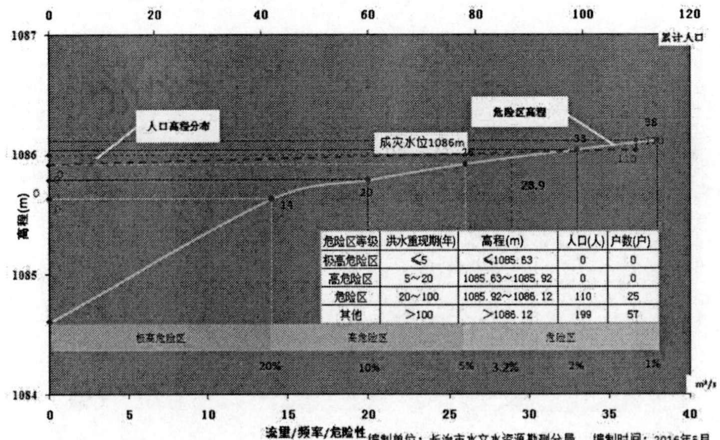

危险区等级	洪水重现期(年)	高程(m)	人口(人)	户数(户)
极高危险区	≤5	≤1085.63	0	0
高危险区	5~20	1085.63~1085.92	0	0
危险区	20~100	1085.92~1086.12	110	25
其他	>100	>1086.12	199	57

（28）曹家沟村防洪现状评价图

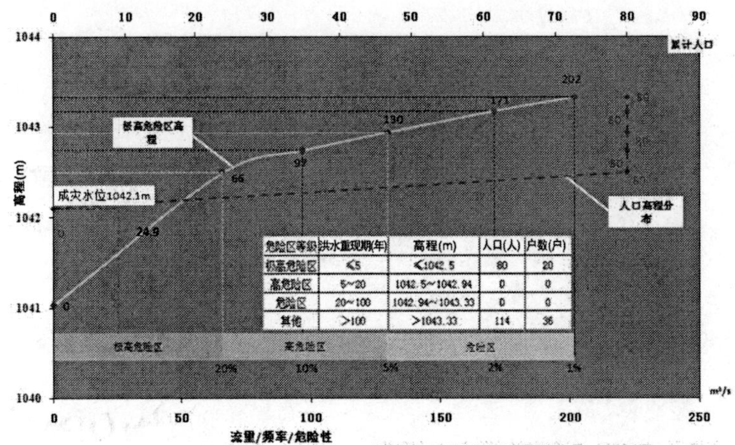

危险区等级	洪水重现期(年)	高程(m)	人口(人)	户数(户)
极高危险区	≤5	≤1042.5	80	20
高危险区	5~20	1042.5~1042.94	0	0
危险区	20~100	1042.94~1043.33	0	0
其他	>100	>1043.33	114	36

（29）琚村防洪现状评价图

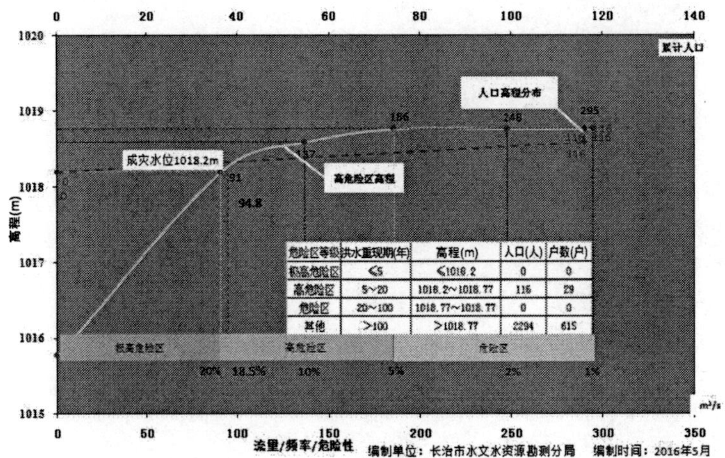

危险区等级	洪水重现期(年)	高程(m)	人口(人)	户数(户)
极高危险区	≤5	≤1018.2	0	0
高危险区	5~20	1018.2~1018.77	116	29
危险区	20~100	1018.77~1018.77	0	0
其他	>100	>1018.77	2294	615

（30）平西沟村防洪现状评价图

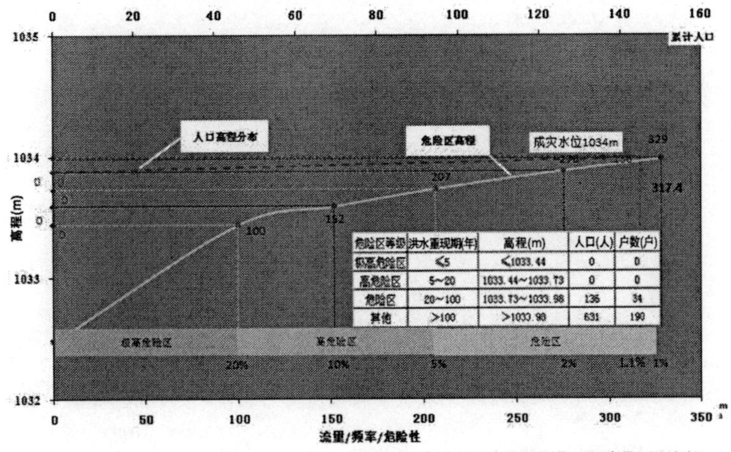

危险区等级	洪水重现期(年)	高程(m)	人口(人)	户数(户)
极高危险区	≤5	≤1033.44	0	0
高危险区	5~20	1033.44~1033.73	0	0
危险区	20~100	1033.73~1033.98	136	34
其他	>100	>1033.98	631	190

（31）南漳村防洪现状评价图

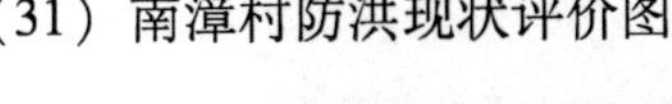

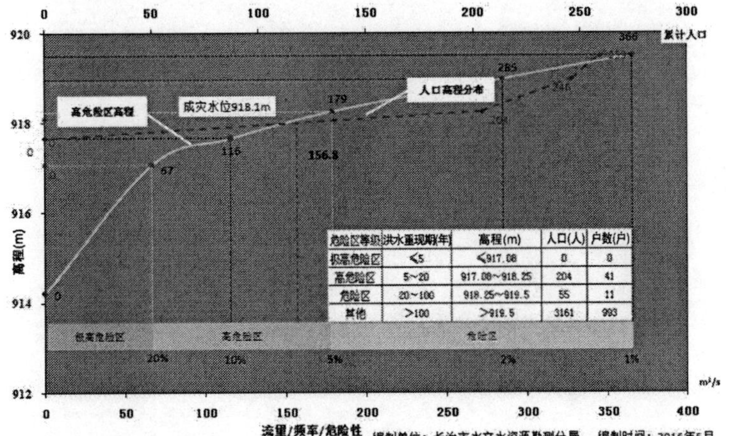

危险区等级	洪水重现期(年)	高程(m)	人口(人)	户数(户)
极高危险区	≤5	≤917.08	0	0
高危险区	5~20	917.08~918.25	204	41
危险区	20~100	918.25~919.5	55	11
其他	>100	>919.5	3161	993

（32）吴村防洪现状评价图

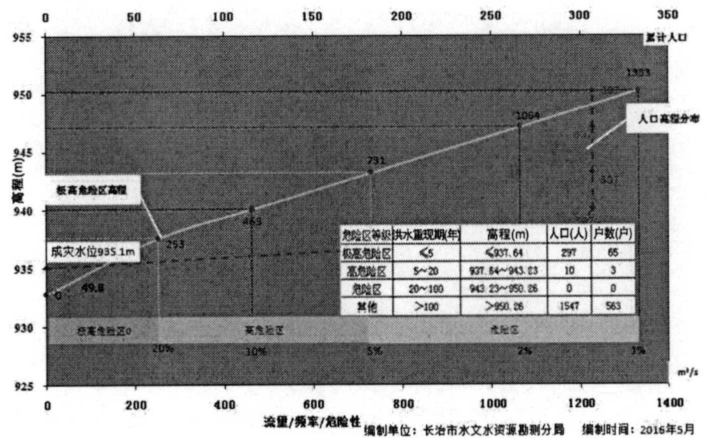

危险区等级	洪水重现期(年)	高程(m)	人口(人)	户数(户)
极高危险区	≤5	≤937.64	297	65
高危险区	5~20	937.64~943.23	10	3
危险区	20~100	943.23~950.26	0	0
其他	>100	>950.26	1547	563

（33）安西村防洪现状评价图

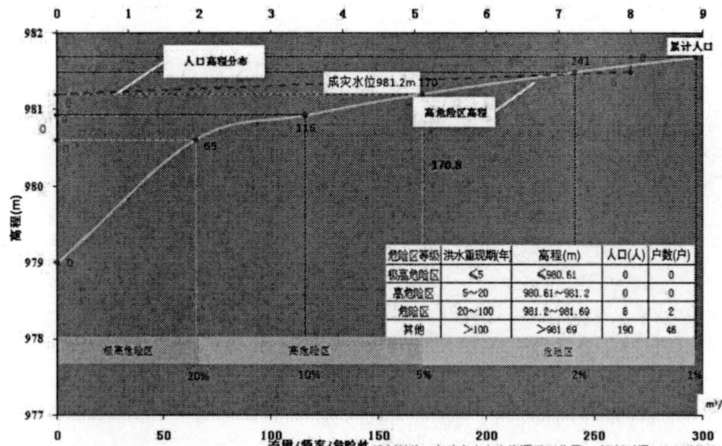

危险区等级	洪水重现期(年)	高程(m)	人口(人)	户数(户)
极高危险区	≤5	≤980.61	0	0
高危险区	5~20	980.61~981.2	0	0
危险区	20~100	981.2~981.69	8	2
其他	>100	>981.69	190	46

（34）苏村防洪现状评价图

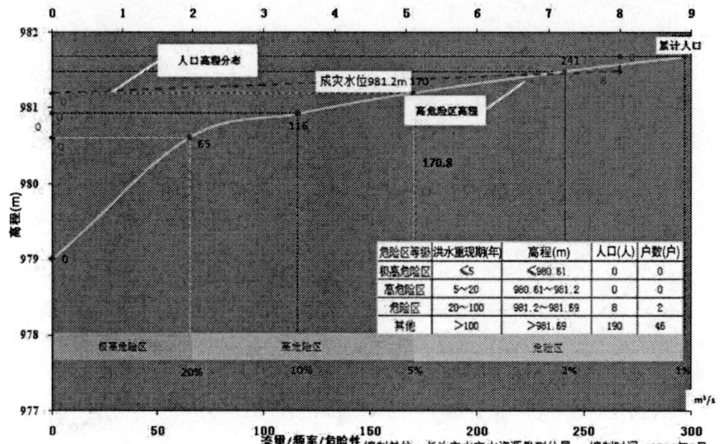

危险区等级	洪水重现期(年)	高程(m)	人口(人)	户数(户)
极高危险区	≤5	≤980.61	0	0
高危险区	5~20	980.61~981.2	0	0
危险区	20~100	981.2~981.69	8	2
其他	>100	>981.69	190	46

（35）西沟村防洪现状评价图

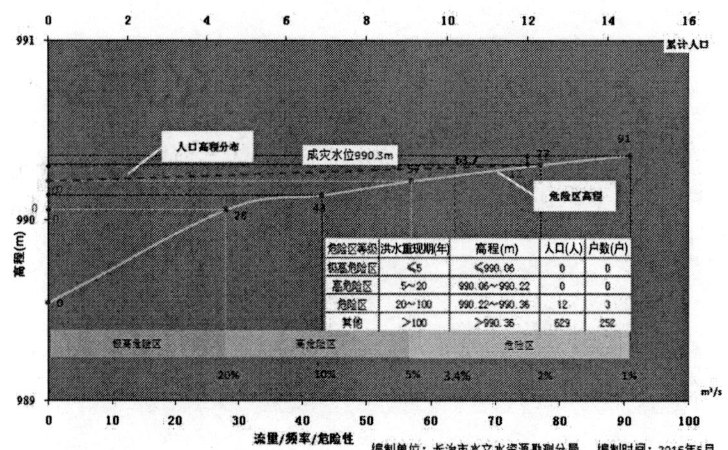

危险区等级	洪水重现期(年)	高程(m)	人口(人)	户数(户)
极高危险区	≤5	≤990.06	0	0
高危险区	5~20	990.06~990.22	0	0
危险区	20~100	990.22~990.36	12	3
其他	>100	>990.36	629	252

（36）西峪村防洪现状评价图

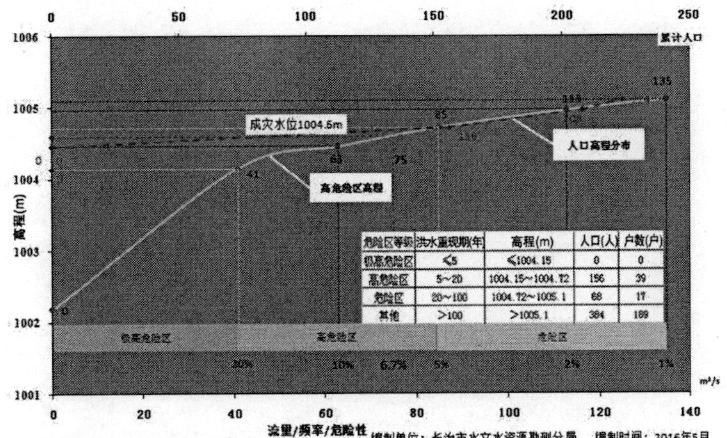

危险区等级	洪水重现期(年)	高程(m)	人口(人)	户数(户)
极高危险区	≤5	≤1004.15	0	0
高危险区	5~20	1004.15~1004.72	156	39
危险区	20~100	1004.72~1005.1	68	17
其他	>100	>1005.1	384	189

（37）东峪村防洪现状评价图

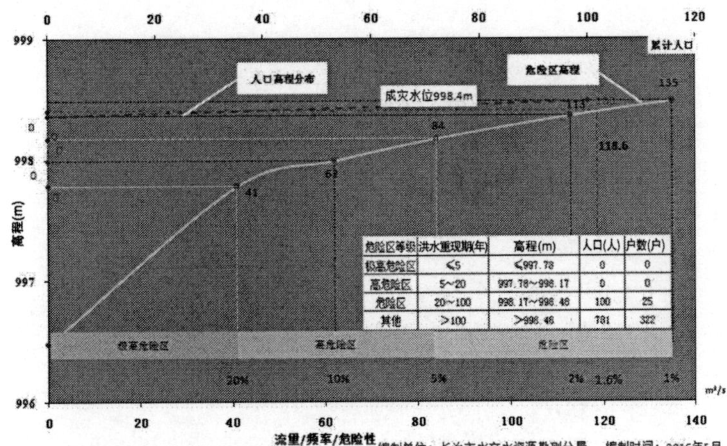

危险区等级	洪水重现期(年)	高程(m)	人口(人)	户数(户)
极高危险区	≤5	≤997.78	0	0
高危险区	5~20	997.78~998.17	0	0
危险区	20~100	998.17~998.46	100	25
其他	>100	>998.46	781	322

（38）城阳村防洪现状评价图

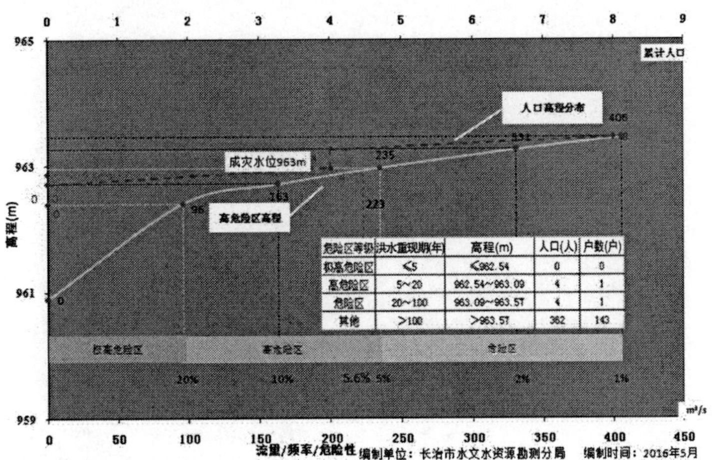

危险区等级	洪水重现期(年)	高程(m)	人口(人)	户数(户)
极高危险区	≤5	≤962.54	0	0
高危险区	5~20	962.54~963.09	4	1
危险区	20~100	963.09~963.57	4	1
其他	>100	>963.57	362	143

（39）阳鲁村防洪现状评价图

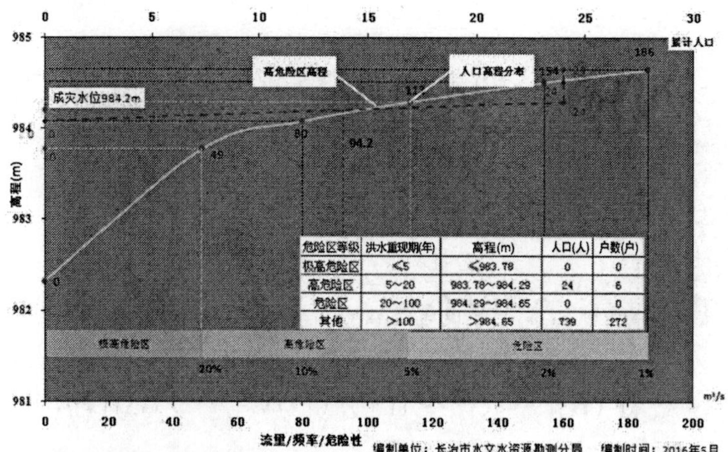

危险区等级	洪水重现期(年)	高程(m)	人口(人)	户数(户)
极高危险区	≤5	≤983.78	0	0
高危险区	5～20	983.78～984.29	24	6
危险区	20～100	984.29～984.65	0	0
其他	>100	>984.65	739	272

（40）善村防洪现状评价图

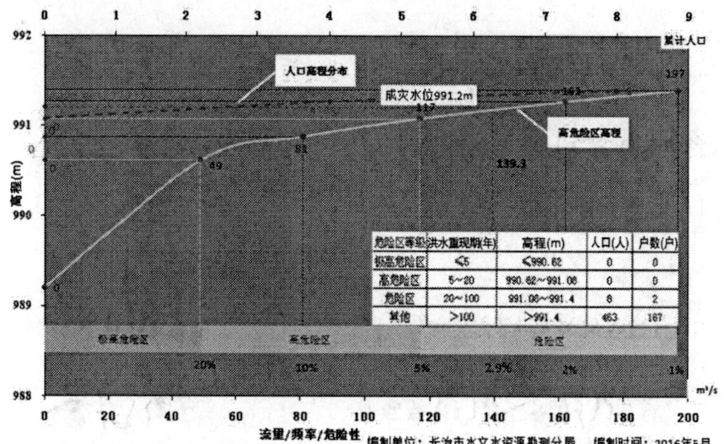

危险区等级	洪水重现期(年)	高程(m)	人口(人)	户数(户)
极高危险区	≤5	≤990.62	0	0
高危险区	5～20	990.62～991.06	0	0
危险区	20～100	991.06～991.4	8	2
其他	>100	>991.4	463	167

（41）南庄村防洪现状评价图

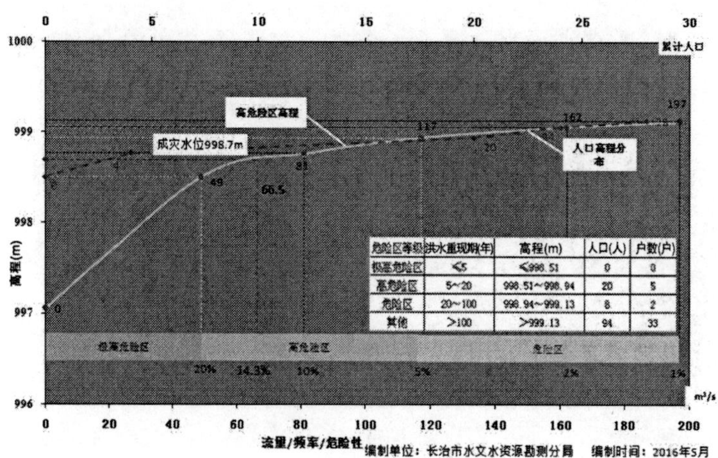

危险区等级	洪水重现期(年)	高程(m)	人口(人)	户数(户)
极高危险区	≤5	≤998.51	0	0
高危险区	5～20	998.51～998.94	20	5
危险区	20～100	998.94～999.13	8	2
其他	>100	>999.13	94	33

（42）西何村防洪现状评价图

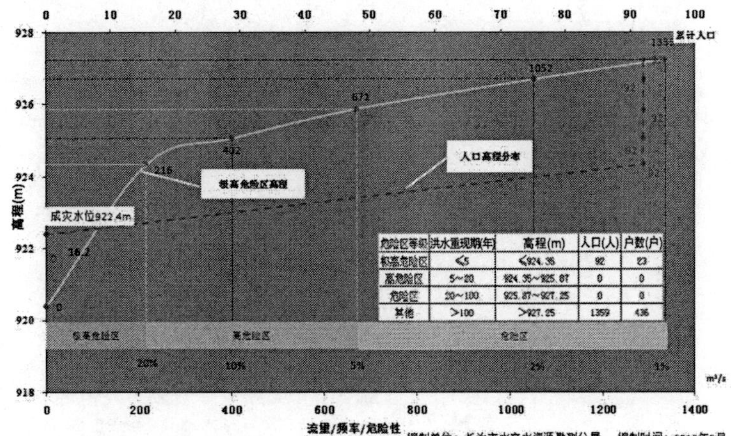

危险区等级	洪水重现期(年)	高程(m)	人口(人)	户数(户)
极高危险区	≤5	≤924.35	92	23
高危险区	5~20	924.35~925.87	0	0
危险区	20~100	925.87~927.25	0	0
其他	>100	>927.25	1359	436

（43）庞庄村防洪现状评价图

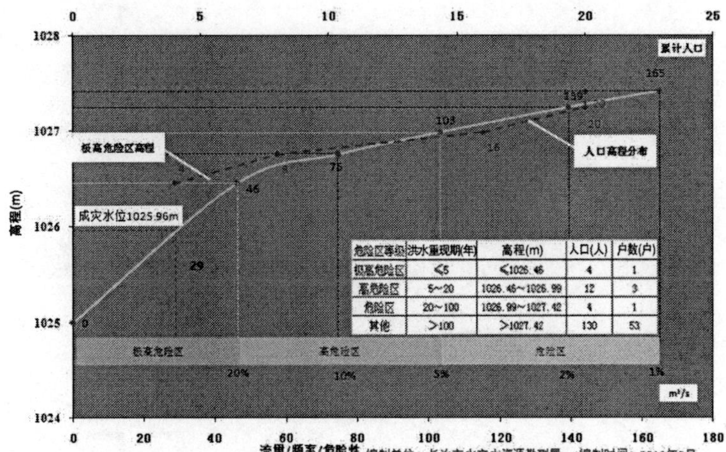

危险区等级	洪水重现期(年)	高程(m)	人口(人)	户数(户)
极高危险区	≤5	≤1026.46	4	1
高危险区	5~20	1026.46~1026.99	12	3
危险区	20~100	1026.99~1027.42	4	1
其他	>100	>1027.42	130	53

（44）鲍寨村防洪现状评价图

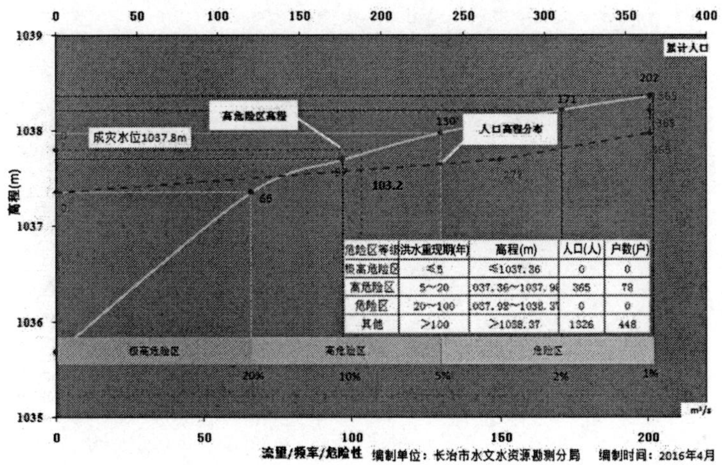

危险区等级	洪水重现期(年)	高程(m)	人口(人)	户数(户)
极高危险区	≤5	≤1037.36	0	0
高危险区	5~20	037.36~1037.98	365	78
危险区	20~100	037.98~1038.37	0	0
其他	>100	>1038.37	1326	448

（45）南庄防洪现状评价图

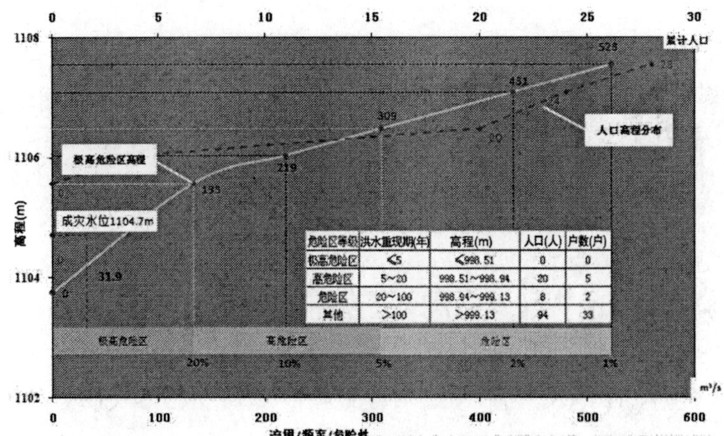

危险区等级	洪水重现期(年)	高程(m)	人口(人)	户数(户)
极高危险区	≤5	≤998.51	0	0
高危险区	5~20	998.51~998.94	20	5
危险区	20~100	998.94~999.13	8	2
其他	>100	>999.13	94	33

10. 长治县防洪现状评价图

（1）柳林村防洪现状评价图

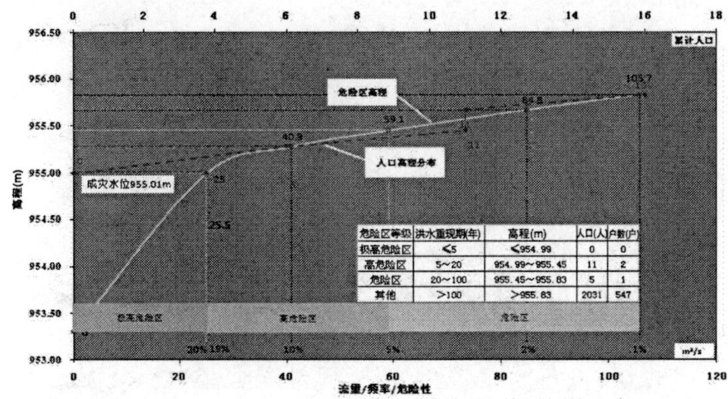

危险区等级	洪水重现期(年)	高程(m)	人口(人)	户数(户)
极高危险区	≤5	≤954.99	0	0
高危险区	5~20	954.99~955.45	11	2
危险区	20~100	955.45~955.83	5	1
其他	>100	>955.83	2031	547

（2）林移村防洪现状评价图

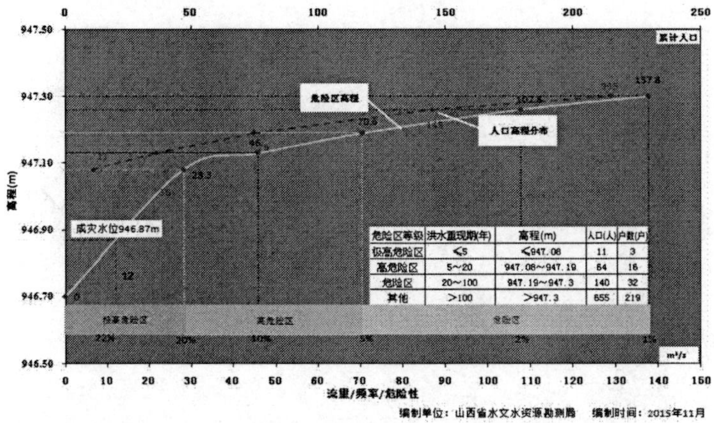

危险区等级	洪水重现期(年)	高程(m)	人口(人)	户数(户)
极高危险区	≤5	≤947.08	11	3
高危险区	5~20	947.08~947.19	64	16
危险区	20~100	947.19~947.3	140	32
其他	>100	>947.3	655	219

（3）柳林庄村防洪现状评价图

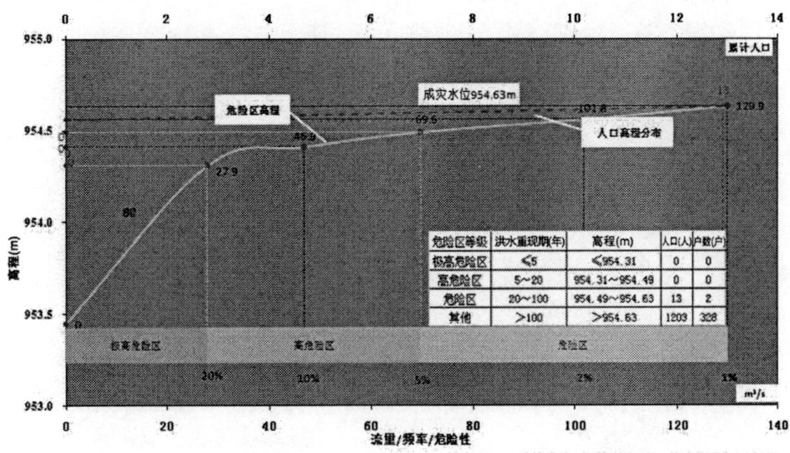

（4）司马村防洪现状评价图

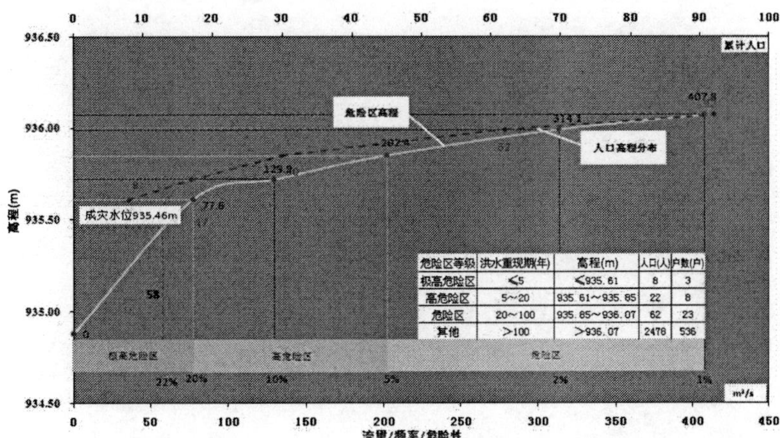

（5）荫城村防洪现状评价图

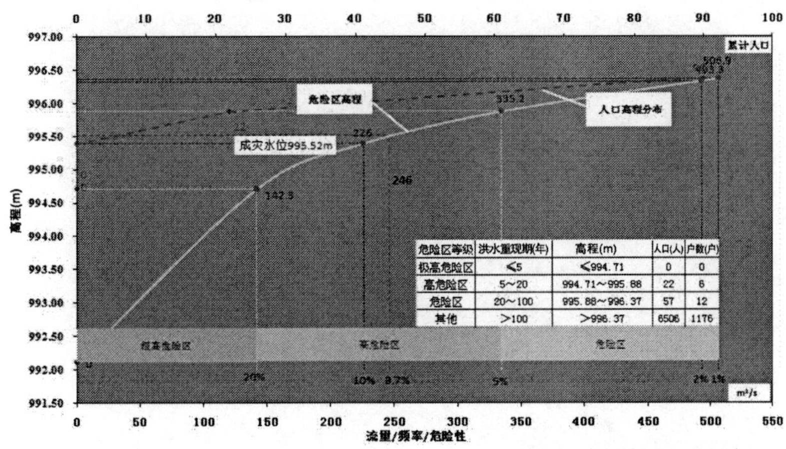

（6）河下村防洪现状评价图

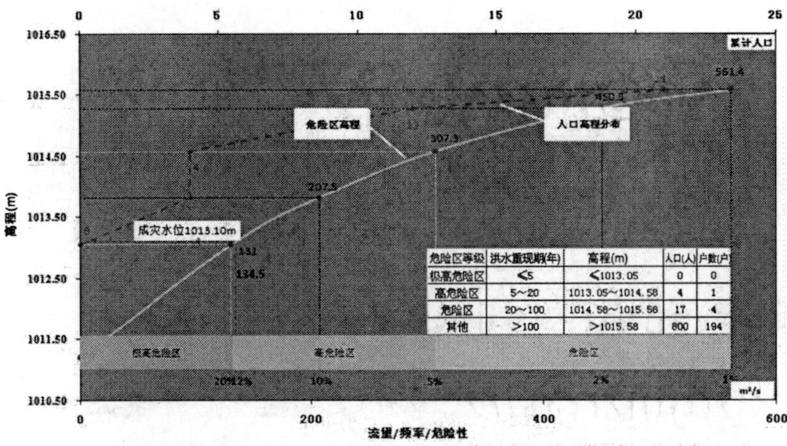

危险区等级	洪水重现期(年)	高程(m)	人口(人)	户数(户)
极高危险区	≤5	≤1013.05	0	0
高危险区	5~20	1013.05~1014.58	4	1
危险区	20~100	1014.58~1015.56	17	4
其他	>100	>1015.58	800	194

（7）横河村防洪现状评价图

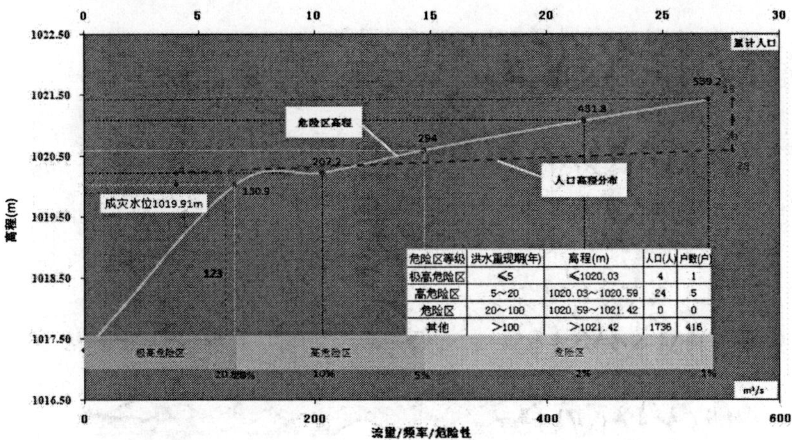

危险区等级	洪水重现期(年)	高程(m)	人口(人)	户数(户)
极高危险区	≤5	≤1020.03	4	1
高危险区	5~20	1020.03~1020.59	24	5
危险区	20~100	1020.59~1021.42	0	0
其他	>100	>1021.42	1736	416

（8）桑梓一村防洪现状评价图

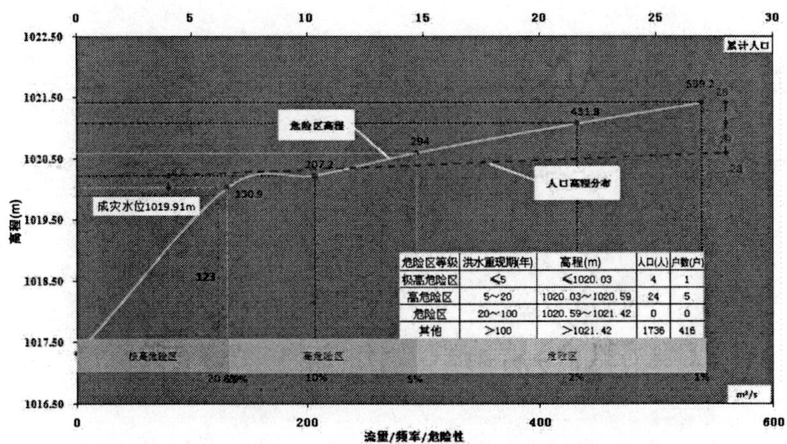

危险区等级	洪水重现期(年)	高程(m)	人口(人)	户数(户)
极高危险区	≤5	≤1020.03	4	1
高危险区	5~20	1020.03~1020.59	24	5
危险区	20~100	1020.59~1021.42	0	0
其他	>100	>1021.42	1736	416

（9）桑梓二村防洪现状评价图

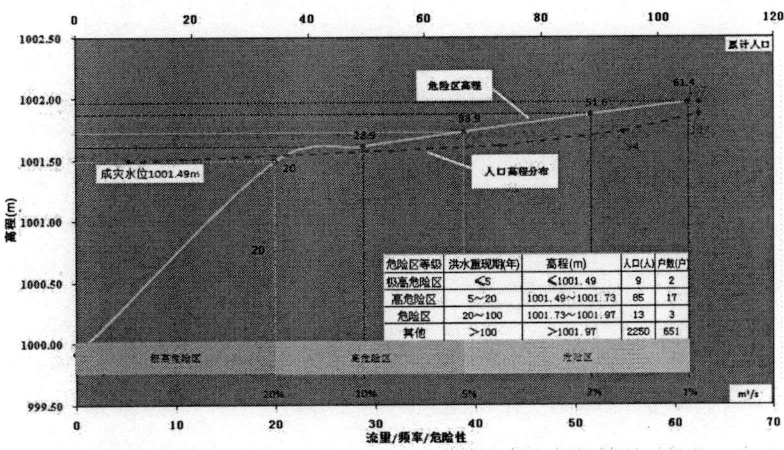

危险区等级	洪水重现期(年)	高程(m)	人口(人)	户数(户)
极高危险区	≤5	≤1001.49	9	2
高危险区	5～20	1001.49～1001.73	85	17
危险区	20～100	1001.73～1001.97	13	3
其他	＞100	＞1001.97	2250	651

（10）北头村防洪现状评价图

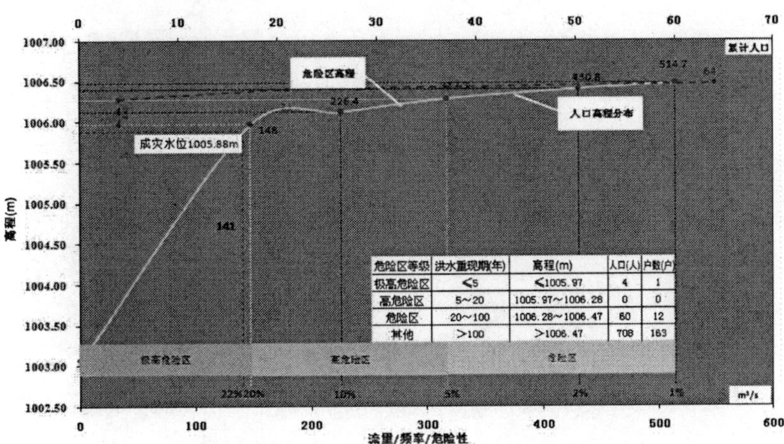

危险区等级	洪水重现期(年)	高程(m)	人口(人)	户数(户)
极高危险区	≤5	≤1005.97	4	1
高危险区	5～20	1005.97～1006.28	0	0
危险区	20～100	1006.28～1006.47	60	12
其他	＞100	＞1006.47	708	163

（11）内王村防洪现状评价图

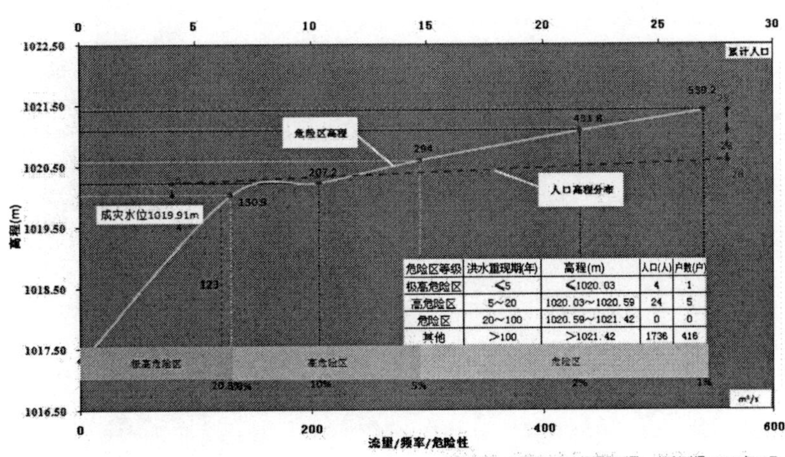

危险区等级	洪水重现期(年)	高程(m)	人口(人)	户数(户)
极高危险区	≤5	≤1020.03	4	1
高危险区	5～20	1020.03～1020.59	24	5
危险区	20～100	1020.59～1021.42	0	0
其他	＞100	＞1021.42	1736	416

（12）王坊村防洪现状评价图

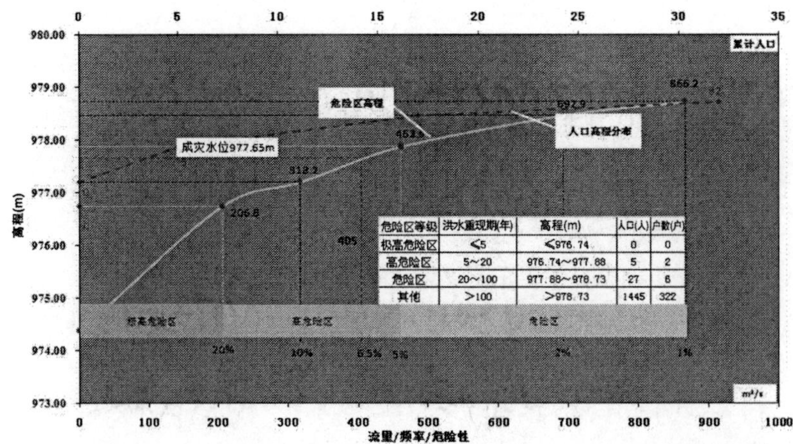

危险区等级	洪水重现期(年)	高程(m)	人口(人)	户数(户)
极高危险区	≤5	≤976.74	0	0
高危险区	5～20	976.74～977.88	5	2
危险区	20～100	977.88～978.73	27	6
其他	＞100	＞978.73	1445	322

编制单位：山西省水文水资源勘测局　编制时间：2015年11月

（13）中村防洪现状评价图

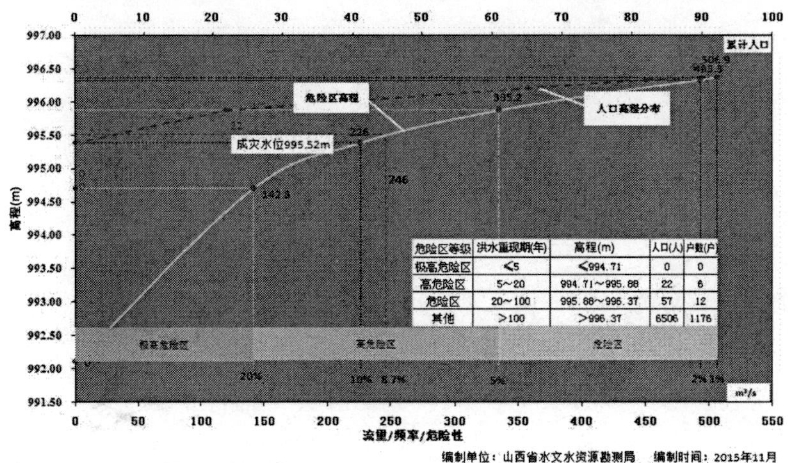

危险区等级	洪水重现期(年)	高程(m)	人口(人)	户数(户)
极高危险区	≤5	≤994.71	0	0
高危险区	5～20	994.71～995.88	22	6
危险区	20～100	995.88～996.37	57	12
其他	＞100	＞996.37	6506	1176

编制单位：山西省水文水资源勘测局　编制时间：2015年11月

（14）李坊村防洪现状评价图

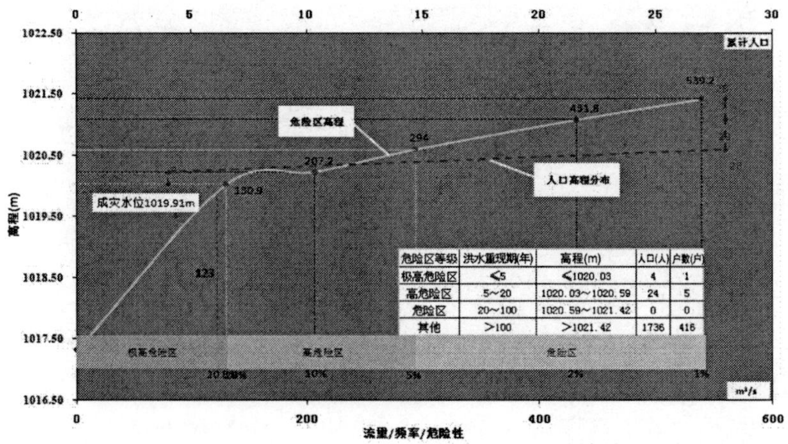

危险区等级	洪水重现期(年)	高程(m)	人口(人)	户数(户)
极高危险区	≤5	≤1020.03	4	1
高危险区	5～20	1020.03～1020.59	24	5
危险区	20～100	1020.59～1021.42	0	0
其他	＞100	＞1021.42	1736	416

编制单位：山西省水文水资源勘测局　编制时间：2015年11月

（15）北王庆村防洪现状评价图

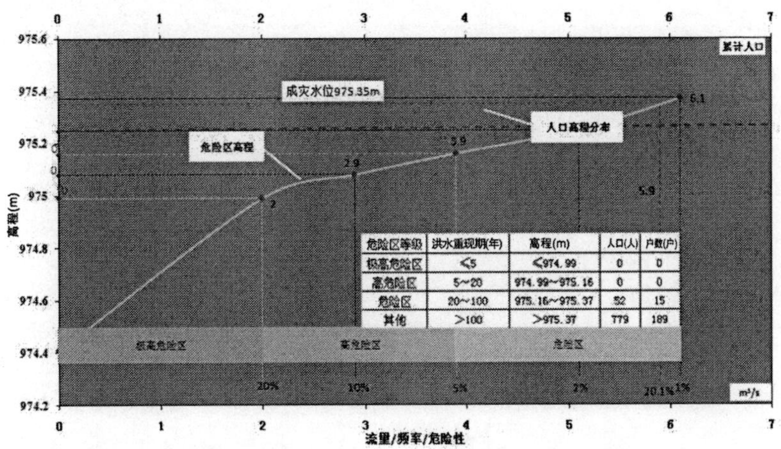

危险区等级	洪水重现期(年)	高程(m)	人口(人)	户数(户)
极高危险区	≤5	≤974.99	0	0
高危险区	5~20	974.99~975.16	0	0
危险区	20~100	975.16~975.37	52	15
其他	>100	>975.37	779	189

编制单位：长治市水文水资源勘测分局　编制时间：2016年3月

（16）桥头村防洪现状评价图

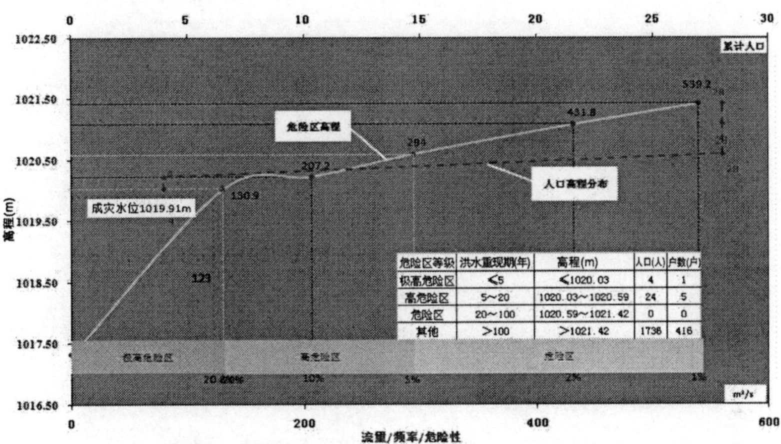

危险区等级	洪水重现期(年)	高程(m)	人口(人)	户数(户)
极高危险区	≤5	≤1020.03	4	1
高危险区	5~20	1020.03~1020.59	24	5
危险区	20~100	1020.59~1021.42	0	0
其他	>100	>1021.42	1736	416

编制单位：山西省水文水资源勘测局　编制时间：2015年11月

（17）下赵家庄村防洪现状评价图

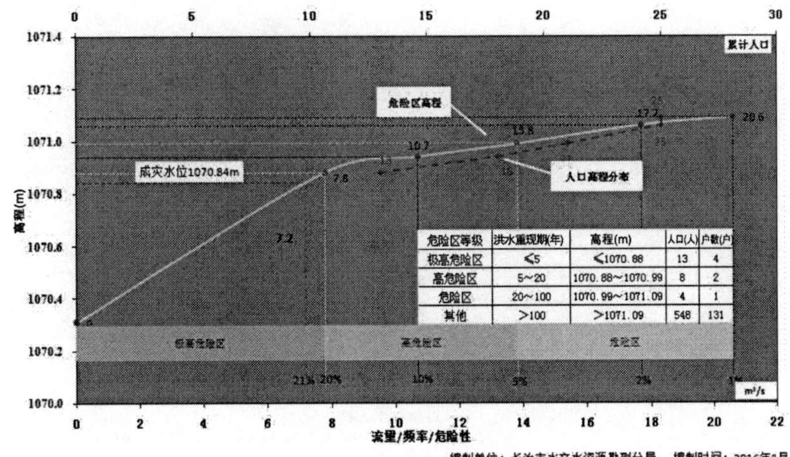

危险区等级	洪水重现期(年)	高程(m)	人口(人)	户数(户)
极高危险区	≤5	≤1070.88	13	4
高危险区	5~20	1070.88~1070.99	8	2
危险区	20~100	1070.99~1071.09	4	1
其他	>100	>1071.09	548	131

编制单位：长治市水文水资源勘测分局　编制时间：2016年3月

（18）南河村防洪现状评价图

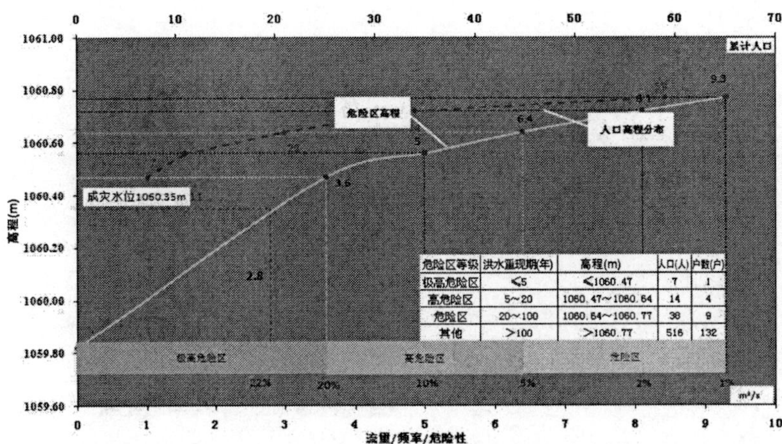

危险区等级	洪水重现期(年)	高程(m)	人口(人)	户数(户)
极高危险区	≤5	≤1060.47	7	1
高危险区	5～20	1060.47～1060.64	14	4
危险区	20～100	1060.64～1060.77	38	9
其他	＞100	＞1060.77	516	132

编制单位：山西省水文水资源勘测局　编制时间：2015年11月

（19）羊川村防洪现状评价图

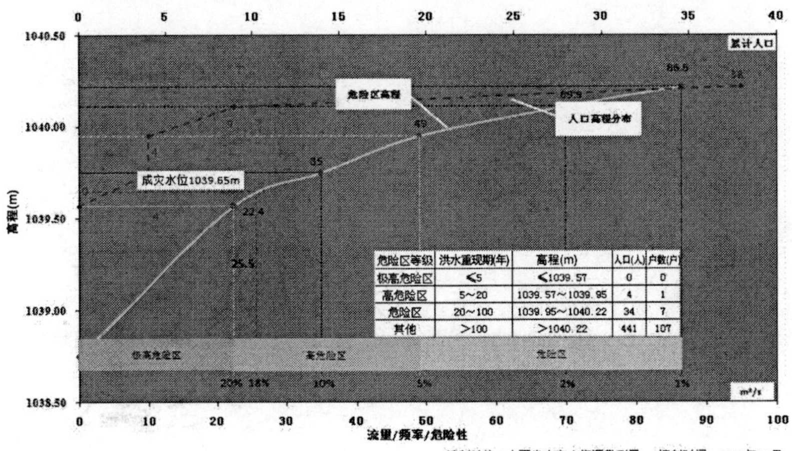

危险区等级	洪水重现期(年)	高程(m)	人口(人)	户数(户)
极高危险区	≤5	≤1039.57	0	0
高危险区	5～20	1039.57～1039.95	4	1
危险区	20～100	1039.95～1040.22	34	7
其他	＞100	＞1040.22	441	107

编制单位：山西省水文水资源勘测局　编制时间：2015年11月

（20）八义村防洪现状评价图

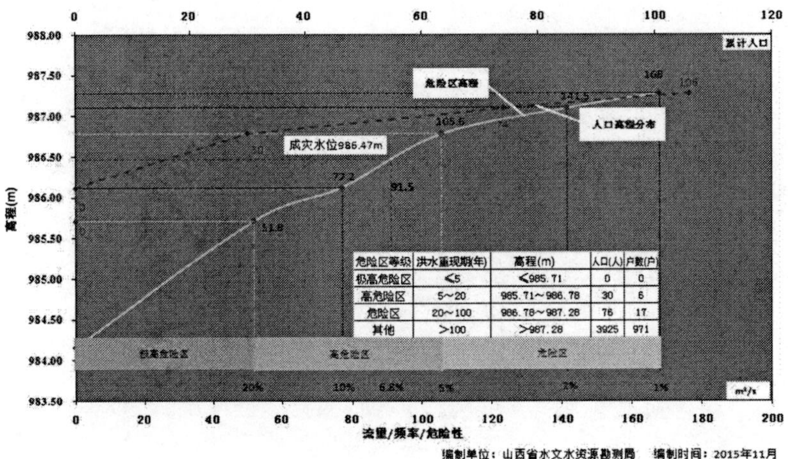

危险区等级	洪水重现期(年)	高程(m)	人口(人)	户数(户)
极高危险区	≤5	≤985.71	0	0
高危险区	5～20	985.71～986.78	30	6
危险区	20～100	986.78～987.28	76	17
其他	＞100	＞987.28	3925	971

编制单位：山西省水文水资源勘测局　编制时间：2015年11月

(21) 狗湾村防洪现状评价图

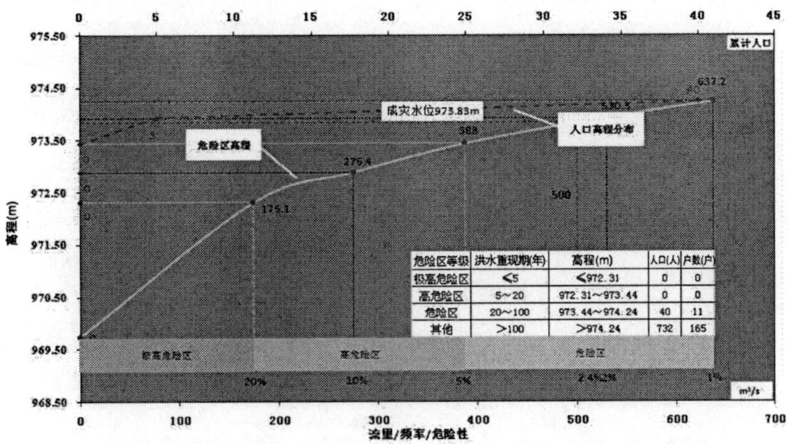

危险区等级	洪水重现期(年)	高程(m)	人口(人)	户数(户)
极高危险区	≤5	≤972.31	0	0
高危险区	5～20	972.31～973.44	0	0
危险区	20～100	973.44～974.24	40	11
其他	>100	>974.24	732	165

编制单位：山西省水文水资源勘测局　编制时间：2015年11月

(22) 北楼底村防洪现状评价图

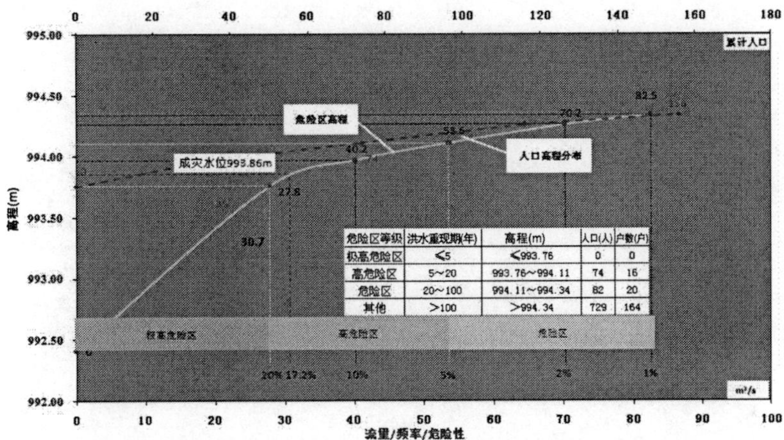

危险区等级	洪水重现期(年)	高程(m)	人口(人)	户数(户)
极高危险区	≤5	≤993.76	0	0
高危险区	5～20	993.76～994.11	74	16
危险区	20～100	994.11～994.34	82	20
其他	>100	>994.34	729	164

编制单位：山西省水文水资源勘测局　编制时间：2015年11月

(23) 南楼底村防洪现状评价图

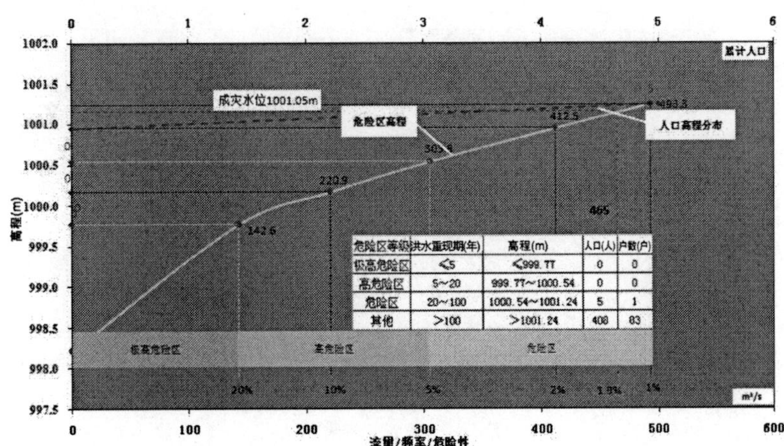

危险区等级	洪水重现期(年)	高程(m)	人口(人)	户数(户)
极高危险区	≤5	≤999.77	0	0
高危险区	5～20	999.77～1000.54	0	0
危险区	20～100	1000.54～1001.24	5	1
其他	>100	>1001.24	408	83

编制单位：长治市水文水资源勘测分局　编制时间：2016年3月

（24）新庄村防洪现状评价图

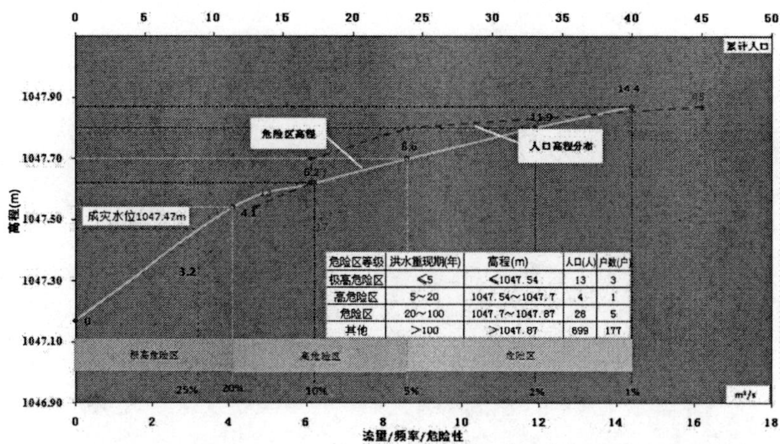

（25）定流村防洪现状评价图

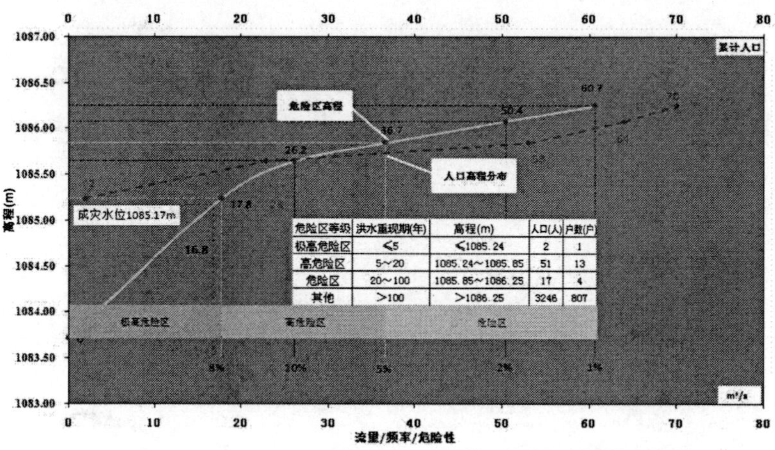

（26）北郭村防洪现状评价图

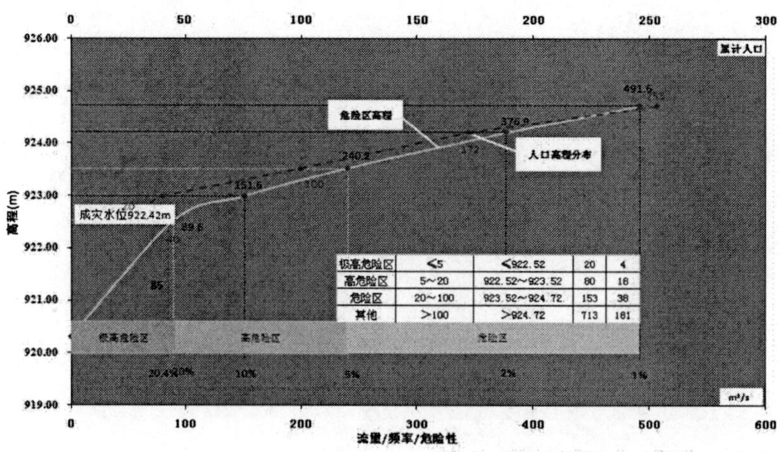

（27）岭上村防洪现状评价图

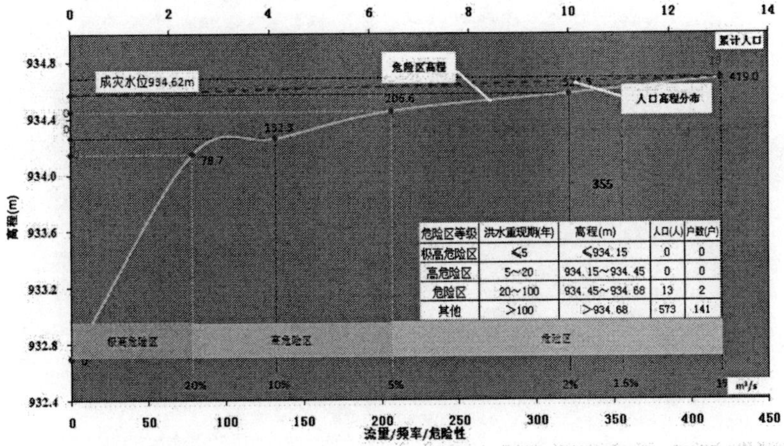

危险区等级	洪水重现期(年)	高程(m)	人口(人)	户数(户)
极高危险区	≤5	≤934.15	0	0
高危险区	5～20	934.15～934.45	0	0
危险区	20～100	934.45～934.68	13	2
其他	>100	>934.68	573	141

（28）高河村防洪现状评价图

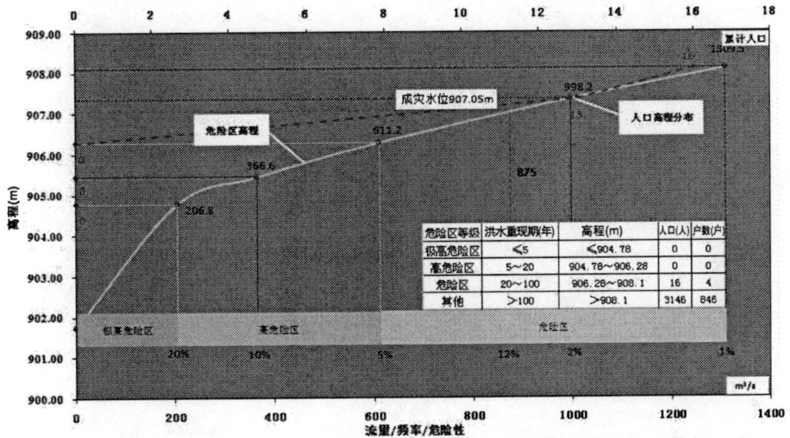

危险区等级	洪水重现期(年)	高程(m)	人口(人)	户数(户)
极高危险区	≤5	≤904.78	0	0
高危险区	5～20	904.78～906.28	0	0
危险区	20～100	906.28～908.1	16	4
其他	>100	>908.1	3146	846

（29）西池村防洪现状评价图

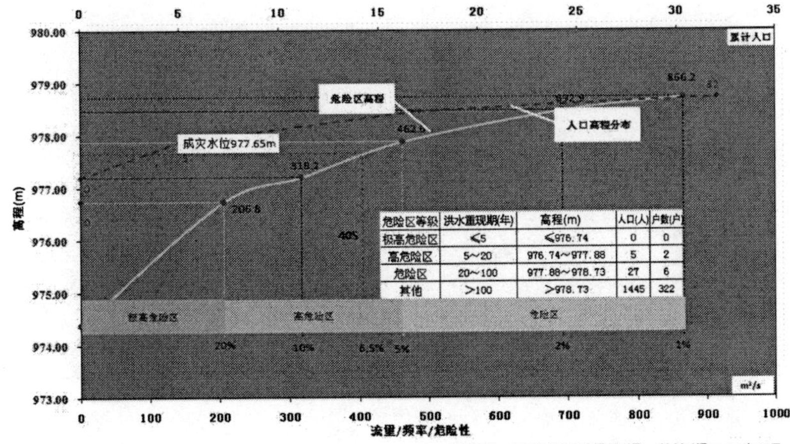

危险区等级	洪水重现期(年)	高程(m)	人口(人)	户数(户)
极高危险区	≤5	≤976.74	0	0
高危险区	5～20	976.74～977.88	5	2
危险区	20～100	977.88～978.73	27	6
其他	>100	>978.73	1445	322

（30）东池村防洪现状评价图

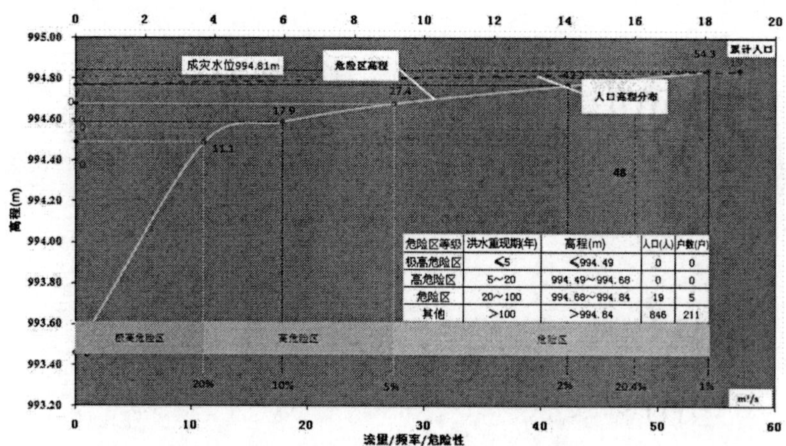

危险区等级	洪水重现期(年)	高程(m)	人口(人)	户数(户)
极高危险区	≤5	≤994.49	0	0
高危险区	5～20	994.49～994.68	0	0
危险区	20～100	994.68～994.84	19	5
其他	>100	>994.84	846	211

编制单位：山西省水文水资源勘测局　编制时间：2015年11月

（31）小河村防洪现状评价图

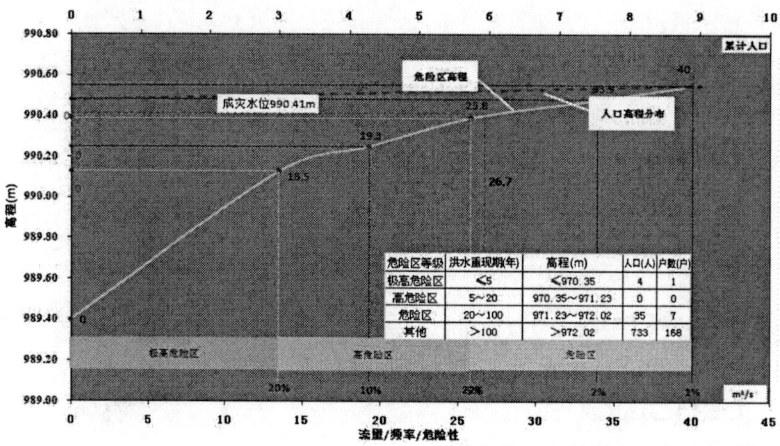

危险区等级	洪水重现期(年)	高程(m)	人口(人)	户数(户)
极高危险区	≤5	≤970.35	4	1
高危险区	5～20	970.35～971.23	0	0
危险区	20～100	971.23～972.02	35	7
其他	>100	>972.02	733	168

编制单位：山西省水文水资源勘测局　编制时间：2015年11月

（32）沙峪村防洪现状评价图

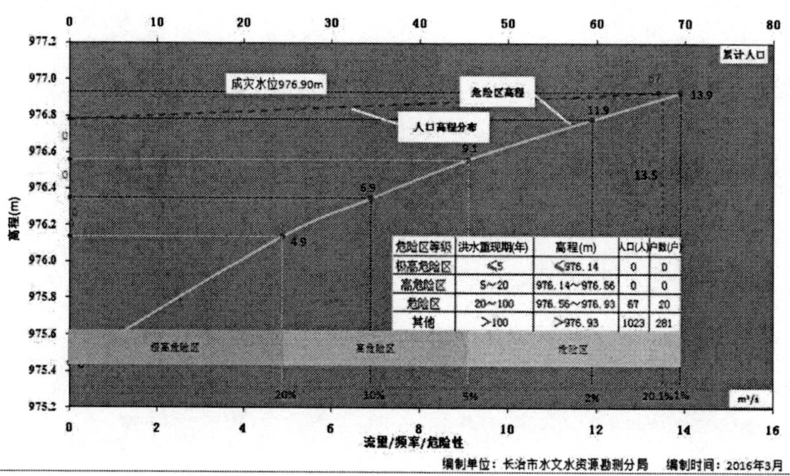

危险区等级	洪水重现期(年)	高程(m)	人口(人)	户数(户)
极高危险区	≤5	≤976.14	0	0
高危险区	5～20	976.14～976.56	0	0
危险区	20～100	976.56～976.93	67	20
其他	>100	>976.93	1023	281

编制单位：长治市水文水资源勘测分局　编制时间：2016年3月

（33）土桥村防洪现状评价图

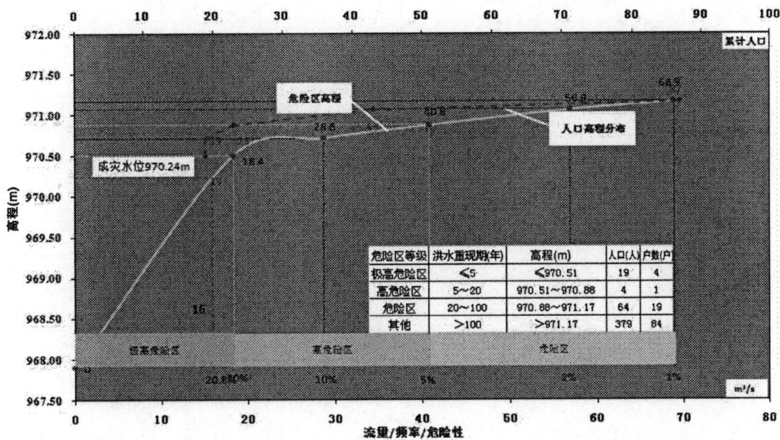

危险区等级	洪水重现期(年)	高程(m)	人口(人)	户数(户)
极高危险区	≤5	≤970.51	19	4
高危险区	5～20	970.51～970.88	4	1
危险区	20～100	970.88～971.17	64	19
其他	>100	>971.17	379	84

（34）河头村防洪现状评价图

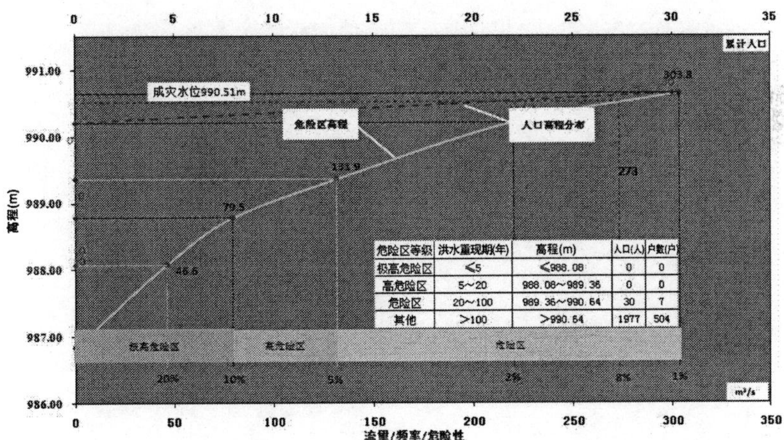

危险区等级	洪水重现期(年)	高程(m)	人口(人)	户数(户)
极高危险区	≤5	≤988.08	0	0
高危险区	5～20	988.08～989.36	0	0
危险区	20～100	989.36～990.64	30	7
其他	>100	>990.64	1977	504

（35）小川村防洪现状评价图

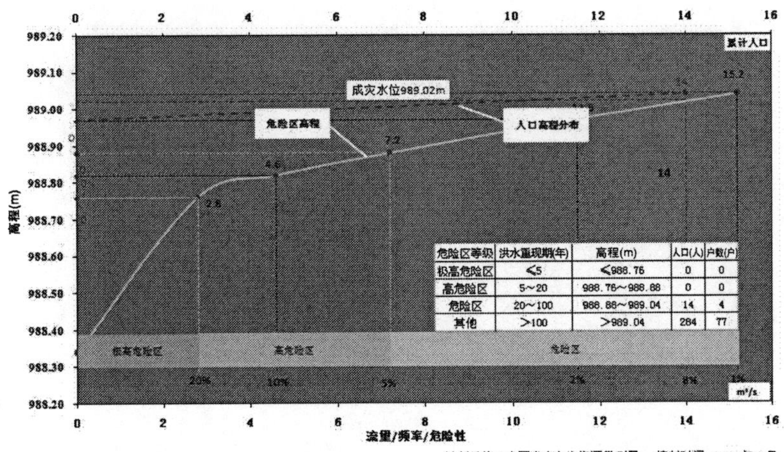

危险区等级	洪水重现期(年)	高程(m)	人口(人)	户数(户)
极高危险区	≤5	≤988.76	0	0
高危险区	5～20	988.76～988.88	0	0
危险区	20～100	988.88～989.04	14	4
其他	>100	>989.04	284	77

（36）北呈村防洪现状评价图

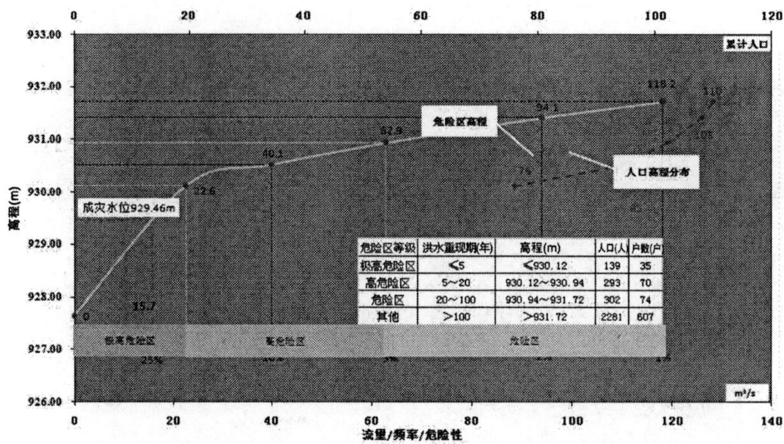

危险区等级	洪水重现期(年)	高程(m)	人口(人)	户数(户)
极高危险区	≤5	≤930.12	139	35
高危险区	5~20	930.12~930.94	293	70
危险区	20~100	930.94~931.72	302	74
其他	>100	>931.72	2281	607

编制单位：山西省水文水资源勘测局　编制时间：2015年11月

（37）大沟村防洪现状评价图

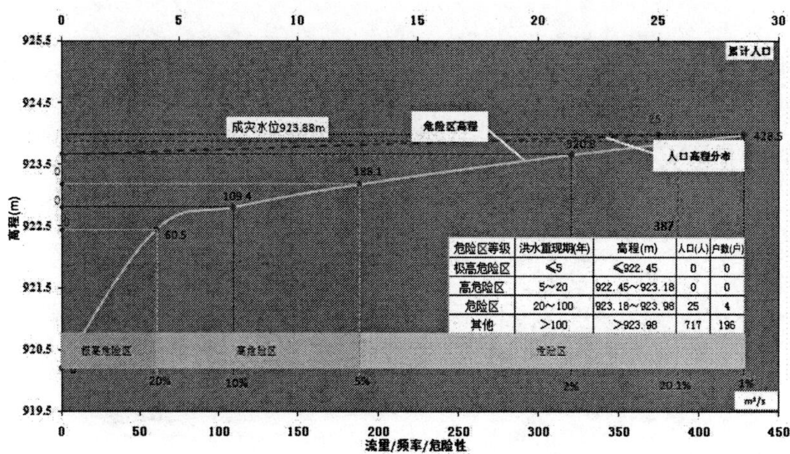

危险区等级	洪水重现期(年)	高程(m)	人口(人)	户数(户)
极高危险区	≤5	≤922.45	0	0
高危险区	5~20	922.45~923.18	0	0
危险区	20~100	923.18~923.98	25	4
其他	>100	>923.98	717	196

编制单位：长治市水文水资源勘测分局　编制时间：2016年3月

（38）南岭头村防洪现状评价图

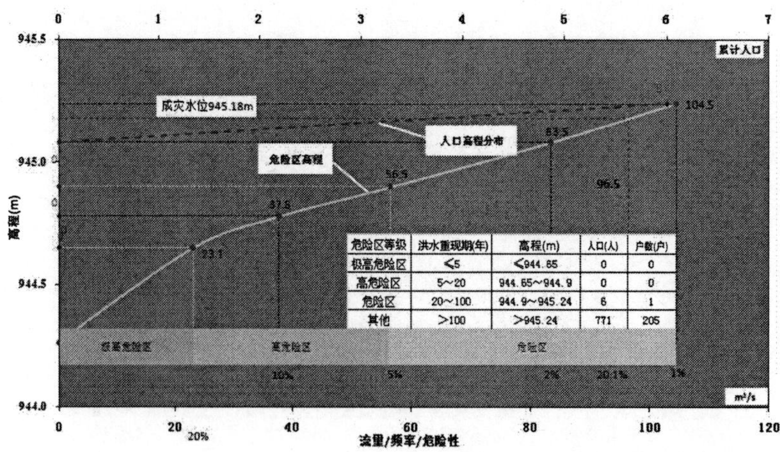

危险区等级	洪水重现期(年)	高程(m)	人口(人)	户数(户)
极高危险区	≤5	≤944.65	0	0
高危险区	5~20	944.65~944.9	0	0
危险区	20~100	944.9~945.24	6	1
其他	>100	>945.24	771	205

编制单位：长治市水文水资源勘测分局　编制时间：2016年3月

（39）北岭头村防洪现状评价图

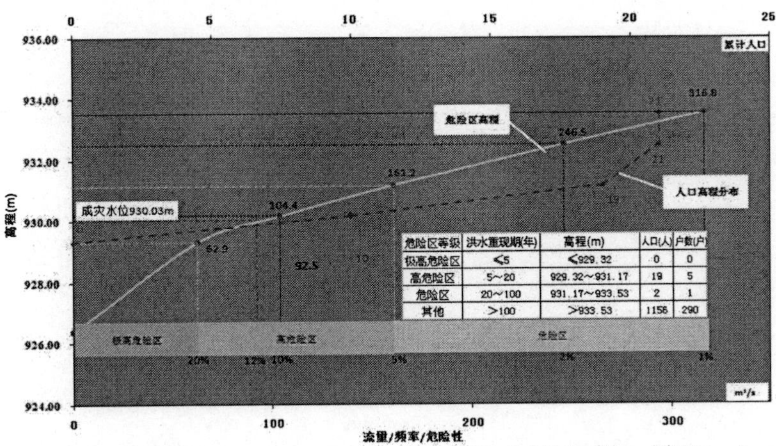

危险区等级	洪水重现期(年)	高程(m)	人口(人)	户数(户)
极高危险区	≤5	≤929.32	0	0
高危险区	5～20	929.32～931.17	19	5
危险区	20～100	931.17～933.53	2	1
其他	>100	>933.53	1156	290

（40）须村防洪现状评价图

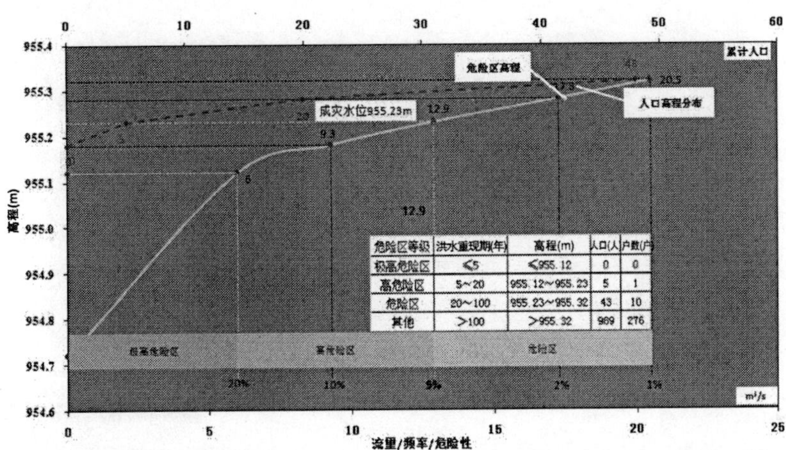

危险区等级	洪水重现期(年)	高程(m)	人口(人)	户数(户)
极高危险区	≤5	≤955.12	0	0
高危险区	5～20	955.12～955.23	5	1
危险区	20～100	955.23～955.32	43	10
其他	>100	>955.32	969	276

（41）东和村防洪现状评价图

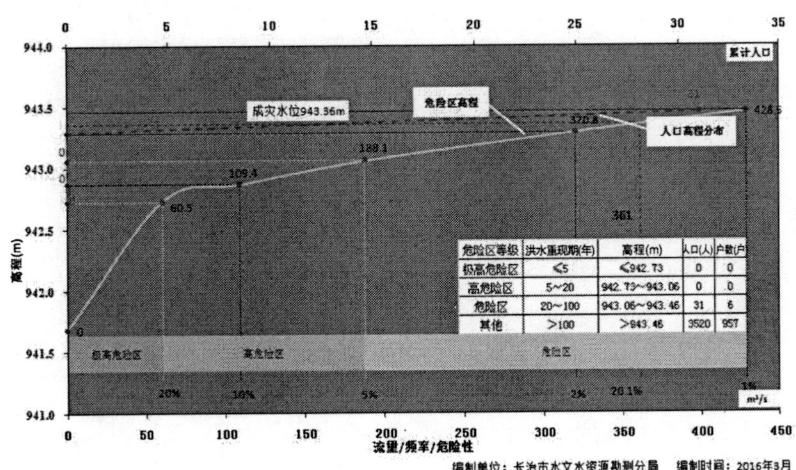

危险区等级	洪水重现期(年)	高程(m)	人口(人)	户数(户)
极高危险区	≤5	≤942.73	0	0
高危险区	5～20	942.73～943.06	0	0
危险区	20～100	943.06～943.46	31	6
其他	>100	>943.46	3520	957

（42）中和村防洪现状评价图

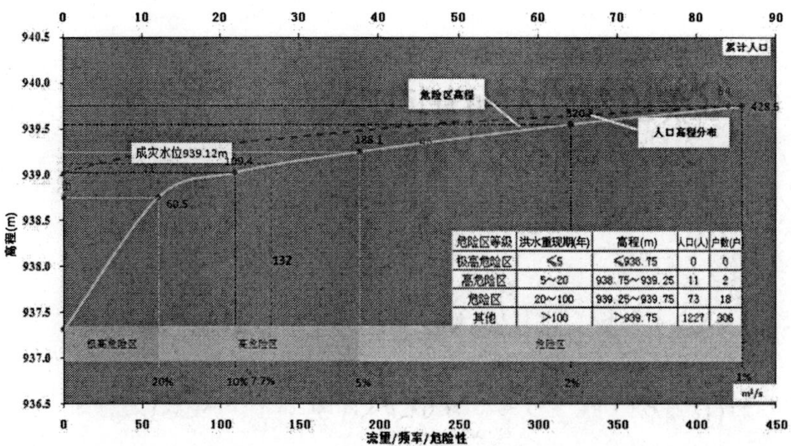

危险区等级	洪水重现期(年)	高程(m)	人口(人)	户数(户)
极高危险区	≤5	≤938.75	0	0
高危险区	5~20	938.75~939.25	11	2
危险区	20~100	939.25~939.75	73	18
其他	>100	>939.75	1227	306

（43）西和村防洪现状评价图

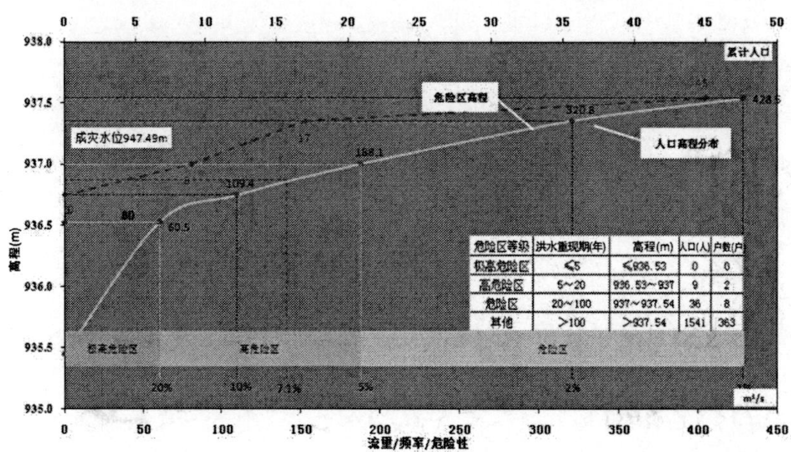

危险区等级	洪水重现期(年)	高程(m)	人口(人)	户数(户)
极高危险区	≤5	≤936.53	0	0
高危险区	5~20	936.53~937	9	2
危险区	20~100	937~937.54	36	8
其他	>100	>937.54	1541	363

（44）曹家沟村防洪现状评价图

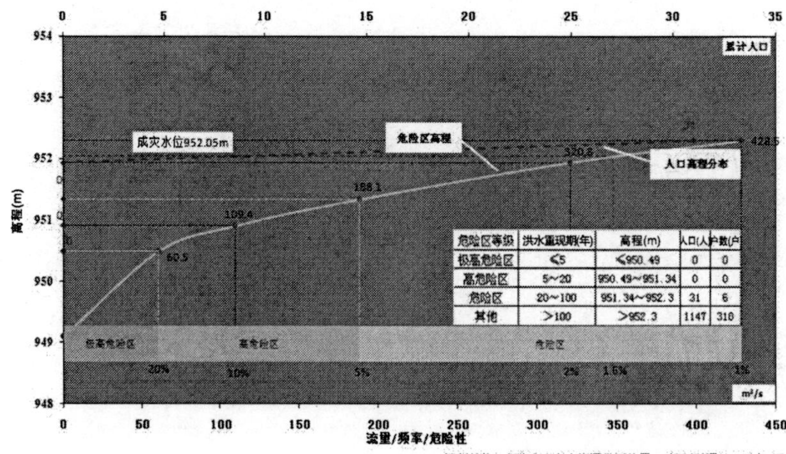

危险区等级	洪水重现期(年)	高程(m)	人口(人)	户数(户)
极高危险区	≤5	≤950.49	0	0
高危险区	5~20	950.49~951.34	0	0
危险区	20~100	951.34~952.3	31	6
其他	>100	>952.3	1147	310

（45）琚家沟村防洪现状评价图

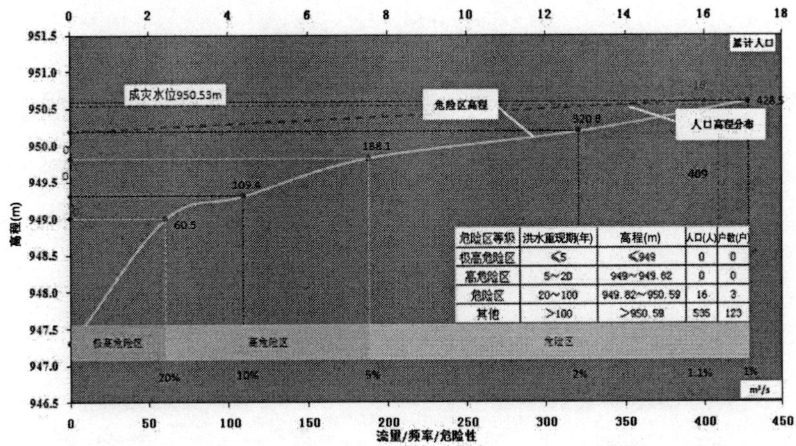

危险区等级	洪水重现期(年)	高程(m)	人口(人)	户数(户)
极高危险区	≤5	≤949	0	0
高危险区	5～20	949～949.62	0	0
危险区	20～100	949.62～950.59	16	3
其他	＞100	＞950.59	535	123

（46）屈家山村防洪现状评价图

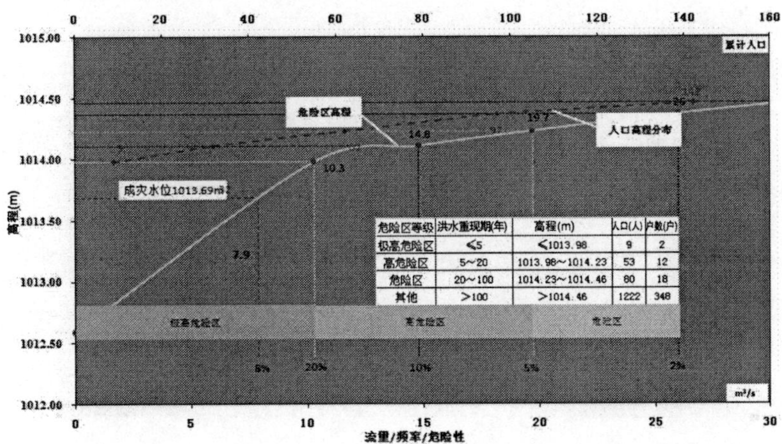

危险区等级	洪水重现期(年)	高程(m)	人口(人)	户数(户)
极高危险区	≤5	≤1013.98	9	2
高危险区	5～20	1013.98～1014.23	53	12
危险区	20～100	1014.23～1014.46	80	18
其他	＞100	＞1014.46	1222	348

（47）辉河村防洪现状评价图

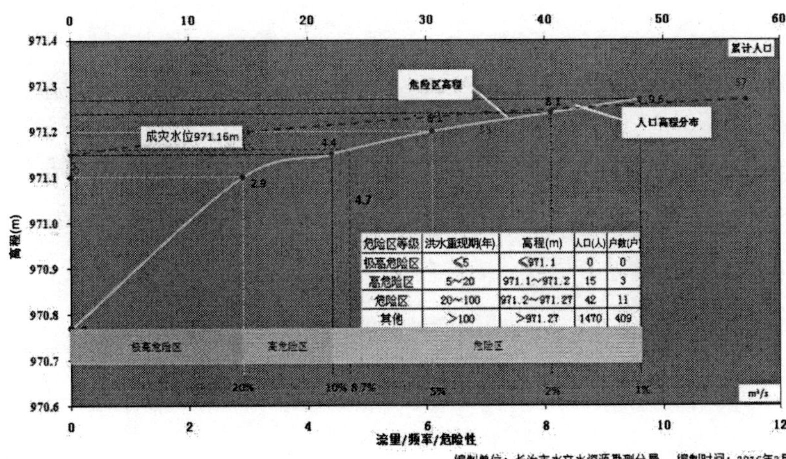

危险区等级	洪水重现期(年)	高程(m)	人口(人)	户数(户)
极高危险区	≤5	≤971.1	0	0
高危险区	5～20	971.1～971.2	15	3
危险区	20～100	971.2～971.27	42	11
其他	＞100	＞971.27	1470	409

（48）子乐沟村防洪现状评价图

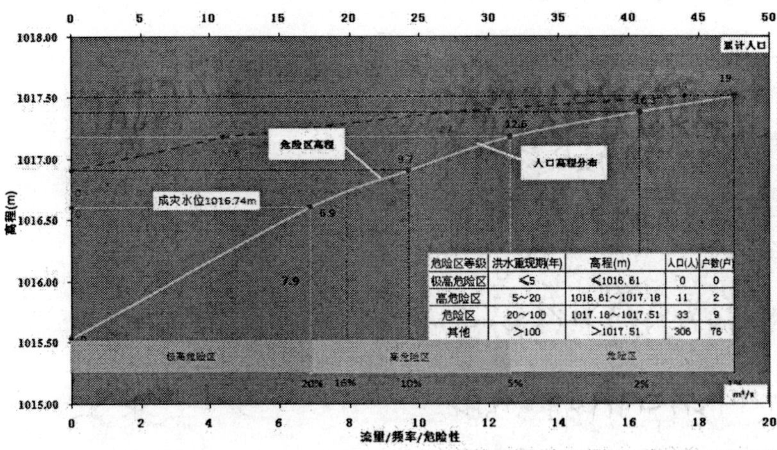

危险区等级	洪水重现期(年)	高程(m)	人口(人)	户数(户)
极高危险区	≤5	≤1016.61	0	0
高危险区	5～20	1016.61～1017.18	11	2
危险区	20～100	1017.18～1017.51	33	9
其他	＞100	＞1017.51	306	76

11. 长治市郊区防洪现状评价图

（1）关村防洪现状评价图

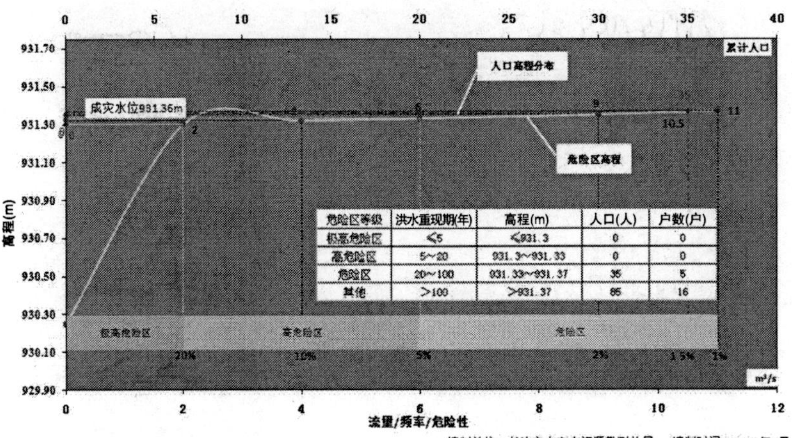

危险区等级	洪水重现期(年)	高程(m)	人口(人)	户数(户)
极高危险区	≤5	≤931.3	0	0
高危险区	5～20	931.3～931.33	0	0
危险区	20～100	931.33～931.37	35	5
其他	＞100	＞931.37	65	16

（2）沟西村防洪现状评价图

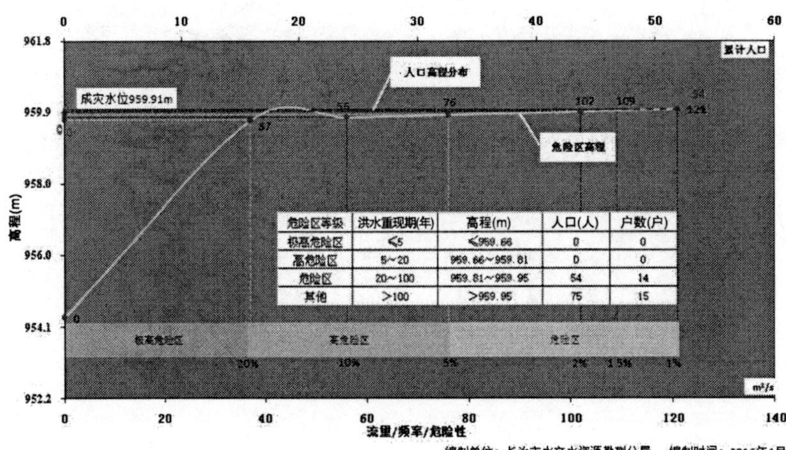

危险区等级	洪水重现期(年)	高程(m)	人口(人)	户数(户)
极高危险区	≤5	≤959.66	0	0
高危险区	5～20	959.66～959.81	0	0
危险区	20～100	959.81～959.95	54	14
其他	＞100	＞959.95	75	15

（3）西长井村防洪现状评价图

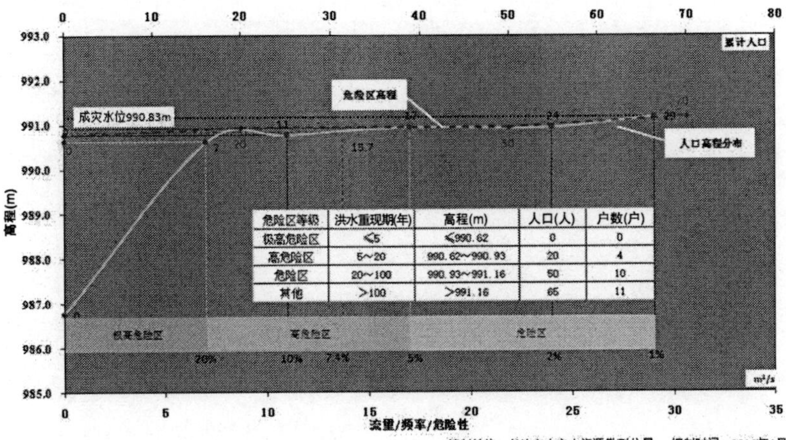

危险区等级	洪水重现期(年)	高程(m)	人口(人)	户数(户)
极高危险区	≤5	≤990.62	0	0
高危险区	5～20	990.62～990.93	20	4
危险区	20～100	990.93～991.16	50	10
其他	＞100	＞991.16	65	11

（4）石桥村防洪现状评价图

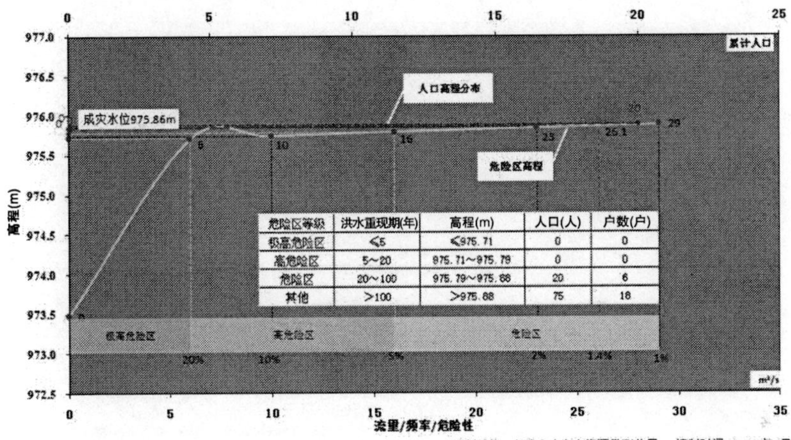

危险区等级	洪水重现期(年)	高程(m)	人口(人)	户数(户)
极高危险区	≤5	≤975.71	0	0
高危险区	5～20	975.71～975.79	0	0
危险区	20～100	975.79～975.88	20	6
其他	＞100	＞975.88	75	16

（5）大天桥村防洪现状评价图

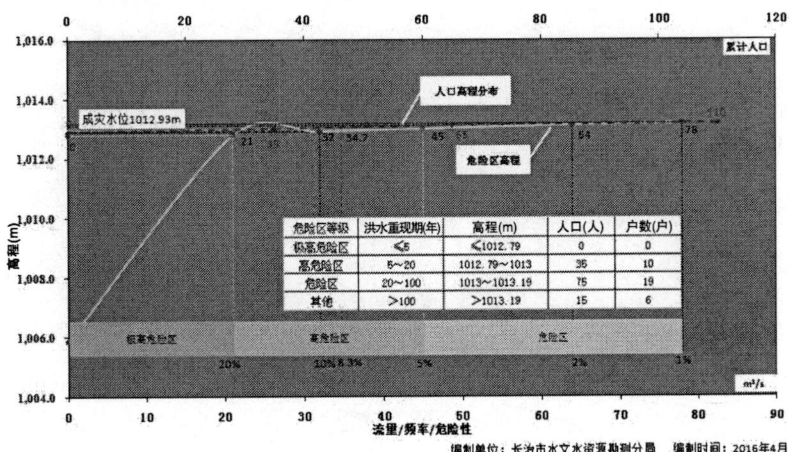

危险区等级	洪水重现期(年)	高程(m)	人口(人)	户数(户)
极高危险区	≤5	≤1012.79	0	0
高危险区	5～20	1012.79～1013	35	10
危险区	20～100	1013～1013.19	75	19
其他	＞100	＞1013.19	15	6

（6）中天桥村防洪现状评价图

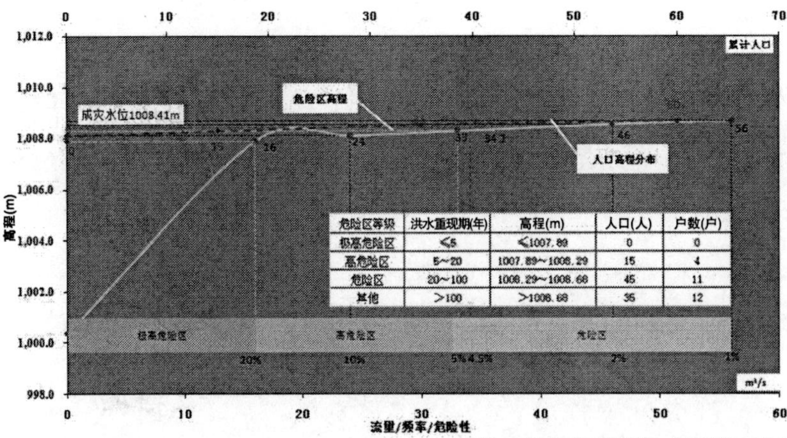

危险区等级	洪水重现期(年)	高程(m)	人口(人)	户数(户)
极高危险区	≤5	≤1007.89	0	0
高危险区	5~20	1007.89~1008.29	15	4
危险区	20~100	1008.29~1008.68	45	11
其他	>100	>1008.68	35	12

（7）毛站村防洪现状评价图

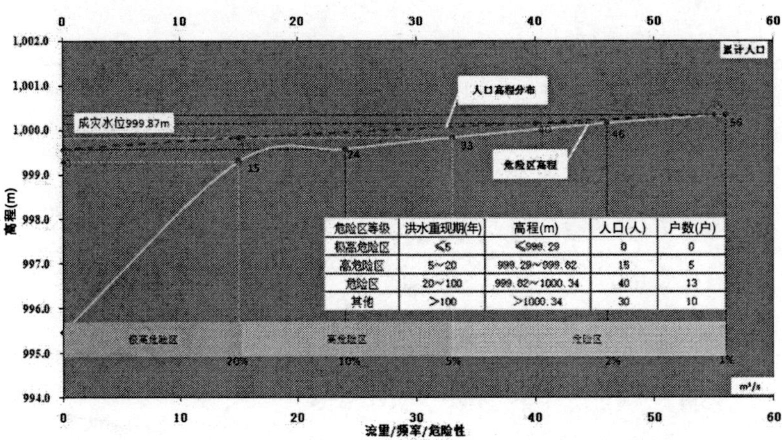

危险区等级	洪水重现期(年)	高程(m)	人口(人)	户数(户)
极高危险区	≤5	≤999.29	0	0
高危险区	5~20	999.29~999.62	15	5
危险区	20~100	999.62~1000.34	40	13
其他	>100	>1000.34	30	10

（8）南天桥村防洪现状评价图

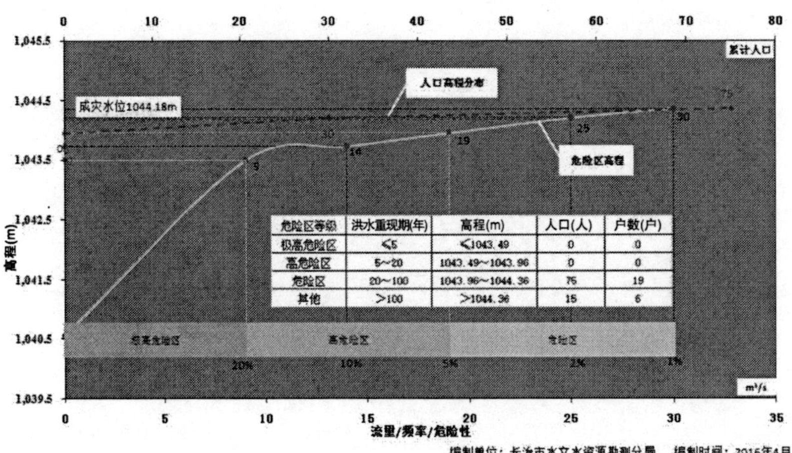

危险区等级	洪水重现期(年)	高程(m)	人口(人)	户数(户)
极高危险区	≤5	≤1043.49	0	0
高危险区	5~20	1043.49~1043.96	0	0
危险区	20~100	1043.96~1044.36	75	19
其他	>100	>1044.36	15	6

（9）南垂村防洪现状评价图

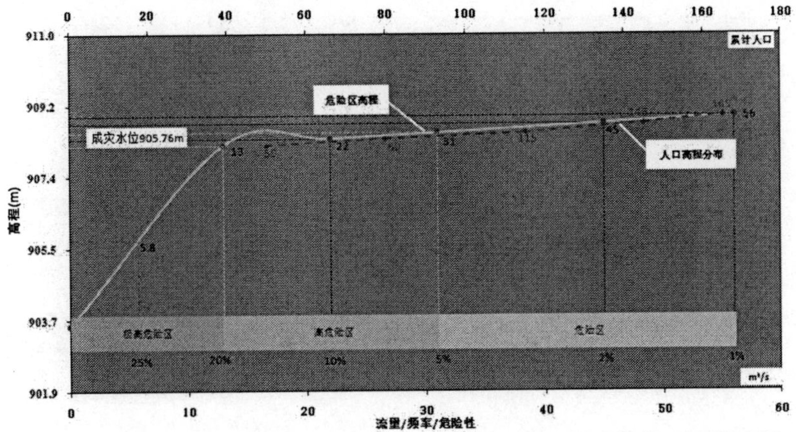

（10）瓦窑沟村防洪现状评价图

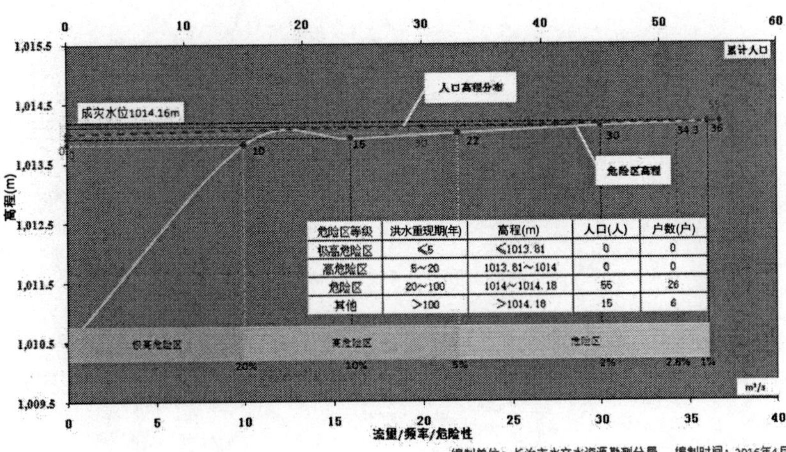

危险区等级	洪水重现期(年)	高程(m)	人口(人)	户数(户)
极高危险区	≤5	≤1013.81	0	0
高危险区	5~20	1013.81~1014	0	0
危险区	20~100	1014~1014.18	55	26
其他	>100	>1014.18	15	6

（11）滴谷寺村防洪现状评价图

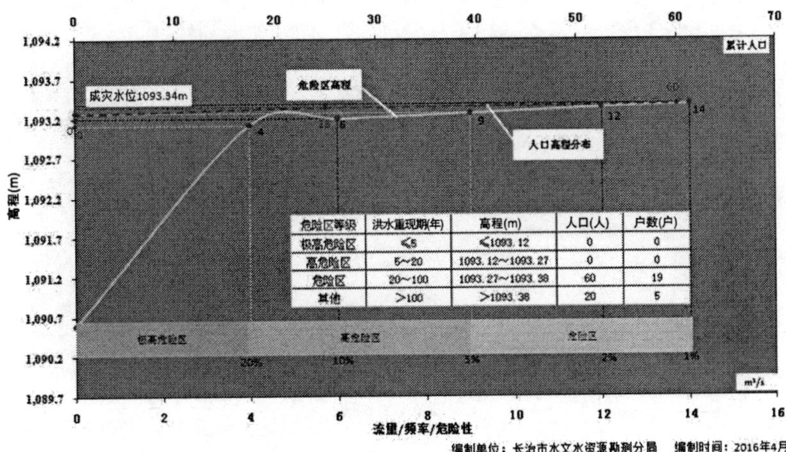

危险区等级	洪水重现期(年)	高程(m)	人口(人)	户数(户)
极高危险区	≤5	≤1093.12	0	0
高危险区	5~20	1093.12~1093.27	0	0
危险区	20~100	1093.27~1093.38	60	19
其他	>100	>1093.38	20	5

（12）东沟村防洪现状评价图

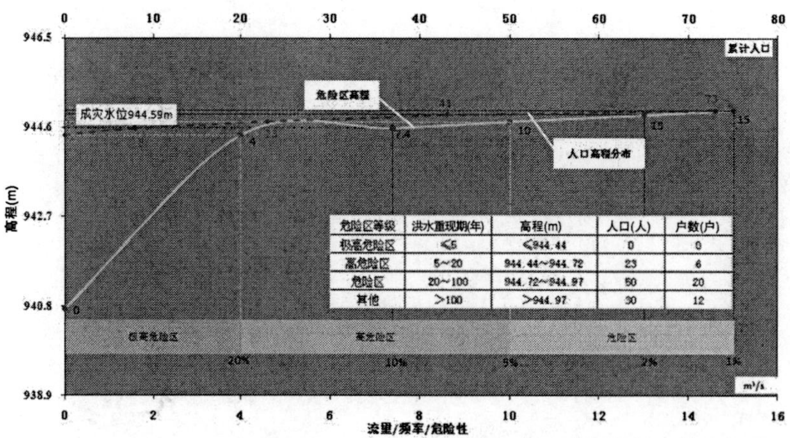

危险区等级	洪水重现期(年)	高程(m)	人口(人)	户数(户)
极高危险区	≤5	≤944.44	0	0
高危险区	5～20	944.44～944.72	23	6
危险区	20～100	944.72～944.97	50	20
其他	＞100	＞944.97	30	12

编制单位：长治市水文水资源勘测分局　编制时间：2016年4月

（13）苗圃村防洪现状评价图

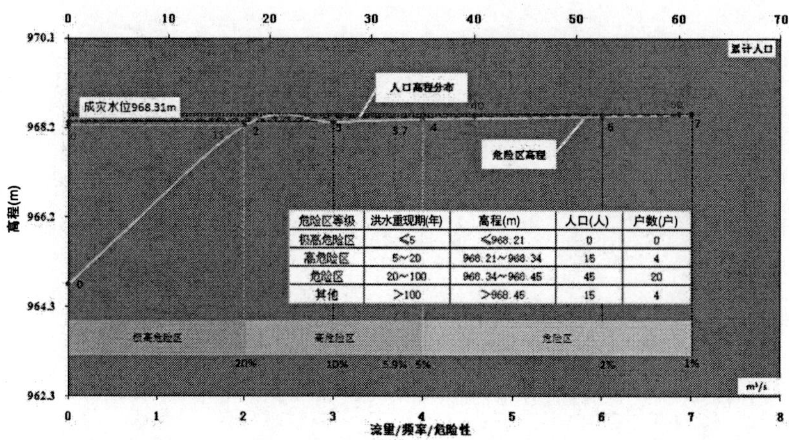

危险区等级	洪水重现期(年)	高程(m)	人口(人)	户数(户)
极高危险区	≤5	≤968.21	0	0
高危险区	5～20	968.21～968.34	15	4
危险区	20～100	968.34～968.45	45	20
其他	＞100	＞968.45	15	4

编制单位：长治市水文水资源勘测分局　编制时间：2016年4月

（14）老巴山村防洪现状评价图

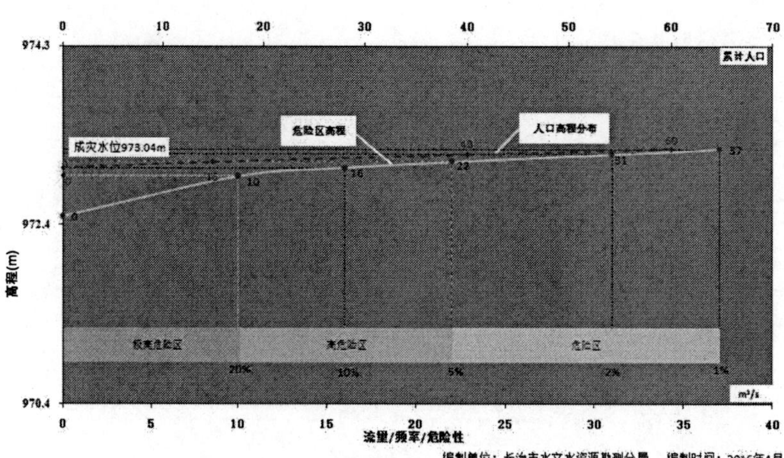

编制单位：长治市水文水资源勘测分局　编制时间：2016年4月

（15）二龙山村防洪现状评价图

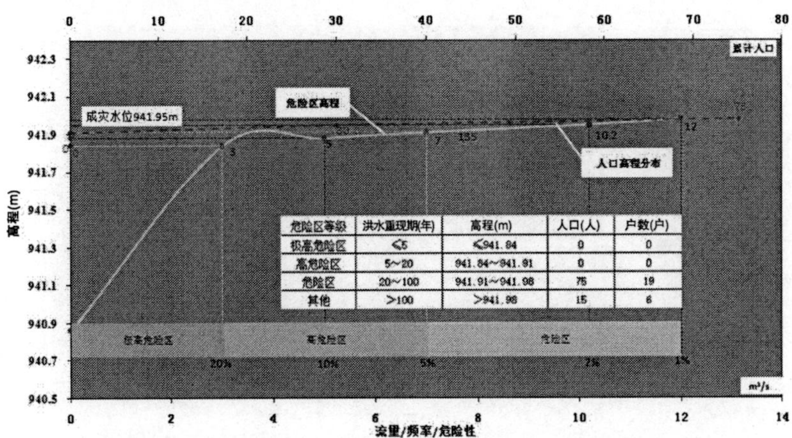

危险区等级	洪水重现期(年)	高程(m)	人口(人)	户数(户)
极高危险区	≤5	≤941.84	0	0
高危险区	5~20	941.84~941.91	0	0
危险区	20~100	941.91~941.98	75	19
其他	>100	>941.98	15	6

（16）余庄村防洪现状评价图

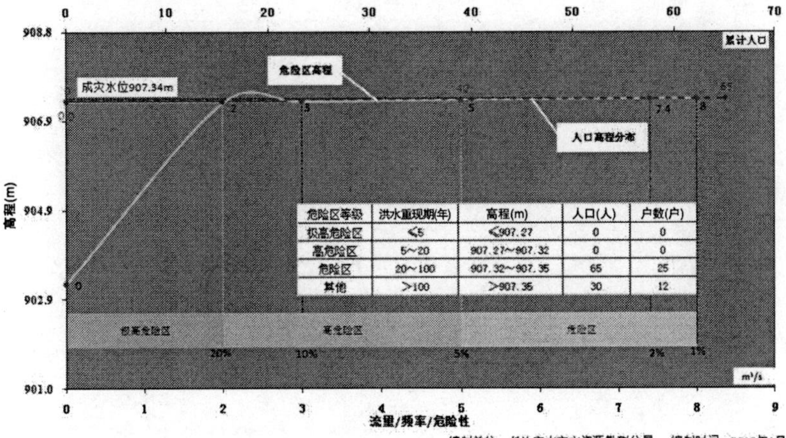

危险区等级	洪水重现期(年)	高程(m)	人口(人)	户数(户)
极高危险区	≤5	≤907.27	0	0
高危险区	5~20	907.27~907.32	0	0
危险区	20~100	907.32~907.35	65	25
其他	>100	>907.35	30	12

（17）店上村防洪现状评价图

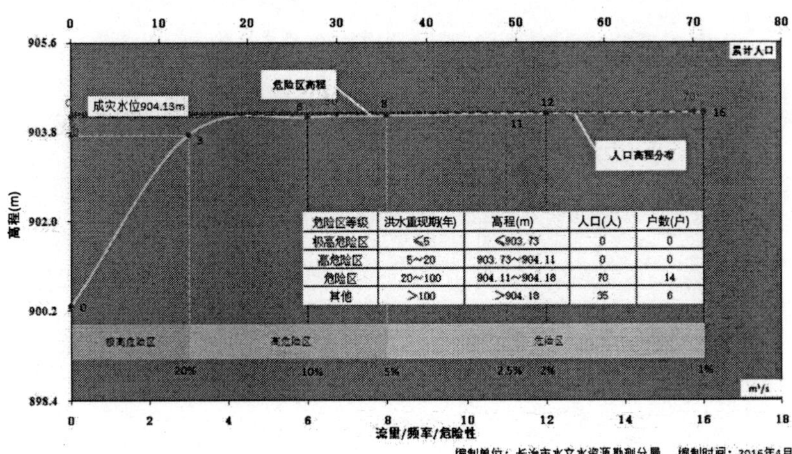

危险区等级	洪水重现期(年)	高程(m)	人口(人)	户数(户)
极高危险区	≤5	≤903.73	0	0
高危险区	5~20	903.73~904.11	0	0
危险区	20~100	904.11~904.18	70	14
其他	>100	>904.18	35	6

（18）马庄村防洪现状评价图

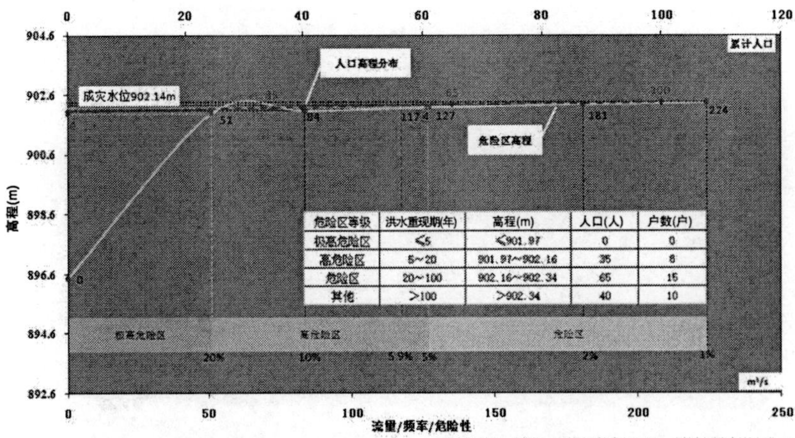

危险区等级	洪水重现期(年)	高程(m)	人口(人)	户数(户)
极高危险区	≤5	≤901.97	0	0
高危险区	5~20	901.97~902.16	35	8
危险区	20~100	902.16~902.34	65	15
其他	>100	>902.34	40	10

（19）故县村防洪现状评价图

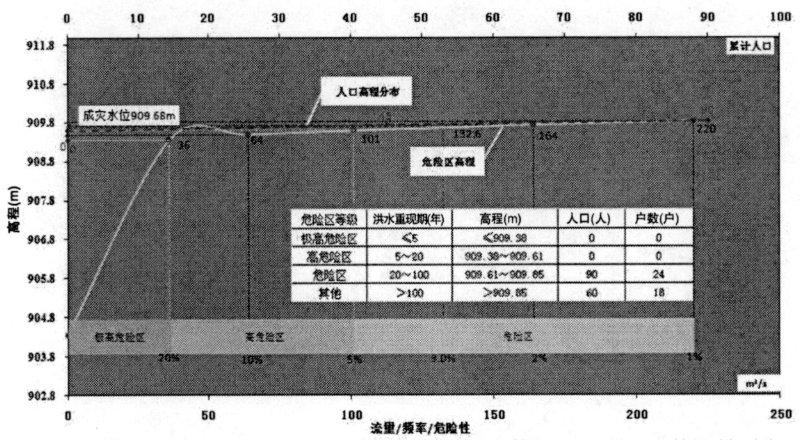

危险区等级	洪水重现期(年)	高程(m)	人口(人)	户数(户)
极高危险区	≤5	≤909.38	0	0
高危险区	5~20	909.38~909.61	0	0
危险区	20~100	909.61~909.85	90	24
其他	>100	>909.85	60	18

（20）葛家庄村防洪现状评价图

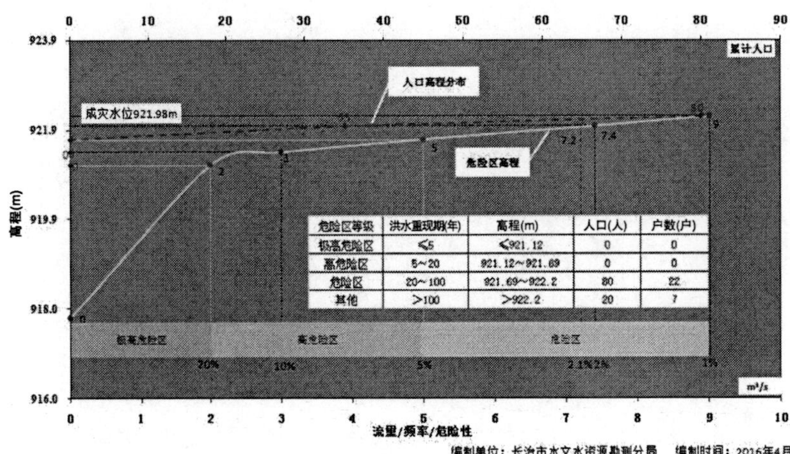

危险区等级	洪水重现期(年)	高程(m)	人口(人)	户数(户)
极高危险区	≤5	≤921.12	0	0
高危险区	5~20	921.12~921.69	0	0
危险区	20~100	921.69~922.2	80	22
其他	>100	>922.2	20	7

（21）良才村防洪现状评价图

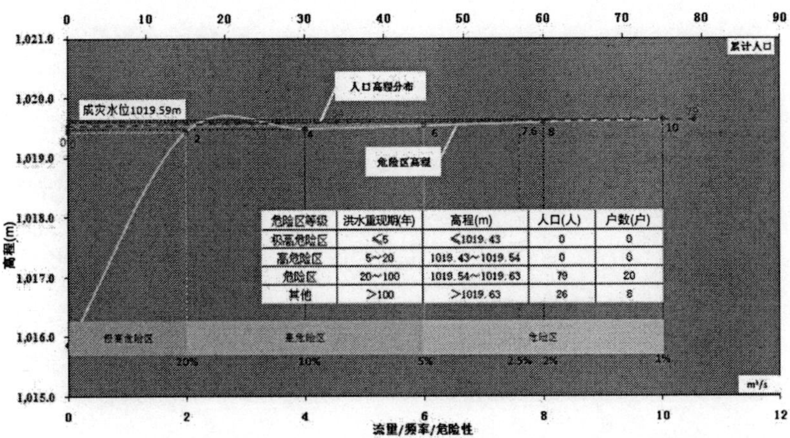

危险区等级	洪水重现期(年)	高程(m)	人口(人)	户数(户)
极高危险区	≤5	≤1019.43	0	0
高危险区	5～20	1019.43～1019.54	0	0
危险区	20～100	1019.54～1019.63	79	20
其他	＞100	＞1019.63	26	6

（22）史家庄村防洪现状评价图

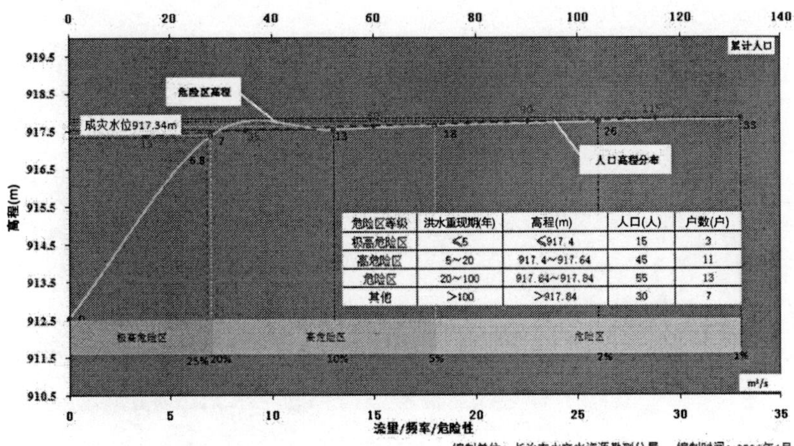

危险区等级	洪水重现期(年)	高程(m)	人口(人)	户数(户)
极高危险区	≤5	≤917.4	15	3
高危险区	5～20	917.4～917.64	45	11
危险区	20～100	917.64～917.84	55	13
其他	＞100	＞917.84	30	7

（23）西沟村防洪现状评价图

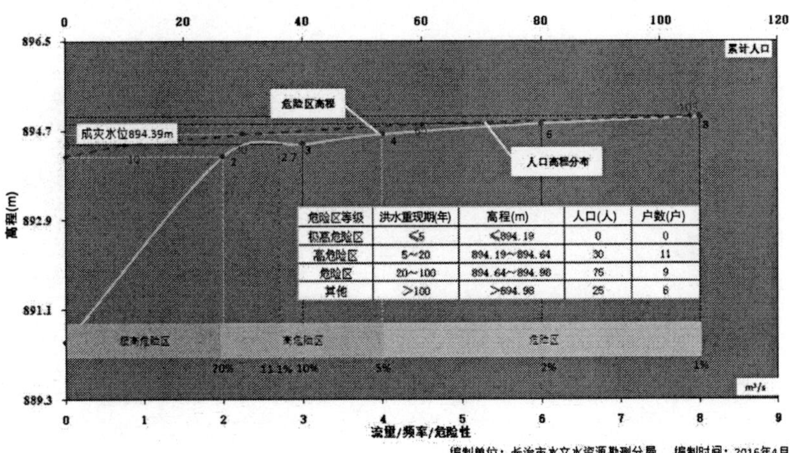

危险区等级	洪水重现期(年)	高程(m)	人口(人)	户数(户)
极高危险区	≤5	≤894.19	0	0
高危险区	5～20	894.19～894.64	30	11
危险区	20～100	894.64～894.98	75	9
其他	＞100	＞894.98	25	6

(24) 西白兔村防洪现状评价图

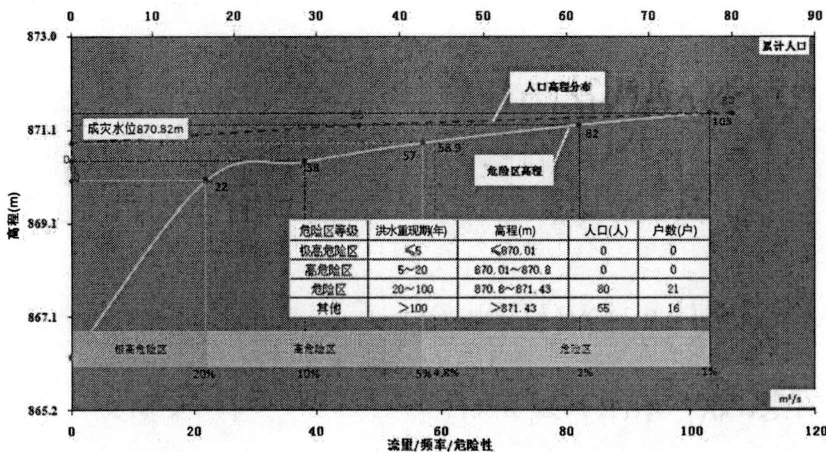

危险区等级	洪水重现期(年)	高程(m)	人口(人)	户数(户)
极高危险区	≤5	≤870.01	0	0
高危险区	5~20	870.01~870.8	0	0
危险区	20~100	870.8~871.43	80	21
其他	>100	>871.43	55	16

12. 左权县防洪现状评价图

(1) 寺仙村防洪现状评价图

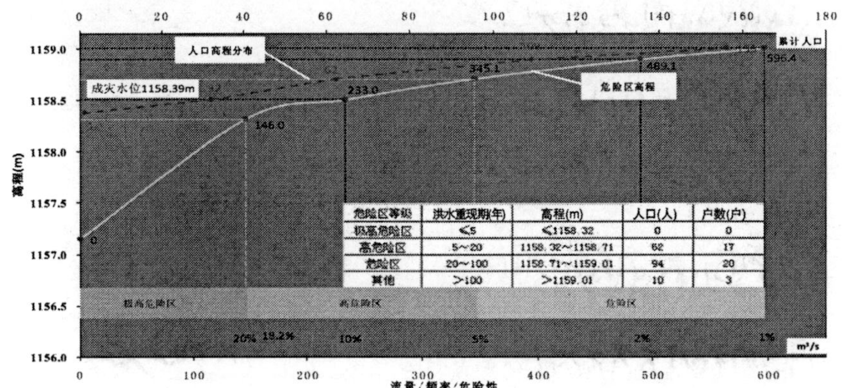

危险区等级	洪水重现期(年)	高程(m)	人口(人)	户数(户)
极高危险区	≤5	≤1158.32	0	0
高危险区	5~20	1158.32~1158.71	62	17
危险区	20~100	1158.71~1159.01	94	20
其他	>100	>1159.01	10	3

(2) 水峪沟村防洪现状评价图

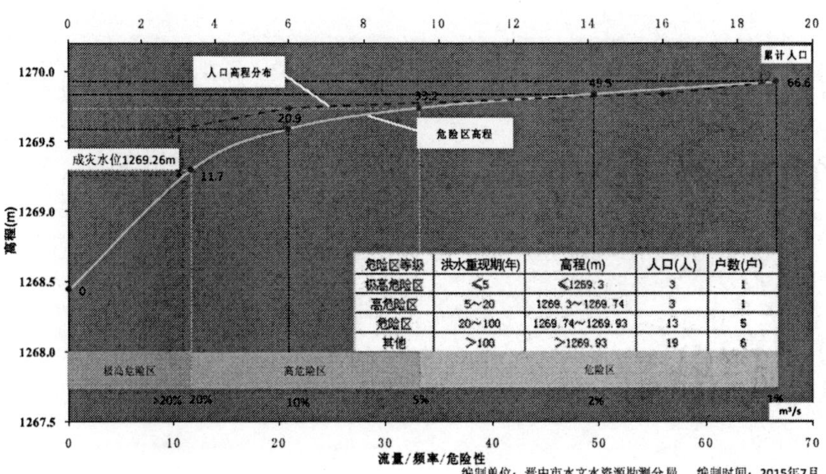

危险区等级	洪水重现期(年)	高程(m)	人口(人)	户数(户)
极高危险区	≤5	≤1269.3	3	1
高危险区	5~20	1269.3~1269.74	3	1
危险区	20~100	1269.74~1269.93	13	5
其他	>100	>1269.93	19	6

(3) 西崖底村防洪现状评价图

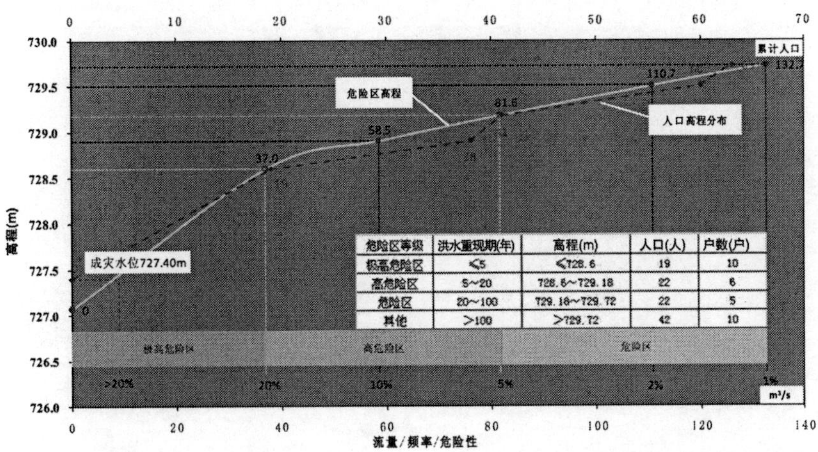

危险区等级	洪水重现期(年)	高程(m)	人口(人)	户数(户)
极高危险区	≤5	≤728.6	19	10
高危险区	5~20	728.6~729.18	22	6
危险区	20~100	729.18~729.72	22	5
其他	>100	>729.72	42	10

编制单位：晋中市水文水资源勘测分局　　编制时间：2015年7月

(4) 上口村防洪现状评价图

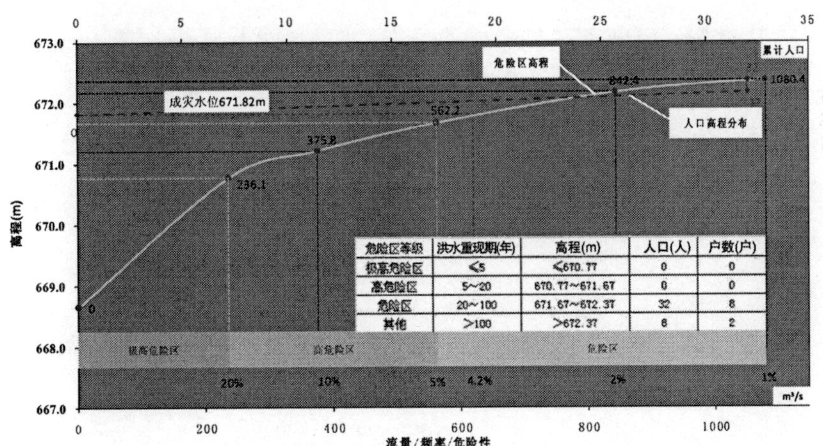

危险区等级	洪水重现期(年)	高程(m)	人口(人)	户数(户)
极高危险区	≤5	≤670.77	0	0
高危险区	5~20	670.77~671.67	0	0
危险区	20~100	671.67~672.37	32	8
其他	>100	>672.37	6	2

编制单位：晋中市水文水资源勘测分局　　编制时间：2015年7月

(5.1) 下庄村（沟南）防洪现状评价图

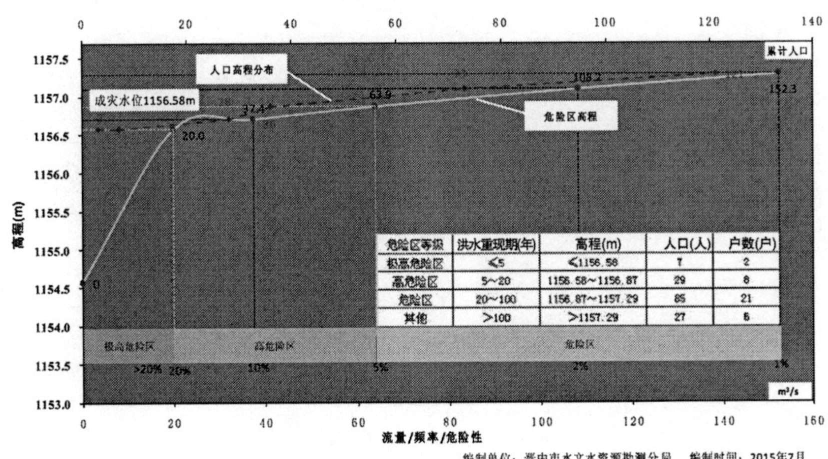

危险区等级	洪水重现期(年)	高程(m)	人口(人)	户数(户)
极高危险区	≤5	≤1156.58	7	2
高危险区	5~20	1156.58~1156.87	29	8
危险区	20~100	1156.87~1157.29	85	21
其他	>100	>1157.29	27	6

编制单位：晋中市水文水资源勘测分局　　编制时间：2015年7月

(5.2) 下庄村(沟东)防洪现状评价图

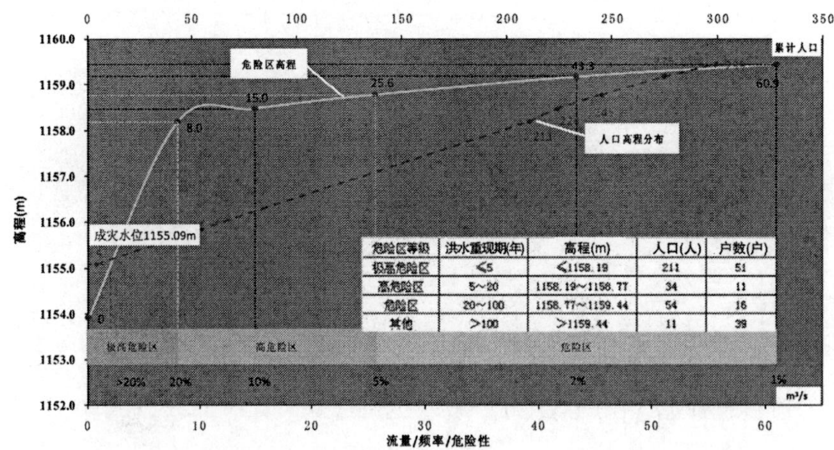

危险区等级	洪水重现期(年)	高程(m)	人口(人)	户数(户)
极高危险区	≤5	≤1158.19	211	51
高危险区	5~20	1158.19~1156.77	34	11
危险区	20~100	1158.77~1159.44	54	16
其他	>100	>1159.44	11	39

编制单位:晋中市水文水资源勘测分局　编制时间:2015年7月

(6.1) 安窑底村 1 防洪现状评价图

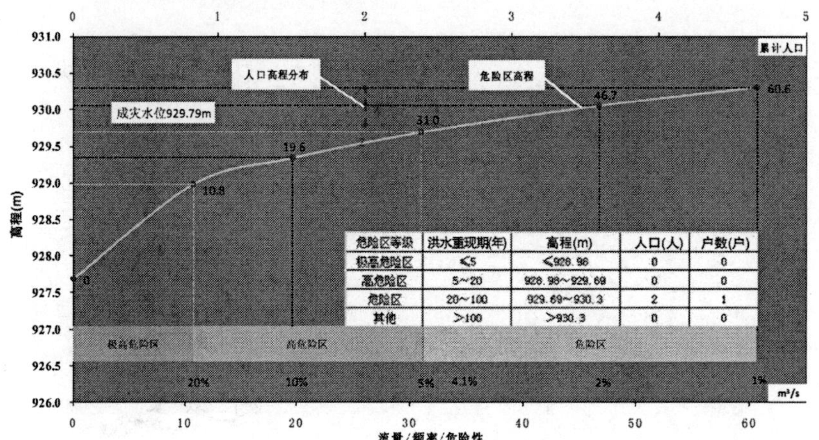

危险区等级	洪水重现期(年)	高程(m)	人口(人)	户数(户)
极高危险区	≤5	≤928.96	0	0
高危险区	5~20	928.98~929.69	0	0
危险区	20~100	929.69~930.3	2	1
其他	>100	>930.3	0	0

编制单位:晋中市水文水资源勘测分局　编制时间:2015年7月

(6.2) 安窑底村 2 防洪现状评价图

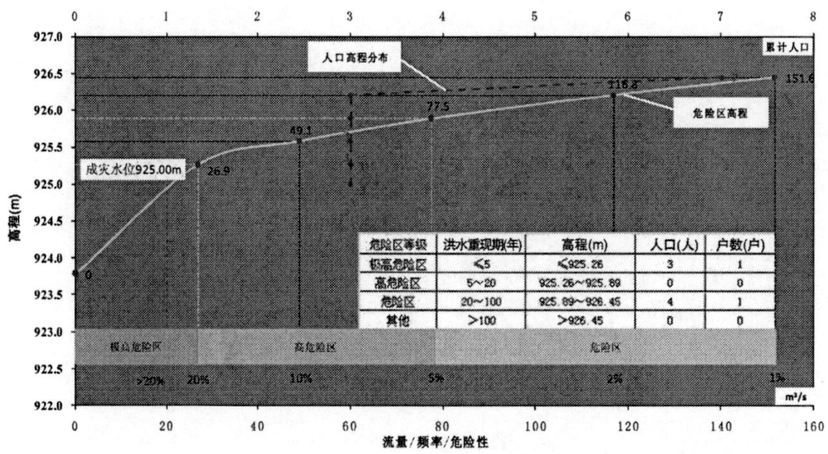

危险区等级	洪水重现期(年)	高程(m)	人口(人)	户数(户)
极高危险区	≤5	≤925.26	3	1
高危险区	5~20	925.26~925.89	0	0
危险区	20~100	925.89~926.45	4	1
其他	>100	>926.45	0	0

编制单位:晋中市水文水资源勘测分局　编制时间:2015年7月

（6.3）安窑底村 3 防洪现状评价图

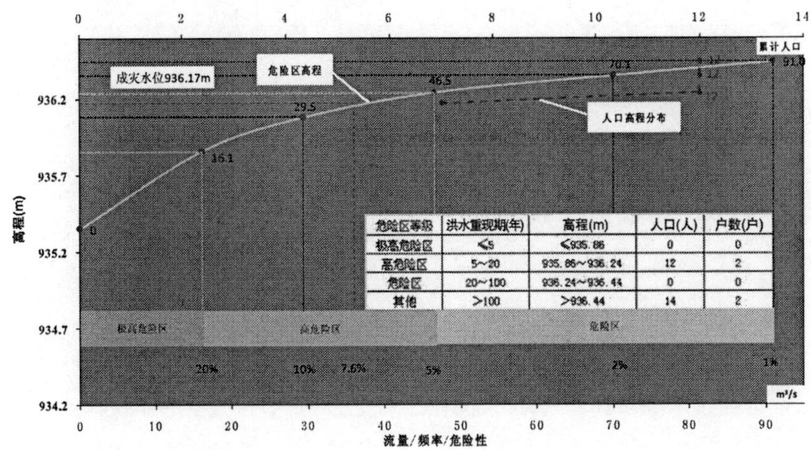

危险区等级	洪水重现期(年)	高程(m)	人口(人)	户数(户)
极高危险区	≤5	≤935.86	0	0
高危险区	5~20	935.86~936.24	12	2
危险区	20~100	936.24~936.44	0	0
其他	>100	>936.44	14	2

（7）南峧沟村防洪现状评价图

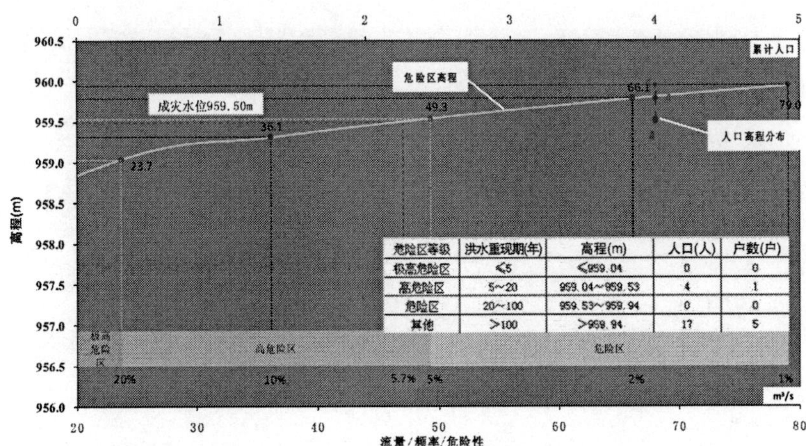

危险区等级	洪水重现期(年)	高程(m)	人口(人)	户数(户)
极高危险区	≤5	≤959.04	0	0
高危险区	5~20	959.04~959.53	4	1
危险区	20~100	959.53~959.94	0	0
其他	>100	>959.94	17	5

（8）马厩村防洪现状评价图

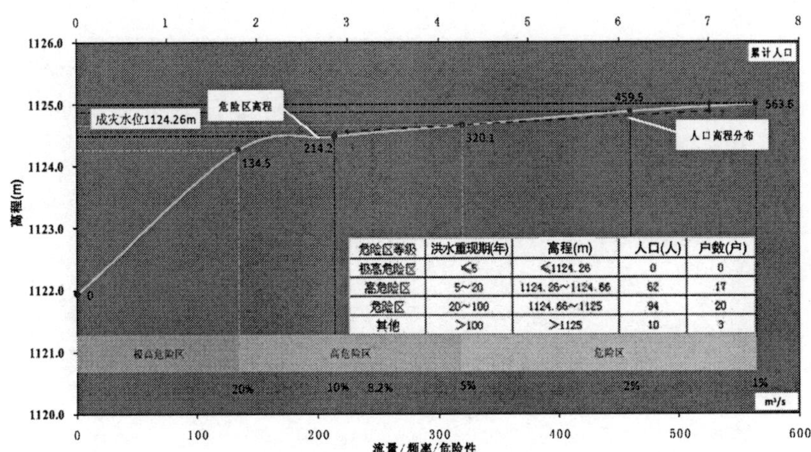

危险区等级	洪水重现期(年)	高程(m)	人口(人)	户数(户)
极高危险区	≤5	≤1124.26	0	0
高危险区	5~20	1124.26~1124.66	62	17
危险区	20~100	1124.66~1125	94	20
其他	>100	>1125	10	3

(9) 河北村防洪现状评价图

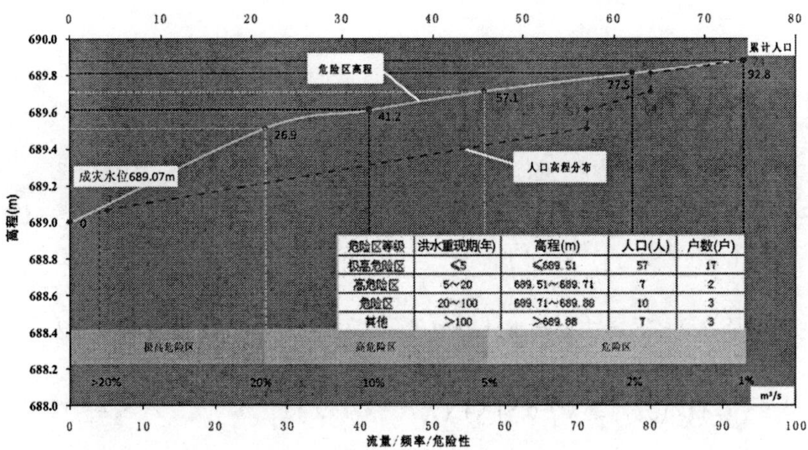

危险区等级	洪水重现期(年)	高程(m)	人口(人)	户数(户)
极高危险区	≤5	≤689.51	57	17
高危险区	5~20	689.51~689.71	7	2
危险区	20~100	689.71~689.88	10	3
其他	>100	>689.88	7	3

编制单位：晋中市水文水资源勘测分局　编制时间：2015年7月

(10) 高家井村防洪现状评价图

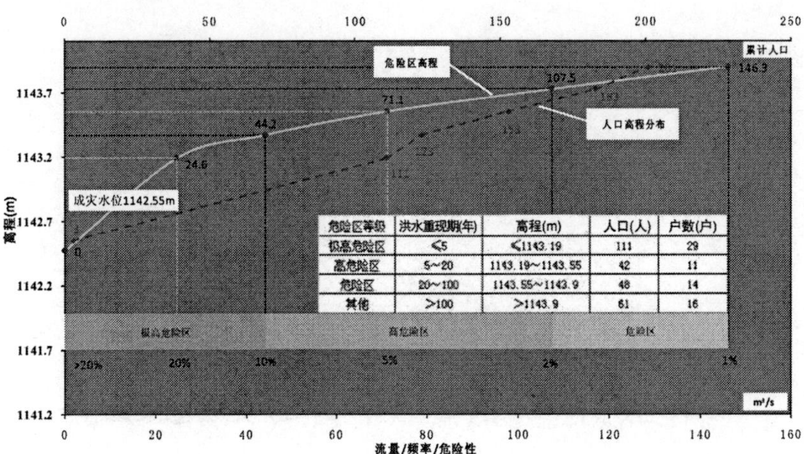

危险区等级	洪水重现期(年)	高程(m)	人口(人)	户数(户)
极高危险区	≤5	≤1143.19	111	29
高危险区	5~20	1143.19~1143.55	42	11
危险区	20~100	1143.55~1143.9	48	14
其他	>100	>1143.9	61	16

编制单位：晋中市水文水资源勘测分局　编制时间：2015年7月

(11) 高峪村防洪现状评价图

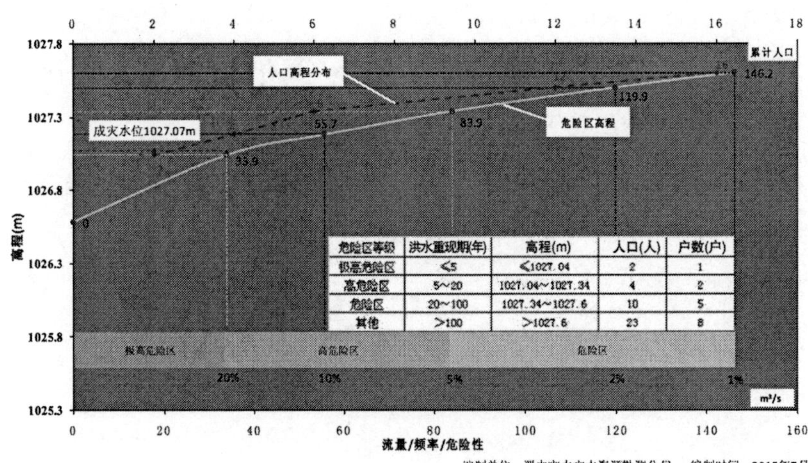

危险区等级	洪水重现期(年)	高程(m)	人口(人)	户数(户)
极高危险区	≤5	≤1027.04	2	1
高危险区	5~20	1027.04~1027.34	4	2
危险区	20~100	1027.34~1027.6	10	5
其他	>100	>1027.6	23	8

编制单位：晋中市水文水资源勘测分局　编制时间：2015年7月

（12）马家坪村防洪现状评价图

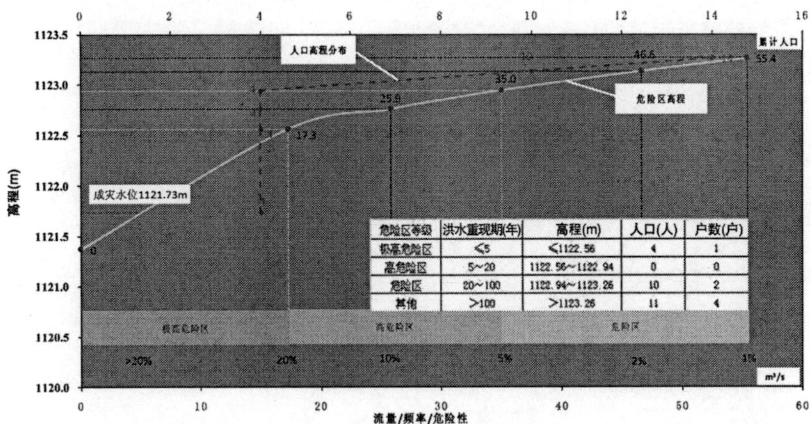

危险区等级	洪水重现期(年)	高程(m)	人口(人)	户数(户)
极高危险区	≤5	≤1122.56	4	1
高危险区	5~20	1122.56~1122.94	0	0
危险区	20~100	1122.94~1123.26	10	2
其他	>100	>1123.26	11	4

（13）望阳垴村防洪现状评价图

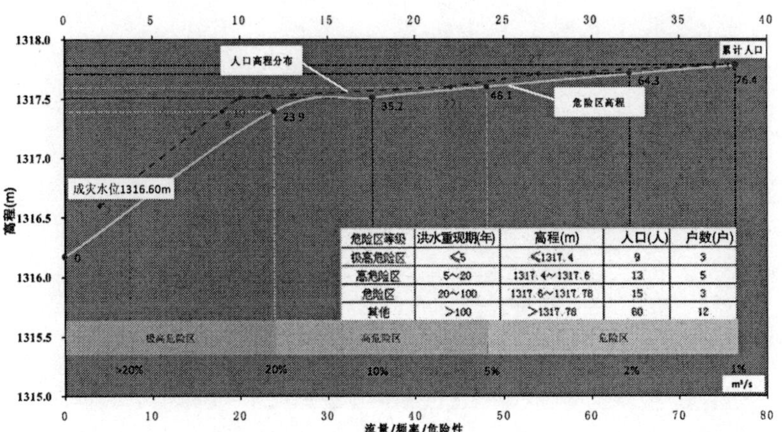

危险区等级	洪水重现期(年)	高程(m)	人口(人)	户数(户)
极高危险区	≤5	≤1317.4	9	3
高危险区	5~20	1317.4~1317.6	13	5
危险区	20~100	1317.6~1317.78	15	3
其他	>100	>1317.78	60	12

（14）西峧村防洪现状评价图

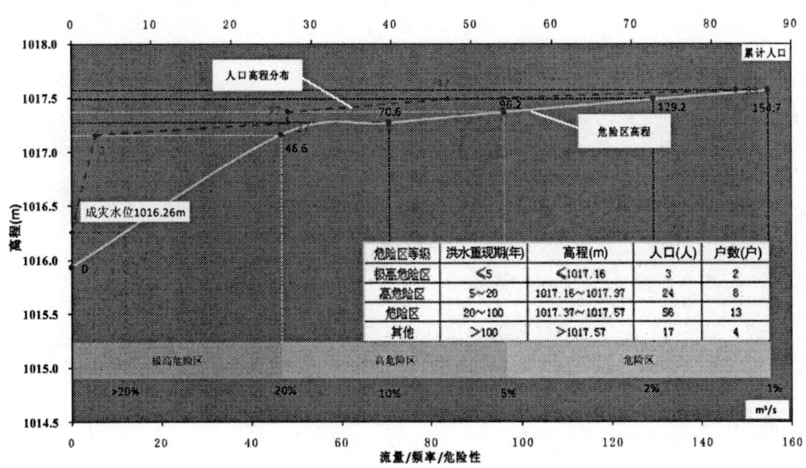

危险区等级	洪水重现期(年)	高程(m)	人口(人)	户数(户)
极高危险区	≤5	≤1017.16	3	2
高危险区	5~20	1017.16~1017.37	24	8
危险区	20~100	1017.37~1017.57	56	13
其他	>100	>1017.57	17	4

（15）大林口村防洪现状评价图

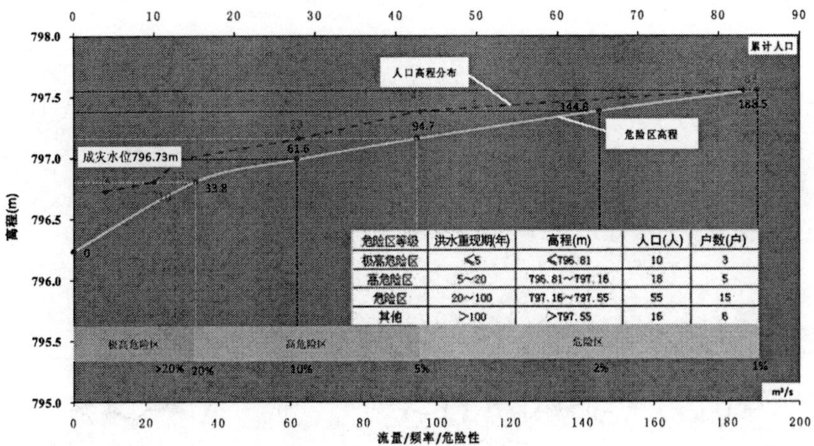

危险区等级	洪水重现期(年)	高程(m)	人口(人)	户数(户)
极高危险区	≤5	≤796.81	10	3
高危险区	5~20	796.81~797.16	18	5
危险区	20~100	797.16~797.55	55	15
其他	>100	>797.55	16	6

（16）东隘口村防洪现状评价图

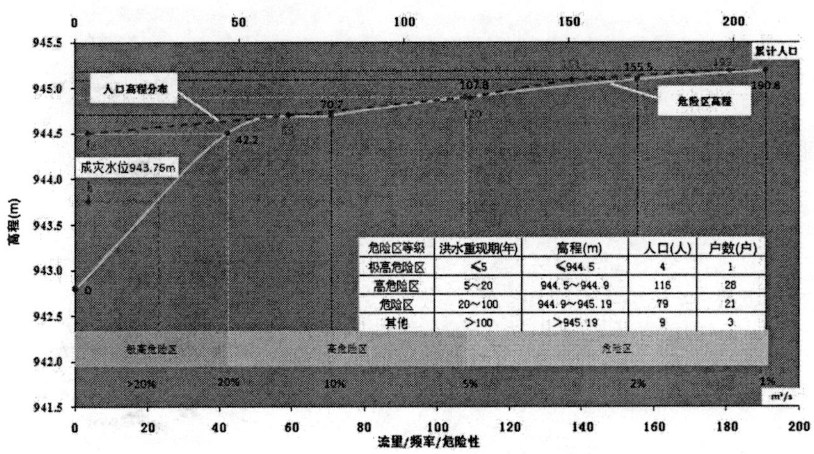

危险区等级	洪水重现期(年)	高程(m)	人口(人)	户数(户)
极高危险区	≤5	≤944.5	4	1
高危险区	5~20	944.5~944.9	115	28
危险区	20~100	944.9~945.19	79	21
其他	>100	>945.19	9	3

（17）拐儿村防洪现状评价图

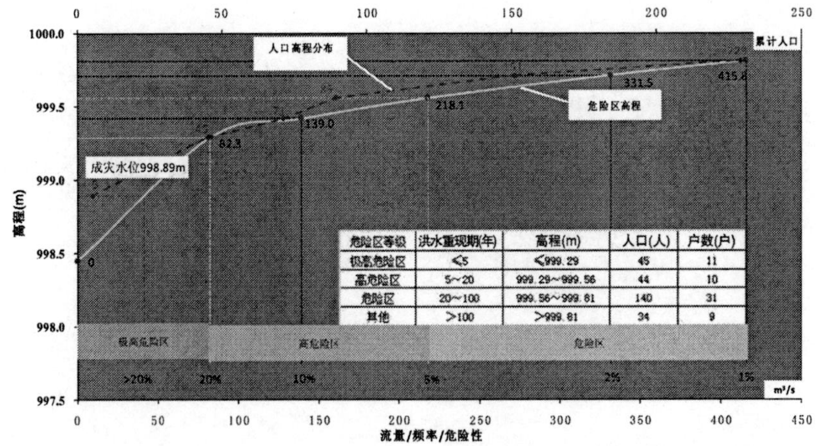

危险区等级	洪水重现期(年)	高程(m)	人口(人)	户数(户)
极高危险区	≤5	≤999.29	45	11
高危险区	5~20	999.29~999.56	44	10
危险区	20~100	999.56~999.81	140	31
其他	>100	>999.81	34	9

（18）郭家峪村防洪现状评价图

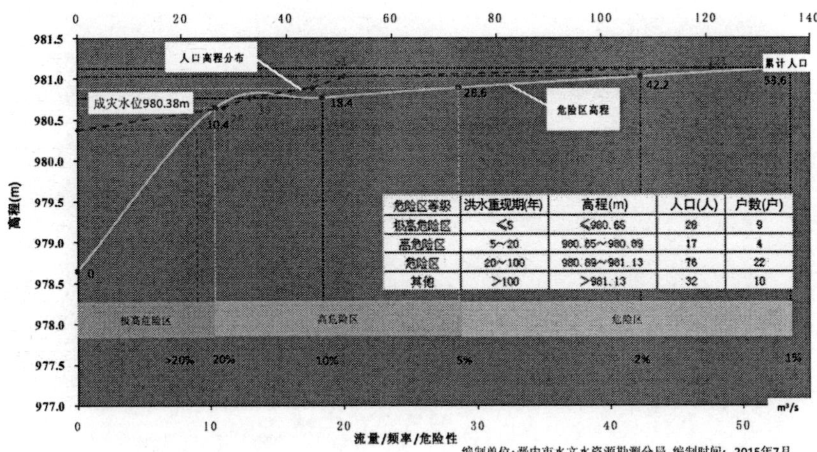

危险区等级	洪水重现期(年)	高程(m)	人口(人)	户数(户)
极高危险区	≤5	≤980.65	28	9
高危险区	5～20	980.65～980.89	17	4
危险区	20～100	980.89～981.13	76	22
其他	>100	>981.13	32	10

（19）简会村防洪现状评价图

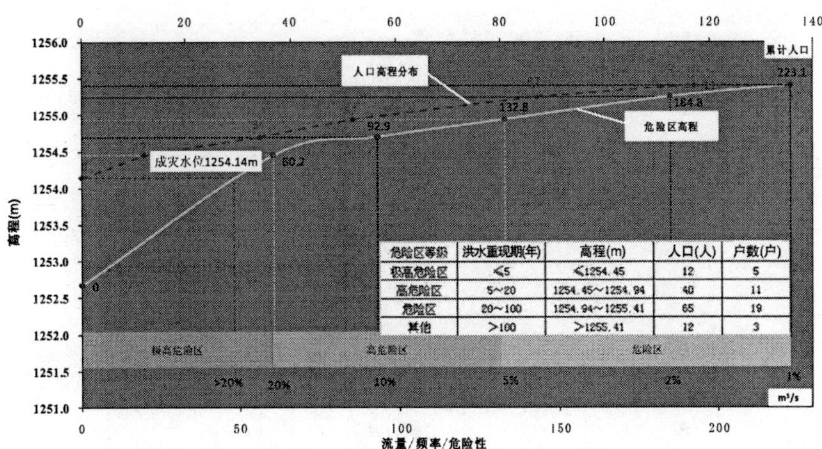

危险区等级	洪水重现期(年)	高程(m)	人口(人)	户数(户)
极高危险区	≤5	≤1254.45	12	5
高危险区	5～20	1254.45～1254.94	40	11
危险区	20～100	1254.94～1255.41	65	19
其他	>100	>1255.41	12	3

（20）南岔村防洪现状评价图

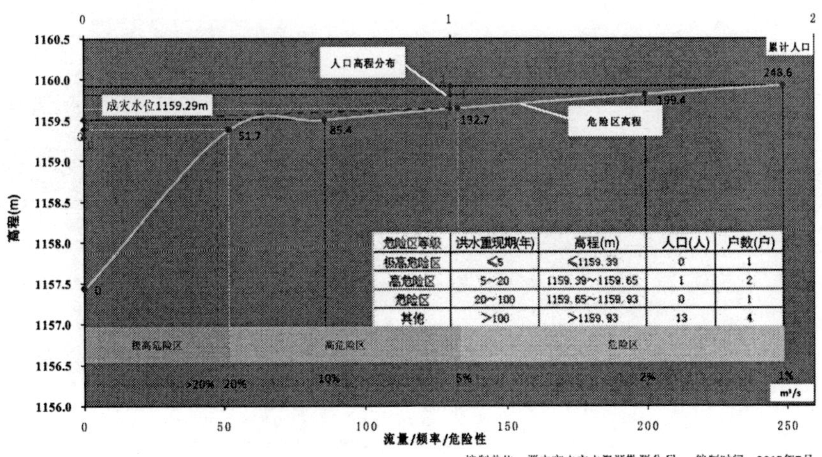

危险区等级	洪水重现期(年)	高程(m)	人口(人)	户数(户)
极高危险区	≤5	≤1159.39	0	1
高危险区	5～20	1159.39～1159.65	1	2
危险区	20～100	1159.65～1159.93	0	1
其他	>100	>1159.93	13	4

（21）晴岚村防洪现状评价图

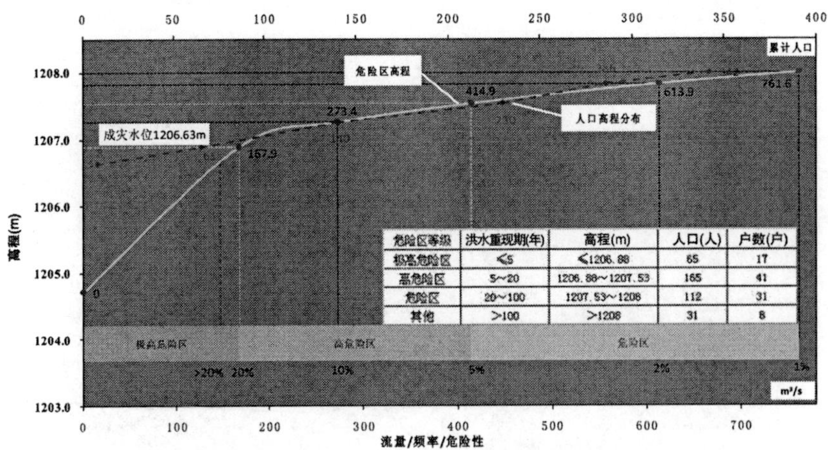

危险区等级	洪水重现期(年)	高程(m)	人口(人)	户数(户)
极高危险区	≤5	≤1206.88	65	17
高危险区	5~20	1206.88~1207.53	165	41
危险区	20~100	1207.53~1208	112	31
其他	>100	>1208	31	8

编制单位：晋中市水文水资源勘测分局 编制时间：2015年7月

（22）石港口村防洪现状评价图

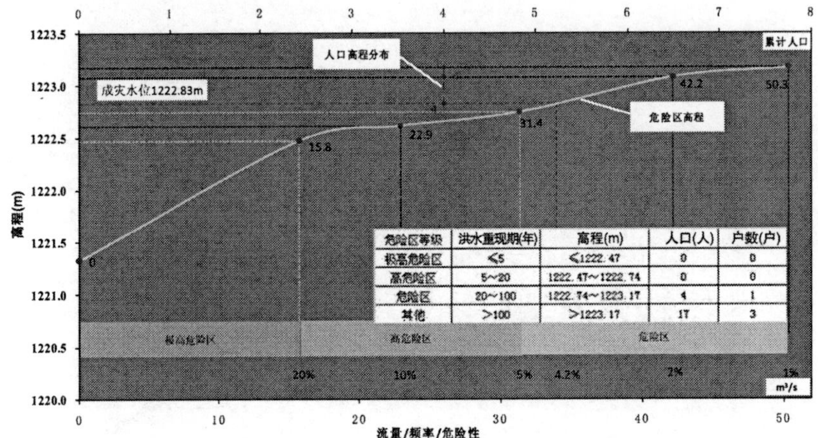

危险区等级	洪水重现期(年)	高程(m)	人口(人)	户数(户)
极高危险区	≤5	≤1222.47	0	0
高危险区	5~20	1222.47~1222.74	0	0
危险区	20~100	1222.74~1223.17	4	1
其他	>100	>1223.17	17	3

编制单位：晋中市水文水资源勘测分局 编制时间：2015年7月

（23）石灰窑村防洪现状评价图

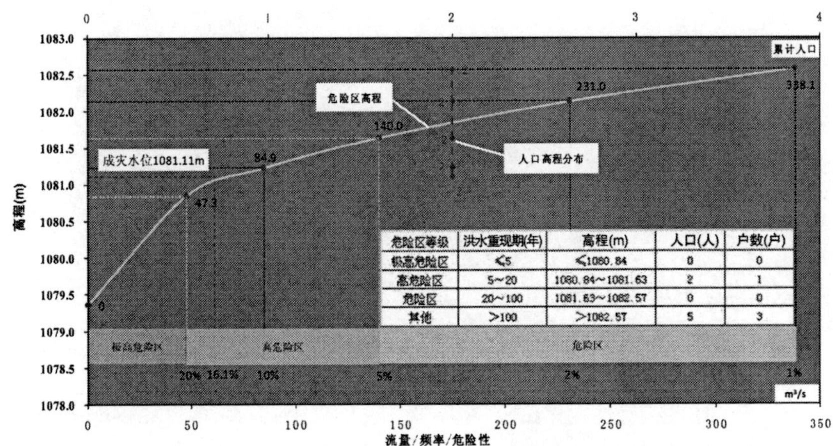

危险区等级	洪水重现期(年)	高程(m)	人口(人)	户数(户)
极高危险区	≤5	≤1080.84	0	0
高危险区	5~20	1080.84~1081.63	2	1
危险区	20~100	1081.63~1082.57	0	0
其他	>100	>1082.57	5	3

编制单位：晋中市水文水资源勘测分局 编制时间：2015年7月

（24）熟峪村防洪现状评价图

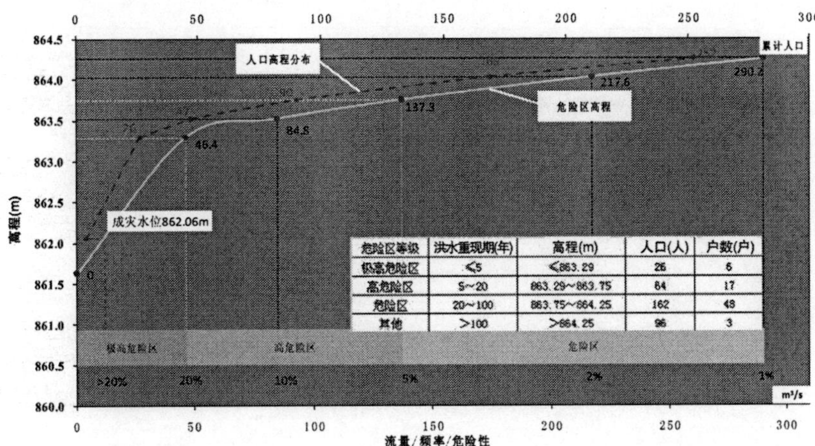

危险区等级	洪水重现期(年)	高程(m)	人口(人)	户数(户)
极高危险区	≤5	≤863.29	26	6
高危险区	5~20	863.29~863.75	64	17
危险区	20~100	863.75~864.25	162	48
其他	>100	>864.25	96	3

（25）天门村防洪现状评价图

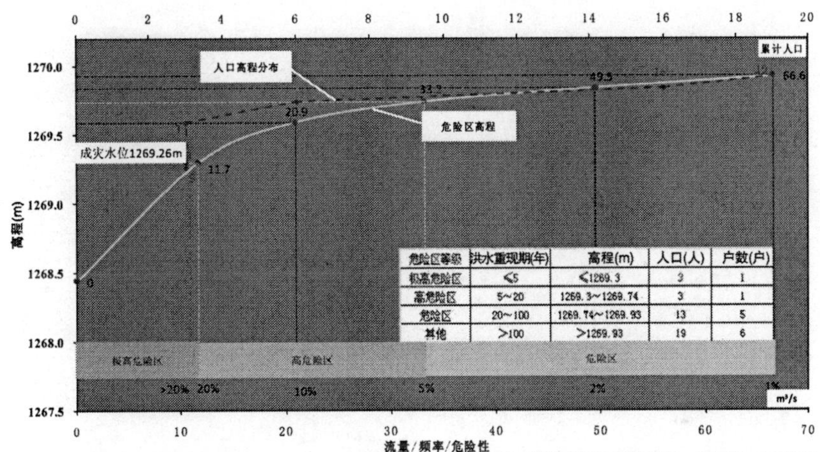

危险区等级	洪水重现期(年)	高程(m)	人口(人)	户数(户)
极高危险区	≤5	≤1269.3	3	1
高危险区	5~20	1269.3~1269.74	3	1
危险区	20~100	1269.74~1269.93	13	5
其他	>100	>1269.93	19	6

（26.1）五里堠前村防洪现状评价图

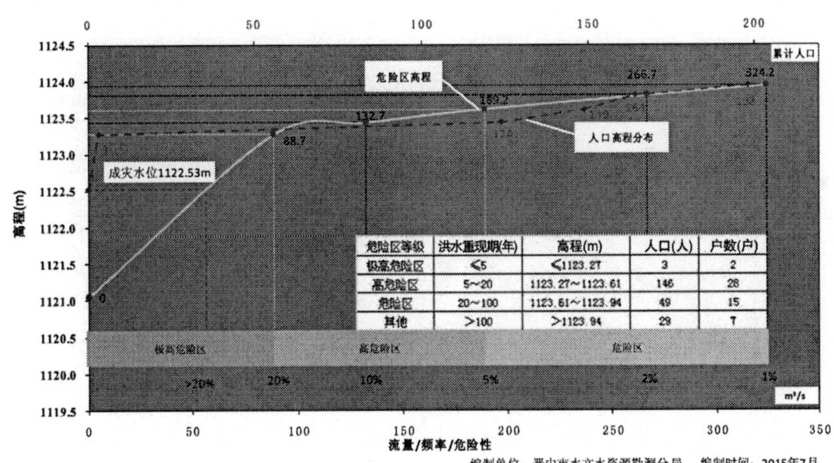

危险区等级	洪水重现期(年)	高程(m)	人口(人)	户数(户)
极高危险区	≤5	≤1123.27	3	2
高危险区	5~20	1123.27~1123.61	146	28
危险区	20~100	1123.61~1123.94	49	15
其他	>100	>1123.94	29	7

(26.2) 五里堠后村防洪现状评价图

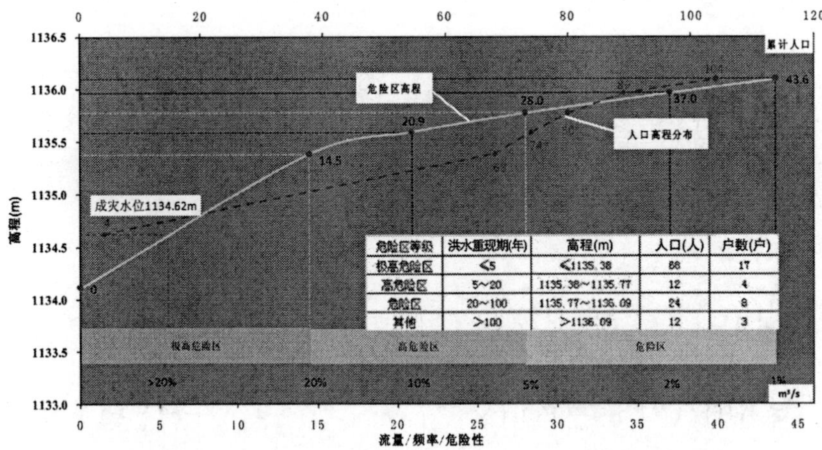

危险区等级	洪水重现期(年)	高程(m)	人口(人)	户数(户)
极高危险区	≤5	≤1135.38	68	17
高危险区	5~20	1135.38~1135.77	12	4
危险区	20~100	1135.77~1136.09	24	8
其他	>100	>1136.09	12	3

(27) 西隘口村防洪现状评价图

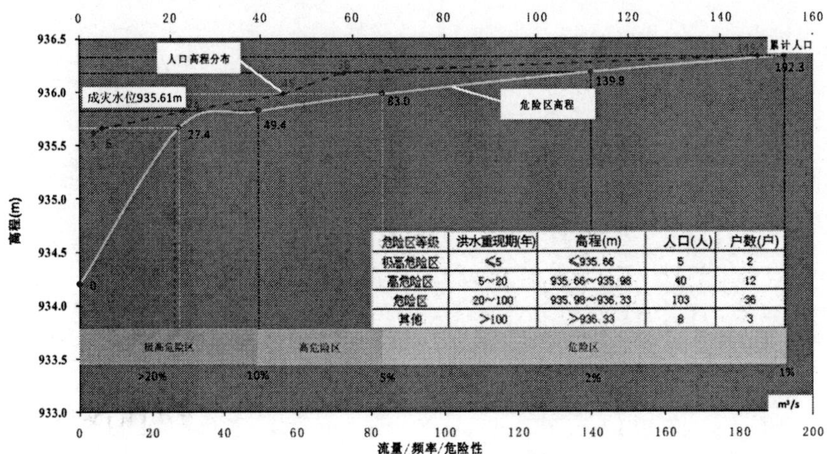

危险区等级	洪水重现期(年)	高程(m)	人口(人)	户数(户)
极高危险区	≤5	≤935.66	5	2
高危险区	5~20	935.66~935.98	40	12
危险区	20~100	935.98~936.33	103	36
其他	>100	>936.33	8	3

(28) 西五指村防洪现状评价图

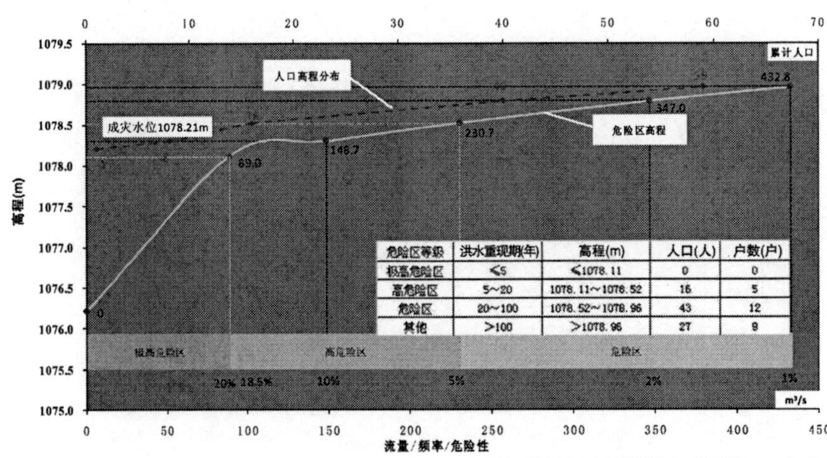

危险区等级	洪水重现期(年)	高程(m)	人口(人)	户数(户)
极高危险区	≤5	≤1078.11	0	0
高危险区	5~20	1078.11~1078.52	16	5
危险区	20~100	1078.52~1078.96	43	12
其他	>100	>1078.96	27	9

(29) 新庄村防洪现状评价图

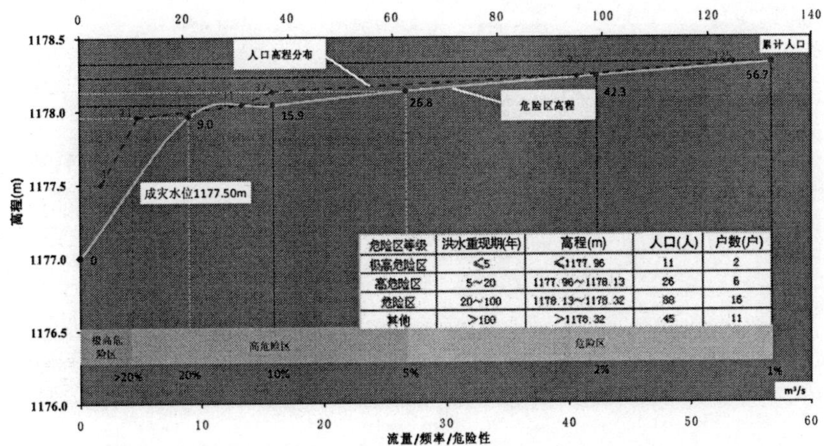

危险区等级	洪水重现期(年)	高程(m)	人口(人)	户数(户)
极高危险区	≤5	≤1177.96	11	2
高危险区	5~20	1177.96~1178.13	26	6
危险区	20~100	1178.13~1178.32	88	16
其他	>100	>1178.32	45	11

(30) 车上铺村防洪现状评价图

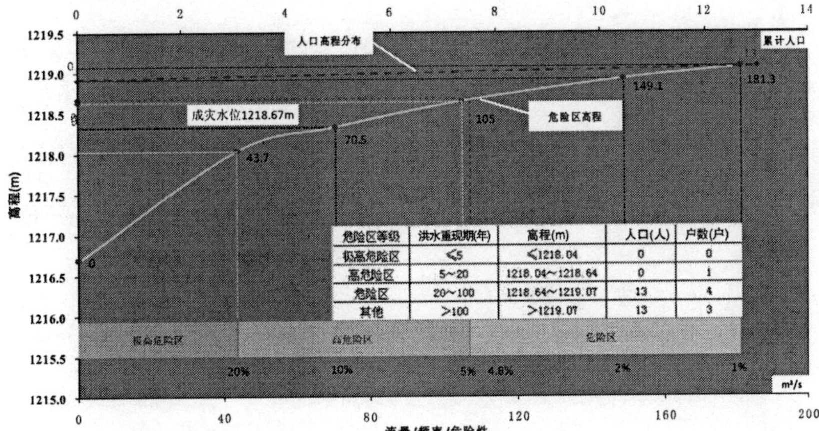

危险区等级	洪水重现期(年)	高程(m)	人口(人)	户数(户)
极高危险区	≤5	≤1218.04	0	0
高危险区	5~20	1218.04~1218.64	0	1
危险区	20~100	1218.64~1219.07	13	4
其他	>100	>1219.07	13	3

(31) 南沟村防洪现状评价图

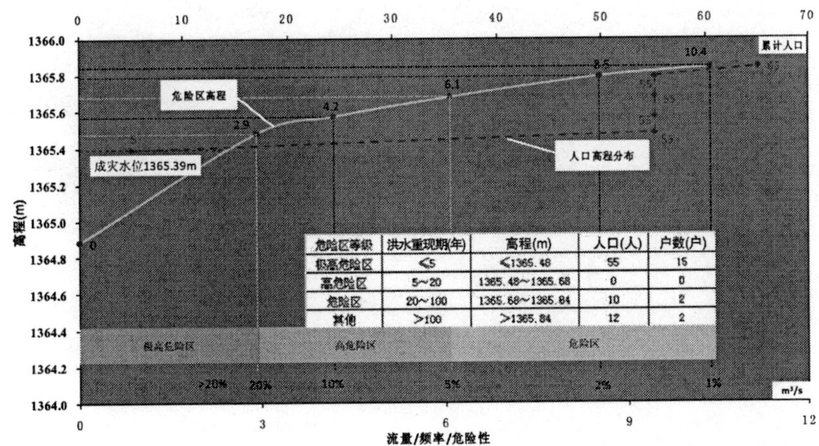

危险区等级	洪水重现期(年)	高程(m)	人口(人)	户数(户)
极高危险区	≤5	≤1365.48	55	15
高危险区	5~20	1365.48~1365.68	0	0
危险区	20~100	1365.68~1365.84	10	2
其他	>100	>1365.84	12	2

（32）南蒿沟村防洪现状评价图

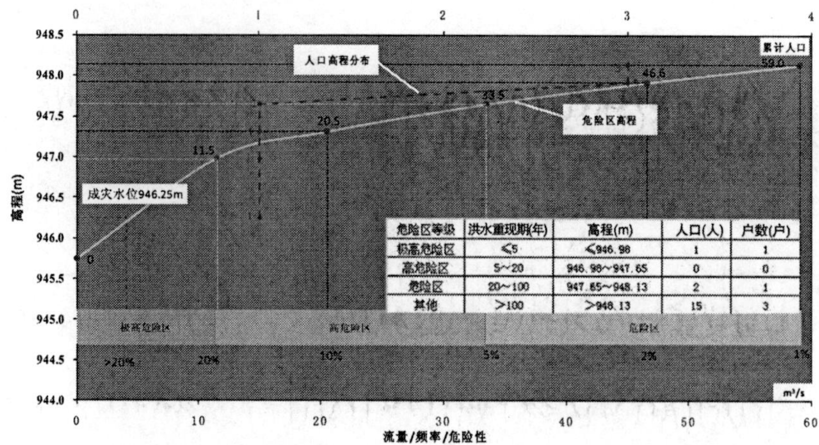

危险区等级	洪水重现期(年)	高程(m)	人口(人)	户数(户)
极高危险区	≤5	≤946.98	1	1
高危险区	5~20	946.98~947.65	0	0
危险区	20~100	947.65~948.13	2	1
其他	>100	>948.13	15	3

编制单位：晋中市水文水资源勘测分局　编制时间：2015年7月

（33）车谷村防洪现状评价图

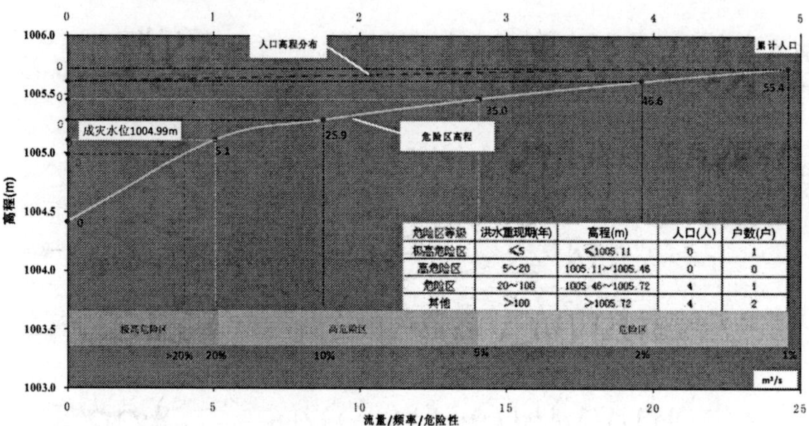

危险区等级	洪水重现期(年)	高程(m)	人口(人)	户数(户)
极高危险区	≤5	≤1005.11	0	1
高危险区	5~20	1005.11~1005.46	0	0
危险区	20~100	1005.46~1005.72	4	1
其他	>100	>1005.72	4	2

编制单位：晋中市水文水资源勘测分局　编制时间：2015年7月

（34）北柳背村防洪现状评价图

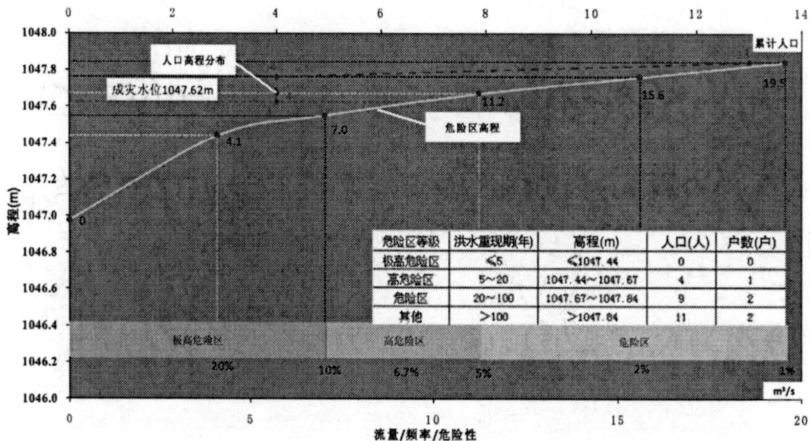

危险区等级	洪水重现期(年)	高程(m)	人口(人)	户数(户)
极高危险区	≤5	≤1047.44	0	0
高危险区	5~20	1047.44~1047.67	4	1
危险区	20~100	1047.67~1047.84	9	2
其他	>100	>1047.84	11	2

编制单位：晋中市水文水资源勘测分局　编制时间：2015年7月

（35）西云山村防洪现状评价图

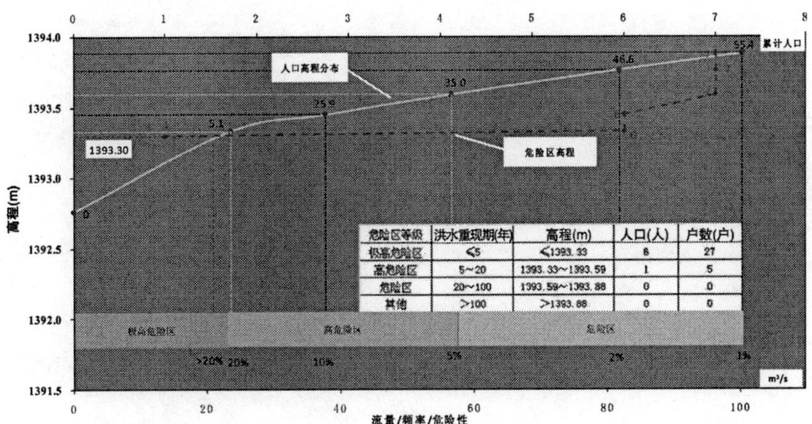

危险区等级	洪水重现期(年)	高程(m)	人口(人)	户数(户)
极高危险区	≤5	≤1393.33	6	27
高危险区	5～20	1393.33～1393.59	1	5
危险区	20～100	1393.59～1393.88	0	0
其他	＞100	＞1393.88	0	0

编制单位：晋中市水文水资源勘测分局　编制时间：2015年7月

13. 榆社县防洪现状评价图

（1）下赤土村防洪现状评价图

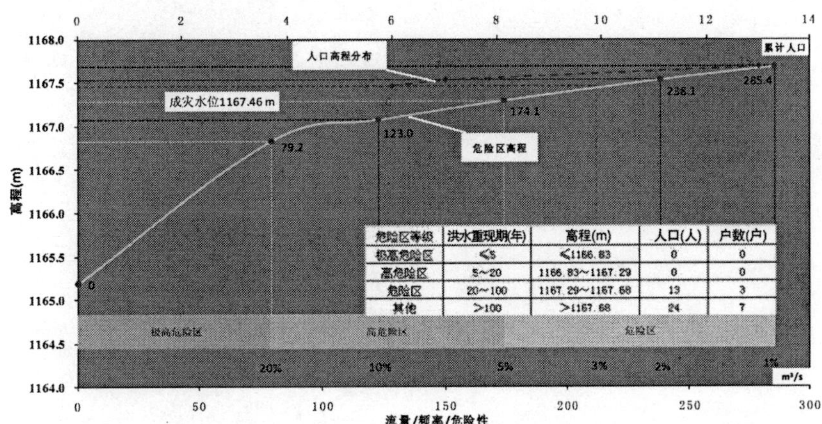

危险区等级	洪水重现期(年)	高程(m)	人口(人)	户数(户)
极高危险区	≤5	≤1166.83	0	0
高危险区	5～20	1166.83～1167.29	0	0
危险区	20～100	1167.29～1167.68	13	3
其他	＞100	＞1167.68	24	7

编制单位：晋中市水文水资源勘测分局　编制时间：2015年12月

（2）郭郊村防洪现状评价图

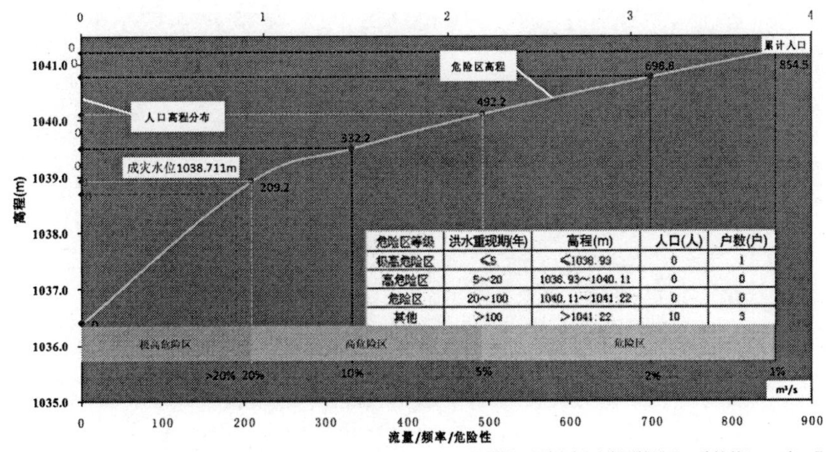

危险区等级	洪水重现期(年)	高程(m)	人口(人)	户数(户)
极高危险区	≤5	≤1038.93	0	1
高危险区	5～20	1036.93～1040.11	0	0
危险区	20～100	1040.11～1041.22	0	0
其他	＞100	＞1041.22	10	3

编制单位：晋中市水文水资源勘测分局　编制时间：2015年12月

（3）上咱则村防洪现状评价图

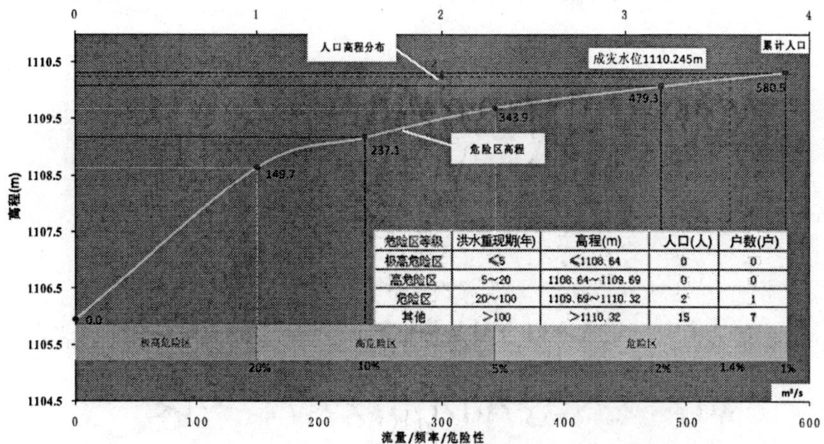

危险区等级	洪水重现期(年)	高程(m)	人口(人)	户数(户)
极高危险区	≤5	≤1108.64	0	0
高危险区	5～20	1108.64～1109.69	0	0
危险区	20～100	1109.69～1110.32	2	1
其他	>100	>1110.32	15	7

编制单位：晋中市水文水资源勘测分局　编制时间：2015年12月

（4）屯村防洪现状评价图

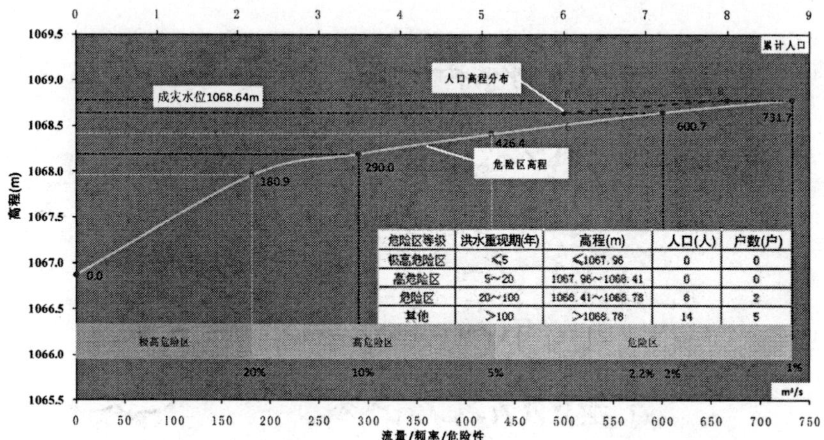

危险区等级	洪水重现期(年)	高程(m)	人口(人)	户数(户)
极高危险区	≤5	≤1067.96	0	0
高危险区	5～20	1067.96～1068.41	0	0
危险区	20～100	1068.41～1068.78	8	2
其他	>100	>1068.78	14	5

编制单位：晋中市水文水资源勘测分局　编制时间：2015年12月

（5）王家庄村防洪现状评价图

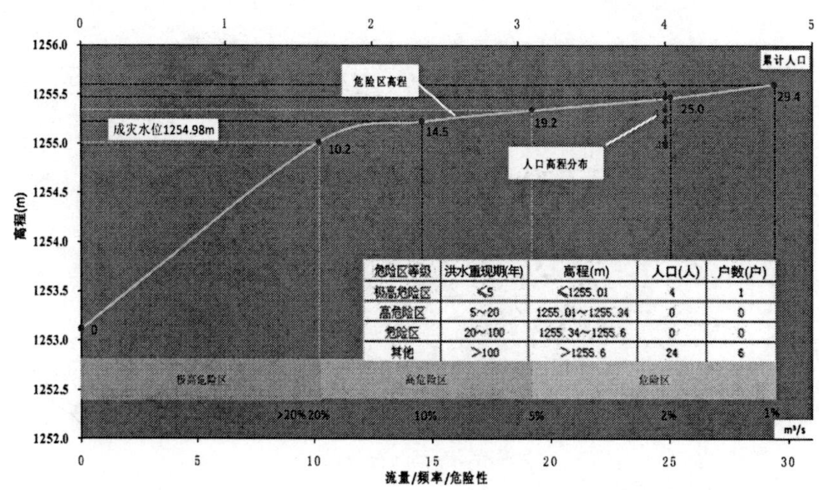

危险区等级	洪水重现期(年)	高程(m)	人口(人)	户数(户)
极高危险区	≤5	≤1255.01	4	1
高危险区	5～20	1255.01～1255.34	0	0
危险区	20～100	1255.34～1255.6	0	0
其他	>100	>1255.6	24	6

编制单位：晋中市水文水资源勘测分局　编制时间：2015年12月

（6）五科村防洪现状评价图

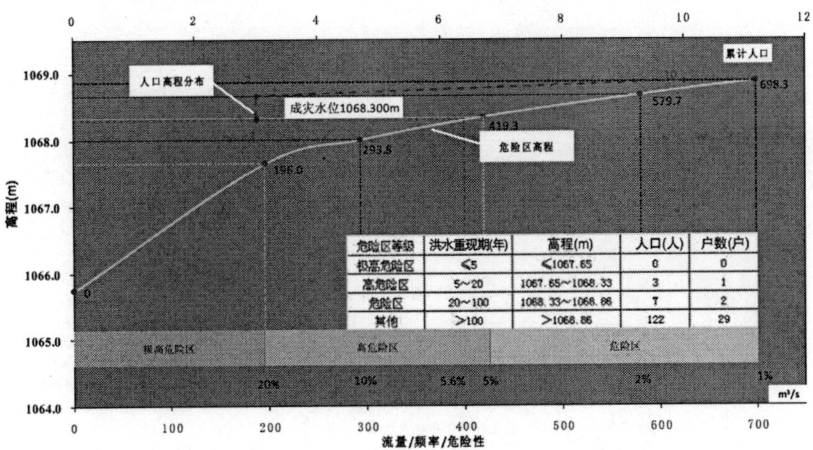

危险区等级	洪水重现期(年)	高程(m)	人口(人)	户数(户)
极高危险区	≤5	≤1067.65	0	0
高危险区	5～20	1067.65～1068.33	3	1
危险区	20～100	1068.33～1068.86	7	2
其他	>100	>1068.86	122	29

（7）水磨头村防洪现状评价图

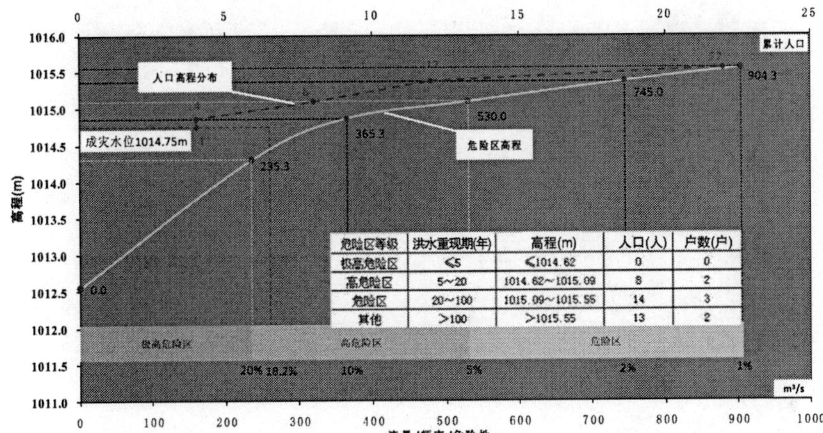

危险区等级	洪水重现期(年)	高程(m)	人口(人)	户数(户)
极高危险区	≤5	≤1014.62	0	0
高危险区	5～20	1014.62～1015.09	8	2
危险区	20～100	1015.09～1015.55	14	3
其他	>100	>1015.55	13	2

（8）上城南村防洪现状评价图

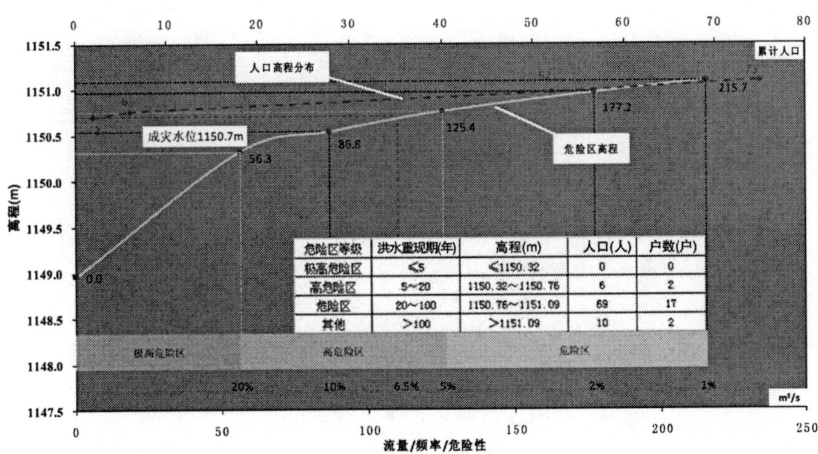

危险区等级	洪水重现期(年)	高程(m)	人口(人)	户数(户)
极高危险区	≤5	≤1150.32	0	0
高危险区	5～20	1150.32～1150.76	6	2
危险区	20～100	1150.76～1151.09	69	17
其他	>100	>1151.09	10	2

(9) 千峪村防洪现状评价图

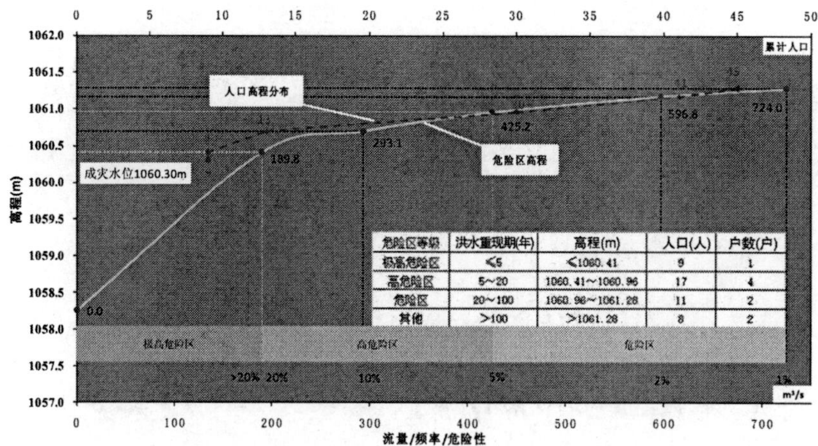

危险区等级	洪水重现期(年)	高程(m)	人口(人)	户数(户)
极高危险区	≤5	≤1060.41	9	1
高危险区	5~20	1060.41~1060.96	17	4
危险区	20~100	1060.96~1061.28	11	2
其他	>100	>1061.28	8	2

编制单位：晋中市水文水资源勘测分局　编制时间：2015年12月

(10) 牛槽沟村防洪现状评价图

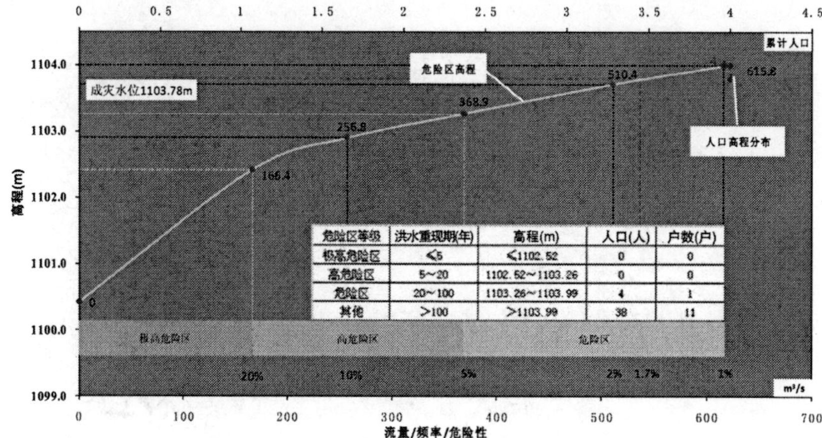

危险区等级	洪水重现期(年)	高程(m)	人口(人)	户数(户)
极高危险区	≤5	≤1102.52	0	0
高危险区	5~20	1102.52~1103.26	0	0
危险区	20~100	1103.26~1103.99	4	1
其他	>100	>1103.99	38	11

编制单位：晋中市水文水资源勘测分局　编制时间：2015年12月

(11) 东湾村防洪现状评价图

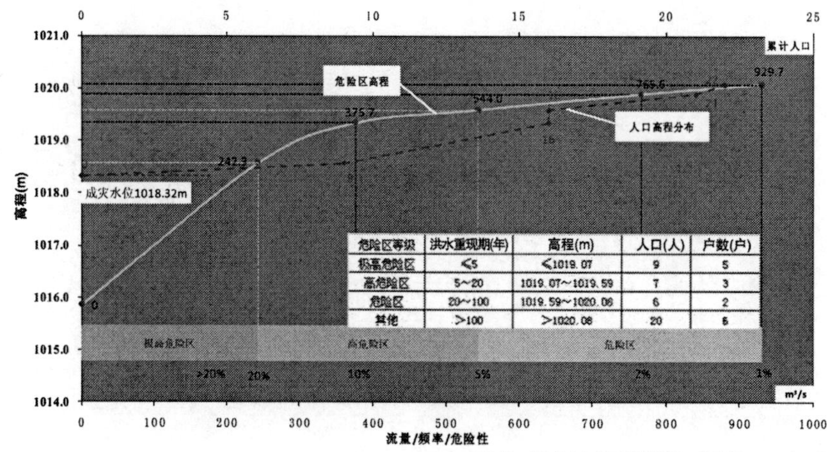

危险区等级	洪水重现期(年)	高程(m)	人口(人)	户数(户)
极高危险区	≤5	≤1019.07	9	5
高危险区	5~20	1019.07~1019.59	7	3
危险区	20~100	1019.59~1020.06	6	2
其他	>100	>1020.06	20	6

编制单位：晋中市水文水资源勘测分局　编制时间：2015年12月

（12）辉教村防洪现状评价图

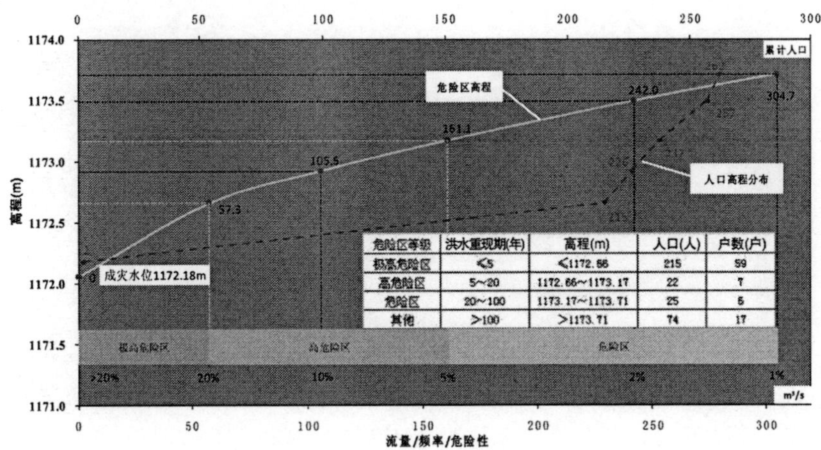

危险区等级	洪水重现期(年)	高程(m)	人口(人)	户数(户)
极高危险区	≤5	≤1172.66	215	59
高危险区	5~20	1172.66~1173.17	22	7
危险区	20~100	1173.17~1173.71	25	5
其他	>100	>1173.71	74	17

编制单位：晋中市水文水资源勘测分局　编制时间：2015年12月

（13）西沟村防洪现状评价图

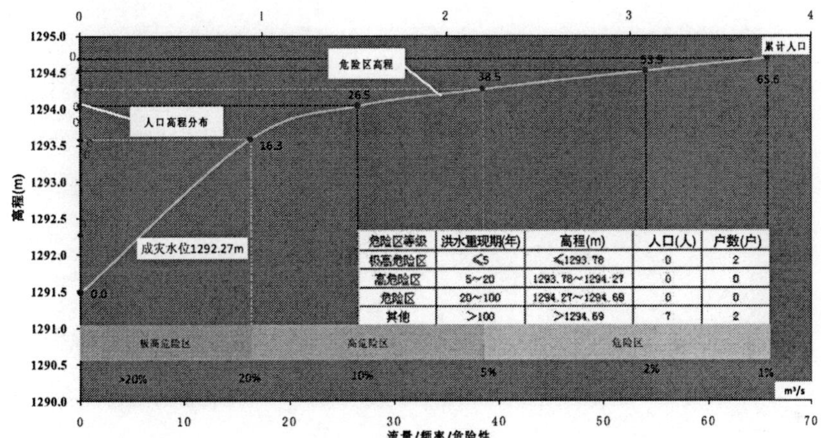

危险区等级	洪水重现期(年)	高程(m)	人口(人)	户数(户)
极高危险区	≤5	≤1293.78	0	2
高危险区	5~20	1293.78~1294.27	0	0
危险区	20~100	1294.27~1294.69	0	0
其他	>100	>1294.69	7	2

编制单位：晋中市水文水资源勘测分局　编制时间：2015年12月

（14）寄家沟村防洪现状评价图

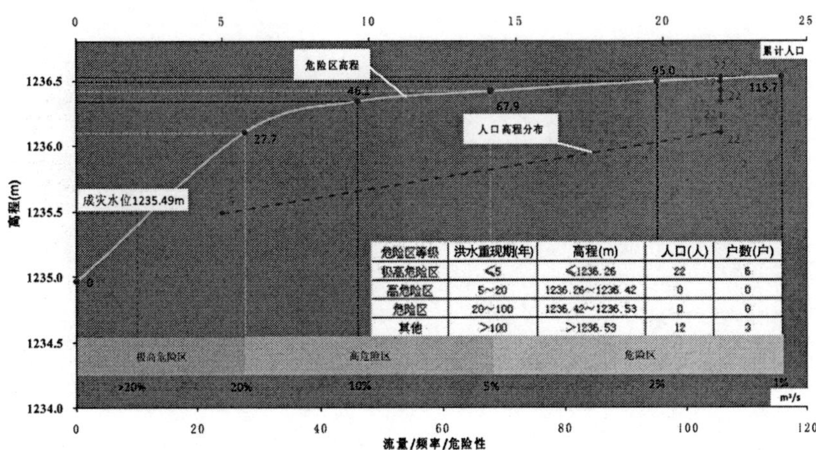

危险区等级	洪水重现期(年)	高程(m)	人口(人)	户数(户)
极高危险区	≤5	≤1236.26	22	6
高危险区	5~20	1236.26~1236.42	0	0
危险区	20~100	1236.42~1236.53	0	0
其他	>100	>1236.53	12	3

编制单位：晋中市水文水资源勘测分局　编制时间：2015年12月

（15）寄子村防洪现状评价图

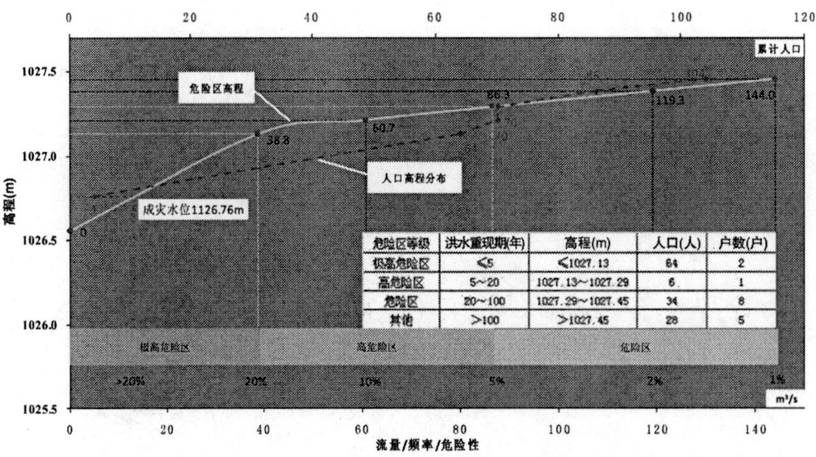

危险区等级	洪水重现期(年)	高程(m)	人口(人)	户数(户)
极高危险区	≤5	≤1027.13	64	2
高危险区	5~20	1027.13~1027.29	6	1
危险区	20~100	1027.29~1027.45	34	8
其他	>100	>1027.45	28	5

编制单位：晋中市水文水资源勘测分局　编制时间：2015年12月

（16）牛村防洪现状评价图

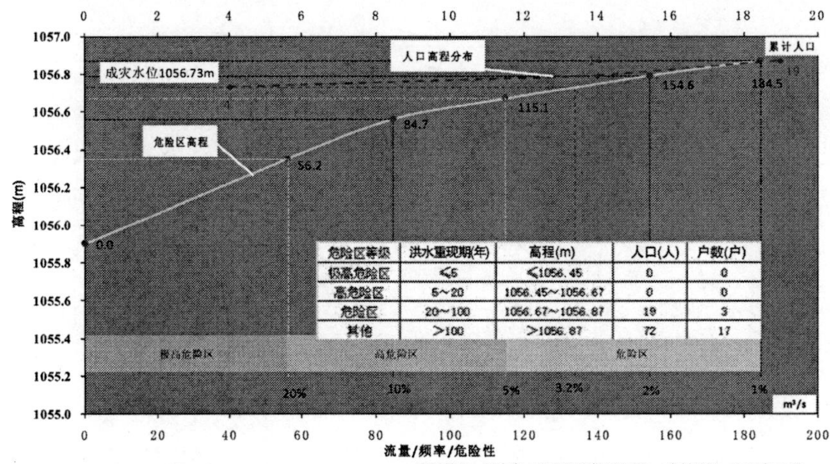

危险区等级	洪水重现期(年)	高程(m)	人口(人)	户数(户)
极高危险区	≤5	≤1056.45	0	0
高危险区	5~20	1056.45~1056.67	0	0
危险区	20~100	1056.67~1056.87	19	3
其他	>100	>1056.87	72	17

编制单位：晋中市水文水资源勘测分局　编制时间：2015年12月

（17）青阳平村防洪现状评价图

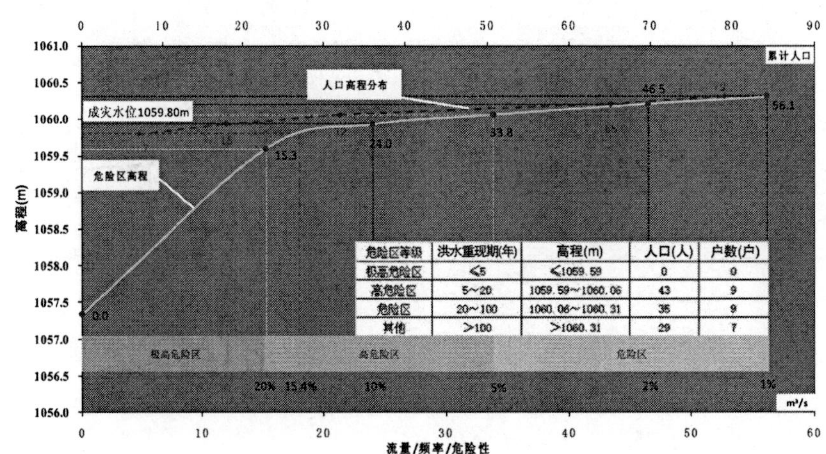

危险区等级	洪水重现期(年)	高程(m)	人口(人)	户数(户)
极高危险区	≤5	≤1059.59	0	0
高危险区	5~20	1059.59~1060.06	43	9
危险区	20~100	1060.06~1060.31	35	9
其他	>100	>1060.31	29	7

编制单位：晋中市水文水资源勘测分局　编制时间：2015年12月

(18) 李峪村防洪现状评价图

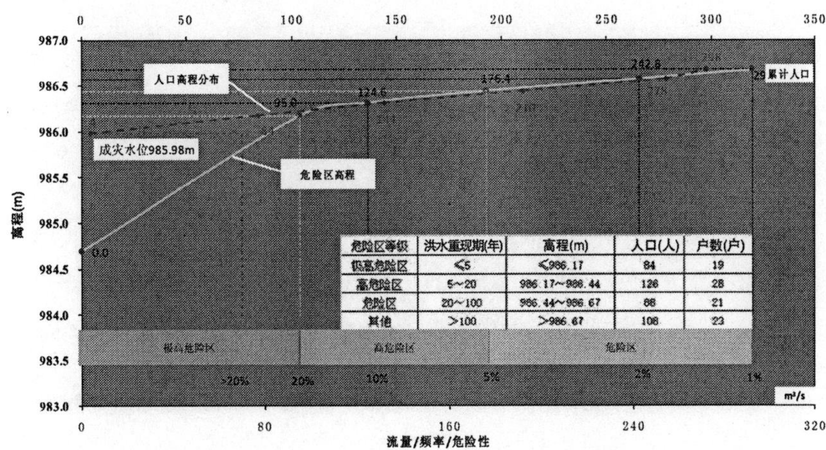

危险区等级	洪水重现期(年)	高程(m)	人口(人)	户数(户)
极高危险区	≤5	≤986.17	84	19
高危险区	5～20	986.17～986.44	126	28
危险区	20～100	986.44～986.67	88	21
其他	>100	>986.67	108	23

(19) 大南沟村防洪现状评价图

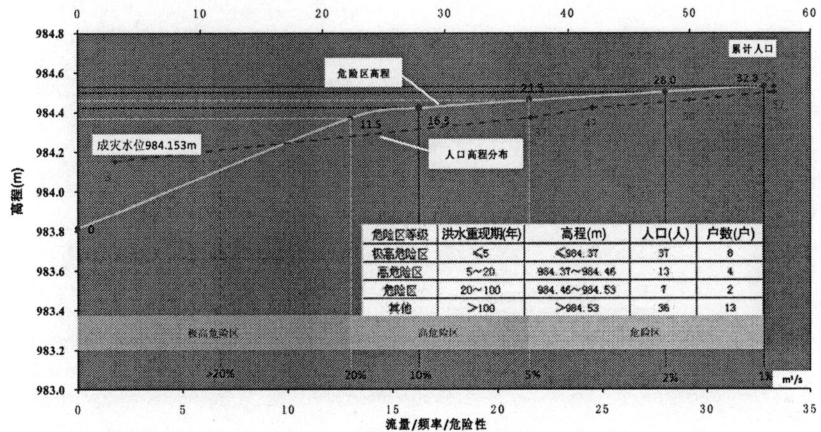

危险区等级	洪水重现期(年)	高程(m)	人口(人)	户数(户)
极高危险区	≤5	≤984.37	37	8
高危险区	5～20	984.37～984.46	13	4
危险区	20～100	984.46～984.53	7	2
其他	>100	>984.53	36	13

(20) 王景村防洪现状评价图

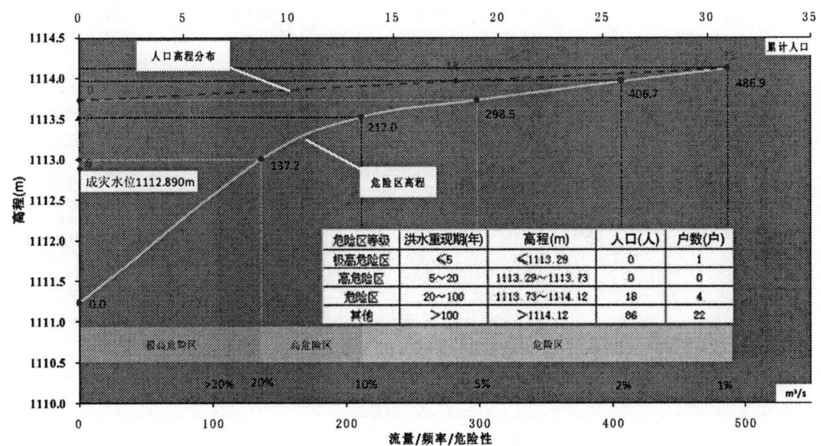

危险区等级	洪水重现期(年)	高程(m)	人口(人)	户数(户)
极高危险区	≤5	≤1113.29	0	1
高危险区	5～20	1113.29～1113.73	0	0
危险区	20～100	1113.73～1114.12	18	4
其他	>100	>1114.12	86	22

（21）红崖头村防洪现状评价图

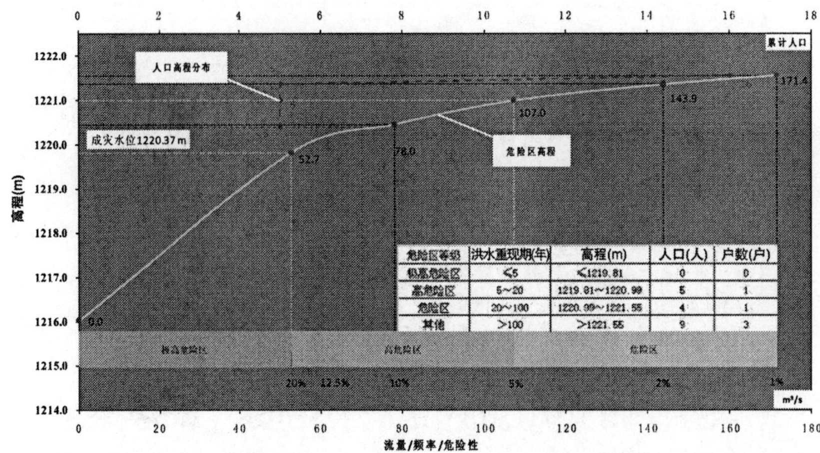

危险区等级	洪水重现期(年)	高程(m)	人口(人)	户数(户)
极高危险区	≤5	≤1219.81	0	0
高危险区	5~20	1219.81~1220.99	5	1
危险区	20~100	1220.99~1221.55	4	1
其他	＞100	＞1221.55	9	3

（22）白海村防洪现状评价图

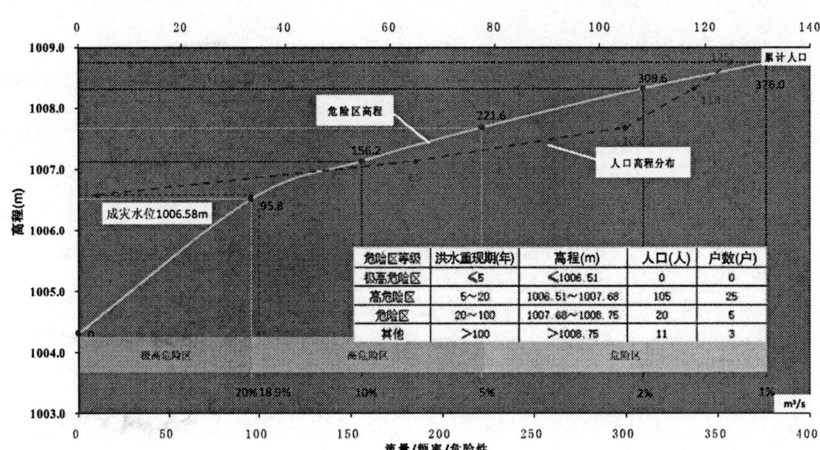

危险区等级	洪水重现期(年)	高程(m)	人口(人)	户数(户)
极高危险区	≤5	≤1006.51	0	0
高危险区	5~20	1006.51~1007.68	105	25
危险区	20~100	1007.68~1008.75	20	5
其他	＞100	＞1008.75	11	3

（23）海银山村防洪现状评价图

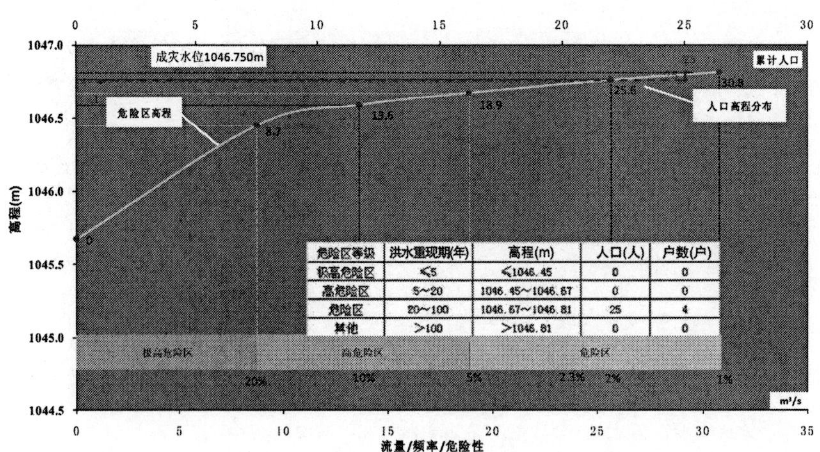

危险区等级	洪水重现期(年)	高程(m)	人口(人)	户数(户)
极高危险区	≤5	≤1046.45	0	0
高危险区	5~20	1046.45~1046.67	0	0
危险区	20~100	1046.67~1046.81	25	4
其他	＞100	＞1046.81	0	0

(24) 迷沙沟村防洪现状评价图

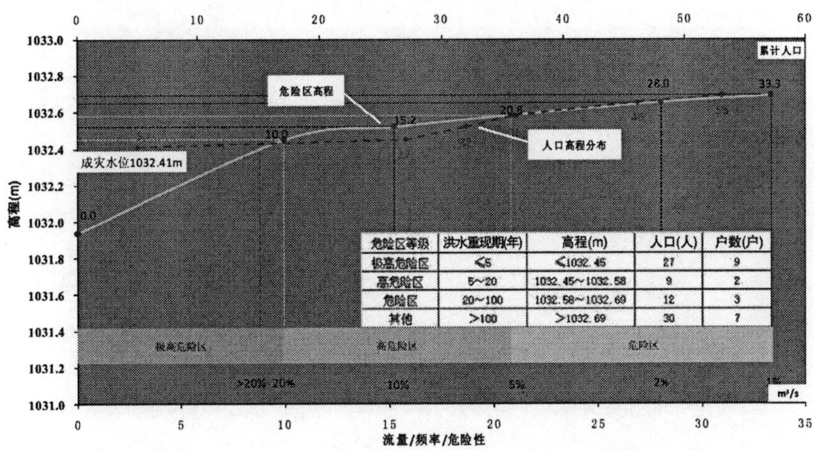

危险区等级	洪水重现期(年)	高程(m)	人口(人)	户数(户)
极高危险区	≤5	≤1032.45	27	9
高危险区	5~20	1032.45~1032.58	9	2
危险区	20~100	1032.58~1032.69	12	3
其他	>100	>1032.69	30	7

编制单位：晋中市水文水资源勘测分局　编制时间：2015年12月

(25) 清风村防洪现状评价图

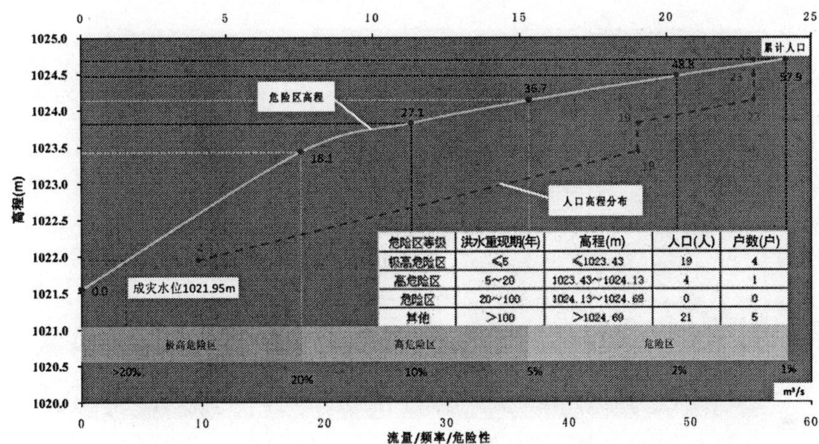

危险区等级	洪水重现期(年)	高程(m)	人口(人)	户数(户)
极高危险区	≤5	≤1023.43	19	4
高危险区	5~20	1023.43~1024.13	4	1
危险区	20~100	1024.13~1024.69	0	0
其他	>100	>1024.69	21	5

编制单位：晋中市水文水资源勘测分局　编制时间：2015年12月

(26) 申村防洪现状评价图

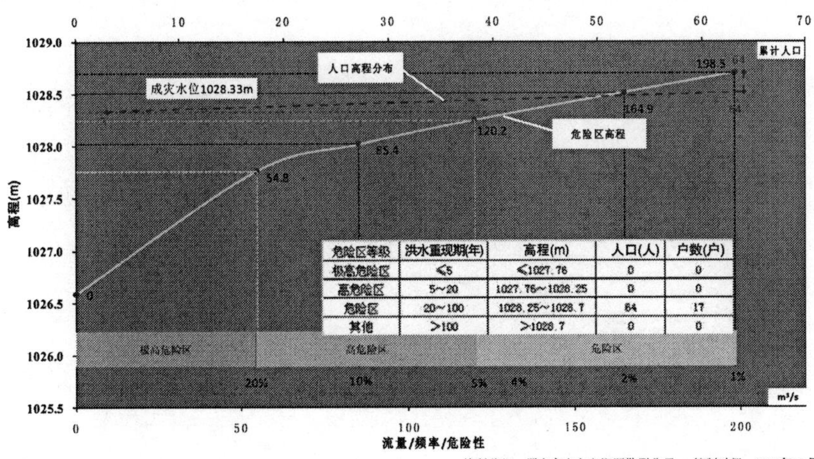

危险区等级	洪水重现期(年)	高程(m)	人口(人)	户数(户)
极高危险区	≤5	≤1027.76	0	0
高危险区	5~20	1027.76~1028.25	0	0
危险区	20~100	1028.25~1028.7	64	17
其他	>100	>1028.7	0	0

编制单位：晋中市水文水资源勘测分局　编制时间：2015年12月

（27）西崖底村防洪现状评价图

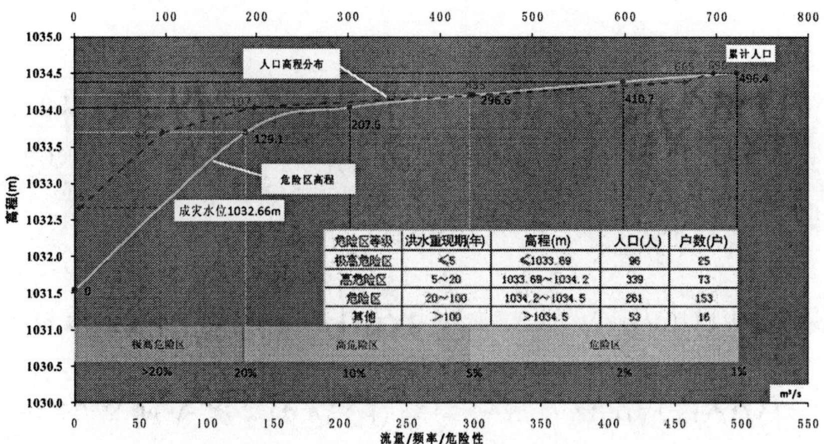

危险区等级	洪水重现期(年)	高程(m)	人口(人)	户数(户)
极高危险区	≤5	≤1033.69	96	25
高危险区	5～20	1033.69～1034.2	339	73
危险区	20～100	1034.2～1034.5	261	153
其他	>100	>1034.5	53	16

编制单位：晋中市水文水资源勘测分局　编制时间：2015年12月

（28）牌坊村防洪现状评价图

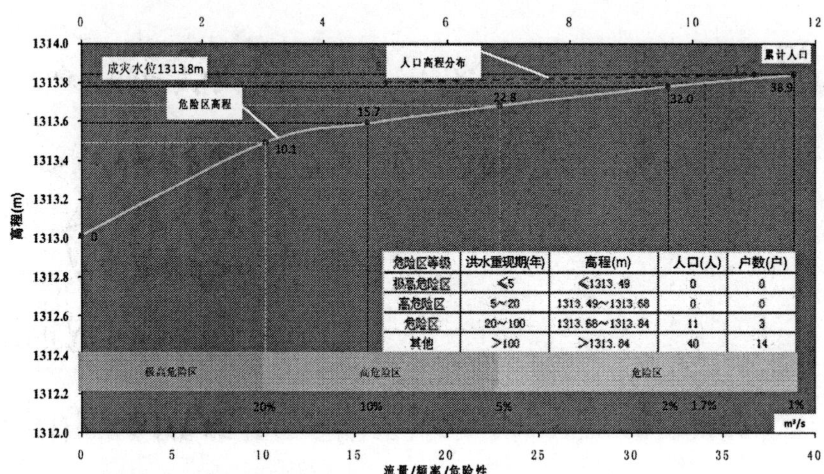

危险区等级	洪水重现期(年)	高程(m)	人口(人)	户数(户)
极高危险区	≤5	≤1313.49	0	0
高危险区	5～20	1313.49～1313.68	0	0
危险区	20～100	1313.68～1313.84	11	3
其他	>100	>1313.84	40	14

编制单位：晋中市水文水资源勘测分局　编制时间：2015年12月

（29）井泉沟村防洪现状评价图

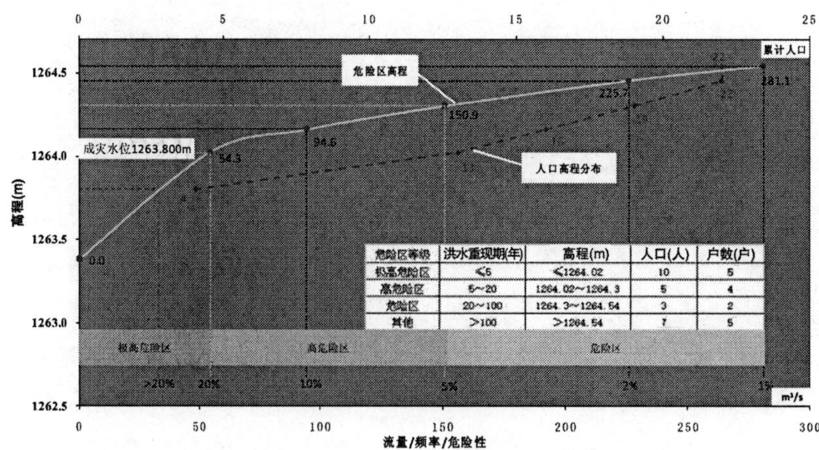

危险区等级	洪水重现期(年)	高程(m)	人口(人)	户数(户)
极高危险区	≤5	≤1264.02	10	5
高危险区	5～20	1264.02～1264.3	5	4
危险区	20～100	1264.3～1264.54	3	2
其他	>100	>1264.54	7	5

编制单位：晋中市水文水资源勘测分局　编制时间：2015年12月

（30）罗秀村防洪现状评价图

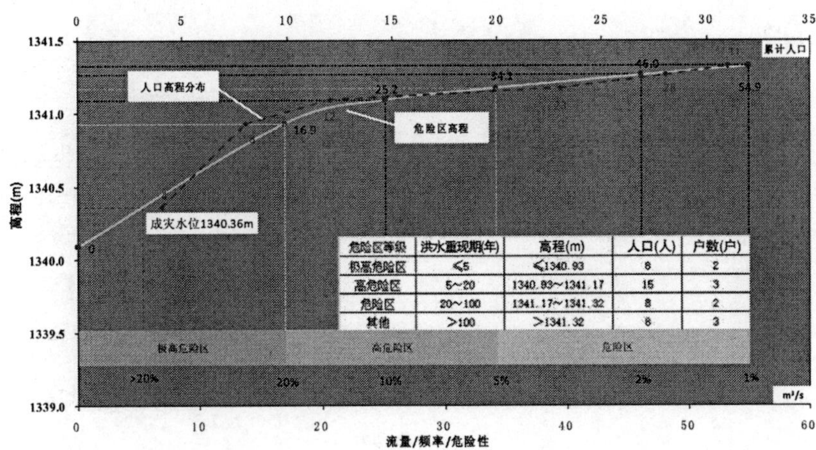

危险区等级	洪水重现期(年)	高程(m)	人口(人)	户数(户)
极高危险区	≤5	≤1340.93	8	2
高危险区	5~20	1340.93~1341.17	15	3
危险区	20~100	1341.17~1341.32	8	2
其他	>100	>1341.32	8	3

编制单位：晋中市水文水资源勘测分局　编制时间：2015年12月

（31）官寨村防洪现状评价图

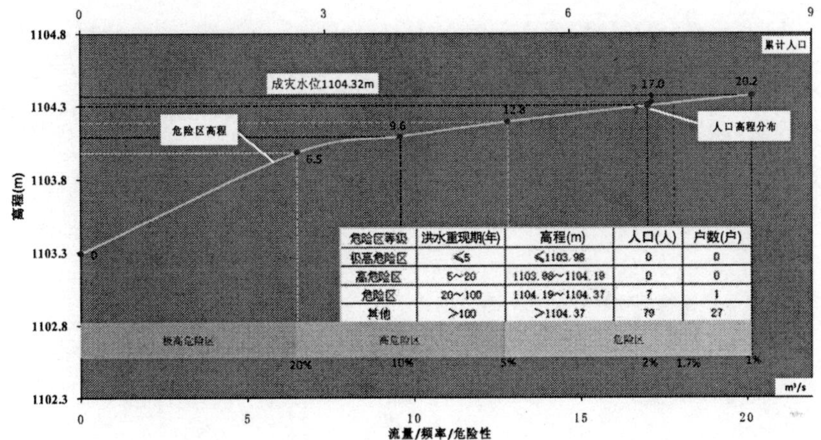

危险区等级	洪水重现期(年)	高程(m)	人口(人)	户数(户)
极高危险区	≤5	≤1103.98	0	0
高危险区	5~20	1103.98~1104.19	0	0
危险区	20~100	1104.19~1104.37	7	1
其他	>100	>1104.37	79	27

编制单位：晋中市水文水资源勘测分局　编制时间：2015年12月

（32）武源村防洪现状评价图

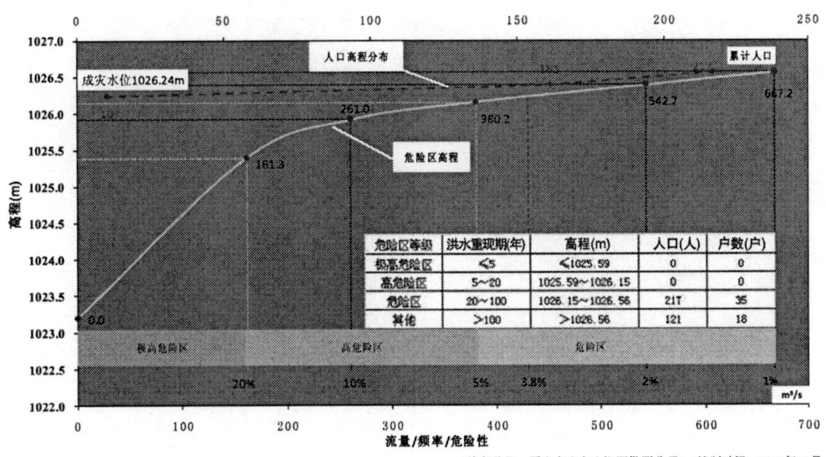

危险区等级	洪水重现期(年)	高程(m)	人口(人)	户数(户)
极高危险区	≤5	≤1025.59	0	0
高危险区	5~20	1025.59~1026.15	0	0
危险区	20~100	1026.15~1026.56	217	35
其他	>100	>1026.56	121	18

编制单位：晋中市水文水资源勘测分局　编制时间：2015年12月

（33）小河沟村防洪现状评价图

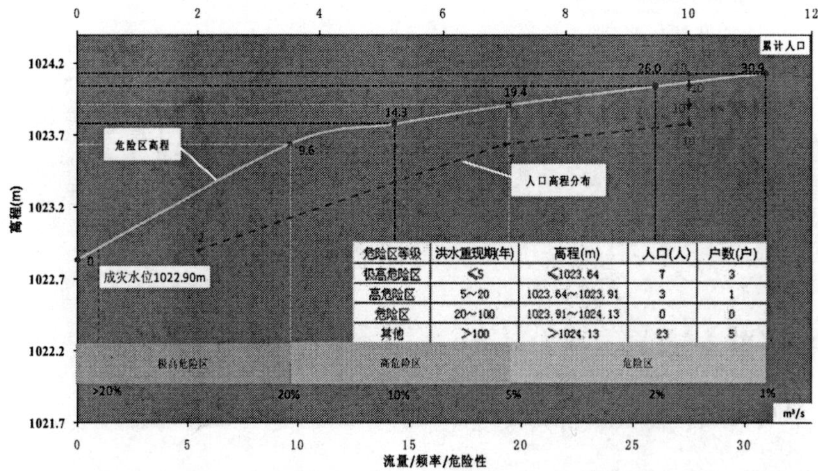

危险区等级	洪水重现期(年)	高程(m)	人口(人)	户数(户)
极高危险区	≤5	≤1023.64	7	3
高危险区	5~20	1023.64~1023.91	3	1
危险区	20~100	1023.91~1024.13	0	0
其他	>100	>1024.13	23	5

编制单位：晋中市水文水资源勘测分局　编制时间：2015年12月

（34）西河底村防洪现状评价图

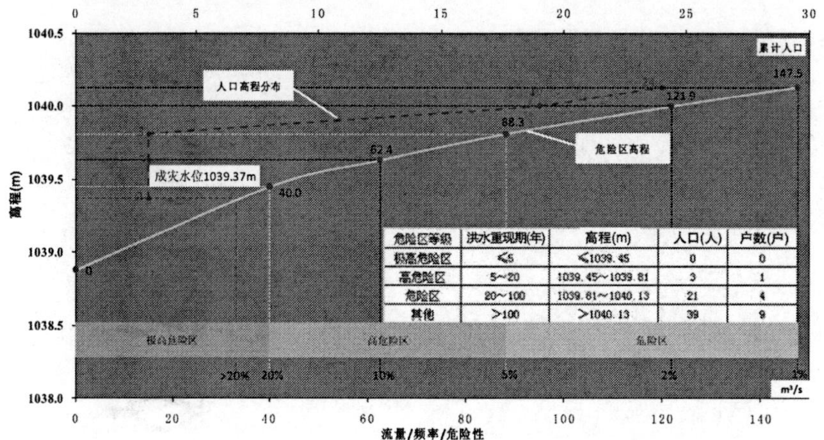

危险区等级	洪水重现期(年)	高程(m)	人口(人)	户数(户)
极高危险区	≤5	≤1039.45	0	0
高危险区	5~20	1039.45~1039.81	3	1
危险区	20~100	1039.81~1040.13	21	4
其他	>100	>1040.13	39	9

编制单位：晋中市水文水资源勘测分局　编制时间：2015年12月

（35）南社村防洪现状评价图

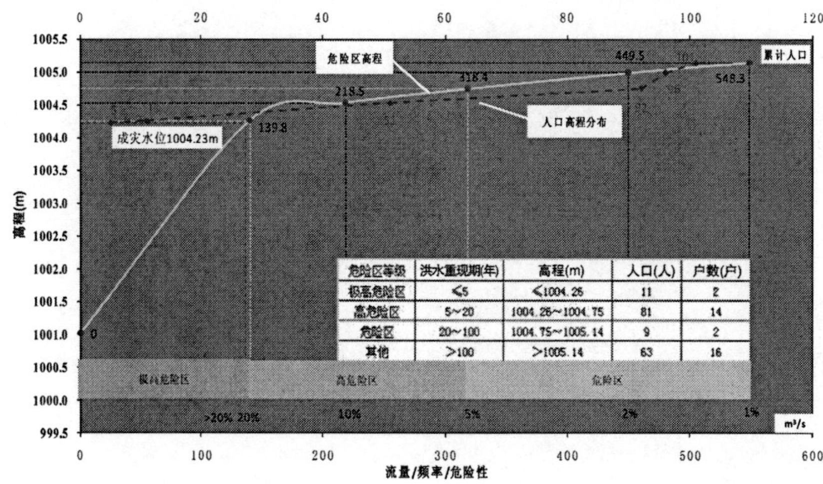

危险区等级	洪水重现期(年)	高程(m)	人口(人)	户数(户)
极高危险区	≤5	≤1004.26	11	2
高危险区	5~20	1004.26~1004.75	81	14
危险区	20~100	1004.75~1005.14	9	2
其他	>100	>1005.14	63	16

编制单位：晋中市水文水资源勘测分局　编制时间：2015年12月

（36）桑家沟村防洪现状评价图

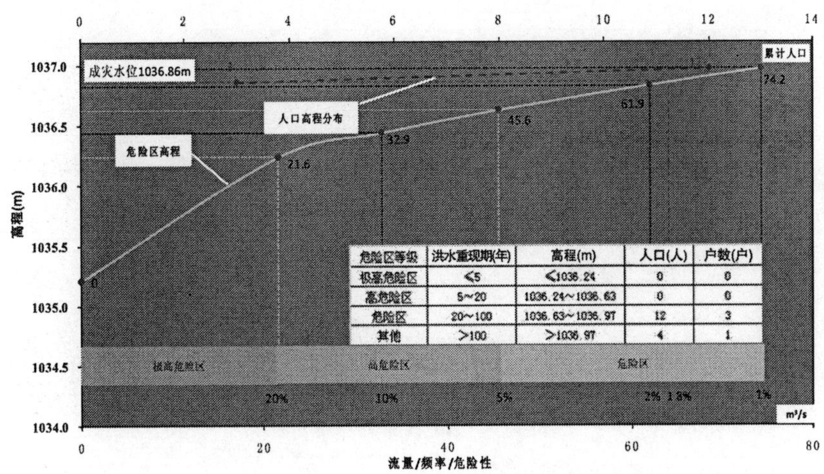

危险区等级	洪水重现期(年)	高程(m)	人口(人)	户数(户)
极高危险区	≤5	≤1036.24	0	0
高危险区	5～20	1036.24～1036.63	0	0
危险区	20～100	1036.63～1036.97	12	3
其他	>100	>1036.97	4	1

（37）峡口村防洪现状评价图

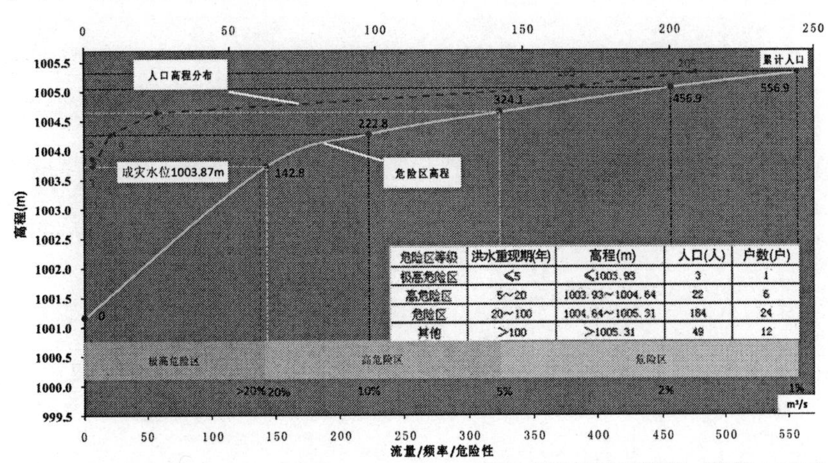

危险区等级	洪水重现期(年)	高程(m)	人口(人)	户数(户)
极高危险区	≤5	≤1003.93	3	1
高危险区	5～20	1003.93～1004.64	22	6
危险区	20～100	1004.64～1005.31	184	24
其他	>100	>1005.31	49	12

（38）王家沟村防洪现状评价图

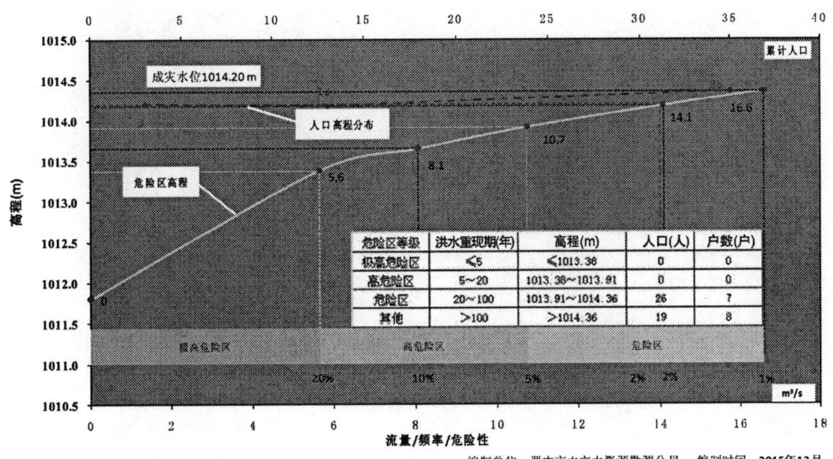

危险区等级	洪水重现期(年)	高程(m)	人口(人)	户数(户)
极高危险区	≤5	≤1013.36	0	0
高危险区	5～20	1013.36～1013.91	0	0
危险区	20～100	1013.91～1014.36	26	7
其他	>100	>1014.36	19	8

(39) 两河口村防洪现状评价图

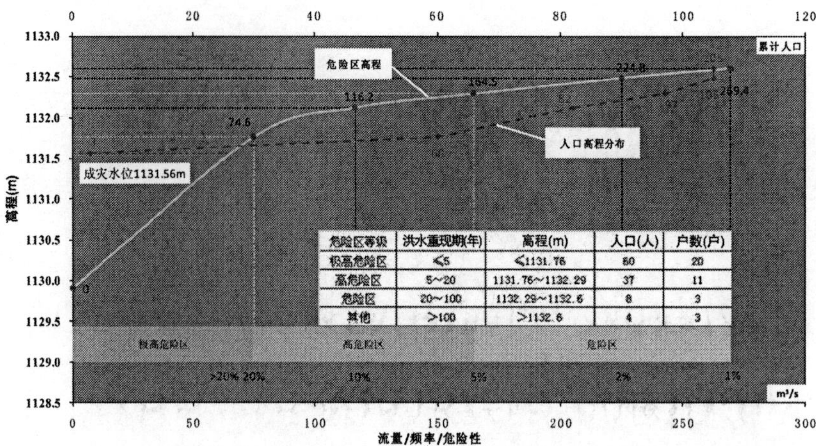

危险区等级	洪水重现期(年)	高程(m)	人口(人)	户数(户)
极高危险区	≤5	≤1131.76	60	20
高危险区	5~20	1131.76~1132.29	37	11
危险区	20~100	1132.29~1132.6	8	3
其他	>100	>1132.6	4	3

编制单位：晋中市水文水资源勘测分局　编制时间：2015年12月

(40.1) 石源村1防洪现状评价图

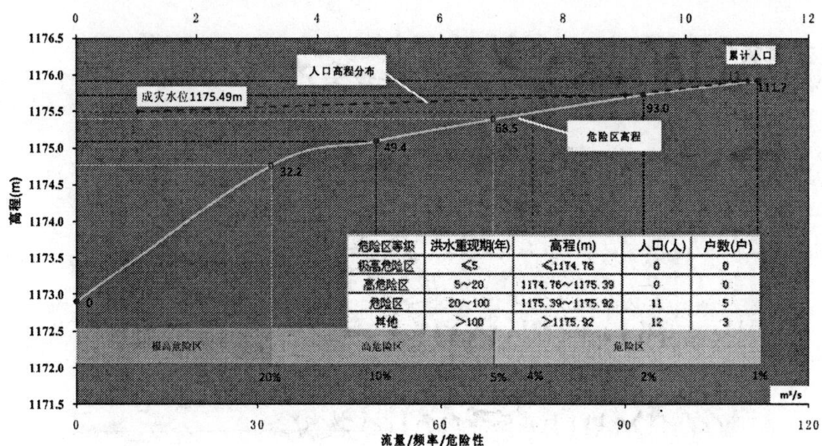

危险区等级	洪水重现期(年)	高程(m)	人口(人)	户数(户)
极高危险区	≤5	≤1174.76	0	0
高危险区	5~20	1174.76~1175.39	0	0
危险区	20~100	1175.39~1175.92	11	5
其他	>100	>1175.92	12	3

编制单位：晋中市水文水资源勘测分局　编制时间：2015年12月

(40.2) 石源村2防洪现状评价图

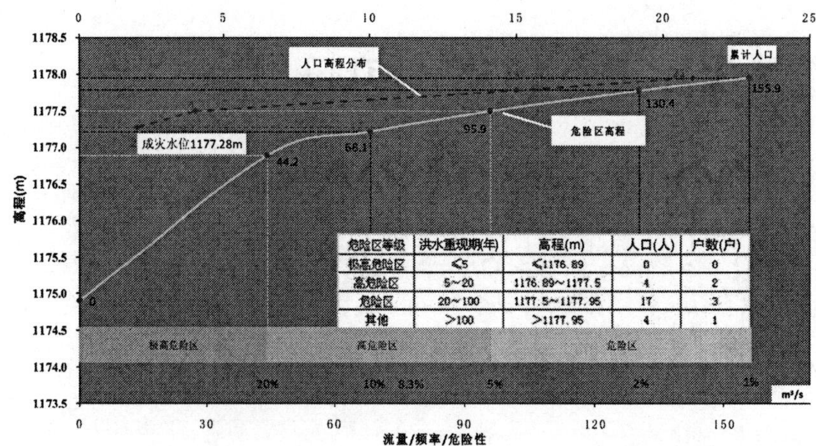

危险区等级	洪水重现期(年)	高程(m)	人口(人)	户数(户)
极高危险区	≤5	≤1176.89	0	0
高危险区	5~20	1176.89~1177.5	4	2
危险区	20~100	1177.5~1177.95	17	3
其他	>100	>1177.95	4	1

编制单位：晋中市水文水资源勘测分局　编制时间：2015年12月

（41）石栈道村防洪现状评价图

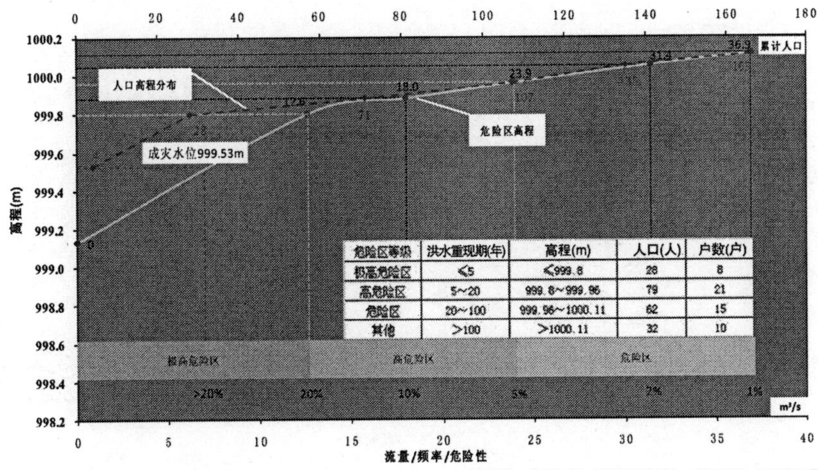

危险区等级	洪水重现期(年)	高程(m)	人口(人)	户数(户)
极高危险区	≤5	≤999.8	28	8
高危险区	5~20	999.8~999.96	79	21
危险区	20~100	999.96~1000.11	62	15
其他	>100	>1000.11	32	10

编制单位：晋中市水文水资源勘测分局　编制时间：2015年12月

（42）沙旺村防洪现状评价图

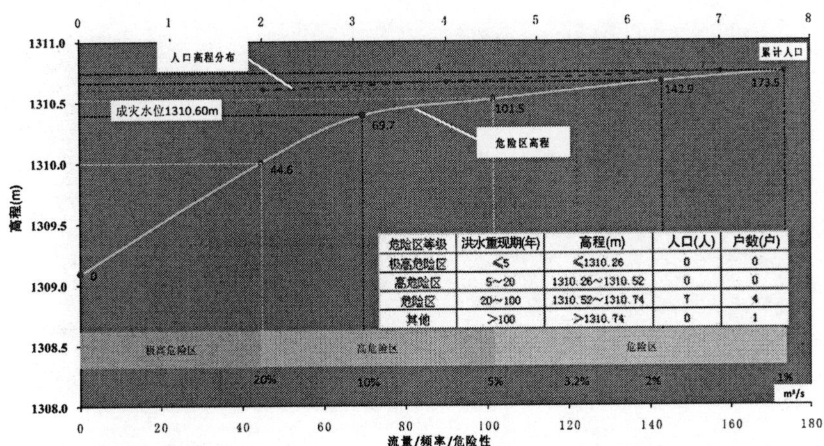

危险区等级	洪水重现期(年)	高程(m)	人口(人)	户数(户)
极高危险区	≤5	≤1310.26	0	0
高危险区	5~20	1310.26~1310.52	0	0
危险区	20~100	1310.52~1310.74	7	4
其他	>100	>1310.74	0	1

编制单位：晋中市水文水资源勘测分局　编制时间：2015年12月

（43）双峰村防洪现状评价图

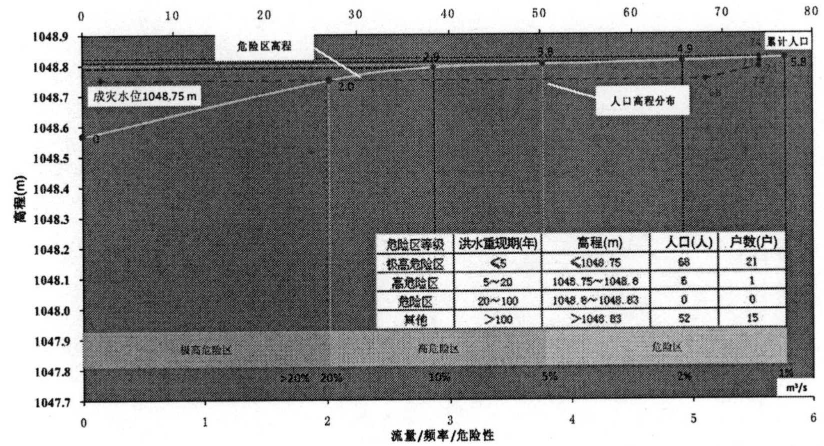

危险区等级	洪水重现期(年)	高程(m)	人口(人)	户数(户)
极高危险区	≤5	≤1048.75	68	21
高危险区	5~20	1048.75~1048.8	6	1
危险区	20~100	1048.8~1048.83	0	0
其他	>100	>1048.83	52	15

编制单位：晋中市水文水资源勘测分局　编制时间：2015年12月

（44）阳乐村防洪现状评价图

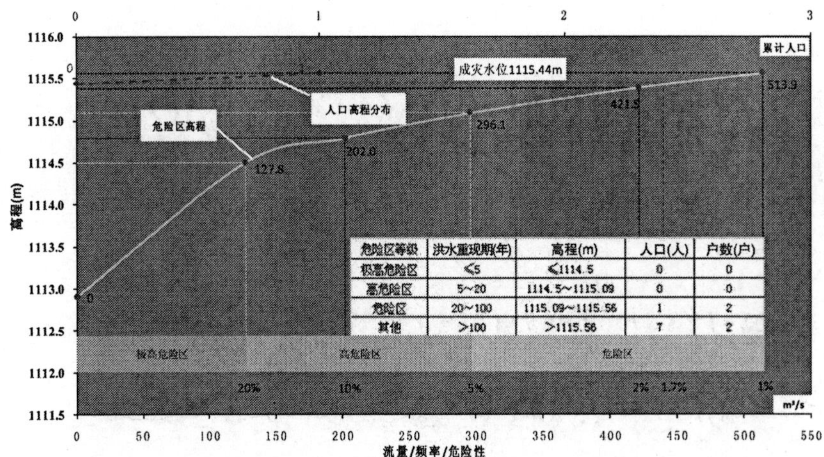

危险区等级	洪水重现期(年)	高程(m)	人口(人)	户数(户)
极高危险区	≤5	≤1114.5	0	0
高危险区	5～20	1114.5～1115.09	0	0
危险区	20～100	1115.09～1115.56	1	2
其他	＞100	＞1115.56	7	2

编制单位：晋中市水文水资源勘测分局　编制时间：2015年12月

（45）更修村防洪现状评价图

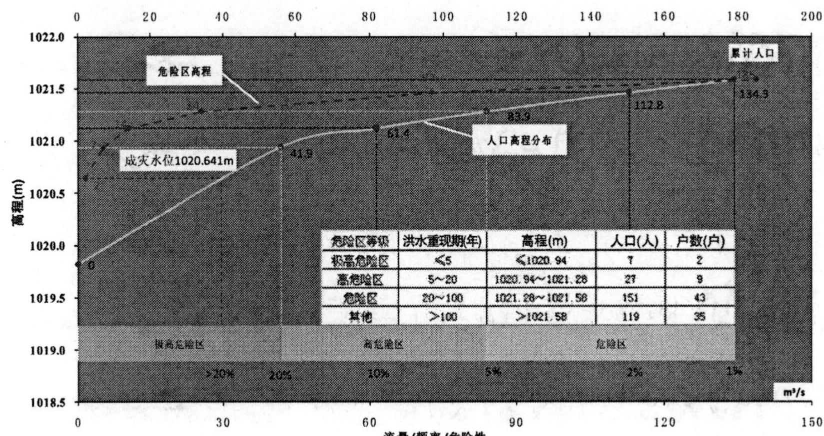

危险区等级	洪水重现期(年)	高程(m)	人口(人)	户数(户)
极高危险区	≤5	≤1020.94	7	2
高危险区	5～20	1020.94～1021.28	27	9
危险区	20～100	1021.28～1021.58	151	43
其他	＞100	＞1021.58	119	35

编制单位：晋中市水文水资源勘测分局　编制时间：2015年12月

（46）田家沟村防洪现状评价图

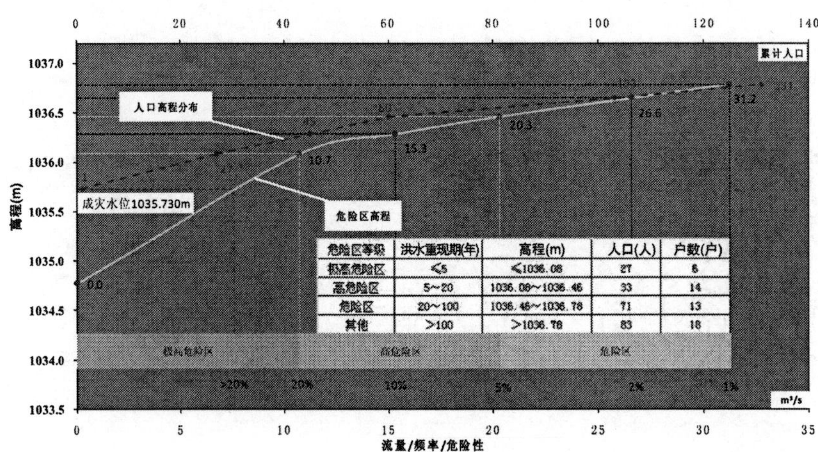

危险区等级	洪水重现期(年)	高程(m)	人口(人)	户数(户)
极高危险区	≤5	≤1036.08	27	6
高危险区	5～20	1036.08～1036.46	33	14
危险区	20～100	1036.46～1036.76	71	13
其他	＞100	＞1036.76	83	18

编制单位：晋中市水文水资源勘测分局　编制时间：2015年12月

（47）沤泥凹村防洪现状评价图

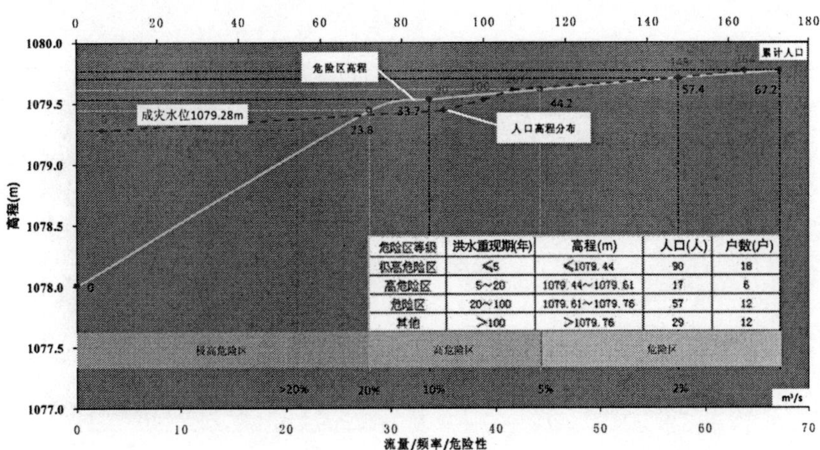

危险区等级	洪水重现期(年)	高程(m)	人口(人)	户数(户)
极高危险区	≤5	≤1079.44	90	18
高危险区	5～20	1079.44～1079.61	17	6
危险区	20～100	1079.61～1079.76	57	12
其他	>100	>1079.76	29	12

编制单位：晋中市水文水资源勘测分局　　编制时间：2015年12月

（48）西坡村防洪现状评价图

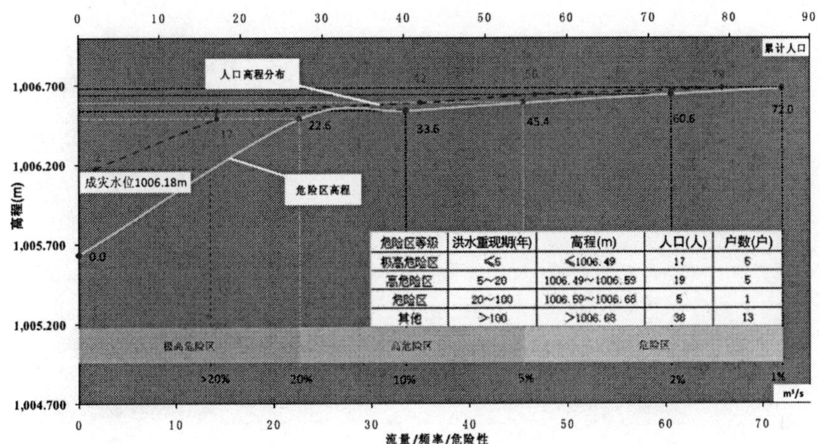

危险区等级	洪水重现期(年)	高程(m)	人口(人)	户数(户)
极高危险区	≤5	≤1006.49	17	5
高危险区	5～20	1006.49～1006.59	19	5
危险区	20～100	1006.59～1006.68	5	1
其他	>100	>1006.68	38	13

编制单位：晋中市水文水资源勘测分局　　编制时间：2015年12月

（49）后庄村防洪现状评价图

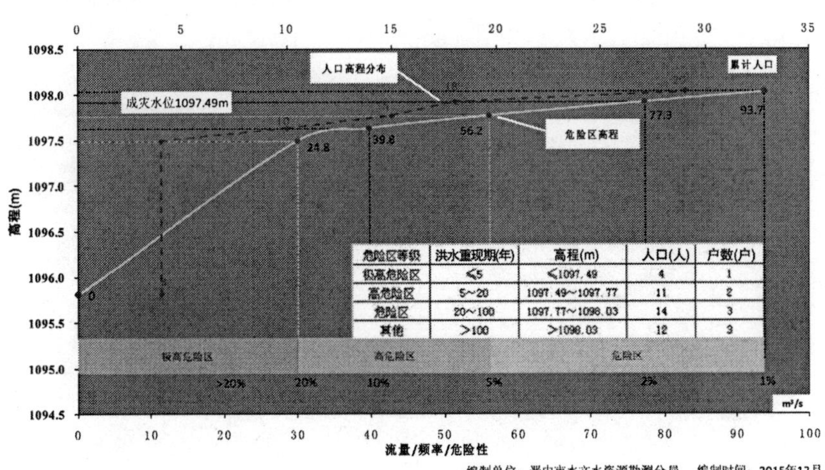

危险区等级	洪水重现期(年)	高程(m)	人口(人)	户数(户)
极高危险区	≤5	≤1097.49	4	1
高危险区	5～20	1097.49～1097.77	11	2
危险区	20～100	1097.77～1098.03	14	3
其他	>100	>1098.03	12	3

编制单位：晋中市水文水资源勘测分局　　编制时间：2015年12月

14. 和顺县防洪现状评价图

（1）曲里村防洪现状评价图

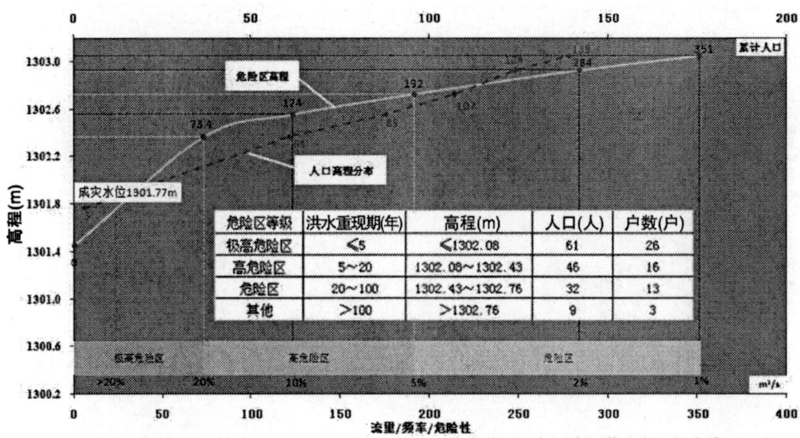

危险区等级	洪水重现期(年)	高程(m)	人口(人)	户数(户)
极高危险区	≤5	≤1302.08	61	26
高危险区	5~20	1302.08~1302.43	46	16
危险区	20~100	1302.43~1302.76	32	13
其他	>100	>1302.76	9	3

编制单位：晋中市水文水资源勘测分局　编制时间：2015年9月

（2）紫罗村防洪现状评价图

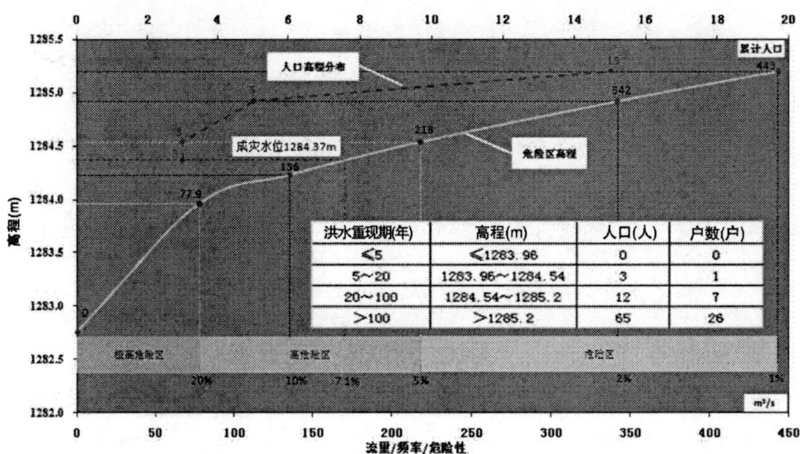

洪水重现期(年)	高程(m)	人口(人)	户数(户)
≤5	≤1283.96	0	0
5~20	1283.96~1284.54	3	1
20~100	1284.54~1285.2	12	7
>100	>1285.2	65	26

编制单位：晋中市水文水资源勘测分局　编制时间：2015年9月

（3）科举村防洪现状评价图

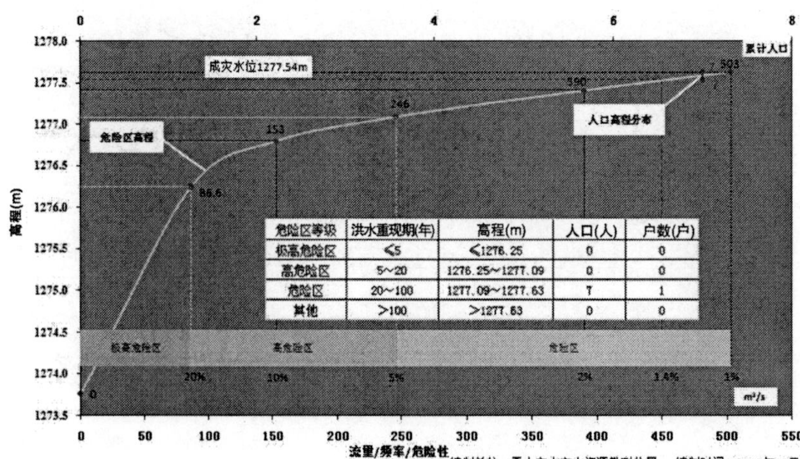

危险区等级	洪水重现期(年)	高程(m)	人口(人)	户数(户)
极高危险区	≤5	≤1276.25	0	0
高危险区	5~20	1276.25~1277.09	0	0
危险区	20~100	1277.09~1277.63	7	1
其他	>100	>1277.63	0	0

编制单位：晋中市水文水资源勘测分局　编制时间：2015年10月

（4）梳头村防洪现状评价图

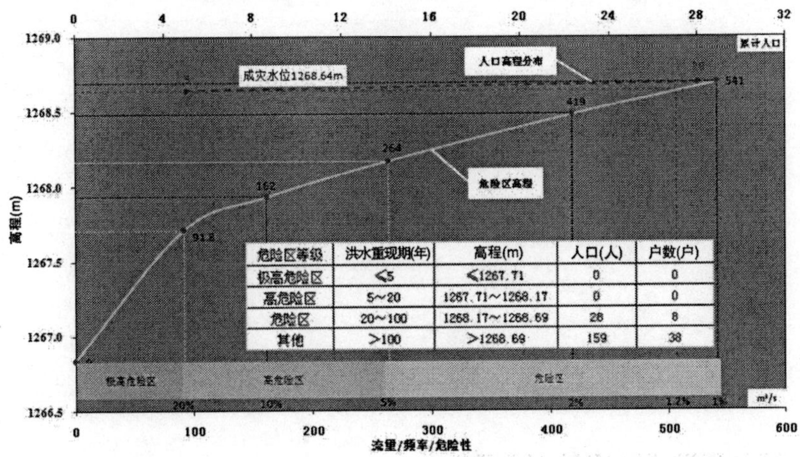

危险区等级	洪水重现期(年)	高程(m)	人口(人)	户数(户)
极高危险区	≤5	≤1267.71	0	0
高危险区	5～20	1267.71～1268.17	0	0
危险区	20～100	1268.17～1268.69	28	8
其他	＞100	＞1268.69	159	38

（5）九京村防洪现状评价图

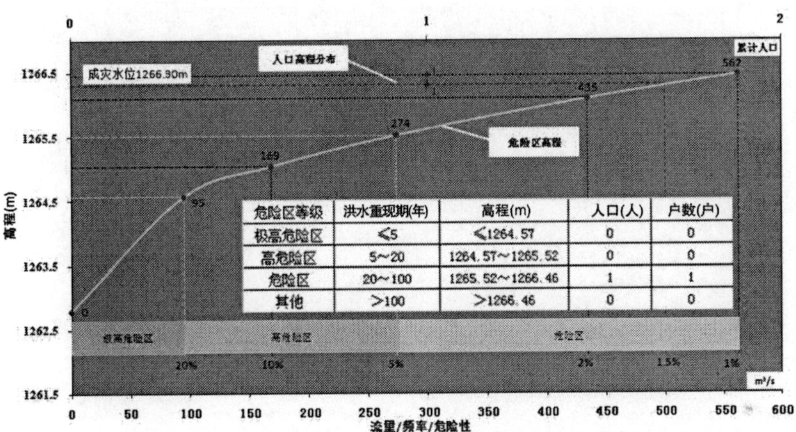

危险区等级	洪水重现期(年)	高程(m)	人口(人)	户数(户)
极高危险区	≤5	≤1264.57	0	0
高危险区	5～20	1264.57～1265.52	0	0
危险区	20～100	1265.52～1266.46	1	1
其他	＞100	＞1266.46	0	0

（6）河北村防洪现状评价图

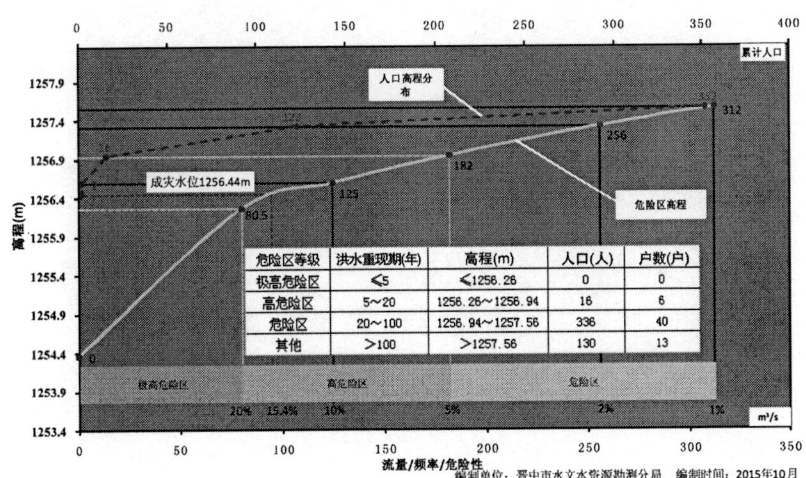

危险区等级	洪水重现期(年)	高程(m)	人口(人)	户数(户)
极高危险区	≤5	≤1256.26	0	0
高危险区	5～20	1256.26～1256.94	16	6
危险区	20～100	1256.94～1257.56	336	40
其他	＞100	＞1257.56	130	13

（7）蔡家庄防洪现状评价图

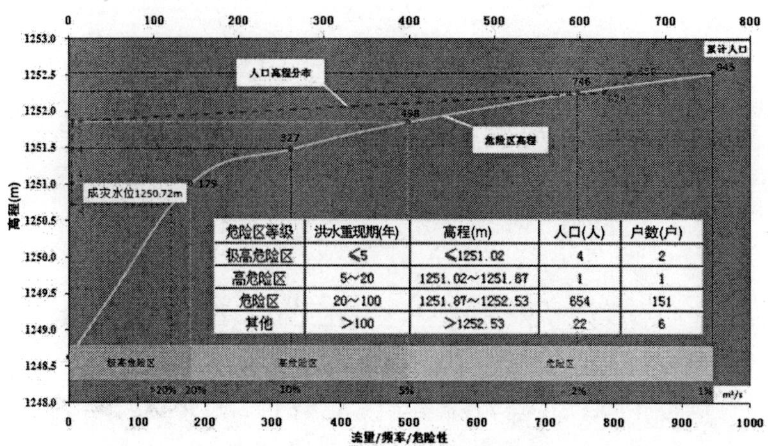

危险区等级	洪水重现期(年)	高程(m)	人口(人)	户数(户)
极高危险区	≤5	≤1251.02	4	2
高危险区	5~20	1251.02~1251.87	1	1
危险区	20~100	1251.87~1252.53	654	151
其他	>100	>1252.53	22	6

编制单位：晋中市水文水资源勘测分局　编制时间：2015年10月

（8）大窑底防洪现状评价图

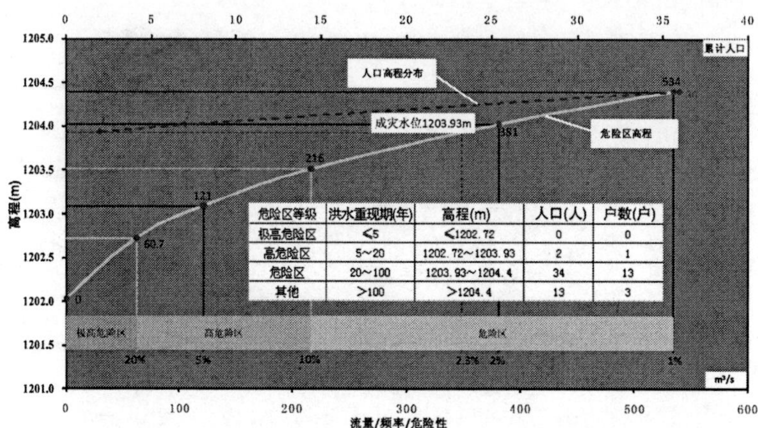

危险区等级	洪水重现期(年)	高程(m)	人口(人)	户数(户)
极高危险区	≤5	≤1202.72	0	0
高危险区	5~20	1202.72~1203.93	2	1
危险区	20~100	1203.93~1204.4	34	13
其他	>100	>1204.4	13	3

编制单位：晋中市水文水资源勘测分局　编制时间：2015年9月

（9）青家寨防洪现状评价图

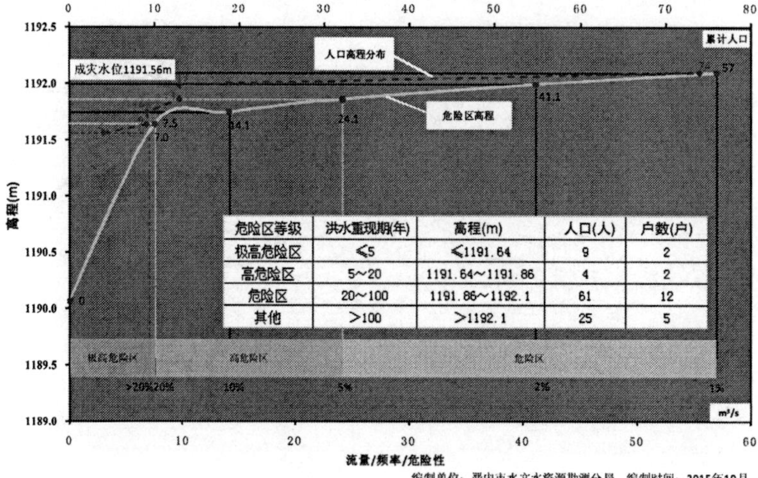

危险区等级	洪水重现期(年)	高程(m)	人口(人)	户数(户)
极高危险区	≤5	≤1191.64	9	2
高危险区	5~20	1191.64~1191.86	4	2
危险区	20~100	1191.86~1192.1	61	12
其他	>100	>1192.1	25	5

编制单位：晋中市水文水资源勘测分局　编制时间：2015年10月

（10）灰调曲防洪现状评价图

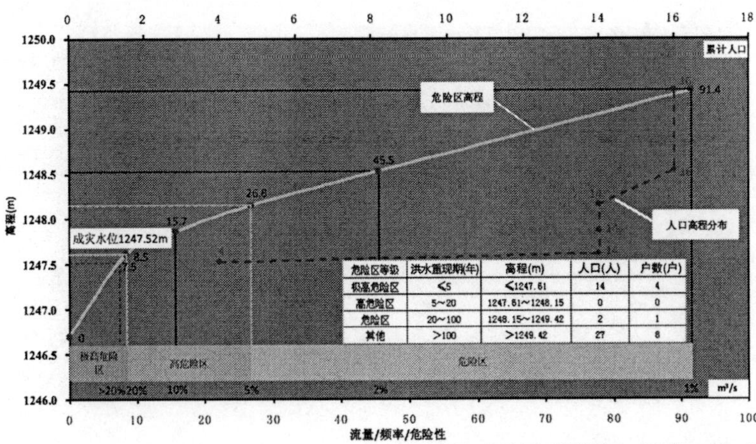

危险区等级	洪水重现期(年)	高程(m)	人口(人)	户数(户)
极高危险区	≤5	≤1247.61	14	4
高危险区	5～20	1247.61～1248.15	0	0
危险区	20～100	1248.15～1249.42	2	1
其他	>100	>1249.42	27	8

编制单位：晋中市水文水资源勘测分局　编制时间：2015年10月

（11）前营防洪现状评价图

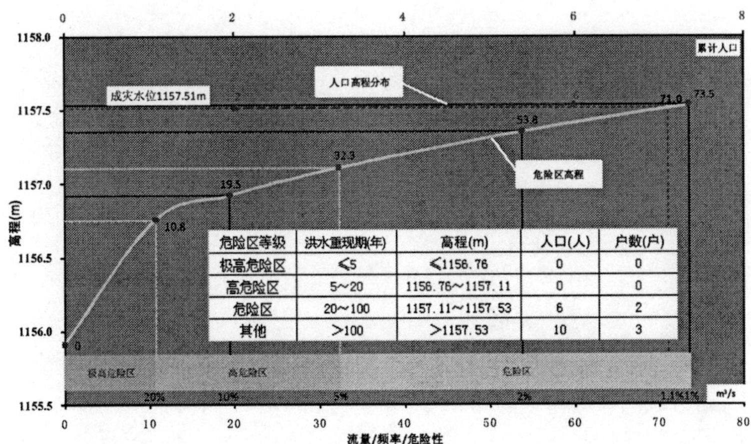

危险区等级	洪水重现期(年)	高程(m)	人口(人)	户数(户)
极高危险区	≤5	≤1156.76	0	0
高危险区	5～20	1156.76～1157.11	0	0
危险区	20～100	1157.11～1157.53	6	2
其他	>100	>1157.53	10	3

编制单位：晋中市水文水资源勘测分局　编制时间：2015年10月

（12）许村防洪现状评价图

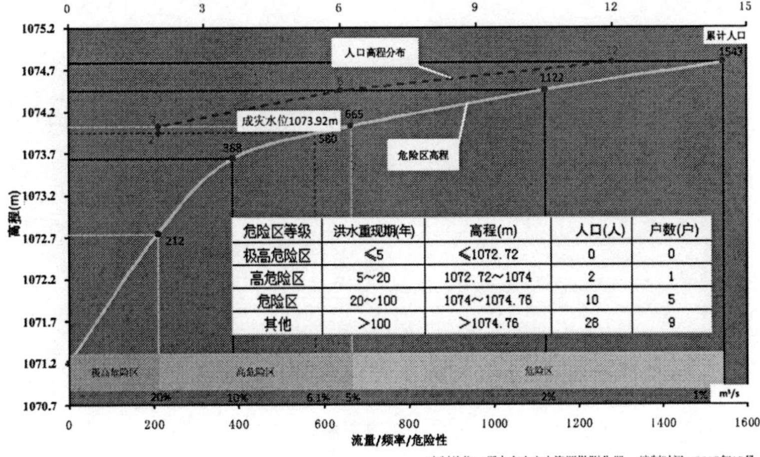

危险区等级	洪水重现期(年)	高程(m)	人口(人)	户数(户)
极高危险区	≤5	≤1072.72	0	0
高危险区	5～20	1072.72～1074	2	1
危险区	20～100	1074～1074.76	10	5
其他	>100	>1074.76	28	9

编制单位：晋中市水文水资源勘测分局　编制时间：2015年10月

（13）横岭村防洪现状评价图

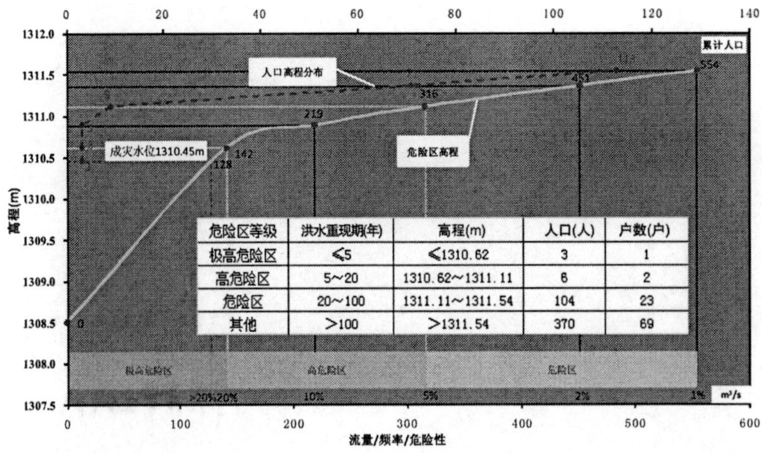

危险区等级	洪水重现期(年)	高程(m)	人口(人)	户数(户)
极高危险区	≤5	≤1310.62	3	1
高危险区	5~20	1310.62~1311.11	6	2
危险区	20~100	1311.11~1311.54	104	23
其他	>100	>1311.54	370	69

（14）口则村防洪现状评价图

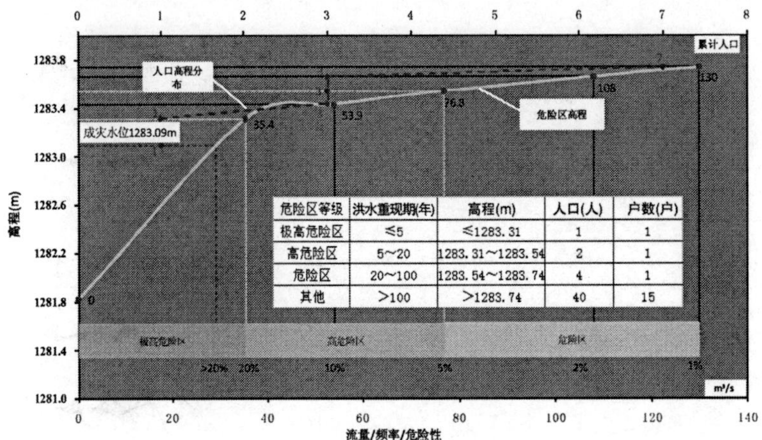

危险区等级	洪水重现期(年)	高程(m)	人口(人)	户数(户)
极高危险区	≤5	≤1283.31	1	1
高危险区	5~20	1283.31~1283.54	2	1
危险区	20~100	1283.54~1283.74	4	1
其他	>100	>1283.74	40	15

（15）广务村防洪现状评价图

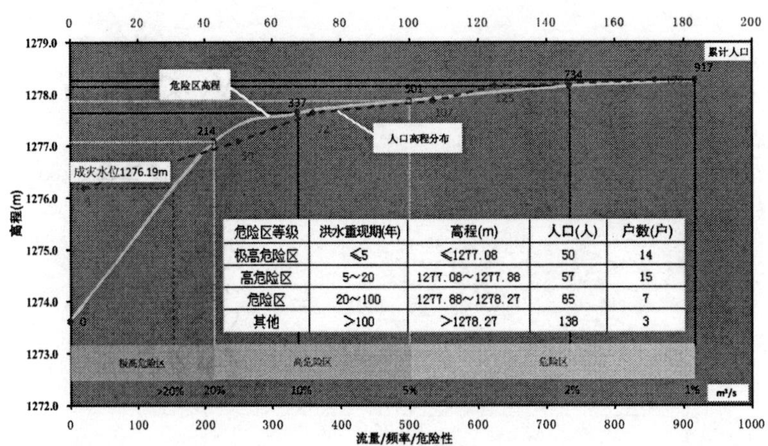

危险区等级	洪水重现期(年)	高程(m)	人口(人)	户数(户)
极高危险区	≤5	≤1277.08	50	14
高危险区	5~20	1277.08~1277.88	57	15
危险区	20~100	1277.88~1278.27	65	7
其他	>100	>1278.27	138	3

（16）西白岩村防洪现状评价图

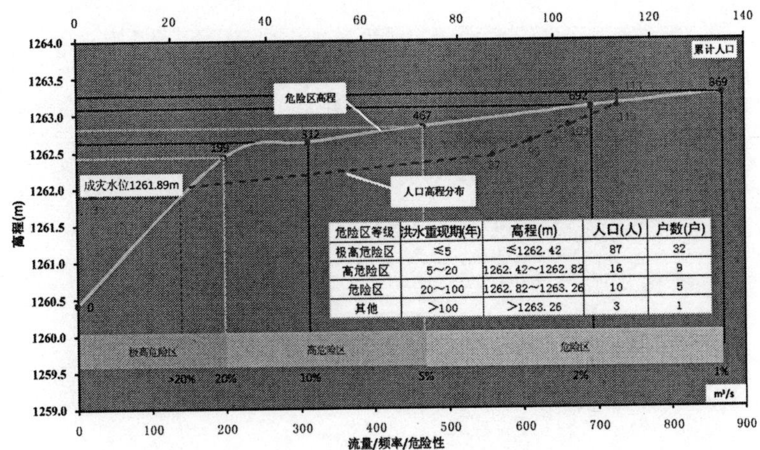

危险区等级	洪水重现期(年)	高程(m)	人口(人)	户数(户)
极高危险区	≤5	≤1262.42	87	32
高危险区	5～20	1262.42～1262.82	16	9
危险区	20～100	1262.82～1263.26	10	5
其他	>100	>1263.26	3	1

（17）下白岩村防洪现状评价图

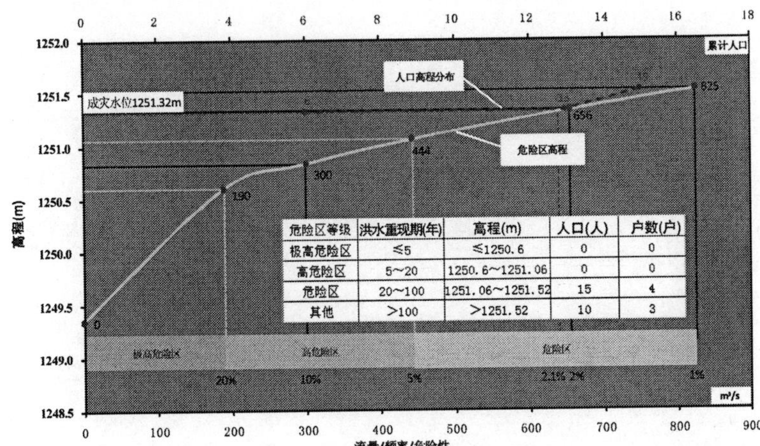

危险区等级	洪水重现期(年)	高程(m)	人口(人)	户数(户)
极高危险区	≤5	≤1250.6	0	0
高危险区	5～20	1250.6～1251.06	0	0
危险区	20～100	1251.06～1251.52	15	4
其他	>100	>1251.52	10	3

（18）拐子村防洪现状评价图

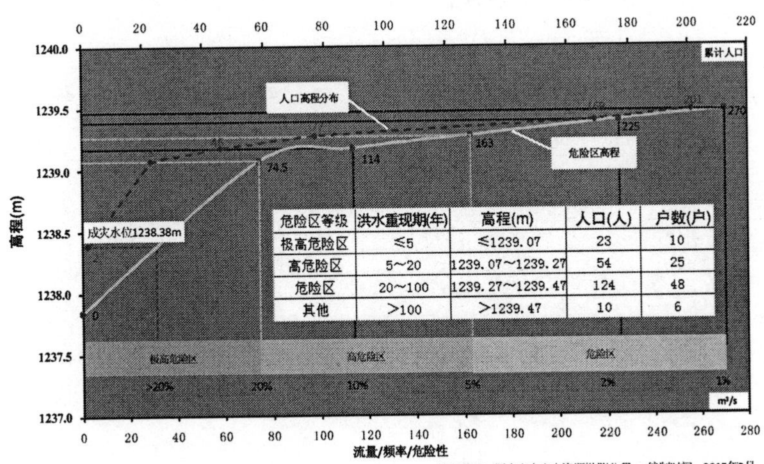

危险区等级	洪水重现期(年)	高程(m)	人口(人)	户数(户)
极高危险区	≤5	≤1239.07	23	10
高危险区	5～20	1239.07～1239.27	54	25
危险区	20～100	1239.27～1239.47	124	48
其他	>100	>1239.47	10	6

（19）内阳村防洪现状评价图

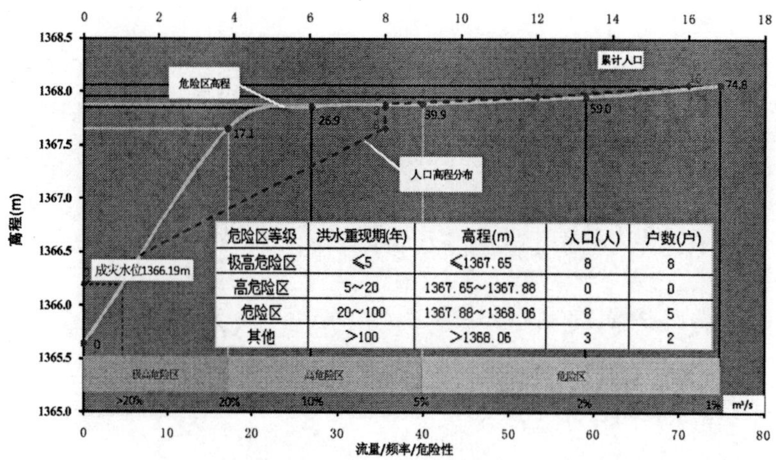

危险区等级	洪水重现期(年)	高程(m)	人口(人)	户数(户)
极高危险区	≤5	≤1367.65	8	8
高危险区	5～20	1367.65～1367.88	0	0
危险区	20～100	1367.88～1368.06	8	5
其他	>100	>1368.06	3	2

编制单位：晋中市水文水资源勘测分局　编制时间：2015年10月

（20）榆圪塔村防洪现状评价图

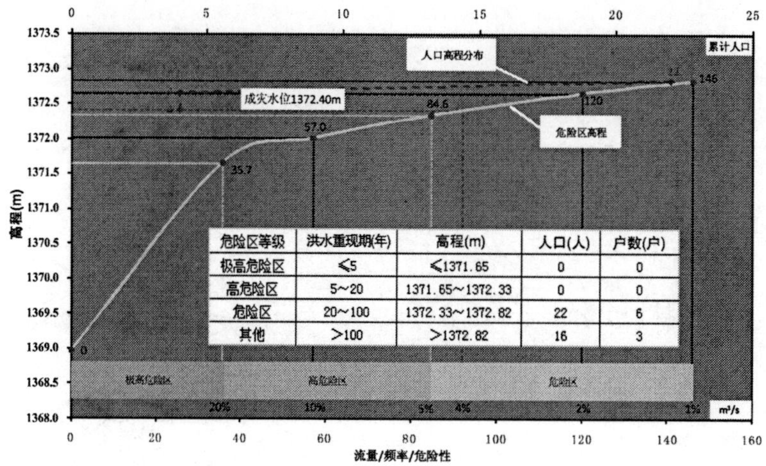

危险区等级	洪水重现期(年)	高程(m)	人口(人)	户数(户)
极高危险区	≤5	≤1371.65	0	0
高危险区	5～20	1371.65～1372.33	0	0
危险区	20～100	1372.33～1372.82	22	6
其他	>100	>1372.82	16	3

编制单位：晋中市水文水资源勘测分局　编制时间：2015年10月

（21）上石勒村防洪现状评价图

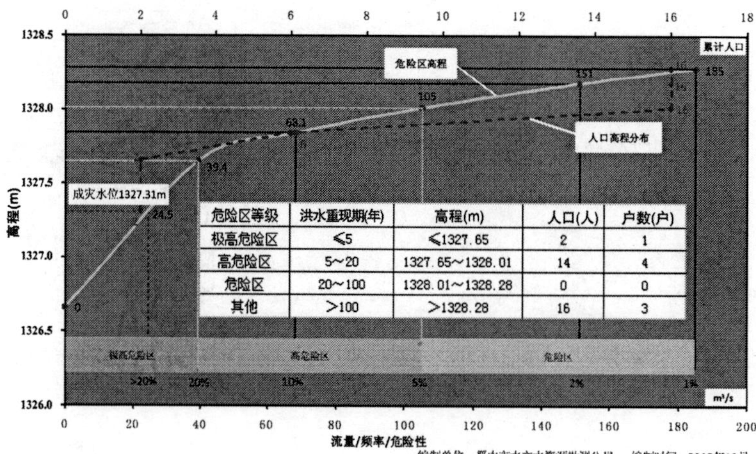

危险区等级	洪水重现期(年)	高程(m)	人口(人)	户数(户)
极高危险区	≤5	≤1327.65	2	1
高危险区	5～20	1327.65～1328.01	14	4
危险区	20～100	1328.01～1328.28	0	0
其他	>100	>1328.28	16	3

编制单位：晋中市水文水资源勘测分局　编制时间：2015年10月

（22）下石勒村防洪现状评价图

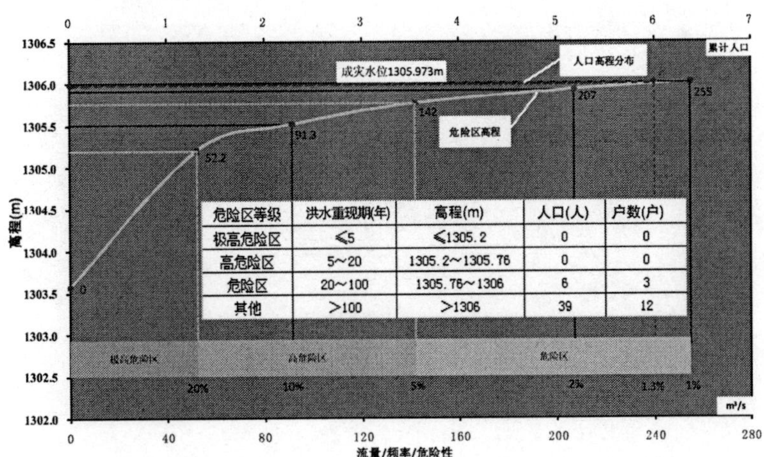

危险区等级	洪水重现期(年)	高程(m)	人口(人)	户数(户)
极高危险区	≤5	≤1305.2	0	0
高危险区	5～20	1305.2～1305.76	0	0
危险区	20～100	1305.76～1306	6	3
其他	>100	>1306	39	12

（23）回黄村防洪现状评价图

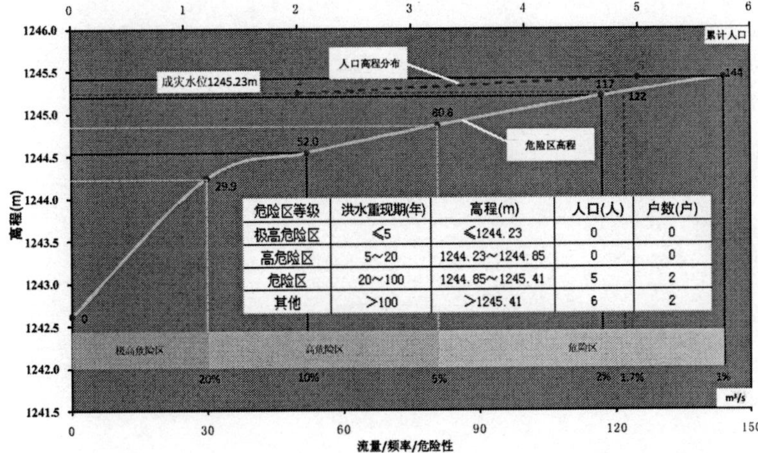

危险区等级	洪水重现期(年)	高程(m)	人口(人)	户数(户)
极高危险区	≤5	≤1244.23	0	0
高危险区	5～20	1244.23～1244.85	0	0
危险区	20～100	1244.85～1245.41	5	2
其他	>100	>1245.41	6	2

（24）南李阳村防洪现状评价图

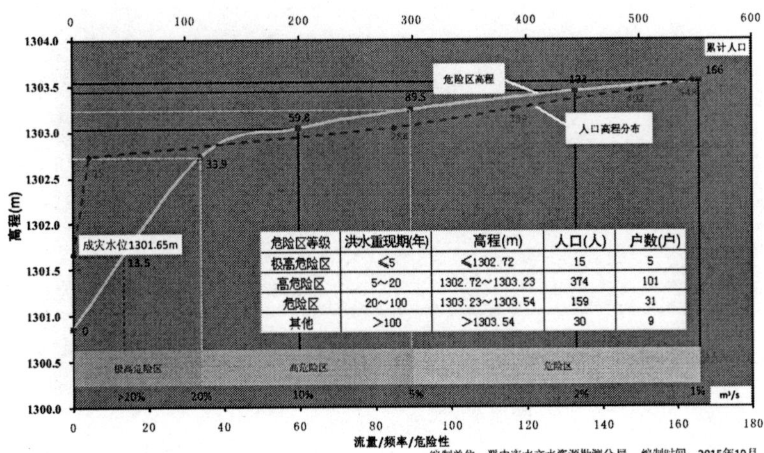

危险区等级	洪水重现期(年)	高程(m)	人口(人)	户数(户)
极高危险区	≤5	≤1302.72	15	5
高危险区	5～20	1302.72～1303.23	374	101
危险区	20～100	1303.23～1303.54	159	31
其他	>100	>1303.54	30	9

（25）联坪村防洪现状评价图

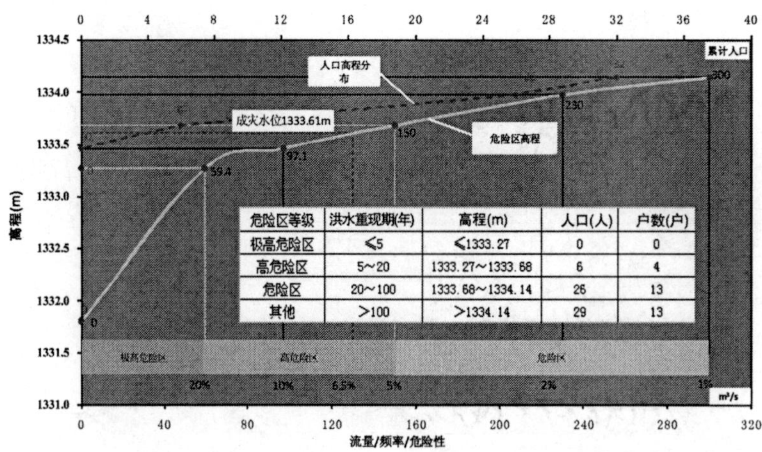

危险区等级	洪水重现期(年)	高程(m)	人口(人)	户数(户)
极高危险区	≤5	≤1333.27	0	0
高危险区	5～20	1333.27～1333.68	6	4
危险区	20～100	1333.68～1334.14	26	13
其他	>100	>1334.14	29	13

（26）合山村防洪现状评价图

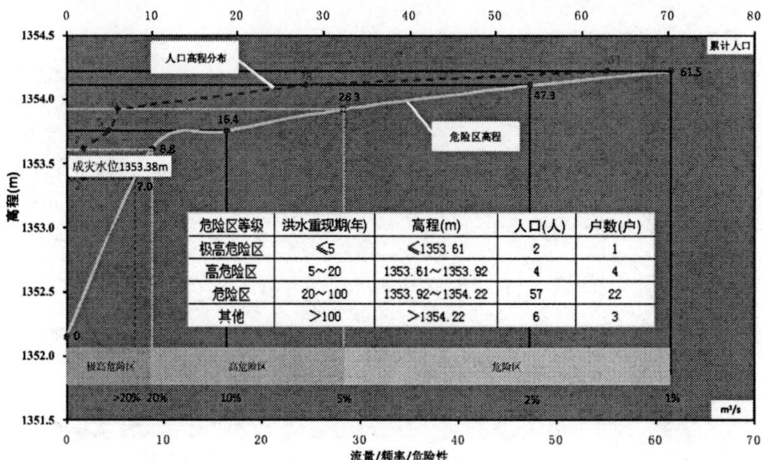

危险区等级	洪水重现期(年)	高程(m)	人口(人)	户数(户)
极高危险区	≤5	≤1353.61	2	1
高危险区	5～20	1353.61～1353.92	4	4
危险区	20～100	1353.92～1354.22	57	22
其他	>100	>1354.22	6	3

（27）平松村防洪现状评价图

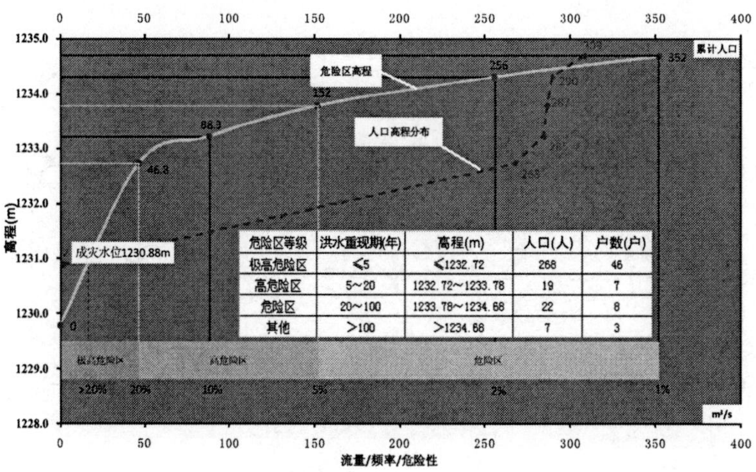

危险区等级	洪水重现期(年)	高程(m)	人口(人)	户数(户)
极高危险区	≤5	≤1232.72	268	46
高危险区	5～20	1232.72～1233.78	19	7
危险区	20～100	1233.78～1234.68	22	8
其他	>100	>1234.68	7	3

(28) 玉女村防洪现状评价图

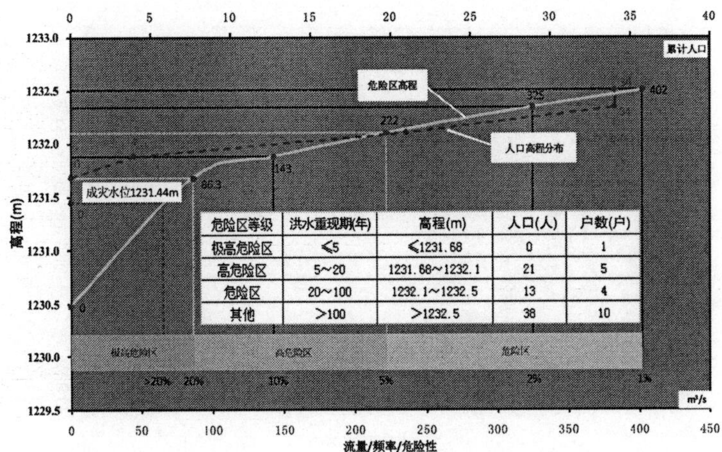

危险区等级	洪水重现期(年)	高程(m)	人口(人)	户数(户)
极高危险区	≤5	≤1231.68	0	1
高危险区	5～20	1231.68～1232.1	21	5
危险区	20～100	1232.1～1232.5	13	4
其他	>100	>1232.5	38	10

(29) 独堆村防洪现状评价图

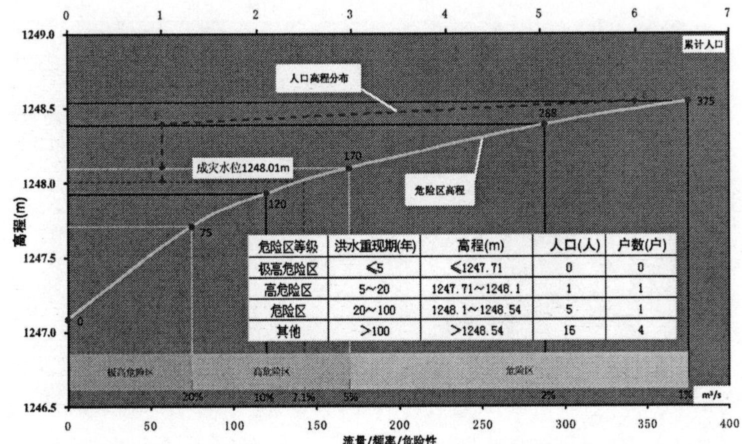

危险区等级	洪水重现期(年)	高程(m)	人口(人)	户数(户)
极高危险区	≤5	≤1247.71	0	0
高危险区	5～20	1247.71～1248.1	1	1
危险区	20～100	1248.1～1248.54	5	1
其他	>100	>1248.54	16	4

(30) 寺沟村防洪现状评价图

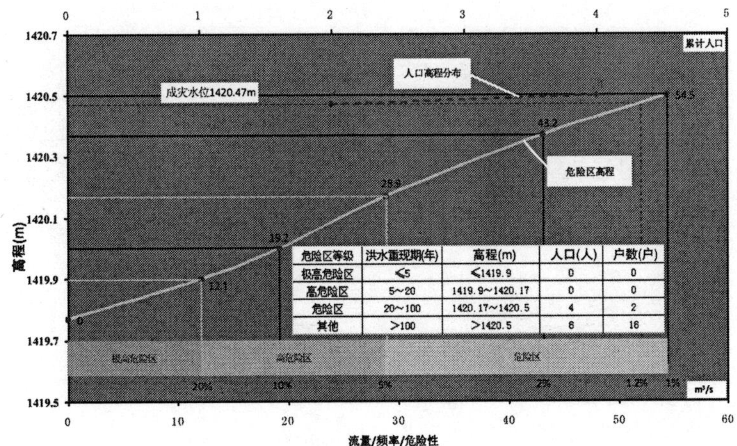

危险区等级	洪水重现期(年)	高程(m)	人口(人)	户数(户)
极高危险区	≤5	≤1419.9	0	0
高危险区	5～20	1419.9～1420.17	0	0
危险区	20～100	1420.17～1420.5	4	2
其他	>100	>1420.5	8	16

（31）东远佛村防洪现状评价图

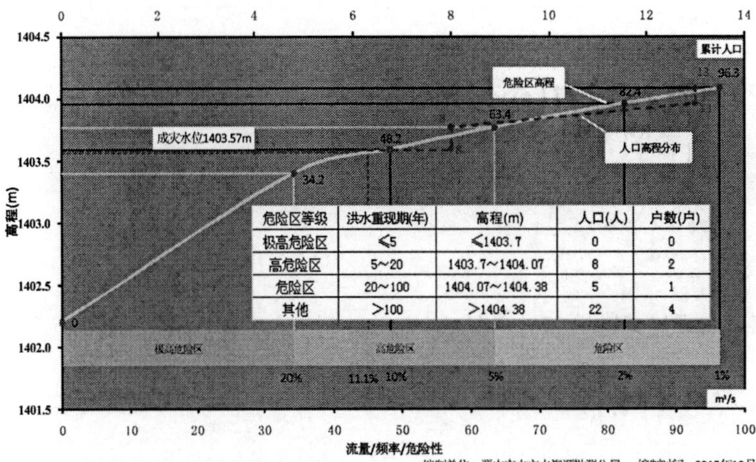

危险区等级	洪水重现期(年)	高程(m)	人口(人)	户数(户)
极高危险区	≤5	≤1403.7	0	0
高危险区	5~20	1403.7~1404.07	8	2
危险区	20~100	1404.07~1404.38	5	1
其他	>100	>1404.38	22	4

（32）西远佛村防洪现状评价图

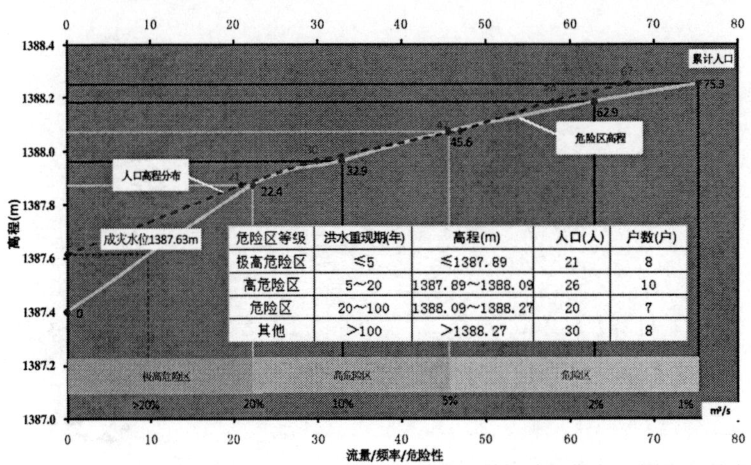

危险区等级	洪水重现期(年)	高程(m)	人口(人)	户数(户)
极高危险区	≤5	≤1387.89	21	8
高危险区	5~20	1387.89~1388.09	26	10
危险区	20~100	1388.09~1388.27	20	7
其他	>100	>1388.27	30	8

（33）大南巷村防洪现状评价图

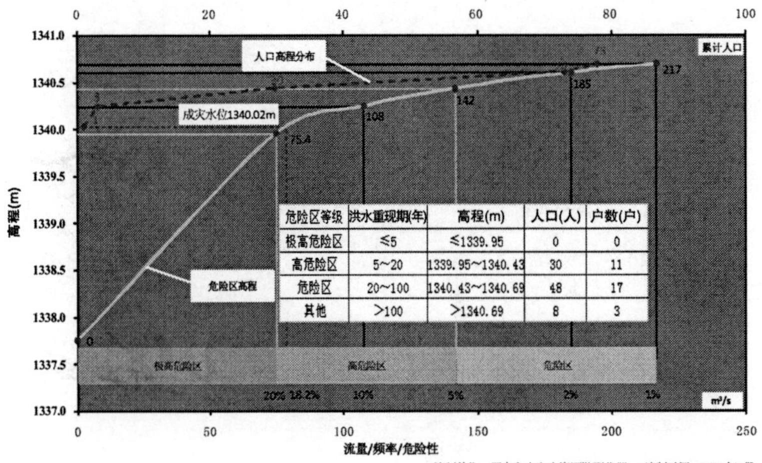

危险区等级	洪水重现期(年)	高程(m)	人口(人)	户数(户)
极高危险区	≤5	≤1339.95	0	0
高危险区	5~20	1339.95~1340.43	30	11
危险区	20~100	1340.43~1340.69	48	17
其他	>100	>1340.69	8	3

(34) 甘草坪村防洪现状评价图

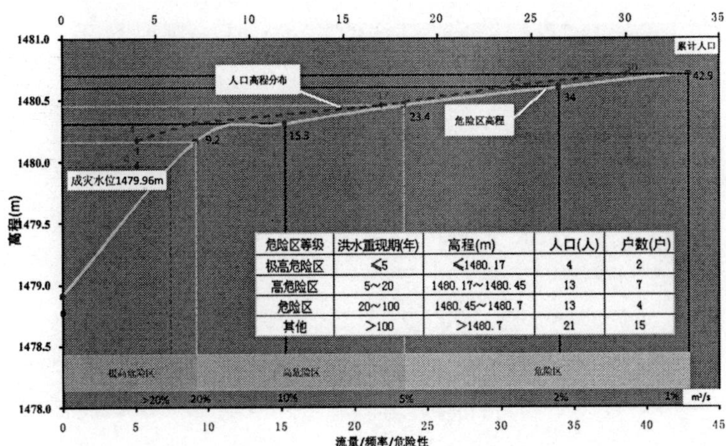

危险区等级	洪水重现期(年)	高程(m)	人口(人)	户数(户)
极高危险区	≤5	≤1480.17	4	2
高危险区	5~20	1480.17~1480.45	13	7
危险区	20~100	1480.45~1480.7	13	4
其他	>100	>1480.7	21	15

编制单位：晋中市水文水资源勘测分局　编制时间：2015年12月

(35) 口上村防洪现状评价图

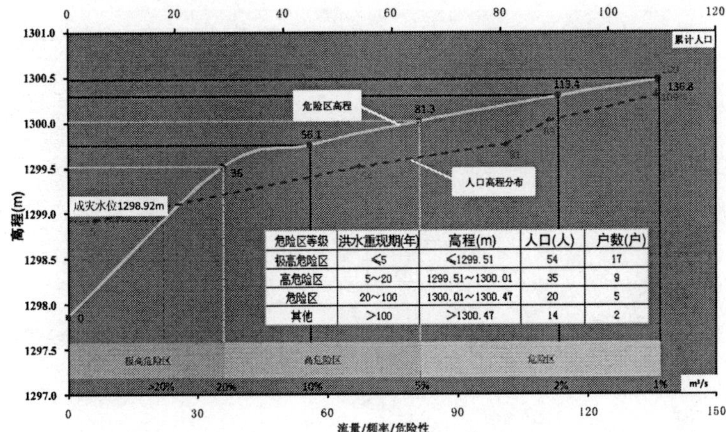

危险区等级	洪水重现期(年)	高程(m)	人口(人)	户数(户)
极高危险区	≤5	≤1299.51	54	17
高危险区	5~20	1299.51~1300.01	35	9
危险区	20~100	1300.01~1300.47	20	5
其他	>100	>1300.47	14	2

编制单位：晋中市水文水资源勘测分局　编制时间：2015年11月

(36) 仪村防洪现状评价图

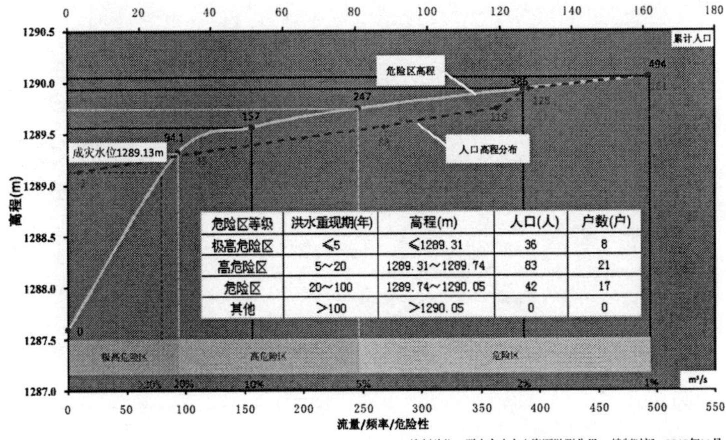

危险区等级	洪水重现期(年)	高程(m)	人口(人)	户数(户)
极高危险区	≤5	≤1289.31	36	8
高危险区	5~20	1289.31~1289.74	83	21
危险区	20~100	1289.74~1290.05	42	17
其他	>100	>1290.05	0	0

编制单位：晋中市水文水资源勘测分局　编制时间：2015年11月

（37）前南峪村防洪现状评价图

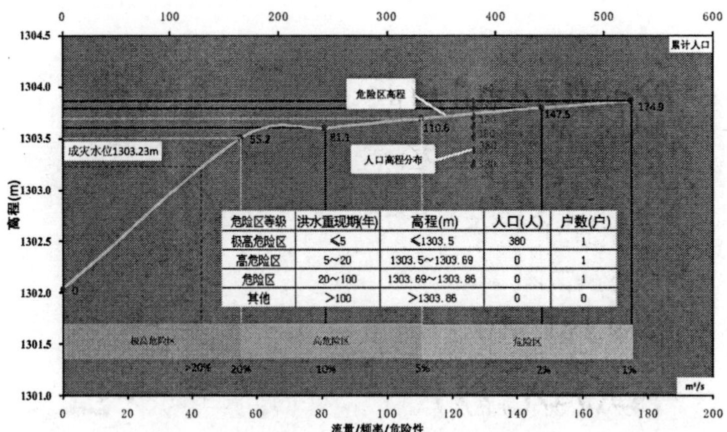

危险区等级	洪水重现期(年)	高程(m)	人口(人)	户数(户)
极高危险区	≤5	≤1303.5	380	1
高危险区	5~20	1303.5~1303.69	0	1
危险区	20~100	1303.69~1303.86	0	1
其他	>100	>1303.86	0	0

（38）后南峪村防洪现状评价图

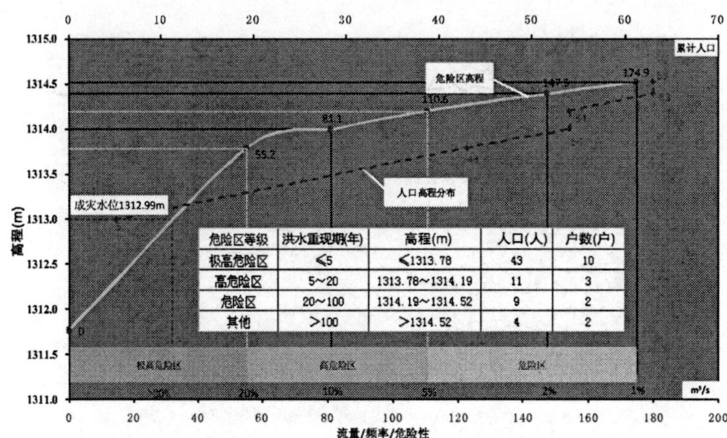

危险区等级	洪水重现期(年)	高程(m)	人口(人)	户数(户)
极高危险区	≤5	≤1313.78	43	10
高危险区	5~20	1313.78~1314.19	11	3
危险区	20~100	1314.19~1314.52	9	2
其他	>100	>1314.52	4	2

（39）南窑村防洪现状评价图

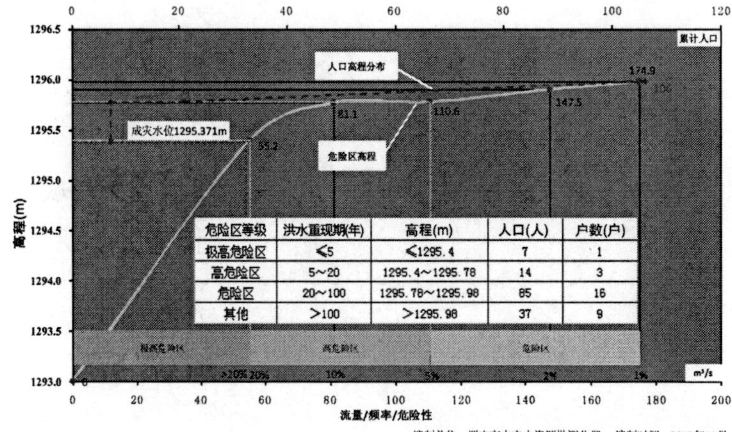

危险区等级	洪水重现期(年)	高程(m)	人口(人)	户数(户)
极高危险区	≤5	≤1295.4	7	1
高危险区	5~20	1295.4~1295.78	14	3
危险区	20~100	1295.78~1295.98	85	16
其他	>100	>1295.98	37	9

7 漳河山区洪灾预警指标

7.1 雨量预警指标

雨量预警指标采用流域模型法进行分析。

7.1.1 预警时段确定

预警时段与流域的汇流时间有关，按照以下原则确定：

（1）根据武乡县暴雨特性、流域面积大小、平均比降、形状系数、下垫面情况等因素，基本预警时段定为0.5h、1h、2h、3h、6h。

（2）如果汇流时间≥6h，预警时段定为0.5h、1h、2h、3h、6h和汇流时间；如果汇流时间<6h，预警时段定为汇流时间以及小于汇流时间的基本预警时段。

7.1.2 流域土壤含水量

采用《山西省水文计算手册》中的流域前期持水度作为综合反映流域土壤含水量或土壤湿度的间接指标。取值为0、0.3和0.6分别代表土壤湿度较干、一般和较湿三种情况。

7.1.3 临界雨量计算

在确定了成灾水位、预警时段以及产汇流分析方法后，就可以计算不同流域前期持水度（B_0）下各典型时段的危险区临界雨量。具体计算步骤如下：

（1）假设一个最大第2h至最大第6h的降雨总量初值 H。根据设计雨型，分别计算出最大第2h至最大第6h的降雨量 $P_{2'} \sim P_{6'}$。

（2）计算暴雨参数。由式（7-1）和式（7-2）计算得到不同暴雨参数下的最大1h至最大6h的降雨总量值 $H_1 \sim H_6$ 及最大第2h至最大第6h的降雨量 $P_2 \sim P_6$。根据表7-1中暴雨参数的范围，可以得到多组 $P_2 \sim P_6$，将每组 $P_2 \sim P_6$ 与 $P_2' \sim P_6'$进行比较，误差平方和最小的那组 $P_2 \sim P_6$ 所用参数即为所要求的暴雨参数。

$$H_p(t) = \begin{cases} S_p \cdot t^{1-n}, \ \lambda \neq 0 & 0 \leqslant \lambda < 0.12 \\ S_p \cdot t^{1-n_s}, \ \lambda = 0 \end{cases} \tag{7-1}$$

$$n = n_s \frac{t^{\lambda} - 1}{\lambda \ln t} \tag{7-2}$$

式中，n、n^s 分别为双对数坐标系中设计暴雨时—强关系曲线的坡度及 $t = 1\text{h}$ 时的斜率；S_p 为设计雨力，即 $1h$ 设计雨量，mm/h；t 为暴雨历时，h；λ 为经验参数。

表 7－1　暴雨参数取值范围表

暴雨参数	取值范围	精度
S_p	$P_2 \sim 100$	0.1
N_s	0.01～1	0.01
λ	0.001～0.12	0.001

（3）由（2）计算得的暴雨参数值，用式（7－1）和式（7－2）可以计算最大第 1h～最大第 6h 的雨量；根据设计雨型，得到典型时段内每小时的雨量 H_{p1}，H_{p2}，…，H_{p6}。

（4）使用双曲正切产流模型与单位线流域汇流模型进行产汇流分析，计算由典型时段内各个小时降雨所形成的洪峰流量 Q_m。（具体步骤参加第 5 章相关内容）。

（5）如果 $|Q_m - Q| > 1\text{m}^3/\text{s}$，则用二分法重新假设 H，其中 Q 为成灾水位对应洪峰流量，由表 6－2 查得。

（6）重复步骤（2）～（5），直到 $|Q_m - Q| \leqslant 1\ \text{m}^3/\text{s}$ 时，典型时段内各小时的降雨总量即为临界雨量。

7.1.4　雨量预警指标综合确定

雨量预警指标方法采用流域模型法。由于径流是由降雨产生的，从达到警戒流量的时间开始往前推，在一定时间之内的累计降雨量称为警戒临界雨量。山洪的大小除了与降雨总量、降雨强度有关外，还和流域土壤饱和程度或前期影响雨量密切相关。随着流域前期影响雨量的变化，山洪预警临界警戒雨量值也会随之发生变化。因此，在建立山洪警戒临界雨量指标时，应该考虑山洪防治区中小流域前期影响雨量，给出不同前期影响雨量条件下的警戒临界雨量。其思路是以小流域上已发生的降雨量，采用《山西省水文计算手册》中的水文模型－双曲正切产流模型与单位线流域汇流模型，对流域进行产汇流模拟分析，根据警戒流量，反推能产生相应洪水的雨量来作为警戒雨量值。

1. 立即转移指标

由于临界雨量是从成灾水位对应流量的洪水推算得到的，所以在数值上认为临界雨量即立即转移指标。

2. 准备转移指标

预警时段为0.5h时，准备转移指标=立即转移指标×0.7。

预警时段为1h、2h、3h、6h和汇流时间时，前0.5h的立即转移指标即为该预警时段的准备转移指标。

7.1.5 其他原因致灾村落雨量预警指标

洪水威胁主要来源于暴雨产生坡面汇水的村落，首先利用DEM以及等高线勾绘出坡面洪水汇水区域，计算不同频率设计暴雨值；根据调查阶段资料中历史山洪灾害确定暴雨影响频率，然后根据式（4-5）和式（4-6）计算基本预警时段的设计暴雨作为其雨量预警指标。

漳河上游山区预警指标成果详见表7-2。

表7-2 漳河上游山区预警指标成果表

县区	序号	行政区划名称	类别	时段（h）	预警指标（mm）		临界雨量（mm）
					准备转移	立即转移	
武乡县	1	洪水村	0	0.5	27	38	38
				1	38	46	46
				1.5	46	52	52
				2	52	57	57
				2.5	57	62	62
				3	62	65	65
				3.5	65	69	69
				4	69	72	72
			0.3	0.5	24	34	34
				1	34	41	41
				1.5	41	45	45
				2	45	50	50
				2.5	50	54	54
				3	54	58	58
				3.5	58	62	62
				4	62	65	65
			0.6	0.5	20	29	29
				1	29	34	34
				1.5	34	38	38
				2	38	42	42
				2.5	42	45	45
				3	45	49	49
				3.5	49	53	53
				4	53	56	56

续表

县区	序号	行政区划名称	类别	时段(h)	预警指标（mm）		临界雨量(mm)
					准备转移	立即转移	
沁县	2	北关社区	0	0. 5	47	68	68
				1	68	79	79
				2	85	91	91
				3	99	108	108
				3. 5	108	115	115
			0. 3	0. 5	44	63	63
				1	63	72	72
				2	78	83	83
				3	90	98	98
				3. 5	98	106	106
			0. 6	0. 5	41	59	59
				1	59	66	66
				2	70	74	74
				3	80	89	89
襄垣县	3	石灰窑村	0	3. 5	89	96	96
				0. 5	33	47	47
				1	47	61	61
				1. 5	61	69	69
			0. 3	0. 5	29	42	42
				1	42	54	54
				1. 5	54	62	62
			0. 6	0. 5	26	37	37
				1	37	46	46
				1. 5	46	53	53
壶关县	4	桥上村	0	0. 5	79	112	112
				1	112	130	130
				2	141	152	152
			0. 3	0. 5	74	106	106
				1	106	121	121
				2	130	140	140
			0. 6	0. 5	69	99	99
				1	99	111	111
				2	119	126	126
黎城县	5	东洼	0	0. 5	24	34	34
				1	34	43	43
				2	49	54	54
				3	58	63	63
			0. 3	0. 5	21	29	29
				1	29	36	36
				2	42	46	46
				3	50	53	53
			0. 6	0. 5	17	24	24
				1	24	29	29
				2	34	38	38
				3	41	44	44

续表

县区	序号	行政区划名称	类别	时段（h）	预警指标（mm）		临界雨量（mm）
					准备转移	立即转移	
屯留县	6	杨家湾村	0	0.5	51	73	73
			0.3	0.5	48	69	69
			0.6	0.5	45	64	64
平顺县	7	贾家村	0	0.5	30	43	43
				1	43	57	57
				1.5	57	67	67
			0.3	0.5	26	37	37
				1	37	51	51
				1.5	51	59	59
			0.6	0.5	21	30	30
				1	30	43	43
				1.5	43	51	51
潞城市	8	后峧村	0	0.5	41	58	58
				1	58	78	78
				1.5	78	89	89
			0.3	0.5	36	52	52
				1	52	68	68
				1.5	68	83	83
			0.6	0.5	32	46	46
				1	46	61	61
				1.5	61	70	70
长子县	9	红星庄	0	0.5	25	36	36
长治县	10	柳林村	0	0.5	20	28	28
				1	28	37	37
				1.5	37	43	43
			0.3	0.5	17	24	24
				1	24	33	33
				1.5	33	38	38
			0.6	0.5	13	19	19
				1	19	28	28
				1.5	28	32	32
长治郊区	11	关村	0	0.5	68	98	98
				1	98	102	102
			0.3	0.5	50	71	71
				1	71	95	95
			0.6	0.5	45	65	65
				1	65	89	89
左权县	12	寺仙村	0	0.5	22	31	31
				1	31	38	38
				1.5	38	43	43
				2	43	47	47
				2.5	47	50	50
			0.3	0.5	19	28	28
				1	28	33	33
				1.5	33	37	37

续表

县区	序号	行政区划名称	类别	时段(h)	预警指标(mm)		临界雨量(mm)
					准备转移	立即转移	
左权县	12	寺仙村	0.3	2	37	41	41
				2.5	41	44	44
			0.6	0.5	17	24	24
				1	24	28	28
				1.5	28	31	31
				2	31	34	34
				2.5	34	38	38
榆社县	13	下赤土村	0	0.5	41	59	59
				1	59	67	67
				1.5	67	78	78
			0.3	0.5	39	55	55
				1	55	62	62
				1.5	62	72	72
			0.6	0.5	36	51	51
				1	51	56	56
				1.5	56	65	65
和顺县	14	曲里	0	0.5	14	20	20
				1	20	25	25
				1.5	25	28	28
				2	28	32	32
			0.3	0.5	12	17	17
				1	17	21	21
				1.5	21	24	24
				2	24	27	27
			0.6	0.5	9	13	13
				1	13	17	17
				1.5	17	19	19
				2	19	21	21

7.2 水位预警指标

《山洪灾害分析评价技术要求》和《山洪灾害分析方法指南》

参照《要求》和《指南》，只需针对适用水位预警条件的预警对象分析水位预警指标。水位预警指标包括准备转移和立即转移两级。

7.2.1 河道水位预警

7.2.1.1 武乡县

武乡县境内需进行水位预警指标计算，自动河道水位站贾豁河贾豁、潘洪河支流河上、东庄、马牧河石北。

水位站根据调查的当地历史大洪水以及实测的现状河道过水断面，选取保护区行洪能力最差过水断面，采用面积比降法确定参选断面安全过水流量，作为保护区安全过水流量。以保护区安全过水流量根据水位站与保护区集水面积折算求得水位监测站的相应流量，依据水位站实测大断面采用比降面积法推求水位站警戒水位（假定水位），各河道水位站预警指标详见表7－3。

表7－3　武乡县河道监测站水位预警指标

水位站名称	防护区		水位站准备转移指标		水位站准备转移指标	
	安全流量（m^3/s）	危险流量（m^3/s）	水位（m）	流量（m^3/s）	水位（m）	流量（m^3/s）
石北	112	170	9.50	49.2	10.00	112
贾豁	104	216	7.40	92.8	7.50	104
河上	212	304	8.50	122	8.69	212
东庄	593	808	6.50	300	6.85	491

注：本表水位为假定基面。

石北水位站下游相关村庄有东河、石北、下庄、圪咀头、张村、张村沟、楼则峪、小良、神西、义门、岭南、西黄岩、东黄岩、型庄、长蔚、长庆凹、红土凹、东胡家垴、胡庄铺、平家沟、朱家凹、王路。

贾豁水位站下游相关村庄有贾豁、胡庄、上寺堙、宋家庄、张家庄、刘家沟、丰台坪、上王堡、李家庄、下王堡、韩道沟、石泉、郭村、下司庄、桃峪、槐树堙、龙王沟、吉利坪、水泉、古台、阳南头、田庄、王家垴、陈家沟。

河上、东庄相关村庄有墨镫、马堡、新村、戈北坪、羊圈、合家垴、曹家堙、上北台、玉石沟、井湾、雁过街、青草堙、河神堙、常青、洪水、新上岭、南台、白和、庄里、阳坡庄、当城、柳树堙、下寨、郝家岭、熬垴、南坪、茂树角、苏峪沟、北反头、苏峪、闫家庄、大西岭、寨坪、小西岭、西沟、洞上、东庄、新寨、中村、窑湾、白杨岭、左会、湾则、芝麻角、响黄、新庄、拴马、显王、肖家岭、杨李枝、泉河、上广志、韩青垴、朱家垴、长堙、下广志、曹家庄、半坡、下黄岩、上王岭、杏树烟、西才垴、上黄岩、下石墙、庄沟、道场、胡家岭、蟠龙、李家坪、上型塘、老凹、白家庄、老中角、尚元、祥良、河不凌、柳沟、庄底、温庄、下型塘、上北漳、苗杜、陌峪、胡峦岭、石门、大陌、砖壁、烟里、史家咀、安乐庄、南山头、神南、关家垴、马垴、郊口、南郊、石瓮、东沟、石板、庙凹、庙烟、大圪垴、山角坡、季家岭、韩家垴、郭家垴、团松、小西沟、大西沟、汉广、前张庄、后张庄、栗家沟、树辛、陶家沟。

7.2.1.2　沁县

根据调查的历史洪水位，依据各调查点的山洪灾害成灾情况和河道断面两岸的地面高程、附近居民生活生产环境等要素，确定历史成灾水位（假定水位）为立即转移指标；结合当地水利工程在历史成灾水位上适当降低，作为准备转移指标。

根据调查的当地历史大洪水以及实测的现状河道过水断面，选取保护区行洪能力最差过水断面，采用面积比降法确定参选断面安全过水流量，作为保护区安全过水流量。以保护区安全过水流量根据水位

站与保护区集水面积折算求得水位监测站的相应流量，依据水位站实测大断面采用比降面积法推求水位站警戒水位（假定水位）。沁县各河道水位站预警指标详见表7－4。

表7－4　沁县河道监测站水位预警指标

水位站名称	防护区		水位站准备转移指标		水位站立即转移指标	
	安全流量（m^3/s）	危险流量（m^3/s）	水位（m）	流量（m^3/s）	水位（m）	流量（m^3/s）
松村	68	166	5.55	47	6.05	114
迎春	240	300	9.10	148	10.20	184

注：表内水位为假定基面。

7.2.1.3　襄垣县

山洪灾害危险区小流域内，缺乏实测历史洪水资料，水位预警指标难以确定。为此，我们在小流域选定下游有重要城镇、工矿企事业单位，且人口相对密集的地方作为预报节点，组织人员专门对重点保护区及水位站河道地形进行了实地调查和测量。根据调查的历史洪水位，依据各调查点的山洪灾害成灾情况和河道断面两岸的地面高程、附近居民生活生产环境等要素，确定历史成灾水位为立即转移指标；结合当地水利工程在历史成灾水位上适当降低，作为准备转移指标。

根据调查的当地历史大洪水以及实测的现状河道过水断面，选取保护区行洪能力最差过水断面，采用面积比降法确定参选断面安全过水流量，作为保护区安全过水流量。以保护区安全过水流量根据水位站与保护区集水面积折算求得水位监测站的相应流量，依据水位站实测大断面采用比降面积法推求水位站警戒水位，各河道水位站预警指标详见表7－5。

表7－5　襄垣县河道水位预警指标

水位站名称	河流	流域面积（km^2）	河长（km）	河道比降（‰）	准备转移指标		立即转移指标		备注
					水位（m）	流量（m^3/s）	水位（m）	流量（m^3/s）	
西底	黑河	57.26	9.25	14.6	7.20	140	8.80	200	
潞安矿物局东	淤泥河	75.6	16.25	12.3	9.10	180	10.7	250	

续表

水位站名称	河流	流域面积(km^2)	河长(km)	河道比降(‰)	准备转移指标		立即转移指标		备注
					水位(m)	流量(m^3/s)	水位(m)	流量(m^3/s)	
王村	史水河上游	46.93	27	13.4	8.25	220	9.40	340	

注：表内水位为假定基面。

7.2.1.4 壶关县

根据调查的当地历史大洪水以及实测的现状河道过水断面，选取保护区行洪能力最差过水断面，采用面积比降法确定参选断面安全过水流量，作为保护区安全过水流量。以保护区安全过水流量根据水位站与保护区集水面积折算求得水位监测站的相应流量，依据水位站实测大断面采用比降面积法推求水位站警戒水位（假定水位），屯留县各河道水位站预警指标详见表7－6。

表7－6 壶关县河道监测站水位预警指标

水位站名称	河流	河长	控制面积(km^2)	准备转移指标		立即转移指标	
				水位(m)	流量(m^3/s)	水位(m)	流量(m^3/s)
黄崖底	桑延河	11.3	70.4	7.5	30	8	45
树掌	淅河	36	403.6	7.5	20	8	30
石坡	石坡河	20.5	116	7.5	20	8	30
山则后	陶清河	75	75.6	7.5	30	8	45
西七里	石子河	13	57.9	7.5	20	8	30

注：表内水位为假定基面。

7.2.1.5 黎城县

根据调查的历史洪水位，依据各调查点的山洪灾害成灾情况和河道断面两岸的地面高程、附近居民生活生产环境等要素，确定历史成灾水位（假定水位）为立即转移指标；结合当地水利工程在历史成灾水位上适当降低，作为准备转移指标。

根据调查的当地历史大洪水以及实测的现状河道过水断面，选取保护区行洪能力最差过水断面，采用面积比降法确定参选断面安全过水流量，作为保护区安全过水流量。以保护区安全过水流量根据水位站与保护区集水面积折算求得水位监测站的相应流量，依据水位站实测大断面采用比降面积法推求水位站警戒水位，各河道水位站预警指标详见表7－7。

表 7－7　黎城县河道监测站水位预警指标

水位站名称	预警		转移		平水位
	水位（m）	流量（m^3/s）	水位（m）	流量（m^3/s）	
东关村	9.15	101	9.5	170	7.6
麻池滩村	7.15	60	7.4	108	5.7
南委泉	9.15	35	9.5	50	7.6
彭庄村	7.15	50	7.4	100	5.7
平头	9.15	25	9.5	110	7.6

注：本表水位为假定基面。

7.2.1.6　屯留县

根据现在屯留县防汛状况，确定本县水位监测站点为 7 个，其中，新设水库站 3 处、河道站 3 处，原有水文站 1 处。

小流域水位预警指标的确定：河道站根据调查历史最高洪水位和相应的雨量以及现状河道的行洪能力来确定其预警指标（见表 7－8）。

表 7－8　屯留县小流域临界河道站水位预警指标

水位站名称	河流	河长	控制面积（km^2）	防护对象	防护距离（km）	准备转移指标		立即转移指标		备注
						水位（m）	流量（m^3/s）	水位（m）	流量（m^3/s）	
北张店	绛河	30.0	270	屯绛水库	16.5			861.16	868	水文部门设立
吾元	吾元河	16.5	68.2	东坡乡、后湾水库	5.9/35.0	9.40	135	9.80	284	
西村	西曲河	15.4	73.6	西曲村、县城	3.5/20	9.55	100	9.75	150	
西丰宜	岚水河	18.9	85.6	南庄学校、鲍家河水库	4.2/11.2	9.45	215	9.80	360	

7.2.1.7　平顺县

平顺县境内大多为季节性河沟。本次山洪灾害普查，虽然对危险区 29 个小流域内比较大的沟河，选取部分断面，进行了大断面测量，并走访当地群众粗略地了解了一些历史大洪水及其水位所能达到的高度，但随着时间的推移，天然河道的改变以及大量受人类活动等的影响，其可靠程度很低，并不能用来准确确定水位预警指标。所以，目前水位预警指标难以确定，只能在 29 个小流域内选定几处下游有重要城镇，工矿企事业单位，且人口相对密集的水位预报节点，进行历史洪水位调查，依据各调查点的山洪灾害成灾情况，确定历史成灾水位为立即转移指标；再结合当地水利工程，在历史成灾水位适当降低的情况下，作为准备转移指标（见表7－9）。

表7－9　平顺县小流域山洪灾害水位预警指标

站名	所属流域	站别	准备转移指标（m）	立即转移指标（m）
青行头	平顺河上游	简易水位	9.50	10.44
西湾	寺头河	简易水位	10.00	10.32
侯壁	浊漳河	自动水位	9.75	10.35
虹梯关	虹梯关	简易水位	9.70	10.00

注：表内水位为假定基面。

7.2.1.8　潞城市

潞城市建设的水位（文）监测站点有曲里、漫流岭、会山底、桥堡、枣臻、下黄、石梁（国家水文站）。水位（文）站根据调查的当地历史大洪水以及实测的现状河道过水断面，选取保护区行洪能力最差过水断面，采用面积比降法确定参选断面安全过水流量，作为保护区安全过水流量。以保护区安全过水流量根据水位站与保护区集水面积折算求得水位监测站的相应流量，依据水位站实测大断面采用比降面积法推求水位（文）站警戒水位（假定水位），各河道水位（文）站预警指标详见表7－10。

表7－10　潞城市河道水位预警指标成果表

站名	河流	准备转移指标（m）	立即转移指标（m）
曲里	浊漳河南支	107.58	108.08
桥堡	桥堡	107.32	108.00
漫流岭	漫流河	105.33	107.00
枣臻	枣臻河	108.54	109.00
会山底	会山底	107.82	108.10
下黄	李庄河	110.25	110.70
石梁	浊漳河	904.40	905.00

注：表内水位为假定基面。

7.2.1.9　长子县

根据调查的当地历史大洪水以及实测的现状河道过水断面，选取保护区行洪能力最差过水断面，采用面积比降法确定参选断面安全过水流量，作为保护区安全过水流量。以保护区安全过水流量根据水位站与保护区集水面积折算求得水位监测站的相应流量，依据水位站实测大断面采用比降面积法推求水位站警戒水位，各河道水位站预警指标详见表7－11。

表7－11　长子县河道监测站水位预警指标

水位站名称	预警		转移		平水位
	水位（m）	流量（m^3/s）	水位（m）	流量（m^3/s）	
韩村	9.15	101	9.5	170	7.6
南山坪	7.15	60	7.4	108	5.7
王家湾	9.15	41	9.5	60	7.6
金村	7.15	60	7.4	108	5.7
善村	9.15	41	9.5	60	7.6

注：本表水位为假定基

7.2.1.10　长治县

水位站根据调查的当地历史大洪水以及实测的现状河道过水断面，选取保护区行洪能力最差过水断面，采用面积比降法确定参选断面安全过水流量，作为保护区安全过水流量。以保护区安全过水流量根据水位站与保护区集水面积折算求得水位监测站的相应流量，依据水位站实测大断面采用比降面积法推求水位站警戒水位（假定水位），各河道水位站预警指标详见表7－12。

表7－12　长治县河道站临界水位预警指标

水位站名称	河流	准备转移指标		立即转移指标		备注
		水位（m）	流量（m^3/s）	水位（m）	流量（m^3/s）	
北楼底	色头河	9.50	185	9.80	235	
定流	庄头河	8.70	150	9.80	190	
辉河	辉河沟	8.75	180	9.45	240	
河头	陶清河	9.30	245	9.90	345	
横河	荫城河	9.30	165	9.85	206	

注：本表水位为假定基面。

7.2.1.11　长治郊区

长治市郊区非工程措施建设水位站2处，其中自动水位监测站点1处、在郊区老顶山开发区大天桥，简易水位站1处，在故县坡底村。

大天桥站处于南天桥沟流域，流域面积为11.2 km^2，有石桥、大天桥、中天桥、毛占、南天桥5个行政村，总人口2652人。全部处于危险区。准备转移指标预警指标流量为19.0m³/s，立即转移指标预警指标流量为46.0m³/s。

坡底简易水位站，位于故县坡底村，流域内有葛家庄、史家庄、西沟、坡底、故县、王庄等12个行政村，煤矿、焦化厂、长钢、水泥厂等多所企业，准备转移指标预警指标流量为54.0m³/s，立即转移指标预警指标流量为85.0m³/s（见表7－13）。

表7－13 长治市郊区小流域临界水位预警指标

水位站名称	河流名称	面积（km^2）	河长（km）	比降	准备转移指标		立即转移指标	
					水位（m）	流量（m^3/s）	水位（m）	流量（m^3/s）
大天桥	南天桥沟	11.2	3.78	7.4	8.00	19.0	9.00	46.0
坡底	故县小河	21.3	6.25	1.6	8.50	54.0	9.48	85.0

7.2.1.12 左权县

左权县山洪灾害危险区小流域内，缺乏历史洪峰流量及相应水位资料，且河道内人为活动频繁，部分河段面目全非，有的河段行洪能力极低，水位预警指标难以确定。在21个小流域内及其下游有重要城镇、工矿企事业单位及人口密集等地选定的13处水位自动测报站点。

在水位站下游进行了历史洪水调查，并对河段行洪能力进行勘测计算，依据调查点的山洪灾害成灾情况及河段行洪能力勘测计算结果，确定成灾水位、准备转移与立即转移目标（见表7－14）。

表7－14 左权县小流域临界水位预警指标

序号	站名	小流域名称	流域面积（km^2）	准备转移水位（m）	准备转移流量（m^3/s）	转移水位（m）	转移流量（m^3/s）
1	下峧	下峧河	103	1038.93	209	1039.5	332
2	狮岩	小岭底沟	85	1080.84	47.3	1081.22	84.9
3	寺仙	柳林河	113	1158.32	146	1158.51	233
4	刘家庄	丰垴沟	35	1254.45	60.2	1254.70	92.9
5	下其至	枯河	235	1206.88	168	1207.25	273
6	五里堠	十里店沟	37	1123.27	88.7	1123.43	133
7	苇则	苇则沟	49	1017.16	46.6	1017.27	70.6
8	西五指	拐儿西沟	105	999.29	82.3	999.42	139
9	天门	下庄沟河	113	1061.43	40.7	1061.76	74.8
10	王家庄	禅房沟	45	1177.96	8.97	1178.04	15.9
11	尖苗	王凯沟	42	1135.38	14.5	1135.59	20.9

续表

序号	站名	小流域名称	流域面积 (km^2)	准备转移水位 (m)	准备转移流量 (m^3/s)	转移水位 (m)	转移流量 (m^3/s)
12	西隘口	桐峪河	116	670.77	236	671.21	376
13	前柴城	熟峪河	63	863.29	46.4	863.52	84.8

7.2.1.13 榆社县

在榆社县选定的4处水位自动测报站点。在水位站下游需进行历史洪水调查，并对河段行洪能力进行勘测计算，依据调查点的山洪灾害成灾情况及河段行洪能力勘测计算结果，确定成灾水位、准备转移与立即转移目标。

山洪灾害防治区小流域内，缺乏实测历史洪水资料，水位预警指标较难确定。步骤简述如下：

（1）根据现有河道的具体情况，在水位站和下游乡镇或自然村所在位置及历史洪水灾害发生位置选取适当数量的控制断面，原则上应在有防避要求的各乡镇和自然村的上游、中游和下游各选取一个控制断面。

（2）根据历史灾情和现有水工情的情况，分析提出各断面的控制水位，如预警水位和历史最高水位。

（3）过水能力计算确定断面水深 H 与流量 Q 的关系，并确定控制断面在警戒水位（堤防可能发生险情，需加强防守戒备的水位）、保证水位（保证堤防安全的最高水位）和最高水位（历史上曾出现过的最高水位）下的流量。

（4）为了保证各个保护对象不受威胁，以各个断面推算警戒流量的最低值作为推算水位站水位预警指标依据。

（5）水位站预警指标（见表7－15）的推求可采用面积比降法和水面线法。

表7－15　榆社县小流域临界水位预警指标

序号	站名	所属小流域面积 (km^2)	准备转移水位 (m)	准备转移流量 (m^3/s)	转移水位 (m)	转移流量 (m^3/s)
1	赵王	205.3	1019.07	242	1019.34	376
2	小常家会	134.3	1219.81	52.7	1220.45	78.0
3	郭郊	205.5	1038.93	209	1039.50	332
4	东形彰	141.1	1027.13	38.8	1027.21	61.0
5	武源	69.5	1025.59	161	1025.92	261
6	圪麻凹	75.6	1064.76	27.0	1064.90	48.0

7.2.1.14 和顺县

和顺县山洪灾害危险区小流域内，缺乏历史洪峰流量及相应水位资料，且河道内人为活动频繁，部分河段面目全非，有的河段行洪能力极低，水位预警指标难以确定。在21个小流域内及其下游有重要城镇、工矿企事业单位及人口密集等地选定的10处水位自动测报站点。

在水位站下游进行了历史洪水调查，并对河段行洪能力进行勘测计算，依据调查点的山洪灾害成灾情况及河段行洪能力勘测计算结果，确定成灾水位、准备转移与立即转移目标（见表7－16）。

表7－16 和顺县小流域临界水位预警指标

序号	站名	小流域名称	流域面积（km^2）	准备转移水位（m）	准备转移流量（m^3/s）	转移水位（m）	转移流量（m^3/s）
1	仪村	梁余河	184.4	1289.31	94.1	1289.56	157
2	范庄	松烟河	206.5	1247.93	120	1248.10	170
3	柏木寨	西马泉河	105.8	1276.25	86.6	1276.80	153
4	调畅	横岭河	128.4	1310.62	142	1310.89	219
5	沙峪	沙峪河	141.6	1267.93	162	1268.17	264
6	上石勒	李阳河	120.1	1327.65	39.4	1327.84	68.1
7	灰调曲	走马槽沟	35.7	1247.61	8.5	1247.86	15.7
8	七里滩	许村西沟	46.8	1072.72	21.2	1073.61	38.8
9	张庄	里思河	194.5	944.01	81.9	944.38	129
10	南军城	树石河	71.9	1232.72	46.8	1233.21	88.3

7.2.2 水库水位预警

根据实际情况和预警要求，将水库站溢洪道底高程作为警戒（准备转移）水位，设计洪水位作为危险（立即转移）水位。

7.2.2.1 武乡县

武乡县境内现有1座大型水库、3座小型水库。3座小型水库均建设了水位站。当水库溢洪，库区上游持续降雨，水位继续上涨时，通过广播、电视、电话等手段向外发布汛情公告或紧急通知，准备转移可能被淹没范围内的人员和财产。当库水位达到设计水位，库区上游仍有强降雨，或出现重大险情时，通过各种途径向可能被淹没范围内的人员，发布紧急通知，组织下游群众立即转移。

武乡县水库站预警指标见表7－17。

表7－17　武乡县水库站水位预警指标

水库名称	准备转移水位指标（m）	立即转移水位指标（m）
故城水库	1047.00	1049.6
胡庄水库	1097.00	1101.37
松北水库	95.85	98.48

故城水库位于故城镇故城村，故城村位于武乡县西部丘陵山区，距县城25km处。控制流域面积30km^2，总库容230万m^3，1953年水库枢纽工程，输水干渠和田间渠道同时建成，使武乡县最大的平川故城坪1万多亩旱地变成水浇地。整个灌区总控制面积11837亩，信义水库：控制流域面积4.01km^2，总库容25万m^3。大水峪水库：控制流域面积5.34万m^3，总库容34万m^3。松北水库：控制流域面积10.26km^2，总库容102万m^3。水库准备转移水位指标1047.00m，立即转移水位指标1049.60m。

胡庄村位于胡庄水库库区，胡庄水库流域面积56km^2，流域长度9km，流域比降30‰，设计洪水位1101.37m，校核洪水位1102.98m，汛限水位1097.00m，正常蓄水位1097.00m，死水位1093.00m。胡庄水库影响村庄为石盘开发区辖区村庄。水库准备转移水位指标1097m，立即转移水位指标1101.37m。

松北水库，位于武乡县丰州镇松北村，松北水库建于1958年，2012年经过除险加固工程。水库准备转移水位指标95.85m，立即转移水位指标98.48m。

7.2.2.2　沁县

根据实际情况和预警要求，将水库站溢洪道底高程作为警戒（准备转移）水位，设计洪水位作为危险（立即转移）水位。沁县水库站预警指标见表7－18。

表7－18　沁县水库水位预警指标成果表

水库名称	正常蓄水位（m）	准备转移水位指标（m）	立即转移水位指标（m）
圪芦河水库	954.3	956.30	958.30
漳源水库	992.0	992.25	992.50
景村水库	975.0	976.30	977.60
梁家湾水库	960.0	960.30	960.60
迎春水库	977.8	978.65	979.50
石板上水库	988.7	993.95	999.20
西湖水库	949.0	950.40	951.80
徐阳水库	958.3	960.00	961.70
待贤水库	966.6	981.80	997.00
韩庄水库	1068.0	1069.00	1070.00

续表

水库名称	正常蓄水位（m）	准备转移水位指标（m）	立即转移水位指标（m）
后沟水库	3.0	4.0	4.5
华山沟水库	3.5	4.5	5.0
大良水库	2.0	4.5	6.0
石门水库	2.0	4.0	5.4

7.2.2.3 襄垣县

襄垣县境内存在阳泽河水库水位预警指标。

水库水位预警指标：当水库溢洪，库区上游持续降雨，水位继续上涨时，通过广播、电视、电话等手段向外发布汛情公告或紧急通知，准备转移可能被淹没范围内的人员和财产。当库水位达到设计水位，库区上游仍有强降雨，或出现重大险情时，通过各种途径向可能被淹没范围内的人员，发布紧急通知，组织群众立即转移。

将水库站溢洪道底高程作为警戒（准备转移）水位，设计洪水位作为危险（立即转移）水位。水库站预警指标见表 7 - 19。

表 7 - 19　襄垣县水库站水位预警指标

站名	河流	面积（km^2）	准备转移指标（m）	立即转移指标（m）
阳泽河水库	阳泽河	44.0	926.60	930.10

注：表内水位为假定基面。

7.2.2.4 壶关县

根据实际情况和预警要求，将水库站溢洪道底高程作为警戒（准备转移）水位，设计洪水位作为危险（立即转移）水位。壶关县水库站预警指标见表 7 - 20。

表 7 - 20　壶关县水库水位预警指标成果表

站名	河流	准备转移指标（m）	立即转移指标（m）
西堡水库	陶清河	1080.2	1085.94
石门口水库	淙上河	1228.5	1229.94
庄头水库	庄头河	1083	1090.5
龙丽河水库	庄头河	1023.48	1027.63

7.2.2.5 黎城县

黎城县境内现有 5 座小型水库，其中段家庄水库、申王河水库、长畛背水库为干库。

水库水位预警指标：当水库溢洪，库区上游持续降雨，水位继续上涨时，通过广播、电视、电话等手段向外发布汛情公告或紧急通知，准备转移可能被淹没范围内的人员和财产。当库水位达到设计水位，库区上游仍有强降雨，或出现重大险情时，通过各种途径向可能被淹没范围内的人员，发布紧急通知，组织下游群众立即转移。

水库站预警指标见表7－21。

表7－21　黎城县水库站水位预警指标

水库名称	准备转移水位指标（m）	立即转移水位指标（m）
阳南河水库	842.5	842.5
塔坡水库	750.8	752
段家庄水库	818.6	819.4
申王河水库	809	812
长畛背水库	814	816.8

7.2.2.6　屯留县

屯留县水库站根据水库的警戒水位、危险水位确定其预警指标（见表7－22）。

表7－22　屯留县小流域临界水位预警表

站名	控制面积（km^2）	河流	防护对象	防护距离（km）	准备转移指标（m）	立即转移指标（m）
石泉水库	10.3	石泉河	丰宜镇、鲍家河水库	4.2/7.5	978.00	980.00
贾庄水库	13.5	上莲河	余吾镇、电厂、煤矿、屯留县城	5.8/6.0/6.0	994.00	996.50
雁落坪水库	12.0	霜泽水河	建材厂、丈八庙学校、屯绛水库	5.9/6.4/7.0	1010.00	1013.00

7.2.2.7　平顺县

水库站根据水库的汛限水位、警戒水位确定其预警指标（见表7－23）。当水库溢洪，库区上游持续降雨，水位继续上涨时，通过广播、电视、电话等手段向外发布汛情公告，或紧急通知，准备转移可能被洪水淹没范围内的人员和财产；当库水位达到汛限水位时，库区上游仍有强降水，通过各种途径向可能被淹没范围内的人员发布通知，组织下游群众准备进行转移；当库水位达到警戒水位时，库区上游仍有强降水，或出现重大险情时，通过各种途径向可能被淹没范围内的人员发布通知，组织下游群众立即进行转移。

表 7-23 平顺县小水库山洪灾害水位预警指标

站名	所属流域	站别	准备转移指标（m）	立即转移指标（m）
石匣水库	石匣沟	自动水位	1264.55	1269.23
西沟水库	平顺河	自动水位	1112.20	1117.18
西河水库	大渠沟	自动水位	1149.26	1157.50
北甘泉水库	南大河	自动水位	949.00	952.10

7.2.2.8 潞城市

黄牛蹄水库是潞城市唯一建有自动水位站的水库，根据实际情况和预警要求，将水库站溢洪道底高程作为警戒（准备转移）水位，设计洪水位作为危险（立即转移）水位。潞城市水库站预警指标见表 7-24。

表 7-24 潞城市水库水位预警指标成果表

站名	河流	准备转移指标（m）	立即转移指标（m）
黄牛蹄水库	黄牛蹄	776.30	776.80

7.2.2.9 长子县

长子县境内存在中型申村水库鲍家河水库水位预警指标。

水库水位预警指标：当水库溢洪，库区上游持续降雨，水位继续上涨时，通过广播、电视、电话等手段向外发布汛情公告或紧急通知，准备转移可能被淹没范围内的人员和财产。当库水位达到设计水位，库区上游仍有强降雨，或出现重大险情时，通过各种途径向可能被淹没范围内的人员，发布紧急通知，组织群众立即转移。

将水库站溢洪道底高程作为警戒（准备转移）水位，设计洪水位作为危险（立即转移）水位（见表 7-25）。

表 7-25 长子县水库站水位预警指标

水库名称	准备转移水位指标（m）	立即转移水位指标（m）
申村水库	950	951.15
鲍家河水库	950	951.54

7.2.2.10 长治县

长治县境内现有 1 座大型水库、2 座小型水库。中型水库陶清河水库，小型水库有南宋乡的北宋水库、西火乡的东庄水库，在北宋水库建设了水位站。当水库溢洪，库区上游持续降雨，水位继续上涨时，通过广播、电视、电话等手段向外发布汛情公告或紧急通知，准备转移可能被淹没范围内的人员和财产。当库水位达到设计水位，库区上游仍有强降雨，或出现重大险情时，通过各种途径向可能被淹没范围内的人员，发布紧急通知，组织下游群众立即转移。

将水库站溢洪道底高程作为警戒（准备转移）水位，设计洪水位作为危险（立即转移）水位（见表7-26）。

表7-26 长治县水库站临界水位预警表

站名	河流	准备转移指标（m）	立即转移指标（m）
北宋水库	南宋河	1023.60	1026.50

7.2.2.11 长治市郊区

漳泽水库是长治市郊区唯一的水大型库，根据实际情况和预警要求，将水库站溢洪道底高程作为警戒（准备转移）水位，设计洪水位作为危险（立即转移）水位（见表7-27）。

表7-27 长治市郊区水库水位预警指标成果表

站名	河流	准备转移指标（m）	立即转移指标（m）
漳泽水库	浊漳河南源	902.40	903.61

晋中市左权县、榆社县、和顺县三县由于在山洪灾害防治非工程措施建设时无水库水位站建设，故本次无水库水位预警指标计算。

7.3 危险区图绘制

按照全国《山洪灾害分析评价要求》和《山洪灾害分析评指南》的要求，针对每一个防灾对象进行危险区图绘制，包括基础底图信息、主要信息和辅助信息3类。各类信息主要包括：

（1）基础底图信息：遥感底图信息，行政区划、居民区范围、危险区、控制断面、河流流向、对象在县级行政区的空间位置。

（2）主要信息：各级危险区（极高危险区、高危险区、危险区）空间分布及其人口（户数）、房屋统计信息，转移路线，临时安置地点，典型雨型分布，设计洪水主要成果，预警指标，预警方式，责任人，联系方式等。

（3）辅助信息：编制单位、编制时间，以及图名、图例、比例尺、指北针等地图辅助信息。

特殊工况危险区图在危险图基础上，增加以下信息：

（1）特殊工况、洪水影响范围及其人口、房屋统计信息。

（2）增加工程失事情况说明，特殊工况的应对措施等内容。

836个沿河村落均按照本要求进行了底图绘制，并在底图上描绘了转移路线、安置点、危险区，同时在非工程措施建设中进行了实地勘察，实地制作了标志牌、转移路线牌等。

8 漳河山区洪灾防治措施

8.1 防治原则

（1）坚持科学发展观，以人为本，以保障人民群众生命安全为首要目标，最大限度地避免或减少人员伤亡，减少财产损失。

（2）贯彻安全第一，常备不懈，以防为主，防、抢、救相结合。

（3）落实行政首长负责制、分级管理责任制、分部门责任制、技术人员责任制和岗位责任制。

（4）因地制宜，具有实用性和可操作性。

（5）坚持统一规划，突出重点，兼顾一般，局部利益服从全局利益。

（6）坚持“先避险、后抢险，先救人、再救物，先救灾、再恢复”。

8.2 山洪灾害类型区划分

本次漳河山区分析评价主要针对溪河洪水和坡面汇水影响对象进行，不包括滑坡、泥石流以及干流对支流产生明显顶托等情形。

8.3 不同类型区洪灾特点

（1）季节性强，频率高：山洪灾害主要集中在汛期，尤其主汛期更是山洪灾害的多发期。据统计，汛期发生的山洪灾害约占全年山洪灾害的85%以上，其中7～8月发生的山洪灾害约占全年山洪灾害的75%。

（2）区域性明显，易发性强：山洪主要发生于山区、丘陵区及受其影响的下游倾斜平原区。暴雨时极易形成具有冲击力的地表径流，导致山洪暴发，形成山洪灾害。

（3）来势迅猛，成灾快：洪水具有突发性，往往由于局部性高强度、短历时的大雨、暴雨和大暴雨所造成，因山丘区山高坡陡，溪河密集，降雨迅速转化为径流，且汇流快、流速大，降雨后几小时即成灾受损，防不胜防。

（4）破坏性强，危害严重：受山地地形影响，不少乡镇和村庄建在边山峪口或山洪沟口两侧地带，山洪灾害发生时往往伴生滑坡、崩塌、泥石流等地质灾害，并造成河流改道、公路中断、耕地冲淹、房屋倒塌、人畜伤亡等。

8.4 山洪预报系统建设

2011 年至 2015 年山西省山洪灾害防治非工程措施建设正在如火如荼地进行中，山洪防治预警指标确定结果对山洪灾害的防御有着至关重要的作用。漳河上游山区建设自动水位站 50 处、自动雨量站 205 处、简易雨量站 2078 处和无线预警广播站 1413 处。自动雨量站点见表 8－1。漳河山区自动站点分布图见图 8－1，漳河山区无线预警广播站点分布图 8－2，漳河山区简易监测站点分布图见图 8－3。

表 8－1 漳河上游山区自动雨量站统计表

县区	序号	测站编码	测站名称	河流名称	水系名称	流域名称	东经（°）	北纬（°）	站址	始报年月	信息管理单位
武乡县	1	31028170	兴盛垴	涅河	南运河	海河	112.886670	36.760000	武乡县丰州镇	201510	武乡县水利局
武乡县	2	31028307	洪水	潘洪河	南运河	海河	113.222539	36.869253	武乡县洪水镇洪水村	201306	武乡县水利局
武乡县	3	31028260	监漳	潘洪河	南运河	海河	113.045280	36.753890	武乡县监漳	201510	武乡县水利局
武乡县	4	31028153	大寨	涅河上游支流	南运河	海河	112.6588470	36.972969	武乡县故城镇大寨村	201306	武乡县水利局
武乡县	5	31028248	墨镫	潘洪河	南运河	海河	113.295379	36.941878	武乡县墨镫乡墨镫村	201306	武乡县水利局
武乡县	6	31028309	王家峪	韩北乡	南运河	海河	113.097402	36.742512	武乡县韩北乡王家峪村	201306	武乡县水利局
武乡县	7	31028166	大有	大有河	南运河	海河	113.064863	36.851371	武乡县大有乡大有村	201306	武乡县水利局

续表

县区	序号	测站编码	测站名称	河流名称	水系名称	流域名称	东经（°）	北纬（°）	站址	始报年月	信息管理单位
武乡县	8	31028252	贾豁	贾豁河	南运河	海河	112.997938	36.881646	武乡县贾豁乡贾豁村	201306	武乡县水利局
武乡县	9	31028590	上司	马牧河	南运河	海河	112.932780	36.762220	武乡县上司	201510	武乡县水利局
武乡县	10	31027854	石北	马牧河	南运河	海河	112.841898	36.947964	武乡县石北乡石北村	201306	武乡县水利局
武乡县	11	31027855	涌泉	涅河	南运河	海河	112.756670	36.913060	武乡县涌泉	201510	武乡县水利局
武乡县	12	31028310	分水岭	昌源河	南运河	海河	112.530963	37.032073	武乡县分水岭乡分水岭村	201306	武乡县水利局
长治市郊区	13	31024775	王庄	故县小河	南运河	海河	113.044200	36.372800	长治市郊区故县办事处王庄	201307	郊区水利局
长治市郊区	14	31020993	西长井	大罗沟	南运河	海河	113.185500	36.163800	长治市郊区老顶山镇西长井	201307	郊区水利局
长治市郊区	15	31023787	王村	马庄沟河	南运河	海河	113.134400	36.244800	长治市郊区老顶山镇王村	201307	郊区水利局
长治市郊区	16	31029197	老巴山	老巴山沟	南运河	海河	113.166800	36.198600	长治市郊区老顶山开发区老巴山	201307	郊区水利局
长治市郊区	17	31020095	堠北庄	黑水河	南运河	海河	113.065500	36.185100	长治市郊区堠北庄镇堠北庄	201307	郊区水利局
长治市郊区	18	31025763	漳村	西白兔河	南运河	海河	113.052600	36.405000	长治市郊区西白兔乡霍家沟	201307	郊区水利局
长治市郊区	19	31026751	南村	南村沟	南运河	海河	113.021100	36.408600	长治市郊区西白兔乡南村	201307	郊区水利局

续表

县区	序号	测站编码	测站名称	河流名称	水系名称	流域名称	东经（°）	北纬（°）	站址	始报年月	信息管理单位
长治市郊区	20	31022790	长北办事处	浊漳河	南运河	海河	113. 117500	36. 306940	长治市郊区长北办事处	201510	郊区水利局
长治市郊区	21	31022791	杨暴	浊漳河	南运河	海河	113. 008330	36. 185280	长治市郊区堠北庄镇杨暴村	201510	郊区水利局
长治市郊区	22	31021891	石桥	南天桥沟	南运河	海河	113. 178000	36. 158100	长治市郊区老顶山镇石桥	201307	郊区水利局
长治市郊区	23	31022789	瓦窑沟	瓦窑沟	南运河	海河	113. 175300	36. 214400	长治市郊区老顶山开发区瓦窑沟	201307	郊区水利局
长治县	24	31025701	东蛮掌	荫城河	南运河	海河	113. 141000	35. 916000	长治县西火镇东蛮掌村	201306	长治县水利局
长治县	25	31025706	东掌	南宋河	南运河	海河	113. 075000	35. 902000	长治县南宋乡东掌村	201306	长治县水利局
长治县	26	31025709	石后堡	色头河	南运河	海河	113. 021000	35. 986000	长治县八义镇石后堡村	201306	长治县水利局
长治县	27	31025710	庄头	色头河	南运河	海河	113. 149170	35. 986390	长治县荫城镇庄头村	201510	长治县水利局
长治县	28	31025712	小河	陶清河	南运河	海河	113. 124000	36. 034000	长治县西池乡小河村	201306	长治县水利局
长治县	29	31025720	北呈村	陶清河	南运河	海河	113. 003890	36. 101940	长治县北呈乡北呈村	201510	长治县水利局
长治县	30	31025760	屈家山	师庄河	南运河	海河	112. 986940	36. 001940	长治县东和乡屈家山村	201510	长治县水利局
长治县	31	31025770	郭堡村	陶清河	南运河	海河	113. 065560	36. 072500	长治县苏店镇郭堡村	201510	长治县水利局

续表

县区	序号	测站编码	测站名称	河流名称	水系名称	流域名称	东经（°）	北纬（°）	站址	始报年月	信息管理单位
长治县	32	31025780	定流	陶清河	南运河	海河	113. 158610	36. 115830	长治县贾掌镇定流村	201510	长治县水利局
襄垣县	33	31027206	石灰窑	阳泽河	南运河	海河	113. 010000	36. 550000	古韩镇石灰窑村委会	201405	襄垣县水利局
襄垣县	34	31027204	南田漳	下峪沟	南运河	海河	112. 968027	36. 540410	古韩镇南田漳村委会	201405	襄垣县水利局
襄垣县	35	31027207	侯村	淤泥河	南运河	海河	113. 017555	36. 475225	古韩镇侯村村委会	201405	襄垣县水利局
襄垣县	36	31008140	米坪	史水河	南运河	海河	113. 134809	36. 500824	王桥镇米坪村	201510	襄垣县水利局
襄垣县	37	31027205	北田漳	下峪沟	南运河	海河	112. 964307	36. 541335	夏店镇北田漳村委会	201405	襄垣县水利局
襄垣县	38	31027203	马喊	马喊沟	南运河	海河	112. 919580	36. 512822	夏店镇马喊村委会	201405	襄垣县水利局
襄垣县	39	31027201	西底	黑河	南运河	海河	113. 017555	36. 475225	虒亭镇西底村委会	201405	襄垣县水利局
襄垣县	40	31027208	西洞上	洞上沟	南运河	海河	112. 813012	36. 636568	虒亭镇西洞上村委会	201405	襄垣县水利局
襄垣县	41	31027202	郝家坡	黑河	南运河	海河	112. 845988	36. 618892	虒亭镇郝家坡村委会	201405	襄垣县水利局
襄垣县	42	31008150	龙王	史水河	南运河	海河	113. 066700	36. 726670	王村镇龙王堂	201510	襄垣县水利局
襄垣县	43	31027310	里阚村	淤泥河	南运河	海河	112. 741700	36. 507500	上马乡里阚村	201510	襄垣县水利局
襄垣县	44	31027320	下庄村	淤泥河	南运河	海河	113. 102500	36. 5744400	上马乡下庄村	201510	襄垣县水利局
屯留县	45	31026361	林庄	庶纪河	南运河	海河	112. 526000	36. 435000	屯留县张店镇林庄	201306	屯留县水利局
屯留县	46	31026372	吾元	吾元河	南运河	海河	112. 698000	36. 425000	屯留县吾元镇吾元村	201306	屯留县水利局

续表

县区	序号	测站编码	测站名称	河流名称	水系名称	流域名称	东经（°）	北纬（°）	站址	始报年月	信息管理单位
屯留县	47	31026373	东贾	吾元河	南运河	海河	112.885280	36.284720	屯留县西贾乡东贾	201510	屯留县水利局
屯留县	48	31026476	李家庄	上立寨河	南运河	海河	112.679000	36.341000	屯留县张店镇李家庄村	201306	屯留县水利局
屯留县	49	31026552	泉洼	西曲河	南运河	海河	112.761000	36.431000	屯留县吾元镇泉洼村	201306	屯留县水利局
屯留县	50	31026565	杨家湾	鸦儿堰河	南运河	海河	112.794000	36.312000	屯留县麟绛镇杨家湾村	201306	屯留县水利局
屯留县	51	31026566	西洼	霜泽水河	南运河	海河	112.888060	36.368890	屯留县路村乡西洼	201510	屯留县水利局
屯留县	52	31026567	东坡	霜泽水河	南运河	海河	112.705560	36.464170	屯留县吾元镇东坡	201510	屯留县水利局
屯留县	53	31026620	李高	西村河	南运河	海河	112.936110	36.258610	屯留县李高乡	201510	屯留县水利局
屯留县	54	31026652	西流寨	黑家口河	南运河	海河	112.660000	36.231000	屯留县西流寨开发区西流寨村	201306	屯留县水利局
屯留县	55	31026655	渔泽	绛河	南运河	海河	112.984440	36.362500	屯留县渔泽镇	201510	屯留县水利局
黎城县	56	31028451	平头	平头河	南运河	海河	113.245000	36.638000	黎城县上遥镇平头	201407	黎城县水利局
黎城县	57	31028452	长河村	原庄河	南运河	海河	113.219000	36.505000	黎城县上遥镇长河村	201407	黎城县水利局
黎城县	58	31028453	李庄村	七里店河	南运河	海河	113.352000	36.526000	黎城县黎侯镇李庄村	201407	黎城县水利局
黎城县	59	31028454	停河铺乡	小东河源	南运河	海河	113.415000	36.525000	黎城县停河铺乡停河铺	201407	黎城县水利局
黎城县	60	31028455	段家庄村	西流	南运河	海河	113.439000	36.439000	黎城县程家山乡段家庄村	201407	黎城县水利局

续表

县区	序号	测站编码	测站名称	河流名称	水系名称	流域名称	东经（°）	北纬（°）	站址	始报年月	信息管理单位
黎城县	61	31028460	柏官庄	柏官庄河	南运河	海河	113.380583	36.621243	黎城县柏官庄村	201510	黎城县水利局
黎城县	62	31028601	高石河	小东河	南运河	海河	113.439202	36.588113	黎城县高石河村	201510	黎城县水利局
黎城县	63	31030151	黄崖洞	东崖底河	南运河	海河	113.445000	36.804000	黎城县黄崖洞镇黄崖洞	201407	黎城县水利局
黎城县	64	31030152	南委泉	南委泉河	南运河	海河	113.381000	36.687000	黎城县西井镇南委泉	201407	黎城县水利局
黎城县	65	31030170	岩井	南委泉河	南运河	海河	113.505830	36.482780	黎城县岩井村	201510	黎城县水利局
壶关县	66	31025602	大南山煤矿	陶清河	南运河	海河	113.196087	35.913102	百尺镇	201307	壶关县水利局
壶关县	67	31023110	李家河村	洪底河	南运河	海河	113.475781	35.879736	树掌镇	201307	壶关县水利局
壶关县	68	31023138	福头村	淅河	南运河	海河	113.427151	35.914662	福头村	201307	壶关县水利局
壶关县	69	31026157	北皇村	南大河	南运河	海河	113.150912	36.102623	集店乡	201307	壶关县水利局
壶关县	70	31025621	岭后村	淙上河	南运河	海河	113.302466	35.878563	东井岭乡	201307	壶关县水利局
壶关县	71	31023120	申家奄村	石坡河	南运河	海河	113.428387	35.999866	石坡乡	201307	壶关县水利局
壶关县	72	31023133	鹅屋村	桑延河	南运河	海河	113.563778	35.883481	鹅屋乡	201307	壶关县水利局
壶关县	73	31023143	红豆峡	淅河	南运河	海河	113.500617	35.900243	桥上乡	201307	壶关县水利局
壶关县	74	31026155	西七里村	石子河	南运河	海河	113.346900	36.049170	晋庄镇	201509	壶关县水利局
壶关县	75	31023134	牛盆村	陶清河	南运河	海河	113.159700	36.003610	黄山乡	201509	壶关县水利局
壶关县	76	31025656	洪掌村	陶清河	南运河	海河	113.294700	36.023330	店上镇	201509	壶关县水利局

续表

县区	序号	测站编码	测站名称	河流名称	水系名称	流域名称	东经（°）	北纬（°）	站址	始报年月	信息管理单位
长子县	77	31026008	丹朱	丹朱	南运河	海河	112.8860210	36.119264	长子县丹朱镇丹朱	201407	长子县水利局
长子县	78	31026009	下霍	申村源头	南运河	海河	112.933319	36.090367	长子县丹朱镇下霍	201407	长子县水利局
长子县	79	31025809	石哲	申村源头	南运河	海河	112.770111	36.097217	长子县石哲镇石哲	201407	长子县水利局
长子县	80	41726220	关家沟	横水河	南运河	海河	112.670038	36.126351	长子县王峪中心	201510	长子县水利局
长子县	81	41726208	王庄	横水河	南运河	海河	112.579609	36.096163	长子县横水办王庄	201407	长子县水利局
长子县	82	31026056	慈林	小丹河	南运河	海河	112.932849	36.006006	长子县慈林镇慈林	201407	长子县水利局
长子县	83	31026055	色头	色头河	南运河	海河	112.937079	35.947323	长子县色头镇色头	201407	长子县水利局
长子县	84	31025810	北韩	岳阳河	南运河	海河	112.887027	36.182005	长子县岚水乡北韩	201510	长子县水利局
长子县	85	31025060	碾张	金丰河	南运河	海河	112.771459	36.215711	长子县碾张乡碾张	201407	长子县水利局
长子县	86	31025766	常张	雍河	南运河	海河	112.838254	36.142518	长子县常张乡常张	201407	长子县水利局
长子县	87	31007710	苏村	苏村河	南运河	海河	112.829177	36.018880	长子县南陈乡苏村	201510	长子县水利局
沁县	88	31026810	北河	漳河	浊漳西源	海河	112.647843	36.844183	漳源镇北河村	201306	沁县水利局
沁县	89	31026820	口头	漳河	浊漳西源	海河	112.665487	36.801265	漳源镇口头村	201306	沁县水利局
沁县	90	31026902	郭村	迎春河	浊漳西源	海河	112.576415	36.747821	郭村镇郭村村	201306	沁县水利局
沁县	91	31026903	丈河上	迎春河	浊漳西源	海河	112.628141	36.755378	定昌镇丈河上村	201306	沁县水利局
沁县	92	31026951	杨家铺	圪芦河	浊漳西源	海河	112.513364	36.677684	册村镇杨家铺村	201306	沁县水利局

续表

县区	序号	测站编码	测站名称	河流名称	水系名称	流域名称	东经（°）	北纬（°）	站址	始报年月	信息管理单位
沁县	93	31026954	南里乡	圪芦河	浊漳西源	海河	112. 678198	36. 668013	南里乡政府	201306	沁县水利局
沁县	94	31027001	峪口	徐阳河	浊漳西源	海河	112. 750470	36. 656813	新店镇峪口村	201306	沁县水利局
沁县	95	31027103	苗庄	庶纪河	浊漳南源	海河	112. 587121	36. 551751	南泉乡苗庄村	201306	沁县水利局
沁县	96	31027160	韩庄	杨安河	浊漳西源	海河	112. 579631	36. 501510	杨安乡韩庄村	201306	沁县水利局
沁县	97	31027200	古城	白玉河	浊漳西源	海河	112. 699471	36. 592878	新店镇古城村	201306	沁县水利局
沁县	98	31027213	何家庄	白玉河	浊漳西源	海河	112. 700452	36. 559233	新店镇何家庄村	201306	沁县水利局
沁县	99	31027218	北集	白玉河	浊漳西源	海河	112. 577194	36. 632712	故县镇北集村	201306	沁县水利局
沁县	100	31028500	松村乡	涅河	浊漳北源	海河	112. 775505	36. 834522	松村乡政府	201306	沁县水利局
沁县	101	31026325	西峪	涅河	浊漳北源	海河	112. 560115	36. 945977	牛寺乡西峪村	201306	沁县水利局
沁县	102	31026915	西河底	段柳河	浊漳西源	海河流域	112. 748524	36. 744677	段柳乡西河底村	201306	沁县水利局
潞城市	103	31027610	曲里	漳河	南运河	海河	113. 111362	36. 376937	史回乡曲里村	201207	潞城市水利局
潞城市	104	31028732	宋家庄	漳河	南运河	海河	113. 162334	36. 369705	史回乡宋家庄	201207	潞城市水利局
潞城市	105	31028735	下粟	漳河	南运河	海河	113. 137834	36. 412121	店上镇下粟村	201207	潞城市水利局
潞城市	106	31028740	申庄	淤泥河	南运河	海河	113. 187884	36. 418272	店上镇申庄村	201207	潞城市水利局
潞城市	107	31028745	曹庄	漳河	南运河	海河	113. 266439	36. 445487	辛安泉镇曹庄	201207	潞城市水利局
潞城市	108	31028746	余庄	潞口河	南运河	海河	113. 253668	36. 410414	合室乡余庄	201207	潞城市水利局
潞城市	109	31028747	漫流河	潞口河	南运河	海河	113. 319574	36. 381082	辛安泉镇漫流河	201207	潞城市水利局
潞城市	110	31028748	潞河	潞口河	南运河	海河	113. 352635	36. 432116	辛安泉镇潞河	201207	潞城市水利局

续表

县区	序号	测站编码	测站名称	河流名称	水系名称	流域名称	东经（°）	北纬（°）	站址	始报年月	信息管理单位
潞城市	111	31028705	张家河	黄碾河	南运河	海河	113. 197638	36. 395267	合室乡张家河	201207	潞城市水利局
潞城市	112	31028710	合室	黄碾河	南运河	海河	113. 246505	36. 380736	合室乡合室	201207	潞城市水利局
潞城市	113	31028720	水务局	黄碾河	南运河	海河	113. 223457	36. 331648	潞华办水利局	201207	潞城市水利局
潞城市	114	31028731	朱家川	黄碾河	南运河	海河	113. 148689	36. 337888	史回乡朱家川	201207	潞城市水利局
潞城市	115	31028895	神泉	南大河	南运河	海河	113. 243874	36. 269327	成家川办神泉村	201207	潞城市水利局
潞城市	116	31028896	店上	王里堡河	南运河	海河	113. 095830	36. 43667	店上镇店上村	201507	潞城市水利局
潞城市	117	31007591	下黄	平顺河	南运河	海河	113. 390000	36. 348330	黄牛蹄乡下黄村	201507	潞城市水利局
潞城市	118	31028770	微子	平顺河	南运河	海河	113. 299440	36. 338890	微子镇微子村	201507	潞城市水利局
潞城市	119	31007509	翟店	浊漳河	南运河	海河	113. 183610	36. 288890	翟店镇翟店村	201507	潞城市水利局
平顺县	120	31028760	井泉泵站	平顺河上游	南运河	海河	113. 384444	36. 094167	平顺县井泉泵站	201210	平顺县水利局
平顺县	121	31028802	小东峪	小东峪	南运河	海河	113. 449444	36. 205833	平顺县小东峪	201210	平顺县水利局
平顺县	122	31028803	崇岩	平顺河中游	南运河	海河	113. 422222	36. 202222	平顺县崇岩	201210	平顺县水利局
平顺县	123	31028804	刘家	平顺河中游	南运河	海河	113. 408611	36. 205556	平顺县刘家	201210	平顺县水利局
平顺县	124	31028810	孝文	孝文	南运河	海河	113. 356944	36. 154444	平顺县青羊镇孝文	201210	平顺县水利局
平顺县	125	31028840	莫流	平顺河上游	南运河	海河	113. 381111	36. 210833	平顺县莫流	201210	平顺县水利局
平顺县	126	31028870	峈峪	峈 峪	南运河	海河	113. 765000	36. 640556	平顺县青羊镇峈峪	201210	平顺县水利局
平顺县	127	31028880	后庄	小赛	南运河	海河	113. 404167	36. 258056	平顺县后庄	201210	平顺县水利局

续表

县区	序号	测站编码	测站名称	河流名称	水系名称	流域名称	东经（°）	北纬（°）	站址	始报年月	信息管理单位
平顺县	128	31028915	靳家院	朋头	南运河	海河	113.459167	36.382500	平顺县靳家院	201210	平顺县水利局
平顺县	129	31028920	中五井	中五井	南运河	海河	113.420278	36.280278	平顺县中五井	201210	平顺县水利局
平顺县	130	31028925	白石岩	白石岩	南运河	海河	113.466144	36.311916	平顺县青羊镇白石岩村	201210	平顺县水利局
平顺县	131	31028930	车当	吾岩河	南运河	海河	113.576389	36.356111	平顺县车当	201210	平顺县水利局
平顺县	132	31028935	椰树园	任家庄	南运河	海河	113.574444	36.299167	平顺县椰树园	201210	平顺县水利局
平顺县	133	31028938	鹞坡	空中	南运河	海河	113.556944	36.417500	平顺县鹞坡	201210	平顺县水利局
平顺县	134	31028945	黄花	源头	南运河	海河	113.610000	36.422222	平顺县黄花	201210	平顺县水利局
平顺县	135	31028955	大坪	大坪	南运河	海河	113.643333	36.316667	平顺县大坪	201210	平顺县水利局
平顺县	136	31028958	克昌	克昌	南运河	海河	113.662222	36.327778	平顺县克昌	201210	平顺县水利局
平顺县	137	31028960	豆峪	豆峪	南运河	海河	113.661944	36.380000	平顺县豆峪	201210	平顺县水利局
平顺县	138	31028970	和峪	和峪	南运河	海河	113.695000	36.383889	平顺县和峪	201210	平顺县水利局
平顺县	139	31028975	虹梯关村	寺头河	南运河	海河	113.548890	36.227780	平顺县虹梯关乡虹梯关村	201510	平顺县水利局
平顺县	140	31029110	新城	寺头河	南运河	海河	113.482222	36.024167	平顺县新城	201210	平顺县水利局
平顺县	141	31029115	杏城村	寺头河	南运河	海河	113.557780	36.030830	平顺县杏城镇杏城村	201510	平顺县水利局
平顺县	142	31029120	寺头	寺头河	南运河	海河	113.549144	36.150655	平顺县东寺头乡寺头村	201510	平顺县水利局
平顺县	143	31029125	苗庄	北社河	南运河	海河	113.272606	36.212559	平顺县苗庄镇苗庄村	201510	平顺县水利局

续表

县区	序号	测站编码	测站名称	河流名称	水系名称	流域名称	东经（°）	北纬（°）	站址	始报年月	信息管理单位
平顺县	144	31029130	阱底	阱底河	南运河	海河	113.663942	36.092952	平顺县东寺头乡阱底村	201510	平顺县水利局
平顺县	145	31029135	苶兰岩	寺头河	南运河	海河	113.653277	36.249317	平顺县虹梯关乡苶兰岩村	201510	平顺县水利局
平顺县	146	31029140	大山	大山	南运河	海河	113.577500	36.119722	平顺县大山	201210	平顺县水利局
平顺县	147	31029145	牛家后	北社河	南运河	海河	113.345040	36.228180	平顺县北社乡牛家后村	201510	平顺县水利局
平顺县	148	31029155	七字沟	大岭沟	南运河	海河	113.583056	36.153611	平顺县七字沟	201210	平顺县水利局
平顺县	149	31029161	赤壁电站	东洪	南运河	海河	113.536667	36.361389	平顺县赤壁电站	201210	平顺县水利局
左权县	150	31030115	大林口	后稍沟	南运河	海河	113.586667	36.776944	左权县石匣乡大林口	201207	左权县水利局
左权县	151	31030110	西隘口	桐峪河	南运河	海河	113.425000	36.873056	左权县桐峪镇西隘口村	201207	左权县水利局
左权县	152	31029710	羊角	羊角河	南运河	海河	113.748889	36.900833	左权县羊角乡羊角村	201207	左权县水利局
左权县	153	31029725	鸽坪	羊角河	南运河	海河	113.621111	36.912222	左权县栗城乡鸽坪村	201207	左权县水利局
左权县	154	31030043	苇则	苇则沟	南运河	海河	113.526111	36.920833	左权县桐峪镇苇则村	201207	左权县水利局
左权县	155	31030045	故驿	苇则沟	南运河	海河	113.541111	36.945556	左权县栗城乡故驿村	201207	左权县水利局
左权县	156	31029717	高家井	禅房沟	南运河	海河	113.701944	36.960278	左权县羊角乡高家进村	201207	左权县水利局
左权县	157	31030060	堎上	龙沟河	南运河	海河	113.332500	36.961111	左权县龙泉乡堎上村	201207	左权县水利局

续表

县区	序号	测站编码	测站名称	河流名称	水系名称	流域名称	东经（°）	北纬（°）	站址	始报年月	信息管理单位
左权县	158	31039720	王家庄	禅房沟	南运河	海河	113.647561	36.981871	左权县羊角乡王家庄村	201207	左权县水利局
左权县	159	31030018	望阳垴	龙沟河	南运河	海河	113.307778	36.986111	左权县龙泉乡望阳垴村	201207	左权县水利局
左权县	160	31029697	下庄	拐儿西沟	南运河	海河	113.733889	37.023611	左权县芹泉镇下庄村	201207	左权县水利局
左权县	161	31029705	大炉	秋林滩沟	南运河	海河	113.559444	37.028333	左权县拐儿镇大炉村	201207	左权县水利局
左权县	162	31029920	高庄	十里店沟	南运河	海河	113.351111	37.029722	左权县龙泉乡高庄村	201207	左权县水利局
左权县	163	31029905	柳林	柳林沟	南运河	海河	113.236944	37.033333	左权县石匣乡柳林村	201207	左权县水利局
左权县	164	31030035	柏管寺	柏峪沟	南运河	海河	113.463889	37.036944	左权县栗城乡柏管寺村	201207	左权县水利局
左权县	165	31029688	天门	下庄沟河	南运河	海河	113.668889	37.045556	左权县拐儿镇天门村	201207	左权县水利局
左权县	166	31030030	下小节	紫阳河	南运河	海河	113.488611	37.050278	左权县栗城乡下小节村	201207	左权县水利局
左权县	167	31029925	五里堠前	十里店沟	南运河	海河	113.359722	37.055000	左权县五里堠前村	201207	左权县水利局
左权县	168	31029910	寺仙	柳林沟	南运河	海河	113.271944	37.074167	左权县石匣乡寺仙村	201207	左权县水利局
左权县	169	31029685	拐儿	下庄沟河	南运河	海河	113.626944	37.077778	左权县拐儿镇拐儿村	201207	左权县水利局
左权县	170	31029694	西五指	拐儿西沟	南运河	海河	113.608611	37.098889	左权县拐儿镇西五指村	201207	左权县水利局
左权县	171	31029880	管头	小岭底沟	南运河	海河	113.161944	37.108056	左权县石匣乡管头村	201207	左权县水利局

续表

县区	序号	测站编码	测站名称	河流名称	水系名称	流域名称	东经（°）	北纬（°）	站址	始报年月	信息管理单位
左权县	172	31030010	前曹家寨	桔河	南运河	海河	113. 403889	37. 142222	左权县寒王乡前曹家寨村	201207	左权县水利局
左权县	173	31029875	高家庄	下峧河	南运河	海河	113. 298889	37. 162500	左权县石匣乡高家庄村	201207	左权县水利局
左权县	174	31030005	下其至	桔河	南运河	海河	113. 441389	37. 165278	左权县寒王乡下其至村	201207	左权县水利局
左权县	175	31029865	店上	白垢沟	南运河	海河	113. 225000	37. 189444	左权县石匣乡店上村	201207	左权县水利局
榆社县	176	31027710	赵家庄	李峪河	南运河	海河	113. 020000	37. 024100	箕城镇赵家庄	201402	榆社县水利局
榆社县	177	31027740	段家庄	东河	南运河	海河	113. 038700	37. 051500	箕城镇段家庄	201402	榆社县水利局
榆社县	178	31027985	赵庄	赵庄河	南运河	海河	112. 832700	37. 066500	云竹镇赵庄村	201402	榆社县水利局
榆社县	179	31027990	高庄	高庄河	南运河	海河	112. 865800	37. 064200	云竹镇高庄村	201402	榆社县水利局
榆社县	180	31027720	南南沟	台曲河	南运河	海河	112. 967500	36. 958200	郝北镇南南沟	201402	榆社县水利局
榆社县	181	31027420	西庄	西崖底河	南运河	海河	112. 884200	37. 206800	社城镇西庄村	201402	榆社县水利局
榆社县	182	31027430	圪麻凹	官上河	南运河	海河	112. 920600	37. 248900	社城镇圪麻凹	201402	榆社县水利局
榆社县	183	31027402	石源	交口河	南运河	海河	112. 926200	37. 309500	社城镇石源	201402	榆社县水利局
榆社县	184	31027405	阳乐村	交口河	南运河	海河	113. 047800	37. 359000	社城镇阳乐村	201402	榆社县水利局
榆社县	185	31027910	北水	苍竹沟河	南运河	海河	112. 750800	37. 082900	河峪乡北水村	201402	榆社县水利局
榆社县	186	31027940	后庄	清秀河	南运河	海河	112. 710900	37. 107200	河峪乡后庄村	201402	榆社县水利局
榆社县	187	31027920	管石崖	石盘河	南运河	海河	112. 693500	37. 126100	河峪乡后庄村管石崖	201402	榆社县水利局

续表

县区	序号	测站编码	测站名称	河流名称	水系名称	流域名称	东经（°）	北纬（°）	站址	始报年月	信息管理单位
榆社县	188	31027552	杏花庄	泉水河	南运河	海河	113. 086700	37. 314200	北寨乡温泉村杏花庄	201402	榆社县水利局
榆社县	189	31027605	赵王	泉水河	南运河	海河	112. 984200	37. 152600	北寨乡赵王村	201402	榆社县水利局
榆社县	190	31027565	武源	武源河	南运河	海河	112. 910200	37. 152300	西马乡武源村	201402	榆社县水利局
榆社县	191	31028060	岚峪	南屯河	南运河	海河	113. 115100	36. 937200	岚峪乡岚峪	201402	榆社县水利局
榆社县	192	31028055	上村	广志河	南运河	海河	113. 177300	36. 972700	讲堂乡骆驼村上村	201402	榆社县水利局
和顺县	193	30928346	上石勒	李阳河	子牙河	海河	113. 567000	37. 416700	和顺县李阳镇上石勒村	201307	和顺县水利局
和顺县	194	30928587	石家庄	石家庄河	子牙河	海河	113. 800000	37. 316700	和顺县青城镇石家庄村	201307	和顺县水利局
和顺县	195	31029355	九京	张翼河	南运河	海河	113. 533000	37. 350000	和顺县义兴镇九京供水站	201307	和顺县水利局
和顺县	196	31029553	三泉	三泉河	南运河	海河	113. 583000	37. 250000	和顺县平松乡三泉水库	201307	和顺县水利局
和顺县	197	31029658	范庄	松烟河	南运河	海河	113. 800000	37. 210000	和顺县松烟镇范庄村	201307	和顺县水利局
和顺县	198	31029665	七里滩	许村西沟	南运河	海河	113. 633000	37. 166700	和顺县松烟镇七里滩村	201307	和顺县水利局
和顺县	199	31029670	富峪	富峪沟	南运河	海河	113. 617000	37. 133300	和顺县松烟镇富峪村	201307	和顺县水利局
和顺县	200	31029680	灰调曲	走马槽沟	南运河	海河	113. 733000	37. 133300	和顺县松烟镇灰调曲村	201307	和顺县水利局
和顺县	201	31029733	仪城	横岭河	南运河	海河	113. 100000	37. 366700	和顺县横岭镇仪城村	201307	和顺县水利局

续表

县区	序号	测站编码	测站名称	河流名称	水系名称	流域名称	东经（°）	北纬（°）	站址	始报年月	信息管理单位
和顺县	202	31029740	调畅	横岭河	南运河	海河	113.150000	37.321300	和顺县横岭镇调畅村	201307	和顺县水利局
和顺县	203	31029853	沙峪	沙峪河	南运河	海河	113.250000	37.233300	和顺县阳光占乡沙峪村	201307	和顺县水利局
和顺县	204	41024886	南军城	树石河	汾河	黄河	113.200000	37.500000	和顺县马坊乡南军城村	201307	和顺县水利局
和顺县	205	41024955	柏木寨	西马泉河	汾河	黄河	113.150000	37.508374	和顺县马坊乡柏木寨村	201307	和顺县水利局

8.4.1 武乡县

武乡县山洪灾害防治非工程措施已建成自动水位站 4 处、水文站 3 处、自动雨量站 12 处、简易雨量站 130 处和无线预警广播站 54 处。

8.4.2 沁县

沁县山洪灾害防治非工程措施已建成自动雨量站 15 处、自动水位站 3 处、简易雨量站 190 处、简易水位站 17 处和无线预警广播站 115 处。

8.4.3 襄垣县

襄垣县山洪灾害防治非工程措施已建成自动雨量站 12 处、自动水位站 2 处、简易雨量站 118 处、简易水位站 2 处和无线预警广播站 118 处。

8.4.4 壶关县

壶关县山洪灾害防治非工程措施已建成 4 个自动雨量站、55 个简易雨量站、6 个简易水位站，其中，共享水文、气象部门 5 个已建的自动监测雨量站点，组成雨水情的监测站网；架构集网络、数据库、地理信息技术与一体的监测预警平台，建设 1 个县级预警平台、13 个乡（镇）级预警设备（信息平台和无线报警发送站）、90 个无线报警接收站组成的从预警平台到防治区域的报警体系。

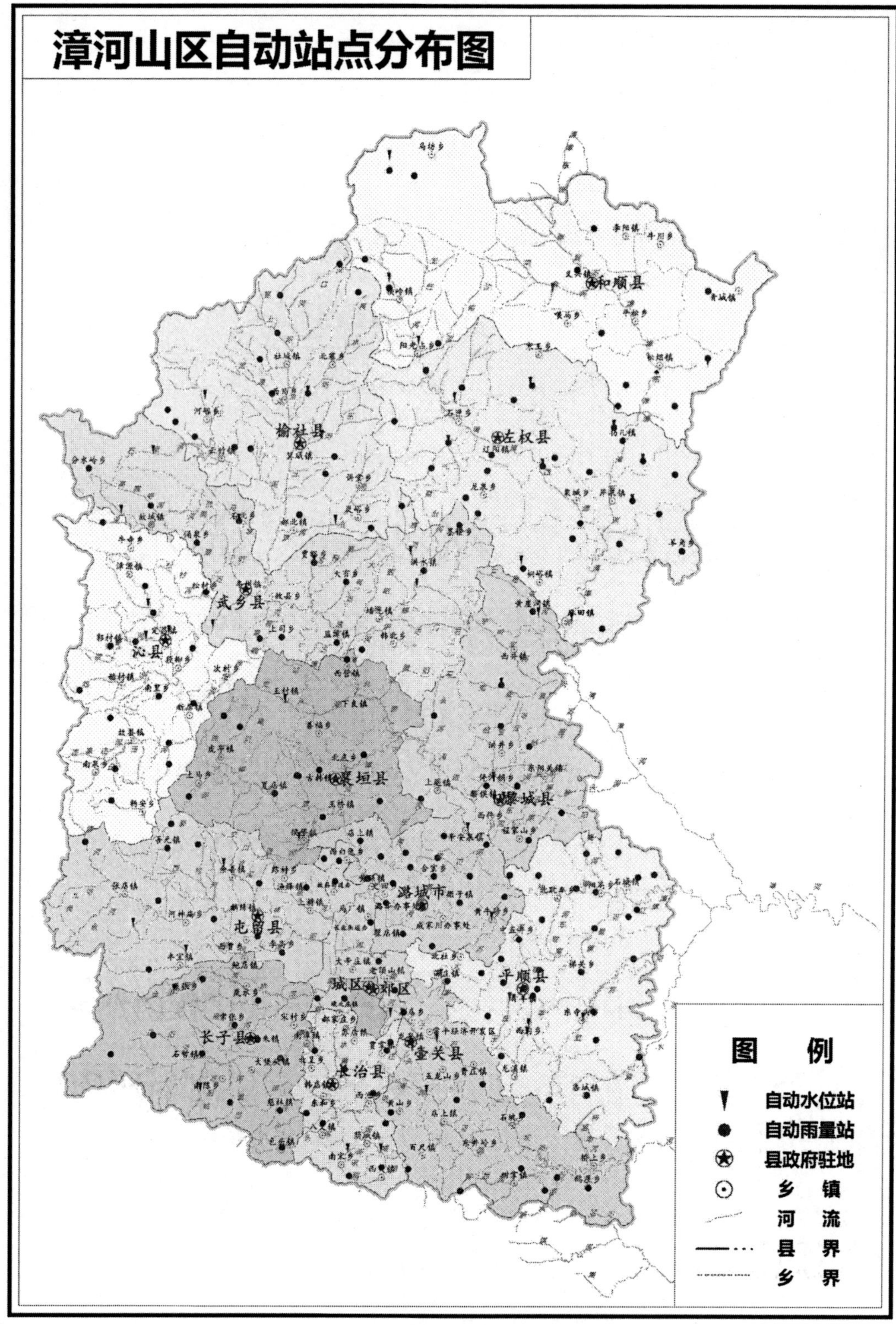

图8－1 漳河山区自动站点分布图

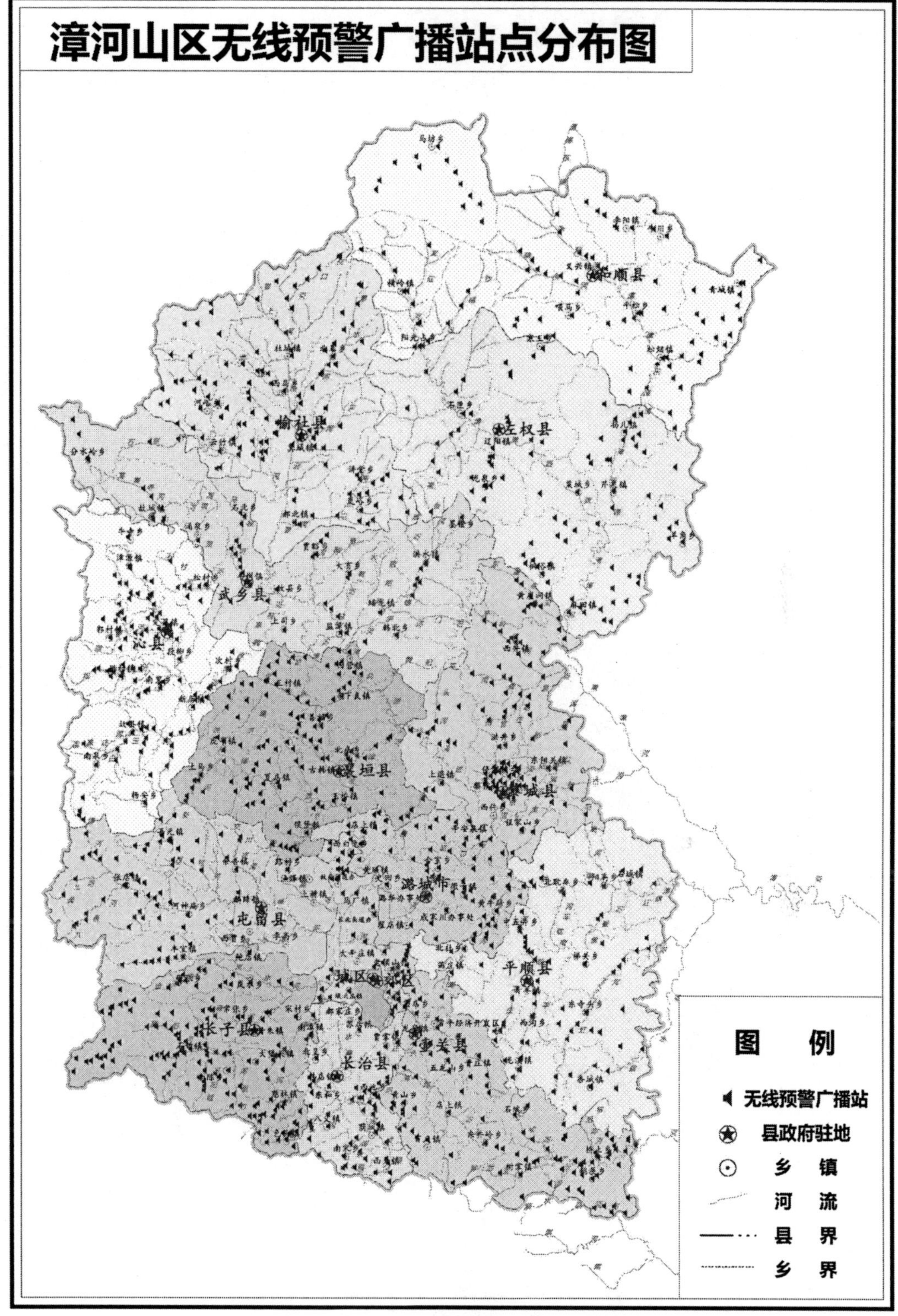

图 8－2 漳河山区无线预警广播站点分布图

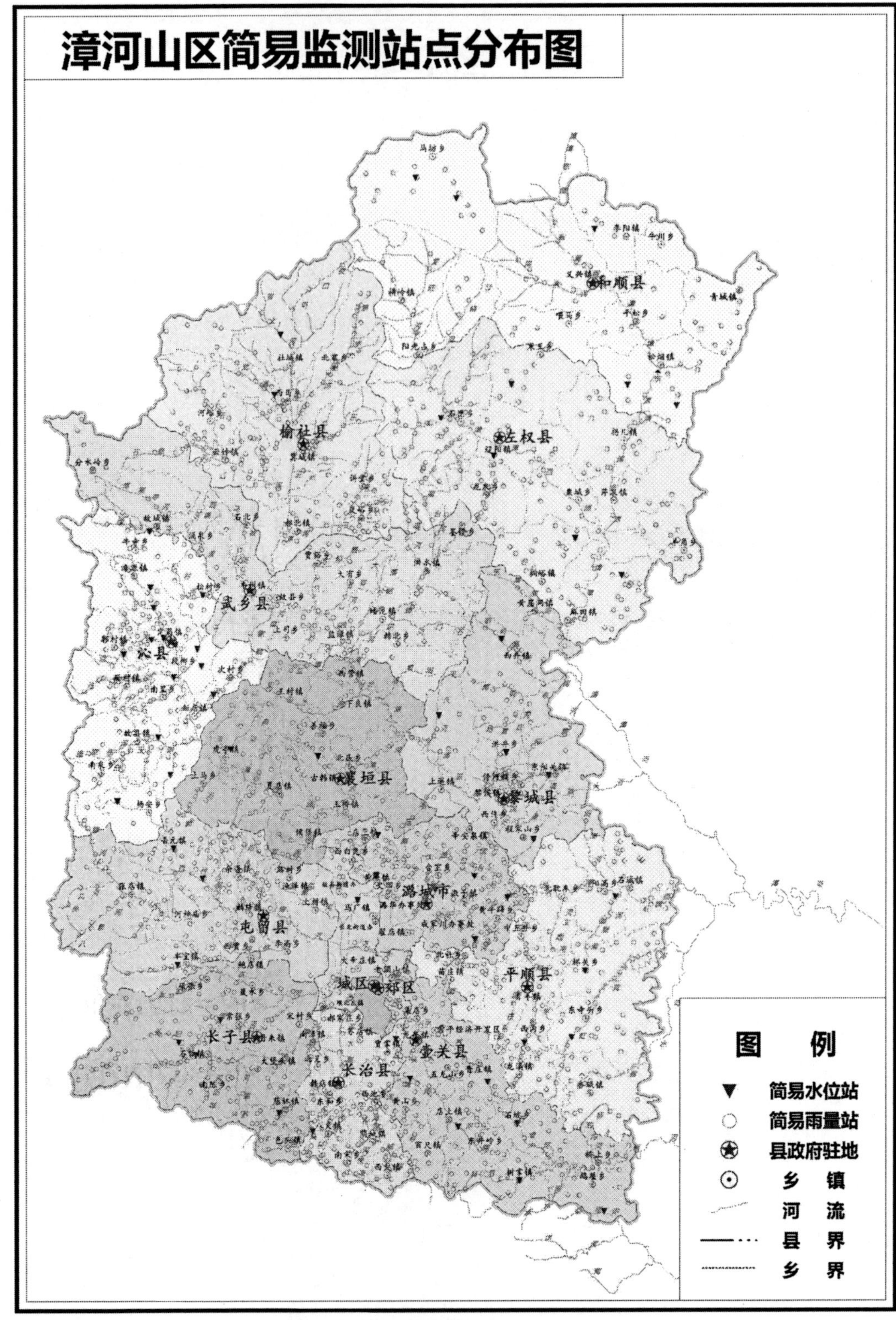

图8-3　漳河山区简易监测站点分布图

8.4.5 黎城县

目前，黎城县境内雨、水情采集点有长治市水文水资源勘测分局设置的10个自动雨量站。

8.4.6 屯留县

屯留县山洪灾害防治非工程措施已建成自动雨量站11处、自动水位站3处、简易雨量站164处、简易水位站3处和无线预警广播站73处。

8.4.7 平顺县

平顺县山洪灾害防治非工程措施已建成自动雨量站24处、自动水位站4处、简易雨量站67处、简易水位站4处和无线预警广播站67处。

8.4.8 潞城市

潞城市山洪灾害防治非工程措施已建成自动水位站2处、自动雨量站17处、简易水位站6处、简易雨量站170处和无线预警广播站72处。

8.4.9 长子县

长子县山洪灾害防治非工程措施已建成自动水位站2处、自动雨量站11处、简易水位站4处、简易雨量站151处和无线预警广播站151处。

8.4.10 长治县

长治县山洪灾害防治非工程措施已建成自动水位站2处、自动雨量站4处、简易水位站4处、简易雨量站17处和无线预警广播站42处。

8.4.11 长治市郊区

长治市郊区山洪灾害防治非工程措施已建成自动雨量站11处，自动水位站1处、简易雨量站66处、简易水位站1处和无线预警广播站66处。

8.4.12 左权县

左权县山洪灾害防治非工程措施已建成自动雨量站26处、自动水位站5处、简易雨量站199处、简易水位站1处和无线预警广播站148处。

8.4.13 榆社县

榆社县山洪灾害防治非工程措施已建成自动雨量站17处、自动水位站1处、简易雨量站210处、简易水位站1处和无线预警广播站93处。

8.4.14 和顺县

和顺县山洪灾害防治非工程措施已建成自动雨量站13处、自动水位站1处、简易雨量站96处、简易水位站1处和无线预警广播站73处。

各县（市）监测站点共同构成漳河山区预报系统，为山洪灾害预防提供有效数据，共同构成一个完整的预警预报平台。

8.5 河道整治与河流堤防建设

漳河上游山区各水利工程详见第三章内容，经山洪灾害调查，漳河上游山区14县有107条山洪沟道需要治理。漳河山区需治理山洪沟分布见图8-4。

8.5.1 武乡县

为有效防止山洪灾害损失，最大程度地减轻灾害损失，新中国成立以来，武乡县从实际出发，修建骨干坝、淤地坝，起到了调水护岸和保护耕地的作用。开展以植树造林，封山育林为主的水土保持措施，减少水土流失，防止山洪灾害。建设城镇堤防、水库除险加固，提高防洪能力。

全武乡县共修建堤防52.7km。护城河为县城重点防洪河道，河堤现达到20年一遇防洪标准；近年，浊漳河西源两岸部分河道进行了治理、河堤加高，加上近几年的小流域治理以及退耕还林，山洪灾害有所减缓。防洪堤坝少，没有形成整体防洪工程体系，防洪能力低，防御大洪水能力差。山丘区农田基本无任何防御措施，易受山洪冲毁或砂石填埋。流域整体防洪能力低，防洪体系尚未完全、有效形成，对流域防洪体系缺乏整体规划和建设。

河道堵塞，河道行洪能力下降，马牧河、浊漳河北源、洪水河部分河道建筑垃圾堆积堵塞，河道缩窄，部分河段行洪能力不足10年一遇。

8.5.2 沁县

沁县共修建堤防19.3km。护城河为市区重点防洪河道，河堤现达到20年一遇防洪标准；近年，浊漳河西源两岸部分河道进行了治理、河堤加高，加上近几年的小流域治理以及退耕还林，山洪灾害有所减缓。

为有效防止山洪灾害损失，最大程度地减轻灾害损失，新中国成立以来，沁县从实际出发，修建骨干坝、淤地坝，起到了调水护岸和保护耕地的作用。开展以植树造

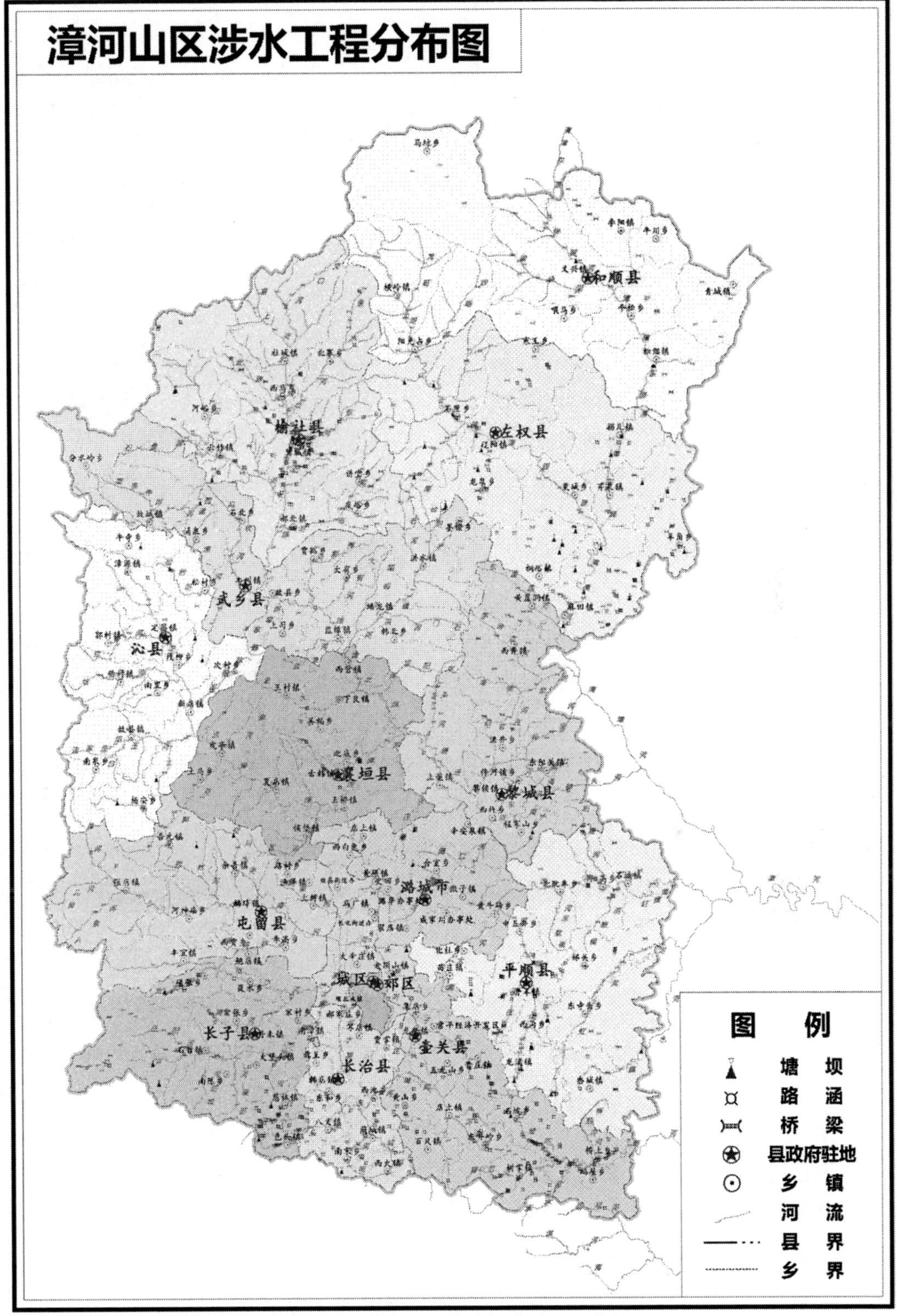

图 8－4　漳河山区需治理山洪沟分布图

林，封山育林为主的水土保持措施，减少水土流失，防止山洪灾害。建设城镇堤防、水库除险加固，提高防洪能力。

2002 年圪芦河水库进行除险加固改造，2004 年月岭山水库进行了除险加固，2009 年徐阳水库进行除险加固改造，2011 年梁家湾水库完成了除险加固工程，防洪标均准达到 30 年一遇。迎春、漳源、景村、石板上、西湖等 5 座水库正进行改造，2012 年结束。

河道堵塞，河道行洪能力下降浊漳河西源西湖水库上游段河道建筑垃圾堆积堵塞，河道缩窄，部分河段行洪能力不足 10 年一遇。

8.5.3 襄垣县

襄垣县境内堤防工程 37.65km，但大多防洪能力不足 20 年一遇。

山丘区农田基本无任何防御措施，易受山洪冲毁或砂石填埋。流域整体防洪能力低，防洪体系尚未完全、有效形成，对流域防洪体系缺乏整体规划和建设。

浊漳河南源五阳桥上游河段河道建筑垃圾堆积堵塞，河道缩窄，严重影响河道的行洪能力。

8.5.4 壶关县

壶关县共修建防洪大堤 14.5 km。龙丽河水库为县区重点防洪工程，大坝改造质量高、防洪标准高，至 2010 年底，对庄头河干流两岸部分河道进行了治理、河堤加高，加上近几年的小流域治理以及退耕还林，山洪灾害有所减缓。

壶关县乡镇堤防工程大多为土堤和石堤，部分堤防防洪能力不足 5 年一遇。山丘区农田基本无任何防御措施，流域整体防洪能力低，防洪体系尚未完全、有效形成，对流域防洪体系缺乏整体规划和建设。

石子河河道建筑垃圾堆积堵塞，河道缩窄，南大河、陶清河部分河段行洪能力也不足 10 年一遇。

8.5.5 黎城县

黎城县共修建堤防 44km，分布在各个村庄，保护人口 2 万人，没有系统的河道治理措施。

黎城县乡镇堤防工程大多为土石堤坝，堤防防洪能力不足 5 年一遇。山丘区农田基本无任何防御措施，易受山洪冲毁或沙石填埋。流域整体防洪能力低，防洪体系尚未完全、有效形成，对流域防洪体系缺乏整体规划和建设。防洪设施少，没有形成整体防洪工程体系，防洪能力低，防御大洪水能力差。

七里河和小东河河道建筑垃圾堆积堵塞，河道缩窄，清漳河的部分河段行洪能力也不足 10 年一遇。

8.5.6 屯留县

屯留县共修建堤防2.8km。绛河为屯留县重点防洪河道，河堤现达到20年一遇防洪标准；近几年随着小流域治理以及退耕还林，山洪灾害有所减缓。山丘区农田基本无任何防御措施，易受山洪冲毁或沙石填埋。流域整体防洪能力低，防洪体系尚未完全、有效形成，对流域防洪体系缺乏整体规划和建设。部分河道建筑垃圾堆积堵塞，河道缩窄，部分河段行洪能力不足10年一遇。

8.5.7 平顺县

平顺河是县城重点防洪河道，修建堤防44.0km，现达到20年一遇的防洪标准；县城上游至西沟乡一带河道全部治理，河堤加高。另外，通过近几年的小流域治理以及退耕还林，山洪灾害有所减缓。

8.5.8 潞城市

潞城市全市共修建堤防11.2km。护城河为市区重点防洪河道，河堤现达到20年一遇防洪标准；近年，浊漳河南支、浊漳河干流两岸部分河道进行了治理、河堤加高，加上近几年的小流域治理以及退耕还林，山洪灾害有所减缓。

8.5.9 长子县

长子县共修建堤防3.674km，分布在各个村庄。岚水河河道建筑垃圾堆积堵塞，河道缩窄，浊漳河南源河道无序开发造成河道改变，横水河、雍河、小丹河部分河段行洪能力也不足10年一遇。

8.5.10 长治县

长治县境内堤防工程仅3.24km，防洪能力不足20年一遇。

山丘区农田基本无任何防御措施，易受山洪冲毁或砂石填埋。流域整体防洪能力低，防洪体系尚未完全、有效形成，对流域防洪体系缺乏整体规划和建设。浊漳河南源高河段河道建筑垃圾堆积堵塞，河道缩窄，部分河段行洪能力不足10年一遇。

8.4.11 长治郊区

长治市郊区境内堤防工程仅9.73km，防洪能力不足20年一遇。部分河道建筑垃圾堆积堵塞，河道缩窄，部分河段行洪能力不足5~10年一遇。

8.4.12 左权县

左权县境内堤防工程78处，长94km，防洪能力在5~20年一遇之间。部分河道建筑垃圾堆积堵塞，河道缩窄，部分河段行洪能力不足5－10年一遇。

8.4.13 榆社县

榆社县境内堤防工程2处，长60km，主要在浊漳河北源干流。防洪能力在5～20年一遇之间。山丘区河道基本无任何防御措施，易受山洪冲毁或砂石填埋。流域整体防洪能力低，防洪体系尚未完全、有效形成，对流域防洪体系缺乏整体规划和建设。

8.4.1 和顺县

和顺县境内堤防工程24处，长70km，防洪能力在5～20年一遇之间。山丘区河道基本无任何防御措施，易受山洪冲毁或沙石填埋。流域整体防洪能力低，防洪体系尚未完全、有效形成，对流域防洪体系缺乏整体规划和建设。

8.6 危险区转移路线和临时安置点规划

（1）转移人员的确定根据当次预警级别和实际情况（易发灾害区地形及居住情况）而定。

（2）转移遵循先人员后财产，先老弱病残妇女，后一般人员。

（3）转移地点、路线的确定遵循就近、安全、向高地撤退的原则。具体撤离路线及安置地点由各山区乡镇根据实际的地形地势制订。转移时要严格落实责任制，由村干部或乡镇干部分片包干负责，并向群众解释清楚。

汛期必须经常检查转移路线、安置地点是否出现异常，如有异常应及时修补或改变线路。

转移路线要避开跨河、跨溪或易滑坡地带。不要顺着河溪沟谷上下游、泥石流沟上下游、滑坡的滑动方向转移，应向河溪沟谷两侧山坡或滑动体的两侧方向转移。

（4）制作明白卡和标识牌，将转移路线、时机、安置地点、安全区、责任人等有关信息发放到每户。

（5）当交通、通信中断时，乡、村（组）躲灾避灾的应急措施要带有预见性，便于克服困难得以实施。

8.7 不同类型区防洪预案

防洪预案根据区域情况进行编写。

8.8 山区洪灾防治法规、管理条例

8.8.1 法律法规

(1)《中华人民共和国防洪法》。

(2)《地质灾害防治条例》。

(3)《中华人民共和国气象法》。

(4)《中华人民共和国土地管理法》。

(5)《中华人民共和国水土保持法》。

(6)《中华人民共和国环境保护法》。

(7)《国家防汛抗旱应急预案》等国家颁布的有关法律、法规、条例。

(8、山西省人民政府颁布的有关地方性法规、条例及规定。

8.8.2 编制要求

(1)《全国山洪灾害防治规划》。

(2)《山洪灾害防御预案编制大纲》。

(3)《山洪灾害防治区级非工程措施建设实施方案编制大纲》。

(4)《山洪灾害防治县级监测预警系统建设技术要求》。

8.8.3 技术规范

(1)《水利水电工程水情自动测报系统设计规定》(DL/T505—1996);

(2)《水文情报预报规范》(SL250—2000);

(3)《水位观测标准》(GBJ138—90);

(4)《河流流量测验规范》(GB50179—93);

(5)《防洪标准》(GB50201—94);

(6)《水文基本术语和标准》(GB/T50095—98);

(7)《水文站网规划技术导则》(SL34—92);

(8)《水文基础设施建设及技术装备标准》(SL276—2002);

(9)《水文资料整编规范》(SL247—1999);

(10)《水情信息编码标准》(SL330—2005)。

(11) 国家和相关部委颁布的有关标准、规程、规范、管理办法。

9 结论与展望

9.1 结论

本次工作根据现场查勘情况，确定了漳河山区 836 个沿河村落作为分析评价对象，并对其进行了现状防洪能力、危险区划分及预警指标等方面的分析评价，得到如下结论。

1. 沿河村落现状防洪能力

分析评价成果表明，漳河山区 836 个沿河村落中，1～5 年一遇的有 159 个（长治郊区 2 个、长治县 4 个、襄垣县 11 个、屯留县 6 个、平顺县 10 个、黎城县 4 个、壶关县 8 个、长子县 18 个、武乡县 5 个、沁县 3 个、潞城市 2 个、和顺县 22 个、左权县 28 个、榆社县 26 个），5～20 年一遇的有 242 个（长治郊区 8 个、长治县 17 个、襄垣县 14 个、屯留县 16 个、平顺县 31 个、黎城县 6 个、壶关县 12 个、长子县 22 个、武乡县 13 个、沁县 21 个、潞城市 18 个、和顺县 18 个、左权县 36 个、榆社县 10 个），20～100年一遇的有 372 个（长治郊区 14 个、长治县 17 个、襄垣县 20 个、屯留县 59 个、平顺县 62 个、黎城县 7 个、壶关县 25 个、长子县 24 个、武乡县 22 个、沁县 29 个、潞城市 22 个、和顺县 24 个、左权县 25 个、榆社县 22 个）。

2. 沿河村落危险区分布及其人口分布

本次工作对漳河山区 836 个沿河村落划分了各级危险区，统计了各沿河村落各级危险区人口数量及分布情况。成果表明，位于极高危险区 4740 人、高危险区 16092 人、危险区 33211 人，共计 54043 人。

3. 沿河村落预警指标及其分布

本次工作分析了漳河山区 836 个沿河村落在土壤较湿、一般、较干等典型情况下，不同时段内的雨量预警指标。对 34 个河道水位站及 29 个水库水位给出了水位预警指标。

9.2 展望

本次工作对漳河山区836个沿河村落进行了分析评价工作，重点分析了773个村的防洪能力评价、预警指标计算，能够为山洪灾害预警、群测群防体系的建设提供必要的技术支撑。

1. 山洪防灾信息得到完善

本次山洪灾害分析评价完成后，使山洪防灾信息在沿河村落现状防洪能力、预警指标及其分布等方面得到进一步丰富与充实。这些成果对于完善县级平台、综合提高山洪灾害防治能力具有重要作用。

2. 后续山洪灾害防治得到支撑

充分运用沿河村落危险区分布、各级危险区人口分布、沿河村落汇流时间、预警指标等信息，可以为后续山洪灾害防治提供以下重要支撑：

（1）为县、乡、村各级山洪灾害防治预案的完善提供支撑。

（2）进一步改进监测站点布设、站点预警信息关联、预警指标确定等工作。

3. 扩大山洪灾害关注范围

本次分析评价主要针对溪河洪水影响对象进行，其他存在山洪灾害隐患的村落也需引起高度重视。同时，可开展受坡面水流影响的预警指标研究、检验和率定工作。

4. 灵活运用预警指标，注意特殊暴雨洪水

预警指标不是万能的防御措施，不可能完全替代自然现象，可能在没有划防治区的地方，也可能在发生暴雨洪水时受灾；同时指标的量也不是完全一成不变的，它会随着流域下垫面、暴雨形成方式、覆盖区域、先后顺序等的不同发生变化。

长期以来，党中央、国务院高度重视防汛工作，国家下大力气开展重点区域防洪体系建设，大江大河重要河段防洪减灾能力得到了明显提高，近期又启动了重点地区中小河流治理，发挥了很好的防洪减灾效益，但山洪灾害防治仍然是我国防洪减灾体系中的薄弱环节，存在以下一些突出问题：

（1）山洪灾害防治区尚未开展全面、深入的普查和排查，大量隐患点未被发现。

（2）山洪灾害监测站网密度不够，不能及时、准确地监测到山洪灾害的发生，且基层边远山村预警设施严重不足，信息传递非常困难，不能有效组织人员转移避险。

（3）山洪灾害防御责任制组织体系不完善，大部分山洪灾害严重的乡镇、村组没有设立组织指挥机构，部分地区责任人员不落实。

（4）山洪灾害防御预案可操作性不强，预警程序信号、人员转移安置等关键环节考虑不够明确、周全，部分地区尚未建立“纵向到底、横向到边”的预案体系。

（5）一些地方山洪灾害防治宣传教育、培训力度不够，基层干部群众防灾减灾意识淡薄，自防自救能力不强。